研究生系列教材

高等流体力学
（土建类）

樊洪明　刁彦华　编

机械工业出版社

本书主要围绕“连续介质”——不可压缩流体的“三大方程”，对方程建立、边界条件的提出以及方程求解诸环节进行了较详尽的讨论。在坐标系变换（度规原理）、笛卡儿张量以及本构方程阐述中，针对土建类专业的学科特点以及实际工程需求，力求从高等数学、矢量分析以及线性代数等理论引入和展开讨论，以使读者更容易接受又不失一定的理论深度；在平面势流理论、流动相似理论与量纲分析、N-S 方程求解、边界层理论以及湍流理论的阐述中，由浅入深，通俗易懂，力求体系完整，注重物理机制的阐述。本书列举了大量例题，强调物理概念和基本原理，注重概念和方法类比，突出逻辑和推理。

本书可用作高等学校土建类专业高年级本科生以及研究生的教学参考书或自学用书。

图书在版编目（CIP）数据

高等流体力学/樊洪明，刁彦华编．—北京：机械工业出版社，2020.6
研究生系列教材
ISBN 978-7-111-65752-1

Ⅰ.①高…　Ⅱ.①樊…　②刁…　Ⅲ.①流体力学—研究生—教材
Ⅳ.①O35

中国版本图书馆 CIP 数据核字（2020）第 096072 号

机械工业出版社（北京市百万庄大街 22 号　邮政编码 100037）
策划编辑：刘　涛　责任编辑：刘　涛　李　乐　任正一
责任校对：梁　静　封面设计：张　静
责任印制：常天培
北京虎彩文化传播有限公司印刷
2020 年 8 月第 1 版第 1 次印刷
184mm×260mm · 26.5 印张 · 687 千字
标准书号：ISBN 978-7-111-65752-1

定价：69.80 元

电话服务	网络服务
客服电话：010-88361066	机　工　官　网：www.cmpbook.com
010-88379833	机　工　官　博：weibo.com/cmp1952
010-68326294	金　　书　　网：www.golden-book.com
封底无防伪标均为盗版	机工教育服务网：www.cmpedu.com

前言

烟囱和高楼等受到的风荷载，水坝与堤岸等受到的水浪作用力，各种流体机械和热质交换设备等的动量、热量与质量传递（“三传”）都可以用流体力学理论来解释。美国西部某山谷中的一座桥梁在设计时未考虑风在桥身上的空气动力影响，结果由于风荷载的作用引起桥身做强迫振动，出现共振现象，致使整座桥梁坍塌，这是桥梁工程史上著名的事故案例。正是由于流体力学既有广泛的工程实际需求，又有学科自身发展的深厚余地，同时流体力学与其他学科有很多交叉点和切入之处，因此凸显了流体力学理论的重要性和实用性，使得流体力学课程在土建类各专业中占有重要位置。

流体力学是一门基础性极强的力学分支，物理概念与数学推演既是流体力学中的难点，又是不可回避的关键。本书内容主要围绕“连续介质”——不可压缩流体的“三大方程”，对方程建立、边界条件的提出以及方程求解诸环节进行了较详尽的讨论。在坐标系变换、笛卡儿张量以及本构方程阐述中，针对土建类专业的学科特点以及实际工程需求，力求从高等数学、矢量分析以及线性代数等理论引入和展开讨论，以使读者更容易接受又不失一定的理论深度；在平面势流理论、流动相似理论与量纲分析、N-S方程求解、边界层理论以及湍流理论的阐述中，力求体系完整，由浅入深，注重物理机制阐述。对于湍流半经验理论及其应用做了较系统的阐述，以期为解决土建类复杂工程湍流问题的数值仿真奠定理论基础。

本书立足“基础”“实用”，揭示传递现象的相似性，讲解分子、微团、边界三种不同尺度的概念，明确这三种不同尺度上的“三传”均属于统一的传递现象，且处理问题的方法有相似之处。编者认为，理论解析法对掌握“三传”现象的关键因素、复杂问题的简化、模型概念的系统训练、模型方程的推导、处理方程的若干数学技巧的掌握等具有不可替代的作用。为此，本书列举了大量典型例题，遵循问题—物理模型—数学模型—定解问题求解这一过程的连贯性，强调物理概念和基本原理，注重方法类比，突出逻辑和推理，以提高读者解决实际工程问题的能力。编者相信，掌握本书的基本内容，将对流体力学理论有比较完整和清晰的概念，有助于认识和理解实际工程中“三传”问题并为解决这些问题提供理论支持。

我国的研究生教育主要包括课程学习与课题研究两个阶段。一般情况下，硕士和博士研究生要经历一年的学位与专业课程学习，目的是构建合理的知识结构，打下坚实的专业基础。研究生课程的教学方式和教学方法较为灵活，主要是课堂学习与自主学习相结合，有相当多的教学内容以自学为主，旨在在传授知识的同时培养研究生的创新能力以及独立从事科研工作的能力。作为土建类专业的研究生学位课，高等流体力学课程一般安排32学时（或48学时），对此编者建议，本书中的笛卡儿张量、本构方程、流动相似理论与量纲分析、流动控制方程及其定解条件的建立、边界层理论以及湍流理论等内容宜重点讲述，其他内容则由读者自学。每章后附的练习题所涉及的知识点可能超出本书的讨论内容，请读者独立思考并尝试做出解答。

本书在编写过程中参考了相关文献，编者在此对所有文献著者表示深深的谢意！

由于本书内容涉及多个学科，加之编者的学识水平有限，书中难免有错误和缺欠，敬请读者批评指正！

编　者

目录

第 1 章

1

流体的主要物理性质

力学是物理学的一个分支，在力学研究中广泛采用抽象的理论模型，如质点、质点系、刚体、连续介质等。这里的力学是指经典力学，即以牛顿运动定律和万有引力定律为基础，研究运动速度远小于光速的宏观物体的运动规律，又称牛顿力学。机械运动指平动、转动、变形、流动、振动、波动、扩散以及它们的复合运动等，平衡或静止则是机械运动中的一种特殊情况。流体力学是连续介质力学的一门分支，主要研究流体平衡和运动规律以及流体与所接触物体之间相互作用。

16、17 世纪，欧洲在城市建设、航海和机械工业发展需求的推动下，逐步形成近代自然科学，流体力学也随之得到发展。基于伽利略、托里拆利和帕斯卡等奠基性的工作，到 17 世纪晚期，经典力学建立了速度、加速度、力、流场等概念，发现了质量、动量、能量三大守恒定律，这一切直接推动了流体力学发展成为一门严密的科学，其中牛顿、伯努利、欧拉、达朗贝尔、拉格朗日和拉普拉斯等都对现代流体力学的发展做出了奠基性的贡献。

1.1　连续介质假设

流体不能承受拉力，流体区别于固体的基本特征是流体有流动性，所谓流动性就是流体在静止时不能承受剪切力。当有剪切力作用于流体时，流体便产生连续的变形，即流体质点之间产生相对运动。受到剪切力持续作用时，固体的变形一般是微小的（如金属）或有限的（如塑料），但流体却能产生很大的变形，只要剪切力作用时间足够长。由于气体和液体都有这种性质，所以就流体的宏观运动而论，都可用同一方法处理。本书只研究没有优先方向的流体，这种流体称为各向同性流体。

流体是由分子构成的，分子之间有空隙，在通常条件下，单位体积的液体或气体的分子数目极大。例如，在标准状况下，1mol 气体约包含 6.024×10^{23} 个分子，占 22.4L 的体积，因此，$1mm^3$ 体积含有 2.687×10^{16} 个分子，对于这样小的体积来说，这是一个极大的数目。因此，一般条件下的气体——更不必说液体了——都可以认为是连续的。

在流体力学中，把流体看成是由无数流体微团（或流体质点）充满的、内部无空隙的连续体，称为连续介质。这里所说的流体微团，其大小与流动的任何特征尺寸相比是微不足道的，但比分子间距离大得多。每个微团含有为数众多的分子，因此可以用统计平均方法来考察流体的宏观物理量（例如压强、速度、密度、温度等）及其变化。除了研究高度稀薄的气体流动之外，这种近似处理是有效的。下面就密度这一概念，阐明连续介质假设的含意。

密度是单位体积物体的质量，通常用测定已知体积的质量或已知质量所具有的体积来确定。但在某些过程中，密度可能随位置变化。其定义需要考虑微元体积 ΔV 及其具有的质量 Δm，通过极限来定义给定点的密度 ρ，即

$$\rho = \lim_{\Delta V \to 0} \frac{\Delta m}{\Delta V} = \frac{\mathrm{d}m}{\mathrm{d}V}$$

另外，若密度ρ是位置的函数$\rho=\rho(x, y, z)$，则包含在指定体积中的质量就是密度在该体积上的积分，即

$$m = \int_V \rho(x, y, z)\mathrm{d}V = \iiint \rho(x, y, z)\mathrm{d}x\mathrm{d}y\mathrm{d}z$$

以上两个式子都包含了连续介质假设的含义，认为密度对于任何体积，不管它多么微小，都具有确定的数值。显然，这只有当ΔV足够大时，才是正确的。如果所取体积是分子尺度，则随尺寸的不同，密度将有悬殊的差异，这取决于所考察的体积接近分子的程度。如图 1.1.1 所示，当ΔV在宏观意义上（与流动空间的尺寸相比）是微小的，而在微观意义上是足够大时，即在$\Delta V_0 \sim \Delta V_1$区间内，密度可近似看作常数；而$\Delta V$小于某值$\Delta V_0$向零趋近时，由于分子脉动，$\Delta V$中的分子数不时地随机增加或减少，致使密度急剧变化。因此，由以上两式定义的密度也将发生随机变化。有了连续介质假设，则可认为体积趋于零这一数学极限，是在尺寸远大于分子尺度时已经达到。也就是说，根据假设，某一点的密度是指相当于图 1.1.1 中ΔV_0的密度，而不是真正趋于零时的密度。

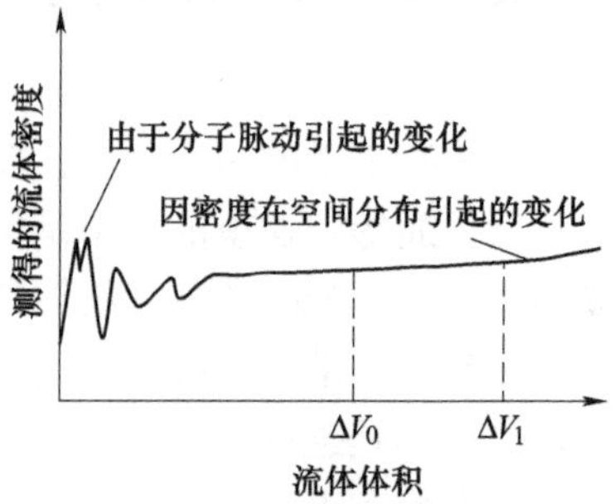

图 1.1.1　流体密度测量

引用连续介质假设之后，位于任一点的流体及其运动的各种特性，例如密度、速度、温度等都有了确定的定义，大大简化了对流体平衡及其运动的研究，并可利用基于连续函数的数学工具。事实上，应用这一假设导出的方程及其计算结果，与实验结果是相吻合的，表明连续介质假设是合理的。当然，连续介质假设并不处处适用，例如，在高空或真空下，气体稀薄，分子间距与考察物体的尺寸相当，这时的气体就不能再看作是连续介质了。

流体密度除依流体的种类不同外，通常还决定于压强和温度，当流体是多组分的混合物时，密度还是各种组分浓度的函数。例如，海水是水与各种溶解盐的混合物，海水密度通常认为是压强、温度及盐度（盐度是单位质量海水中溶解盐的质量）的函数；大气是干空气（干空气本身是一种混合物）与水蒸气的混合物，大气密度是压强、温度及相对湿度的函数。

最后还要强调指出，应注意连续介质（连续体）与理论力学中的刚体之间的区别。刚体是不能形变的，从质点的角度来看，就是物体内部质点之间没有相对运动。而连续介质（连续体），包括弹性体和流体，它们的共同特点是其内部质点之间可以有相对运动，宏观地看，连续体可以有形变（线变形和角变形）或非均匀流动。

1.2　流体压缩性和热胀性

一般来说，流体的密度随温度和压强的改变而变化，这是由于流体内部分子间距离改变引起的。温度升高可使流体分子间距增大，体积膨胀，密度变小；压强增加可使流体分子间距减小，体积缩小，密度变大。

1. 液体的压缩性和热胀性

液体的压缩性通常用压缩系数β来表示。其定义为，当压强增加一个单位时液体体积的相

对减小值。设 V 为液体微团原有体积，如压强增加后，其体积减小了 $\mathrm{d}V$，流体微团体积的变化率为 $-\mathrm{d}V/V$，则压缩系数为

$$\beta=-\frac{\mathrm{d}V/V}{\mathrm{d}p}$$

β 的单位是压强单位的倒数，即 m^2/N。由于压强增大时液体体积必然减小，式中 $\mathrm{d}V/\mathrm{d}p$ 为负值，故于右侧加一负号，以保证 β 值非负。

流体被压缩前后，流体微团的质量 $m=\rho V$ 不变。因而 $\mathrm{d}m=\mathrm{d}(\rho V)=\rho\mathrm{d}V+V\mathrm{d}\rho=0$，或 $-\mathrm{d}V/V=\mathrm{d}\rho/\rho$，故压缩系数也可写成

$$\beta=\frac{\mathrm{d}\rho/\rho}{\mathrm{d}p}$$

流体受压后体积缩小，但压强撤除后还能恢复到原有状态，故压缩性也可用弹性模量 E 来表示。压缩系数的倒数即为弹性模量

$$E=\beta^{-1}$$

E 的单位与压强的单位相同，即 N/m^2。

液体的膨胀性一般用体胀系数 α 来表示。其定义为：在一定压强下，温度 T 增高 1℃时，液体体积的相对变化，即

$$\alpha=\frac{\mathrm{d}V/V}{\mathrm{d}T}=-\frac{\mathrm{d}\rho/\rho}{\mathrm{d}T}$$

液体的压缩性和膨胀性都很小，除少数特殊情况外，通常认为液体不可压缩，即认为其密度不随温度和压强而变。例如，水在温度不变的情况下，每增加 1 个大气压，其体积仅比原来减小约 0.005%，在相当大的压强范围内，液体的密度几乎是常数。

2. 气体的压缩性和膨胀性

气体的压缩性和膨胀性比液体大得多，所以通常将气体视为可压缩流体，认为气体的密度是温度和压强的函数。在温度不过低，压强不过高时，气体密度、压强和温度三者之间的关系，服从理想气体状态方程式

$$p/\rho=RT$$

式中，p 为气体的绝对压强，单位为 N/m^2；T 为气体的热力学温度，单位为 K；ρ 为气体的密度，单位为 kg/m^3；R 为气体常数，单位为 J/(kg · K)。

对于等温过程，即在气体状态变化过程中，温度保持不变，此时有

$$p/\rho=\text{const}$$

$$(\mathrm{d}p/\mathrm{d}\rho)_T=p/\rho$$

$$E=\beta^{-1}=\rho(\mathrm{d}p/\mathrm{d}\rho)_T=p\ ,\ \beta=\frac{1}{p}$$

即等温过程中气体的弹性模量就等于它的压强。

对于绝热过程，气体状态变化时与外界没有热交换，压强和密度变化遵循下列方程

$$p/\rho^{\kappa}=\text{const}$$

式中，κ 为等熵指数，它是比定压热容 c_p 与比定容热容 c_V 的比值，即 $\kappa=c_p/c_V$。对于空气 $\kappa=1.4$。由绝热过程的状态方程得

$$\mathrm{d}p/\mathrm{d}\rho=\kappa p/\rho$$

$$E = \kappa p, \ \beta = \frac{1}{\kappa p}$$

可见，绝热过程中气体的弹性模量为其压强的 κ 倍。

对于等压过程，气体状态变化过程中压强保持不变，将 $\rho = M/V$ 代入状态方程，有 $pV = MRT$，其中 p、M 为常数，于是

$$\mathrm{d}V/\mathrm{d}T = V/T$$

$$\alpha = \frac{\mathrm{d}V/V}{\mathrm{d}T} = \frac{1}{T}$$

即在等压过程中气体的体胀系数为其温度的倒数。

特别指出，气体虽然具有较大程度的压缩性和热胀性，但应针对具体问题做具体分析。若气体速度较低（远小于声速），在流动过程中压强和温度的变化较小，密度仍然可以看作常数，这种气体称为不可压缩气体。反之，若气体速度较高（接近或超过声速），在流动过程中密度变化会很大。土建类工程中的大多数气体流动速度远小于声速，气体密度变化不大。例如，通常状况下，空气中的声速约为 340m/s，当空气流速为 68m/s（相当于马赫数为 0.2）时，密度变化约为 1%，在这种情况下，将气体视为不可压缩流体不至于引起较大的误差。当然，实际工程中，有些情况是需要考虑气体压缩性的，例如，天然气的远距离输送等。

1.3 流体的黏性与导热性

1. 黏性作用

水可以流动，煤油也可以流动，后者的流动性不如前者，蜂蜜也可以流动，但其流动性就更差了，这是“黏性”问题，即在流体微团上加剪切力时，各层液体之间是否容易产生相对滑移。要保持不滑移，就要承受切应力，黏稠到能长时间地维持这样一个切应力的物质就不是流体了（如冷冻的沥青）。当流体运动时，如其内部出现相对运动，则各质点之间会产生切向的内摩擦力以抵抗其相对运动，流体的这种性质称为黏性，产生的内摩擦力称为黏滞力。下面举例说明流体的黏性。

假设在原先速度 U 呈均匀分布的平行流动中，在其底部沿流动方向放入一块很薄的平板（见图 1.3.1）。当流体沿平板流过时，紧贴平板的一层流体，将黏附在平板上不运动，而与其相邻的上一层流体，在惯性的作用下，具有保持其原有运动的趋势。假如流体没有黏性，第二层流体将以原有的速度运动，但实际流体都是有黏性的，因此当两层流体出现相对运动时，它们之间就会产生内摩擦力，阻滞第二层流体的运动，使其速度减慢下来。当第二层流体的速度减小后，它和第三层流体之间又会出现相对运动，因而这两层流体之间也会产生内摩擦力，使第三层流体的速度也减慢下来。如此一层一层地影响下去，原则上将使整个流体内部都出现相对运动、产生内摩擦力。可见，流体沿固体壁面运动时所受到的流动阻力，实际上不是流体与固体之间出现的摩擦力，而是流体内部各流层之间产生的摩擦力，故称为内摩擦力。固体壁面的存在只是引起流动阻力的外部条件，流体黏性才是产生流动阻力的内在原因，如果流

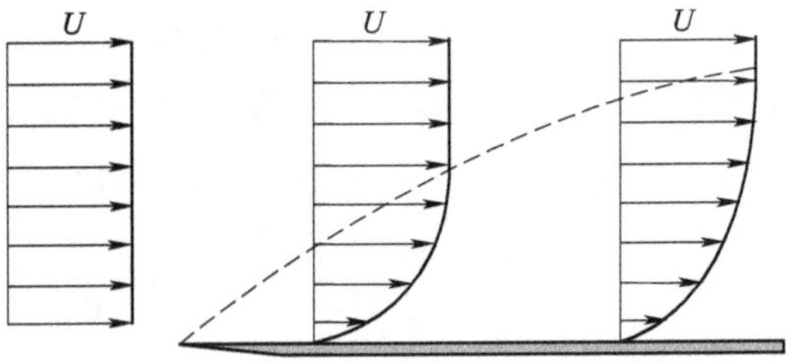

图 1.3.1 黏性作用

体没有黏性，流动时不会出现阻力。内摩擦力总是成对出现，运动较快的流层带动较慢的流层，因而施加在较慢流层上的是与流速方向一致的摩擦力，运动较慢的流层阻滞较快的流层，施加在较快流层上的是与流速方向相反的力，这两个摩擦力大小相等、方向相反。黏性是流体在运动过程中使其出现阻力、产生机械能损失的根源，所以它是对流体运动有重要影响的一个属性。

下面以分子运动理论对流体内摩擦做简要分析。流体的分子运动与流动方向的平均前进运动不同，它还伴有微观不规则的热运动，分子的不规则热运动对应于热力学状态。固体分子的热运动是在相对固定的平衡位置附近的振动。若流体分子撞上固壁，就失去了动量的平均前进分量，使它在固体表面的平均速度变为零，这称作无滑动条件。可以认为，速度不同的相邻流体质点间的动量交换是由质点表面分子的碰撞引起的。假设质量同为 m，而速度分别为 u_1 和 $u_2(u_1<u_2)$ 的两个流体质点在相邻的两层流体中运动，并做动量交换，则它们的速度将分别变为 $u_1+\Delta u$ 和 $u_2-\Delta u$，速度为 u_1 的质点，动量增加了 $m\Delta u$，对应于这一动量增量的力是速度为 u_2 的质点传给它的。可以认为，速度为 u_2 的质点受到一个相反的力，动量减少了 $m\Delta u$。这是因为根据力学原理，系统动量的变化率等于该系统所受的力，动量增加量与减少量之所以相等则是由于两个流体质点动量之和守恒的缘故。速度分别为 u_1 和 u_2 的两个流体质点，动量交换前后守恒，且为 $m(u_1+u_2)$。只要分子间有非完全弹性碰撞，必有 $u_1+\Delta u<u_2$，全部动能就会减少，即

$$\frac{1}{2}m(u_1^2+u_2^2)-\frac{1}{2}m[(u_1+\Delta u)^2+(u_2-\Delta u)^2]=m\Delta u[u_2-(u_1+\Delta u)]>0$$

此项减少的动能将变成分子热运动能量（热能）。

2. 牛顿内摩擦定律

牛顿于 1687 年提出一个假说：处于相对运动的相邻两层流体之间的内摩擦力与作用面法线方向的速度梯度成正比、与作用面的面积成正比、与流体的物理性质有关。速度梯度是表达流层之间相对速度大小的量。速度的变化是连续的，同一流速分布，相邻两层的速度差随所取流层厚度的不同而变化，所以只有用速度梯度才能正确地反映流层间的相对运动情况（见图 1.3.2）。

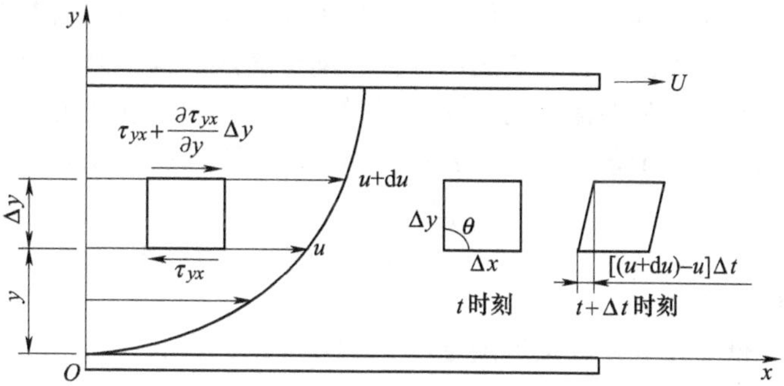

图 1.3.2　流体微团变形

牛顿的假说为后来的无数实验所证明，因此我们现在称它为牛顿内摩擦定律，表达式为

$$\tau_{yx}=\mu\frac{\mathrm{d}u}{\mathrm{d}y}$$

式中，τ_{yx} 为作用于外法线为 y 方向的平面上、沿 x 方向的切应力，单位为 $\mathrm{N/m^2}$；$\mathrm{d}u/\mathrm{d}y$ 为速度梯度，单位为 $\mathrm{s^{-1}}$；μ 为动力黏度，单位为 $\mathrm{Pa\cdot s}$。满足牛顿内摩擦定律的流体，称为牛顿流体，而 τ_{yx} 与 $\mathrm{d}u/\mathrm{d}y$ 呈非线性关系的流体，称为非牛顿流体。

速度梯度 $\mathrm{d}u/\mathrm{d}y$ 还可以理解为剪切变形速率。图 1.3.2 中所示的微元面，由于它顶部与底部的速度不同，经过 Δt 时间后，微元面变形，相邻两边之间的夹角 θ 发生变化，单位时间内夹角的变化就是剪切变形速度。考虑到 Δt 很小，因此 $\Delta\theta$ 也很小，$\tan\mathrm{d}\theta\approx\mathrm{d}\theta$，于是

$$-\frac{\mathrm{d}\theta}{\mathrm{d}t}=-\lim_{\Delta y,\ \Delta t\to 0}\frac{\theta|_{t+\Delta t}-\theta|_{t}}{\Delta t}=-\lim_{\Delta y,\ \Delta t\to 0}\frac{\left\{\frac{\pi}{2}-\arctan\left[(u|_{y+\Delta y}-u|_{y})\frac{\Delta t}{\Delta y}\right]\right\}-\frac{\pi}{2}}{\Delta t}$$

所以

$$-\frac{\mathrm{d}\theta}{\mathrm{d}t}=\frac{\mathrm{d}u}{\mathrm{d}y}$$

此式表明，黏性流体运动时的切应力和剪切变形速度成正比，它和表示弹性物体弹性变形的胡克定律相当，但后者是指应力和应变成正比；对于流体，应力的大小正比于应变率。固体内的切应力由剪切变形量（相对位移）决定，而流体内的切应力与变形量无关，而是由剪切变形速度决定；当剪切力停止作用后，固体变形能恢复或部分恢复，流体则不做任何恢复。对于牛顿流体，当应力维持恒定时，应变率也为常量，说明应变与时间呈线性关系，固体的行为与牛顿流体行为相似，应力与应变关系（或本构关系）是简单的瞬时关系。并不是所有的流体都符合牛顿内摩擦定律，多数分子结构简单的液体（如水、酒精等）和一般气体都是牛顿流体，而血浆、油漆、黏稠状的沥青等都是非牛顿流体。

在温度和压强不变的条件下，牛顿流体的动力黏度不随剪切变形速度而变，μ 为常数。实验证明，压强对流体黏度的影响较小，当压强变化小于 1MPa 时，可不必考虑黏度随压强的变化。因此普通压强情况下，流体的黏度不受压强变化的影响，可以认为，流体的黏度只随温度变化，但在高压作用下，气体和液体的黏度均随压强的升高而增大。

液体的 μ 随温度的升高而减小，气体的 μ 则随温度的升高而增大，其原因可由分子的微观运动来说明。概括地说，流体的内摩擦力是由分子间的吸引力和分子热运动导致的动量交换这两个因素综合作用的结果，但两者在液体和气体中所起的作用是不同的。在液体中分子间的吸引力是主要的，而在气体中分子热运动起主要作用。当温度升高时，分子间距增大，吸引力减小；另一方面，分子热运动增强，动量交换加剧，因而液体的黏度减小，气体的黏度增大。

在分析黏性流体的运动规律时，动力黏度 μ 和密度 ρ 经常同时出现，流体力学中习惯于把它们组成一个量，用 ν 来表示，称为运动黏性系数或运动黏度，即

$$\nu=\frac{\mu}{\rho}$$

ν 的单位为 $\mathrm{m^2/s}$。

低密度气体的黏度随温度 T 上升而增大，有

$$\frac{\mu}{\mu_0}=\left(\frac{T}{T_0}\right)^{3/2}\frac{T_0+T_s}{T+T_s}$$

其中 $T_0=273.16\mathrm{K}$。T_s 为 Sutherland 常数，对于空气 $T_s=110.4\mathrm{K}$。

液体的黏度随温度 T 上升而降低，较好的经验公式为

$$\ln\frac{\mu}{\mu_0}=a+b\left(\frac{T_0}{T}\right)+c\left(\frac{T_0}{T}\right)^2,$$

对于水，$T_0=273.16\mathrm{K}$，$\mu_0=0.001792\mathrm{Pa\cdot s}$，$a=-1.94$，$b=-4.8$，$c=6.74$。

黏度的数值虽可估计，但主要由实验测定，常用的黏度计有毛细管式、落球式、转筒式、锥板式等。工业上还有各种在特定条件下测定黏度的专用黏度计。流体黏度的数值可从物性数据手册中查取。对于工程技术人员而言，记住通常状况下几种常见流体（水、空气和水银）的 ν 值和 ρ 值是必要的：$\nu_{\mathrm{air}}=15\times10^{-6}\mathrm{m^2/s}$，$\nu_{\mathrm{H_2O}}=1\times10^{-6}\mathrm{m^2/s}$，$\rho_{\mathrm{air}}=1.2\mathrm{kg/m^3}$，$\rho_{\mathrm{H_2O}}=1000\mathrm{kg/m^3}$ 以及 $\rho_{\mathrm{Hg}}=13600\mathrm{kg/m^3}$。

【例 1.3.1】 如图 1.3.3 所示，直径 $D=0.1\text{m}$ 的圆盘，由轴带动在一平台上旋转，圆盘与平台间充有厚度 $\delta=1.5\text{mm}$ 的油膜，当圆盘以 $n=50\text{r/min}$ 旋转时，测得扭矩 $M=2.94\times10^{-4}\text{N}\cdot\text{m}$。设油膜内速度沿垂直圆盘方向为线性分布，试确定油的黏度及圆盘边缘的切应力 τ_0。

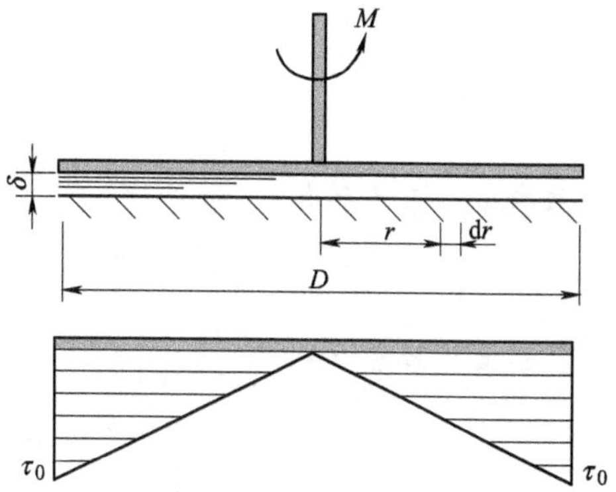

图 1.3.3 例 1.3.1 图

解：如图 1.3.3 所示，在 r 处取微元 $\text{d}r$，该处速度为

$$u=\omega r=\frac{2\pi n}{60}\cdot r=\frac{n\pi r}{30}$$

微元上的剪切力为

$$\begin{aligned}\text{d}F=\tau\text{d}A&=\mu\text{d}A\frac{u}{\delta}=\mu\cdot2\pi r\text{d}r\cdot\frac{1}{\delta}\cdot\frac{n\pi r}{30}\\&=\frac{\mu n\pi^2r^2\text{d}r}{15\delta}\end{aligned}$$

微元上的力矩为

$$\text{d}M=r\text{d}F=\frac{\mu n\pi^2r^3\text{d}r}{15\delta}$$

圆盘上的总力矩为

$$M=\int_0^{D/2}\text{d}M=\int_0^{D/2}\frac{\mu n\pi^2}{15\delta}\cdot r^3\text{d}r=\frac{\mu n\pi^2D^4}{960\delta}$$

于是

$$\mu=\frac{960\delta M}{n\pi^2D^4}\approx\frac{960\times1.5\times10^{-3}\times2.94\times10^{-4}}{50\times3.1416^2\times0.1^4}\text{Pa}\cdot\text{s}\approx8.58\times10^{-3}\text{Pa}\cdot\text{s}$$

切应力为

$$\tau=\mu\frac{u}{\delta}=\mu\cdot\frac{1}{\delta}\cdot\frac{n\pi r}{30}=\frac{\mu n\pi}{30\delta}r$$

可见，切应力呈线性分布。当 $r=D/2=0.05\text{m}$ 时，最大切应力为

$$\tau_0=\frac{\mu n\pi}{30\delta}\cdot\frac{D}{2}=\frac{\mu n\pi D}{60\delta}\approx\frac{8.58\times10^{-3}\times50\times3.1416\times0.1}{60\times1.5\times10^{-3}}\text{N/m}^2\approx1.5\text{N/m}^2$$

【例 1.3.2】 如图 1.3.4 所示，长为 L、直径为 D 的柱塞在缸筒中做往复运动，柱塞与缸筒的同心环形间隙为 δ，其中充满动力黏度为 μ 的油。柱塞位移的简谐运动规律为

$$x=A\sin\omega t$$

其中 A 为柱塞最大行程，柱塞往复频率为 360 次/min。忽略柱塞惯性力，试求柱塞克服液体摩擦所需要的平均功率。

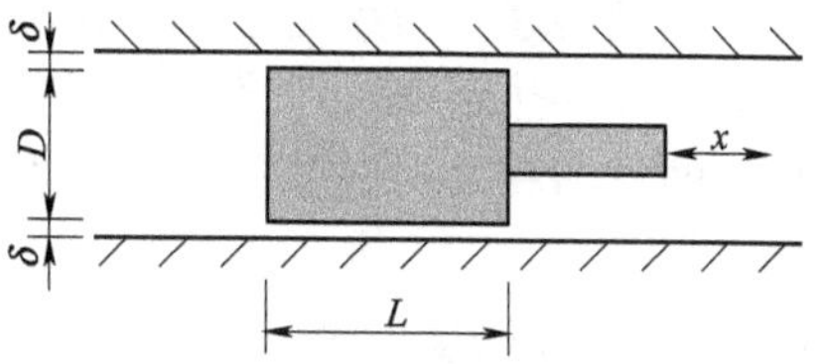

图 1.3.4 例 1.3.2 图

解：这是一个同心环形缝隙中的直线运动问题，柱塞运动速度为

$$u=\frac{\text{d}x}{\text{d}t}=\omega A\cos\omega t$$

它是一个周期性的变量，变量 $\omega t=\theta$ 的周期为 2π，根据直线往复频率，可求出简谐运动的圆频率为

$$\omega=\frac{2\pi n}{60}=\frac{n\pi}{30}$$

柱塞表面上的切应力为

$$\tau=\mu\frac{u}{\delta}=\mu\cdot\frac{1}{\delta}\cdot\omega A\cos\omega t=\frac{\mu\omega A}{\delta}\cos\omega t$$

柱塞表面上的摩擦力为

$$F=\tau\cdot\pi DL=\pi DL\cdot\frac{\mu\omega A}{\delta}\cos\omega t=\frac{\pi DL\mu\omega A}{\delta}\cos\omega t$$

柱塞的摩擦功率为

$$P_f=F\cdot u=\frac{\pi DL\mu\omega A}{\delta}\cos\omega t\cdot\omega A\cos\omega t=\frac{\pi DL\mu\omega^2A^2}{\delta}\cos^2\omega t$$

柱塞克服摩擦所需要的平均功率 $\overline{P_f}$ 为瞬时功率 P_f 积分求和并除以周期。由 $\omega t=\theta$，可得

$$\overline{P_f}=\frac{\int_0^{2\pi}P_f\mathrm{d}\theta}{2\pi}=\frac{\pi DL\mu\omega^2A^2}{2\pi\delta}\int_0^{2\pi}\cos^2\theta\mathrm{d}\theta=\frac{\pi DL\mu\omega^2A^2}{2\delta}$$

本节最后强调指出，黏性是产生流动阻力的内在原因，对流体运动有重要影响。黏性只有在流体运动时才能显现出来，处于静止状态的流体，黏性不表现其作用。黏性的存在，往往给流体运动规律的研究带来极大的困难。为了减小理论分析的复杂程度，流体力学中提出理想流体的概念。所谓理想流体就是一种假想的无黏性的流体，即 $\mu=\nu=0$，这种流体实际上是不存在的。事实上，不考虑黏性后，对流体运动的分析可大为简化，在有些黏性影响不大的流动中，据此得出结果也能较好地符合实际。尽管某些流体在某些情况下的黏性确实很小，但把黏性完全忽略却非同小可。20 世纪之前，人们研究流体力学的主要兴趣和精力集中在无黏假设下的一个又一个优美的数学解上，这类研究丢掉了流体黏性这个基本属性。冯·诺伊曼（von Neumann）称这些理论家是研究“dry water”的人。对于在无黏假设下所得到的结论，使用起来要特别小心。

3. 流体的导热性

无论流体是静止的还是运动的，只要其中的温度不均匀，热量就会由高温处向低温处传递。在温度分布不均匀的连续介质中，仅仅由于其各部分直接接触，而没有宏观的相对运动所发生的热量传递称为热传导。一般来说，绝大多数流体的热传导是各向同性的，其热传导规律遵从傅里叶导热定律，即流体中热传导引起的热流密度与温度梯度成正比，热传导的方向与温度梯度的方向相反。傅里叶导热表达式为

$$\boldsymbol{q}=-\lambda\,\mathbf{grad}T$$

式中，$\boldsymbol{q}$ 为热流密度矢量，单位为 $\mathrm{W/m^2}$；λ 为导热系数，单位为 $\mathrm{W/(m\cdot K)}$；$\mathbf{grad}T$ 为温度梯度，单位为 K/m；λ 取决于流体的种类和温度等。工程中使用的各种物质的导热系数一般是通过实验测定的。

从分子运动论的观点来看，气体导热的物理本质是由于分子的移动和分子间的相互碰撞而产生的能量迁移。气体温度的高低体现分子平均动能的大小，分子平均动能高就显现出高温，分子平均动能低则显现出低温。具有不同动能的分子间的相互碰撞会发生能量交换，能量从高

能部分转移到低能部分。显然，温度越高，分子运动越剧烈，能量转移过程就完成得越快，因此气体的导热系数随温度的增高而增大。实验证明，大多数接近完全气体的气体，其导热系数 λ 与动力黏度 μ 几乎成正比。引入无量纲量 Pr，令

$$Pr = c_p \frac{\mu}{\lambda}$$

其中 Pr 称为普朗特数。有些气体的普朗特数几乎与温度和压强无关，只取决于气体种类。例如，空气温度为 273.16K 时，$Pr = 0.72$，而温度为 1273.16K 时，$Pr = 0.706$，可见在相当大的温度范围内，普朗特数变化不大，但某些非完全气体，如干饱和蒸汽，其 Pr 与温度有明显的关系。

液体的导热系数或普朗特数与其黏度一样，一般依靠实验数据或由实验曲线拟合的公式进行估算。

1.4　作用于流体上的力

力是使流体运动状态发生变化的外因，任何物体的平衡和运动都是受力作用的结果。为了研究流体平衡和运动的规律，寻求在外力作用下物体内部各处的应力分布和伴随着的变形情况，必须分析作用在流体上的力。作用在流体上的力有重力、压力、摩擦力、表面张力等。

1. 质量力

若在所研究的流体中任取出一部分，并把该部分流体隔离起来，作为隔离体。对隔离体进行受力分析，我们不难发现，外界作用于这块流体上的力，按作用方式不同分为两类——质量力和表面力，前者不与流体接触，而施加于整个流体质量（或体积）上，后者则通过直接接触而作用于隔离体表面。

作用在隔离体的每个质点上，并与隔离体的质量成正比的力称为质量力。作用于流体上的质量力通常用单位质量力来度量。如图 1.4.1 所示，围绕隔离体中的点 b 取一微元体积 ΔV，作用于其上的质量力为 $\Delta \boldsymbol{F}_m$。则作用在 b 处单位质量上的质量力为

$$\boldsymbol{f} = \lim_{\Delta V \to 0} \frac{\Delta \boldsymbol{F}_m}{\rho \Delta V}$$

流体力学中遇到的普遍情况是流体所受的质量力只有重力。

由于重力 $\boldsymbol{G}$ 的大小与流体的质量 m 成正比，即 $G = mg$，所以流体所受的单位质量力的大小等于重力加速度，即 $G/m = g$。如图 1.4.2 所示，当采用笛卡儿坐标系时，z 轴铅垂向上为正，重力在各个方向上的单位质量力分力为

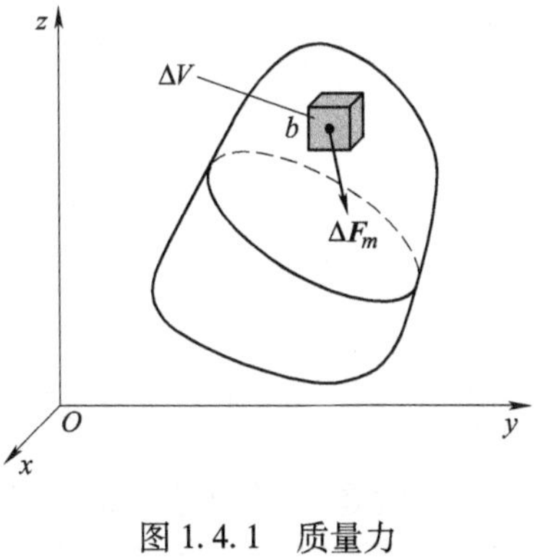

图 1.4.1　质量力

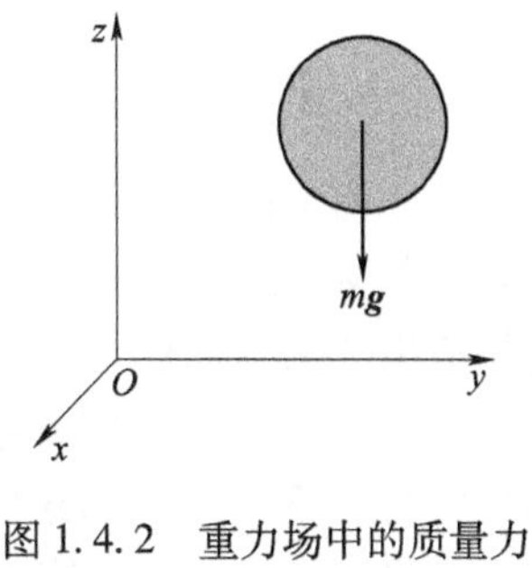

图 1.4.2　重力场中的质量力

$$(f_x, f_y, f_z) = (0, 0, -g)$$

若流体做加速运动时，根据达朗贝尔（D'Alembert）原理虚加于流体质点上的惯性力，也是质量力。质量力的单位是 N。单位质量力的单位是 N/kg 或 m/s^2，其量纲与加速度的量纲相同。

2. 表面力

流体受外力作用后，为抵抗外力的影响，将产生内力。内力是流体内各部分之间互相作用的力，是连续分布于表面上的力。为了说明内力的存在可利用一个假想的截面把内力变成外力，即从流体中取出由封闭表面所包围的某一任意体积，如图 1.4.3 所示。为简明起见，设该体积的流体被“刚体化”，其上作用着一对平衡的外力 $\boldsymbol{F}$ 。设想由一任意截面 a—b 将该“刚化”流体分成两块Ⅰ和Ⅱ。这样，由外力 $\boldsymbol{F}$ 所引起的内力 $\boldsymbol{F}'$ 和 $\boldsymbol{F}''$ 就显现出来了，这是因为在切割处没有滑动和分离发生，因而必须有一外力，它与未经分割前该处作用的内力大小相等、方向相反。$\boldsymbol{F}'$ 是由流体Ⅱ提供而作用在假想截面 a—b 上的，同样，$\boldsymbol{F}''$ 是由流体Ⅰ提供作用在假想截面 a—b 上。内力是与假想截面相联系着的，脱离假想截面，则无法讨论内力。显然，根据牛顿第三定律，$\boldsymbol{F}'$ 和 $\boldsymbol{F}''$ 大小相等、方向相反，表明内力总是成对地存在。如果考虑整个体积Ⅰ+Ⅱ，把其中内力合成起来，则内力将完全抵消，只剩下外力作用于所考察的“刚化”流体上。若改变截面的选取方向，设想由另一截面 c—d 将该“刚化”流体分成两块Ⅰ和Ⅱ，如图 1.4.4 所示。在这种情况下，尽管该“刚化”流体上外部受力并未发生变化，但作用在假想截面上的力将发生变化。

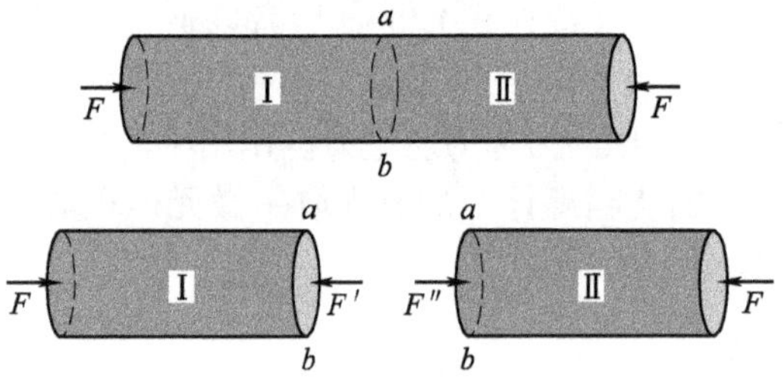

图 1.4.3　内力与外力

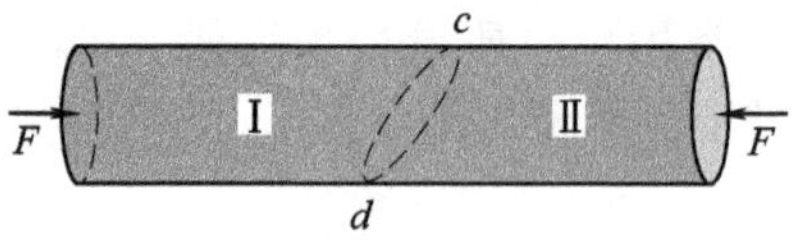

图 1.4.4　假想截面与内力

为了描述流体内部各处内力的强度，需要引用应力的概念，即作用在单位面积上的力这一物理量。如图 1.4.5 所示，在假想截面上任取一点 b ，ΔA 为包围点 b 的微元面积，其法线矢量为 $\boldsymbol{n}$ ，$\Delta\boldsymbol{F}$ 为作用于该微元面上的内力（表面力），则点 b 的应力为

$$\boldsymbol{P}_{\mathrm{n}} = \lim_{\Delta A\to 0}\frac{\Delta\boldsymbol{F}}{\Delta A} = \frac{\mathrm{d}\boldsymbol{F}}{\mathrm{d}A}$$

如前所述，$\boldsymbol{P}_{\mathrm{n}}$ 的方向，决定于点 b 的位置和 ΔA 的方向。$\boldsymbol{P}_{\mathrm{n}}$ 在微元面积 ΔA 的法线方向 $\boldsymbol{n}$ 上的投影为正应力，在切线方向上的投影为切应力。由前面的讨论可知，$\boldsymbol{P}_{\mathrm{n}}$ 与截面的法线方向有关。在一个固定点，用不同的假想截面分割流体，则不同截面上的应力将各不相同，而这些截面上应力的大小和方向就是该点的应力状态。力是矢量，截面也是矢量，表达一点的应力状态相当复杂，似乎需要用无穷多个量来描述它的应力状

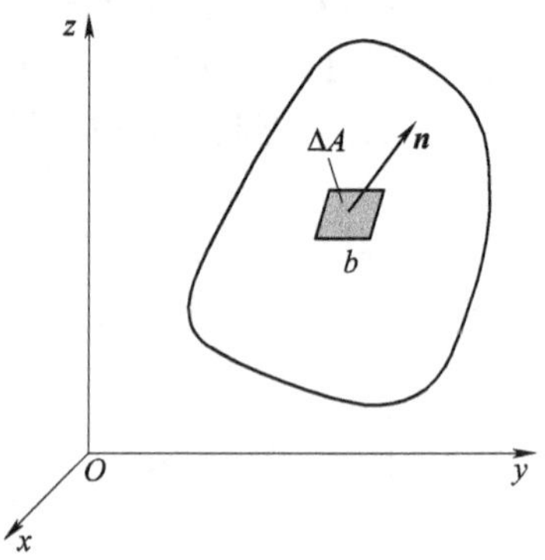

图 1.4.5　流体微元

态。但事实上并不是这样，同一点不同面上的应力并非互不相关的，只要知道三个坐标面上的应力——应力张量，则任一以 **n** 为法线方向的表面上的应力，均可以通过应力张量表示出来，因此，应力状态具有张量性质。与此相关的内容，我们将在后续章节中进一步讨论。

1.5　表面张力

1. 表面张力

前面几节我们讨论了流体内部的应力，在两种不相容的液体或液体与气体之间会形成分界面，界面上存在一种特殊的力——表面张力。表面张力使液体表面犹如张紧的弹性薄膜，有收缩的趋势，使液滴总是呈球状。我们在液体表面上引进一条假想的线元 Δl，把液面分割为两部分（见图 1.5.1），表面张力就是这两部分液面相互之间的拉力。与体应力一样，这也是一对作用力和反作用力。拉力 Δf 的大小正比于 Δl 的长度，即

$$\Delta f = \sigma \Delta l$$

其中，比例系数 σ 叫作表面张力系数，它表示通过单位长度分界线两侧液面之间的相互作用力，单位为 N/m。图 1.5.2 给出了一种测量表面张力系数的简单装置。用金属丝弯成框，它的下边是可以滑动的。在框内形成液膜后，将它竖起来，下坠一定的砝码，使其重量与液面的表面张力平衡。设砝码的重量为 W，金属框下边长为 l，则 $W = 2\sigma l$，这里出现因子 2，是因为液膜有前、后两个表面。

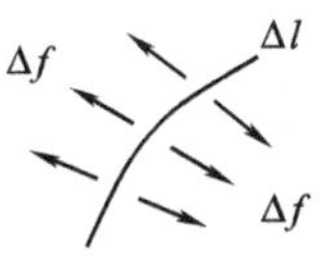

图 1.5.1　表面张力

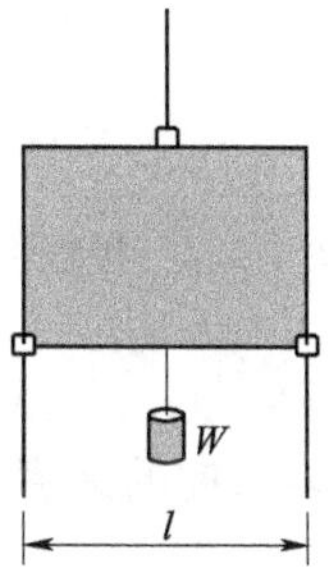

图 1.5.2　液膜表面张力

【例 1.5.1】　计算球形液滴内外的压强差。

解： 如图 1.5.3 所示，通过球心取任一轴线，并作垂直于此轴线的假想大圆，它把液滴分成两半，它们之间通过表面张力产生的拉力 $2\pi R\sigma$ 相关联，这里 R 是球的半径。沿轴线方向，此拉力为液滴内、外的压力差所平衡。内压力作用在半球的大圆面上，数值等于 $\pi R^2 p_内$，外压力垂直作用在半球面上，其沿轴的分量相当于 $p_外$ 均匀作用在投影面积 πR^2 上。故半球的平衡条件为

$$\pi R^2 (p_内 - p_外) = 2\pi R\sigma$$

$$\Delta p = p_内 - p_外 = \frac{2\sigma}{R}$$

液滴越小，内外压强差越大。

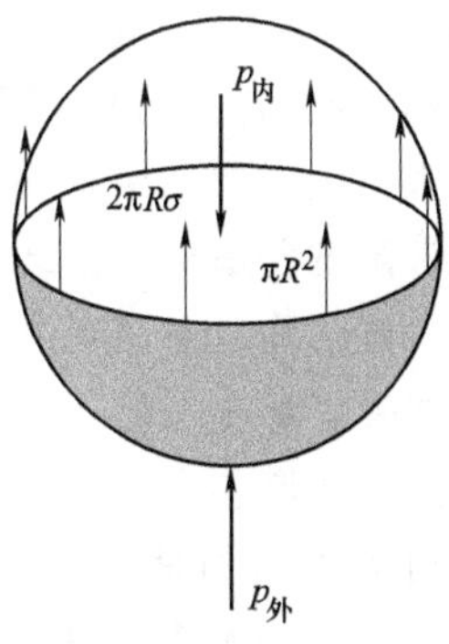

图 1.5.3　液滴内外压差

2. 毛细现象

除了液滴外，另一造成液面弯曲的常见原因是液面与固体壁的接触。液体与固体接触时，在接触处液面与固体表面切线之间成一定的角度，称为接触角。接触角 θ 的大小只与固体和液体的性质有关。取固体表面的切线指向液体内部（见图 1.5.4），若 θ 为锐角，我们说液体润湿固体；若 θ 为钝角，我们说液体不润湿固体。$\theta = 0$ 为完全润湿情况；$\theta = \pi$ 为完全不润湿情况。水几乎能完全润湿干净的玻璃表面，但不能润湿石蜡；水银不能润湿玻璃，但能润湿洁净的铜和铁等。

将很细的玻璃管插入水中时，管中的液面会升高，但把玻璃管插入水银，管中的液面却下降。这种润湿管壁的液体在细管中升高，不润湿管壁的液体在细管中下降的现象，叫作毛细现象。毛细现象由表面张力和接触角所决定。

如图 1.5.5 所示，令毛细管的半径为 r，水的密度和表面张力系数分别为 ρ 和 σ，接触角为 θ，则上升的水柱的重量，由表面张力的垂直分量平衡，即

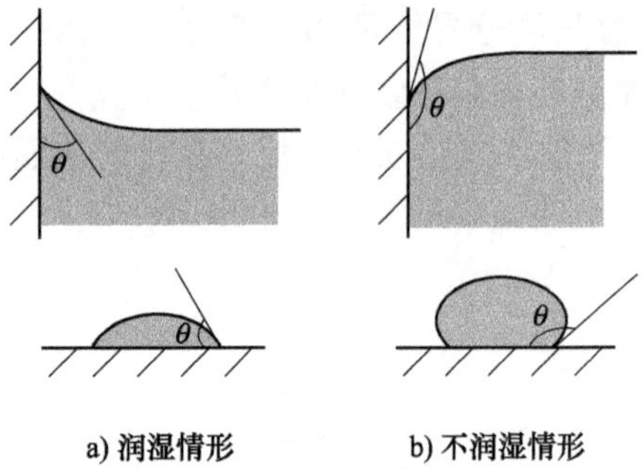

图 1.5.4　接触角

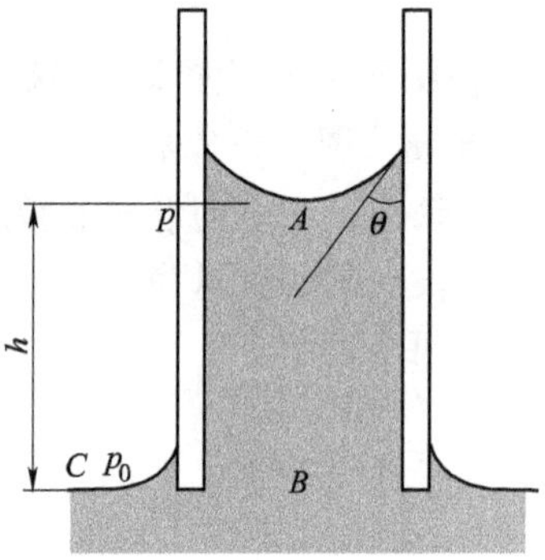

图 1.5.5　毛细现象

$$\rho g \cdot \pi r^2 h = 2\pi r \sigma \cos\theta$$

由此可得毛细管内水柱的高度为

$$h = \frac{2\sigma\cos\theta}{\rho g r}$$

植物从根部吸收了土壤中的养分，通过什么机制输送到顶部？一种看法是毛细作用。我们可利用上式估算一下。取树干中毛细管径的数量级为 $r = 10^{-3}\text{cm}$，$\theta = 0$。此外，对于水，$\sigma = 73\text{dyn}$㊀$/\text{cm}$，$\rho = 1\text{g/cm}^3$，根据上面的公式，$h = 1.5\text{m}$。可见，只靠毛细作用远不足以解决大树由根部向树冠供水的问题。另一个可能的作用机制是溶液浓度差造成的渗透现象。

据估算，渗透现象能把树汁输送到几米高，对于不太高的树可以解决问题了，但是参天的大树（如冷杉）高达 60m 以上，渗透作用也无能为力。长期以来，这一直是个谜。水的内聚力所引起的“负压”似乎能解开它的谜底。什么是“负压”？设想我们用图 1.5.6 所示的装置测量水的内聚力。

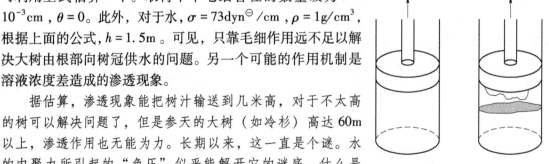

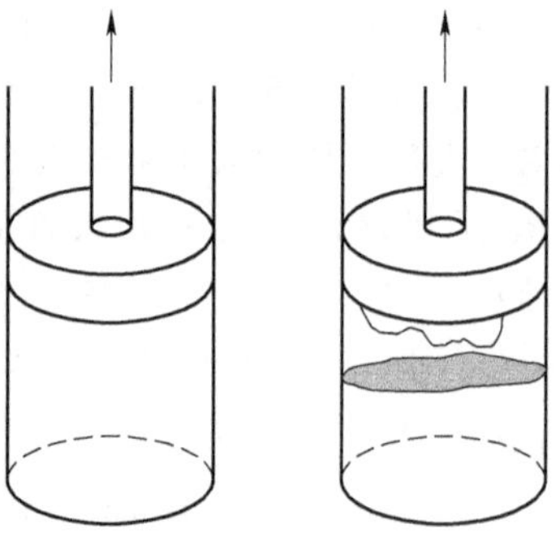

图 1.5.6　负压

㊀ 1dyn（达因）$= 10^{-5}\text{N}$。——编辑注

当活塞上提时，水略微有点膨胀，但在内聚力的作用下，水柱不会立即断开，这时它施加在活塞上一个向下的拉力，而不是向上的压力。我们说，这时水的压强是负的。当活塞提升到一定限度时，水柱断裂，与活塞分离。实验上测得，水中负压的极限可达300atm。这比水的结合能还小2个数量级，但已足以把汁液送上参天大树的顶端还绰绰有余。然而，树干中水的负压是怎样形成的呢？树干的木质部内有许多半径为$2.5\times10^{-5}\sim2.5\times10^{-4}$m的密封细管，其中充满了水。当水从叶面蒸发时，水柱就徐徐向上移动以保持不断裂，于是在管道中形成负压。树干底部的压强仍是大气压强，不断地把树汁压送到顶端。对于高60m的大树，仅需4.8atm，这是水的内聚力完全能够负担得起的。

练　习　题

1-1　阿伏伽德罗定律，在标准状态下（$T=273$K，$p=1.01325\times10^5$Pa），1mol空气（28.96g）含有6.02×10^{23}个分子。在地球表面上70km高空，空气密度为$\rho=8.75\times10^{-5}\text{kg/m}^3$。试估算此处$V=1.0\times10^{-6}\text{mm}^3$体积的空气中，所含分子个数$n$。（提示：一般认为$n<10^6$时，连续介质假设不再成立）

1-2　牛顿液体在重力作用下，沿斜平壁（与水平线的倾斜角为θ）流动。设y轴垂直平壁向上，原点在平壁上，速度分布为

$$u(y)=\frac{g\sin\theta}{2\nu}(2hy-y^2)$$

式中，ν为液体的运动黏度，h为液层厚度。试求：(1) 当$\theta=30^\circ$时斜平壁上的切应力τ_{w1}；(2) 当$\theta=90^\circ$时斜平壁上的切应力τ_{w2}；(3) 自由液面上的切应力τ_0。

1-3　已知半径为R的管内液体质点的轴向速度u与质点所在半径r呈抛物线形分布规律。且当$r=0$时，$u=u_0$；当$r=R$时，$u=0$。(1) 试建立$u=u(r)$，$\tau=\tau(r)$的函数关系式；(2) 如果$R=6$mm，$u_0=3.6$m/s，$\mu=0.1\text{Pa}\cdot\text{s}$时，试分别求$r=0$mm、2mm、4mm、6mm处的切应力。

第2章

流体静力学基础

流体静力学研究平衡流体的力学规律及其应用。平衡包括两种，一种是流体对地球无相对运动，一种是流体对运动容器无相对运动。前者称为重力场中的流体平衡（静止），后者称为流体的相对平衡（相对静止）。这是按习惯上认为地球是固定不动而划分的，如果将地球也视为运动容器，则一切平衡都是相对于坐标系的相对平衡。各质点之间均不产生相对运动，因而流体的黏滞性不起作用，即流体黏性在平衡状态下无从显示。流体静力学是流体力学中独立完整而又严密符合实际的内容，其理论不需要实验修正。

2.1 流体力学中的微元分析法

构建模型是科学研究的基本方法之一，建模主要有量纲分析法、唯象法、类比法、微元分析法等，本节讨论微元分析法，量纲分析法我们在后续章节中讨论。

在物理学中，当研究对象连续分布于一定的空间范围内，因为连续体处于不同空间的部分，其运动状态不同，无法像刚体那样，用一个“质点”来描述整个“连续体”的运动规律，而要选取无穷多个不同空间位置的“质点”作为研究对象。对这种连续空间分布的物质系统的运动规律进行研究，需要在系统的任一非边界位置附近确定一个微元，对该微元进行分析，称为微元分析法，其本质是微积分中的微元处理方法。微元种类繁多，既有标量，也有矢量。在流体力学中，有质量微元 $\mathrm{d}m$ 、力微元 $\mathrm{d}\boldsymbol{F}$ 、做功微元 $\mathrm{d}W$（也叫作元功）、能量微元 $\mathrm{d}E$ 、力矩微元 $\mathrm{d}\boldsymbol{M}$ 等。此外，还有曲线上的一段线元、曲面上的一块面元以及三维空间体上的体积元等。

在物理学中经常遇到复杂的物理过程，用初等数学已无法解决，必须用高等数学的理论方法，结合物理学定律，将研究对象分为无限多个无限小的部分，即“化整为零”，再取出有代表性的极小的一部分，即所谓的“微元”分析，最后从局部到整体进行“化零为整”综合考虑方能解决。从本质上看，流体力学方程的导出是用数学语言把物理规律“翻译”出来，这些物理规律主要有牛顿第二定律、傅里叶定律、热力学第一定律、斐克定律以及质量守恒定律等。物理规律反映的是某个物理量与其邻近部分、邻近时刻之间的联系。首先要确定研究哪一个物理量，之后从所研究的系统中划出一小部分，根据物理规律分析邻近部分和这个小部分的相互作用，抓住主要的影响因素，略去不重要的影响因素，把这种影响用算式表达出来，经简化整理成数学物理方程。微元分析法的目的是要找出有一定分布规律的数学表达式，使该微元可用某种坐标系中的变量表达出来，并在该物质分布的空间里可积分。由于研究对象的各部分都是相互联系、相互影响、相互制约，既有个性又有共性。因此，该微分方程既是客体各部分运动规律的高度概括和表现，又是客体上任意微元物理规律的一个缩影。

牛顿第二定律　$\boldsymbol{F}=m\boldsymbol{a}$

胡克定律　在弹性限度内，弹性体的张应力和弹性体的形变量（相对伸长）成正比，即

张应力＝弹性模量（E）×相对伸长

傅里叶定律　在单位时间内，通过单位面积流入微小体积元的热量 q 与沿面积元外法线方向的温度变化率 $\dfrac{\partial T}{\partial n}$ 成正比，即

$$q = -\lambda\frac{\partial T}{\partial n}$$

式中，λ 是导热系数，负号表示热流是朝着温度降低的方向进行的。

牛顿冷却定律　单位时间内从周围介质传到边界的单位面积上的热量与表面和外界介质的温度差成正比，即

$$dQ = \alpha(T_0 - T|_\Sigma)$$

式中，T_0 是外界介质的温度；$T|_\Sigma$ 表示边界 Σ 上的温度；α 为传热系数。

菲克定律　在单位时间内穿过垂直于扩散方向的截面积 A 的扩散物质的质量 m 与该截面处的浓度梯度成正比，即

$$m = -DA\frac{\partial C}{\partial n}$$

式中，D 为扩散系数，负号表示扩散是朝着扩散物质浓度 C 降低的方向进行的。

在后续内容中，将经常使用微元分析法。

2.2　流体静压强及其特性

流体在静止时不能承受拉力和剪切力，所以流体静压强的方向必然是沿着作用面的内法线方向，这就是流体静压强的第一个特性。由于流体内部的表面力只存在着压力，因此，流体静力学的根本问题是研究流体静压强的问题。

在第 1 章中我们讨论过，过流体内任一点可以做无数个方向不同的微小面积，那么，作用于该点的流体静压强，是否会因方向不同而改变大小呢？为了回答这个问题，我们在静止或相对静止的流体中，取出一个包括点 O 在内的微小四面体 $OABC$，如图 2.2.1 所示，并将点 O 设为坐标原点，取正交的三个边长分别为 dx、dy、dz 与 x、y、z 坐标轴重合。垂直于 x、y、z 三个坐标轴的面及倾斜面 ABC 上的平均压强分别为 p_x、p_y、p_z 及 p_n，因为各面极其微小，所以各面上的平均压强可代表该面上任一点的压强。为了研究这些平均压强间的相互关系，我们建立作用于微小四面体 $OABC$ 上各力的平衡关系。作用于微小四面体 $OABC$ 上的表面力，由于静止或相对静止流体不存在拉力和剪切力，因此，表面力只有压力。用 P_x、P_y、P_z 及 P_n 分别表示垂直于 x、y、z 轴的平面及倾斜面上的流体静压力，其大小等于作用面积和流体静压强的乘积。即

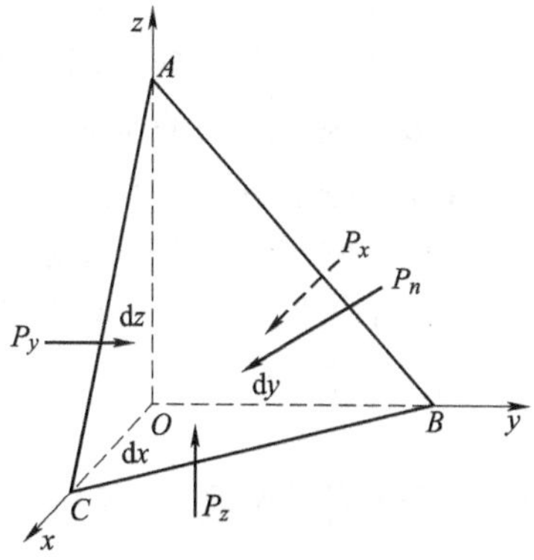

图 2.2.1　四面体流体微团受力平衡

$$P_x = p_x \cdot \frac{1}{2}dydz,\quad P_y = p_y \cdot \frac{1}{2}dxdz,\quad P_z = p_z \cdot \frac{1}{2}dxdy$$

$$P_n = p_n \cdot \mathrm{d}A(\mathrm{d}A \text{ 为 } \triangle ABC \text{ 的面积})$$

作用在微小四面体 $OABC$ 上的质量力 $\boldsymbol{F}$ 在各轴向的分力等于单位质量力 $\boldsymbol{f}$ 在各轴向的分力与流体质量的乘积，而流体质量又等于流体密度与微小四面体的体积 $\frac{1}{6}\mathrm{d}x\mathrm{d}y\mathrm{d}z$ 的乘积。于是得到质量力在各轴向的分力为

$$F_x = f_x \cdot \rho \cdot \frac{1}{6}\mathrm{d}x\mathrm{d}y\mathrm{d}z\ ,\ F_y = f_y \cdot \rho \cdot \frac{1}{6}\mathrm{d}x\mathrm{d}y\mathrm{d}z\ ,\ F_z = f_z \cdot \rho \cdot \frac{1}{6}\mathrm{d}x\mathrm{d}y\mathrm{d}z$$

微小四面体在上述两类力的作用下处于静止或相对静止状态，根据牛顿第二定律，其外力的轴向平衡关系式可以写成

$$P_x - P_n\cos < \boldsymbol{n},\ x > + F_x = 0$$
$$P_y - P_n\cos < \boldsymbol{n},\ y > + F_y = 0$$
$$P_z - P_n\cos < \boldsymbol{n},\ z > + F_z = 0$$

式中，$< \boldsymbol{n}, x >$、$< \boldsymbol{n}, y >$ 和 $< \boldsymbol{n}, z >$ 分别表示倾斜面外法线方向 $\boldsymbol{n}$ 与 x 、y 、z 轴方向的夹角。P_n 前面的负号，是因为流体静压力在相应坐标轴上的投影与该轴正向相反。

由 x 轴方向的平衡方程，得

$$p_x \cdot \frac{1}{2}\mathrm{d}y\mathrm{d}z - p_n \cdot \mathrm{d}A\cos < \boldsymbol{n},\ x > + f_x \cdot \rho \cdot \frac{1}{6}\mathrm{d}x\mathrm{d}y\mathrm{d}z = 0$$

将 $\mathrm{d}A\cos < \boldsymbol{n},\ x > = \frac{1}{2}\mathrm{d}y\mathrm{d}z$ 代入上式，并略去高阶无穷小量，得

$$p_x = p_n$$

同理，可得

$$p_y = p_n$$
$$p_z = p_n$$

于是

$$p_x = p_y = p_z = p_n$$

当 $\mathrm{d}x$ 、$\mathrm{d}y$ 、$\mathrm{d}z$ 趋近于零时，四面体缩为一个点，原来四个面上任何一点的压强 p_x 、p_y 、p_z 及 p_n 就变成点 O 上各个方向的压强了。任何方向作用于一点上的流体静压强均是相等的，按作用与反作用原理，一点对周围流体任何方向上所作用的流体静压强也都是相等的，即流体静压强是各向同性的，它与受压面的方位无关，它的大小可以由质点所在的坐标位置确定。这是流体静压强的第二个特性。于是，研究流体静压强的根本问题，即研究流体静压强的分布规律问题简化为研究压强函数的问题。

2.3 流体平衡微分方程

1. 流体平衡微分方程的建立

在平衡流体中，任取一点 $M(x,\ y,\ z)$ ，该点处压强为 p ，以点 M 为中心取一微元正六面体，各边长为 $\mathrm{d}x$ 、$\mathrm{d}y$ 和 $\mathrm{d}z$ ，分别与相应的直角坐标轴平行，如图 2.3.1 所示。我们对微元六面体建立外力平衡关系，便可以得出流体平衡微分方程。为此，首先分析作用于正六面体上的外力——质量力和表面力。

作用于六面体上的表面力，由于流体静压强是空间坐标的连续函数，垂直于 x 轴方向的

前、后两个边界面（这两个面的法线方向与 x 轴方向一致）中心处的压强，根据泰勒级数展开，并取前两项，易得

$$p+\frac{1}{2}\frac{\partial p}{\partial x}\mathrm{d}x \text{ 和 } p-\frac{1}{2}\frac{\partial p}{\partial x}\mathrm{d}x$$

式中，$\frac{\partial p}{\partial x}$ 为压强沿 x 轴向的递增率；$\frac{1}{2}\frac{\partial p}{\partial x}\mathrm{d}x$ 是由于 x 轴向的位置变化而引起的压强差。于是，前、后两个边界面的压力分别为

$$\left(p+\frac{1}{2}\frac{\partial p}{\partial x}\mathrm{d}x\right)\mathrm{d}y\mathrm{d}z \text{ 和 } \left(p-\frac{1}{2}\frac{\partial p}{\partial x}\mathrm{d}x\right)\mathrm{d}y\mathrm{d}z$$

设作用于六面体的单位质量力在 x 轴向的分力为 f_x，则作用于六面体的质量力在 x 轴向的分力为

$$f_x\rho\mathrm{d}x\mathrm{d}y\mathrm{d}z$$

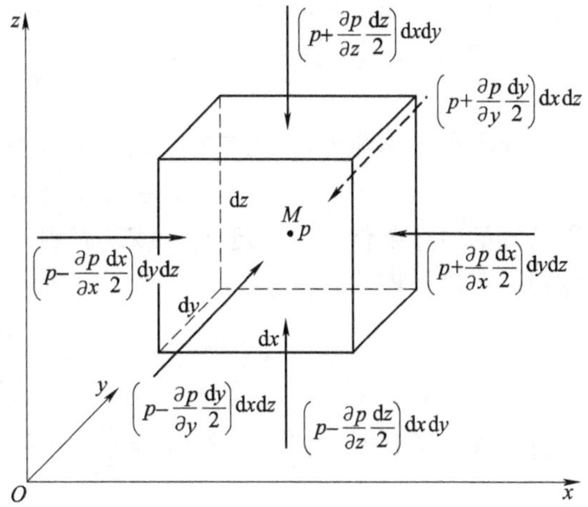

图 2.3.1 微元正六面体

根据牛顿第二定律，处于平衡状态的流体，表面力和质量力必须互相平衡。对于 x 轴向的平衡可以写为

$$\left(p-\frac{1}{2}\frac{\partial p}{\partial x}\mathrm{d}x\right)\mathrm{d}y\mathrm{d}z-\left(p+\frac{1}{2}\frac{\partial p}{\partial x}\mathrm{d}x\right)\mathrm{d}y\mathrm{d}z+f_x\rho\mathrm{d}x\mathrm{d}y\mathrm{d}z=0$$

化简得

$$f_x\rho-\frac{\partial p}{\partial x}=0$$

同理，对于 y、z 轴方向可得

$$f_y\rho-\frac{\partial p}{\partial y}=0\ ,\ f_z\rho-\frac{\partial p}{\partial z}=0$$

这是欧拉于1755年最先推导出的流体平衡微分方程，也称欧拉平衡方程。该方程给出了流体处于平衡状态时，作用于流体上的质量力与压强递增率之间的关系，即单位体积质量力在某一轴的分力与压强沿该轴的递增率相平衡。如果单位体积的质量力在某两个轴向分力为零，则压强在该平面就无递增率，则该平面为等压面；如果质量力在各轴向的分力均为零，就表示无质量力作用，则静止流体空间各点压强相等。

将欧拉平衡微分方程改写为

$$\begin{cases}f_x=\dfrac{1}{\rho}\dfrac{\partial p}{\partial x}\\[2ex] f_y=\dfrac{1}{\rho}\dfrac{\partial p}{\partial y}\\[2ex] f_z=\dfrac{1}{\rho}\dfrac{\partial p}{\partial z}\end{cases}\tag{2.3.1}$$

可以看出，单位质量力在各轴分力和压强递增率的符号相同，说明质量力作用的方向就是压强递增率的方向。例如，在重力场中，对于静止液体，压强递增的方向就是重力作用的铅直向下的方向。将式（2.3.1）分别乘以微分线段 $\mathrm{d}x$、$\mathrm{d}y$、$\mathrm{d}z$ 后相加，有

$$f_x\mathrm{d}x+f_y\mathrm{d}y+f_z\mathrm{d}z=\frac{1}{\rho}\left(\frac{\partial p}{\partial x}\mathrm{d}x+\frac{\partial p}{\partial y}\mathrm{d}y+\frac{\partial p}{\partial z}\mathrm{d}z\right)$$

括号中正是 $p=p(x, y, z)$ 这个标量函数的全微分 dp，所以

$$dp=\rho(f_x dx+f_y dy+f_z dz) \tag{2.3.2}$$

此式称为欧拉平衡方程的综合形式，也叫作压强微分公式。

在重力场中，$f_x=f_y=0$，$f_z=-g$，于是

$$dp=-\rho g dz$$

对于均质不可压缩流体，ρ 为常数。对上式积分，得出

$$p=-\rho g z+C_1 \ (C_1 \text{为常数})$$

利用已知的边界条件，可确定 C_1。该式表明，对于重力场中的静止流体，p 仅与 z 有关，呈线性分布。还可将该式写作

$$z+\frac{p}{\rho g}=C \tag{2.3.3}$$

此即流体静力学基本方程。其中，$C=\frac{C_1}{\rho g}$ 仍为常数，z 为静止流体内任意点至基准面位置的高度，称为位置水头；$\frac{p}{\rho g}$ 为该点的压强高度或称压强水头；$z+\frac{p}{\rho g}$ 为该点的测压管高度或称测压管水头。式（2.3.3）表明，质量力为重力的静止流体内各点处的测压管水头均相同。由于 $z+\frac{p}{\rho g}$ 为常数，显然，当 z 大，则 $\frac{p}{\rho g}$ 小；反之，当 z 小，则 $\frac{p}{\rho g}$ 大。依据式（2.3.3），利用已知点的边界条件：$z=z_0$，$p=p_0$，可求出积分常数 $C_1=p_0+\rho g z_0$，于是得出

$$p=p_0+\rho g(z_0-z)$$

式中，p 为任意点压强；p_0 为已知点压强；z_0 为已知点位置高度；z 为任意点位置高度。

令 $h=z_0-z$ 表示已知点与任意点的位置高差，可得出另一种形式的流体静力学基本方程

$$p=p_0+\rho g h \tag{2.3.4}$$

利用该式可求出任意点的压强。图 2.3.2a、b、c、d 中定性地画出了四种固壁的压强分布，固壁淹没在静止液体中，自由液面上均为大气压强。

对于工程技术人员而言，记住以下压强换算数值是必要的。

$$1\text{atm}=1.01325\times10^5\text{Pa}$$

$$1\text{atm}=10.33\text{mH}_2\text{O}$$

$$1\text{atm}=760\text{mmHg}$$

$$1\text{mmH}_2\text{O}=9.807\text{Pa}$$

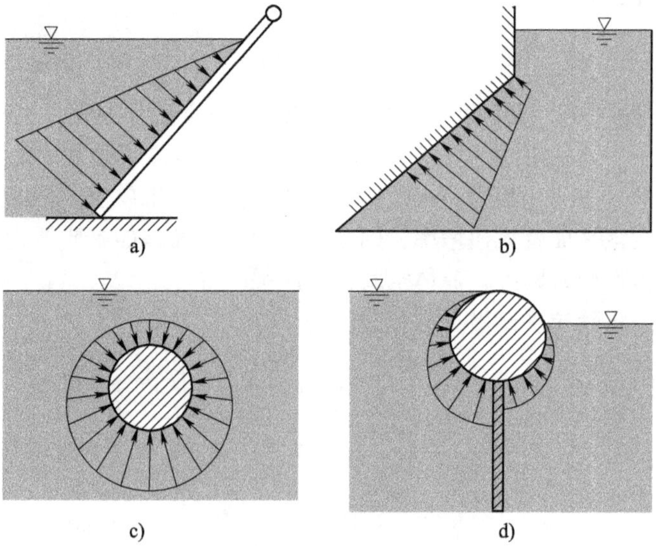

图 2.3.2 静止液下固壁的压强分布

2. 质量力的势函数

压强微分公式（2.3.2）的左端是压强的全微分，积分后得到一点上的静压强 p，而平衡流体中一点上的流体静压强应由其坐标唯一地确定，因此式（2.3.2）的右端必须也是一个坐标函数的全微分，这样才能保证积分结果的唯一性。

不难看到，若存在一个坐标函数 $W=W(x, y, z)$，其对某一个坐标的偏导数等于该坐标方向上的质量分力，即

$$f_x=\frac{\partial W}{\partial x},f_y=\frac{\partial W}{\partial y},f_z=\frac{\partial W}{\partial z} \tag{2.3.5}$$

则式（2.3.2）的右端为

$$\rho(f_x\mathrm{d}x+f_y\mathrm{d}y+f_z\mathrm{d}z)=\rho\left(\frac{\partial W}{\partial x}\mathrm{d}x+\frac{\partial W}{\partial y}\mathrm{d}y+\frac{\partial W}{\partial z}\mathrm{d}z\right)=\rho\mathrm{d}W$$

即式（2.3.2）的右端成为坐标函数 $W=W(x, y, z)$ 的全微分。于是式（2.3.2）变成

$$\mathrm{d}p=\rho\mathrm{d}W$$

满足式（2.3.5）的坐标函数 $W(x, y, z)$ 称为质量力的势函数，符合式（2.3.5）关系的质量力称为有势的质量力。可以看到，在有势的质量力作用下，流体中任何一点上的流体静压强可以由坐标唯一地确定。只有在有势的质量力作用下流体才能平衡，如果单位质量力与时间变量有关，那就找不到纯坐标变量的质量力的势函数，因而压强也就不能由坐标唯一确定，这种情况下的流体当然不能保持平衡状态。质量力的势函数通常可以根据平衡流体所受的单位质量分力通过积分加以确定。

3. 等压面微分方程

流体中压强相等的点所组成的平面或曲面叫作等压面。在等压面上，

$$p=C(C\text{ 为常数})$$

$$\mathrm{d}p=0$$

于是，得到等压面的微分方程为

$$f_x\mathrm{d}x+f_y\mathrm{d}y+f_z\mathrm{d}z=0$$

等压面有三个性质。首先，等压面也是等势面。事实上，由 $\mathrm{d}p=0$，得到

$$\mathrm{d}W=0\ ,\ W=C$$

质量力势函数等于常数的面叫作等势面，所以等压面也就是等势面。在重力场中，$W=gz$，所以当 $W=C$ 时，其等势面或等压面必然是由 $W=C$ 所代表的水平面族。与大气接触的自由表面当然也是等压面，这正是“水平面”一词的来由。应当注意，自由表面虽然始终是等压面，但在流体受其他质量力作用时，其自由表面却不一定是水平的，例如，盛有半桶水的圆柱形水桶在匀速旋转情况下的自由面。其次，等压面与单位质量力矢量垂直。这一性质可用等压面方程证明。事实上，f_x、f_y 和 f_z 是单位质量力 $\boldsymbol{f}$ 的三分量，$\mathrm{d}x$、$\mathrm{d}y$ 和 $\mathrm{d}z$ 是等压面上任意微元线段 $\mathrm{d}\boldsymbol{l}$ 的三分量，于是等压面微分方程可写成

$$\boldsymbol{f}\cdot\mathrm{d}\boldsymbol{l}=0$$

两矢量标量积（也称点积）为零，说明两矢量正交，$\mathrm{d}\boldsymbol{l}$ 是等压面上的任意线段，因而等压面与单位质量力相互垂直。第三，两种不相混合的平衡液体的交界面必然是等压面。如图 2.3.3 所示，假定密闭容器与大地有某种相对运动，密度为 ρ_1 及 ρ_2 的两种不相混合液体在容器中处于平衡状态。如果两种液体的交界面 c—c 不是等压面（当然也不是等势面），则交界面上两点 A、B 的压强差在两种平衡液体中可以分别写出

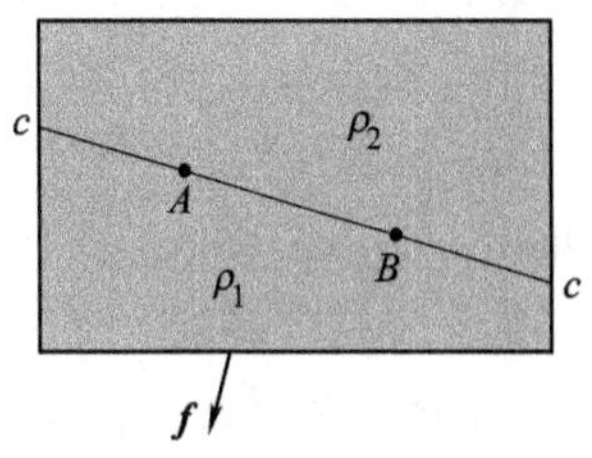

图 2.3.3　两种液体交界面

$$\mathrm{d}p=-\rho_1\mathrm{d}W$$

$$dp = -\rho_2 dW$$

因$\rho_1 \neq \rho_2$，等式在$dp \neq 0$, $dW \neq 0$的情况下是不可能同时成立的。只有当$dp = 0$, $dW = 0$时，等式才同时成立，因而交界面$c—c$是等压面、等势面。若容器相对大地不运动，则重力场中两种液体的交界面是等压面，也必然是水平面。

【例 2.3.1】 分析漏斗中液体的压强分布。密度为ρ的液体，装在下端为细直圆管的漏斗中，如图 2.3.4a 所示。若堵住细管出口，没有流体流出，管内压强是否处处一致？如果不一致，其压强分布如何？

解： 取图 2.3.4b 所示的微元体，它是z_1和z_2处的两个水平面间的直圆柱体，其高度为$h = z_1 - z_2$，水平截面面积为A。在重力作用下，若z方向没有发生运动，则z方向所有作用在流体柱端面的力平衡。

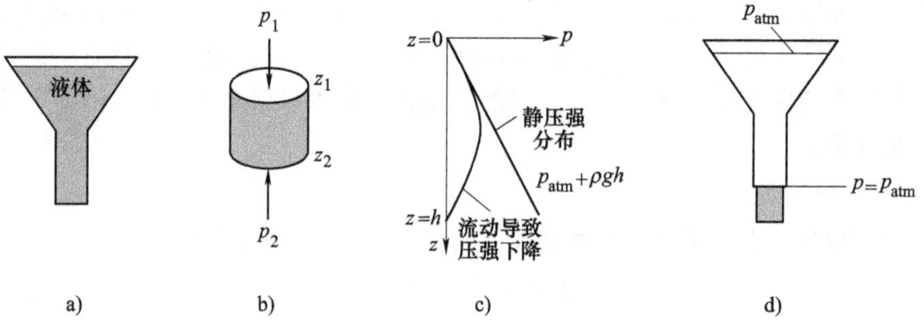

图 2.3.4 漏斗中液体的压强分布

流体柱的上表面（z_1面）受到z方向的压力为p_1A。作用在圆柱侧表面的压力垂直于侧表面，在z方向没有分量，因此这些压力不影响z方向的力平衡。z方向的体积力为流体的重量，即

$$mg = \rho ghA$$

下表面受到两个力作用，一是压力p_1A，另一个是液体重量，这两者方向向下。为与其平衡，必有向上的力，这就是z_2处来自下表面的压力p_2A。由此得到

$$p_2A = p_1A + \rho ghA$$

即

$$p_2 = p_1 + \rho gh$$

若z_1面固定不变，p_1保持常数，则p_2随h增大而增大。此即不可压缩流体的静力学基本方程。若漏斗中装满液体，底部无液体流出，其压强分布是一直线。如图 2.3.4c 所示。

若将漏斗下端管塞拔出，液体就会流出。若流量很小，漏斗中液体的上表面敞开在大气中，作用在表面上的压强为p_{atm}。我们要知道漏斗出口处，水平截面上的流体压力是多少？图 2.3.4d 所示为底部有流动时的敞开漏斗，观察管外的空气，大气压作用在漏斗出口处，液体离开管口，在液体和周围空气之间的横截面上压力是连续的，否则，径向作用力就不平衡，界面就会沿径向移动（事实上毛细管中液体表面张力将起到重要作用，本题忽略表面张力的影响）。因此，可以断定，至少可以推测，下端口表面流体上的压强等于大气压，与上表面的压强相等。

漏斗上部锥形区有很大的截面（相对于下部圆管），液体向下流动的速度很低，靠近细圆管进口时才有明显速度。基于上述分析，可以推知，漏斗上部锥形区，因为速度小，其压力服

从流体静力学定律。当流体流进下部圆管时，因流动而使压强损失，沿轴向压强下降，直至达到出口处的大气压。漏斗中有流动和无流动（静压）时的压强分布如图 2.3.4c 所示。

2.4　液体的相对平衡

除了重力场中的流体平衡问题以外，还有一种在工程上常见的所谓液体相对平衡问题。我们以流体的平衡微分方程为基础，讨论除重力外，还有牵连惯性力同时作用下的液体平衡规律，在这种情况下，液体相对于大地虽是运动的，但是液体质点之间以及质点与器壁之间都没有相对运动，这种运动称为相对平衡。工程上比较常见的相对平衡主要有两种。

1. 容器做匀加速直线运动

一上部敞开的容器盛有液体，以等加速度 $\boldsymbol{a}$ 向前做直线运动，液体的自由面由原来静止时的水平面变成倾斜面，如图 2.4.1 所示。若观察者随容器而运动，他将看到容器和液体都没有运动，如同固结为一体。此时作用在每一个质点的质量力，除重力外，还有牵连惯性力。取自由液面的中心为坐标原点 O，x 轴正向与运动方向相同，z 轴向上为正方向。单位质量的重力在各轴向的分力为

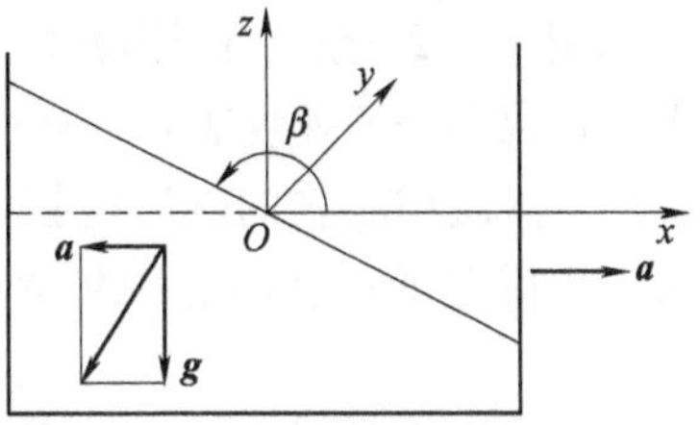

图 2.4.1　容器做匀加速直线运动

$$f_{x1}=f_{y1}=0\ ,f_{z1}=-g$$

由于质点受牵连而随容器做匀加速直线运动，则作用在质点上的牵连惯性力为

$$F=-ma$$

式中，m 为流体质点的质量，负号表示牵连惯性力的方向与 x 轴负方向一致。于是单位质量的牵连惯性力在各轴向的分力为

$$f_{x2}=-a,f_{y2}=f_{z2}=0$$

因此，单位质量力在各轴向的分力为

$$f_x=f_{x1}+f_{x2}=-a$$
$$f_y=f_{y1}+f_{y2}=0$$
$$f_z=f_{z1}+f_{z2}=-g$$

根据流体平衡微分方程，有

$$\mathrm{d}p=\rho(-a\mathrm{d}x-g\mathrm{d}z)$$

积分得

$$p=\rho(-ax-gz)+C$$

式中，C 为积分常数，由已知边界条件确定。此即做匀加速直线运动的容器中，液体相对平衡时压强分布规律的一般表达式。

设在坐标原点处，$x=z=0$，$p=p_a$，得 $C=p_a$。于是，得到液面下任一点处的压强为

$$p=\rho(-ax-gz)+p_a$$

其相对压强（仍用 p 表示）为

$$p=\rho(-ax-gz)$$

对于自由液面，$p=0$，则上式为

$$z=-\frac{a}{g}x$$

此即等加速直线运动液体的自由面方程。从该方程可知，自由面是通过坐标原点的一个倾斜面，它与水平面的夹角为β，$\tan\beta=-\frac{a}{g}x$。在这种运动情况下，各质点所受的牵连惯性力和重力，不仅大小相等，而且方向相同。它们的合力也是不变的，不仅大小不变，方向也不变。根据质量力和等压面正交的特性，等压面是倾斜平面。

自由面确定后，可以根据自由面求出液体中任一点的压强。

2. 容器做等角速回转运动

一直立圆筒形容器盛有液体，绕其中心轴做等角速度旋转，如图 2.4.2 所示。由于液体的黏性作用，液体在器壁的带动下，也以同一角速度旋转，液体的自由面将由原来静止时的水平面变成绕中心轴的旋转抛物面，这种平衡也是相对平衡。这时，作用在每一个质点上的质量力除重力外，还有牵连离心惯性力。

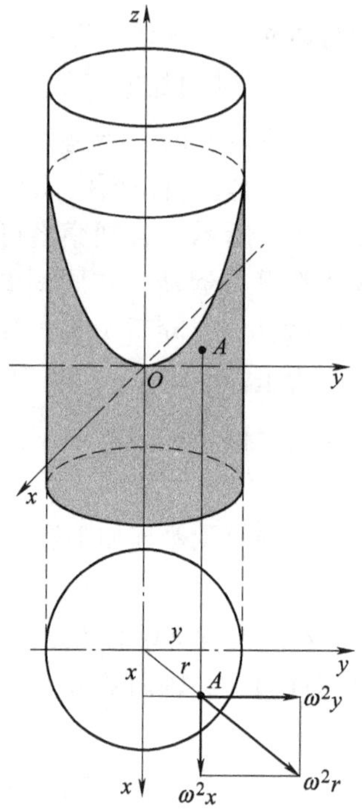

图 2.4.2 容器做等角速度旋转

将坐标设在旋转圆筒上，并使原点与旋转抛物面顶点重合，z 轴铅直向上为正。我们来分析距 z 轴半径为 r 处的任一质点 A 所受的单位质量力。

单位质量的重力在各轴向的分力为

$$f_{x1}=f_{y1}=0\ ,f_{z1}=-g$$

由于质点 A 受牵连而随容器做等角速旋转运动，则作用在质点上的牵连离心惯性力为

$$F=m\frac{(\omega r)^2}{r}=m\omega^2 r$$

式中，m 为流体质点的质量；ω 为旋转角速度；r 为点 A 距 z 轴的半径，$r=\sqrt{x^2+y^2}$ 。于是，单位质量的牵连惯性力在各轴向的分力为

$$f_{x2}=\omega^2 x\ ,f_{y2}=\omega^2 y\ ,f_{z2}=0$$

因此，单位质量力在各轴向的分力为

$$f_x=f_{x1}+f_{x2}=\omega^2 x$$
$$f_y=f_{y1}+f_{y2}=\omega^2 y$$
$$f_z=f_{z1}+f_{z2}=-g$$

根据流体平衡微分方程，有

$$\mathrm{d}p=\rho(\omega^2 x\mathrm{d}x+\omega^2 y\mathrm{d}y-g\mathrm{d}z)$$

积分得

$$p=\rho\left(\frac{1}{2}\omega^2x^2+\frac{1}{2}\omega^2y^2-gz\right)+C=\rho\left(\frac{1}{2}\omega^2r^2-gz\right)+C$$

式中，C 为积分常数，由已知边界条件确定。此即绕铅直轴做等角速度旋转的容器中，液体平衡时压强分布规律的一般表达式。设在坐标原点处，$x=y=z=0$，$p=p_a$，得 $C=p_a$。于是，得到

液面下任一点处的压强为

$$p = p_a + \rho\left(\frac{1}{2}\omega^2 r^2 - gz\right)$$

其相对压强为

$$p = \rho\left(\frac{1}{2}\omega^2 r^2 - gz\right)$$

取 p 为常数，就可得等压面方程为

$$\frac{\omega^2 r^2}{2g} - z = 常数$$

可见，等压面是绕铅直轴旋转的抛物面族。对于自由液面，$p = 0$，则上式为

$$z = \frac{\omega^2 r^2}{2g}$$

【例 2.4.1】 U 形管角速度测量仪如图 2.4.3 所示。两侧竖管与旋转轴距离分别为 R_1 和 R_2，其水柱液面高度分别为 h_1 和 h_2，试求旋转角速度。

解： 两侧竖管的液面压强都等于当地大气压，因而它们在同一个等压面上，建立如图所示的动坐标系，其中 z 与转轴重合。由

$$z = \frac{\omega^2 r^2}{2g} + C$$

当 $r = R_1$ 时，$z = h_1$；当 $r = R_2$ 时，$z = h_2$，于是

$$h_1 = \frac{\omega^2 R_1^2}{2g} + C$$

$$h_2 = \frac{\omega^2 R_2^2}{2g} + C$$

两式相减，得

$$h_2 - h_1 = \frac{\omega^2}{2g}(R_2^2 - R_1^2)$$

于是

$$\omega = \sqrt{\frac{2g(h_2 - h_1)}{R_2^2 - R_1^2}}$$

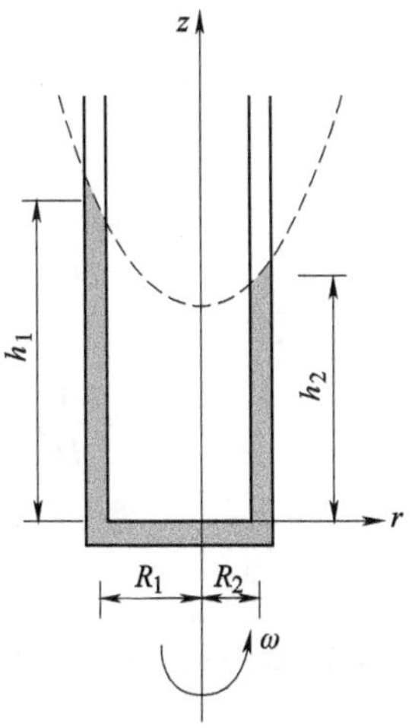

图 2.4.3　U 形管角速度测量仪原理图

【例 2.4.2】 如图 2.4.4 所示，在直径 $D = 0.4\text{m}$，高度 $H = 0.6\text{m}$ 的开口圆桶中，静止时的水位高度为 $h_1 = 0.4\text{m}$。设圆筒绕中心轴匀速旋转，试确定：

（1）自由液面正好达到容器边缘时的转数 n_1；

（2）抛物面顶端碰到容器底时的转数 n_2；

（3）当达到第二种情况后，容器再停止下来时的水面高度 h_2。

解： 利用液面（等压面）方程确定液体或空气的体积，由圆筒静止和转动时液体或气体体积不变确定转速。显然，当液

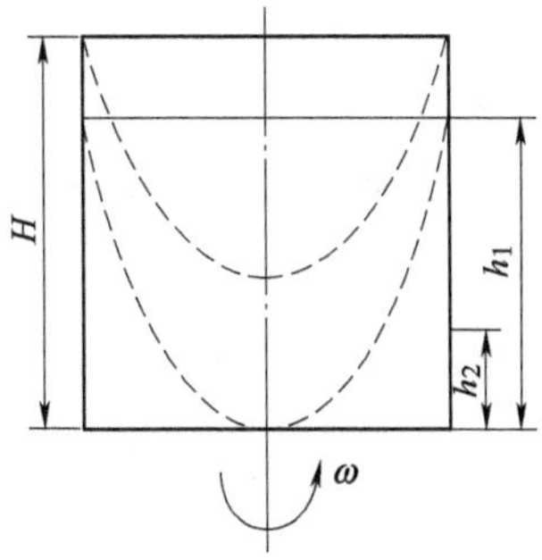

图 2.4.4　例 2.4.2 图

面边缘正好达到圆筒边缘后，继续提高转速将使部分水溢出筒外。

取底部中心为原点 O, z 轴向上的坐标系 Oxz，等压面方程为

$$z = \frac{\omega^2 r^2}{2g} + C$$

（1）液面恰好达到边缘点时，有 $r = D/2, z = H$，可确定积分常数

$$C = H - \frac{\omega^2 D^2}{8g}$$

于是

$$z = \frac{\omega^2 r^2}{2g} + H - \frac{\omega^2 D^2}{8g}$$

根据水的体积不变，有

$$\int_0^{D/2} 2\pi r \cdot \mathrm{d}r \cdot z = \frac{\pi D^2}{4} \cdot h_1$$

$$\int_0^{D/2} 2\pi r \cdot \mathrm{d}r \cdot z = 2\pi \int_0^{D/2} \left(\frac{\omega^2 r^2}{2g} + H - \frac{\omega^2 D^2}{8g} \right) r\mathrm{d}r = \frac{\pi D^2}{4} \left(H - \frac{\omega^2 D^2}{16g} \right)$$

于是

$$\omega = \frac{4}{D}\sqrt{g(H - h_1)} = \left(\frac{4}{0.4}\sqrt{9.807 \times (0.6 - 0.4)} \right) \mathrm{s}^{-1} = 14\mathrm{s}^{-1}$$

$$n_1 = \frac{\omega}{2\pi} \times 60 = \left(\frac{14}{2\pi} \times 60 \right) \mathrm{r/min} = 133.7\mathrm{r/min}$$

（2）液面最低点，有 $r = 0, z = 0$，可确定积分常数 $C = 0$，于是液面方程为

$$z = \frac{\omega^2 r^2}{2g}$$

在液面边缘点，$r = D/2$，$z=H$，于是

$$H = \frac{\omega^2 (D/2)^2}{2g}$$

$$\omega = \frac{2}{D}\sqrt{2gH} = \left(\frac{2}{0.4}\sqrt{2 \times 9.807 \times 0.6} \right) \mathrm{s}^{-1} = 17.15\mathrm{s}^{-1}$$

$$n_2 = \frac{\omega}{2\pi} \times 60 = \left(\frac{17.15}{2\pi} \times 60 \right) \mathrm{r/min} = 163.8\mathrm{r/min}$$

（3）在（2）的情况下，水静止下来，由空气的体积保持不变，有

$$\frac{\pi}{4} D^2 H = \frac{\pi}{4} D^2 (H - h_2)$$

$$h_2 = \frac{1}{2} H = \left(\frac{1}{2} \times 0.6 \right) \mathrm{m} = 0.3\mathrm{m}$$

练　习　题

2-1　如题2-1图所示，水平放置的半径为 r 、长度为 b 的圆柱体，其左下部充满水。已知直线 BC 与圆柱面相切于点 C，直线 BC 与水平线 AB 的夹角 $\beta=60°$；自由水面与圆柱侧面交线位置为 $\theta=45°$。试求圆柱体受到的静水压力的大小、方向和作用点。

2-2　题2-2图为倾角 $\alpha=30°$ 的某挡水斜壁面，其一部分是宽度为 $B=5\text{m}$，半径为 $R=3\text{m}$ 的半圆柱面，$\overline{ab}$ 为圆柱面直径，O 为圆柱面的轴线，其在自由液面下的深度 $H=4\text{m}$，试求作用在半圆柱面上静水总压力的大小与方向。

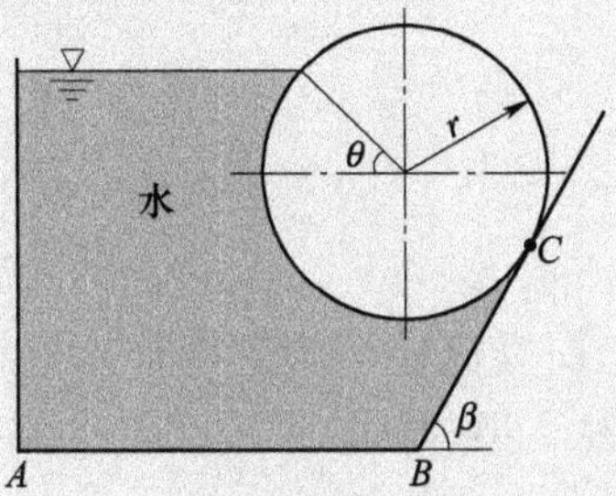

题2-1图

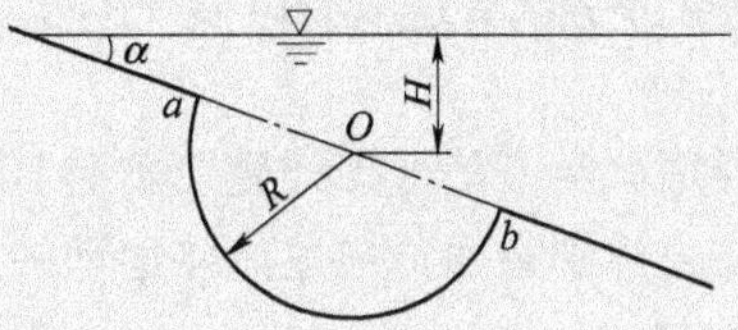

题2-2图

2-3　如题2-3图所示，两端敞口的U形管以加速度 $\boldsymbol{a}$ 沿水平方向做匀加速运动。设左右支管的间距为 l，液位高度分别为 h_1 和 h_2，试求：(1) 加速度 a；(2) 液体密度对结果的影响。

2-4　如题2-4图所示，直径为 $D=0.6\text{m}$，高度 $H=0.5\text{m}$ 的圆柱形容器，盛水深至 $h=0.4\text{m}$，剩余部分装一密度为 800kg/m^3 的油，封闭容器上部盖板中心有一小孔通大气。假定容器绕中心轴等角速旋转时，容器转轴和分界面的交点下降0.4m直至容器底部。求必需的旋转角速度及盖板、器底上的最大最小压强。

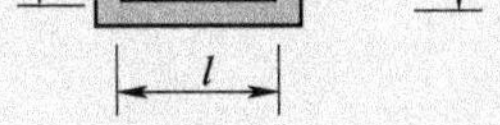

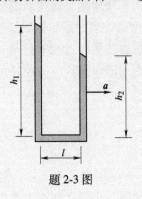

题2-3图

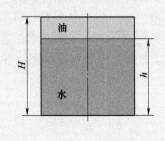

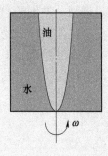

题2-4图

第 3 章 流体运动学基础

3

本章以几何观点来研究流体的运动，主要介绍流体运动的基本概念、描述方法、基本方程及其基本原理。

3.1 描述流体运动的两种方法

怎样用数学方法来描述整个流体的运动？这是理论上研究流体运动规律首先要解决的问题。流体力学中有两种描述流体运动的方法——拉格朗日法和欧拉法。

1. 拉格朗日法

这种方法着眼于描述单个质点在运动时的位置、速度、压强及其他流动参数随时间的变化，然后把全部质点的运动情况汇总，便得到整个流体的运动情况。拉格朗日法的特点是跟踪所选定的流体质点，观察其运动参数的变化。因此，拉格朗日法实质上是利用质点系力学来研究连续介质的运动。

拉格朗日法描述单个质点沿其轨迹的运动，而流体是由无数质点组成的，这就必须设法表明所描述的是哪个质点的运动。为了区别不同的流体质点，需要引入一些作为不同质点的标志的量。例如，它们的初始位置 x_0、y_0、z_0，也可能是柱坐标系以及其他曲线坐标系的初始位置坐标等。这些作为标志的量我们概括地用 a、b、c 来表示。这样流体质点在运动过程中，每一瞬时所在空间的位置，不仅与时间 t 有关，而且不同的流体质点占据不同的位置。可见流体质点在空间的位置 x、y、z，是独立变量 a、b、c 和 t 的函数

$$\begin{cases} x = x(a,b,c,t) \\ y = y(a,b,c,t) \\ z = z(a,b,c,t) \end{cases} \tag{3.1.1}$$

式中，a、b、c 和 t 称为拉格朗日变数。对于一个选定的流体质点，在运动过程中 t 变，但 a、b、c 保持不变。要从某一质点转到另外一个质点时，a、b、c 作为变量。我们在理论力学中所用的就是这种方法，例如，等速直线运动的运动方程

$$x = x_0 + u_0 t = x(x_0,\ t)$$

其中 x_0 为笛卡儿坐标的初始坐标，u_0 为运动速度。或者将上式写成

$$x = r_0\cos\theta_0 + u_0 t = x(r_0,\ \theta_0,\ t)$$

其中 r_0、θ_0 为极坐标的初始坐标。

根据定义，速度是一个选定的质点在单位时间内运动的位移。可以由位置函数（3.1.1）求出速度函数。因为是对于一个质点而言，在其运动过程中，a、b、c 不变，只是 t 在变，所以流体质点的速度为

$$u_x = \lim_{\Delta t \to 0} \frac{\Delta x}{\Delta t} = \lim_{\Delta t \to 0} \frac{x(a,\ b,\ c,\ t+\Delta t) - x(a,\ b,\ c,\ t)}{\Delta t}$$

根据偏微分的定义，可得到式（3.1.2）的第一式，同理还可以得到式（3.1.2）的另外两式，即

$$\begin{cases} u_x = \dfrac{\partial x}{\partial t} = u_x(a,b,c,t) \\ u_y = \dfrac{\partial y}{\partial t} = u_y(a,b,c,t) \\ u_z = \dfrac{\partial z}{\partial t} = u_z(a,b,c,t) \end{cases} \tag{3.1.2}$$

可以用与上述相类似的方法来求流体质点的加速度。因为加速度是一个选定的质点在单位时间内速度的变化。由速度函数式（3.1.2）来决定加速度时，a、b、c不变，只是t在变，于是得到流体质点的加速度为

$$\begin{cases} a_x = \dfrac{\partial u_x}{\partial t} = \dfrac{\partial^2 x}{\partial t^2} = a_x(a,b,c,t) \\ a_y = \dfrac{\partial u_y}{\partial t} = \dfrac{\partial^2 y}{\partial t^2} = a_y(a,b,c,t) \\ a_z = \dfrac{\partial u_z}{\partial t} = \dfrac{\partial^2 z}{\partial t^2} = a_z(a,b,c,t) \end{cases}$$

密度ρ、压强p也可用a、b、c和t的函数来表示，即

$$\rho = \rho(a,\ b,\ c,\ t)$$
$$p = p(a,\ b,\ c,\ t)$$

【例3.1.1】 用拉格朗日变数表示的某一流体运动的轨迹方程为

$$\begin{cases} x = a\mathrm{e}^{kt} \\ y = b\mathrm{e}^{-kt}\ (y \geqslant 0,\ \text{且 } k \text{ 为常数}) \\ z = c \end{cases}$$

试分析该运动，并求出流体质点的速度和加速度。

解： 对于给定的流体质点$(a,\ b,\ c)$为定值。对于本问题，流体质点均在$z=c$的平面上运动。由$xy = a\mathrm{e}^{kt} \cdot b\mathrm{e}^{-kt} = ab$可知，流体质点在$z=c$平面上做双曲线运动。

流体质点的速度和加速度分别为

$$\begin{cases} u_x = \dfrac{\partial x}{\partial t} = ak\mathrm{e}^{kt} \\ u_y = \dfrac{\partial y}{\partial t} = -bk\mathrm{e}^{-kt} \\ u_z = \dfrac{\partial z}{\partial t} = 0 \end{cases} \quad \text{与} \quad \begin{cases} a_x = \dfrac{\partial^2 x}{\partial t^2} = ak^2\mathrm{e}^{kt} \\ a_y = \dfrac{\partial^2 y}{\partial t^2} = bk^2\mathrm{e}^{-kt} \\ a_z = \dfrac{\partial^2 z}{\partial t^2} = 0 \end{cases}$$

---

2. 欧拉法

用欧拉法研究流体的运动是选定空间点，观察先后流过该空间点的各流体质点的物理量的

变化情况。逐次地由一个空间点转到另一个空间点便能了解整个或部分流体的运动情况。

用空间点观点来研究流体的运动，由于所选的空间点位置不同，观察到的流过这一空间点的物理量也不同，所以各个物理量是独立变量 x 、y 、z 的函数；对于选定的空间点，在不同的时刻 t，所观察到的物理量也随变量 t 而变，所以某一空间点（实质上指的是流过这一空间点的流体质点）的物理量，不仅随空间点的坐标而变，而且也随时间而变。所以在欧拉法中各个物理量是 x 、y 、z 、t 四个独立变量的函数，即

$$\begin{cases} u_x = u_x(x,\ y,\ z,\ t) \\ u_y = u_y(x,\ y,\ z,\ t) \\ u_z = u_z(x,\ y,\ z,\ t) \\ p = p(x,\ y,\ z,\ t) \\ \rho = \rho(x,\ y,\ z,\ t) \end{cases}$$

式中，x 、y 、z 、t 称为欧拉变数。

现在来说明，如何由以欧拉变数表示的速度来求以欧拉变数表示的加速度。研究速度和加速度的分布可以用欧拉法，但是从速度求加速度却必须用拉格朗日法，即必须用“质点观点”研究问题。因为加速度是某一流体质点在单位时间内的速度变化，为了求这一质点的加速度，就必须跟随这个质点观察其速度的变化情况。这时所选的空间点就不是任意的空间点，而是流体质点在运动过程中先后所经过的位置，是同一轨迹上的空间点。所以在求加速度时，x 、y 、z 不再是与 t 无关的独立变量，而是时间 t 的函数，即

$$x = x(t)\ ,\ y = y(t)\ ,\ z = z(t)$$

由于它们是同一轨迹上的点，根据理论力学中运动学的理论可知，质点的速度为

$$u_x = \mathrm{d}x/\mathrm{d}t,\ u_y = \mathrm{d}y/\mathrm{d}t,\ u_z = \mathrm{d}z/\mathrm{d}t$$

设在时刻 t，流体质点在空间位置（x，y，z），其速度为

$$u_x = u_x(x,\ y,\ z,\ t)$$

在时刻 $t+\Delta t$，流体质点沿着轨迹移动到空间位置（$x+\Delta x$，$y+\Delta y$，$z+\Delta z$），其速度为

$$u_x = u_x(x+\Delta x,\ y+\Delta y,\ z+\Delta z,\ t+\Delta t)$$

根据加速度的定义和复合函数的偏微分法则，流体质点的加速度为

$$a_x = \frac{\mathrm{d}u_x}{\mathrm{d}t} = \lim_{\Delta t\to 0}\frac{\Delta u_x}{\Delta t} = \lim_{\Delta t\to 0}\frac{u_x(x+\Delta x, y+\Delta y, z+\Delta z, t+\Delta t) - u_x(x,y,z,t)}{\Delta t}$$

$$= \frac{\partial u_x}{\partial t} + \frac{\partial u_x}{\partial x}\frac{\mathrm{d}x}{\mathrm{d}t} + \frac{\partial u_x}{\partial y}\frac{\mathrm{d}y}{\mathrm{d}t} + \frac{\partial u_x}{\partial z}\frac{\mathrm{d}z}{\mathrm{d}t} = \frac{\partial u_x}{\partial t} + u_x\frac{\partial u_x}{\partial x} + u_y\frac{\partial u_x}{\partial y} + u_z\frac{\partial u_x}{\partial z}$$

同理可以得到另外两式

$$a_y = \frac{\partial u_y}{\partial t} + u_x\frac{\partial u_y}{\partial x} + u_y\frac{\partial u_y}{\partial y} + u_z\frac{\partial u_y}{\partial z}$$

$$a_z = \frac{\partial u_z}{\partial t} + u_x\frac{\partial u_z}{\partial x} + u_y\frac{\partial u_z}{\partial y} + u_z\frac{\partial u_z}{\partial z}$$

可见，流体质点的总加速度由两部分组成，其中随时间而变的部分称为时变加速度（或当地加速度），例如，$\frac{\partial u_x}{\partial t}$ 项；另一部分是随空间位置而变的部分，称为位变加速度（或迁移加速度），例如，$\left(u_x\frac{\partial u_y}{\partial x} + u_y\frac{\partial u_y}{\partial y} + u_z\frac{\partial u_y}{\partial z}\right)$ 项。加速度的物理概念可用实例说明，如图 3.1.1 所示。水箱

中的水经底部的一段等径管路 AB 及变径喷嘴 BC 向外流动，假如我们只讨论管中断面上的平均速度 V，而不研究断面上的速度分布。那么断面平均流动参数，除时间变量 t 外，就只随一个空间变量 s（即沿管轴线方向的自然坐标）变化，$V=V(s,t)$，这种流动称为一元（或一维）流动。对于一元流动来说，如果水箱中水位保持恒定，则整个管流称为定常流动 $V=V(s)$，质点从 A 流向 B 时，既没有当地加速度，也没有迁移加速度，而质点从 B 流向 C 时，虽无当地加速度，但有迁移加速度。如果水箱中水位不保持恒定，则整个管流称为非定常流动，质点从 A 流向 B 时，虽无迁移加速度，但有当地加速度，而质点从 B 流向 C 时，既有迁移加速度，又有当地加速度。

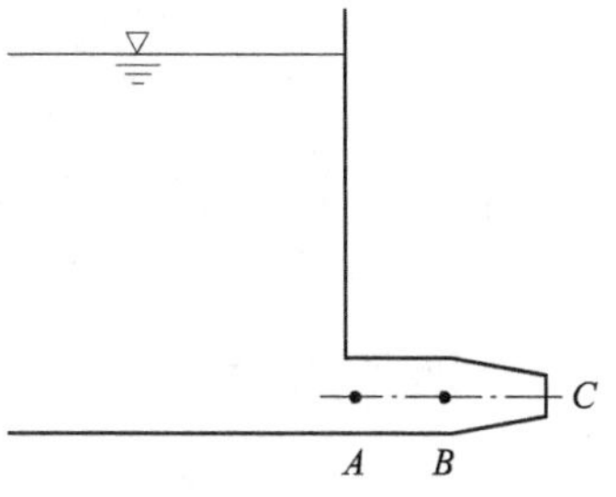

图 3.1.1　当地加速度与迁移加速度

习惯称 $\frac{\mathrm{D}}{\mathrm{D}t}=\frac{\partial}{\partial t}+u_x\frac{\partial}{\partial x}+u_y\frac{\partial}{\partial y}+u_z\frac{\partial}{\partial z}$ 为随体导数（或物质导数），与以上加速度的推导方法相同，对于其他物理量，同样有

$$\frac{\mathrm{D}\rho}{\mathrm{D}t}=\frac{\partial\rho}{\partial t}+u_x\frac{\partial\rho}{\partial x}+u_y\frac{\partial\rho}{\partial y}+u_z\frac{\partial\rho}{\partial z}$$

$$\frac{\mathrm{D}p}{\mathrm{D}t}=\frac{\partial p}{\partial t}+u_x\frac{\partial p}{\partial x}+u_y\frac{\partial p}{\partial y}+u_z\frac{\partial p}{\partial z}$$

从以上讨论可以看出，对于流体力学问题，采用拉格朗日法处理，必然极其烦琐，且我们通常关心的并不是个别质点的详尽历程，而是流场中各个空间点处流动特性及其相互关系。欧拉法使我们集中注意于各空间点，而不去辨认在某一瞬时占据各点的是何质点。欧拉法注意的是当质点流经某一固定点附近时的流动特征，对整个流场的描述实质上就是每一质点速度和加速度的瞬时图像。这两种方法的根本区别在于，在拉格朗日法中，质点的位移表示为时间的函数，而在欧拉法中各点处的质点速度给定为时间的函数。

用欧拉法研究流体运动时，流场中每个质点的流动参数一般是其空间坐标和时间的函数，也就是说它们是随时间变化的，这样的流动称为非恒定流。若流场中所有的流动参数（$\boldsymbol{u}$，p，ρ，T 等）都不随时间变化，这样的流动称为恒定流。在恒定流中，各流动参数仅是空间坐标的函数，与时间无关。例如，

$$\boldsymbol{u}=\boldsymbol{u}(x,y,z),\ \frac{\partial\boldsymbol{u}}{\partial t}=\boldsymbol{0}$$

$$p=p(x,y,z),\ \frac{\partial p}{\partial t}=0$$

【例 3.1.2】　用欧拉变数表示的流体运动的速度分量为

$$\begin{cases}u_x=kx\\u_y=-ky\ (y\geqslant 0，且\ k\ 为常数)\\u_z=0\end{cases}$$

试求加速度。

解:

$$\begin{cases} a_x = \dfrac{\mathrm{d}u_x}{\mathrm{d}t} = \dfrac{\partial(kx)}{\partial t} + (kx)\cdot\dfrac{\partial(kx)}{\partial x} + (-ky)\cdot\dfrac{\partial(kx)}{\partial y} + (0)\cdot\dfrac{\partial(kx)}{\partial z} = k^2x \\ a_y = \dfrac{\mathrm{d}u_y}{\mathrm{d}t} = \dfrac{\partial(-ky)}{\partial t} + (kx)\cdot\dfrac{\partial(-ky)}{\partial x} + (-ky)\cdot\dfrac{\partial(-ky)}{\partial y} + (0)\cdot\dfrac{\partial(-ky)}{\partial z} = k^2y \\ a_z = \dfrac{\mathrm{d}u_z}{\mathrm{d}z} = 0 \end{cases}$$

3. 物理量的时间导数

在动量、热量和质量传递（“三传”）过程中，众多物理量，例如，密度、速度、温度等随时间的变化率是传递过程速率大小的量度。物理量的时间导数有三种——偏导数、全导数和随体导数，下面以测量大气的温度 T 随时间 t 的变化为例说明这三种导数。气温随空间位置和时间变化，可表示为 $T=T(x, y, z, t)$，T 为空间和时间的连续函数。

（1）偏导数 $\dfrac{\partial T}{\partial t}$ 为了测定大气的温度，可将测温计装在观测站的某一空间位置，记录不同时刻的空气温度。此时得到的温度 T 随时间 t 的变化以 $\partial T/\partial t$ 表示，称为温度 T 对时间 t 的偏导数。

（2）全导数 $\dfrac{\mathrm{d}T}{\mathrm{d}t}$ 测定大气温度也可采用这样的方法：将测温计装在飞机上，飞机以速度 $\boldsymbol{V}$ 在空中飞行，记录不同时刻的空气温度。此时得到的温度 T 随时间 t 的变化以 $\mathrm{d}T/\mathrm{d}t$ 表示，称为温度 T 对时间的全导数。全导数的表达式可通过对 T 取全微分得到，即

$$\mathrm{d}T = \frac{\partial T}{\partial t}\mathrm{d}t + \frac{\partial T}{\partial x}\mathrm{d}x + \frac{\partial T}{\partial y}\mathrm{d}y + \frac{\partial T}{\partial z}\mathrm{d}z$$

该式各项同除以 $\mathrm{d}t$，得

$$\frac{\mathrm{d}T}{\mathrm{d}t} = \frac{\partial T}{\partial t} + \frac{\partial T}{\partial x}\frac{\mathrm{d}x}{\mathrm{d}t} + \frac{\partial T}{\partial y}\frac{\mathrm{d}y}{\mathrm{d}t} + \frac{\partial T}{\partial z}\frac{\mathrm{d}z}{\mathrm{d}t}$$

式中，$\dfrac{\mathrm{d}x}{\mathrm{d}t}=V_x$，$\dfrac{\mathrm{d}y}{\mathrm{d}t}=V_y$ 和 $\dfrac{\mathrm{d}z}{\mathrm{d}t}=V_z$ 分别表示飞机的飞行速度 $\boldsymbol{V}$ 在 x、y 和 z 方向的分量。可见，全导数除与时间和位置有关外，还与观察者的运动速度有关。

（3）随体导数 $\dfrac{\mathrm{D}T}{\mathrm{D}t}$ 测定大气温度还可采用下面的方法：将测温计装在探空气球上，探空气球随空气一起飘动，其速度与周围大气的运动速度相同，记录不同时刻的空气温度。此时得到的温度 T 随时间 t 的变化以 $\mathrm{D}T/\mathrm{D}t$ 表示，称为温度 T 对时间的随体导数（或物质导数）。

随体导数 $\mathrm{D}T/\mathrm{D}t$ 是全导数 $\mathrm{d}T/\mathrm{d}t$ 的一个特殊情况，即当 $V_x=u_x$、$V_y=u_y$、$V_z=u_z$ 时的全导数，其中 u_x、u_y、u_z 为流体速度，故

$$\frac{\mathrm{D}T}{\mathrm{D}t} = \frac{\partial T}{\partial t} + u_x\frac{\partial T}{\partial x} + u_y\frac{\partial T}{\partial y} + u_z\frac{\partial T}{\partial z}$$

一般地，随体导数的物理意义是流场中流体质点上的物理量（例如，速度、压强、温度等）随时间和空间的变化率。因此，随体导数也称为质点导数。在“三传”研究和工程应用中，经常用到随体导数这一重要概念。

【例3.1.3】 试写出大气压强 p 对时间的随体导数，并说明其物理意义。

解： 大气压强随时间和空间位置变化，即 $p=p(x, y, z, t)$，p 对时间的随体导数为

$$\frac{\mathrm{D}p}{\mathrm{D}t}=\frac{\partial p}{\partial t}+u_x\frac{\partial p}{\partial x}+u_y\frac{\partial p}{\partial y}+u_z\frac{\partial p}{\partial z}$$

式中，$\frac{\partial p}{\partial t}$ 表示大气压强在空间固定点处随时间的变化；$u_x\frac{\partial p}{\partial x}+u_y\frac{\partial p}{\partial y}+u_z\frac{\partial p}{\partial z}$ 表示大气压强由一点转移到另一点时发生的变化。因此，$\frac{\mathrm{D}p}{\mathrm{D}t}$ 的物理意义为：流体质点在 $\mathrm{d}t$ 时间内，由空间一点 (x, y, z) 转移到另一点 $(x+\mathrm{d}x, y+\mathrm{d}y, z+\mathrm{d}z)$ 时，大气压强对时间的变化率。

4. 拉格朗日法与欧拉法转换

拉格朗日法是把流体质点的坐标作为时间和它们的永久识别标记（例如，质点初始时刻的坐标）的函数，欧拉法是把质点的速度和其他特性作为时间和不依赖于时间的固定空间坐标的函数，所以欧拉法也称为空间（场）描述方法。事实上，以上这两种描述流体运动的方法都应归功于欧拉。既然拉格朗日法与欧拉法可以描述同一物理量，必定互相有关。设表达式 $f=f(a, b, c, t)$ 表示流体质点 (a, b, c) 在 t 时刻的物理量；表达式 $f=F(x, y, z, t)$ 表示空间点 (x, y, z) 上于时刻 t 的同一物理量。设想流体质点 (a, b, c) 恰好在 t 时刻运动到空间点 (x, y, z) 上，则有

$$x=x(a, b, c, t)$$
$$y=y(a, b, c, t)$$
$$z=z(a, b, c, t)$$
$$f(a, b, c, t)=F(x, y, z, t)$$

事实上，$F(x, y, z, t)= F[x(a, b, c, t), y(a, b, c, t), z(a, b, c, t), t]=f(a, b, c, t)$

或者反之。若对于 $\begin{cases}x=x(a, b, c, t)\\ y=y(a, b, c, t)\\ z=z(a, b, c, t)\end{cases}$，下列行列式

$$\frac{\partial(x,y,z)}{\partial(a,b,c)}=\begin{vmatrix}\frac{\partial x}{\partial a} & \frac{\partial y}{\partial a} & \frac{\partial z}{\partial a}\\ \frac{\partial x}{\partial b} & \frac{\partial y}{\partial b} & \frac{\partial z}{\partial b}\\ \frac{\partial x}{\partial c} & \frac{\partial y}{\partial c} & \frac{\partial z}{\partial c}\end{vmatrix}$$

既不为零，也不为无穷，则有

$$f(a, b, c, t)=F(a(x, y, z, t), b(x, y, z, t), c(x, y, z, t), t)=F(x, y, z, t)$$

据此，可实现拉格朗日法与欧拉法之间的转换。

【例3.1.4】 试将拉格朗日法表达式

$$\begin{cases}x=a\mathrm{e}^{kt}\\ y=b\mathrm{e}^{-kt}\ (y\geqslant 0,\text{ 且 }k\text{ 为常数})\\ z=c\end{cases}$$

转换为欧拉法表达式。

解： 由

$$\begin{cases}x = ae^{kt}\\ y = be^{-kt}\\ z = c\end{cases}，可得\begin{cases}u_x = \dfrac{\partial x}{\partial t} = ake^{kt}\\ u_y = \dfrac{\partial y}{\partial t} = -bke^{-kt}\\ u_z = \dfrac{\partial z}{\partial t} = 0\end{cases}以及\begin{cases}a = xe^{-kt}\\ b = ye^{kt}\\ c = z\end{cases}$$

于是

$$\begin{cases}u_x = kx\\ u_y = -ky\\ u_z = 0\end{cases}$$

【例 3.1.5】 已知欧拉法表达式 $u_x = x$，$u_y = -y$，$u_z = 0$ 和初始条件 $t = 0$，$x = a$，$y = b$，求速度和加速度的拉格朗日描述。

解： 由

$$\begin{cases}\dfrac{dx}{dt} = u_x = x\\ \dfrac{dy}{dt} = u_y = -y\end{cases}，解得\begin{cases}x = C_1e^{t}\\ y = C_2e^{-t}\end{cases}$$

代入初始条件，易得 $C_1=a$，$C_2=b$，于是得到拉格朗日描述为

$$\begin{cases}x = ae^{t}\\ y = be^{-t}\end{cases}$$

这里应明确，拉格朗日描述的 u_x、u_y、u_z 代表某一确定流体质点的速度，而欧拉法中的 u_x、u_y、u_z 则代表流场内的速度分布。为了实现两种描述方法间的转换，取两法中的对应分速度相等，即所论流体质点恰好位于某空间点，此时这一空间点上将具有该流体质点的速度。

3.2 流体运动基本概念

用几何图形描绘流动中质点运动的路径和方向，有助于对流场结构的定性认识和定量分析。

1. 迹线

迹线是流体质点的运动轨迹。在流场中对某一流体质点做标记，将其在不同时刻所在的位置点连成线就是该流体质点的迹线，如图 3.2.1 所示。实际上，用拉格朗日坐标表示的流体质点的矢径方程 $\boldsymbol{r} = \boldsymbol{r}(a, b, c, t)$ 就是该流体质点的轨迹方程。在直角坐标系中，

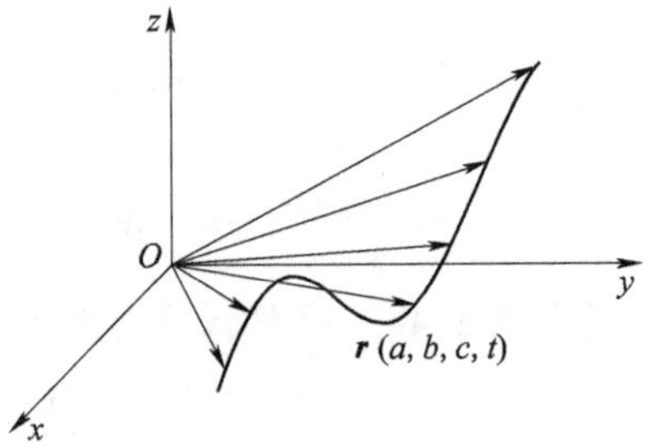

图 3.2.1 迹线

$$x = x(a, b, c, t)$$
$$y = y(a, b, c, t)$$

$$z = z(a, b, c, t)$$

在欧拉法中，流场以速度场的形式给出，即

$$\begin{cases} \dfrac{\mathrm{d}x}{\mathrm{d}t} = u_x(x, y, z, t) \\ \dfrac{\mathrm{d}y}{\mathrm{d}t} = u_y(x, y, z, t) \\ \dfrac{\mathrm{d}z}{\mathrm{d}t} = u_z(x, y, z, t) \end{cases}$$

也可写成

$$\frac{\mathrm{d}x}{u_x(x, y, z, t)} = \frac{\mathrm{d}y}{u_y(x, y, z, t)} = \frac{\mathrm{d}z}{u_z(x, y, z, t)} = \mathrm{d}t$$

求解微分方程组，得到以自变量 t 表示的迹线方程。消去 t，可求得用欧拉坐标表示的迹线方程一般式，再用某一时刻流体质点所在位置条件确定积分常数，即可得该流体质点的轨迹方程。迹线是流场中实际存在的线。对某个做了标记的流体质点（或微团）用照相并作长时间曝光后印出的照片，即可显现该流体质点的迹线。喷气式飞机喷出的白烟，在天空中画出的线也是迹线。迹线具有持续性，随时间的增长，迹线不断延伸。

2. 流线

用欧拉法描述流体运动时，直接得到的是流动的速度场，它给出某瞬时各空间点上流体质点的速度矢量。为了把各点的运动情况联系起来，清晰地描绘出整个空间的流动趋向和变化，引入流线的概念。

流线是某一时刻流场中各点的速度矢量方向的假想曲线，定义为任意点的切线方向与该点的速度矢量方向一致的瞬时矢量切线，如图 3.2.2 所示。在流线上任一点处取微元有向线段 $\mathrm{d}\boldsymbol{l}$，它在各坐标轴方向的分量为 $\mathrm{d}x$、$\mathrm{d}y$、$\mathrm{d}z$。根据流线定义，过该点的速度矢量 $\boldsymbol{u}$ 与 $\mathrm{d}\boldsymbol{l}$ 方向一致，故

$$\boldsymbol{u} \times \mathrm{d}\boldsymbol{l} = \boldsymbol{0}$$

这就是用矢量表示的流线微分方程。在直角坐标系中，流线微分方程为

$$\frac{\mathrm{d}x}{u_x(x, y, z, t)} = \frac{\mathrm{d}y}{u_y(x, y, z, t)} = \frac{\mathrm{d}z}{u_z(x, y, z, t)}$$

由于流线是对某一瞬时而言，不同瞬时有不同的流线。因此在积分流线微分方程时，t 应看成是常数，即上式中 t 为参变量，x、y、z 为自变量，这与迹线完全不同，如图 3.2.3 所示。

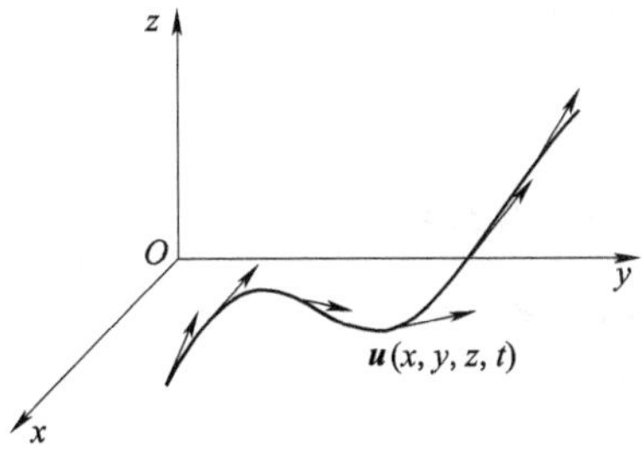

图 3.2.2　流线

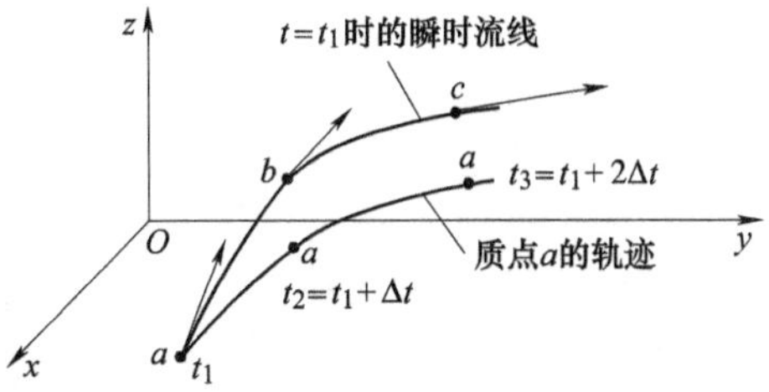

图 3.2.3　流线与迹线

实际流场中除驻点或奇点外，流线不能相交，不能突然转折。因为实际存在的流场中除驻点或奇点外，某一点处的质点瞬时速度只可能有一个唯一的方向和大小。如果流线相交或者突然转折，则在交点和转折点上必然出现不同方向的瞬时速度，这违背一点上瞬时速度的唯一性。

驻点和奇点是两种例外，例如，流体绕流运动时，其流线如图 3.2.4 所示，物体的前缘点 A 就是一个实际存在的驻点，驻点上流线是相交的，这是因为驻点速度为零的缘故。流体沿射线从点 B 流出，或者向点 C 流入的流动，称为源或汇，点 B 和点 C 是速度趋于无穷的奇点，奇点处流线也是相交的。应当指出，实际流动中不可能出现无穷大的速度，因而奇点（或源与汇）只是一种抽象的理论模型。

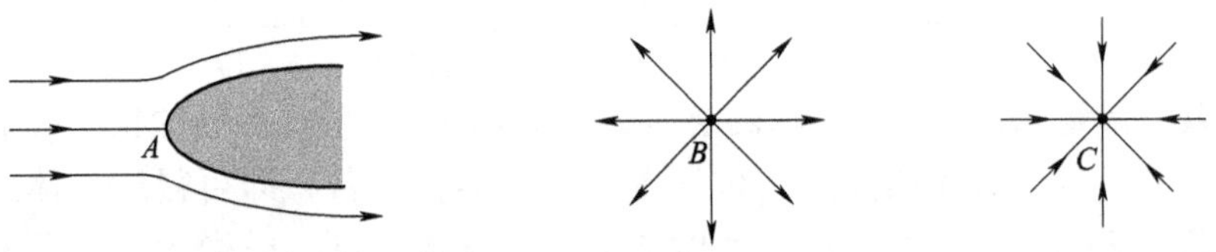

图 3.2.4　驻点与奇点

【例 3.2.1】　已知速度场 $u_x = 1 - y$，$u_y = t$，$u_z = 0$，试求 $t = 1$ 时，过坐标原点的流线以及 $t = 0$ 时，位于坐标原点流体质点的迹线。

解：根据流线方程，有

$$\frac{dx}{1-y} = \frac{dy}{t}$$

积分得

$$xt + C_1 = y - \frac{1}{2}y^2 \ (C_1 \text{ 为积分常数})$$

当 $t = 1$ 时，$x = y = 0$ 代入该式，得 $C_1 = 0$，于是得到所求流线为

$$y^2 - 2y + 2x = 0$$

根据迹线方程，有

$$\frac{dx}{1-y} = \frac{dy}{t} = dt$$

$$\begin{cases} dx = (1-y)dt \\ dy = tdt \end{cases}$$

$$y = \frac{1}{2}t^2 + C_2 \ (C_2 \text{ 为积分常数})$$

于是

$$x = t - \frac{1}{6}t^3 - C_2 t + C_3 \ (C_3 \text{ 为积分常数})$$

当 $t = 0$ 时，$x = y = 0$ 代入该式，得 $C_2 = C_3 = 0$，于是得到所求迹线方程为

$$\begin{cases} x = t - \dfrac{t^3}{6} \\ y = \dfrac{t^2}{2} \end{cases}$$

或者消去 t 后可以得到

$$x^2 = 2y\left(1 - \frac{y}{3}\right)^2$$

3. 流管

上面已经提及，在恒定流动条件下，轨迹与流线重合，流体质点将沿流线流动。如果取任意两相邻流线，则流体在流线之间流动，而不会穿过流线流入或流出，就像在管子里流动一样，这样这两条流线可以看作为管壁，这种“管子”称为流管，即由流线作为管壁所形成的管子。在一般情况下，流管的定义为：作一任意封闭曲线 c（c 不是流线），在 c 上每一点作该瞬时的流线，这些流线形成一个像管壁一样的四周封闭的曲面，称为流管，如图 3.2.5 所示。流管也是瞬时的概念。一般来说，流管的形状将随时间而变。在定常运动中流管的形状保持不变，流体沿流管流动。如果封闭曲线 c 所包围的面积很小，这样流管的截面积很小，这种流管称为元流。元流的过流断面（面积为 ΔA）的极限 $\lim\limits_{\Delta A \to 0} \Delta A = dA$ 缩为一点，因而沿元流的流动参数（如速度、压强、密度等）是沿流设置的自然坐标的一元函数。有限大过流断面的总流可以看作是由无数并列的元流所组成，因而可以在总流中取出元流作为流动的基本单元，运用一元函数的简单分析方法很容易得出流动参数沿元流的变化规律。通过在总流过流断面上的积分，可以将结果扩展到总流上，这种一元流动的分析方法在工程中具有重要实用价值。

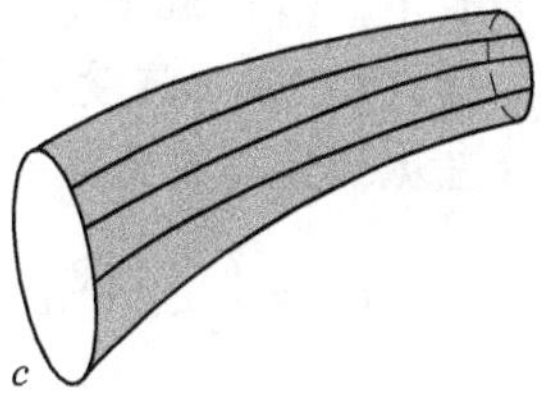

图 3.2.5　流管

4. 流量

单位时间内通过某一空间曲面的流体体积称为体积流量。在某一空间曲面 S 上取一微元面积 dA，如图 3.2.6 所示。通过 dA 的体积流量 dQ 由下式决定：

$$dQ = u_n dA$$

其中 u_n 为速度 $\boldsymbol{u}$ 在 dA 外法线 $\boldsymbol{n}$ 上的分量，流体流过表面 dA 完全由此分量所决定。u_n 以流出为正，即沿外法线 $\boldsymbol{n}$ 的指向为正。引入 $\boldsymbol{n}$ 的单位矢量 $\boldsymbol{n}_0$，于是上式可以表示为两矢量的标量积

$$dQ = \boldsymbol{u} \cdot \boldsymbol{n}_0 dA$$

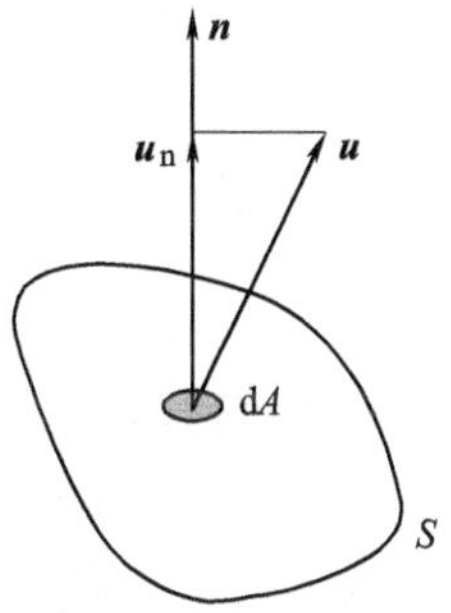

图 3.2.6　流量

将上式对 S 积分，便得到流体流过空间曲面 S 的体积流量

$$Q = \int_S dQ = \iint_S \boldsymbol{u} \cdot \boldsymbol{n}_0 dA$$

流量是一个重要的物理量，具有普遍的实际意义。我们从计算流量的要求出发，来定义断面平均流速

$$V = \frac{Q}{A} = \frac{\int_S dQ}{A} = \frac{\iint_S \boldsymbol{u} \cdot \boldsymbol{n}_0 dA}{A}$$

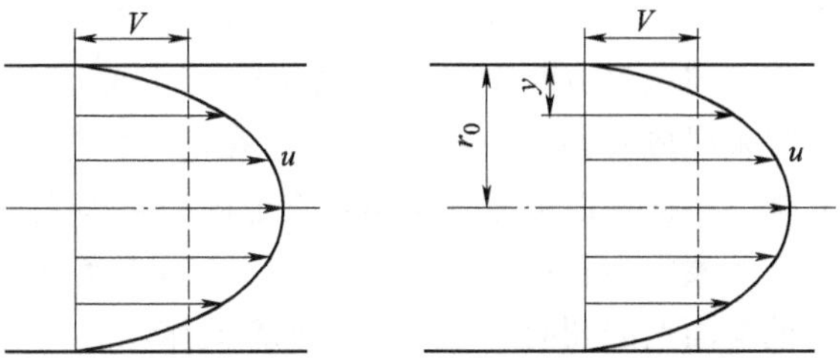

图 3.2.7　断面平均流速

图 3.2.7 绘出了实际断面流速和平均流速。可以看出，用平均流速代替实际流速，就是把图中虚线的均匀流速分布代替实线的实际流速分布。这样，流动问题就简化为断面平均流

速如何沿流向变化问题。

【例 3.2.2】 黏性流体在半径为 r_0 的直圆管内做定常流动，如图 3.2.8 所示。设圆管截面（指垂直管轴的平面截面）上有两种速度分布，一种是抛物线分布 $u_1(r)$，另一种是 1/7 指数分布 $u_2(y)$，r 为圆管截面上的径向坐标，y 为圆管截面上的点到管壁的垂直距离：

$$u_1(r) = U_1[1-(r/r_0)^2],\ u_2(y) = U_2\ (y/r_0)^{1/7}$$

式中，U_1、U_2 分别为两种速度分布在管轴上的最大速度。试求两种速度分布下：（1）流量 Q 的表达式；（2）截面上的平均速度 V。

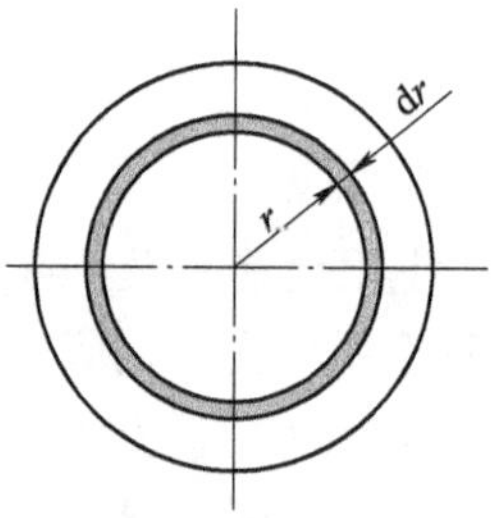

图 3.2.8 例 3.2.2 图

解:（1）根据流量计算公式，注意到圆环形面积微分 $\mathrm{d}A = 2\pi r\mathrm{d}r$。速度呈抛物线分布的流量为

$$Q_1 = \int_0^{r_0} u_1(r)\,\mathrm{d}A = \int_0^{r_0} U_1\left[1-\left(\frac{r}{r_0}\right)^2\right]\cdot 2\pi r\mathrm{d}r = 2\pi U_1\int_0^{r_0}\left(r-\frac{r^3}{r_0^2}\right)\mathrm{d}r = \frac{1}{2}\pi r_0^2 U_1$$

对于 1/7 指数分布的流量，注意到 $r_0=r+y$，$y=r_0-r$，取微分，有 $\mathrm{d}y=-\mathrm{d}r$，于是

$$Q_1 = \int_{r_0}^{0} u_2(r)\,\mathrm{d}A = \int_{r_0}^{0}\left[-U_2\left(\frac{y}{r_0}\right)^{\frac{1}{7}}\cdot 2\pi(r_0-y)\right]\mathrm{d}y = \frac{2\pi U_2}{r_0^{\frac{1}{7}}}\int_0^{r_0}\left(r_0 y^{\frac{1}{7}} - y^{\frac{8}{7}}\right)\mathrm{d}y = \frac{49}{60}\pi r_0^2 U_2$$

（2）根据平均速度计算公式，抛物线分布和 1/7 指数分布的截面平均流速分别为

$$V_1 = \frac{Q_1}{A} = \frac{\frac{1}{2}\pi r_0^2 U_1}{\pi r_0^2} = \frac{1}{2}U_1$$

$$V_2 = \frac{Q_2}{A} = \frac{\frac{49}{60}\pi r_0^2 U_2}{\pi r_0^2} = \frac{49}{60}U_2$$

5. 均匀流与非均匀流

在不可压缩流体中，流线皆为平行直线的流动称为均匀流。不满足均匀流条件的流动就是非均匀流。均匀流具有下列性质：各质点的流速相互平行，过流断面为一平面；位于同一流线上的各个质点速度相等；沿流程各过流断面上流速分布相同，因而平均流速相等，但同一过流断面上各点的流速并不相等，各质点的迁移加速度皆为零，若流动既是均匀的，又是恒定的，则各质点的加速度为零。

此外，过流断面上压强分布规律与静止流体的相同，即在同一过流断面上各点的测压管水头为常数，但在不同过流断面上为不同的常数。下面来证明这一性质。

在均匀流过流断面上取一底面积为 $\mathrm{d}A$、高为 $\mathrm{d}l$ 的微元柱体，其轴线 n—n 与流线正交，并与铅垂线成 α 角（见图 3.2.9）。在均匀流中流体微团做等速运动，无加速度。因此，所取微元柱体不存在惯性力，作用在它上面的各种力在 n—n 方向投影的代数和为零。作用于微元柱体上的表面力有：两端面上的总压力 $p\mathrm{d}A$ 及 $(p+\mathrm{d}p)\mathrm{d}A$；柱体侧面上的流体压力与 n—n 轴正交；两端面上的切向力是沿着流速方向作用的，与 n—n 轴正交；柱体侧面上的切应力在 n—n 轴的投影为零。作用在微元柱体上的质量力只有重力，它在 n—n 方向上的投影为

$$\mathrm{d}G\cos\alpha = \rho g\mathrm{d}A\mathrm{d}l\cos\alpha = \rho g\mathrm{d}A\mathrm{d}z$$

于是

$$(p + dp)dA - pdA + \rho g dA dz = 0$$

即

$$dp + \rho g dz = 0$$

积分得

$$z + \frac{p}{\rho g} = C \ (C 为常数)$$

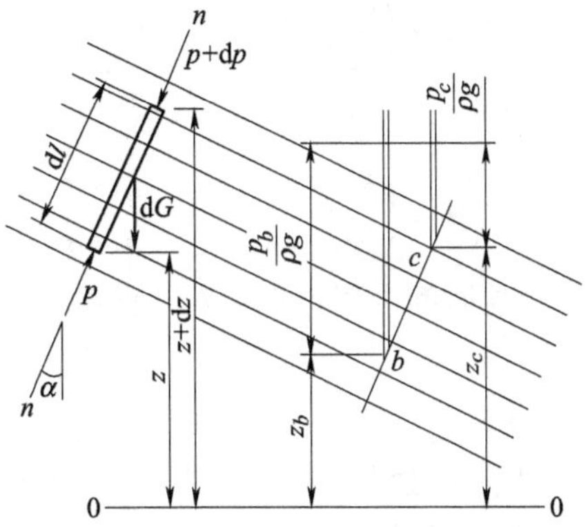

图 3.2.9　均匀流过流断面上的压强分布

液体在等直径直管中的流动（进口段除外）就是均匀流的例子，在变径管段或弯管中的流动就是非均匀流。非均匀流又有渐变流与急变流之分。若流线虽非严格平行的直线，但流线之间的夹角很小，且流线的曲率半径很大，这样的非均匀流称为渐变流，也就是说，流线近乎平行直线的流动就是渐变流，否则就是急变流。在渐变流的过流断面上各点流速近似平行，过流断面可看成是平面，其上压强分布也与静止流体的相同，但在渐变流中位于同一流线的各个质点的速度不能认为相等。

3.3　流体运动连续性方程

连续性方程是流体力学基本方程之一，是质量守恒定律的直接应用。本节我们采用微元分析法导出连续性方程。

1. 笛卡儿坐标系下的连续性方程

在流动空间中取一平行六面体的微元控制体，其各边边长为 dx、dy 和 dz，并分别平行于三个坐标轴，如图 3.3.1 所示。根据质量守恒定律，单位时间由此微元控制体净流出的流体质量等于同时间内控制体所含流体质量的减少量。

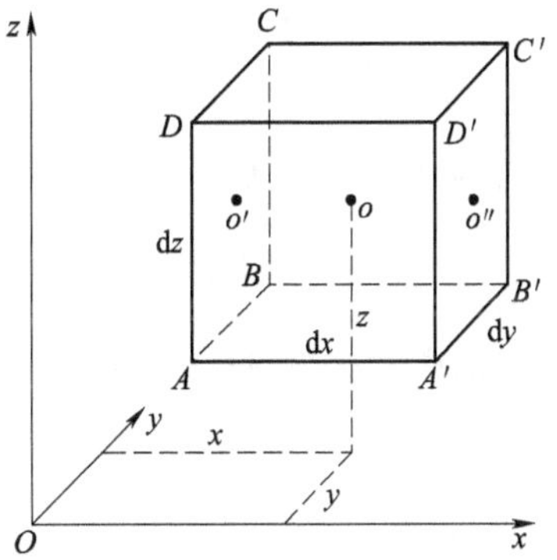

图 3.3.1　流体微元

我们先讨论单位时间由微元控制体净流出的流体质量。设速度的三个分量都是正值，即均与坐标轴的方向一致，则对与 x 轴垂直的一对平面，流体通过微元面 $ABCD$ 进入控制体，由微元面 $A'B'C'D'$ 流出控制体。设六面体中心点 o 坐标为 (x, y, z)，密度为 ρ，速度为

$$\boldsymbol{u} = u_x\boldsymbol{i} + u_y\boldsymbol{j} + u_z\boldsymbol{k}$$

它们都是空间坐标和时间的连续函数。例如，$\rho = f_1(x, y, z, t)$，同一瞬时 $ABCD$ 平面中心点 o' 的密度为 $\rho' = f_1(x - dx/2, y, z, t)$。用泰勒级数展开此式，并忽略高阶无穷小项，得

$$\rho' = \rho - \left(\frac{\partial \rho}{\partial x}\right)\frac{dx}{2}$$

同理，点 o' 的速度在 x 轴方向的分量 u'_x 可表示为

$$u'_x = u_x - \left(\frac{\partial u_x}{\partial x}\right)\frac{dx}{2}$$

而点 o' 的速度在 y 轴和 z 轴方向的分量 u'_y 和 u'_z 均不会使流体通过 $ABCD$ 平面，因此，单位时间内流体通过 $ABCD$ 平面流入微元六面体的质量（忽略高阶小量）为

$$\left[\rho-\left(\frac{\partial\rho}{\partial x}\right)\frac{\mathrm{d}x}{2}\right]\left[u_x-\left(\frac{\partial u_x}{\partial x}\right)\frac{\mathrm{d}x}{2}\right]\mathrm{d}y\mathrm{d}z=\rho u_x\mathrm{d}y\mathrm{d}z-\frac{1}{2}\left[u_x\left(\frac{\partial\rho}{\partial x}\right)+\rho\left(\frac{\partial u_x}{\partial x}\right)\right]\mathrm{d}x\mathrm{d}y\mathrm{d}z$$

同理可得，单位时间内流体通过 $A'B'C'D'$ 平面流出微元六面体的质量为

$$\left[\rho+\left(\frac{\partial\rho}{\partial x}\right)\frac{\mathrm{d}x}{2}\right]\left[u_x+\left(\frac{\partial u_x}{\partial x}\right)\frac{\mathrm{d}x}{2}\right]\mathrm{d}y\mathrm{d}z=\rho u_x\mathrm{d}y\mathrm{d}z+\frac{1}{2}\left[u_x\left(\frac{\partial\rho}{\partial x}\right)+\rho\left(\frac{\partial u_x}{\partial x}\right)\right]\mathrm{d}x\mathrm{d}y\mathrm{d}z$$

于是单位时间内通过这一对平面净流出微元六面体的流体质量为

$$\left[u_x\left(\frac{\partial\rho}{\partial x}\right)+\rho\left(\frac{\partial u_x}{\partial x}\right)\right]\mathrm{d}x\mathrm{d}y\mathrm{d}z$$

与上列推导过程相仿，可得通过与 y 轴垂直的一对平面以及与 z 轴垂直的一对平面净流出微元六面体的流体质量分别为

$$\left[u_y\left(\frac{\partial\rho}{\partial y}\right)+\rho\left(\frac{\partial u_y}{\partial y}\right)\right]\mathrm{d}x\mathrm{d}y\mathrm{d}z \text{ 和 }\left[u_z\left(\frac{\partial\rho}{\partial z}\right)+\rho\left(\frac{\partial u_z}{\partial z}\right)\right]\mathrm{d}x\mathrm{d}y\mathrm{d}z$$

因此，单位时间内由整个微元六面体净流出的流体质量为

$$\left\{\left[u_x\left(\frac{\partial\rho}{\partial x}\right)+\rho\left(\frac{\partial u_x}{\partial x}\right)\right]+\left[u_y\left(\frac{\partial\rho}{\partial y}\right)+\rho\left(\frac{\partial u_y}{\partial y}\right)\right]+\left[u_z\left(\frac{\partial\rho}{\partial z}\right)+\rho\left(\frac{\partial u_z}{\partial z}\right)\right]\right\}\mathrm{d}x\mathrm{d}y\mathrm{d}z$$

$$=\left[\frac{\partial(\rho u_x)}{\partial x}+\frac{\partial(\rho u_y)}{\partial y}+\frac{\partial(\rho u_z)}{\partial z}\right]\mathrm{d}x\mathrm{d}y\mathrm{d}z$$

下面我们讨论单位时间内微元控制体内流体质量的减少量。已知 t 时刻点 o 的密度为 $\rho=\rho(x,\ y,\ z,\ t)$，则 $t+\mathrm{d}t$ 时刻点 o 的密度为

$$\rho(x,y,z,t+\mathrm{d}t)=\rho(x,y,z,t)+\frac{\partial\rho}{\partial t}\mathrm{d}t$$

于是得到 $\mathrm{d}t$ 时间内微元控制体内流体质量的减少量为

$$[\rho(x,y,z,t)-\rho(x,y,z,t+\mathrm{d}t)]\mathrm{d}x\mathrm{d}y\mathrm{d}z=-\frac{\partial\rho}{\partial t}\mathrm{d}t\mathrm{d}x\mathrm{d}y\mathrm{d}z$$

单位时间内流体质量的减少量为

$$-\frac{\partial\rho}{\partial t}\mathrm{d}x\mathrm{d}y\mathrm{d}z$$

于是，有

$$\left[\frac{\partial(\rho u_x)}{\partial x}+\frac{\partial(\rho u_y)}{\partial y}+\frac{\partial(\rho u_z)}{\partial z}\right]\mathrm{d}x\mathrm{d}y\mathrm{d}z=-\frac{\partial\rho}{\partial t}\mathrm{d}x\mathrm{d}y\mathrm{d}z$$

即

$$\frac{\partial\rho}{\partial t}+\frac{\partial(\rho u_x)}{\partial x}+\frac{\partial(\rho u_y)}{\partial y}+\frac{\partial(\rho u_z)}{\partial z}=0$$

此即流体运动的连续性微分方程。

连续性微分方程还可以写成下列形式：

$$\frac{\mathrm{D}\rho}{\mathrm{D}t}+\rho\left(\frac{\partial u_x}{\partial x}+\frac{\partial u_y}{\partial y}+\frac{\partial u_z}{\partial z}\right)=0$$

对于不可压缩流体，因密度既不随空间位置而变，也不随时间而变，即 ρ 为常数，此时，连续性微分方程简化为

$$\frac{\partial u_x}{\partial x}+\frac{\partial u_y}{\partial y}+\frac{\partial u_z}{\partial z}=0$$

对于恒定流动的可压缩流体，密度不随时间而变，$\frac{\partial \rho}{\partial t}=0$。若密度随空间位置变化，则连续性微分方程为

$$\frac{\partial(\rho u_x)}{\partial x}+\frac{\partial(\rho u_y)}{\partial y}+\frac{\partial(\rho u_z)}{\partial z}=0$$

2. 柱坐标系下的连续性方程

对于柱坐标系（r，φ，z），取图3.3.2所示的微元控制体$ABCD-A'B'C'D'$进行推导。设径向r、圆周方向φ和铅直方向z的速度分别为u_r、u_φ和u_z。显然，径向线微元为$\mathrm{d}r$，切向线微元为$r\mathrm{d}\varphi$，铅直线微元为$\mathrm{d}z$，微元控制体的体积为$\mathrm{d}V=r\mathrm{d}r\mathrm{d}\varphi\mathrm{d}z$。

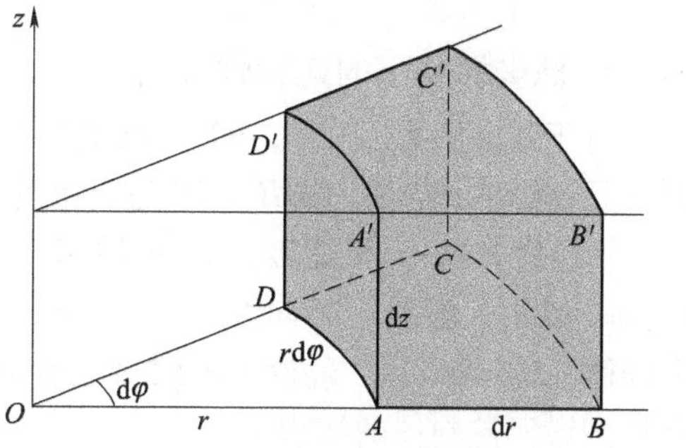

图3.3.2　柱坐标系微元

径向速度u_r穿越面元$AA'D'D$和$BB'C'C$所引起的质量通量均可表达为$\rho u_r r\mathrm{d}\varphi\mathrm{d}z$的形式，但通过该两个面的质量通量沿径向$r$并不相同，可表示为

$$\frac{\partial(\rho u_r r\mathrm{d}\varphi\mathrm{d}z)}{\partial r}\mathrm{d}r$$

同理，由切向速度u_φ垂直穿越面元$ABB'A'$和$DCC'D'$所引起的质量通量为

$$\frac{\partial(\rho u_\varphi \mathrm{d}r\mathrm{d}z)}{\partial \varphi}\mathrm{d}\varphi$$

铅直速度u_z垂直穿越面元$ABCD$和$A'B'C'D'$所引起的质量通量为

$$\frac{\partial(\rho u_z r\mathrm{d}r\mathrm{d}\varphi)}{\partial z}\mathrm{d}z$$

于是，流体单位时间内净流出微元控制体$ABCD-A'B'C'D'$的质量为

$$\frac{\partial(\rho u_r r\mathrm{d}\varphi\mathrm{d}z)}{\partial r}\mathrm{d}r+\frac{\partial(\rho u_\varphi \mathrm{d}r\mathrm{d}z)}{\partial \varphi}\mathrm{d}\varphi+\frac{\partial(\rho u_z r\mathrm{d}r\mathrm{d}\varphi)}{\partial z}\mathrm{d}z$$

考虑到r、φ和z相互独立，则上式可改写为

$$\begin{aligned}&\frac{\partial(\rho u_r r)}{r\partial r}r\mathrm{d}r\mathrm{d}\varphi\mathrm{d}z+\frac{\partial(\rho u_\varphi)}{r\partial \varphi}r\mathrm{d}r\mathrm{d}\varphi\mathrm{d}z+\frac{\partial(\rho u_z)}{\partial z}r\mathrm{d}r\mathrm{d}\varphi\mathrm{d}z\\&=\left[\frac{\partial(\rho u_r r)}{r\partial r}+\frac{\partial(\rho u_\varphi)}{r\partial \varphi}+\frac{\partial(\rho u_z)}{\partial z}\right]\mathrm{d}V\end{aligned}$$

对于该控制体单位时间的质量变化，可描述为

$$\frac{\partial \rho}{\partial t}\mathrm{d}V$$

由于在质量通量的表达中，令流出控制体质量为正，这与实际控制体内质量变化的符号相反，但两者的量值相等，因此

$$-\frac{\partial \rho}{\partial t}\mathrm{d}V=\left[\frac{\partial(\rho u_r r)}{r\partial r}+\frac{\partial(\rho u_\varphi)}{r\partial \varphi}+\frac{\partial(\rho u_z)}{\partial z}\right]\mathrm{d}V$$

于是得到柱坐标系下的连续性微分方程

$$\frac{\partial \rho}{\partial t}+\frac{1}{r}\frac{\partial(r\rho u_r)}{\partial r}+\frac{1}{r}\frac{\partial(\rho u_\varphi)}{\partial \varphi}+\frac{\partial(\rho u_z)}{\partial z}=0$$

对于不可压缩流体，上式简化为

$$\frac{1}{r}\frac{\partial(ru_r)}{\partial r}+\frac{1}{r}\frac{\partial u_\varphi}{\partial \varphi}+\frac{\partial u_z}{\partial z}=0$$

3. 球坐标系下的连续性方程

对于球坐标系（r，φ，θ），取图 3.3.3 所示的微元控制体 $ABCD-A'B'C'D'$ 进行推导。设径向 r、经度方向 φ 和纬度方向 θ 的速度分别为 u_r、u_φ 和 u_θ。显然，径向线微元为 $\mathrm{d}r$，纬度方向线微元为 $r\sin\theta\mathrm{d}\varphi$，经度方向线微元为 $r\mathrm{d}\theta$，于是得到微元控制体的体积为

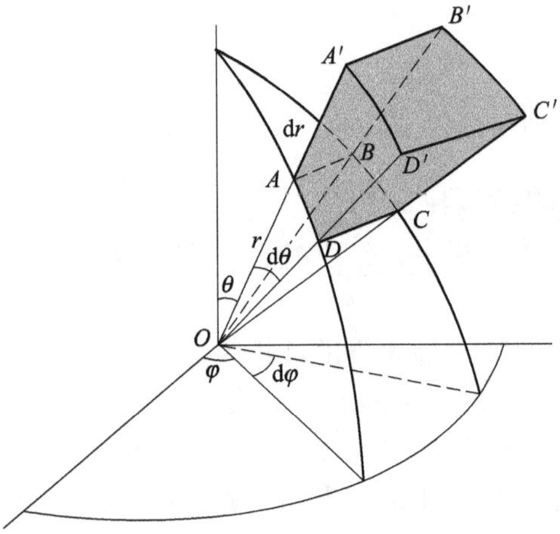

图 3.3.3 球坐标系微元

$$\mathrm{d}V=r^2\sin\theta\mathrm{d}r\mathrm{d}\varphi\mathrm{d}\theta$$

沿径向穿越面元 $ABCD$ 和 $A'B'C'D'$ 的质量通量为

$$\frac{\partial(\rho u_r r^2\sin\theta\mathrm{d}\varphi\mathrm{d}\theta)}{\partial r}\mathrm{d}r$$

沿纬线方向穿越面元 $AA'D'D$ 和 $BB'C'C$ 的质量通量为

$$\frac{\partial(\rho u_\varphi r\mathrm{d}r\mathrm{d}\theta)}{\partial \varphi}\mathrm{d}\varphi$$

沿经线方向穿越面元 $AA'B'B$ 和 $DD'C'C$ 的质量通量为

$$\frac{\partial(\rho u_\theta r\sin\theta\mathrm{d}r\mathrm{d}\varphi)}{\partial \theta}\mathrm{d}\theta$$

根据质量守恒，整个微元体单位时间内净流出的质量是沿 3 个方向流失质量之和，应等于该体积元单位时间内的质量减小量 $\frac{\partial \rho}{\partial t}\mathrm{d}V$，故

$$\frac{\partial(\rho r^2 u_r)}{\partial r}\frac{\mathrm{d}V}{r^2}+\frac{1}{r\sin\theta}\frac{\partial(\rho u_\varphi)}{\partial \varphi}\mathrm{d}V+\frac{1}{r\sin\theta}\frac{\partial(\rho\sin\theta u_\theta)}{\partial \theta}\mathrm{d}V=-\frac{\partial \rho}{\partial t}\mathrm{d}V$$

即

$$\frac{\partial \rho}{\partial t}+\frac{1}{r^2}\frac{\partial(\rho r^2 u_r)}{\partial r}+\frac{1}{r\sin\theta}\frac{\partial(\rho u_\varphi)}{\partial \varphi}+\frac{1}{r\sin\theta}\frac{\partial(\rho\sin\theta u_\theta)}{\partial \theta}=0$$

对于定常流动，有

$$\frac{1}{r^2}\frac{\partial(\rho r^2 u_r)}{\partial r}+\frac{1}{r\sin\theta}\frac{\partial(\rho u_\varphi)}{\partial \varphi}+\frac{1}{r\sin\theta}\frac{\partial(\rho\sin\theta u_\theta)}{\partial \theta}=0$$

对于定常不可压缩流动，有

$$\frac{1}{r^2}\frac{\partial(r^2 u_r)}{\partial r}+\frac{1}{r\sin\theta}\frac{\partial u_\varphi}{\partial \varphi}+\frac{1}{r\sin\theta}\frac{\partial(\sin\theta u_\theta)}{\partial \theta}=0$$

【例 3.3.1】 假设有一速度场 $u_x=t/\rho$，$u_y=3xy/\rho$，$u_z=xz/\rho$，$\rho=t$。(1) 试问这种流动能否发生？(2) 若式中 u_x、u_y、ρ 值不变，试求实际流场的 u_z。

解：(1) 因 $\frac{\partial\rho}{\partial t}\neq 0$，故应引用不可压缩、非恒定流的连续性微分方程一般式计算。将各已知值代入连续性微分方程，有

$$\frac{\partial\rho}{\partial t}+\frac{\partial(\rho u_x)}{\partial x}+\frac{\partial(\rho u_y)}{\partial y}+\frac{\partial(\rho u_z)}{\partial z}=1+0+3x+x=4x+1\neq 0$$

可见，速度场不满足连续性条件，该流动不可能实现。

(2) 实际流场必然满足连续性条件，即

$$\frac{\partial(\rho u_z)}{\partial z}=-\left[\frac{\partial\rho}{\partial t}+\frac{\partial(\rho u_x)}{\partial x}+\frac{\partial(\rho u_y)}{\partial y}\right]=-(1+0+3x)=-3x-1$$

积分上式得

$$\rho u_z=-3xz-z+f(x,\ y)$$

$f(x,\ y)$ 是任意函数，有无数个 $f(x,\ y)$ 函数满足 u_z 值。若令 $f(x,\ y)=0$，则可得一个满足实际流场的 u_z 为

$$u_z=-\frac{(3x+1)z}{\rho}$$

3.4 流体微团运动分析

前面从流体运动的几何描述（流线和迹线）、流量以及平均速度方面讨论了流体的运动。本节将进一步分析质点运动的合成，一方面便于对流体运动进行分类研究，另一方面也为后续流体内的应力分析奠定基础。

从理论力学知道，刚体的运动可以分解为平移和旋转两种基本运动。流体运动要比刚体运动复杂得多，流体微团基本运动形式有平移运动、旋转运动和变形运动等，而变形运动又包括线变形和角变形两种。在 t 瞬时的流场中任取一流体微团。在该微团中选定一点 $O(x,\ y,\ z)$ 作为基点，如图 3.4.1 所示，其速度为

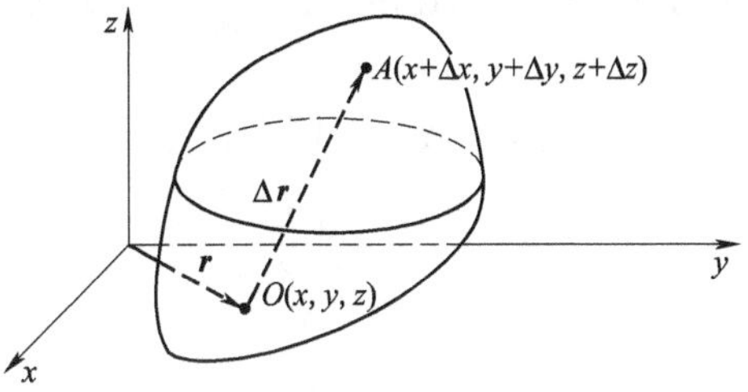

图 3.4.1 流体微团运动分析

$$\boldsymbol{u}_0(\boldsymbol{r},\ t)=u_{x0}\boldsymbol{i}+u_{y0}\boldsymbol{j}+u_{z0}\boldsymbol{k}$$

由于速度是空间坐标的连续函数，故 t 瞬时微团中任意点 A 的速度为

$$\boldsymbol{u}_A(\boldsymbol{r}+\Delta\boldsymbol{r},\ t)=\boldsymbol{u}_A(x+\Delta x,\ y+\Delta y,\ z+\Delta z,\ t)$$

将 $\boldsymbol{u}_A$ 用泰勒级数展开，略去高阶小量，得

$$\begin{aligned}&\boldsymbol{u}_A(x+\Delta x,y+\Delta y,z+\Delta z,t)\\&=\boldsymbol{u}_0(x,y,z,t)+\left(\frac{\partial\boldsymbol{u}}{\partial x}\right)_0\cdot\Delta x+\left(\frac{\partial\boldsymbol{u}}{\partial y}\right)_0\cdot\Delta y+\left(\frac{\partial\boldsymbol{u}}{\partial z}\right)_0\cdot\Delta z\\&=\left[u_{x0}+\left(\frac{\partial u_x}{\partial x}\right)_0\cdot\Delta x+\left(\frac{\partial u_x}{\partial y}\right)_0\cdot\Delta y+\left(\frac{\partial u_x}{\partial z}\right)_0\cdot\Delta z\right]\boldsymbol{i}+\end{aligned}$$

$$\left[u_{y0}+\left(\frac{\partial u_y}{\partial x}\right)_0\cdot\Delta x+\left(\frac{\partial u_y}{\partial y}\right)_0\cdot\Delta y+\left(\frac{\partial u_y}{\partial z}\right)_0\cdot\Delta z\right]\boldsymbol{j}+$$

$$\left[u_{z0}+\left(\frac{\partial u_z}{\partial x}\right)_0\cdot\Delta x+\left(\frac{\partial u_z}{\partial y}\right)_0\cdot\Delta y+\left(\frac{\partial u_z}{\partial z}\right)_0\cdot\Delta z\right]\boldsymbol{k} \tag{3.4.1}$$

该式表明，点 A 的速度可以用点 O 的速度和速度分量的偏导数来表示。若 $\boldsymbol{u}_A=\boldsymbol{u}_0$，即所有偏导数都等于零，流体微团就只有平移运动。因此，这 9 个偏导数是用来描述平动以外的其他运动的。下面分成两类运动来讨论。

1. 线变形运动

为了简化讨论，取平面流动来分析。在流动平面 yOz 上取一各边与坐标轴平行的矩形流体微团 $ABCD$，如图 3.4.2 所示。对于平面流动，$u_x=0$，$\frac{\partial}{\partial x}=0$，因而只存在 4 个偏导数。先讨论 $\frac{\partial u_y}{\partial y}$ 和 $\frac{\partial u_z}{\partial z}$ 所描述的流体微团运动。

设点 A 的坐标为 $(y,\ z)$，如图 3.4.3 所示，点 A 的速度分量为 u_y、u_z，同一瞬时点 B 在 y 方向的速度分量为 $u_y+\frac{\partial u_y}{\partial y}\Delta y$。因点 A 和点 B 在沿 AB 线段方向的速度不同，AB 在运动过程中将会伸长或缩短，即产生线变形。经 Δt 时间点 A 沿 y 方向移动的距离为 $u_y\Delta t$，点 B 沿同一方向移动的距离为 $\left(u_y+\frac{\partial u_y}{\partial y}\Delta y\right)\Delta t$，因此，线段 AB 经 Δt 后将伸长 $\frac{\partial u_y}{\partial y}\Delta y\Delta t$，也即它的线变形速度为 $\frac{\partial u_y}{\partial y}\Delta y\Delta t/\Delta t=\frac{\partial u_y}{\partial y}\Delta y$。由于 AD 和 BC 线段上，位于同一 z 值的各对应点在 y 方向的速度差值均为 $\frac{\partial u_y}{\partial y}\Delta y$，它使该流体微团于 Δt 时间内沿 y 方向伸长 BB'，所以 $\frac{\partial u_y}{\partial y}\Delta y$ 也是流体微团在 y 方向的线变形速度，而 $\frac{\partial u_y}{\partial y}$ 显然是在 y 方向单位长度的流体微团的线变形速度，或称为线变形速率，以 ε_{yy} 表示。同理，令 $\varepsilon_{zz}=\frac{\partial u_z}{\partial z}$，$\varepsilon_{zz}$ 即为流体微团在 z 方向的线变形速率。于是，

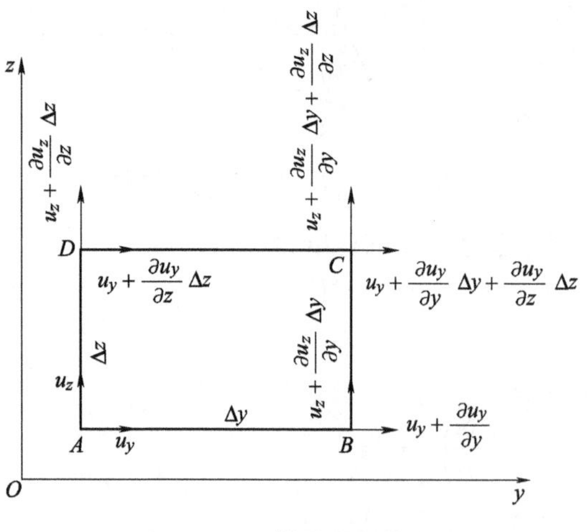

图 3.4.2　流体微团变形速度

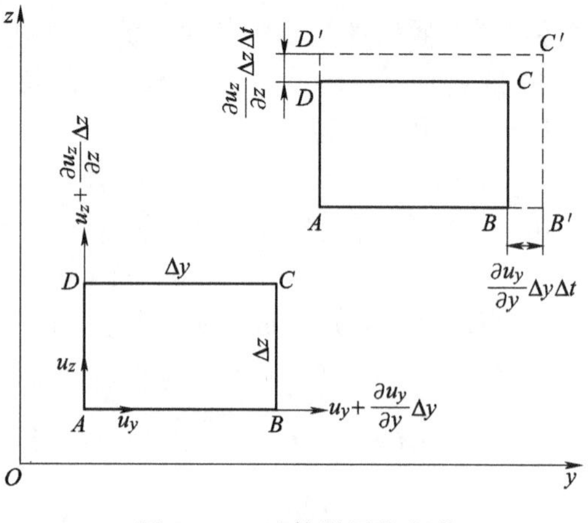

图 3.4.3　流体微团线变形

对于空间流动，有

$$\varepsilon_{xx}=\frac{\partial u_x}{\partial x},\varepsilon_{yy}=\frac{\partial u_y}{\partial y},\varepsilon_{zz}=\frac{\partial u_z}{\partial z}$$

如在流场中取一边长为 Δx、Δy、Δz 的六面体流体微团来分析。由于有线变形速率（ε_{xx}、ε_{yy}、ε_{zz}），经 Δt 时间后，六面体流体微团将膨胀，如图 3.4.4 所示，增长的体积为

$$\left(\Delta x+\frac{\partial u_x}{\partial x}\Delta x\Delta t\right)\left(\Delta y+\frac{\partial u_y}{\partial y}\Delta y\Delta t\right)\left(\Delta z+\frac{\partial u_z}{\partial z}\Delta z\Delta t\right)-\Delta x\Delta y\Delta z$$

$$=\left(\frac{\partial u_x}{\partial x}+\frac{\partial u_y}{\partial y}+\frac{\partial u_z}{\partial z}\right)\Delta x\Delta y\Delta z\Delta t+\cdots$$

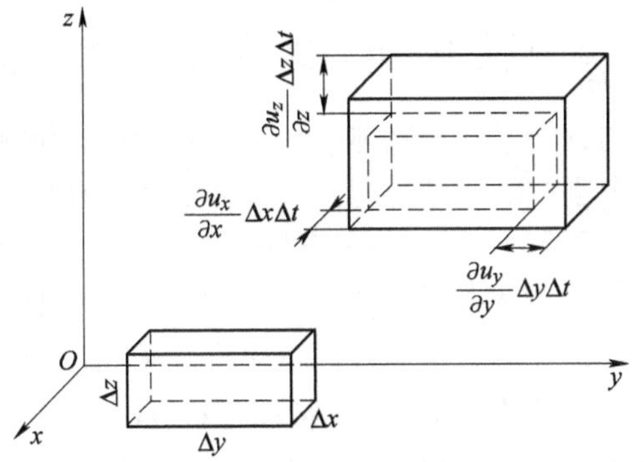

图 3.4.4 线变形引起体积膨胀

于是，单位体积的流体微团，在单位时间内的体积增长值，即体积膨胀速率为

$$\left(\frac{\partial u_x}{\partial x}+\frac{\partial u_y}{\partial y}+\frac{\partial u_z}{\partial z}\right)\Delta x\Delta y\Delta z\Delta t/(\Delta x\Delta y\Delta z\Delta t)=\frac{\partial u_x}{\partial x}+\frac{\partial u_y}{\partial y}+\frac{\partial u_z}{\partial z}$$

由此可见，三个方向的线变形速率之和就是流体的体积膨胀速率。对于不可压缩流体，由连续性微分方程可知

$$\frac{\partial u_x}{\partial x}+\frac{\partial u_y}{\partial y}+\frac{\partial u_z}{\partial z}=0$$

即其体积膨胀率为零。

2. 旋转运动和角变形运动

现在来讨论平面流动中的另两个偏导数 $\frac{\partial u_y}{\partial z}$ 和 $\frac{\partial u_z}{\partial y}$ 对流体微团的作用。如图 3.4.5 所示，设点 A z 方向的速度为 u_z，则点 B 在该方向的速度为 $u_z+\frac{\partial u_z}{\partial y}\Delta y$，由于设 A、B 两点在垂直于 AB 线段方向的速度不同，AB 线在运动过程中，将绕平行于 Ox 的轴旋转，经 Δt 时间，AB 线将沿逆时针方向旋转 $\Delta\alpha_1$ 角，即

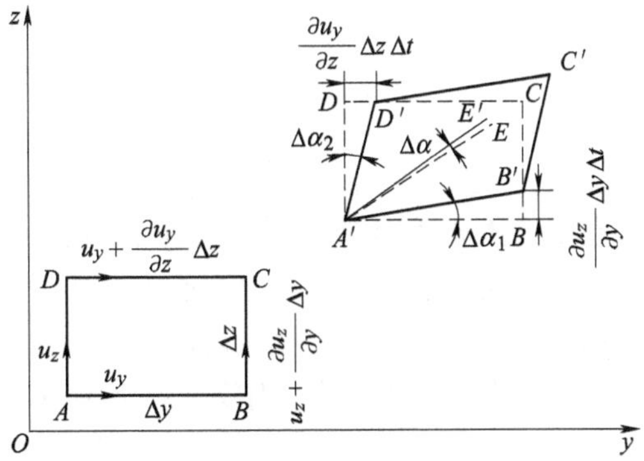

图 3.4.5 流体微团旋转和角变形

$$\Delta\alpha_1 \approx \tan\Delta\alpha_1 = \frac{\dfrac{\partial u_z}{\partial y}\Delta y\Delta t}{\Delta y} = \frac{\partial u_z}{\partial y}\Delta t$$

同理，AD 线在运动过程中也会沿顺时针方向旋转。经 Δt 时间，AD 线将沿顺时针方向旋转 $\Delta\alpha_2$ 角，即

$$\Delta\alpha_2 \approx \tan\Delta\alpha_2 = \frac{\dfrac{\partial u_y}{\partial z}\Delta z\Delta t}{\Delta z} = \frac{\partial u_y}{\partial z}\Delta t$$

因此，矩形流体微团经 Δt 时间后，将成为平行四边形 $A'B'C'D'$ ，在流体微团由矩形变为平行四边形的过程中，一方面出现了旋转运动，同时也出现了角变形运动，即构成矩形的各边内角发生了变化，可见，偏导数 $\dfrac{\partial u_y}{\partial z}$ 和 $\dfrac{\partial u_z}{\partial y}$ 是描述流体微团旋转运动和角变形运动的变量。

流体微团的旋转与刚体的旋转不同，刚体上任何一点与旋转轴连线的旋转角速度都是相等的，因此都可以用来代表整个刚体的旋转，但由于流体的易流动性，使与旋转轴相连的不同线段各自有不同的旋转角速度，用哪一个来代表流体微团的旋转呢？首先必须给出流体微团的旋转角速度的定义。以过点 A 的任意两条正交微元线段在 yOz 平面上的旋转角速度的平均值定义为，流体微团在该平面上绕点 A 的旋转角速度。这个平均值也就是直角分角线 AE 的旋转角速度，它实际上是组成流体微团的各质点绕点 A 旋转的角速度的平均值。以 ω_x 表示在与 x 轴垂直的平面上流体微团的旋转角速度。一般规定，线段的旋转以逆时针方向为正，则

$$\omega_x = \frac{\Delta\alpha}{\Delta t} = \frac{\left[\dfrac{1}{2}\left(\dfrac{\pi}{2} - \Delta\alpha_1 - \Delta\alpha_2\right) + \Delta\alpha_1\right] - \dfrac{\pi}{4}}{\Delta t} = \frac{1}{2}\cdot\frac{\Delta\alpha_1 - \Delta\alpha_2}{\Delta t} = \frac{1}{2}\left(\frac{\partial u_z}{\partial y} - \frac{\partial u_y}{\partial z}\right)$$

对于空间流动，则有

$$\omega_x = \frac{1}{2}\left(\frac{\partial u_z}{\partial y} - \frac{\partial u_y}{\partial z}\right),\ \omega_y = \frac{1}{2}\left(\frac{\partial u_x}{\partial z} - \frac{\partial u_z}{\partial x}\right),\ \omega_z = \frac{1}{2}\left(\frac{\partial u_y}{\partial x} - \frac{\partial u_x}{\partial y}\right)$$

ω_x 、ω_y 、ω_z 分别为流体微团的旋转角速度在 x 、y 、z 轴方向的分量。流体微团的旋转角速度矢量 $\boldsymbol{\omega}$ 为

$$\begin{aligned}\boldsymbol{\omega} = \omega_x\boldsymbol{i} + \omega_y\boldsymbol{j} + \omega_z\boldsymbol{k} &= \frac{1}{2}\left[\left(\frac{\partial u_z}{\partial y} - \frac{\partial u_y}{\partial z}\right)\boldsymbol{i} + \left(\frac{\partial u_x}{\partial z} - \frac{\partial u_z}{\partial x}\right)\boldsymbol{j} + \left(\frac{\partial u_y}{\partial x} - \frac{\partial u_x}{\partial y}\right)\boldsymbol{k}\right] \\ &= \frac{1}{2}\begin{vmatrix} \boldsymbol{i} & \boldsymbol{j} & \boldsymbol{k} \\ \dfrac{\partial}{\partial x} & \dfrac{\partial}{\partial y} & \dfrac{\partial}{\partial z} \\ u_x & u_y & u_z \end{vmatrix}\end{aligned}$$

有了流体微团旋转角速度的定义，就不难把角变形运动分离出来。如流体微团上各点与旋转中心的连线皆以相同的角速度旋转，那么这个流体微团就和刚体一样，只有旋转运动无角变形运动，之所以会有角变形运动，是因为这些连线以不同的角速度旋转。因此，可用任意一个直角角度减少速率的一半，作为角变形速率。对于我们所取的流体微团 $ABCD$ ，角变形速率为

$$\varepsilon_{yz} = \frac{1}{2}\cdot\frac{\Delta\alpha_1 + \Delta\alpha_2}{\Delta t} = \frac{1}{2}\left(\frac{\partial u_z}{\partial y} + \frac{\partial u_y}{\partial z}\right)$$

显然，一个直角的两条边（例如 AB 、AD ）具有相同的角变形速率，即

$$\varepsilon_{yz} = \varepsilon_{zy}$$

角变形速率的前一个下标表示直角边所平行的坐标轴，后一个下标表示位移所平行的坐标轴。对于空间流动，三个相互正交平面上的角变形速率为

$$\varepsilon_{xy} = \varepsilon_{yx} = \frac{1}{2}\left(\frac{\partial u_y}{\partial x} + \frac{\partial u_x}{\partial y}\right)$$

$$\varepsilon_{yz} = \varepsilon_{zy} = \frac{1}{2}\left(\frac{\partial u_z}{\partial y} + \frac{\partial u_y}{\partial z}\right)$$

$$\varepsilon_{xz} = \varepsilon_{zx} = \frac{1}{2}\left(\frac{\partial u_x}{\partial z} + \frac{\partial u_z}{\partial x}\right)$$

根据以上得到的线变形和角变形公式，不难得到式（3.4.1）中的 9 个偏导数，即

$$\begin{cases} \dfrac{\partial u_x}{\partial x} = \varepsilon_{xx} \\ \dfrac{\partial u_x}{\partial y} = \varepsilon_{yx} - \omega_z \\ \dfrac{\partial u_x}{\partial z} = \varepsilon_{zx} + \omega_y \end{cases},\quad \begin{cases} \dfrac{\partial u_y}{\partial x} = \varepsilon_{xy} + \omega_z \\ \dfrac{\partial u_y}{\partial y} = \varepsilon_{yy} \\ \dfrac{\partial u_y}{\partial z} = \varepsilon_{zy} - \omega_x \end{cases},\quad \begin{cases} \dfrac{\partial u_z}{\partial x} = \varepsilon_{xz} - \omega_y \\ \dfrac{\partial u_z}{\partial y} = \varepsilon_{yz} + \omega_x \\ \dfrac{\partial u_z}{\partial z} = \varepsilon_{zz} \end{cases}$$

3.5　亥姆霍兹速度分解定理

上一节得到描述速度增量的 9 个偏导数，将这些偏导数表达式代入式（3.4.1）中，有

$$\begin{aligned} \boldsymbol{u}_A = &\left(u_{x0} + \frac{\partial u_x}{\partial x}\Delta x + \frac{\partial u_x}{\partial y}\Delta y + \frac{\partial u_x}{\partial z}\Delta z\right)\boldsymbol{i} + \\ &\left(u_{y0} + \frac{\partial u_y}{\partial x}\Delta x + \frac{\partial u_y}{\partial y}\Delta y + \frac{\partial u_y}{\partial z}\Delta z\right)\boldsymbol{j} + \\ &\left(u_{z0} + \frac{\partial u_z}{\partial x}\Delta x + \frac{\partial u_z}{\partial y}\Delta y + \frac{\partial u_z}{\partial z}\Delta z\right)\boldsymbol{k} \end{aligned} \tag{3.5.1}$$

或写作

$$\begin{aligned} \boldsymbol{u}_A &= [u_{x0} + \varepsilon_{xx}\Delta x + (\varepsilon_{yx} - \omega_z)\Delta y + (\varepsilon_{zx} + \omega_y)\Delta z]\boldsymbol{i} + \\ &\quad [u_{y0} + (\varepsilon_{xy} + \omega_z)\Delta x + \varepsilon_{yy}\Delta y + (\varepsilon_{zy} - \omega_x)\Delta z]\boldsymbol{j} + \\ &\quad [u_{z0} + (\varepsilon_{xz} - \omega_y)\Delta x + (\varepsilon_{yz} + \omega_x)\Delta y + \varepsilon_{zz}\Delta z]\boldsymbol{k} \\ &= [u_{x0} + (\omega_y\Delta z - \omega_z\Delta y) + \varepsilon_{xx}\Delta x + \varepsilon_{yx}\Delta y + \varepsilon_{zx}\Delta z]\boldsymbol{i} + \\ &\quad [u_{y0} + (\omega_z\Delta x - \omega_x\Delta z) + \varepsilon_{xy}\Delta x + \varepsilon_{yy}\Delta y + \varepsilon_{zy}\Delta z]\boldsymbol{j} + \\ &\quad [u_{z0} + (\omega_x\Delta y - \omega_y\Delta x) + \varepsilon_{xz}\Delta x + \varepsilon_{yz}\Delta y + \varepsilon_{zz}\Delta z]\boldsymbol{k} \end{aligned} \tag{3.5.2}$$

该式表明，点 A 的速度可以分解为三个部分，分别使流体微团产生平移运动、绕基点 O 的旋转运动和变形运动，其中变形运动有线变形和角变形，此即亥姆霍兹（Helmholtz）速度分解定理。我们把式（3.5.1）写成

$$
\begin{aligned}
\boldsymbol{u}_A = &[u_{x0} + 0\cdot\Delta x - \omega_z\Delta y + \omega_y\Delta z + \varepsilon_{xx}\Delta x + \varepsilon_{yx}\Delta y + \varepsilon_{zx}\Delta z]\boldsymbol{i} + \\
&[u_{y0} + \omega_z\Delta x + 0\cdot\Delta y - \omega_x\Delta z + \varepsilon_{xy}\Delta x + \varepsilon_{yy}\Delta y + \varepsilon_{zy}\Delta z]\boldsymbol{j} + \\
&[u_{z0} - \omega_y\Delta x + \omega_x\Delta y + 0\cdot\Delta z + \varepsilon_{xz}\Delta x + \varepsilon_{yz}\Delta y + \varepsilon_{zz}\Delta z]\boldsymbol{k} \\
= &u_x\boldsymbol{i} + u_y\boldsymbol{j} + u_z\boldsymbol{k}
\end{aligned}
$$

于是，有

$$
\begin{pmatrix} u_x \\ u_y \\ u_z \end{pmatrix} = \begin{pmatrix} u_{x0} \\ u_{y0} \\ u_{z0} \end{pmatrix} + \begin{pmatrix} 0 & -\omega_z & \omega_y \\ \omega_z & 0 & -\omega_x \\ -\omega_y & \omega_x & 0 \end{pmatrix}\begin{pmatrix} \Delta x \\ \Delta y \\ \Delta z \end{pmatrix} + \begin{pmatrix} \varepsilon_{xx} & \varepsilon_{yx} & \varepsilon_{zx} \\ \varepsilon_{xy} & \varepsilon_{yy} & \varepsilon_{zy} \\ \varepsilon_{xz} & \omega_{yz} & \varepsilon_{zz} \end{pmatrix}\begin{pmatrix} \Delta x \\ \Delta y \\ \Delta z \end{pmatrix}
$$

式中，

$$
\begin{pmatrix} \varepsilon_{xx} & \varepsilon_{yx} & \varepsilon_{zx} \\ \varepsilon_{xy} & \varepsilon_{yy} & \varepsilon_{zy} \\ \varepsilon_{xz} & \omega_{yz} & \varepsilon_{zz} \end{pmatrix}
$$

称为应变率张量。

亥姆霍兹速度分解定理把旋转运动和变形运动从一般的运动中分离出来，将流体运动划分为有旋运动与无旋运动，以便根据各自的特点分别处理，从变形运动引出应变率张量。后续我们会看到，亥姆霍兹速度分解定理对确定应变率与应力的关系等奠定了数学分析基础。事实上，正是通过应变率张量与应力张量的关系推导出流体运动微分方程。下面我们以 yOz 平面上的流动为例，分析点 A 速度。在 yOz 平面上，有 $\omega_y=\omega_z=0$，$\varepsilon_{xx}=0$，$\varepsilon_{xy}=\varepsilon_{yx}=\varepsilon_{xz}=\varepsilon_{zx}=0$，于是，点 A 速度简化为

$$
\begin{aligned}
\boldsymbol{u}_A &= (u_{y0} - \omega_x\Delta z + \varepsilon_{yy}\Delta y + \varepsilon_{zy}\Delta z)\boldsymbol{j} + (u_{z0} + \omega_x\Delta y + \varepsilon_{yz}\Delta y + \varepsilon_{zz}\Delta z)\boldsymbol{k} \\
&= \underbrace{(u_{y0}\boldsymbol{j} + u_{z0}\boldsymbol{k})}_{\boldsymbol{u}_0} + \underbrace{(\omega_x\Delta y\boldsymbol{k} - \omega_x\Delta z\boldsymbol{j})}_{\boldsymbol{u}_\omega} + \underbrace{(\varepsilon_{yy}\Delta y\boldsymbol{j} + \varepsilon_{zz}\Delta z\boldsymbol{k})}_{\boldsymbol{u}_{\varepsilon-l}} + \underbrace{(\varepsilon_{zy}\Delta z\boldsymbol{j} + \varepsilon_{yz}\Delta y\boldsymbol{k})}_{\boldsymbol{u}_{\varepsilon-a}} \\
&= \boldsymbol{u}_0 + \boldsymbol{u}_\omega + \boldsymbol{u}_{\varepsilon-l} + \boldsymbol{u}_{\varepsilon-a}
\end{aligned}
$$

式中，$\boldsymbol{u}_0$、$\boldsymbol{u}_\omega$、$\boldsymbol{u}_{\varepsilon-l}$ 和 $\boldsymbol{u}_{\varepsilon-a}$ 分别为产生平移、旋转、线变形和角变形运动的速度分量。图 3.5.1 直观地表达了速度分解定理。原来占有 S 位置的流体微团，经单位时间后移至 S'，点 A 的速度分解成平移、旋转、线变形和角变形四个分量，$\dfrac{\Delta\alpha}{\Delta t}$ 为流体微团对点 O 旋转的平均角速度。

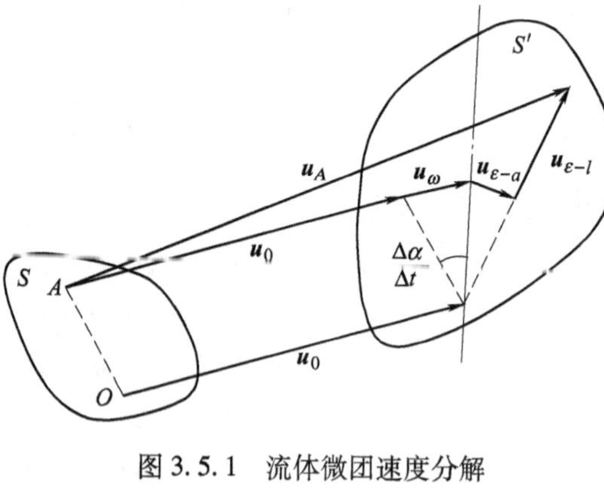

图 3.5.1 流体微团速度分解

3.6 有旋运动

1. 有旋运动与无旋运动

由速度分解定理得知，旋转角速度矢量 $\boldsymbol{\omega}$ 描述了流体微团运动的转动部分，其方向是

流体微团瞬时旋转轴的方向，其大小代表旋转的角速度。根据流体微团在运动过程中是否旋转，可把流体运动分为两类：有旋流动和无旋流动。若流场中各点的旋转角速度 $\boldsymbol{\omega}$ 都等于零，则称此流动为无旋流动，反之，就是有旋流动。自然界和工程中出现的流动大多数是有旋流动，例如，管道中的流体运动，绕流物体表面的边界层及其尾部后面的流动都是有旋流动。

判断流动是否有旋要看流体微团是不是在绕通过其自身的瞬时轴自转，而不是看它有没有绕某一中心做圆周运动，下面我们来讨论这个问题。

【例 3.6.1】 有一均匀剪切流（见图 3.6.1），其速度场为 $u_x = 0$，$u_y = kz$，$u_z = 0$，k 为常数。试判断该流动是否为有旋流动。

解： 由

$$\omega_x = \frac{1}{2}\left(\frac{\partial u_z}{\partial y} - \frac{\partial u_y}{\partial z}\right) = \frac{1}{2}(0 - k) = -\frac{k}{2} \neq 0$$

因此，该均匀剪切流为有旋流动。ω_x 为负值，表示流体微团在运动过程中沿顺时针方向旋转。

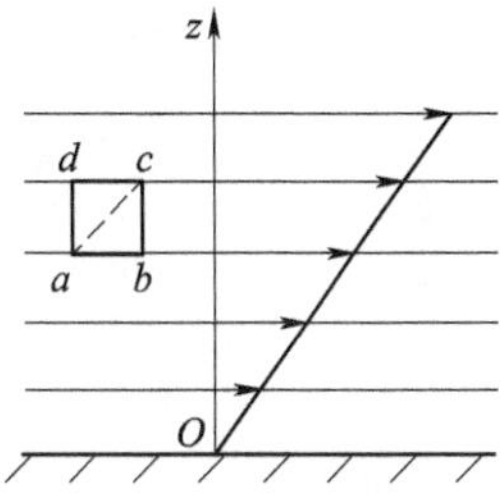

图 3.6.1 均匀剪切流

【例 3.6.2】 有一势涡流动（见图 3.6.2），其速度场为 $u_r = 0$，$u_\theta = \dfrac{h}{r}$，h 为常数。试判断该流动是否为有旋流动。

解： 转换为直角坐标，有

$$u_y = -u_\theta \sin\theta = -\frac{hz}{y^2 + z^2}$$

$$u_z = u_\theta \cos\theta = \frac{hy}{y^2 + z^2}$$

$$\omega_x = \frac{1}{2}\left[\frac{\partial}{\partial y}\left(\frac{hy}{y^2 + z^2}\right) - \frac{\partial}{\partial z}\left(-\frac{hz}{y^2 + z^2}\right)\right]$$

$$= \frac{1}{2}\left[\frac{h(z^2 - y^2)}{(y^2 + z^2)^2} - \frac{h(z^2 - y^2)}{(y^2 + z^2)^2}\right] = 0$$

由此可知，该势涡流动为无旋流动。

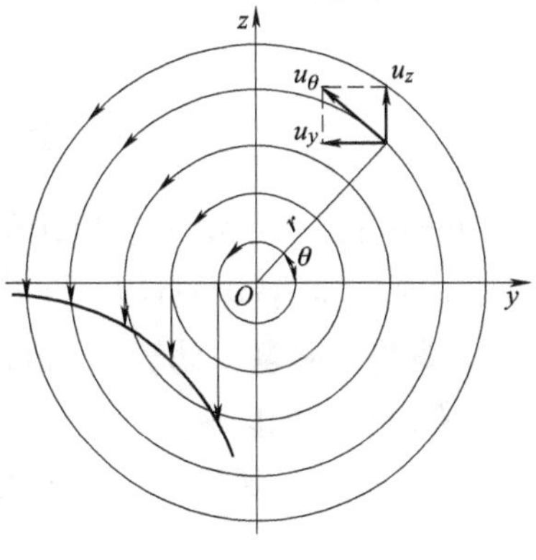

图 3.6.2 势涡流

对于以上两个流动问题，初看起来，均匀剪切流的质点做直线运动，似乎是无旋流动，而势涡流动流线是以原点为中心的同心圆，我们会认为是有旋流动。为什么我们直观判断是错误的呢？原因在于我们以刚体绕轴旋转运动的观念来判断流体的旋转运动，忽略了流体的流动是否有旋的条件——流体微团是否存在绕通过其自身瞬时轴的旋转。我们在这两个流动中各取一个矩形流体微团 $abcd$，现在来分析它们经过 $\mathrm{d}t$ 时间后有没有自转。在均匀剪切流动中，点 c 速度比点 a 的大，所以 ac 边沿顺时针向旋转了 $\mathrm{d}\theta$ 角（见图 3.6.3），流动有旋。在势涡流动中，ab 边经 $\mathrm{d}t$ 后仍为圆周切线方向，因而它沿逆时

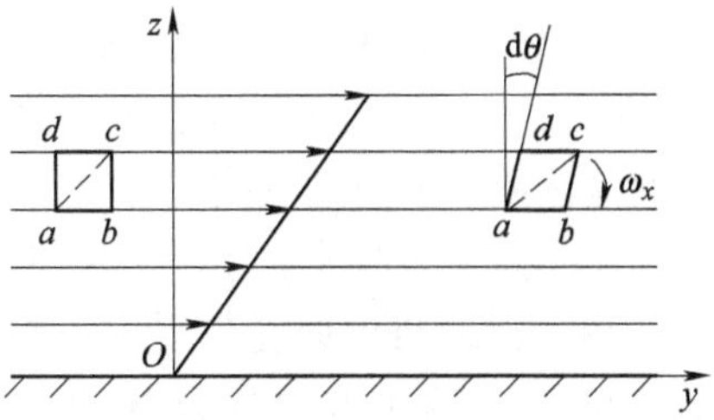

图 3.6.3 均匀剪切流流体微团分析

针方向转动了 dθ 角，如图 3.6.4 所示，即

$$\mathrm{d}\theta = \frac{u_\theta \mathrm{d}t}{r} = \frac{h}{r^2}\mathrm{d}t$$

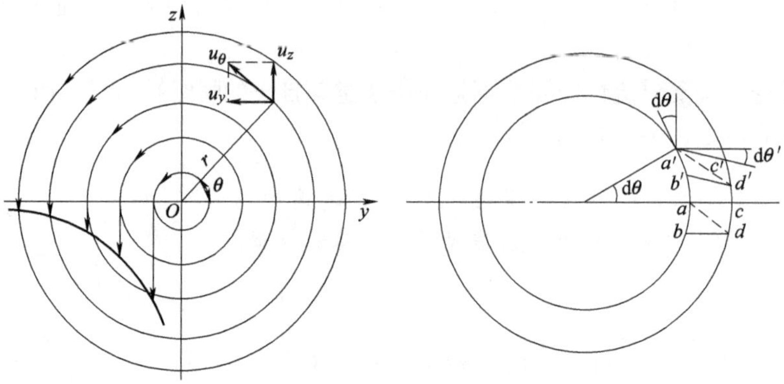

图 3.6.4　势涡流流体微团分析

对于 ab 边经 dt 后仍为圆周切线方向，因而它沿逆时针方向转动了 dθ 角；对于 ac 边，点 c 速度比点 a 的小 $\frac{\partial u_\theta}{\partial r}\mathrm{d}r$，故经 d$t$ 后，点 c 比点 a 落后了 $\frac{\partial u_\theta}{\partial r}\mathrm{d}r\mathrm{d}t$ 的距离，这就使 ac 边顺时针方向旋转了 dθ′ 角，则

$$\mathrm{d}\theta' = -\frac{\frac{\partial u_\theta}{\partial r}\mathrm{d}r\mathrm{d}t}{\mathrm{d}r} = -\frac{\partial u_\theta}{\partial r}\mathrm{d}t = -\frac{h}{r^2}\mathrm{d}t$$

由于 $\mathrm{d}\theta = -\mathrm{d}\theta'$，$ac$ 边与 ab 边转角的平均值正好等于零，可见流体微团做圆周运动时，有角变形运动，但它本身却不自转，即其旋转角速度为零，故为无旋流动。

2. 涡线、涡量、涡管、涡通量

在有旋流动的区域里，任意给定的时刻 t，空间各点都有一个确定的旋转角速度矢量 $\boldsymbol{\omega}$，从而又组成一个矢量场，称为涡旋场。它是空间坐标和时间的函数

$$\boldsymbol{\omega} = \boldsymbol{\omega}(x,\ y,\ z,\ t)$$

既然涡旋场也是一个矢量场，就可以像速度场那样引进一些类似的概念。

涡线：涡线是某一瞬时在涡旋场中所作的一条曲线，位于这条线上的流体质点在该瞬时的旋转角速度矢量都与此线在该点相切，如图 3.6.5 所示。显然，涡线是给定瞬时位于其上的所有流体质点的转动轴线。

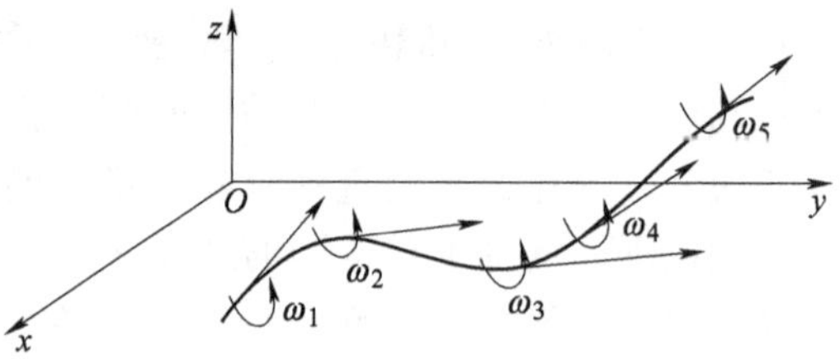

图 3.6.5　涡线

与流线微分方程类似。沿涡线取一微元线段 ds，由于涡线与角速度矢量的方向一致，所以 ds 沿三个坐标轴方向的分量 dx、dy、dz 必然和角速度矢量的三个分量 ω_x、ω_y、ω_z 成正比，即

$$\frac{\mathrm{d}x}{\omega_x} = \frac{\mathrm{d}y}{\omega_y} = \frac{\mathrm{d}z}{\omega_z}$$

这就是涡线微分方程。由于涡线的瞬时性，涡线方程中的时间变量 t 也是一个参变量，所以在非恒定流中涡线的形状可以随时间变化，在恒定流中，涡线不随时间而变。

【例3.6.3】 半径为 r_0 的圆管内，速度分布为 $u_x = k[r_0^2 - (y^2 + z^2)]$，$u_y = u_z = 0$，$k > 0$（$k$ 为常数）。试求涡线方程。

解： 由

$$\begin{cases} \omega_x = \dfrac{1}{2}\left(\dfrac{\partial u_z}{\partial y} - \dfrac{\partial u_y}{\partial z}\right) = 0 \\ \omega_y = \dfrac{1}{2}\left(\dfrac{\partial u_x}{\partial z} - \dfrac{\partial u_z}{\partial x}\right) = -kz \\ \omega_z = \dfrac{1}{2}\left(\dfrac{\partial u_y}{\partial x} - \dfrac{\partial u_x}{\partial y}\right) = ky \end{cases}$$

涡线方程为

$$\frac{\mathrm{d}y}{-kz} = \frac{\mathrm{d}z}{ky}$$

积分得

$$y^2 + z^2 = C$$

可见，涡线是和管轴同轴的同心圆。

涡量：流体微团的旋转角速度为 $\boldsymbol{\omega}(x,\ y,\ z,\ t)$，则

$$\boldsymbol{\Omega} = 2\boldsymbol{\omega} = \Omega_x \boldsymbol{i} + \Omega_y \boldsymbol{j} + \Omega_z \boldsymbol{k}$$

称为涡量（或旋度），其中 Ω_x、Ω_y 和 Ω_z 是涡量 $\boldsymbol{\Omega}$ 在 x、y 和 z 坐标上的投影。由定义可知

$$\begin{cases} \Omega_x = \dfrac{\partial u_z}{\partial y} - \dfrac{\partial u_y}{\partial z} \\ \Omega_y = \dfrac{\partial u_x}{\partial z} - \dfrac{\partial u_z}{\partial x} \\ \Omega_z = \dfrac{\partial u_y}{\partial x} - \dfrac{\partial u_x}{\partial y} \end{cases} \tag{3.6.1}$$

显然，涡量是空间坐标和时间的矢性函数，$\boldsymbol{\Omega} = \boldsymbol{\Omega}(x,\ y,\ z,\ t)$，所以它也构成一个矢量场，称为涡量场。由式（3.6.1），易得

$$\begin{cases} \dfrac{\partial \Omega_x}{\partial x} = \dfrac{\partial}{\partial x}\left(\dfrac{\partial u_z}{\partial y} - \dfrac{\partial u_y}{\partial z}\right) = \dfrac{\partial^2 u_z}{\partial y \partial x} - \dfrac{\partial^2 u_y}{\partial z \partial x} \\ \dfrac{\partial \Omega_y}{\partial y} = \dfrac{\partial}{\partial y}\left(\dfrac{\partial u_x}{\partial z} - \dfrac{\partial u_z}{\partial x}\right) = \dfrac{\partial^2 u_x}{\partial z \partial y} - \dfrac{\partial^2 u_z}{\partial x \partial y} \\ \dfrac{\partial \Omega_z}{\partial z} = \dfrac{\partial}{\partial z}\left(\dfrac{\partial u_y}{\partial x} - \dfrac{\partial u_x}{\partial y}\right) = \dfrac{\partial^2 u_y}{\partial x \partial z} - \dfrac{\partial^2 u_x}{\partial y \partial z} \end{cases}$$

显然，有

$$\frac{\partial \Omega_x}{\partial x} + \frac{\partial \Omega_y}{\partial y} + \frac{\partial \Omega_z}{\partial z} = 0$$

该式称为涡量连续性微分方程。旋转角速度越大，涡量越大，涡的旋转强度越大。

涡管：根据涡线的定义，过一点只能作一条涡线。如在涡旋场中任取一条不是涡线的封闭曲线，过此曲线上的每一点所作的涡线构成一管状曲面，称为涡管。断面无限小的涡管称为微

元涡管。在微元涡管的每个断面上，流体质点以同一角速度旋转，即 $\boldsymbol{\omega}$ 可视为是相等的，但在微元涡管的沿程上 $\boldsymbol{\omega}$ 是变化的。

涡通量：旋转角速度 $\boldsymbol{\omega}$ 与垂直于它的微元面积 $\mathrm{d}A$ 的乘积的 2 倍，称为该微元面积的涡流量，以 $\mathrm{d}J$ 表示，则有

$$\mathrm{d}J = 2\omega \mathrm{d}A$$

若微元面积 $\mathrm{d}A$ 不与 $\boldsymbol{\omega}$ 垂直，涡通量为

$$\mathrm{d}J = 2\boldsymbol{\omega} \cdot \boldsymbol{n}\mathrm{d}A$$

式中，$\boldsymbol{n}$ 为微元面积 $\mathrm{d}A$ 的外法线单位矢量。若面积为有限值 A，则涡通量为

$$J = \int \mathrm{d}J = 2\iint_A \boldsymbol{\omega} \cdot \boldsymbol{n}\mathrm{d}A$$

3. 速度环量、斯托克斯定理

计算涡通量时，常因旋转角速度矢量 $\boldsymbol{\omega}$ 在断面上的分布无法直接获得而遇到困难，故引入速度环量的概念，可由此求得涡通量。

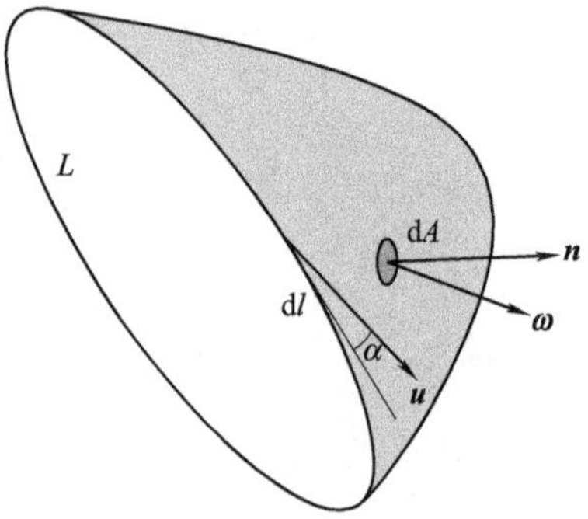

图 3.6.6　速度环量与涡通量

如图 3.6.6 所示，在流场中任取一封闭曲线 L，速度 $\boldsymbol{u}$ 沿此曲线的线积分称为曲线 L 上的速度环量，即

$$\Gamma = \oint_L \boldsymbol{u} \cdot \mathrm{d}\boldsymbol{l} = \oint_L u_x \mathrm{d}x + u_y \mathrm{d}y + u_z \mathrm{d}z$$

速度环量是个标量，其正负决定于速度方向和线积分所绕行的方向，一般规定，积分时以逆时针方向绕行为正，速度 $\boldsymbol{u}$ 在积分线路 $\mathrm{d}\boldsymbol{l}$ 上的投影与 $\mathrm{d}\boldsymbol{l}$ 同向为正，反向为负。若 L 为单连通域中的封闭曲线，根据高等数学中的斯托克斯公式，沿 L 的线积分化为以 L 为边界的曲面 A 的面积分，即

$$\begin{aligned}\Gamma &= \oint_L u_x \mathrm{d}x + u_y \mathrm{d}y + u_z \mathrm{d}z \\ &= \iint_A \left[\left(\frac{\partial u_z}{\partial y} - \frac{\partial u_y}{\partial z}\right)\mathrm{d}y\mathrm{d}z + \left(\frac{\partial u_x}{\partial z} - \frac{\partial u_z}{\partial x}\right)\mathrm{d}x\mathrm{d}z + \left(\frac{\partial u_y}{\partial x} - \frac{\partial u_x}{\partial y}\right)\mathrm{d}x\mathrm{d}y\right] \\ &= 2\int_A \omega_x \mathrm{d}A_x + \omega_y \mathrm{d}A_y + \omega_z \mathrm{d}A_z = 2\iint_A \boldsymbol{\omega} \cdot \boldsymbol{n}\mathrm{d}A = J\end{aligned}$$

该式表明，在单连通域中沿任意封闭曲线的速度环量，等于通过以此曲线为边界的任意曲面的涡通量，这个结论在流体力学中称为斯托克斯定理。

【例 3.6.4】 设二维流动速度分布为 $u_x = 2y$，$u_y = -3x$，试求该流场中沿圆 $L: x^2 + y^2 = 1$ 的速度环量。

解： 由 $\Gamma = \oint_L u_x \mathrm{d}x + u_y \mathrm{d}y = \oint_L 2y\mathrm{d}x - 3x\mathrm{d}y$

对于涉及沿圆周的积分问题，一般可采用极坐标。在这种情况下，$r = 1$，$x = \cos\theta$，$y = \sin\theta$，于是

$$\begin{aligned}\Gamma &= \int_0^{2\pi} 2\sin\theta \cdot (-\sin\theta)\mathrm{d}\theta - \int_0^{2\pi} 3\cos\theta \cdot \cos\theta \mathrm{d}\theta \\ &= -2\int_0^{2\pi} \sin^2\theta \mathrm{d}\theta - 3\int_0^{2\pi} \cos^2\theta \cdot \mathrm{d}\theta = -2\pi - 3\pi = -5\pi\end{aligned}$$

负号说明该速度环量为沿单位圆的顺时针方向。

4. 汤姆逊定理

涡管的运动学性质：在同一瞬时，过同一涡管沿程各断面的涡通量相等。涡管的这个性质可以用斯托克斯定理来证明。

在涡管沿程任意截取两个断面 abc 和 def，如图 3.6.7 所示。若在涡管侧面上加两条几乎重合的辅助线 af 和 cd，则 $abcdefa$ 组成一个可缩为一点的封闭曲线。以这个封闭曲线为边界的曲面就是涡管的侧面。由于没有涡线穿过涡管的侧面，因而沿封闭曲线 $abcdefa$ 的速度环量等于零，即

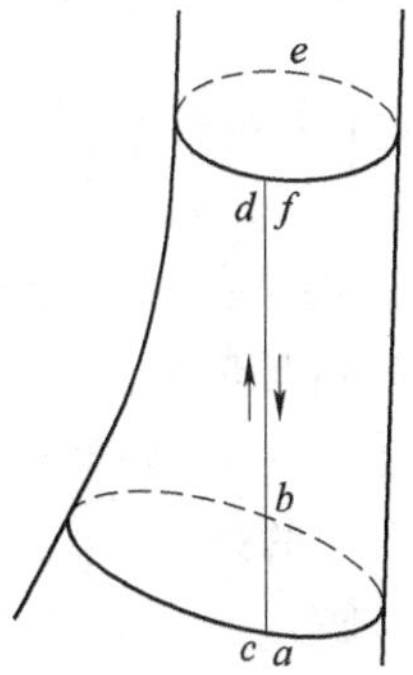

图 3.6.7　涡管

$$\Gamma_{abcdefa} = 0$$

考虑到速度 $\boldsymbol{u}$ 沿整个封闭曲线的线积分等于组成它的各线段上 $\boldsymbol{u}$ 的线积分之和，即

$$\Gamma_{abcdefa} = \Gamma_{abc} + \Gamma_{cd} + \Gamma_{def} + \Gamma_{fa}$$

在 af 和 cd 段上各对应点的速度可认为相等，而 Γ_{cd} 与 Γ_{fa} 的积分方向相反，因而

$$\Gamma_{cd} = -\Gamma_{fa}$$

Γ_{def} 是顺时针方向绕行的速度环量。若改为逆时针方向，则有

$$\Gamma_{abc} = -\Gamma_{def}$$

于是，得到

$$\Gamma_{abc} = -\Gamma_{fed}$$

再根据斯托克斯定理，可得

$$J_{abc} = -J_{fed}$$

因断面 abc 和 def 是任取的，故通过同一涡管沿程各断面的涡通量相等。汤姆逊定理也称为开尔文定理，该定理说明，理想流体在有势质量力作用下，沿任意封闭流体质点线的速度环量守恒。原来有速度环量则永远保持该环量值，原来速度环量为零则永远保持为零。形象地说，如果我们能够用墨水在理想流体中画上一个闭合回路 C 又不致扩散的话，则无论这回路随流体流到什么地方，其上的环量 Γ_C 总不变，如图 3.6.8 所示。

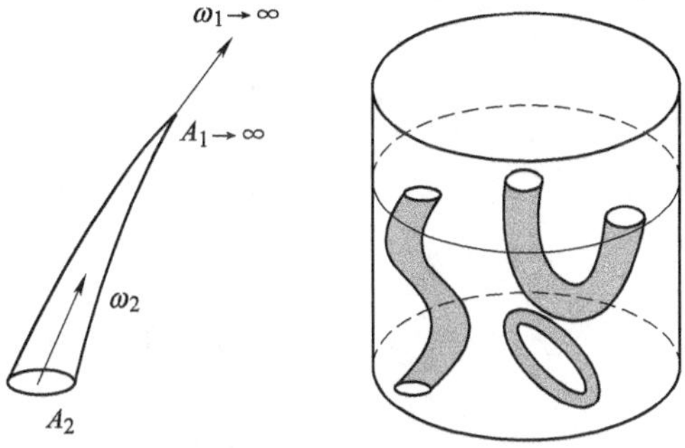

图 3.6.8　涡管不能在流体内产生或终止

实验可以演示涡线随流体运动的情况。如图 3.6.9 所示，在一个扁圆的盒子底的中央开一个圆孔，像鼓一样在面上蒙一张绷紧的橡皮膜，侧放在桌上。事先在鼓内喷上一些烟，用手拍鼓面，就会看到有一个烟圈从底上的洞冒出来，一面向前移动，一面扩大。这烟圈是一条闭合的涡线，像螺线管一样绕着它旋转。如果在一定距离之外放上一支蜡烛，烟圈过后还会把它吹灭。

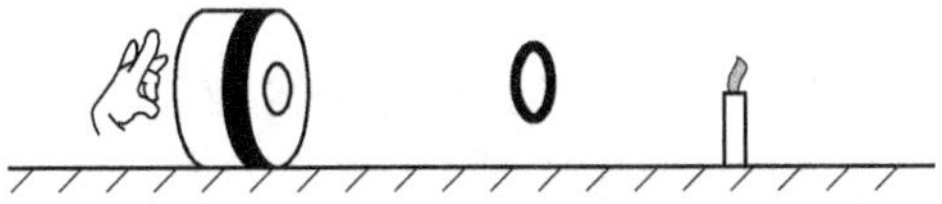

图 3.6.9　涡环演示

涡管在同一瞬时只有一个涡通量，把涡管的涡通量称为涡管强度。由汤姆逊定理可以得出，对于同一涡管来说，断面面积越小的地方，流体旋转的角速度越大。此外，涡管不可能在流体内部以尖端形式开始或终结。因为在涡管断面面积趋近于零的地方，流体的旋转角速度趋近于无穷大，这实际上是不可能的，涡管的两端只能附在流体的边界面上，或成为环形。

【例 3.6.5】 如图 3.6.10 所示，设二维流动速度分布为 $u_\theta = \omega r$（ω 为常数），$u_r = 0$，试求：(1) 涡量；(2) 分别绕半径为 r_1 和 r_2 的圆周 L_1 和 L_2 的速度环量；(3) 绕路径 $abcda$ 的环路 L_3 的速度环量；(4) 根据以上计算结果，分析速度环量与涡量之间的关系。

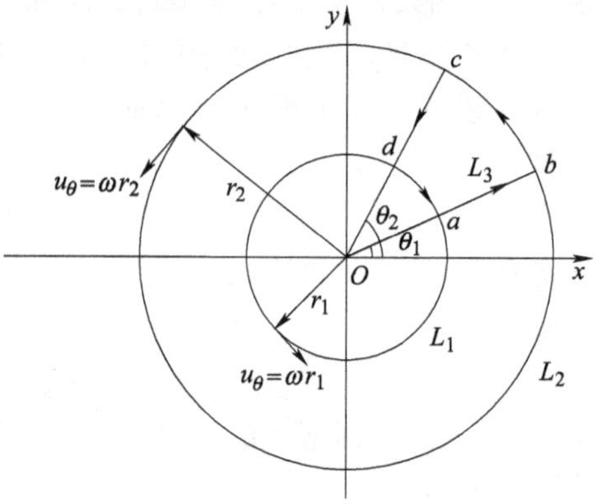

图 3.6.10 二维速度场

解： (1) 由 $u_\theta = \omega r$，可得

$$u_y = -u_\theta \sin\theta = -\omega z,\quad u_z = u_\theta \cos\theta = \omega y$$

于是

$$\begin{cases} \Omega_x = \dfrac{\partial u_z}{\partial y} - \dfrac{\partial u_y}{\partial z} = \omega + \omega = 2\omega \\ \Omega_y = \dfrac{\partial u_x}{\partial z} - \dfrac{\partial u_z}{\partial x} = 0 \\ \Omega_z = \dfrac{\partial u_y}{\partial x} - \dfrac{\partial u_x}{\partial y} = 0 \end{cases}$$

得到

$$\boldsymbol{\Omega} = \Omega_x \boldsymbol{i} + \Omega_y \boldsymbol{j} + \Omega_z \boldsymbol{k} = 2\omega \boldsymbol{i}$$

(2) 速度环量

$$\Gamma_1 = \oint_{L_1} \boldsymbol{u} \cdot \mathrm{d}\boldsymbol{l} = \int_0^{2\pi} \omega r_1 \cdot r_1 \mathrm{d}\theta = 2\pi\omega r_1^2$$

$$\Gamma_2 = \oint_{L_2} \boldsymbol{u} \cdot \mathrm{d}\boldsymbol{l} = \int_0^{2\pi} \omega r_2 \cdot r_2 \mathrm{d}\theta = 2\pi\omega r_2^2$$

(3) 速度环量

$$\begin{aligned} \Gamma_3 &= \oint_{L_3} \boldsymbol{u} \cdot \mathrm{d}\boldsymbol{l} = \int_{ab} \boldsymbol{u} \cdot \mathrm{d}\boldsymbol{l} + \int_{bc} \boldsymbol{u} \cdot \mathrm{d}\boldsymbol{l} + \int_{cd} \boldsymbol{u} \cdot \mathrm{d}\boldsymbol{l} + \int_{da} \boldsymbol{u} \cdot \mathrm{d}\boldsymbol{l} \\ &= 0 + \int_{\theta_1}^{\theta_2} \omega r_2 \cdot r_2 \mathrm{d}\theta + 0 + \int_{\theta_2}^{\theta_1} \omega r_1 \cdot r_1 \mathrm{d}\theta = \omega r_2^2(\theta_2 - \theta_1) + \omega r_1^2(\theta_1 - \theta_2) \\ &= \omega(r_2^2 - r_1^2)(\theta_2 - \theta_1) \end{aligned}$$

(4) 由涡量 $\boldsymbol{\Omega} = 2\omega \boldsymbol{i}$ 可见，涡量在场中均匀分布，且 $\Omega = 2\omega$。从速度环量可以得到

$$\Gamma_1 = 2\pi\omega r_1^2 = 2\omega \cdot \pi r_1^2 = \Omega A_1$$

$$\Gamma_2 = 2\pi\omega r_2^2 = 2\omega \cdot \pi r_2^2 = \Omega A_2$$

$$\Gamma_3 = \omega(r_2^2 - r_1^2)(\theta_2 - \theta_1) = 2\omega \cdot \left[\frac{1}{2} \cdot \pi(r_2^2 - r_1^2) \cdot \frac{\theta_2 - \theta_1}{\pi}\right] = \Omega A_3$$

所以 $\Gamma = \Omega A$，这是平面运动涡量为常数时的斯托克斯定理。

应当指出，有旋流动的流动空间，既是速度场，又是涡旋场。涡旋场中的涡线、涡管、涡通量等概念分别相当于速度场中的流线、流管和流量，而涡管强度守恒原理则相当于不可压缩流体总流的连续性方程。

3.7　无旋流动与势函数

在无旋流动流场中各点的旋转角速度 $\boldsymbol{\omega}$ 均为零。自然界中有很多真实流动非常接近于无旋流动。特别是可忽略其黏性的理想不可压缩流体的流动，若质量力中仅有重力，一般都可认为是无旋流动。在无旋流动中，

$$\omega_x = \frac{1}{2}\left(\frac{\partial u_z}{\partial y} - \frac{\partial u_y}{\partial z}\right) = 0$$

$$\omega_y = \frac{1}{2}\left(\frac{\partial u_x}{\partial z} - \frac{\partial u_z}{\partial x}\right) = 0$$

$$\omega_z = \frac{1}{2}\left(\frac{\partial u_y}{\partial x} - \frac{\partial u_x}{\partial y}\right) = 0$$

即

$$\frac{\partial u_z}{\partial y} = \frac{\partial u_y}{\partial z},\ \frac{\partial u_x}{\partial z} = \frac{\partial u_z}{\partial x},\ \frac{\partial u_y}{\partial x} = \frac{\partial u_x}{\partial y}$$

根据全微分理论，上列三等式是某空间位置函数 $\varphi(x,\ y,\ z)$ 存在的必要和充分的条件。φ 与速度分量 u_x、u_y 和 u_z 的关系表示为下列全微分的形式：

$$\mathrm{d}\varphi = u_x\mathrm{d}x + u_y\mathrm{d}y + u_z\mathrm{d}z$$

函数 φ 称为速度势函数。存在着速度势函数的流动，称为有势流动，简称势流。无旋流动必然是有势流动。势函数的全微分为

$$\mathrm{d}\varphi = \frac{\partial\varphi}{\partial x}\mathrm{d}x + \frac{\partial\varphi}{\partial y}\mathrm{d}y + \frac{\partial\varphi}{\partial z}\mathrm{d}z$$

比较以上两式的对应关系，得出

$$u_x = \frac{\partial\varphi}{\partial x},u_y = \frac{\partial\varphi}{\partial y},u_z = \frac{\partial\varphi}{\partial z}$$

即速度在三坐标上的投影，等于速度势函数对于相应坐标的偏导数。

速度势函数不仅可以描述沿坐标轴的三个方向的分速度，而且可以反映任意方向的分速度。根据方向导数的定义，函数 φ 在任一方向 $\boldsymbol{s}$ 上的方向导数为

$$\frac{\partial\varphi}{\partial s} = \frac{\partial\varphi}{\partial x}\cos<\boldsymbol{s},x> + \frac{\partial\varphi}{\partial y}\cos<\boldsymbol{s},y> + \frac{\partial\varphi}{\partial z}\cos<\boldsymbol{s},z>$$

$$= u_x\cos<\boldsymbol{s},x> + u_y\cos<\boldsymbol{s},y> + u_z\cos<\boldsymbol{s},z>$$

上式右边是速度 $\boldsymbol{u}$ 的三个分量在 $\boldsymbol{s}$ 上的投影之和，应等于 $\boldsymbol{u}$ 在 $\boldsymbol{s}$ 上的投影 u_s，即

$$\frac{\partial\varphi}{\partial s} = u\cos<\boldsymbol{u},\boldsymbol{s}> = u_s$$

即速度在某一方向的分量等于速度势函数对该方向上的偏导数。

无旋流动中速度势函数相等的各点组成的面称为等势面。可以证明，流速（或流线）与等势面正交，且指向势函数增加的方向。事实上，由

$$\mathrm{d}\varphi = u_x\mathrm{d}x + u_y\mathrm{d}y + u_z\mathrm{d}z = \boldsymbol{u}\cdot\mathrm{d}\boldsymbol{l}$$

若 $\mathrm{d}\boldsymbol{l}$ 是在等势面上任取的微元线段，则 $\mathrm{d}\varphi = 0$，故

$$\boldsymbol{u}\cdot \mathrm{d}\boldsymbol{l}=0$$

可见，$\boldsymbol{u}$ 与 $\mathrm{d}\boldsymbol{l}$ 正交。

在单连通域中，任意两点的速度势函数的差值等于该两点间流速沿任意曲线的线积分。事实上，

$$\varphi_2-\varphi_1=\int_1^2 \mathrm{d}\varphi=\int_L\left(\frac{\partial \varphi}{\partial x}\mathrm{d}x+\frac{\partial \varphi}{\partial y}\mathrm{d}y+\frac{\partial \varphi}{\partial z}\mathrm{d}z\right)=\int_L(u_x\mathrm{d}x+u_y\mathrm{d}y+u_z\mathrm{d}z)=\int_L\boldsymbol{u}\cdot \mathrm{d}\boldsymbol{l}$$

这就是说，在单连通域的无旋流动中，流速 $\boldsymbol{u}$ 的线积分只取决于起点和终点的位置，与积分路径无关。

存在势函数的前提是流场内部不存在旋转角速度。根据汤姆逊定理，只有理想流体，才会既不能创造漩涡，又不能消灭漩涡。摩擦力是产生漩涡的根源，因而一般只有理想流体流场才可能存在无旋流动。工程上所考虑的流体主要是水和空气，它们的黏性不大，如果在流动过程中没有受到边壁摩擦的显著作用，就可以当作理想流体来考虑。

水和空气是从静止状态过渡到运动状态的。静止时，显然没有旋转角速度。根据汤姆逊定理，对于可按理想流体处理的水和空气的流动，从静止到运动，也应保持无旋状态。例如，通风车间用抽风的方法使工作区出现风速，工作区的空气即从原有静止状态过渡到运动状态，流动就是无旋的。通常吸风装置所形成的气流可按无旋流动处理。相反，利用风管通过送风口向通风地带送风，空气受风管壁面的摩擦作用，流动在风管内是有旋的，气流在送风口流入通风地带后，又以较高的速度和静止空气发生摩擦，所以只能维持有旋，而不能按无旋处理。

飞机在静止空气中飞行时，静止空气原来是无旋的。飞机飞过时，空气受扰动而运动，仍应保持无旋。只有在紧靠机翼的近距离内，流体受固体壁面的阻碍作用，流动才是有旋的。此外，即使流动是有旋的，当它的流速分布接近于无旋时，也可以有条件有范围地按无旋处理。

我们把速度势函数代入不可压缩流体的连续性方程 $\frac{\partial u_x}{\partial x}+\frac{\partial u_y}{\partial y}+\frac{\partial u_z}{\partial z}=0$ 中，其中 $\frac{\partial u_x}{\partial x}=\frac{\partial}{\partial x}\left(\frac{\partial \varphi}{\partial x}\right)=\frac{\partial^2\varphi}{\partial x^2}$，同理，有 $\frac{\partial u_y}{\partial y}=\frac{\partial^2\varphi}{\partial y^2}$，$\frac{\partial u_z}{\partial z}=\frac{\partial^2\varphi}{\partial z^2}$，于是得到

$$\frac{\partial^2\varphi}{\partial x^2}+\frac{\partial^2\varphi}{\partial y^2}+\frac{\partial^2\varphi}{\partial z^2}=0$$

该方程称为拉普拉斯方程，满足拉普拉斯方程的函数称为调和函数。因此，不可压缩流体势流的势函数是坐标的调和函数，而拉普拉斯方程本身就是不可压缩流体无旋流动连续性方程。

【例 3.7.1】 在 $u_x=-\frac{y}{x^2+y^2}$，$u_y=\frac{x}{x^2+y^2}$，$u_z=0$ 的流动中，判断是否为无旋流动。若为无旋流动，求其势函数，并检查势函数是否为拉普拉斯方程。

解： $\frac{\partial u_x}{\partial y}=\frac{y^2-x^2}{(x^2+y^2)^2}$，$\frac{\partial u_y}{\partial x}=\frac{y^2-x^2}{(x^2+y^2)^2}$

可见，$\frac{\partial u_x}{\partial y}=\frac{\partial u_y}{\partial x}$，$\omega_x=\omega_y=\omega_z=0$，该流动为无旋流动。势函数的全微分为

$$\mathrm{d}\varphi=u_x\mathrm{d}x+u_y\mathrm{d}y+u_z\mathrm{d}z=-\frac{y}{x^2+y^2}\mathrm{d}x+\frac{x}{x^2+y^2}\mathrm{d}y+0\cdot \mathrm{d}z$$

$$\mathrm{d}\varphi=\int_L u_x\mathrm{d}x+u_y\mathrm{d}y$$

积分与路径无关，φ 可由普通积分求出，其形式为

$$\varphi(x,\ y)=\int_{x_0}^{x}u_x(x,\ y_0)\mathrm{d}x+\int_{y_0}^{y}u_y(x,\ y)\mathrm{d}y$$

取 $(x_0,\ y_0)$ 为 $(0,\ 0)$，则

$$\varphi(x,\ y)=\int_{x_0}^{x}\left(-\frac{y_0}{x^2+y_0^2}\right)\mathrm{d}x+\int_{y_0}^{y}\frac{x}{x^2+y^2}\mathrm{d}y=0+\int_{0}^{y}\frac{x}{x^2+y^2}\mathrm{d}y$$

$$=\int_{0}^{y}\frac{1}{1+\left(\frac{y}{x}\right)^2}\mathrm{d}\left(\frac{y}{x}\right)=\arctan\frac{y}{x}$$

不难验算 φ 的二次偏导数，有

$$\frac{\partial^2\varphi}{\partial x^2}=\frac{2xy}{(x^2+y^2)^2},\ \frac{\partial^2\varphi}{\partial y^2}=-\frac{2xy}{(x^2+y^2)^2},\ \frac{\partial^2\varphi}{\partial z^2}=0$$

显然有

$$\frac{\partial^2\varphi}{\partial x^2}+\frac{\partial^2\varphi}{\partial y^2}+\frac{\partial^2\varphi}{\partial z^2}=0$$

满足拉普拉斯方程。

为了理解速度势函数概念，我们对力学或其他学科中“势”的概念做一简单回顾。例如，重力场中的两点 P 和 P'，通常点 P 取在地面上，设点 P' 的“势”高于点 P 的，把质点从点 P 移动到点 P' 克服重力所做的功定义为这两点的“势”差

$$W=-\int_{P}^{P'}g_l\mathrm{d}l$$

式中，g_l 表示单位质量力沿 $\mathrm{d}l$ 方向的分量；$\mathrm{d}l$ 为连接点 P 与点 P' 的线微元；W 称为重力势函数。显然，这种情况下所做的功与做功的路径无关。这一矢量函数的线积分与路径无关的特征是有势场具有的特征。重力势函数具有物理意义，它表示单位质量物质所具有的重力势能，而速度势函数仅是一个数学量，没有对应的物理意义。

从以上的讨论中我们看到，任何一个无旋流动，都可以用一个速度势函数来表示，反之，给定一个速度势函数，也就是确定了一个无旋流动。引入 φ 的意义在于用一个函数来代替空间速度分量的三个函数，因此，求解无旋流动的速度问题可归结为求解速度势函数的问题。对于不可压缩流体，又可归结为求解拉普拉斯方程的问题。要求解不可压缩流体有旋流动的速度，必须联立解连续性微分方程和运动微分方程，而运动微分方程又是非线性的，如为无旋流动，只要解一个线性的拉普拉斯方程，这就使问题的求解大为简化，把无旋流动从一般的流动中分离出来，其意义就在于此。

3.8 平面流动及其流函数

若流场中各点的速度都平行于某一固定平面，且各物理量在垂直于该平面的方向上无变化，则这种流动称为平面流动。若取 xOy 平面与流动平行，则流速在 z 轴的分量为零，即 $u_z=0$，各物理量在 z 轴方向没有变化，它们对 z 轴的偏导数为零，即 $\frac{\partial}{\partial z}=0$。

平面流动的速度矢量 $\boldsymbol{u}$ 只有两个分量 u_x 和 u_y，各物理量都只是 x 和 y 的函数。理想不可压

缩平面流动虽然是做了相当大简化的流动模型，但研究这种流动仍有重要的理论意义和实用价值。通过对它的研究有助于加深对流动性质的了解，其处理问题的方法对解决更复杂的流动问题也有重要的借鉴意义。严格地说，平面流动是不存在的。但当流体绕过像烟囱、管道、低速机翼等细长柱体流动或水在宽阔的直渠道内流动时，除端部或岸边附近外，沿横向的速度很小，压强、密度等物理量沿横向的变化也很小，都可近似地认为是平面流动。

由不可压缩流体平面流动的连续性方程

$$\frac{\partial u_x}{\partial x}+\frac{\partial u_y}{\partial y}=0 \quad 或 \quad \frac{\partial u_x}{\partial x}=-\frac{\partial u_y}{\partial y}$$

引入一个的新函数——流函数 ψ 。从高等数学知，$u_x \mathrm{d}y-u_y \mathrm{d}x$ 为某一函数 $\psi(x,\ y)$ 的全微分的充要条件，即 $\mathrm{d}\psi=u_x \mathrm{d}y-u_y \mathrm{d}x$ 成立。由

$$\mathrm{d}\psi=\frac{\partial \psi}{\partial x}\mathrm{d}x+\frac{\partial \psi}{\partial y}\mathrm{d}y$$

得流函数与流速的关系为

$$u_x=\frac{\partial \psi}{\partial y},\ u_y=-\frac{\partial \psi}{\partial x}$$

在平面无旋流动中，流体质点的旋转角速度为零，即

$$\frac{\partial u_y}{\partial x}-\frac{\partial u_x}{\partial y}=0,\ \frac{\partial u_y}{\partial x}=\frac{\partial u_x}{\partial y}$$

所以流函数也满足拉普拉斯方程，也是调和函数，即

$$\frac{\partial^2 \psi}{\partial x^2}+\frac{\partial^2 \psi}{\partial y^2}=0$$

流函数与势函数的关系为

$$u_x=\frac{\partial \psi}{\partial y}=\frac{\partial \varphi}{\partial x},\ u_y=-\frac{\partial \psi}{\partial x}=\frac{\partial \varphi}{\partial y}$$

满足这个关系的两个调和函数称为共轭调和函数，已知其中的一个就能求出另一个。

【例 3.8.1】 已知一速度场 $u_x=x-4y$, $u_y=-4x-y$ ，该速度分布可否表示不可压缩流体的平面流动？若可以表示不可压缩流体的平面流动，求出流函数的表达式。流动是否为势流？若是势流，试求出速度势函数。

解： 根据不可压缩流体平面流动的连续性方程

$$\frac{\partial u_x}{\partial x}+\frac{\partial u_y}{\partial y}=\frac{\partial}{\partial x}(x-4y)+\frac{\partial}{\partial y}(-4x-y)=1+(-1)=0$$

可见，速度分布满足连续性方程，故可表示不可压缩流体的平面流动，流动存在流函数。利用流函数与速度之间的关系

$$u_x=\frac{\partial \psi}{\partial y}=x-4y,\ u_y=-\frac{\partial \psi}{\partial x}=-(4x+y)$$

于是

$$\psi=\int \frac{\partial \psi}{\partial y}\mathrm{d}y+f(x)=\int (x-4y)\mathrm{d}y+f(x)=xy-2y^2+f(x)$$

为了确定函数 $f(x)$ ，上式对 x 求偏导数，并令其等于 $-u_y$，即

$$\frac{\partial\psi}{\partial x}=y+f'(x)=-u_y=4x+y$$

易得

$$f'(x)=4x$$

于是

$$f(x)=\int f'(x)\mathrm{d}x=2x^2+C$$

故

$$\psi=\int\frac{\partial\psi}{\partial y}\mathrm{d}y+f(x)=\int(x-4y)\mathrm{d}y+f(x)=2x^2+xy-2y^2+C$$

式中积分常数 C 对流函数的差值及速度均无影响，也可以略去不计。

判断流动是否为势流有两种方法，一种方法是直接由速度场求旋度，看其是否为零。

$$\frac{\partial u_y}{\partial x}-\frac{\partial u_x}{\partial y}=\frac{\partial}{\partial x}(-4x-y)-\frac{\partial}{\partial y}(x-4y)=-4-(-4)=0$$

可见流动为势流。

另一种方法是看流函数是否满足拉普拉斯方程，即

$$\frac{\partial^2\psi}{\partial x^2}=\frac{\partial}{\partial x}(-u_y)=\frac{\partial}{\partial x}(4x+y)=4$$

$$\frac{\partial^2\psi}{\partial y^2}=\frac{\partial u_x}{\partial y}=\frac{\partial}{\partial y}(x-4y)=-4$$

$$\frac{\partial^2\psi}{\partial x^2}+\frac{\partial^2\psi}{\partial y^2}=4+(-4)=0$$

流函数满足拉普拉斯方程，流动为势流。求速度势函数可采用与求流函数相同的方法，也可采用另一种方法。因 $\mathrm{d}\varphi=\frac{\partial\varphi}{\partial x}\mathrm{d}x+\frac{\partial\varphi}{\partial y}\mathrm{d}y$ 表示全微分，其积分与选取的路径无关。设坐标原点 (0, 0) 对应 $\varphi_0=0$，平面中任意一点 (x, y) 处的速度势函数为 $\varphi(x, y)$，如图 3.8.1 所示，选取积分路径为

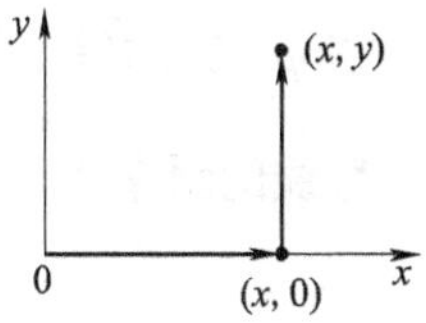

图 3.8.1 积分路径

$$(0,0)\to(x,0)\to(x,y)$$

注意到 x 轴上，$y=0$，$\mathrm{d}y=0$，与 y 轴平行的线段上，$\mathrm{d}x=0$，故

$$\varphi=\int_l\mathrm{d}\varphi=\int_l\left(\frac{\partial\varphi}{\partial x}\mathrm{d}x+\frac{\partial\varphi}{\partial y}\mathrm{d}y\right)=\int_0^x x\mathrm{d}x+\int_0^y(-4x-y)\mathrm{d}y=\frac{1}{2}x^2-4xy-\frac{1}{2}y^2$$

这种方法也可以用来求流函数。

求得 φ 后，就可得到流速的两个分量 u_x 和 u_y，因此求解平面无旋流动的速度场，既可求解流函数的拉普拉斯方程，也可求解势函数的拉普拉斯方程。这两个方程虽然形式相同，但求解时的边界条件不同，例如，在不动的固体壁面上，速度势的条件是 $\frac{\partial\varphi}{\partial n}=0$，而流函数的条件是 $\psi=$ 常数。可根据问题的具体情况，从解题简便的角度选定求解哪个方程。

流函数的等值线就是流线。事实上，由 $\psi=C$（常数）得

$$\mathrm{d}\psi=0$$

于是

$$d\psi = u_x dy - u_y dx = 0 \quad 或 \quad \frac{dx}{u_x} = \frac{dy}{u_y}$$

此即流线方程，所以给流函数以不同的常数，就可以得到一族流线。

流经任意曲线 AB 的单位厚度流量等于此曲线两端点的流函数差值。如图 3.8.2 所示，在 AB 上沿 A 至 B 方向取一有向微元线段 $d\boldsymbol{l}$，通过该微元线段的流量

$$dQ = u_n dl = \boldsymbol{u} \cdot \boldsymbol{n} dl = u_x \cos\langle \boldsymbol{n}, x\rangle dl + u_y \cos\langle \boldsymbol{n}, y\rangle dl$$

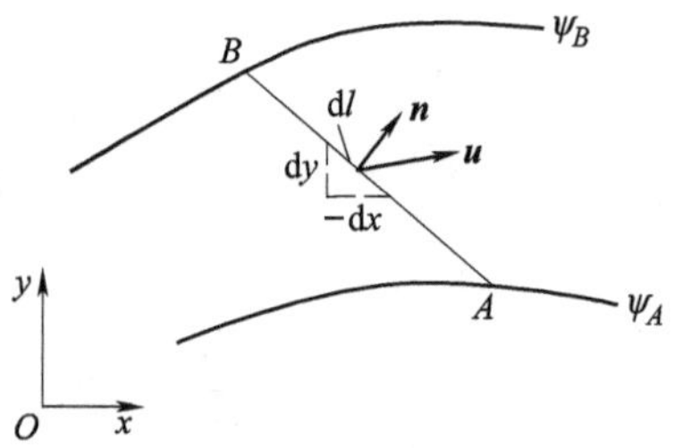

图 3.8.2 流函数沿曲线积分

$\boldsymbol{n}$ 为 dl 法线方向的单位矢量，考虑到 $\cos\langle \boldsymbol{n}, x\rangle dl = dy$，$\cos\langle \boldsymbol{n}, y\rangle dl = -dx$ 以及 $u_x = \frac{\partial\psi}{\partial y}$，$u_y = -\frac{\partial\psi}{\partial x}$，沿曲线 AB 积分，得

$$Q = \int_A^B dQ = \int_A^B u_x dy + u_y dx = \int_A^B \frac{\partial\psi}{\partial x}dx + \frac{\partial\psi}{\partial y}dy = \int_A^B d\psi = \psi_B - \psi_A$$

即通过任意两条流线间的单位厚度流量等于这两条流线的流函数差值。若 AB 为封闭曲线，两端点的流函数值相等，因此在单连通域的平面流动中，通过任意封闭曲线的流量为零。

流函数等于常量可表示一条流线，$\psi = C_1'$，$\psi = C_2'$，… 构成一族流线，势函数等于常量的曲线表示等势线，由 $\varphi = C_1$，$\varphi = C_2$，… 构成一族等势线，这两族曲线相交，构成一个几何上表示流动特征的网，称为流网，如图 3.8.3 所示。

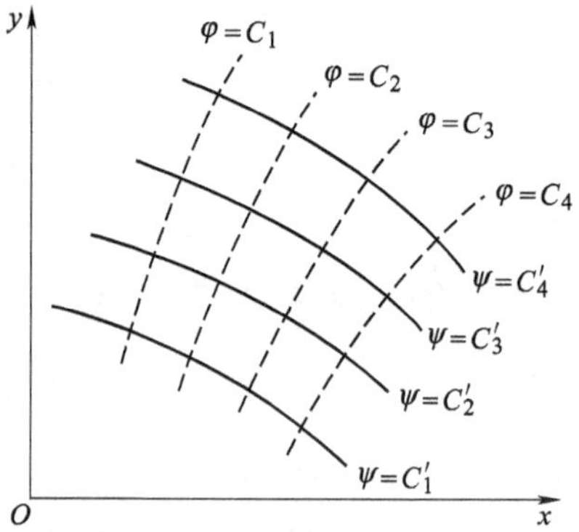

图 3.8.3 等势线与流线正交

在 $\varphi = C$ 的等势线上，$d\varphi = \frac{\partial\varphi}{\partial x}dx + \frac{\partial\varphi}{\partial y}dy = 0$，由此可得等势线的斜率为

$$\left(\frac{dy}{dx}\right)_{\varphi = C} = -\frac{\dfrac{\partial\varphi}{\partial x}}{\dfrac{\partial\varphi}{\partial y}}$$

在 $\psi = C'$ 的等势线上，$d\psi = \frac{\partial\psi}{\partial x}dx + \frac{\partial\psi}{\partial y}dy = 0$，由此可得等势线的斜率为

$$\left(\frac{dy}{dx}\right)_{\psi = C'} = -\frac{\dfrac{\partial\psi}{\partial x}}{\dfrac{\partial\psi}{\partial y}}$$

两族曲线斜率的乘积

$$\left(\frac{dy}{dx}\right)_{\varphi = C} \cdot \left(\frac{dy}{dx}\right)_{\psi = C'} = \left(-\frac{\dfrac{\partial\varphi}{\partial x}}{\dfrac{\partial\varphi}{\partial y}}\right)\left(-\frac{\dfrac{\partial\psi}{\partial x}}{\dfrac{\partial\psi}{\partial y}}\right) = \frac{\dfrac{\partial\psi}{\partial x}\dfrac{\partial\varphi}{\partial x}}{\dfrac{\partial\psi}{\partial y}\dfrac{\partial\varphi}{\partial y}} = -1$$

可见，在平面无旋流动中等势线与等流函数线（即流线）处处正交。

在流场中取两条流函数差值为 $d\psi$ 的相邻流线和两条势函数差值为 $d\varphi$ 的相邻等势线（见图 3.8.4）。在点 A 分别作流线和等势线的切线 AB、AC，其长度分别 δs 和 δn。显然有

$$\delta n_x = -\delta n\sin\alpha,\ \delta n_y = -\delta n\cos\alpha,$$

$$u_x = u\cos\alpha,\ u_y = u\sin\alpha$$

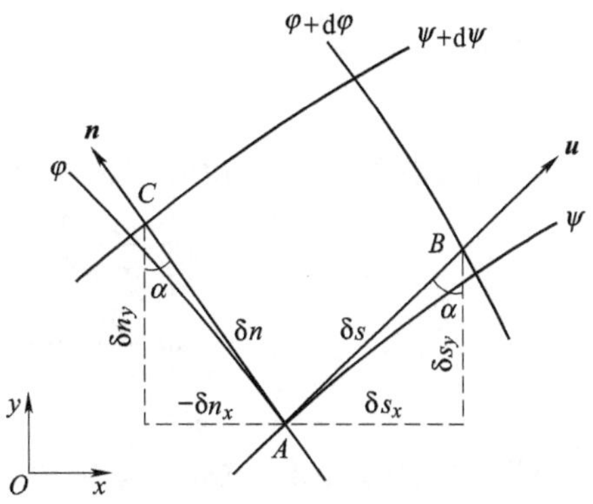

图 3.8.4　等势线与流线的疏密

于是，$\boldsymbol{n}$ 方向点 C 的流函数增量为

$$\delta\psi = u_x\delta n_y - u_y\delta n_x = u\delta n(\sin^2\alpha + \cos^2\alpha) = u\delta n$$

可见，在 $\boldsymbol{n}$ 的正方向上 $\delta n > 0$，因此 $\delta\psi > 0$，证明沿 $\boldsymbol{n}$ 方向 ψ 是增值的。为了确定流动速度的方向，通常规定沿前进方向，从左手边流向右手边的流量为正，相应的速度方向规定为正方向，也就是说，沿前进的方向顺时针旋转 90°，即为速度的正方向。

接下来分析 $\delta\varphi$ 与 δs 之间的关系。点 A 到点 B 的速度势增量

$$\delta\varphi = \boldsymbol{u}\cdot d\boldsymbol{s} = u_x\delta s_x + u_y\delta s_y$$

其中，$\delta s_x = \delta s\cos\alpha$，$\delta s_y = \delta s\sin\alpha$，于是

$$\delta\varphi = u\delta s(\sin^2\alpha + \cos^2\alpha) = u\delta s$$

根据以上推导，可以得到

$$\frac{\delta\varphi}{\delta\psi} = \frac{\delta s}{\delta n}$$

因为 $\dfrac{\delta\varphi}{\delta\psi}$ 对任一网格都保持常数，所以 $\dfrac{\delta s}{\delta n}$ 也保持定值。若取 $\dfrac{\delta\varphi}{\delta\psi}=1$，则每一网格成曲线正方形。习惯上，采用相等的流函数增量 $\Delta\psi$ 来画流线，用相等的速度势函数增量 $\Delta\varphi$ 来画等势线，流场中速度越大，则对应的流线之间及等势线之间距离越小，因此流网可以比较直观地描绘出流动的特征，如图 3.8.5 所示。

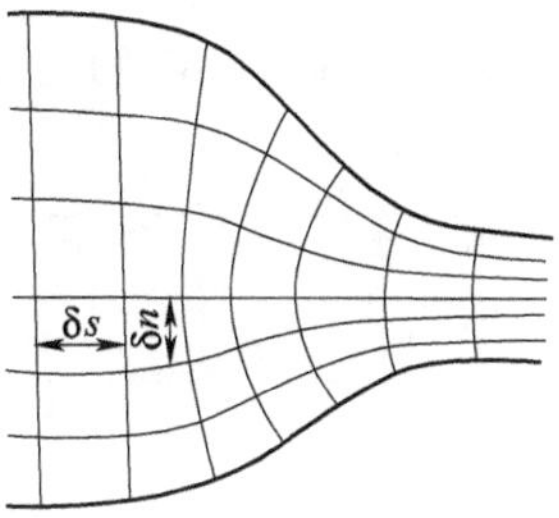

图 3.8.5　流网

由于流函数仅由不可压缩流体平面流动的连续性微分方程引入，因此，不论流体是否理想，流动是否恒定、是否无旋，只要是不可压缩流体平面流动，都有流函数存在。

对于柱坐标系中的平面流动，流函数为

$$\psi = \psi(r,\ \theta,\ t)$$

它与速度的关系为

$$u_r = \frac{1}{r}\frac{\partial\psi}{\partial\theta},\ u_\theta = -\frac{\partial\varphi}{\partial r}$$

用柱坐标表示的拉普拉斯方程为

$$\frac{\partial^2\psi}{\partial r^2} + \frac{1}{r}\frac{\partial\psi}{\partial r} + \frac{1}{r^2}\frac{\partial^2\psi}{\partial\theta^2} = 0$$

练 习 题

3-1 用拉格朗日变数表示的某一流体运动的迹线方程为

$$\begin{cases} x = a\cos\dfrac{\sigma(t)}{a^2+b^2} - b\sin\dfrac{\sigma(t)}{a^2+b^2} \\ y = a\sin\dfrac{\sigma(t)}{a^2+b^2} + b\cos\dfrac{\sigma(t)}{a^2+b^2} \\ z = c \end{cases}$$

式中，$\sigma(t)$ 为时间的函数。试求流体质点的速度、迹线形状，并给出描述该流动的欧拉法表达式。

3-2 如题 3-2 图所示，二元定常的逆时针旋转流动中，已知点 P（$r = 2\text{m}$，$\theta = 60°$）的切速度为 $u = 1.04\text{m/s}$，试求点 P 在 x、y 方向上的速度和加速度分量。

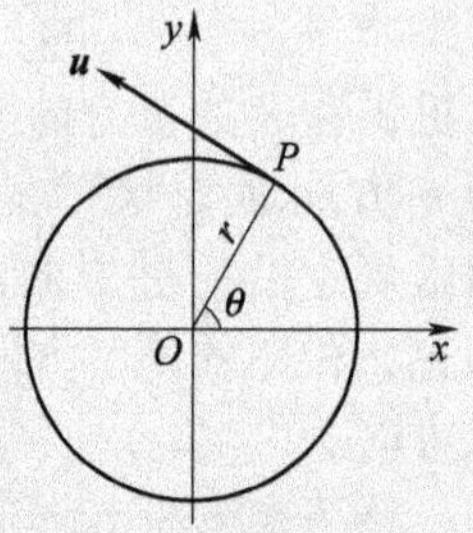

题 3-2 图

3-3 流体质点的速度沿 x 方向呈线性规律变化，已知沿运动方向有两个点 A 和 B，相距 $l = 50\text{cm}$，速度分别为 $u_A = 2\text{m/s}$，$u_B = 6\text{m/s}$。流动是定常的，试求 A 和 B 两点的质点加速度。

3-4 已知流场的速度为 $u_x = 2kx$，$u_y = 2ky$，$u_z = -4kz$，k 为常数，试求通过点（1，0，1）的流线方程。

3-5 已知流场的速度为 $u_x = 1 + At$（A 为常数），$u_y = 2x$，试确定 $t = t_0$ 时通过点(x_0，y_0)的流线方程。

3-6 如题 3-6 图所示，大管直径 $d_1 = 5\text{m}$，小管直径 $d_2 = 1\text{m}$，已知大管中过流断面上的度分布为 $u = 6.25 - r^2$（式中 r 表示点所在半径，以 m 计）。试求管中流量及小管中的平均速度。

3-7 如题 3-7 图所示，平行平板间 A—A 断面上的速度分布为

$$u = \frac{10}{h}\left(y - \frac{2y^2}{h}\right)$$

其中 h 为断面高度。若垂直于纸面为单位宽度，试求断面上的流量和平均速度。

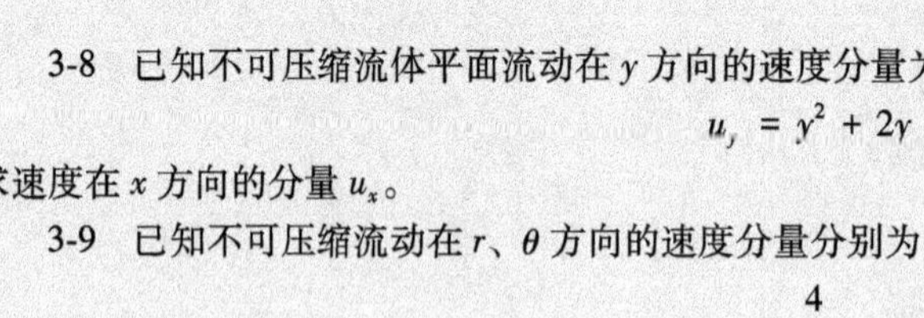

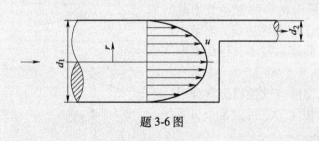

题 3-6 图

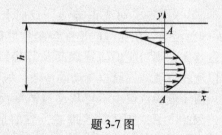

题 3-7 图

3-8 已知不可压缩流体平面流动在 y 方向的速度分量为

$$u_y = y^2 + 2y - 2x$$

求速度在 x 方向的分量 u_x。

3-9 已知不可压缩流动在 r、θ 方向的速度分量分别为

$$u_r = \frac{4}{r^2},\ u_\theta = 4r$$

求速度在 z 方向的分量 u_z。

3-10 设流场的速度分量为

$$u_x = -ky,\ u_y = kx,\ u_z = \sqrt{\phi(z) - 2k^2(x^2+y^2)}$$

式中，$\phi(z)$ 是 z 的任意函数；k 为常数。试证明这是一个流线与涡线重合的螺旋流动。计算旋转角速度 ω 与速度 u 的绝对值的比值。

3-11 设速度场为

$$\boldsymbol{u} = (y + 2z)\boldsymbol{i} + (z + 2x)\boldsymbol{j} + (x + 2y)\boldsymbol{k}$$

求涡线方程。若涡管断面面积 $dA = 10^{-4}m^2$，求涡通量 dJ。

3-12　如图 3.6.10 所示，设二维流动速度分布为 $u_\theta = k/r$（k 为常数），$u_r = 0$，试求：(1) 涡量；(2) 分别绕半径为 r_1 和 r_2 的圆周 L_1 和 L_2 的速度环量；(3) 绕路径 $abcda$ 的环路 L_3 的速度环量；(4) 根据以上的计算结果分析速度环量与涡量之间的关系，并说明与例 3.6.5 的区别。

3-13　不可压缩流体无旋流动的速度分量为 $u_x = x^2 - y^2$，$u_y = -2xy$，$u_z = 0$，求速度势 φ。

3-14　已知不可压缩流体平面无旋流动在 x 方向的速度分量为 $u_x = yt - x$。若 $t = 0$ 时，在 $x = 0$、$y = 0$ 处，$u_y = 0$，求速度势 φ。

3-15　已知平面势流的流函数 $\psi = xy - 2x - 3y + 10$，试求速度势函数和流速分量。

3-16　已知平面流动的流速分量

$$u_r = \frac{1}{2\pi r},\ u_\theta = -\frac{1}{2\pi r}$$

试证明此流动无旋，并求流函数。

第 4 章 积分形式的流体动力学方程

4

4.1 雷诺输运定理

在第 2 章中述及微元分析法以及建立微分方程所遵循的物理定律，实际上，在流体力学中物理定律都以数学方程形式表达，其数学表达形式可以是微分形式的，也可以是积分形式的，它们应该是一组封闭的线性或非线性、常微分或偏微分方程组，在给定的边界条件及初始条件下，存在适定解。积分形式的方程组可以给出有限流体与周围物体之间的相互作用，以及边界面处流动参数之间的关系，但无法给出内部各质点的流动细节，要了解流场的每个细节，需采用微分形式方程组。本节介绍积分形式的基本方程组，这要用到“系统”和“控制体”的概念。

系统是确定的流体质点的集合，系统以外的一切称为外界，系统的边界是把系统与外界分开的真实或假想的表面，在流体运动过程中，系统边界的位置、大小、形状是随时间变化的，但系统的质量始终不变，在系统的边界上没有质量交换，即没有物质进入或流出系统，在系统的边界上可以有能量交换，即可以有能量进入或流出系统，同时，系统的边界上受外界对系统的表面力作用。控制体是在流场中选定一固定不变的空间体积，控制体的边界面称为控制面，它是一个封闭的表面，控制面的形状和位置相对于选定的坐标系是固定不变的，在流体运动过程中，控制面上有质量交换，即有流体进、出控制体，同时可以有能量进、出控制体，控制面上也有周围物体对其作用的表面力。一个系统所具有的质量、动量、能量等物理量及其随时间的变化，若用拉格朗日法表达本来是比较方便的。但由于流体具有易流动性的特点，系统的边界在流动过程中的变化难以识别，这就给拉格朗日型基本方程的应用带来很大困难。若要建立欧拉型的基本方程，则应选取控制体为研究对象，为此需要设法解决用控制体来分析本来属于系统的这些物理量随时间的变化率问题，建立输运公式正是为了解决这个问题。

为使输运公式具有通用性，令 ϕ 为单位质量流体所具有的某物理量（如质量、动量、动量矩、能量等），它是空间坐标和时间的函数，系统所具有的该物理量的总量为

$$\Phi = \int_V \phi\rho \mathrm{d}V$$

式中，V 为系统所占有的空间；$\mathrm{d}V$ 为在系统内所取的微元体积。

现在来讨论怎样用控制体寻求 Φ 对时间的变化率 $\frac{\mathrm{D}\Phi}{\mathrm{D}t}$。设 t 时刻系统所占有的空间为 V_1，在 $t+\Delta t$ 时刻系统所占有的空间为 V_2，如图 4.1.1 所示。取控制体与 V_1 重合。由于 V_1 包括 V_3 和 V_4 两部分，V_2 包括 V_4 和 V_5 两部分，因此经过 Δt 时间后，系统内该物理量的增量 $\Delta\Phi$ 为

$$\Delta\Phi = \Phi_{t+\Delta t} - \Phi_t = (\Phi_4 + \Phi_5)_{t+\Delta t} - (\Phi_3 + \Phi_4)_t$$

$$=\left(\int_{V_4}\phi\rho\mathrm{d}V+\int_{V_5}\phi\rho\mathrm{d}V\right)_{t+\Delta t}-\left(\int_{V_3}\phi\rho\mathrm{d}V+\int_{V_4}\phi\rho\mathrm{d}V\right)_t$$

$$=\left(\int_{V_3}\phi\rho\mathrm{d}V+\int_{V_4}\phi\rho\mathrm{d}V\right)_{t+\Delta t}-\left(\int_{V_3}\phi\rho\mathrm{d}V+\int_{V_4}\phi\rho\mathrm{d}V\right)_t+\left(\int_{V_5}\phi\rho\mathrm{d}V-\int_{V_3}\phi\rho\mathrm{d}V\right)_{t+\Delta t}$$

等式两端同时除以 Δt 并取极限，得

$$\lim_{\Delta t\to 0}\frac{\Delta\Phi}{\Delta t}=\lim_{\Delta t\to 0}\frac{\left(\int_{V_3}\phi\rho\mathrm{d}V+\int_{V_4}\phi\rho\mathrm{d}V\right)_{t+\Delta t}-\left(\int_{V_3}\phi\rho\mathrm{d}V+\int_{V_4}\phi\rho\mathrm{d}V\right)_t}{\Delta t}+$$

$$\lim_{\Delta t\to 0}\frac{\left(\int_{V_5}\phi\rho\mathrm{d}V-\int_{V_3}\phi\rho\mathrm{d}V\right)_{t+\Delta t}}{\Delta t}$$

该式等号左端为系统的物理量 Φ 对时间的变化率 $\dfrac{\mathrm{D}\Phi}{\mathrm{D}t}$，等号右端的第一项为控制体内流体所具有的该物理量对时间的变化率。因控制体是一个不随时间而变的固定空间，控制体内流体所具有的物理量总量仅随时间变化，故

$$\lim_{\Delta t\to 0}\frac{\left(\int_{V_3}\phi\rho\mathrm{d}V+\int_{V_4}\phi\rho\mathrm{d}V\right)_{t+\Delta t}-\left(\int_{V_3}\phi\rho\mathrm{d}V+\int_{V_4}\phi\rho\mathrm{d}V\right)_t}{\Delta t}=\frac{\partial}{\partial t}\int_{\mathrm{CV}}\phi\rho\mathrm{d}V$$

式中，CV 表示控制体所占有的空间。等式右端第二项中，$\left(\int_{V_4}\phi\rho\mathrm{d}V\right)_{t+\Delta t}$ 是空间 V_5 内流体所具有的 Φ 值，它随 Δt 的增加而增大。被 Δt 除以后，即为单位时间 V_5 内 Φ 的增长值。而 V_5 内 Φ 值的增长是由通过控制面的 S_2 部分流入 V_5 的流体携带进来的，因此这个增长率也可以用下面的方法得到。在 S_2 上取微元面积 $\mathrm{d}A$，Δt 时间内由 $\mathrm{d}A$ 流出控制体进入 V_5 的流体体积为 $u\Delta t\cos\alpha\mathrm{d}A$，$\alpha$ 为速度矢量 $\boldsymbol{u}$ 与 $\mathrm{d}A$ 的外法线方向的单位矢量 $\boldsymbol{n}$ 之间的夹角，由这部分流体带入 V_5 的 Φ 值为 $\phi\rho u\Delta t\cos\alpha\mathrm{d}A$，用矢量表示则为 $\phi\rho\Delta t\boldsymbol{u}\cdot\boldsymbol{n}\mathrm{d}A$，通过 S_2 进入 V_5 的该物理量总量即为 $\int_{S_2}\phi\rho\Delta t\boldsymbol{u}\cdot\boldsymbol{n}\mathrm{d}A$，除以 Δt 就得到 V_5 内 Φ 的增长率为

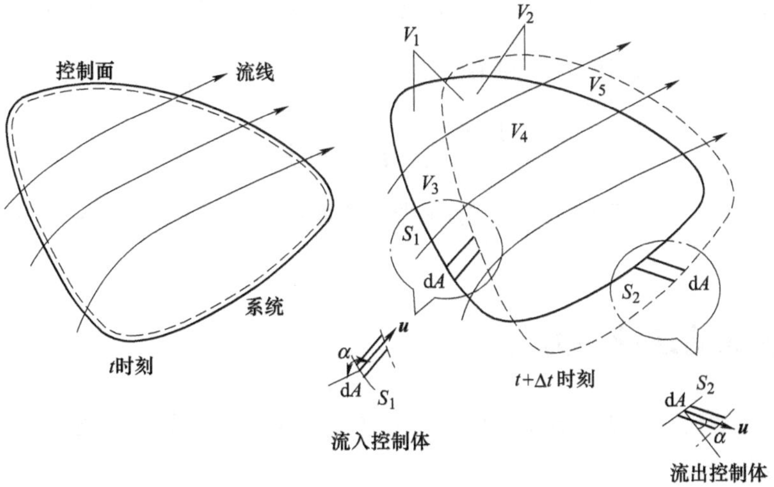

图 4.1.1　系统与控制体

$$\int_{S_2} \phi\rho \boldsymbol{u} \cdot \boldsymbol{n} \mathrm{d}A$$

同理，等式右端第二项中，$\lim\limits_{\Delta t\to 0}\dfrac{\left(\int_{V_3}\phi\rho\mathrm{d}V\right)_{t+\Delta t}}{\Delta t}$ 为 V_3 内 Φ 的增长率，它等于

$$-\int_{S_1} \phi\rho \boldsymbol{u} \cdot \boldsymbol{n} \mathrm{d}A$$

S_1 为流体流入控制体的部分控制面。由于在 S_1 上，$\dfrac{\pi}{2} < \alpha < \pi$，$\boldsymbol{u}\cdot\boldsymbol{n}\mathrm{d}A$ 恒为负值，故在前面加“-”号。由此可得

$$\lim_{\Delta t\to 0}\frac{\left(\int_{V_5}\phi\rho\mathrm{d}V - \int_{V_3}\phi\rho\mathrm{d}V\right)_{t+\Delta t}}{\Delta t} = \int_{S_1}\phi\rho\boldsymbol{u}\cdot\boldsymbol{n}\mathrm{d}A + \int_{S_2}\phi\rho\boldsymbol{u}\cdot\boldsymbol{n}\mathrm{d}A = \int_{\mathrm{CS}}\phi\rho\boldsymbol{u}\cdot\boldsymbol{n}\mathrm{d}A$$

式中，CS 表示整个控制面，如以 S_3 表示无流体通过的控制面，其上 $\boldsymbol{u}\cdot\boldsymbol{n}\mathrm{d}A = 0$，则 $\mathrm{CS} = S_1 + S_2 + S_3$。最终得到

$$\frac{\mathrm{D}\Phi}{\mathrm{D}t} = \frac{\partial}{\partial t}\int_{\mathrm{CV}}\phi\rho\mathrm{d}V + \int_{\mathrm{CS}}\phi\rho\boldsymbol{u}\cdot\boldsymbol{n}\mathrm{d}A \tag{4.1.1}$$

此即输运公式，常称此为雷诺输运定理。式中 $\dfrac{\mathrm{D}\Phi}{\mathrm{D}t} = \dfrac{\mathrm{D}}{\mathrm{D}t}\int_V\phi\rho\mathrm{d}V$ 为系统的某物理量对时间的变化率，也就是单位时间内的增量，通常称其为系统导数。式（4.1.1）的意义与质点导数类似，$\dfrac{\partial}{\partial t}\int_{\mathrm{CV}}\phi\rho\mathrm{d}V$ 表示单位时间控制体 CV 中所含该物理量的增量，它是由流场的非恒定性造成的，相当于质点的当地导数。$\int_{\mathrm{CS}}\phi\rho\boldsymbol{u}\cdot\boldsymbol{n}\mathrm{d}A$ 表示单位时间通过控制面 CS 的流体带出和带入的该物理量的差值，以带走的为正，带入的为负，它是由流场的不均匀性造成的，相当于质点的迁移导数。因此，输运公式可表述如下：系统中某物理量对时间的变化率等于单位时间内控制体 CV 中所含的该物理量的增量与通过控制面 CS 净流出的（流出与流入的差值）该物理量之和。在恒定流动的条件下，$\dfrac{\partial}{\partial t}\int_{\mathrm{CV}}\phi\rho\mathrm{d}V = 0$，则有

$$\frac{\mathrm{D}\Phi}{\mathrm{D}t} = \int_{\mathrm{CS}}\phi\rho\boldsymbol{u}\cdot\boldsymbol{n}\mathrm{d}A$$

该式表明，在恒定流动中，系统导数仅与通过控制面的流动有关，与控制体内部的流动情况无关。

4.2 积分形式的连续性方程

在第 3 章通过微元分析法得到了流体运动的连续性方程，本节采用雷诺输运定理推导积分形式的连续性方程。

连续性方程实质上就是流体力学中的质量守恒原理，对一个确定的系统来说，其质量不随时间变化。质量守恒原理的数学表达式为

$$\frac{DM}{Dt}=\frac{D}{Dt}\int_V \rho dV=0 \tag{4.2.1}$$

式中，M 为系统的质量；V 为系统在 t 时刻所占有的空间，它是随时间变化的。该式是对系统列出的，它实际上就是拉格朗日型的连续性方程。利用雷诺输运公式可以把它变为欧拉型的连续性方程。令式（4.1.1）中的 Φ 为系统的质量 M，则 ϕ 为单位质量流体的质量，因而 $\phi=1$，于是

$$\frac{DM}{Dt}=\frac{\partial}{\partial t}\int_{CV}\rho dV+\int_{CS}\rho \boldsymbol{u}\cdot \boldsymbol{n}dA=0$$

或

$$\frac{\partial}{\partial t}\int_{CV}\rho dV=-\int_{CS}\rho \boldsymbol{u}\cdot \boldsymbol{n}dA$$

此即积分形式的欧拉型连续性方程。此式表明，单位时间内通过控制面净流出的流体量等于同时间控制体内流体质量的减少量。

在恒定流动的条件下，连续性方程成为

$$\int_{CS}\rho \boldsymbol{u}\cdot \boldsymbol{n}dA=0$$

这表示通过控制面净流出的质量流量为零。也就是说，在恒定流动中流出和流入控制体的质量流量应相等。若将该式应用于总流，在总流上任取两个过流断面 a—a 和 b—b，其面积和断面平均流速分别为 A_1、V_1 和 A_2、V_2，密度分别为 ρ_1、ρ_2。则以该两过流断面及其间的总流侧表面所包围的空间作为控制体，如图 4.2.1 中的虚线所示。流出控制体的质量流量为 $\rho_2V_2A_2$，流入控制体的质量流量为 $\rho_1V_1A_1$，于是

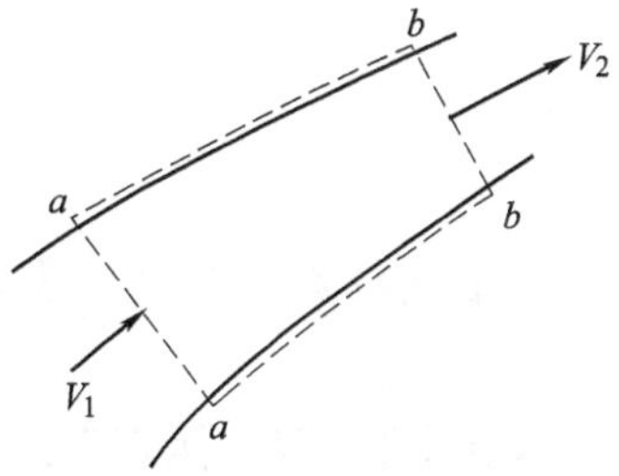

图 4.2.1　恒定总流控制体

$$\rho_1V_1A_1=\rho_2V_2A_2$$

这就是恒定流动条件下总流的连续性方程。该方程表明，在恒定流动中通过总流沿程各过流断面的质量流量都相等。

若流动不仅是恒定的，流体还是不可压缩的，即 $\rho_1=\rho_2$，则有

$$V_1A_1=V_2A_2$$

可见，在不可压缩流体的恒定流动中，通过总流沿程各过流断面的体积流量都相等，因而总流任意两过流断面的平均流速与其面积成反比。

【例 4.2.1】　一高度为 H、横截面面积为 A 的水箱，进水管和出水管的横截面面积和水流平均速度分别为 A_1、V_1 与 A_2、V_2。设水均匀垂直流入和流出通道，容器内水的深度为 h，水密度 ρ_W 可作常数处理。液面上方为空气，密度为 ρ_A。求深度 h 随时间的变化率。

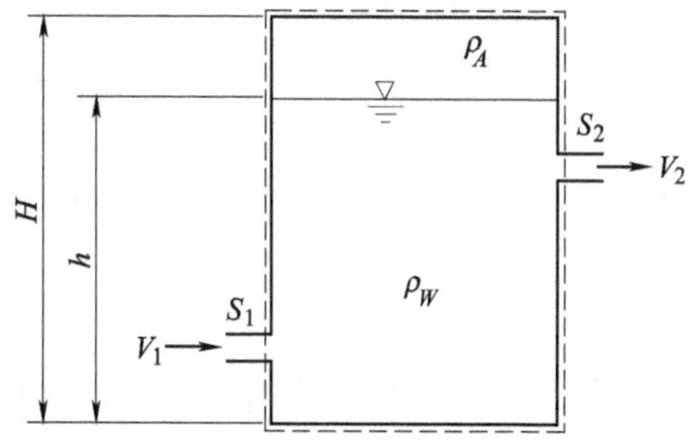

图 4.2.2　例 4.2.1 图

解： 取控制体包围整个水箱（如虚线所示），除两个通道，控制体其余部分均无流体穿过。容器内包含两种流体，其中空气为可压缩流体。这是一

个非定常流动问题，对所取控制体写出连续性方程，即

$$\frac{\partial}{\partial t}\int_{CV}\rho \mathrm{d}V + \int_{CS}\rho \boldsymbol{u}\cdot \boldsymbol{n}\mathrm{d}A = 0$$

该式第一项

$$\frac{\partial}{\partial t}\int_{CV}\rho \mathrm{d}V = \frac{\partial}{\partial t}(\rho_W Ah) + \frac{\partial}{\partial t}[\rho_A A(H-h)] = \rho_W A\frac{\mathrm{d}h}{\mathrm{d}t}$$

式中因空气总质量不变，即 $\rho_A A(H-h)$ 为常量，对时间导数为零。h 仅是时间 t 的函数，故对时间的偏导数可改写为全导数。连续性方程的第二项为

$$\int_{CS}\rho \boldsymbol{u}\cdot \boldsymbol{n}\mathrm{d}A = \rho_W(V_2A_2 - V_1A_1)$$

于是连续性方程为

$$\rho_W A\frac{\mathrm{d}h}{\mathrm{d}t} + \rho_W(V_2A_2 - V_1A_1) = 0$$

$$\frac{\mathrm{d}h}{\mathrm{d}t} = \frac{V_1A_1 - V_2A_2}{A}$$

可知进水量大于出水量时，$\frac{\mathrm{d}h}{\mathrm{d}t} > 0$；反之，$\frac{\mathrm{d}h}{\mathrm{d}t} < 0$。若要求水位与时间的关系，则可作积分处理。

4.3 积分形式的动量方程

本节采用雷诺输运定理推导积分形式的动量方程。

1. 控制体静止

在一个惯性参考坐标系中，对系统应用动量定理，即

$$\frac{\mathrm{D}\boldsymbol{K}}{\mathrm{D}t} = \boldsymbol{F}$$

式中，$\boldsymbol{K} = \int_V \rho \boldsymbol{u}\mathrm{d}V$ 是系统的总动量，积分在系统体积 V 内进行；$\boldsymbol{F}$ 是作用在系统上的合力，包括质量力 $\boldsymbol{F}_B$ 和表面力 $\boldsymbol{F}_S$，即

$$\boldsymbol{F} = \boldsymbol{F}_B + \boldsymbol{F}_S$$

令式（4.1.1）中的 $\Phi = K$，则 $\phi = u$，于是

$$\frac{\mathrm{D}\boldsymbol{K}}{\mathrm{D}t} = \frac{\partial}{\partial t}\int_{CV}\boldsymbol{u}\rho \mathrm{d}V + \int_{CS}\boldsymbol{u}\rho \boldsymbol{u}\cdot \boldsymbol{n}\mathrm{d}A$$

在推导式（4.1.1）过程中，假定初始时刻控制体和系统重合，因此作用在系统上的外力也可认为作用于控制体上，则

$$\boldsymbol{F}_{SYS} = \boldsymbol{F}_{CV}$$

这里所取的控制体是静止的，设参考坐标系固结在控制体上，所有的速度都是相对这一惯性参考坐标系测量的。综合以上各式，有

$$\boldsymbol{F} = \boldsymbol{F}_B + \boldsymbol{F}_S = \frac{\partial}{\partial t}\int_{CV}(\rho \boldsymbol{u})\mathrm{d}V + \int_{CS}(\rho \boldsymbol{u})\boldsymbol{u}\cdot \boldsymbol{n}\mathrm{d}A \tag{4.3.1}$$

该式中 $\boldsymbol{F}$ 是控制体外的流体或固体以及外力场作用在控制体内流体的外力合力，包括质量力和表面力。这里考虑的质量力为重力，表面力则包括表面正应力和切应力。$\boldsymbol{u}$ 是相对于控制体的速度，等式右端第二项中 $(\rho\boldsymbol{u})\boldsymbol{u}\cdot\boldsymbol{n}\mathrm{d}A$ 是通过面积微元 $\mathrm{d}A$ 的动量流率，是一个矢量，而积分在整个控制面上进行。式（4.3.1）的物理意义是作用在静止控制体上的所有外力之和等于该控制体内的流体总动量的时间变化率与通过控制面的净动量流率之和。

在直角坐标系中，式（4.3.1）三个坐标方向的分量分别为

$$\begin{cases} F_x = F_{Bx} + F_{Sx} = \dfrac{\partial}{\partial t}\displaystyle\int_{CV}\rho u_x \mathrm{d}V + \int_{CS}\rho u_x \boldsymbol{u}\cdot\boldsymbol{n}\mathrm{d}A \\ F_y = F_{By} + F_{Sy} = \dfrac{\partial}{\partial t}\displaystyle\int_{CV}\rho u_y \mathrm{d}V + \int_{CS}\rho u_y \boldsymbol{u}\cdot\boldsymbol{n}\mathrm{d}A \\ F_z = F_{Bz} + F_{Sz} = \dfrac{\partial}{\partial t}\displaystyle\int_{CV}\rho u_z \mathrm{d}V + \int_{CS}\rho u_z \boldsymbol{u}\cdot\boldsymbol{n}\mathrm{d}A \end{cases} \tag{4.3.2}$$

在应用式（4.3.2）时应注意，外力合力分量 F_x、F_y、F_z 以及速度各分量 u_x、u_y、u_z 可能为正，也可能为负，取决于坐标轴方向的选择，当它们沿着坐标轴正向时为正，反之为负。另外方程右端第二项中的矢量点积 $\boldsymbol{u}\cdot\boldsymbol{n}\mathrm{d}A$ 也存在正负号的问题。一个简单的判别方法是当流体流进控制体时 $\boldsymbol{u}\cdot\boldsymbol{n}$ 取负号，流出控制体时 $\boldsymbol{u}\cdot\boldsymbol{n}$ 取正号。方程中的动量流率项，如 $\rho u_x\boldsymbol{u}\cdot\boldsymbol{n}$，实际上是两个标量 ρu_x 和 $\boldsymbol{u}\cdot\boldsymbol{n}$ 之积，每个标量都有正、负号问题，建议在确定通过控制面某区域的动量流率正、负时分两步走，先确定 $\boldsymbol{u}\cdot\boldsymbol{n}$ 的正负，再确定速度分量 u_x、u_y、u_z 的正负，这样不容易出错。对于恒定流动，式（4.3.1）成为

$$\boldsymbol{F} = \boldsymbol{F}_B + \boldsymbol{F}_S = \int_{CS}(\rho\boldsymbol{u})\boldsymbol{u}\cdot\boldsymbol{n}\mathrm{d}A$$

对于一元流动总流而言，此式还可以进一步简化为代数方程，便于工程应用。在总流各自满足渐变流动的区段取过流断面①、②，面积分别为 A_1、A_2，如图 4.3.1 所示。以该两断面和它们之间总流侧壁组成的封闭表面为控制面。由于流体仅从断面①流入，从断面②流出，侧壁无流体通过。同时在断面②上 $\boldsymbol{u}$ 与 $\boldsymbol{n}$ 方向一致，在断面①上 $\boldsymbol{u}$ 与 $\boldsymbol{n}$ 方向相反。于是得到总流的动量方程

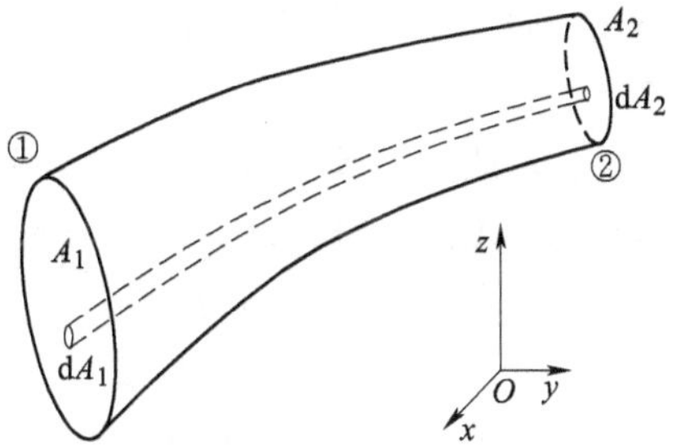

图 4.3.1　恒定总流控制体

$$\sum\boldsymbol{F} = \int_{A_2}(\rho\boldsymbol{u}_2)u_2\mathrm{d}A_2 - \int_{A_1}(\rho\boldsymbol{u}_1)u_1\mathrm{d}A_1$$

该式等号右端两项分别为单位时间通过断面②、①的流体动量。为使总流问题能按一元流动处理，现以平均流速 $\boldsymbol{V}$ 代替点流速 $\boldsymbol{u}$。若按平均流速计算单位时间通过过流断面 A 的动量，则为 $\rho VA\boldsymbol{V}$。用断面平均流速计算的动量与通过的实际动量不完全相等，为此引进动量修正系数 α_0 加以修正，即

$$\int_A(\rho\boldsymbol{u})u\mathrm{d}A = \alpha_0\rho VA\boldsymbol{V}$$

对于不可压缩流动，有

$$\alpha_0 = \frac{1}{A}\int_A\left(\frac{\boldsymbol{u}}{\boldsymbol{V}}\right)\frac{u}{V}\mathrm{d}A$$

由于断面选在渐变流段处，A 上各点的速度 $\boldsymbol{u}$ 近似平行，且与平均流速 $\boldsymbol{V}$ 为同一指向，因而该

两矢量的比值 $\dfrac{\boldsymbol{u}}{\boldsymbol{V}}$ 即等于其模的比值 $\dfrac{|\boldsymbol{u}|}{|\boldsymbol{V}|}$。

动量修正系数的意义显然是单位时间通过过流断面的实际动量与按平均流速计算的动量的比值，该值与断面上流速分布的不均匀程度有关，流速分布越不均匀，α_0 越大，在管道和明渠流动中，除个别流速分布极不均匀的过流断面外，α_0 约在 1.03 到 1.07 之间，在通常的计算中可取 $\alpha_0 = 1.0$。有了系数 α_0 就可以用平均流速计算通过过流断面的动量。

令 $Q_1 = V_1A_1$，$Q_2 = V_2A_2$，则总流的动量方程可写成

$$\sum \boldsymbol{F} = \rho_2 Q_2 \alpha_{02} \boldsymbol{V}_2 - \rho_1 Q_1 \alpha_{01} \boldsymbol{V}_1$$

在三个坐标轴的投影式为

$$\begin{cases}\sum F_x = \rho_2 Q_2 \alpha_{02} \boldsymbol{V}_{2x} - \rho_1 Q_1 \alpha_{01} \boldsymbol{V}_{1x} \\ \sum F_y = \rho_2 Q_2 \alpha_{02} \boldsymbol{V}_{2y} - \rho_1 Q_1 \alpha_{01} \boldsymbol{V}_{1y} \\ \sum F_z = \rho_2 Q_2 \alpha_{02} \boldsymbol{V}_{2z} - \rho_1 Q_1 \alpha_{01} \boldsymbol{V}_{1z}\end{cases}$$

此即恒定总流的动量方程，它表明作用于控制体内流体上的外力仅与过流断面上的流动参数有关，而与控制体内部流体的流动情况无关，这就大大便利了动量方程的实际应用。动量方程常用来求流体和固体之间的作用力。以上讨论的是有限大小的控制体，事实上连续性方程和动量方程也可应用于微元控制体。

【例 4.3.1】 如图 4.3.2 所示，从流场中取一段长为 Δl 的微元控制体——元流，假定元流为均质不可压缩流动，且流动为定常及不计摩擦损失。试应用积分形式的连续性方程和动量方程，研究元流的流动规律。

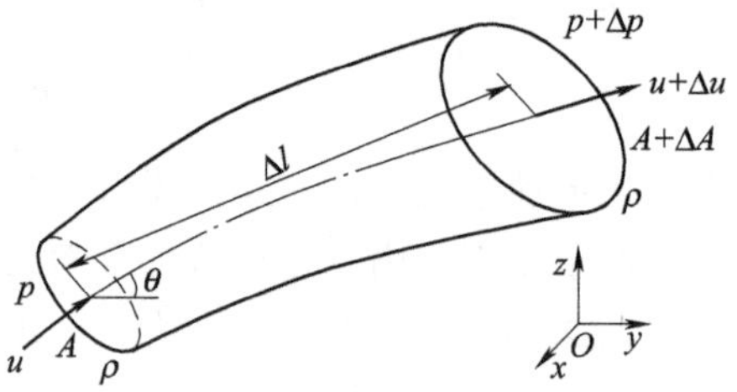

图 4.3.2 沿流向动量分析

解： 元流侧表面由流线组成，因此无流体穿过，流体只能自元流一端流入，从另一端流出。取元流侧面和两端面所包围的空间为控制体。根据题设条件流动是定常和无摩擦的，流体均质不可压缩，进口端参数为 p、ρ、u、A，出口端除 ρ 保持不变外，其余各量均有一微小增量，分别为 $p + \Delta p$，$u + \Delta u$，$A + \Delta A$。

首先考虑质量守恒。因流动定常，连续性方程为

$$\int_{\mathrm{CS}} \rho \boldsymbol{u} \cdot \boldsymbol{n} \mathrm{d}A = 0$$

考虑到流体从一端流入，另一端流出，上述积分可写作

$$-\rho uA + \rho(u + \Delta u)(A + \Delta A) = 0$$

其次考虑控制体所受外力及动量变化。沿流线方向定常流动的动量方程为

$$F_{Bl} + F_{Sl} = \int_{\mathrm{CS}} \rho u \boldsymbol{u} \cdot \boldsymbol{n} \mathrm{d}A$$

由于忽略了黏性摩擦力，控制体所受表面力只有压力，包括两端面以及流管侧表面所受的压力。沿流线方向总压力为

$$F_{Sl} = pA - (p + \Delta p)(A + \Delta A) + \left(p + \frac{1}{2}\Delta p\right)\Delta A = -A\Delta p - \frac{1}{2}\Delta p \Delta A$$

式中，$\left(p+\frac{1}{2}\Delta p\right)\Delta A$ 为流管侧表面所受压力在流线方向分量，压强取平均值 $p+\frac{1}{2}\Delta p$。

控制体所受质量力只有重力，沿流线方向分量为

$$F_{Bl}=\rho g_l\left(A+\frac{1}{2}\Delta A\right)\Delta l=\rho(-g\sin\theta)\left(A+\frac{1}{2}\Delta A\right)\Delta l$$

考虑到 $\sin\theta\Delta l=\Delta z$，于是

$$F_{Bl}=-\rho g\left(A+\frac{1}{2}\Delta A\right)\Delta z$$

根据连续性方程得到的结果，不难得到通过控制体的动量通量为

$$\int_{CS}\rho u\boldsymbol{u}\cdot\boldsymbol{n}\mathrm{d}A=u(-\rho uA)+(u+\Delta u)[\rho(u+\Delta u)(A+\Delta A)]=\rho uA\Delta u$$

于是，可列出动量方程为

$$-A\Delta p-\frac{1}{2}\Delta p\Delta A-\rho g\left(A+\frac{1}{2}\Delta A\right)\Delta z=\rho uA\Delta u$$

上式两边同除以 ρA，并忽略高阶无穷小项，可得

$$-\frac{\Delta p}{\rho}-g\Delta z=u\Delta u$$

或写成为微分形式

$$g\mathrm{d}z+\frac{\mathrm{d}p}{\rho}+\mathrm{d}\left(\frac{u^2}{2}\right)=0$$

注意到流体均质不可压缩，ρ 为常数，该式可直接积分，得

$$z+\frac{p}{\rho g}+\frac{u^2}{2g}=C\ (\text{常数})$$

该式描写了沿流线方向压强、速度和高度间的关系，称为伯努利方程，它在流体力学中有着广泛的应用。该方程的适用条件：定常、无黏性摩擦、均质不可压缩流体元流。

在该例题中，得到元流的伯努利方程，方程等号左端有三项：z 为过流断面距所选基准面的高度，称为位置水头，它是单位重量流体所具有的位能；$\frac{p}{\rho g}$ 为过流断面上的压强水头，从物理意义看，该项是流体在压强场中移动时压力做功而使流体获得的能量，称为压能。单位重量流体的位能和压能之和为单位势能，$z+\frac{p}{\rho g}$ 称为测压管水头。$\frac{u^2}{2g}$ 也具有长度的量纲，它也是一个高度，称为流速水头，为单位重量流体所具有的平均动能。伯努利方程中这三项之和为过流断面上单位重量流体所具有的总机械能，也称为该过流断面的总水头。

把伯努利方程运用于水平流管，或在气体中高度差效应不显著的情况，则有

$$p+\frac{1}{2}\rho u^2=\text{常数}$$

即流管细的地方流速大，压强小。水流抽气机（见图 4.3.3）、喷雾器（见图 4.3.4）、内燃机中用的汽化器等，都是利用截面小处流速大、压强小的原理制成的。文丘里（Venturi）流量计（见图 4.3.5）通过用 U 形管水银压差计测量出流管粗细处的压差 Δp 来推算流量，可得

$$Q_V=A_1A_2\sqrt{\frac{2\Delta p}{\rho(A_1^2-A_2^2)}}=A_1A_2\sqrt{\frac{2gh}{A_1^2-A_2^2}}\ (\text{作为练习，该式请读者推导})$$

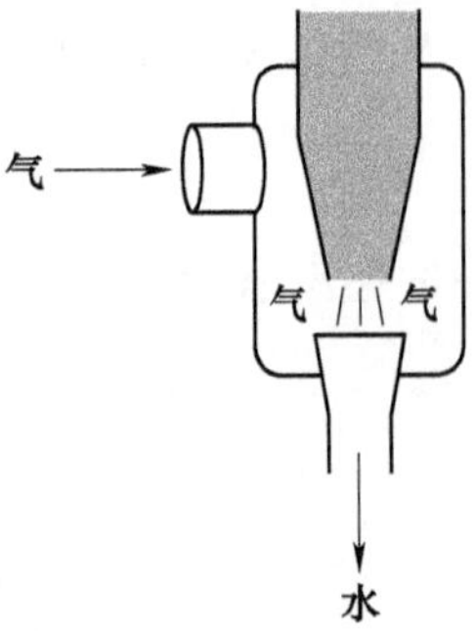

图 4.3.3　水流抽气机

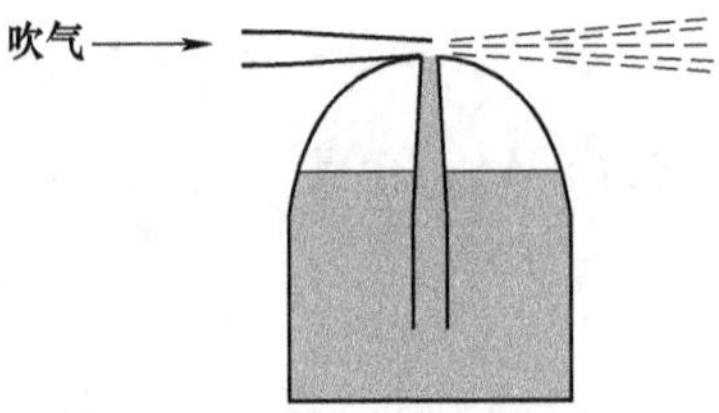

图 4.3.4　喷雾器

皮托（Pitot）管是一种测量流速的装置，如图 4.3.6 所示，开口 A 迎向来流，是一个速度 $u_A=0$ 的驻点；开口 B 在侧壁，流速 u_B 很接近待测的流速 u 。从 U 形管压差计测得的压差 $\Delta p=p_A-p_B$ ，可求得待测流速

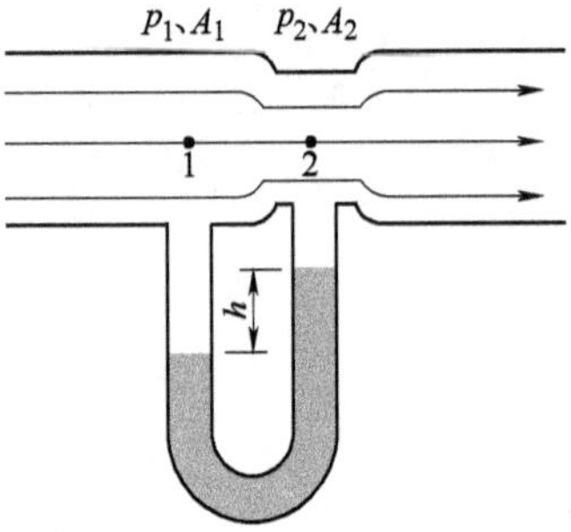

图 4.3.5　文丘里流量计

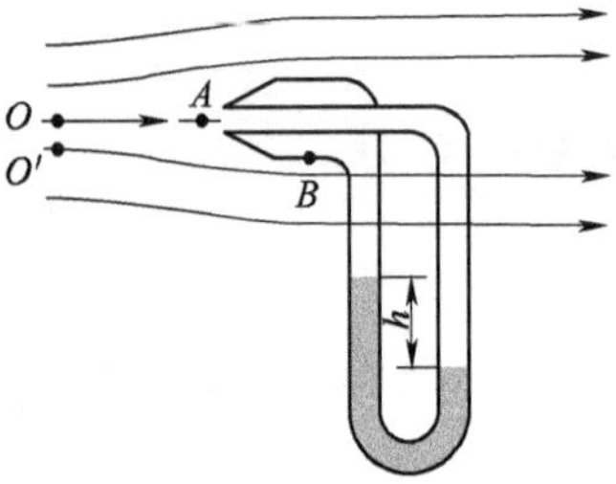

图 4.3.6　皮托管

$$u\approx u_B=\sqrt{\frac{2\Delta p}{\rho}}$$

式中，ρ 为流体密度。

再看几个简单的演示实验。将两张纸平行放置，用口向它们中间吹气，两张纸就会贴在一起；将一个乒乓球放在倒置的漏斗中间，用口向漏斗嘴里吹气，乒乓球可以贴在漏斗上不坠落（见图 4.3.7），这都是气流通道过狭窄通道时速度加快、压强减少的结果。由于同样道理，两艘同向行驶的船靠近时，就有相撞的危险。如图 4.3.8 所示，两船之间的水流快、压强低，水面也比远处和船体外缘低，外缘水的巨大压力可以把两船挤压到一起。历史上这样的事故不止一次地发生，为此，应当对两条同向并行船舶的速度和容许靠近的距离，加以明确的规定。

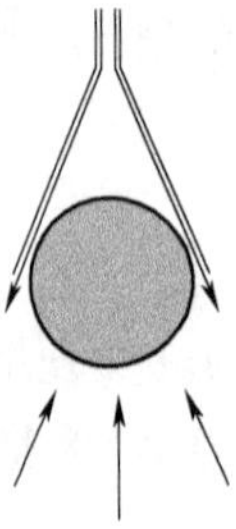

图 4.3.7　伯努利原理

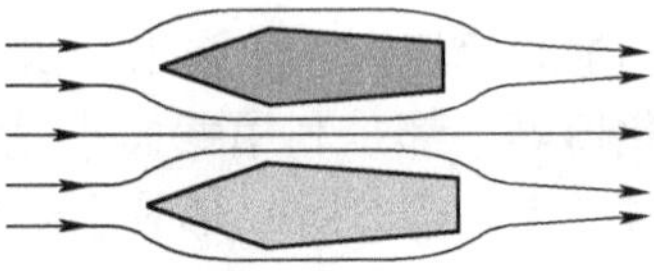

图 4.3.8　两船并行

在管路狭窄的地方和舰船推进器上往往发现材料很快就损坏的现象。起先以为是液体中溶解氧气的腐蚀作用，以后才渐渐查明是发生空泡现象后，大大加强了物理—化学—金相的相互作用。一钢化玻璃管有收缩截面（见图4.3.9），使管中流速逐渐增大，当流速增至某一数值后，在截面收缩处的中后部产生气泡，呈现白色泡沫状，并伴有振动和噪声，这种现象称为空泡现象。根据流管的连续性方程可知，截面收缩时流速增大，当管径缩减一半时，流速增大至四倍。空泡现象产生的原因是由于液体流过管子的狭窄截面时，速度增大。由伯努利方程可知，该处压力随之减小。当压力减小到等于液体的饱和蒸汽压力时，液体便化为蒸汽，形成气泡（沸腾）。在通过狭窄截面后，截面增大，流速减小，由伯努利方程可知压力随着提高。在达到饱和蒸汽压力时，气泡中的蒸汽突然全部凝结为液体，气泡占据的空间便成为真空。周围流体向真空处冲去，发生撞击和振动，其压力可达数百个大气压，甚至更高。最先出现空泡的位置是物体上最小压力点。发生空泡现象降低了普通翼型的螺旋桨和水翼的作用，材料迅速破坏，这种破坏称为剥蚀，发生巨大音响，易使潜艇或鱼雷暴露自己的位置，或影响自己声呐器材的使用。空泡现象是提高鱼雷、潜艇和水翼等的速度及水中高速螺旋桨效率的很大障碍。通常认为解决的途径有二：其一是尽量推迟空泡现象的产生，例如，采用层流翼型，使翼上压力分布比较均匀，压力不致过于降低；其二是当空泡现象不可避免时，使空泡充分发展，例如，采用超空泡翼型，可使空泡区超出翼面以外。

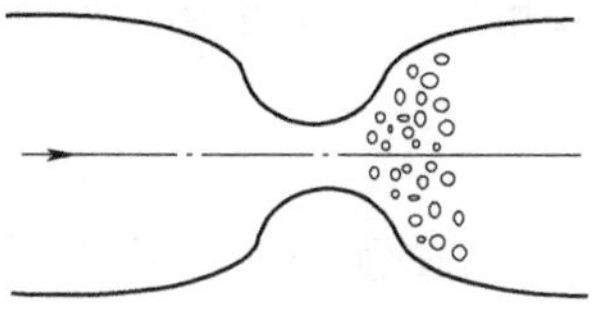

图4.3.9　空泡现象

【例4.3.2】　如图4.3.10所示，在圆筒底上有一出水口，水旋转着由此流出。求呈漏斗状水面的方程。

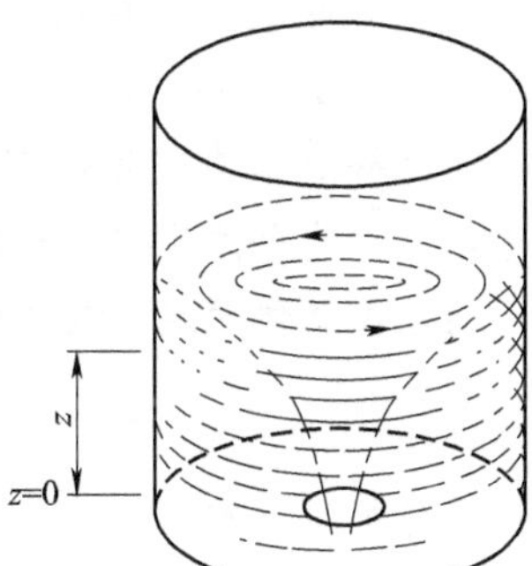

图4.3.10　水口上的漩涡

解：把水当作理想流体，其环量守恒。当水面的环流向下流动并向中央集中时，积分回路的周长正比于半径 r，故速度的切向分量按 $1/r$ 的比例增加。若不旋转，沿径向向内并向下的流管的横截面面积也正比于 r，速度的径向和向下的分量也按 $1/r$ 的比例增加。在水面上的压强处处相等，皆为大气压，根据伯努利方程，在沿水面的流线上有

$$z+\frac{u^2}{2g}=C$$

式中 $u^2\propto\frac{1}{r^2}$，故有

$$z\propto\frac{1}{r^2}$$

2. 控制体做匀速直线运动

对于雷诺输运定理，如果控制体是运动的，可以选参考坐标系固连在这一运动控制体上，流体速度相对于运动坐标系测量。重复同一推导过程可得到与式（4.1.1）类似的公式

$$\frac{\mathrm{D}\Phi}{\mathrm{D}t}=\frac{\partial}{\partial t}\int_{\mathrm{CV}}\phi\rho\mathrm{d}V+\int_{\mathrm{CS}}\phi\rho\boldsymbol{u}_{\mathrm{r}}\cdot\boldsymbol{n}\mathrm{d}A$$

该式与式（4.1.1）的唯一不同之处在于，流体速度取相对于运动控制体的速度 $\boldsymbol{u}_{\mathrm{r}}$，$\boldsymbol{u}_{\mathrm{r}}$ 与流体绝对速度 $\boldsymbol{u}$ 及控制体运动速度 $\boldsymbol{u}_{\mathrm{CV}}$ 的关系为

$$\boldsymbol{u}=\boldsymbol{u}_{\mathrm{CV}}+\boldsymbol{u}_{\mathrm{r}}$$

不难推导出相对于运动控制体的连续性方程为

$$\frac{\partial}{\partial t}\int_{\mathrm{CV}}\rho\mathrm{d}V+\int_{\mathrm{CS}}\rho\boldsymbol{u}_{\mathrm{r}}\cdot\boldsymbol{n}\mathrm{d}A=0$$

如果所研究的控制体仅做匀速直线运动，则此时固连于控制体的参考坐标系为惯性系，于是可以对这样的惯性系应用动量定理，得到相应的对于做匀速直线运动控制体的动量方程

$$\boldsymbol{F}=\boldsymbol{F}_{\mathrm{B}}+\boldsymbol{F}_{\mathrm{S}}=\frac{\partial}{\partial t}\int_{\mathrm{CV}}(\rho\boldsymbol{u}_{\mathrm{r}})\mathrm{d}V+\int_{\mathrm{CS}}(\rho\boldsymbol{u}_{\mathrm{r}})\boldsymbol{u}_{\mathrm{r}}\cdot\boldsymbol{n}\mathrm{d}A$$

该式中的所有速度都需取用相对于运动控制体的速度 $\boldsymbol{u}_{\mathrm{r}}$，等式右端第一项的时间导数也是针对运动控制体的，应用运动控制体在某些场合可以简化问题的求解过程。

【例 4.3.3】 如图 4.3.11 所示，速度为 $u=30\mathrm{m/s}$ 的射流从出口截面面积为 $0.003\mathrm{m}^2$ 的固定喷嘴流出，冲击一转角为 60°的光滑叶片，使其沿水平方向以恒定速度 $U=10\mathrm{m/s}$ 运动。试求保持叶片做匀速运动所需作用于叶片上的力。忽略质量力和黏性摩擦力，流体密度 $\rho=999\mathrm{kg/m^3}$，且假设流体沿叶片表面运动时相对于叶片的速度大小恒定不变。

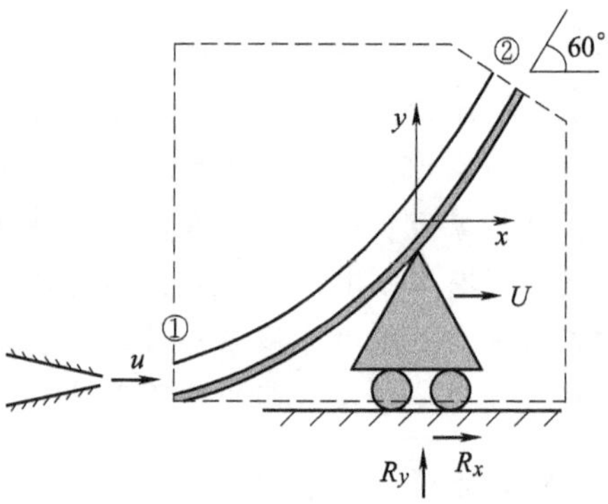

图 4.3.11 光滑叶片受力分析

解： 对于固定坐标系来说，这是一个非定常流动问题。取虚线所示控制体随同叶片一同运动，则相对于固连于运动控制体的 x-y 坐标系来说是定常运动。因忽略质量力和摩擦力，且大气压强作用在控制体四周，其合力为零，控制体所受外力只需考虑维持叶片做匀速运动的作用力 R_x 和 R_y。相对于运动控制体的定常流动连续性方程为

$$\int_{\mathrm{CS}}\rho\boldsymbol{u}_{\mathrm{r}}\cdot\boldsymbol{n}\mathrm{d}A=0$$

考虑到控制体只有一个进口①、一个出口②，则

$$\int_{\mathrm{CS}}\rho\boldsymbol{u}_{\mathrm{r}}\cdot\boldsymbol{n}\mathrm{d}A=-\rho u_{1\mathrm{r}}A_1+\rho u_{2\mathrm{r}}A_2=0$$

对于控制体的定常流动，其动量方程为

$$\boldsymbol{F}=\int_{\mathrm{CS}}(\rho\boldsymbol{u}_{\mathrm{r}})\boldsymbol{u}_{\mathrm{r}}\cdot\boldsymbol{n}\mathrm{d}A$$

该式在 x 方向的分量方程为

$$R_x=\int_{\mathrm{CS}}(\rho u_{\mathrm{r}x})\boldsymbol{u}_{\mathrm{r}}\cdot\boldsymbol{n}\mathrm{d}A=\rho u_{\mathrm{r}x}(-u_{1\mathrm{r}x}A_1)+\rho u_{\mathrm{r}x}(u_{2\mathrm{r}x}A_2)$$

代入连续性方程的结果，得

$$R_x=\rho(u_{2\mathrm{r}x}-u_{1\mathrm{r}x})u_{1\mathrm{r}}A_1$$

根据题设条件，进口①和出口②的速度大小相等，$u_{1\mathrm{r}}=u_{2\mathrm{r}}=u-U$，由几何关系，$u_{1\mathrm{r}x}=u-U$，$u_{2\mathrm{r}x}=(u-U)\cos\theta$，于是

$$\begin{aligned}R_x&=\rho[(u-U)\cos\theta-(u-U)](u-U)A_1=\rho A_1(u-U)^2(\cos\theta-1)\\&=[999\times0.003\times(30-10)^2(\cos60^\circ-1)]\mathrm{N}=-599.4\mathrm{N}\end{aligned}$$

可见 R_x 实际作用方向与假设方向相反。

考虑到几何关系，$u_{1ry}=0$，$u_{2ry}=(u-U)\sin\theta$，可得 y 方向的分量方程，于是

$$R_y = 0+\rho u_{2r}(u_{2ry}A_2)=\rho u_{1r}(u_{2ry}A_1)=\rho(u-U)^2A_1\sin\theta$$
$$=[999\times 0.003\times(30-10)^2\sin 60^\circ]\text{N}=1038.2\text{N}$$

3. 控制体做加速直线运动

控制体做变速运动，同样可将动坐标系固结在控制体上。这时的动坐标系为非惯性坐标系，为此需建立适用于非惯性坐标系的动量方程。

根据牛顿第二定律，对于惯性坐标系中的某一系统有

$$\sum \boldsymbol{F}=\int_V \boldsymbol{a}\rho \mathrm{d}V$$

若该系统在做任意运动的非惯性坐标系中有相对运动，由理论力学中关于点的加速度合成定理可知，上式中的绝对加速度 $\boldsymbol{a}$ 等于牵连加速度 $\boldsymbol{a}_\mathrm{e}$、相对加速度 $\boldsymbol{a}_\mathrm{r}$ 和科里奥利（Coriolis）加速度（简称科氏加速度）$\boldsymbol{a}_\mathrm{C}$ 三者的矢量和，即

$$\boldsymbol{a}=\boldsymbol{a}_\mathrm{e}+\boldsymbol{a}_\mathrm{r}+\boldsymbol{a}_\mathrm{C}$$

于是

$$\sum \boldsymbol{F}=\int_V(\boldsymbol{a}_\mathrm{e}+\boldsymbol{a}_\mathrm{r}+\boldsymbol{a}_\mathrm{C})\rho \mathrm{d}V$$

或

$$\sum \boldsymbol{F}-\int_V \boldsymbol{a}_\mathrm{e}\rho \mathrm{d}V-\int_V \boldsymbol{a}_\mathrm{C}\rho \mathrm{d}V=\int_V \boldsymbol{a}_\mathrm{r}\rho \mathrm{d}V$$

令 $\sum \boldsymbol{F}=\boldsymbol{F}_\mathrm{B}+\boldsymbol{F}_\mathrm{S}+\int_V \boldsymbol{f}\rho \mathrm{d}V$，$\boldsymbol{F}_\mathrm{S}$ 和 $\boldsymbol{F}_\mathrm{B}$ 分别为作用于系统上的表面力和质量力，其中 $\boldsymbol{f}$ 为单位质量力；$-\int_V \boldsymbol{a}_\mathrm{e}\rho \mathrm{d}V$ 和 $-\int_V \boldsymbol{a}_\mathrm{C}\rho \mathrm{d}V$ 分别为牵连惯性力和科氏惯性力；$\boldsymbol{a}_\mathrm{r}=\dfrac{\mathrm{D}u_\mathrm{r}}{\mathrm{D}t}$。于是

$$\boldsymbol{F}_\mathrm{S}+\int_V(\boldsymbol{f}-\boldsymbol{a}_\mathrm{e}-\boldsymbol{a}_\mathrm{C})\rho \mathrm{d}V=\int_V \frac{\mathrm{D}\boldsymbol{u}_\mathrm{r}}{\mathrm{D}t}\rho \mathrm{d}V=\frac{\mathrm{D}}{\mathrm{D}t}\int_V \boldsymbol{u}_\mathrm{r}\rho \mathrm{d}V$$

由输运公式可得

$$\frac{\mathrm{D}}{\mathrm{D}t}\int_V \boldsymbol{u}_\mathrm{r}\rho \mathrm{d}V=\frac{\partial}{\partial t}\int_{\mathrm{CV}} \boldsymbol{u}_\mathrm{r}\rho \mathrm{d}V+\int_{\mathrm{CS}}(\rho \boldsymbol{u}_\mathrm{r})\boldsymbol{u}_\mathrm{r}\cdot \boldsymbol{n}\mathrm{d}A$$

由于在推导输运公式时所取的控制面与系统的边界面重合，故该式中的 $\boldsymbol{F}_\mathrm{S}$ 就是作用于控制体上的表面力，$\int_V(\boldsymbol{f}-\boldsymbol{a}_\mathrm{e}-\boldsymbol{a}_\mathrm{C})\rho \mathrm{d}V$ 就是作用于控制体上的质量力和惯性力，因此，有

$$\boldsymbol{F}_\mathrm{S}+\int_V(\boldsymbol{f}-\boldsymbol{a}_\mathrm{e}-\boldsymbol{a}_\mathrm{C})\rho \mathrm{d}V=\frac{\partial}{\partial t}\int_{\mathrm{CV}} \boldsymbol{u}_\mathrm{r}\rho \mathrm{d}V+\int_{\mathrm{CS}}(\rho \boldsymbol{u}_\mathrm{r})\boldsymbol{u}_\mathrm{r}\cdot \boldsymbol{n}\mathrm{d}A$$

此即非惯性坐标系的动量方程。

若在上式中令 $\sum \boldsymbol{F}'=\boldsymbol{F}_\mathrm{S}+\int_V(\boldsymbol{f}-\boldsymbol{a}_\mathrm{e}-\boldsymbol{a}_\mathrm{C})\rho \mathrm{d}V$，则

$$\sum \boldsymbol{F}'=\frac{\partial}{\partial t}\int_{\mathrm{CV}} \boldsymbol{u}_\mathrm{r}\rho \mathrm{d}V+\int_{\mathrm{CS}}(\rho \boldsymbol{u}_\mathrm{r})\boldsymbol{u}_\mathrm{r}\cdot \boldsymbol{n}\mathrm{d}A$$

该式与惯性坐标系中的动量方程的形式完全相同。因此可以认为，只要把牵连惯性力和科氏惯性力归并到质量力中，并用相对速度 $\boldsymbol{u}_\mathrm{r}$ 代替绝对速度 $\boldsymbol{u}$，静止控制体的动量方程即可适用于做

任意运动的控制体。在流体静力学中讨论相对平衡问题时，曾把牵连惯性力看成实际作用于流体质点上的质量力，原因与此相仿。

【例 4.3.4】 如图 4.3.12 所示，密度为 ρ 的液体，由出口面积为 A 的喷嘴以速度 u_0 水平射出，冲击到一个尾部具有半圆弧面的小车上。射流转折 180°，小车原先静止，其质量为 M，如不计空气及车轮的阻力，求：(1) 小车运行的加速度与时间的关系；(2) 车速达到 $U=\frac{1}{2}u_0$ 时的时间。

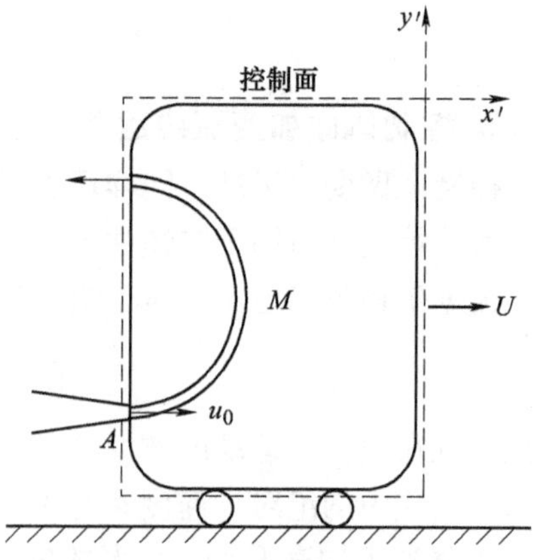

图 4.3.12　小车匀加速运动

解：(1) 取动控制体及动坐标系如图中虚线所示。列 x' 方向的非惯性坐标系动量方程

$$F_{Sx}+\int_V(f_x-a_{ex}-a_{Cx})\rho \mathrm{d}V=\frac{\partial}{\partial t}\int_{CV}u_{rx}\rho \mathrm{d}V+\int_{CS}(\rho u_{rx})\boldsymbol{u}_r\cdot\boldsymbol{n}\mathrm{d}A$$

由于所有控制面上压强皆为大气压，$F_{Sx}=0$；重力在 x' 方向的分量为零，$f_x=0$，动坐标系无旋转，$a_{Cx}=0$；流动是恒定的，$\frac{\partial}{\partial t}\int_{CV}u_{rx}\rho \mathrm{d}V=0$，且小车的质量不随时间而变。故动量方程简化为

$$\int_V(-a_{ex}\rho)\mathrm{d}V=\int_{CS}(\rho u_{rx})\boldsymbol{u}_r\cdot\boldsymbol{n}\mathrm{d}A$$

在控制体 CV 中，各点的牵连加速度 a_{ex} 皆相等，它只是时间的函数，故可从积分号中提出。即

$$\int_{CV}(-a_{ex}\rho)\mathrm{d}V=-a_{ex}\int_{CV}\rho \mathrm{d}V=-Ma_{ex}=-Ma$$

a 为小车运行后的加速度，它就是牵连加速度 a_{ex}。

$\int_{CS}(\rho u_{rx})\boldsymbol{u}_r\cdot\boldsymbol{n}\mathrm{d}A$ 为净流出动控制体的动量。流入的动量为

$$[\rho(u_0-U)](u_0-U)A=\rho(u_0-U)^2A$$

流出的动量为

$$\rho(u_0-U)^2A\cos180°=-\rho(u_0-U)^2A$$

因此

$$\int_{CS}(\rho u_{rx})\boldsymbol{u}_r\cdot\boldsymbol{n}\mathrm{d}A=-2\rho(u_0-U)^2A$$

于是

$$-Ma=-2\rho(u_0-U)^2A$$

$$a=\frac{2\rho A(u_0-U)^2}{M}=\frac{2\rho Au_0^2}{M}\left(1-\frac{U}{u_0}\right)^2$$

式中 U 是未知数，需要求出。为此，补充方程 $a=\frac{\mathrm{d}U}{\mathrm{d}t}$，由

$$\frac{\mathrm{d}U}{\mathrm{d}t}=\frac{2\rho A(u_0-U)^2}{M}$$

对该式作定积分，得

$$\int_0^U \frac{\mathrm{d}U}{(u_0 - U)^2} = \int_0^t \frac{2\rho A}{M}\mathrm{d}t$$

于是得到

$$\frac{U}{u_0(u_0 - U)} = \frac{2\rho At}{M}$$

$$\frac{U}{u_0} = \frac{2\rho Au_0 t}{M}\Big/\left(1 + \frac{2\rho Au_0 t}{M}\right) = \frac{2\rho Au_0 t}{M + 2\rho Au_0 t}$$

于是

$$a = \frac{2\rho Au_0^2}{M}\left(\frac{M}{M + 2\rho Au_0 t}\right)^2 = \frac{2\rho Au_0^2}{M}\left(1 + \frac{2\rho Au_0 t}{M}\right)^{-2}$$

（2）车速达到 $U = \frac{1}{2}u_0$ 时，由

$$\frac{\frac{1}{2}u_0}{u_0\left(u_0 - \frac{1}{2}u_0\right)} = \frac{2\rho At}{M}$$

解得

$$t = \frac{M}{2\rho Au_0}$$

【例4.3.5】 如图4.3.13所示，设备壳体内置50根直径为 D 的圆管，交叉排列组成列管，由多孔板固定，板上开有100个直径为 d 的圆孔，分布于圆管四周作为流体通道。图中虚线示出六边形构成列管组的一个单元，试列出流体流经多孔板的压降式。

解： 不计流体从截面1到多孔板截面0的流动阻力损失，由伯努利方程，对截面1、0有

$$\frac{p_1}{\rho} + \frac{V_1^2}{2} = \frac{p_0}{\rho} + \frac{V_0^2}{2}$$

$$p_0 = p_1 + \frac{1}{2}\rho(V_1^2 - V_0^2)$$

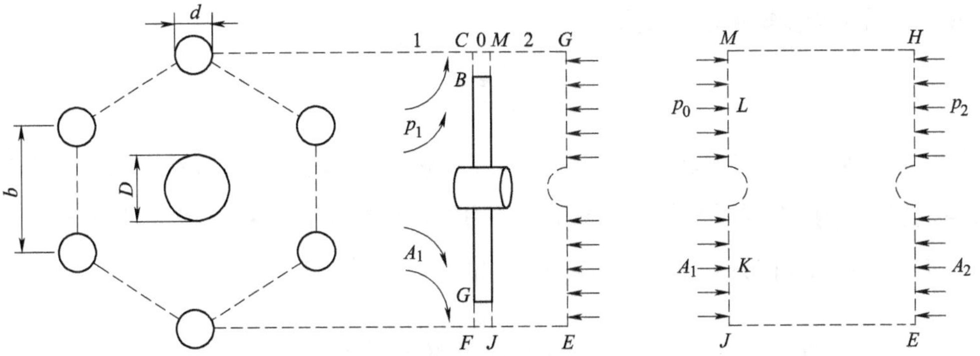

图4.3.13　多孔板流动

选取相邻多孔板之间的 $JKLMHEJ$ 为控制体，则作用于控制面 $JKLM$ 的压力为 p_0A_1，HE 面的压

力为 p_2A_2，管间流体流量为 ρV_1A_1。列动量方程，有

$$p_0A_1 - p_2A_2 = \rho V_1A_1(V_1 - V_0)$$

考虑到 $A_1 = A_2$ 和 $V_1 = V_2$，得

$$p_0A_1(p_1 - p_2) + A_1 \cdot \frac{1}{2}\rho(V_1^2 - V_0^2) = \rho V_1A_1(V_1 - V_0)$$

式中，A_1 为一个六边形单元的通道面积，$A_1 = 6\left(\frac{1}{2}b \cdot \frac{\sqrt{3}}{2}b\right) - \frac{\pi d^2}{4}$，$b$ 为孔间距。对应于一根圆管，多孔板上的流体通道面积为

$$A_0' = 6\left(\frac{1}{3} \times \frac{\pi d^2}{4}\right) = \frac{\pi d^2}{2} = 2A_0$$

式中，A_0 为单个圆孔面积。根据连续性方程

$$V_0A_0' = V_1A_1$$

最终得

$$p_1 - p_2 = \frac{1}{2}\rho V_1^2\left(1 - \frac{A_1}{A_0'}\right)^2 = \frac{1}{2}\rho V_1^2\left(1 - \frac{6\sqrt{3}b^2 - \pi D^2}{2\pi d^2}\right)^2$$

4.4 积分形式的动量矩方程

1. 动量矩方程推导

本节采用雷诺输运定理推导积分形式的动量矩方程。$\boldsymbol{r}$ 为矩心点 O 到各力或动量作用点的矢径。$\boldsymbol{r} \times \boldsymbol{F}$ 是个矢量，它垂直于 $\boldsymbol{r}$ 和 $\boldsymbol{F}$ 所在的平面，指向由右手定则确定，其绝对值为 $rF\sin\theta$，故为 $\boldsymbol{F}$ 对点 O 的力矩，如图 4.4.1 所示。在惯性参考坐标系中，系统的动量矩定理可写为

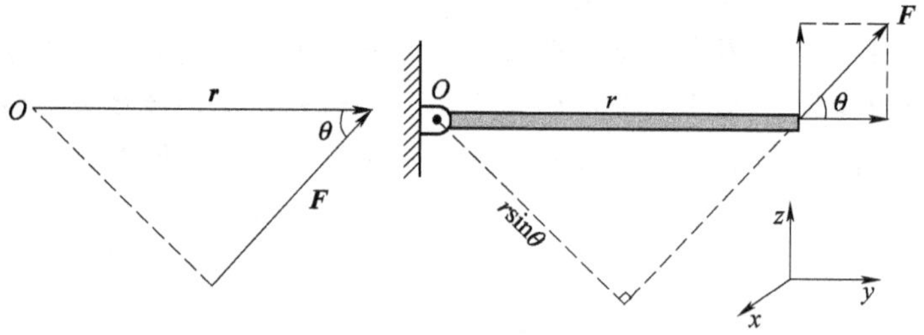

图 4.4.1 $\boldsymbol{F}$ 对点 O 的矩

$$\frac{\mathrm{D}\boldsymbol{H}}{\mathrm{D}t} = \boldsymbol{T}$$

式中，$\boldsymbol{H} = \int_V \boldsymbol{r} \times \boldsymbol{u}\rho \mathrm{d}V$ 是系统的动量矩，积分在系统体积 V 内进行，$\boldsymbol{r}$ 是所取体积元 $\mathrm{d}V$ 相对于坐标系原点的位置矢量。$\boldsymbol{T}$ 是外界作用在系统上的力矩，包括表面力 $\boldsymbol{F}_{\mathrm{S}}$ 产生的力矩 $\boldsymbol{r}\times\boldsymbol{F}_{\mathrm{S}}$、质量力产生的力矩 $\int_V \boldsymbol{r} \times \boldsymbol{g}\rho \mathrm{d}V$ 和转轴上的力矩 $\boldsymbol{T}_{轴}$，即

$$\boldsymbol{T} = \boldsymbol{r} \times \boldsymbol{F}_{\mathrm{S}} + \int_V \boldsymbol{r} \times \boldsymbol{g}\rho \mathrm{d}V + \boldsymbol{T}_{轴}$$

令式（4.1.1）中的 $\boldsymbol{\Phi}=\boldsymbol{H}$，则 $\phi=\boldsymbol{r}\times\boldsymbol{u}$，于是

$$\frac{\mathrm{D}\boldsymbol{H}}{\mathrm{D}t} = \frac{\partial}{\partial t}\int_{\mathrm{CV}} \boldsymbol{r} \times \boldsymbol{u}\rho \mathrm{d}V + \int_{\mathrm{CS}} \boldsymbol{r} \times \boldsymbol{u}\rho \boldsymbol{u} \cdot \boldsymbol{n}\mathrm{d}A$$

可以看到，在推导动量矩方程的过程中，以力和动量对某点 O 的矩来代替动量方程中的力和单位时间内的动量。假定初始时刻控制体和系统重合，因此作用在系统上的外力也可认为作用于控制体上，则

$$\boldsymbol{T}_{\mathrm{SYS}} = \boldsymbol{T}_{\mathrm{CV}}$$

假定所取的控制体是静止的，则

$$\boldsymbol{T} = \frac{\partial}{\partial t}\int_{\mathrm{CV}} \boldsymbol{r} \times \boldsymbol{u}\rho \mathrm{d}V + \int_{\mathrm{CS}} \boldsymbol{r} \times \boldsymbol{u}\rho \boldsymbol{u} \cdot \boldsymbol{n} \mathrm{d}A$$

对于定常流动，上式简化为

$$\boldsymbol{T}_{轴} = \int_{\mathrm{CS}} \boldsymbol{r} \times \boldsymbol{u}\rho \boldsymbol{u} \cdot \boldsymbol{n} \mathrm{d}A \tag{4.4.1}$$

式（4.4.1）右端对整个控制面求积分。如果流体仅在有限区域穿过控制面，而且流动参数在这些区域均匀分布，则该式右端变为通过这些表面区域的质量流量与 $\boldsymbol{r} \times \boldsymbol{u}$ 的乘积的矢量和。

在分析旋转流体机械时，通常仅应用式（4.4.1）沿转轴方向的分量方程，为方便计，可取坐标系 z 轴与流体机械的转轴相重合。如果叶轮进、出口截面处流动是均匀的，并考虑到只有与旋转半径 $\boldsymbol{r}$ 垂直的速度分量才会产生转矩，于是，沿转轴标量形式的动量矩方程可写为

$$T_{轴} = \int_{\mathrm{CS}} \boldsymbol{r} \times \boldsymbol{u}\rho \boldsymbol{u} \cdot \boldsymbol{n} \mathrm{d}A = (r_2 u_{T2} - r_1 u_{T1}) Q_m \tag{4.4.2}$$

式中，Q_m 为通过进口或出口截面的质量流量；u_{T1} 和 u_{T2} 分别为流体在进、出口截面处的绝对速度沿叶轮切向的分量，r_1 与 r_2 分别为 u_{T1} 和 u_{T2} 至转轴的距离。式（4.4.2）中各量的正、负号确定方法如下：

u_{T1} 和 u_{T2}，当它们与叶轮转动方向相同时为正，反之为负；$T_{轴}$ 与叶轮转动方向相同时为正，反之为负。这样对于泵、风机或压缩机等向流体注入能量的原动机来说，$T_{轴} > 0$，而对于涡轮机等从流体中吸取能量的流体机械，$T_{轴} < 0$。

传递给叶轮的功率 N 等于施加在转轴上的转矩 $T_{轴}$ 和叶轮旋转角速度 ω 的乘积，即

$$N = \dot{W} = \omega T_{轴} = \omega(r_2 u_{T2} - r_1 u_{T1}) Q_m$$

令 $U=\omega r$，则上式可简化为

$$N = \dot{W} = (U_2 u_{T2} - U_1 u_{T1}) Q_m$$

将上式两边同除以 $Q_m g$，则得到单位重量流体通过叶轮后获得的能量，即增加的能量头 Δh 为

$$\Delta h = \frac{\dot{W}}{Q_m g} = (U_2 u_{T2} - U_1 u_{T1}) \frac{Q_m}{Q_m g} = \frac{1}{g}(U_2 u_{T2} - U_1 u_{T1})$$

注意，这里 Δh 的量纲是长度。

2. 流体在叶轮机械中的运动分析

流体在叶轮中的运动极其复杂，如图 4.4.2 所示。它一方面随叶轮旋转做圆周运动，即牵连运动，另一方面沿叶片方向做相对于叶片的相对运动，二者合成为绝对运动，如图 4.4.3 所示。圆周速度 $\boldsymbol{U}$ 沿圆周的切线方向，相对速度 $\boldsymbol{W}$ 沿叶片弯曲方向，绝对速度 $\boldsymbol{u}$ 是 $\boldsymbol{U}$ 与 $\boldsymbol{W}$ 的矢量和，即

$$\boldsymbol{u} = \boldsymbol{U} + \boldsymbol{W}$$

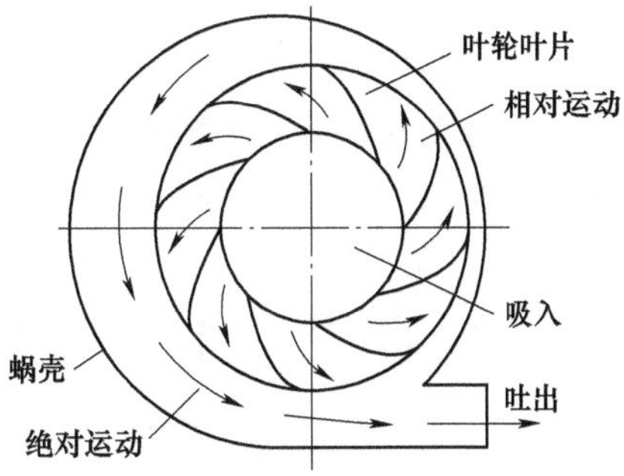

图 4.4.2　叶轮机械（泵）原理

绝对速度 $\boldsymbol{u}$ 可以分解为径向分速度 $\boldsymbol{u}_r$ 和切向分速度 $\boldsymbol{u}_T$。径向分速度与流量有关，切向分速度与能头有关。

速度图是研究流体在叶轮内能量转换及其性能的基础。流体机械，例如土木工程领域常见的泵与风机，其性能主要与叶轮进口及出口处的流体运动情况有关。通常用下标“1”表示进口处的物理量，用下标“2”表示出口处的物理量。

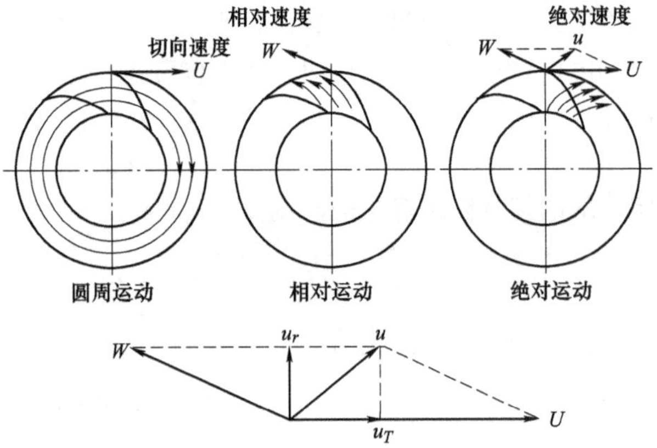

图 4.4.3 流体在叶轮机械中的运动

【例 4.4.1】 风扇叶轮内、外半径分别为 r_1 和 r_2，叶片高 h，空气以绝对速度 u_1 沿半径方向进入叶片，沿叶片切向离开风扇转子，其对叶轮的相对速度方向和圆周切向成 30°角。假设空气流量 Q 恒定，风扇以恒定角速度 ω 旋转，试求驱动此风扇所需电动机功率。

解： 如图 4.4.4 所示，取固定控制体（虚线），控制体包围旋转叶片及某瞬时叶片间的流体，控制体本身并不随叶轮转动。控制体中的流动严格讲是周期性的，但从平均意义上看可以当作定常流动处理。这里需要考虑的唯一力矩就是电动机所提供的转矩 $T_{轴}$，其作用方向和叶轮转向相同。假设进、出口气流速度和物性均匀，并考虑到进口速度在切向没有分量，忽略质量力和摩擦力作用，有

$$N=(U_2u_{T2}-U_1u_{T1})Q_m=(U_2u_{T2}-0)Q_m=U_2u_{T2}Q_m$$

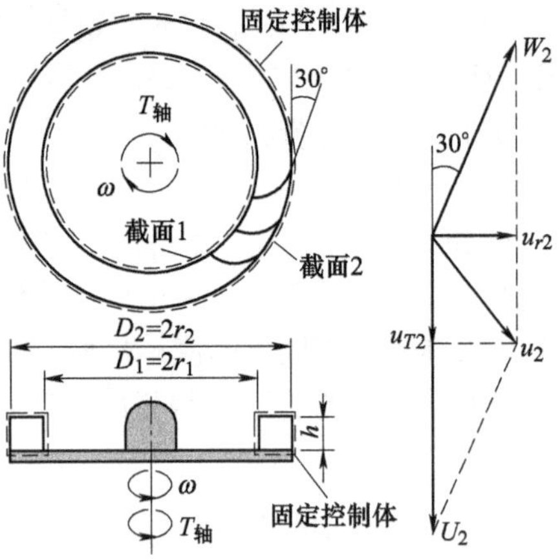

图 4.4.4 风扇控制体

依题意，通过风扇的空气质量流量为

$$Q_m=\rho Q$$

出口叶片端部的线速度为

$$U_2=\omega r_2$$

为计算叶轮出口的气流切向速度，需要先确定气流出口绝对速度 u_2，由速度矢量图，得

$$\boldsymbol{u}_2=\boldsymbol{U}_2+\boldsymbol{W}_2$$

$$u_{T2}=U_2-W_2\cos30°$$

式中，u_{T2} 为气流在出口处绝对速度 u_2 的切向分量。由连续性方程，气流的进、出口质量流量应相等，则

$$Q_m=\rho Q=\rho\cdot 2\pi r_2h\cdot u_{r2}$$

式中，u_{r2} 为气流在出口处绝对速度 u_2 的径向分量。由速度三角形可以看出

$$u_{r2}=W_2\sin30°$$

于是

$$u_{T2}=U_2-\frac{1}{\tan30°}\frac{Q}{2\pi r_2h}$$

最终得到电动机功率为

$$N=\rho QU_2\left(U_2-\frac{1}{\tan30^\circ}\frac{Q}{2\pi r_2h}\right)=\rho Q\left(\omega^2r_2^2-\frac{1}{\tan30^\circ}\frac{\omega Q}{2\pi h}\right)$$

【例4.4.2】 一混流式水泵，其进口与出口直径分别为 R_1 和 R_2，流体轴向进入水泵后，沿叶片流动，并逐渐地改变为沿径向流出，进口处的速度为 u_1，出口处相对于叶片的径向速度为 u_{r2}，流体的体积流量为 Q，叶片出口处的宽度为 b_2，叶轮的旋转角速度为 ω，如图4.4.5所示。忽略质量力和摩擦力的作用，并假定流动定常，试求：(1) 叶片出口相对速度 u_{r2}；(2) 输入叶轮的转矩和功率。

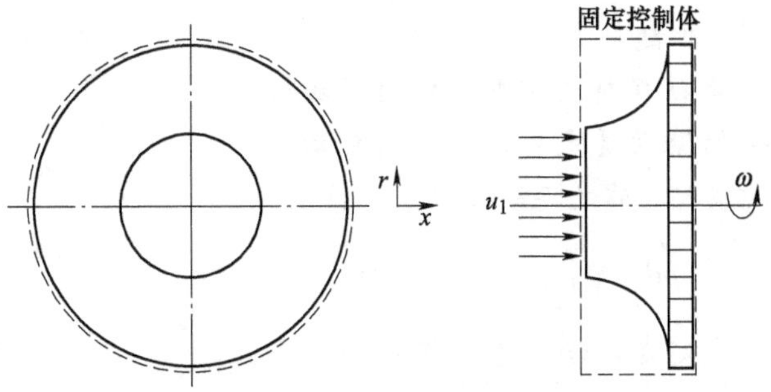

图4.4.5　混流式水泵控制体

解： 取控制体包围整个叶轮，如图4.4.5中虚线所示。控制体固定，不随叶轮旋转。控制体中的流动严格讲是周期性的，但从平均意义上看可以当作定常流动处理。

(1) 根据连续性方程，得

$$Q_m=\rho Q=\rho\cdot2\pi R_2b_2\cdot u_{r2}$$

$$u_{r2}=\frac{Q}{2\pi R_2b_2}$$

(2) 根据动量矩方程

$$T_{轴}=(r_2u_{T2}-r_1u_{T1})Q_m$$

在进口截面，u_1 无切向分量，即

$$u_{T1}=0$$

出口截面，流体的绝对速度的切向分量为

$$u_{T2}=\omega R_2$$

过叶轮的质量流量为

$$Q_m=\rho Q$$

$$T_{轴}=(R_2u_{T2}-R_1u_{T1})Q_m=\omega\rho QR_2^2$$

输入叶轮的功率为

$$N=\omega T_{轴}=\rho Q\omega^2R_2^2$$

【例4.4.3】 如图4.4.6所示，一股高压水流由洒水器的下方注入，上行至旋转管处分为两股，各沿旋转臂流动，至末端后经喷嘴沿切向喷出。设水流量为 $Q=0.001\text{m}^3/\text{s}$，并保持恒定，每个喷嘴出口截面面积都是 $A_2=3\times10^{-5}\text{m}^2$，旋转轴到喷嘴中心线的半径是 $r_2=0.2\text{m}$。

(1) 需施加多大的阻力矩方能保持洒水器不转？

(2) 求当洒水器以恒定角速度500r/min旋转时的阻力矩。

(3) 设阻力矩为零，求洒水器的旋转角速度。

解：首先求水离开喷嘴时的速度。取控制体如图 4.4.6 所示。控制体紧贴旋转臂内壁，包括了旋转臂内的液体。控制体不发生变形，但随同旋转臂旋转。因为水流量 Q 保持为常数，相对于控制体的流动是定常的。应用相对于运动控制体的连续性方程

$$\frac{\partial}{\partial t}\int_{CV}\rho \mathrm{d}V+\int_{CS}\rho \boldsymbol{u}\cdot \boldsymbol{n}\mathrm{d}A=0$$

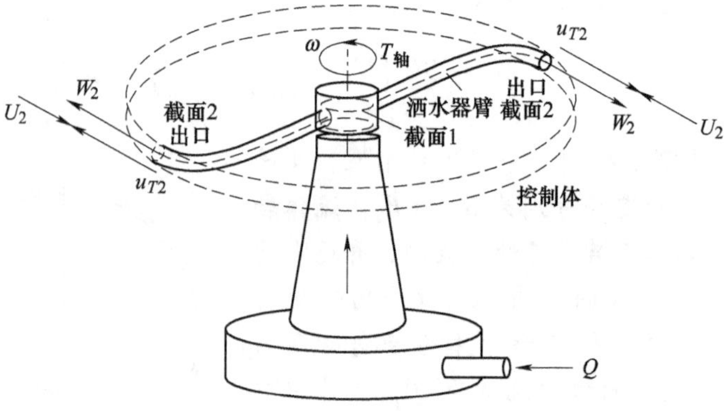

图 4.4.6 洒水器控制体

由于是定常流动等式左边第一项为零，即进口流量等于出口流量，则有

$$\rho Q=2\rho A_2 W_2$$

$$W_2=\frac{Q}{2A_2}=\frac{0.001}{2\times 3\times 10^{-5}}\mathrm{m/s}\approx 16.7\mathrm{m/s}$$

式中，W_2 是水流相对于运动喷嘴的速度。

当旋转臂静止不动时，相对于喷嘴的速度就是绝对速度，此时 $u_2=W_2$，可见无论洒水器旋转与否，水流离开喷嘴的相对速度是相同的。

（1）为了求得阻力矩，取一圆盘状控制体，控制体下部控制面穿过旋转臂的支撑管，于是可认为阻力矩通过支撑管的切开部分作用于旋转臂，阻力矩方向和旋转臂转动方向相反。若洒水器不旋转，考虑到流体进入控制体的速度 u_1 对转轴无矩，则

$$-T_{轴}=-(r_2u_{T2}-r_1u_{T1})Q_m=-\rho Qr_2W_2$$

假设逆时针方向（即洒水器的旋转方向）为正，而 $T_{轴}$ 沿顺时针方向，因此前面加负号，并且 $u_{T2}=W_2$，于是

$$T_{轴}=\rho Qr_2W_2=(1000\times 0.001\times 0.2\times 16.7)\mathrm{N\cdot m}=3.34\mathrm{N\cdot m}$$

（2）当洒水器以 500r/min 的角速度旋转时，控制体内的流动是周期性的，在平均的意义上把它当作定常流动来处理。此时进出控制体的速度如图 4.4.6 所示。此时，流体相对于固定控制体的绝对速度为

$$u_{T2}=W_2-U_2$$

此时，转矩为

$$T_{轴}=\rho Qr_2(W_2-\omega r_2)=\left[1000\times 0.001\times 0.2\times\left(16.7-\frac{500\times 2\pi}{60}\times 0.2\right)\right]\mathrm{N\cdot m}\approx 1.25\mathrm{N\cdot m}$$

（3）当阻力矩为零时，洒水器旋转臂旋转速度将达到最大值，即

$$T_{轴}=\rho Qr_2(W_2-\omega r_2)=0$$

于是

$$\omega=\frac{W_2}{r_2}=\frac{16.7}{0.2}=83.5\frac{1}{\mathrm{s}}\approx 797\mathrm{r/min}$$

由以上计算可知，洒水器旋转时的阻力矩小于保持洒水器静止不动时所需的阻力矩。当阻力矩为零时，最大转速为有限值。

3. 离心泵与风机的动量矩方程概述

研究流体在叶轮中的运动情况和获得能量的关系时，为了使问题简化，采用以下两个基本假设：

1）叶轮具有无限多个叶片，叶片厚度极薄。流体在叶片之间的流道中流动时，流速方向与叶片弯曲方向相同，同一圆周上流速均匀。

2）流过叶轮的流体是理想流体，流动过程中无能量损失。

在以上基本假设下，应用动量矩方程推导离心式泵与风机的基本方程。由动量矩方程可知，作用于控制面内流体上的外力对转轴的力矩，等于单位时间内控制面流体对该轴的动量矩的增量与通过控制面净流出的动量矩之和。取叶轮的进口及出口圆柱面为控制面。当叶轮转速恒定时，流体运动是恒定流动，控制面内流体动量矩增量为零，则外力矩等于单位时间内通过控制面流出与流入的动量矩的差值。由于假设叶轮无穷多叶片，同一圆周上速度的大小是均匀的，故单位时间内通过叶轮整个出口断面流出的动量矩为

$$\rho Q_{T\infty} r_2 u_{T2T\infty}$$

单位时间内通过叶轮整个进口断面流入的动量矩为

$$\rho Q_{T\infty} r_1 u_{T1T\infty}$$

其中流量 Q 及切向分速度 u_T 的下标“ $T\infty$ ”表示理想流体及无穷多叶片，r_1 和 r_2 分别是叶轮进口半径及出口半径。由动量矩方程得

$$T_{\text{轴}} = \rho Q_{T\infty}(r_2 u_{T2T\infty} - r_1 u_{T1T\infty})$$
$$N = \rho Q_{T\infty}(U_{2T\infty} u_{T2T\infty} - U_{1T\infty} u_{T1T\infty})$$

单位重量流体获得的能量为

$$\Delta h_{T\infty} = \frac{1}{g}(U_{2T\infty} u_{T2T\infty} - U_{1T\infty} u_{T1T\infty})$$

这就是离心式泵与风机的基本方程，它是1754年首先由欧拉提出的，故又称为欧拉方程。由欧拉方程看出，流体所获得的理论能头 $\Delta h_{T\infty}$，仅与流体在叶轮进口处及出口处的速度有关，与内部的流动过程也无关，与被输送流体的种类也无关，也就是说，无论被输送的流体是水还是空气，只要叶轮进出口的速度图相同，都可以得到相同的水柱或气柱高度（能头），但不同的流体物质所需功率不同，因为功率和流体物质（水或空气）的重度成正比。

欧拉方程是理想流体在无限多叶片和叶片无限薄的假设下得到的，而实际上，叶轮的叶片数目是有限的。实际流体都有黏性，在叶轮内流动过程中必然产生能量损失，实际能头必然小于理论能头。因此，要对欧拉方程进行修正，本书对此不做深入讨论。

4.5 积分形式的能量方程

本节采用雷诺输运定理推导积分形式的能量方程。对于运动流体，能量守恒原理是指单位时间由外界传入系统的热能 $\frac{\Delta E_H}{\Delta t}$ 等于系统总能量的变化率 $\frac{\mathrm{D}E}{\mathrm{D}t}$ 与系统在该时间内对外界所做功 $\frac{\Delta W}{\Delta t}$ 之和，即

$$\frac{\Delta E_H}{\Delta t} = \frac{\mathrm{D}E}{\mathrm{D}t} + \frac{\Delta W}{\Delta t}$$

若单位质量流体所具有的能量为 e，则输运公式中 $\phi=e$，总能量 E 的系统导数为

$$\frac{\mathrm{D}E}{\mathrm{D}t}=\frac{\mathrm{D}}{\mathrm{D}t}\int_V e\rho\mathrm{d}V=\frac{\partial}{\partial t}\int_{\mathrm{CV}}e\rho\mathrm{d}V+\int_{\mathrm{CS}}e\rho\boldsymbol{u}\cdot\boldsymbol{n}\mathrm{d}A$$

系统对外界所做的功 $\frac{\Delta W}{\Delta t}$ 包括两部分。其一是系统对外界所做的功 $\frac{\Delta W_m}{\Delta t}$。若流体将能量输送给外界，例如，流体机械（水轮机），则 $\frac{\Delta W_m}{\Delta t}>0$；若外界给流体输送能量，例如，泵或风机，则 $\frac{\Delta W_m}{\Delta t}<0$。其二是作用于系统上的表面力在系统运动过程中所做的功。这部分功又可分为两项，即切向力所做的功 $\frac{\Delta W_S}{\Delta t}$ 与法向力所做的功，其中单位时间法向力所做的功可表示为 $\int_S p\boldsymbol{u}\cdot\boldsymbol{n}\mathrm{d}A$。因此

$$\frac{\Delta W}{\Delta t}=\frac{\Delta W_m}{\Delta t}+\frac{\Delta W_S}{\Delta t}+\int_S p\boldsymbol{u}\cdot\boldsymbol{n}\mathrm{d}A$$

由于所取的控制体与初始时刻系统所占有的空间重合，上式中系统的表面 S 即为控制面 CS。这样就得到

$$\frac{\Delta E_H}{\Delta t}-\frac{\Delta W_m}{\Delta t}-\frac{\Delta W_S}{\Delta t}=\frac{\partial}{\partial t}\int_{\mathrm{CV}}e\rho\mathrm{d}V+\int_{\mathrm{CS}}(p+\rho e)\boldsymbol{u}\cdot\boldsymbol{n}\mathrm{d}A$$

此即积分形式能量方程。为了便于工程上应用，还需对它做进一步的分析。上式中单位质量流体所具有的能量 e 包括动能、位能和内能三部分。设有一流体微团，其质量为 Δm，以速度 u 流动，它具有的动能为 $\frac{1}{2}\Delta mu^2$，因而单位质量流体具有的动能为 $\frac{1}{2}u^2$。若该流体微团位于重力场中，它距基准面的高度为 z，则微团对基准面所具有的位能为 Δmgz，单位质量流体所具有的位能为 gz。内能 e_i 则为流体分子所具有的能量，它包括分子运动的动能和分子间吸引力所引起的位能。一般情况下，内能是温度和压强的函数。若分子间的距离较大，分子间的吸引力可以忽略不计，这种气体称为完全气体。完全气体的内能只是温度的函数，即 $e_i=f(T)$，因此

$$e=e_i+gz+\frac{1}{2}u^2$$

这样，进一步得到

$$\frac{\Delta E_H}{\Delta t}-\frac{\Delta W_m}{\Delta t}-\frac{\Delta W_S}{\Delta t}=\frac{\partial}{\partial t}\int_{\mathrm{CV}}\left(e_i+gz+\frac{1}{2}u^2\right)\rho\mathrm{d}V+\int_{\mathrm{CS}}\left(\frac{p}{\rho}+e_i+gz+\frac{1}{2}u^2\right)\rho\boldsymbol{u}\cdot\boldsymbol{n}\mathrm{d}A$$

下面讨论单位时间系统表面切向力所做的功 $\frac{\Delta W_S}{\Delta t}$。若在系统表面取微元面积 $\mathrm{d}A$，作用在 $\mathrm{d}A$ 上的切向力为 $\mathrm{d}\boldsymbol{F}=\boldsymbol{\tau}\mathrm{d}A$，$\boldsymbol{\tau}$ 为切应力。在这种情况下，单位时间作用在整个系统表面 S 上的切向力所做的功为 $\int_S\boldsymbol{u}\cdot\boldsymbol{\tau}\mathrm{d}A$，由于所取的控制面与初始时刻系统的表面重合，故

$$\frac{\Delta W_S}{\Delta t}=\int_S\boldsymbol{u}\cdot\boldsymbol{\tau}\mathrm{d}A$$

对于理想流体，$\boldsymbol{\tau}=\boldsymbol{0}$，$\frac{\Delta W_S}{\Delta t}=0$。对于实际流体，可以把控制面 CS 分成两部分：不动的固

体壁面部分 CS_1 和流体通过的部分 CS_2，则

$$\frac{\Delta W_S}{\Delta t}=\int_{CS_1}\boldsymbol{u}\cdot\boldsymbol{\tau}\mathrm{d}A+\int_{CS_2}\boldsymbol{u}\cdot\boldsymbol{\tau}\mathrm{d}A$$

在不动的固体壁面上 $\boldsymbol{u}=\boldsymbol{0}$，等式右侧第一个积分即为零。若选定控制面时，令流体通过的部分为过流断面，由于切应力 $\boldsymbol{\tau}$ 位于微元面积 $\mathrm{d}A$ 上，$\mathrm{d}A$ 垂直于速度 $\boldsymbol{u}$，则 $\boldsymbol{\tau}$ 也与 $\boldsymbol{u}$ 垂直，因而在过流断面 CS_2 上，

$$\boldsymbol{\tau}\cdot\boldsymbol{u}=0$$

于是右侧第二个积分也为零。这就是说，如控制面仅由不动的固体壁面和过流断面组成，实际流体作用于控制面上的切向力所做的功为零，即 $\dfrac{\Delta W_S}{\Delta t}=0$。因此，得到能量方程为

$$\frac{\Delta E_H}{\Delta t}-\frac{\Delta W_m}{\Delta t}=\frac{\partial}{\partial t}\int_{CV}\left(e_i+gz+\frac{1}{2}u^2\right)\rho\mathrm{d}V+\int_{CS}\left(\frac{p}{\rho}+e_i+gz+\frac{1}{2}u^2\right)\rho\boldsymbol{u}\cdot\boldsymbol{n}\mathrm{d}A$$

或

$$\frac{\Delta E_H}{\Delta t}-\frac{\Delta W_m}{\Delta t}=\frac{\partial}{\partial t}\int_{CV}\left(e_i+gz+\frac{1}{2}u^2\right)\rho\mathrm{d}V+\int_{CS}\left(h+gz+\frac{1}{2}u^2\right)\rho\boldsymbol{u}\cdot\boldsymbol{n}\mathrm{d}A$$

式中，焓 $h=\dfrac{p}{\rho}+e_i$。

若控制体内无流体机械做功，$\dfrac{\Delta W_m}{\Delta t}=0$，则能量方程简化为

$$\frac{\Delta E_H}{\Delta t}=\frac{\partial}{\partial t}\int_{CV}\left(e_i+gz+\frac{1}{2}u^2\right)\rho\mathrm{d}V+\int_{CS}\left(\frac{p}{\rho}+e_i+gz+\frac{1}{2}u^2\right)\rho\boldsymbol{u}\cdot\boldsymbol{n}\mathrm{d}A$$

【例 4.5.1】 试采用雷诺输运定理推导不可压缩恒定总流能量方程。

解： 如图 4.5.1 所示，恒定总流由过流断面 a—a（面积为 A_1）流向过流断面 b—b（面积为 A_2），流线近乎平行，无流量分出或汇入。以两过流断面和总流侧壁组成的封闭表面为控制面，根据雷诺输运定理，考虑恒定流动，有

$$\frac{\Delta E_H}{\Delta t}=\int_{CS}\left(\frac{p}{\rho}+e_i+gz+\frac{1}{2}u^2\right)\rho\boldsymbol{u}\cdot\boldsymbol{n}\mathrm{d}A$$

$$=\int_{A_2}\left(\frac{p_2}{\rho}+e_{i2}+gz_2+\frac{1}{2}u_2^2\right)\rho u_2\mathrm{d}A_2-\int_{A_1}\left(\frac{p_1}{\rho}+e_{i1}+gz_1+\frac{1}{2}u_1^2\right)\rho u_1\mathrm{d}A_1$$

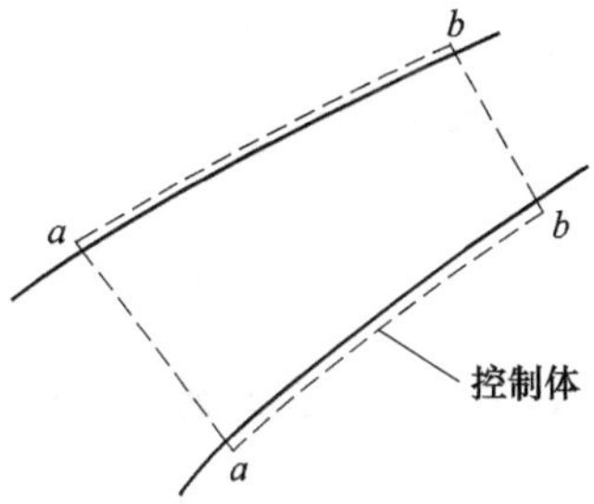

图 4.5.1 总流控制体

式中，积分 $\int_A e_i\rho u\mathrm{d}A$ 为单位时间通过断面 A 的全部流体所具有的内能，可令它等于单位质量流体所具有的平均内能 $\bar{e}_i$ 与通过断面 A 的质量流量 Q_m 的乘积，即

$$\int_A e_i\rho u\mathrm{d}A=\bar{e}_iQ_m$$

过流断面位于渐变流段上，其上各点的 $z+\dfrac{p}{\rho g}=C$，因此，

$$\int_A\left(gz+\frac{p}{\rho}\right)\rho u\mathrm{d}A=g\left(z+\frac{p}{\rho g}\right)\int_A\rho u\mathrm{d}A=g\left(z+\frac{p}{\rho g}\right)Q_m$$

积分 $\int_A \frac{1}{2}u^2 \cdot \rho u \mathrm{d}A$ 为单位时间通过断面的流体动能。在4.3节提及，工程上通常将总流问题按一元流动处理，即以断面平均流速 V 代替未知分布规律的 u。若按断面平均流速计算单位时间通过的动能，则为 $\frac{1}{2}V^2 \cdot \rho VA$。由于断面平均流速是按通过过流断面的体积流量相等来定义的，因而用断面平均流速计算的动能与通过的实际动能不完全相等，现引进一个动能修正系数 α 加以修正，即令

$$\int_A \frac{1}{2}u^2 \cdot \rho u \mathrm{d}A = \alpha \cdot \frac{1}{2}V^2 \cdot \rho VA = \frac{1}{2}\alpha V^2 Q_m$$

$$\alpha = \frac{1}{V^3 A}\int_A u^3 \mathrm{d}A$$

α 的意义显然是单位时间通过过流断面的实际动能与按断面平均流速计算的动能的比值，α 一定大于1。事实上，可假设 $u = V + \Delta u$，即 Δu 是平均流速与该点速度之差，Δu 在断面上不同位置有正有负。根据定义

$$\alpha = \frac{1}{V^3 A}\int_A (V + \Delta u)^3 \mathrm{d}A = \frac{1}{V^3 A}\int_A [V^3 + 3V^2\Delta u + 3V(\Delta u)^2 + (\Delta u)^3]\mathrm{d}A$$

$$= 1 + \frac{1}{A}\int_A \left[3\frac{\Delta u}{V} + 3\left(\frac{\Delta u}{V}\right)^2 + \left(\frac{\Delta u}{V}\right)^3\right]\mathrm{d}A$$

而

$$V = \frac{1}{A}\int_A u \mathrm{d}A = \frac{1}{A}\int_A (V + \Delta u)\mathrm{d}A = V + \frac{1}{A}\int_A \left(\frac{\Delta u}{V}\right)\mathrm{d}A$$

显然有

$$\int_A \left(\frac{\Delta u}{V}\right)\mathrm{d}A = 0$$

于是得到

$$\alpha = 1 + \frac{1}{A}\int_A \left[3\left(\frac{\Delta u}{V}\right)^2 + \left(\frac{\Delta u}{V}\right)^3\right]\mathrm{d}A$$

因 $\frac{\Delta u}{V} < 1$，上式被积函数为正值，所以 $\alpha > 1$。

α 与过流断面上流速分布的不均匀程度有关，流速分布越不均匀，α 越大，但在管道和明渠流动中，除流体的黏性很大而流速又很小的情况外，α 约在1.05~1.10之间，工程计算中常取 $\alpha = 1.0$。将上述各积分代入到能量输运方程，可得

$$\frac{\Delta E_H}{\Delta t} = \left[\bar{e}_{i2} + g\left(z_2 + \frac{p_2}{\rho g}\right) + \frac{\alpha_2 V_2^2}{2}\right]Q_{m2} - \left[\bar{e}_{i1} + g\left(z_1 + \frac{p_1}{\rho g}\right) + \frac{\alpha_1 V_1^2}{2}\right]Q_{m1}$$

考虑到 $Q_m = Q_{m1} = Q_{m2}$，以 gQ_m 除式中各项，则

$$z_1 + \frac{p_1}{\rho g} + \frac{\alpha_1 V_1^2}{2g} = z_2 + \frac{p_2}{\rho g} + \frac{\alpha_2 V_2^2}{2g} + \left(\frac{\bar{e}_{i2}}{g} - \frac{\bar{e}_{i1}}{g} - \frac{\Delta E_H}{gQ_m\Delta t}\right)$$

令 $h_{损失} = \frac{\bar{e}_{i2}}{g} - \frac{\bar{e}_{i1}}{g} - \frac{\Delta E_H}{gQ_m\Delta t}$，即得不可压缩流体恒定总流的能量方程

$$z_1+\frac{p_1}{\rho g}+\frac{\alpha_1 V_1^2}{2g}=z_2+\frac{p_2}{\rho g}+\frac{\alpha_2 V_2^2}{2g}+h_{损失}$$

此即总流的伯努利方程，它是流体力学中用来求解总流问题的重要工具。从推导过程不难看出，它的应用条件是：不可压缩流体、恒定流动、质量力中仅有重力、过流断面必须取在缓变流段上以及两过流断面之间没有分流或汇流。

在总流的伯努利方程中，等式左端（或右端）的前三项之和，即 $z+\frac{p}{\rho g}+\frac{\alpha V^2}{2g}$ 称为过流断面上单位重量流体所具有的平均机械能，也称为该过流断面的总水头。等式右端最后一项，即 $h_{损失}=\frac{\bar{e}_{i2}}{g}-\frac{\bar{e}_{i1}}{g}-\frac{\Delta E_H}{gQ_m\Delta t}$ 具有长度的量纲。其中 $\frac{\bar{e}_{i2}}{g}-\frac{\bar{e}_{i1}}{g}$ 为流出和流入控制体的单位重量流体所具有的平均内能的差值，$-\frac{\Delta E_H}{\Delta t}$ 为单位时间由控制体传至外界的热能，分摊到单位重量流体上即为 $-\frac{\Delta E_H}{gQ_m\Delta t}$。由于实际流体具有黏性，在流动过程中内摩擦力做功，使流体的一部分机械能不可逆地转变为热能，其中一部分热能将使流体的温度和内能不断增高，因而流出控制体的平均单位内能 $\frac{\bar{e}_{i2}}{g}$ 要比流入的 $\frac{\bar{e}_{i1}}{g}$ 大，另一部分则通过控制面耗散于外界。从机械能的角度看都是能量的损失，通常称它为水头损失。实际流体总流伯努利方程表明，恒定总流沿程各过流断面上各种单位机械能可以相互转化，但它们的总和（总水头）只能是沿程递减的。

若控制体内有流体机械存在，恒定总流的能量方程一样适用。此时系统对流体机械所做的功 $\frac{\Delta W_m}{\Delta t}$ 不为零，只需在方程中增加一项单位重量流体对流体机械所做的功 $H_m=\frac{\Delta W_m}{Q_m g\Delta t}$，即

$$z_1+\frac{p_1}{\rho g}+\frac{\alpha_1 V_1^2}{2g}\pm H_m=z_2+\frac{p_2}{\rho g}+\frac{\alpha_2 V_2^2}{2g}+h_{损失}$$

若流体机械对流体做功（如泵或风机），流动的能量增加，式中 H_m 取正号，若流体机械做功（如水轮机），H_m 应取负号。

对于理想流体，流动过程不会出现内摩擦力，也就没有能量损失，因此 $h_{损失}=0$，表明理想流体恒定总流沿程各过流断面上，流体的平均单位机械能是相等的。

【例 4.5.2】 蒸汽进入汽轮机之前的速度为 30m/s，焓为 3348kJ/kg，离开汽轮机时的速度为 60m/s，焓为 2550kJ/kg。设汽轮机是绝热的，高度的变化可以忽略。求 1kg 蒸汽流过汽轮机时所输出的功。

解： 取控制体如图 4.5.2 中虚线所示。根据能量方程有

$$\dot{m}\left[\left(h_2+\frac{1}{2}V_2^2+z_2\right)-\left(h_1+\frac{1}{2}V_1^2+z_1\right)\right]=\dot{Q}+\dot{W}_{轴}$$

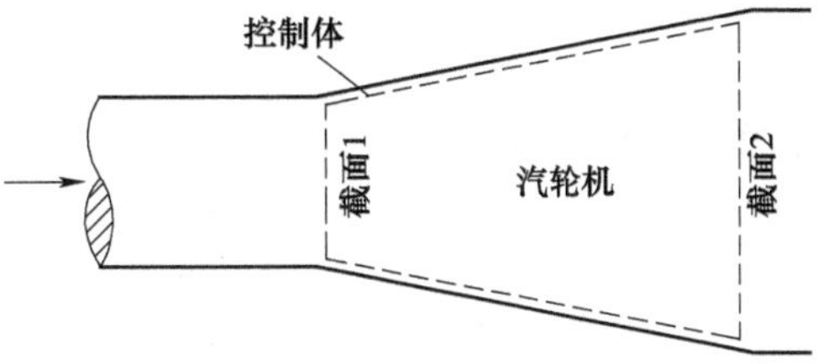

图 4.5.2 汽轮机能量平衡

考虑到定常流动和系统绝热，即 $\dot{Q}=0$，以及忽略高度的变化，即 $z_1=z_2$，得

$$\frac{\dot{W}_{轴}}{\dot{m}} = \left(h_2 + \frac{1}{2}V_2^2\right) - \left(h_1 + \frac{1}{2}V_1^2\right)$$

$$= \left(2550 \times 10^3 + \frac{1}{2} \times 60^2 - 3348 \times 10^3 - \frac{1}{2} \times 30^2\right) \text{J/kg} = -796.65\text{kJ/kg}$$

该式中负号表示有轴功率输出。本例中动能的变化与焓的变化相比很小，可忽略，这与实际汽轮机工作情况是一致的。

【例 4.5.3】 转子流量计的结构如图 4.5.3 所示。转子流量计的外壳系一微锥形（有机）玻璃管，锥角约 4°，下端面积略小于上端。锥管内有一转子，转子可用不同的材料制成不同的形状，但其密度必须大于被测流体的密度。无流体通过时，转子下沉于锥管底部。当被测流体以一定流量通过转子流量计时，在转子的上、下端面有压差，如果该压差造成的升力足够大，转子将向上浮起，随着转子上浮，流道环隙增大，其间流速减少，转子两端面的压差随之减小。当转子上升，浮至某一定高度，转子两端面压差造成的升力恰等于转子的净重时，转子不再上升，将悬浮于该高度上，因而转子又称浮子。

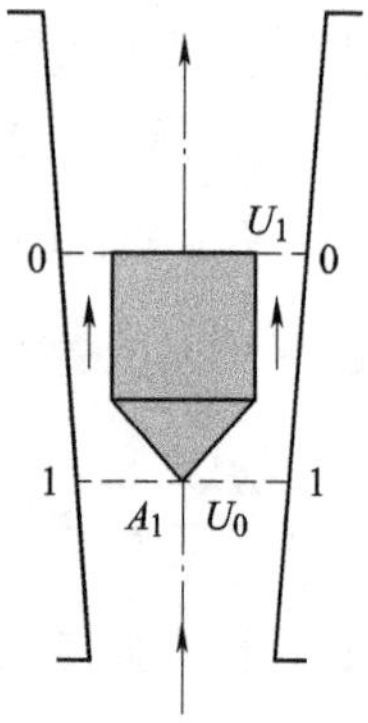

图 4.5.3 转子流量计示意图

如果流量发生变化，例如，流量增大，环隙间流速随之增大，转子两端面的压差也随着增大，原有的平衡被破坏，转子将上升，直至另一高度，建立新的平衡。由此可见，转子的平衡位置（悬浮高度）随流量而变，其位置可以用来指示流量的大小，流量计算式可以由转子的受力平衡导出。

当转子所受向下的重力与向上的升力相等时，转子处于平衡位置。根据伯努利方程，由转子上、下端面压差产生的升力由两部分组成。一部分是由位差引起的，称之为浮力，其值等于同体积的流体重量，另一部分是由动量差引起的，其值为

$$F = \frac{1}{2}\rho(U_0^2 - U_1^2)A_f$$

式中，A_f 为转子的最大横截面面积。

根据连续性方程，有

$$U_1 = \frac{A_0}{A_1}U_0$$

式中，A_0 为环隙断面面积；A_1 为玻璃管断面面积。由于玻璃管为锥形，环隙面积 A_0 随转子的升降而变化，但 A_1 的相对变化很小。将以上两个方程合并，得到由速度差引起的升力为

$$F = \frac{1}{2}\rho U_0^2\left(1 - \frac{A_0^2}{A_1^2}\right)A_f$$

转子所受力的平衡方程为

$$\frac{1}{2}\rho U_0^2\left(1 - \frac{A_0^2}{A_1^2}\right)A_f + V_f\rho g = V_f\rho_f g$$

式中，V_f 为转子的体积；ρ_f 为转子的密度。于是

$$U_0 = \frac{1}{\sqrt{1-\left(\frac{A_0}{A_1}\right)^2}}\sqrt{\frac{2(\rho_f-\rho)gV_f}{\rho A_f}}$$

考虑到表面摩擦和转子形状的影响，引入校正系数 C_R，因此

$$U_0 = C_R\sqrt{\frac{2(\rho_f-\rho)gV_f}{\rho A_f}}$$

体积流量为

$$Q = C_R A_0\sqrt{\frac{2(\rho_f-\rho)gV_f}{\rho A_f}}$$

质量流量为

$$G = C_R A_0\sqrt{\frac{2(\rho_f-\rho)\rho gV_f}{A_f}}$$

对于特定结构的转子流量计，C_R 与雷诺数有关，即 $C_R=f(Re)$。通常为了计算方便，转子形状的选择要有利于促成边界层分离（参见第 9 章相关内容），以便在较小的雷诺数时，即出现高度的湍流，使 C_R 不再随雷诺数变化。

对于给定的转子流量计，结构和被测流体确定后，V_f、A_f、ρ_f、ρ 等均为常数，若雷诺数较高，C_R 为常数，则 U_0 恒为常数。这表明，在任何流量下，转子所处的平衡位置必定满足环隙速度恒定的条件

$$U_0 = 常数$$

由此可得，由压差所产生的升力 F 也将恒定不变，即

$$F = 常数$$

因而，无论流量大小，转子两端面的压差恒为常数，这就是转子流量计恒流速、恒压差的基本特点。由此基本特点必然得到

$$h_f = \zeta\frac{\rho U_0^2}{2}$$

即转子流量计所造成的能量损失，不随流量而变，与孔板流量计相比，转子流量计可用于测量更宽范围的流量。其原因在于，用转子流量计测量流量时，环隙面积随流量而变，而孔板流量计的孔口面积则是固定的，这正是转子流量计的设计思想。

【例 4.5.4】 同一种理想气体的两股定常湍流气流进行图 4.5.4 所示的混合，此两股气流具有不同的速度、温度和压强。试列出计算混合后气流的速度、温度和压强的算式。

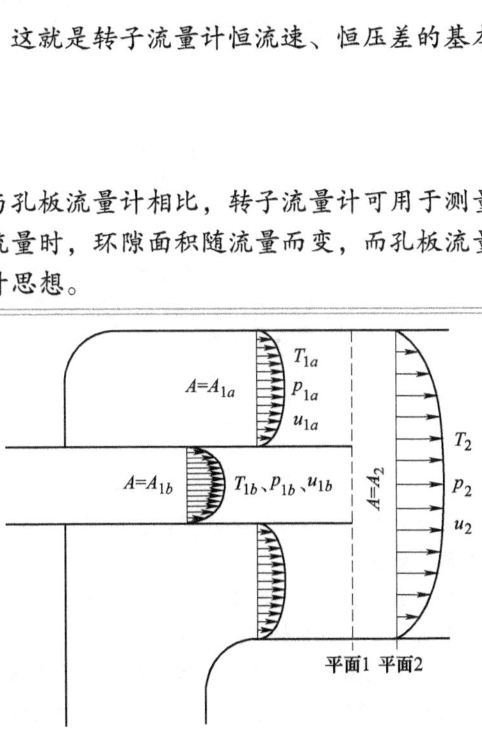

图 4.5.4　定常湍流气流混合

解：本例比以前讨论的不可压缩、等温情况的流体行为要复杂得多，因为在这里密度和温度的变化可能很重要。所以，除了进行质量和动量计算外，还需应用能量方程以及理想气体状态方程。

选择进口平面 1（$1a$ 和 $1b$）作为流体开始混合的截面。出口平面 2 选在下游足够远处、流体

已完全混合的截面。假定是平坦的速度分布，管壁的切应力可忽略，位能无变化。此外，忽略流体热容的变化，并假定是绝热操作。于是可对该具有两个入口和一个出口的系统写出下列方程。

质量守恒：
$$m_1 = m_{1a} + m_{1b} = m_2$$

动量守恒：
$$m_2u_2 + p_2A_2 = m_{1a}u_{1a} + m_{1b}u_{1b}$$

能量守恒：

$$m_2\left[c_p(T_2 - T_0) + \frac{u_2^2}{2}\right] = m_{1a}\left[c_p(T_{1a} - T_0) + \frac{u_{1a}^2}{2}\right] + m_{1b}\left[c_p(T_{1b} - T_0) + \frac{u_{1b}^2}{2}\right]$$

状态方程：
$$p_2 = \rho_2RT_2$$

式中，T_0 是焓的参考温度。在这组方程中已知 $1a$ 和 $1b$ 处的所有量，但有四个未知量，它们为 p_2、ρ_2、T_2 和 u_2，可见方程组可解。

练 习 题

4-1 如题 4-1 图所示，流量为 $Q = 0.15\text{m}^3/\text{s}$ 的竖直放置的输水弯管。管道进口断面 1—1 的直径为 $d_1 = 350\text{mm}$，管道出口断面的直径为 $d_2 = 250\text{mm}$，两断面在铅垂方向的高度差为 $h = 0.9\text{m}$，弯管转角 $\theta = 60°$。管道在断面 1—1 与断面 2—2 之间所含水的体积为 $V_0 = 0.05\text{m}^3$。已测得 1—1 断面上压强表读数为 $p_1 = 1.01 \times 10^5\text{N/m}^2$，不计水头损失和摩擦阻力，求水流对弯管的作用力。

4-2 水平放置的分叉供水管（俯视图），干管水流经非对称的分叉管引出，如题 4-2 图所示。已知干管流量为 $Q = 540\text{m}^3/\text{h}$，干管进口断面 1—1 的直径为 $d_1 = 200\text{mm}$，支管断面 2—2 与 3—3 的直径分别为 $d_2 = 125\text{mm}$ 和 $d_3 = 150\text{mm}$，$\theta = 30°$。已测得 1—1 断面上压强表读数为 $p_1 = 3 \times 10^5\text{N/m}^2$、断面 2—2 的平均流速为 4m/s，不计水头损失和摩擦阻力，求水流对管体的作用力。

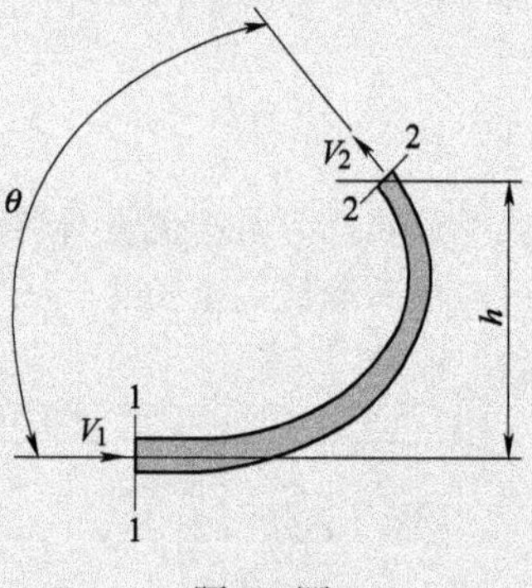

题 4-1 图

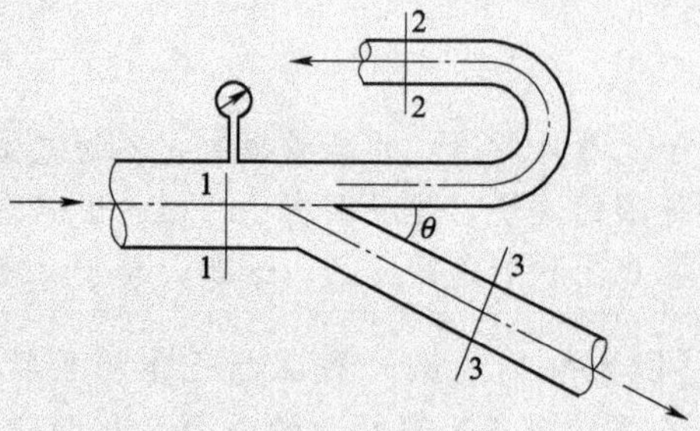

题 4-2 图

4-3 如题 4-3 图所示，半径为 r_0 的长直圆管，其过流断面上的流速分布为 $u = u_{max}(y/r_0)^{1/8}$，式中 u_{max} 是轴线上断面最大速度，y 为距管壁的距离。试求：

（1）该圆管所通过的流量；（2）过流断面的平均流速；（3）动能修正系数 α；（4）动量修正系数 α_0。

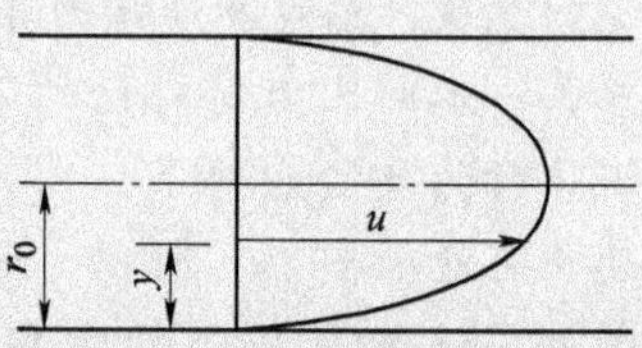

题 4-3 图

4-4 旋转式喷水器由三个均布在水平平面上的旋转喷嘴组成，如题 4-4 图所示。总供水量为 Q_V，喷嘴出口截面面积为 A，旋臂长为 r，喷嘴出口速度方向与旋臂的角为 θ。（1）不计一切摩擦，试求旋臂的旋转角速度 ω；（2）如果使以 ω 旋转的旋臂停止，试求所需外力矩 M。

4-5　如题 4-5 图所示，断面 1—1 为叶轮机入口，断面 2—2 为叶轮机出口，U 代表牵连速度，W 代表相对速度，u 代表绝对速度。已知：$U_1 = U_2 = 15\text{m/s}$，$u_1 = 45\text{m/s}$，u_1 和 U_1 之间的夹角 $\alpha_1 = 20°$，u_2 和 U_2 之间的夹角 $\alpha_2 = 90°$，试求：(1) W_1 和 U_1 之间的夹角 β_1，W_2 和 U_2 之间的夹角 β_2；(2) 叶轮机的扬程 H；(3) 叶轮机的效率。

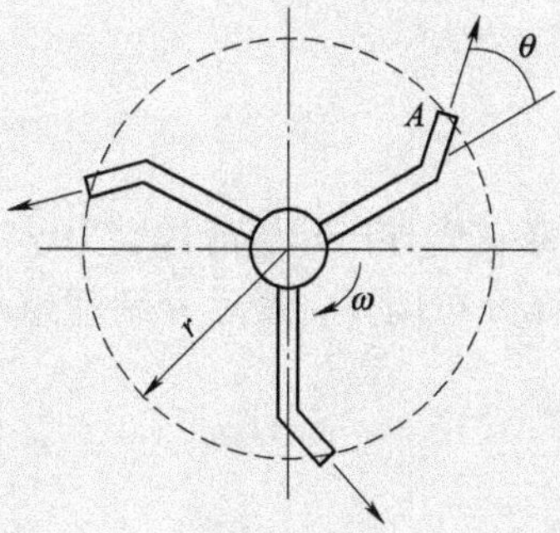

题 4-4 图

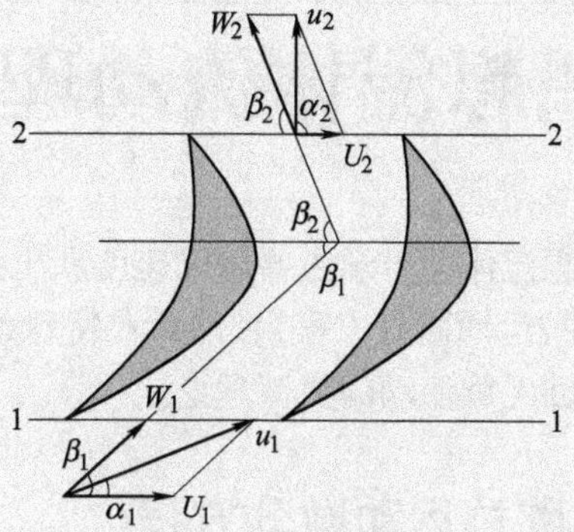

题 4-5 图

4-6　如题 4-6 图所示，直径为 $d = 40\text{mm}$，速度为 $V = 30\text{m/s}$ 的水射流，在叶片一端流入，从另一端流出，速度大小不变，但方向随叶片而偏转，试求下列两种情况下射流对叶片的作用力。(1) $\alpha = \beta = 30°$；(2) $\alpha = 0°$，$\beta = 60°$。

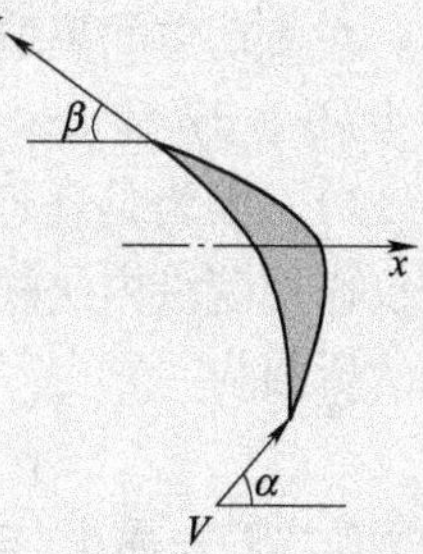

题 4-6 图

4-7　已知轴流泵叶轮直径 $D = 650\text{mm}$，轮毂直径 $d = 350\text{mm}$，理论流量 $Q_T = 1.25\text{m}^3/\text{s}$，转速 $n = 580\text{r/min}$，叶轮进口沿轴向流入，最大半径处相对速度与牵连速度的夹角 $\beta_2 = 20°$，试求此时的理论扬程。

4-8　有一轴流风机，已知转速 $n = 1450\text{r/min}$，空气沿轴向流入速度为 18m/s，在叶轮半径 $r = 350\text{mm}$，出口处相对速度与牵连速度的夹角 $\beta_2 = 22°$，空气密度 $\rho = 1.2\text{kg/m}^3$，试求理论全压。

第 5 章

5

理想流体流动理论基础

理想流体动力学主要研究速度和压强之间的关系。本章首先导出理想流体动力学的基本方程（欧拉运动微分方程），然后在特殊条件下积分求出压强分布规律，最后介绍理想不可压缩流体平面无旋流动的势流理论。

5.1 欧拉运动微分方程

欧拉运动微分方程是研究理想流体的基本方程，是牛顿第二定律在理想流体中的具体应用。在流动空间里取一六面体的微元控制体，其各边边长为 dx、dy 和 dz，并分别平行于三个坐标轴（见图 5.1.1）。因为是理想流体，无切应力，所以在所有表面上仅作用着沿内法线方向的压强。设在 $ABB'A'$表面上作用的压强为

$$p = p(x,\ y,\ z,\ t)$$

在 $DCC'D'$表面上作用的压强为 p'，据泰勒级数展开，并略去高阶小量后可表示为

$$p' = p'(x + \mathrm{d}x, y, z, t) = p + \frac{\partial p}{\partial x}\mathrm{d}x$$

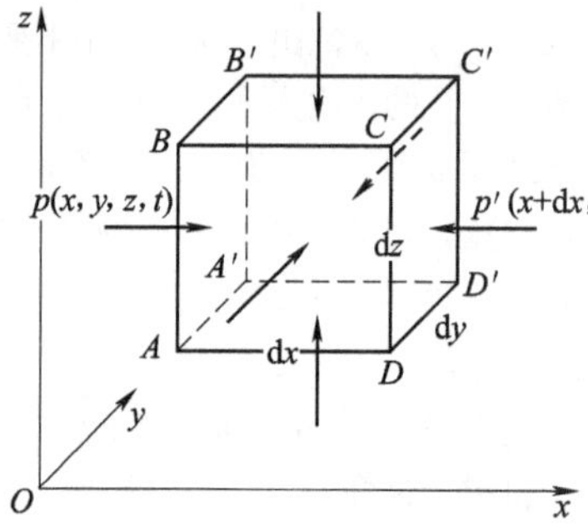

图 5.1.1　欧拉运动微分方程推导

这样，作用在这两个表面上的表面力分别为

$$p\mathrm{d}y\mathrm{d}z \quad 和 \quad -\left(p + \frac{\partial p}{\partial x}\mathrm{d}x\right)\mathrm{d}y\mathrm{d}z$$

式中的负号表示与 x 轴的方向相反。对于其余四个表面也可以得到类似的结果。

设作用于六面体的单位质量力在 x 轴、y 轴和 z 轴向的分力分别为 f_x、f_y 和 f_z。微元体流体质量为 $\rho\mathrm{d}x\mathrm{d}y\mathrm{d}z$，质量力在各坐标轴上的投影分别为

$$\begin{cases} f_x\rho\mathrm{d}x\mathrm{d}y\mathrm{d}z \\ f_y\rho\mathrm{d}x\mathrm{d}y\mathrm{d}z \\ f_z\rho\mathrm{d}x\mathrm{d}y\mathrm{d}z \end{cases}$$

根据牛顿第二定律，在 x 轴方向，有

$$p\mathrm{d}y\mathrm{d}z - \left(p + \frac{\partial p}{\partial x}\mathrm{d}x\right)\mathrm{d}y\mathrm{d}z + \rho f_x\mathrm{d}x\mathrm{d}y\mathrm{d}z = \rho\mathrm{d}x\mathrm{d}y\mathrm{d}z \cdot \frac{\mathrm{D}u_x}{\mathrm{D}t}$$

令 dx、dy、dz→0，并将上式化简可以得到下式

$$\frac{\mathrm{D}u_x}{\mathrm{D}t} = f_x - \frac{1}{\rho}\frac{\partial p}{\partial x}$$

同理，可以得到其余两式：

$$\frac{\mathrm{D}u_y}{\mathrm{D}t}=f_y-\frac{1}{\rho}\frac{\partial p}{\partial y}$$

$$\frac{\mathrm{D}u_z}{\mathrm{D}t}=f_z-\frac{1}{\rho}\frac{\partial p}{\partial z}$$

或者写成如下形式：

$$\begin{cases} f_x-\dfrac{1}{\rho}\dfrac{\partial p}{\partial x}=\dfrac{\partial u_x}{\partial t}+u_x\dfrac{\partial u_x}{\partial x}+u_y\dfrac{\partial u_x}{\partial y}+u_z\dfrac{\partial u_x}{\partial z} \\ f_y-\dfrac{1}{\rho}\dfrac{\partial p}{\partial y}=\dfrac{\partial u_y}{\partial t}+u_x\dfrac{\partial u_y}{\partial x}+u_y\dfrac{\partial u_y}{\partial y}+u_z\dfrac{\partial u_y}{\partial z} \\ f_z-\dfrac{1}{\rho}\dfrac{\partial p}{\partial z}=\dfrac{\partial u_z}{\partial t}+u_x\dfrac{\partial u_z}{\partial x}+u_y\dfrac{\partial u_z}{\partial y}+u_z\dfrac{\partial u_z}{\partial z} \end{cases} \tag{5.1.1}$$

此即欧拉运动微分方程的三个坐标轴投影式。各方程右端为单位质量的惯性力，其中第一项为单位质量的局部惯性力（由流动非定常引起），第二项到第四项为单位质量的位变惯性力（由流动非均匀性引起）；方程左端第一项为单位质量的质量力，第二项为单位质量压力的合力。因为ρ是任意的，所以欧拉运动微分方程不仅是不可压缩流体的基本方程，也是可压缩流体的基本方程。对于静止流体，加速度为零，欧拉运动微分方程退化为流体平衡微分方程(5.1.1)。

在欧拉运动微分方程中包含8个物理量：f_x、f_y、f_z、u_x、u_y、u_z、p和ρ。通常质量力是已知的，一般为重力，这样剩下五个未知函数。解五个未知函数需要五个方程，除欧拉方程组三个方程之外，连续性方程是第四个方程，状态方程是第五个方程。

对于正压流体，即$\rho=f(p)$，例如，等温变化气体的状态方程为$p/\rho=C$（常数）；等熵变化气体的状态方程为$p/\rho^{\kappa}=C$（常数），κ为等熵指数，对于空气$\kappa=1.4$。对于不可压缩流体，ρ为常数，此时欧拉运动微分方程加上连续性方程构成封闭的方程组。

由流体运动速度$u^2=u_x^2+u_y^2+u_z^2$，求$\dfrac{u^2}{2}$的三个偏导数，即

$$\frac{\partial}{\partial x}\left(\frac{u^2}{2}\right)=\frac{\partial}{\partial x}\left(\frac{u_x^2+u_y^2+u_z^2}{2}\right)=u_x\frac{\partial u_x}{\partial x}+u_y\frac{\partial u_y}{\partial x}+u_z\frac{\partial u_z}{\partial x}$$

$$\frac{\partial}{\partial y}\left(\frac{u^2}{2}\right)=\frac{\partial}{\partial y}\left(\frac{u_x^2+u_y^2+u_z^2}{2}\right)=u_x\frac{\partial u_x}{\partial y}+u_y\frac{\partial u_y}{\partial y}+u_z\frac{\partial u_z}{\partial y}$$

$$\frac{\partial}{\partial z}\left(\frac{u^2}{2}\right)=\frac{\partial}{\partial z}\left(\frac{u_x^2+u_y^2+u_z^2}{2}\right)=u_x\frac{\partial u_x}{\partial z}+u_y\frac{\partial u_y}{\partial z}+u_z\frac{\partial u_z}{\partial z}$$

将该式与式（5.1.1）联立，得

$$f_x-\frac{1}{\rho}\frac{\partial p}{\partial x}-\frac{\partial}{\partial x}\left(\frac{u^2}{2}\right)=\frac{\partial u_x}{\partial t}+u_z\left(\frac{\partial u_x}{\partial z}-\frac{\partial u_z}{\partial x}\right)-u_y\left(\frac{\partial u_y}{\partial x}-\frac{\partial u_x}{\partial y}\right)$$

$$f_y-\frac{1}{\rho}\frac{\partial p}{\partial y}-\frac{\partial}{\partial y}\left(\frac{u^2}{2}\right)=\frac{\partial u_y}{\partial t}+u_x\left(\frac{\partial u_y}{\partial x}-\frac{\partial u_x}{\partial y}\right)-u_z\left(\frac{\partial u_z}{\partial y}-\frac{\partial u_y}{\partial z}\right)$$

$$f_z-\frac{1}{\rho}\frac{\partial p}{\partial z}-\frac{\partial}{\partial z}\left(\frac{u^2}{2}\right)=\frac{\partial u_z}{\partial t}+u_y\left(\frac{\partial u_z}{\partial y}-\frac{\partial u_y}{\partial z}\right)-u_x\left(\frac{\partial u_x}{\partial z}-\frac{\partial u_z}{\partial x}\right)$$

将旋转角速度分量的关系式代入，得

$$\begin{cases} f_x - \dfrac{1}{\rho}\dfrac{\partial p}{\partial x} - \dfrac{\partial}{\partial x}\left(\dfrac{u^2}{2}\right) - \dfrac{\partial u_x}{\partial t} = 2(\omega_y u_z - \omega_z u_y) \\ f_y - \dfrac{1}{\rho}\dfrac{\partial p}{\partial y} - \dfrac{\partial}{\partial y}\left(\dfrac{u^2}{2}\right) - \dfrac{\partial u_y}{\partial t} = 2(\omega_z u_x - \omega_x u_z) \\ f_z - \dfrac{1}{\rho}\dfrac{\partial p}{\partial z} - \dfrac{\partial}{\partial z}\left(\dfrac{u^2}{2}\right) - \dfrac{\partial u_z}{\partial t} = 2(\omega_x u_y - \omega_y u_x) \end{cases} \tag{5.1.2}$$

这是葛罗米柯-兰姆形式的理想流体运动微分方程，与式（5.1.1）虽然本质相同，只是形式做了一些改变，但它通过惯性项把流体质点的旋转部分表示了出来。

5.2 定常流动沿流线积分

将欧拉运动微分方程积分，可得到理想流体运动的压强分布规律，但仅能在特殊的条件下求得其解。

假设：①流体是理想的，运动是定常的；②质量力有势；③正压流体（密度仅是压强的函数）；④沿流线积分。

从这些假设出发，对欧拉运动微分方程积分，基本思路是使

$$f_x - \frac{1}{\rho}\frac{\partial p}{\partial x} = \frac{\partial u_x}{\partial t} + u_x\frac{\partial u_x}{\partial x} + u_y\frac{\partial u_x}{\partial y} + u_z\frac{\partial u_x}{\partial z}$$

为全微分形式。

由假设②质量力有势，则质量力在三个坐标轴上的分量分别等于势函数 W 在各坐标轴的偏导数，即

$$f_x = \frac{\partial W}{\partial x}, f_y = \frac{\partial W}{\partial y}, f_z = \frac{\partial W}{\partial z}$$

可见，质量力项可表示为对坐标的偏微分。

由假设③，密度仅是压强的函数，即 $\rho = f(p)$。为了数学运算方便，引入函数 P，它由下式所定义：

$$P = \int \frac{dp}{\rho} = \int \frac{dp}{f(p)} = P(x, y, z, t)$$

将上式进行微分，有

$$dP = dp/\rho$$

按全微分形式将左右两边展开，得

$$\frac{\partial P}{\partial x}dx + \frac{\partial P}{\partial y}dy + \frac{\partial P}{\partial z}dz + \frac{\partial P}{\partial t}dt = \frac{1}{\rho}\left(\frac{\partial p}{\partial x}dx + \frac{\partial p}{\partial y}dy + \frac{\partial p}{\partial z}dz + \frac{\partial p}{\partial t}dt\right)$$

式中，dx、dy、dz 和 dt 都是任意的，它们在左右两边各自的系数应分别相等，即

$$\begin{cases} \dfrac{1}{\rho}\dfrac{\partial p}{\partial x} = \dfrac{\partial P}{\partial x} \\ \dfrac{1}{\rho}\dfrac{\partial p}{\partial y} = \dfrac{\partial P}{\partial y} \\ \dfrac{1}{\rho}\dfrac{\partial p}{\partial z} = \dfrac{\partial P}{\partial z} \end{cases}$$

可见，压强项可表示为坐标的偏微分。

现在考虑加速度项的处理方法，由假设①，运动定常，于是

$$\frac{\partial u_x}{\partial t}=\frac{\partial u_y}{\partial t}=\frac{\partial u_z}{\partial t}=0$$

由假设条件④，对于定常运动，迹线与流线重合，沿流线积分也就是沿运动轨迹积分。流体质点沿迹线的微分位移和速度之间有如下的关系：

$$\mathrm{d}x=u_x\mathrm{d}t\ ,\ \mathrm{d}y=u_y\mathrm{d}t\ ,\ \mathrm{d}z=u_z\mathrm{d}t$$

经过以上处理，不难得到

$$\begin{aligned}\frac{\partial W}{\partial x}\mathrm{d}x-\frac{\partial P}{\partial x}\mathrm{d}x&=u_x\frac{\partial u_x}{\partial x}u_x\mathrm{d}t+u_y\frac{\partial u_x}{\partial y}u_x\mathrm{d}t+u_z\frac{\partial u_x}{\partial z}u_x\mathrm{d}t\\&=u_x\frac{\partial u_x}{\partial x}u_x\mathrm{d}t+u_x\frac{\partial u_x}{\partial y}u_y\mathrm{d}t+u_x\frac{\partial u_x}{\partial z}u_z\mathrm{d}t\\&=\frac{\partial}{\partial x}\left(\frac{u_x^2}{2}\right)\mathrm{d}x+\frac{\partial}{\partial y}\left(\frac{u_x^2}{2}\right)\mathrm{d}y+\frac{\partial}{\partial z}\left(\frac{u_x^2}{2}\right)\mathrm{d}z\end{aligned}$$

考虑到假设条件①，对于定常流动，u_x 与 t 无关，所以上式右边为全微分，这样可以得下面第一式，并根据同理可以得到另外两式

$$\begin{cases}\dfrac{\partial W}{\partial x}\mathrm{d}x-\dfrac{\partial P}{\partial x}\mathrm{d}x=d\left(\dfrac{u_x^2}{2}\right)\\\dfrac{\partial W}{\partial y}\mathrm{d}y-\dfrac{\partial P}{\partial y}\mathrm{d}y=\mathrm{d}\left(\dfrac{u_y^2}{2}\right)\\\dfrac{\partial W}{\partial z}\mathrm{d}z-\dfrac{\partial P}{\partial z}\mathrm{d}z=\mathrm{d}\left(\dfrac{u_z^2}{2}\right)\end{cases}$$

将以上三式相加，并考虑到假设条件①，对于定常流动各物理量均与 t 无关，于是

$$\mathrm{d}W-\mathrm{d}P-\mathrm{d}(u^2/2)=0$$

将上式积分，得

$$W-P-\frac{u^2}{2}=C_l \tag{5.2.1}$$

式中，C_l 为积分常数，为强调它仅适用于同一条流线，称之为流线常数。式（5.2.1）称为伯努利积分，它是在定常流动条件下的欧拉运动微分方程沿流线的积分。现在来讨论这一积分的具体形式，也就是 W、P 这两个函数的具体形式。当考虑质量力的作用，而质量力只有重力时，重力场的势函数为

$$f_x=f_y=0,\qquad f_z=-g$$
$$W=-gz$$

z 坐标轴是竖直向上的。当不考虑质量力作用时，也就是流体本身的重量很轻，它沿流线的变化可以忽略不计时，式（5.2.1）简化为

$$P+\frac{u^2}{2}=C_l'$$

上式表示相对于惯性力和表面力，质量力可忽略不计。

关于 P 的具体形式决定于状态方程。对于不可压缩流体，ρ 为常数，有

$$P = \frac{1}{\rho}\int \mathrm{d}p = \frac{p}{\rho}$$

对于等温变化气体，$\frac{p}{\rho} = C$，有

$$P = \int \frac{C}{p}\mathrm{d}p = C\ln p$$

对于等熵变化气体，$\frac{p}{\rho^k} = C$，有

$$P = \int \left(\frac{C}{p}\right)^{1/k} \mathrm{d}p = \frac{k}{k-1}\frac{p}{\rho}$$

根据不同的条件，将以上对应的 W、P 函数代入式（5.2.1），便可以得到伯努利积分的具体形式，这些公式称为伯努利方程。

对于不可压缩的流体，伯努利方程为

$$z + \frac{p}{\rho g} + \frac{u^2}{2g} = C_l$$

当不考虑重力作用时，有

$$p + \frac{1}{2}\rho u^2 = C_l$$

对于等熵变化的气体（质量力可忽略），有

$$\frac{k}{k-1}\frac{p}{\rho} + \frac{u^2}{2} = C_l$$

【例 5.2.1】 矩形截面弯道中的流动，如图 5.2.1 所示。截面为 $2r_0 \times L$ 的弯曲管道，中心轴线半径为 R。假定理想流体在管道内做定常流动，流线均为与弯头轴线同心的圆弧，试求弯头内、外侧两点的压差。

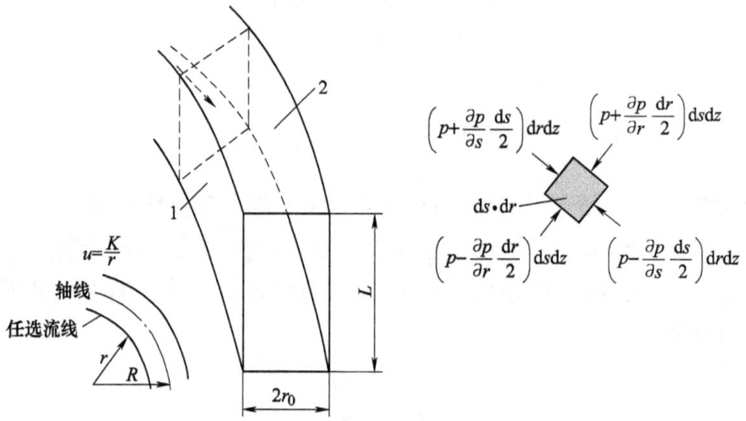

图 5.2.1 矩形截面弯道中流动

解： 考虑半径为 r 的流线，在该流线上的任意质点的运动服从欧拉运动微分方程。由于流线是弯曲的，在直角坐标系中运用数学处理不方便，为此，可从流线上取微团，写出径向的运动方程

$$\left(p - \frac{\partial p}{\partial r}\frac{\mathrm{d}r}{2}\right)\mathrm{d}s\mathrm{d}z - \left(p + \frac{\partial p}{\partial r}\frac{\mathrm{d}r}{2}\right)\mathrm{d}s\mathrm{d}z - \rho g\cos\beta\mathrm{d}r\mathrm{d}s\mathrm{d}z = \rho a_r\mathrm{d}r\mathrm{d}s\mathrm{d}z$$

式中，β 是径向与垂直方向的夹角，$\cos\beta=\frac{\partial z}{\partial r}$；$a_r$ 为径向加速度，$a_r=-\frac{u^2}{r}$，于是得到

$$\frac{1}{\rho}\frac{\partial p}{\partial r}+g\frac{\partial z}{\partial r}=\frac{u^2}{r}$$

或

$$\frac{\partial}{\partial r}\left(\frac{p}{\rho}+gz\right)=\frac{u^2}{r}$$

对任何流线，根据伯努利方程有

$$\frac{p}{\rho}+gz+\frac{u^2}{2}=C$$

或

$$\frac{\partial}{\partial r}\left(\frac{p}{\rho}+gz\right)+u\frac{\partial u}{\partial r}=0$$

于是

$$u\frac{\partial u}{\partial r}+\frac{u^2}{r}=0$$

或

$$\frac{\partial r}{r}+\frac{\partial u}{u}=0$$

积分上式得

$$\ln r+\ln u=\ln(ur)=\text{常数}$$

所以

$$u=\frac{K}{r}$$

其中 K 为待定常数，速度分布是双曲线弧。为确定 K，可根据连续性方程，若 Q 是管内体积流量，则

$$Q=\int_A u\mathrm{d}A=K\int_A\frac{\mathrm{d}A}{r}$$

所以

$$K=\frac{Q}{\int_A\frac{\mathrm{d}A}{r}}=\frac{Q}{L\int_{R-r_0}^{R+r_0}\frac{\mathrm{d}r}{r}}=\frac{Q}{L\ln\frac{R+r_0}{R-r_0}}$$

将 $\frac{\partial}{\partial r}\left(\frac{p}{\rho}+gz\right)+u\frac{\partial u}{\partial r}=0$ 改写为

$$\partial\left(\frac{p}{\rho}+gz\right)=\frac{K^2}{r^3}\partial r$$

对上式在内侧与外侧之间积分，即

$$\left(\frac{p}{\rho}+gz\right)_2-\left(\frac{p}{\rho}+gz\right)_1$$
$$=\frac{K^2}{2r^2}\bigg|_{R-r_0}^{R+r_0}=\frac{1}{2}[(R-r_0)^{-2}-(R+r_0)^{-2}]Q^2\Big/\left(L\ln\frac{R+r_0}{R-r_0}\right)^2$$

因此，所求压差为

$$p_2 - p_1 = -\rho g(z_2 - z_1) + 2\rho r_0 R Q^2 \Big/ \left[L(R^2 - r_0^2)\ln\frac{R + r_0}{R - r_0}\right]^2$$

如已知管道截面大小，1、2 两点位置，当测得 $p_2 - p_1 = \Delta p$ 之后，即可根据上式求得流量 Q，这就是弯头流量计的原理。

5.3 非定常无旋运动积分

假设：①流体是理想的，运动是无旋的；②质量力有势；③正压流体。从这些假设出发，对欧拉运动微分方程积分，基本思路与上一节的处理方式相仿，使

$$f_x - \frac{1}{\rho}\frac{\partial p}{\partial x} = \frac{\partial u_x}{\partial t} + u_x\frac{\partial u_x}{\partial x} + u_y\frac{\partial u_x}{\partial y} + u_z\frac{\partial u_x}{\partial z}$$

各项都变为对 x 的偏微分。由假设条件①，流动是无旋的，有速度势 φ，φ 与速度投影的关系为

$$u_x = \frac{\partial\varphi}{\partial x},\ u_y = \frac{\partial\varphi}{\partial y},\ u_z = \frac{\partial\varphi}{\partial z}$$

于是

$$\frac{\partial u_x}{\partial t} = \frac{\partial}{\partial t}\left(\frac{\partial\varphi}{\partial x}\right) = \frac{\partial}{\partial x}\left(\frac{\partial\varphi}{\partial t}\right)$$

$$\frac{\partial u_x}{\partial y} = \frac{\partial}{\partial y}\left(\frac{\partial\varphi}{\partial x}\right) = \frac{\partial}{\partial x}\left(\frac{\partial\varphi}{\partial y}\right) = \frac{\partial u_y}{\partial x}$$

$$\frac{\partial u_x}{\partial z} = \frac{\partial}{\partial z}\left(\frac{\partial\varphi}{\partial x}\right) = \frac{\partial}{\partial x}\left(\frac{\partial\varphi}{\partial z}\right) = \frac{\partial u_z}{\partial x}$$

由假设②质量力有势，则质量力在三个坐标轴上的分量分别等于势函数 W 在各相应坐标轴的偏导数，即

$$f_x = \frac{\partial W}{\partial x},\ f_y = \frac{\partial W}{\partial y},\ f_z = \frac{\partial W}{\partial z}$$

可见，质量力项可表示为坐标的偏微分。由假设③，密度仅是压强的函数，即 $\rho = f(p)$。与上一节的处理方式相仿，引入函数 P，有

$$\begin{cases}\dfrac{1}{\rho}\dfrac{\partial p}{\partial x} = \dfrac{\partial P}{\partial x}\\[2ex] \dfrac{1}{\rho}\dfrac{\partial p}{\partial y} = \dfrac{\partial P}{\partial y}\\[2ex] \dfrac{1}{\rho}\dfrac{\partial p}{\partial z} = \dfrac{\partial P}{\partial z}\end{cases}$$

经过以上处理，不难得到

$$\begin{aligned}\frac{\partial W}{\partial x} - \frac{\partial P}{\partial x} &= \frac{\partial}{\partial x}\left(\frac{\partial\varphi}{\partial t}\right) + u_x\frac{\partial u_x}{\partial x} + u_y\frac{\partial u_y}{\partial x} + u_z\frac{\partial u_z}{\partial x}\\ &= \frac{\partial}{\partial x}\left[\frac{\partial\varphi}{\partial t} + \frac{1}{2}(u_x^2 + u_y^2 + u_z^2)\right] = \frac{\partial}{\partial x}\left(\frac{\partial\varphi}{\partial t} + \frac{u^2}{2}\right)\end{aligned}$$

将上式移项可得下面第一式，并根据同理可得另外两式，即

$$
\begin{cases}
\dfrac{\partial}{\partial x}\left(W - P - \dfrac{\partial \varphi}{\partial t} - \dfrac{u^2}{2}\right) = 0 \\
\dfrac{\partial}{\partial y}\left(W - P - \dfrac{\partial \varphi}{\partial t} - \dfrac{u^2}{2}\right) = 0 \\
\dfrac{\partial}{\partial z}\left(W - P - \dfrac{\partial \varphi}{\partial t} - \dfrac{u^2}{2}\right) = 0
\end{cases}
$$

对于非定常流动，W、P、φ 和 u 等都是空间坐标（x，y，z）和时间 t 的函数。上列三式分别为对三个空间坐标的偏微分，三者都等于零，按偏微分的定义可知，这表示（括号中的四项代数和）与空间坐标无关，也就是说，括号中四项中的每一项本身均为空间坐标和时间四个变量的函数，但这四项的和却与空间坐标无关，仅可能是时间 t 的函数。据此得出

$$
W - P - \frac{\partial \varphi}{\partial t} - \frac{u^2}{2} = f(t)
$$

其中 $f(t)$ 为待定的函数，根据问题的条件来决定，上式称为拉格朗日积分。

引入速度势的另一表示形式 $\boldsymbol{\Phi}$，$\boldsymbol{\Phi}$ 由下式确定：

$$
\boldsymbol{\Phi} = \varphi + \int_0^t f(t)\,\mathrm{d}t
$$

将分别对空间坐标（x，y，z）求偏微分，可以得到速度的分量

$$
\begin{cases}
\dfrac{\partial \boldsymbol{\Phi}}{\partial x} = \dfrac{\partial \varphi}{\partial x} = u_x \\
\dfrac{\partial \boldsymbol{\Phi}}{\partial y} = \dfrac{\partial \varphi}{\partial y} = u_y \\
\dfrac{\partial \boldsymbol{\Phi}}{\partial z} = \dfrac{\partial \varphi}{\partial z} = u_z
\end{cases}
$$

所以 $\boldsymbol{\Phi}$ 与 φ 在实质上是一样的，同样符合速度势的定义。这样，得到拉格朗日积分的另一种形式

$$
W - P - \frac{u^2}{2} = \frac{\partial \boldsymbol{\Phi}}{\partial t} \tag{5.3.1}
$$

在非定常无旋流动条件下，拉格朗日积分决定了在理想流体中速度和压强之间的关系。对于重力场中的不可压缩非定常无旋流动，有

$$
gz + \frac{p}{\rho} + \frac{u^2}{2} = -\frac{\partial \boldsymbol{\Phi}}{\partial t}
$$

或

$$
z + \frac{p}{\rho g} + \frac{u^2}{2g} = -\frac{1}{g}\frac{\partial \boldsymbol{\Phi}}{\partial t}
$$

若流动不仅是无旋的，而且流动定常，则

$$
W - P - \frac{u^2}{2} = C(\text{通用常数})
$$

为区别于在上节中所得到的伯努利积分中的积分常数 C_l（流线常数），强调它在整个流场中处处适用，对于不同的流线而保持相同的数值，特称 C 为通用常数。

对于重力场中的不可压缩无旋流动，有

$$gz + \frac{p}{\rho} + \frac{u^2}{2} = C$$

或

$$z + \frac{p}{\rho g} + \frac{u^2}{2g} = C$$

伯努利积分与拉格朗日积分区别在于流动是否定常、是否无旋、是否沿流线这三个条件。伯努利积分要求定常、沿流线而允许有旋，而拉格朗日积分要求无旋，但允许非定常，不必沿流线。如图 5.3.1 所示，在理想流体中，考虑两条流线，若流动定常，则

$$\left(W - P - \frac{u^2}{2}\right)_{点M} = \left(W - P - \frac{u^2}{2}\right)_{点M'} = C_{l_1}$$

$$\left(W - P - \frac{u^2}{2}\right)_{点N} = \left(W - P - \frac{u^2}{2}\right)_{点N'} = C_{l_2}$$

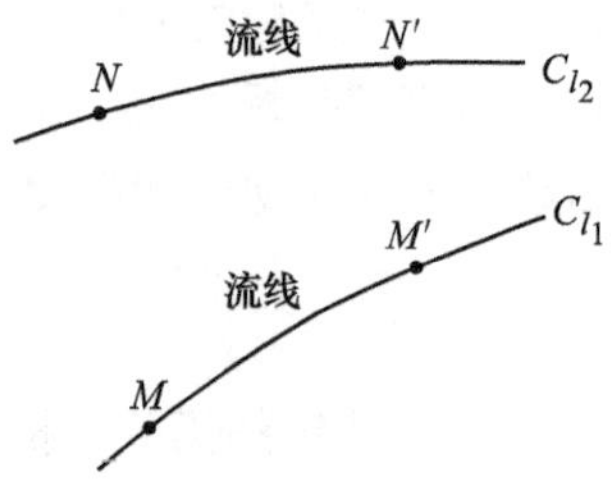

图 5.3.1　流线常数与通用常数

但

$$C_{l_1} \neq C_{l_2}$$

即

$$\left(W - P - \frac{u^2}{2}\right)_{点M} \neq \left(W - P - \frac{u^2}{2}\right)_{点N}$$

若流动定常且无旋，则

$$\left(W - P - \frac{u^2}{2}\right)_{点M} = \left(W - P - \frac{u^2}{2}\right)_{点M'} = C$$

$$\left(W - P - \frac{u^2}{2}\right)_{点N} = \left(W - P - \frac{u^2}{2}\right)_{点N'} = C$$

即

$$\left(W - P - \frac{u^2}{2}\right)_{点M} = \left(W - P - \frac{u^2}{2}\right)_{点N}$$

可见通用常数 C 在整个流场中是个常数，处处相等，而流线常数 C_l 则仅沿每一条流线是常数，对于不同流线有不同的数值。

5.4 基本平面势流

流体运动基本方程组——连续性方程和欧拉运动方程，对于不可压缩流体，这个方程组是封闭的，原则上可以求解。但运动方程是非线性的，即使对于理想流体，求解这一组方程也很困难。因为无旋流动存在速度势，对于质量力中只有重力的理想不可压缩流体无旋流动，运动方程可以简化为拉格朗日积分，只要根据边界条件和初始条件，由 $\frac{\partial^2 \Phi}{\partial x^2} + \frac{\partial^2 \Phi}{\partial y^2} = 0$ 求出速度势函数，再代入 $z + \frac{p}{\rho g} + \frac{u^2}{2g} = \frac{\partial \Phi}{\partial t}$，即可求得压强 $p(x, y, z, t)$，使问题大为简化。本节讨论在平面流动条件下，如何根据边界条件求解恒定流动的拉普拉斯方程问题。

本节及下一节介绍平面无旋流动的一种解法——势流叠加法。任何一个平面无旋流动都存在着相应的速度势函数和流函数。反之，任何一对共轭调和函数也都对应于一个平面无旋流

动。若已知两个平面无旋流动的速度势 φ_1、φ_2 以及流函数 ψ_1、ψ_2，把速度势和流函数各自相加，即

$$\varphi=\varphi_1+\varphi_2,\ \psi=\psi_1+\psi_2$$

$$\frac{\partial^2\varphi}{\partial x^2}+\frac{\partial^2\varphi}{\partial y^2}=\left(\frac{\partial^2\varphi_1}{\partial x^2}+\frac{\partial^2\varphi_1}{\partial y^2}\right)+\left(\frac{\partial^2\varphi_2}{\partial x^2}+\frac{\partial^2\varphi_2}{\partial y^2}\right)=0$$

$$\frac{\partial^2\psi}{\partial x^2}+\frac{\partial^2\psi}{\partial y^2}=\left(\frac{\partial^2\psi_1}{\partial x^2}+\frac{\partial^2\psi_1}{\partial y^2}\right)+\left(\frac{\partial^2\psi_2}{\partial x^2}+\frac{\partial^2\psi_2}{\partial y^2}\right)=0$$

可见 φ 与 ψ 都满足拉普拉斯方程，也是互为共轭的一对调和函数。进一步，由于

$$\begin{cases}u_x=\dfrac{\partial\varphi}{\partial x}=\dfrac{\partial\varphi_1}{\partial x}+\dfrac{\partial\varphi_2}{\partial x}=u_{1x}+u_{2x}\\[2mm] u_y=\dfrac{\partial\varphi}{\partial y}=\dfrac{\partial\varphi_1}{\partial y}+\dfrac{\partial\varphi_2}{\partial y}=u_{1y}+u_{2y}\end{cases}$$

或

$$\begin{cases}u_x=\dfrac{\partial\psi}{\partial y}=\dfrac{\partial\psi_1}{\partial y}+\dfrac{\partial\psi_2}{\partial y}=u_{1x}+u_{2x}\\[2mm] u_y=-\dfrac{\partial\psi}{\partial x}=-\left(\dfrac{\partial\psi_1}{\partial x}+\dfrac{\partial\psi_2}{\partial x}\right)=u_{1y}+u_{2y}\end{cases}$$

叠加后的速度势和流函数所对应的速度场就是原来两个平面无旋流动速度场的矢量和。利用平面势流的这种可叠加性，先求出几种简单的基本流动的速度势和流函数，然后把它们以不同的方式叠加起来，从而可以得到一些较复杂的并有实际意义的平面势流的解。不难看出，势流叠加原理可以推广到两个以上流动的叠加。在基本流动的流场中，一般都存在速度为无穷大的奇点，因此势流叠加法也称奇点法。下面介绍几种基本的平面势流。

1. 等速均匀流

流场中各点的流速矢量皆互相平行，且大小相等，这种流动称为等速均匀流。令 x 轴与各点的流速 u_0 方向一致，则 $u_x=u_0$，$u_y=0$。由

$$\omega_z=\frac{1}{2}\left(\frac{\partial u_y}{\partial x}-\frac{\partial u_x}{\partial y}\right)=\frac{1}{2}\frac{\partial u_y}{\partial x}-\frac{1}{2}\frac{\partial u_x}{\partial y}=0-0=0$$

可见，该流动为平面无旋流动。下面求出其速度势函数，由

$$\mathrm{d}\varphi=\frac{\partial\varphi}{\partial x}\mathrm{d}x+\frac{\partial\varphi}{\partial y}\mathrm{d}y=u_x\mathrm{d}x+u_y\mathrm{d}y=u_0\mathrm{d}x$$

积分得速度势函数

$$\varphi=u_0x+C_1$$

令 φ 为不同常数，可得一族等势线 φ_1，φ_2，…，显然这是一组平行于 y 轴的直线。由

$$\mathrm{d}\psi=u_x\mathrm{d}y-u_y\mathrm{d}x=u_0\mathrm{d}y$$

积分得流函数

$$\psi=u_0y+C_2$$

可见，流线是一组平行于 x 轴的直线，如图 5.4.1 所示。

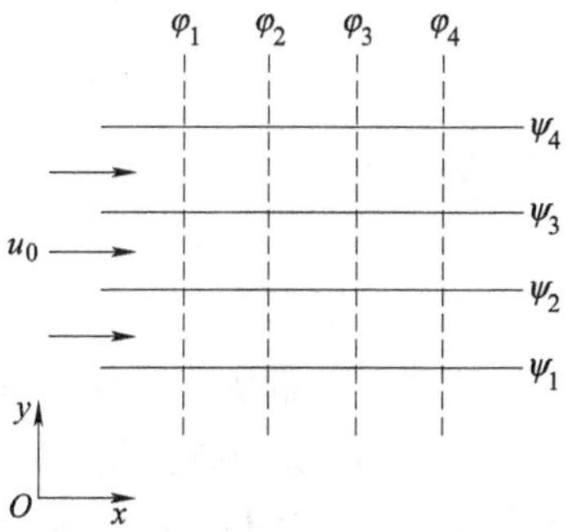

图 5.4.1　等速均匀流

速度势和流函数中的常数项 C_1、C_2 一般不影响流动，

为简便起见，可令其为零，这意味着通过坐标原点的等势线与流线的 φ 值和 ψ 值为零。在以后分析其他流动时，也都令 φ 和 ψ 表达式中的常数项为零。因此，等速均匀流的速度势函数和流函数为

$$\begin{cases}\varphi = u_0 x \\ \psi = u_0 y\end{cases}$$

2. 源流与汇流

流体从平面上的一点流出，均匀地向四周做径向直线运动，称为源流。在源流分析中采用柱坐标系比较方便。若将坐标原点放在源点 O 处，设由源点流出的单位厚度流量为 Q，称为源流强度。显然，在以点 O 为圆心，r 为半径的圆周上，切向速度为零，径向速度在圆周上分布均匀，故其速度场为

$$u_\theta = 0\ ,\ u_r = \frac{Q}{2\pi r}$$

在直角坐标系下，有

$$u_x = u_r\cos\theta = \frac{Q}{2\pi}\frac{\cos\theta}{r} = \frac{Q}{2\pi}\frac{x}{x^2+y^2}$$

$$u_y = u_r\sin\theta = \frac{Q}{2\pi}\frac{\sin\theta}{r} = \frac{Q}{2\pi}\frac{y}{x^2+y^2}$$

由

$$\omega_z = \frac{1}{2}\left(\frac{\partial u_y}{\partial x} - \frac{\partial u_x}{\partial y}\right) = \frac{1}{2}\cdot\frac{Q}{2\pi}\left[-\frac{2xy}{(x^2+y^2)^2} + \frac{2xy}{(x^2+y^2)^2}\right] = 0$$

可见，该流动为平面无旋流动。下面求出其速度势函数，由

$$u_r = \frac{\partial\varphi}{\partial r}\ ,\ u_\theta = \frac{1}{r}\frac{\partial\varphi}{\partial r}$$

$$\mathrm{d}\varphi = \frac{\partial\varphi}{\partial r}\mathrm{d}r + \frac{\partial\varphi}{\partial\theta}\mathrm{d}\theta = u_r\mathrm{d}r + ru_\theta\mathrm{d}\theta = \frac{Q}{2\pi}\frac{\mathrm{d}r}{r}$$

积分得速度势函数

$$\varphi = \frac{Q}{2\pi}\ln r$$

显然等势线是一组以点 O 为圆心的同心圆。

由

$$\mathrm{d}\psi = \frac{\partial\psi}{\partial r}\mathrm{d}r + \frac{\partial\psi}{\partial\theta}\mathrm{d}\theta = -u_\theta\mathrm{d}r + ru_r\mathrm{d}\theta = \frac{Q}{2\pi}\mathrm{d}\theta$$

积分得流函数

$$\psi = \frac{Q}{2\pi}\theta$$

可见，流线是一组从源点 O 引出的径向直线，如图 5.4.2 所示。

若流体均匀地从四周沿径向流入一点，这种流动称为汇流。汇流的流线也是一组由汇入原点的径向直线，只是流速方向与源流相反。汇流的等势线也是一组同心圆。汇流的速度势和流函数的表达式与源流相似，只是符号相反，即

$$\varphi = -\frac{Q}{2\pi}\ln r$$

$$\psi = -\frac{Q}{2\pi}\theta$$

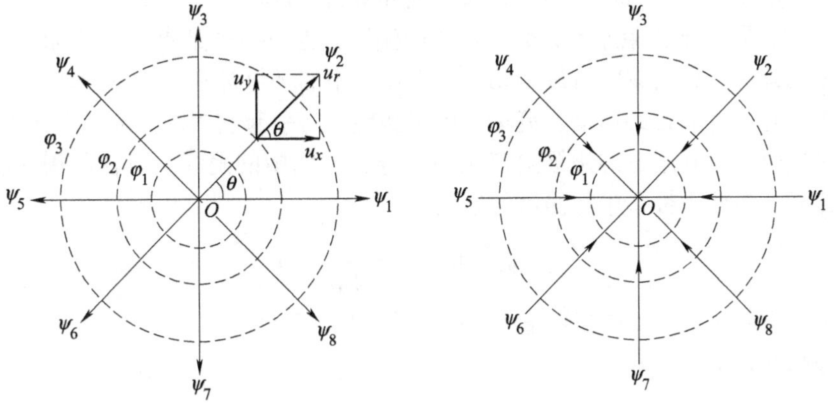

图 5.4.2　源流与汇流

源流（或汇流）在源点（或汇点）处的流速为无穷大，这当然是不能实现的，这样的点称为奇点。若将源点附近的区域除外，则理想流体从一小孔流入间距很小的平行平板间的流动，就近似于源流，如图 5.4.3 所示。

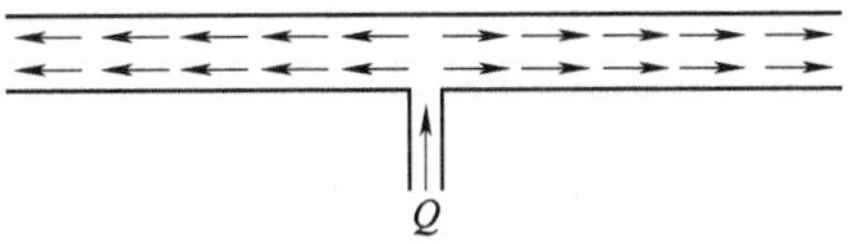

图 5.4.3　源流

3. 势涡流

流体环绕某一点做匀速圆周运动，流线是同心圆，径向速度为零，如图 5.4.4 所示。在无旋流动情况下，$\omega_z = 0$，$u_r = 0$。将其代入柱坐标系下的旋转角速度的表达式

$$\omega_z = \frac{1}{2}\left(\frac{\partial u_\theta}{\partial r} - \frac{1}{r}\frac{\partial u_r}{\partial \theta} + \frac{u_\theta}{r}\right)$$

中，易得

$$\frac{\mathrm{d}u_\theta}{\mathrm{d}r} + \frac{u_\theta}{r} = 0 \quad 或 \quad u_\theta \mathrm{d}r = -r\mathrm{d}u_\theta$$

积分，得

$$\int \frac{\mathrm{d}u_\theta}{u_\theta} = -\int \frac{\mathrm{d}r}{r}\text{，}\ln r + \ln u_\theta = C\text{（常数）}$$

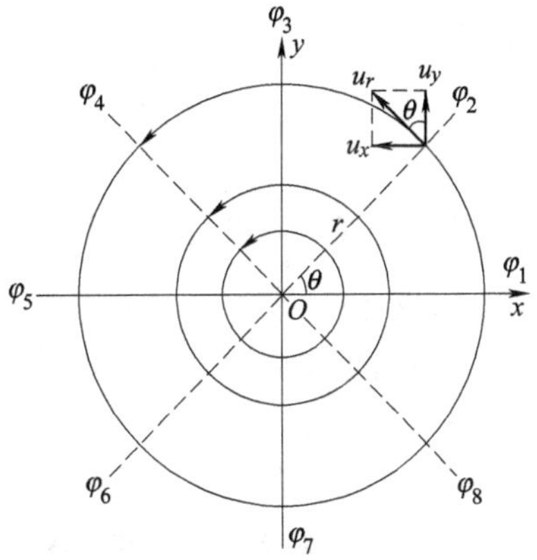

图 5.4.4　势涡流

即

$$\ln(ru_\theta) = C\text{，}u_\theta = \frac{C}{r}$$

由于 $r = 0$ 时，速度为无穷大，这是不可能的，因此，应将包括原点在内的无穷小区域排除在无旋运动之外。为了确定常数 C，需计算与流线一致的任一封闭周线的环量，即

$$\Gamma = \int_0^{2\pi} r u_\theta \mathrm{d}\theta = \int_0^{2\pi} r \frac{C}{r} \mathrm{d}\theta = 2\pi C$$

可见，常数 C 与环量有关，速度分布式中的常数 C 的物理意义为环量 Γ，表示涡旋强度，Γ 是不随圆周半径变化的常量。

无旋运动的速度环量应为零，而此处却得到环量为常数，这是由于流场中包含了奇点（原点）。当 $r \to 0$ 时，即对于相距原点无穷小距离的流线，为使环量保持为有限的常数值，在此范围内的不再是无旋运动，而成为有旋运动。整个流场中的环量都是由这一旋转提供的，这种类型的运动称之为有环量的无旋运动。流场中出现涡旋，将引起它周围流动状况的变化，正如导线中有电流通过时，在其附近的磁极上产生力一样，流场中的涡线，将在其周围感生速度场，称之为诱导速度。在柱坐标系中势涡流的速度为

$$u_r = 0 \text{ , } u_\theta = \frac{\Gamma}{2\pi r}$$

当环量为逆时针方向时，$\Gamma>0$；当环量为顺时针方向时，$\Gamma < 0$。

求速度势函数，由

$$\mathrm{d}\varphi = u_r \mathrm{d}r + r u_\theta \mathrm{d}\theta = \frac{\Gamma}{2\pi}\mathrm{d}\theta$$

得势函数为

$$\varphi = \frac{\Gamma}{2\pi}\theta$$

由

$$\mathrm{d}\psi = - u_\theta \mathrm{d}r + r u_r \mathrm{d}\theta = - \frac{\Gamma}{2\pi}\frac{\mathrm{d}r}{r}$$

得流函数为

$$\psi = - \frac{\Gamma}{2\pi}\ln r$$

势涡流的等势线是一组由原点引出的径向直线，流线是一组同心圆。

【例 5.4.1】 旋风除尘器上部进气口部位的流动，如图 5.4.5 所示，试估算旋风除尘器的旋转流动中的流速分布。已知圆柱体直径 $r_2=1\text{m}$，排出管直径 $r_2=0.4\text{m}$；含尘气体进口管为矩形，其断面尺寸为 $a=1\text{m}$，$b=0.6\text{m}$，管内平均流速为 $V=10\text{m/s}$。

解：流体在进气管中流动时，流速均匀分布。进入除尘器上部圆柱体，受到边壁作用，被迫做旋转流动，可按势涡流做流速分配，即

$$u_\theta = \frac{\Gamma}{2\pi r} = \frac{k}{r}$$

为确定 k 值，可根据连续性方程——流量保持不变，即

$$V \cdot b = \int_{r_1}^{r_2} u_\theta \cdot \mathrm{d}r = \int_{r_1}^{r_2} \frac{k}{r} \cdot \mathrm{d}r = k\ln\frac{r_2}{r_1}$$

$$k = \frac{Vb}{\ln\dfrac{r_2}{r_1}} = \frac{10 \times 0.6}{\ln\dfrac{1}{0.4}}\text{m}^2/\text{s} = 6.5\text{m}^2/\text{s}$$

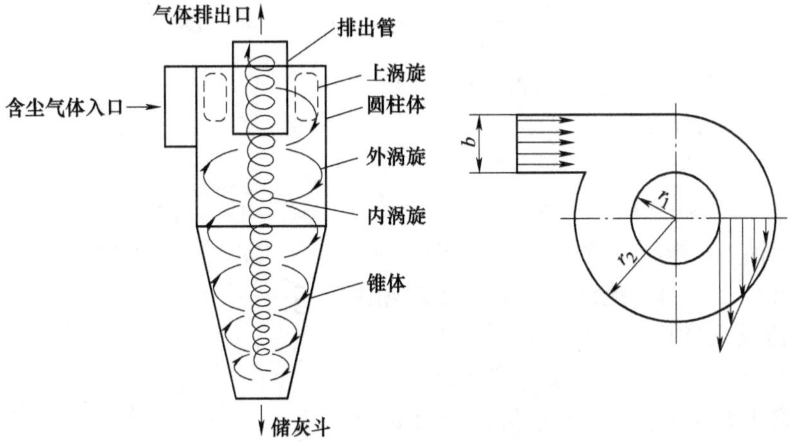

图 5.4.5　旋风除尘器内流动示意图

断面流速分布为

$$u_\theta = \frac{6.5}{r}$$

圆柱体内壁速度为

$$u_{\theta 1} = \frac{6.5}{0.4}\text{m/s} = 16.3\text{m/s}$$

圆柱体外壁速度为

$$u_{\theta 2} = \frac{6.5}{1}\text{m/s} = 6.5\text{m/s}$$

4. 直角内的流动

上面介绍的几个基本流动是先给出速度场，求速度势函数和流函数。下面介绍的流动将是给出速度势函数或流函数，然后分析它所代表的流动情况。设平面流动的速度势函数为

$$\varphi = a(x^2 - y^2)$$

分析这种流动。易得这种流动的速度分量为

$$u_x = \frac{\partial \varphi}{\partial x} = 2ax \ , \ u_y = \frac{\partial \varphi}{\partial y} = -2ay$$

$$\omega_z = \frac{1}{2}\left(\frac{\partial u_y}{\partial x} - \frac{\partial u_x}{\partial y}\right) = \frac{1}{2}\left[\frac{\partial}{\partial x}(-2ay) - \frac{\partial u_x}{\partial y}(2ax)\right] = 0$$

说明给出的函数满足作为速度势函数的条件。

下面求流函数，由

$$u_x = \frac{\partial \psi}{\partial y} = \frac{\partial \varphi}{\partial x} = 2ax$$

积分得

$$\psi = \int 2ax\mathrm{d}y + C(x) = 2axy + C(x)$$

由于

$$u_y = -\frac{\partial \psi}{\partial x} = \frac{\partial \varphi}{\partial y} = -2ay - C'(x) = -2ay$$

可见，$C'(x)=0$，即 $C(x)=$ 常数。易得流函数为

$$\psi = 2axy$$

流线方程为

$$xy = C_1$$

这是以两个坐标轴为渐近线的双曲线族，如图 5.4.6 所示的实线。当 $C_1>0$ 时，流线在第Ⅰ、第Ⅲ象限；当 $C_1<0$ 时，流线在第Ⅱ、第Ⅳ象限；当 $C_1=0$ 时，流线与坐标轴重合。流动方向可由速度表达式来判断。例如，在第Ⅰ象限 x、y 均为正值，因而 $u_x>0$，$u_y<0$，可知流向为 x 轴正方向。

等势线方程为

$$x^2 - y^2 = C_2$$

可见，等势线是以坐标轴的等分角线为渐近线的一族双曲线。

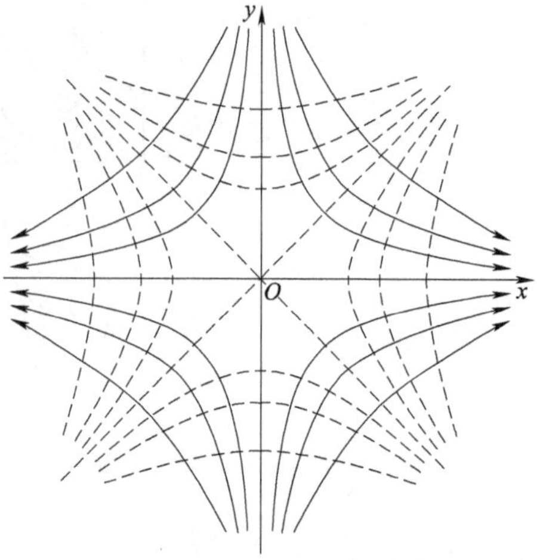

图 5.4.6　直角内的流动

若将 $\psi=0$ 的流线，即图中 x、y 的正轴，换成固体壁面，因理想流体沿固体壁面可自由移动，不产生内摩擦力，因而不影响原来的流动。因此，直角内流动的速度势函数和流函数依然不变。对于涉及旋转角度的问题，用柱坐标表达流函数和势函数更加直观。用 $x=r\cos\theta$，$y=r\sin\theta$ 替换，可得

$$\varphi = a[(r\cos\theta)^2 - (r\sin\theta)^2] = ar^2\cos 2\theta$$

$$\psi = 2a(r\cos\theta)(r\sin\theta) = ar^2\sin 2\theta$$

这样可以推广到边界为任意转角 α 的流动情况，此时速度势函数和流函数为

$$\varphi = ar^{\frac{\pi}{\alpha}}\cos\frac{\pi}{\alpha}\theta,\ \psi = ar^{\frac{\pi}{\alpha}}\sin\frac{\pi}{\alpha}\theta$$

其流动图形如图 5.4.7 所示。

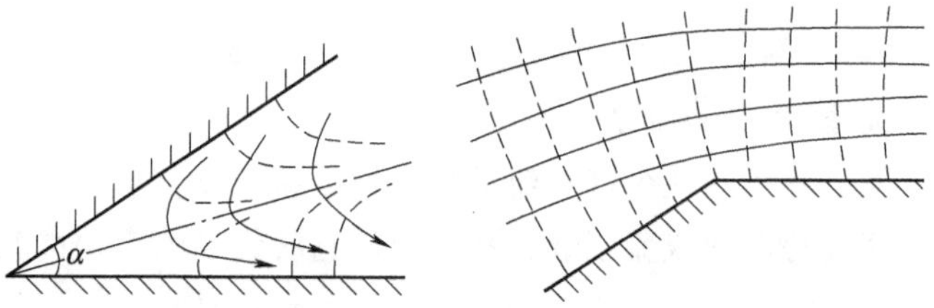

图 5.4.7　绕锐角和钝角流动

【例 5.4.2】 气流绕直角墙面做平面无旋流动，如图 5.4.8 所示，在距离角顶点 0 的距离为 $r=1\text{m}$ 处，流速为 3m/s，求流函数与势函数。

解： 这种流动可以看作是两个转角流动的相加，即 $\alpha = \pi - \frac{1}{2}\times\frac{\pi}{2} = \frac{3\pi}{4}$。于是

$$\varphi = ar^{\frac{\pi}{\alpha}}\cos\frac{\pi\theta}{\alpha} = ar^{\frac{4}{3}}\cos\frac{4\theta}{3}$$

$$\psi = ar^{\frac{\pi}{\alpha}}\sin\frac{\pi\theta}{\alpha} = ar^{\frac{4}{3}}\sin\frac{4\theta}{3}$$

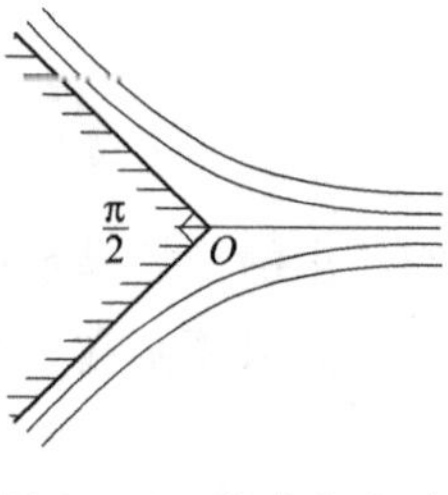

图 5.4.8　绕直角流动

当 $\theta=0$ 时，$\psi=0$；当 $\theta=\pm\frac{3\pi}{4}$ 时，$\psi=0$，故零流线和边界条件相符。

于是，速度分布为

$$u_r=\frac{\partial\varphi}{\partial r}=\frac{4}{3}ar^{\frac{1}{3}}\cos\frac{4}{3}\theta$$

$$u_\theta=\frac{1}{r}\frac{\partial\varphi}{\partial r}=-\frac{4}{3}ar^{\frac{1}{3}}\sin\frac{4}{3}\theta$$

根据已知条件，当 $\theta=0$，$r=1\text{m}$ 时，$u_r=\frac{4}{3}a=3$，得 $a=\frac{9}{4}$。由此得到流函数与势函数分别为

$$\psi=\frac{9}{4}r^{\frac{4}{3}}\sin\frac{4}{3}\theta$$

$$\varphi=\frac{9}{4}r^{\frac{4}{3}}\cos\frac{4}{3}\theta$$

5.5　基本平面势流叠加

上节论及，复合流动的流函数等于每一个流函数的代数和，复合势函数之和形成新势函数，代表新的流动，这样某些简单的有势流动，可叠加为复杂的且实际上有意义的有势流动。

1. 均匀流中的源流

如将与 x 轴正方向一致的等速均匀流和位于坐标原点的源流叠加，可得速度势函数和流函数为

$$\varphi=u_0x+\frac{Q}{2\pi}\ln r$$

$$\psi=u_0y+\frac{Q}{2\pi}\theta$$

现分析它所代表的流动。考虑到 $r=\sqrt{x^2+y^2}$，易得

$$u_x=\frac{\partial\varphi}{\partial x}=u_0+\frac{Q}{2\pi}\frac{x}{x^2+y^2}$$

$$u_y=\frac{\partial\varphi}{\partial y}=\frac{Q}{2\pi}\frac{y}{x^2+y^2}$$

该流动存在驻点，令该点为 s，且在驻点处 $u_{ys}=0$，故

$$\frac{Q}{2\pi}\frac{y_s}{x_s^2+y_s^2}=0\text{，即 }y_s=0$$

考虑到在驻点处 $u_{xs}=0$，由

$$u_{xs}=u_0+\frac{Q}{2\pi}\frac{x_s}{x_s^2+y_s^2}=0$$

将 $y_s=0$ 代入上式，得

$$x_s=-\frac{Q}{2\pi u_0}$$

将 $y_s=0$，$\theta_s=\pi$ 代入流线方程，得到通过驻点的流函数为

$$\psi_s=u_0y_s+\frac{Q}{2\pi}\cdot\pi=\frac{Q}{2}$$

于是，得到流函数方程为

$$u_0 y + \frac{Q}{2\pi}\theta = \frac{Q}{2}$$

由此可知，当 $x \to \infty$ 时，$\theta \to 0$ 或 $\theta \to 2\pi$，$y \to \pm\frac{Q}{2u_0}$，即过驻点的流线在 $x \to \infty$ 时以 $y = \pm\frac{Q}{2u_0}$ 为渐近线。当 $\theta = \pm\frac{\pi}{2}$ 时，$y = \pm\frac{Q}{4u_0}$，即为图 5.5.1 中的点 A 与点 A'。当 $\theta = \pi$ 时，$y = 0$，即为图中的 Bs 线。可见，通过驻点的流线在点 s 左侧为 Bs 线，在点 s 右侧分为两支，其中一支为 sAD，另一支为 $sA'D'$。如将流线 $DAsA'D'$ 用固体壁面代替，不会影响边界的流动，故叠加后的 φ 和 ψ 即为等速均匀来流绕平面半无限长钝头柱体流动的解。

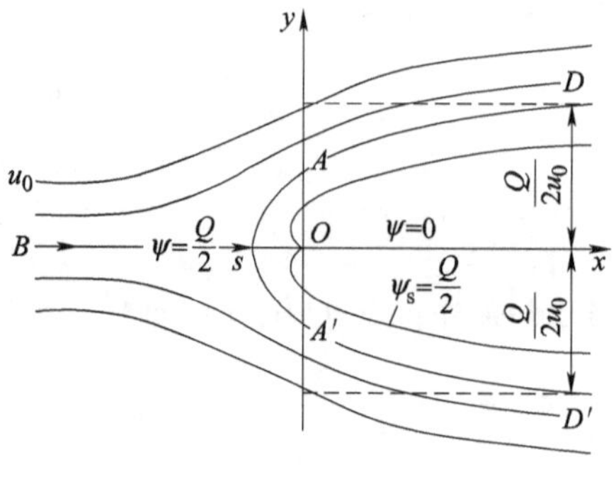

图 5.5.1 均匀流与源流叠加

【例 5.5.1】 某用作滑翔运动的山脉，其剖面如图 5.5.2 所示，该山脉可近似地看作半无限大物体。已知山高为 300m，风速为 48km/h。试求出其流函数、势函数、半无限大物体轮廓线以及纵向流速等值线方程。

解：将与 x 轴正方向一致的等速均匀流和位于坐标原点的源流叠加，可得速度势函数和流函数分别为

$$\psi = u_0 y + \frac{Q}{2\pi}\arctan\frac{y}{x}$$

$$\varphi = u_0 x + \frac{Q}{2\pi}\ln\sqrt{x^2 + y^2}$$

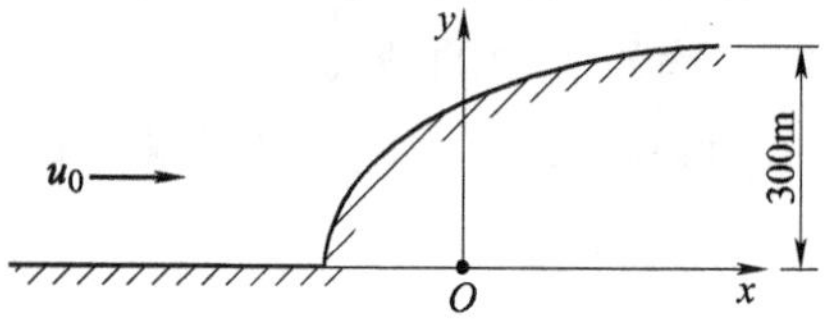

图 5.5.2 半无限大物体

已知 $u_0 = 48\text{km/h} = 13.33\text{m/s}$，$Q = (13.33\times300\times2)\text{m}^2/\text{s} = 8000\text{m}^2/\text{s}$，$\frac{Q}{2\pi} = 1273\text{m}^2/\text{s}$，于是

$$\psi = 13.33y + 1273\arctan\frac{y}{x}$$

$$\varphi = 13.33x + 1273\ln\sqrt{x^2 + y^2}$$

半无限大物体的轮廓线为

$$u_0 y + \frac{Q}{2\pi}\arctan\frac{y}{x} = \frac{Q}{2}$$

$$13.33y + 1273\arctan\frac{y}{x} = 4000$$

纵向流速等值线方程为

$$u_y = \frac{\partial\varphi}{\partial y} = \frac{1273y}{x^2 + y^2} = C_1(C_1 \text{ 为常数})$$

即

$$\frac{y}{x^2 + y^2} = C(C \text{ 为常数})$$

可见，纵向流速等值线为一系列圆。

2. 源流与势涡流叠加

如将强度为 Q 的源流与强度为 Γ 的势涡流都放置在坐标原点上，则叠加后的速度势和流函数分别为

$$\varphi=\frac{1}{2\pi}(Q\ln r+\Gamma\theta)$$

$$\psi=\frac{1}{2\pi}(-\Gamma\ln r+Q\theta)$$

速度分布为

$$u_r=\frac{\partial\varphi}{\partial r}=\frac{Q}{2\pi r}$$

$$u_\theta=\frac{1}{r}\frac{\partial\varphi}{\partial\theta}=\frac{\Gamma}{2\pi r}$$

因源流的 $u_\theta=0$，势涡流的 $u_r=0$，所以叠加后的流动，其 u_r 与源流相同，u_θ 与势涡流相同。令 $\varphi=$常数，即

$$\varphi=\frac{1}{2\pi}(Q\ln r+\Gamma\theta)=C_1\quad 或\quad r=C_1'\exp\left(-\frac{\Gamma\theta}{Q}\right)$$

令 $\psi=$常数，即

$$\psi=\frac{1}{2\pi}(-\Gamma\ln r+Q\theta)=C_2\quad 或\quad r=C_2'\exp\left(\frac{\Gamma\theta}{Q}\right)$$

流线和等势线都是对数螺旋线，它们彼此正交，如图5.5.3所示，水泵蜗壳内的流动近似于这种流动。

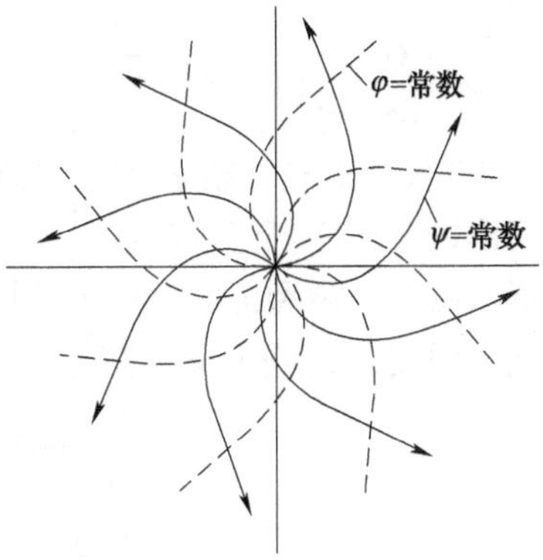

图5.5.3　源流与势涡流叠加

3. 等强度源流与汇流的叠加、偶极流

如果一朗金体，即蛋形物体，沿其长轴方向以恒定速度运动，则在物体前端流体不断受到挤压，而在尾后让出来的空间又汇合起来，这样就好像在物体前端有一个点源，在物体尾端放一个点汇，如图5.5.4所示。设有强度皆为 Q 的源流和汇流，源点和汇点分别位于（$-a,0$）和（$a,0$）两点上。将两者的速度势函数和流函数分别叠加，得

$$\varphi=\frac{Q}{2\pi}\ln r_1-\frac{Q}{2\pi}\ln r_2=\frac{Q}{2\pi}\ln\frac{r_1}{r_2}$$

$$\psi=\frac{Q}{2\pi}\theta_1-\frac{Q}{2\pi}\theta_2=\frac{Q}{2\pi}(\theta_1-\theta_2)$$

令 $\psi=$常数，得流线方程

$$\theta_1-\theta_2=C_1$$

根据平面几何可知，这是一组圆心位于 y 轴的共弦圆，如图5.5.5所示的实线。

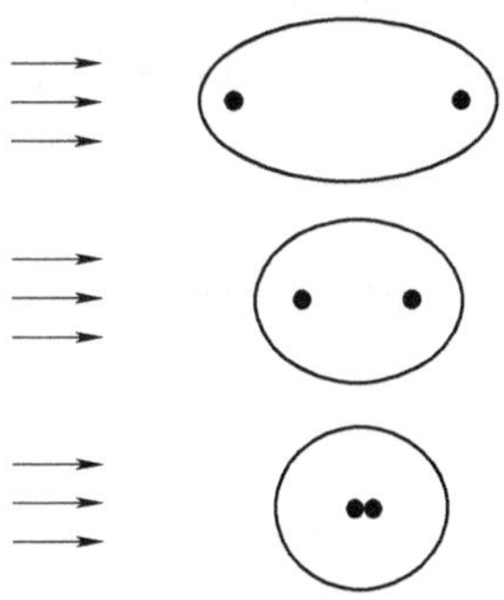

图5.5.4　源汇间距不同的朗金体

令 $\varphi=$常数，得等势线方程

$$\frac{r_1}{r_2}=C_2$$

考虑到 $r_1^2=(x+a)^2+y^2,r_2^2=(x-a)^2+y^2$，并将其代入等势线方程，化简得

$$x^2+y^2-\frac{2a(C_2^2+1)}{C_2^2-1}x+a^2=0$$

这是一组圆心位于 x 轴的圆，如图 5.5.5 所示的虚线。圆心坐标为

$$x_0=\frac{a(C_2^2+1)}{C_2^2-1},\ y_0=0$$

圆的半径为

$$R=\frac{2aC_2}{C_2^2-1}$$

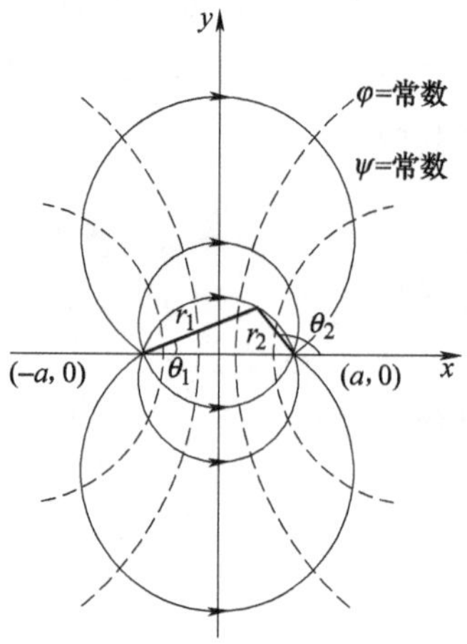

图 5.5.5　源流与汇流叠加

下面讨论偶极流。在上述流动中，如源点和汇点无限趋近，即 $2a\to 0$，得到的即为偶极流，因此偶极流的速度势函数为

$$\varphi=\frac{Q}{2\pi}\lim_{a\to 0}\left[\ln\sqrt{(x+a)^2+y^2}-\ln\sqrt{(x-a)^2+y^2}\right]$$

将 $a=0$ 代入上式，则 $\varphi=0$，也就是说，如将位于同一点的等强度源流和汇流简单叠加，由源点流出的流体立刻流入汇点，该点以外不会出现流动。为此需要附加一个条件，即认为随着 a 的不断减小，源和汇的强度不断增大，但 $2aQ$ 保持常数。令 $M=2aQ$，M 称为偶极矩，表示偶极流的强度，$\boldsymbol{M}$ 是矢量，其方向由源点指向汇点。将 M 代入势函数表达式，即

$$\begin{aligned}\varphi&=\frac{Q}{2\pi}\lim_{a\to 0}\left[\ln\sqrt{(x+a)^2+y^2}-\ln\sqrt{(x-a)^2+y^2}\right]\\&=\frac{2aQ}{2\pi}\lim_{a\to 0}\left[\frac{\ln\sqrt{(x+a)^2+y^2}-\ln\sqrt{(x-a)^2+y^2}}{2a}\right]\\&=\frac{M}{2\pi}\lim_{a\to 0}\left[\frac{\ln\sqrt{(x+a)^2+y^2}-\ln\sqrt{(x-a)^2+y^2}}{2a}\right]\\&=\frac{M}{2\pi}\frac{\partial}{\partial x}\ln\sqrt{x^2+y^2}=\frac{M}{2\pi}\frac{x}{x^2+y^2}\end{aligned}$$

类似地，可以得到流函数

$$\psi=-\frac{M}{2\pi}\frac{y}{x^2+y^2}$$

下面分析偶极流的流线和等势线。偶极流的流线方程为

$$\psi=-\frac{M}{2\pi}\frac{y}{x^2+y^2}=C_1$$

即

$$x^2+y^2+\frac{M}{2\pi C_1}y=0\quad 或\quad x^2+\left(y+\frac{M}{4\pi C_1}\right)^2=\left(\frac{M}{4\pi C_1}\right)^2$$

这是一组圆心在 y 轴上、半径为 $\frac{M}{4\pi C_1}$ 的圆，圆心坐标为 $\left(0,\ -\frac{M}{4\pi C_1}\right)$。

偶极流的等势线方程为

$$\varphi=\frac{M}{2\pi}\frac{x}{x^2+y^2}=C_2$$

即

$$x^2+y^2-\frac{M}{2\pi C_2}x=0$$

或

$$\left(x-\frac{M}{4\pi C_2}\right)^2+y^2=\left(\frac{M}{4\pi C_2}\right)^2$$

这是一组圆心在 x 轴上、半径为 $\frac{M}{4\pi C_2}$ 的圆，圆心坐标为 $\left(\frac{M}{4\pi C_2},\ 0\right)$。图 5.5.6 给出了偶极流的流动图形。

下面求出偶极流的速度场。在直角坐标系中，有

$$u_x=\frac{M}{2\pi}\frac{y^2-x^2}{(x^2+y^2)^2}$$

$$u_y=-\frac{M}{2\pi}\frac{2xy}{(x^2+y^2)^2}$$

在柱坐标系中，有

$$u_r=-\frac{M}{2\pi}\frac{\cos\theta}{r^2}$$

$$u_\theta=-\frac{M}{2\pi}\frac{\sin\theta}{r^2}$$

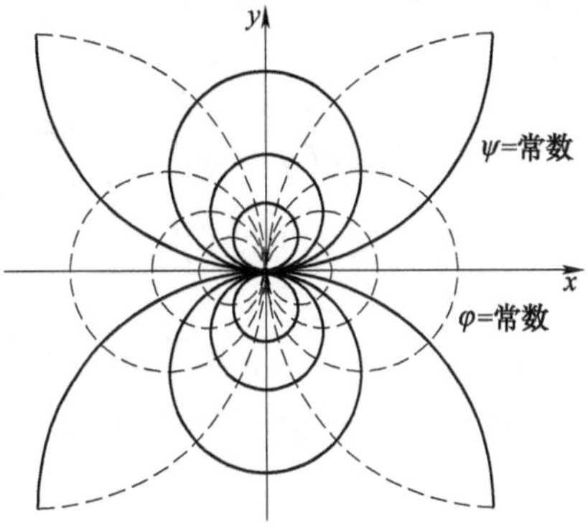

图 5.5.6　偶极流

由

$$u=\sqrt{u_x^2+u_y^2}=\sqrt{u_r^2+u_\theta^2}=\frac{M}{2\pi}\frac{1}{r^2}$$

当 $r\to 0$ 时，$u\to\infty$，因此，偶极流中心所在的点是流动奇点。偶极流是势流叠加法的一个基本流动，它与某些基本流动叠加，就可得到有重要实际意义的流动的解。

4. 均匀流与等强度源流和汇流的叠加

在等强度的源、汇流叠加的基础上，再叠加一个与 x 轴方向一致的等速均匀流，可得到如下速度势函数和流函数：

$$\varphi=u_0x+\frac{Q}{2\pi}\ln\frac{r_1}{r_2}$$

$$\psi=u_0y+\frac{Q}{2\pi}(\theta_1-\theta_2)$$

速度为

$$u_x=\frac{\partial\varphi}{\partial x}=u_0+\frac{Q}{2\pi}\left[\frac{x+a}{(x+a)^2+y^2}-\frac{x-a}{(x-a)^2+y^2}\right]$$

$$u_y=\frac{\partial\varphi}{\partial y}=\frac{Q}{2\pi}\left[\frac{y}{(x+a)^2+y^2}-\frac{y}{(x-a)^2+y^2}\right]$$

驻点 s 处流速为零，因此 $u_{ys}=0$，即

$$\frac{y_s}{(x_s+a)^2+y_s^2}-\frac{y_s}{(x_s-a)^2+y_s^2}=0$$

显然 $x_s\neq 0$，且驻点不可能在 y 轴上，于是 $y_s=0$。由 $u_{xs}=0$，即

$$u_0+\frac{Q}{2\pi}\left[\frac{x_s+a}{(x_s+a)^2+y_s^2}-\frac{x_s-a}{(x_s-a)^2+y_s^2}\right]=0$$

将 $y_s=0$ 代入上式，可得驻点 s 及 s' 在 x 轴上的坐标为

$$x_s=\pm a\sqrt{1+\frac{Q}{\pi a u_0}}$$

将驻点坐标代入流函数中，可得通过驻点的流线的流函数值 $\psi_s=0$，即

$$u_0 y+\frac{Q}{2\pi}(\theta_1-\theta_2)=0 \quad 或 \quad \theta_1-\theta_2=-\frac{2\pi u_0 y}{Q}$$

接下来分析 $\theta_1-\theta_2$，由于 $\tan\theta_1=\frac{y}{x+a}$，$\tan\theta_2=\frac{y}{x-a}$，根据三角函数关系，有

$$\tan(\theta_1-\theta_2)=\frac{\tan\theta_1-\tan\theta_2}{1+\tan\theta_1\tan\theta_2}=\frac{\frac{y}{x+a}-\frac{y}{x-a}}{1+\frac{y}{x+a}\cdot\frac{y}{x-a}}=\frac{-2ay}{x^2+y^2-a^2}$$

$$\theta_1-\theta_2=\arctan\frac{-2ay}{x^2+y^2-a^2}$$

于是，过驻点的流线方程可以写作

$$\frac{2ay}{x^2+y^2-a^2}=\tan\frac{2\pi u_0 y}{Q}$$

显然，$y=0$ 是该方程的一个解，故 x 轴是 $\psi=0$ 的流线。

此外，还有通过前后两个点 s 和 s' 的椭圆也是 $\psi=0$ 的流线。这个椭圆称为朗金椭圆，如图 5.5.7 所示，该椭圆的长半轴为 $l=x_s=a\sqrt{1+\frac{Q}{\pi a u_0}}$，短轴在 y 轴上。将 $x=0$，$y=b$ 代入 $\psi=0$ 的流线方程，得

$$\frac{2ab}{b^2-a^2}=\tan\frac{2\pi b u_0}{Q}$$

这是超越方程，可采用试算法解得椭圆的短半轴 b，计算时应注意 $2\pi b u_0/Q$ 的单位取 rad。

若将椭圆线用固体壁面代替，得到的就是等速均匀来流绕椭圆柱体的流函数和势函数。当 $a\to 0$，且 $aQ\to M$（有限值）时，点源与点汇合并成偶极子，卵形趋于圆形，流场转换为绕圆柱流动。

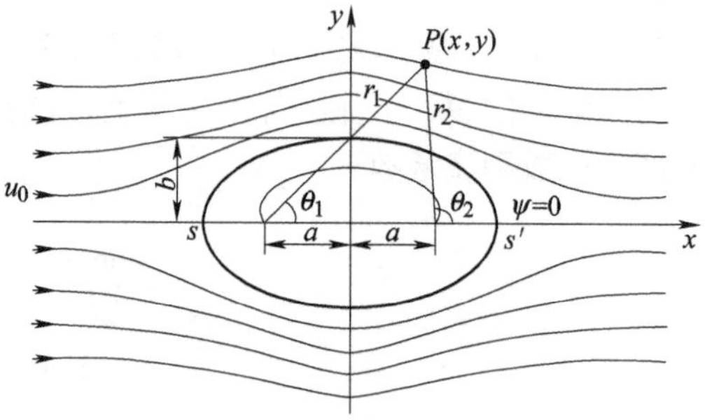

图 5.5.7　朗金椭圆绕流

5.6　绕圆柱与绕球的流动

1. 无环量绕圆柱流动

将方向与 x 轴一致的等速均匀流与位于坐标原点的偶极流叠加，得到的速度势函数和流函数分别为

$$\varphi = u_0 x + \frac{M}{2\pi}\frac{x}{x^2+y^2}$$

$$\psi = u_0 y - \frac{M}{2\pi}\frac{y}{x^2+y^2}$$

速度为

$$u_x = \frac{\partial \varphi}{\partial x} = u_0 - \frac{M}{2\pi}\frac{x^2-y^2}{(x^2+y^2)^2}$$

$$u_y = \frac{\partial \varphi}{\partial y} = -\frac{M}{2\pi}\frac{2xy}{(x^2+y^2)^2}$$

将驻点坐标（x_s，y_s）代入 u_y 表达式中，并令其为零，可得

$$x_s y_s = 0$$

根据流动情况，显然 $x_s \neq 0$，只能是 $y_s = 0$，将 $x = x_s$，$y = y_s = 0$ 代入 u_x 表达式中，并令其为零，有

$$u_0 - \frac{M}{2\pi}\frac{1}{x_s^2} = 0$$

$$x_s = \pm\sqrt{\frac{M}{2\pi u_0}}$$

驻点为图 5.6.1 所示的 s 和 s' 两点。将已求出的驻点坐标代入流函数中，得 $\psi = 0$，故通过驻点的流线方程为

$$y\left(u_0 - \frac{M}{2\pi}\frac{1}{x^2+y^2}\right) = 0$$

即

$$y = 0 \quad 或 \quad x^2+y^2 = \frac{M}{2\pi u_0}$$

可见，零流线方程是 x 轴和圆心位于坐标原点、半径为 $r_0 = \sqrt{\frac{M}{2\pi u_0}}$ 的圆周。

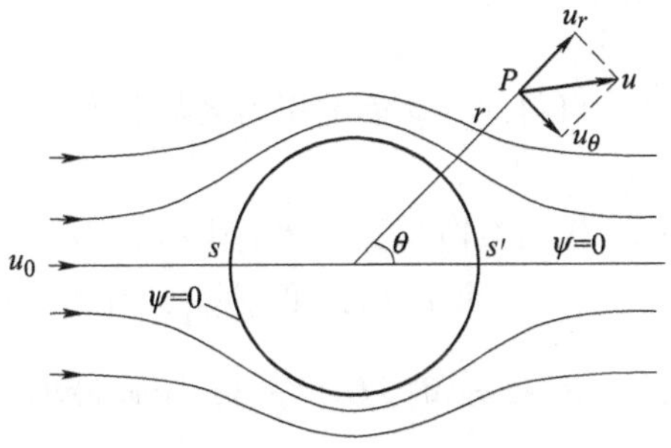

图 5.6.1　无环量圆柱绕流

令 $x = r\cos\theta$，$y = r\sin\theta$，并考虑到 $u_0 r_0^2 = \frac{M}{2\pi}$，可得到柱坐标系下速度势函数与流函数，即

$$\varphi = u_0\left(1 + \frac{r_0^2}{r^2}\right) r\cos\theta$$

$$\psi = u_0\left(1 - \frac{r_0^2}{r^2}\right) r\sin\theta$$

绕圆柱流动的速度场为

$$u_r = \frac{\partial \varphi}{\partial r} = u_0\left(1 - \frac{r_0^2}{r^2}\right)\cos\theta$$

$$u_\theta = \frac{1}{r}\frac{\partial \varphi}{\partial \theta} = -u_0\left(1 + \frac{r_0^2}{r^2}\right)\sin\theta$$

在圆柱表面 $r = r_0$ 上，流速分布为

$$u_r = 0$$
$$u_\theta = -2u_0\sin\theta$$

流体不能穿透圆柱表面，故只有切向速度，径向速度为零。圆柱表面速度的绝对值为

$$u_\theta = 2u_0|\sin\theta|$$

圆柱表面的速度分布如图 5.6.2 所示。在前、后驻点处速度为零；在 $\theta=\pm\dfrac{\pi}{2}$处，流速最大，其值为无穷远处速度的两倍。

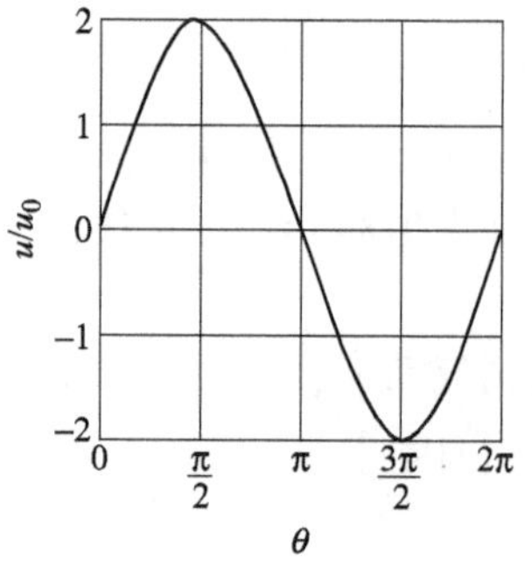

图 5.6.2 圆柱表面的速度分布

若沿包含圆柱体在内的任意圆周线 l 求速度环量，即

$$\Gamma_l = \oint u_\theta \mathrm{d}l = \int_0^{2\pi}\left[-u_0\left(1+\frac{r_0^2}{r^2}\right)\sin\theta\cdot r\right]\mathrm{d}\theta = 0$$

根据势流的伯努利方程，易得

$$p_0 + \frac{1}{2}\rho u_0^2 = p + \frac{1}{2}\rho u^2$$

$$p = p_0 + \frac{1}{2}\rho u_0^2 - \frac{1}{2}\rho(-2u_0\sin\theta)^2 = p_0 + \frac{1}{2}\rho u_0^2(1-4\sin^2\theta)$$

式中，u_0、p_0 分别为无穷远处的速度和压强。

工程中常用无量纲的压力系数来表示流场中压强的相对变化，它的定义是

$$C_D = \frac{p-p_0}{\dfrac{1}{2}\rho u_0^2}$$

于是，可得圆柱表面的压力系数分布

$$C_D = 1 - 4\sin^2\theta$$

可见，压力系数与圆柱体的半径 r_0 及 u_0、p_0 无关，仅与 θ 有关。当 $\theta=0$ 和 $\theta=\pi$（即驻点 s 和 s'）时，$C_D=1$，压强最大；当 $\theta=\pm\dfrac{\pi}{2}$ 时，$C_D=-3$，压强最小。压强分布在 x 轴两侧，是对称的。图 5.6.3 给出了 C_D 沿圆柱表面的分布情况，虚线为 $Re=1.85\times10^5$ 时的实测值，与理论值比较，在圆柱表面前三分之一处，尚能较好符合。往后就出现了显著的差别，这是因为实际流体绕流圆柱体时，由于黏性作用，使外部势流在圆柱体表面流过一段距离后，即与柱体分离，在柱体后面形成漩涡区，这部分流动已不能按无旋流动处理。

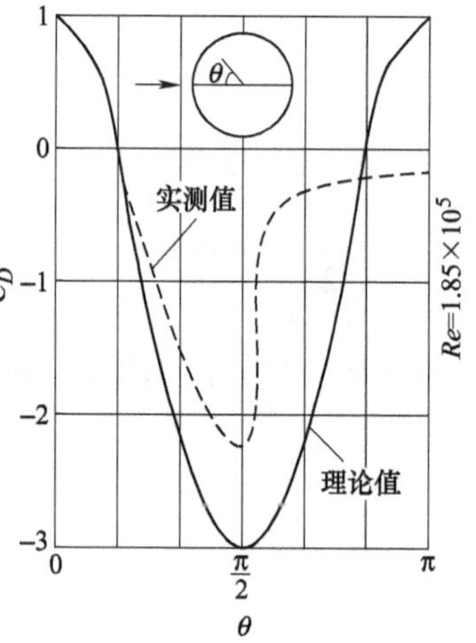

图 5.6.3 无环量圆柱绕流压强系数分布

已知柱体表面的压强分布，可以求出作用在单位长度柱体上的总压力 F 在 x 轴和 y 轴方向的分量 F_x、F_y。作用在柱体表面微元面积 $r_0\mathrm{d}\theta$ 上的总压力分量为

$$\mathrm{d}F_x = -pr_0\cos\theta\mathrm{d}\theta,\quad \mathrm{d}F_y = -pr_0\sin\theta\mathrm{d}\theta$$

式中，负号是因为 F_x、F_y 分别与 x、y 的坐标轴方向相反，如图 5.6.4 所示。

$$F_x = \int\mathrm{d}F_x = -\int_0^{2\pi}\left[p_0 + \frac{1}{2}\rho u_0^2(1-4\sin^2\theta)\right]r_0\cos\theta\mathrm{d}\theta = 0$$

$$F_y = \int \mathrm{d}F_y = -\int_0^{2\pi}\left[p_0 + \frac{1}{2}\rho u_0^2(1 - 4\sin^2\theta)\right] r_0\sin\theta\mathrm{d}\theta = 0$$

即流体作用在圆柱表面上的总压力为零。圆柱上的压强分布既上下对称，又前后对称，因此合力为零是理所当然的。

根据运动相对性原理，圆柱体在静止流体中匀速运动时，作用在圆柱上的合力为零。这个结论与实验观察到的现象相矛盾——达朗贝尔悖论。这一悖论在很长一段时间构成发展经典流体力学的障碍。事实上流体具有黏性，即使是低黏性的流体，运动流体在靠近圆柱体表面的范围内摩擦作用也不能忽略，流动是有旋的，在黏性作用下圆柱表面下游某处会发生分离并形成尾迹区，在尾迹区压强的变化与理想流体完全不同，所以形成阻力。

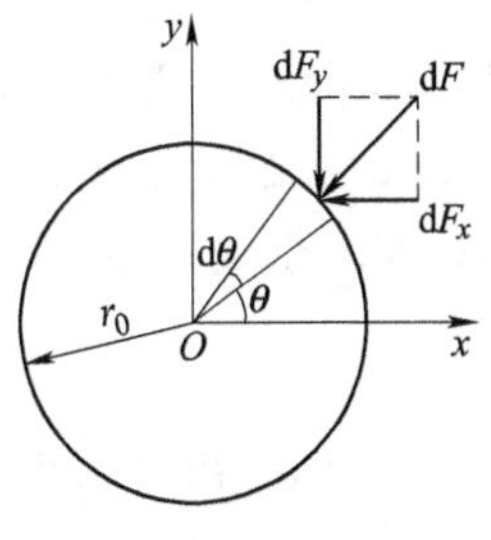

图 5.6.4　作用在圆柱上的压力

【例 5.6.1】　图 5.6.5 所示为一种测定流速的装置，圆柱体上开有相互间夹角为 α 的三个径向压力孔 A、B、C，压力孔分别与测压管 a、b、c 连通。将柱体置放于来流中，使 A 孔正对来流，其方法是旋转柱体使测压管 b、c 中液面同在一水平面为止。不可压缩流体绕流圆柱体做无旋流动，试求：(1) 欲使两边孔测得的是测速管放入前该点的压强，求 α；(2) 当 $\Delta h = 5\mathrm{cmH_2O}$ 时，求流速 u_0；(3) 分析此测速装置的灵敏度 $\frac{\partial p}{\partial \theta}$。

解: (1) 根据圆柱体无环量绕流的柱体表面压强分布

$$p = p_0 + \frac{1}{2}\rho u_0^2(1 - 4\sin^2\theta)$$

式中，p_0、u_0 原为无界等速均匀流在无穷远处的压强和流速，实际上也是流动未受圆柱体干扰处的压强和流速。要直接测得的是 p_0 的位置，即 $p=p_0$，只有

$$\frac{1}{2}\rho u_0^2(1 - 4\sin^2\theta) = 0 \quad 或 \quad 1 - 4\sin^2\theta = 0$$

于是

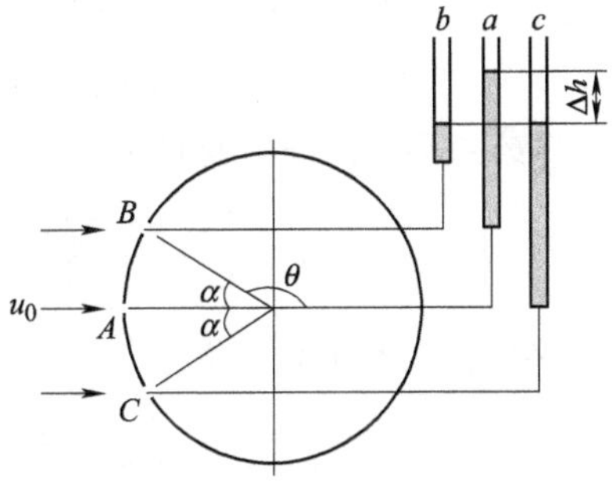

图 5.6.5　测定流速示意图

$$\sin\theta = \pm\frac{1}{2},\ \theta = 30° \text{ 或 } \theta = 150°$$

$\theta=30°$ 于圆柱体的后半部，该处压强的理论值与实际情况相差甚远，故取 $\theta=150°$，即 $\alpha=30°$。事实上，因流体黏性影响，实际的这种装置的 α 略大于 30°。

(2) A 孔测得的是驻点压强 $p=p_0+\frac{1}{2}\rho u_0^2$，$B$ 孔和 C 孔测得的是 p_0，因此

$$\Delta p = p - p_0 = \rho g\Delta h = \frac{1}{2}\rho u_0^2$$

$$u_0 = \sqrt{2g\Delta h} = \sqrt{2 \times 9.81 \times 0.05}\,\mathrm{m/s} = 0.99\mathrm{m/s}$$

(3) 由 $p = p_0 + \frac{1}{2}\rho u_0^2(1 - 4\sin^2\theta)$，得

$$\frac{\partial p}{\partial \theta} = -2\rho u_0^2\sin2\theta$$

当 $\theta = 150°$ 时，$\frac{\partial p}{\partial \theta} = -2\rho u_0^2 \sin 2\theta \big|_{\theta=150°} = 2\rho u_0^2 \sin 60° = \sqrt{3}\rho u_0^2$

对于该例题中的测速装置，可以做进一步分析，如图 5.6.6 所示，设三个径向压力孔 A、B、C 之间的角度为 α，速度为 u_0、压强为 p_0 的来流方向与 x 轴成 β 角，于是，在三个径向压力孔 A、B、C 处，有

$$p_A = p_0 + \frac{1}{2}\rho u_0^2 (1 - 4\sin^2\beta)$$

$$p_B = p_0 + \frac{1}{2}\rho u_0^2 [1 - 4\sin^2(\alpha + \beta)]$$

$$p_C = p_0 + \frac{1}{2}\rho u_0^2 [1 - 4\sin^2(\alpha - \beta)]$$

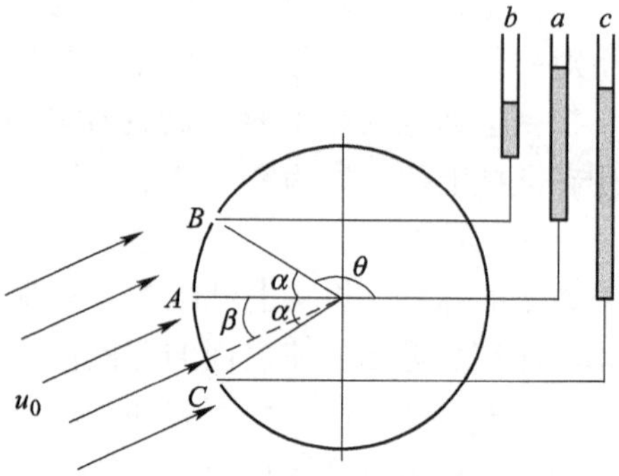

图 5.6.6　三孔测定流速示意图

经以下处理

$$p_C - p_B = p_0 + \frac{1}{2}\rho u_0^2 [1 - 4\sin^2(\alpha - \beta)] - \left\{p_0 + \frac{1}{2}\rho u_0^2 [1 - 4\sin^2(\alpha + \beta)]\right\}$$
$$= 2\rho u_0^2 \sin 2\alpha \sin 2\beta$$

$$p_C + p_B = p_0 + \frac{1}{2}\rho u_0^2 [1 - 4\sin^2(\alpha - \beta)] + \left\{p_0 + \frac{1}{2}\rho u_0^2 [1 - 4\sin^2(\alpha + \beta)]\right\}$$
$$= 2p_0 + \rho u_0^2 [1 - 4(\sin^2\alpha \cos^2\beta + \cos^2\alpha \sin^2\beta)]$$

把测得的三个静压强值组成一个无量纲系数 k，即令

$$k = \frac{p_C - p_B}{2p_A - (p_C + p_B)} = \frac{\sin 2\alpha \sin 2\beta}{2(\sin^2\alpha \cos^2\beta + \cos^2\alpha \sin^2\beta - \sin^2\beta)}$$

取 $\alpha=45°$，代入上式，得

$$k = \frac{\sin 2\beta}{1 - 2\sin^2\beta} = \tan 2\beta = \frac{p_C - p_B}{2p_A - (p_C + p_B)}$$

于是

$$\beta = \frac{1}{2}\arctan \frac{p_C - p_B}{2p_A - (p_C + p_B)}$$

若测得 p_A、p_B、p_C，由上式计算出 β，即可得到

$$u_0 = \sqrt{\frac{p_C - p_B}{2\rho \sin 2\beta}}$$

$$p_0 = p_A + 4\frac{p_C - p_B}{2\sin 2\beta}(1 - 4\sin^2\beta)$$

对于实际流体，柱面上各点的压强不仅随着 β 变化，而且与雷诺数 Re 有关，需要通过实验确定 $k = f(\beta, Re)$ 的函数关系式，在风洞中进行校正实验，由已知的流动方向 β 及对应的 k 值可确定这种关系式。

2. 有环量绕圆柱流动

在圆柱体无环量绕流的速度势函数和流函数中，若分别叠加一个势涡流的势函数和流函

数，即

$$\varphi = u_0\left(1 + \frac{r_0^2}{r^2}\right) r\cos\theta + \frac{\Gamma}{2\pi}\theta$$

$$\psi = u_0\left(1 - \frac{r_0^2}{r^2}\right) r\sin\theta - \frac{\Gamma}{2\pi}\ln r$$

此时 φ 和 ψ 仍是绕圆柱流动的解，既满足拉普拉斯方程，又满足圆柱体表面和无穷远处的边界条件。速度分布为

$$u_r = \frac{\partial\varphi}{\partial r} = u_0\left(1 - \frac{r_0^2}{r^2}\right) \cos\theta$$

$$u_\theta = \frac{1}{r}\frac{\partial\varphi}{\partial\theta} = -u_0\left(1 + \frac{r_0^2}{r^2}\right) \sin\theta + \frac{\Gamma}{2\pi r}$$

当 $r=r_0$，即在圆柱体表面上，有

$$u_r = 0\ ,\ u_\theta = -2u_0\sin\theta + \frac{\Gamma}{2\pi r_0}$$

这表明半径为 r_0 的圆周线是一条流线，满足圆柱体表面的边界条件。当 $r\to\infty$ 时，有

$$u_r = \lim_{r\to\infty}\left[u_0\left(1 - \frac{r_0^2}{r^2}\right)\cos\theta\right] = u_0\cos\theta$$

$$u_\theta = \lim_{r\to\infty}\left[-u_0\left(1 + \frac{r_0^2}{r^2}\right)\sin\theta + \frac{\Gamma}{2\pi r}\right] = -u_0\sin\theta$$

可见

$$\lim_{r\to\infty} u = \lim_{r\to\infty}\sqrt{u_r^2 + u_\theta^2} = u_0$$

即无穷远处流动为未受扰动的等速均匀流，满足该处的边界条件。

与圆柱体无环量绕流不同的是，沿包含圆柱体在内的任意圆周线 l 的速度环量，即

$$\Gamma_l = \oint u_\theta \mathrm{d}l = \int_0^{2\pi}\left[-u_0\left(1 + \frac{r_0^2}{r^2}\right)\sin\theta + \frac{\Gamma}{2\pi r}\right] r\mathrm{d}\theta = \Gamma$$

也就是说，沿包含圆柱体在内的任意圆周线 l 的速度环量等于势涡强度 Γ。

设驻点位于圆柱体表面上，令

$$u_\theta = -2u_0\sin\theta_s + \frac{\Gamma}{2\pi r_0} = 0$$

得驻点的相位角的正弦值为

$$\sin\theta_s = \frac{\Gamma}{4\pi r_0 u_0}$$

现分三种情况进行分析：

（1）$0<\Gamma<4\pi r_0 u_0$　$\sin\theta_s<1$，因 $\sin(\pi-\theta)=\sin\theta$，有两个驻点，分别位于第Ⅰ和第Ⅱ象限的柱面上，且对称于 y 轴，如图 5.6.7 所示。若 $\Gamma=0$，$\sin\theta_s=0$，$\theta_s=0$ 和 π，成为无环量绕流的驻点位置。

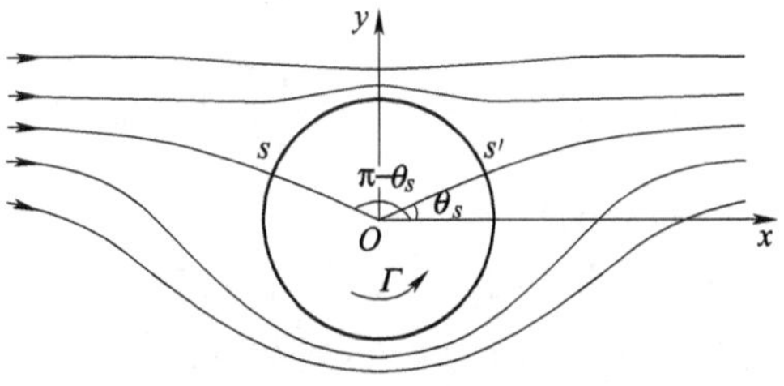

图 5.6.7　圆柱有环量绕流（$\Gamma<4\pi r_0 u_0$）

（2）$\Gamma=4\pi r_0 u_0$　$\sin\theta_s=1$，$\theta_s=\dfrac{\pi}{2}$，圆柱面上只有一个驻点，位于 y 轴正方向上，如图 5.6.8 所示。

（3）$\Gamma>4\pi r_0 u_0$　$\sin\theta_s>1$，这样的 θ_s 不存在。在这种情况下，驻点已离开圆柱体表面。此时，若令 $u_r=0$，$u_\theta=0$，则可以得到位于 y 轴正方向上的两个驻点。一个在圆外，一个在圆内。在该闭合流线内的流体，沿环绕圆柱体的闭合流线流动，在该闭合流线外的流体，则绕过圆柱体向远处流去，如图 5.6.9 所示。

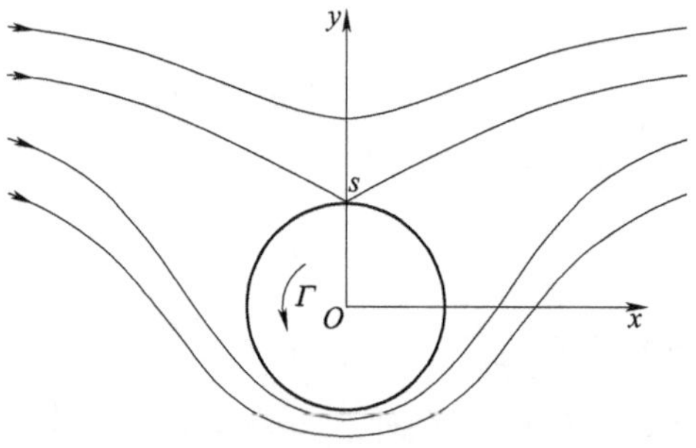

图 5.6.8　圆柱有环量绕流（$\Gamma=4\pi r_0 u_0$）

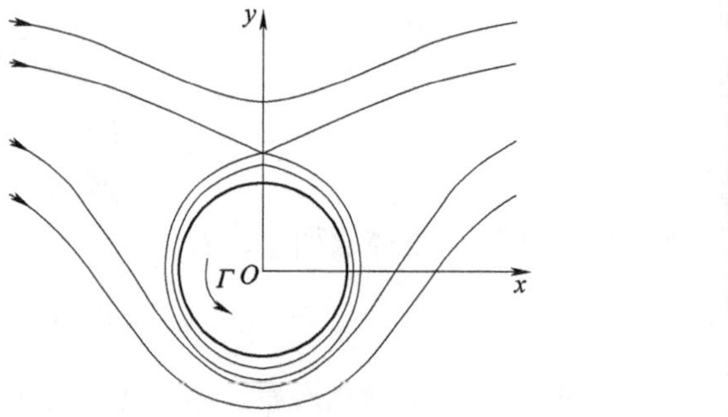

图 5.6.9　圆柱有环量绕流（$\Gamma>4\pi r_0 u_0$）

可见，绕圆柱流动的驻点位置在圆柱体半径 r_0 一定的条件下，决定于 u_0 和 Γ 的比值，Γ/u_0 越大，驻点偏离 x 轴越远。

以下分析作用在圆柱体上的压强分布和总压力。若不计质量力，圆柱体表面压强分布为

$$p=p_0+\frac{1}{2}\rho u_0^2-\frac{1}{2}\rho u^2=p_0+\frac{1}{2}\rho u_0^2-\frac{1}{2}\rho\left(-2u_0\sin\theta+\frac{\Gamma}{2\pi r_0}\right)^2$$

$$=p_0+\frac{1}{2}\rho u_0^2\left[1-\left(2\sin\theta-\frac{\Gamma}{2\pi r_0 u_0}\right)^2\right]$$

压力系数为

$$\frac{p-p_0}{\frac{1}{2}\rho u_0^2}=1-\left(2\sin\theta-\frac{\Gamma}{2\pi r_0 u_0}\right)^2$$

沿圆柱表面积分，可得到作用在单位长度柱体上的总压力 F，其在 x 轴和 y 轴方向的分量 F_x、F_y 分别为

$$F_x=\int \mathrm{d}F_x=-\int_0^{2\pi}\left\{p_0+\frac{1}{2}\rho u_0^2\left[1-\left(2\sin\theta-\frac{\Gamma}{2\pi r_0 u_0}\right)^2\right]\right\}r_0\cos\theta\mathrm{d}\theta=0$$

$$F_y=\int \mathrm{d}F_y=-\int_0^{2\pi}\left\{p_0+\frac{1}{2}\rho u_0^2\left[1-\left(2\sin\theta-\frac{\Gamma}{2\pi r_0 u_0}\right)^2\right]\right\}r_0\sin\theta\mathrm{d}\theta$$

$$=-r_0\left(p_0+\frac{1}{2}\rho u_0^2-\frac{\rho\Gamma^2}{8\pi^2 r_0^2}\right)\int_0^{2\pi}\sin\theta\mathrm{d}\theta+2\rho r_0 u_0^2\int_0^{2\pi}\sin^3\theta\mathrm{d}\theta-\frac{\rho u_0\Gamma}{\pi}\int_0^{2\pi}\sin^2\theta\mathrm{d}\theta$$

$$=-\rho u_0\Gamma$$

以上结果表明，当等速均匀流 u_0 绕圆柱体做有环量流动时，虽然平行于 u_0 方向的阻力仍等于零，但在垂直于 u_0 方向却有力作用，式中的“-”号表示在所讨论的情况下，u_0 平行于 x 轴，Γ 为逆时针方向，升力与 y 轴方向相反。如为其他情况，升力方向可以这样确定：将 u_0 方

向沿环量 Γ 的反方向转 90°，所指的就是升力的方向。

升力等于流体的密度、无穷远处的流速和围绕圆柱体的速度环量三者的乘积，这就是著名的库塔-茹科夫斯基定理。虽然这个定理是从圆柱体绕流的讨论中得到的，但是对于任意形状的物体用动量方程也可以导出，库塔-茹科夫斯基定理适用于任意形状物体的绕流。

3. 绕球流动

绕球的流动，原则上可以类似于圆柱绕流的方法求解，但绕球流动属于空间问题，因此更加复杂一些。可以用基本解叠加的方法求出绕球流动的速度势和流函数。考虑用均匀流和偶极流的叠加作为绕球流动的速度势，即

$$\varphi = u_\infty x - \frac{M}{2\pi}\frac{x}{\sqrt{(x^2+y^2+z^2)^3}}, \quad x = r\cos\theta$$

于是

$$\varphi = u_\infty r\cos\theta - \frac{M\cos\theta}{2\pi r^2}$$

偶极流在无穷远处的速度等于零，因此，该速度势满足无穷远处的来流条件。只要再满足球面条件，它就是该绕流问题的唯一解。物面条件为

$$\left.\frac{\partial\varphi}{\partial n}\right|_{r=R} = \left.\frac{\partial\varphi}{\partial r}\right|_{r=R} = 0$$

$$\left.\frac{\partial\varphi}{\partial r}\right|_{r=R} = u_\infty\cos\theta + \left.\frac{2M\cos\theta}{2\pi}\frac{1}{r^3}\right|_{r=R} = \left(u_\infty + \frac{2M}{2\pi R^3}\right)\cos\theta = 0$$

得

$$u_\infty + \frac{2M}{2\pi R^3} = 0$$

$$M = -\pi R^3 u_\infty$$

于是

$$\varphi = \left(r + \frac{R^3}{2r^2}\right)u_\infty\cos\theta \tag{5.6.1}$$

$$u_r = \frac{\partial\varphi}{\partial r} = \left(1 - \frac{R^3}{r^3}\right)u_\infty\cos\theta$$

$$u_\theta = \frac{\partial\varphi}{r\partial\theta} = -\left(1 + \frac{R^3}{2r^3}\right)u_\infty\sin\theta$$

球面速度

$$u_r|_{r=R} = 0$$

$$u_\theta|_{r=R} = \left.\frac{\partial\varphi}{r\partial\theta}\right|_{r=R} = -\frac{3}{2}u_\infty\sin\theta$$

由伯努利方程

$$\frac{p}{\rho} + \frac{1}{2}\rho u^2 = p_\infty + \frac{1}{2}\rho u_\infty^2$$

易得

$$p|_{r=R} = p_\infty + \frac{1}{2}\rho u_\infty^2\left(1 - \frac{9}{4}\sin^2\theta\right)$$

球面压力系数

$$C_D = \frac{p\big|_{r=R} - p_\infty}{\frac{1}{2}\rho u_\infty^2} = 1 - \frac{9}{4}\sin^2\theta \tag{5.6.2}$$

比较绕球和绕圆柱体流动的结果，可以看到，绕球流动的最大速度为$\frac{3}{2}u_\infty\sin\theta$，绕圆柱流动的最大速度为$2u_\infty\sin\theta$，绕球流动的压力系数为$-\frac{5}{4}$，绕圆柱流动的压力系数为-3，因此，球对来流的扰动比圆柱要小一些。

5.7 马格努斯效应与机翼升力

上一节讨论了有环量的圆柱绕流，在这种情况下会产生升力。事实上，当一个旋转物体的旋转角速度矢量与物体飞行速度矢量不重合时，在与旋转角速度矢量和平动速度矢量组成的平面相垂直的方向上将产生一个横向力，在这个横向力的作用下物体飞行轨迹会发生偏转，这种现象称作马格努斯效应，是由德国科学家马格努斯（Heinrich Magnus）于1852年发现的。

如图5.7.1所示，在固体表面的流体有相对运动时，在它们之间有摩擦力，使旋转球体周围形成环流。只旋转无平动球体周围的流线是绕球体的环流，球体平动而不旋转的球体周围的流线对称地绕过球体两侧，二者的合成流线呈现出不对称情形。此球体受力方向可用伯努利原理来分析。球体上、下的流线都来自远方的上游，在那里压强是一样的。按照伯努利原理，球上边流线密，流管窄，流速大，压强小；球下边流线稀，流管宽，流速小，压强大，所以球受到向上的力，使其轨道向上弯曲。

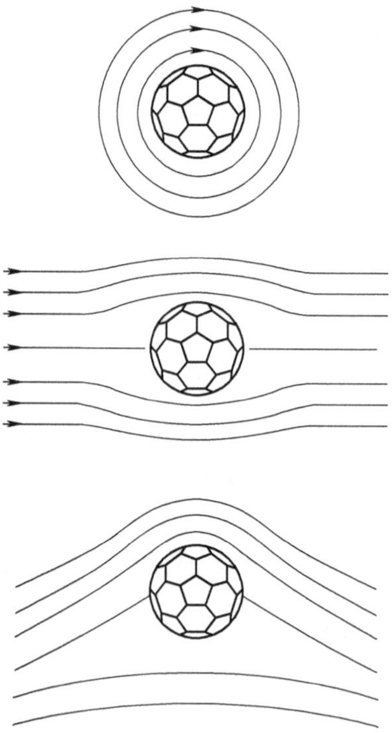

图5.7.1　马格努斯效应

翼的剖面形状称为翼型。受鸟类翅膀剖面的启发，机翼翼型的基本特征一般是头部圆顺，尾部较尖，厚度比长度（翼弦）小得多。根据不同要求确定具体的翼型曲线是空气动力学的重要研究内容之一。一般来说，机翼类物体受到升力是因形状上下不对称造成的，流线分布就像马格努斯效应的情形那样，上长下短，上密下疏，流动上快下慢。已知这样的流线分布后，就可以像前面那样，用伯努利原理来分析机翼受到的升力，如图5.7.2所示。

库塔（Kutta，1902）和茹科夫斯基（Joukowski，1906）指出当具有密度为ρ的流体以速度为U的均匀流对具有任意形状截面的柱体做平面势流绕流时，只要存在绕柱体的环量Γ都会产生升力。

根据茹科夫斯基翼型理论，可获得翼型曲线的解析表达式，并以此设计翼型，但这种生成翼型的方法只具有理论意义，不适宜实际应用。在第一次世界大战中发展起来的飞机翼型设计主要采用理论与实验相结合的方法确定，通过在风洞实验中不断修改，逐渐成型。在工程上通常分两步设计实用翼型。首先，构成以位于x轴上的一段中线AB为对称轴的对称翼型，如图

5.7.3 所示，称为基本翼型，它的周线是一条上下对称的流线型曲线，上下周线各点的垂直间距为厚度 t。基本翼型是只有厚度没有中线弯度的翼型。其次，保持中线的两端不动，让中部向上拱起。中线上各点到 x 轴的垂直距离称为弯度 b。然后让上下周线跟着中线一起拱起，但保持各点的原有厚度不变，形成一个既有厚度又有弯度的翼型，如图 5.7.4 所示。这种翼型比较接近鸟类翅膀的剖面形状，翼型的具体形状可用中线的弯度分布函数 $b(x)$ 和周线厚度分布函数 $t(x)$ 描述。翼型的前缘点到后缘点的直线长度称为翼弦，弦长为 c。机翼的展向长度（相当于鸟类的一个翅膀的展长）称为翼展，展长为 l。翼展与翼弦之比 $\lambda = l/c$ 称为展弦比，是反映有限长机翼几何特征的参数，一般机翼的 $\lambda \gg 1$。

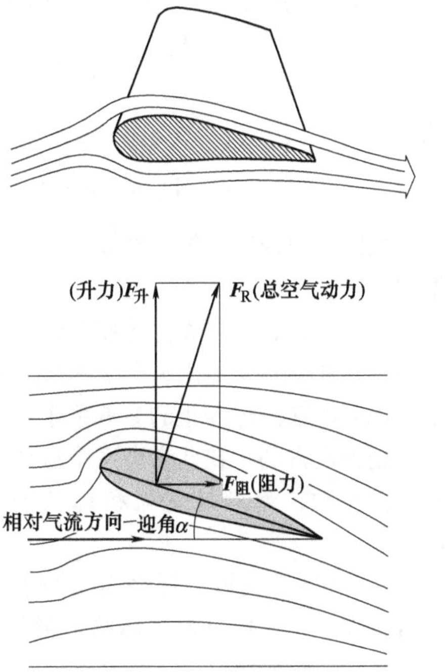

图 5.7.2　机翼升力

实验表明，带有上弯的翼型在沿翼弦方向向前做平移运动时，将产生向上的升力。圆柱绕轴心旋转能产生环量，本质上是圆柱表面通过黏性带动周围流体旋转形成的。翼型不旋转，环量如何产生？下面以周线是上拱下平的翼型为例，简要说明绕平移运动的翼型产生环量的原因。设图 5.7.2 中的翼型向左做水平匀速运动，绕翼型产生环量的过程可分为四个阶段：

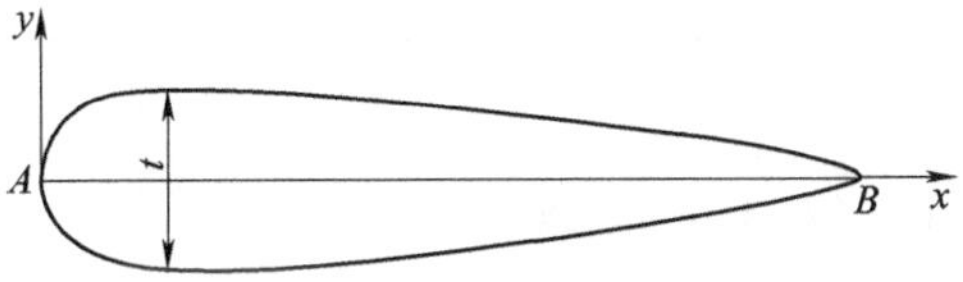

图 5.7.3　基本翼型

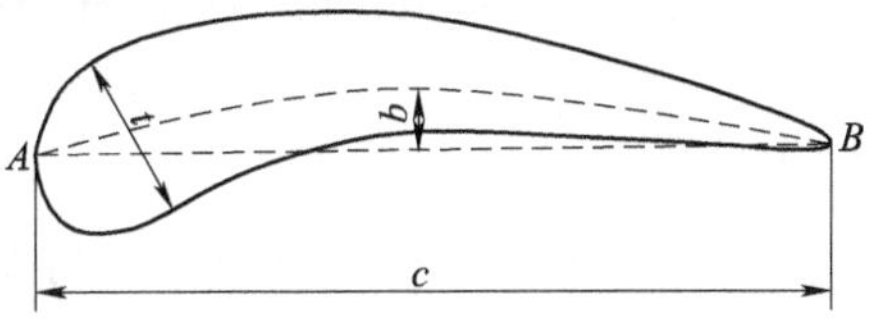

图 5.7.4　上弯翼型

1）运动前，沿包围翼型的封闭线的环量为零。

2）起动后，由于上下翼线长度不同，后驻点位于上翼面尾缘的前方。下部流体绕过尖锐尾缘时形成尾部涡量（逆时针方向）。根据环量守恒定理必在翼型前部产生大小相等、方向相反的涡量（顺时针方向）。

3）在翼型前部顺时针方向的涡量作用下，后驻点向尾缘点移动。随着涡量的增强，后驻点不断后移，直到后驻点与尾缘点重合，上下速度在此平滑连接为止。

4）尾涡被冲向下游，沿包围翼型线的环量则保留下来。只要翼型保持速度不变，该环量将保持不变，反向环流围绕着机翼，环流与原有流场叠加形成马格努斯效应。

5）上述过程几乎是在瞬间完成的。

由上述分析可知，运动翼型上的后驻点与尾缘点重合，沿上、下翼面的流动速度在尾缘点平滑衔接是确定翼型绕流环量 Γ 的条件，此条件通常称为库塔-茹科夫斯基条件。

茹科夫斯基定理：升力与流速场绕物体的环量成正比。

设刚性物体以匀速 $-\boldsymbol{U}$ 穿过静止流体，或换到随物体运动的惯性参考系来看，流体总体上以速度 $\boldsymbol{U}$ 流动。取 $\boldsymbol{U}$ 的方向为 x 正方向，环量 $\boldsymbol{\Gamma}_C$ 的方向为 y 正方向（用 $\boldsymbol{j}$ 表示沿 y 方向的单位矢量），则升力 $\boldsymbol{F}_{升}$ 的大小和方向由下式决定：

$$\frac{\boldsymbol{F}_{升}}{\Delta z}=-\rho U\Gamma_C\boldsymbol{j}$$

式中，

$$\Gamma_C=\oint_C \boldsymbol{u}\cdot \mathrm{d}\boldsymbol{l}$$

为流场沿任何绕固体的回路 C 的环量。茹科夫斯基定理的推导如下：

为简单计，只计算二维模型，即认为在流体中运动的物体在 z 方向的线度比 x 和 y 两维大得多，如图 5.7.5 所示。该问题在固体静止的参考系中讨论比较简单，因为这时流场是定常的。在此参考系中流体总体上以速度 $\boldsymbol{U}$ 沿 x 正方向流动，流场是它与和扰动场 $\boldsymbol{u}(x,y)$ 的叠加，即 $\boldsymbol{U}+\boldsymbol{u}$。

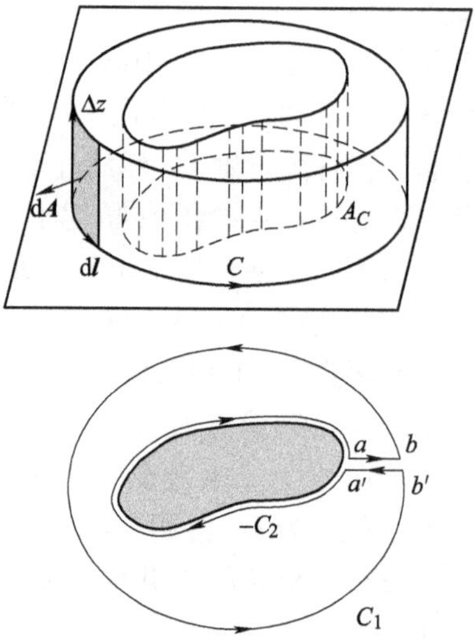

图 5.7.5　茹科夫斯基定理推导

在 x-y 平面内取一环绕物体的闭合曲线 C（不一定紧贴着物体表面，也可把流体的一部分圈进去），规定它的正环绕方向为逆时针，$\mathrm{d}\boldsymbol{l}$ 为 C 上的任一线元矢量。在 z 方向取单位矢量 $\boldsymbol{k}$（同时取 x、y 方向的单位矢量分别为 $\boldsymbol{i}$ 和 $\boldsymbol{j}$），则 $\mathrm{d}\boldsymbol{l}\times\boldsymbol{k}\Delta z=\mathrm{d}\boldsymbol{A}$ 为 z 方向厚度为 Δz 的一薄层固体侧面 A_C 外法向面元矢量。外部流体作用在面元 $\mathrm{d}\boldsymbol{A}$ 上的力有两部分：

1）静压 $-p\mathrm{d}\boldsymbol{A}$（负号因压力沿内法向）；

2）单位时间流进或流出的动量。在时间间隔 $\mathrm{d}t$ 内流进 C 内的流体质量为

$$\mathrm{d}m=-\rho(\boldsymbol{U}+\boldsymbol{u})\cdot\mathrm{d}\boldsymbol{A}\mathrm{d}t$$

带入的动量为

$$(\boldsymbol{U}+\boldsymbol{u})\mathrm{d}m=-\rho(\boldsymbol{U}+\boldsymbol{u})[(\boldsymbol{U}+\boldsymbol{u})\cdot\mathrm{d}\boldsymbol{A}]\mathrm{d}t$$

相应的作用力为

$$(\boldsymbol{U}+\boldsymbol{u})\mathrm{d}m/\mathrm{d}t=-\rho(\boldsymbol{U}+\boldsymbol{u})[(\boldsymbol{U}+\boldsymbol{u})\cdot\mathrm{d}\boldsymbol{A}]$$

于是，作用在环路 C 内物质薄层上的力为

$$\Delta\boldsymbol{F}=-\iint_{A_C}\{p\mathrm{d}\boldsymbol{A}+\rho(\boldsymbol{U}+\boldsymbol{u})[(\boldsymbol{U}+\boldsymbol{u})\cdot\mathrm{d}\boldsymbol{A}]\}$$

取 C_1 紧贴着物体表面，C_2 远离它，因为流场定常，处于 C_1、C_2 之间环状体积内的动量不随时间而变。也就是说，单位时间里从 C_1 流入的动量与从 C_2 流出的动量相等。以上论述可知，取 C 紧贴着物体表面和远离它，算出来的力是一样的。若选紧贴着物体表面的回路，好处是上列积分式右端第二项为 0（因为没有流体流进物体表面，即 $(\boldsymbol{U}+\boldsymbol{u})\cdot\mathrm{d}\boldsymbol{A}=0$，不可能有动量流入），然而压强项里扰动流场 u 的二次项较难处理，放弃这样的选择。现分析扰动流场 u 在远处的渐近行为。无论固体在 x-y 平面内的截面是什么形状，从远处看它所引起的扰动流场的分布都渐近地趋于圆柱的情形。理论计算表明，后者的径向分量反比于距离的二次方，从而 u 的二次项反比于距离的 4 次方。如果大致以物体所在位置为中心，作一个半径为 R 的大圆 C，周长正比于 R 的一次方。在 C 上作上述积分，则当 $R\to\infty$ 时，含 u 的二次项积分趋于 0。将选这样的回路 C（在物理上不需要真的让 $R\to\infty$，只要环路足够大，使 u 二次项的积分能忽略就可以了）。

先考虑上式右端的压强项。利用伯努利方程，把回路 C 上的变量和上游未受扰动的远处联系起来。在那里压强为 p_0=常量，流速 U=常量。假设高度的影响是不大的，从而有

$$p+\frac{1}{2}\rho(\boldsymbol{U}+\boldsymbol{u})\cdot(\boldsymbol{U}+\boldsymbol{u})=p_0+\frac{1}{2}\rho U^2$$

即

$$p=p_0-\rho\boldsymbol{U}\cdot\boldsymbol{u}+\frac{1}{2}\rho u^2$$

其中 p_0 项为常数，闭合积分自动为0；u^2 项积分时可忽略，故只需保留第二项。于是上列二重积分的被积函数中动量流项可做如下展开：

$$(\boldsymbol{U}+\boldsymbol{u})[(\boldsymbol{U}+\boldsymbol{u})\cdot\mathrm{d}\boldsymbol{A}]=\boldsymbol{U}[(\boldsymbol{U}+\boldsymbol{u})\cdot\mathrm{d}\boldsymbol{A}]+\boldsymbol{u}(\boldsymbol{U}\cdot\mathrm{d}\boldsymbol{A})+\boldsymbol{u}(\boldsymbol{u}\cdot\mathrm{d}\boldsymbol{A})$$

该式右端第一项 $\boldsymbol{U}$ 是常量因子，可提到积分号之外，剩下 $\rho(\boldsymbol{U}+\boldsymbol{u})\cdot\mathrm{d}\boldsymbol{A}$ 的积分是流入 C 的流体质量，在定常流的情况下此项为0；末项为 u 的二次项，可忽略。故只需保留第二项。综上可得

$$\begin{aligned}\Delta\boldsymbol{F}_{升}&=-\rho\iint_{A_C}[(\boldsymbol{U}\cdot\boldsymbol{u})\mathrm{d}\boldsymbol{A}-\boldsymbol{u}(\boldsymbol{U}\cdot\mathrm{d}\boldsymbol{A})]=-\rho\iint_{A_C}[\boldsymbol{U}\times(\boldsymbol{u}\times\mathrm{d}\boldsymbol{A})]\\&=-\rho\oint_C\boldsymbol{U}\times[\boldsymbol{u}\times(\mathrm{d}\boldsymbol{l}\times\boldsymbol{k}\Delta z)]=\rho\Delta z\oint_C\boldsymbol{U}\times[\boldsymbol{k}(\boldsymbol{u}\cdot\mathrm{d}\boldsymbol{l})-\mathrm{d}\boldsymbol{l}(\boldsymbol{u}\cdot\boldsymbol{k})]\\&=\rho\Delta z\oint_C U(\boldsymbol{i}\cdot\boldsymbol{k})(\boldsymbol{u}\cdot\mathrm{d}\boldsymbol{l})=\rho\Delta zU\boldsymbol{j}\oint_C\boldsymbol{u}\cdot\mathrm{d}\boldsymbol{l}\end{aligned}$$

上面的推导过程用到 $\boldsymbol{u}\cdot\boldsymbol{k}=0$（二者相互垂直）和 $\boldsymbol{i}\cdot\boldsymbol{k}=-\boldsymbol{j}$ 等关系式，此外，还使用了三重矢积的运算公式

$$\boldsymbol{u}\times(\mathrm{d}\boldsymbol{l}\times\boldsymbol{k})=\mathrm{d}\boldsymbol{l}(\boldsymbol{u}\cdot\boldsymbol{k})-\boldsymbol{k}(\boldsymbol{u}\cdot\mathrm{d}\boldsymbol{l})$$

事实上，矢积 $\mathrm{d}\boldsymbol{l}\times\boldsymbol{k}$ 与 $\mathrm{d}\boldsymbol{l}$、$\boldsymbol{k}$ 组成的平面垂直，而 $\boldsymbol{u}$ 与它的矢积又回到原平面内。故矢量 $\boldsymbol{u}\times(\mathrm{d}\boldsymbol{l}\times\boldsymbol{k})$ 与 $\mathrm{d}\boldsymbol{l}$、$\boldsymbol{k}$ 共面（见图5.7.6），即前者是后面二者的线性组合：$\boldsymbol{u}\times(\mathrm{d}\boldsymbol{l}\times\boldsymbol{k})=a_1\mathrm{d}\boldsymbol{l}+a_2\boldsymbol{k}$。用矢量的解析表达式可以直接验证，$a_1=\boldsymbol{u}\cdot\boldsymbol{k}$，$a_2=-\boldsymbol{u}\cdot\mathrm{d}\boldsymbol{l}$。

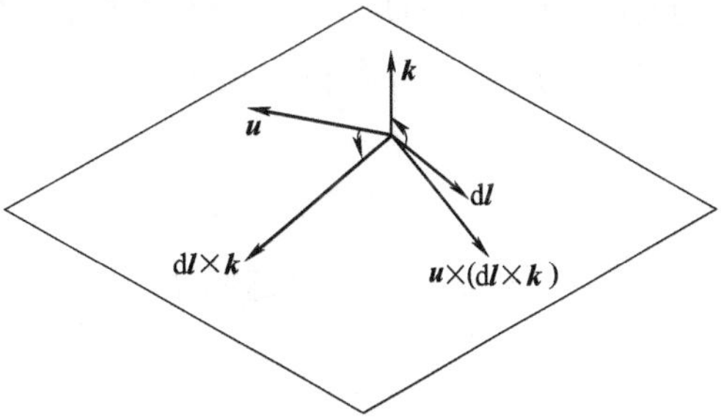

图5.7.6　三重矢积

以上推导的升力表达式已具有茹科夫斯基定理的雏形，余下要说明的是，只要回路 C 围绕固体，无论大小，其上的环量 Γ_C 是相等的。这是因为流体内涡度处处为0，在所有不围绕固体回路上的环量恒为0。在图5.7.5中，有 C_1、C_2 两个大小不同的回路，都围绕着固体。可以用一对无限靠近的双线 ab 和 $a'b'$，把 C_1 和 C_2 连通，形成一个不绕固体的回路 $C'=C_1+ab-C_2+b'a'$，则

$$\Gamma_{C'}=\Gamma_{C_1}+\int_a^b\boldsymbol{u}\cdot\mathrm{d}\boldsymbol{l}-\Gamma_{C_2}+\int_{b'}^{a'}\boldsymbol{u}\cdot\mathrm{d}\boldsymbol{l}=0$$

式中，沿双线 ab 和 $a'b'$ 一来一回的积分抵消，故有 $\Gamma_{C_1}-\Gamma_{C_2}=0$，即 $\Gamma_{C_1}=\Gamma_{C_2}$。这样一来，虽然推导时采用的是足够大的回路，但所得结果却与回路大小无关。譬如，可以把此式中的 C 理解为紧贴物体表面的回路。

汤姆逊定理指出，在理想流体中环量是守恒的。如果在流体中原来没有环量，就产生不出来，则理想流体对在其中做匀速运动的固体不施加任何力（既没有逆向的阻力，也没有横向的

升力)。这结论看起来是荒谬的，也不符合实验事实，即使黏滞力趋于零的情况也并非如此，这便是著名的达朗贝尔佯谬。

运动物体周围出现环流的一个重要场合是运动物体的旋转造成的。如果固体表面和流体之间存在摩擦力，固体的旋转就会造成环流。茹科夫斯基定理虽然是对二维流而言的，但对三维流动也定性地适用。

5.8 附加质量

当物体开始以恒定的速度相对于静止的无限介质流动时，物体周围的介质也开始运动，因此，使潜体获得恒定移动速度所需要的能量是物体动能和发生运动的流体的动能之和（不是由于黏性引起的能量损失)，即

$$E_{总} = E_{物} + E_{流} = \frac{1}{2}mU^2 + \frac{1}{2}\rho\int_V (u_x^2 + u_y^2 + u_z^2)\mathrm{d}x\mathrm{d}y\mathrm{d}z$$

式中，U 是物体的运动速度；u_x、u_y、u_z 是由于物体运动所引起的流体运动的速度分量。

附加质量：以速度 U 运动而其动能与 $E_{流}$ 相等时所具有的物体质量，即

$$E_{流} = \frac{1}{2}m'U^2$$

式中，m' 是物体的附加质量。供给物体运动的能量大于物体本身运动所需要的能量，相当于推动质量增大了的物体运动，这增大了的质量就是附加质量。附加质量与实际质量之和就是物体的视质量。

已知物体运动所引起的流体运动的速度分量，即可计算附加质量。在 5.6 节中讨论了无环量绕圆柱流动，将方向与 x 轴一致的等速均匀流与位于坐标原点的偶极流叠加，得到流函数。现在圆柱体与来流速度相同，于是，以半径为 R 的圆柱体恒定的速度 U 运动，其流函数为

$$\psi = -\frac{M}{2\pi}\frac{y}{x^2 + y^2}$$

令 $x=r\cos\theta$，$y=r\sin\theta$，并考虑到 $UR^2 = \dfrac{M}{2\pi}$，可得到柱坐标系下的流函数，即

$$\psi = -\frac{UR^2}{r}\sin\theta$$

$$u_r = \frac{1}{r}\frac{\partial\psi}{\partial\theta} = -\frac{UR^2}{r^2}\cos\theta$$

$$u_\theta = -\frac{\partial\psi}{\partial r} = -\frac{UR^2}{r^2}\sin\theta$$

$$u^2 = u_r^2 + u_\theta^2 = \frac{U^2R^4}{r^4}$$

由于速度仅随 r 变化，单位长度、半径为 r 到 $r + \mathrm{d}r$ 的环形微元体积为 $2\pi r\mathrm{d}r$，于是

$$E_{流} = \frac{1}{2}\rho\int_R^\infty \frac{U^2R^4}{r^4}\cdot 2\pi r\mathrm{d}r = \pi\rho\int_R^\infty \frac{U^2R^4}{r^3}\cdot\mathrm{d}r = \frac{1}{2}\pi\rho U^2R^2 = \frac{1}{2}m'U^2$$

于是

$$m' = \rho\pi R^2$$

各种不同形状的物体，具有不同的附加质量。与圆柱的情况类似，圆球的附加质量是球体所排开流体质量的一半。此外，其他边界的存在也影响附加质量。

练 习 题

5-1 试求两个相等强度的源叠加时的流动。

5-2 等强度的两个源流，分别位于距坐标原点为 a 的 x 轴上，求流函数，并确定驻点位置。如果此流场与流函数 $\psi = u_0 y$ 的流场叠加，试汇出流线并确定驻点位置。

5-3 试讨论速度势函数为

$$\varphi = ar^{\frac{\pi}{\alpha}}\cos\frac{\pi}{\alpha}\theta$$

的转角流的压强分布（假设流速为零处的压强为零）。

5-4 等速均匀流 $\psi_1 = 7y$ 与汇流 $\psi_2 = -3\theta$ 叠加后是等速均匀流绕钝头半无限长柱体的后部流动。(1) 求驻点坐标；(2) 证明该柱体的最大宽度为 $6\pi/7$。

5-5 已知流场为

$$u_r = \frac{M}{2\pi}\frac{\cos\theta}{r^2},\ u_\theta = \frac{M}{2\pi}\frac{\sin\theta}{r^2}\ (M\text{ 为常数})$$

(1) 试求流函数 ψ；(2) 证明流线为一组圆心位于 y 轴上、圆周通过坐标原点的圆。

5-6 在圆柱体无环量绕流中有一条曲线，其上各点的速度和压强分别等于无穷远处未受干扰的速度 u_0 和压强 p_0，求这条曲线的方程。

5-7 某地有一直角海岸线形成的海湾，湾中海水流动可近似看成是直角内的平面势流，其速度势函数 $\varphi = ar^2\cos 2\theta$（$a$ 为给定常数）。靠近直角湾有一淡水层，为了避免海水渗入淡水，在直角湾顶角处放一部分淡水，使 b 距离内海水不接触海岸，如题 5-7 图所示。试求顶角应排放的单位厚度流量 Q，绘出在此流量下海水与淡水的分界线。

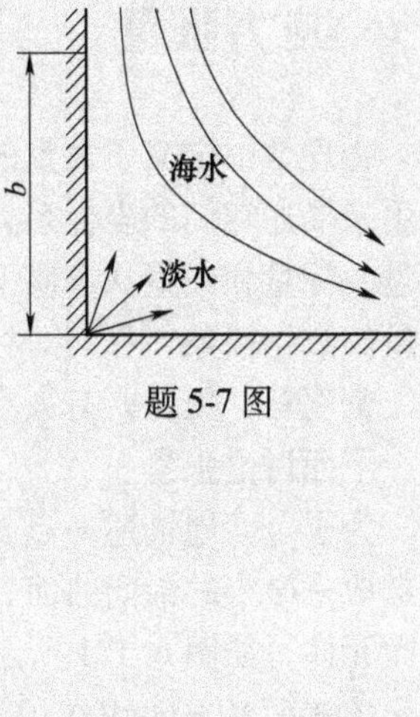

题 5-7 图

第 6 章

6

黏性流体动力学方程

流体微团的运动不仅应满足连续性方程，还应服从牛顿第二定律，作用于流体质点上的外力的合力 $\sum \boldsymbol{F}$ 等于流体质点的质量 m 与其加速度 $\frac{\mathrm{D}\boldsymbol{u}}{\mathrm{D}t}$ 的乘积，即

$$\sum \boldsymbol{F} = m\frac{\mathrm{D}\boldsymbol{u}}{\mathrm{D}t}$$

本章首先介绍应力张量，在第 3 章（变形率张量）相关内容的基础上，导出黏性流体运动微分方程。为此，要建立应力张量和变形率张量之间的关系，也就是建立本构方程。之后，推导流动的能量方程，并给定微分方程的边界条件，进而给出一些特殊情况下的解析解。

6.1 应力张量

物理学中定义了大量的物理量，用来描述自然界的各种物理现象。各类物理量的性质应当与用来描述它们的坐标系无关，这是进行数学分类的依据。通常把物理量抽象成标量、矢量和张量，标量和矢量从本质上说是不同阶的张量，标量是零阶张量，矢量是一阶张量。张量是物理量的数学抽象，我们对标量和矢量有清晰直观的印象：标量只有大小、没有方向，例如，温度、密度等；矢量既有大小，又有方向，合成时满足平行四边形法则，例如，速度、加速度等。下面讨论张量。

为了全面地描述一点 b 的应力，可以围绕点 b 在连续介质内部取一微小的封闭曲面 ΔA，其包围的介质（体积为 ΔV）即为微元体，如图 6.1.1 所示。将该微元体从介质中分离，此时微元体表面各方向均作用有应力矢量，这些应力矢量即为 ΔA 外部介质对微元体的作用，当然，微元体对其周围介质作用着相反方向的应力矢量。当 $\Delta A \to 0(\Delta V \to 0)$ 时，这些应力矢量的作用点就是点 b。它们代表了某一个点不同方向微元面上的应力矢量。若能确定一点所有方向的应力矢量，则该点的应力状态就完全确定了。显然，若直接用上述任意封闭曲面截取微元体的方法来研究一点的应力状态并不方便，也是不必要的，可以取一个便于分析研究的微元体。在直角坐标系内，将微元体取作六面体，其六个面分别垂直于 x 轴、y 轴和 z 轴，如图 6.1.2 所示，设六面体边长分别为 $\mathrm{d}x$、$\mathrm{d}y$ 和 $\mathrm{d}z$。当微元体的边长趋于零时，相对平行的两个面代表了同一个面的正负两侧，其应力矢量大小相同、方向则相反。于是微元体三对面上的应力矢量就表示了一点三个相互正交方向的应力矢量。在微元体各面上的应力一般不垂直于所作用的面，将各面上的应力矢量沿坐标轴方向分解，并规定，若某面的外法线方向与坐标轴正

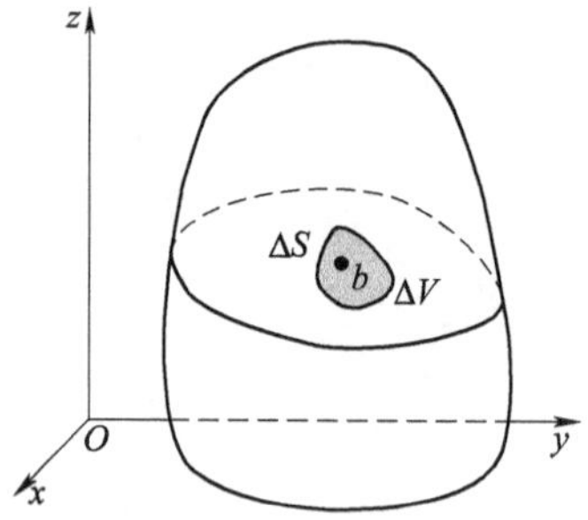

图 6.1.1　表面应力

方向一致，则该面上的应力分量以与坐标轴正向一致为正，若某面的外法线方向与坐标轴负方向一致，则该面上的应力分量以与坐标轴负向一致为正。各分量均以字母 σ 或 τ 加上两个下标表示，第一个下标表示作用面的法线方向，第二个下标表示分量的方向。读者对照图 6. 1. 2 仔细地逐个看一遍，就十分清楚了。不难发现，若考虑到相对平行的两个面实际上是表示同一个面的两侧，则以上正负号的规定很好地反映了作用与反作用定律。这样，就得到了一点的 9 个应力分量，即

$$\begin{cases} \sigma_{xx},\ \tau_{yx},\ \tau_{zx} \\ \tau_{xy},\ \sigma_{yy},\ \tau_{zy} \\ \tau_{xz},\ \tau_{yz},\ \sigma_{zz} \end{cases}$$

显然，也可以把上述应力分量理解为标量。有时，为了简明表达，还可以只绘出微元六面体的三个面，如图 6. 1. 3 所示。若将坐标轴 x、y 和 z 改用 x_1、x_2 和 x_3 表示，并将字母下标一律改为数字下标，则一点应力的 9 个分量可表示为

$$\begin{cases} \sigma_{11},\ \sigma_{12},\ \sigma_{13} \\ \sigma_{21},\ \sigma_{22},\ \sigma_{23} \\ \sigma_{31},\ \sigma_{32},\ \sigma_{33} \end{cases}$$

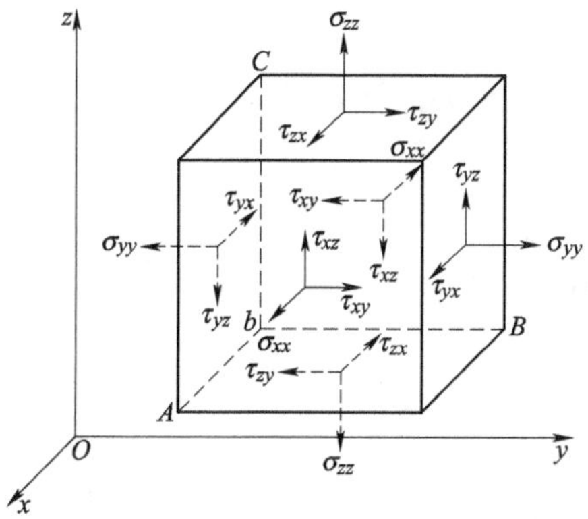

图 6. 1. 2　流体微元应力分布

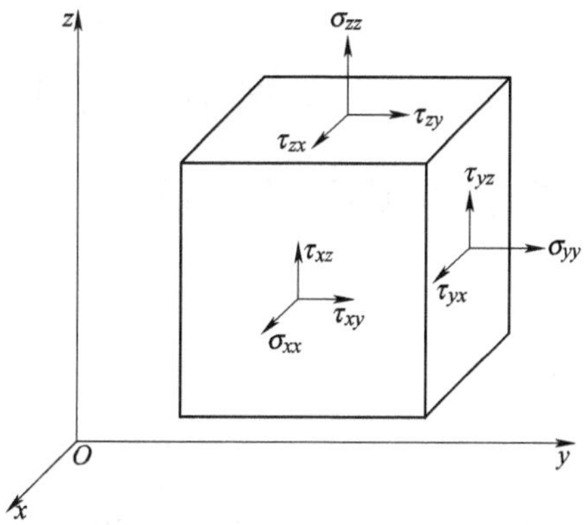

图 6. 1. 3　流体微元应力（简化表达）

这种表示方法既规整又方便。图 6. 1. 4 给出了这种符号，为了表达简明，图中同样只画了 3 个面。

若一点的 9 个应力分量被确定，则该点的应力状态就完全被确定了。特别指出，这个说法只有满足这样的要求才被认为是正确的，即该点任何斜截面上的应力都可以用 9 个分量表示。以下分析将证实，这确实是能够做到的。

取微元体为四面体，如图 6. 1. 5 所示，其三个面与图 6. 1. 2 完全相同，另一个面是斜截面，A、B 和 C 为四面体的三个顶点，另一个顶点是 b。令 $\triangle ABC$ 的外法线为 $\boldsymbol{n}$，$bA = \mathrm{d}x_1$，$bB = \mathrm{d}x_2$，$bC = \mathrm{d}x_3$，$\triangle ABC$ 的面积为 $\mathrm{d}A$，该面上的应力矢量为 $\boldsymbol{P}$，四面体的体积为

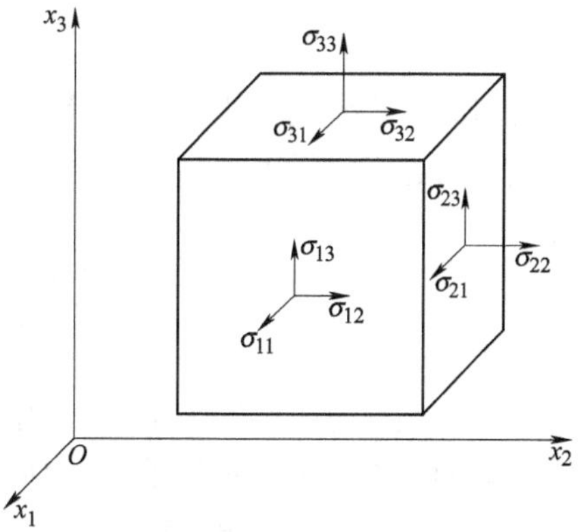

图 6. 1. 4　流体微元应力（数字代替字母）

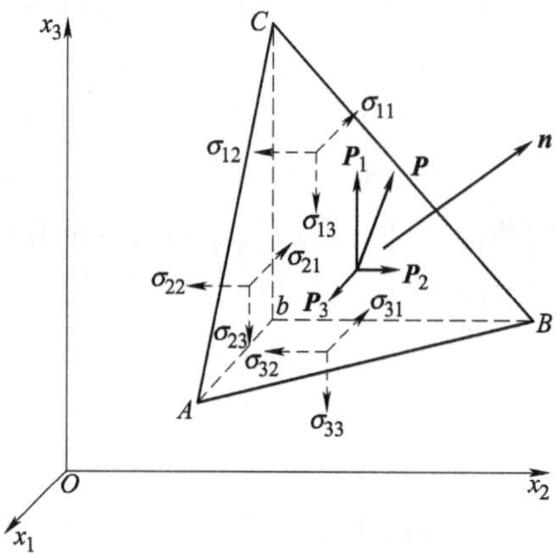

图 6.1.5　流体微元应力分布

dV，一般来说，$\boldsymbol{P}$ 与 $\boldsymbol{n}$ 的方向并不重合。分析并得出 $\boldsymbol{P}$ 沿坐标轴的三个分量 P_1、P_2 和 P_3。$\boldsymbol{n}$ 的三个方向余弦用 l_1、l_2 和 l_3 来表示，即

$$l_1 = \cos < \boldsymbol{n}, \boldsymbol{e}_1 >$$
$$l_2 = \cos < \boldsymbol{n}, \boldsymbol{e}_2 >$$
$$l_3 = \cos < \boldsymbol{n}, \boldsymbol{e}_3 >$$

式中，$\boldsymbol{e}_1$，$\boldsymbol{e}_2$ 和 $\boldsymbol{e}_3$ 分别为 x_1、x_2 和 x_3 轴上的单位矢量。于是，$\triangle bBC$、$\triangle bCA$ 和 $\triangle bAB$ 的面积分别为 $l_1 \mathrm{d}A$、$l_2 \mathrm{d}A$ 和 $l_3 \mathrm{d}A$。

当四面体处于平衡状态时，由达朗贝尔原理（设流体微团的运动速度为 $\boldsymbol{u}$），加上惯性力，并考虑到质量力（设沿坐标轴方向的质量力分别为 f_1、f_2 和 f_3）的影响，不难列出沿坐标轴方向力的平衡方程。由 $\sum F_{x_1} = 0$，得

$$P_1 \mathrm{d}A - \sigma_{11} \cdot \mathrm{d}A \cdot l_1 - \sigma_{21} \cdot \mathrm{d}A \cdot l_2 - \sigma_{31} \cdot \mathrm{d}A \cdot l_3 + f_1 \rho \mathrm{d}V - \frac{\mathrm{D}u_1}{\mathrm{D}t} \rho \mathrm{d}V = 0$$

即

$$P_1 + f_1 \rho \left(\mathrm{d}V - \frac{\mathrm{D}u_1}{\mathrm{D}t} \right) \frac{\mathrm{d}V}{\mathrm{d}A} = \sigma_{11} l_1 - \sigma_{21} l_2 - \sigma_{31} l_3$$

注意到 dV 是比 dA 高阶的小量，显然有

$$\frac{\mathrm{d}V}{\mathrm{d}A} \to 0$$

于是得到

$$P_1 = \sigma_{11} l_1 - \sigma_{21} l_2 - \sigma_{31} l_3$$

同理，由 $\sum F_{x_2} = 0$ 和 $\sum F_{x_3} = 0$，可得到下式中的后两式，即

$$\begin{cases} P_1 = \sigma_{11} l_1 - \sigma_{21} l_2 - \sigma_{31} l_3 \\ P_2 = \sigma_{12} l_1 - \sigma_{22} l_2 - \sigma_{32} l_3 \\ P_3 = \sigma_{13} l_1 - \sigma_{23} l_2 - \sigma_{33} l_3 \end{cases}$$

此即著名的柯西公式。若 P_1、P_2 和 P_3 被确定，则 $\boldsymbol{P}$ 自然就确定了。至此，已经把任何斜截面上的应力用选定坐标中的 9 个应力分量表示出来了。柯西公式还可以写成下面的矩阵形式：

$$\begin{pmatrix} P_1 \\ P_2 \\ P_3 \end{pmatrix} = \begin{pmatrix} \sigma_{11} & \sigma_{12} & \sigma_{13} \\ \sigma_{21} & \sigma_{22} & \sigma_{23} \\ \sigma_{31} & \sigma_{32} & \sigma_{33} \end{pmatrix} \begin{pmatrix} l_1 \\ l_2 \\ l_3 \end{pmatrix}$$

应当注意，对于空间力系，当物体处于平衡状态时，除合外力为零的条件外，还应有合外力矩为零的条件，上面只用了三个轴向的平衡条件，四面体平衡还应满足三个取矩的平衡条件。如图 6.1.6 所示，设 k 轴通过 $\triangle ABC$ 的形心 G 并平行于 x_3 轴。微元体上所有力对 k 轴取矩之和应为零。σ_{13}、σ_{23} 和 σ_{33} 的合力都平行于 k 轴，σ_{31}、σ_{32}、σ_{11} 和 σ_{22} 的合力都通过 k 轴，所以它们对 k 轴的矩均为零。于是只有 σ_{12} 和 σ_{21} 的合力对 k 轴有矩且符号相反。再注意到形心 G

至平面 bAC 的距离为 $\frac{1}{3}dx_2$，至平面 bBC 的距离为 $\frac{1}{3}dx_1$，则有

$$\sigma_{12}\cdot\frac{1}{2}dx_2dx_3\cdot\frac{1}{3}dx_1=\sigma_{21}\cdot\frac{1}{2}dx_1dx_3\cdot\frac{1}{3}dx_2$$

于是有

$$\sigma_{12}=\sigma_{21}$$

同理，可导出其余两式：

$$\begin{cases}\sigma_{12}=\sigma_{21}\\ \sigma_{23}=\sigma_{32}\\ \sigma_{31}=\sigma_{13}\end{cases}$$

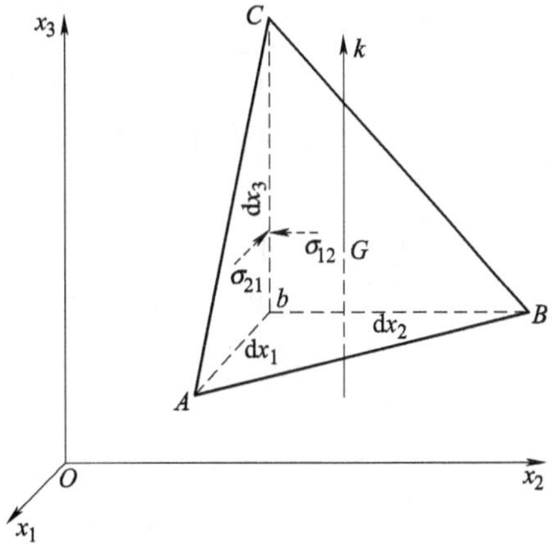

图 6.1.6　剪应力互易定律证明

此即材料力学中的已经熟悉的切应力互等定律。可见，
应力张量是二阶对称张量，即一点的应力状态，实际上只需要6个分量便可确定。

6.2　应力转轴公式与主应力

首先讨论坐标轴旋转时，旋转之前与旋转之后坐标之间的对应关系。给出两个右手直角坐标系 $Ox_1x_2x_3$ 与 $O'x_1'x_2'x_3'$，将前一个称作原坐标系，后一个称作新坐标系。$\boldsymbol{e}_1$、$\boldsymbol{e}_2$、$\boldsymbol{e}_3$ 和 $\boldsymbol{e}_1'$、$\boldsymbol{e}_2'$、$\boldsymbol{e}_3'$ 分别为两组坐标基向量，它们是空间中的两组标准正交基，它们之间的关系可以完全由新坐标系的原点在原坐标系中的坐标，以及新坐标系的坐标矢量在原坐标系中的坐标所决定。若直角坐标系 $Ox_1x_2x_3$ 与 $O'x_1'x_2'x_3'$ 的原点相同，则这种坐标变换为转轴变换，新、原坐标系坐标轴之间的夹角见表6.2.1。

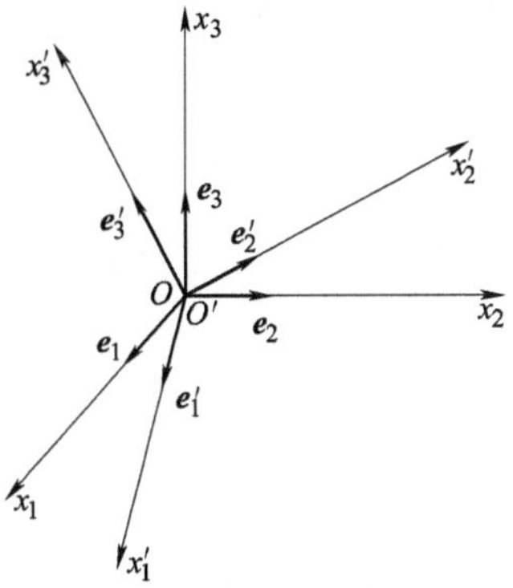

图 6.2.1　坐标轴旋转

表 6.2.1　坐标轴之间的夹角

	$x_1(\boldsymbol{e}_1)$	$x_2(\boldsymbol{e}_2)$	$x_3(\boldsymbol{e}_3)$
$x_1'(\boldsymbol{e}_1)$	α_1	β_1	γ_1
$x_2'(\boldsymbol{e}_2)$	α_2	β_2	γ_2
$x_3'(\boldsymbol{e}_3)$	α_3	β_3	γ_3

根据矢量投影为其分量投影之和，得到

$$\begin{cases}\boldsymbol{e}_1'=\boldsymbol{e}_1\cos\alpha_1+\boldsymbol{e}_2\cos\beta_1+\boldsymbol{e}_3\cos\gamma_1\\ \boldsymbol{e}_2'=\boldsymbol{e}_1\cos\alpha_2+\boldsymbol{e}_2\cos\beta_2+\boldsymbol{e}_3\cos\gamma_2\\ \boldsymbol{e}_3'=\boldsymbol{e}_1\cos\alpha_3+\boldsymbol{e}_2\cos\beta_3+\boldsymbol{e}_3\cos\gamma_3\end{cases}$$

设空间一点 b 在原坐标系中的坐标为（x_1，x_2，x_3），在新坐标系中的坐标为（x_1'，x_2'，x_3'），于是有

$$\overrightarrow{Ob} = x_1\boldsymbol{e}_1 + x_2\boldsymbol{e}_2 + x_3\boldsymbol{e}_3$$

$$\overrightarrow{O'b} = x_1'\boldsymbol{e}_1' + x_2'\boldsymbol{e}_2' + x_3'\boldsymbol{e}_3'$$

由于坐标系 $Ox_1x_2x_3$ 与坐标系 $O'x_1'x_2'x_3'$ 的原点相同，于是

$$x_1\boldsymbol{e}_1 + x_2\boldsymbol{e}_2 + x_3\boldsymbol{e}_3 = x_1'\boldsymbol{e}_1' + x_2'\boldsymbol{e}_2' + x_3'\boldsymbol{e}_3'$$

将 $\boldsymbol{e}_1'$、$\boldsymbol{e}_2'$、$\boldsymbol{e}_3'$ 代入，得

$$\begin{aligned}x_1\boldsymbol{e}_1 + x_2\boldsymbol{e}_2 + x_3\boldsymbol{e}_3 = &(x_1'\cos\alpha_1 + x_2'\cos\alpha_2 + x_3'\cos\alpha_3)\boldsymbol{e}_1 + \\ &(x_1'\cos\beta_1 + x_2'\cos\beta_2 + x_3'\cos\beta_3)\boldsymbol{e}_2 + \\ &(x_1'\cos\gamma_1 + x_2'\cos\gamma_2 + x_3'\cos\gamma_3)\boldsymbol{e}_3\end{aligned}$$

于是

$$\begin{cases}x_1 = x_1'\cos\alpha_1 + x_2'\cos\alpha_2 + x_3'\cos\alpha_3\\ x_2 = x_1'\cos\beta_1 + x_2'\cos\beta_2 + x_3'\cos\beta_3\\ x_3 = x_1'\cos\gamma_1 + x_2'\cos\gamma_2 + x_3'\cos\gamma_3\end{cases}$$

以及逆变换公式

$$\begin{cases}x_1' = x_1\cos\alpha_1 + x_2\cos\alpha_2 + x_3\cos\alpha_3\\ x_2' = x_1\cos\beta_1 + x_2\cos\beta_2 + x_3\cos\beta_3\\ x_3' = x_1\cos\gamma_1 + x_2\cos\gamma_2 + x_3\cos\gamma_3\end{cases}$$

以上变换公式均为齐次线性变换，其一次项系数不是独立的，因为 $\boldsymbol{e}_1$、$\boldsymbol{e}_2$、$\boldsymbol{e}_3$ 和 $\boldsymbol{e}_1'$、$\boldsymbol{e}_2'$、$\boldsymbol{e}_3'$ 分别为两组坐标基矢量，必然有

$$|\boldsymbol{e}_1| = |\boldsymbol{e}_2| = |\boldsymbol{e}_3| = 1\ ,\ \boldsymbol{e}_1\boldsymbol{e}_2 = \boldsymbol{e}_1\boldsymbol{e}_3 = \boldsymbol{e}_2\boldsymbol{e}_3 = 0$$

以及

$$|\boldsymbol{e}_1'| = |\boldsymbol{e}_2'| = |\boldsymbol{e}_3'| = 1\ ,\ \boldsymbol{e}_1'\boldsymbol{e}_2' = \boldsymbol{e}_1'\boldsymbol{e}_3' = \boldsymbol{e}_2'\boldsymbol{e}_3' = 0$$

所以有以下关系式成立：

$$\begin{cases}\cos^2\alpha_1 + \cos^2\beta_1 + \cos^2\gamma_1 = 1\\ \cos^2\alpha_2 + \cos^2\beta_2 + \cos^2\gamma_2 = 1\\ \cos^2\alpha_3 + \cos^2\beta_3 + \cos^2\gamma_3 = 1\\ \cos\alpha_1\cos\alpha_2 + \cos\beta_1\cos\beta_2 + \cos\gamma_1\cos\gamma_2 = 0\\ \cos\alpha_2\cos\alpha_3 + \cos\beta_2\cos\beta_3 + \cos\gamma_2\cos\gamma_3 = 0\\ \cos\alpha_3\cos\alpha_1 + \cos\beta_3\cos\beta_1 + \cos\gamma_3\cos\gamma_1 = 0\end{cases}$$

以及

$$\begin{cases}\cos^2\alpha_1 + \cos^2\alpha_2 + \cos^2\alpha_3 = 1\\ \cos^2\beta_1 + \cos^2\beta_2 + \cos^2\beta_3 = 1\\ \cos^2\gamma_1 + \cos^2\gamma_2 + \cos^2\gamma_3 = 1\\ \cos\alpha_1\cos\beta_1 + \cos\alpha_2\cos\beta_2 + \cos\alpha_3\cos\beta_3 = 0\\ \cos\gamma_1\cos\beta_1 + \cos\gamma_2\cos\beta_2 + \cos\gamma_3\cos\beta_3 = 0\\ \cos\alpha_1\cos\gamma_1 + \cos\alpha_2\cos\gamma_2 + \cos\alpha_3\cos\gamma_3 = 0\end{cases}$$

对于应力张量来说，可以把新坐标系 $Ox_1'x_2'x_3'$ 中的 9 个分量用原坐标系 $Ox_1x_2x_3$ 中的 9 个应力分量表示。在斜截面上建立直角坐标系，其三轴（r，m，n）以如下方式确定，即 n 轴与 $\boldsymbol{n}$ 方

向重合，r 和 m 在斜截面上任取，只要求三轴相互垂直。现将应力矢量 $\boldsymbol{P}$ 在 r、m 和 n 轴上的投影用 σ_{nr}、σ_{nm} 和 σ_{nn} 来表示，如图 6.2.2 所示，这三个投影都不难计算，作为例子，下面详细算出 σ_{nm}。为了更好地看出规律，用两个下标来表示方向余弦，即 m 轴的方向余弦记为 l_{1m}、l_{2m} 和 l_{3m}，n 轴方向的余弦也用 l_{1n}、l_{2n} 和 l_{3n} 分别代替原来的 l_1、l_2 和 l_3。根据矢量投影为其分量投影之和，有

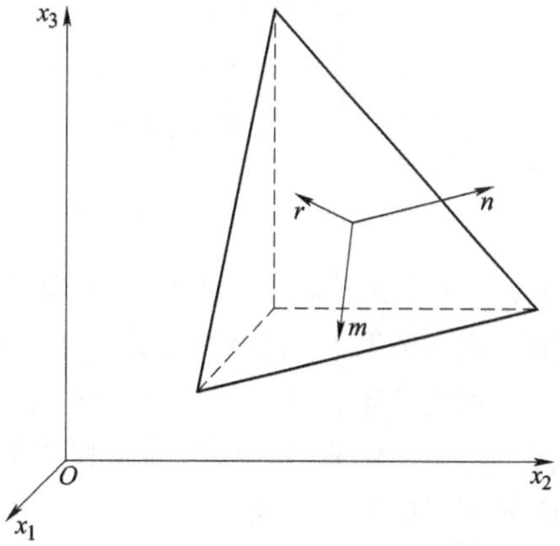

图 6.2.2　坐标旋转

$$\sigma_{nm} = P_1 l_{1m} + P_2 l_{2m} + P_3 l_{3m}$$

此时柯西公式为

$$\begin{cases} P_1 = \sigma_{11} l_{1n} - \sigma_{21} l_{2n} - \sigma_{31} l_{3n} \\ P_2 = \sigma_{12} l_{1n} - \sigma_{22} l_{2n} - \sigma_{32} l_{3n} \\ P_3 = \sigma_{13} l_{1n} - \sigma_{23} l_{2n} - \sigma_{33} l_{3n} \end{cases}$$

将该式代入 σ_{nm} 表达式中，有

$$\begin{aligned} \sigma_{nm} = {} & \sigma_{11} l_{1n} l_{1m} - \sigma_{21} l_{2n} l_{1m} - \sigma_{31} l_{3n} l_{1m} + \\ & \sigma_{12} l_{1n} l_{2m} - \sigma_{22} l_{2n} l_{2m} - \sigma_{32} l_{3n} l_{2m} + \\ & \sigma_{13} l_{1n} l_{3m} - \sigma_{23} l_{2n} l_{3m} - \sigma_{33} l_{3n} l_{3m} \end{aligned} \tag{6.2.1}$$

该式虽然冗长，但有规律可循，等式右端共 9 项，每项均由一个应力分量和两个方向余弦乘积构成，这两个方向余弦的下标分别由 n、m 和该项应力分量的两个下标确定。观察图 6.2.3，图中分别绘出了新坐标系与原坐标系下的 9 个应力分量，应把它们理解为同一点，只是取了不同方位而已。显然，新坐标系可以认为是原坐标系进行了旋转，都是右手系的，两个坐标系的方向余弦可用表 6.2.2 表示。本节开始介绍坐标系旋转时已经指出，表 6.2.2 中的 9 个余弦值实际上只有三个是独立的。参照式（6.2.1），不难写出新坐标系下的 9 个应力分量，以 $\sigma_{1'1'}$ 和 $\sigma_{2'3'}$ 为例，给出 σ_{nm} 的表达式。

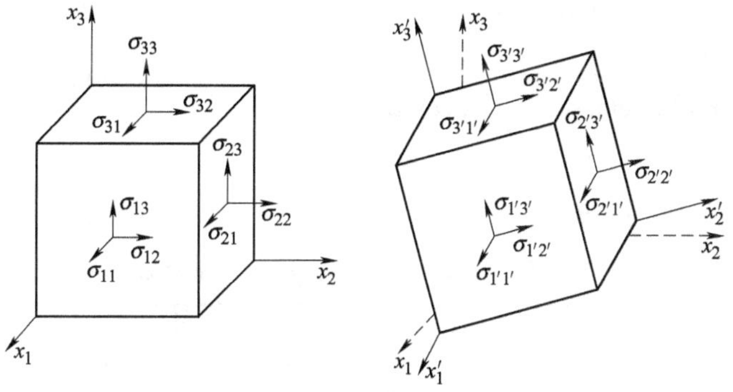

图 6.2.3　原坐标系与新坐标系的应力

表 6.2.2　坐标轴夹角的余弦

	x_1	x_1	x_3
x_1'	$l_{11'}$	$l_{21'}$	$l_{31'}$
x_2'	$l_{12'}$	$l_{22'}$	$l_{32'}$
x_3'	$l_{13'}$	$l_{23'}$	$l_{33'}$

以 $n=1'$，$m=1'$ 代入式（6.2.1），得

$$\begin{aligned} \sigma_{1'1'} = {} & \sigma_{11} l_{11'} l_{11'} - \sigma_{21} l_{21'} l_{11'} - \sigma_{31} l_{31'} l_{11'} + \\ & \sigma_{12} l_{11'} l_{21'} - \sigma_{22} l_{21'} l_{21'} - \sigma_{32} l_{31'} l_{21'} + \\ & \sigma_{13} l_{11'} l_{31'} - \sigma_{23} l_{21'} l_{31'} - \sigma_{33} l_{31'} l_{31'} \end{aligned}$$

以 $n=2'$，$m=3'$ 代入式（6.2.1），得

$$\begin{aligned} \sigma_{2'3'} = {} & \sigma_{11} l_{12'} l_{13'} - \sigma_{21} l_{22'} l_{13'} - \sigma_{31} l_{32'} l_{13'} + \\ & \sigma_{12} l_{12'} l_{23'} - \sigma_{22} l_{22'} l_{23'} - \sigma_{32} l_{32'} l_{23'} + \end{aligned}$$

$$\sigma_{13}l_{12'}l_{33'}-\sigma_{23}l_{22'}l_{33'}-\sigma_{33}l_{32'}l_{33'}$$

用类似的方法可以写出余下的 7 个应力分量。实际上，可以将该 9 个应力分量表达式写作矩阵形式，为此令

$$\boldsymbol{\sigma}=\begin{pmatrix}\sigma_{11} & \sigma_{12} & \sigma_{13}\\ \sigma_{21} & \sigma_{22} & \sigma_{23}\\ \sigma_{31} & \sigma_{32} & \sigma_{33}\end{pmatrix},\ \boldsymbol{\sigma}'=\begin{pmatrix}\sigma_{1'1'} & \sigma_{1'2'} & \sigma_{1'3'}\\ \sigma_{2'1'} & \sigma_{2'2'} & \sigma_{2'3'}\\ \sigma_{3'1'} & \sigma_{3'2'} & \sigma_{3'3'}\end{pmatrix},\ \boldsymbol{L}=\begin{pmatrix}l_{11'} & l_{21'} & l_{31'}\\ l_{12'} & l_{22'} & l_{32'}\\ l_{13'} & l_{23'} & l_{33'}\end{pmatrix}$$

则有

$$\boldsymbol{\sigma}'=\boldsymbol{L}\boldsymbol{\sigma}\boldsymbol{L}^{\mathrm{T}} \tag{6.2.2}$$

式中，T 表示矩阵转置。至此，实现了用原坐标系下的 9 个应力分量来表示新坐标系下的应力分量，式（6.2.2）也称为应力转轴公式。

一点的柱坐标（r，φ，z）或球坐标（r，θ，φ）均为笛卡儿坐标，相当于局部直角坐标（x_1，x_2，x_3）做旋转，柱坐标系和球坐标系的方向余弦见表 6.2.3 和表 6.2.4。以柱坐标为例，根据公式（6.2.2），有

$$\boldsymbol{L}=\begin{pmatrix}\cos\varphi & \sin\varphi & 0\\ -\sin\varphi & \cos\varphi & 0\\ 0 & 0 & 1\end{pmatrix},\ \boldsymbol{\sigma}'=\begin{pmatrix}\sigma_{rr} & \sigma_{r\varphi} & \sigma_{rz}\\ \sigma_{\varphi r} & \sigma_{\varphi\varphi} & \sigma_{\varphi z}\\ \sigma_{zr} & \sigma_{z\varphi} & \sigma_{zz}\end{pmatrix}$$

$$\begin{pmatrix}\sigma_{rr} & \sigma_{r\varphi} & \sigma_{rz}\\ \sigma_{\varphi r} & \sigma_{\varphi\varphi} & \sigma_{\varphi z}\\ \sigma_{zr} & \sigma_{z\varphi} & \sigma_{zz}\end{pmatrix}=\begin{pmatrix}\cos\varphi & \sin\varphi & 0\\ -\sin\varphi & \cos\varphi & 0\\ 0 & 0 & 1\end{pmatrix}\begin{pmatrix}\sigma_{11} & \sigma_{12} & \sigma_{13}\\ \sigma_{21} & \sigma_{22} & \sigma_{23}\\ \sigma_{31} & \sigma_{32} & \sigma_{33}\end{pmatrix}\begin{pmatrix}\cos\varphi & -\sin\varphi & 0\\ \sin\varphi & \cos\varphi & 0\\ 0 & 0 & 1\end{pmatrix}$$

据此，不难得到

$$\begin{cases}\sigma_{rr}=\sigma_{11}\cos^2\varphi+\sigma_{22}\sin^2\varphi+\sigma_{12}\sin2\varphi\\ \sigma_{\varphi\varphi}=\sigma_{11}\sin^2\varphi+\sigma_{22}\cos^2\varphi-\sigma_{12}\sin2\varphi\\ \sigma_{zz}=\sigma_{33}\\ \sigma_{r\varphi}=\sigma_{\varphi r}=(\sigma_{22}-\sigma_{11})\sin\varphi\cos\varphi+\sigma_{12}(\cos^2\varphi-\sin^2\varphi)\\ \sigma_{rz}=\sigma_{zr}=-\sigma_{31}\cos\varphi+\sigma_{32}\sin\varphi\\ \sigma_{\varphi z}=\sigma_{z\varphi}=-\sigma_{31}\sin\varphi+\sigma_{32}\cos\varphi\end{cases} \tag{6.2.3}$$

表 6.2.3 柱坐标系方向余弦

	x_1	x_2	x_3
x_1'	$\cos\varphi$	$\sin\varphi$	0
x_2'	$-\sin\varphi$	$\cos\varphi$	0
x_3'	0	0	1

表 6.2.4 球坐标系方向余弦

	x_1	x_2	x_3
x_1'	$\sin\theta\cos\varphi$	$\sin\theta\sin\varphi$	$\cos\theta$
x_2'	$\cos\theta\cos\varphi$	$\cos\theta\sin\varphi$	$\sin\theta$
x_3'	$-\sin\varphi$	$\cos\varphi$	0

以下讨论主应力和主平面。对于某点来说，微分截面 dA 可以有无穷多的取向。如果适当选取微分截面，使该界面上只作用正应力，而无切应力。在这种情况下，物体内的任一点，至少有三个相互垂直的面满足这个要求。把切应力为零的面称为主平面，主平面的法向称为主方向，主方向上的正应力（或总应力）称为主应力。

主应力以形象、简单、规整的数值形式表达应力状态，研究流体力学的本构理论必然涉及

主应力。前面把应力的 9 个分量用一个矩阵表示，即

$$\begin{pmatrix} \sigma_{11} & \sigma_{12} & \sigma_{13} \\ \sigma_{21} & \sigma_{22} & \sigma_{23} \\ \sigma_{31} & \sigma_{32} & \sigma_{33} \end{pmatrix}$$

矩阵理论指出，当坐标系旋转时，若满足两个条件，即矩阵元素为实数，并且矩阵对称，则一定能找到一组将矩阵化为对角矩阵的坐标。对于我们所考虑的问题，应力矩阵的元素的确为实数，而且应力矩阵为对称阵，所以一定能求得一个对角阵，即

$$\begin{pmatrix} p_1 & 0 & 0 \\ 0 & p_2 & 0 \\ 0 & 0 & p_3 \end{pmatrix}$$

其中 p_1、p_2 和 p_3 为黏性流体的主应力，其对应的一组坐标轴指向就是主方向。根据矩阵理论，可得出结论：连续介质内部任一点必然存在三个实数值主应力及一组正交主方向。主应力的值与坐标选择无关，即它们是不随坐标旋转而改变的物理量，即

$$p_1 + p_2 + p_3 = \text{常数}$$

可见，任意三个相互垂直的表面上的法向应力之和为一常数，它等于三个主应力之和，与作用面的方位无关。

本节最后根据法向应力的这一性质来定义黏性流体中的点压强 p，由于流体不能承受拉力，所以黏性流体点压强 p 等于过该点的三个主应力的算术平均值的相反数，即

$$p = -\frac{1}{3}(p_1 + p_2 + p_3) = -\frac{1}{3}(p_{xx} + p_{yy} + p_{zz})$$

在这种定义下，黏性流体压强的大小与方向无关，仅是空间坐标和时间的标量函数。

应当指出，黏性流体中的平均压强（也称力学压强）与热力学压强是有差别的。热力学压强变化时流体元的膨胀或收缩是可逆的，而力学压强变化引起流体微元体积变化时，因有黏性存在会产生能量耗散，是不可逆的，但在绝大多数流动中流体微元的体积变化率（在不可压缩流体中为零）比角变形率小得多，通常忽略体积变化对平均压强的影响。运动流体中的平均压强与热力学压强相等，并把平均压强简称为压强。

本节最后指出，在 3.4 节中对流体微团进行运动分析时，讨论了线变形和角变形。事实上，变形率与应力都是二阶对称张量，变形率张量 $\boldsymbol{\varepsilon}$ 为

$$\boldsymbol{\varepsilon} = \begin{pmatrix} \varepsilon_{11} & \varepsilon_{12} & \varepsilon_{13} \\ \varepsilon_{21} & \varepsilon_{22} & \varepsilon_{23} \\ \varepsilon_{31} & \varepsilon_{32} & \varepsilon_{33} \end{pmatrix} = \begin{pmatrix} \dfrac{\partial u_1}{\partial x_1} & \dfrac{1}{2}\left(\dfrac{\partial u_1}{\partial x_2} + \dfrac{\partial u_2}{\partial x_1}\right) & \dfrac{1}{2}\left(\dfrac{\partial u_1}{\partial x_3} + \dfrac{\partial u_3}{\partial x_1}\right) \\ \dfrac{1}{2}\left(\dfrac{\partial u_1}{\partial x_2} + \dfrac{\partial u_2}{\partial x_1}\right) & \dfrac{\partial u_2}{\partial x_2} & \dfrac{1}{2}\left(\dfrac{\partial u_2}{\partial x_3} + \dfrac{\partial u_3}{\partial x_2}\right) \\ \dfrac{1}{2}\left(\dfrac{\partial u_1}{\partial x_3} + \dfrac{\partial u_3}{\partial x_1}\right) & \dfrac{1}{2}\left(\dfrac{\partial u_2}{\partial x_3} + \dfrac{\partial u_3}{\partial x_2}\right) & \dfrac{\partial u_3}{\partial x_3} \end{pmatrix}$$

按照完全相同的分析方法可以得出，变形率张量与应力张量具有完全相同的特性。在坐标轴旋转时，应力和变形率的转换公式具有完全形同的形式。

6.3 黏性流体动力学本构方程概述

基于牛顿内摩擦定律，斯托克斯提出牛顿流体流动的应力张量和变形率张量之间基本关系的三项假定：

1）在静止流体中，切应力为零，正应力的数值为流体静压强 p，即热力学平衡压强；

2）应力张量和变形率张量之间为线性关系；

3）应力张量和变形率张量之间的关系与方向无关。

1. 切应力与角变形率的关系

由牛顿内摩擦定律可知，在平面均匀流中切应力与角变形率成正比，即

$$p=\mu\frac{\mathrm{d}\theta}{\mathrm{d}t}$$

这个结论可以推广到三元流动中。在流体中取一微元平行六面体，它在 xOy 平面上的投影如图 6.3.1 所示，由于各点的流速不等，经时间 $\mathrm{d}t$ 后各直角将发生角变形。

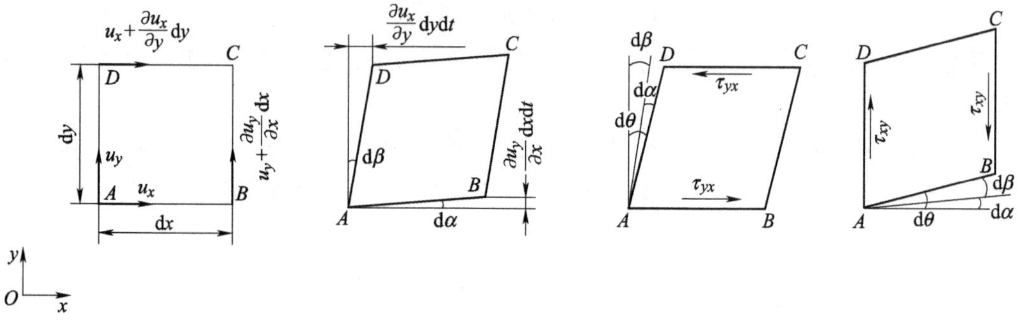

图 6.3.1 切应力与角变形率

CD 边相对 AB 边有相对运动，产生切应力 τ_{yx}，直角总的变形为 $\mathrm{d}\theta=\mathrm{d}\alpha+\mathrm{d}\beta$，直角的变形率为

$$\frac{\mathrm{d}\theta}{\mathrm{d}t}=\frac{\mathrm{d}\alpha+\mathrm{d}\beta}{\mathrm{d}t}=\frac{\dfrac{\frac{\partial u_y}{\partial x}\mathrm{d}x\mathrm{d}t}{\mathrm{d}x}+\dfrac{\frac{\partial u_x}{\partial y}\mathrm{d}y\mathrm{d}t}{\mathrm{d}y}}{\mathrm{d}t}=\frac{\partial u_y}{\partial x}+\frac{\partial u_x}{\partial y}$$

于是

$$\tau_{yx}=\mu\left(\frac{\partial u_y}{\partial x}+\frac{\partial u_x}{\partial y}\right)$$

BC 边相对 AD 边也有相对运动，产生切应力 τ_{xy}，其直角变形率也是

$$\frac{\mathrm{d}\theta}{\mathrm{d}t}=\frac{\mathrm{d}\alpha+\mathrm{d}\beta}{\mathrm{d}t}=\frac{\partial u_y}{\partial x}+\frac{\partial u_x}{\partial y}$$

所以

$$\tau_{xy}=\tau_{yx}=\mu\left(\frac{\partial u_y}{\partial x}+\frac{\partial u_x}{\partial y}\right)$$

在其他两个坐标平面上，用同样方法可得

$$\tau_{yz}=\tau_{zy}=\mu\left(\frac{\partial u_z}{\partial y}+\frac{\partial u_y}{\partial z}\right)$$

$$\tau_{zx}=\tau_{xz}=\mu\left(\frac{\partial u_x}{\partial z}+\frac{\partial u_z}{\partial x}\right)$$

以上三式就是广义的牛顿内摩擦定律，是关于切应力的三个补充方程，将切应力和角变形速率联系起来。

2. 法向应力与线变形率的关系

上一节述及，在黏性流体内部任一点总会有三个相互垂直的平面，其应力是垂直于作用面的，切应力等于零，具有这一特点的平面叫作主平面，其法线方向就是变形主轴方向，相应的法向应力就是主应力。

在黏性流体中取一边长为 ds 的微元立方体，它的六个面是主平面，取坐标轴方向与变形主轴一致。该立方体在 xOy 平面上的投影，如图 6. 3. 2 中的 $ABCD$ 所示。作用在它四个面上只有法向应力，没有切应力。故该四方体只有线变形，没有角变形。经 dt 时间，该四方体变为矩形 $AB'C'D'$。现沿对角线 BD 截取等腰三角形 ABD 来讨论。变形后直角 $\angle DAB$ 虽然无变化，但 $\angle DBA$ 有变化，这只能是法向应力 p_{xx} 和 p_{yy} 在斜边 DB 上产生切应力 τ'_{xy} 而引起的角变形，此即所谓的“压中有剪”——黏性流体中法向应力也会产生剪切变形。这里强调指出，此时的正应力已经指向作用面的内法线方向。

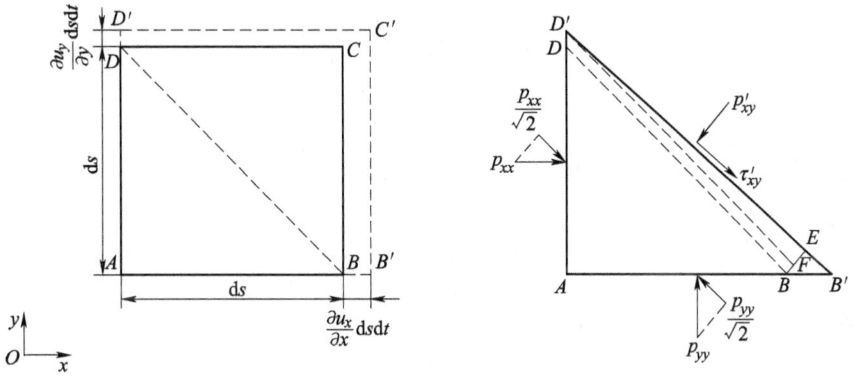

图 6. 3. 2　法向应力与线变形率

为了求出 $\angle DBA$ 的改变量，在点 B 作 DB 的垂线，它与过点 D' 与 BD 平行的直线交于 F，与 $D'B'$ 线交于 E。由于

$$BE=BB'\cos 45^\circ=\frac{\sqrt{2}}{2}BB'=\frac{\sqrt{2}}{2}\frac{\partial u_x}{\partial x}\mathrm{d}s\mathrm{d}t$$

$$BF=DD'\cos 45^\circ=\frac{\sqrt{2}}{2}DD'=\frac{\sqrt{2}}{2}\frac{\partial u_y}{\partial y}\mathrm{d}s\mathrm{d}t$$

$$D'F=\sqrt{2}\mathrm{d}s+\frac{\sqrt{2}}{2}\frac{\partial u_y}{\partial y}\mathrm{d}s\mathrm{d}t$$

因此

$$\angle FD'E \approx \frac{BE - BF}{D'F} = \frac{\left(\frac{\partial u_x}{\partial x} - \frac{\partial u_y}{\partial y}\right)\mathrm{d}t}{2 + \frac{\partial u_y}{\partial y}\mathrm{d}t}$$

因此 $\angle FD'E$ 是45°角的改变量，而角变形率 $\frac{\mathrm{d}\theta}{\mathrm{d}t}$ 是指直角的变化速度，于是

$$\frac{\mathrm{d}\theta}{\mathrm{d}t} = 2\lim_{\mathrm{d}t\to 0}\frac{\frac{\left(\frac{\partial u_x}{\partial x} - \frac{\partial u_y}{\partial y}\right)\mathrm{d}t}{2 + \frac{\partial u_y}{\partial y}\mathrm{d}t}}{\mathrm{d}t} = \frac{\partial u_x}{\partial x} - \frac{\partial u_y}{\partial y}$$

$$\tau'_{xy} = \mu\left(\frac{\partial u_x}{\partial x} - \frac{\partial u_y}{\partial y}\right)$$

考虑到质量力为高阶小量，忽略不计，由△ABD 上力的平衡条件可得

$$\tau'_{xy}(\sqrt{2}\,\mathrm{d}s) - \frac{\sqrt{2}}{2}p_{yy}\mathrm{d}s + \frac{\sqrt{2}}{2}p_{xx}\mathrm{d}s = 0$$

$$p_{xx} - p_{yy} + 2\tau'_{xy} = 0$$

于是

$$p_{yy} - p_{xx} = 2\mu\left(\frac{\partial u_x}{\partial x} - \frac{\partial u_y}{\partial y}\right)$$

同理

$$p_{zz} - p_{yy} = 2\mu\left(\frac{\partial u_y}{\partial y} - \frac{\partial u_z}{\partial z}\right)$$

$$p_{xx} - p_{zz} = 2\mu\left(\frac{\partial u_z}{\partial z} - \frac{\partial u_x}{\partial x}\right)$$

根据上一节关于黏性流体中动压强 p 的定义，即

$$p = \frac{p_{xx} + p_{yy} + p_{zz}}{3}$$

不难得到

$$p_{xx} = p + \frac{2}{3}\mu\left(\frac{\partial u_x}{\partial x} + \frac{\partial u_y}{\partial y} + \frac{\partial u_z}{\partial z}\right) - 2\mu\frac{\partial u_x}{\partial x}$$

同理可得

$$p_{yy} = p + \frac{2}{3}\mu\left(\frac{\partial u_x}{\partial x} + \frac{\partial u_y}{\partial y} + \frac{\partial u_z}{\partial z}\right) - 2\mu\frac{\partial u_y}{\partial y}$$

$$p_{zz} = p + \frac{2}{3}\mu\left(\frac{\partial u_x}{\partial x} + \frac{\partial u_y}{\partial y} + \frac{\partial u_z}{\partial z}\right) - 2\mu\frac{\partial u_z}{\partial z}$$

由此可知，黏性流体中同一点在不同方向的法向应力不相等，这是由于各方向的线变形率不等而产生切应力造成的。

黏性流体本构方程成立的基础是假设应力张量的各分量和速度梯度张量各分量之间存在线

性关系，也就是说，速度变化的二阶以及二阶以上的高阶量可以忽略不计。粗看起来，这样的假设只是对速度梯度比较小的流动才适用，但是实践证明，黏性流体的本构方程的适用范围远远超出人们的预料，它不仅适用于超声速气流，甚至对于高超声速气流也是适用的，只有在物理量（例如密度）变化极端剧烈的激波层内，它的适用性才存在问题。

6.4　黏性流体运动微分方程

对于满足连续介质假设的不可压缩流体，在运动流体中，任取一点 $M(x, y, z)$，以点 M 为中心取一微小平行六面体，边长为 dx、dy 和 dz，并分别与相应的直角坐标轴平行，如图 6.4.1 所示，现将牛顿第二定律应用在该流体微团。为了建立外力平衡关系式，首先分析作用于该六面体上的外力——质量力和表面力。

与静止的流体不同，在运动的黏性流体中，应力随作用面的方位不同而改变，且一般不垂直于作用面。因此在描述六面体每个面上的应力时，必须指明作用面的方位，同时每个面上不仅作用有法向应力，还作用有切向应力。

为了表达简明，在图 6.4.1 中没有绘出沿 y 轴和 z 轴方向的全部 12 个应力分量。作用在六面体上的表面力在 x 方向的合力为

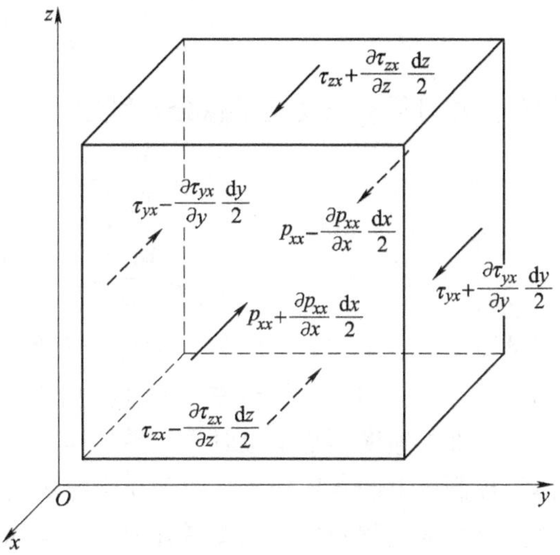

图 6.4.1　沿 x 方向作用在平行六面体的表面力

$$\begin{aligned}\sum dF_{Sx} =& \left(p_{xx} - \frac{\partial p_{xx}}{\partial x}\frac{dx}{2}\right)dydz - \left(p_{xx} + \frac{\partial p_{xx}}{\partial x}\frac{dx}{2}\right)dydz + \\ &\left(\tau_{yx} + \frac{\partial \tau_{yx}}{\partial y}\frac{dy}{2}\right)dxdz - \left(\tau_{yx} - \frac{\partial \tau_{yx}}{\partial y}\frac{dy}{2}\right)dxdz + \\ &\left(\tau_{zx} + \frac{\partial \tau_{zx}}{\partial z}\frac{dz}{2}\right)dxdy - \left(\tau_{zx} - \frac{\partial \tau_{zx}}{\partial z}\frac{dz}{2}\right)dxdy \\ =& \left(-\frac{\partial p_{xx}}{\partial x} + \frac{\partial \tau_{yx}}{\partial y} + \frac{\partial \tau_{zx}}{\partial z}\right)dxdydz\end{aligned}$$

作用在六面体上的质量力在三个坐标轴方向的分量等于单位质量 $\boldsymbol{f}$ 与六面体的质量 $\rho dxdydz$ 的乘积。在 x 方向的分量为

$$dF_{Bx} = \rho f_x dxdydz$$

因此，外力的合力在 x 轴方向的分量为

$$\sum dF_x = dF_{Sx} + dF_{Bx} = \left(\rho f_x - \frac{\partial p_{xx}}{\partial x} + \frac{\partial \tau_{yx}}{\partial y} + \frac{\partial \tau_{zx}}{\partial z}\right)dxdydz$$

设六面体中心点 M 的速度为 $\boldsymbol{u}(x, y, z, t)$，$\frac{D\boldsymbol{u}}{Dt}$ 为六面体的加速度，即速度的质点导数。根据第 3 章得到的关系式，质点导数在 x 轴方向的分量为

$$\frac{\mathrm{D}u_x}{\mathrm{D}t}=\frac{\partial u_x}{\partial t}+u_x\frac{\partial u_x}{\partial x}+u_y\frac{\partial u_x}{\partial y}+u_z\frac{\partial u_x}{\partial z}$$

x 方向的外力等于六面体的质量与该方向加速度分量的乘积，即

$$\left(\rho f_x-\frac{\partial p_{xx}}{\partial x}+\frac{\partial \tau_{yx}}{\partial y}+\frac{\partial \tau_{zx}}{\partial z}\right)\mathrm{d}x\mathrm{d}y\mathrm{d}z$$

$$=\rho\mathrm{d}x\mathrm{d}y\mathrm{d}z\cdot\left(\frac{\partial u_x}{\partial t}+u_x\frac{\partial u_x}{\partial x}+u_y\frac{\partial u_x}{\partial y}+u_z\frac{\partial u_x}{\partial z}\right)$$

化简为

$$\rho\frac{\mathrm{D}u_x}{\mathrm{D}t}=\rho f_x-\frac{\partial p_{xx}}{\partial x}+\frac{\partial \tau_{yx}}{\partial y}+\frac{\partial \tau_{zx}}{\partial z} \tag{6.4.1}$$

用同样方法可得 y、z 方向的微分方程为

$$\rho\frac{\mathrm{D}u_y}{\mathrm{D}t}=\rho f_y+\frac{\partial \tau_{xy}}{\partial x}-\frac{\partial p_{yy}}{\partial y}+\frac{\partial \tau_{zy}}{\partial z} \tag{6.4.2}$$

$$\rho\frac{\mathrm{D}u_z}{\mathrm{D}t}=\rho f_z+\frac{\partial \tau_{xz}}{\partial x}+\frac{\partial \tau_{yz}}{\partial y}-\frac{\partial p_{zz}}{\partial z} \tag{6.4.3}$$

这就是以应力表示的黏性流体运动微分方程，它是一个适用于一切流体运动的普遍方程。式(6.4.1)~式（6.4.3）等号左端的迁移加速度项是单位时间内通过单位体积的控制体净流出的动量，局部加速度项是单位时间、单位体积控制体内流体动量的增量。等号右端则为作用在单位体积控制体上的各项外力。由于质点导数的概念就是系统导数概念的微分化，因此在推导运动微分方程的过程中把加速度展开成局部加速度和迁移加速度，相当于运用输运公式将本来属于系统（质点）的加速度转换成以控制体为研究对象。

以应力表示的黏性流体运动微分方程中，只有单位质量力是已知数，即使是不可压缩流体，密度 ρ 是已知常数，也还有九个应力（应力张量）和三个速度分量（应变率张量）是未知数，而方程只有四个（三个运动微分方程加一个连续性微分方程），因此方程组是不封闭的，必须补充应力 $\begin{pmatrix}p_{xx} & \tau_{yx} & \tau_{zx}\\ \tau_{xy} & p_{yy} & \tau_{zy}\\ \tau_{xz} & \tau_{yz} & p_{zz}\end{pmatrix}$ 与变形率 $\begin{pmatrix}\varepsilon_{xx} & \varepsilon_{yx} & \varepsilon_{zx}\\ \varepsilon_{xy} & \varepsilon_{yy} & \varepsilon_{zy}\\ \varepsilon_{xz} & \omega_{yz} & \varepsilon_{zz}\end{pmatrix}$ 关系的方程——本构方程。据上一节得到本构关系式，代入到以应力表示的黏性流体运动微分方程，不难得到

$$\frac{\partial u_x}{\partial t}+u_x\frac{\partial u_x}{\partial x}+u_y\frac{\partial u_x}{\partial y}+u_z\frac{\partial u_x}{\partial z}=f_x-\frac{1}{\rho}\frac{\partial p}{\partial x}+\frac{\partial}{\partial x}\left\{\nu\left[2\frac{\partial u_x}{\partial x}-\frac{2}{3}\left(\frac{\partial u_x}{\partial x}+\frac{\partial u_y}{\partial y}+\frac{\partial u_z}{\partial z}\right)\right]\right\}+$$
$$\frac{\partial}{\partial y}\left[\nu\left(\frac{\partial u_x}{\partial y}+\frac{\partial u_y}{\partial x}\right)\right]+\frac{\partial}{\partial z}\left[\nu\left(\frac{\partial u_z}{\partial x}+\frac{\partial u_x}{\partial z}\right)\right]$$

$$\frac{\partial u_y}{\partial t}+u_x\frac{\partial u_y}{\partial x}+u_y\frac{\partial u_y}{\partial y}+u_z\frac{\partial u_y}{\partial z}=f_y-\frac{1}{\rho}\frac{\partial p}{\partial y}+\frac{\partial}{\partial x}\left[\nu\left(\frac{\partial u_x}{\partial y}+\frac{\partial u_y}{\partial x}\right)\right]+$$
$$\frac{\partial}{\partial y}\left\{\nu\left[2\frac{\partial u_y}{\partial y}-\frac{2}{3}\left(\frac{\partial u_x}{\partial x}+\frac{\partial u_y}{\partial y}+\frac{\partial u_z}{\partial z}\right)\right]\right\}+\frac{\partial}{\partial z}\left[\nu\left(\frac{\partial u_y}{\partial z}+\frac{\partial u_z}{\partial y}\right)\right]$$

$$\frac{\partial u_z}{\partial t}+u_x\frac{\partial u_z}{\partial x}+u_y\frac{\partial u_z}{\partial y}+u_z\frac{\partial u_z}{\partial z}=f_z-\frac{1}{\rho}\frac{\partial p}{\partial z}+\frac{\partial}{\partial x}\left[\nu\left(\frac{\partial u_z}{\partial x}+\frac{\partial u_x}{\partial z}\right)\right]+\frac{\partial}{\partial y}\left[\nu\left(\frac{\partial u_y}{\partial z}+\frac{\partial u_z}{\partial y}\right)\right]+$$

$$\frac{\partial}{\partial z}\left\{\nu\left[2\frac{\partial u_z}{\partial z}-\frac{2}{3}\left(\frac{\partial u_x}{\partial x}+\frac{\partial u_y}{\partial y}+\frac{\partial u_z}{\partial z}\right)\right]\right\}$$

化简后可得

$$\frac{\mathrm{D}u_x}{\mathrm{D}t}=f_x-\frac{1}{\rho}\frac{\partial p}{\partial x}+\nu\left(\frac{\partial^2 u_x}{\partial x^2}+\frac{\partial^2 u_x}{\partial y^2}+\frac{\partial^2 u_x}{\partial z^2}\right)+\frac{1}{3}\frac{\partial}{\partial x}\left[\nu\left(\frac{\partial u_x}{\partial x}+\frac{\partial u_y}{\partial y}+\frac{\partial u_z}{\partial z}\right)\right]$$

$$\frac{\mathrm{D}u_y}{\mathrm{D}t}=f_y-\frac{1}{\rho}\frac{\partial p}{\partial y}+\nu\left(\frac{\partial^2 u_y}{\partial x^2}+\frac{\partial^2 u_y}{\partial y^2}+\frac{\partial^2 u_y}{\partial z^2}\right)+\frac{1}{3}\frac{\partial}{\partial y}\left[\nu\left(\frac{\partial u_x}{\partial x}+\frac{\partial u_y}{\partial y}+\frac{\partial u_z}{\partial z}\right)\right]$$

$$\frac{\mathrm{D}u_z}{\mathrm{D}t}=f_z-\frac{1}{\rho}\frac{\partial p}{\partial z}+\nu\left(\frac{\partial^2 u_z}{\partial x^2}+\frac{\partial^2 u_z}{\partial y^2}+\frac{\partial^2 u_z}{\partial z^2}\right)+\frac{1}{3}\frac{\partial}{\partial z}\left[\nu\left(\frac{\partial u_x}{\partial x}+\frac{\partial u_y}{\partial y}+\frac{\partial u_z}{\partial z}\right)\right]$$

此即牛顿流体的运动微分方程——纳维-斯托克斯（Navier-Stokes，N-S）方程。该方程于 1821 年由法国力学家纳维提出，1845 年英国力学家斯托克斯完成最终的形式。对于不可压缩流体，若 ν 为已知常数，且 $\frac{\partial u_x}{\partial x}+\frac{\partial u_y}{\partial y}+\frac{\partial u_z}{\partial z}=0$，上式可简化为

$$\frac{\partial u_x}{\partial t}+u_x\frac{\partial u_x}{\partial x}+u_y\frac{\partial u_x}{\partial y}+u_z\frac{\partial u_x}{\partial z}=f_x-\frac{1}{\rho}\frac{\partial p}{\partial x}+\nu\left(\frac{\partial^2 u_x}{\partial x^2}+\frac{\partial^2 u_x}{\partial y^2}+\frac{\partial^2 u_x}{\partial z^2}\right)$$

$$\frac{\partial u_y}{\partial t}+u_x\frac{\partial u_y}{\partial x}+u_y\frac{\partial u_y}{\partial y}+u_z\frac{\partial u_y}{\partial z}=f_y-\frac{1}{\rho}\frac{\partial p}{\partial y}+\nu\left(\frac{\partial^2 u_y}{\partial x^2}+\frac{\partial^2 u_y}{\partial y^2}+\frac{\partial^2 u_y}{\partial z^2}\right)$$

$$\frac{\partial u_z}{\partial t}+u_x\frac{\partial u_z}{\partial x}+u_y\frac{\partial u_z}{\partial y}+u_z\frac{\partial u_z}{\partial z}=f_z-\frac{1}{\rho}\frac{\partial p}{\partial z}+\nu\left(\frac{\partial^2 u_z}{\partial x^2}+\frac{\partial^2 u_z}{\partial y^2}+\frac{\partial^2 u_z}{\partial z^2}\right)$$

对于理想流体 $\nu=\mu=0$，$p_{xx}=p_{yy}=p_{zz}=p$，即理想流体中，点压强 p 与作用面的方位无关，它是空间坐标和时间的函数。于是得到上一章的理想流体运动微分方程，即欧拉运动微分方程。

在不可压缩流体或欧拉运动微分方程中，ν 和 ρ 为已知常数，只有压强与三个方向的速度是未知变数，而运动微分方程和连续性微分方程共有四个方程，所以方程组是封闭的，原则上可以求解。对于可压缩流体，因 ν 和 ρ 都是未知变数，方程组不封闭，需补充其他方程，例如，补充理想气体状态方程等。

加速度中的迁移项，即 $\left(u_x\frac{\partial u_z}{\partial x}+u_y\frac{\partial u_z}{\partial y}+u_z\frac{\partial u_z}{\partial z}\right)$，在数学上很难处理，因为它是因变量的乘积，因此，方程是非线性的，分析时不能采用叠加法则。值得注意的是，这些非线性项是惯性力（加速度项）而不是黏性应力，可见黏性流动研究中的主要困难在于非黏性项。至于黏性应力本身，若假定黏性是常数，此时方程反倒是线性的。在无黏性流动中，非线性迁移加速度项仍旧存在，但是不造成困难，从上一章可以看到，由于通常无黏流动是无旋的，于是迁移加速度项只剩下伯努利方程中的动能项，尽管动能项也是非线性项，但该项可以用总压和静压之差表示。

N-S 方程是研究牛顿流体运动的基本方程之一，它和连续性方程组成的微分方程组，是求解各种流体力学问题的基础，表达了牛顿流体运动所必须遵循的一般规律。从理论上说，任何一个具体的流动都是这一组方程的特解。虽然 N-S 方程是非线性的，求解过程复杂，特别是遇到复杂的边界条件，求解会有很大困难，但这一组方程的建立为从理论上分析解决流动问题奠定了基础，在流体力学发展史上具有重要理论意义。

【例 6.4.1】 对于恒定均匀流，试用 N-S 方程证明：(1) 任一点平行于水流方向与垂直于水流方向的法向应力相等，皆等于该点的动水压强 p；(2) 过流断面上的动水压强按静水压强规律分布。

证：(1) 设置坐标系，令 y 轴与均匀流的流动方向一致，如图 6.4.2 所示。根据已知条件：

恒定流中 $\dfrac{\partial u_x}{\partial t}=\dfrac{\partial u_y}{\partial t}=\dfrac{\partial u_z}{\partial t}=0$

均匀流中 $u_x=u_z=0,\ u_y=u$

由不可压缩流体的连续性微分方程可得

$$\frac{\partial u_y}{\partial y}=\frac{\partial u}{\partial y}=0$$

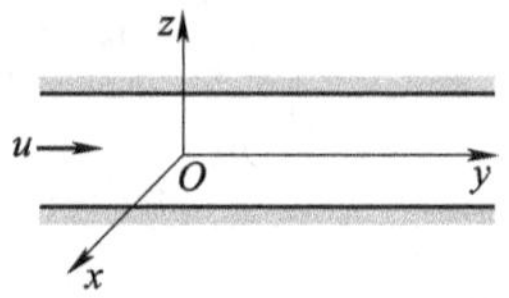

图 6.4.2 恒定均匀流

可见，速度 u 只是 x 和 z 的函数，不随 y 而变。由于均匀流中所有流线皆平行于 y 轴，说明均匀流同一流线上各点的速度相等。

(2) 将 (1) 中的表达式代入本构方程，易得

$$p_{xx}=p_{yy}=p_{zz}=p$$

可见，任一点平行水流方向的法向应力 p_{yy} 与垂直于水流方向的法向应力 p_{xx}、p_{zz} 相等，且三者都等于该点的动水压强 p。本题中，由于坐标系不是任取的（必须有一个坐标轴与运动方向一致），所以不能说，一点的压强与作用面的方位无关。

在黏性流体与固壁接触的表面上，$u_x=u_y=u_z=0$，同样也可得到 $p_{xx}=p_{yy}=p_{zz}=p$，因此，在固壁上开孔安装测压管，所测量到的不仅是该点垂直于水流方向的法向应力，它同时也是该点的动水压强。

现在只讨论过流断面 x-z 平面上的压强分布。将 (1) 各项代入 N-S 方程，并考虑到质量力只有重力，易得

$$0=-g-\frac{1}{\rho}\frac{\partial p}{\partial z}$$

积分后得到

$$p=-\rho gz+C(x)$$

由 $\dfrac{\partial p}{\partial x}=C'(x)=0$，得 $C(x)=$ 常数。于是

$$z+\frac{p}{\rho g}=\text{常数}$$

可见，该式与静力学压强分布式相同，但意义完全不同。上式只表明，在同一过流断面上 $z+\dfrac{p}{\rho g}=$ 常数，但在不同的过流断面上，则为不同的“常数”。

【例 6.4.2】 某不可压缩流动的速度场为

$$u_x=ay\ ,\ u_y=bx\ ,\ u_z=0$$

式中，a、b 为常数。若不计质量力，求此流场的压强分布。

解：该流动为不可压缩二维定常流动，将速度分布及其导数代入不可压缩流体的运动微分方程，可得

$$-\frac{1}{\rho}\frac{\partial p}{\partial x}=u_y\frac{\partial u_x}{\partial y}=abx \quad ①$$

$$-\frac{1}{\rho}\frac{\partial p}{\partial y}=u_x\frac{\partial u_y}{\partial x}=aby \quad ②$$

将式①、式②的两端分别乘以 dx、dy，然后相加，得

$$-\frac{1}{\rho}\left(\frac{\partial p}{\partial x}dx+\frac{\partial p}{\partial y}dy\right)=ab(xdx+ydy)$$

即

$$dp=-\rho ab(xdx+ydy)$$

对该式积分，得

$$p=-\rho ab\int(xdx+ydy)=-\frac{1}{2}\rho ab(x^2+y^2)+C$$

式中，C 为积分常数。

6.5　黏性流动能量方程

在直角坐标系中取控制体为微元平行六面体，如图 6.5.1 所示。根据热力学第一定律，加入的热量 dQ 等于控制体对外界做功 dW 与控制体的总能量净增加值 dE 之和，即

$$dQ=dE+dW$$

与质量守恒和动量守恒一样，将流体的能量方程写成控制体单位体积的时间变化率的形式会更加方便，即

$$\frac{DQ}{Dt}=\frac{DE}{Dt}+\frac{DW}{Dt} \tag{6.5.1}$$

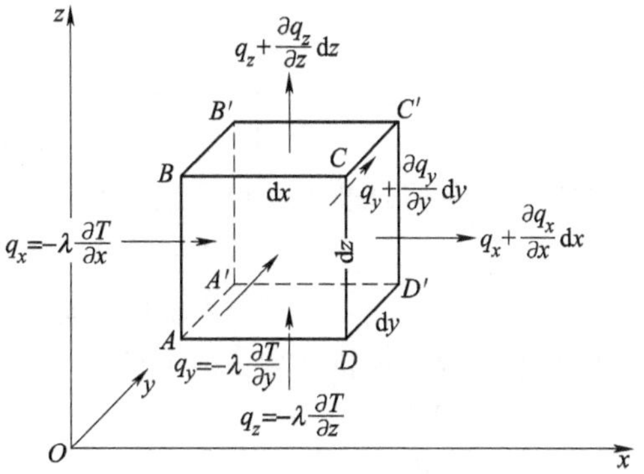

图 6.5.1　能量方程推导

单位时间内通过热传导输入和输出的能量也同样改变微元内的能量，按照傅里叶导热定律，热流密度 $\boldsymbol{q}$ 与温度（T）梯度以及导热系数 λ 的关系，即

$$\boldsymbol{q}=-\lambda\left(\frac{\partial T}{\partial x}\boldsymbol{i}+\frac{\partial T}{\partial y}\boldsymbol{j}+\frac{\partial T}{\partial z}\boldsymbol{k}\right)$$

$$\left[q_x dydz-\left(q_x+\frac{\partial q_x}{\partial x}dx\right)dydz\right]+\left[q_y dxdz-\left(q_y+\frac{\partial q_y}{\partial y}dy\right)dxdz\right]+$$

$$\left[q_z dxdy-\left(q_z+\frac{\partial q_z}{\partial z}dz\right)dxdy\right]=-\left(\frac{\partial q_x}{\partial x}+\frac{\partial q_y}{\partial y}+\frac{\partial q_z}{\partial z}\right)dxdydz$$

$$=\left[\frac{\partial}{\partial x}\left(\lambda\frac{\partial T}{\partial x}\right)+\frac{\partial}{\partial y}\left(\lambda\frac{\partial T}{\partial y}\right)+\frac{\partial}{\partial z}\left(\lambda\frac{\partial T}{\partial z}\right)\right]dxdydz$$

根据热力学第一定律，系统获得热量为正值，将上式除以控制体体积，得到

$$\frac{DQ}{Dt}=\frac{\partial}{\partial x}\left(\lambda\frac{\partial T}{\partial x}\right)+\frac{\partial}{\partial y}\left(\lambda\frac{\partial T}{\partial y}\right)+\frac{\partial}{\partial z}\left(\lambda\frac{\partial T}{\partial z}\right)$$

运动中的流体微团（控制体）的总能量包括内能 e 和动能，即单位体积的总能量为

$$E=\rho\left(e+\frac{1}{2}u^2\right)$$

$$\frac{\mathrm{D}E}{\mathrm{D}t}=\rho\frac{\mathrm{D}e}{\mathrm{D}t}+\rho u\frac{\mathrm{D}u}{\mathrm{D}t} \tag{6.5.2}$$

表面力做功同样通过速度和沿速度方向作用的力的乘积来计算，相对控制体来说，表面力的方向与速度的方向一致时，单位时间内表面力做功取正号，否则取负号。如图 6.5.1 所示，首先，考虑垂直于 x 方向的两个面 $ABB'A'$ 和 $DCC'D'$ 在单位时间内对微元做功为

$$\left\{\left[p_{xx}u_x-\frac{\partial(p_{xx}u_x)}{\partial x}\frac{\mathrm{d}x}{2}\right]-\left[p_{xx}u_x+\frac{\partial(p_{xx}u_x)}{\partial x}\frac{\mathrm{d}x}{2}\right]\right\}\mathrm{d}y\mathrm{d}z+$$
$$\left\{\left[\tau_{xy}u_y+\frac{\partial(\tau_{xy}u_y)}{\partial x}\frac{\mathrm{d}x}{2}\right]-\left[\tau_{xy}u_y-\frac{\partial(\tau_{xy}u_y)}{\partial x}\frac{\mathrm{d}x}{2}\right]\right\}\mathrm{d}y\mathrm{d}z+$$
$$\left\{\left[\tau_{xz}u_z+\frac{\partial(\tau_{xz}u_z)}{\partial x}\frac{\mathrm{d}x}{2}\right]-\left[\tau_{xz}u_z-\frac{\partial(\tau_{xz}u_z)}{\partial x}\frac{\mathrm{d}x}{2}\right]\right\}\mathrm{d}y\mathrm{d}z$$
$$=\left[-\frac{\partial(p_{xx}u_x)}{\partial x}+\frac{\partial(\tau_{xy}u_y)}{\partial x}+\frac{\partial(\tau_{xz}u_z)}{\partial x}\right]\mathrm{d}x\mathrm{d}y\mathrm{d}z$$

同理，垂直于 y 方向和 z 方向的单位时间内的微元功为

$$\left[\frac{\partial(\tau_{yx}u_x)}{\partial y}-\frac{\partial(p_{yy}u_y)}{\partial y}+\frac{\partial(\tau_{yz}u_z)}{\partial y}\right]\mathrm{d}x\mathrm{d}y\mathrm{d}z$$
$$\left[\frac{\partial(\tau_{zx}u_x)}{\partial z}+\frac{\partial(\tau_{zy}u_y)}{\partial z}-\frac{\partial(p_{zz}u_z)}{\partial z}\right]\mathrm{d}x\mathrm{d}y\mathrm{d}z$$

质量力 $\boldsymbol{f}$ 做功通过速度和沿速度方向作用的力的乘积来计算，则 $\boldsymbol{f}$ 对控制体所做的功为

$$(\rho f_x\mathrm{d}x\mathrm{d}y\mathrm{d}z)u_x+(\rho f_y\mathrm{d}x\mathrm{d}y\mathrm{d}z)u_y+(\rho f_z\mathrm{d}x\mathrm{d}y\mathrm{d}z)u_z$$
$$=(\rho f_xu_x+\rho f_yu_y+\rho f_zu_z)\mathrm{d}x\mathrm{d}y\mathrm{d}z=(\rho\boldsymbol{f}\cdot\boldsymbol{u})\mathrm{d}x\mathrm{d}y\mathrm{d}z$$

于是得到系统单位体积在单位时间内对外界做功，即

$$\frac{\mathrm{D}W}{\mathrm{D}t}=-\left[\frac{\partial}{\partial x}(-p_{xx}u_x+\tau_{xy}u_y+\tau_{xz}u_z)+\frac{\partial}{\partial y}(\tau_{yx}u_x-p_{yy}u_y+\tau_{yz}u_z)+\right.$$
$$\left.\frac{\partial}{\partial z}(\tau_{zx}u_x+\tau_{zy}u_y-p_{zz}u_z)+\rho\boldsymbol{f}\cdot\boldsymbol{u}\right]$$
$$=\frac{\partial}{\partial x}(p_{xx}u_x-\tau_{xy}u_y-\tau_{xz}u_z)+\frac{\partial}{\partial y}(-\tau_{yx}u_x+p_{yy}u_y-\tau_{yz}u_z)+$$
$$\frac{\partial}{\partial z}(-\tau_{zx}u_x-\tau_{zy}u_y+p_{zz}u_z)-\rho\boldsymbol{f}\cdot\boldsymbol{u}$$

将上式等号右端展开并整理，得

$$\frac{\mathrm{D}W}{\mathrm{D}t}=\left(\frac{\partial p_{xx}}{\partial x}-\frac{\partial\tau_{yx}}{\partial y}-\frac{\partial\tau_{zx}}{\partial z}\right)u_x+\left(-\frac{\partial\tau_{xy}}{\partial x}+\frac{\partial p_{yy}}{\partial y}-\frac{\partial\tau_{zy}}{\partial z}\right)u_y+\left(-\frac{\partial\tau_{xz}}{\partial x}-\frac{\partial\tau_{yz}}{\partial y}+\frac{\partial p_{zz}}{\partial z}\right)u_z+$$
$$\left(\frac{\partial u_x}{\partial x}p_{xx}-\frac{\partial u_x}{\partial y}\tau_{yx}-\frac{\partial u_x}{\partial z}\tau_{zx}\right)+\left(-\frac{\partial u_y}{\partial x}\tau_{xy}+\frac{\partial u_y}{\partial y}p_{yy}-\frac{\partial u_y}{\partial z}\tau_{zy}\right)+$$
$$\left(-\frac{\partial u_z}{\partial x}\tau_{xz}-\frac{\partial u_z}{\partial y}\tau_{yz}+\frac{\partial u_z}{\partial z}p_{zz}\right)-\rho\boldsymbol{f}\cdot\boldsymbol{u}$$

为了简化上式，下面将式（6.5.1）两端分别乘以 u_x，得

$$\rho u_x \frac{\mathrm{D}u_x}{\mathrm{D}t} = \rho f_x u_x + u_x\left(-\frac{\partial p_{xx}}{\partial x} + \frac{\partial \tau_{yx}}{\partial y} + \frac{\partial \tau_{zx}}{\partial z}\right) \tag{6.5.3}$$

同理，将式（6.5.2）两端分别乘以 u_y，将式（6.5.3）两端分别乘以 u_z，得

$$\rho u_y \frac{\mathrm{D}u_y}{\mathrm{D}t} = \rho f_y u_y + u_y\left(\frac{\partial \tau_{xy}}{\partial x} - \frac{\partial p_{yy}}{\partial y} + \frac{\partial \tau_{zy}}{\partial z}\right) \tag{6.5.4}$$

$$\rho u_z \frac{\mathrm{D}u_z}{\mathrm{D}t} = \rho f_z u_z + u_z\left(\frac{\partial \tau_{xz}}{\partial x} + \frac{\partial \tau_{yz}}{\partial y} - \frac{\partial p_{zz}}{\partial z}\right) \tag{6.5.5}$$

将式（6.5.3）~式（6.5.5）各式相加，得

$$\left(\frac{\partial p_{xx}}{\partial x} - \frac{\partial \tau_{yx}}{\partial y} - \frac{\partial \tau_{zx}}{\partial z}\right) u_x + \left(-\frac{\partial \tau_{xy}}{\partial x} + \frac{\partial p_{yy}}{\partial y} - \frac{\partial \tau_{zy}}{\partial z}\right) u_y + \left(-\frac{\partial \tau_{xz}}{\partial x} - \frac{\partial \tau_{yz}}{\partial y} + \frac{\partial p_{zz}}{\partial z}\right) u_z$$
$$= -\left(\rho u \frac{\mathrm{D}u}{\mathrm{D}t} - \rho \boldsymbol{f} \cdot \boldsymbol{u}\right)$$

于是

$$\frac{\mathrm{D}W}{\mathrm{D}t} = \left(-\frac{\partial u_x}{\partial x}p_{xx} + \frac{\partial u_x}{\partial y}\tau_{yx} + \frac{\partial u_x}{\partial z}\tau_{zx}\right) + \left(\frac{\partial u_y}{\partial x}\tau_{xy} - \frac{\partial u_y}{\partial y}p_{yy} + \frac{\partial u_y}{\partial z}\tau_{zy}\right) +$$
$$\left(\frac{\partial u_z}{\partial x}\tau_{xz} + \frac{\partial u_z}{\partial y}\tau_{yz} - \frac{\partial u_z}{\partial z}p_{zz}\right) - \rho u \frac{\mathrm{D}u}{\mathrm{D}t}$$

将式 $\frac{\mathrm{D}Q}{\mathrm{D}t}$、$\frac{\mathrm{D}E}{\mathrm{D}t}$ 和 $\frac{\mathrm{D}W}{\mathrm{D}t}$ 代入方程（6.5.1），动能项和势能项均消失，于是得到

$$\frac{\partial}{\partial x}\left(\lambda \frac{\partial T}{\partial x}\right) + \frac{\partial}{\partial y}\left(\lambda \frac{\partial T}{\partial y}\right) + \frac{\partial}{\partial z}\left(\lambda \frac{\partial T}{\partial z}\right)$$
$$= \rho \frac{\mathrm{D}e}{\mathrm{D}t} + \left(-\frac{\partial u_x}{\partial x}p_{xx} + \frac{\partial u_x}{\partial y}\tau_{yx} + \frac{\partial u_x}{\partial z}\tau_{zx}\right) + \left(\frac{\partial u_y}{\partial x}\tau_{xy} - \frac{\partial u_y}{\partial y}p_{yy} + \frac{\partial u_y}{\partial z}\tau_{zy}\right) +$$
$$\left(\frac{\partial u_z}{\partial x}\tau_{xz} + \frac{\partial u_z}{\partial y}\tau_{yz} - \frac{\partial u_z}{\partial z}p_{zz}\right)$$

上式可改写为

$$\rho \frac{\mathrm{D}e}{\mathrm{D}t} = \left(-\frac{\partial u_x}{\partial x}p_{xx} + \frac{\partial u_x}{\partial y}\tau_{yx} + \frac{\partial u_x}{\partial z}\tau_{zx}\right) + \left(\frac{\partial u_y}{\partial x}\tau_{xy} - \frac{\partial u_y}{\partial y}p_{yy} + \frac{\partial u_y}{\partial z}\tau_{zy}\right) +$$
$$\left(\frac{\partial u_z}{\partial x}\tau_{xz} + \frac{\partial u_z}{\partial y}\tau_{yz} - \frac{\partial u_z}{\partial z}p_{zz}\right) + \frac{\partial}{\partial x}\left(\lambda \frac{\partial T}{\partial x}\right) + \frac{\partial}{\partial y}\left(\lambda \frac{\partial T}{\partial y}\right) + \frac{\partial}{\partial z}\left(\lambda \frac{\partial T}{\partial z}\right)$$

或

$$\rho \frac{\mathrm{D}e}{\mathrm{D}t} = -\left(\frac{\partial u_x}{\partial x}p_{xx} + \frac{\partial u_y}{\partial y}p_{yy} + \frac{\partial u_z}{\partial z}p_{zz}\right) + \left(\frac{\partial u_x}{\partial y} + \frac{\partial u_y}{\partial x}\right)\tau_{xy} +$$
$$\left(\frac{\partial u_y}{\partial z} + \frac{\partial u_z}{\partial y}\right)\tau_{yz} + \left(\frac{\partial u_z}{\partial x} + \frac{\partial u_x}{\partial z}\right)\tau_{xz} + \frac{\partial}{\partial x}\left(\lambda \frac{\partial T}{\partial x}\right) + \frac{\partial}{\partial y}\left(\lambda \frac{\partial T}{\partial y}\right) + \frac{\partial}{\partial z}\left(\lambda \frac{\partial T}{\partial z}\right)$$

将本构方程代入该式，有

$$\rho \frac{\mathrm{D}e}{\mathrm{D}t} + p\left(\frac{\partial u_x}{\partial x} + \frac{\partial u_y}{\partial y} + \frac{\partial u_z}{\partial z}\right)$$

$$=\mu\left[2\left(\frac{\partial u_x}{\partial x}\right)^2+2\left(\frac{\partial u_y}{\partial y}\right)^2+2\left(\frac{\partial u_z}{\partial z}\right)^2+\left(\frac{\partial u_x}{\partial y}+\frac{\partial u_y}{\partial x}\right)^2+\left(\frac{\partial u_y}{\partial z}+\frac{\partial u_z}{\partial y}\right)^2+\left(\frac{\partial u_z}{\partial x}+\frac{\partial u_x}{\partial z}\right)^2\right]-$$
$$\frac{2}{3}\mu\left(\frac{\partial u_x}{\partial x}+\frac{\partial u_y}{\partial y}+\frac{\partial u_z}{\partial z}\right)^2+\frac{\partial}{\partial x}\left(\lambda\frac{\partial T}{\partial x}\right)+\frac{\partial}{\partial y}\left(\lambda\frac{\partial T}{\partial y}\right)+\frac{\partial}{\partial z}\left(\lambda\frac{\partial T}{\partial z}\right)$$

引入与流体的黏性有关的耗散函数 Φ，令

$$\Phi=\mu\left[2\left(\frac{\partial u_x}{\partial x}\right)^2+2\left(\frac{\partial u_y}{\partial y}\right)^2+2\left(\frac{\partial u_z}{\partial z}\right)^2+\left(\frac{\partial u_x}{\partial y}+\frac{\partial u_y}{\partial x}\right)^2+\left(\frac{\partial u_y}{\partial z}+\frac{\partial u_z}{\partial y}\right)^2+\left(\frac{\partial u_z}{\partial x}+\frac{\partial u_x}{\partial z}\right)^2\right]-$$
$$\frac{2}{3}\mu\left(\frac{\partial u_x}{\partial x}+\frac{\partial u_y}{\partial y}+\frac{\partial u_z}{\partial z}\right)^2 \tag{6.5.6}$$

耗散函数 Φ 还可以改写为下列形式：

$$\Phi=\mu\left[\left(\frac{\partial u_x}{\partial y}+\frac{\partial u_y}{\partial x}\right)^2+\left(\frac{\partial u_y}{\partial z}+\frac{\partial u_z}{\partial y}\right)^2+\left(\frac{\partial u_z}{\partial x}+\frac{\partial u_x}{\partial z}\right)^2\right]+$$
$$\frac{2}{3}\mu\left[\left(\frac{\partial u_x}{\partial x}-\frac{\partial u_y}{\partial y}\right)^2+\left(\frac{\partial u_y}{\partial y}-\frac{\partial u_z}{\partial z}\right)^2+\left(\frac{\partial u_x}{\partial x}-\frac{\partial u_z}{\partial z}\right)^2\right] \tag{6.5.7}$$

于是得到描述流体内能变化的微分形式的能量方程

$$\rho\frac{\mathrm{D}e}{\mathrm{D}t}+p\left(\frac{\partial u_x}{\partial x}+\frac{\partial u_y}{\partial y}+\frac{\partial u_z}{\partial z}\right)=\frac{\partial}{\partial x}\left(\lambda\frac{\partial T}{\partial x}\right)+\frac{\partial}{\partial y}\left(\lambda\frac{\partial T}{\partial y}\right)+\frac{\partial}{\partial z}\left(\lambda\frac{\partial T}{\partial z}\right)+\Phi \tag{6.5.8}$$

若流体内部存在内热源，设内热源单位质量发热率的分布函数为 q_V，则能量方程成为

$$\rho\frac{\mathrm{D}e}{\mathrm{D}t}+p\left(\frac{\partial u_x}{\partial x}+\frac{\partial u_y}{\partial y}+\frac{\partial u_z}{\partial z}\right)=\frac{\partial}{\partial x}\left(\lambda\frac{\partial T}{\partial x}\right)+\frac{\partial}{\partial y}\left(\lambda\frac{\partial T}{\partial y}\right)+\frac{\partial}{\partial z}\left(\lambda\frac{\partial T}{\partial z}\right)+\rho q_V+\Phi \tag{6.5.9}$$

从式（6.5.7）可以看到，耗散率与变形率各分量的二次方成正比，变形率越大，黏性应力相应变大，耗损的机械能就越多。一般黏性流体做高速流动时，能量耗散很大，而低速流动的能量耗散很小，可以忽略。耗散函数值非负，说明流体运动中黏性将耗散机械能（使之转变为热能），而且这一过程是不可逆的。也就是说，做变形运动的流体将部分机械能不可逆地转变为热能，使系统的熵增加；另一方面，也表示外力对流体做功总有一部分转化为无用的热而损耗，若对耗散函数作体积分，则可求得有限体积内的耗散量。在理想流体流动中，因为 $\mu=0$，则 $\Phi=0$，所以理想流体流动中的机械能无耗散。

对于流动与传热问题，有时用焓 h 代替内能 e 更为方便，由

$$h=e+\frac{p}{\rho}$$

及连续性方程

$$\frac{\mathrm{D}\rho}{\mathrm{D}t}+\rho\left(\frac{\partial u_x}{\partial x}+\frac{\partial u_y}{\partial y}+\frac{\partial u_z}{\partial z}\right)=0$$

得

$$p\left(\frac{\partial u_x}{\partial x}+\frac{\partial u_y}{\partial y}+\frac{\partial u_z}{\partial z}\right)=-\frac{p}{\rho}\frac{\mathrm{D}\rho}{\mathrm{D}t}=p\rho\frac{\mathrm{D}}{\mathrm{D}t}\left(\frac{1}{\rho}\right)=\rho\frac{\mathrm{D}}{\mathrm{D}t}\left(\frac{p}{\rho}\right)-\frac{\mathrm{D}p}{\mathrm{D}t}$$

将该式代入式（6.5.9），得

$$\rho\frac{\mathrm{D}e}{\mathrm{D}t}+\rho\frac{\mathrm{D}}{\mathrm{D}t}\left(\frac{p}{\rho}\right)=\frac{\mathrm{D}p}{\mathrm{D}t}+\frac{\partial}{\partial x}\left(\lambda\frac{\partial T}{\partial x}\right)+\frac{\partial}{\partial y}\left(\lambda\frac{\partial T}{\partial y}\right)+\frac{\partial}{\partial z}\left(\lambda\frac{\partial T}{\partial z}\right)+\rho q_V+\Phi$$

即

$$\rho\frac{\mathrm{D}h}{\mathrm{D}t}=\frac{\mathrm{D}p}{\mathrm{D}t}+\frac{\partial}{\partial x}\left(\lambda\frac{\partial T}{\partial x}\right)+\frac{\partial}{\partial y}\left(\lambda\frac{\partial T}{\partial y}\right)+\frac{\partial}{\partial z}\left(\lambda\frac{\partial T}{\partial z}\right)+\rho q_V+\Phi \tag{6.5.10}$$

对于常物性流动，λ 为常数，气体为完全气体，即 $\mathrm{d}h=c_p\mathrm{d}T$，$\mathrm{d}e=c_V\mathrm{d}T$，能量方程简化为

$$\rho c_V\frac{\mathrm{D}T}{\mathrm{D}t}+p\left(\frac{\partial u_x}{\partial x}+\frac{\partial u_y}{\partial y}+\frac{\partial u_z}{\partial z}\right)=\frac{\partial}{\partial x}\left(\lambda\frac{\partial T}{\partial x}\right)+\frac{\partial}{\partial y}\left(\lambda\frac{\partial T}{\partial y}\right)+\frac{\partial}{\partial z}\left(\lambda\frac{\partial T}{\partial z}\right)+\rho q_V+\Phi \tag{6.5.11}$$

$$\rho c_p\frac{\mathrm{D}T}{\mathrm{D}t}=\frac{\mathrm{D}p}{\mathrm{D}t}+\frac{\partial}{\partial x}\left(\lambda\frac{\partial T}{\partial x}\right)+\frac{\partial}{\partial y}\left(\lambda\frac{\partial T}{\partial y}\right)+\frac{\partial}{\partial z}\left(\lambda\frac{\partial T}{\partial z}\right)+\rho q_V+\Phi \tag{6.5.12}$$

对于不可压缩流体，$\frac{\mathrm{D}p}{\mathrm{D}t}=0$，若物性为常数，上列方程相应地简化为

$$\rho c_V\frac{\mathrm{D}T}{\mathrm{D}t}=\frac{\partial}{\partial x}\left(\lambda\frac{\partial T}{\partial x}\right)+\frac{\partial}{\partial y}\left(\lambda\frac{\partial T}{\partial y}\right)+\frac{\partial}{\partial z}\left(\lambda\frac{\partial T}{\partial z}\right)+\rho q_V+\Phi_1 \tag{6.5.13}$$

$$\begin{aligned}\Phi_1=\mu\Bigg[&2\left(\frac{\partial u_x}{\partial x}\right)^2+2\left(\frac{\partial u_y}{\partial y}\right)^2+2\left(\frac{\partial u_z}{\partial z}\right)^2+\\&\left(\frac{\partial u_x}{\partial y}+\frac{\partial u_y}{\partial x}\right)^2+\left(\frac{\partial u_y}{\partial z}+\frac{\partial u_z}{\partial y}\right)^2+\left(\frac{\partial u_z}{\partial x}+\frac{\partial u_x}{\partial z}\right)^2\Bigg]\end{aligned} \tag{6.5.14}$$

6.6 扩散方程

前面讨论的流体运动均未涉及流体组成及其变化。对于多组分流体混合物，若运动流体的组成在空间有所变化，则流体运动除速度、压强等以外，还必须考虑表示组成变化的参数，通常用浓度 C 来表示。流体组成变化或浓度变化一般由两种方式引起。一是由于流体中某组分存在浓度梯度，产生分子扩散，从而引起组分的转移（扩散流 J），二是流体运动时主流夹带组分随之发生转移（流动量 uC）。两者总和（$J+uC$）为流体中组分的总扩散流 N。这样，完整地描述流体运动，必须建立包括空间组分变化的方程——扩散方程。取微元体，根据质量守恒定律，必有

（组分 A 进入微元体的速率 $N_{A,\,x}$、$N_{A,\,y}$、$N_{A,\,z}$）+（生成组分 A 的速率 R_A）

=（组分 A 离开微元体的速率 $N_{A,\,x+\Delta x}$、$N_{A,\,y+\Delta y}$、$N_{A,\,z+\Delta z}$）+（组分 A 在微元体内的累积速率 $\frac{\Delta C_A}{\Delta t}$），于是

$$\begin{aligned}&N_{A,\,x}\cdot\Delta y\Delta z+N_{A,\,y}\cdot\Delta x\Delta z+N_{A,\,z}\cdot\Delta x\Delta y+R_A\cdot\Delta x\Delta y\Delta z\\=&N_{A,\,x+\Delta x}\cdot\Delta y\Delta z+N_{A,\,y+\Delta y}\cdot\Delta x\Delta z+N_{A,\,z+\Delta z}\cdot\Delta x\Delta y+\frac{\Delta C_A}{\Delta t}\cdot\Delta x\Delta y\Delta z\end{aligned}$$

对上式取极限，得

$$\frac{\partial C_A}{\partial t}+\frac{\partial N_{A,\,x}}{\partial x}+\frac{\partial N_{A,\,y}}{\partial y}+\frac{\partial N_{A,\,z}}{\partial z}-R_A=0$$

根据菲克定律，混合物内组分的分子扩散速率与扩散方向的浓度梯度成正比，即

$$J_{A,\,x}=-D\frac{\partial C_A}{\partial x},\quad J_{A,\,y}=-D\frac{\partial C_A}{\partial y},\quad J_{A,\,z}=-D\frac{\partial C_A}{\partial z}$$

则总的扩散流为

$$N_{A,x}=J_{A,x}+u_xC_A\ ,N_{A,y}=J_{A,y}+u_yC_A\ ,N_{A,z}=J_{A,z}+u_zC_A$$

于是，有

$$\frac{\partial C_A}{\partial t}+\frac{\partial(J_{A,x}+u_xC_A)}{\partial x}+\frac{\partial(J_{A,y}+u_yC_A)}{\partial y}+\frac{\partial(J_{A,z}+u_zC_A)}{\partial z}-R_A=0$$

$$\frac{\partial C_A}{\partial t}+\left(u_x\frac{\partial C_A}{\partial x}+u_y\frac{\partial C_A}{\partial y}+u_z\frac{\partial C_A}{\partial z}\right)+$$

$$C_A\left(\frac{\partial u_x}{\partial x}+\frac{\partial u_y}{\partial y}+\frac{\partial u_z}{\partial z}\right)+\frac{\partial J_{A,x}}{\partial x}+\frac{\partial J_{A,y}}{\partial y}+\frac{\partial J_{A,z}}{\partial z}-R_A=0$$

最终得

$$\frac{\mathrm{D}C_A}{\mathrm{D}t}=\mathrm{D}\left(\frac{\partial^2 C_A}{\partial x^2}+\frac{\partial^2 C_A}{\partial y^2}+\frac{\partial^2 C_A}{\partial z^2}\right)-C_A\left(\frac{\partial u_x}{\partial x}+\frac{\partial u_y}{\partial y}+\frac{\partial u_z}{\partial z}\right)+R_A$$

对于不可压缩流动，有

$$\frac{\mathrm{D}C_A}{\mathrm{D}t}=\mathrm{D}\left(\frac{\partial^2 C_A}{\partial x^2}+\frac{\partial^2 C_A}{\partial y^2}+\frac{\partial^2 C_A}{\partial z^2}\right)+R_A$$

式中，R_A 是因化学反应生成组分 A 的速率，若仅有传质而无反应，则此项为零。该式表示运动流体的组成在空间的变化，称为扩散方程。该方程左端包含流体运动速度，表明运动介质中组分的转移不仅依赖于组分的分子扩散，而且依赖于流体运动所引起的对流扩散，这种对流扩散的作用取决于空间各点的流体速度，所以运动流体中的浓度场依赖于速度场。另外，由于浓度场的存在，会使各点流体密度、黏度不同，可能出现附加的自然对流及分子扩散流，而影响原有的速度场。可见，运动流体中的浓度场和速度场，二者是相互影响的，严格说来，不宜单独进行研究，必须联立求解运动方程和扩散方程，但是在一定条件下，为使问题简化，常认为浓度场依赖于速度场，而速度场受浓度场的影响较小，可忽略不计。通常先研究速度场，然后在已知速度场的基础上再研究浓度场，求解扩散方程。

6.7 爱因斯坦求和约定与笛卡儿张量概述

1. 哈密顿算子

哈密顿算子

$$\boldsymbol{\nabla}=\boldsymbol{i}\frac{\partial}{\partial x}+\boldsymbol{j}\frac{\partial}{\partial y}+\boldsymbol{k}\frac{\partial}{\partial z}$$

∇ 是一个矢性微分算子，它在计算中具有矢性和微分的双重性质。∇ 作用在一个数性函数或矢性函数上时，其方式仅有如下的三种：

$$\nabla u_x,\ \nabla\cdot\boldsymbol{u},\ \nabla\times\boldsymbol{u}$$

$$\nabla u_x=\left(\frac{\partial}{\partial x}\boldsymbol{i}+\frac{\partial}{\partial y}\boldsymbol{j}+\frac{\partial}{\partial z}\boldsymbol{k}\right)u_x=\frac{\partial u_x}{\partial x}\boldsymbol{i}+\frac{\partial u_x}{\partial y}\boldsymbol{j}+\frac{\partial u_x}{\partial z}\boldsymbol{k}$$

$$\nabla\cdot\boldsymbol{u}=\left(\boldsymbol{i}\frac{\partial}{\partial x}+\boldsymbol{j}\frac{\partial}{\partial y}+\boldsymbol{k}\frac{\partial}{\partial z}\right)\cdot(u_x\boldsymbol{i}+u_y\boldsymbol{j}+u_z\boldsymbol{k})=\frac{\partial u_x}{\partial x}+\frac{\partial u_y}{\partial y}+\frac{\partial u_z}{\partial z}$$

$$\nabla\times\boldsymbol{u}=\begin{vmatrix}\boldsymbol{i}&\boldsymbol{j}&\boldsymbol{k}\\ \dfrac{\partial}{\partial x}&\dfrac{\partial}{\partial y}&\dfrac{\partial}{\partial z}\\ u_x&u_y&u_z\end{vmatrix}=\left(\frac{\partial u_z}{\partial y}-\frac{\partial u_y}{\partial z}\right)\boldsymbol{i}+\left(\frac{\partial u_x}{\partial z}-\frac{\partial u_z}{\partial x}\right)\boldsymbol{j}+\left(\frac{\partial u_y}{\partial x}-\frac{\partial u_x}{\partial y}\right)\boldsymbol{k}$$

可见，在“ ∇ ”之后必为数性函数，在“ $\nabla\cdot$ ”，“ $\nabla\times$ ”之后必为矢性函数。其他的，如 $\nabla\boldsymbol{u}$、$\nabla\cdot\boldsymbol{u}_x$、$\nabla\times\boldsymbol{u}_x$ 等均无意义。此外，还有常用的

$$\nabla\cdot(\nabla V)=\nabla^2 V=\Delta V$$

式中，∇^2 或 Δ 称为拉普拉斯算子。顺便指出，∇u_x、$\nabla\cdot\boldsymbol{u}$、$\nabla\times\boldsymbol{u}$ 就是场论中的“三度”，即梯度、散度和旋度，即

$$\mathbf{grad}u_x=\nabla u_x\text{ , }\mathrm{div}\boldsymbol{u}=\nabla\cdot\boldsymbol{u}\text{ , }\mathbf{rot}\boldsymbol{u}=\nabla\times\boldsymbol{u}$$

为了使用方便，用 ∇ 引入一个数性微分算子

$$\boldsymbol{u}\cdot\nabla=(u_x\boldsymbol{i}+u_y\boldsymbol{j}+u_z\boldsymbol{k})\cdot\left(\boldsymbol{i}\frac{\partial}{\partial x}+\boldsymbol{j}\frac{\partial}{\partial y}+\boldsymbol{k}\frac{\partial}{\partial z}\right)=u_x\frac{\partial}{\partial x}+u_y\frac{\partial}{\partial y}+u_z\frac{\partial}{\partial z}$$

其运算规则为

$$(\boldsymbol{u}\cdot\nabla)u_x=u_x\frac{\partial u_x}{\partial x}+u_y\frac{\partial u_x}{\partial y}+u_z\frac{\partial u_x}{\partial z}$$

$$(\boldsymbol{u}\cdot\nabla)\boldsymbol{u}=u_x\frac{\partial\boldsymbol{u}}{\partial x}+u_y\frac{\partial\boldsymbol{u}}{\partial y}+u_z\frac{\partial\boldsymbol{u}}{\partial z}$$

上式中 $(\boldsymbol{u}\cdot\nabla)\boldsymbol{u}$ 即为迁移加速度。可以看到，$\nabla\cdot\boldsymbol{u}$ 与 $\boldsymbol{u}\cdot\nabla$ 是完全不同的。将哈密顿算子用于表达非恒定可压缩流动的连续性方程，则有

$$\frac{\partial\rho}{\partial t}+\nabla\cdot(\rho\boldsymbol{u})=0$$

或

$$\frac{\mathrm{d}\rho}{\mathrm{d}t}+\rho\nabla\cdot\boldsymbol{u}=0$$

对于不可压缩流体，连续性微分方程为

$$\nabla\cdot\boldsymbol{u}=0$$

将哈密顿算子用于表达不可压缩流动 N-S 方程，则有

$$\frac{\mathrm{D}u_x}{\mathrm{D}t}=f_x-\frac{1}{\rho}\frac{\partial p}{\partial x}+\nu\nabla^2 u_x$$

$$\frac{\mathrm{D}u_y}{\mathrm{D}t}=f_y-\frac{1}{\rho}\frac{\partial p}{\partial y}+\nu\nabla^2 u_y$$

$$\frac{\mathrm{D}u_z}{\mathrm{D}t}=f_z-\frac{1}{\rho}\frac{\partial p}{\partial z}+\nu\nabla^2 u_z$$

上式中的质量力一般就是重力（0，0，$-g$），在求解问题时，如果压强不作为边界条件，则可把质量力合并在压强项中，即正压强 $P=p+\rho gz$，z 为垂直向上的坐标。但为简单起见，仍用 p 代表修正压强，则运动方程可简化

$$\frac{\mathrm{D}u_x}{\mathrm{D}t}=-\frac{1}{\rho}\frac{\partial p}{\partial x}+\nu\nabla^2 u_x$$

$$\frac{Du_y}{Dt}=-\frac{1}{\rho}\frac{\partial p}{\partial y}+\nu\nabla^2 u_y$$

$$\frac{Du_z}{Dt}=-\frac{1}{\rho}\frac{\partial p}{\partial z}+\nu\nabla^2 u_z$$

不可压缩流动 N-S 方程的矢量式为

$$\frac{\partial \boldsymbol{u}}{\partial t}+(\boldsymbol{u}\cdot\nabla)\boldsymbol{u}=-\frac{1}{\rho}\nabla p+\nu\nabla^2\boldsymbol{u} \tag{6.7.1}$$

2. 爱因斯坦求和约定

爱因斯坦求和约定在张量分析、连续介质力学等学科中，对于表达式和推导过程简化具有十分重要的作用。爱因斯坦求和约定是指：当项中两个量的指标（一般指下标）重复出现一次时，该指标遍及所有的坐标，并对之求和，称为哑指标。用 x_1、x_2、x_3 和 u_1、u_2、u_3 分别替代 x、y、z 与 u_x、u_y、u_z。例如，位置矢量 $\boldsymbol{r}(x, y, z)$，则 $\boldsymbol{r}(x, y, z)=\boldsymbol{r}(x_1, x_2, x_3)$ 的全微分

$$\mathrm{d}\boldsymbol{r}=\frac{\partial \boldsymbol{r}}{\partial x}\mathrm{d}x+\frac{\partial \boldsymbol{r}}{\partial y}\mathrm{d}y+\frac{\partial \boldsymbol{r}}{\partial z}\mathrm{d}z=\frac{\partial \boldsymbol{r}}{\partial x_1}\mathrm{d}x_1+\frac{\partial \boldsymbol{r}}{\partial x_2}\mathrm{d}x_2+\frac{\partial \boldsymbol{r}}{\partial x_3}\mathrm{d}x_3=\sum_{i=1}^{3}\frac{\partial \boldsymbol{r}}{\partial x_i}\mathrm{d}x_i=\frac{\partial \boldsymbol{r}}{\partial x_i}\mathrm{d}x_i$$

若令 $\boldsymbol{e}=(i, j, k)$，则对于标量函数 $V(x, y, z)$，有

$$\nabla V=\frac{\partial V}{\partial x_1}\boldsymbol{e}_1+\frac{\partial V}{\partial x_2}\boldsymbol{e}_2+\frac{\partial V}{\partial x_3}\boldsymbol{e}_3=\sum_{i=1}^{3}\frac{\partial V}{\partial x_i}\boldsymbol{e}_i=\frac{\partial V}{\partial x_i}\boldsymbol{e}_i$$

对于矢性函数 $\boldsymbol{u}$，有

$$\nabla\cdot\boldsymbol{u}=\frac{\partial u_1}{\partial x_1}+\frac{\partial u_2}{\partial x_2}+\frac{\partial u_3}{\partial x_3}=\sum_{i=1}^{3}\frac{\partial u_i}{\partial x_i}=\frac{\partial u_i}{\partial x_i}$$

爱因斯坦求和约定表达非恒定流动的连续性方程和 N-S 方程分别为

$$\frac{\partial \rho}{\partial t}+\frac{\partial(\rho u_i)}{\partial x_i}=0$$

$$\rho\frac{\partial u_i}{\partial t}+\rho u_j\frac{\partial u_i}{\partial x_j}=\rho f_i-\frac{\partial p}{\partial x_i}+\mu\Delta u_i+\frac{1}{3}\frac{\partial}{\partial x_i}\left(\mu\frac{\partial u_j}{\partial x_j}\right)$$

对于不可压缩流体，连续性方程、N-S 方程和能量方程分别为

$$\frac{\partial u_i}{\partial x_i}=0$$

$$\frac{\partial u_i}{\partial t}+u_j\frac{\partial u_i}{\partial x_j}=f_i-\frac{1}{\rho}\frac{\partial p}{\partial x_i}+\nu\frac{\partial^2 u_i}{\partial x_j\partial x_j}$$

$$\rho c_p\left(\frac{\partial T}{\partial t}+u_j\frac{\partial T}{\partial x_j}\right)=\frac{\partial}{\partial x_j}\left(\lambda\frac{\partial T}{\partial x_j}\right)+\rho q_V+\Phi_1$$

不可压缩流动的本构方程为

$$\sigma_{ij}=-p\delta_{ij}+2\mu S_{ij}$$

式中，σ_{ij} 为二阶对称应力张量；S_{ij} 为二阶对称变形应变张量；δ_{ij} 为二阶单位张量，定义为

$$\delta_{ij}=\begin{cases}1, & i=j\\0, & i\neq j\end{cases}$$

写成矩阵的形式为

$$\boldsymbol{\delta} = \begin{pmatrix} 1 & 0 & 0 \\ 0 & 1 & 0 \\ 0 & 0 & 1 \end{pmatrix}$$

δ_{ij} 称为克罗奈克（Kronecker，1823—1891）符号。除以上符号以外，还经常使用置换符号 ε_{ijk}，其定义为

$$\varepsilon_{ijk} = \boldsymbol{e}_i \cdot (\boldsymbol{e}_j \times \boldsymbol{e}_k) = \begin{cases} 0, & (i、j、k \text{ 中有相同的指标}) \\ 1, & (i、j、k \text{ 为 } 1、2、3 \text{ 的偶排列，即 } \varepsilon_{123}、\varepsilon_{231}、\varepsilon_{312}) \\ -1, & (i、j、k \text{ 为 } 1、2、3 \text{ 的奇排列，即 } \varepsilon_{213}、\varepsilon_{321}、\varepsilon_{132}) \end{cases}$$

$$\varepsilon_{ijk} = \begin{vmatrix} \delta_{1i} & \delta_{1j} & \delta_{1k} \\ \delta_{2i} & \delta_{2j} & \delta_{2k} \\ \delta_{3i} & \delta_{3j} & \delta_{3k} \end{vmatrix}$$

顺便指出，变形率张量 $\boldsymbol{\varepsilon}$ 为二阶对称张量，可表示为

$$\varepsilon_{ij} = \frac{1}{2}\left(\frac{\partial u_i}{\partial x_j} + \frac{\partial u_j}{\partial x_i}\right)$$

3. 笛卡儿张量概述

我们知道，在求解数学物理问题时，只要有可能，都尽量使用笛卡儿直角坐标系。本章前面介绍的张量的概念，也都是默指在笛卡儿直角坐标系下的张量，而且已知应力张量和变形率张量是连续介质力学中两个最具代表性的二阶对称张量。张量理论由意大利数学家 G. Ricci 及其学生 T. Levi-Civita 创立，他们当时称之为“绝对微分学”，现在则称之为“协变微分学”。爱因斯坦于 1906 到 1915 年间研究广义相对论的过程中，学习和掌握了张量理论，认识到用张量建立的物理方程的数学形式具有普适性，与坐标系种类选取无关。爱因斯坦用张量这一数学工具建立了广义相对论，极大地推动了张量理论的研究与应用。

因为一切张量方程与所选用的坐标系无关，为了证明某一张量方程成立，只要在某一特定坐标系中进行即可，而笛卡儿直角坐标系最为简单，本节讨论的张量仅限于直角坐标系，相应的张量称为笛卡儿张量。此外，工程中最常用到的二阶笛卡儿张量的分量形式与其矩阵形式是一一对应的，因此可以方便地采用矩阵形式来表达笛卡儿张量的各种性质和运算规则，而任意曲线坐标系下的二阶张量与矩阵没有一一对应关系。这里顺便指出，笛卡儿直角坐标系与正交曲线坐标系（例如柱坐标系和球坐标系等）有本质区别，虽然后者的三个坐标轴也相互垂直，但其基矢量的大小和方向随空间点的变化而变化。从这一点看，正交曲线坐标系是局部坐标系，而笛卡儿直角坐标系是整体坐标系。

我们知道，矢量的一个重要性质是当坐标轴旋转时，矢量的长度保持不变，为了将这一性质表达成数学形式，需研究在坐标轴旋转时，空间一点的坐标变换关系，并从矢量长度不变性去得出这种变换满足的条件，在此基础上将矢量定义加以推广，就可得到张量定义。

在 6.2 节中讨论了坐标轴旋转时的矩阵变换。设两个直角坐标系具有相同原点，空间一点 P 在两个坐标系中的位置分别为 (x_1, x_2, x_3) 和 (x_1', x_2', x_3')，$x_i'(i=1, 2, 3)$ 坐标系可看成是由 $x_j(j=1, 2, 3)$ 旋转而成的，设 $\alpha_{ij} = \cos\langle x_i', x_j\rangle$ 表示 x_i' 轴与 x_j 轴夹角的方向余弦，则新、旧坐标的变换关系为

$$x_i' = \alpha_{ij} x_j (i, j = 1, 2, 3)$$

或

$$\begin{cases} x'_1 = \alpha_{11}x_1 + \alpha_{12}x_2 + \alpha_{13}x_3 \\ x'_2 = \alpha_{21}x_1 + \alpha_{22}x_2 + \alpha_{23}x_3 \\ x'_3 = \alpha_{31}x_1 + \alpha_{32}x_2 + \alpha_{33}x_3 \end{cases}$$

写成矩阵形式为

$$\begin{pmatrix} x'_1 \\ x'_2 \\ x'_3 \end{pmatrix} = \begin{pmatrix} \alpha_{11} & \alpha_{12} & \alpha_{13} \\ \alpha_{21} & \alpha_{22} & \alpha_{23} \\ \alpha_{31} & \alpha_{32} & \alpha_{33} \end{pmatrix} \begin{pmatrix} x_1 \\ x_2 \\ x_3 \end{pmatrix}$$

以上各式的反演为

$$x_i = \alpha_{ji}x'_j(i,\ j = 1,\ 2,\ 3)$$

根据长度不变性，即 $x_ix_i = x'_jx'_j = x'_ix'_i = x_jx_j$ ，可得 α_{ij} 的下述性质

$$\alpha_{ij}\alpha_{ik} = \delta_{jk}$$

$$\alpha_{ji}\alpha_{ki} = \delta_{jk}$$

具有这种性质的变换称为线性正交变换。基于上述讨论，可定义张量。

零阶张量：设量 φ 只有 1 个分量，若进行坐标变换 φ 保持恒定，则称 φ 为标量或零阶张量。

一阶张量：设量 A 有 3 个分量 $A_i(i = 1,\ 2,\ 3)$ ，当进行坐标变换时，A_i 按下式变换：

$$A'_i = \alpha_{ji}A_j$$

则称 A_i 为一阶张量或矢量。

二阶张量：设量 B 有 9 个分量 $B_{ij}(i,\ j = 1,\ 2,\ 3)$ ，当进行坐标变换时，B_{ij} 按下式变换：

$$B'_{ij} = \alpha_{il}\alpha_{jm}B_{lm}$$

则 B_{ij} 称为二阶张量。

三阶张量：设量 C 有 27 个分量 $C_{ijk}(i,\ j,\ k = 1,\ 2,\ 3)$ ，当进行坐标变换时，C_{ijk} 按下式变换：

$$C'_{ijk} = \alpha_{ir}\alpha_{je}\alpha_{kl}C_{rel}$$

则 C_{ijk} 称为三阶张量。

从张量定义可得张量的如下性质：

1）两个阶数相同的张量可以相加或相减，所得结果与原张量同阶，设 b_{ij} 和 d_{ij} 为二阶张量，则

$$c_{ij} = b_{ij} + d_{ij}$$

2）两个一阶张量 d_i 和 b_j ，它们的乘积定义为

$$c_{ij} = d_ib_j$$

由于

$$c'_{ij} = d'_ib'_j = \alpha_{li}\alpha_{jm}d_lb_m$$

可见，两个一阶张量相乘结果为二阶张量。同样，一阶张量与二阶张量的积为三阶张量，推而广之，乘积后张量阶数等于相乘张量阶数之和。

3）对称张量与反对称张量：设有张量 d_{ij}，当 i，j 互换后相等，即 $d_{ij} = d_{ji}$，则此张量称为对称张量。例如，应力张量和应变率张量均为对称张量。当 $d_{ij} = - d_{ji}$，则称 d_{ij} 为反对称张量。写成矩阵形式，对称张量 T_{ij} 可表示为

$$T_{ij}=\begin{pmatrix}T_{11} & T_{12} & T_{13}\\ T_{21} & T_{22} & T_{23}\\ T_{31} & T_{32} & T_{33}\end{pmatrix}$$

反对称张量 T'_{ij} 可表示为

$$T'_{ij}=\begin{bmatrix}T_{11} & T_{12} & T_{13}\\ -T_{21} & T_{22} & T_{23}\\ -T_{31} & -T_{32} & T_{33}\end{bmatrix}$$

任意二阶张量可以表示成二阶对称张量与反对称张量之和。

4）张量的缩并：三阶张量 C_{ijk}，令其中两个指标相等，称为张量缩并。缩并后张量为 C_{ikk}，是一阶张量，任一张量缩并后阶数减少二阶。

5）张量不变量：任一二阶张量 T_{ij}，有3个不变量 T_{ii}、$T_{ij}T_{ji}$、$T_{ij}T_{jk}T_{ki}$，当进行坐标变换时，它们保持恒定，或者写成

$$T_{ii}=T'_{ii}\ ,\ T_{ij}T_{ji}=T'_{ij}T'_{ji}\ ,\ T_{ij}T_{jk}T_{ki}=T'_{ij}T'_{jk}T'_{ki} \tag{6.7.2}$$

下面对该性质进行讨论。设 $\boldsymbol{M}$ 表示一矩阵，$\boldsymbol{M}^{-1}$ 为 $\boldsymbol{M}$ 的逆矩阵。当矩阵 $\boldsymbol{A}$ 与矩阵 $\boldsymbol{D}$ 满足

$$\boldsymbol{D}=\boldsymbol{M}^{-1}\boldsymbol{A}\boldsymbol{M}$$

关系时，则称 $\boldsymbol{D}$ 与 $\boldsymbol{A}$ 相似。若有一线性正交变换

$$(\boldsymbol{T})=\boldsymbol{A}(x)$$

这里用（ ）表示矢量，它的分量形式为

$$T_i=A_{ij}x_j(i,\ j=1,\ 2,\ 3)$$

该式可以理解为变换算符作用在矢量 x_j 上，将矢量 x_j 变换成矢量 T_i。现在寻找矢量 x_j 的某一方向，它在变换时保持方向恒定，即变换后仍与原来方向平行。在数学上表示为

$$(\boldsymbol{T})=\lambda(x)$$

或

$$\boldsymbol{A}(x)=\lambda\boldsymbol{I}(x)$$

式中，λ 为一常数，$\boldsymbol{I}$ 为单位张量，该式还可以写作

$$(\boldsymbol{A}-\lambda\boldsymbol{I})(x)=0 \tag{6.7.3}$$

该式是关于 $x_i(i=1,\ 2,\ 3)$ 的线性方程，若使其有非零解，其系数行列式应为零，即

$$\begin{vmatrix}\alpha_{11}-\lambda & \alpha_{12} & \alpha_{13}\\ \alpha_{21} & \alpha_{22}-\lambda & \alpha_{23}\\ \alpha_{31} & \alpha_{32} & \alpha_{33}-\lambda\end{vmatrix}=0$$

展开后得 λ 的三次方程

$$\lambda^3-I_1\lambda^2+I_2\lambda-I_3=0 \tag{6.7.4}$$

式中，

$$I_1=\alpha_{11}+\alpha_{22}+\alpha_{33}$$

$$I_2=\begin{vmatrix}\alpha_{11} & \alpha_{12}\\ \alpha_{21} & \alpha_{22}\end{vmatrix}+\begin{vmatrix}\alpha_{22} & \alpha_{23}\\ \alpha_{32} & \alpha_{33}\end{vmatrix}+\begin{vmatrix}\alpha_{33} & \alpha_{31}\\ \alpha_{13} & \alpha_{11}\end{vmatrix}$$

$$I_3=\begin{vmatrix}\alpha_{11} & \alpha_{12} & \alpha_{13}\\ \alpha_{21} & \alpha_{22} & \alpha_{23}\\ \alpha_{31} & \alpha_{32} & \alpha_{33}\end{vmatrix}$$

一般情况下，有3个根，即λ_1、λ_2、λ_3，它们称为本征方程（6.7.3）的特征值。对每一个λ，代入方程（6.7.2）可得一组x_i，它们相应于一个矢量，称特征矢量。将每个矢量的分量作为矩阵$\boldsymbol{M}$的行，即得一方阵$\boldsymbol{M}$（3个矢量，每个矢量有3个分量）。特征值λ构成一对角矩阵，即

$$\boldsymbol{D}=\begin{pmatrix}\lambda_1 & 0 & 0\\ 0 & \lambda_2 & 0\\ 0 & 0 & \lambda_3\end{pmatrix}$$

利用对角矩阵可以把方程组写成矩阵方程，于是式（6.7.2）可写作

$$\boldsymbol{AM}=\boldsymbol{MD}$$

用$\boldsymbol{M}^{-1}$左乘该式，得

$$\boldsymbol{M}^{-1}\boldsymbol{AM}=\boldsymbol{D}$$

该方程说明，矩阵$\boldsymbol{D}$与$\boldsymbol{A}$相似。相似矩阵有一重要性质——特征值相同。为了证明这一点，将$\boldsymbol{M}^{-1}\boldsymbol{AM}$代替方程（6.7.2）中的$\boldsymbol{A}$得

$$|\boldsymbol{M}^{-1}\boldsymbol{AM}-\lambda\boldsymbol{I}|=|\boldsymbol{M}^{-1}||\boldsymbol{A}-\lambda\boldsymbol{I}||\boldsymbol{M}|=|\boldsymbol{A}-\lambda\boldsymbol{I}|$$

可见，$\boldsymbol{M}^{-1}\boldsymbol{AM}$的特征方程与$\boldsymbol{A}$的特征方程是相同的，它的特征值也是相同的。这说明，λ_1、λ_2、λ_3不随线性变换而改变，即它是不变量。

由于λ_1、λ_2、λ_3是方程（6.7.2）的3个根，应有

$$(\lambda-\lambda_1)(\lambda-\lambda_2)(\lambda-\lambda_3)=0$$

将该式展开并与式（6.7.3）比较，可得

$$I_1=\lambda_1+\lambda_2+\lambda_3$$
$$I_2=\lambda_1\lambda_2+\lambda_2\lambda_3+\lambda_3\lambda_1$$
$$I_3=\lambda_1\lambda_2\lambda_3$$

既然λ_1、λ_2、λ_3为不变量，那么推知I_1、I_2、I_3也是不变量。

4. 变形率张量解析

变形率张量$\varepsilon_{ij}=\dfrac{1}{2}\left(\dfrac{\partial u_i}{\partial x_j}+\dfrac{\partial u_j}{\partial x_i}\right)$是由性质不同的两组分量组成，主对角线上的分量描写线应变变化率，其余分量描写角变形率。线应变反映拉压，角应变反映剪切，但这二者是相互关联的。

ε_{ij}主对角线上三分量之和为一不变量，即

$$I=\frac{\partial u_x}{\partial x}+\frac{\partial u_y}{\partial y}+\frac{\partial u_z}{\partial z}=\mathrm{div}\boldsymbol{u}=\varepsilon_{xx}+\varepsilon_{yy}+\varepsilon_{zz}$$

而这正是单位时间、单位体积的变化率。因为在$\mathrm{d}t$时间内体积的变化率应等于

$$I=\frac{(1+\varepsilon_{xx}\mathrm{d}t)\mathrm{d}x\cdot(1+\varepsilon_{yy}\mathrm{d}t)\mathrm{d}y\cdot(1+\varepsilon_{zz}\mathrm{d}t)\mathrm{d}z-\mathrm{d}x\mathrm{d}y\mathrm{d}z}{\mathrm{d}x\mathrm{d}y\mathrm{d}z\cdot\mathrm{d}t}=\varepsilon_{xx}+\varepsilon_{yy}+\varepsilon_{zz}$$

故单位时间、单位体积的变化率为$\varepsilon_{xx}+\varepsilon_{yy}+\varepsilon_{zz}$。显然，这个量是与坐标旋转无关的。由此还可看出，角变形率不影响体积变化，而只引起剪切变形。

5. 速度梯度张量

速度梯度张量即为$\dfrac{\partial u_i}{\partial x_j}$，它是黏性流体力学中的一个有代表性的张量，它可以分解为一个

对称张量 $\varepsilon_{ij}=\frac{1}{2}\left(\frac{\partial u_i}{\partial x_j}+\frac{\partial u_j}{\partial x_i}\right)$ 和一个反对称张量 $\xi_{ij}=\frac{1}{2}\left(\frac{\partial u_i}{\partial x_j}-\frac{\partial u_j}{\partial x_i}\right)$，前者为变形率张量，后者为旋转角速度张量。注意，反对称张量只有三个不同的分量，对应于一个矢量 $\boldsymbol{\Omega}$，即

$$\boldsymbol{\Omega}=\mathbf{rot}\boldsymbol{u}$$

6.8　柱坐标系与球坐标系下的黏性流动控制方程

工程上，在保证一定精度的条件下，总是尽可能将三维问题简化为二维、一维，以减少独立空间变量，简化描述过程的方程，这样可使某些无法求解的问题得到合理解答。例如，流体在等截面圆管中的流动，采用直角坐标系时，质点速度沿截面两个方向 x、y 变化，若选用柱坐标系，由于流动呈现轴对称，流速仅沿半径方向变化，则简化成了一维流动问题。又如，流体在锥管中的流动，质点速度沿径向和轴向都是变化的，当采用沿截面的平均速度进行描述时，速度则仅沿轴向变化，也简化成了一维流动。再如，流体垂直于圆柱轴，即横向绕圆柱体流动，若圆柱体长度远大于直径时，则可不计速度沿圆柱轴向的变化，从而减少空间独立变量数。在第 3 章中给出了柱坐标系和球坐标系下连续性微分方程的表达式，本节给出柱坐标系和球坐标系下运动方程和能量方程的表达式。

1. 柱坐标系下的黏性流动控制方程

就柱坐标系 $(r,\ \varphi,\ z)$ 来说，如图 6.8.1 所示，其与笛卡儿坐标系的关系为

$$\begin{cases}x=r\cos\varphi\\y=r\sin\varphi\\z=z\end{cases}$$

设柱坐标系中，沿着三个坐标轴方向的速度，即径向、圆周方向和铅直方向的速度分别为 u_r、u_φ 和 u_z，且有以下关系式：

$$\boldsymbol{u}=u_x\boldsymbol{i}+u_y\boldsymbol{j}+u_z\boldsymbol{k}$$
$$\boldsymbol{u}=u_r\boldsymbol{e}_r+u_\varphi\boldsymbol{e}_\varphi+u_z\boldsymbol{e}_z$$

式中，$\boldsymbol{e}_r$、$\boldsymbol{e}_\varphi$ 和 $\boldsymbol{e}_z$ 是柱坐标系沿三个坐标轴方向的单位矢量，而 $\boldsymbol{i}$、$\boldsymbol{j}$ 和 $\boldsymbol{k}$ 是笛卡儿坐标系沿三个坐标轴方向的单位矢量。从图 6.8.1 中，易得

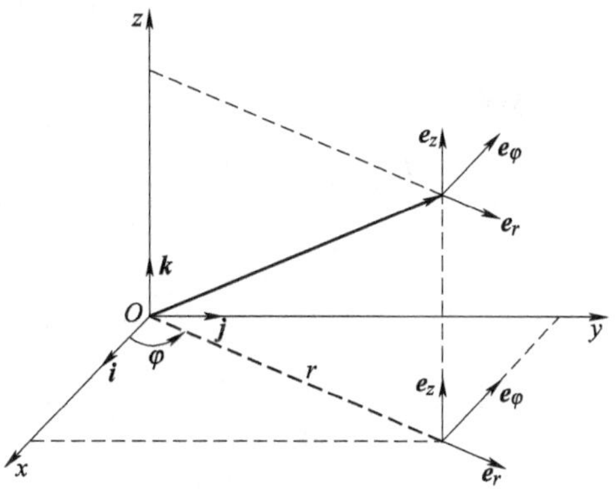

图 6.8.1　直角坐标系与柱坐标系基矢

$$\begin{cases}\boldsymbol{i}=\cos\varphi\boldsymbol{e}_r-\sin\varphi\boldsymbol{e}_\varphi\\\boldsymbol{j}=\sin\varphi\boldsymbol{e}_r+\cos\varphi\boldsymbol{e}_\varphi\\\boldsymbol{k}=\boldsymbol{e}_z\end{cases}$$

与此相仿，根据图 6.8.2，不难得到速度关系

$$\begin{cases}u_x=u_r\cos\varphi-u_\varphi\sin\varphi\\u_y=u_r\sin\varphi+u_\varphi\cos\varphi\\u_z=u_z\end{cases}$$

以及加速度关系

$$\begin{cases} a_x = a_r\cos\varphi - a_\varphi\sin\varphi \\ a_y = a_r\sin\varphi + a_\varphi\cos\varphi \\ a_z = a_z \end{cases}$$

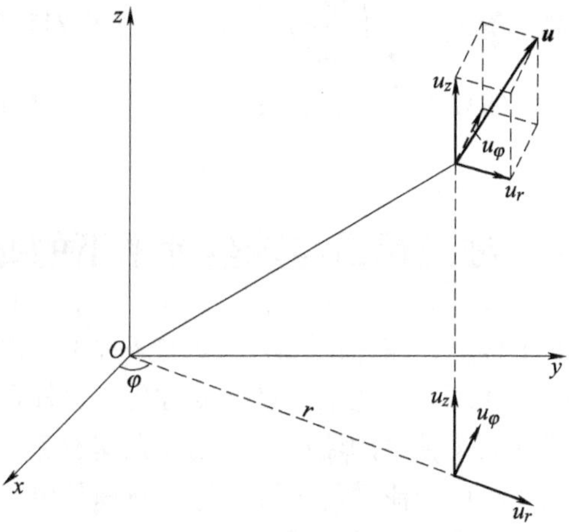

图 6. 8. 2 柱坐标系速度矢量

由

$$\begin{cases} \mathrm{d}x = \mathrm{d}r\cos\varphi - r\sin\varphi\mathrm{d}\varphi \\ \mathrm{d}y = \mathrm{d}r\sin\varphi + r\cos\varphi\mathrm{d}\varphi \end{cases}$$

解出

$$\begin{cases} \mathrm{d}r = \cos\varphi\mathrm{d}x + \sin\varphi\mathrm{d}y \\ \mathrm{d}\varphi = -\dfrac{\sin\varphi}{r}\mathrm{d}x + \dfrac{\cos\varphi}{r}\mathrm{d}y \end{cases}$$

于是

$$\begin{cases} \dfrac{\partial r}{\partial x} = \cos\varphi \\ \dfrac{\partial r}{\partial y} = \sin\varphi \end{cases}, \begin{cases} \dfrac{\partial \varphi}{\partial x} = -\dfrac{\sin\varphi}{r} \\ \dfrac{\partial \varphi}{\partial y} = \dfrac{\cos\varphi}{r} \end{cases}$$

因此

$$\frac{\partial}{\partial x} = \frac{\partial r}{\partial x}\frac{\partial}{\partial r} + \frac{\partial \varphi}{\partial x}\frac{\partial}{\partial \varphi} = \cos\varphi\frac{\partial}{\partial r} - \frac{\sin\varphi}{r}\frac{\partial}{\partial \varphi}$$

$$\frac{\partial}{\partial y} = \frac{\partial r}{\partial y}\frac{\partial}{\partial r} + \frac{\partial \varphi}{\partial y}\frac{\partial}{\partial \varphi} = \sin\varphi\frac{\partial}{\partial r} + \frac{\cos\varphi}{r}\frac{\partial}{\partial \varphi}$$

进一步得到

$$\begin{aligned} \frac{\partial^2}{\partial x^2} &= \left(\cos\varphi\frac{\partial}{\partial r} - \frac{\sin\varphi}{r}\frac{\partial}{\partial \varphi}\right)\left(\cos\varphi\frac{\partial}{\partial r} - \frac{\sin\varphi}{r}\frac{\partial}{\partial \varphi}\right) \\ &= \cos^2\varphi\frac{\partial^2}{\partial r^2} - \frac{2\sin\varphi\cos\varphi}{r}\frac{\partial^2}{\partial r\partial\varphi} + \frac{\sin^2\varphi}{r^2}\frac{\partial^2}{\partial\varphi^2} + \frac{\sin^2\varphi}{r}\frac{\partial}{\partial r} + \frac{2\sin\varphi\cos\varphi}{r^2}\frac{\partial}{\partial\varphi} \end{aligned}$$

$$\begin{aligned} \frac{\partial^2}{\partial y^2} &= \left(\sin\varphi\frac{\partial}{\partial r} + \frac{\cos\varphi}{r}\frac{\partial}{\partial \varphi}\right)\left(\sin\varphi\frac{\partial}{\partial r} + \frac{\cos\varphi}{r}\frac{\partial}{\partial \varphi}\right) \\ &= \sin^2\varphi\frac{\partial^2}{\partial r^2} + \frac{2\sin\varphi\cos\varphi}{r}\frac{\partial^2}{\partial r\partial\varphi} + \frac{\cos^2\varphi}{r^2}\frac{\partial^2}{\partial\varphi^2} + \frac{\cos^2\varphi}{r}\frac{\partial}{\partial r} - \frac{2\sin\varphi\cos\varphi}{r^2}\frac{\partial}{\partial\varphi} \end{aligned}$$

$$\begin{aligned} \left|\frac{\partial}{\partial x}\right|^2 + \left|\frac{\partial}{\partial y}\right|^2 + \left|\frac{\partial}{\partial z}\right|^2 &= \left|\cos\varphi\frac{\partial}{\partial r} - \frac{\sin\varphi}{r}\frac{\partial}{\partial\varphi}\right|^2 + \left|\sin\varphi\frac{\partial}{\partial r} + \frac{\cos\varphi}{r}\frac{\partial}{\partial\varphi}\right|^2 + \left|\frac{\partial}{\partial z}\right|^2 \\ &= \left|\frac{\partial}{\partial r}\right|^2 + \left|\frac{1}{r}\frac{\partial}{\partial\varphi}\right|^2 + \left|\frac{\partial}{\partial z}\right|^2 \end{aligned}$$

与 $\boldsymbol{\nabla} = \dfrac{\partial}{\partial x}\boldsymbol{i} + \dfrac{\partial}{\partial y}\boldsymbol{j} + \dfrac{\partial}{\partial z}\boldsymbol{k}$ 类比，可得柱坐标下哈密顿算子的表达式，即

$$\boldsymbol{\nabla} = \frac{\partial}{\partial r}\boldsymbol{e}_r + \frac{1}{r}\frac{\partial}{\partial\varphi}\boldsymbol{e}_\varphi + \frac{\partial}{\partial z}\boldsymbol{e}_z$$

柱坐标系下的拉普拉斯算符为

$$\Delta = \boldsymbol{\nabla}^2 = \frac{\partial^2}{\partial x^2} + \frac{\partial^2}{\partial y^2} + \frac{\partial^2}{\partial z^2} = \frac{1}{r}\frac{\partial}{\partial r}\left(r\frac{\partial}{\partial r}\right) + \frac{1}{r^2}\frac{\partial^2}{\partial\varphi^2} + \frac{\partial^2}{\partial z^2}$$

N-S 方程中的迁移加速度为

$$(\boldsymbol{u}\cdot\nabla)\boldsymbol{u}=\left[(u_r\boldsymbol{e}_r+u_\varphi\boldsymbol{e}_\varphi+u_z\boldsymbol{e}_z)\cdot\left(\frac{\partial}{\partial r}\boldsymbol{e}_r+\frac{1}{r}\frac{\partial}{\partial\varphi}\boldsymbol{e}_\varphi+\frac{\partial}{\partial z}\boldsymbol{e}_z\right)\right](u_r\boldsymbol{e}_r+u_\varphi\boldsymbol{e}_\varphi+u_z\boldsymbol{e}_z)$$

$$=\left(u_r\frac{\partial u_r}{\partial r}+\frac{u_\varphi}{r}\frac{\partial u_r}{\partial\varphi}-\frac{u_\varphi^2}{r}+u_z\frac{\partial u_r}{\partial z}\right)\boldsymbol{e}_r+$$

$$\left(u_r\frac{\partial u_\varphi}{\partial r}+\frac{u_\varphi}{r}\frac{\partial u_\varphi}{\partial\varphi}+\frac{u_ru_\varphi}{r}+u_z\frac{\partial u_\varphi}{\partial z}\right)\boldsymbol{e}_\varphi+\left(u_r\frac{\partial u_z}{\partial r}+\frac{u_\varphi}{r}\frac{\partial u_z}{\partial\varphi}+u_z\frac{\partial u_z}{\partial z}\right)\boldsymbol{e}_z$$

加速度项还可以采用下列方法求出，即

$$a_x=\frac{\partial}{\partial t}(u_r\cos\varphi-u_\varphi\sin\varphi)+$$

$$(u_r\cos\varphi-u_\varphi\sin\varphi)\left(\cos\varphi\frac{\partial}{\partial r}-\frac{\sin\varphi}{r}\frac{\partial}{\partial\varphi}\right)(u_r\cos\varphi-u_\varphi\sin\varphi)+$$

$$(u_r\sin\varphi+u_\varphi\cos\varphi)\left(\sin\varphi\frac{\partial}{\partial r}+\frac{\cos\varphi}{r}\frac{\partial}{\partial\varphi}\right)(u_r\cos\varphi-u_\varphi\sin\varphi)+$$

$$u_z\cdot\frac{\partial}{\partial z}(u_r\cos\varphi-u_\varphi\sin\varphi)$$

$$=\cos\varphi\left(\frac{\partial u_r}{\partial t}+u_r\frac{\partial u_r}{\partial r}+\frac{u_\varphi}{r}\frac{\partial u_r}{\partial\varphi}-\frac{u_\varphi^2}{r}+u_z\frac{\partial u_r}{\partial z}\right)-$$

$$\sin\varphi\left(\frac{\partial u_\varphi}{\partial t}+u_r\frac{\partial u_\varphi}{\partial r}+\frac{u_\varphi}{r}\frac{\partial u_\varphi}{\partial\varphi}+\frac{u_ru_\varphi}{r}+u_z\frac{\partial u_\varphi}{\partial z}\right)$$

该式与 $a_x=a_r\cos\varphi-a_\varphi\sin\varphi$ 做对比，可得 a_r 和 a_φ，类似地，易得 a_z。在此顺便指出，a_r 包含的$-\frac{u_\varphi^2}{r}$项具有向心加速度性质，a_φ 包含的$\frac{u_ru_\varphi}{r}$项是由径向速度矢量 u_r 的旋转所引起的加速度的切向分量。

N-S 方程中拉普拉斯算符与速度的作用项为

$$\nabla^2\boldsymbol{u}=\left[\frac{1}{r}\frac{\partial}{\partial r}\left(r\frac{\partial}{\partial r}\right)+\frac{1}{r^2}\frac{\partial^2}{\partial\varphi^2}+\frac{\partial^2}{\partial z^2}\right](u_r\boldsymbol{e}_r+u_\varphi\boldsymbol{e}_\varphi+u_z\boldsymbol{e}_z)$$

$$=\left(\frac{\partial^2u_r}{\partial r^2}+\frac{1}{r}\frac{\partial u_r}{\partial r}-\frac{u_r}{r^2}-\frac{2}{r^2}\frac{\partial u_\varphi}{\partial\varphi}+\frac{1}{r^2}\frac{\partial^2u_r}{\partial\varphi^2}+\frac{\partial^2u_r}{\partial z^2}\right)\boldsymbol{e}_r+$$

$$\left(\frac{\partial^2u_\varphi}{\partial r^2}+\frac{1}{r}\frac{\partial u_\varphi}{\partial r}-\frac{u_\varphi}{r^2}+\frac{2}{r^2}\frac{\partial u_r}{\partial\varphi}+\frac{1}{r^2}\frac{\partial^2u_\varphi}{\partial\varphi^2}+\frac{\partial^2u_\varphi}{\partial z^2}\right)\boldsymbol{e}_\varphi+$$

$$\left(\frac{\partial^2u_z}{\partial r^2}+\frac{1}{r}\frac{\partial u_z}{\partial r}+\frac{1}{r^2}\frac{\partial^2u_z}{\partial\varphi^2}+\frac{\partial^2u_z}{\partial z^2}\right)\boldsymbol{e}_z$$

于是得到黏性不可压缩流动 N-S 方程和能量方程为

$$\frac{\partial u_r}{\partial t}+u_r\frac{\partial u_r}{\partial r}+\frac{u_\varphi}{r}\frac{\partial u_r}{\partial\varphi}-\frac{u_\varphi^2}{r}+u_z\frac{\partial u_r}{\partial r}$$

$$=f_r-\frac{1}{\rho}\frac{\partial p}{\partial r}+\nu\left(\frac{\partial^2u_r}{\partial r^2}+\frac{1}{r}\frac{\partial u_r}{\partial r}-\frac{u_r}{r^2}-\frac{2}{r^2}\frac{\partial u_\varphi}{\partial\varphi}+\frac{1}{r^2}\frac{\partial^2u_r}{\partial\varphi^2}+\frac{\partial^2u_r}{\partial z^2}\right)$$

$$\frac{\partial u_\varphi}{\partial t}+u_r\frac{\partial u_\varphi}{\partial r}+\frac{u_\varphi}{r}\frac{\partial u_\varphi}{\partial\varphi}+\frac{u_ru_\varphi}{r}+u_z\frac{\partial u_\varphi}{\partial z}$$

$$=f_\varphi-\frac{1}{\rho r}\frac{\partial p}{\partial\varphi}+\nu\left(\frac{\partial^2 u_\varphi}{\partial r^2}+\frac{1}{r}\frac{\partial u_\varphi}{\partial r}-\frac{u_\varphi}{r^2}+\frac{2}{r^2}\frac{\partial u_r}{\partial\varphi}+\frac{1}{r^2}\frac{\partial^2 u_\varphi}{\partial\varphi^2}+\frac{\partial^2 u_\varphi}{\partial z^2}\right)$$

$$\frac{\partial u_z}{\partial t}+u_r\frac{\partial u_z}{\partial r}+\frac{u_\varphi}{r}\frac{\partial u_z}{\partial\varphi}+u_z\frac{\partial u_z}{\partial r}=f_z-\frac{1}{\rho}\frac{\partial p}{\partial z}+\nu\left(\frac{\partial^2 u_z}{\partial r^2}+\frac{1}{r}\frac{\partial u_z}{\partial r}+\frac{1}{r^2}\frac{\partial^2 u_z}{\partial\varphi^2}+\frac{\partial^2 u_z}{\partial z^2}\right)$$

$$\rho c_p\left(\frac{\partial T}{\partial t}+u_r\frac{\partial T}{\partial r}+\frac{u_\varphi}{r}\frac{\partial T}{\partial\varphi}+u_z\frac{\partial T}{\partial r}\right)$$

$$=\frac{\partial p}{\partial t}+u_r\frac{\partial p}{\partial r}+\frac{u_\varphi}{r}\frac{\partial p}{\partial\varphi}+u_z\frac{\partial p}{\partial r}+\lambda\left[\frac{1}{r}\frac{\partial}{\partial r}\left(r\frac{\partial T}{\partial r}\right)+\frac{1}{r^2}\frac{\partial^2 T}{\partial\varphi^2}+\frac{\partial^2 T}{\partial z^2}\right]+\rho q_V+\boldsymbol{\Phi}_1$$

在能量方程中，包含耗散项 $\boldsymbol{\Phi}_1$，以下推导其在柱坐标系下的表达式。根据式（6.2.3），可得二阶变形对称张量的各分量，即

$$\begin{cases}\varepsilon_{rr}=\varepsilon_{xx}\cos^2\varphi+\varepsilon_{yy}\sin^2\varphi+\varepsilon_{xy}\sin2\varphi\\ \varepsilon_{\varphi\varphi}=\varepsilon_{xx}\sin^2\varphi+\varepsilon_{yy}\cos^2\varphi-\varepsilon_{xy}\sin2\varphi\\ \varepsilon_{zz}=\varepsilon_{zz}\\ \varepsilon_{r\varphi}=(\varepsilon_{yy}-\varepsilon_{xx})\sin\varphi\cos\varphi+\varepsilon_{xy}(\cos^2\varphi-\sin^2\varphi)\\ \varepsilon_{rz}=\varepsilon_{xz}\cos\varphi-\varepsilon_{zy}\sin\varphi\\ \varepsilon_{z\varphi}=\varepsilon_{xz}\sin\varphi+\varepsilon_{zy}\cos\varphi\end{cases}\tag{6.8.1}$$

在直角坐标系中，有

$$\boldsymbol{\varepsilon}=\begin{pmatrix}\frac{\partial u_x}{\partial x} & \frac{1}{2}\left(\frac{\partial u_x}{\partial y}+\frac{\partial u_y}{\partial x}\right) & \frac{1}{2}\left(\frac{\partial u_x}{\partial z}+\frac{\partial u_z}{\partial x}\right)\\ \frac{1}{2}\left(\frac{\partial u_x}{\partial y}+\frac{\partial u_y}{\partial x}\right) & \frac{\partial u_y}{\partial y} & \frac{1}{2}\left(\frac{\partial u_y}{\partial z}+\frac{\partial u_z}{\partial y}\right)\\ \frac{1}{2}\left(\frac{\partial u_x}{\partial z}+\frac{\partial u_z}{\partial x}\right) & \frac{1}{2}\left(\frac{\partial u_y}{\partial z}+\frac{\partial u_z}{\partial y}\right) & \frac{\partial u_z}{\partial z}\end{pmatrix}$$

而

$$\varepsilon_{xx}=\left(\cos\varphi\frac{\partial}{\partial r}-\frac{\sin\varphi}{r}\frac{\partial}{\partial\varphi}\right)(u_r\cos\varphi-u_\varphi\sin\varphi)$$

$$=\cos^2\varphi\frac{\partial u_r}{\partial r}+\sin^2\varphi\left(\frac{1}{r}\frac{\partial u_\varphi}{\partial\varphi}+\frac{u_r}{r}\right)-\sin\varphi\cos\varphi\left(\frac{\partial u_\varphi}{\partial r}+\frac{1}{r}\frac{\partial u_r}{\partial\varphi}-\frac{u_\varphi}{r}\right)$$

$$\varepsilon_{yy}=\left(\sin\varphi\frac{\partial}{\partial r}+\frac{\cos\varphi}{r}\frac{\partial}{\partial\varphi}\right)(u_r\sin\varphi+u_\varphi\cos\varphi)$$

$$=\sin^2\varphi\frac{\partial u_r}{\partial r}+\cos^2\varphi\left(\frac{1}{r}\frac{\partial u_\varphi}{\partial\varphi}+\frac{u_r}{r}\right)+\sin\varphi\cos\varphi\left(\frac{\partial u_\varphi}{\partial r}+\frac{1}{r}\frac{\partial u_r}{\partial\varphi}-\frac{u_\varphi}{r}\right)$$

$$\varepsilon_{xy}=\frac{1}{2}\left(\cos\varphi\frac{\partial}{\partial r}-\frac{\sin\varphi}{r}\frac{\partial}{\partial\varphi}\right)(u_r\sin\varphi+u_\varphi\cos\varphi)+$$

$$\frac{1}{2}\left(\sin\varphi\frac{\partial}{\partial r}+\frac{\cos\varphi}{r}\frac{\partial}{\partial\varphi}\right)(u_r\cos\varphi-u_\varphi\sin\varphi)$$

$$=\frac{\sin2\varphi}{2}\left(\frac{\partial u_r}{\partial r}-\frac{1}{r}\frac{\partial u_\varphi}{\partial\varphi}-\frac{u_r}{r}\right)+\frac{\cos2\varphi}{2}\left(\frac{\partial u_\varphi}{\partial r}+\frac{1}{r}\frac{\partial u_r}{\partial\varphi}-\frac{u_\varphi}{r}\right)$$

$$\varepsilon_{zx}=\frac{1}{2}\left[\frac{\partial}{\partial z}(u_r\cos\varphi-u_\varphi\sin\varphi)+\left(\cos\varphi\frac{\partial}{\partial r}-\frac{\sin\varphi}{r}\frac{\partial}{\partial\varphi}\right)u_z\right]$$
$$=\frac{1}{2}\cos\varphi\left(\frac{\partial u_r}{\partial z}+\frac{\partial u_z}{\partial r}\right)+\frac{1}{2}\sin\varphi\left(-\frac{\partial u_\varphi}{\partial z}-\frac{1}{r}\frac{\partial u_z}{\partial\varphi}\right)$$
$$\varepsilon_{yz}=\frac{1}{2}\left[\frac{\partial}{\partial z}(u_r\sin\varphi+u_\varphi\cos\varphi)+\left(\sin\varphi\frac{\partial}{\partial r}+\frac{\cos\varphi}{r}\frac{\partial}{\partial\varphi}\right)u_z\right]$$
$$=\frac{1}{2}\cos\varphi\left(\frac{\partial u_\varphi}{\partial z}+\frac{1}{r}\frac{\partial u_z}{\partial\varphi}\right)+\frac{1}{2}\sin\varphi\left(\frac{\partial u_z}{\partial r}+\frac{\partial u_r}{\partial z}\right)$$

与式（6.8.1）对比，可得

$$\varepsilon_{rr}=\frac{\partial u_r}{\partial r},\ \varepsilon_{\varphi\varphi}=\frac{1}{r}\frac{\partial u_\varphi}{\partial\varphi}+\frac{u_r}{r},\ \varepsilon_{zz}=\frac{\partial u_z}{\partial z}$$
$$\varepsilon_{r\varphi}=\frac{1}{r}\frac{\partial u_r}{\partial\varphi}+\frac{\partial u_\varphi}{\partial r}-\frac{u_\varphi}{r},\ \varepsilon_{zr}=\frac{1}{2}\left(\frac{\partial u_r}{\partial z}+\frac{\partial u_z}{\partial r}\right),\ \varepsilon_{z\varphi}=\frac{1}{2}\left(\frac{1}{r}\frac{\partial u_z}{\partial\varphi}+\frac{\partial u_\varphi}{\partial z}\right)$$

于是得到

$$\Phi_1=\nu\left(\frac{\partial u_r}{\partial r}\right)^2+\nu\left(\frac{1}{r}\frac{\partial u_\varphi}{\partial\varphi}+\frac{u_r}{r}\right)^2+\nu\left(\frac{\partial u_z}{\partial z}\right)^2+\nu\left(\frac{1}{r}\frac{\partial u_r}{\partial\varphi}+\frac{\partial u_\varphi}{\partial r}-\frac{u_\varphi}{r}\right)^2+$$
$$\nu\left(\frac{\partial u_\varphi}{\partial z}+\frac{1}{r}\frac{\partial u_z}{\partial\varphi}\right)^2+\nu\left(\frac{\partial u_r}{\partial z}+\frac{\partial u_z}{\partial r}\right)^2$$

2. 球坐标系下的黏性流动控制方程

对于球坐标系，如图6.8.3所示。由 $x=r\sin\theta\cos\varphi$，$y=r\sin\theta\sin\varphi$，$z=r\cos\theta$ 可得

$$\begin{cases}\mathrm{d}x=\sin\theta\cos\varphi\mathrm{d}r+r\cos\theta\cos\varphi\mathrm{d}\theta-r\sin\theta\sin\varphi\mathrm{d}\varphi\\ \mathrm{d}y=\sin\theta\sin\varphi\mathrm{d}r+r\cos\theta\sin\varphi\mathrm{d}\theta+r\sin\theta\cos\varphi\mathrm{d}\varphi\\ \mathrm{d}z=\cos\theta\mathrm{d}r-r\sin\theta\mathrm{d}\theta\end{cases}$$

由此解出

$$\begin{cases}\mathrm{d}r=\sin\theta\cos\varphi\mathrm{d}x+\sin\theta\sin\varphi\mathrm{d}y+\cos\theta\mathrm{d}z\\ \mathrm{d}\theta=\dfrac{\cos\theta\cos\varphi}{r}\mathrm{d}x+\dfrac{\cos\theta\sin\varphi}{r}\mathrm{d}y-\dfrac{\sin\theta}{r}\mathrm{d}z\\ \mathrm{d}\varphi=-\dfrac{\sin\varphi}{r\sin\theta}\mathrm{d}x+\dfrac{\cos\varphi}{r\sin\theta}\mathrm{d}y\end{cases}$$

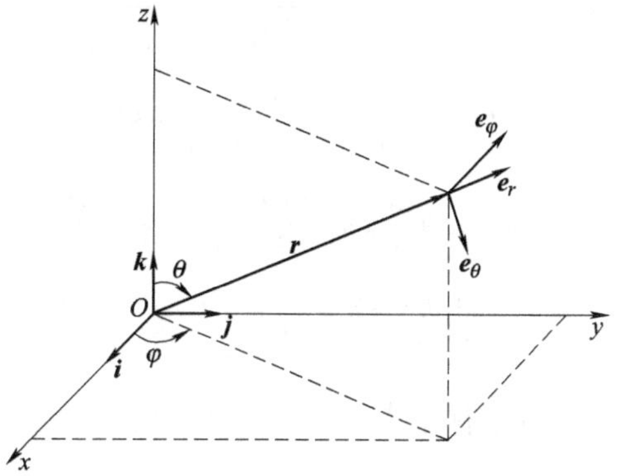

图6.8.3　直角坐标系与球坐标系基矢

于是

$$\begin{cases}\dfrac{\partial r}{\partial x}=\sin\theta\cos\varphi\\ \dfrac{\partial r}{\partial y}=\sin\theta\sin\varphi\\ \dfrac{\partial r}{\partial z}=\cos\theta\end{cases},\ \begin{cases}\dfrac{\partial\theta}{\partial x}=\dfrac{\cos\theta\cos\varphi}{r}\\ \dfrac{\partial\theta}{\partial y}=\dfrac{\cos\theta\sin\varphi}{r}\\ \dfrac{\partial\theta}{\partial z}=-\dfrac{\sin\theta}{r}\end{cases},\ \begin{cases}\dfrac{\partial\varphi}{\partial x}=-\dfrac{\sin\varphi}{r\sin\theta}\\ \dfrac{\partial\varphi}{\partial y}=\dfrac{\cos\varphi}{r\sin\theta}\\ \dfrac{\partial\varphi}{\partial z}=0\end{cases}$$

因此

$$\frac{\partial}{\partial x}=\frac{\partial r}{\partial x}\frac{\partial}{\partial r}+\frac{\partial\theta}{\partial x}\frac{\partial}{\partial\theta}+\frac{\partial\varphi}{\partial x}\frac{\partial}{\partial\varphi}=\sin\theta\cos\varphi\frac{\partial}{\partial r}+\frac{\cos\theta\cos\varphi}{r}\frac{\partial}{\partial\theta}-\frac{\sin\varphi}{r\sin\theta}\frac{\partial}{\partial\varphi}$$

$$\frac{\partial}{\partial y}=\frac{\partial r}{\partial y}\frac{\partial}{\partial r}+\frac{\partial\theta}{\partial y}\frac{\partial}{\partial\theta}+\frac{\partial\varphi}{\partial y}\frac{\partial}{\partial\varphi}=\sin\theta\sin\varphi\frac{\partial}{\partial r}+\frac{\cos\theta\sin\varphi}{r}\frac{\partial}{\partial\theta}+\frac{\cos\varphi}{r\sin\theta}\frac{\partial}{\partial\varphi}$$

$$\frac{\partial}{\partial z}=\frac{\partial r}{\partial z}\frac{\partial}{\partial r}+\frac{\partial\theta}{\partial z}\frac{\partial}{\partial\theta}+\frac{\partial\varphi}{\partial z}\frac{\partial}{\partial\varphi}=\cos\theta\frac{\partial}{\partial r}-\frac{\sin\theta}{r}\frac{\partial}{\partial\theta}$$

进一步得到

$$\begin{aligned}\frac{\partial^2}{\partial x^2}&=\left(\sin\theta\cos\varphi\frac{\partial}{\partial r}+\frac{\cos\theta\cos\varphi}{r}\frac{\partial}{\partial\theta}-\frac{\sin\varphi}{r\sin\theta}\frac{\partial}{\partial\varphi}\right)\left(\sin\theta\cos\varphi\frac{\partial}{\partial r}+\frac{\cos\theta\cos\varphi}{r}\frac{\partial}{\partial\theta}-\frac{\sin\varphi}{r\sin\theta}\frac{\partial}{\partial\varphi}\right)\\&=\sin^2\theta\cos^2\varphi\frac{\partial^2}{\partial r^2}+\frac{\cos^2\theta\cos^2\varphi}{r^2}\frac{\partial^2}{\partial\theta^2}+\frac{\sin^2\varphi}{r^2\sin^2\theta}\frac{\partial^2}{\partial\varphi^2}+\\&\quad\frac{2\sin\theta\cos\theta\cos^2\varphi}{r}\frac{\partial^2}{\partial r\partial\theta}-\frac{2\sin\varphi\cos\varphi}{r}\frac{\partial^2}{\partial r\partial\varphi}-\\&\quad\frac{2\cos\theta\sin\varphi\cos\varphi}{r^2\sin\theta}\frac{\partial^2}{\partial\theta\partial\varphi}+\frac{\cos^2\theta\cos^2\varphi+\sin^2\varphi}{r}\frac{\partial}{\partial r}+\\&\quad\frac{-2\sin^2\theta\cos\theta\cos^2\varphi+\cos\theta\sin^2\varphi}{r^2\sin\theta}\frac{\partial}{\partial\theta}+\frac{2\sin\varphi\cos\varphi}{r^2\sin^2\theta}\frac{\partial}{\partial\varphi}\end{aligned}$$

$$\begin{aligned}\frac{\partial^2}{\partial y^2}&=\left(\sin\theta\sin\varphi\frac{\partial}{\partial r}+\frac{\cos\theta\sin\varphi}{r}\frac{\partial}{\partial\theta}+\frac{\cos\varphi}{r\sin\theta}\frac{\partial}{\partial\varphi}\right)\left(\sin\theta\sin\varphi\frac{\partial}{\partial r}+\frac{\cos\theta\sin\varphi}{r}\frac{\partial}{\partial\theta}+\frac{\cos\varphi}{r\sin\theta}\frac{\partial}{\partial\varphi}\right)\\&=\sin^2\theta\sin^2\varphi\frac{\partial^2}{\partial r^2}+\frac{\cos^2\theta\sin^2\varphi}{r^2}\frac{\partial^2}{\partial\theta^2}+\frac{\cos^2\varphi}{r^2\sin^2\theta}\frac{\partial^2}{\partial\varphi^2}+\\&\quad\frac{2\sin\theta\cos\theta\sin^2\varphi}{r}\frac{\partial^2}{\partial r\partial\theta}+\frac{2\sin\varphi\cos\varphi}{r}\frac{\partial^2}{\partial r\partial\varphi}+\\&\quad\frac{2\cos\theta\sin\varphi\cos\varphi}{r^2\sin\theta}\frac{\partial^2}{\partial\theta\partial\varphi}+\frac{\cos^2\theta\sin^2\varphi+\cos^2\varphi}{r}\frac{\partial}{\partial r}+\\&\quad\frac{-2\sin^2\theta\cos\theta\sin^2\varphi+\cos\theta\cos^2\varphi}{r^2\sin\theta}\frac{\partial}{\partial\theta}-\frac{2\sin\varphi\cos\varphi}{r^2\sin^2\theta}\frac{\partial}{\partial\varphi}\end{aligned}$$

$$\begin{aligned}\frac{\partial^2}{\partial z^2}&=\left(\cos\theta\frac{\partial}{\partial r}-\frac{\sin\theta}{r}\frac{\partial}{\partial\theta}\right)\left(\cos\theta\frac{\partial}{\partial r}-\frac{\sin\theta}{r}\frac{\partial}{\partial\theta}\right)\\&=\cos^2\theta\frac{\partial^2}{\partial r^2}+\frac{\sin^2\theta}{r^2}\frac{\partial^2}{\partial\theta^2}-\frac{2\sin\theta\cos\theta}{r}\frac{\partial^2}{\partial r\partial\theta}+\\&\quad\frac{2\sin\theta\cos\theta}{r^2}\frac{\partial}{\partial\theta}+\frac{\sin^2\theta}{r}\frac{\partial}{\partial r}\end{aligned}$$

设球坐标系中，径向 r、纬度方向 θ 和经度方向 φ 的速度分别为 u_r、u_θ 和 u_φ，且有以下关系式：

$$\boldsymbol{u}=u_x\boldsymbol{i}+u_y\boldsymbol{j}+u_z\boldsymbol{k}$$

$$\boldsymbol{u}=u_r\boldsymbol{e}_r+u_\theta\boldsymbol{e}_\theta+u_\varphi\boldsymbol{e}_\varphi$$

式中，$\boldsymbol{e}_r$、$\boldsymbol{e}_\theta$ 和 $\boldsymbol{e}_\varphi$ 是球坐标系沿三个坐标轴方向的单位矢量。从图 6.8.3 中，易得

$$\begin{cases}\boldsymbol{i}=\sin\theta\cos\varphi\boldsymbol{e}_r+\cos\theta\cos\varphi\boldsymbol{e}_\theta-\sin\varphi\boldsymbol{e}_\varphi\\\boldsymbol{j}=\sin\theta\sin\varphi\boldsymbol{e}_r+\cos\theta\sin\varphi\boldsymbol{e}_\theta+\cos\varphi\boldsymbol{e}_\varphi\\\boldsymbol{k}=\cos\theta\boldsymbol{e}_r-\sin\theta\boldsymbol{e}_\theta\end{cases}$$

与此相仿，根据图6.8.3，不难得到

$$\begin{cases} u_x = \sin\theta\cos\varphi u_r + \cos\theta\cos\varphi u_\theta - \sin\varphi u_\varphi \\ u_y = \sin\theta\sin\varphi u_r + \cos\theta\sin\varphi u_\theta + \cos\varphi u_\varphi \\ u_z = \cos\theta u_r - \sin\theta u_\theta \end{cases}$$

哈密顿算子、拉普拉斯算符、迁移加速度（或加速度）表达式以及能量方程耗散项的处理与柱坐标系下的处理手法完全相同，这里不再赘述，直接给出不可压缩流体在球坐标系下的黏性流动N-S方程和能量方程

$$\frac{\partial u_r}{\partial t} + u_r\frac{\partial u_r}{\partial r} + \frac{u_\theta}{r}\frac{\partial u_r}{\partial \theta} + \frac{u_\varphi}{r\sin\theta}\frac{\partial u_r}{\partial \varphi} - \frac{u_\theta^2 + u_\varphi^2}{r}$$

$$= f_r - \frac{1}{\rho}\frac{\partial p}{\partial r} + \nu\left[\frac{1}{r^2}\frac{\partial}{\partial r}\left(r^2\frac{\partial u_r}{\partial r}\right) + \frac{1}{r^2\sin\theta}\frac{\partial}{\partial \theta}\left(\sin\theta\frac{\partial u_r}{\partial \theta}\right) + \frac{1}{r^2\sin^2\theta}\frac{\partial^2 u_r}{\partial \varphi^2}\right] -$$

$$\nu\left[\frac{2u_r}{r^2} + \frac{2}{r^2\sin\theta}\frac{\partial(u_\theta\sin\theta)}{\partial r} + \frac{2}{r^2\sin\theta}\frac{\partial u_\varphi}{\partial \varphi}\right]$$

$$\frac{\partial u_\varphi}{\partial t} + u_r\frac{\partial u_\varphi}{\partial r} + \frac{u_\theta}{r}\frac{\partial u_\varphi}{\partial \theta} - \frac{u_\varphi}{r\sin\theta}\frac{\partial u_\varphi}{\partial \varphi} + \frac{u_\theta u_\varphi}{r} + \frac{u_\theta u_\varphi\cos\theta}{r\sin\theta}$$

$$= f_\varphi - \frac{1}{\rho}\frac{1}{r\sin\theta}\frac{\partial p}{\partial \varphi} + \nu\left[\frac{1}{r^2}\frac{\partial}{\partial r}\left(r^2\frac{\partial u_\varphi}{\partial r}\right) + \frac{1}{r^2\sin\theta}\frac{\partial}{\partial \theta}\left(\sin\theta\frac{\partial u_\varphi}{\partial \theta}\right) + \frac{1}{r^2\sin^2\theta}\frac{\partial^2 u_\varphi}{\partial \varphi^2}\right] +$$

$$\nu\left(\frac{2}{r^2\sin\theta}\frac{\partial u_r}{\partial \varphi} - \frac{u_\varphi}{r^2\sin^2\theta} + \frac{2\cos\theta}{r^2\sin^2\theta}\frac{\partial u_\theta}{\partial \varphi}\right)$$

$$\rho c_p\left(\frac{\partial T}{\partial t} + u_r\frac{\partial T}{\partial r} + \frac{u_\theta}{r}\frac{\partial T}{\partial \varphi} + \frac{u_\theta}{r\sin\theta}\frac{\partial T}{\partial \varphi}\right)$$

$$= \frac{\partial p}{\partial t} + u_r\frac{\partial p}{\partial r} + \frac{u_\theta}{r}\frac{\partial p}{\partial \varphi} + \frac{u_\theta}{r\sin\theta}\frac{\partial p}{\partial \varphi} + \lambda\left[\frac{1}{r}\frac{\partial}{\partial r}\left(r\frac{\partial T}{\partial r}\right) + \frac{1}{r^2}\frac{\partial^2 T}{\partial \varphi^2} + \frac{\partial^2 T}{\partial z^2}\right] + \rho q_V + \Phi_1$$

式中

$$\Phi_1 = 2\nu\left(\frac{\partial u_r}{\partial r}\right)^2 + 2\nu\left(\frac{1}{r}\frac{\partial u_\theta}{\partial \theta} + \frac{u_r}{r}\right)^2 + 2\nu\left(\frac{1}{r\sin\theta}\frac{\partial u_\varphi}{\partial \varphi} + \frac{u_r}{r} + \frac{u_\theta\cos\theta}{r\sin\theta}\right)^2 +$$

$$\nu\left(\frac{1}{r\sin\theta}\frac{\partial u_\theta}{\partial \varphi} + \frac{\sin\theta}{r}\frac{\partial}{\partial \theta}\frac{u_\varphi}{\sin\theta}\right)^2 + \nu\left[\frac{1}{r\sin\theta}\frac{\partial u_r}{\partial \varphi} + r\frac{\partial}{\partial r}\left(\frac{u_\theta}{r}\right)\right]^2 +$$

$$\nu\left[r\frac{\partial}{\partial r}\left(\frac{u_\theta}{r}\right) + \frac{1}{r}\frac{\partial u_r}{\partial \theta}\right]^2$$

6.9 黏性流动控制方程的定解条件

连续性微分方程以及运动微分方程和能量方程描述的是流体运动的一般规律，自然界中一切牛顿流体的流动都满足这一方程组，所以它反映的是流体运动的共性，但是每个具体的流动都有自己的特性，在问题的求解过程中，只有给出问题的具体边界条件和初始条件，才能求得

问题的解答。反映在数学上，任何一个偏微分方程组都有无数组可能的解，要得到完全确定的解，必须给出它的定解条件，这就是边界条件和初始条件。从数学上讲，N-S 方程是三个椭圆形二阶偏微分方程联立而成的方程组，因此其边界条件应是在一个封闭边界上的狄利克雷条件或冯·诺伊曼条件。从物理方面讲，在连续介质假定下，由实验所确定的黏性流动的边界条件为：在流体与固体的交界面处，流体与固体无相对滑移。当然从分子的尺度来看，滑移是可能的，但这种滑移只限于其厚度只有一个分子平均自由程量级的薄层内。

1. 边界条件

边界条件是指在运动流体的边界上方程组的解应满足的条件。边界条件可分为两类：与速度有关的运动学条件和与力有关的动力学条件。边界条件实际上包括了给定边界面的几何形状以及给定边界面的性质。

（1）固体壁面　流体不能渗透固体壁面，在运动过程中流体始终紧贴着固体壁面，它们之间不存在任何空隙。因此，位于固体壁面上的任一流体质点在壁面法线方向的速度分量 $(u)_{bn}$ 与该点的壁面速度在法线方向的分量 u_{bn} 相等，即

$$(u)_{bn}=u_{bn}$$

该流体质点沿壁面切线 s 方向的速度分量 u_s，则视是否要考虑流体的黏性而定。如果是理想流体，质点沿壁面可以自由滑动，u_s 不受限制。若已知该固体壁面方程

$$F(x,\ y,\ z,\ t)=0$$

则上述运动学条件可以表达具体一些。设 t 瞬时位于物面上 $M(x,\ y,\ z)$ 处的流体质点在 $t+\mathrm{d}t$ 瞬时流动到 $M'(x+u_x\mathrm{d}t,\ y+u_y\mathrm{d}t,\ z+u_z\mathrm{d}t)$。因 M' 仍位于固体壁面上，满足壁面方程，故

$$F(x+u_x\mathrm{d}t,\ y+u_y\mathrm{d}t,\ z+u_z\mathrm{d}t)=0$$

用泰勒级数展开该式并忽略高阶小量

$$F(x,\ y,\ z,\ t)+\frac{\partial F}{\partial x}u_x\mathrm{d}t+\frac{\partial F}{\partial y}u_y\mathrm{d}t+\frac{\partial F}{\partial z}u_z\mathrm{d}t+\frac{\partial F}{\partial t}\mathrm{d}t=0$$

考虑到 $F(x,\ y,\ z,\ t)=0$，得

$$\frac{\partial F}{\partial t}+u_x\frac{\partial F}{\partial x}+u_y\frac{\partial F}{\partial y}+u_z\frac{\partial F}{\partial z}=0$$

这是理想流体在运动的固体壁面上的运动学条件的另一种表达形式。也就是说，位于运动的固体壁面上的流体质点的速度分量应满足此微分方程。

若固体壁面是静止不动的，则理想流体的运动学边界条件为

$$(u)_{bn}=0$$

或

$$u_x\frac{\partial F}{\partial x}+u_y\frac{\partial F}{\partial y}+u_z\frac{\partial F}{\partial z}=0$$

对于黏性流体，实验证实位于固体壁面上的流体质点黏附在壁面上，随固体壁面一起运动，位于固体壁面上任一流体质点的速度 $(\boldsymbol{u})_b$ 与该点的壁面速度 $\boldsymbol{u}_b$ 相等，称为无滑移条件，即

$$(\boldsymbol{u})_b=\boldsymbol{u}_b$$

此即黏性流体在运动的固体壁面上的运动学边界条件。如固体壁面静止不动，则运动学条件为

$$(\boldsymbol{u})_b=\boldsymbol{0}$$

流体在固体壁面上的压强和切应力一般是待求量，其数值不受外界条件的限制，故固体壁面一般没有动力学条件，只有运动学条件。

在固体-流体边界上，流体速度与固体速度完全相等。尽管空气黏度很小，但它还是存在黏性的，因此必须采用无滑动条件。当代流体力学的成就之一就是回答这个问题和解决这个矛盾。对液体和大气压强（非稀薄）下的气体的实验明确地证实了无滑动条件。伯努利发现，自己得到的理想流体结果与黏性流体的实验结果之间有很大差别，他把这个差别归之于边界条件的不同。库仑（Coulomb）用一个金属盘在水中振荡以测量阻力，他发现，把金属盘涂上油脂，或在其表面上覆盖岩石粉末以减小其表面阻力，所测的阻力几乎不变，因此表面性质对阻力没有什么影响。泊肃叶（Poiseuille）在有关血液流动的论文中讲，用显微镜直接观察到管壁面上的流动是停滞的。哈根（Hagen）由实验得出了毛细管流动定律并指出，壁面上的速度为零。斯托克斯、泰勒（Taylor）等科学家的计算和观察均支持这样一个结论：如果黏性流体在某个固体的边界上发生滑动的话，这个滑动则小得难以察觉，或者说，小到对理论导出的结果没有区别。近代很细的热线风速仪能测到离壁面不小于0.1mm处的速度，从测出的0.1mm以外的速度分布的趋势来看，无滑动的假设和直接观测并不矛盾。无滑移条件正确性的重要依据是在连续介质假设成立的条件下，大量的理论结果和实验观测一致。

（2）自由表面　忽略气体和液体的界面上气体对液体的摩擦切应力以及表面张力，液体在自由表面处的压强 p 与该处气体作用在液面上的压强 p_0 相等，故其动力学边界条件为

$$p = p_0$$

若自由表面的方程 $F(x, y, z, t)=0$ 为已知，由于自由表面上液体质点在流动过程中始终位于自由表面上，情况和理想流体在运动的固体壁面上流动类似，故其运动学边界条件为

$$\frac{\partial F}{\partial t} + u_x \frac{\partial F}{\partial x} + u_y \frac{\partial F}{\partial y} + u_z \frac{\partial F}{\partial z} = 0$$

式中，u_x、u_y 和 u_z 为自由表面上液体质点的速度分量。

（3）无穷远处　关于无穷远处来流对物体的绕流问题，一般无穷远处的流速 $\boldsymbol{u}_\infty$ 和压强 p_∞ 是给定的，因此无穷远处的运动学条件和动力学条件可写成

$$(\boldsymbol{u})_{r\to\infty} = \boldsymbol{u}_\infty$$

$$(p)_{r\to\infty} = p_\infty$$

$\boldsymbol{r}$ 是流体质点的矢径。

如果流场中考虑热效应，则一般边界条件为：在边界处，温度 T 为常数或边界温度梯度 $\frac{\partial T}{\partial n}$ 为常数，n 为边界外法线方向。

当考虑表面张力影响时，应考虑毛细附加压力，这里不做深入讨论。

2. 初始条件

给出某一特定时刻（初始时刻）$t = t_0$ 的流体运动状态，即

$$\boldsymbol{u}(x, y, z, t_0) = \boldsymbol{\varphi}_1(x, y, z)$$

$$p(x, y, z, t_0) = \varphi_2(x, y, z)$$

式中，$\boldsymbol{\varphi}_1$、φ_2 为给定的已知函数。

应该指出，只有非恒定流才需要给出初始条件。对于恒定流，运动不随时间而变，故不需要初始条件。

练 习 题

6-1 试过一点作出分别垂直于三个坐标轴的三个平面，绘出作用在这三个平面上的黏性流体应力及它们在坐标轴上的投影，进而说明式

$$\begin{pmatrix} p_{xx} & \tau_{yx} & \tau_{zx} \\ \tau_{xy} & p_{yy} & \tau_{zy} \\ \tau_{xz} & \tau_{yz} & p_{zz} \end{pmatrix}$$

中各符号的意义。

6-2 什么是主轴和主应力？为什么说构成应力张量的 9 个分量可以简化为 6 个？在何种情况下仅有三个分量？

6-3 指出 N-S 方程各项的物理意义及其来源。

6-4 指出能量方程各项的物理意义及其来源。

6-5 不可压缩黏性流体做定常运动，试导出固体边界上一点的正应力与该点处平均压力的关系。

6-6 黏性流体平行于 x-y 平面沿着 x 轴做层流运动，流速只与坐标轴 z 有关，即 $u = u(z)$。试用微元分析的方法，求单位体积流体在单位时间内的能量耗散。

6-7 使用能量方程，证明牛顿流体当 λ 为常数时，熵 s 的变化率为

$$\rho T \frac{\mathrm{D}s}{\mathrm{D}t} = \lambda \nabla^2 T + \Phi \left[提示：T\mathrm{d}s = \mathrm{d}e + p\mathrm{d}(1/\rho) \right]$$

第 7 章

黏性流动的相似理论与量纲分析

基于流体运动的基本方程，结合具体问题的定解条件求得解析解是解决流体力学问题的基本途径。但对于复杂的实际工程问题，因在数学上存在困难，定解问题难以直接求解，有时需依靠定性的理论分析方法以及实验方法，借助量纲分析和相似原理来寻求物理量之间的联系。量纲分析和相似原理是发展流体力学理论，解决复杂工程问题的有力工具。在前面几章学习了流体运动的基本原理之后，掌握量纲分析和相似原理的基础知识，将为后续分析研究各种复杂的流动问题提供理论支撑。

7.1　量纲和谐原理

1. 量纲的概念

在流体力学中涉及各种不同的物理量，如长度、时间、质量、力、速度、加速度、黏度等，所有这些物理量都是由自身的物理属性（或称类别）和为量度物理属性而规定的量度标准（或称量度单位）两个因素构成的。例如，长度的物理属性是线性几何量，量度单位则有米、英尺、厘米、纳米、光年等不同量度标准。

在国际单位制中，将单位分成三类：基本单位、导出单位和辅助单位。7 个严格定义的基本单位是：长度（米，m）、质量（千克，kg）、时间（秒，s）、电流（安［培］，A）、热力学温度（开［尔文］，K）、物质的量（摩［尔］，mol）和发光强度（坎［德拉］，cd）。基本单位在量纲上彼此独立。导出单位很多，都是由基本单位组合起来而构成的。目前在国际单位制中的 7 个基本单位中，只有千克仍然使用着人工制品，即按国际千克原器进行的定义，而对安培、摩尔和坎德拉的定义又需要按千克定义。辅助单位目前只有两个——平面角和立体角，纯系几何单位。平面角的单位为弧度（rad），1rad 是一个圆内两条半径之间的平面角，这两条半径在圆周上截取的弧长与半径相等。立体角的单位为球面度（sr）。1sr 是 1 个立体角，其顶点位于球心，而它在球面上所截取的面积等于以球半径为边长的正方形的面积。

把物理量的物理属性（类别）称为量纲或因次。显然，量纲是物理量的实质，不含有人为的影响。通常在物理量外加中括号表示该物理量的量纲。针对流体力学中经常遇到的物理量，习惯上用 M 代表质量的量纲，L 代表长度的量纲，T 代表时间的量纲，Θ 表示热力学温度的量纲。不具有量纲的量称为无量纲量，就是纯数，如圆周率 π、两个长度之比、功与力矩之比等都是无量纲量。在流体力学中，常采用 MLTΘ 基本量纲系统，即

$$\text{质量的量纲}\,[m]=\mathrm{M}\,,\ \text{长度的量纲}\,[l]=\mathrm{L}\,,\ \text{时间的量纲}\,[t]=\mathrm{T}\,,$$
$$\text{热力学温度的量纲}\,[T]=\Theta$$

由于有量纲量要由量纲和单位两个因素来决定，而单位是人为规定的量度标准，因此受人的主观意志的影响。一个力学过程所涉及的各物理量的量纲之间是有联系的。例如，速度的量纲与

长度的量纲和时间的量纲相联系，$[u]=LT^{-1}$。根据物理量量纲之间的关系，把没有任何联系的、独立的量纲作为基本量纲，可以由基本量纲导出的量纲就是导出量纲。一个物理问题中诸多的物理量可分成基本量和导出量，导出量可由基本量通过某种关系得到，基本量是互为独立的物理量。基本量个数取基本量纲个数，所取定的基本量必须包括基本量纲在内，这就是选取基本量的原则。原则上说，基本量的选取带有任意性，例如，取长度和时间作为基本量，则速度是导出量；若取长度和速度作为基本量，那么时间便是导出量，即 $[t]=L/[u]$。为了应用方便，取 MLTΘ 为基本量纲。流体力学中常用物理量及其量纲列于表 7.1.1 中。

表 7.1.1　流体力学中常用物理量及其量纲

序号	物理量名称	物理量符号	物理量性质	物理量国际单位	用 MLTΘ 量纲系统表示
1	长度	l		m	L
2	面积	A	几何	m^2	L^2
3	体积	V		m^3	L^3
4	时间	t		s	T
5	速度	u		m/s	LT^{-1}
6	加速度	a		m/s^2	LT^{-2}
7	角速度	ω		1/s	T^{-1}
8	运动黏度	ν	运动学	m^2/s	L^2T^{-1}
9	速度势	φ		m^2/s	L^2T^{-1}
10	流函数	ψ		m^2/s	L^2T^{-1}
11	环量	Γ		m^2/s	L^2T^{-1}
12	涡量	Ω		1/s	T^{-1}
13	质量	m		kg	M
14	密度	ρ		kg/m^3	M/L^{-3}
15	力	F		N	MLT^{-2}
16	压强、应力	p、τ	动力学	Pa	$ML^{-1}T^{-2}$
17	动力黏度	μ		Pa · s	$ML^{-1}T^{-1}$
18	功、能、力矩	W、M		J	ML^2T^{-2}
19	功率	η		W	ML^2T^{-3}
20	动量	mu		N · s	MLT^{-1}
21	热力学温度	T		K	Θ
22	导热系数	λ		$WL^{-1}K^{-1}$	$MLT^{-3}\Theta^{-1}$
23	比内能	e	热力学	Jkg^{-1}	$L^2\Theta^{-2}$
24	比焓	h		Jkg^{-1}	$L^2\Theta^{-2}$
25	比热容	c		$Jkg^{-1}K^{-1}$	$L^2T^{-2}\Theta^{-1}$

从表 7.1.1 可以得出，某一物理量 x 的量纲都可用 4 个基本量纲的指数乘积形式表示，即

$$[x]=M^{\alpha}L^{\beta}T^{\gamma}\Theta^{\theta}$$

该式称为量纲公式，物理量的性质由量纲指数 α、β、γ 和 θ 决定。

2. 无量纲量

若量纲公式中各量纲指数为零，即 $\alpha=\beta=\gamma=\theta=0$，则 $[x]=\mathrm{M}^0\mathrm{L}^0\mathrm{T}^0\Theta^0=1$，此时，物理量 x 是无量纲量。无量纲数可由两个具有相同量纲的物理量相比得到，也可由几个有量纲量乘除组合得到，但组合量的量纲指数为零。把物理量区分为有量纲量和无量纲量在一定意义上是有条件的。例如，通常认为角度是无量纲量，但角度又可以用弧度、度和直角的百分数，即用不同的单位来表示，这时，角度的数值便取决于所选取的测量单位。若角度以弧度给出，可认为是无量纲量，否则便是有量纲量。例如，对有压管流，由断面平均速度 V、管道直径 d、流体运动黏度 ν 组合得到

$$Re=\frac{Vd}{\nu}$$

不难验证，Re 是由三个有量纲量组合得到的无量纲数，称为雷诺数。关于雷诺数的意义，后面还要详细讨论。依据无量纲量的定义和构成可归纳出无量纲量具有以下特点：

首先是客观性。前面指出，凡是有量纲的物理量，都有单位，同一个物理量，因选取的量度单位不同，数值也不同。如果用有量纲量作为运动的自变量，则计算出的因变量数值随自变量选取单位的不同而不同。因此，要使根据描述运动规律的方程得到的计算结果不受主观选用单位的影响，就需要将方程中各项物理量组合成无量纲项，从这个意义上说，真正客观的方程应是由无量纲项组成的方程。

其次是不受运动规模影响。既然无量纲量是纯数，数值大小与度量单位无关，规模不同的流动，如两者是相似的流动，则相应的无量纲数相同。以一个三角形为例，不管观察者距该三角形是远或是近，观察到的形状总是相似的，或者说，在不同的距离上看到的形状属于同一个类型。为了区别该三角形与其他三角形在形状上是否属于同一个类型，可选择该三角形的某一条边作为单位，去度量其余两条边，得到另外两边尺度的相对值，即得到两个无量纲量，据此判定该三角形的类别，它们不随观察者距离的远近而改变。上述辨识几何图形类型的方法也可以推广用来辨识物理现象的类型和认识物理问题的规律。当然，与几何图形不同，描述物理现象或问题的物理量，除了长度以外，还有时间、质量等其他属性的物理量，但总可以在控制这类物理现象或问题的物理量中，选定一组物理量作为基本量，并取作单位系统，用以度量这类问题中的任何物理量，这样得到的该物理量不仅是无量纲的，而且能反映这类现象的本质。若在反映问题的物理规律或因果关系中，所有自变量和因变量都采用上述度量方法得到了无量纲数值，则由此得到的无量纲因变量与自变量之间的因果关系，也就必然客观地反映了这类现象的本质。

3. 量纲和谐原理

量纲和谐原理：凡正确反映客观规律的物理方程，其各项的量纲一定是一致的。这是被无数事实证实了的客观原理。例如，前文导出的不可压缩流体恒定总流的能量方程

$$z_1+\frac{p_1}{\rho g}+\frac{\alpha_1 V_1^2}{2g}=z_2+\frac{p_2}{\rho g}+\frac{\alpha_2 V_2^2}{2g}+h_{损失}$$

式中各项的量纲一致，都是线性几何量 L。又如，不可压缩流体 N-S 方程

$$\frac{\partial u_i}{\partial t}+u_j\frac{\partial u_i}{\partial x_j}=f_i-\frac{1}{\rho}\frac{\partial p}{\partial x_i}+\nu\Delta u_i$$

式中各项的量纲均为 LT^{-2}。凡正确反映客观规律的物理方程，量纲之间的关系莫不如此。量纲

和谐原理是量纲分析的基础。

工程界至今仍有单纯依靠实验和观测资料整理成的经验公式，不满足量纲和谐原理，例如，在市政工程中计算给水管道水头损失的海曾-威廉（Hazen-Williams）公式

$$V=0.35464Cd^{0.63}J^{0.54}$$

式中，V 为平均流速，单位为 m/s；C 为反映管壁粗糙影响的系数；d 为管径，单位为 m；J 为水力坡度。可见，人们对这部分流动的认识尚不充分，这样的公式将逐步被修正或被正确完整的公式所代替。

由量纲和谐原理，可推论出以下两点：首先，凡正确反映客观规律的物理方程，都可以表示成由无量纲项组成的无量纲方程，因为物理方程中各项的量纲相同，用其中的一项遍除各项，就可得到一个由无量纲项组成的无量纲式，仍保持原物理方程的性质。其次，量纲和谐原理规定了一个物理过程有关物理量之间的关系，说明一个正确、完整的物理方程中，各物理量量纲之间的联系是确定的，因此，可以按照物理量量纲之间的这一规律性，建立表征物理过程的方程。量纲分析法就是根据这一原理发展起来的，它是 20 世纪初在力学上的重要发现之一。

7.2 量纲分析法

在量纲和谐原理基础上发展起来的量纲分析法有两种：一种是英国科学家瑞利提出的瑞利法，该方法直接根据量纲和谐原理进行量纲分析；另一种称为 π 定理或称白金汉（Buckingham）定理。后一种方法是具有普遍性的方法。

【例 7.2.1】 已知自由落体在时间 t 内经过的距离为 s，经实验认为，s 与落体的重量 W、重力加速度 g 以及时间 t 有关。采用瑞利法求该函数关系。

解： 把函数关系写成指数形式

$$s=CW^{\alpha}g^{\beta}t^{\gamma}$$

其中，C 为无量纲常数，写成量纲方程为

$$\mathrm{L}=(\mathrm{MLT}^{-2})^{\alpha}(\mathrm{LT}^{-2})^{\beta}\mathrm{T}^{\gamma}$$

根据量纲和谐原理，各基本量纲指数满足

$$\begin{cases}\mathrm{M}:\ 0=\alpha\\ \mathrm{L}:\ 1=\alpha+\beta\\ \mathrm{T}:\ 0=-2\alpha-2\beta+\gamma\end{cases}$$

解得

$$\alpha=0,\ \beta=1,\ \gamma=2$$

于是

$$s=Cgt^2$$

常数 C 需由实验确定。注意到重量 W 指数为零，表明距离 s 与重量 W 无关。

【例 7.2.2】 已知圆管层流运动时，所通过的体积流量 Q 与流体的动力黏度 μ、管道半径 r_0、管道长度 l 以及管道两端的压强差 Δp 有关，且分析得到，体积流量与压强差成正比、与管长成反比，即 $Q\propto\dfrac{\Delta p}{l}$。试用瑞利法推导圆管层流流量的计算公式。

解： 根据题意，有

$$Q=f\left(\mu,\ r_0,\ \frac{\Delta p}{l}\right)$$

把函数关系写成指数形式

$$Q=C\mu^{\alpha}r_0{}^{\beta}\left(\frac{\Delta p}{l}\right)^{\gamma}$$

其中，C 为无量纲常数，写成量纲方程为

$$L^3T^{-1}=(ML^{-1}T^{-1})^{\alpha}L^{\beta}\left(\frac{ML^{-1}T^{-2}}{L}\right)^{\gamma}$$

根据量纲和谐原理，各基本量纲指数满足

$$\begin{cases}M:\ 0=\alpha+\gamma\\ L:\ 3=-\alpha+\beta-2\gamma\\ T:\ -1=-\alpha-2\gamma\end{cases}$$

解得

$$\alpha=-1,\quad \beta=4,\quad \gamma=1$$

于是

$$Q=C\frac{\Delta p}{l\mu}r_0^4$$

常数 C 需由实验确定。

瑞利法对于自变量数目不超过基本量纲数目的问题不存在任何困难，当自变量数目 n 大于基本量纲数目 m，也就是待定指数的数目多于指数方程的数目时，其中 $n-m$ 个指数必须任意选定，选定后才能求解。为了解决瑞利法的不足，英国科学家白金汉（Buckingham）提出了确定物理量之间函数关系的 π 定理。π 定理分为两个部分：第一部分指出，任一物理过程或物理方程中，可以组成多少个独立的无量纲参数；第二部分阐明如何确定每一个无量纲数。

π 定理第一部分：若一个物理过程或物理方程中包含 n 个物理量，每个物理量的量纲由 m（例如 $m=3$）个独立的基本量纲组成，则这些物理量可以并只可以组成 $n-m$ 个独立的无量纲参数，称为 π 数。例如，在流体力学中，若不考虑温度效应，一般只有 M、L、T 三个量纲，即 $m=3$。若一个物理过程可用 n 个物理量描述，如 x_1，x_2，…，x_n，按照 π 定理，这 n 个物理量可以并只可以合成 $n-3$ 个独立的 π 数。

π 定理第二部分：选择 m 个独立的物理量作为基本量，将其余 $n-m$ 个物理量作为导出量，依次同基本量做组合量纲分析，可求得相互独立的 $n-m$ 个 π 数。例如，设原方程为

$$x_1=f(x_2,\ x_3,\ \cdots,\ x_n)$$

经量纲分析以后，由相互独立的 $n-m$ 个 π 数组成新的方程

$$\pi_1=f(\pi_2,\ \pi_3,\ \cdots,\ \pi_{n-m})$$

下面举例说明 π 定理的应用，推导有压管流中的压强损失。根据实验知道，有压管流的压强损失 Δp 与管长 l、管径 d、管壁粗糙度 K、流体运动黏度 ν、密度 ρ 和平均流速 V 有关，即

$$\Delta p=f(l,\ d,\ K,\ \nu,\ \rho,\ V)$$

在 $n=7$ 个量中，基本量纲数为 $m=3$，因而可选择 3 个基本量，不妨取密度 ρ、管径 d 和流速 V。之所以选择这 3 个量，简单地说是这 3 个基本量中已包含 3 个基本量纲 M、L、T。

$$[\rho]=\mathrm{ML^{-3}}$$
$$[d]=\mathrm{L}$$
$$[V]=\mathrm{ML^{-1}}$$

根据 π 定理，用未知指数写出无量纲参数 $\pi_i(i=1,\ 2,\ 3,\ 4)$，即

$$\begin{cases}\pi_1=\Delta p\rho^{\alpha_1}d^{\beta_1}V^{\gamma_1}\\ \pi_2=l\rho^{\alpha_2}d^{\beta_2}V^{\gamma_2}\\ \pi_3=K\rho^{\alpha_3}d^{\beta_3}V^{\gamma_3}\\ \pi_4=\nu\rho^{\alpha_4}d^{\beta_4}V^{\gamma_4}\end{cases}$$

将各量的量纲代入，写出量纲表达式，即

$$\begin{cases}[\pi_1]=(\mathrm{ML^{-1}T^{-2}})\cdot(\mathrm{ML^{-3}})^{\alpha_1}\mathrm{L}^{\beta_1}(\mathrm{LT^{-1}})^{\gamma_1}=\mathrm{L^0M^0T^0}\\ [\pi_2]=\mathrm{L}\cdot(\mathrm{ML^{-3}})^{\alpha_2}\mathrm{L}^{\beta_2}(\mathrm{LT^{-1}})^{\gamma_2}=\mathrm{L^0M^0T^0}\\ [\pi_3]=\mathrm{L}\cdot(\mathrm{ML^{-3}})^{\alpha_3}\mathrm{L}^{\beta_3}(\mathrm{LT^{-1}})^{\gamma_3}=\mathrm{L^0M^0T^0}\\ [\pi_4]=(\mathrm{L^2T^{-1}})(\mathrm{ML^{-3}})^{\alpha_4}\mathrm{L}^{\beta_4}(\mathrm{LT^{-1}})^{\gamma_4}=\mathrm{L^0M^0T^0}\end{cases}$$

对 $\pi_i(i=1,\ 2,\ 3,\ 4)$ 写出量纲和谐方程组，有

$$\pi_1\begin{cases}\mathrm{M}:\ 1+\alpha_1=0\\ \mathrm{L}:\ -1-3\alpha_1+\beta_1+\gamma_1=0,\\ \mathrm{T}:\ -2-\gamma_1=0\end{cases}\qquad \pi_2\begin{cases}\mathrm{M}:\ \alpha_2=0\\ \mathrm{L}:\ 1-3\alpha_2+\beta_2+\gamma_2=0,\\ \mathrm{T}:\ -\gamma_2=0\end{cases}$$

$$\pi_3\begin{cases}\mathrm{M}:\ \alpha_3=0\\ \mathrm{L}:\ 1-3\alpha_3+\beta_3+\gamma_3=0,\\ \mathrm{T}:\ -\gamma_3=0\end{cases}\qquad \pi_4\begin{cases}\mathrm{M}:\ \alpha_4=0\\ \mathrm{L}:\ 2-3\alpha_4+\beta_4+\gamma_4=0\\ \mathrm{T}:\ -1-\gamma_4=0\end{cases}$$

解得

$$\begin{cases}\alpha_1=-1\\ \beta_1=0\\ \gamma_1=-2\end{cases},\quad \begin{cases}\alpha_2=0\\ \beta_2=-1\\ \gamma_2=0\end{cases},\quad \begin{cases}\alpha_3=0\\ \beta_3=-1\\ \gamma_3=0\end{cases},\quad \begin{cases}\alpha_4=0\\ \beta_4=-1\\ \gamma_4=-1\end{cases}$$

于是

$$\begin{cases}\pi_1=\Delta p\rho^{-1}V^{-2}=\dfrac{\Delta p}{\rho V^2}\\ \pi_2=ld^{-1}=\dfrac{l}{d}\\ \pi_3=Kd^{-1}=\dfrac{K}{d}\\ \pi_4=\nu d^{-1}V^{-1}=\dfrac{\nu}{dV}=\dfrac{1}{Re}\end{cases}$$

于是可以写出下列关系：

$$\frac{\Delta p}{\rho V^2}=f_1\left(\frac{l}{d},\ \frac{K}{d},\ Re\right)$$

式中函数的具体形式由实验确定。由实验得知，压强差 Δp 与管长 l 成正比，因此

$$\Delta p = \lambda\left(\frac{K}{d},\ Re\right) \cdot \frac{l}{d} \cdot \rho V^2$$

这样，运用 π 定理，结合实验，得到了管流沿程损失公式。

量纲和谐原理是判别经验公式是否完善的基础。在19世纪，量纲和谐原理未发现之前，在流体力学中积累了不少纯经验公式，每一个经验公式都有一定的实验根据，都可用于一定条件下流动现象的描述，这些公式孰是孰非无所适从。有了量纲分析法，就可以从量纲理论做出判别和权衡，使其中的一些公式从纯经验的范围内解脱出来。量纲分析为组织实施实验研究，以及整理实验数据提供了科学的方法，可以说，量纲分析法是沟通流体力学理论和实验之间的桥梁。还应注意，量纲分析法只有在决定某物理现象的诸因素已知的条件下，才能根据量纲和谐原理推导出描述该现象的物理方程，这种方程就是由准则构成的隐式方程，方程的具体形式需要通过实验加以确定。在无法获得某现象的物理规律时，要确定影响该现象的所有因素，往往存在很大困难，这是量纲分析法的局限性。研究人员在应用量纲分析法时，如何正确选定所有影响因素是一个至关重要的问题，如果选入了不必要的因素，将使研究复杂化，如果漏选了不可忽略的影响因素，则所得出的物理规律将是错误的，所以量纲分析法的有效使用尚依赖于研究人员对物理现象的透彻和全面的了解。例如，量纲分析法的先驱瑞利，在分析流体流过恒温固体的热传导问题时，就曾遗漏了液体黏度的影响，而导出一个不全面的物理方程。因此，弥补量纲分析法的局限性，既需要已有的理论分析和实验成果，也离不开我们的经验和对流动现象的深入观察与理解。此外，量纲分析法不能区别量纲相同而意义不同的物理量，例如，流函数、速度势、速度环量以及运动黏度等，遇到这类问题时，应格外注意。

7.3 黏性流动相似原理

相似理论是一种可以把个别现象的研究结果推广到所有相似现象的科学方法，是现象模拟方法的基础。在研究某现象的机理时，最可靠的方法是对实物进行实验，但很多情况下用实物来进行实验不仅代价高昂，而且难以进行。例如，在航天领域中的航天飞机、登月舱等的性能就很难用实物进行实地实验。飞机、舰船等大型机械虽然可以用实物进行实验，但因代价昂贵，在设计过程中，为了避免差错，模型实验的应用越来越广泛，很多现象要通过模型实验来探讨其物理过程的本质。例如，对于大桥的振动，实物太大，难以进行实验；宇宙飞船的实物实验则难以在实验室内建立与实物相同的环境；有些变化非常缓慢的过程，如地壳中水的渗透，潮汐现象等，只有采用模型实验来缩短变化过程的时间才能加以研究。在设计新型号飞机时，飞机模型风洞实验必不可少。通过风洞实验，可以获得飞机在各种状态下的升力、阻力和力矩特性等。船舶的模型实验大都在水槽中进行，在水槽实验中，水槽上架设带动力的桥架，桥架在轨道上运动以拖曳模型，在实验中主要测定模型的阻力和尾迹特性。水泵、水力涡轮机、空气压缩机等流体机械的性能通常可用小尺寸的模型实验来确定，在设计大型涡轮机时，小尺寸模型的实验常常为设计提供宝贵的数据。几乎所有水坝的设计都要用模型实验验证，模型的大小约为原型的1/60~1/20，在模型实验中可研究水闸、渡槽等各种水工结构的性能等。

并不是所有的物理现象都适于进行模型实验，一般来说，需要人的主观判断的现象，生物学的、医学的或者是生物化学的现象一般不适合进行模型实验，必须采用统计学方法处理的现象、不能再现的现象以及不能定量研究的现象都不适于进行模型实验。

对不同类型现象进行模拟，模型与原型的物理过程有本质区别，但它们的对应量都遵循着同样的方程，具有数学上的相似性。例如，基于二阶算子 $\Delta = \nabla^2 = \dfrac{\partial^2}{\partial x^2} + \dfrac{\partial^2}{\partial y^2} + \dfrac{\partial^2}{\partial z^2}$ 的拉普拉斯方程 $\nabla^2\varphi = 0$，可代表重力、电势、温度等。因此，只要对不同的物理量建立一一对应关系，便可用一个现象去类比另一不同现象。在工程中，常用电场来模拟温度场、材料的应力场和有限自由度的振动系统；用导热现象来模拟分子的扩散现象以及在拉普拉斯方程指导下，用电解槽各点的电位来模拟不可压缩无黏性流体的运动、柱状弹性杆的自由扭转、薄膜的变形和一些热传导问题。

以单自由度振动系统的电模拟为例，如图 7.3.1 所示，图 7.3.1b 所示为一个 *L-R-C* 串联电路，现在要由它来模拟图 7.3.1a 所示的由 m、k、μ 组成的单自由度振动系统。这里一一对比的量是：将电感 L 比作质量 m，电阻 R 比作阻尼 μ，电容 C 比作弹簧刚度系数 k，外加电压 E 比作外力 F，电荷 q 比作位移 y。方程和初始条件的相似性为：

对于机械系统，

$$\begin{cases} m\ddot{y} + \mu\dot{y} + ky = F(t) \\ y\big|_{t=0} = y_0, \ \dot{y}\big|_{t=0} = \dot{y}_0 \end{cases}$$

对于电路系统，

$$\begin{cases} L\ddot{q} + R\dot{q} + Cq = E(t) \\ q\big|_{t=0} = q_0, \ \dot{q}\big|_{t=0} = \dot{q}_0 \end{cases}$$

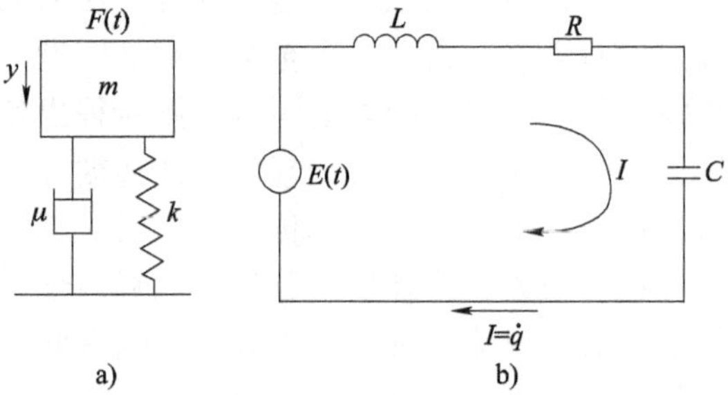

图 7.3.1　单自由度振动系统的电模拟

只要适当地选择各种物理量和初始条件，就能使 $y(t)$ 和 $q(t)$ 在对应的时间内完全成比例地变化，因此，通过测量各种电量就能换算出位移、速度等机械量。本节以流动问题为例，简单阐述了与实验有关的一些理论性知识，其中包括作为模型实验理论根据的相似性原理以及阐述原型和模型相互关系的模型律。

若两个同类物理现象，在对应的时空点，各标量物理量大小成比例，各矢量物理量除大小成比例以外，而且方向相同，则称这两个现象相似。相似理论就是研究相似现象之间关系的理论，是模型实验的理论基础。要保证两个流动问题的力学相似，必须满足：几何相似、运动相似、动力相似以及边界条件和初始条件相似。

几何相似是指流动空间几何相似——任意相应两线段夹角相同，任意对应线段成比例，如图 7.3.2 所示。

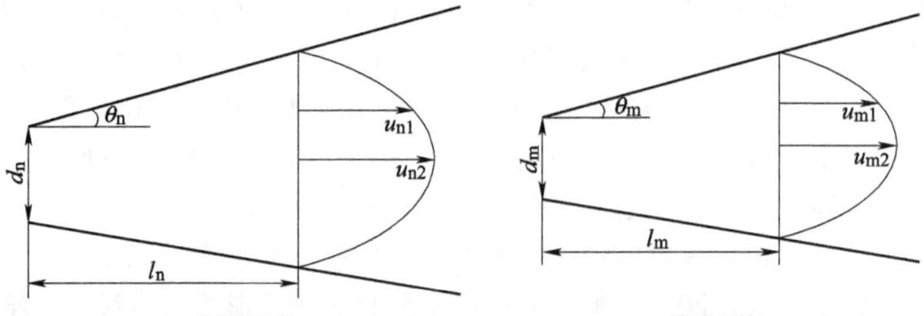

图 7.3.2　流动空间几何相似

$$\theta_n = \theta_m, \quad \frac{d_n}{d_m} = \frac{l_n}{l_m} = \lambda_l$$

λ_l 称为长度比尺。显然，面积比尺为长度比尺的平方，体积比尺为长度比尺的立方。几何相似是力学相似的前提，有了几何相似，才有可能在模型（下标为 m）流动与原形（下标为 n）流动之间存在对应点、对应线段等一系列对应的要素以及相应速度、加速度、作用力等一系列对应的力学量。

运动相似是指两流动相应点的流速大小成比例、方向相同，即

$$\frac{u_{n1}}{u_{m1}} = \frac{u_{n2}}{u_{m2}} = \frac{V_n}{V_m} = \lambda_V$$

λ_V 称为速度比尺。由此得到，时间比尺是长度比尺与速度比尺之比，即

$$\lambda_t = \frac{\lambda_l}{\lambda_V}$$

加速度比尺为

$$\lambda_a = \frac{\lambda_V}{\lambda_t} = \frac{\lambda_V^2}{\lambda_l}$$

下面从动力相似的定义出发推导相似准则。动力相似是指两流动相应点受同名力作用，力的方向相同，大小成比例。同名力系指同一物理性质的力，如重力 F_G、黏性力 F_ν、压力 F_p、惯性力 F_I，如图 7.3.3 所示。

$$\frac{F_{\nu n}}{F_{\nu m}} = \frac{F_{pn}}{F_{pm}} = \frac{F_{Gn}}{F_{Gm}} = \frac{F_{In}}{F_{Im}}$$

对于运动质点，设想加上该质点的达朗贝尔惯性力，形式上构成一个力多边形。从这个意义上说，动力相似可以表述为相应点上的力多边形相似，多边形相应的边（同名力）成比例。

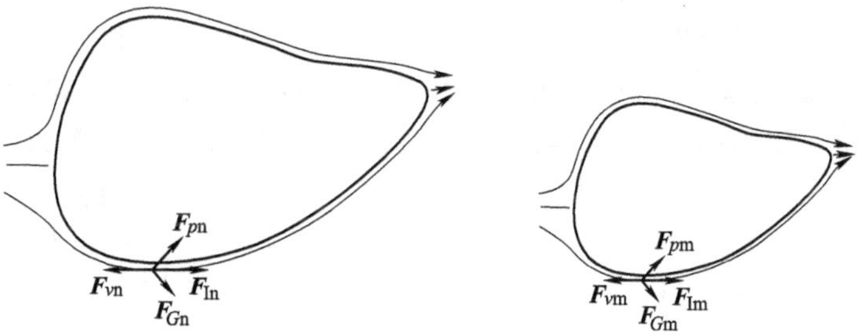

图 7.3.3 流动动力相似

边界条件相似指两个流动相应边界性质相同（粗糙度，自由面，进口、出口的速度分布等）。初始条件相似指对于非定常流动而言，保证初始瞬时速度分布等相似。

要保证两个流动问题的力学相似，在几何相似、运动相似、动力相似。边界条件和初始条件相似四个方面中，关键是如何实现动力相似。要使两个流动动力相似，前述各项比尺必须符合一定的约束关系，这种约束关系称为相似准则数，或相似准则。

在不考虑温度场的情况下，若两流动相应的雷诺数相等，则黏性力相似，即

$$Re_n = Re_m$$

雷诺数反映了两个流动相应点上惯性力与黏性力之比，雷诺数相等，即

$$\frac{F_{\nu n}}{F_{\nu m}} = \frac{F_{In}}{F_{Im}}$$

$$Re = \frac{Vl}{\nu}$$

若两流动相应的弗劳德数相等，则重力相似，即

$$Fr_{\mathrm{n}} = Fr_{\mathrm{m}}$$

弗劳德数反映了两个流动相应点上惯性力与重力之比，弗劳德数相等，即

$$\frac{F_{G\mathrm{n}}}{F_{G\mathrm{m}}} = \frac{F_{\mathrm{In}}}{F_{\mathrm{Im}}}$$

$$Fr = \frac{V^2}{gl}$$

若两流动相应的欧拉数相等，则压力相似，即

$$Eu_{\mathrm{n}} = Eu_{\mathrm{m}}$$

$$Eu = \frac{p}{\rho V^2} \text{ 或 } Eu = \frac{\Delta p}{\rho V^2}$$

欧拉数反映了两个流动相应点上压力与惯性力之比，欧拉数相等，即

$$\frac{F_{p\mathrm{n}}}{F_{p\mathrm{m}}} = \frac{F_{\mathrm{In}}}{F_{\mathrm{Im}}}$$

对于不可压缩流动，由黏滞力、压力、重力和惯性力构成封闭的力多边形，其中必然有一个力是被动的，只要三个力相似，则第四个力必然相似。因此，在决定动力相似的三个相似准则中，Re、Fr、Eu 也必然有一个是被动的，即

$$Eu = f(Re,\ Fr)$$

对流动起决定性作用的相似准则称为决定性相似准则，被动的准则称为被决定的相似准则。在大多数流动问题中，通常 Eu 是被动的相似准则。

要保证两个流动问题的力学相似，各相似准则应该同时满足。实际上，要同时满足全部相似准则很困难，甚至不可能，一般只能达到近似相似。例如，按照雷诺准则，$Re_{\mathrm{n}} = Re_{\mathrm{m}}$， 即

$$\frac{V_{\mathrm{n}} l_{\mathrm{n}}}{\nu_{\mathrm{n}}} = \frac{V_{\mathrm{m}} l_{\mathrm{m}}}{\nu_{\mathrm{m}}} \text{ 或 } \frac{V_{\mathrm{n}}}{V_{\mathrm{m}}} = \frac{\nu_{\mathrm{n}}}{\nu_{\mathrm{m}}} \frac{l_{\mathrm{m}}}{l_{\mathrm{n}}}$$

按照雷诺准则，$Fr_{\mathrm{n}} = Fr_{\mathrm{m}}$，$g_{\mathrm{n}} = g_{\mathrm{m}}$， 即

$$\frac{V_{\mathrm{n}}^2}{g_{\mathrm{n}} l_{\mathrm{n}}} = \frac{V_{\mathrm{m}}^2}{g_{\mathrm{m}} l_{\mathrm{m}}} \text{ 或 } \frac{V_{\mathrm{n}}}{V_{\mathrm{m}}} = \sqrt{\frac{l_{\mathrm{n}}}{l_{\mathrm{m}}}}$$

要同时满足雷诺准则和弗劳德准则，就要同时满足

$$\frac{V_{\mathrm{n}}}{V_{\mathrm{m}}} = \frac{\nu_{\mathrm{n}}}{\nu_{\mathrm{m}}} \frac{l_{\mathrm{m}}}{l_{\mathrm{n}}} = \sqrt{\frac{l_{\mathrm{n}}}{l_{\mathrm{m}}}}$$

这可分成两种情况讨论，一是原型和模型为同种流体，即 $\nu_{\mathrm{n}} = \nu_{\mathrm{m}}$，此时，有

$$\frac{l_{\mathrm{m}}}{l_{\mathrm{n}}} = \sqrt{\frac{l_{\mathrm{n}}}{l_{\mathrm{m}}}}$$

可见只有 $l_{\mathrm{n}} = l_{\mathrm{m}}$，即 $\lambda_l = 1$ 时，该等式才能成立，这在大多数情况下，已失去模型实验的价值。二是原型和模型为不同种流体，即 $\nu_{\mathrm{n}} \neq \nu_{\mathrm{m}}$，此时必有

$$\frac{\nu_{\mathrm{n}}}{\nu_{\mathrm{m}}} = \left(\frac{l_{\mathrm{n}}}{l_{\mathrm{m}}}\right)^{\frac{3}{2}} \quad \text{或} \quad \nu_{\mathrm{m}} = \nu_{\mathrm{n}} \lambda_l^{-\frac{3}{2}}$$

取长度比尺 $\lambda_l=10$, $\nu_m\approx\frac{\nu_n}{31.62}$，若原型流体为水，模型需选用运动黏度为水的0.03162的实验流体，一般来说很难找到。因此，在模型设计时，应该抓住对流动起决定性作用的力，保持原型和模型在该力相应特征数相等。对于管道内的流动，断面流速分布和沿程水头损失，在同一水头差的作用下，与重力无关，影响流速分布的是黏性力，应保证原型和模型雷诺数相等。

雷诺数在流体力学中极其重要，雷诺数中的定性尺寸为管径以及长度（飞行物的几何线度）等。新设计的飞机要在风洞里做模型实验，模型飞机的尺度变小了，要保证雷诺数不变，其他量就要做相应调整，或者加大速度，或者加大密度以及减小流体黏度。我们知道，在一定的温度下，流体黏度与密度无关，因此可以加大空气密度和风速来维持雷诺数不变。事实上，在现代航空技术中，研究人员通过建造密封型风洞，使压缩空气在风洞中做高速循环，来进行模型试验。

对于具有自由面的液体急变流动，无论是流速的变化或水面的波动，都强烈地受重力的作用，一般应保证原型和模型弗劳德数相等。

对于气体从静压箱经孔口的等温淹没出流，一般与压差有关。如果流速较大，黏性力的影响可以忽略，此时应保证原型和模型欧拉数相等。

在实际计算时需要采用对整个流动有代表性的量。例如，在管流中，断面平均流速是有代表性的速度，而管径则是长度的代表性的量。一般地，对某一流动，具有代表性的物理量称为定性量或特征物理量。平均流速就是速度的定性量，称为定性流速，管径称为定性长度。例如，一直径为 d 的圆球在水中以1m/s的速度运动，现以另一直径为 $2d$ 的圆球在风洞中进行试验，空气的运动黏度是水的15倍，即 $\frac{\nu_m}{\nu_n}=15$，为满足动力相似，风洞中的气流速度应为多大？这个问题是风洞中的模型实验，流体黏性力是主要考虑因素，因此决定性的相似准则是雷诺准则，即两个流动的黏性力相似。由

$$Re_n=Re_m$$

即

$$\frac{V_n l_n}{\nu_n}=\frac{V_m l_m}{\nu_m}$$

式中，l_n 和 l_m 分别为原型和模型的定性尺度。代入已知条件，有

$$\frac{1\cdot d}{1}=\frac{V_m\cdot 2d}{15}$$

解得

$$V_m=7.5\text{m/s}$$

即风洞中的气流速度应为7.5m/s。

在后续内容中将看到，当雷诺数 Re 超过某一数值后，流动阻力（黏性力）的大小与 Re 无关，这个流动范围称为自模区。若原型和模型都处于自模区，只要保持几何相似，不需 Re 相等，就自动实现阻力相似。工程上许多明渠水流处于自模区，按弗劳德准则设计的模型，只要求模型中的流动进入自模区，便同时满足阻力相似。自模区又称为阻力平方区。

以上是实验流体力学领域的相似性原理，固体力学领域的实验也应遵从相关的相似理论。

伽利略在其《关于两种新科学的对话》中记载了意大利威尼斯造船厂一位有经验工匠的

话："在最大的船只下水时必须格外注意，以避免大船在它们自身的巨大重量下发生开裂的危险。"这段话引发了书中对话者的争论，问题的实质是，根据几何相似将小船按比例放大，造出的船是否变得不结实了？用量纲来分析，这是肯定的。船的重量（包括自重与载荷）$\propto$ 体积 $\propto l^3$，而船的骨架的横截面面积$\propto l^2$，船越大，单位面积上的负荷越大，开裂的危险也就越大。这个道理可以用到其他许多地方，譬如马从两倍于它身高的地方跌下来会摔断骨头，而猫可以从五六倍于自己身高的地方跳下来安全无恙，老鼠从天花板上跌落下来（相当于它身高的几十倍）却安然无恙。鲸鱼这样大的哺乳动物只能生活在海里，若其在海滩上搁浅，失去了水的浮力，它们会被自身的重量压死。

7.4 黏性流动基本方程的无量纲化

前面根据动力相似的定义导出了相似特征数，即若两个流动现象动力相似，则它们的同名特征数相等。我们知道，流体的运动微分方程反映了惯性力、质量力、压力和黏性力等诸力的平衡关系，因此还可以从运动微分方程导出相似特征数。

1. 基本方程的无量纲化

下面先以恒定不可压缩流动为例，讨论连续性方程和动量方程的无量纲化。在常物性情况下，方程为

$$\frac{\partial u_x}{\partial x}+\frac{\partial u_y}{\partial y}+\frac{\partial u_z}{\partial z}=0$$

$$u_x\frac{\partial u_x}{\partial x}+u_y\frac{\partial u_x}{\partial y}+u_z\frac{\partial u_x}{\partial z}=-\frac{1}{\rho}\frac{\partial p}{\partial x}+\nu\left(\frac{\partial^2 u_x}{\partial x^2}+\frac{\partial^2 u_x}{\partial y^2}+\frac{\partial^2 u_x}{\partial z^2}\right)$$

$$\vdots$$

$$u_x\frac{\partial u_z}{\partial x}+u_y\frac{\partial u_z}{\partial y}+u_z\frac{\partial u_z}{\partial z}=-g-\frac{1}{\rho}\frac{\partial p}{\partial z}+\nu\left(\frac{\partial^2 u_z}{\partial x^2}+\frac{\partial^2 u_z}{\partial y^2}+\frac{\partial^2 u_z}{\partial z^2}\right)$$

选定一组特征物理量，用这些量除方程和边界条件中相应的变量，并重新定义由此得到的所对应无量纲变量，即可得到无量纲化的方程和边界条件。通常用上标"＊"表示无量纲量，用下标"0"表示特征量。取特征长度为 L_0、特征速度为 U_0、特征压强为 p_0，即

$$x^*=x/L_0,\qquad y^*=y/L_0,\qquad z^*=z/L_0$$

$$u_x^*=u_x/U_0,\qquad u_y^*=u_y/U_0,\qquad u_z^*=u_z/U_0$$

$$p^*=p/p_0$$

$$\frac{\partial(U_0u_x^*)}{\partial(L_0x^*)}+\frac{\partial(U_0u_y^*)}{\partial(L_0y^*)}+\frac{\partial(U_0u_z^*)}{\partial(L_0z^*)}=0$$

$$(U_0u_x^*)\frac{\partial(U_0u_x^*)}{\partial(L_0x^*)}+(U_0u_y^*)\frac{\partial(U_0u_x^*)}{\partial(L_0y^*)}+u_z\frac{\partial(U_0u_x^*)}{\partial(L_0z^*)}$$

$$=-\frac{1}{\rho}\frac{\partial(p_0p^*)}{\partial(L_0x^*)}+\nu\left[\frac{\partial^2(U_0u_x^*)}{\partial(L_0x^*)^2}+\frac{\partial^2(U_0u_x^*)}{\partial(L_0y^*)^2}+\frac{\partial^2(U_0u_x^*)}{\partial(L_0z^*)^2}\right]$$

$$\vdots$$

$$(U_0u_x^*)\frac{\partial(U_0u_z^*)}{\partial(L_0x^*)}+(U_0u_y^*)\frac{\partial(U_0u_z^*)}{\partial(L_0y^*)}+u_z\frac{\partial(U_0u_z^*)}{\partial(L_0z^*)}$$

$$= -g - \frac{1}{\rho}\frac{\partial(p_0p^*)}{\partial(L_0y^*)} + \nu\left[\frac{\partial^2(U_0u_z^*)}{\partial(L_0x^*)^2} + \frac{\partial^2(U_0u_z^*)}{\partial(L_0y^*)^2} + \frac{\partial^2(U_0u_z^*)}{\partial(L_0z^*)^2}\right]$$

由于 L_0、U_0 和 p_0 均为常数，且注意到

$$\frac{\partial^2}{\partial(L_0x^*)^2} = \frac{1}{L_0^2}\frac{\partial^2}{\partial x^{*2}},\ \frac{\partial^2}{\partial(L_0y^*)^2} = \frac{1}{L_0^2}\frac{\partial^2}{\partial y^{*2}},\ \frac{\partial^2}{\partial(L_0z^*)^2} = \frac{1}{L_0^2}\frac{\partial^2}{\partial z^{*2}}$$

易得

$$\frac{\partial u_x^*}{\partial x^*} + \frac{\partial u_y^*}{\partial y^*} + \frac{\partial u_z^*}{\partial z^*} = 0$$

$$u_x^*\frac{\partial u_x^*}{\partial x^*} + u_y^*\frac{\partial u_x^*}{\partial y^*} + u_z^*\frac{\partial u_x^*}{\partial z^*} = -\frac{p_0}{\rho U_0^2}\frac{\partial p^*}{\partial x^*} + \frac{\nu}{U_0L_0}\left(\frac{\partial^2u_x^*}{\partial x^{*2}} + \frac{\partial^2u_x^*}{\partial y^{*2}} + \frac{\partial^2u_x^*}{\partial z^{*2}}\right)$$

$$\vdots$$

$$u_x^*\frac{\partial u_z^*}{\partial x^*} + u_y^*\frac{\partial u_z^*}{\partial y^*} + u_z^*\frac{\partial u_z^*}{\partial z^*} = -\frac{gL_0}{U_0^2} - \frac{p_0}{\rho U_0^2}\frac{\partial p^*}{\partial z^*} + \frac{\nu}{U_0L_0}\left(\frac{\partial^2u_z^*}{\partial x^{*2}} + \frac{\partial^2u_z^*}{\partial y^{*2}} + \frac{\partial^2u_z^*}{\partial z^{*2}}\right)$$

该动量方程又可写作

$$u_x^*\frac{\partial u_x^*}{\partial x^*} + u_y^*\frac{\partial u_x^*}{\partial y^*} + u_z^*\frac{\partial u_x^*}{\partial z^*} = -\frac{1}{Eu}\frac{\partial p^*}{\partial x^*} + \frac{1}{Re}\left(\frac{\partial^2u_x^*}{\partial x^{*2}} + \frac{\partial^2u_x^*}{\partial y^{*2}} + \frac{\partial^2u_x^*}{\partial z^{*2}}\right)$$

$$\vdots$$

$$u_x^*\frac{\partial u_z^*}{\partial x^*} + u_y^*\frac{\partial u_z^*}{\partial y^*} + u_z^*\frac{\partial u_z^*}{\partial z^*} = -\frac{1}{Fr} - \frac{1}{Eu}\frac{\partial p^*}{\partial z^*} + \frac{1}{Re}\left(\frac{\partial^2u_z^*}{\partial x^{*2}} + \frac{\partial^2u_z^*}{\partial y^{*2}} + \frac{\partial^2u_z^*}{\partial z^{*2}}\right)$$

式中包含三个准则数，Re、Fr 和 Eu 分别为雷诺数、弗劳德数和欧拉数。

对于一般情况下的非定常不可压缩流动，在常物性条件下，N-S 方程为

$$\frac{\partial u_x}{\partial t} + u_x\frac{\partial u_x}{\partial x} + u_y\frac{\partial u_x}{\partial y} + u_z\frac{\partial u_x}{\partial z} = -\frac{1}{\rho}\frac{\partial p}{\partial x} + \nu\left(\frac{\partial^2u_x}{\partial x^2} + \frac{\partial^2u_x}{\partial y^2} + \frac{\partial^2u_x}{\partial z^2}\right)$$

$$\vdots$$

$$\frac{\partial u_z}{\partial t} + u_x\frac{\partial u_z}{\partial x} + u_y\frac{\partial u_z}{\partial y} + u_z\frac{\partial u_z}{\partial z} = -g - \frac{1}{\rho}\frac{\partial p}{\partial z} + \nu\left(\frac{\partial^2u_z}{\partial x^2} + \frac{\partial^2u_z}{\partial y^2} + \frac{\partial^2u_z}{\partial z^2}\right)$$

对于低速流动存在热对流的流动问题，由于温度差的作用导致密度差，会引起自然对流，但流动速度和压强变化引起的流体密度变化量非常微小，对于这类自然对流问题，可使用布辛涅斯克（Boussinesq，1842—1929）假定来简化求解，即认为在流动中，由于温度效应引起的密度变化是一个小量，只需在 N-S 方程的重力项中引入浮力效应，而在 N-S 方程的其他各项中密度保持不变。重力项中此时流体的密度可改写为

$$\rho' = \rho + \Delta\rho \approx \rho(1 - \alpha\Delta T)$$

式中，α 为流体的热胀系数，对于完全气体，$\alpha = \frac{1}{T_0}$，$\Delta T = T - T_0$，T_0 为参考温度，例如，环境温度。此外，引入一个新的压强函数 p'，使得

$$\nabla p' = \nabla p - \rho g$$

此时，动量方程变为

$$\frac{\partial u_x}{\partial t} + u_x\frac{\partial u_x}{\partial x} + u_y\frac{\partial u_x}{\partial y} + u_z\frac{\partial u_x}{\partial z} = -\frac{1}{\rho}\frac{\partial p'}{\partial x} + \nu\left(\frac{\partial^2u_x}{\partial x^2} + \frac{\partial^2u_x}{\partial y^2} + \frac{\partial^2u_x}{\partial z^2}\right)$$

$$\vdots$$

$$\frac{\partial u_z}{\partial t}+u_x\frac{\partial u_z}{\partial x}+u_y\frac{\partial u_z}{\partial y}+u_z\frac{\partial u_z}{\partial z}=-\alpha g(T-T_0)-\frac{1}{\rho}\frac{\partial p'}{\partial z}+\nu\left(\frac{\partial^2 u_z}{\partial x^2}+\frac{\partial^2 u_z}{\partial y^2}+\frac{\partial^2 u_z}{\partial z^2}\right)$$

能量方程（忽略源项）为

$$\frac{\partial T}{\partial t}+u_j\frac{\partial T}{\partial x_j}=\frac{1}{\rho c_p}\frac{\partial p'}{\partial t}+\frac{1}{\rho c_p}u_j\frac{\partial p'}{\partial x_j}+\frac{\lambda}{\rho c_p}\frac{\partial}{\partial x_j}\left(\frac{\partial T}{\partial x_j}\right)+\frac{\Phi}{\rho c_p}$$

为了对基本方程无量纲化，除了选取特征长度 L_0、特征速度 U_0 和特征压强 p_0 以外，还要选取特征时间 t_0、特征温度 T_0（环境温度），即

$$x_i^*=x_i/L_0,\quad u_i^*=u_i/U_0,\quad t^*=t/t_0$$

以及

$$\Delta T=T-T_0,\quad \Delta T_0=T_w-T_0$$

式中，T_w 为另一个参考温度，例如，壁面或热源的温度，单位为 K。引入无量纲过余温度 T^*，即

$$T^*=\frac{T-T_0}{T_w-T_0}=\frac{\Delta T}{\Delta T_0}$$

对于不可压缩流动，压强变化主要由速度变化引起，无量纲相对压强 p'^* 定义为

$$p'^*=\frac{p'-p_0}{\rho U_0^2}$$

把以上各式分别代入运动方程和能量方程，可将基本方程无量纲化，即

$$\frac{L_0}{U_0t_0}\frac{\partial u_x^*}{\partial t^*}+u_x\frac{\partial u_x}{\partial x}+u_y\frac{\partial u_x}{\partial y}+u_z\frac{\partial u_x}{\partial z}=-\frac{\partial p'^*}{\partial x^*}+\frac{\nu}{L_0U_0}\left(\frac{\partial^2 u_x}{\partial x^2}+\frac{\partial^2 u_x}{\partial y^2}+\frac{\partial^2 u_x}{\partial z^2}\right)$$

$$\vdots$$

$$\frac{L_0}{U_0t_0}\frac{\partial u_z^*}{\partial t^*}+u_x\frac{\partial u_z}{\partial x}+u_y\frac{\partial u_z}{\partial y}+u_z\frac{\partial u_z}{\partial z}=-\frac{\partial p^*}{\partial z^*}-\frac{g\alpha L_0\Delta T_0}{U_0^2}T^*+\frac{\nu}{L_0U_0}\left(\frac{\partial^2 u_z}{\partial x^2}+\frac{\partial^2 u_z}{\partial y^2}+\frac{\partial^2 u_z}{\partial z^2}\right)$$

对于能量方程，不难得到

$$\frac{L_0}{U_0t_0}\frac{\partial T^*}{\partial t^*}+u_j^*\frac{\partial T^*}{\partial x_j^*}=\frac{U_0L_0}{c_pt_0(T_w-T_0)}\frac{\partial p'^*}{\partial t^*}+\frac{U_0^2}{c_p(T_w-T_0)}u_j^*\frac{\partial p^*}{\partial x_j^*}+$$
$$\frac{a}{L_0U_0}\frac{\partial}{\partial x_j^*}\left(\frac{\partial T^*}{\partial x_j^*}\right)+\frac{\nu U_0}{c_pL_0(T_w-T_0)}\Phi^*$$

式中，$a=\dfrac{\lambda}{\rho c_p}$ 为温度扩散系数。可见，基本方程无量纲化以后，出现了若干无量纲数。

称无量纲组合数 $Sr=\dfrac{L_0}{U_0t_0}$ 为斯特劳哈尔（Strouhal）数。式中，t_0 为特征时间，表示当地状态发生变化所需的典型时间；$\dfrac{L_0}{U_0}$ 为时间的量纲，表示特征滞留时间。例如，若以机翼弦长为特征长度 L_0，远方来流速度为 U_0，则此滞留时间大体上代表流体流过机翼所需的时间。$\dfrac{L_0}{U_0}$与 t_0 之比是与流动非定常有关的无量纲量，是衡量流场非定常性的参数。Sr 可以理解为局部导数与迁移导数之比。例如，对于振动圆柱的绕流，可取 t_0 为振动周期的倒数，L_0 为圆柱直径。

前文述及，无量纲组合数 $Fr=\frac{U_0^2}{gL_0}$ 为弗劳德（Froude）数。单位质量所受惯性力的典型值可表示为$\frac{U_0^2}{L_0}$，所以 $\frac{U_0^2}{L_0}\Big/g$ 代表惯性力与重力的典型值之比。

$Re=\frac{U_0L_0}{\nu}$ 在运动方程的黏性力项中出现，是与黏性流动有关的无量纲量。单位质量流体所受黏性力的典型值为

$$\frac{1}{\rho}\frac{\partial}{\partial x_i}\left(\mu\frac{\partial u_j}{\partial x_j}\right)\sim\frac{\mu}{\rho}\frac{U_0}{L_0^2}$$

所以

$$Re=\frac{\rho U_0L_0}{\mu}=\frac{U_0^2/L_0}{\mu U_0/\rho L_0^2}$$

可见，Re 表示流体所受的惯性力与黏性力的典型值之比，表征流体的黏性效应。

称无量纲组合数 $Eu=\frac{p_0}{\rho U_0^2}$ 为欧拉数，显然，Eu 是压力与惯性力之比。

有自然对流情况下，引入格拉晓夫（Grashof）数，令

$$Gr=\frac{g\alpha L_0^3\Delta T_0}{\nu^2}$$

在物理意义上，格拉晓夫数 Gr 是浮升力与黏性力之比。在自然对流现象中，格拉晓夫数 Gr 的作用与雷诺数 Re 在强制对流现象中的作用相当。

此时，无量纲 N-S 方程可写作

$$Sr\frac{\partial u_i^*}{\partial t^*}+u_j^*\frac{\partial u_i^*}{\partial x_j^*}=-\frac{Gr}{Re^2}T^*-Eu\frac{\partial p^*}{\partial x_i^*}+\frac{1}{Re}\nabla^2u_i^*$$

对于能量方程，为了讨论简便，先略去源项 ρq_V。方程无量纲化后变为

$$Sr\frac{\partial T^*}{\partial t^*}+u_j^*\frac{\partial T^*}{\partial x_j^*}=Sr\cdot Ec\frac{\partial p^*}{\partial t^*}+Ecu_j^*\frac{\partial p^*}{\partial x_j^*}+\frac{1}{Re\cdot Pr}\frac{\partial}{\partial x_j^*}\left(\lambda^*\frac{\partial T^*}{\partial x_j^*}\right)+\frac{Ec}{Re}\Phi^*$$

式中，$Ec=\frac{U_0^2}{c_{p0}(T_w-T_0)}$，称为埃克特（Eckert）数。通常情况下，比定压热容 c_p 较比定容热容 c_V 使用要广泛一些，而且对于液体来说 $c_p\approx c_V$。在能量方程，出现在压力项中，就量纲而言，$p\sim\rho U^2$，无量纲量 $p_0\sim\rho U_0^2$，则

$$Ec=\frac{U_0^2}{c_p(T_w-T_0)}\sim\frac{\rho_0U_0^2}{c_p\rho(T_w-T_0)}\sim\frac{p_0}{c_p\rho(T_w-T_0)}$$

埃克特数 Ec 表征流体流动的可压缩性，一般在有热交换的流场中出现。

在无量纲的能量方程的导热项中出现 $Pr=\frac{\nu}{a}=\frac{\mu c_p}{\lambda}$，普朗特数表示流体的动量扩散率与热扩散率之比。由于 Pr 中只包含流体的物性参数，因此普朗特数是一个表示流体物性的无量纲量。对于气体，Pr 接近于 1，而且温度变化很大时，Pr 变化很小。例如空气，当温度在 20~1000℃时，Pr 在 0.6 到 0.74 之间变化。这表明气体的动量扩散率与热扩散率很接近。因此，考虑气体的黏性影响时，同时也应考虑其热传导性的影响。$Pr\gg1$ 为大普朗特数的流体，如各

种油类，这种流体的动量扩散率远大于热扩散率；反之，$Pr \ll 1$ 为小普朗特数的流体，如液态金属，此时流体的热扩散率远大于动量扩散率。

2. 定解条件的无量纲化

对于初始条件和边界条件可以类似地无量纲化。

（1）初始条件　当 $t^* = t_0^*$ 时，

$$u^* = u^*(x_1^*,\ x_2^*,\ x_3^*)$$

$$p^* = p^*(x_1^*,\ x_2^*,\ x_3^*)$$

$$T^* = T^*(x_1^*,\ x_2^*,\ x_3^*)$$

（2）边界条件　在自由来流处，$u^* = 1$，$p^* = 0$，$T^* = 0$

黏性流体在流经壁面时，贴壁处有一极薄的流体层相对于壁面是不流动的，壁面与流体之间的热量传递只能以导热方式进行，固体壁面的热流密度为

$$q_w = -\lambda \left(\frac{\partial T}{\partial n}\right)_w$$

对该式进行无量纲化，有

$$q_{w0} q_w^* = -\lambda_0 \lambda^* \frac{T_w - T_0}{L_0} \left(\frac{\partial T^*}{\partial n^*}\right)_w$$

即

$$\frac{q_{w0} L_0}{\lambda_0 (T_w - T_0)} q_w^* = -\lambda^* \left(\frac{\partial T^*}{\partial n^*}\right)_w$$

式中，$q_w^* = q_w / q_{w0}$。引入一个无量纲组合数 Nu，称作努塞尔（Nusselt）数

$$Nu = \frac{q_{w0}}{\lambda_0 (T_w - T_0)/L_0} = \frac{\text{壁面对流换热量}}{\text{流体导热换热量}}$$

对流换热量的计算采用牛顿冷却公式 $q = h\Delta T$，h 为对流换热系数，ΔT 为壁面与流体的温差。于是，壁面处的边界条件又可写成

$$Nu = \frac{h_0}{\lambda_0 / L_0} = \frac{h_0 \Delta T \cdot L_0}{\lambda_0 \Delta T}$$

壁面边界条件无量纲化为

$$u^* = 0,\ T^* = 1,\ \left(\lambda^* \frac{\partial T^*}{\partial n^*}\right)_w = Nu$$

3. 无量纲方程和定解条件包含的无量纲组合

在上述无量纲方程和边界条件中，包含多个无量纲组合数，现归纳如下：

$Sr = \dfrac{L_0}{U_0 t_0}$，表征流体的非定常性，是局部导数与迁移导数之比；

$Fr = \dfrac{U_0^2}{g L_0}$，表征惯性力与重力之比；

$Re = \dfrac{U_0 L_0}{\nu}$，表征惯性力与黏性力之比；

$Eu = \dfrac{p_0}{\rho U_0^2}$，表征压力与惯性力之比；

$Gr=\dfrac{g\alpha\rho^2L_0^3(T_w-T_0)}{\mu^2}$，表征浮升力的影响；

$Ec=\dfrac{U_0^2}{c_p(T_w-T_0)}$，表征流体压缩性影响；

$Pr=\dfrac{\lambda}{c_p\mu}$，表征温度场与速度场的相似程度，与流体物性有关；

$Nu=\dfrac{q_{w0}L_0}{\lambda(T_w-T_0)}$，表征流体与壁面间的对流热与流体内传导热之比；

$\dfrac{Gr}{Re^2}=\dfrac{g\alpha(T_w-T_0)}{U_0^2/L_0}$，表征浮升力与惯性力之比；

$\dfrac{Ec}{Re}=\dfrac{\mu}{\rho U_0L_0}\cdot\dfrac{U_0^2}{c_p(T_w-T_0)}$，表征黏性耗散热与对流热之比：

$\dfrac{1}{RePr}=\dfrac{1}{Pe}=\dfrac{\mu}{\rho U_0L_0}\cdot\dfrac{\lambda}{\mu c_p}=\dfrac{a}{U_0L_0}$，表征传导热与对流热之比，$Pe$ 称作贝克来（Peclet）数，a 为导温系数。

将方程组无量纲化后，根据流动的具体条件，对方程中各项进行数量级比较，可简化方程组。当流动定常时，局部导数为零，或虽非定常流动，但运动参数随时间的变化很小，局部导数远小于迁移导数时，$Sr\ll1$，因此，方程中所有含 Sr 的项或局部导数项可忽略。

当流体运动速度很大，或惯性力远大于重力时，重力项可忽略，$Fr\gg1$，因此，方程中含有 Fr 的倒数项就可以略去不计。

当温差很小，不考虑自然对流时，$\dfrac{Gr}{Re^2}\ll1$，可以略去浮升力项。

当对流热远大于黏性耗散热时，$\dfrac{Ec}{Re}\ll1$，能量方程中的黏性耗散项可以略去。

当流动速度很小时，$Re\sim1$，$Ec\ll1$，能量方程中的压力功项和黏性耗散项都可略去。

当黏性力远大于惯性力时，$Re\ll1$，惯性力项可略去不计。

当惯性力远大于黏性力时，$Re\gg1$，黏性力虽不能简单地略去，但仍可以将方程大为简化。这在后续的边界层理论将详细讨论。

在上一节中已经介绍过，这里进一步强调指出，两个流动现象相似的充要条件是几何相似、所有相似准则对应相等，而且两种流体的 ρ、μ、λ、c_p 以及 p^*、T^* 等关系也必须完全相同，但实际上要同时满足这些条件是不可能的，只能满足部分相似准则相等。因此，必须分析所研究的流动的主要因素，保证主要的相似准则相等。当然，这样得出的实验结果也只能有条件地应用到原型上去。

在实验中，通常考虑的原则为：在黏性流动中，应考虑 Re；在变温度问题中，应考虑 Ec 和 Pr；在自然对流中，应考虑 Gr；在流体与壁面间的对流换热中，应考虑 Nu；在具有自由表面的流动中，应考虑 Fr；在非定常流动中，应考虑 St。

以上列举的只是一般的原则，具体问题中应保证哪些准则相等要认真分析。最后要指出的是，上面所列举的相似准则表达式的形式不是唯一的，例如，$Re=\dfrac{U_0L_0}{\nu}$ 中的 L_0 可以用直径 d、厚度 δ 等。此外，对许多特殊问题还可能有其他准则。

当流通截面很细小，必须考虑表面张力时，需用韦伯数（We）——表征惯性力与表面张力之比。σ 为表面张力系数，表面张力 $T_{Wp}=\sigma l$，惯性力 $F_{\mathrm{I}}=\rho l^2U^2$，由

$$\frac{\rho_{\mathrm{n}}l_{\mathrm{n}}^2U_{\mathrm{n}}^2}{\sigma_{\mathrm{n}}l_{\mathrm{n}}}=\frac{\rho_{\mathrm{m}}l_{\mathrm{m}}^2U_{\mathrm{m}}^2}{\sigma_{\mathrm{m}}l_{\mathrm{m}}}$$

两流动相应的韦伯数相等，表面张力相似。

$$We=\frac{\rho L_0U_0^2}{\sigma}$$

对于高速气流运动，弹性力起重要作用。弹性力 $F_E=EL_0^2$，惯性力 $F_{\mathrm{I}}=\rho L_0^2U^2$，由

$$\frac{\rho_{\mathrm{n}}U_{\mathrm{n}}^2}{E_{\mathrm{n}}}=\frac{\rho_{\mathrm{m}}U_{\mathrm{m}}^2}{E_{\mathrm{m}}} \text{或} \frac{U_{\mathrm{n}}^2}{E_{\mathrm{n}}/\rho_{\mathrm{n}}}=\frac{U_{\mathrm{m}}^2}{E_{\mathrm{m}}/\rho_{\mathrm{m}}}$$

据气体动力学可知，声速 $c=\sqrt{E/\rho}$，则

$$\left(\frac{U_{\mathrm{n}}}{c_{\mathrm{n}}}\right)^2=\left(\frac{U_{\mathrm{m}}}{c_{\mathrm{m}}}\right)^2 \text{或} \frac{U_{\mathrm{n}}}{c_{\mathrm{n}}}=\frac{U_{\mathrm{m}}}{c_{\mathrm{m}}}$$

无量纲量 $Ma=\dfrac{U}{c}$ 称为马赫数，表征惯性力与弹性力之比。两流动相应的马赫数相等，弹性力相似。

前文已得出决定重力相似的弗劳德准则，工程上还会遇到诸如气体的温差射流、热水向冷水域排放、河口淡水入海流动等有密度差的流动。由于这样的流动受重力和浮力作用，所以要把表示惯性力与重力之比的弗劳德数改换为惯性力与有效重力，即减去浮力后的重力之比作为密度差流动的相似特征数。

在弗劳德相似中，将重力 G 用有效重力 G' 代替，即

$$G'=(\rho-\rho_e)gl^3=\Delta\rho gl^3$$

式中，ρ_e 为周围介质的密度。整理后，易得

$$\frac{U_{\mathrm{n}}^2}{\dfrac{\Delta\rho_{\mathrm{n}}}{\rho_{\mathrm{n}}}g_{\mathrm{n}}l_{\mathrm{n}}}=\frac{U_{\mathrm{m}}^2}{\dfrac{\Delta\rho_{\mathrm{m}}}{\rho_{\mathrm{m}}}g_{\mathrm{m}}l_{\mathrm{m}}}$$

上式就是密度差流动的相似准则，无量纲数

$$Fr=\frac{U_0^2}{\dfrac{\Delta\rho}{\rho}gL_0}$$

称为密度差弗劳德数。

在供热通风空调工程中，为研究气体温差射流，采用 Fr 的倒数形式，并把特征长取为喷口直径 d_0，特征流速取为喷口流速 U_0，得到新的相似特征数

$$Ar=\frac{gL_0}{U_0^2}\frac{\Delta\rho}{\rho}$$

对于定压过程（不可压缩流动）

$$\frac{\Delta\rho}{\rho}=\left|\frac{\Delta T_0}{T_e}\right|$$

式中，ΔT_0 为风口气流相对于室内空气的温差；T_e 为室内热力学温度。于是

$$Ar = \frac{gL_0}{U_0^2}\left|\frac{\Delta T_0}{T_e}\right|$$

式中，Ar 称为阿基米德数，实际上是考虑了浮力作用的重力相似特征数。

练　习　题

7-1　水泵的轴功率 N 与泵轴的转矩 M 、角速度 ω 有关，试用瑞利法导出轴功率表达式。

7-2　已知文丘里流量计喉道流速 V 与流量计压强差 Δp、主管直径 D、喉道直径 d，以及流体的密度 ρ 和运动黏度 ν 有关，试用 π 定理确定流速关系式

$$V = \sqrt{\Delta p/\rho}\, f(Re,\ D/d)$$

7-3　试用 π 定理分析管道均匀流水力坡度的关系式。已知水力坡度 J 与流速 V、水力半径 R、管道绝对粗糙度 K、水的密度 ρ 以及水的动力黏度 μ 有关。

7-4　为研究水坝弧形闸门闸下出流特性，取长度比尺为 20∶1 进行缩尺实验，如题 7-4 图所示，试求：（1）原型中如闸门前水深 $H=8\text{m}$，模型中相应的水深是多少？（2）模型中若测得收缩断面流速 $V=2.3\text{m/s}$，流量为 $Q=0.045\text{m}^3/\text{s}$，则原型中相应的流速和流量为多少？（3）若模型中水流作用在闸门上的力 $F=78.5\text{N}$，原型中水流作用在闸门上的力为多少？

7-5　汽车高度 $h=2\text{m}$，以速度 $V=108\text{km/h}$ 的速度在温度为 20℃的高速上疾驰。模型实验在空气温度为 0℃的风洞中进行，如题 7-5 图所示。模型实验和原型流动中的空气均视为理想气体。已知两种温度下空气的运动黏度之比为 1/1.146，$V'=60\text{m/s}$。试求：（1）模型中汽车的高度 h'。（2）模型中测得正面压力为 $F'=1500\text{N}$，求实物汽车的正面阻力 F。

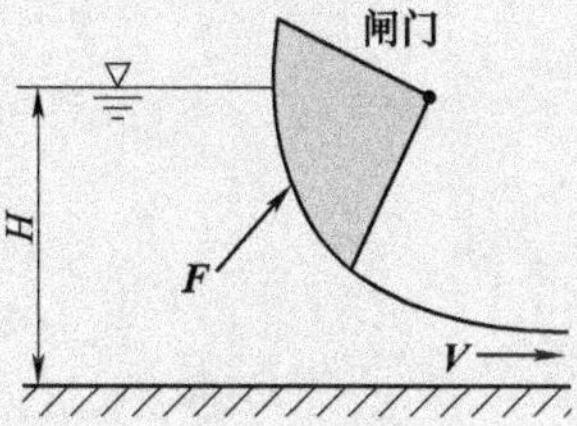

题 7-4 图

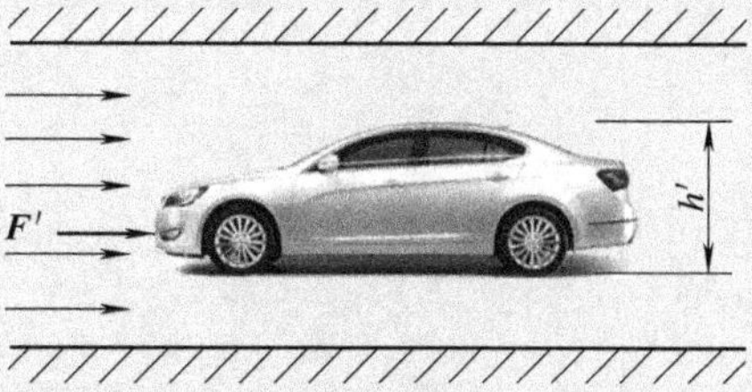

题 7-5 图

7-6　如题 7-6 图所示，有一厚度很小、直径为 d 的圆盘。该圆盘在一个扁的圆柱形壳体内旋转，壳体内充满密度为 ρ、动力黏度为 μ 的流体，壳体的上下壁面与圆盘距离为 y，圆盘的旋转角速度为 ω，试用 π 定理确定圆盘旋转所需力矩 M 的表达式。

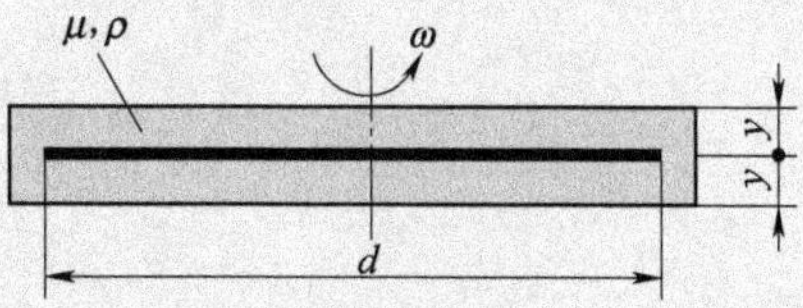

题 7-6 图

7-7　研究热风炉中烟气的流动特性，采用长度比尺（即原型尺寸∶模型尺寸）为 10 的水流进行实验。已知热风炉中烟气流速为 8m/s，密度为 0.4kg/m^3，运动黏度为 $0.9\text{cm}^2/\text{s}$，模型水的密度为 1000kg/m^3，运动黏度为 $0.131\text{cm}^2/\text{s}$。试问：（1）为保证流动相似，模型中水的流速为多少？（2）实测模型的压降为 6kPa，原型热风炉运行时，压降为多少？

7-8　在核反应堆中用熔融金属钠作为冷却剂，在试验中用水作为工作流体，在比尺为 3∶5 的模型缩尺管道中进行研究，设管截面为环形，R、r 分别为管的内、外半径，l 为管长，ρ 和 μ 分别为流体的密度和动力黏度，管内平均流速为 V。试用量纲分析法证明，压力损失 Δp 可表示为

$$\Delta p = \rho V^2 f\left(\frac{\mu}{\rho r V}, \frac{R}{r}, \frac{l}{r}\right)$$

若原型中的冷却剂速度为6.1m/s，计算模型中相应的速度。在该速度下，模型中的压降为82.7kN/m^2，计算反应堆中的压降。如反应堆每根管的环隙截面面积为18.6cm^2，试决定克服每一根管中的压降所需的功率。已知水的密度为1000kg/m^3、运动黏度为1.163×10^{-6}m^2/s；液态钠的密度为836kg/m^3、运动黏度为2.79×10^{-7}m^2/s。

7-9　在什么条件下，模型实验可达到同时满足黏性力相似和重力相似？

第 8 章 黏性流体动力学方程的解析解与近似解

8

N-S 方程是一组非线性二阶偏微分方程组，一般情况下求其解析解非常困难，只有在某些特殊流动情况下，例如，当非线性的迁移加速度项为零时，可以求得解析解。由于对大多数实际关心的问题不能求得精确解，因而不得不引入不同程度的物理或数学上的近似以求得近似解。黏性流体的流动状态分为层流和湍流，二者以流动雷诺数加以区分。流体微团分层有规则地运动，无脉动的流动状态称为层流，其雷诺数较小；若流体微团运动无规则，剧烈脉动和掺混，这种流动状态称为湍流，其雷诺数较大。黏性流动在雷诺数很小和很大的两种极端情况下，可以寻求 N-S 方程的近似解。当雷诺数很小时，流动中的惯性项较黏性项小很多，从而可以忽略惯性项而得到线性的运动方程。反之，当雷诺数很大时，黏性影响只局限于固体壁面附近很薄的一层流动中。这是大雷诺数黏性流动一个极为重要的特性，这样的薄层流动即边界层流动，边界层以外的流动可以不考虑黏性，按理想流体势流理论处理。

迄今为止只在一些特定的条件下（简单的边界条件）求得了方程组的解析解，总数也只有 70 余个，而且所得到的解析解几乎都是针对不可压缩流体常物性（密度、黏度和热传导系数等均为常数）条件下的流动得出的，只对低雷诺数有效，即本质上是层流解。在这种情况下，不需要将能量方程与连续性方程、动量方程耦合，在求得速度和压力场后，再单独求解温度场。

8.1 黏性流体动力学方程求解概述

N-S 方程中，黏性项 $\frac{\partial}{\partial x_j}\left(\mu\frac{\partial u_i}{\partial x_j}\right)$ 是二阶项，迁移加速度 $\rho u_j\frac{\partial u_i}{\partial x_j}$ 是非线性项，N-S 方程是二阶非线性偏微分方程。从数学角度来看，N-S 方程与理想流体运动微分方程的阶数不同，后者为一阶非线性偏微分方程，因此二者定解条件以及解法完全不同。从物理角度看，黏性流体流动时，由于黏性与固体壁面的作用，总有漩涡产生；由于黏性的存在，与理想流体流动中涡量守恒不同，在黏性流体流动中涡量不守恒；由于黏性流体流动中存在不可逆过程，这也与理想流体流动中机械能守恒不同。

黏性流动的 N-S 方程中由于含有非线性项，在任意的初始条件和边界条件下求解，会遇到难以克服的数学困难，目前尚无法获得一般流动情形下的解析解。对于可压缩流体的层流流动，由于基本方程中的物性参数受温度的影响，使流场中速度分布受温度的影响，需要用基本微分方程组和补充的物性方程联立求解，这样问题就复杂很多。对于不可压缩流体的层流流动，物性参数可近似作为常量处理，使速度分布不受到温度分布的影响，即连续性方程及 N-S 方程与能量方程无关，因而可首先用连续性方程和 N-S 方程求解速度分布，在此基础上用能量方程求解温度分布，但即使是对于常物性、不可压缩流体层流流动，求解三维一般流动的 N-S

方程在数学上的困难仍然没有从根本性降低。

对于一些简单的流动，通过物理上的分析，进行近似处理，可使方程简化。在黏性流体力学中，在大多数场合，略去 N-S 方程中的质量力或将质量力项吸收到压力项中去，以使 N-S 方程减少一项而利于求解；此外，还可采用减少维数的简化办法，这以处理二维流动问题为主。总之，只有几种流动情况极为简单的特例可直接求解 N-S 方程得到解析解，而且解析解的适用范围极其有限。自 20 世纪 50 年代以后，人们就不再热衷寻找 N-S 方程的解析解了，这是因为一方面非线性带来固有的数学困难难以克服，另一方面是数值方法和计算机技术的日益进步，使得数值求解 N-S 方程变得可行。

用解析的方法求解 N-S 方程时，依据所获得的结果又可以分为精确解和近似解。对一些特别简单的特定流动情形，可以得到精确解，这些精确解从不同的方面反映了黏性流体流动的性质。另外，对某些流动可以引进不同程度的物理或数学上的近似以求得其近似解，边界层近似就是一个典型的例子。

1. 精确解

在某些简单的流动情况下，非线性的惯性项等于零或可化为非常简单的形式，方程组得以线性化或得到很简单的形式，进而得到方程的精确解。精确解可分为两类。一是非线性项全部消失。从工程应用方面来看，该类问题不多，最典型的是均匀流动，如平行层流。在物性 ρ、μ、λ、c_p 为常物性的情况下，虽然待求量为三个速度、一个压力和一个温度，但是连续性方程和动量方程就已构成求解速度和压力的封闭方程组。因此，对于这一类问题的求解，可先由连续性方程和动量方程联立求解出速度和压力，然后再代入到能量方程中求得温度分布。二是非线性项可化为非常简单的形式。根据流动问题的性质，虽然保留有非线性项，但它的形式简单，N-S 方程成为简单的非线性偏微分方程。在一定条件下通过变量变换，可将 N-S 方程变换为常微分方程而得解。例如，物体驻点附近的流动、旋转圆盘附近的流动、扩张管和收缩管内的层流流动等，可采用这样的方法求解。

2. 近似解

根据问题的力学特性，略去方程中某些次要项（通过量级比较，忽略高阶小项），从而得出近似方程，在某些情形下可以求出近似方程的精确解或渐近解，通过这种途径所得到的解称为近似解。常用的近似方法之一是参数摄动法，黏性流体流动问题的主要摄动参数是雷诺数。用雷诺数作为摄动参数，可以近似求解两类问题。其一是小雷诺数流动。在很缓慢的流动中，雷诺数很小，黏性力要比惯性力大得多，因此可以忽略 N-S 方程中的全部或部分惯性力项，这样迁移加速度项被略去，使 N-S 方程大为简化，然后由简化的方程求出流动的精确解或近似解，这样的流动又称为蠕动流，这是一类速度极慢、尺度极小或黏度极大的流动。从数学观点上看，略去惯性项是可以的，因为方程并未降阶，所以简化后的方程能够满足简化前的边界条件，蠕动流的解也可以视为雷诺数趋于零情况下的 N-S 方程的解。其二是大雷诺数流动。这是一类速度快、尺度较大或黏度很小的流动。对于大雷诺数流动，惯性力要比黏性力大得多，黏性影响的范围只限于物面附近的薄层内。大雷诺数流动不可以仿照小雷诺数流动的方法处理，把 N-S 方程中的黏性力项全部忽略，就简化成理想流体流动，失去了研究黏性流动的意义。从数学上看，N-S 方程变为欧拉方程，阶数降低，简化后的方程的解，难以满足原方程的全部边界条件。按理想流体处理时，物面无滑移条件成为欧拉方程多余的约束，得不到方程的解；理想流体绕流时会出现阻力为零的“疑题”，而实际上不管雷诺数多大，总会产生黏性阻力。因此，对于大雷诺数流动问题，必须通过分析流动特性，建立符合实际的数学模型。

8.2　平行层流定常流动

在黏性流体力学中，将单纯由压力梯度引起的流动称为泊肃叶（Poiseuille）流动，如管道中的流动，由运动固壁引起的流动称为库埃特（Couette）流动。对于平行流动，由于质点的运动轨迹是平直的直线，因此可将方程组简化，求其解析解。下面对此类平行流动进行研究并给出典型流动的解析解。

对于重力场中的常物性不可压缩流动，连续性方程、动量方程和能量方程在直角坐标系中的表达式为

$$\frac{\partial u_i}{\partial x_i}=0$$

$$\frac{\partial u_i}{\partial t}+u_j\frac{\partial u_i}{\partial x_j}=g_i-\frac{1}{\rho}\frac{\partial p}{\partial x_i}+\nu\Delta u_i$$

$$\rho c_p\frac{\mathrm{D}T}{\mathrm{D}t}=\lambda\frac{\partial}{\partial x_i}\left(\frac{\partial T}{\partial x_i}\right)+2\mu\left[\left(\frac{\partial u_x}{\partial x}\right)^2+\left(\frac{\partial u_y}{\partial y}\right)^2+\left(\frac{\partial u_z}{\partial z}\right)^2\right]+$$
$$\mu\left[\left(\frac{\partial u_x}{\partial y}+\frac{\partial u_y}{\partial x}\right)^2+\left(\frac{\partial u_y}{\partial z}+\frac{\partial u_z}{\partial y}\right)^2+\left(\frac{\partial u_z}{\partial x}+\frac{\partial u_x}{\partial z}\right)^2\right]$$

为便于讨论，引入广义压力函数 p'，且满足以下关系：

$$\frac{\partial p'}{\partial x_i}=\frac{\partial p}{\partial x_i}-\rho g_i$$

设流动为沿 x 轴正方向的平行流，速度 $u_x\neq 0$，$u_y=u_z=0$。连续性方程为

$$\frac{\partial u_x}{\partial x}=0$$

说明速度分量 u_x 在 x 方向不发生变化，并且 $u_x=u_x(y,\ z,\ t)$。若不考虑源项，则运动方程中的第二式和第三式分别简化为

$$-\frac{1}{\rho}\frac{\partial p'}{\partial y}=0,\ -\frac{1}{\rho}\frac{\partial p'}{\partial z}=0$$

以上两式说明，在 y 和 z 方向，压强遵循静水压强分布规律，并且压强 p 只是 x 的函数，即 $p=p(x)$，运动方程中的第一式简化为

$$\frac{\partial u_x}{\partial t}=-\frac{1}{\rho}\frac{\partial p'}{\partial x}+\nu\left(\frac{\partial^2 u_x}{\partial y^2}+\frac{\partial^2 u_x}{\partial z^2}\right)$$

能量方程为

$$\frac{\partial T}{\partial t}+u_x\frac{\partial T}{\partial x}=\frac{\mu}{\rho c_p}\left[\left(\frac{\partial u}{\partial y}\right)^2+\left(\frac{\partial u}{\partial z}\right)^2\right]+\frac{\lambda}{\rho c_p}\left(\frac{\partial^2 T}{\partial x^2}+\frac{\partial^2 T}{\partial y^2}+\frac{\partial^2 T}{\partial z^2}\right)$$

当所考虑的问题为定常流动，则有

$$\frac{1}{\rho}\frac{\partial p'}{\partial x}=\nu\left(\frac{\partial^2 u_x}{\partial y^2}+\frac{\partial^2 u_x}{\partial z^2}\right)$$

$$u_x\frac{\partial T}{\partial x}=\left(\frac{\partial u_x}{\partial y}\right)^2+\left(\frac{\partial u_x}{\partial z}\right)^2+\frac{\lambda}{\mu}\left(\frac{\partial^2 T}{\partial x^2}+\frac{\partial^2 T}{\partial y^2}+\frac{\partial^2 T}{\partial z^2}\right)$$

对于动量方程，等式左端是 x 的函数，等式右端是 y 和 z 的函数，两者相等的唯一可能是等于常数，说明流动方向的压降是一个常数，即

$$\frac{\partial^2 u_x}{\partial y^2}+\frac{\partial^2 u_x}{\partial z^2}=\frac{1}{\mu}\frac{\partial p'}{\partial x}=\text{const}$$

该式即为泊松方程，可见，能将求解这类恒定流动问题归结为求解泊松方程。

1. 泊肃叶流

有两块平行安放的大平板，两板间充满常物性不可压缩流体，如图 8.2.1 所示，两板间距为 $2h$，板的宽度为 b。当 $2h/b\ll 1$ 时，该流动可视为二维流动。两板均静止，温度均为 T_w 且保持不变。我们来求解这种两平行平板间充分发展的二维定常泊肃叶流的速度场和温度场分布。考虑到板的宽度（垂直纸面方向）为无穷，上、下板的温度沿着壁面保持不变，且温度剖面为充分发展的，故

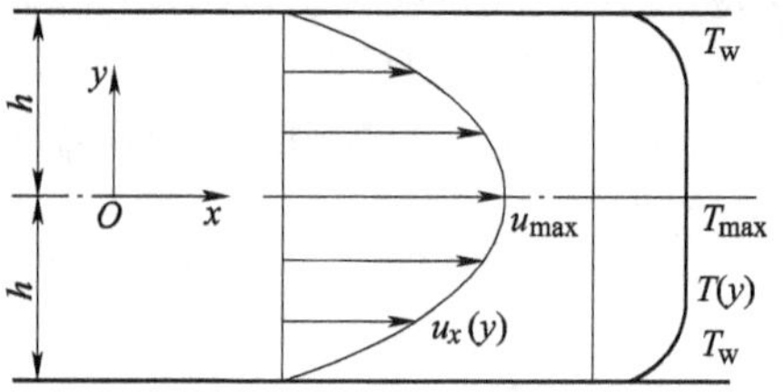

图 8.2.1 泊肃叶流

$$u_x=u_x(y),\frac{\partial T}{\partial x}=0$$

定解问题为

$$\begin{cases}\mu\dfrac{\mathrm{d}^2u_x}{\mathrm{d}y^2}=\dfrac{\mathrm{d}p'}{\mathrm{d}x}=\text{const}\\ \dfrac{\mathrm{d}^2T}{\mathrm{d}y^2}=-\dfrac{\mu}{\lambda}\left(\dfrac{\mathrm{d}u_x}{\mathrm{d}y}\right)^2\\ y=-h,\ u_x=0,\ T=T_w\\ y=h,\ u_x=0,\ T=T_w\end{cases}$$

动量方程积分两次，得

$$u_x=\frac{1}{2\mu}\frac{\mathrm{d}p'}{\mathrm{d}x}y^2+C_1y+C_2$$

代入边界条件，有

$$C_1=0,\ C_2=-\frac{h^2}{2\mu}\frac{\mathrm{d}p'}{\mathrm{d}x}$$

于是得到泊肃叶流的速度分布为

$$u_x=\frac{1}{2\mu}\frac{\mathrm{d}p'}{\mathrm{d}x}(y^2-h^2)=\frac{h^2}{2\mu}\left(-\frac{\mathrm{d}p'}{\mathrm{d}x}\right)\left[1-\left(\frac{y}{h}\right)^2\right]$$

该式表明，速度分布为抛物面，如图 8.2.1 所示，$-\dfrac{\mathrm{d}p'}{\mathrm{d}x}$ 表示速度指向压力降低的方向。中线处的速度最大，即

$$u_{max}=-\frac{h^2}{2\mu}\frac{\mathrm{d}p'}{\mathrm{d}x}$$

于是

$$u_x=u_{max}\left[1-\left(\frac{y}{h}\right)^2\right]$$

将上面求出的速度分布代入能量方程，并积分两次，得

$$T=-\frac{\mu u_{\max}^{2}}{3\lambda h^{4}}y^{4}+C_{1}y+C_{2}$$

式中，C_1、C_2 为积分常数，代入温度边界条件，有

$$C_{1}=0,\ C_{2}=T_{\mathrm{w}}+\frac{\mu u_{\max}^{2}}{3\lambda}$$

于是得到泊肃叶流的温度分布为

$$T=T_{\mathrm{w}}+\frac{\mu u_{\max}^{2}}{3\lambda}\left[1-\left(\frac{y}{h}\right)^{4}\right]=T_{\mathrm{w}}+\frac{h^{4}}{12\lambda\mu}\left(-\frac{\mathrm{d}p'}{\mathrm{d}x}\right)^{2}\left[1-\left(\frac{y}{h}\right)^{4}\right]$$

可见，温度分布为四次抛物形曲面，如图 8.2.1 所示。

通过单位宽度流道的流量为

$$Q=\int_{-h}^{h}u_{x}\mathrm{d}y=\frac{2h^{3}}{3\mu}\left(-\frac{\mathrm{d}p'}{\mathrm{d}x}\right)$$

可见，通过单位宽度流道的流量与压力梯度成正比。

设单位宽度流道的长度为 l，其两端的压差为 Δp，则

$$-\frac{\mathrm{d}p'}{\mathrm{d}x}=\frac{\Delta p}{l}$$

此时，

$$Q=\int_{-h}^{h}u_{x}\mathrm{d}y=\frac{2h^{3}}{3\mu}\frac{\Delta p}{l}$$

$$u_{\max}=\frac{h^{2}}{2\mu}\frac{\Delta p}{l}$$

流道断面平均流速为

$$V=\frac{Q}{2h}=\frac{h^{2}}{3\mu}\frac{\Delta p}{l}=\frac{2}{3}u_{\max}$$

流速为最大平均流速的 2/3 倍。

压差与平均速度的一次方成正比。

$$\Delta p=\frac{3\mu l}{h^{2}}V$$

两平行板间流动中切应力的表达式

$$\tau=\frac{\mathrm{d}p'}{\mathrm{d}x}y$$

因此，最大的切应力发生在边壁处，即

$$\tau_{\mathrm{w}}=\pm h\frac{\mathrm{d}p'}{\mathrm{d}x}$$

流动所必需的压强梯度为

$$\frac{\mathrm{d}p'}{\mathrm{d}x}=-\frac{3\mu V}{h^{2}}$$

流动阻力系数

$$C_f=\frac{|\tau_w|}{\frac{1}{2}\rho V^2}=\frac{2h}{\rho V^2}\left|\frac{\mathrm{d}p'}{\mathrm{d}x}\right|=\frac{2h}{\rho V^2}\frac{3\mu V}{h^2}=\frac{6}{Re}$$

其中，$Re=\dfrac{\rho hV}{\mu}$。若将阻力系数 C_f 和雷诺数 Re 的关系绘于双对数坐标系中，C_f 和 Re 呈直线关系。事实上，直线的运动轨迹、抛物线的流速分布、阻力系数 C_f 和 Re 在双对数坐标的直线关系等都是泊肃叶流的主要特点，这些特点在其他边界固定的层流运动中，具有普遍意义。

2. 库埃特剪切流

有两平行安放的大平板，两板间充满常物性不可压缩流体，如图 8.2.2 所示，两板间距为 $2h$，板的宽度为 b，且 $2h/b \ll 1$。上平板以匀速 U 沿 x 轴方向运动，下板静止。上板温度为 T_e，下板温度为 T_w，且均保持不变。我们来求解这种两平行平板间充分发展的二维定常流动的速度场和温度场分布。

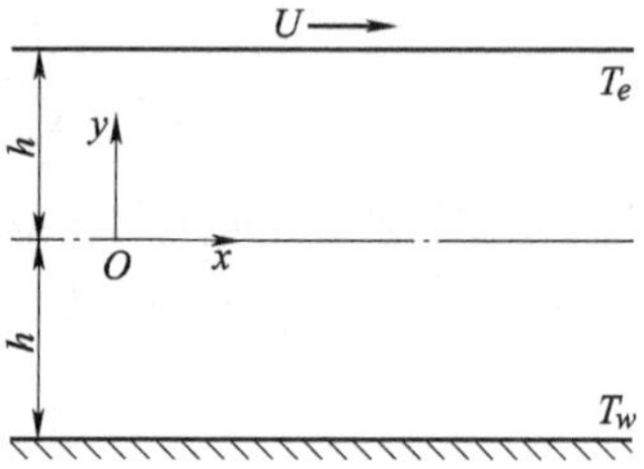

图 8.2.2　库埃特剪切流

定解问题为

$$\begin{cases}\mu\dfrac{\mathrm{d}^2u_x}{\mathrm{d}y^2}=\dfrac{\mathrm{d}p'}{\mathrm{d}x}=C\\ \dfrac{\mathrm{d}^2T}{\mathrm{d}y^2}=-\dfrac{\mu}{\lambda}\left(\dfrac{\mathrm{d}u_x}{\mathrm{d}y}\right)^2\\ y=-h,\ u_x=0,\ T=T_w\\ y=h,\ u_x=U,\ T=T_e\end{cases}$$

动量方程积分两次，得

$$u_x=\frac{1}{2\mu}\frac{\mathrm{d}p'}{\mathrm{d}x}y^2+C_1y+C_2$$

代入边界条件，有

$$C_1=\frac{U}{2h},\quad C_2=\frac{U}{2}-\frac{h^2}{2\mu}\frac{\mathrm{d}p'}{\mathrm{d}x}$$

于是

$$u_x=\frac{1}{2\mu}\frac{\mathrm{d}p'}{\mathrm{d}x}(y^2-h^2)+\frac{U}{2}\left(\frac{y}{h}+1\right)$$

$$u_x=\frac{U}{2}\left(1+\frac{y}{h}\right)+\frac{h^2}{2\mu}\left(-\frac{\mathrm{d}p'}{\mathrm{d}x}\right)\left[1-\left(\frac{y}{h}\right)^2\right] \tag{8.2.1}$$

该式表明，u_x 沿 y 方向的速度分布由两部分组成，其一为压力梯度引起的，其二是由黏性拖动产生的。若压力梯度为零，即 $\dfrac{\mathrm{d}p'}{\mathrm{d}x}=0$，表示流动完全由运动壁面通过黏性力拖动，即

$$u_x=\frac{U}{2}\left(\frac{y}{h}+1\right)$$

这种特殊情况称为简单的库埃特流，一般的库埃特流是在简单的库埃特流基础上加上压力梯度项来实现的。

将上面求出的速度分布代入到能量方程，并积分两次，得

$$T=-\frac{\mu}{\lambda}\left[\frac{1}{12}\left(-\frac{1}{\mu}\frac{\mathrm{d}p'}{\mathrm{d}x}\right)^2y^4+\frac{U}{6h}\left(-\frac{1}{\mu}\frac{\mathrm{d}p'}{\mathrm{d}x}\right)^2y^3+\frac{U^2}{8h^2}y^2\right]+C_1y+C_2$$

式中，C_1、C_2 为积分常数，代入温度边界条件，有

$$C_1=\frac{1}{2h}(T_e-T_w)+\frac{hU}{6\lambda}\frac{\mathrm{d}p'}{\mathrm{d}x},\ C_2=\frac{1}{2}(T_e+T_w)+\frac{h^4}{12\lambda\mu}\left(\frac{\mathrm{d}p'}{\mathrm{d}x}\right)^2+\frac{\mu U^2}{8\lambda}$$

于是得到库埃特流的温度分布为

$$T=T_w+\frac{1}{2}(T_e-T_w)\left(1+\frac{y}{h}\right)+\frac{\mu U^2}{8\lambda}\left[1-\left(\frac{y}{h}\right)^2\right]-\frac{Uh^2}{6\lambda}\left(-\frac{\mathrm{d}p'}{\mathrm{d}x}\right)\left[\frac{y}{h}-\left(\frac{y}{h}\right)^3\right]+\frac{\mu U^2}{12\lambda}\left[\frac{h^2}{\mu U}\left(-\frac{\mathrm{d}p'}{\mathrm{d}x}\right)\right]^2\left[1-\left(\frac{y}{h}\right)^4\right]$$

或

$$\begin{aligned}\frac{T-T_w}{T_e-T_w}=&\frac{1}{2}\left(1+\frac{y}{h}\right)+\frac{1}{8}\frac{\mu c_p}{\lambda}\frac{U^2}{c_p(T_e-T_w)}\left[1-\left(\frac{y}{h}\right)^2\right]-\\&\frac{1}{6}\frac{\mu c_p}{\lambda}\frac{U^2}{c_p(T_e-T_w)}\frac{h^2}{\mu U}\left(-\frac{\mathrm{d}p'}{\mathrm{d}x}\right)\left[\frac{y}{h}-\left(\frac{y}{h}\right)^3\right]+\\&\frac{1}{12}\frac{\mu c_p}{\lambda}\frac{U^2}{c_p(T_e-T_w)}\left[\frac{h^2}{\mu U}\left(-\frac{\mathrm{d}p'}{\mathrm{d}x}\right)\right]^2\left[1-\left(\frac{y}{h}\right)^4\right]\end{aligned}\tag{8.2.2}$$

当 $U=0$，$\frac{\mathrm{d}p'}{\mathrm{d}x}=0$ 时，没有流动发生，上式变为

$$T=T_w+\frac{1}{2}(T_e-T_w)\left(1+\frac{y}{h}\right)$$

此即二壁间因温差产生的纯导热的温度分布。式（8.2.1）右端后三项是由于耗散热产生的温度分布。引进无量纲量

$$u_x^*=\frac{u_x}{U},\ y^*=\frac{y}{h},\ T^*=\frac{T-T_w}{T_e-T_w},\ p^*=\frac{h^2}{\mu U}\left(-\frac{\mathrm{d}p'}{\mathrm{d}x}\right)$$

以及

$$Br=\frac{\mu c_p}{\lambda}\frac{U^2}{c_p(T_e-T_w)}=Pr\cdot Ec$$

式中，Br 为布林克曼数，p^* 为无量纲压力梯度。把以上无量纲量代入式（8.2.1）和式（8.2.2）中，得到库埃特流的无量纲速度分布式和无量纲温度分布式

$$u_x^*=\frac{1}{2}(1+y^*)+\frac{1}{2}p^*(1-y^{*2})\tag{8.2.3}$$

$$T^*=\frac{1}{2}(1+y^*)+\frac{Br}{8}(1-y^{*2})-\frac{p^*Br}{6}(y^*-y^{*3})+\frac{p^{*2}Br}{12}(1-y^{*4})\tag{8.2.4}$$

对于无量纲速度分布式（8.2.3），当 $U=0$ 时，

$$u_x=\frac{h^2}{2\mu}\left(-\frac{\mathrm{d}p'}{\mathrm{d}x}\right)(1-y^{*2})$$

此即泊肃叶流的速度分布。

当 $p^*=0$（即 $\frac{\mathrm{d}p'}{\mathrm{d}x}=0$）时，无量纲速度分布式（8.2.3）变为

$$u_x^* = \frac{1}{2}(1 + y^*)$$

此即纯剪切流，速度呈线性分布，可以看到，库埃特流是泊肃叶流和纯剪切流的叠加。

当 $p^* < 0$（即 $\frac{dp'}{dx} > 0$）时，压力沿流动方向增加，称为逆压力梯度，使流动减速。此时流体受逆压力梯度和黏性拖动的共同作用，当不足以克服逆压力梯度影响时，靠近壁面的某些区域的黏性拖动可能为负值，这样就会出现逆流。开始出现逆流的条件是

$$\frac{du_x}{dy}\Big|_{y=-h} = 0$$

即

$$\frac{dp'}{dx} = \frac{\mu U}{2h^2} \quad 或 \quad p^* = \frac{1}{2}$$

当 $p^* > 0$（$dp'/dx < 0$）时，压力沿流动方向下降，称为顺压力梯度，断面速度分布为正值。当 $p^* \to \infty$（dp'/dx 很大），且 $U \neq 0$，流动接近泊肃叶流。

对于无量纲温度分布式（8.2.4），当 $Br \neq 0$，$p^* = 0$ 时，有

$$T^* = \frac{1}{2}(1 + y^*) + \frac{Br}{8}(1 - y^{*2})$$

当 $p^* \to \infty$时，无量纲温度分布式（8.2.4）变为

$$T^* \approx \frac{p^{*2}Br}{12}(1 - y^{*4}) = \frac{h^4}{12\mu\lambda(T_e - T_w)}(1 - y^{*4})$$

3. 哈根-泊肃叶流

平行流动中的另一典型是长圆管中的恒定流，这种流动由沿流动方向的压强梯度推动，通常称为哈根-泊肃叶流（Hagen-Poiseuille Flow）。令 x 轴与管道轴线重合，D 和 R 分别表示管道的直径和半径，如图 8.2.3 所示。此流动为单向平行流，沿运动方向流动是均匀的，在轴向是轴对称的。采用圆柱坐标系分析，详见 3.3 节中曲线坐标系中的连续性方程推导以及 6.8 节中讨论的曲线坐标系的动量方程和能量方程。在 $u_r = u_\varphi = 0$，只有 x 方向的分速度 $u_x = u(r)$，且有 $\frac{\partial}{\partial t} = 0, \frac{\partial}{\partial \varphi} = 0$，$\frac{\partial u_x}{\partial x} = 0$ 以及 $\frac{\partial T}{\partial x} = 0$。将 $u_r = r_\varphi = 0$ 和 $u_x = u_x(r)$ 代入连续性方程，得

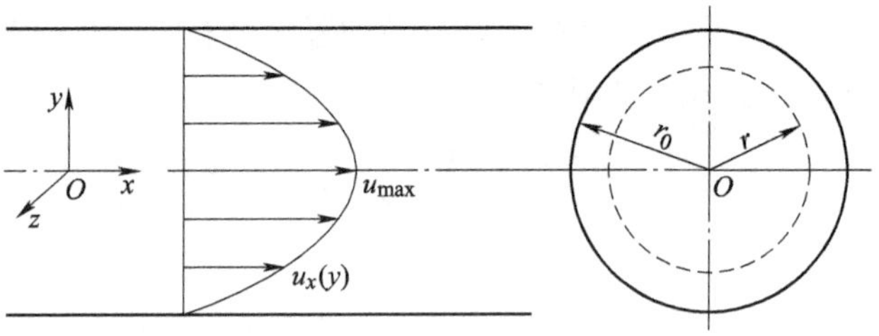

图 8.2.3 哈根-泊肃叶流

$$\frac{\partial u}{\partial x} = 0$$

可见满足连续性方程。将 $u_r = r_\varphi = 0$ 代入 r 方向和 φ 方向的动量方程，可得

$$\frac{\partial p'}{\partial r} = 0, \frac{\partial p'}{\partial \varphi} = 0$$

可见压强函数 p' 只是流向 x 的函数，即 $p' = p'(x)$。将 $u_r = r_\varphi = 0$、$\frac{\partial u_x}{\partial x} = 0$ 和 $\frac{\partial u_x}{\partial \varphi} = 0$ 代入 x 方向

的动量方程，可得

$$\frac{\mathrm{d}^2u_x}{\mathrm{d}r^2}+\frac{1}{r}\frac{\mathrm{d}u_x}{\mathrm{d}r}=\frac{1}{\mu}\frac{\mathrm{d}p'}{\mathrm{d}x}$$

该等式左端 u_x 只是 r 的函数，而等式右端 p' 只是流向 x 的函数，要使等式成立，两侧必须等于同一个常数，即

$$\frac{\mathrm{d}^2u_x}{\mathrm{d}r^2}+\frac{1}{r}\frac{\mathrm{d}u_x}{\mathrm{d}r}=\frac{1}{\mu}\frac{\mathrm{d}p'}{\mathrm{d}x}=\mathrm{const}$$

将 $u_r=r_\varphi=0$，$u_x=u(r)$，$\frac{\partial}{\partial\varphi}=0$，$\frac{\partial u_x}{\partial x}=0$，$u_x=u_x(r)$ 以及 $\frac{\partial T}{\partial x}=0$ 代入到能量方程，有

$$\frac{1}{r}\frac{\mathrm{d}}{\mathrm{d}r}\left(r\frac{\mathrm{d}T}{\mathrm{d}r}\right)+\mu\left(\frac{\mathrm{d}u_x}{\mathrm{d}r}\right)^2=0$$

综上，可得到动量方程、能量方程以及相应的边界条件为

$$\begin{cases}\dfrac{\mathrm{d}^2u_x}{\mathrm{d}r^2}+\dfrac{1}{r}\dfrac{\mathrm{d}u_x}{\mathrm{d}r}=\dfrac{1}{\mu}\dfrac{\mathrm{d}p'}{\mathrm{d}x}\\ u_x\big|_{r=R}=0\end{cases}$$

$$\begin{cases}\dfrac{1}{r}\dfrac{\mathrm{d}}{\mathrm{d}r}\left(r\dfrac{\mathrm{d}T}{\mathrm{d}r}\right)=-\dfrac{\mu}{\lambda}\left(\dfrac{\mathrm{d}u_x}{\mathrm{d}r}\right)^2\\ T\big|_{r=R}=T_w;\ T\big|_{r=0}=\text{有限值}\end{cases}$$

将动量微分方程积分，得

$$u_x=\frac{1}{4\mu}\frac{\mathrm{d}p'}{\mathrm{d}x}r^2+C_1\ln r+C_2$$

代入边界条件，易得

$$C_1=0,\quad C_2=-\frac{R^2}{4\mu}\frac{\mathrm{d}p'}{\mathrm{d}x}$$

于是得到圆管内部的速度分布为

$$u_x=\frac{1}{4\mu}\frac{\mathrm{d}p_e}{\mathrm{d}x}(R^2-r^2)$$

可见，圆管内部的速度分布为旋转抛物面。

在不计质量力的情况下，若管段的进口和出口断面的压强分别为 p_1 和 p_2，管段长度为 l，则

$$\frac{\mathrm{d}p'}{\mathrm{d}x}=-\frac{p_1-p_2}{l}$$

$$u_x(r)=\frac{(R^2-r^2)}{4\mu}\frac{p_1-p_2}{l}$$

以下推导圆管层流的一些工程量。

(1) 流量

$$\begin{aligned}Q_V&=\int_A u_x(r)\,\mathrm{d}A=\int_0^R u_x(r)\cdot 2\pi r\mathrm{d}r\\&=\int_0^R\frac{1}{4\mu}\frac{\mathrm{d}p'}{\mathrm{d}x}(R^2-r^2)\cdot 2\pi r\mathrm{d}r=\frac{\pi R^4}{8\mu}\left(-\frac{\mathrm{d}p'}{\mathrm{d}x}\right)=\frac{\pi R^4}{8\mu}\frac{p_1-p_2}{l}\end{aligned}$$

哈根最先得出以上流量公式，之后不久泊肃叶也得到了这一关系式。该方程通常称为管道中层流的哈根-泊肃叶公式。若已知两截面间的压差、管径和黏度，就可计算流量。

（2）最大流速与平均流速　显然，当 $r=0$，即管轴线上速度最大，最大速度为

$$u_{\max}=\frac{R^2}{4\mu}\left(-\frac{\mathrm{d}p'}{\mathrm{d}x}\right)=\frac{R^2}{4\mu}\frac{p_1-p_2}{l}$$

平均速度为

$$V=\frac{Q_V}{\pi R^2}=\frac{R^2}{8\mu}\left(-\frac{\mathrm{d}p_e}{\mathrm{d}x}\right)=\frac{R^2}{8\mu}\frac{p_1-p_2}{l}=\frac{1}{2}u_{\max}$$

（3）黏度　由流量公式，易得

$$\mu=\frac{\pi R^4}{8Q_V}\frac{p_1-p_2}{l}$$

该式可用来测定流体的黏度。事实上，可设计一个很长的水平圆管流动实验装置，通过测量圆管体积流量 Q_V 和长度 l 上的压降 $\Delta p=p_1-p_2$，就可计算得到黏度 μ。

（4）壁面摩擦系数　流体沿轴向的切向应力为

$$\tau_{rx}=2\mu\left(\frac{\partial u_r}{\partial x}+\frac{\partial u_x}{\partial r}\right)$$

沿轴向的切向应力为

$$\tau_{rx}=2\mu\frac{\partial u_x}{\partial r}$$

代入速度分布式，可得

$$\tau_{rx}=\frac{1}{2}r\frac{\mathrm{d}p'}{\mathrm{d}x}$$

根据牛顿第三定律，易得壁面所受到的切向应力为

$$\tau_{\mathrm{w}}=-\tau_{rx}\big|_{r=R}=\frac{1}{2}R\left(-\frac{\mathrm{d}p'}{\mathrm{d}x}\right)=\frac{4\mu V}{R}$$

圆管壁面摩擦系数 C_{f}，即范宁（Fanning）因子为

$$C_{\mathrm{f}}=\frac{\tau_{\mathrm{w}}}{\frac{1}{2}\rho V^2}=\frac{16}{Re}$$

其中，$D=2R$，$Re=\dfrac{\rho VD}{\mu}$。

（5）沿程阻力系数　在工程技术中，通常采取另外一种形式的沿程阻力系数 λ，其定义为

$$h_{\mathrm{f}}=\lambda\frac{l}{D}\frac{V^2}{2g}$$

式中，h_{f} 为管段的沿程损失，表现为压强水头的变化。上式可写作

$$-\mathrm{d}\left(\frac{p}{\rho g}\right)=\lambda\frac{\mathrm{d}x}{D}\frac{V^2}{2g}$$

即

$$-\frac{\mathrm{d}p}{\mathrm{d}x}=\lambda\frac{1}{D}\frac{\rho V^2}{2g}=\frac{8\mu V}{R^2}$$

于是

$$\lambda \frac{1}{D}\frac{\rho V^2}{2g} \cdot \rho g = \frac{8\mu V}{R^2}$$

易得

$$\lambda = \frac{64\mu}{\rho DV} = \frac{64}{Re}$$

且有

$$\lambda = 4C_f$$

实验表明，圆管层流情况下，沿程阻力系数 λ 的理论值与实验值的比较，二者符合得很好。哈根-泊肃叶流的沿程阻力系数是从 N-S 方程推导出来的，并被实验所证实，因而间接地验证了 N-S 方程的正确性。应当指出，上述的分析结果只在小雷诺数的情况下，即圆管流动为层流（Re<2000）时适用。对于圆管中维持层流运动，除了雷诺数较小外，还要求离开圆管进口有一定距离。根据 Boussinesq（1891）及 Tapr（1951）的研究结果，进口段长度为

$$(0.08 \sim 0.13)R$$

此外，比较哈根-泊肃叶流（圆管层流）与泊肃叶流（两固定平行平板间层流），可以看到，两种流动有相同规律，如两者的流速分布都是抛物线形，阻力系数都与雷诺数成反比。

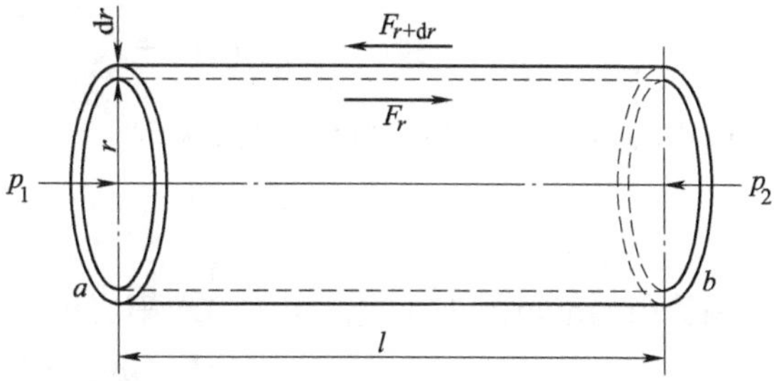

图 8.2.4　哈根-泊肃叶流分析（不采用柱坐标系）

以上对哈根-泊肃叶流的理论分析，还有另一种分析方法。如图 8.2.4 所示，设想在流体内隔离出一个圆筒状的薄流层，内、外半径分别为 r 和 $r + \mathrm{d}r$，侧面积分别为 $2\pi lr$ 和 $2\pi l(r + \mathrm{d}r)$，根据牛顿内摩擦定律，薄流层内、外两侧受到的黏性力分别为

$$F_r = -\mu\left(\frac{\mathrm{d}u}{\mathrm{d}r}\right)_r \cdot 2\pi lr$$

$$F_{r+\mathrm{d}r} = \mu\left(\frac{\mathrm{d}u}{\mathrm{d}r}\right)_{r+\mathrm{d}r} \cdot 2\pi l(r + \mathrm{d}r)$$

这里的速度梯度 $\frac{\mathrm{d}u}{\mathrm{d}r} < 0$，式中的正负号是具体分析了薄流层所受的黏性力的方向后确定的。黏性力的合力为

$$F = F_{r+\mathrm{d}r} + F_r = 2\pi\mu l\left[\left(\frac{\mathrm{d}u}{\mathrm{d}r}\right)_{r+\mathrm{d}r} \cdot (r + \mathrm{d}r) - \left(\frac{\mathrm{d}u}{\mathrm{d}r}\right)_r \cdot r\right] = 2\pi\mu l \frac{\mathrm{d}}{\mathrm{d}r}\left[r\left(\frac{\mathrm{d}u}{\mathrm{d}r}\right)\right]\mathrm{d}r$$

在定常流动下，黏性力与断面（面积为 $2\pi r\mathrm{d}r$）所受到的压力差平衡，即

$$(p_2 - p_1)2\pi r\mathrm{d}r = 2\pi\mu l \frac{\mathrm{d}}{\mathrm{d}r}\left[r\left(\frac{\mathrm{d}u}{\mathrm{d}r}\right)\right]\mathrm{d}r$$

或

$$\mathrm{d}\left(r\frac{\mathrm{d}u}{\mathrm{d}r}\right) = \frac{p_2 - p_1}{\mu l} r\mathrm{d}r$$

两端从 $r = 0 \rightarrow r$ 积分，易得

$$r\frac{\mathrm{d}u}{\mathrm{d}r}=\frac{p_2-p_1}{2\mu l}r^2 \quad 或 \quad \mathrm{d}u=\frac{p_2-p_1}{2\mu l}r\mathrm{d}r$$

再从 $r\rightarrow R$ 积分，得

$$u(R)-u(r)=\frac{p_2-p_1}{4\mu l}r^2\Big|_r^R=\frac{p_2-p_1}{4\mu l}(R^2-r^2)$$

因管壁上 $u(R)=0$，最后得到管中流速分布为

$$u(r)=\frac{p_1-p_2}{4\mu l}(R^2-r^2)$$

得到的结果与采用柱坐标方式推导的结果相同。

以下讨论管道内的温度场。求解能量方程及其边界条件，则得到圆管内的温度分布。将速度分布式和平均速度 V 的表达式代入到能量方程中，得到

$$\frac{\mathrm{d}}{\mathrm{d}r}\left(r\frac{\mathrm{d}T}{\mathrm{d}r}\right)=-\frac{16\mu V^2}{\lambda R^4}r^3$$

积分并代入边界条件，得到圆管内温度场为

$$T(r)=T_w+\frac{\mu V^2}{\lambda R^4}(R^4-r^4)$$

在管道中心线上（$r=0$）温度达到最大值

$$T_{\max}=T_w+\frac{\mu V^2}{\lambda}$$

对于圆管内温度场的表达式，等式右端第二项为流体黏性耗散引起的温度升高，由于

$$\frac{\mu V^2}{\lambda}=\frac{\mu c_p}{\lambda}\frac{V^2}{c_p\Delta T}\Delta T=Br\Delta T$$

对于常见流体，例如水和空气，Br 数很小，一般来说，由于黏性耗散产生的温度变化可以忽略，也就是说，常用流体在管道中流动时，其温度分布可认为 $T\approx T_w$，而不会产生较大误差。

【例 8.2.1】 如图 8.2.5 所示，间隔为 $2h$ 的两块大平行平板，在与水平面成 α 角倾斜放置时，考虑到作用在流体上的重力，求两板间层流的速度分布，并证明沿平板压强不变的条件是

$$\sin\alpha=\frac{12Fr}{Re}$$

式中，$Re=\dfrac{2hV}{\nu}$；V 为板间平均速度。

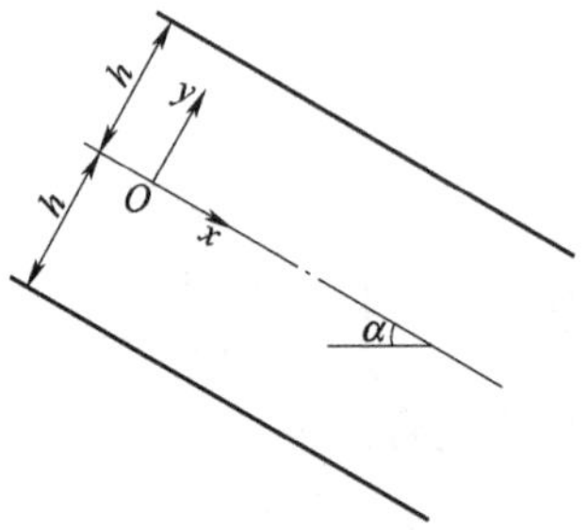

图 8.2.5 倾斜平板间流动

解： 单位质量力为重力加速度 g，在 x、y 方向的分量分别为 $g\cos\alpha$、$g\sin\alpha$，因 $u_y=0$，$\partial u_x/\partial x=0$，故 N-S 方程为

$$0=g\sin\alpha-\frac{1}{\rho}\frac{\partial p}{\partial x}+\nu\frac{\partial^2 u_x}{\partial y^2}$$

$$0=-g\cos\alpha-\frac{1}{\rho}\frac{\partial p}{\partial y}$$

积分第二式，得

$$p=-\rho gy\cos\alpha+f(x)\text{，即}\frac{\partial p}{\partial x}=-\frac{\mathrm{d}f}{\mathrm{d}x}$$

于是 $g\sin\alpha-\dfrac{1}{\rho}\dfrac{\partial p}{\partial x}$ 与 y 无关，只是 x 的函数。在边界条件 $u_x|_{y=\pm h}=0$ 下，将第一式对 y 积分，得

$$u_x=\frac{h^2}{2\mu}\left(\rho g\sin\alpha-\frac{1}{\rho}\frac{\partial p}{\partial x}\right)\left[1-\left(\frac{y}{h}\right)^2\right]$$

在压强恒定情况下，将 $\partial p/\partial x=0$ 代入，得

$$u_x=\frac{gh^2}{2\nu}\sin\alpha\left[1-\left(\frac{y}{h}\right)^2\right]$$

平均速度为

$$V=\frac{1}{2h}\int_{-h}^{h}u_x\mathrm{d}y=\frac{gh^2}{3\nu}\sin\alpha$$

因此

$$\sin\alpha=\frac{3\nu V}{gh^2}=12\cdot\frac{V^2}{2gh}\cdot\frac{\nu}{2hV}=12\frac{Fr}{Re}$$

【例 8.2.2】 如图 8.2.6 所示，黏度分别为 μ_A 和 μ_B 的两种流体 A 和 B 在水平放置的两块平行平板之间互不掺混地形成宽度为 a 和 b 的两层流动时，求两种流体的速度分布 u_A 和 u_B 以及两层流体交界面上的切应力 τ。设沿流动方向的梯度为

$$\frac{\mathrm{d}p}{\mathrm{d}x}=\eta<0$$

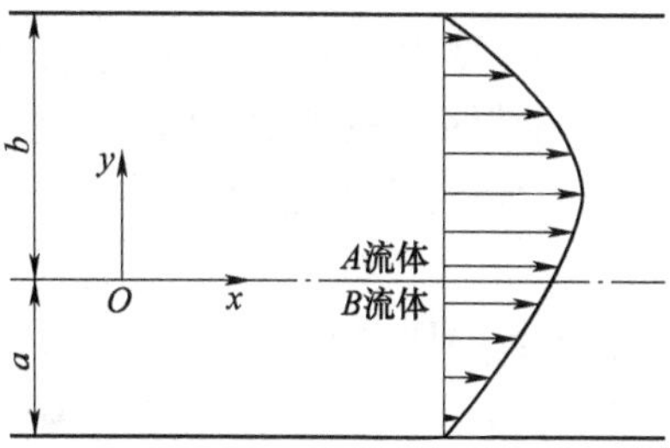

图 8.2.6　两种流体在平板间流动

解： 取 x 轴沿两层流体交界面，设流体 A 和 B 的速度分别为 u_A 和 u_B，它们在 x 方向的运动方程为

$$\mu_A\frac{\partial^2u_A}{\partial y^2}=\eta,\mu_B\frac{\partial^2u_B}{\partial y^2}=\eta$$

边界条件为

$$u_A|_{y=b}=u_B|_{y=-a}=0$$

两层流体交界面两侧的速度、切应力相等，即

$$u_A|_{y=0}=u_B|_{y=0}$$

$$\mu_A\frac{\mathrm{d}u_A}{\mathrm{d}y}\Big|_{y=0}=\mu_B\frac{\mathrm{d}u_B}{\mathrm{d}y}\Big|_{y=0}=\tau$$

考虑到上述最后一个边界条件，积分运动方程得

$$\mu_A\frac{\mathrm{d}u_A}{\mathrm{d}y}=\eta y+\tau,\quad\mu_B\frac{\mathrm{d}u_B}{\mathrm{d}y}=\eta y+\tau$$

积分上式并利用壁面处的边界条件得

$$\mu_Au_A=\frac{1}{2}\eta(y^2-a^2)+\tau(y+a)$$

$$\mu_B u_B = \frac{1}{2}\eta(y^2 - b^2) + \tau(y - b)$$

由 $u_A|_{y=0} = u_B|_{y=0}$ 得到

$$\tau = \frac{1}{2}\eta \frac{a^2\mu_B - b^2\mu_A}{a\mu_B + b\mu_A}$$

因此

$$u_A = \frac{\eta}{2\mu_A}(y + a)\left(y - a + \frac{a^2\mu_B - b^2\mu_A}{a\mu_B + b\mu_A}\right), \quad -a \leqslant y \leqslant 0$$

$$u_B = \frac{\eta}{2\mu_B}(y - b)\left(y + b + \frac{a^2\mu_B - b^2\mu_A}{a\mu_B + b\mu_A}\right), \quad 0 \leqslant y \leqslant b$$

8.3 平板振荡流动

前面讨论的都是物理量不随时间变化的定常流动，下面将讨论物理量既随位置变化又随时间变化的非定常振荡流动的特性。考虑无限大平板沿 x 方向做简谐振荡，其速度为 $U = u_0\cos\omega t$，流体处于板上方的空间。由于流体黏附于板表面，流体必将随板往返运动，如图 8.3.1 所示，不难推知，沿 y 方向，流体流动的振幅将衰减。

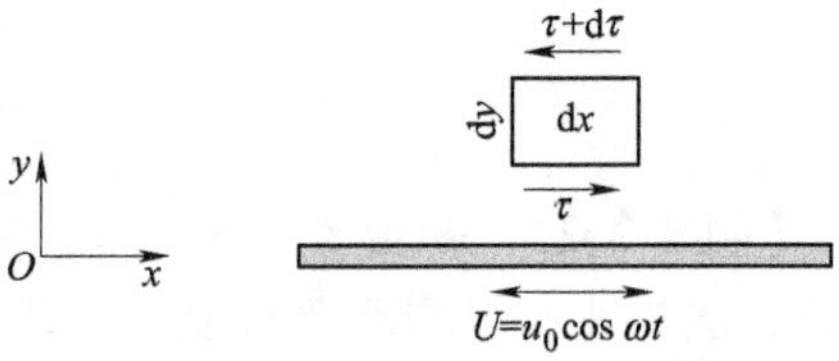

图 8.3.1 振荡流中的微元控制体

在流场中取微元体 $\mathrm{d}x \cdot \mathrm{d}y \cdot 1$，作用于微元体底面和顶面的切应力分别为

$$\mathrm{d}x \cdot 1 \cdot \tau \text{ 和 } -\mathrm{d}x \cdot 1 \cdot (\tau + \mathrm{d}\tau)$$

因沿 x 方向流体无压力梯度，所有流体平行于 x 轴运动，$u_y = 0$。根据动量定理，有

$$\mathrm{d}x \cdot \mathrm{d}y \cdot 1 \cdot \frac{\partial(\rho u_x)}{\partial t} = \mathrm{d}x \cdot 1 \cdot \tau - \mathrm{d}x \cdot 1 \cdot (\tau + \mathrm{d}\tau)$$

整理，得

$$\frac{\partial(\rho u_x)}{\partial t} = -\frac{\partial \tau}{\partial t}$$

若板上为不可压缩流体的层流流动，由牛顿内摩擦定律，可改写为

$$\frac{\partial u_x}{\partial t} = \nu \frac{\partial^2 u_x}{\partial y^2}$$

解该二阶偏微分方程即可得速度分布。这一方程有多种解法，这里介绍一种从问题的物理分析入手，估计解的形式。边界强迫流体做简谐振荡运动，因而流体运动应与板具有同的形式和频率，但振幅和相位可不同，且随着离开板面距离的增加，流体速度将衰减。据此，试取解的形式为

$$u_x = f(y)\cos(\omega t - \beta y)$$

式中，未知函数 $f(y)$ 为振幅，相变化与 y 呈线性关系。由于板面上 $y = 0$ 处，$u_x = U = u_0\cos\omega t$，因此，$f(0) = U$，将其代入上列二阶偏微分方程中，可解得

$$f(y) = U\exp(-y\sqrt{\omega/2\nu})$$

式中，$\sqrt{\omega/2\nu}=\beta$，因此方程解为

$$u_x = U\exp(-y\sqrt{\omega/2\nu})\cos(\omega t-\sqrt{\omega/2\nu}y)$$

由于方程和边界条件均已得到满足，因而以上的猜想是成功的，这也是实际工程中求解“三传”问题常用的方法。

对于任一 y 值，速度的振幅按系数 $\exp(-y\sqrt{\omega/2\nu})$ 变化，考虑到 $e^{-5}\approx 0.01$，即当

$$y\sqrt{\omega/2\nu}=5$$

时速度值约为平板运动振幅 u_0 的 1%，定义流体运动速度达边界运动速度 1%时的值为 δ，则有

$$\delta \approx \frac{5}{\sqrt{\omega/2\nu}}$$

该式表明，在高频低黏度时，δ 值很小，黏性影响所产生的流体运动仅限于振荡板附近很薄的流体层中。若平板做水平振荡，频率为 $60\times2\pi$，水的运动黏度为$10^{-6}\mathrm{m^2/s}$，不难估计，此时的 δ 仅为 3.6mm。当流体换作空气时，由于相同温度下空气的运动黏度大于水的，因此有 $\delta_{空气}>\delta_{水}$，表明平板振荡运动对于空气的影响范围比水中的振荡大。

8.4　重力驱动的液膜流动

薄层流体在重力作用下沿倾斜或竖直壁面运动，在土木工程及其他工业中应用颇广，如填料塔、蒸发器等，都存在这种薄膜流动。壁面倾斜角为 β，初始的一段距离内，液膜运动是加速的，经历一段距离，由于黏性作用，趋于恒定，如图 8.4.1 所示。若流动为层流，忽略扰动，可认为自由面是平静的，液膜是等厚的。降膜长度为 L、宽度为 B，均远大于厚度 δ，则膜内 u_x 与 x、z 无关，仅是 y 的函数，$u_x=f(y)$，并忽略表面张力的影响。

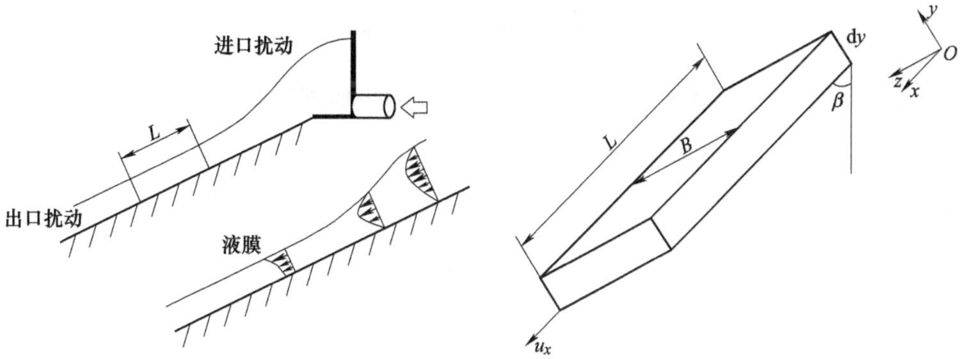

图 8.4.1　倾斜表面上的液膜流动

选择在 $x=0$ 和 $x=L$ 之间，厚度为 dy，在 z 方向上宽度为 B 的薄层微元控制体如图所示。列 x 方向的动量方程，首先对控制体进行受力分析。在 $x=0$ 和 $x=L$ 截面上的压力分别为

$$pB\mathrm{d}y \text{ 和 } -pB\mathrm{d}y$$

压力大小相等的原因是自由面上压力相等，并根据假定 $\dfrac{\partial p}{\partial y}=0$，截面压力相等。$y$ 和 $y+\mathrm{d}y$ 面上的黏性剪切作用力分别为

$$-LB\cdot\tau \text{ 和 } LB\cdot(\tau+\mathrm{d}\tau)$$

作用在控制体上的体积力为

$$\rho gLB\cdot \mathrm{d}y\cos\beta$$

由于速度 u_x 在 x 方向上没有变化，动量变化率为零，根据动量定理，有

$$pB\mathrm{d}y-pB\mathrm{d}y-LB\cdot\tau+LB\cdot(\tau+\mathrm{d}\tau)+\rho gLB\cdot\mathrm{d}y\cos\beta=0$$

即

$$\frac{\mathrm{d}\tau}{\mathrm{d}y}=-\rho g\cos\beta$$

对该式积分，得

$$\tau=-(\rho g\cos\beta)y+C_1$$

边界条件 $y=\delta$，$\tau=0$，代入上式，得 $C_1=(\rho g\cos\beta)\delta$，于是

$$\tau=\rho g\cos\beta(\delta-y)$$

当 $y=0$，$\tau=\tau_{\mathrm{w}}$，即

$$\tau_{\mathrm{w}}=\rho g\delta\cos\beta$$

对牛顿流体有

$$\tau=\mu\frac{\mathrm{d}u_x}{\mathrm{d}y}$$

于是

$$\tau=\mu\frac{\mathrm{d}u_x}{\mathrm{d}y}=\rho g\cos\beta(\delta-y)$$

$$\frac{\mathrm{d}u_x}{\mathrm{d}y}=\frac{\rho g\cos\beta(\delta-y)}{\mu}$$

积分得

$$u_x=\frac{\rho g\cos\beta}{\mu}\left(\delta y-\frac{1}{2}y^2\right)+C_2$$

由边界条件 $y=0$，$u_x=0$，代入上式，得 $C_2=0$，于是液膜内的速度分布

$$u_x=\frac{\rho g\cos\beta}{2\mu}(2\delta y-y^2)$$

在液膜表面（$y=\delta$）有最大速度 $u_{\max}$，即

$$u_{\max}=\frac{\rho g\delta^2\cos\beta}{2\mu}$$

体积流量为

$$Q=\int_0^\delta u_xB\mathrm{d}y=\frac{\rho gB\delta^3\cos\beta}{3\mu}$$

液膜厚度与体积流量的关系为

$$\delta=\left(\frac{3\mu Q}{\rho gB\cos\beta}\right)^{1/3}$$

液膜截面上的平均速度

$$V=\frac{Q}{B\delta}=\frac{\rho g\delta^2\cos\beta}{3\mu}$$

截面平均速度与液膜表面处的最大速度之比为

$$\frac{V}{u_{\max}}=\frac{2}{3}$$

由于自由面的存在，液膜流动实际存在三种流动状态，可根据 $Re\left(Re=\dfrac{\rho V\delta}{\mu}\right)$ 划分为以下 3 种：

1）当 $Re<20\sim30$ 时，流动呈现层流，膜等厚，界面平静。

2）当 $Re>30\sim50$ 时，液膜流动出现波动，这是自由面造成的，称为波动层流。

3）当 $Re>250\sim500$ 时，流动状态转变为湍流。在湍流状态下，在壁面附近相当厚的一部分膜仍保持“层流”，这可能是液膜内的层流—湍流转变不像管内流动那样明显的原因之一。

8.5　同轴旋转圆筒间的定常流动

无限长两同轴旋转的圆筒间充满常物性不可压缩牛顿流体。用 R_1 和 R_2 表示内、外圆柱面的半径，用 ω_1 和 ω_2 表示这两个圆柱面的旋转角速度，如图 8.5.1 所示。根据流场的几何特征，采用圆柱坐标系（r，φ，z）描述该问题是合适的。令圆柱坐标系的 z 轴与同心圆筒的轴线重合。在平衡状态下可以推测，流场是定常轴对称的，流动只限于旋转平面内而无沿旋转轴方向的运动。

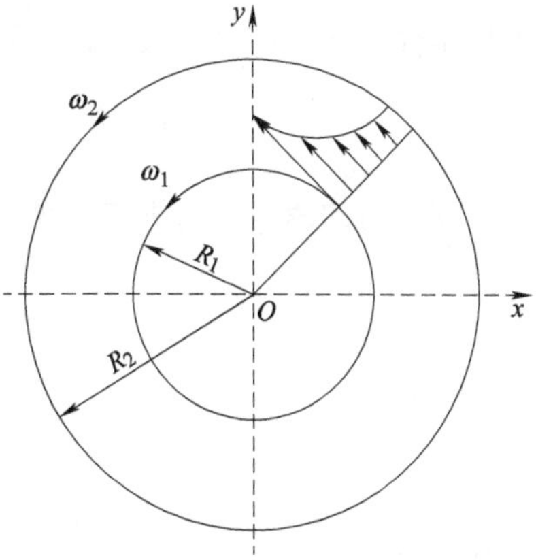

图 8.5.1　同轴圆筒间的流动

$u_r=u_z=0$，只有 x 方向的分速度 $u_\varphi=u(r)$，且有 $\dfrac{\partial}{\partial t}=0$，$\dfrac{\partial}{\partial\varphi}=0$。由连续性方程和动量方程化简为

$$\frac{\partial u_\varphi}{\partial\varphi}=0$$

$$\frac{u_\varphi^2}{r}=\frac{1}{\rho}\frac{\partial p'}{\partial r}$$

$$\frac{\mathrm{d}^2u_\varphi}{\mathrm{d}r^2}+\frac{1}{r}\frac{\mathrm{d}u_\varphi}{\mathrm{d}r}-\frac{u_\varphi}{r^2}=0$$

$$\frac{\partial p'}{\partial x}=0$$

边界条件为

$$r=R_1,\ u_\varphi=\omega_1R_1$$

$$r=R_2,\ u_\varphi=\omega_2R_2$$

由于 $\dfrac{\partial p'}{\partial\varphi}=\dfrac{\partial p'}{\partial x}=0$，因此压强函数 p' 只是 r 的函数，即 $p'=p'(r)$，于是 $\dfrac{\partial p'}{\partial r}$ 应写为 $\dfrac{\mathrm{d}p'}{\mathrm{d}r}$。利用 $p'=p'(r)$ 和 $u_\varphi=u(r)$，则径向和周向的动量方程写为

$$\frac{u^2}{r}=\frac{1}{\rho}\frac{\mathrm{d}p'}{\mathrm{d}r}\tag{8.5.1}$$

$$\frac{\mathrm{d}^2u}{\mathrm{d}r^2}+\frac{1}{r}\frac{\mathrm{d}u}{\mathrm{d}r}-\frac{u}{r^2}=0 \tag{8.5.2}$$

即

$$\frac{\mathrm{d}}{\mathrm{d}r}\left[\frac{1}{r}\frac{\mathrm{d}}{\mathrm{d}r}(ru)\right]=0$$

该方程的特解应为

$$u=r^n$$

代入到方程（8.5.2）中，可得

$$[n(n-1)+n-1]r^{n-2}=0$$

令 $n(n-1)+n-1=0$，解得，$n=\pm1$，因此，方程的两个特解为

$$u_1=r,\ u_2=\frac{1}{r}$$

于是得到方程（8.5.2）的通解为

$$u=C_1r+\frac{C_2}{r}$$

由边界条件，定出积分常数后，得到圆筒间的速度分布为

$$u=\left(\frac{\omega_2R_2^2-\omega_1R_1^2}{R_2^2-R_1^2}\right)r+\left[\frac{(\omega_1-\omega_2)R_1^2R_2^2}{R_2^2-R_1^2}\right]\frac{1}{r}$$

可见，圆筒间的速度是由刚体转动时的漩涡

$$C_1=\frac{\omega_2R_2^2-\omega_1R_1^2}{R_2^2-R_1^2}$$

与等环量势流

$$C_2=\frac{(\omega_1-\omega_2)R_1^2R_2^2}{R_2^2-R_1^2}$$

两部分组成。将

$$u=C_1r+\frac{C_2}{r}$$

代入式（8.5.1），可确定径向压强分布

$$p'=\rho\left(\frac{1}{2}C_1^2r^2+2C_1C_2\ln r-\frac{1}{2}C_2^2r^{-2}\right)+C$$

式中，积分常数 C 可由特定点的压强值来确定。

以下讨论转动力矩。在流场中，垂直于 r、φ 方向的切向应力分布为

$$\tau_{r\varphi}=2\mu\left(\frac{\partial u_\varphi}{\partial r}+\frac{1}{r}\frac{\partial u_r}{\partial\varphi}-\frac{u_\varphi}{r}\right)=2\mu\left(\frac{\mathrm{d}u}{\mathrm{d}r}-\frac{u}{r}\right)$$

将速度分布式代入上式，可得

$$\tau_{r\varphi}=2\mu(\omega_1-\omega_2)\frac{R_1^2R_2^2}{R_2^2-R_1^2}\frac{1}{r^2}$$

黏性流体作用在内、外圆筒表面上的切向应力分别为

在内圆筒外表面，即 $r=R_1$，$\tau_{r\varphi}=2\mu(\omega_2-\omega_1)\dfrac{R_2^2}{R_2^2-R_1^2}$；

在外圆筒内表面，即 $r=R_2$，$\tau_{r\varphi}=2\mu(\omega_1-\omega_2)\dfrac{R_1^2}{R_2^2-R_1^2}$；

在内、外圆筒之间，半径为 r 的柱面上，单位高度的圆筒壁面上所受的摩擦力矩为

$$M=\int_0^{2\pi}\tau_{r\varphi}r^2\mathrm{d}\varphi=4\pi\mu(\omega_1-\omega_2)\frac{R_1^2R_2^2}{R_2^2-R_1^2}\tag{8.5.3}$$

可见，摩擦力矩与 r 无关，即 $M=\text{const}$。因此，内、外圆筒壁面上摩擦力矩大小相等，但方向相反（由于法线的方向不同）。

利用力矩公式（8.5.3）可以用来测定流体的黏度 μ。当内圆柱面静止，即 $\omega_1=0$，外圆柱面旋转时，单位高度外圆柱面传给流体的转动力矩为 $M=4\pi\mu\omega_2\dfrac{R_1^2R_2^2}{R_2^2-R_1^2}$，进而得出

$$\mu=\frac{M(R_2^2-R_1^2)}{4\pi\omega_2R_1^2R_2^2}$$

可见，只要测量外筒旋转角速度和转动力矩，即可求得流体的黏度，这是库埃特在 1890 年设计并给出的旋转黏度计，至今仍在使用。

8.6　小雷诺数流动的近似解

求解 N-S 方程的固有困难主要来自方程的非线性项。对于某些简单的流动问题，根据流动的特点，忽略惯性项使非线性方程化为线性方程，可以得出准确解，例如，本章前面提到的几种简单流动，N-S 方程不出现非惯性项而能直接积分。工程实际中遇到的问题往往是比较复杂的，必须求解原始的非线性方程，由于数学上求解的复杂性，通常采用近似方法求解。所谓近似方法就是根据问题的特点，抓住影响现象发生的主要方面而忽略其次要方面，实现方程组或边界条件的简化。

不可压缩黏性流体运动方程中共有三种力，即惯性力、压力和黏性力（重力可以合并到压力项中）。压力是受惯性力及黏性力制约的反作用力，起平衡作用，所以实际上起主导作用的只是两种力，即惯性力和黏性力。表示这两种力之间的关系的特征参数是雷诺数 Re，Re 表征惯性力和黏性力之比。这里存在两个极端，一是小雷诺数情况，另一是大雷诺数情况。如果所研究的问题中，特征速度和特征长度都比较小，流体的黏度较大，此时雷诺数较小，雷诺数小意味着黏性力的量级比惯性力的量级大得多，即黏性力对流动起主导作用，而惯性力是次要因素，作为零级近似可以将惯性力全部舍去。如果是一级近似可保留非线性惯性力项中的主要部分而将次要部分略去，这样就可以将方程简化成线性方程或简单的非线性方程。如果所研究的问题中，特征速度和特征长度都比较大，流体的黏度较小，此时雷诺数较大，雷诺数大则表示惯性力的量阶比黏性力的量阶大得多，作为零级近似可将黏性力忽略，但是如果这样处理，就变成理想不可压缩流体的方程了，因此忽略黏性力是不合适的。此时只能根据问题的特点忽略黏性力项中的某些次要部分将方程组简化。如果雷诺数不大不小，即黏力项和惯性力项同量阶，它们对流动所起的作用差不多，此时不能对方程做任何近似，而必须通过其他途径简化问题或者直接求解原方程。

本节给出雷诺数很小时的缓慢流动的近似解。小雷诺数流动表示惯性力相对于黏性力而言很小，因此可忽略 N-S 方程中非线性的惯性项，从而得到线性的运动方程。当一些尺寸微小的

粒子在黏性流体中做缓慢运动时，其雷诺数很低，称为小雷诺数流动。例如，大气中烟尘的沉降，云雾中的水滴，胶体溶液中的胶体大分子，河流中泥沙的沉降，水洗选矿粉尘，原生物的泳动，血液中红细胞的运动等。一个直径为 10μm 的毛细血管，当血流流速为 1mm/s 时，雷诺数约为 10^{-8} 量级。因此，小雷诺数流动在工程实践中是有实际意义的。

我们在 7.3 节中，对不可压缩流动 N-S 方程无量纲化，得到

$$Str \cdot Re \cdot \frac{\partial u_i^*}{\partial t^*} + Re \cdot u_j^* \frac{\partial u_i^*}{\partial x_j^*} = \frac{Re}{Fr} g_i^* - Eu \cdot Re \cdot \frac{\partial p^*}{\partial x_i^*} + \Delta u_i^*$$

从该式看出，非线性项有因子 Re，只要 $Re \ll 1$，则非线性项即可忽略不计，忽略非线性项以后，该式得以简化，因斯托克斯（Stokes）对此进行过较多的研究，故称之为斯托克斯方程。

在笛卡儿坐标系中，斯托克斯方程为

$$\frac{\partial u_x}{\partial t} = f_x - \frac{1}{\rho}\frac{\partial p}{\partial x} + \nu\left(\frac{\partial^2 u_x}{\partial x^2} + \frac{\partial^2 u_x}{\partial y^2} + \frac{\partial^2 u_x}{\partial z^2}\right)$$

$$\frac{\partial u_y}{\partial t} = f_y - \frac{1}{\rho}\frac{\partial p}{\partial y} + \nu\left(\frac{\partial^2 u_y}{\partial x^2} + \frac{\partial^2 u_y}{\partial y^2} + \frac{\partial^2 u_y}{\partial z^2}\right)$$

$$\frac{\partial u_z}{\partial t} = f_z - \frac{1}{\rho}\frac{\partial p}{\partial z} + \nu\left(\frac{\partial^2 u_z}{\partial x^2} + \frac{\partial^2 u_z}{\partial y^2} + \frac{\partial^2 u_z}{\partial z^2}\right)$$

对于定常流动，不计质量力，斯托克斯方程成为

$$\frac{\partial p}{\partial x} = \mu\left(\frac{\partial^2 u_x}{\partial x^2} + \frac{\partial^2 u_x}{\partial y^2} + \frac{\partial^2 u_x}{\partial z^2}\right)$$

$$\frac{\partial p}{\partial y} = \mu\left(\frac{\partial^2 u_y}{\partial x^2} + \frac{\partial^2 u_y}{\partial y^2} + \frac{\partial^2 u_y}{\partial z^2}\right)$$

$$\frac{\partial p}{\partial z} = \mu\left(\frac{\partial^2 u_z}{\partial x^2} + \frac{\partial^2 u_z}{\partial y^2} + \frac{\partial^2 u_z}{\partial z^2}\right)$$

此时连续性方程为

$$\frac{\partial u_x}{\partial x} + \frac{\partial u_y}{\partial y} + \frac{\partial u_z}{\partial z} = 0$$

斯托克斯方程的三个式子可写成矢量形式，即

$$\nabla p = \mu \nabla^2 \boldsymbol{u}$$

上式表明，流体中的局部压力与黏性力相平衡，黏度是压力场与速度场的比例系数。斯托克斯方程在颗粒物沉降、润滑、聚合物加工（注射成型）、多孔介质内流体的流动等方面有着广泛的应用。

我们将斯托克斯方程的三个式子分别对 x、y、z 求导，之后相加，并考虑到连续性方程，得

$$\begin{aligned}
&\frac{\partial^2 p}{\partial x^2} + \frac{\partial^2 p}{\partial y^2} + \frac{\partial^2 p}{\partial z^2} \\
&= \mu \frac{\partial}{\partial x}\left(\frac{\partial^2 u_x}{\partial x^2} + \frac{\partial^2 u_x}{\partial y^2} + \frac{\partial^2 u_x}{\partial z^2}\right) + \mu \frac{\partial}{\partial y}\left(\frac{\partial^2 u_y}{\partial x^2} + \frac{\partial^2 u_y}{\partial y^2} + \frac{\partial^2 u_y}{\partial z^2}\right) + \mu \frac{\partial}{\partial z}\left(\frac{\partial^2 u_z}{\partial x^2} + \frac{\partial^2 u_z}{\partial y^2} + \frac{\partial^2 u_z}{\partial z^2}\right) \\
&= \mu\left(\frac{\partial^2}{\partial x^2} + \frac{\partial^2}{\partial y^2} + \frac{\partial^2}{\partial z^2}\right)\left(\frac{\partial u_x}{\partial x} + \frac{\partial u_y}{\partial x} + \frac{\partial u_z}{\partial x}\right) = 0
\end{aligned}$$

即

$$\frac{\partial^2 p}{\partial x^2}+\frac{\partial^2 p}{\partial y^2}+\frac{\partial^2 p}{\partial z^2}=0$$

写成矢量形式为

$$\nabla^2 p = 0$$

上式表明，低雷诺数运动时的压力场满足势流方程，压力是势函数。

对于二维运动，可引进流函数。将斯托克斯方程的第一式对 y 求导，第二式对 x 求导，之后相减，消去压力项，得

$$0=\mu\frac{\partial}{\partial y}\left[\frac{\partial^2}{\partial x^2}\left(\frac{\partial\psi}{\partial y}\right)+\frac{\partial^2}{\partial y^2}\left(\frac{\partial\psi}{\partial y}\right)\right]-\mu\frac{\partial}{\partial x}\left[\frac{\partial^2}{\partial x^2}\left(-\frac{\partial\psi}{\partial x}\right)+\frac{\partial^2}{\partial y^2}\left(-\frac{\partial\psi}{\partial x}\right)\right]$$

$$=\mu\left(\frac{\partial^2}{\partial x^2}+\frac{\partial^2}{\partial y^2}\right)\left(\frac{\partial^2\psi}{\partial x^2}+\frac{\partial^2\psi}{\partial y^2}\right)=\mu\left(\frac{\partial^2}{\partial x^2}+\frac{\partial^2}{\partial y^2}\right)\left(\frac{\partial^2}{\partial x^2}+\frac{\partial^2}{\partial y^2}\right)\psi$$

即

$$\left(\frac{\partial^2}{\partial x^2}+\frac{\partial^2}{\partial y^2}\right)^2\psi=0$$

写成矢量形式为

$$(\nabla^2)^2\psi=\nabla^4\psi=0$$

上式表明，二维低雷诺数定常流动的流函数是双调和函数。

若求得流函数 ψ，则可求出速度（各速度分量），之后利用 $\nabla p=\mu\nabla^2\boldsymbol{u}$，即可求出压强。

斯托克斯方程的边界条件为：$r\to\infty$时，$u\to 0$ 或 $u\to u_\infty$，$p\to p_\infty$；在固体壁面上满足无滑移条件。

作为求解斯托克斯方程的一个实例，以下分析绕球的黏性流体运动。设无穷远处来流流速为 u_∞，圆球半径为 a（直径为 D），绕流雷诺数 $Re=\dfrac{u_\infty D}{\nu}\ll 1$，如图 8.6.1 所示。求速度分布、压力分布及圆球所受的阻力。

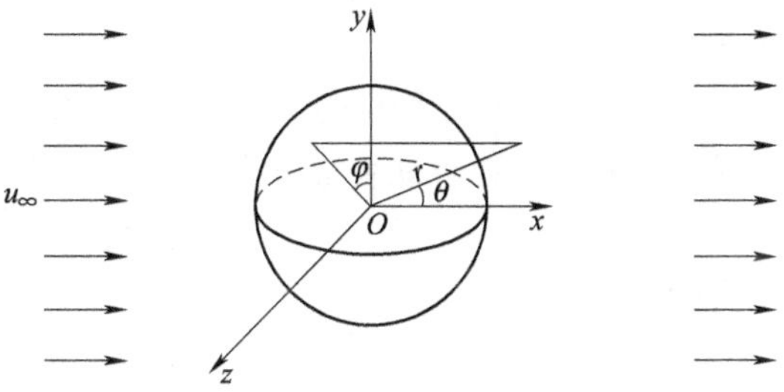

图 8.6.1　黏性流体绕球流动

采用球坐标系（r，θ，φ），将原点放在球心，θ 的起算轴线 x 的方向取成和来流方向重合。考虑到问题的轴对称性，有 $u_\varphi=0$，$\dfrac{\partial}{\partial t}=0$，$\dfrac{\partial}{\partial\varphi}=0$。于是，球坐标系下的流动方程为

$$\frac{1}{r^2}\frac{\partial(r^2u_r)}{\partial r}+\frac{1}{r\sin\theta}\frac{\partial(\sin\theta u_\theta)}{\partial\theta}=0$$

$$\frac{\partial p}{\partial r}=\mu\left[\frac{1}{r^2}\frac{\partial}{\partial r}\left(r^2\frac{\partial u_r}{\partial r}\right)+\frac{1}{r^2\sin\theta}\frac{\partial}{\partial\theta}\left(\sin\theta\frac{\partial u_r}{\partial\theta}\right)-\frac{2u_r}{r^2}-\frac{2}{r^2\sin\theta}\frac{\partial(u_\theta\sin\theta)}{\partial r}\right]$$

$$\frac{1}{r}\frac{\partial p}{\partial\theta}=\mu\left[\frac{1}{r^2}\frac{\partial}{\partial r}\left(r^2\frac{\partial u_\theta}{\partial r}\right)+\frac{1}{r^2\sin\theta}\frac{\partial}{\partial\theta}\left(\sin\theta\frac{\partial u_\theta}{\partial\theta}\right)+\frac{2}{r^2}\frac{\partial u_r}{\partial\theta}-\frac{u_\theta}{r^2\sin^2\theta}\right]$$

这是一个由三个偏微分方程组成的线性偏微分方程组，有 $u_r(r,\theta)$、$u_\theta(r,\theta)$ 和 $p(r,\theta)$ 三个未知数。

边界条件为：当 $r=a$ 时，$u_r=u_\theta=0$

在无穷远处，即 $r\to\infty$，$u_r=u_\infty\cos\theta$，$u_\theta=-u_\infty\sin\theta$

采用分离变量法解此方程组，首先将未知函数表示为

$$u_r=f(r)F(\theta),\ u_\theta=g(r)G(\theta),\ p=\mu h(r)H(\theta)+p_\infty$$

利用上述给出的边界条件，可得

$$F(\theta)=\cos\theta,\ G(\theta)=-\sin\theta,\ f(\infty)=u_\infty,\ g(\infty)=u_\infty$$

于是

$$u_r=f(r)\cos\theta,\ u_\theta=-g(r)\sin\theta$$

不难得到

$$\frac{\partial u_r}{\partial r}=f'\cos\theta,\frac{\partial^2 u_r}{\partial r^2}=f''\cos\theta,\frac{\partial u_r}{\partial\theta}=-f\sin\theta,\frac{\partial^2 u_r}{\partial\theta^2}=-f\cos\theta$$

$$\frac{\partial u_\theta}{\partial r}=-g'\sin\theta,\frac{\partial^2 u_\theta}{\partial r^2}=-g''\sin\theta,\frac{\partial u_\theta}{\partial\theta}=-g\cos\theta,\frac{\partial^2 u_\theta}{\partial\theta^2}=g\sin\theta$$

$$\frac{\partial p}{\partial r}=\mu H(\theta)h',\frac{\partial p}{\partial\theta}=-\mu h(r)H'(\theta)$$

将 $u_r(r,\ \theta)$、$u_\theta(r,\ \theta)$ 和 $p(r,\ \theta)$ 的上列表达式代入连续性方程和 N-S 方程中，得到

$$\begin{cases}\cos\theta\left[f'+\dfrac{2(f-g)}{r}\right]=0\\ h'(r)H(\theta)=\cos\theta\left[f''+\dfrac{2f'}{r}-\dfrac{4(f-g)}{r^2}\right]\\ \dfrac{h}{r}H'(\theta)=\sin\theta\left[-g''-\dfrac{2g'}{r}-\dfrac{2(f-g)}{r^2}\right]\end{cases}$$

边界条件为

$$f(a)=0,\ g(a)=0,\ f(\infty)=u_\infty,\ g(\infty)=u_\infty$$

从上式可以看到，要将 θ 变数分离出来，$H(\theta)$ 应取作 $\cos\theta$，即

$$p=\mu h(r)\cos\theta+p_\infty$$

于是得到

$$f'+\frac{2(f-g)}{r}=0$$

$$h'(r)=f''+\frac{2f'}{r}+\frac{4(f-g)}{r^2}$$

$$\frac{h}{r}=g''+\frac{2g'}{r}+\frac{2(f-g)}{r^2}$$

以上三个方程，共三个未知数函数，其中包括待求函数各阶的导数。显然

$$g=\frac{r}{2}f'+f$$

该式对 r 求导，易得

$$g'=\frac{r}{2}f''+\frac{3}{2}f',\ g''=2f''+\frac{r}{2}f'''$$

以及

$$h=\frac{r^2}{2}f'''+3rf''+2f'$$

于是得到函数 h 与函数 f 和函数 g 的关系式，最后不难得到

$$r^3 f'''' + 8r^2 f''' + 8rf'' - 8f' = 0$$

根据常微分方程理论可知，该方程的解具有 r^n 形式，n 是下列方程的解

$$n(n-1)(n-2)(n-3) + 8n(n-1)(n-2) + 8n(n-1) - 8n = 0$$

解之得

$$n = -3,\ -1,\ 0,\ 2$$

于是有

$$f = \frac{A}{r^3} + \frac{B}{r} + C + Dr^2$$

$$g = -\frac{A}{2r^3} + \frac{B}{2r} + C + 2Dr^2$$

$$h = \frac{B}{r^2} + 10rD$$

代入边界条件，易得

$$A = \frac{1}{2}u_\infty a^3,\ B = -\frac{3}{2}u_\infty a,\ C = u_\infty,\ D = 0$$

于是

$$f = \frac{1}{2}u_\infty \frac{a^3}{r^3} - \frac{3}{2}u_\infty \frac{a}{r} + u_\infty$$

$$g = -\frac{1}{4}u_\infty \frac{a^3}{r^3} - \frac{3}{4}u_\infty \frac{a}{r} + u_\infty$$

$$h = -\frac{3}{2}u_\infty \frac{a}{r^2}$$

得到最终结果为

$$u_r = u_\infty \cos\theta\left(\frac{1}{2}\frac{a^3}{r^3} - \frac{3}{2}\frac{a}{r} + 1\right)$$

$$u_\theta = u_\infty \sin\theta\left(\frac{1}{4}\frac{a^3}{r^3} + \frac{3}{4}\frac{a}{r} - 1\right)$$

$$p = p_\infty - \frac{3}{2}\mu u_\infty \frac{a}{r^2}\cos\theta$$

以上求解球体绕流的速度和压力还可以采用流函数的方法。引入流函数

$$u_r = \frac{1}{r^2\sin\theta}\frac{\partial\psi}{\partial\theta}, u_\theta = -\frac{1}{r\sin\theta}\frac{\partial\psi}{\partial r}$$

前文已经给出,流函数满足

$$\left[\frac{\partial^2}{\partial r^2} + \frac{\sin\theta}{r^2}\frac{\partial}{\partial\theta}\left(\frac{1}{\sin\theta}\frac{\partial}{\partial\theta}\right)\right]^2\psi = 0$$

还应满足如下边界条件，即在球面上，有

$$u_r\big|_{r=a} = u_\theta\big|_{r=a} = 0$$

在无穷远处，速度等于来流速度，即

$$u_r\big|_{r\to\infty} = u_\infty\cos\theta,\quad u_\theta\big|_{r\to\infty} = -u_\infty\sin\theta$$

所以，当 $r\to\infty$时， 流函数为

$$\psi=\frac{1}{2}u_\infty r^2\sin^2\theta$$

边界条件常可提示方程的解所应具有的形式，根据上述边界条件可以推知，微分方程

$$\left[\frac{\partial^2}{\partial r^2}+\frac{\sin\theta}{r^2}\frac{\partial}{\partial\theta}\left(\frac{1}{\sin\theta}\frac{\partial}{\partial\theta}\right)\right]^2\psi=0$$

的解 $\psi(r,\ \theta)$ 有如下形式：

$$\psi=f(r)\sin^2\theta$$

将其代入该微分方程中，得

$$\left(\frac{\mathrm{d}^2}{\mathrm{d}r^2}-\frac{2}{r^2}\right)\left(\frac{\mathrm{d}^2}{\mathrm{d}r^2}-\frac{2}{r^2}\right)f(r)=0$$

这是线性齐次四阶常微分方程。取 $f(r)=Cr^n$， 代入上式，可求得 $n=-1$， 1，2，4，于是函数 $f(r)$ 具有如下形式：

$$f(r)=\frac{A}{r}+Br+Cr^2+Dr^4$$

为使条件式 $\psi\big|_{r\to\infty}=\frac{1}{2}u_\infty r^2\sin^2\theta$ 得到满足，D 必须为零，C 必须等于 $\frac{1}{2}u_\infty$， 因而流函数是

$$\psi(r,\ \theta)=\left(\frac{A}{r}+Br+\frac{1}{2}u_\infty r^2\right)\sin^2\theta$$

由此得到速度分量

$$u_r=\frac{1}{r^2\sin\theta}\frac{\partial\psi}{\partial\theta}=\left(u_\infty+\frac{2A}{r^3}+\frac{2B}{r}\right)\cos\theta$$

$$u_\theta=-\frac{1}{r\sin\theta}\frac{\partial\psi}{\partial r}=-\left(u_\infty-\frac{A}{r^3}+\frac{B}{r}\right)\sin\theta$$

代入边界条件 $u_r\big|_{r=a}=u_\theta\big|_{r=a}=0$， 有

$$A=\frac{1}{4}u_\infty a^3,\ B=-\frac{3}{4}u_\infty a$$

于是得到流函数

$$\psi(r,\ \theta)=\frac{1}{2}u_\infty r^2\sin^2\theta\left[1-\frac{3}{2}\left(\frac{a}{r}\right)+\frac{1}{2}\left(\frac{a}{r}\right)^3\right]$$

已知速度分布即可由动量方程

$$\frac{\partial p}{\partial r}=\mu\left[\frac{1}{r^2}\frac{\partial}{\partial r}\left(r^2\frac{\partial u_r}{\partial r}\right)+\frac{1}{r^2\sin\theta}\frac{\partial}{\partial\theta}\left(\sin\theta\frac{\partial u_r}{\partial\theta}\right)-\frac{2u_r}{r^2}-\frac{2}{r^2\sin\theta}\frac{\partial(u_\theta\sin\theta)}{\partial r}\right]$$

或

$$\frac{1}{r}\frac{\partial p}{\partial\theta}=\mu\left[\frac{1}{r^2}\frac{\partial}{\partial r}\left(r^2\frac{\partial u_\theta}{\partial r}\right)+\frac{1}{r^2\sin\theta}\frac{\partial}{\partial\theta}\left(\sin\theta\frac{\partial u_\theta}{\partial\theta}\right)+\frac{2}{r^2}\frac{\partial u_r}{\partial\theta}-\frac{u_\theta}{r^2\sin^2\theta}\right]$$

确定压力分布，该积分为不定积分，不难得到

$$p=-\frac{3}{2}\mu u_\infty\frac{\cos\theta}{r^2}+C$$

式中，C 为积分常数，利用边界条件 $r\to\infty$， $p=p_\infty$， 易得

$$p = p_\infty - \frac{3}{2}\mu u_\infty \frac{\cos\theta}{r^2}$$

由流函数的表达式可知，流函数对平面 $\theta = \frac{\pi}{2}$ 是对称的，所以球体首尾部的流线是对称的，这是因为忽略了方程中的惯性项，没有涡旋的对流，因而也就不存在尾流现象。流函数可以分解成两部分，第一部分为

$$\psi_1 = \frac{1}{2}u_\infty r^2 \sin^2\theta\left[1 + \frac{1}{2}\left(\frac{a}{r}\right)^3\right]$$

代表绕球的无旋流动，对球表面上没有力的作用。第二部分是

$$\psi_2 = -\frac{3}{4}u_\infty a r \sin^2\theta$$

代表绕球的有旋流动，其径向和横向速度分量分别为

$$u_r = -\frac{3}{2}u_\infty \frac{a}{r}\cos\theta$$

$$u_\theta = -\frac{3}{4}u_\infty \frac{a}{r}\sin\theta \text{（在 } r = 0 \text{ 处有一奇点）}$$

这一部分反映了球对流体流动的阻力。

为了求得圆球的流动阻力，先求圆球表面上的应力分量。作用在圆球上的黏性应力的三个分量是

$$p_{rr} = -p + 2\mu \frac{\partial u_r}{\partial r}$$

$$\tau_{r\theta} = \mu\left(\frac{1}{r}\frac{\partial u_r}{\partial \theta} + \frac{\partial u_\theta}{\partial r} - \frac{u_\theta}{r}\right)$$

$$\tau_{r\varphi} = \mu\left(\frac{\partial u_\varphi}{\partial r} + \frac{1}{r\sin\theta}\frac{\partial u_r}{\partial \varphi} - \frac{u_\varphi}{r}\right)$$

前文已述及，由于对称性 $u_\varphi = 0$，$\frac{\partial}{\partial \varphi} = 0$，所以 $\tau_{r\varphi} = 0$。为求球体表面上 p_{rr} 和 $p_{r\theta}$ 的值，首先需求出 $\frac{\partial u_r}{\partial r}$、$\frac{\partial u_r}{\partial \theta}$、$\frac{\partial u_\theta}{\partial r}$ 和 u_θ。根据无滑移条件，在球面上，$u_r = u_\theta = 0$，于是在球面上，$\frac{\partial u_r}{\partial \theta} = 0$，$\frac{\partial u_\theta}{\partial \theta} = 0$，由连续性方程，可得在球面上，$\frac{\partial u_r}{\partial r} = 0$。于是有

$$p_{rr} = -p$$

$$\tau_{r\theta} = \mu \frac{\partial u_\theta}{\partial r}$$

$$\tau_{r\varphi} = 0$$

由此得到，在球面上，

$$p_{rr} = \frac{3}{2}\mu \frac{u_\infty}{a}\cos\theta - p_\infty$$

$$\tau_{r\theta} = -\frac{3}{2}\mu \frac{u_\infty}{a}\sin\theta$$

引入压力系数 C_p 表示球面上的压力分布，即

$$C_p = \frac{p - p_\infty}{\frac{1}{2}\rho u_\infty^2} = -\frac{6}{Re}\cos\theta$$

该式表明，压力系数不仅与表面点的位置有关，而且与流动的雷诺数有关。球表面的压力分布相对于最大迎流截面是不对称的。因此，表面压力的合力并不等于零，这一合力是指向顺流方向。而理想流体定常匀速绕球流动时，压力分布为式（5.6.2），即

$$C_p = 1 - \frac{9}{4}\sin^2\theta$$

即 C_p 的分布是轴对称的，且对称于最大迎流截面，因而球表面的压力合力为零，这就是著名的达朗贝尔佯谬。也就是说，在黏性流体中球的前方所受到的流体压强要高于球的后方，球面的流体压强分布不再像理想流体那样具有前后对称性，于是前后的压差产生一个与 u_∞ 反向的合力，这就是压差阻力。

切向应力产生的合力称为摩擦阻力。摩擦阻力和压差阻力构成球所受到的流体的合力。如图 8.6.2 所示，在球面上取带状微元面积

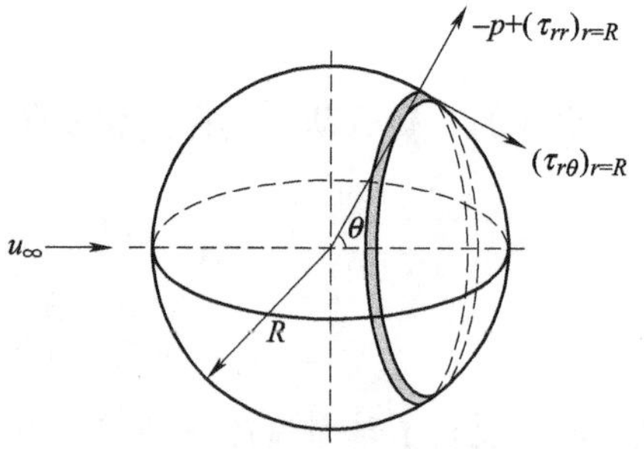

图 8.6.2　圆球绕流阻力

$$dA = 2\pi R\sin\theta \cdot R d\theta = 2\pi R^2 \sin\theta d\theta$$

压力作用在球面上的合力在水平方向的分量为

$$P = \int_0^\pi (-p|_{r=R})\cos\theta dA = \int_0^\pi \left(-p_\infty + \frac{3}{2}\frac{\mu u_\infty}{R}\cos\theta\right)\cos\theta \cdot 2\pi R^2 \sin\theta d\theta = 2\pi\mu R u_\infty$$

黏性应力作用在球面上的合力在水平方向的分量为

$$F = -\int_0^\pi [(\tau_{rr}|_{r=R})\cos\theta + (\tau_{r\theta}|_{r=R})\sin\theta] dA = -\int_0^\pi \left(\frac{3}{2}\mu\frac{u_\infty}{R}\sin^2\theta\right)\cdot 2\pi R^2\sin\theta d\theta = 4\pi\mu R u_\infty$$

则合力为

$$D = P + F = 6\pi\mu R u_\infty$$

该式是斯托克斯于 1851 年导出的，因此称为斯托克斯阻力公式。其中压差阻力占总阻力的 1/3，摩擦阻力占总阻力的 2/3。习惯上，把斯托克斯阻力公式写成

$$D = C_D A_0 \frac{\rho u_\infty^2}{2}$$

式中，C_D 称为阻力系数；$A_0 = \pi R^2 = \frac{\pi d_0^2}{4}$ 为球体最大圆截面积。

$$C_D = \frac{D}{\pi R^2 \cdot \frac{1}{2}\rho u_\infty^2} = \frac{6\pi\mu R u_\infty}{\pi R^2 \cdot \frac{1}{2}\rho u_\infty^2} = 24 \times \frac{\mu}{(2R)\rho u_\infty} = \frac{24}{Re}$$

大量实验研究表明，尽管斯托克斯阻力公式是在 $Re \to 0$ 的前提下导出的，但直到 $Re \leqslant 1$ 时仍与实验结果吻合良好。

观察远离球体的流场，在 r 很大的区域，流体速度与来流速度已相差不大，据此，奥辛（Oseen）将 N-S 方程中的惯性项做近似处理，不是忽略而是保留惯性项的主要部分，从而获得

全流场一致成立的解。计算圆球所受流体作用合力，即奥辛阻力公式

$$D = 6\pi\mu R u_\infty\left(1 + \frac{3}{8}Re\right)$$

$$C_D = \frac{24}{Re}\left(1 + \frac{3}{16}Re\right)$$

奥辛解的概念总体较斯托克斯解严格，但计算总阻力的结果与实验相比，前者并不比后者有明显改进，这是由于奥辛所考虑的离球较远处力的取舍对总阻力影响不大，因为绕球流动问题的关键影响是在球体附近的区域。

许多研究者研究了斯托克斯流动的其他精确解，发现不同形状的物体所受到的阻力与球体绕流有相似的规律，即物体所受到的流动阻力与来流速度 u_∞、流体的黏度 μ 和物体的特征尺寸 L 成正比，只是前面的系数因子略有所差别。例如，对于半径为 R 的薄圆盘，当圆盘正面迎向来流时，其所受的阻力为

$$D = 16\mu R u_\infty$$

当圆盘侧缘迎向来流（水平放置）时，所受的阻力为

$$D = \frac{32}{3}\mu R u_\infty$$

可见，尽管圆盘的几何形状与圆球相差很大，圆盘在两种情形所受的阻力值只比圆球所受的阻力值分别低 15%和 43%。这就说明，斯托克斯流中物体所受的阻力大小对物体形状不敏感。对于形状相差不多的沙粒、尘埃、大分子、细胞等，可以用球的斯托克斯阻力公式初步估算其阻力。黏度为 μ_i、半径为 R 的球形液滴，被另一种不相掺混的流体（黏度为 μ_0）绕过时，液滴所受到的阻力为

$$D = 6\pi\mu R u_\infty \frac{1 + \dfrac{2\mu_0}{3\mu_i}}{1 + \dfrac{\mu_0}{\mu_i}}$$

当液滴被气流绕过时，$\mu_0 \ll \mu_i$，液滴所受的阻力接近于固体球所受的阻力，即

$$D = 6\pi\mu R u_\infty$$

当气泡被液体绕流时，$\mu_i \ll \mu_0$，气泡所受的阻力为

$$D = 4\pi\mu R u_\infty$$

一个液滴被另一种液体绕流时，阻力介于这两个极端值之间。因为这两个极端值相差不多，所以斯托克斯阻力公式也可用于估算液滴、气泡在各种斯托克斯流中所受的阻力。

斯托克斯阻力公式有许多实际应用。例如，气象学上需要估算雾滴在空气中定常沉降速度 u_i。若雾滴和空气的密度分别为 ρ_p 和 ρ，雾滴半径为 R，空气的运动黏度为 ν，则当雾滴定常沉降时，其所受的重力必然与浮力和斯托克斯力相平衡，即

$$\left(\frac{4}{3}\pi R^3\right)\rho_p g = \left(\frac{4}{3}\pi R^3\right)\rho g + 6\pi\mu R u_i$$

从而得到定常沉降速度

$$u_i = \frac{2gR^2}{9\mu}(\rho_p - \rho)$$

显然，大的雾滴要比小的雾滴沉降得快得多。如果知道 ρ_i、ρ 和 μ，通过测量 u_i 就可推算出极

小微粒的半径 R，1911 年密立根在测量电子电荷的著名实验中就是用该方法推算了极小油滴的尺寸；如果知道 ρ_i、ρ 和 R，通过测量 u_i 就可推算出流体的黏度 ν，这一原理被用于测量石油黏度的落球式黏度计。

这里强调指出，$Re \leqslant 1$ 一般只对于很小的粒子才成立。例如，在上述雾滴沉降问题中，若 $R \approx 40\mu\text{m}$，$\dfrac{\rho_i}{\rho}=770$，$\nu=1.33\times10^{-5}\text{m}^2/\text{s}$，可算出 $u_i \approx 0.2\text{m/s}$，此时 $Re \approx 0.6$，已接近于 1。因此，斯托克斯阻力公式用于研究定常沉降问题只限于颗粒物半径为 40~50μm 以下的极小微尘或微滴。

下面我们对球附近惯性力与黏性力之比的量级做近似估计。惯性力为

$$\rho u_r \frac{\partial u_r}{\partial r}=\rho\left[u_\infty\cos\theta\left(\frac{1}{2}\frac{a^3}{r^3}-\frac{3}{2}\frac{a}{r}+1\right)\right]\left[u_\infty\cos\theta\left(\frac{3}{2}\frac{a}{r^2}-\frac{3}{2}\frac{a^3}{r^4}\right)\right]\approx\frac{3}{2}\frac{a}{r^2}\rho u_\infty^2$$

黏性力为

$$\mu\frac{1}{r^2}\frac{\partial}{\partial r}\left(r^2\frac{\partial u_r}{\partial r}\right)\approx 3\mu u_\infty\frac{a^3}{r^5}$$

$$\frac{\text{惯性力}}{\text{黏性力}}\approx\frac{\dfrac{3}{2}\dfrac{a}{r^2}\rho u_\infty^2}{3\mu u_\infty\dfrac{a^3}{r^5}}=\frac{1}{2}\frac{\rho u_\infty a}{\mu}\frac{r^3}{a^3}=\frac{Re}{4}\left(\frac{r}{a}\right)^3$$

在球附近，只要雷诺数很小，斯托克斯近似成立。在远处，由于 r 增大，当 $r\to\infty$，无论雷诺数多小，惯性力影响不能忽略，斯托克斯近似不能成立。

对绕球的缓慢流动问题做简要总结。首先，流体的密度和黏度对速度分布没有影响，它们的影响只在阻力系数的雷诺数中体现，这是完全忽略惯性项后所带来的后果。在忽略当地惯性项后，流动与时间的关系体现在定解条件中，只与瞬时边界条件有关，与流动历史无关，相当于“准定常”流动。其次，相对于球来说，流体的速度处处小于自由来流值，不像理想流中球顶部的流体速度可能超过自由来流值。在流线形状方面，斯托克斯流的流线比理想流中的对应流线被排挤得更远一些。如果从无穷远处的静止流体来看，圆球在静止的黏性流体中缓慢平移时，会带动周围流体一起前进，而在理想流中，圆球只是将前部的无黏流体推向外侧，待球经过后又从后侧吸回，流体并不随着圆球一起前进。这是黏性流动和理想流体运动的本质区别。第三，斯托克斯流中圆球引起的扰动影响范围较理想流动大得多。从速度表达式 u_r 和 u_θ 可以看到，当 $r\to\infty$时，速度的大小随 r 的增大成反比地缓慢衰减，而在理想流中，速度随 r 成反比地迅速衰减。这就是说，即使在 $r=10R$ 这样远的距离上，斯托克斯流的速度仍在 $0.1u_\infty$ 的量级上，而理想流的速度早已衰减到 $0.001u_\infty$ 量级。此外，斯托克斯忽略全部惯性项的近似不适合于整个流场，因为惯性项与黏性项之比的量级在不同径向位置处有显著差别，在远离壁面的流动区域中惯性力并不比黏性力小。小雷诺数时，忽略惯性项，只在物面附近有很好的近似，在远离物面处则不适合。因此，斯托克斯近似只适用于小雷诺数空间绕流的物面附近的流场，是一级近似。

我们对 N-S 方程解决实际问题的步骤做简单总结。首先依据流动系统的几何特征，选择适当的坐标系。其次，分析问题，进行合理简化。例如，流动可能是定常、一维、无压力梯度、对称以及不考虑重力影响等，有时还可以给问题加上某种特定限制，例如，缓慢流动问题等，可使方程简化，但应该避免过分简化，否则结果偏离实际太远，以致失去使用价值。第三，给

出合理的边界条件，有时为使问题可解，也可以放宽边界上的限制。最后，将所得到的解答与实验或实际观测结果进行比较，以检验简化的合理性。

【例 8.6.1】 锥板黏度计性能稳定、维护简单，适用于测量各种油脂、油漆、油墨、涂料、塑料、浆料、橡胶、乳胶、洗涤剂、树脂、炼乳、奶油、药物以及化妆品等各种流体的黏度，在纺织、化工、石油、医药、食品、轻工、建材等行业，应用广泛。锥板黏度计由旋转锥板和静止平板组成，锥顶刚好触及静止板面，如图 8.6.3 所示。锥和板之间的空隙中充满流体，锥和板之间的角度很小（<4°）。锥以角速度 ω 旋转，试求间隙中流体运动的速度分布以及维持圆锥旋转所需的转矩。

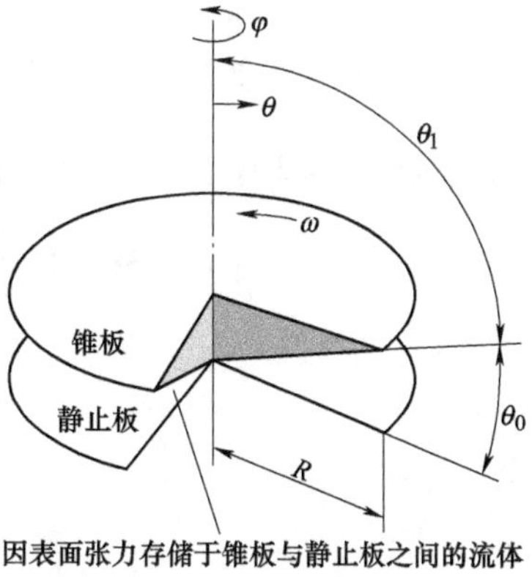

图 8.6.3 锥板黏度计

解： 根据该结构的几何特点，选用球坐标系。假定流动完全是切向的，即 $u_r = u_\theta = 0$，u_φ 只是 r 和 θ 的函数。因此，只有 $\tau_{r\theta}$ 及 $u_{\theta\varphi}$ 存在。忽略质量力，球坐标运动方程可简化为

$$-\frac{u_\varphi^2}{r} = -\frac{1}{\rho}\frac{\partial p}{\partial r}$$

$$-\frac{u_\varphi^2\cos\theta}{r\sin\theta} = -\frac{1}{\rho}\frac{1}{r}\frac{\partial p}{\partial \theta}$$

$$0 = \nu\left[\frac{1}{r^2}\frac{\partial}{\partial r}\left(r^2\frac{\partial u_\varphi}{\partial r}\right) + \frac{1}{r^2\sin\theta}\frac{\partial}{\partial\theta}\left(\sin\theta\frac{\partial u_\varphi}{\partial\theta}\right) + \frac{1}{r^2\sin^2\theta}\frac{\partial^2 u_\varphi}{\partial\varphi^2}\right] +$$

$$\nu\left[\frac{2}{r^2\sin\theta}\frac{\partial u_r}{\partial\varphi} - \frac{u_\varphi}{r^2\sin^2\theta} + \frac{2\cos\theta}{r^2\sin^2\theta}\frac{\partial u_\theta}{\partial\varphi}\right]$$

该式还可以写作

$$0 = \frac{1}{r^2\sin\theta}\left[\frac{\partial(\tau_{r\varphi}r^2\sin\theta)}{\partial r} + \frac{\partial(\tau_{\theta\varphi}r\sin\theta)}{\partial\theta} + \frac{\partial(r\tau_{\varphi\varphi})}{\partial r}\right] + \frac{1}{r}(\tau_{r\varphi} + \tau_{\theta\varphi}\cot\theta)$$

根据本问题，可简化为

$$0 = \frac{1}{r^2\sin\theta}\left[\frac{\partial(\tau_{r\varphi}r^2\sin\theta)}{\partial r} + \frac{\partial(\tau_{\theta\varphi}r\sin\theta)}{\partial\theta}\right] + \frac{1}{r}(\tau_{r\varphi} + \tau_{\theta\varphi}\cot\theta)$$

因流动很慢，速度平方项 u_φ^2 近似为零。边界条件为

$$\theta = \frac{\pi}{2},\quad u_\varphi = 0$$

$$\theta = \theta_1,\quad u_\varphi = \omega r\sin\theta_1$$

从边界条件可以得出，速度分布为

$$u_\varphi(r,\ \theta) = rf(\theta)$$

因此，u_φ/r 与 r 无关，$\tau_{r\varphi} = 0$，于是

$$\frac{1}{\sin\theta}\left[\frac{\mathrm{d}(\tau_{\theta\varphi}\sin\theta)}{\mathrm{d}\theta}\right] + \tau_{\theta\varphi}\cot\theta = 0$$

$$\frac{\mathrm{d}\tau_{\theta\varphi}}{\mathrm{d}\theta} = -2\cot\theta\tau_{\theta\varphi}$$

积分上式，易得

$$\tau_{\theta\varphi}=\frac{C}{\sin^2\theta}$$

式中，C 为积分常数。在 $\theta=\frac{\pi}{2}$ 时，由流体传递到板上的力矩为 M，可由此确定 C。将 $\tau_{\theta\varphi}\big|_{\theta=\frac{\pi}{2}}$ 乘以 $r\mathrm{d}r\mathrm{d}\varphi$，再乘以 r，并在与流体接触的半径为 R 的整个板上积分，得

$$M=\int_0^{2\pi}\int_0^R\left(-\tau_{\theta\varphi}\big|_{\theta=\frac{\pi}{2}}\cdot r^2\right)\mathrm{d}r\mathrm{d}\varphi=-\frac{2}{3}\pi R^3\cdot C$$

$$C=-\frac{3M}{2\pi R^3}$$

于是

$$\tau_{\theta\varphi}=-\frac{3M}{2\pi R^3\sin^2\theta}$$

如果 θ 很小，$\sin^2\theta$ 接近 1，因而 $\tau_{\theta\varphi}$ 基本上与位置无关。由 $\tau_{\theta\varphi}$ 与速度梯度的关系式，并考虑到 $u_\theta=0$，可得局部角速度 $\frac{u_\varphi}{r}$ 所服从的微分方程

$$\mu\sin\theta\frac{\mathrm{d}}{\mathrm{d}\theta}\left(\frac{u_\varphi}{r\sin\theta}\right)=-\frac{3M}{2\pi R^3\sin^2\theta}$$

分离变量，积分可得角速度为

$$\frac{u_\varphi}{r}=\frac{3M}{4\pi\mu R^3}\left[\cot\theta+\frac{1}{2}\left(\ln\frac{1+\cos\theta}{1-\cos\theta}\right)\sin\theta\right]+C_1\sin\theta$$

代入边界条件，即由 $\theta=\pi/2$，$u_\varphi=0$，$C_1=0$。对于 $\theta=\theta_1=\pi/2-\theta_0$，$u_\varphi=\omega r\sin\theta_1$，得

$$\omega\sin\theta_1=\frac{3M}{4\pi\mu R^3}\left[\cot\theta_1+\frac{1}{2}\left(\ln\frac{1+\cos\theta_1}{1-\cos\theta_1}\right)\sin\theta_1\right]$$

可见，测得 ω 和 M，即可得到流体的黏度 μ。若从上列两个式子中消去 M，得

$$\frac{u_\varphi}{r}=\omega\sin\theta_1\cdot\frac{\cot\theta+\frac{1}{2}\left(\ln\frac{1+\cos\theta}{1-\cos\theta}\right)\sin\theta}{\cot\theta_1+\frac{1}{2}\left(\ln\frac{1+\cos\theta_1}{1-\cos\theta_1}\right)\sin\theta_1}$$

由于 θ 和 θ_1 均接近 $\pi/2$，故可得

$$\frac{u_\varphi}{r}=\omega\cdot\frac{\cos\theta}{\cos\theta_1}\approx\omega\cdot\frac{\frac{\pi}{2}-\theta}{\frac{\pi}{2}-\theta_1}=\omega\left(\frac{\pi-2\theta}{\pi-2\theta_1}\right)$$

【例 8.6.2】 直径为 d_p 的小球在黏性流体中自由沉降，开始时有加速度，但当重力和阻力、浮力平衡时，开始等速下降，此时小球的下降速度称为终端速度 U。如果斯托克斯公式适用，只考虑加速度阶段，试估算加速时间。

解： 由牛顿第二定律，颗粒沉降速度 u 随着时间 t 的变化 $\frac{\mathrm{d}u}{\mathrm{d}t}$ 与颗粒质量（包括附加质量，详见 5.8 节）的乘积等于颗粒上的作用力，即

$$\frac{\pi}{6}d_p^3\left(\rho_p+\frac{1}{2}\rho_f\right)\frac{\mathrm{d}u}{\mathrm{d}t}=\frac{\pi}{6}d_p^3(\rho_p-\rho_f)g-3\pi\mu d_p u$$

上式中考虑了小球加速度的附加质量，式中 ρ_p 和 ρ_f 分别为球及流体的密度。颗粒由静止开始运动，起始条件 $t=0$，$U=0$，所得解为

$$u=U\left\{1-\exp\left[-\frac{9}{2}\frac{\mu t}{d_p^2/4}\left(\rho_p+\frac{1}{2}\rho_f\right)^{-1}\right]\right\}$$

当 $t\to\infty$时，得到终端速度 $u=U$。如果考虑水滴在空气中的沉降，将相关数据代入上式，不难证明，对于小水滴几乎瞬间达到定常时的终端速度。

【例 8.6.3】 用落球法测定黏度。

解： 当小球在待测液体中均匀沉降时，令 Δl 为小球下落的距离，Δt 为通过该段距离所需要的时间，则其终端速度 $U=\dfrac{\Delta l}{\Delta t}$，代入本节所得到的终端速度公式，并改写之，得

$$U=\frac{\Delta l}{\Delta t}=\frac{2gR^2}{9\mu}(\rho_p-\rho)$$

即

$$\mu=\frac{gd_p^2}{18}(\rho_p-\rho)\frac{\Delta t}{\Delta l}$$

当给定小球直径，并已知密度差时，测出小球通过 Δl 所需时间 Δt，即可由上式算得液体的黏度。实际上小球在容器中沉降时，容器底、侧壁、自由面对沉降速度均有影响，需考虑修正。

【例 8.6.4】 多孔介质阻力分析。如图 8.6.4 所示，由高分子烧结材料制成的多孔圆柱体高为 H，半径为 R_2，中心部分有半径为 R_1 的圆柱体，从中汲取精制液。假定精制过程中并无杂质堆积在多孔介质中，流体为不可压缩，且高度 H 足够大，端效应可忽略不计。已知多孔介质的渗透系数为 K，半径 R_2 处的势能为 E_{p2}，R_1 处的势能为 E_{p1}。试求精制液的流量。

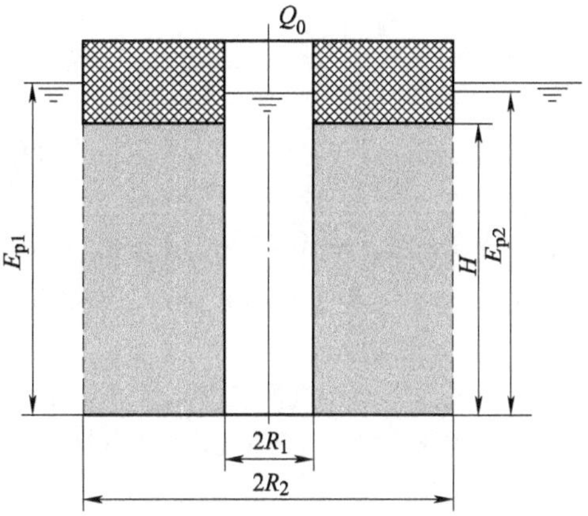

图 8.6.4　多孔介质阻力

解： 不可压缩流体在多孔介质中的流动可以视为极慢运动，此时势能满足拉普拉斯方程。对于本题的二维流动，考虑到低雷诺数运动时的势能（压力势函数）满足势流方程

$$\frac{\partial^2 E_p}{\partial x^2}+\frac{\partial^2 E_p}{\partial y^2}=0$$

对于径向流动，应用柱坐标，上式可写为

$$\frac{\partial^2 E_p}{\partial r^2}+\frac{1}{r}\frac{\partial E_p}{\partial r}+\frac{1}{r^2}\frac{\partial^2 E_p}{\partial \theta^2}=0$$

由于流动是轴对称的，上式可简化为

$$\frac{\partial^2 E_p}{\partial r^2}+\frac{1}{r}\frac{\partial E_p}{\partial r}=0$$

即

$$\frac{1}{r}\frac{\mathrm{d}}{\mathrm{d}r}\left(r\frac{\mathrm{d}E_{\mathrm{p}}}{\mathrm{d}r}\right)=0$$

$$E_{\mathrm{p}}=C_1\ln r+C_2$$

边界条件为

$$r=R_1,\ E_{\mathrm{p}}=E_{\mathrm{p1}}$$
$$r=R_2,\ E_{\mathrm{p}}=E_{\mathrm{p2}}$$

易得

$$E_{\mathrm{p}}=E_{\mathrm{p2}}+\frac{E_{\mathrm{p2}}-E_{\mathrm{p1}}}{\ln\frac{R_2}{R_1}}\ln\frac{r}{R_2}$$

流量为

$$Q_0=-2\pi R_1 H u_r\big|_{r=R_1}$$

式中负号表示挤出精制液。

由于 E_{p} 为势函数，故可设

$$u_r=-K\frac{\mathrm{d}E_{\mathrm{p}}}{\mathrm{d}r}$$

最终得

$$Q_0=-2\pi R_1 H\left(-K\cdot\frac{E_{\mathrm{p2}}-E_{\mathrm{p1}}}{\ln\frac{R_2}{R_1}}\right)\frac{1}{R_1}=\frac{2\pi KH(E_{\mathrm{p2}}-E_{\mathrm{p1}})}{\ln\frac{R_2}{R_1}}$$

练　习　题

8-1　在煤粉炉炉膛内的不均匀流场中，烟气最大上升速度为 0.65m/s，烟气的平均温度为 1300℃，该温度下烟气的运动黏度为 $2.34\times10^{-4}\mathrm{m^2/s}$、密度为 $0.242\mathrm{kg/m^3}$，煤粉颗粒密度为 $1099\mathrm{kg/m^3}$，问炉膛内能被烟气带走的煤粉最大颗粒直径是多少？

8-2　直径为 2mm 的气泡在 20℃水中上浮的最大速度是多少？

8-3　试求风作用于高压电缆线上的作用力，电缆线直径为 1cm，两支撑点距离为 70m，风速为 20m/s，气温为 0℃。

8-4　已知小球半径为 r，做简谐振动的振幅为 A，周期为 τ，水的动力黏度为 μ。设水对小球的阻力可按斯托克斯公式计算。试求小球在水中振动时一个周期中所消耗的平均功率。

8-5　如题 8-5 图所示，两平行平板间充满互不相溶的两种黏性流体，黏度分别为 μ_1 和 μ_2，上板以恒定速度 U 运动，下板固定，压力梯度为零。求平行平板间流体的速度分布和切应力分布。

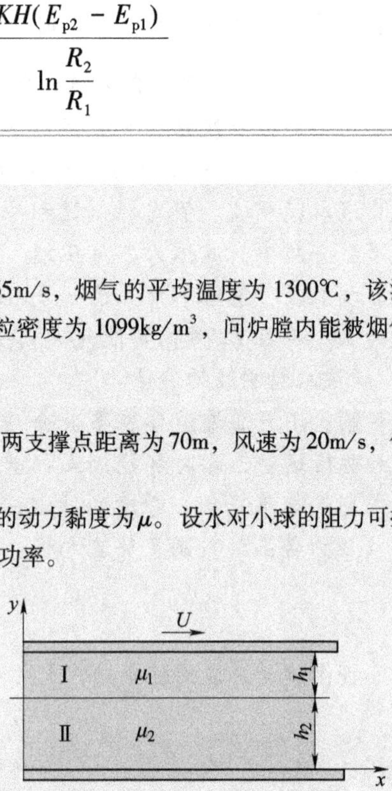

题 8-5 图

8-6　如题 8-6 图所示，两无穷大平板，上板温度为 T_1，下板为常温 T_0。在压力梯度作用下，某牛顿流体在板间沿 x 方向流动，其黏度随温度的变化关系为

$$\mu(T)=\frac{\mu_0}{1+\beta(T-T_0)}$$

式中，β 为热膨胀系数，T_0 为参考温度，μ_0 为参考黏度。若板温度分布为

$$T(y) \approx T_0 + \left(\frac{T - T_0}{h}\right) y$$

试求流量与压降之间的关系。

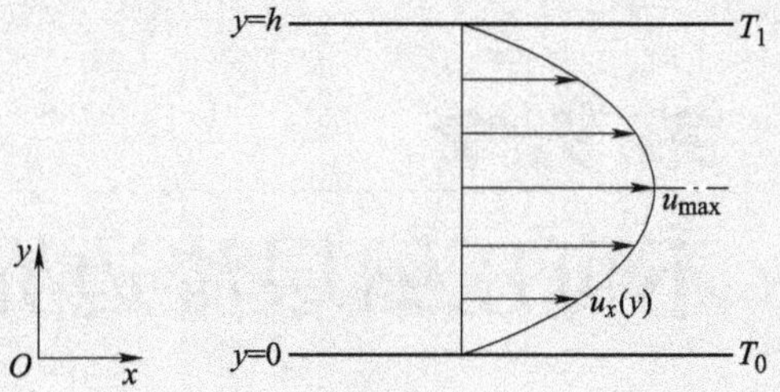

题 8-6 图

8-7　已知长轴为 a、短轴为 b 的椭圆截面导管，单位管长压降为 $\Delta p/l$，流体黏度为 μ。求管内流体做层流流动时的速度分布和流量。

8-8　如题 8-8 图所示，半径为 R_w 的导线以匀速 u_w 在半径为 R_d 的涂料槽中通过，带有涂层的导线半径为 R_c。已知 u_w、R_w 和 R_d，以及涂料黏度 μ。求：(1) 涂层半径 R_c；(2) 长为 L 的一段导线上受到的总的作用力 F_w。

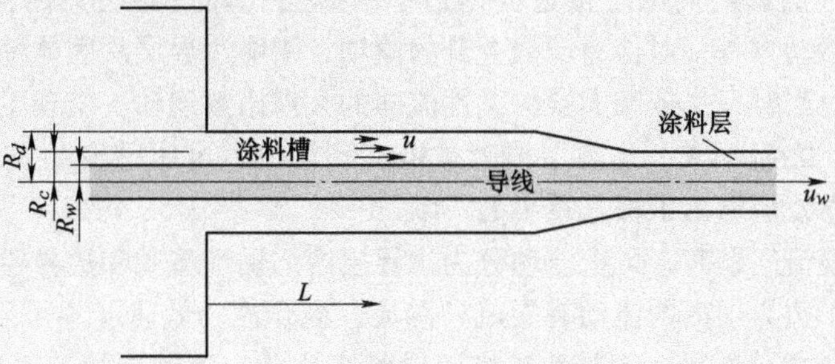

题 8-8 图

8-9　已知一半径为 R 的长圆柱在黏度为 μ 的液体槽中以转速 ω 旋转。远离圆柱处压强为 p_0，忽略端效应和重力影响（见题 8-9 图）。求：(1) 圆柱上受到的总力矩；(2) 如果液体气化压强为 p_{vp}，求圆柱表面液体气化的圆柱转速。

8-10　如题 8-10 图所示，简化的燃烧室，长、宽、高分别为 L、W、H。气流以体积流量 Q 水平进入。在重力用下，气流中夹带颗粒自由降落。为了保证颗粒落在燃烧室内，设计上通常考虑在点 A 的最小颗粒经过室长 L 后落在底部点 B。(1) 若流体黏度为 μ，密度为 ρ，颗粒密度为 ρ_p，试求以斯托克斯沉降速度下降的最小颗粒直径 d_p。(2) 若 L、W、H 分别为 6m、3.6m、3m，$\mu = 2 \times 10^{-5}\mathrm{Pa \cdot s}$，$Q = 0.55\mathrm{m^3/s}$，$\rho = 1.0\mathrm{kg/m^3}$，$\rho_p = 1.5\mathrm{kg/m^3}$，求 u_p 和 d_p。

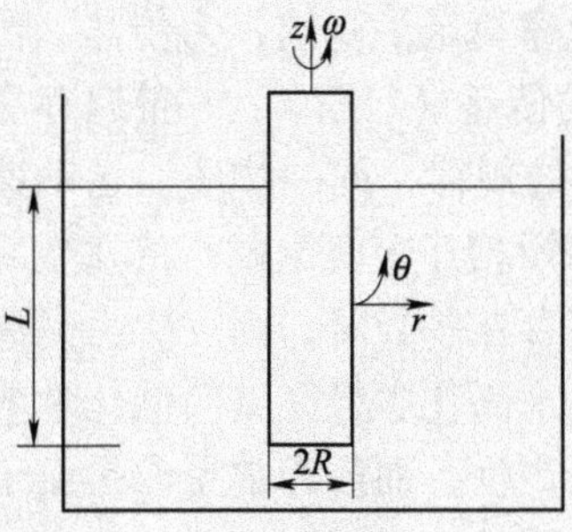

题 8-9 图

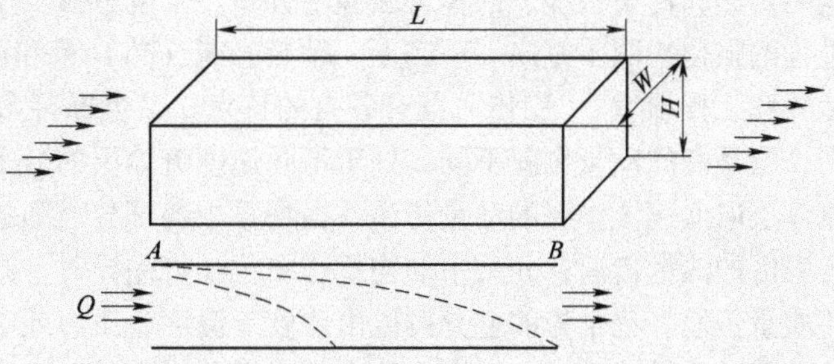

题 8-10 图

8-11　黏度为 μ 的流体在两平行平板之间流动。如果压力梯度呈周期性变化，即

$$-\frac{1}{\rho}\frac{\partial p}{\partial x} = a\mathrm{e}^{\mathrm{i}\omega t}$$

其中 a 为常数，ω 为频率。求速度分布和截面上的平均速度 V。

第9章 不可压缩层流边界层基本理论

9

德国著名物理学家普朗特于1900年完成博士学位论文答辩，成为一名机械工程师，他在工作期间发现了流动分离现象，并由此开创了边界层理论。普朗特以水、空气等低黏性流体的运动为对象，将黏性的影响局限于接近固体边壁的薄层（即边界层）内，由于其层厚很薄，因而可近似地求解运动方程；对伴有压强上升的流动，阐明边界层从固体壁面分离并有产生漩涡的可能。普朗特对当时只能依赖实验的黏性流体的大雷诺数运动，发现了分析的新途径和正确理解现象的基础。之后不久，边界层概念被推广到湍流、可压缩流动及伴有热质输送场合等，为现代流体力学发展做出了极其重要的贡献。

求解高雷诺数绕流问题时，可把流动分为边界层内的黏性流动和边界层外的理想流动两部分，分别迭代求解。边界层内的流动有层流、湍流、混合流、低速（不可压缩）、高速（可压缩）以及二维、三维之分，且由于黏性与热传导紧密相关，流动中除速度边界层（或称为流动边界层）外，还有温度边界层（或称为热边界层）。

黏性只是在物面附近的薄层中起重要作用，为了解黏性阻力产生的机理，必须对此薄层进行详细的研究。边界层理论是在黏性很小或者在大雷诺数流动情况下，研究它的近似求解方法。在边界层方程的解法中，主要有相似解法、积分方程解法、级数解法、匹配渐近展开法（现在统称为奇异摄动法）和数值方法，得到计算物体在流体中运动时所受到的摩擦阻力和热传递的流率，同时附带阐明理想流体所不能解释的一些现象，例如脱体现象等。边界层理论应用的突出成就是阐明了流动阻力的机理，为计算流动阻力以及设法减小流动阻力提供了理论依据。在流动边界层的基础上，进一步与传热、传质和化学反应的研究结合起来，提出了温度边界层、浓度边界层和化学反应边界层等理论。应用边界层理论计算得到的流体运动速度分布，为阐明传热和传质机理、计算得出温度分布、浓度分布及反应速率奠定了基础，为传热、传质等过程的强化指明了方向。事实上，动量、能（热）量和质量的传递（“三传”），普遍存在于自然界和工程领域。“三传”既有各自的特点，又遵循许多共同的规律，同一物质，运动速度不同，所具有的动量也就不同。处于不同速度流体层的分子或微团相互交换位置，将发生由高速流体层向低速流体层的动量传递；当物系中各部分之间的温度存在差异时，则发生由高温区向低温区的热量传递；介质中的物质存在化学势差异时，则发生由高化学势区域向低化学势区域的质量传递。化学势的差异可以由浓度、温度、压力或电场力产生，而最为常见的是由于浓度差导致的质量传递，此时混合物中某个组分将由其浓度高处向低处扩散传递。

边界层在“三传”中扮演重要角色。

9.1 边界层理论概述

18世纪末，理想流体动力学已发展到相当完善的程度，但理想流体的理论不能解决物体壁面和与其做相对运动的流体之间的摩擦阻力问题。1752 年，法国科学家达朗贝尔发表了其著名的达朗贝尔佯谬：在一个无界、理想不可压流体中，物体做均匀直线运动时的阻力为零。这个结论的逻辑推理是正确的，但它与实际不相符。事实上，产生该佯谬的主要原因是忽略了流体的黏性。描述黏性流体运动的 N-S 方程在 1845 年建立，但在当时的人们普遍认为这种非线性的偏微分方程组的求解几乎是不可能的。另一方面，工程上经常碰到的流体，如水和空气，其黏性较小，在这种情况下，与其他的力（如惯性力、重力和压力）相比，忽略黏性力似乎是合理的。虽然工程实际中黏性力不可忽略，但从理论上对摩擦阻力的定量计算一直未得到解决。为满足工程实际的需要，对诸如流体沿管内流动的压力损失以及流体沿物体壁面绕流时的摩擦阻力等问题，一直依靠实验来解决。1904 年普朗特提出边界层的概念，阐明在边界层中黏性力与其他力相比为同一数量级，黏性力不可忽略，而在边界层外黏性力可以忽略，同时又在数学上根据边界层的概念，对 N-S 方程给予了合理的最大幅度的简化，将其转化为较为简单的边界层方程，创立了边界层理论，解决了从理论上计算摩擦阻力的问题。普朗特的工作在流体力学的发展史上，是一个重大突破。

首先来考虑一块与均匀来流相平行的薄板周围的流动。可以设想，如果是理想流体，则薄板周围的速度剖面应如图 9.1.1 所示，由于流体相对于平板可以滑动（无黏性）且平板厚度很小，平板对于均匀来流流场并无影响。事实上，任何实际流体都具有黏性，因此与板面相接触的流体与板面之间不可能有滑移运动，真实的平板绕流如图 9.1.2 所示，与壁面直接接触的流体质点由于壁面粗糙和流体的黏性使其运动受到阻滞，与物面间的相对速度为零；靠近壁面的流体由于有内摩擦作用而受黏性切应力，由物面向上，各层的速度逐渐增加，逐层达到流体内部，并沿流动方向不断发展，直到与自由流速相等。

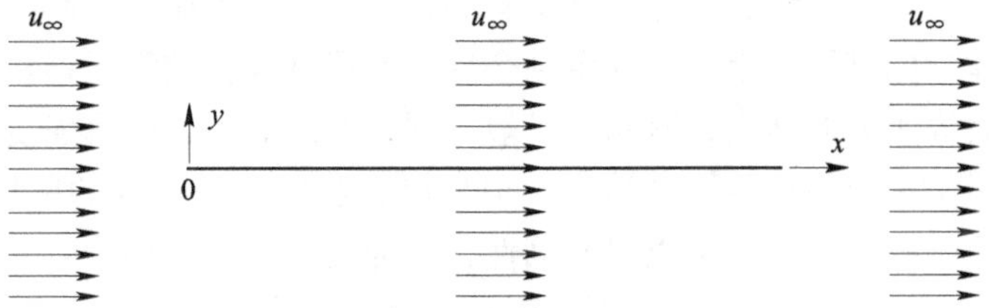

图 9.1.1　黏性流体流过平板（一）

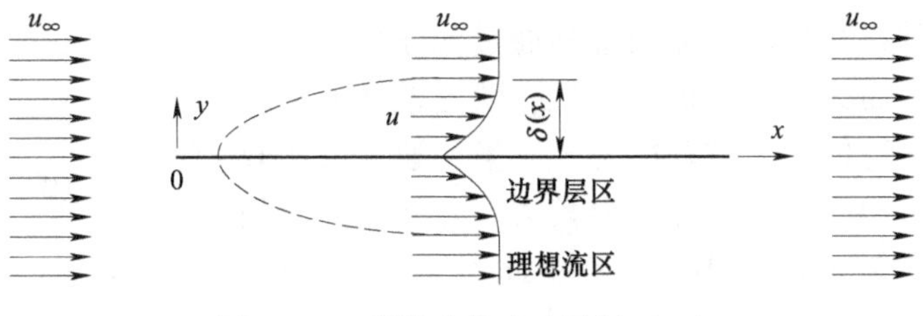

图 9.1.2　黏性流体流过平板（二）

如果黏性较小的流体（如水、空气等）在大雷诺数时与物体接触并有相对运动，流场在很大的区域内都要受到壁面的影响。当来流的速度增加时，速度剖面逐渐变化，这种变化趋势是壁面对流体的影响区域越来越小，当流速达到一定值以后，这种影响只限于靠近壁面的薄层中。在此薄层内，流场的变形速率 $\dfrac{\partial u}{\partial y}$ 较大，相应的黏性切向应力 $\tau_{yx}=\mu\dfrac{\partial u}{\partial y}$ 也较大。普朗特把贴近物面的、受黏性切应力作用而速度减小的薄流体层称为边界层。在边界层以外，由于变形速率很小，所以其中黏性切向应力很小，因此可以视为理想流体。可见，在一定条件下流场可以看作由两部分组成，即边界层区域和理想流体区域。

在边界层内不能全部忽略黏性力，必须考虑黏性流体在薄边界层内的流动，否则就会偏离实际情况，因为在边界层外部的流动区域内，黏性力的确远小于惯性力，可以忽略，但是在边界层内部必须考虑黏性的影响，因为在这里黏性力和惯性力同等重要，而且也只有考虑流体的黏性力才能满足黏性流体所特有的黏附条件。边界层所占有的区域虽小，但却非常重要，物理量在物面上的分布、摩擦阻力及物面附近的流动都和边界层内流动紧密地联系在一起。

平板边界层中，边界层的厚度随距平板前缘的距离增加而加厚，说明边界层的厚度沿流动方向逐渐发展，即 $\delta=\delta(x)$。注意边界层的外边缘线并不是流线。当来流为均匀平行流动时，流动无涡，根据开尔文定理整个流动应为无涡流动，即有势流动。对于黏性流动由于平板壁面的存在，在边界层内的速度梯度 $\dfrac{\partial u}{\partial y}\neq 0$，因此 $(\Omega_z)_w=2(\omega_z)_w=\left(\dfrac{\partial u_y}{\partial x}-\dfrac{\partial u_x}{\partial y}\right)_w\approx-\dfrac{\partial u_x}{\partial y}\neq 0$，即在平板面上会产生涡量，涡量从壁面向外传播的范围就是边界层，边界层内的流动就不再是无涡流动了。可见，黏性流动流场中的固体壁面是涡量产生的源泉。物面上的漩涡要沿垂直于流线方向扩散，同时漩涡也被流动带向下游，并不断衰减。漩涡的扩散速度和衰减快慢取决于黏度，漩涡向下游 x 方向传播的速度取决于来流流速 u_∞，因此物面上产生的漩涡不会扩散至全流场，只能局限于某一区域，边界层实际上是大雷诺数绕流在近壁附近形成的涡层。

黏性流体的大雷诺数流动绕过物面时，在物面上形成边界层，整个流场可分为性质不同的三个区域：边界层区、尾流区和势流区。边界层区是紧贴物面的薄层，薄层内法向上的速度梯度很大，黏性力与惯性力同量级，流体流动是有旋运动，必须考虑黏性影响；尾流区是边界层在物体后缘脱离物体后的继续，上下边界层结合后，漩涡继续扩散和迁移，由于没有物面继续提供涡量，随着到后缘距离的增大，漩涡在扩散的同时不断衰减，漩涡强度和速度梯度不断下降，尾迹变厚，距后缘一定距离后尾迹消失；边界层区和尾流区以外的区域称为外部势流区，外部势流区的横向速度梯度很小，可以忽略黏性，视为无旋理想流动。

层流边界层内流体微团运动轨迹规则，流体动量通过分子运动进行交换，边界层的速度分布较为陡峭，壁面摩擦应力较小。湍流边界层内流动紊乱，流体质点的流速围绕某一平均值急剧脉动并随机变化，流体动量则通过流体微团的随机运动进行交换，因而具有较大的扩散性，使近壁区低能量流体得到来自远壁区高能量流体动能补充，平均速度分布较饱满，如图 9.1.3 所示，壁面摩擦应力较大。湍流边界层还有因凹凸不平而随机游动的边界，主流由此不断卷入层内。在边界层内，开始部分是稳定的层流，顺流往下流动，当边界层的当地雷诺数增加到一定数值后，层流边界层失去稳定性，流动逐渐过渡到湍流。在边界层中，从层流转变为湍流不是突然发生的，而是存在一个过渡区，称为转捩区，层流转变为湍流的临界点称为转捩点。过渡区的长度随雷诺数、来流的湍流度和壁面粗糙程度的增加而减小，在转捩区之后流动发展为完全的湍流状态。层流向湍流过渡除与雷诺数关系最大外，还受其他许多参量的影响，例如，外流的湍流度、逆压力梯度、流过凹面上的离心力、非均匀流中的浮力、物面粗糙度、流体与物面的热交换等，会增加不稳定因素，容易引起层流边界层的

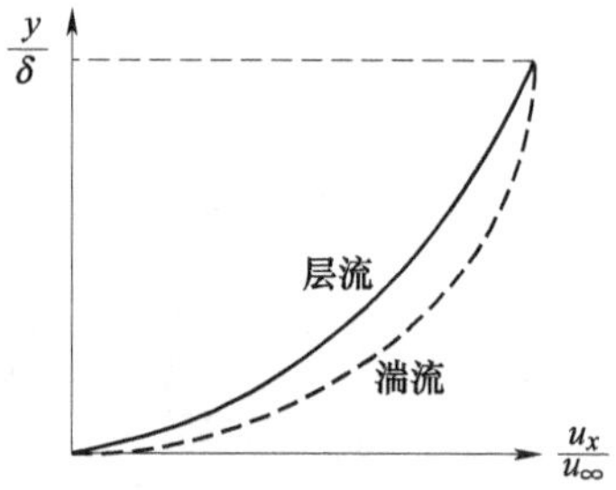

图 9.1.3　边界层速度分布

过渡。

以绕翼型流动的边界层为例，翼表面有转捩点，转捩点前为层流，之后转变为湍流，转捩点位置与雷诺数、大气湍流度、表面粗糙度等因素有关。飞机表面采取的各种光滑措施和层流翼型的设计，就是为了延迟转捩，使表面上保持较大部分为层流边界层，以便减小摩擦阻力。许多工程技术问题，特别是高速飞行器绕流问题，与湍流边界层密切相关，因此，对湍流边界层的研究具有重要的意义。

在自然界和工程中，运动物体（如飞机、叶栅等）表面上的流动大部分是湍流边界层。由于湍流是有涡流动，有随机脉动，流动随空间和时间变化，所以湍流边界层的内部结构比层流边界层的复杂得多。湍流边界层内的速度分布具有特殊性，通常将湍流边界层距壁面不同距离分为两个区域，即壁面区（内层）与核心区（外层），这样的分法是因为靠近壁面的黏性切应力与压力梯度在这两个区内是截然不同的。内层约占边界层厚度的20%，壁面区直接受壁面流动条件（壁面摩擦应力、流体黏性、壁面粗糙度等）的影响比较明显。内层可分为三个子层：贴近壁面的黏性底层，该层中黏性起主要作用，切应力大，由许多小漩涡组成；向上是过渡层，该层中黏性力和雷诺应力有相同的数量级，流动状态较复杂；再向上是对数律层，湍流黏性起主要作用，此层内流体处于完全湍流状态，速度呈对数律分布。外层约占边界层厚度的80%，该区域流体运动间接地受壁面流动条件影响，湍流雷诺应力占主要地位，黏性应力可以忽略。外层可分为两个子层：尾流律层，此层流体处于完全湍流状态，以湍流雷诺应力为主，但与对数律层相比，湍流强度明显减弱；黏性顶层，该层由于湍流脉动引起外部非湍流不断进入边界层而发生相互掺混，使湍流强度明显减弱，加上湍流的随机性变化，导致在同一空间点上流体质点处于间歇湍流状态（有时是湍流，有时是非湍流）。

对边界层的研究，实验是很重要的手段，尤其对于湍流边界层。一般实验是在水槽或风洞内进行的，所用的流场显示法有氢气泡法、烟迹法，涂在物面上的荧光油流法等，测量方法近代多用热线、热膜和激光测速、激光全息摄影等。

还应指出，不仅绕流中存在边界层，内流中也同样有边界层。例如，在管道进口断面上流速是以接近于均匀分布流入的。流体进入管道后，由于壁面的阻滞作用，靠壁面的流体逐层出现减速，形成了边界层，但通过各过流断面的流量是不变的，因而中间部分的流体必然加速，于是从进口断面开始，沿流动方向过流断面上的流速分布是不断变化的，边界层逐渐加厚。当边界层扩展到占有整个管道断面后，成为完全发展的管流，此后过流断面上的流速分布不再变化，从进口断面到开始形成均匀流的断面之间称为入口段。

9.2　边界层厚度和阻力系数估算

边界层厚度 δ 是指在边界层内由物面（速度为零）垂直向上到与外部势流速度 u_e 相等处的距离。由于边界层内的流动是渐变的而不是突变的，因此划分边界层和外部流动的边线也是不确定的，具有一定任意性。为了定义边界层厚度，通常规定速度为 $u=0.99u_e$ 的位置为边界层的外边界线，即 $u|_{y=\delta}=0.99u_e$，这样定义的边界层的厚度 $\delta(x)$ 称为边界层名义厚度，u_e 可以理解为当地壁面处由欧拉方程求得的势流速度。对于平板绕流，平板上各点的势流速度均等于 u_∞，即 $u_e=u_\infty$。实际上，这样定义的边界层厚度具有一定的随意性，并不严格，因为流速自壁面为零向外逐渐增大至 u_e 是一个渐变的过程，而且越向 u_e 逼近速度梯度 $\partial u/\partial y$ 越平缓，

因此 $u=0.99u_e$ 的点很难准确确定。需要指出的是，边界层边线不是流线，流线是速度矢量与该点切线方向平行的线，而边界层边线是与来流速度相差 1% 的那些点的连线，两者性质不同，且互不相关，实际上流线大多和边界层外缘线相交，穿过它进入边界层内。

边界层厚度与流动的雷诺数、自由流的状态、物面粗糙度、物面形状和延展范围都有关系。下面以流体平行于平板壁面流动且边界层内为层流流动状态作为例子，来说明边界层厚度的估算。如图 9.2.1 所示，在平壁的边界层内取边长为 dx、dy 和 dz 的微元六面体，将其放大，并表示出该微元六面体的切应力。作用在单位体积流体内的黏性力为

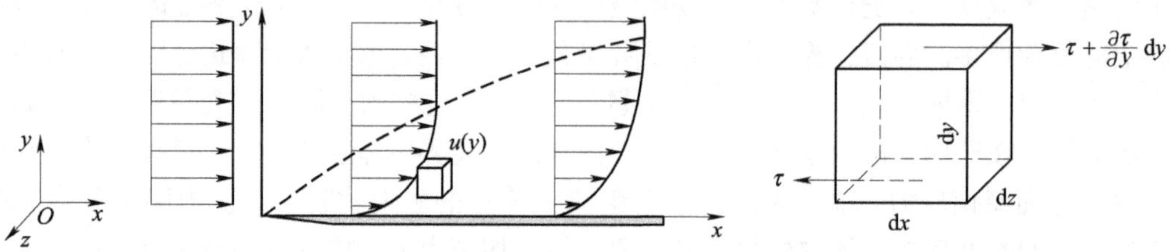

图 9.2.1　边界层厚度估算

$$\frac{\left(\tau+\dfrac{\partial\tau}{\partial y}\mathrm{d}y\right)\mathrm{d}x\mathrm{d}z-\tau\mathrm{d}x\mathrm{d}z}{\mathrm{d}x\mathrm{d}y\mathrm{d}z}=\frac{\partial\tau}{\partial y}$$

单位体积流体的惯性力为

$$\frac{\rho\mathrm{d}x\mathrm{d}y\mathrm{d}z\cdot u\dfrac{\partial u}{\partial x}}{\mathrm{d}x\mathrm{d}y\mathrm{d}z}=\rho u\frac{\partial u}{\partial x}$$

它们的数量级分别为

$$\frac{\partial\tau}{\partial y}=\frac{\partial}{\partial y}\left(\mu\frac{\partial u}{\partial y}\right)=\mu\frac{\partial^2u}{\partial y^2}\sim\mu\frac{u_\infty}{\delta^2}$$

$$\rho u\frac{\partial u}{\partial x}\sim\rho u_\infty\frac{u_\infty}{L}=\rho\frac{u_\infty^2}{L}$$

式中，L 为平板壁面的特征长度（取平板总长）。因为在速度边界层内惯性力与黏性力为同一数量级，故可写出

$$\rho\frac{u_\infty^2}{L}\sim\mu\frac{u_\infty}{\delta^2}$$

于是得到

$$\delta\sim\sqrt{\frac{\nu L}{u_\infty}}$$

可见，对于平板壁面，$\delta(x)$ 与 $x^{1/2}$ 成正比。

普朗特的学生布拉休斯对平板层流边界层得出的精确解（参阅本章后续内容）为

$$\delta=5.0\sqrt{\frac{\nu L}{u_\infty}},\ \delta(x)=5.0\sqrt{\frac{\nu x}{u_\infty}}$$

写成无量纲形式为

$$\frac{\delta}{L}=\frac{5.0}{\sqrt{Re_L}},\quad \frac{\delta(x)}{x}=\frac{5.0}{\sqrt{Re_x}}$$

式中，$Re_L=\frac{u_\infty L}{\nu}$，$Re_x=\frac{u_\infty x}{\nu}$。对于润滑油，当$\nu=9\times10^{-4}\text{m}^2/\text{s}$，平板长为$L=1\text{m}$时，若润滑油与板之间的相对速度为$u_\infty=1\text{m/s}$，则由上式可估算出在平板中间处，速度边界层厚度$\delta=0.106\text{m}$；若$u_\infty=0.5\text{m/s}$，可估算该处$\delta=0.15\text{m}$。以20℃的空气掠过平板为例，当空气流的$Re_x=10^6$时，在距前缘1m处，平板上层流边界层的厚度为3.5mm。对于有限长的物体，边界层厚度约为0.1~10mm。

以上分析表明，当u_∞和x均固定不变时，$\delta(x)$与$x^{1/2}$成正比增加，即速度边界层的厚度随运动黏度的增加而增加，这与前面所阐明的运动黏度表示流体的动量扩散率在物理概念上是一致的；速度边界层的无量纲厚度$\frac{\delta}{L}$或$\frac{\delta}{x}$与雷诺数$Re_L^{1/2}$或$Re_x^{1/2}$成反比，在高雷诺数流动中，速度边界层的厚度是极薄的，这与边界层理论的前提也是一致的；当u_∞和ν固定不变时，$\delta(x)$与$x^{1/2}$成正比，即沿流动方向，速度边界层厚度连续增加，这是因为当流体沿壁面流动，随着来流不断地流经壁面，壁面对来流的黏性滞止作用以不变的扩散率（ν=常数）而沿着面外法线方向向空间扩展。

下面我们来估算阻力系数，仍以平板壁面的层流边界层为例加以说明。壁面上流体的切应力用τ_w表示，可写为

$$\tau_w=\left(\mu\frac{\partial u}{\partial y}\right)_{y=0}\sim\mu\frac{u_\infty}{\delta(x)}$$

将$\delta(x)=\sqrt{\frac{\nu x}{u_\infty}}$代入上式可得

$$\tau_w\sim\mu\frac{u_\infty}{\delta(x)}=\sqrt{\frac{\rho\mu u_\infty^3}{x}}$$

对于局部（当地）摩擦阻力系数$C_{fx}=\frac{\tau_w}{\frac{1}{2}\rho u_\infty^2}\sim\frac{\rho\sqrt{\frac{\nu u_\infty^3}{x}}}{\frac{1}{2}\rho u_\infty^2}\sim\sqrt{\frac{\nu}{u_\infty x}}=\frac{1}{\sqrt{Re_x}}$

可见，τ_w与C_{fx}和$x^{1/2}$成反比，即沿流动方向，壁面上流体的切应力与局部摩擦阻力系数均逐渐减少，这是因为沿流动方向，速度边界层厚度不断增加，速度梯度随之减少造成的。

设沿平板壁面总长为L，则单位宽度的总摩擦阻力为

$$D=L\tau_w\sim L\sqrt{\frac{\mu\rho u_\infty^3}{L}}=\sqrt{\mu\rho L u_\infty^3}$$

可见，总摩擦阻力正比于平板壁面总长L的平方根，即总长增加1倍，总阻力并没有同比例增加。与总摩擦阻力相应的摩擦阻力系数为平均摩擦阻力系数C_f，则

$$C_f=\frac{D}{L\cdot\frac{1}{2}\rho u_\infty^2}\sim\frac{\sqrt{\mu\rho L u_\infty^3}}{L\cdot\frac{1}{2}\rho u_\infty^2}\sim\sqrt{\frac{\nu}{u_\infty L}}=\frac{1}{\sqrt{Re_L}}$$

由布拉休斯精确解得出

$$C_f = \frac{1.328}{\sqrt{Re_L}}$$

工程上可利用式

$$C_f = \frac{1}{\sqrt{Re_L}}$$

估算物体壁面所受到的摩擦阻力。

通过上述关于边界层厚度和平均摩擦阻力系数估算的讨论，可以得出速度边界层厚度和阻力系数与其影响因素之间的关系。由于这种估算只应用了在高雷诺数流体流动时产生的薄边界层内，惯性力与黏性力为同一数量级这一基本概念，因而方法是十分简明的，又由于这种估算是以边界层理论为依据的，因此结论又是可靠的，由此所得的结果虽然不能直接应用于工程计算，但对于应用边界层理论所求得解的分析以及对实验数据的分析都是有用的，参见图 9. 2. 2。

图 9. 2. 2　线零攻角平板的层流边界层

（$Re = Lu_\infty/\nu = 10000$）

注：平板厚度为长度 L 的 2%，端缘尖削，均匀来流仅受薄边界层的微弱扰动，后缘处出现一层尾流，边界层厚度仅为板长的百分之几，这与理论结果一致。

9. 3　边界层特征厚度

前文述及，边界层厚度为 $u = 0.99u_e$ 处距离固体壁面的法向距离，该厚度也称为边界层的名义厚度，其确定带有一定的随意性。在实际应用中，为了说明边界层内的流动特征，边界层理论中还常用到边界层位移厚度、动量厚度和动能厚度，它们是有物理意义的特征厚度，这些厚度的定义更加严格。

1. 位移厚度 δ_1

假设速度边界层内沿壁面外法线方向任一截面上，实际流体的质量流量为 $\dot{m}$（取垂直纸面方向的距离为 1），则

$$\dot{m} = \int_0^\infty \rho u_x \mathrm{d}y$$

通过同一截面理想流体的质量流量为

$$\dot{m}_0 = \int_0^\infty \rho_e U \mathrm{d}y$$

以上两式中，ρ、u_x 分别为速度边界层内黏性流体的密度和速度；ρ_e、U 分别为相应的理想流体的密度和速度。如图 9. 3. 1 所示，由于 $u_x < U$，这就使得该截面上实际的质量流量较之理想流体流动有所减少，减少量为

$$\Delta\dot{m} = \int_0^\infty \rho_e U \mathrm{d}y - \int_0^\infty \rho u_x \mathrm{d}y = \int_0^\infty (\rho_e U - \rho u_x)\mathrm{d}y$$

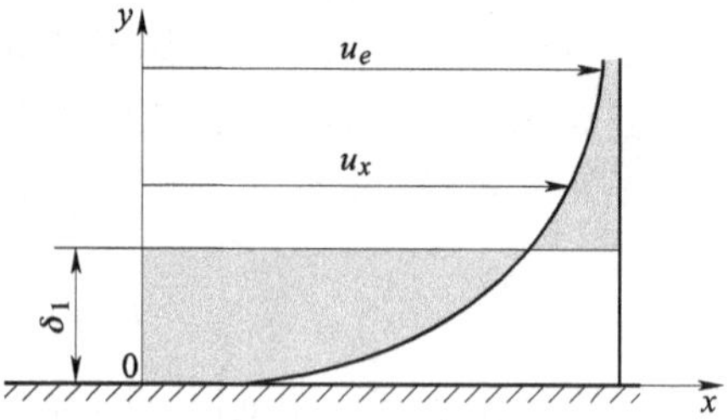

图 9. 3. 1　位移厚度

减少的质量流量相当于在理想流体绕流的情况下，物体的壁面沿其外法线方向移动了一段距离，这个移动的距离 δ_1 称为位移厚度，或排挤厚度，即

$$\rho_e U \delta_1 = \int_0^\infty (\rho_e U - \rho u_x)\mathrm{d}y$$

由于边界层很薄，可以认为理想流体的速度 U 沿壁面外法线方向不变，且可取为壁面上的值，所以位移厚度为

$$\delta_1 = \int_0^\infty \left(1 - \frac{\rho u_x}{\rho_e U}\right) \mathrm{d}y$$

对于不可压缩流体，$\rho_e = \rho =$ 常数，则上式可简化为

$$\delta_1 = \int_0^\infty \left(1 - \frac{u_x}{U}\right) \mathrm{d}y$$

应当指出，该厚度是根据质量守恒定律得出的，因此无论层流还是湍流，流动是否等温都是正确的。

2. 动量厚度 δ_2

在速度边界层内沿壁面外法线方向任一截面上，实际流体的动量为

$$\int_0^\infty \rho u_x^2 \mathrm{d}y$$

在理想流体的质量流量 $\dot{m}_0$ 与实际流体的质量流量 $\dot{m}$ 相同的前提下，理想流体的动量为

$$\dot{m} U = \int_0^\infty \rho u_x U \mathrm{d}y$$

于是，由于黏性作用，动量损失为

$$\dot{m} U - \int_0^\infty \rho u_x^2 \mathrm{d}y = \int_0^\infty \rho u_x (U - u_x) \mathrm{d}y$$

这一动量的损失量可用相当于厚度 δ_2 的理想流体的动量表示，这个厚度 δ_2 称为动量损失厚度，简称动量厚度，即

$$\rho_e U^2 \delta_2 = \int_0^\infty \rho u_x (U - u_x) \mathrm{d}y$$

$$\delta_2 = \int_0^\infty \frac{\rho u_x}{\rho_e U}\left(1 - \frac{u_x}{U}\right) \mathrm{d}y$$

对于不可压缩流体，动量厚度为

$$\delta_2 = \int_0^\infty \frac{u_x}{U}\left(1 - \frac{u_x}{U}\right) \mathrm{d}y$$

3. 动能厚度 δ_3

与动量损失的前提相同，由于黏性作用，动能损失为

$$\frac{1}{2}\dot{m} U^2 - \frac{1}{2}\int_0^\infty \rho u_x^3 \mathrm{d}y = \frac{1}{2}\int_0^\infty \rho u_x (U^2 - u_x^2) \mathrm{d}y$$

这一动能的损失量也可用相当于厚度 δ_3 的理想流体的动能表示，δ_3 称为动能损失厚度，简称动能厚度，即

$$\frac{1}{2}\rho_e U^3 \delta_3 = \frac{1}{2}\int_0^\infty \rho u_x (U^2 - u_x^2) \mathrm{d}y$$

$$\delta_3 = \int_0^\infty \frac{\rho u_x}{\rho_e U}\left(1 - \frac{u_x^2}{U^2}\right) \mathrm{d}y$$

对于不可压缩流体，有

$$\delta_3 = \int_0^\infty \frac{u_x}{U}\left(1 - \frac{u_x^2}{U^2}\right) \mathrm{d}y$$

在 δ_1、δ_2 和 δ_3 的表达式中，由于在速度边界层厚度 δ 之外，$u_x = U$，因此，当积分上限由 ∞ 改为 δ 时，所得的结果虽然带有一定的近似性，但在实际运算中是允许的。

假设平板壁面的速度边界层内速度分布为线性，即

$$u_x = \frac{y}{\delta}U$$

由此可得到不可压缩流体的 δ_1、δ_2 和 δ_3 与 δ 的关系分别为

$$\delta_1 = \int_0^\infty \left(1 - \frac{u_x}{U}\right) \mathrm{d}y = \int_0^\delta \left(1 - \frac{y}{\delta}\right) \mathrm{d}y = \frac{1}{2}\delta$$

$$\delta_2 = \int_0^\infty \frac{u_x}{U}\left(1 - \frac{u_x}{U}\right) \mathrm{d}y = \int_0^\infty \frac{y}{\delta}\left(1 - \frac{y}{\delta}\right) \mathrm{d}y = \frac{1}{6}\delta$$

$$\delta_3 = \int_0^\infty \frac{u_x}{U}\left(1 - \frac{u_x^2}{U^2}\right) \mathrm{d}y = \int_0^\infty \frac{y}{\delta}\left(1 - \frac{y^2}{\delta^2}\right) \mathrm{d}y = \frac{1}{4}\delta$$

边界层特征厚度的比较，如图 9.3.2 所示。定义 $H_{12} = \dfrac{\delta_1}{\delta_2}$ 为边界层形状参数，此时

$$H_{12} = \frac{\delta/2}{\delta/6} = 3$$

由以上讨论可知，速度边界层的这三个特征厚度 δ_1、δ_2 和 δ_3 都有着明确的物理意义，而且当速度分布 $u(x, y)$ 给定后，由它们各自的表达式计算所得的数值是完全确定的。

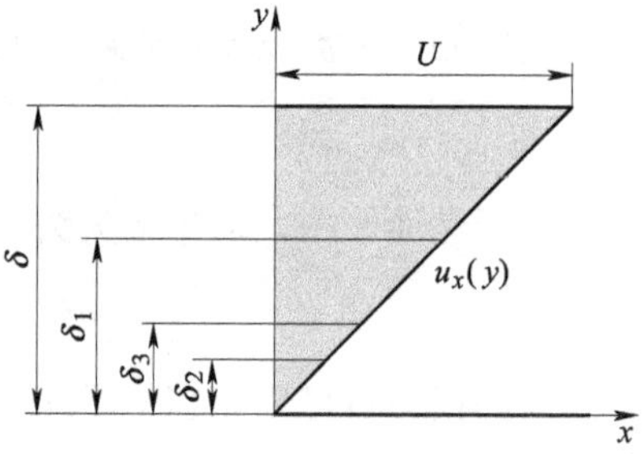

图 9.3.2 边界层特征厚度

9.4 普朗特边界层微分方程

边界层理论最主要的任务是计算物体在流体中运动时所受到的摩擦阻力和传热传质情况，同时要求它附带地阐明理想流体所不能解释的一些现象（如脱体）。弄清楚边界层内的速度分布十分重要，只要知道了边界层内的速度分布，壁面上摩擦阻力可以很容易求出来，同时也能知道边界层是否会发生分离。1904 年德国力学家普朗特在汉堡举行的第三届国际数学家学会上报告了自己的研究成果——边界层内的简化方程，使有可能从数学上对摩擦阻力进行分析。此后，波尔豪森（Pohlhausen）把边界层的概念推广应用于对流换热问题，提出了热边界层的概念。

N-S 方程中边界层微分方程是根据边界层的特点，运用数量级分析的方法对黏性流体运动基本方程组简化得来的。方程推导所用的简化假设为：

1）流动是二维的；

2）流体为不可压缩牛顿流体；

3）流体常物性、无内热源；

4）黏性耗散产生的耗散热忽略不计。

工程中常见的流动与换热问题均可做上述假设。普朗特用量级比较法对 N-S 方程进行了简化。对于平面恒定流动，连续性方程与忽略质量力（在绕流的计算中质量力通常可以忽略）的 N-S 方程为

$$\frac{\partial u_x}{\partial x}+\frac{\partial u_y}{\partial y}=0$$

$$\frac{\partial u_x}{\partial t}+u_x\frac{\partial u_x}{\partial x}+u_y\frac{\partial u_x}{\partial y}=-\frac{1}{\rho}\frac{\partial p}{\partial x}+\nu\left(\frac{\partial^2 u_x}{\partial x^2}+\frac{\partial^2 u_x}{\partial y^2}\right)$$

$$\frac{\partial u_y}{\partial t}+u_x\frac{\partial u_y}{\partial x}+u_y\frac{\partial u_y}{\partial y}=-\frac{1}{\rho}\frac{\partial p}{\partial y}+\nu\left(\frac{\partial^2 u_y}{\partial x^2}+\frac{\partial^2 u_y}{\partial y^2}\right)$$

为了便于进行量级比较，令上式中惯性项和黏性项中的各变数分别等于某一特征常数与无量纲变数的乘积，即

$$x=Lx^*,\quad y=Ly^*,\quad u_x=Uu_x^*,\quad u_y=Uu_y^*,\quad p=\rho U^2\cdot p^*,\quad t=\frac{L}{U}\cdot t^*$$

式中，L 为物体特征长度（对于平板为板长）；U 为特征速度（对于平板为来流速度 U_∞）；U_x 和 U_y 分别为边界层内流体在 x 和 y 方向的最大速度分量；x^*、y^*、u_x^*、u_y^*、p^* 和 t^* 为各对应的无量纲变数。以下将 N-S 方程进行无量纲化。

$$\frac{U}{L}\left(\frac{\partial u_x^*}{\partial x^*}+\frac{\partial u_y^*}{\partial y^*}\right)=0$$

$$\frac{U^2}{L}\left(\frac{\partial u_x^*}{\partial t^*}+u_x^*\frac{\partial u_x^*}{\partial x^*}+u_y^*\frac{\partial u_x^*}{\partial y^*}\right)=-\frac{U^2}{L}\cdot\frac{\partial p^*}{\partial x^*}+\frac{\nu U}{L^2}\left(\frac{\partial^2 u_x^*}{\partial x^{*2}}+\frac{\partial^2 u_x^*}{\partial y^{*2}}\right)$$

$$\frac{U^2}{L}\left(\frac{\partial u_y^*}{\partial t^*}+u_x^*\frac{\partial u_y^*}{\partial x^*}+u_y^*\frac{\partial u_y^*}{\partial y^*}\right)=-\frac{U^2}{L}\cdot\frac{\partial p^*}{\partial y^*}+\frac{\nu U}{L^2}\left(\frac{\partial^2 u_y^*}{\partial x^{*2}}+\frac{\partial^2 u_y^*}{\partial y^{*2}}\right)$$

得到无量纲方程为

$$\frac{\partial u_x^*}{\partial x^*}+\frac{\partial u_y^*}{\partial y^*}=0$$

$$\frac{\partial u_x^*}{\partial t^*}+u_x^*\frac{\partial u_x^*}{\partial x^*}+u_y^*\frac{\partial u_x^*}{\partial y^*}=-\frac{\partial p^*}{\partial x^*}+\frac{1}{Re}\left(\frac{\partial^2 u_x^*}{\partial x^{*2}}+\frac{\partial^2 u_x^*}{\partial y^{*2}}\right)$$

$$\frac{\partial u_y^*}{\partial t^*}+u_x^*\frac{\partial u_y^*}{\partial x^*}+u_y^*\frac{\partial u_y^*}{\partial y^*}=-\frac{\partial p^*}{\partial y^*}+\frac{1}{Re}\left(\frac{\partial^2 u_y^*}{\partial x^{*2}}+\frac{\partial^2 u_y^*}{\partial y^{*2}}\right)$$

大雷诺数流动情况下，边界层主要特点是边界层的厚度 $\delta(x)$ 相对于物体的特征长度 L 是小量，即 $\delta^*=\delta/L$ 是一小量。此外，边界层内黏性力和惯性力具有相同量级。我们据此来简化方程，对方程中的每一项估计它们的数量级大小。

（1）无量纲坐标 x^* 和 y^* 的量级　坐标 x 的变化范围是 $0\sim L$，$x^*=x/L$，则 x^* 的变化范围是 $0\sim 1$，x^* 的最大值为 1，故以 1 作为 x^* 的量级。坐标 y 的变化范围是 $0\sim\delta$，$y^*=y/L$，则 y^* 的变化范围是 $0\sim\delta^*$，y^* 的最大值为 δ^*，故以 δ^* 作为 y^* 的量级。

（2）u_x^* 及其各阶导数的量级　边界层内速度 u_x 与 U 同量级，因此，$u_x^*=\dfrac{u_x}{U}\sim 1$。由于 $x^*\sim 1$，$u_x^*\sim 1$，因此

$$\frac{\partial u_x^*}{\partial x^*}\sim\frac{1}{1}=1,\quad \frac{\partial^2 u_x^*}{\partial x^{*2}}=\frac{\partial}{\partial x^*}\left(\frac{\partial u_x^*}{\partial x^*}\right)\sim 1$$

由于 $y^*\sim\delta^*$，$u_x^*\sim 1$，因此

$$\frac{\partial u_x^*}{\partial y^*} \sim \frac{1}{\delta^*}, \frac{\partial^2 u_x^*}{\partial y^{*2}} = \frac{\partial}{\partial y^*}\left(\frac{\partial u_x^*}{\partial y^*}\right) \sim \frac{1}{\delta^{*2}}$$

（3）u_y^* 及其各阶导数的量级　根据连续性方程，有

$$\frac{\partial u_y^*}{\partial y^*} = -\frac{\partial u_x^*}{\partial x^*} \sim 1$$

于是

$$u_y^* = \int_0^{y^*} \frac{\partial u_x^*}{\partial x^*} \cdot \mathrm{d}y^* \sim \int_0^{y^*} 1 \cdot \mathrm{d}y^* \sim \delta^*$$

据此易得

$$\frac{\partial u_y^*}{\partial x^*} \sim \frac{\delta^*}{1} = \delta^*, \frac{\partial^2 u_y^*}{\partial x^{*2}} = \frac{\partial}{\partial x^*}\left(\frac{\partial u_y^*}{\partial x^*}\right) \sim \delta^*, \frac{\partial^2 u_y^*}{\partial y^{*2}} = \frac{\partial}{\partial y^*}\left(\frac{\partial u_y^*}{\partial y^*}\right) \sim \frac{1}{\delta^*}$$

（4）$\frac{\partial u_x^*}{\partial t^*}$ 和 $\frac{\partial u_y^*}{\partial t^*}$ 的量级

$$\frac{\partial u_x^*}{\partial t^*} = \frac{\partial u_x^*}{\partial x^*}\frac{\partial x^*}{\partial t^*} = u_x^* \frac{\partial u_x^*}{\partial x^*} \sim 1$$

$$\frac{\partial u_y^*}{\partial t^*} = \frac{\partial u_y^*}{\partial x^*}\frac{\partial x^*}{\partial t^*} = u_x^* \frac{\partial u_y^*}{\partial x^*} \sim \delta^*$$

（5）$\frac{\partial p^*}{\partial x^*}$ 和 $\frac{\partial p^*}{\partial y^*}$ 的量级　压力梯度项是方程中的被动项，起调节作用，其量级由方程中其他类型力中的最大量级决定。方程中一共有两种类型的力，即惯性力和黏性力，而边界层中这两种力同阶，因此方程中压力梯度必须与惯性力和黏性力相平衡。根据连续性方程，沿流动方向的压力梯度为

$$\frac{\partial p^*}{\partial x^*} \sim u_x^* \frac{\partial u_x^*}{\partial x^*} \sim \frac{\partial^2 u_x^*}{\partial x^{*2}} \sim 1$$

因为 $x^* \sim 1$，故

$$p^* \sim 1, \frac{\partial p^*}{\partial y^*} \sim \frac{1}{\delta^*}$$

（6）Re 的量级　前文已提及

$$\frac{\delta}{L} \sim \frac{1}{\sqrt{Re}}$$

因此

$$Re \sim \frac{1}{\delta^{*2}}$$

完成以上方程各项的量级分析，我们忽略 δ^* 一次方及其以上的小量，方程简化为

$$\frac{\partial u_x^*}{\partial x^*} + \frac{\partial u_y^*}{\partial y^*} = 0$$

$$\frac{\partial u_x^*}{\partial t^*} + u_x^* \frac{\partial u_x^*}{\partial x^*} + u_y^* \frac{\partial u_x^*}{\partial y^*} = -\frac{\partial p^*}{\partial x^*} + \frac{1}{Re}\frac{\partial^2 u_x^*}{\partial y^{*2}}$$

$$\frac{\partial p^*}{\partial y^*}=0$$

由于 $\frac{\partial p}{\partial y}=0$，所以 $p=p(x, t)$，于是得到简化后的边界层流动控制方程，写成有量纲的形式

$$\begin{cases}\dfrac{\partial u_x}{\partial x}+\dfrac{\partial u_y}{\partial y}=0\\ \dfrac{\partial u_x}{\partial t}+u_x\dfrac{\partial u_x}{\partial x}+u_y\dfrac{\partial u_x}{\partial y}=-\dfrac{1}{\rho}\dfrac{\partial p}{\partial x}+\nu\dfrac{\partial^2 u_x}{\partial y^2}\end{cases}$$

该式即为二维平板不可压缩边界层微分方程，也称作普朗特边界层微分方程。对于不可压缩恒定流动，$p=p(x)$，普朗特边界层微分方程为

$$\begin{cases}\dfrac{\partial u_x}{\partial x}+\dfrac{\partial u_y}{\partial y}=0\\ u_x\dfrac{\partial u_x}{\partial x}+u_y\dfrac{\partial u_x}{\partial y}=-\dfrac{1}{\rho}\dfrac{\mathrm{d}p}{\mathrm{d}x}+\nu\dfrac{\partial^2 u_x}{\partial y^2}\end{cases}$$

原方程组中 $\partial p/\partial y=0$，表示二维边界层中压力沿物面法线方向 y 不变，即压力穿过边界层的边界并不改变，外边界的压力分布就是物面上的压力分布。因此，边界层内的压力可以由边界层外部势流（理想流体）理论，即由理想流体势流伯努利方程来加以确定，$p=p_e$ 为已知量，未知量只有速度。在边界层外部流动中，由伯努利方程可得

$$p_e+\frac{\rho u_e^2}{2}=\text{常数}$$

于是

$$\frac{\mathrm{d}p_e}{\mathrm{d}x}+\rho u_e\frac{\mathrm{d}u_e}{\mathrm{d}x}=0,\quad \frac{\mathrm{d}p_e}{\mathrm{d}x}=-\rho u_e\frac{\mathrm{d}u_e}{\mathrm{d}x}$$

或

$$\frac{\mathrm{d}p}{\mathrm{d}x}=-\rho u_e\frac{\mathrm{d}u_e}{\mathrm{d}x},\quad -\frac{1}{\rho}\frac{\mathrm{d}p}{\mathrm{d}x}=u_e\frac{\mathrm{d}u_e}{\mathrm{d}x}$$

边界层微分方程进一步简化为

$$\begin{cases}\dfrac{\partial u_x}{\partial x}+\dfrac{\partial u_y}{\partial y}=0\\ u_x\dfrac{\partial u_x}{\partial x}+u_y\dfrac{\partial u_x}{\partial y}=u_e\dfrac{\mathrm{d}u_e}{\mathrm{d}x}+\nu\dfrac{\partial^2 u_x}{\partial y^2}\end{cases}$$

边界条件为

$$y=0,\ u_x=u_y=0$$
$$y\to\infty,\ u_x=u_e$$

如果来流速度 u_∞ 已知，由理想流体势流伯努利方程可求得 u_e，进而压强 p_e 也变为已知，于是方程中待求的参数是两个方向的速度，两个未知数、两个方程，因此方程组是封闭的，由连续性方程和动量方程就可以求得速度分布。通常在有换热的情况下，也是先求得速度分布，然后再由已知速度求解能量方程。

以上简化所得到的边界层方程，对 x 的二阶导数项消失了，它由原来的椭圆形方程变成了

抛物型方程，从而解的性质也发生了变化，但这种变化是人为的，因此只有在满足边界层简化的前提下，用边界层理论求出的结果才能与实际情况相符合。原来的椭圆形方程必须在封闭的边界上给出边值条件，而对于抛物型方程，下游边界条件无须给出。由于方程中的非线性项仍然存在，因此边界层方程仍为二阶非线性偏微分方程，数学上求解仍存在相当大的困难。此外，边界层内的黏性流体运动和非黏性流体外部势流是相互作用的。根据质量位移厚度的物理意义，所绕流的物体已不是原物体，而是加厚了 δ_1 的等效物体，这个等效物体的形状只有把边界层内的解求出以后才能确定。可见，外部势流取决于边界层流动，同时，要解边界层方程也必须知道边界层的外边界上势流的压力分布或速度分布，因此边界层流动也取决于外部势流，应对边界层内、外的控制方程组联立求解，即同时求解非黏性流体力学方程组及边界层方程组。为了减少数学上的困难，普朗特考虑到在大雷诺数时边界层很薄的事实，认为流线的排移效应很小，等效物体外形和原物体相差不大，作为一级近似可以忽略边界层外部势流的影响，把外部势流当作是边界层不存在时绕原物体的流动，这样就可以独立地运用势流理论求解，然后再按边界层方程求解边界层内的解。一般来说，这种结果已能满足工程需要。如需要更高的计算精度可以采用逐次修正的方法，以边界层一级近似的解为基础考虑位移厚度求出等效物体形状，然后求解非黏性流体绕等效物体的流动，求出边界层外边界上的修正压力分布和速度分布，然后再去求解边界层内的流动，如此继续下去，逐次修正。计算表明，通常只需求一次修正就能满足要求。如果边界层对外部势流的影响相当强烈，用逐次修正的方法也不很有效时，那就必须用实验方法测出压力分布或速度分布作为计算边界层的基础。

9.5 边界层微分方程的相似解

在讨论相似解之前，先研究一下速度边界层方程的一般性质。我们从速度边界层方程出发，了解边界层流动和雷诺数的关系，以便于对速度边界层方程相似解的讨论。考虑到 $y^* = \dfrac{y}{L}$，而 $\dfrac{\delta}{L} \sim \dfrac{1}{\sqrt{Re}}$，取无量纲量

$$x^* = x/L,\ y^* = \frac{\sqrt{Re}}{L}y,\ u_x^* = u_x/U,\ u_y^* = \frac{u_y}{U/\sqrt{Re}},\ U^* = \frac{u_e}{U}$$

式中，$y^* = \dfrac{UL}{\nu}$，U 和 L 分别为特征速度和特征长度。边界层方程化作

$$\begin{cases} \dfrac{\partial u_x^*}{\partial x^*} + \dfrac{\partial u_y^*}{\partial y^*} = 0 \\ u_x^* \dfrac{\partial u_x^*}{\partial x^*} + u_y^* \dfrac{\partial u_x^*}{\partial y^*} = U^* \dfrac{\mathrm{d}U^*}{\mathrm{d}x^*} + \dfrac{\partial^2 u_x^*}{\partial y^{*2}} \end{cases}$$

无量纲的边界条件为

$$y^* = 0,\ u_x^* = u_y^* = 0$$

$$y^* \to \infty,\ u_x^* = U^*$$

可见，无量纲方程和边界条件不包含雷诺数，这表明，方程的解 u_x^* 和 u_y^* 只与 x^* 和 y^* 有关，与雷诺数无关，这是不同的雷诺数的流场之间的相似。也就是说，即使两个流动的雷诺数不同，例如，分别为 Re_A 和 Re_B，若物体形状相同，则 y 方向的坐标只是在整体上相差

$\sqrt{Re_A/Re_B}$ 倍。若速度剖面相似，则在关于 u 的二阶非线性偏微分方程中，u 的无量纲量仅仅是某一个无量纲自变量的函数，这个无量纲自变量应该是两个独立自变量 x 和 y 的综合，这只有在特定的边界条件下才能做到这一点。分析边界条件，当 $y=0$ 时，$u_x=u_y=0$ 是不可改变的，可以变化的是边界层外势流速度 $u_e(x)$ 的函数形式。

如图 9.5.1 所示，在边界层的任意两个断面上，沿流动方向的坐标为 x_1 和 x_2，对应点的边界层厚度分别为 $\delta(x_1)$ 和 $\delta(x_2)$，用 y_1 和 y_2 分别表示这两个断面上点的 y 坐标，则满足关系式

$$\frac{y_1}{\delta(x_1)}=\frac{y_2}{\delta(x_2)}$$

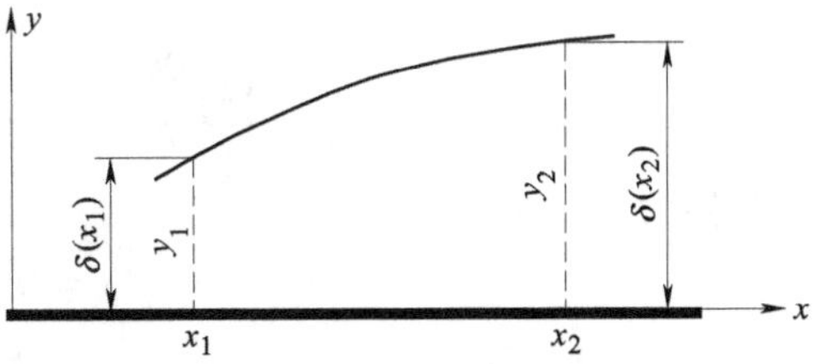

图 9.5.1　边界层内总流控制体

的一对点，称为对应点。如果在边界层内对应点上的 x 方向速度 u_x 之间的差异仅仅是一个和断面位置有关的因子，即

$$u\left(x_1,\ \frac{y_1}{\delta(x_1)}\right)=K(x_1,\ x_2)\cdot u\left(x_2,\ \frac{y_2}{\delta(x_2)}\right)$$

则称边界层流动的解是相似性解。速度相似也可以这样来理解：当坐标 y 用一函数 $h(x)$ 放大或缩小时，速度 $u(x,\ y)$ 也随之相应地变为 $u\left(x,\ \frac{y}{h(x)}\right)$，函数 $h(x)$ 称为比例因子，它只是 x 的函数而与 y 无关。对于平板边界层流动 $h(x)=\delta(x)$。在边界层的外边界线上，即 $y=\delta$，有

$$u\left(x_1,\ \frac{y_1}{h(x_1)}\right)=K(x_1,\ x_2)\cdot u\left(x_2,\ \frac{y_2}{h(x_2)}\right)$$

即

$$u_e(x_1)=K(x_1,\ x_2)u_e(x_2)$$

消去 K 因子，有

$$\frac{u\left(x_1,\ \frac{y_1}{h(x_1)}\right)}{u_e(x_1)}=\frac{u\left(x_2,\ \frac{y_2}{h(x_2)}\right)}{u_e(x_2)}$$

由于 x_1 和 x_2 是任意的，上式表明，当边界层中流动具有相似性解时，无量纲速度 u_x/U 将只是 $\eta=\dfrac{y}{\delta}$ 的函数，如果以 η 作为自变量（称为相似变量），则在普朗特边界层微分方程组中，自变量的数目由两个（x 和 y）减少为一个（η），偏微分方程化为常微分方程。由此可见，边界层微分方程的解具有相似性时，能使数学问题得到简化，使边界层微分方程有可能采用解析方法求解。

应当指出，相似性不是对任意边界层流动都存在，只有在外部流动满足一定条件时才存在的相似性解必须在单一的（顺压区或逆压区）速度分布下才有相似解。若在绕流的边界层中顺压区或逆压区同时存在，速度分布曲线性质差异将很大，二者本来就不相似，所以也不可能通过调整比例尺度使其相同。

对于给定的边值问题，如何判断它是否存在相似性解？存在的条件是什么？如何求相似变量 η？这些都是理论和实验分析流体运动时的重要问题。前人的研究结果证明，当来流速度

$u_\infty=\alpha x^m$ 时，边界层方程才有相似解。为求得存在相似性解的条件和确定相似性变量，先假定存在相似性解，再寻求方程变为常微分方程的条件。

对于二维、定常、常物性、不可压边界层方程的定解条件为

$$\begin{cases}\dfrac{\partial u_x}{\partial x}+\dfrac{\partial u_y}{\partial y}=0\\ u_x\dfrac{\partial u_x}{\partial x}+u_y\dfrac{\partial u_x}{\partial y}=u_e\dfrac{\mathrm{d}u_e}{\mathrm{d}x}+\nu\dfrac{\partial^2 u_x}{\partial y^2}\end{cases}$$

边界条件为

$$y=0,\ u_x=u_y=0$$

$$y\to\infty,\ u_x=u_e$$

为便于分析，应用流函数以减少一个因变量和方程。按流函数的定义，二维不可压缩流动的流函数为

$$u_x=\frac{\partial\psi}{\partial y},\ u_y=-\frac{\partial\psi}{\partial x}$$

这样连续性方程自动满足，动量方程变为

$$\frac{\partial\psi}{\partial y}\frac{\partial^2\psi}{\partial x\partial y}-\frac{\partial\psi}{\partial x}\frac{\partial^2\psi}{\partial y^2}=u_e\frac{\mathrm{d}u_e}{\mathrm{d}x}+\nu\frac{\partial^2\psi}{\partial y^3}$$

据相似解的意义，取 $\eta=y/h(x)$，令流函数为

$$\psi(x,y)=u_e h(x)f(\eta)$$

将各物理量从 x-y 坐标系转换到 x-η 坐标系后，对 x 和对 y 的导数变为

$$\frac{\partial}{\partial x}=\frac{\partial\eta}{\partial x}\frac{\partial}{\partial\eta}$$

$$\frac{\partial}{\partial y}=\frac{\partial\eta}{\partial y}\frac{\partial}{\partial\eta}=\frac{1}{h(x)}\frac{\partial}{\partial\eta}$$

于是

$$u_x=\frac{\partial\psi}{\partial y}=u_e\frac{\partial f}{\partial\eta}=u_e f'$$

$$\frac{\partial u_x}{\partial x}=u_e f''\frac{\partial\eta}{\partial x}+f'\frac{\mathrm{d}u_e}{\mathrm{d}x}$$

$$\frac{\partial u_x}{\partial y}=\frac{\partial^2\psi}{\partial y^2}=u_e\frac{\mathrm{d}f'}{\mathrm{d}\eta}\frac{\partial\eta}{\partial y}=\frac{u_e}{h(x)}f''$$

$$\frac{\partial^2 u_x}{\partial y^2}=\frac{\partial^3\psi}{\partial y^3}=\frac{u_e}{h^2(x)}f'''$$

$$u_y=-\frac{\partial\psi}{\partial x}=-\frac{\mathrm{d}(hu_e)}{\mathrm{d}x}f-hu_e\frac{\partial\eta}{\partial x}f'$$

$$=-\frac{\mathrm{d}(hu_e)}{\mathrm{d}x}f+\eta u_e\frac{\mathrm{d}h}{\mathrm{d}x}f'$$

$$=\eta u_e\frac{\mathrm{d}h}{\mathrm{d}x}f'-u_e\frac{\mathrm{d}h}{\mathrm{d}x}f-h\frac{\mathrm{d}u_e}{\mathrm{d}x}f$$

式中，$f' = \partial f/\partial \eta, f'' = \partial^2 f/\partial f^2, f''' = \partial^3 f/\partial f^3$，将以上各式代入边界层动量方程及边界条件，得

$$f''' + \alpha f f'' - \beta(f'2 - 1) = 0$$
$$\eta = 0,\ f = f' = 0$$
$$\eta \to \infty,\ f' = 1$$

式中，

$$\alpha = \frac{h\mathrm{d}(hu_e)/\mathrm{d}x}{\nu},\ \beta = \frac{h^2\mathrm{d}u_e/\mathrm{d}x}{\nu}$$

要使上式成为常微分方程，则 α 和 β 一定不能依赖于 x，这就意味着 $u_e(x)$ 不能任取，仅对某些特殊形式的外流，或者说，仅对某些特殊物面形状才存在相似解。那么什么样的物面形状或外势流速度分布 $u_e(x)$ 才具有相似性解？如何去求它的相似变量 η？下面对此进行分析。

由 α 和 β 的表达式，易得

$$\nu(2\alpha - \beta) = \frac{\mathrm{d}(h^2u_e)}{\mathrm{d}x}$$

$$(\alpha - \beta)\frac{1}{u_e}\frac{\mathrm{d}u_e}{\mathrm{d}x} = h^2\frac{\mathrm{d}u_e}{\mathrm{d}x}\cdot\frac{1}{\nu h}\frac{\mathrm{d}h}{\mathrm{d}x} = \beta\frac{1}{h}\frac{\mathrm{d}h}{\mathrm{d}x}$$

由于 α 和 β 不依赖于 x，则 $(2\alpha - \beta)$ 为不等于零的常数，积分上式得

$$\nu(2\alpha - \beta)x = h^2u_e$$

由 α 和 β 的表达式，还可得出

$$(\alpha - \beta)\frac{1}{u_e}\frac{\mathrm{d}u_e}{\mathrm{d}x} = h^2\frac{\mathrm{d}u_e}{\mathrm{d}x}\cdot\frac{1}{\nu h}\frac{\mathrm{d}h}{\mathrm{d}x} = \beta\frac{1}{h}\frac{\mathrm{d}h}{\mathrm{d}x}$$

即

$$(\alpha - \beta)\frac{\mathrm{d}u_e}{u_e} = \beta\frac{\mathrm{d}h}{h}$$

积分上式，得

$$u_e^{\alpha-\beta} = Ch^\beta$$

式中，C 为常数。于是得到

$$u_e(x) = C^{\frac{2}{2\alpha-\beta}}[(2\alpha - \beta)\nu x]^{\frac{\beta}{2\alpha-\beta}} = C^{\frac{2}{2\alpha-\beta}}[(2\alpha - \beta)\nu]^{\frac{\beta}{2\alpha-\beta}}x^{\frac{\beta}{2\alpha-\beta}} = ax^{\frac{\beta}{2\alpha-\beta}} = ax^m$$

$$h(x) = \sqrt{\frac{1}{u_e}(2\alpha - \beta)\ \nu x} = \sqrt{2\alpha - \beta}\sqrt{\frac{\nu x}{u_e}}$$

其中 $m = \dfrac{\beta}{2\alpha - \beta}$，$a = C^{\frac{2}{2\alpha-\beta}}[(2\alpha - \beta)\nu]^{\frac{\beta}{2\alpha-\beta}}$。显然，这样的 $u_e(x)$ 和 $h(x)$ 是在 α 和 β 为与 x 无关的常数时得到的，这种边界层流动具有相似性解。下面讨论几种满足相似性解要求的流动情况。

1）对于绕顺流放置的无限大平板的边界层流动，即

$$m = 0,\ \beta = 0,\ u_e = u_\infty = 常数$$

$$h(x) = \sqrt{\frac{2\alpha\nu}{a}},\ \eta = y\sqrt{\frac{a}{2\alpha\nu}}$$

取 $\alpha = 1$，有

$$h(x) = \sqrt{\frac{2\nu}{u_\infty}},\ \eta = y\sqrt{\frac{u_\infty}{2\nu x}}$$

边界层方程为

$$f''' + ff'' = 0$$

取 $\alpha = 1/2$，有

$$h(x) = \sqrt{\frac{\nu x}{u_\infty}},\ \eta = y\sqrt{\frac{u_\infty}{\nu x}}$$

边界层方程为

$$2f''' + ff'' = 0$$

相似解的物面形状如图 9.5.2a 所示。

2）对于平板驻点附近的流动，即

$$m = 1,\ \beta = 1,\ u_e = ax$$

$$h(x) = \sqrt{\frac{2\alpha\nu x}{U}},\ \eta = \frac{y}{h(x)} = y\sqrt{\frac{U}{2\alpha\nu x}}$$

边界层方程为三阶非线性常微分方程

$$f''' + \alpha ff'' = 0$$

取 $\alpha = 1$，有

$$h(x) = \sqrt{\frac{\nu}{a}},\ \eta = y\sqrt{\frac{a}{\nu}}$$

边界层方程为

$$f''' + ff'' - f'^2 + 1 = 0$$

式中，a 为大于零的常数。$m = 1$ 也可以表示绕垂直放置的平板边界层流动。相似解的物面形状如图 9.5.2b 所示。

3）对于绕半无限长楔形体的流动，即 $m \neq 0$，$m \neq 1$，$u_e = ax^m$（a 为大于零的常数）。当 $0 < \beta < 2(0 \leqslant m < \infty)$ 时，为绕顶角 $\beta\pi$ 的无限长楔形体的流动（参阅 5.4 节）
取 $\alpha = 1$，有

$$h(x) = \sqrt{\frac{2}{m+1}\frac{\nu x}{u_e}},\ \eta = y\sqrt{\frac{m+1}{2}\frac{u_e}{\nu x}}$$

边界层方程为

$$f''' + \alpha ff'' = 0$$

$$h(x) = \sqrt{\frac{\nu}{a}},\ \eta = y\sqrt{\frac{a}{\nu}}$$

边界层方程为

$$f''' + ff'' - \beta(f'^2 - 1) = 0$$

相似解的物面形状如图 9.5.2c 所示。

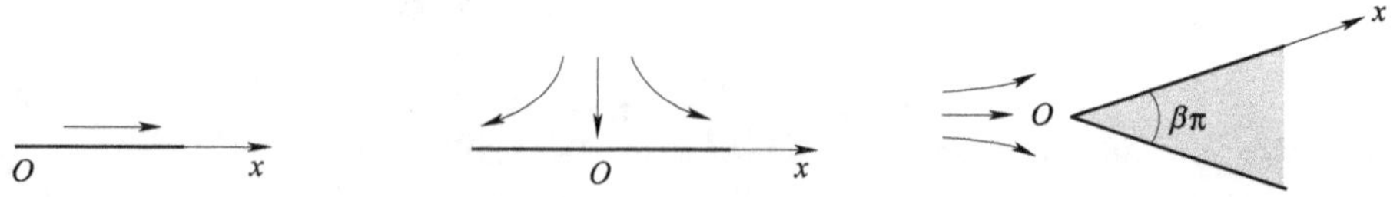

a)绕顺流放置的无限大平板的边界层流动　b)平板驻点附近的流动（绕垂直平板的流动）　c)绕半无限长楔形体的流动

图 9.5.2　典型相似解的物面形状

9.6　平板边界层方程的布拉休斯解

流体通过一个厚度很薄顺流放置的平板，即来流对平板的攻角为零，在平板两侧壁面附近就会呈现边界层流动。该问题是应用普朗特边界层微分方程解决黏性流动问题的典型范例——是流体力学史上应用边界层微分方程解决问题的第一次尝试。1908 年布拉休斯（Blasius）在普朗特指导下于德国哥廷根大学研究了这一问题，其后又有一些学者对该问题进行了研究。

如图 9.6.1 所示，设平板位于 $y=0$，$x>0$ 的区域，原点位于平板的前缘点。除边界层外，平板对来流的影响可以忽略。由于来流速度 $u_\infty=\text{const}$，根据伯努利方程得 $\mathrm{d}p/\mathrm{d}x=0$。边界层流动方程为

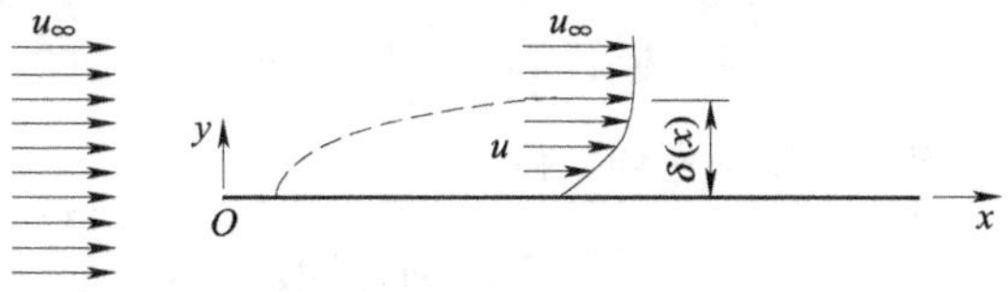

图 9.6.1　黏性流体流过平板

$$\begin{cases}\dfrac{\partial u_x}{\partial x}+\dfrac{\partial u_y}{\partial y}=0\\[2mm] u_x\dfrac{\partial u_x}{\partial x}+u_y\dfrac{\partial u_x}{\partial y}=\nu\dfrac{\partial^2 u_x}{\partial y^2}\end{cases}$$

边界条件为

$$y=0,\ u_x=u_y=0$$
$$y\to\infty,\ u_x=u_\infty$$

在二维平板边界层中由于假设平板无限长，整个流动问题中找不到一个 x 方向的特征长度，因此可设想在任意位置 x 处的流速分布图形都是彼此相似的。根据上一节的讨论结果，可把上列定解问题转化为

$$\begin{cases}2f'''+ff''=0\\ f(0)=f'(0)=0\\ f'(\infty)=1\end{cases}$$

此即布拉休斯方程。由此可见，原方程中自变量 x 和 y 简化为用一个变量 η 来代替，从而把偏微分方程化简为常微分方程；因变量 u_x 和 u_y 简化为用一个变量 ψ 来代替，从而把由两个偏微分方程组成的联立方程组简化为一个常微分方程。但该方程是三阶非线性常微分方程，虽然形式简单，但求解仍然是比较困难的，至今未得到严格的解析解，一般采用级数展开法或数值方法进行求解。布拉休斯采用泰勒级数展开法对其进行求解，将 $f(\eta)$ 在 $\eta=0$ 处展开成幂级数，即

$$f(\eta)=A_0+A_1\eta+\frac{A_2}{2!}\eta^2+\frac{A_3}{3!}\eta^3+\cdots$$

于是

$$f'(\eta)=A_1+A_2\eta+\frac{A_3}{2!}\eta^2+\frac{A_4}{3!}\eta^3+\cdots$$

$$f''(\eta)=A_2+A_3\eta+\frac{A_4}{2!}\eta^2+\frac{A_5}{3!}\eta^3+\cdots$$

式中，A_0，A_1，A_2，⋯ 为系数，可由边界条件确定。当 $\eta=0$ 时，$f(0)=f'(0)=0$，故

$$A_0 = 0, \ A_1 = 0$$

因此

$$f(\eta) = \sum_{n=2}^{\infty} \frac{A_n}{n!}\eta^n = \frac{A_2}{2!}\eta^2 + \frac{A_3}{3!}\eta^3 + \frac{A_4}{4!}\eta^4 + \cdots$$

将上式代入布拉休斯方程，即

$$2\left(A_3 + A_4\eta + \frac{A_5}{2!}\eta^2 + \frac{A_6}{3!}\eta^3 + \cdots\right) +$$

$$\left(\frac{A_2}{2!}\eta^2 + \frac{A_3}{3!}\eta^3 + \frac{A_4}{4!}\eta^4 + \cdots\right)\left(A_2 + A_3\eta + \frac{A_4}{2!}\eta^2 + \frac{A_5}{3!}\eta^3 + \cdots\right) = 0$$

按 η 的幂次加以整理，得

$$2A_3 + 2A_4\eta + (2A_5 + A_2^2)\frac{\eta^2}{2!} + (2A_3 + 4A_2A_3)\frac{\eta^3}{3!} + \cdots = 0$$

由于 η 取任意值时上式成立，必须使该式中各项系数均为零，因而

$$A_3 = 0, \ A_4 = 0, \ A_5 = -\frac{1}{2}A_2^2, \ A_6 = 0, \ A_7 = 0, \ A_8 = \frac{11}{4}A_2^3, \ \cdots$$

可见除一部分系数值为零以外，还有 A_2，A_5，A_8，… 等系数不等于零，但它们均是 A_2 的函数，令 $A_2 = A$，建立一个以 η^3 次数变化的级数，即

$$f(\eta) = \frac{A}{2!}\eta^2 + \left(-\frac{A^2}{2}\right)\frac{\eta^5}{5!} + \left(\frac{11A^3}{2^2}\right)\frac{\eta^8}{8!} + \left(-\frac{375A^4}{2^3}\right)\frac{\eta^{11}}{11!} + \cdots$$

$$= \sum_{n=0}^{\infty}\left(-\frac{1}{2}\right)^n K_n A^{n+1}\frac{\eta^{3n+2}}{(3n+2)!}$$

当 $n = 0$ 时，有 $\left(-\frac{1}{2}\right)^0 K_0 A\frac{\eta^2}{2!} = \frac{A}{2!}\eta^2$， $K_0 = 1$

当 $n = 1$ 时，有 $\left(-\frac{1}{2}\right)K_1A^2\frac{\eta^5}{5!} = \left(-\frac{A^2}{2}\right)\frac{\eta^5}{5!}$， $K_1 = 1$

当 $n = 2$ 时，有 $\left(-\frac{1}{2}\right)^2 K_2A^3\frac{\eta^8}{8!} = \left(\frac{11A^3}{2^2}\right)\frac{\eta^8}{8!}$， $K_2 = 11$

当 $n = 3$ 时，有 $\left(-\frac{1}{2}\right)^3 K_3A^4\frac{\eta^{11}}{11!} = -\left(\frac{375A^4}{2^3}\right)\frac{\eta^{11}}{11!}$， $K_3 = 375$

⋮

因此，$K_0 = 1$，$K_1 = 1$，$K_2 = 11$，$K_3 = 375$，$K_4 = 27897$，…。这样就得到了含有待定常数的级数形式的解。

还有一个边界条件 $f'(\infty) = 1$ 没有用到，似乎常数 A 可利用该边界条件来确定，但 $f(\eta)$ 是在 $\eta = 0$ 处展开成幂级数的，所以不能利用该边界条件来确定 A。现在来研究 $\eta \to \infty$ 时，函数 $f(\eta)$ 的渐近展开式。设 $\eta \to \infty$ 时，函数 $f(\eta)$ 的渐近展开式表示为

$$f = f_1 + f_2 + f_3 + \cdots$$

假设 $f_1 \gg f_2$，$f_2 \gg f_3$，…，即高阶渐近值与低阶渐近值相比是小量。引进一小量 ε，使 $0 < \varepsilon \ll 1$，则

$$f_2 = \varepsilon f_1, \ f_3 = \varepsilon f_2 = \varepsilon^2 f_1, \ \cdots$$

$$f = f_1(1 + \varepsilon + \varepsilon^2 + \cdots)$$

第一个渐近解，即

$$f_1 = \eta - \beta$$

为位势流，β 为待定积分常数。显然 $f_1' = 1$，$f_1'' = f_1''' = 0$。

令 $f = f_1 + f_2$，代入边界层方程 $2f''' + ff'' = 0$ 中，有

$$\begin{aligned} 2f''' + ff'' &= 2(f_1''' + f_2''') + (f_1 + f_2)(f_1'' + f_2'') = f_1 f_2'' + f_2 f_2'' + 2f_2''' \\ &= (1 + \varepsilon) f_1 f_2'' + 2f_2''' \approx 2f_2''' + f_1 f_2'' = 0 \end{aligned}$$

将 $f_1 = \eta - \beta$ 代入该式，得

$$2f_2''' + (\eta - \beta) f_2'' = 0$$

上式积分

$$\int \frac{f_2'''}{f_2''} \mathrm{d}\eta = -\frac{1}{2} \int (\eta - \beta) \mathrm{d}\eta$$

积分得

$$\ln f_2'' = \frac{1}{2}\beta\eta - \frac{1}{4}\eta^2 + C$$

积分常数 C 可采用变换，使 $C = -\frac{1}{4}\beta^2 + \ln\gamma$，$\gamma$ 为一个新常数。于是

$$\ln f_2'' = \frac{1}{2}\beta\eta - \frac{1}{4}\eta^2 - \frac{1}{4}\beta^2 + \ln\gamma = -\frac{1}{4}(\eta - \beta)^2 + \ln\gamma$$

$$f_2'' = \gamma \exp\left[-\frac{1}{4}(\eta - \beta)^2\right]$$

再积分

$$f_2' = \gamma \int_\infty^\eta \exp\left[-\frac{1}{4}(\eta - \beta)^2\right] \mathrm{d}\eta$$

再一次积分

$$f_2 = \gamma \int_\infty^\eta \mathrm{d}\eta \int_\infty^\eta \exp\left[-\frac{1}{4}(\eta - \beta)^2\right] \mathrm{d}\eta$$

可见，$f' = f_1' + f_2'$，当 $\eta \to \infty$ 时，$f' = f_1'(\infty) + f_2'(\infty)$，而

$$f_1'(\infty) = \lim_{\eta \to \infty} \frac{\partial}{\partial \eta}(\eta - \beta) = 1$$

$$f_2'(\infty) = \gamma \int_\infty^\infty \mathrm{d}\eta \int_\infty^\infty \exp\left[-\frac{1}{4}(\eta - \beta)^2\right] \mathrm{d}\eta = 0$$

所以 $f_1' = 1$ 满足 $\eta \to \infty$ 的边界条件。于是得到布拉休斯方程的二阶渐近解为

$$f = f_1 + f_2 = \eta - \beta + f_2 = \eta - \beta + \gamma \int_\infty^\eta \mathrm{d}\eta \int_\infty^\eta \exp\left[-\frac{1}{4}(\eta - \beta)^2\right] \mathrm{d}\eta$$

当 $\eta \to \infty$ 时，$f = \eta - \beta$ 为势流解。当 $\eta < \infty$ 时，$f = f_1 + f_2$ 为边界层内的二阶渐近解，该解包含了两个待定积分常数 β 和 γ。

还可以得出三阶渐近解 $f = f_1 + f_2 + f_3$，以至更高阶的渐近解，这里不再讨论。

上面得到的两种形式的解，即级数解和渐近解，必须在某一点 $\eta = \eta_1$ 处互相匹配，即当 $\eta = \eta_1$ 时两个解应一致，用这个条件可确定常数 A、β 和 γ，即

$$f(\eta_1)\big|_{级数解}=f(\eta_1)\big|_{渐近解}$$

$$f'(\eta_1)\big|_{级数解}=f'(\eta_1)\big|_{渐近解}$$

$$f''(\eta_1)\big|_{级数解}=f''(\eta_1)\big|_{渐近解}$$

由此得出

$$A=0.332,\ \beta=1.721,\ \gamma=0.231$$

布拉休斯方程的求解除布拉休斯本人以外，还有一些学者进行了研究并得到解答，这些研究结果具有更好的准确度，见表 9.6.1。根据所得到的 f 的结果，可得到平板层流边界层的一些物理量。

表 9.6.1 布拉休斯方程的解

η	f	f'	f''
0	0	0	0.33206
1	0.16557	0.32979	0.32301
2	0.65003	0.62977	0.26675
3	1.39682	0.84605	0.16136
4	2.30576	0.95552	0.06424
5	3.28329	0.99155	0.01591
6	4.27964	0.99898	0.00240
7	5.27926	0.99992	0.00022
8	6.27923	1.00000	0.00001

1. 速度分布

沿流动方向的速度 u_x 为

$$\frac{u_x}{u_\infty}=f'(\eta)$$

布拉休斯方程计算得到的理论曲线如图 9.6.2 所示，速度分布曲线在平板附近曲率较小，之后很快趋近于水平直线。u_x/u_∞ 以指数规律趋于无穷远处的渐近线，当 $\eta=5$ 时，u_x/u_∞ 已非常接近 1。平板边界层的结果经过很多实验结果证实，最详尽的实验结果是尼古拉兹于 1942 年发表的，尼古拉兹发现平板边界层的形成受平板首部形状的影响很大，首部形状将引起绕平板流动的势流场存在一定的压强梯度。尼古拉兹所量测的平板边界层流速分布数据与布拉休斯理论解符合极好，这就很好地证明了平板边界层中不同断面 x 处速度分布剖面的相似性和布拉休斯理论解的正确性。1943 年李普曼（Liepmanm）对平板层流边界层速度分布 u_x/u_∞ 进行了实验研究，将布拉休斯理论曲线与实验结果比较发现，在图 9.6.2 所示的雷诺数范围内，理论值与实验值二者吻合很好，证实了建立该理论所采用的一系列假设的合理性，也证实了相似剖面的存在。由图还可见，在边界层厚度

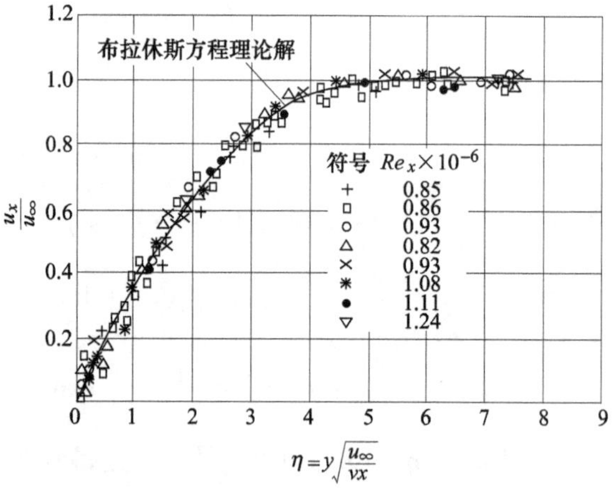

图 9.6.2 布拉休斯方程理论解与实验值

的大部分区域内，u_x 几乎随 η 线性增加，当 $\eta\to\infty$时，$u_x/u_\infty\to 1$，而 $\partial u_x/\partial y\sim f''\to 0$。

对于垂直于物面的法向速度 u_y，由上一节推得

$$u_y=-u_e\frac{\mathrm{d}h}{\mathrm{d}x}f-h\frac{\mathrm{d}u_e}{\mathrm{d}x}f+\eta u_e\frac{\mathrm{d}h}{\mathrm{d}x}f'$$

将 $h(x)=\sqrt{\dfrac{\nu x}{u_\infty}}$ 和 $u_e=u_\infty$ 代入上式，易得

$$u_y=\frac{1}{2}\sqrt{\frac{u_\infty\nu}{x}}(\eta f'-f)$$

或

$$\frac{u_y}{u_\infty}=\frac{1}{2}\sqrt{\frac{\nu}{u_\infty x}}(\eta f'-f)=\frac{1}{2}(\eta f'-f)\frac{1}{\sqrt{Re_x}}$$

式中 $Re_x=\sqrt{\dfrac{u_\infty x}{\nu}}$，将上式的计算值绘于图9.6.3中。当 $\eta\to\infty$时，$\dfrac{1}{2}(\eta f'-f)\to 0.8604$，即 $\dfrac{u_y}{u_\infty}=\dfrac{0.8604}{\sqrt{Re_x}}$，这表明 u_y 不为零。也就是说，在边界层的外边界有一向外的流动，它是由于边界层因黏性存在使边界层厚度增加，把流体往外排挤出去，这就是边界层的排挤效应。因此，边界层内有一定的横向速度，不等于外部流动的零值。

2. 边界层厚度

定义当 $u_x=0.99u_\infty$ 时的 y 值为边界层的厚度 δ，由表9.6.1查得 $f'=u_x/u_\infty=0.99155$ 所对应的 η 值为5.0，可定义该点为边界层外缘点，由此

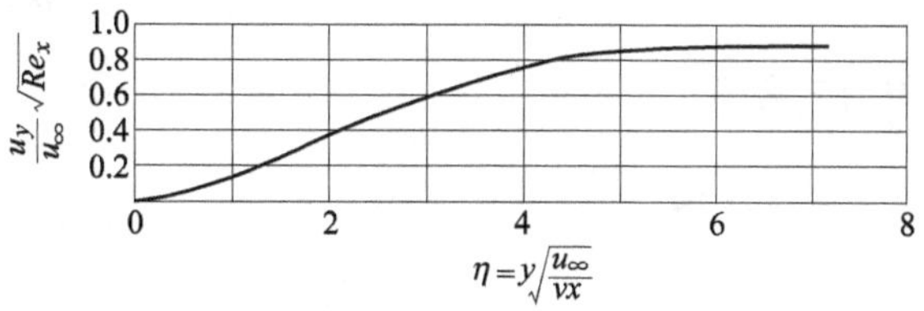

图9.6.3　平板边界层内速度分布

$$\eta=\delta\sqrt{\frac{u_\infty}{\nu x}}=5.0$$

$$\delta=5.0\sqrt{\frac{\nu x}{u_\infty}}=\frac{5x}{\sqrt{Re_x}}$$

此即层流平板边界层厚度 δ 的计算公式。

对于 $\eta\ll 1$，即壁面附近，若假定 u_x 是线性分布，即速度分布可近似地用显式写出

$$u_x\approx\frac{u_\infty}{\delta}y$$

应用连续性方程，有

$$u_y=-\int_0^y\frac{\partial u_x}{\partial x}\mathrm{d}y=\frac{u_\infty}{\delta^2}y^2\cdot\frac{1}{2}\frac{\mathrm{d}\delta}{\mathrm{d}x}\sim\frac{y^2}{\delta^2}\cdot\frac{1}{2}\times 5.0\sqrt{\frac{\nu u_\infty}{x}}\sim\nu\frac{y^2}{\delta^2}\cdot\frac{1}{2}\times 5.0\sqrt{\frac{u_\infty}{\nu x}}\sim\nu\frac{y^2}{\delta^3}$$

边界层的位移厚度 δ_1 为

$$\delta_1=\int_0^\infty\left(1-\frac{u_x}{u_\infty}\right)\mathrm{d}y=\sqrt{\frac{\nu x}{u_\infty}}\int_0^\infty(1-f')\mathrm{d}\eta$$

$$=\sqrt{\frac{\nu x}{u_\infty}}[\eta-f]_0^\infty=\lim_{\eta\to\infty}[\eta-f]=\beta\sqrt{\frac{\nu x}{u_\infty}}=\frac{1.721x}{\sqrt{Re_x}}$$

在该推导过程中，对于均匀平行势流的一级近似解，即由$f=f_1=\eta-\beta$，得到$\beta=\eta-f$。

边界层的动量损失厚度δ_2为

$$\delta_2=\int_0^{\infty}\frac{u_x}{u_\infty}\left(1-\frac{u_x}{u_\infty}\right)\mathrm{d}y=\sqrt{\frac{\nu x}{u_\infty}}\int_0^{\infty}f'(1-f')\,\mathrm{d}\eta$$

$$=\sqrt{\frac{\nu x}{u_\infty}}\int_0^{\infty}(1-f')\mathrm{d}f=\sqrt{\frac{\nu x}{u_\infty}}\left[f(1-f')\Big|_0^{\infty}-\int_0^{\infty}(-ff'')\,\mathrm{d}\eta\right]$$

由于$f(0)=0$，$\eta\to\infty$，$f'=1$，于是$f(1-f')\Big|_0^{\infty}=0$。由布拉休斯方程可得$ff''=-2f'''$，于是

$$\delta_2=\sqrt{\frac{\nu x}{u_\infty}}\int_0^{\infty}(-2f'')\mathrm{d}\eta=\sqrt{\frac{\nu x}{u_\infty}}(-2f'')\Big|_0^{\infty}=\sqrt{\frac{\nu x}{u_\infty}}[2f''(0)]=2A\sqrt{\frac{\nu x}{u_\infty}}=\frac{0.664x}{\sqrt{Re_x}}$$

3. 壁面摩擦应力和摩擦系数

对于平板绕流情况，由于压强顺流不变，即$\frac{\mathrm{d}p}{\mathrm{d}x}=0$，因而不会发生边界层的分离，也就没有压差阻力，只有作用于表面的摩擦阻力。利用牛顿内摩擦定律，壁面摩擦应力为

$$\tau_{\mathrm{w}}=\mu\left(\frac{\partial u_x}{\partial y}\right)_{y=0}=\mu\frac{\partial}{\partial y}(u_\infty f')=\mu u_\infty\frac{\partial f'}{\partial\eta}\frac{\partial\eta}{\partial y}=\mu u_\infty f''\sqrt{\frac{u_\infty}{\nu x}}$$

在壁面上$\eta=0$，$f''(0)=A=0.332$，于是

$$\tau_{\mathrm{w}}=0.332\mu u_\infty\sqrt{\frac{u_\infty}{\nu x}}$$

切应力系数为

$$C_{\mathrm{f}x}=\frac{\tau_{\mathrm{w}}}{\frac{1}{2}\rho u_\infty^2}=\frac{0.332\mu u_\infty\sqrt{\frac{u_\infty}{\nu x}}}{\frac{1}{2}\rho u_\infty^2}=\frac{0.664}{\sqrt{Re_x}}$$

设单位宽度的板长为L，则板的一侧所受到的总摩擦阻力为

$$F=\int_0^L\tau_{\mathrm{w}}\mathrm{d}x=0.664\rho u_\infty\sqrt{\nu L u_\infty}=\frac{0.664\rho u_\infty^2L}{\sqrt{Re_L}}$$

式中，$Re_L=\sqrt{\frac{u_\infty L}{\nu}}$。由此可见表面摩擦阻力与$u_\infty$的3/2次幂成正比，而在缓慢（蠕动）流中阻力与$u_\infty$的一次幂成正比。流动阻力随$\sqrt{L}$而增加，而不是与$L$成正比，这由于下游部分的平板由于边界层逐渐变厚，速度梯度减小，切应力相应减小的缘故。

平板单侧平均摩擦阻力系数为

$$C_{\mathrm{f}}=\frac{F}{\frac{1}{2}\rho u_\infty^2L}=\frac{1.328}{\sqrt{Re_L}}$$

图9.6.4所示为绕零攻角平板的层流边界层切向速度剖面。

应当指出，以上的结果是在平板无限长和边界层对势流无影响的条件下取得的，实际情况并非如此，因此，对于平板不可压层流边界层的布拉休斯解要考虑以下问题。首先，在平板前缘附近，平板边界层理论不适用。因为在这里

$$\left|\frac{\partial^2 u_x}{\partial x^2}\right| \ll \left|\frac{\partial^2 u_x}{\partial y^2}\right|$$

不成立。边界层理论失效，失效区域为 $\frac{u_y}{u_\infty}$ 数量级。其次，在边界层外缘 $u_x\big|_{y=\delta}=u_\infty$，这是假设边界层对外部势流无影响的条件下给出的，实际上受边界层排挤作用下的外部势流，与理想流体无边界层的势流是不同的。此外，假设平板无限长，是将实际平板的有限边界简化为无限的边界条件。对于有限长平板有特征长度，相似解不存在，这时边界层的解法就会更复杂。鉴于以上考虑，许多学者在布拉休斯解的基础上提出相关的修正式。

上一节已经介绍过，除了绕半无穷平板的流动具有相似解外，还有几种简单流动也存在相似解，其中驻点流动与绕楔形体流动具有重要的实际意义。限于篇幅，在此不再赘述。

图 9.6.4　绕零攻角平板的层流边界层切向速度剖面

注：水流速度为 9cm/s，$Re_x=200$，x 为自平板前缘距离，位移厚度约为 5mm，该实验结果与理论分析一致。

9.7　卡门动量积分关系式

边界层微分方程虽然是 N-S 方程的近似方程，但它仍然是非线性偏微分方程，只有对少数几种特殊的简单不可压缩流动情形（例如平板、楔形物体等），才能找到相似性的准确解。工程中遇到的实际情形一般都不满足相似性解条件，不满足相似性解条件的边界层难以得到解析解。为此，必须寻求具有一定精度的近似解法。边界层的近似解法不强求每一个流体质点都满足微分方程，而用满足边界条件和某些相容条件的办法，使得在壁面附近和外部流动的过渡区域附近满足边界层方程；在边界层内的其他流体区域中，只满足微分方程的某个平均值（即对整个边界层厚度取的平均值）。这样的平均值通常是由动量方程通过在边界层厚度上积分得到。在近似解法中，动量积分方法因其计算量少而在工程计算中被广泛采用。

动量积分法最早是由卡门于 1921 年提出的，他得出了著名的卡门动量积分方程。积分法的基本思想是：建立边界层的质量、动量和动能的积分关系式，再利用基于实验的经验关系式，最后解出边界层内的典型参数沿流向的变化。

推导边界层的积分方程有两种方法，一种是直接从边界层的微分方程出发，在边界层内沿 y 方向积分推导；另一种取边界层微元段作为控制体，应用守恒定律导出。该两种方法得出的结果是一致的。我们先直接从边界层微分方程出发推导边界层的积分方程。二维、定常、不可压缩边界层连续性方程、动量方程以及边界条件为

$$\begin{cases}\dfrac{\partial u_x}{\partial x}+\dfrac{\partial u_y}{\partial y}=0\\ u_x\dfrac{\partial u_x}{\partial x}+u_y\dfrac{\partial u_x}{\partial y}=u_e\dfrac{\mathrm{d}u_e}{\mathrm{d}x}+\nu\dfrac{\partial^2 u_x}{\partial y^2}\\ y=0,u_x=u_y=0\\ y\to\infty,u_x=u_e\end{cases}$$

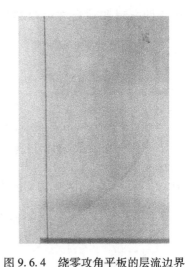

将连续性方程和动量方程两端分别对 y 从 0 到 δ 积分，并注意到边界条件 $u_y\big|_{y=\delta}=0$ 以及 $\frac{\partial u_x}{\partial y}\big|_{y=\delta}=0$ 得

$$u_y=-\int_0^\delta \frac{\partial u_x}{\partial x}\mathrm{d}y$$

$$\int_0^\delta\left(u_x\frac{\partial u_x}{\partial x}+u_y\frac{\partial u_x}{\partial y}-u_e\frac{\mathrm{d}u_e}{\mathrm{d}x}\right)\mathrm{d}y=-\frac{\tau_0}{\rho}$$

式中，$\tau_0=\mu\frac{\partial u_x}{\partial y}\big|_{y=0}$ 为壁面切应力。把连续性方程的积分方程代入动量方程的积分方程，有

$$\int_0^\delta\left[u_x\frac{\partial u_x}{\partial x}-\frac{\partial u_x}{\partial y}\left(\int_0^\delta\frac{\partial u_x}{\partial x}\mathrm{d}y\right)-u_e\frac{\mathrm{d}u_e}{\mathrm{d}x}\right]\mathrm{d}y=-\frac{\tau_0}{\rho}$$

该式左侧第二项，即

$$-\int_0^\delta\frac{\partial u_x}{\partial y}\left(\int_0^\delta\frac{\partial u_x}{\partial x}\mathrm{d}y\right)\mathrm{d}y=-\left(u_x\int_0^\delta\frac{\partial u_x}{\partial x}\mathrm{d}y\right)\Big|_0^\delta+\int_0^\delta u_x\frac{\partial u_x}{\partial x}\mathrm{d}y$$

$$=-u_e\int_0^\delta\frac{\partial u_x}{\partial x}\mathrm{d}y+\int_0^\delta u_x\frac{\partial u_x}{\partial x}\mathrm{d}y$$

于是，有

$$\int_0^\delta\left(2u_x\frac{\partial u_x}{\partial x}-u_e\frac{\partial u_x}{\partial x}-u_e\frac{\mathrm{d}u_e}{\mathrm{d}x}\right)\mathrm{d}y=-\frac{\tau_0}{\rho}$$

将方程左端第一项和第二项分别整理成

$$\int_0^\delta\left(2u_x\frac{\partial u_x}{\partial x}\right)\mathrm{d}y=\int_0^\delta\left(\frac{\partial u_x^2}{\partial x}\right)\mathrm{d}y=\frac{\partial}{\partial x}\int_0^\delta u_x^2\mathrm{d}y-u_e^2\frac{\mathrm{d}\delta}{\mathrm{d}x}$$

$$\int_0^\delta u_e\frac{\partial u_x}{\partial x}\mathrm{d}y=u_e\frac{\partial}{\partial x}\int_0^\delta u_x\mathrm{d}y-u_e^2\frac{\mathrm{d}\delta}{\mathrm{d}x}$$

于是得到积分方程

$$\frac{\partial}{\partial x}\int_0^\delta u_x^2\mathrm{d}y-u_e\frac{\partial}{\partial x}\int_0^\delta u_x\mathrm{d}y=u_e\frac{\mathrm{d}u_e}{\mathrm{d}x}\delta-\frac{\tau_0}{\rho}$$

方程左端第二项

$$u_e\frac{\partial}{\partial x}\int_0^\delta u_x\mathrm{d}y=\frac{\partial}{\partial x}\left(u_e\int_0^\delta u_x\mathrm{d}y\right)-\frac{\mathrm{d}u_e}{\mathrm{d}x}\int_0^\delta u_x\mathrm{d}y$$

于是，有

$$\frac{\partial}{\partial x}\int_0^\delta[u_x(u_e-u_x)]\mathrm{d}y+\frac{\mathrm{d}u_e}{\mathrm{d}x}\int_0^\delta(u_e-u_x)\mathrm{d}y=\frac{\tau_0}{\rho}$$

该式中的左端第一项可利用积分公式

$$\frac{\mathrm{d}}{\mathrm{d}x}\int_a^b f(x,y)\mathrm{d}y=f(x,b)\frac{\mathrm{d}b}{\mathrm{d}x}-f(x,a)\frac{\mathrm{d}a}{\mathrm{d}x}+\int_a^b\left[\frac{\partial}{\partial x}f(x,y)\right]\mathrm{d}y$$

于是

$$\int_0^\delta \frac{\partial}{\partial x}[u_x(u_e - u_x)]\mathrm{d}y$$

$$=\frac{\mathrm{d}}{\mathrm{d}x}\int_0^\delta [u_x(u_e - u_x)]\mathrm{d}y - [u_x(u_e - u_x)]_{x,y=\delta}\frac{\mathrm{d}\delta}{\mathrm{d}x} + [u_x(u_e - u_x)]_{x,y=0}\frac{\mathrm{d}u_e}{\mathrm{d}x}$$

$$=\frac{\mathrm{d}}{\mathrm{d}x}\int_0^\delta [u_x(u_e - u_x)]\mathrm{d}y = \frac{\mathrm{d}}{\mathrm{d}x}\left\{u_e^2\int_0^\delta\left[\frac{u_x}{u_e}\left(1-\frac{u_x}{u_e}\right)\right]\mathrm{d}y\right\}$$

整理得到

$$\frac{\mathrm{d}}{\mathrm{d}x}(\delta_2 u_e^2) + \delta_1 u_e\frac{\mathrm{d}u_e}{\mathrm{d}x} = \frac{\tau_0}{\rho}$$

此即二维不可压缩层流定常流动的动量积分关系式,是卡门于 1921 年根据动量定理推导出来的,因此又称卡门动量积分关系式。式中 $\tau_0 = \mu\left(\frac{\partial u_x}{\partial y}\right)_{y=0}$ 对于层流边界层和湍流边界层两种情况均成立，这是因为即使在湍流边界层中，紧贴壁面也有一薄层的流体由于受壁面的约束而没有脉动现象，但此时贴近壁面的速度分布与离开壁面的速度分布是不同的。

以下我们取单位宽度的边界层微元段作为控制体，推导边界层积分方程。边界层微元段控制体，如图 9.7.1 所示。对于连续性方程的积分方程。由控制面 ab 流入的质量为

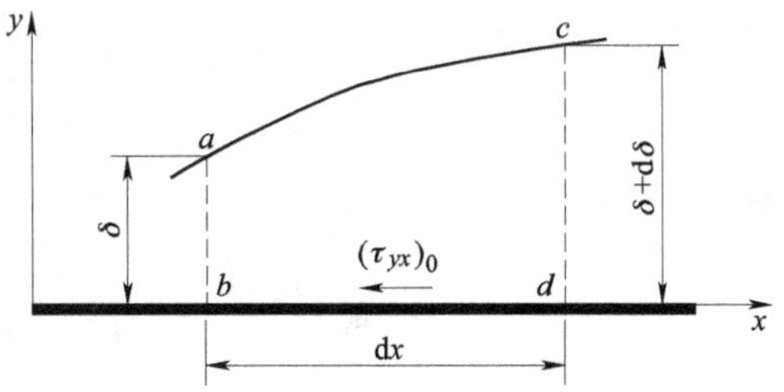

图 9.7.1　边界层位移厚度

$$\int_0^\delta \rho u_x \mathrm{d}y$$

由控制面 ac 流入的质量为

$$\rho u_e\frac{\mathrm{d}\delta}{\mathrm{d}x}\mathrm{d}x$$

由控制面 cd 流出的质量为

$$\int_0^\delta \rho u_x\mathrm{d}y + \frac{\mathrm{d}}{\mathrm{d}x}\left(\int_0^\delta \rho u_x\mathrm{d}y\right)\mathrm{d}x$$

控制面 bd 上无质量交换。依据质量守恒定律，易得

$$\rho u_e\frac{\mathrm{d}\delta}{\mathrm{d}x}\mathrm{d}x = \frac{\mathrm{d}}{\mathrm{d}x}\left(\int_0^\delta \rho u_x\mathrm{d}y\right)\mathrm{d}x$$

对于动量方程的积分方程，大量实验表明，边界层横截面上的压力变化很小。由控制面 ab 流入的动量为 $\int_0^\delta \rho u_x^2\mathrm{d}y$，作用在该面上的力为 $p_e\delta$；由控制面 ac 流入的动量为 $\rho u_e^2\frac{\mathrm{d}\delta}{\mathrm{d}x}\mathrm{d}x$，作用在该面上的力为 $p_e\frac{\mathrm{d}\delta}{\mathrm{d}x}\mathrm{d}x$。由控制面 cd 流出的动量为 $\int_0^\delta \rho u_x^2\mathrm{d}y + \frac{\partial}{\partial x}\left(\int_0^\delta \rho u_x^2\mathrm{d}y\right)\mathrm{d}x$，作用在该面上的力为 $p_e\delta + \frac{\partial(p_e\delta)}{\partial x}\mathrm{d}x$；控制面 bd 上无动量交换，作用在该面上的力为 $(\tau_{yx})_0\mathrm{d}x$。由动量守恒定律，有

$$\int_0^\delta \rho u_x^2\mathrm{d}y + \rho u_e^2\frac{\mathrm{d}\delta}{\mathrm{d}x}\mathrm{d}x - \left[\int_0^\delta \rho u_x^2\mathrm{d}y + \frac{\partial}{\partial x}\left(\int_0^\delta \rho u_x^2\mathrm{d}y\right)\mathrm{d}x\right]$$

$$= p_e\delta + p_e\frac{\mathrm{d}\delta}{\mathrm{d}x}\mathrm{d}x - \left[p_e\delta + \frac{\partial(p_e\delta)}{\partial x}\mathrm{d}x\right] - (\tau_{yx})_0\mathrm{d}x$$

整理得到

$$\frac{\partial}{\partial x}\left(\int_0^\delta \rho u_x^2 \mathrm{d}y\right)\mathrm{d}x - \rho u_e^2 \frac{\mathrm{d}\delta}{\mathrm{d}x}\mathrm{d}x = \delta \frac{\mathrm{d}p_e}{\mathrm{d}x}\mathrm{d}x\ (\tau_{yx})_0 \mathrm{d}x$$

将连续性积分方程代入，得

$$u_e \frac{\partial}{\partial x}\left(\int_0^\delta \rho u_x \mathrm{d}y\right)\mathrm{d}x - \frac{\partial}{\partial x}\left(\int_0^\delta \rho u_x^2 \mathrm{d}y\right)\mathrm{d}x = \delta \frac{\mathrm{d}p_e}{\mathrm{d}x}\mathrm{d}x + (\tau_{yx})_0 \mathrm{d}x$$

即

$$u_e \frac{\partial}{\partial x}\left(\int_0^\delta \rho u_x \mathrm{d}y\right) - \frac{\partial}{\partial x}\left(\int_0^\delta \rho u_x^2 \mathrm{d}y\right) = \delta \frac{\mathrm{d}p_e}{\mathrm{d}x} + (\tau_{yx})_0$$

以上积分关系式可改写成更简单的形式。考虑到 $\frac{\mathrm{d}p_e}{\mathrm{d}x}$ 表示主流区边界压力对于 x 方向的梯度，已由伯努利方程得到

$$\frac{\mathrm{d}p_e}{\mathrm{d}x} = -\rho u_e \frac{\mathrm{d}u_e}{\mathrm{d}x}$$

于是

$$\delta \frac{\mathrm{d}p_e}{\mathrm{d}x} = -\rho u_e \frac{\mathrm{d}u_e}{\mathrm{d}x}\delta = -\rho u_e \frac{\mathrm{d}u_e}{\mathrm{d}x}\int_0^\delta \mathrm{d}y$$

另外

$$u_e \frac{\partial}{\partial x}\left(\int_0^\delta \rho u_x \mathrm{d}y\right) = \frac{\partial}{\partial x}\left(\int_0^\delta \rho u_e u_x \mathrm{d}y\right) - \frac{\mathrm{d}u_e}{\mathrm{d}x}\int_0^\delta \rho u_x \mathrm{d}y$$

将上列两式代入到动量积分关系式中，得

$$\frac{\partial}{\partial x}\left(\int_0^\delta \rho u_e u_x \mathrm{d}y\right) - \frac{\mathrm{d}u_e}{\mathrm{d}x}\int_0^\delta \rho u_x \mathrm{d}y - \frac{\partial}{\partial x}\left(\int_0^\delta \rho u_x^2 \mathrm{d}y\right) = -\rho u_e \frac{\mathrm{d}u_e}{\mathrm{d}x}\int_0^\delta \mathrm{d}y + (\tau_{yx})_0$$

即

$$\begin{aligned}
\frac{(\tau_{yx})_0}{\rho} &= \frac{\partial}{\partial x}\left(\int_0^\delta u_e u_x \mathrm{d}y\right) - \frac{\partial}{\partial x}\left(\int_0^\delta u_x^2 \mathrm{d}y\right) + u_e \frac{\mathrm{d}u_e}{\mathrm{d}x}\int_0^\delta \mathrm{d}y - u_e \frac{\mathrm{d}u_e}{\mathrm{d}x}\int_0^\delta \frac{u_x}{u_e}\mathrm{d}y \\
&= \frac{\partial}{\partial x}\left[\int_0^\delta u_x(u_e - u_x)\mathrm{d}y\right] + u_e \frac{\mathrm{d}u_e}{\mathrm{d}x}\left[\int_0^\delta \left(1 - \frac{u_x}{u_e}\right)\mathrm{d}y\right] \\
&= \frac{\partial}{\partial x}\left[u_e^2 \int_0^\delta \frac{u_x}{u_e}\left(1 - \frac{u_x}{u_e}\right)\mathrm{d}y\right] + u_e \frac{\mathrm{d}u_e}{\mathrm{d}x}\left[\int_0^\delta \left(1 - \frac{u_x}{u_e}\right)\mathrm{d}y\right]
\end{aligned}$$

在边界层外缘以外，$u_e - u_x \big|_{y \geqslant \delta} = 0$，故上式简化为

$$\frac{(\tau_{yx})_0}{\rho} = \frac{\partial}{\partial x}\left[u_e^2 \int_0^\infty \frac{u_x}{u_e}\left(1 - \frac{u_x}{u_e}\right)\mathrm{d}y\right] + u_e \frac{\mathrm{d}u_e}{\mathrm{d}x}\left[\int_0^\infty \left(1 - \frac{u_x}{u_e}\right)\mathrm{d}y\right]$$

即

$$\frac{\mathrm{d}}{\mathrm{d}x}(\delta_2 u_e^2) + \delta_1 u_e \frac{\mathrm{d}u_e}{\mathrm{d}x} = \frac{(\tau_{yx})_0}{\rho}$$

可见，直接从边界层的微分方程出发，以及取边界层微元段应用守恒定律得到的卡门动量积分关系式是一致的。应当指出，以上在推导动量积分关系式的过程中并未附加任何近似条件，从这个意义上来说，它是严格的。因此，动量积分方程既可以用于处理层流边界层，也可以用于

处理湍流边界层。

最后，推导动能积分关系式。将边界层动量方程两端同时乘以 u_x，然后对 y 由 0 到 δ 积分，并把 $u_y=-\int_0^\delta \frac{\partial u_x}{\partial x}\mathrm{d}y$ 代入，得

$$\int_0^\delta\left[u_x^2\frac{\partial u_x}{\partial x}+u_x\frac{\partial u_x}{\partial y}\left(-\int_0^\delta\frac{\partial u_x}{\partial x}\mathrm{d}y\right)-u_eu_x\frac{\mathrm{d}u_e}{\mathrm{d}x}\right]\mathrm{d}y=\nu\int_0^\delta\left(u_x\frac{\partial^2u_x}{\partial y^2}\right)\mathrm{d}y$$

对上式各部分积分

$$\int_0^\delta\left[u_x\frac{\partial u_x}{\partial y}\left(-\int_0^\delta\frac{\partial u_x}{\partial x}\mathrm{d}y\right)\right]\mathrm{d}y=-\frac{1}{2}\int_0^\delta(u_e^2-u_x^2)\frac{\partial u_x}{\partial x}\mathrm{d}y$$

$$\int_0^\delta\left[u_x^2\frac{\partial u_x}{\partial x}-u_eu_x\frac{\mathrm{d}u_e}{\mathrm{d}x}\right]\mathrm{d}y=\frac{1}{2}\int_0^\delta u_x\frac{\partial}{\partial x}(u_e^2-u_x^2)\mathrm{d}y$$

$$\nu\int_0^\delta\left(u_x\frac{\partial^2u_x}{\partial y^2}\right)\mathrm{d}y=\frac{1}{\rho}\int_0^\delta u_x\frac{\partial\tau}{\partial y}\mathrm{d}y=-\int_0^\delta\frac{\tau}{\rho}\frac{\partial u_x}{\partial y}\mathrm{d}y$$

于是

$$\frac{1}{2}\int_0^\delta\frac{\partial}{\partial x}[u_x(u_e^2-u_x^2)]\mathrm{d}y=-\int_0^\delta\frac{\tau}{\rho}\frac{\partial u_x}{\partial y}\mathrm{d}y$$

交换微分和积分次序，得

$$\frac{1}{2}\frac{\partial}{\partial x}\int_0^\delta[u_x(u_e^2-u_x^2)]\mathrm{d}y=-\int_0^\delta\frac{\tau}{\rho}\frac{\partial u_x}{\partial y}\mathrm{d}y$$

引入边界层动能损失厚度 $\delta_3=\int_0^\infty\frac{u_x}{u_e}\left(1-\frac{u_x^2}{u_e^2}\right)\mathrm{d}y$，上式成为

$$\frac{\mathrm{d}}{\mathrm{d}x}(u_e^3\delta_3)=2\int_0^\delta\frac{\tau}{\rho}\frac{\partial u_x}{\partial y}\mathrm{d}y$$

在层流情况下，

$$\tau=\mu\frac{\partial u_x}{\partial y}$$

则有

$$\frac{\mathrm{d}}{\mathrm{d}x}(u_e^3\delta_3)=2\nu\int_0^\delta\left(\frac{\partial u_x}{\partial y}\right)^2\mathrm{d}y$$

此即二维不可压缩流动边界层动能积分方程。

对于二维不可压缩流动，耗散函数为

$$\Phi=2\mu\left(\frac{\partial u_x}{\partial x}\right)^2+2\mu\left(\frac{\partial u_y}{\partial y}\right)^2+\mu\left(\frac{\partial u_x}{\partial y}+\frac{\partial u_y}{\partial x}\right)^2$$

在边界层内，$\frac{\partial u_x}{\partial x}$、$\frac{\partial u_y}{\partial y}$、$\frac{\partial u_y}{\partial x}$ 与 $\frac{\partial u_x}{\partial y}$ 相比是小量，于是

$$\Phi=\mu\left(\frac{\partial u_x}{\partial y}\right)^2$$

对上式在边界层内积分，有

$$D=\int_0^\delta \Phi \mathrm{d}y=\int_0^\delta \mu\left(\frac{\partial u_x}{\partial y}\right)^2 \mathrm{d}y=\int_0^\delta \tau \frac{\partial u_x}{\partial y}\mathrm{d}y$$

可见，边界层动能积分方程的等式右端代表耗散功，是摩擦应力和相对速度的乘积，即单位体积流体在单位时间内，由于摩擦切向应力消耗机械能，转变为热能而在流动中耗散的能量。边界层动能积分方程的等式左端 $\frac{\mathrm{d}}{\mathrm{d}x}(u_e^3\delta_3)$ 表示在 x 方向流体能量损失的沿程变化率，边界层内由于摩擦切向应力做功而导致的能量损失均在流动过程中转化为热能而耗散。

9.8 边界层积分方程的近似解

前面已经推导出边界层的卡门动量积分关系式为

$$\frac{\mathrm{d}}{\mathrm{d}x}(\delta_2 u_e^2)+\delta_1 u_e \frac{\mathrm{d}u_e}{\mathrm{d}x}=\frac{\tau_0}{\rho}$$

式中 u_e 可由理想流体绕流的势流理论求解，因而可当作已知量，而 δ_1、δ_2 和 τ_0 为三个未知量，它们的表达式可写作

$$\delta_1=\int_0^\delta\left(1-\frac{u_x}{u_e}\right)\mathrm{d}y,\quad \delta_2=\int_0^\delta \frac{u_x}{u_e}\left(1-\frac{u_x}{u_e}\right)\mathrm{d}y,\quad \tau_0=\mu\left(\frac{\partial u_x}{\partial y}\right)_{y=0}$$

可见未知量转化为只有 u_x 和 δ 两个未知量，但只有一个动量积分方程，必须再补充一个方程才能求解。对于层流流动，一般假设一个由多项式表达的速度分布

$$\frac{u_x}{u_e}=f(\eta)=a_0+a_1\frac{y}{\delta}+a_2\left(\frac{y}{\delta}\right)^2+\cdots$$

多项式各项的系数可由边界条件确定。由于一般情况下，没有相似解，因此这些系数是 x 的函数，即它是依赖于 x 的单值函数。边界层积分方程近似解法的基本思想可归纳为：根据速度边界层流动的特性（包括边界条件），假定一个速度关系式近似地表达边界层内的速度分布，速度关系式的系数只是 x 的函数，由边界条件确定速度关系式的系数，然后求解动量积分方程，进而确定边界层中的其他物理量。可见，动量积分关系式解法的准确性取决于假定的速度分布式的合理程度，如何假定速度分布成为求解的关键。

在假定速度分布时，为使之尽可能与真实速度分布逼近，就要使其尽可能满足壁面上和边界层外缘上的条件以及边界层运动方程本身。

首先，在边界层的外缘上，黏性流与势流衔接，即

$$\text{当 } y=\delta\text{，或 } y\to\infty\text{时，}\ u_x=u_e(x),\ \frac{\partial u_x}{\partial y}=0,\ \frac{\partial^2 u_x}{\partial y^2}=0,\ \cdots$$

其次，在壁面上，当 $y=0$ 时，$u_x=u_y=0$，由 $\tau_0=\mu\left(\frac{\partial u_x}{\partial y}\right)_{y=0}$ 得到 $\left(\frac{\partial u_x}{\partial y}\right)_{y=0}=\frac{\tau_0}{\mu}$，将这些条件代入边界层动量方程，得

$$\frac{\partial^2 u_x}{\partial y^2}=-\frac{u_e}{\nu}\frac{\mathrm{d}u_e}{\mathrm{d}x}$$

第三，对边界层动量方程进行必要处理。将边界层方程

$$u_x\frac{\partial u_x}{\partial x}+u_y\frac{\partial u_x}{\partial y}=u_e\frac{\mathrm{d}u_e}{\mathrm{d}x}+\nu\frac{\partial^2 u_x}{\partial y^2}$$

对 y 微分，并注意到 $u_e(x)$、$\frac{\mathrm{d}u_e}{\mathrm{d}x}$ 与 y 无关，得到

$$\frac{\partial u_x}{\partial y}\left(\frac{\partial u_x}{\partial x}+\frac{\partial u_y}{\partial y}\right)+u_x\frac{\partial^2 u}{\partial x\partial y}+u_y\frac{\partial^2 u_y}{\partial y^2}=\nu\frac{\partial^3 u_x}{\partial y^3}$$

把连续性方程以及当 $y=0$ 时，$u_x=u_y=0$ 代入上式，得

$$当\ y=0\ 时,\ \frac{\partial^3 u_x}{\partial y^3}=0$$

将该式对 y 微分，得

$$当\ y=0\ 时,\ \frac{\partial^4 u_x}{\partial y^4}=0$$

继续对 y 取微分，得

$$当\ y=0\ 时,\ \frac{\partial^5 u_x}{\partial y^5}=0$$

还可以继续做下去。可见，速度分布在边界层边界上应满足的条件为：

当 $y=0$ 时，

$$\begin{cases}u_x=u_y=0\\ \dfrac{\partial u_x}{\partial y}=\dfrac{\tau_0}{\mu}\\ \dfrac{\partial^2 u_x}{\partial y^2}=-\dfrac{u_e}{\nu}\dfrac{\mathrm{d}u_e}{\mathrm{d}x}\\ \dfrac{\partial^n u_x}{\partial y^n}=0\quad (n=3,4,5,\cdots)\end{cases}$$

当 $y=\delta$，或 $y\to\infty$时

$$\begin{cases}u_x=u_e(x)\\ \dfrac{\partial^n u_x}{\partial y^n}=0\quad (n=1,2,3,\cdots)\end{cases}$$

下面给出几个速度分布假设。

二次分布假设：

$$\frac{u_x}{u_e}=f(\eta)=a_0+a_1\eta+a_2\eta^2$$

由 $f(0)=0(u_x=0)$，$f(1)=1(u_x=u_e)$，$f'(1)=0(\partial u_x/\partial y=0)$，得

$$a_0=0,\ a_1=2,\ a_2=-1$$

于是

$$\frac{u_x}{u_e}=f(\eta)=2\eta-\eta^2$$

三次分布假设：

$$\frac{u_x}{u_e}=f(\eta)=a_0+a_1\eta+a_2\eta^2+a_3\eta^3$$

由 $f(0)=0(u_x=0)$，$f(1)=1(u_x=u_e)$，$f'(1)=0(\partial u_x/\partial y=0)$，$f''(1)=0(\partial^2 u_x/\partial y^2=0)$
得

$$a_0=0,\ a_1=\frac{3}{2},\ a_2=0,\ a_3=-\frac{1}{2}$$

于是

$$\frac{u_x}{u_e}=f(\eta)=\frac{3}{2}\eta-\frac{1}{2}\eta^3$$

四次分布假设：

$$\frac{u_x}{u_e}=f(\eta)=a_0+a_1\eta+a_2\eta^2+a_3\eta^3+a_4\eta^4$$

由

$f(0)=0(u_x=0)$，$f(1)=1(u_x=u_e)$，$f'(1)=0(\partial u_x/\partial y=0)$，$f''(1)=0(\partial^2 u_x/\partial y^2=0)$，$f'''(0)=0(\partial^3 u_x/\partial y^3=0)$
得

$$a_0=0,\ a_1=1,\ a_2=0,\ a_3=-2,\ a_4=1$$

于是

$$\frac{u_x}{u_e}=f(\eta)=2\eta-2\eta^3+\eta^4$$

三角函数分布：

$$\frac{u_x}{u_e}=f(\eta)=\sin\left(\frac{\pi}{2}\eta\right)$$

如果选定的速度分布满足速度边界层外边界和壁面上的主要条件，则速度边界层内的速度剖面在这两处接近。在速度边界层的中间部分（$0<y<\delta$），虽然还可能有一定误差，但由于应用了动量积分，并不要求每个流体质点均满足边界层方程，只要求平均地从总体上满足沿速度边界层厚度的动量积分关系式，因而可以得到满足工程需要的结果。应当指出，在壁面上的各个条件中，以 $\frac{\partial^2 u_x}{\partial y^2}=-\frac{u_e}{\nu}\frac{\mathrm{d}u_e}{\mathrm{d}x}$ 最重要，因为它控制速度剖面在顺压力梯度区无拐点，在逆压力梯度区内有拐点，符合实际情况，因此在曲壁面物体的绕流问题中，应该尽量使选定的速度分布满足这个条件。以下，讨论零压力梯度平板层流边界层的近似解法。

在定常均匀来流中，平行于来流放置的平板边界层流动，在来流速度 $u_\infty=\text{const}$，整个平板的压强和势流速度均不变，$\frac{\mathrm{d}p}{\mathrm{d}x}=0$，$\frac{\mathrm{d}u_\infty}{\mathrm{d}x}=0$，此时边界层动量积分关系式化简为

$$\frac{\mathrm{d}\delta_2}{\mathrm{d}x}=\frac{\tau_0}{\rho u_\infty^2}$$

即

$$\tau_0\mathrm{d}x=\mathrm{d}(\rho u_\infty^2\delta_2)$$

由此可看出，动量积分方程的物理意义为：$\mathrm{d}x$ 段的壁面阻力相当于这一段平板边界层中动量损失的增量。假设边界层内速度分布有一般形式

$$\frac{u_x}{u_\infty}=f(\eta)$$

式中，$\eta=\dfrac{y}{\delta(x)}$，于是

$$\delta_2=\int_0^\delta \frac{u_x}{u_\infty}\left(1-\frac{u_x}{u_\infty}\right)\mathrm{d}y=\delta\int_0^1 f(1-f)\,\mathrm{d}\eta=\alpha_2\delta$$

$$\tau_0=\mu\left(\frac{\partial u_x}{\partial y}\right)_{y=0}=\frac{\mu u_\infty}{\delta}f'(0)=\beta\frac{\mu u_\infty}{\delta}$$

其中 $\alpha_2=\int_0^1 f(1-f)\,\mathrm{d}\eta$，$\beta=f'(0)$。当选定函数 $f(\eta)$ 的具体形式后，α 和 β 是完全确定的常数。于是，边界层动量积分关系式变为

$$\alpha_2 u_\infty^2\mathrm{d}\delta=\beta\frac{\nu u_\infty}{\delta}$$

或

$$\delta\frac{\mathrm{d}\delta}{\mathrm{d}x}=\frac{\beta\nu}{\alpha_2 u_\infty}$$

积分，得

$$\frac{1}{2}\delta^2=\frac{\beta\nu}{\alpha_2 u_\infty}x+C$$

式中，C 为积分常数。考虑到 $x=0$，$\delta=0$，所以 $C=0$，于是

$$\delta=\sqrt{\frac{2\beta}{\alpha_2}}\sqrt{\frac{\nu x}{u_\infty}}=\sqrt{\frac{2\beta}{\alpha_2}}\frac{x}{\sqrt{Re_x}}$$

以下给出边界层的一些物理量。

速度分布 $\dfrac{u_x}{u_\infty}=f(\eta)$，采用多项式假定给出，多项式的系数由边界条件确定。

$$\delta_1=\int_0^\infty\left(1-\frac{u_x}{u_e}\right)\mathrm{d}y=\delta\int_0^1(1-f)\,\mathrm{d}\eta=\alpha_1\delta=\alpha_1\sqrt{\frac{2\beta}{\alpha_2}}\frac{x}{\sqrt{Re_x}}$$

其中 $\alpha_1=\int_0^1(1-f)\,\mathrm{d}\eta$。

$$\delta_2=\alpha_2\delta=\alpha_2\sqrt{\frac{2\beta}{\alpha_2}}\frac{x}{\sqrt{Re_x}}$$

壁面摩擦应力为

$$\tau_0=\beta\frac{\mu u_\infty}{\delta}=\rho u_\infty^2\sqrt{\frac{\beta\alpha_2}{2}}\frac{1}{\sqrt{Re_x}}$$

壁面摩擦系数为

$$C_{\mathrm{f}x}=\frac{\tau_0}{\rho u_\infty^2/2}=\sqrt{2\beta\alpha_2}\frac{1}{\sqrt{Re_x}}$$

表 9.8.1 给出了不同速度分布函数时边界层各物理量的计算结果。

表 9.8.1 不同速度分布函数时边界层各物理量的计算结果

$u_x/u_e=f(\eta)$	α_1	α_2	β	δ	δ_1	τ_0
η	$\frac{1}{2}$	$\frac{1}{6}$	1	$3.46\frac{x}{\sqrt{Re_x}}$	$1.732\frac{x}{\sqrt{Re_x}}$	$0.289\frac{\rho u_\infty^2}{\sqrt{Re_x}}$
$2\eta-\eta^2$	$\frac{1}{3}$	$\frac{2}{15}$	2	$5.48\frac{x}{\sqrt{Re_x}}$	$1.825\frac{x}{\sqrt{Re_x}}$	$0.365\frac{\rho u_\infty^2}{\sqrt{Re_x}}$
$\frac{3}{2}\eta-\frac{1}{2}\eta^3$	$\frac{3}{8}$	$\frac{39}{280}$	$\frac{3}{2}$	$4.64\frac{x}{\sqrt{Re_x}}$	$1.740\frac{x}{\sqrt{Re_x}}$	$0.323\frac{\rho u_\infty^2}{\sqrt{Re_x}}$
$2\eta-2\eta^3+\eta^4$	$\frac{3}{10}$	$\frac{37}{315}$	2	$5.83\frac{x}{\sqrt{Re_x}}$	$1.752\frac{x}{\sqrt{Re_x}}$	$0.343\frac{\rho u_\infty^2}{\sqrt{Re_x}}$
$2\eta-5\eta^4+6\eta^5-2\eta^6$	$\frac{2}{7}$	$\frac{985}{9009}$	2	$6.05\frac{x}{\sqrt{Re_x}}$	$1.728\frac{x}{\sqrt{Re_x}}$	$0.331\frac{\rho u_\infty^2}{\sqrt{Re_x}}$
$\sin\left(\frac{\pi}{2}\eta\right)$	$\frac{\pi-2}{\pi}$	$\frac{4-\pi}{2\pi}$	$\frac{\pi}{2}$	$4.79\frac{x}{\sqrt{Re_x}}$	$1.742\frac{x}{Re_x}$	$0.327\frac{\rho u_\infty^2}{\sqrt{Re_x}}$
布拉休斯方程相似解				$5.0\frac{x}{\sqrt{Re_x}}$	$1.721\frac{x}{\sqrt{Re_x}}$	$0.332\frac{\rho u_\infty^2}{\sqrt{Re_x}}$
$\alpha_1=\int_0^1(1-f)\mathrm{d}\eta$，$\alpha_2=\int_0^1 f(1-f)\mathrm{d}\eta$；$\beta=f'(0)$						

由该表可以看出，边界层问题的近似解法对于顺流放置的平板而言，可以得到相当满意的结果，而且相对于求得精确解而言，近似方法要简单得多。1921 年波尔豪森选取四次多项式速度分布，利用动量积分关系式解决了有压力梯度的一般层流边界层的近似计算问题。波尔豪森方法的不足之处在于，所得到的速度分布式不能很好地满足各种压力梯度对速度分布的影响，对较小的顺压力梯度流动结果较好，但不适于强顺压力梯度，对逆压力梯度流动计算结果的误差较大，分离点位置太靠后。后续有一些学者对有压力梯度的一般层流边界层求解方法不断完善，并取得满意结果。对于顺压力梯度的层流边界层，其误差仅为±5%；对于逆压力梯度，其误差要大些，在分离点附近，其误差可能达到±15%。

【例 9.8.1】 计算沿平壁流动的边界层厚度及阻力。温度为 40℃、速度为 0.6m/s 的水流沿平壁流动，试计算离前缘 0.2m 处的边界层厚度及流经长 0.2m、单位宽度平壁的流动阻力。若改为 1atm 下 20℃ 的空气，情况又如何？

解： 已知常压下，40℃ 的水 $\rho=992.2\text{kg/m}^3$，$\mu=6.532\times10^{-4}\text{Pa}\cdot\text{s}$；1atm 下 20℃ 的空气 $\rho=1.205\text{kg/m}^3$，$\mu=1.81\times10^{-5}\text{Pa}\cdot\text{s}$。

水流至 x 处的雷诺数为

$$Re_x=\frac{\rho x u}{\mu}$$

于是水流至 0.2m 处的雷诺数为

$$Re_{x=0.2}=\frac{992.2\times0.2\times0.6}{6.532\times10^{-4}}=182278<5\times10^5$$

流动为层流，于是

$$\delta=\frac{4.64x}{\sqrt{Re_x}}=\frac{4.64\times0.2}{\sqrt{182278}}\text{m}\approx2.2\text{mm}$$

$$D=\frac{0.646BL\rho u^2}{\sqrt{Re_L}}=\frac{0.646\times1\times0.2\times992.2\times0.6^2}{\sqrt{182278}}\text{N}\approx0.11\text{N}$$

改为空气，则

$$Re_{x=0.2}=\frac{1.205\times0.2\times0.6}{1.81\times10^{-5}}=7989<5\times10^5$$

流动为层流，于是

$$\delta=\frac{4.64x}{\sqrt{Re_x}}=\frac{4.64\times0.2}{\sqrt{7989}}\text{m}\approx10.4\text{mm}$$

$$D=\frac{0.646BL\rho u^2}{\sqrt{Re_L}}=\frac{0.646\times1\times0.2\times1.205\times0.6^2}{\sqrt{7989}}\text{N}\approx6.3\times10^{-4}\text{N}$$

计算结果表明，边界层厚度远小于流动距离。空气与水相比，来流速度相同，流动距离相同，气流边界层厚度是水的4.7倍，阻力只有水的0.0057。

【例9.8.2】 如图9.8.1所示，密度为ρ的空气被吸入直径D=50.8mm的发动机进口管道。已知空气黏度$\nu=1.477\times10^{-5}\text{m}^2/\text{s}$，管空气平均流速$u_0$=6.1m/s，试计算距进口$x$=0.3m处断面平均流速$V$与管中心流速$u_\text{m}$之比。

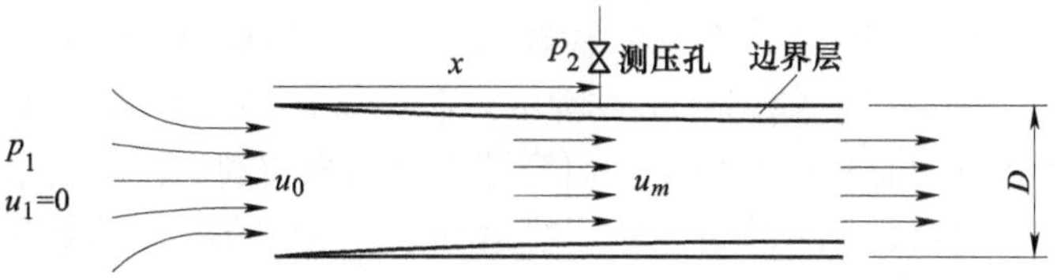

图9.8.1 圆管进口段空气流动

解： 根据圆管入口段流动特点，当空气流进圆管时，壁面处边界层沿流动方向增厚，管中心活塞流区的流体加速，即中心流速u_m大于所处管截面平均流速V。首先估算边界层厚度。平板边界层中的来流速度u_0是指离壁面无限远处的速度，对圆管来说，可以用中心速度代之。但管中心流速u_m也未知，先假定$u_\text{m}\approx u_0$=6.1m/s，则x=0.3m处，

$$Re_x=\frac{xu_0}{\nu}=\frac{0.3\times6.1}{1.477\times10^{-5}}=1.239\times10^5<5\times10^5$$

流动为层流。

$$\delta=\frac{4.64x}{\sqrt{Re_x}}=\frac{4.64\times0.3}{\sqrt{1.239\times10^5}}\text{m}\approx3.955\text{mm}$$

由此可近似得管内活塞流区的直径为

$$D_p=D-2\delta=50.8\text{mm}-2\times3.955\text{mm}=42.89\text{mm}$$

在x=0.3m处，管道横截面上的体积流量等于边界层内和活塞流区的体积流量之和，即流量平衡方程为

$$\frac{1}{4}\pi D^2V=\int_0^\delta u_x\pi D_\text{m}\text{d}y+\frac{1}{4}\pi D_p^2u_\text{m}$$

式中，

$$D_\text{m}=\frac{1}{2}(D+D_p)=\frac{1}{2}\times(50.8\text{mm}+42.89\text{mm})=46.85\text{mm}$$

边界层内的速度分布采用

$$\frac{u_x}{u_m}=\frac{3}{2}\left(\frac{y}{\delta}\right)-\frac{1}{2}\left(\frac{y}{\delta}\right)^3$$

代入上列流量平衡方程并积分，得

$$D^2V=\frac{5}{2}\delta D_m u_m+D_p^2u_m$$

代入数据，易得

$$V/u_m=0.892,\ u_m=6.839\text{m/s}$$

再修正 $V\approx u_m=6.839\text{m/s}$，重复计算，得

$$V/u_m=0.879$$

9.9 轴对称弯曲壁面层流边界层方程

前几节介绍了二维平面流动的速度边界层问题的解法，其中有些有相似解，其余的均可用动量积分关系式求解。对于三维流动的速度边界层问题，限于篇幅，本书不做全面介绍，本节仅对可转化为二维平面问题处理的实例——轴对称旋转体绕流，做简要分析。

对于轴对称流动，所有流线位于包含对称轴的平面中，反映到三维流动中，就是流线和对应点的所有物理量都是相同的。如图 9.9.1 所示，假设流体做以零攻角绕回转体的轴对称流动，所有流线将位于包含对称轴的平面中。研究这一流动最便利的做法是采用圆柱坐标系，以前驻点 0 为坐标原点，可写出圆柱坐标系中二维流动的连续性方程和动量方程如下：

$$\begin{cases}\dfrac{1}{r}\dfrac{\partial(ru_r)}{\partial r}+\dfrac{\partial u_z}{\partial z}=0\\ \dfrac{\partial u_r}{\partial t}+u_r\dfrac{\partial u_r}{\partial r}++u_z\dfrac{\partial u_r}{\partial r}=-\dfrac{1}{\rho}\dfrac{\partial p}{\partial r}+\nu\left(\dfrac{\partial^2u_r}{\partial r^2}+\dfrac{1}{r}\dfrac{\partial u_r}{\partial r}-\dfrac{u_r}{r^2}+\dfrac{\partial^2u_r}{\partial z^2}\right)\\ \dfrac{\partial u_z}{\partial t}+u_r\dfrac{\partial u_z}{\partial r}+u_z\dfrac{\partial u_z}{\partial r}=-\dfrac{1}{\rho}\dfrac{\partial p}{\partial z}+\nu\left(\dfrac{\partial^2u_z}{\partial r^2}+\dfrac{1}{r}\dfrac{\partial u_z}{\partial r}+\dfrac{\partial^2u_z}{\partial z^2}\right)\end{cases}$$

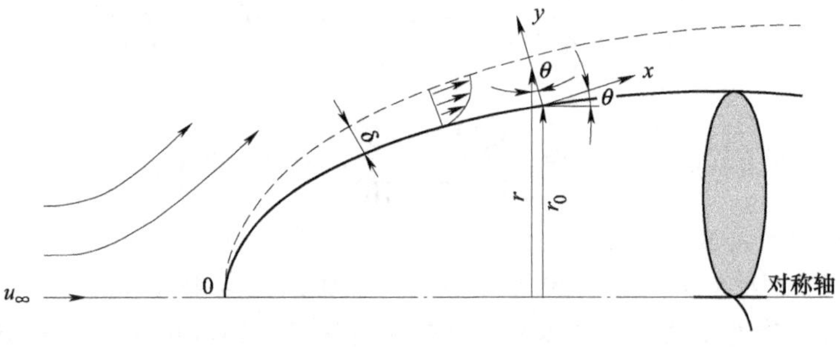

图 9.9.1 轴对称弯曲壁面流动边界层

以沿物面轮廓线自点 0 向下游为 x 轴，沿物面外法线自壁面算起为 y 轴，r_0 为回转体表面轮廓线半径，于是

$$r=r_0+y\cos\theta=r_0\left(1+\frac{y\cos\theta}{r_0}\right)$$

式中，$\frac{y\cos\theta}{r_0}$ 表示 r 相对于 r_0 的偏离量，当回转体的半径很大时，可以略去不计。于是可近似取

$$u_z = u_x,\quad \frac{\partial}{\partial z} = \frac{\partial}{\partial x},\quad u_r = u_x,\quad \frac{\partial}{\partial r} = \frac{\partial}{\partial y}$$

代换并整理后，得

$$\begin{cases}\dfrac{\partial(ru_x)}{\partial x} + \dfrac{\partial(ru_y)}{\partial y} = 0\\ \dfrac{\partial u_x}{\partial t} + u_x\dfrac{\partial u_x}{\partial x} + u_y\dfrac{\partial u_x}{\partial y} = -\dfrac{1}{\rho}\dfrac{\partial p}{\partial x} + \nu\left(\dfrac{\partial^2 u_x}{\partial x^2} + \dfrac{1}{r}\dfrac{\partial u_x}{\partial y} + \dfrac{\partial^2 u_x}{\partial y^2}\right)\\ \dfrac{\partial u_y}{\partial t} + u_x\dfrac{\partial u_y}{\partial x} + u_y\dfrac{\partial u_y}{\partial y} = -\dfrac{1}{\rho}\dfrac{\partial p}{\partial y} + \nu\left(\dfrac{\partial^2 u_y}{\partial x^2} + \dfrac{\partial^2 u_y}{\partial y^2} + \dfrac{1}{r}\dfrac{\partial u_y}{\partial y} - \dfrac{u_y}{r^2}\right)\end{cases}$$

可根据边界层流动的特性简化以上方程。物体不太细长，流动边界层厚度 δ 是物体特征长度 L 的高阶小量。此外，物面的横截面半径 $r_0(x)$ 与物体的特征长度 L 同量级。即有

$$x \sim r,\ y \sim \delta,\ \delta = \frac{L}{\sqrt{Re}},\ \frac{u_y}{u_x} \sim \frac{\nu}{L},\ u_y \sim \frac{u_\infty}{\sqrt{Re}},\ \frac{y}{r} \sim \frac{1}{\sqrt{Re}},\ \frac{y}{r_0} \sim \frac{1}{\sqrt{Re}},\ r \approx r_0$$

于是得到

$$\begin{cases}\dfrac{\partial(r_0u_x)}{\partial x} + \dfrac{\partial(r_0u_y)}{\partial y} = 0\\ \dfrac{\partial u_x}{\partial t} + u_x\dfrac{\partial u_x}{\partial x} + u_y\dfrac{\partial u_x}{\partial y} = -\dfrac{1}{\rho}\dfrac{\partial p}{\partial x} + \nu\dfrac{\partial^2 u_x}{\partial y^2}\\ \dfrac{\partial p}{\partial y} = 0\end{cases}$$

即

$$\begin{cases}\dfrac{\partial(r_0u_x)}{\partial x} + \dfrac{\partial(r_0u_y)}{\partial y} = 0\\ \dfrac{\partial u_x}{\partial t} + u_x\dfrac{\partial u_x}{\partial x} + u_y\dfrac{\partial u_x}{\partial y} = -\dfrac{1}{\rho}\dfrac{\mathrm{d}p}{\mathrm{d}x} + \nu\dfrac{\partial^2 u_x}{\partial y^2}\end{cases}$$

边界条件为

$$u_x\big|_{y=0} = u_y\big|_{y=0} = 0,\quad u_x\big|_{y\to\infty} = u_e(x,\ t)$$

在边界层厚度很小，壁面曲率不大的前提下，可以认为压力沿法向不变，定常流动动量方程还可以写作

$$u_x\frac{\partial u_x}{\partial x} + u_y\frac{\partial u_x}{\partial y} = u_e\frac{\mathrm{d}u_e}{\mathrm{d}x} + \nu\frac{\partial^2 u_x}{\partial y^2}$$

以上轴对称边界层方程组及其边界条件与二维平板边界层流动方程相比，两者的差别是在连续性方程中出现 $r_0(x)$。因此，轴对称边界层流动的解法与二维平板边界层流动的解法相比，不会带来更多的数学困难，可以设想通过某种坐标和变量变换，把轴对称边界层流动的方程变换成二维平板边界层方程的形式，这样就可以把二维平板边界层的成熟解法推广到轴对称边界层情形。1945 年曼格勒（Mangler）实现了这种变换，因此称为曼格勒变换。

为便于变换先把方程写成流函数的形式，以“^”表示变换后的变量，如 $\hat{u}_x$、$\hat{u}_y$。对于轴

对称边界层问题，引进流函数后，有

$$u_x = \frac{\partial\psi}{\partial y},\ u_y = -\frac{1}{r_0}\frac{\partial(r_0\psi)}{\partial x}$$

$$\frac{\partial\psi}{\partial y}\frac{\partial^2\psi}{\partial x\partial y} - \frac{1}{r_0}\frac{\partial(r_0\psi)}{\partial x}\frac{\partial^2\psi}{\partial y^2} = u_e\frac{\mathrm{d}u_e}{\mathrm{d}x} + \nu\frac{\partial^2\psi}{\partial y^3}$$

对于二维平板边界层问题，用流函数表达的速度和动量方程为

$$\hat{u}_x = \frac{\partial\hat{\psi}}{\partial\hat{y}},\ \hat{u}_y = -\frac{\partial\hat{\psi}}{\partial\hat{x}}$$

$$\frac{\partial\hat{\psi}}{\partial\hat{y}}\frac{\partial^2\hat{\psi}}{\partial\hat{x}\partial\hat{y}} - \frac{\partial\hat{\psi}}{\partial\hat{x}}\frac{\partial^2\hat{\psi}}{\partial\hat{y}^2} = \hat{u}_e\frac{\mathrm{d}\hat{u}_e}{\mathrm{d}\hat{x}} + \nu\frac{\partial^2\hat{\psi}}{\partial\hat{y}^3}$$

对比两式，可令

$$\hat{\psi} = \frac{r_0(x)}{L}\psi,\ \hat{x} = \hat{x}(x),\ \hat{y} = \frac{r_0(x)}{L}y$$

式中，L 是引入的一个特征长度，$\hat{x}(x)$ 的表达形式待定。因此，两组变量之间的关系式为

$$\frac{\partial\psi}{\partial y} = \frac{\partial\hat{\psi}}{\partial\hat{y}},\ u_x = \hat{u}_x$$

$$\frac{\partial}{\partial x} = \frac{\partial}{\partial\hat{x}}\frac{\mathrm{d}\hat{x}}{\mathrm{d}x} + \frac{\partial}{\partial\hat{y}}\frac{\mathrm{d}\hat{y}}{\mathrm{d}x} = \frac{\partial}{\partial\hat{x}}\frac{\mathrm{d}\hat{x}}{\mathrm{d}x} + \frac{\mathrm{d}r_0}{\mathrm{d}x}\frac{\hat{y}}{r_0}\frac{\partial}{\partial\hat{y}}$$

$$\frac{\partial}{\partial y} = \frac{\partial}{\partial\hat{y}}\frac{\partial\hat{y}}{\partial y} = \frac{r_0}{L}\frac{\partial}{\partial\hat{y}},\ \frac{\partial^2}{\partial y^2} = \frac{r_0^2}{L^2}\frac{\partial^2}{\partial\hat{y}^2}$$

于是，变换前的动量方程经整理后，得

$$\frac{\partial\hat{\psi}}{\partial\hat{y}}\frac{\partial^2\hat{\psi}}{\partial\hat{x}\partial\hat{y}}\cdot\frac{\mathrm{d}\hat{x}}{\mathrm{d}x} - \frac{\partial^2\hat{\psi}}{\partial\hat{y}^2}\cdot\frac{\mathrm{d}\hat{x}}{\mathrm{d}x} = \hat{u}_e\frac{\mathrm{d}\hat{u}_e}{\mathrm{d}\hat{x}}\cdot\frac{\mathrm{d}\hat{x}}{\mathrm{d}x} + \nu\frac{r_0^2}{L^2}\frac{\partial^2\hat{\psi}}{\partial\hat{y}^3}$$

显然，只有 $\frac{\mathrm{d}\hat{x}}{\mathrm{d}x} = \frac{r_0^2}{L^2}$，才能满足变换的要求，于是

$$\mathrm{d}\hat{x} = \frac{r_0^2}{L^2}\mathrm{d}x$$

积分，有

$$\hat{x} = \frac{1}{L^2}\int_0^x r_0^2(x)\,\mathrm{d}x$$

这就是曼格勒变换关系式。采用曼格勒变换关系式，稳态情况下轴对称边界层方程及其边界条件转换为

$$\begin{cases}\dfrac{\partial(\hat{u}_x)}{\partial\hat{x}} + \dfrac{\partial(\hat{u}_y)}{\partial\hat{y}} = 0\\[2ex]\hat{u}_x\dfrac{\partial\hat{u}_x}{\partial\hat{x}} + \hat{u}_y\dfrac{\partial\hat{u}_x}{\partial\hat{y}} = \hat{u}_e\dfrac{\partial\hat{u}_e}{\partial\hat{x}} + \nu\dfrac{\partial^2\hat{u}_x}{\partial\hat{y}^2}\end{cases}$$

$$\hat{u}_x\big|_{\hat{y}=0} = \hat{u}_y\big|_{\hat{y}=0} = 0,\ \hat{u}_x\big|_{\hat{y}\to\infty} = \hat{u}_e$$

根据坐标变换关系式，两种流动中的壁面切应力的关系为

$$\tau_w = \mu\left(\frac{\partial u_x}{\partial y}\right)_{y=0} = \frac{r_0}{L}\mu\left(\frac{\partial \hat{u}_x}{\partial \hat{y}}\right)_{\hat{y}=0} = \frac{r_0}{L}\hat{\tau}_w$$

以下建立两种流动中位移厚度 δ_1 和 $\hat{\delta}_1$，以及动量厚度 δ_2 和 $\hat{\delta}_2$ 之间的关系。根据定义，在轴对称流动中，由

$$2\pi\rho r_0\delta_1 u_e = \int_0^\infty 2\pi\rho(r_0 + y)(u_e - u_x)\mathrm{d}y$$

得

$$\delta_1 = \int_0^\infty\left(1 - \frac{u_x}{u_\infty}\right)\left(1 + \frac{y}{r_0}\right)\mathrm{d}y$$

由

$$2\pi\rho r_0\delta_2 u_e^2 = \int_0^\infty 2\pi\rho u_x(u_e - u_x)(r_0 + y)\mathrm{d}y$$

得

$$\delta_2 = \int_0^\infty \frac{u_x}{u_\infty}\left(1 - \frac{u_x}{u_\infty}\right)\left(1 + \frac{y}{r_0}\right)\mathrm{d}y$$

考虑到在轴对称速度边界层内，$y/r_0 \ll 1$，于是

$$\delta_1 = \int_0^\infty\left(1 - \frac{u_x}{u_\infty}\right)\mathrm{d}y$$

$$\delta_2 = \int_0^\infty \frac{u_x}{u_\infty}\left(1 - \frac{u_x}{u_\infty}\right)\mathrm{d}y$$

即轴对称流动中的位移厚度和动量厚度的表达式，在形式上与二维平面流动时相同。根据曼格勒变换，可得

$$\delta_1 = \int_0^\infty\left(1 - \frac{u_x}{u_\infty}\right)\mathrm{d}y = \int_0^\infty\left(1 - \frac{\hat{u}_x}{\hat{u}_\infty}\right)\frac{L}{r_0}\mathrm{d}\hat{y} = \frac{L}{r_0}\hat{\delta}_1$$

$$\delta_2 = \int_0^\infty \frac{u_x}{u_\infty}\left(1 - \frac{u_x}{u_\infty}\right)\mathrm{d}y = \int_0^\infty \frac{\hat{u}_x}{\hat{u}_\infty}\left(1 - \frac{\hat{u}_x}{\hat{u}_\infty}\right)\frac{L}{r_0}\mathrm{d}\hat{y} = \frac{L}{r_0}\hat{\delta}_2$$

由变换关系式 $\hat{y} = \frac{r_0}{L}y$，可直接得出两种流动的速度边界层厚度之间的关系为

$$\delta = \frac{L}{r_0}\hat{\delta}$$

由轴对称边界层流动变换成的方程及边界条件可见，当外流速度为 $\hat{U} = \hat{C}\hat{x}^m$ 时，存在相似解。利用二维平面速度边界层的相似解，求解轴对称速度边界层的步骤，是先将具体的轴对称问题应用曼格勒变换，将问题变成在 $\hat{x}$-$\hat{y}$ 平面上的速度边界层问题，然后求解，得到 $\hat{\delta}$、$\hat{\delta}_1$、$\hat{\delta}_2$ 和 $\hat{\tau}_w$，最后得到轴对称速度边界层的 δ、δ_1、δ_2 和 τ_w。

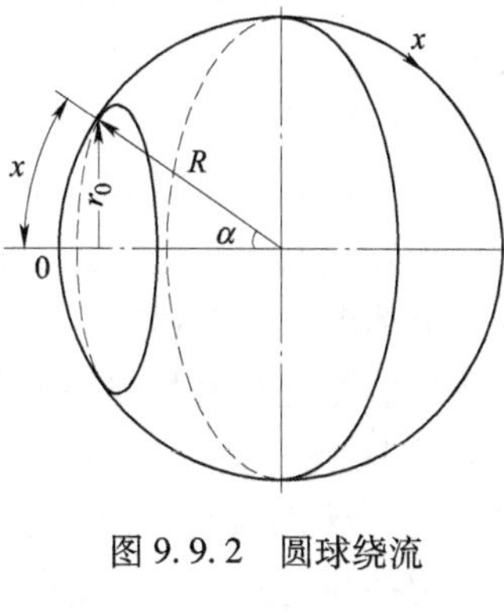

图 9.9.2　圆球绕流

如图 9.9.2 所示，圆球绕流的外流速度

$$U(x) = \frac{3}{2}u_\infty \sin\alpha$$

其中，u_∞ 为来流速度，求前驻点附近层流速度边界层的解。由于在驻点附近，因此，近似有

$$U(x)=\frac{3}{2}u_\infty\sin\alpha\approx\frac{3}{2}u_\infty\frac{x}{R}=Cx$$

及

$$r_0(x)=Cx$$

式中，$C=1.5u_\infty/R$，R 为圆球半径。由曼格勒变换，有

$$\hat{x}=\frac{1}{L^2}\int_0^x r_0^2(x)\,\mathrm{d}x=\frac{1}{L^2}\int_0^x x^2\mathrm{d}x=\frac{1}{3}\frac{x^3}{L^2}$$

即

$$x=(3L^2\hat{x})^{1/3}$$

在驻点附近，

$$\hat{U}(\hat{x})\approx U(x)=C(3L^2\hat{x})^{1/3}$$

对于二维平面流动和二维轴对称流动的差异，前人进行了大量的研究工作。在相同来流和相同半径的情况下，圆柱（二维平面）和圆球（轴对称）驻点附近的速度边界层的解为

$$\frac{U(x)_{柱}}{U(x)_{球}}=\frac{C_{柱}}{C_{球}}=\frac{2u_\infty/R}{1.5u_\infty/R}\approx1.33,\quad\frac{\delta_{柱}}{\delta_{球}}=\frac{2.4}{1.91}\sqrt{\frac{C_{柱}}{C_{球}}}\approx1.09$$

$$\frac{\delta_{1柱}}{\delta_{1球}}=\frac{0.6479}{0.57}\sqrt{\frac{C_{柱}}{C_{球}}}\approx0.985,\quad\frac{\delta_{2柱}}{\delta_{2球}}=\frac{0.2923}{0.248}\sqrt{\frac{C_{柱}}{C_{球}}}\approx1.022,\quad\frac{\tau_{柱}}{\tau_{球}}\approx1.44$$

由比较可看出，在相同来流下，二维平面圆柱体的外流速度比轴对称圆球体的外流速度大，而二者的边界层厚度相差不大，这就导致了二维平面圆柱体的壁面切应力比球体的壁面切应力大，这个物理上的分析与计算的结果是吻合的。

应当指出，曼格勒变换虽然可将轴对称层流边界层转化为二维平面问题，利用其相似解的结果进行求解，但由于轴对称的外流速度分布经过曼格勒变换后，得到以 $\hat{x}$ 表示的外流速度分布的解析式，在大多数的情况下是很复杂的，不满足在变换后的 $\hat{x}$-$\hat{y}$ 平面上存在相似解的条件。实际上还是经常采用以积分方程出发的近似解法，对此本书不做深入讨论。

9.10 层流温度边界层微分方程概述

黏性流体流过固体壁面时在壁面附近形成速度边界层，实验观察发现，如果来流和壁面之间存在温差，只在贴近壁面的较薄区域内的流体受壁面温度的影响较大，而在较远的区域，流体几乎不受壁面温度的影响。也就是说，在壁面附近的一个薄层内，流体温度在壁面的法线方向上发生剧烈变化，而在此薄层之外，流体的温度梯度几乎等于零。波尔豪森把流动边界层的概念推广到对流换热问题，提出了温度边界层（或称为热边界层）的概念。把固体表面附近流体温度发生剧烈变化的这一薄层称为温度边界层，其厚度为 δ_t。对于外掠平板的对流换热，一般以流体温度恢复到来流温度的99%处定义为 δ_t 的外边界。除液态金属及高黏性的流体外，热边界层的厚度 δ_t 在数量级上是与速度边界层厚度 δ 相当的小量。此时，流体中的温度场可区分为两个区域：温度边界层区和主流区。在主流区，流体中的温度变化率可视为零。图 9.10.1 所示为固体表面附近速度边界层及温度边界层的示意图。在速度边界层中，重要的问题是求解壁面切向应力，而在温度边界层中则是求解壁面热流密度或壁面温度。

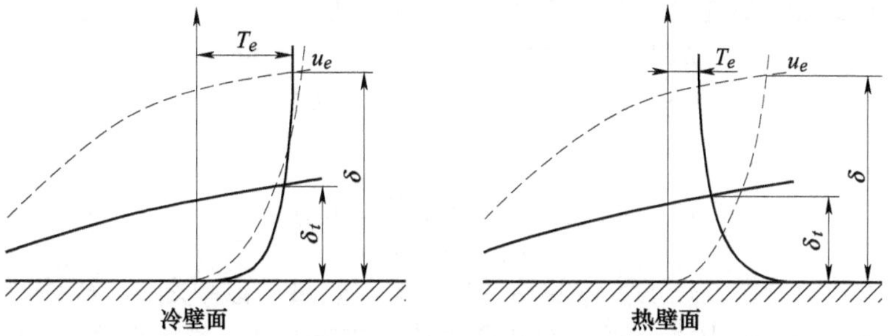

图 9.10.1　温度边界层与速度边界层示意图

我们以二维平板边界层的能量方程为例，当温度变化不大，且物性参数均可近似视为常数时，以温度形式表达的能量方程为

$$\frac{\mathrm{D}T}{\mathrm{D}t}=\frac{1}{\rho}\frac{\mathrm{D}p}{\mathrm{D}t}+\frac{\lambda}{\rho c_p}\nabla^2 T+\frac{q_V}{c_p}+\frac{\Phi}{\rho c_p}$$

对于液体，一般可视为其不可压缩，对于气体，在低马赫数运动时，通常压力变化不大，也可以略去压力项。在无源，且忽略耗散项之后，上列能量方程化简为

$$\frac{\mathrm{D}T}{\mathrm{D}t}=a\,\nabla^2 T$$

式中，$a=\dfrac{\lambda}{\rho c_p}$ 为热扩散率（或导温系数，表征物体被加热或冷却时，物体内各部分温度趋向均匀一致的能力）。二维情况下该式在直角坐标系中的表达式为

$$\frac{\partial T}{\partial t}+u_x\frac{\partial T}{\partial x}+u_y\frac{\partial T}{\partial y}=a\left(\frac{\partial^2 T}{\partial x^2}+\frac{\partial^2 T}{\partial y^2}\right)$$

引入无量纲过余温度

$$T^*=\frac{T-T_w}{T_e-T_w}$$

式中，T_e 为定性温度（对于平板为来流温度 T_∞）；T_w 为壁面温度。无量纲能量方程为

$$\frac{\partial T^*}{\partial t^*}+u_x^*\frac{\partial T^*}{\partial x^*}+u_y^*\frac{\partial T^*}{\partial y^*}=\frac{a}{UL}\left(\frac{\partial^2 T^*}{\partial x^{*2}}+\frac{\partial^2 T^*}{\partial y^{*2}}\right)$$

采用数量级分析的方法对该式进行分析，有 $x^*\sim 1$；$y^*=\delta_t^*$；$T^*\sim 1$，则

$$\frac{\partial T^*}{\partial x^*}\sim 1,\ \frac{\partial T^*}{\partial y^*}\sim\frac{1}{\delta_t^*}$$

$$\frac{\partial T^*}{\partial t^*}=\frac{\partial T^*}{\partial x^*}\frac{\partial x^*}{\partial t^*}\sim u_x^*\frac{\partial T^*}{\partial x^*}\sim 1$$

$$u_x^*\frac{\partial T^*}{\partial x^*}\sim 1\times 1=1,\ u_y^*\frac{\partial T^*}{\partial y^*}\sim\delta\cdot\frac{1}{\delta_t}=\frac{\delta}{\delta_t}$$

$$\frac{\partial^2 T^*}{\partial x^{*2}}=\frac{\partial}{\partial x^*}\left(\frac{\partial T^*}{\partial x^*}\right)\sim 1,\ \frac{\partial^2 T^*}{\partial y^{*2}}=\frac{\partial}{\partial y^*}\left(\frac{\partial T^*}{\partial y^*}\right)\sim\frac{1}{\delta_t^{*2}}$$

$$a\sim\nu,\ \frac{a}{UL}\sim\frac{\nu}{UL}=\frac{1}{Re}\sim\frac{1}{\delta^{*2}}$$

忽略 δ^* 一次方及以上的小量后，无量纲能量方程简化为

$$\frac{\partial T^*}{\partial t^*}+u_x^*\frac{\partial T^*}{\partial x^*}+u_y^*\frac{\partial T^*}{\partial y^*}=\frac{a}{UL}\frac{\partial^2 T^*}{\partial y^{*2}}$$

引入无量纲参数

$$Pe=\frac{a}{UL}=\frac{UL}{\nu}\cdot\frac{\nu}{a}=PrRe$$

式中，$Pr=\nu/a$ 为普朗特数，表示流体的动量扩散率与热量扩散率之比；Pe 称为贝克来数，表示流体的对流热量传递与流体的导热热量传递之比。流速越高，导热系数越小时，Pe 越大。无量纲能量方程成为

$$\frac{\partial T^*}{\partial t^*}+u_x^*\frac{\partial T^*}{\partial x^*}+u_y^*\frac{\partial T^*}{\partial y^*}=\frac{1}{Pe}\frac{\partial^2 T^*}{\partial y^{*2}}$$

恢复为有量纲的形式，即

$$\frac{\partial T}{\partial t}+u_x\frac{\partial T}{\partial x}+u_y\frac{\partial T}{\partial y}=a\frac{\partial^2 T}{\partial y^2}$$

在边界层外缘，

$$T\big|_{y=\delta_t}=T_e$$

在壁面处，

$$T\big|_{y=0}=T_w\quad 或\quad \frac{\partial T}{\partial y}\Big|_{y=0}=\zeta(x)$$

由此得到不可压缩流、常物性、无内热源、忽略体积力、忽略黏性耗散、二维情况下的连续性方程、动量方程和能量方程为

$$\begin{cases}\dfrac{\partial u_x}{\partial x}+\dfrac{\partial u_y}{\partial y}=0\\[2mm]\dfrac{\partial u_x}{\partial t}+u_x\dfrac{\partial u_x}{\partial x}+u_y\dfrac{\partial u_x}{\partial y}=-\dfrac{1}{\rho}\dfrac{\mathrm{d}p}{\mathrm{d}x}+\nu\dfrac{\partial^2 u_x}{\partial y^2}\\[2mm]\dfrac{\partial T}{\partial t}+u_x\dfrac{\partial T}{\partial x}+u_y\dfrac{\partial T}{\partial y}=a\dfrac{\partial^2 T}{\partial y^2}\end{cases}$$

应当指出，一般概念性讨论温度边界层时通常忽略黏性耗散，然而在建立温度边界层微分方程时，一般考虑黏性耗散。我们在速度边界层的讨论中，由边界层外理想流体的伯努利方程推导出 $\dfrac{\mathrm{d}p}{\mathrm{d}x}$ 为已知量。以上方程组有 3 个方程，包含 3 个未知数，因此方程组是封闭的。此外，对于常物性流体，由连续性方程和动量方程可求得速度分布，这时速度不依赖于温度，即速度与温度不耦合，也就是说，速度场和温度场可以分别独立求解，先求得速度分布，然后利用已知速度再求解温度分布。对于稳态问题，当主流场为均匀速度 u_∞、均匀温度 T_∞ 时，在给定恒壁温的情况下，方程组的边界条件可表示为

$$u_x\big|_{y=0}=u_y\big|_{y=0}=0,\quad T\big|_{y=0}=T_w$$
$$u_x\big|_{y\to\infty}=u_e,\quad T\big|_{y\to\infty}=T_e$$

以上边界层微分方程组是 N-S 方程组在边界层流动中的一个近似方程，它虽然比 N-S 方程大为简化，但仍存在非线性项，所以求解依然存在困难，只能对一些特殊情况的定解问题求解。

速度边界层主要解决物体的黏性摩擦阻力问题，即 τ_w（或 τ_0），而温度边界层主要解决的

问题是流体与物体壁面之间的热通量，即 q_w。由傅里叶导热定律

$$q_w = -\lambda\left(\frac{\partial T}{\partial y}\right)_{y=0}$$

式中，$\left(\frac{\partial T}{\partial y}\right)_{y=0}$ 为壁面法线方向上流体的温度。根据流体与壁面之间的热交换情况，可以把壁面分为绝热壁面、冷壁面和热壁面三种情况，即

绝热壁面：$\left(\frac{\partial T}{\partial y}\right)_{y=0} = 0, q_w = 0$

冷壁面：$\left(\frac{\partial T}{\partial y}\right)_{y=0} > 0, q_w < 0$（壁吸热）

热壁面：$\left(\frac{\partial T}{\partial y}\right)_{y=0} < 0, q_w > 0$（壁散热）

以上三种壁面对应的温度分布示意图如图 9.10.2 所示。

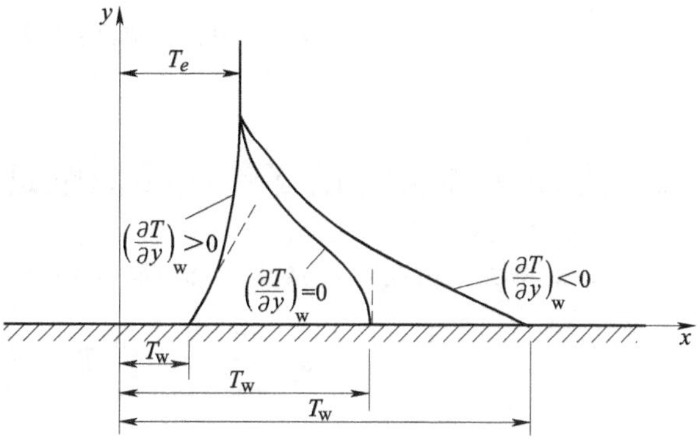

图 9.10.2　边界层内温度分布示意图

对于不可压缩定常流动、常物性、无内热源、忽略体积力、忽略压力项、忽略黏性耗散、二维平板黏性层流情况下无量纲的速度边界层和温度边界层方程分别为

$$u_x^* \frac{\partial u_x^*}{\partial x^*} + u_y^* \frac{\partial u_x^*}{\partial y^*} = \frac{1}{Re}\frac{\partial^2 u_x^*}{\partial y^{*2}}$$

$$u_x^* \frac{\partial T^*}{\partial x^*} + u_y^* \frac{\partial T^*}{\partial y^*} = \frac{1}{Pe}\frac{\partial^2 T^*}{\partial y^{*2}}$$

以上两个方程在形式上完全相同，可以预见，与速度分布有关的壁面切应力同与温度分布有关的热流密度之间存在某种相似性，也就是说，可以根据速度边界层的规律获得温度边界层的基本关系。形式上完全相同的两个方程也表明速度分布不受温度分布的影响，且温度场与速度场之间的关系通过 Pr 联系起来。事实上，采用量级比较，可定性分析得到温度边界层与速度边界层之间的关系，即

$$\frac{\delta}{L} \sim \frac{1}{\sqrt{Re}} \text{与} \frac{\delta_t}{L} \sim \frac{1}{\sqrt{Pe}} = \frac{1}{\sqrt{PrRe}}$$

因此

$$\frac{\delta}{\delta_t} \sim Pr^{\frac{1}{2}}$$

可见，普朗特数 Pr 可以表征速度边界层厚度与温度边界层厚度之比，也就是说，Pr 是一个表征流体的黏性扩散率与热扩散率之比的准则数。如图 9.10.3 所示，对于一般气体 $Pr \approx 1$，则 $\delta_t \sim \delta$，即速度边界层的厚度与温度边界层厚度是同一量级，这表明黏性扩散率与热扩散率相当；对于油类等液体，Pr 远大于 1，则 $\delta_t < \delta$，黏性扩散率比热扩散率大；对于液态金属（例如，水银），Pr 远小于 1，则 $\delta_t > \delta$，这表明黏性扩散率比热扩散率小。

如果动量扩散率大，则壁面造成黏性影响的范围大，速度边界层的厚度大；如果温度扩散率大，则热量扩散的范围大，温度边界层的厚度大。

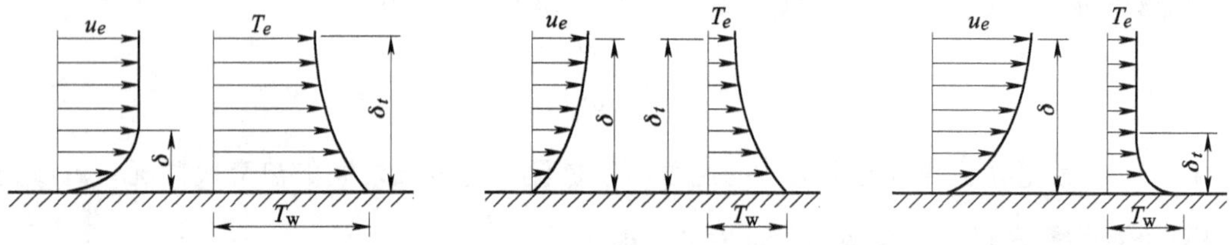

图 9.10.3　流体的黏性扩散与热扩散

9.11　层流边界层流动与传热相似性理论

第 7 章中得到不可压缩定常流动的动量方程和能量方程分别为

$$u_j^* \frac{\partial u_i^*}{\partial x_j^*} = -\frac{Gr}{Re^2}T^* - \frac{\partial p^*}{\partial x_i^*} + \frac{1}{Re}\Delta u_i^*$$

$$u_j^* \frac{\partial T^*}{\partial x_j^*} = \frac{1}{Re \cdot Pr}\frac{\partial}{\partial x_j^*}\left(\frac{\partial T^*}{\partial x_j^*}\right) + Ec \cdot u_j^* \frac{\partial p^*}{\partial x_j^*} + \frac{Ec}{Re}\Phi_1^*$$

黏性流体在固体壁面上流动，贴壁处流体将被滞止而处于无滑移状态，即贴壁极薄的流体层对于壁面是不流动的。当流体和固体壁面之间存在热交换时，壁面与流体间的热量传递必然会穿过这层流体，而穿过不流动的流体层的热量传递方式只能是导热。将傅里叶导热定律应用于贴壁流体薄层，可得

$$q_w = -\lambda\left(\frac{\partial T}{\partial n}\right)_w$$

式中，$\left(\frac{\partial T}{\partial n}\right)_w$ 为壁面处流体的温度沿壁面法向的变化率；λ 是流体的导热系数。该式与牛顿冷却公式联立，即

$$q_w = -\lambda\left(\frac{\partial T}{\partial n}\right)_w = h(T_w - T_\infty) = h\Delta T_0$$

利用 $n^* = \frac{n}{L_0}$ 和 $T^* = \frac{T - T_\infty}{T_w - T_\infty} = \frac{T - T_\infty}{\Delta T_0}$，将上式无量纲化，有

$$q_w = -\frac{\lambda(T_w - T_\infty)}{L_0}\frac{\partial T^*}{\partial n^*} = h\Delta T_0$$

于是，得到无量纲传热系数

$$Nu = \frac{hL_0}{\lambda} = -\left(\frac{\partial T^*}{\partial n}\right)_w = -\frac{L_0}{\Delta T_0}\left(\frac{\partial T}{\partial n}\right)_w$$

式中，h 为对流传热系数；Nu 为努塞尔数，表示壁面上流体的无量纲过余温度梯度。于是，热流密度可写为

$$q_w = -\lambda\left(\frac{\partial T}{\partial n}\right)_w = Nu \cdot \frac{\lambda}{L_0}(T_w - T_\infty)$$

根据以上分析可以预见，速度场、温度场以及无量纲传热系数 Nu 必然依赖于 Re、Pr、Gr 和

Ec 这 4 个无量纲量的组合量。当研究一个具体问题的解时，多数情况下，这些无量纲量不会同时出现在该问题的求解结果中。以埃克特数 Ec 为例，考虑能量方程中压缩功和黏性耗散的作用是否可以忽略的问题。由 $Ec=\dfrac{U_0^2}{c_p(T_w-T_0)}$ 可知，只有在温差 ΔT_0 很小或来流速度 U_0 很大时，埃克特数才有 1 的普通量级。例如，$U_0=300\text{m/s}$、$\Delta T_0=100℃$ 的空气，$c_p=1006\text{J/(kg}\cdot\text{K)}$，此时，

$$Ec=\frac{U_0^2}{c_p(T_w-T_0)}=\frac{300^2}{1006\times100}\approx0.9$$

在许多流速不大的工程实际问题中，Ec 远小于 1，在这种情况下，压缩功和黏性耗散都可以忽略。只有流速很大，且温差很小时需考虑努塞尔数的影响。

利用格拉晓夫数考量动量方程中浮升力项大小，$Gr=\dfrac{g\alpha\rho^2L_0^3(T_w-T_0)}{\mu^2}$，由温差引起的浮升力，与惯性力和黏性力相比是小量的情况下，浮升力可忽略。在流动速度很小，温差很大的情况下，例如，竖直热壁面置于静止的流体中的自然对流，格拉晓夫数显得重要，但强制对流情况下可不考虑格拉晓夫数。

以下对边界层方程进行简化，只讨论二维流动（将原来的 z 方向方程写作 y 方向），有

$$u_x^*\frac{\partial u_x^*}{\partial x^*}+u_y^*\frac{\partial u_x^*}{\partial y^*}=-\frac{Gr}{Re^2}T^*-\frac{\partial p'^*}{\partial x^*}+\frac{1}{Re}\left(\frac{\partial^2u_x^*}{\partial x^{*2}}+\frac{\partial^2u_x^*}{\partial y^{*2}}\right)$$

$$1\quad 1\qquad \delta^*\ \frac{1}{\delta^*}\qquad 1\qquad 1\qquad \delta^{*2}\quad 1\qquad \frac{1}{\delta^{*2}}$$

$$u_x^*\frac{\partial T^*}{\partial x^*}+u_y^*\frac{\partial T^*}{\partial y^*}=\frac{1}{Re\cdot Pr}\left(\frac{\partial^2T^*}{\partial x^{*2}}+\frac{\partial^2T^*}{\partial y^{*2}}\right)+Ec\left(u_x^*\frac{\partial p'^*}{\partial x^*}+u_y^*\frac{\partial p'^*}{\partial y^*}\right)+$$

$$1\quad 1\qquad \delta^*\ \frac{1}{\delta_t^*}\qquad \delta^{*2}\quad 1\quad 1\qquad \frac{1}{\delta_t^{*2}}\qquad 1\quad 1\qquad \delta^*\ \frac{1}{\delta^*}$$

$$\frac{Ec}{Re}\left[2\left(\frac{\partial u_x^*}{\partial x^*}\right)^2+2\left(\frac{\partial u_y^*}{\partial y^*}\right)^2+\left(\frac{\partial u_x^*}{\partial y^*}+\frac{\partial u_y^*}{\partial x^*}\right)^2\right]$$

$$\delta^{*2}\qquad 1\qquad\qquad 1\qquad\qquad \frac{1}{\delta^*}\qquad \delta^*$$

显然，对于 x 方向的无量纲动量方程，忽略 $\dfrac{\partial^2u_x^*}{\partial x^{*2}}$，对于 y 方向的动量方程，为了使方程两侧的数量级为 1，则需 $Gr/Re^2\sim1$，即 $Gr\sim Re^2$，这种情形只会出现在速度小温差大的场合，这时浮升力与惯性力以及黏性力具有相同的量级。

对于无量纲能量方程，$\dfrac{\partial^2T^*}{\partial x^{*2}}$ 与 $\dfrac{\partial^2T^*}{\partial y^{*2}}$ 比较可见，可略去 $\dfrac{\partial^2T^*}{\partial x^{*2}}$；$\dfrac{\partial u_x^*}{\partial x^*}$、$\dfrac{\partial u_y^*}{\partial y^*}$、$\dfrac{\partial u_x^*}{\partial y^*}$ 和 $\dfrac{\partial u_y^*}{\partial x^*}$ 之间相比较，只保留 $\dfrac{\partial u_x^*}{\partial y^*}$。为使方程两侧的数量级为 1，则 $\dfrac{1}{Re\cdot Pr}\sim\delta_t^{*2}$，考虑到 $Re\sim\dfrac{1}{\delta^{*2}}$，可得 $\dfrac{\delta^*}{\delta_t^*}\sim Pr^{1/2}$。对于气体 $Pr\sim1$，对于液体 Pr 约为 10 ~ 1000，因此在大雷诺数流动中，$\dfrac{1}{Re\cdot Pr}$

为小量 δ_t^{*2}。对于黏性耗散项，$\left(\dfrac{\partial u_x^*}{\partial y^*}\right)^2$ 的量级为 $\dfrac{1}{\delta^{*2}}$，则 $Re\left(\dfrac{\partial u_x^*}{\partial y^*}\right)^2 \sim 1$，为使方程两侧的数量级为 1，则需要 $Ec \sim 1$。同样，压缩功项（压力做功项）也需满足 $Ec \sim 1$。在大多数实际工程问题中，流体运动速度远小于声速（这时 Ec 远小于 1），因此黏性耗散项和压力做功项可以忽略。在考虑 Gr 和 Ec 的影响时，无量纲方程化为

$$u_x^* \frac{\partial u_x^*}{\partial x^*} + u_y^* \frac{\partial u_x^*}{\partial y^*} = -\frac{Gr}{Re^2}T^* - \frac{\partial p'^*}{\partial x^*} + \frac{1}{Re}\frac{\partial^2 u_x^*}{\partial y^{*2}}$$

$$u_x^* \frac{\partial T^*}{\partial x^*} + u_y^* \frac{\partial T^*}{\partial y^*} = \frac{1}{Re \cdot Pr}\frac{\partial^2 T^*}{\partial y^{*2}} + Ecu_x^* \frac{\mathrm{d}p'^*}{\mathrm{d}x^*} + \frac{Ec}{Re}\left(\frac{\partial u_y^*}{\partial y^*}\right)^2$$

对于不可压缩常物性二维边界层定常流动，略去 Gr 和 Ec 的影响，有

$$\begin{cases} \dfrac{\partial u_x}{\partial x} + \dfrac{\partial u_y}{\partial y} = 0 \\ u_x \dfrac{\partial u_x}{\partial x} + u_y \dfrac{\partial u_x}{\partial y} = -\alpha g(T - T_0) - \dfrac{1}{\rho}\dfrac{\mathrm{d}p'}{\mathrm{d}x} + \nu \dfrac{\partial^2 u_x}{\partial y^2} \\ u_x \dfrac{\partial T}{\partial x} + u_y \dfrac{\partial T}{\partial y} = a\dfrac{\partial^2 T}{\partial y^2} + \dfrac{\nu}{c_p}\left(\dfrac{\partial u_x}{\partial y}\right)^2 \end{cases}$$

对于强制对流边界层，把 p' 还原为 p，有

$$\begin{cases} \dfrac{\partial u_x}{\partial x} + \dfrac{\partial u_y}{\partial y} = 0 \\ u_x \dfrac{\partial u_x}{\partial x} + u_y \dfrac{\partial u_x}{\partial y} = -\dfrac{1}{\rho}\dfrac{\mathrm{d}p}{\mathrm{d}x} + \nu \dfrac{\partial^2 u_x}{\partial y^2} \\ u_x \dfrac{\partial T}{\partial x} + u_y \dfrac{\partial T}{\partial y} = a\dfrac{\partial^2 T}{\partial y^2} \end{cases}$$

在这种情况下，速度场与温度场是非耦合的，因此称为非耦合温度边界层，这时速度场和温度场可以分别求解，先求得速度分布，然后利用已知速度求解温度分布。此外，可以看到，动量方程和能量方程在数学形式上是相同的。可以预见，与速度分布有关的壁面切应力同与温度分布有关的热流密度之间存在某种相似性，也就是说，可由速度边界层现象的规律来获得温度边界层现象的基本关系。这种利用两个不同物理现象之间在基本方程方面的类似性，通过一种现象的规律而获得另一种现象基本关系的方法称为比拟理论。1874 年，雷诺以最简单的形式揭示了传热与黏性摩擦之间的这种比拟关系，因此称为雷诺比拟。

忽略压缩功和黏性耗散的不可压缩二维层流边界层的解具有如下形式：

$$u_x^* = \frac{u_x}{U_0} = f_1(x^*,\ y^*) = f_1\left(\frac{x}{L_0},\ \frac{y}{L_0},\ \sqrt{Re}\right)$$

$$u_y^* = \frac{u_y}{U_0}\sqrt{Re} = f_2(x^*,\ y^*) = f_2\left(\frac{x}{L_0},\ \frac{y}{L_0},\ \sqrt{Re}\right)$$

能量方程的解也应具有相同的形式

$$T^* = \frac{T - T_0}{T_w - T_0} = f_3(x^*,\ y^*,\ Pr) = f_3\left(\frac{x}{L_0},\ \frac{y}{L_0},\ \sqrt{Re},\ Pr\right)$$

壁面切向应力 τ_w 和壁面热流量 q_w 可分别写为

$$\tau_w(x)=\mu\left(\frac{\partial u_x}{\partial y}\right)_{y=0}=\frac{\mu U_0}{L_0}\sqrt{Re}f_1\left(\frac{x}{L_0}\right)$$

$$q_w(x)=-\lambda\left(\frac{\partial T}{\partial y}\right)_{y=0}=\frac{\lambda(T_w-T_0)}{L_0}\sqrt{Re}f_3\left(\frac{x}{L_0},Pr\right)$$

由此得到

$$C_f=\frac{\tau_w}{\rho U_0^2/2}=\frac{2}{\sqrt{Re}}f_1\left(\frac{x}{L_0}\right)$$

$$Nu_x=\frac{hL_0}{\lambda}=\frac{q_wL_0}{\lambda(T_w-T_0)}=\sqrt{Re}f_3\left(\frac{x}{L_0},Pr\right)$$

该关系式极其重要，对于所有的层流边界层（忽略压缩功和黏性耗散），Nu 与 Re 的平方根成正比，这是在边界层简化基础上得到的关系式。进一步，在以上三个式子中消去 Re，有

$$q_w(x)=\frac{\lambda(T_w-T_0)\tau_w}{\mu U_0}f_3\left(\frac{x}{L_0},Pr\right)/f_1\left(\frac{x}{L_0}\right)=\frac{\lambda(T_w-T_0)\tau_w}{\mu U_0}f\left(\frac{x}{L_0},Pr\right)$$

$$Nu_x=\frac{1}{2}C_fRef\left(\frac{x}{L_0},Pr\right)$$

这是最普遍的雷诺比拟关系式，对于所有的层流边界层都是适用的，函数 $f\left(\frac{x}{L_0},\ Pr\right)$ 的具体形式需结合具体问题确定。

9.12　温度边界层微分方程求解

1. 等温平板温度边界层方程的相似解

在常物性不可压缩流动中，水平放置的等温平板边界层流动是较简单的温度边界层问题。平板壁面温度为 T_w，u_∞ 和 T_0 分别表示自由来流的速度和温度，u_e 为平板边界层外缘的势流速度。如图 9.12.1 所示，假定温度边界层与速度边界层均起始于前缘点 0。该问题的基本方程为

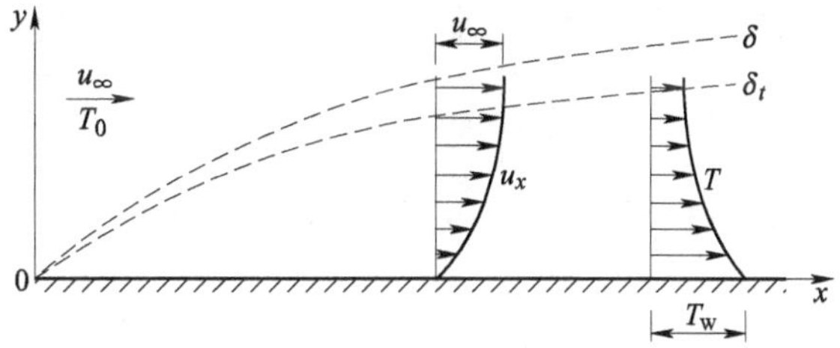

图 9.12.1　等温平板边界层

$$\frac{\partial u_x}{\partial x}+\frac{\partial u_y}{\partial y}=0$$

$$u_x\frac{\partial u_x}{\partial x}+u_y\frac{\partial u_x}{\partial y}=\nu\frac{\partial^2u_x}{\partial y^2}$$

$$u_x\frac{\partial T}{\partial x}+u_y\frac{\partial T}{\partial y}=a\frac{\partial^2T}{\partial y^2}+\frac{\nu}{c_p}\left(\frac{\partial u_x}{\partial y}\right)^2$$

边界条件为

$$u_x\big|_{y=0}=u_y\big|_{y=0}=0,\quad T\big|_{y=0}=T_w\left(\text{或}\frac{\partial T}{\partial y}=0\right)$$

$$u_x\big|_{y\to\infty}=u_\infty,\quad T\big|_{y\to\infty}=T_0$$

该问题中速度场不依赖于温度场，即速度场和温度场是非耦合的，可利用连续性方程和动量方程先求得速度场后，然后用所得到的结果再求解温度场。例如，可利用布拉休斯问题已求得的速度分布 u_x、u_y 和壁面切向应力 τ_w。能量方程右端第二项是黏性耗散项，即黏性摩擦热。在通常不可压缩流动强制对流温度边界层中，来流速度不大，有一定的传热温差，此时 Ec 远小于1，可不考虑黏性耗散。反之，如果来流速度较大，而传热温差很小，就必须考虑黏性耗散项的影响。例如，对于绝热平板，如果不考虑黏性耗散，得出 $T=T_0=\text{const}$，这显然与实际不符。

与速度边界层相仿，我们先讨论温度边界层问题的相似精确解。若不考虑黏性耗散，温度边界层方程及边界条件为

$$u_x\frac{\partial T}{\partial x}+u_y\frac{\partial T}{\partial y}=a\frac{\partial^2 T}{\partial y^2}$$

$$T\big|_{y=0}=T_w,\ T\big|_{y\to\infty}=T_0$$

为求解流动方程，布拉休斯引入相似无量纲组合变量 η 和流函数 ψ，即

$$\eta=y\sqrt{\frac{u_\infty}{2\nu x}},\quad \psi=\sqrt{2\nu x u_\infty}f(\eta)$$

根据布拉休斯速度边界层的相似变换

$$u_x=u_\infty f',\quad u_y=\frac{1}{2}\sqrt{\frac{\nu u_\infty}{x}}(\eta f'-f)$$

代入边界层动量方程，有

$$2f'''+ff''=0$$

边界条件变换为

$$f\big|_{\eta=0}=f'\big|_{\eta=0}=0,\quad f'\big|_{\eta\to\infty}=1$$

运用雷诺比拟，对于温度方程也可进行相类似的变换。引入无量纲温度

$$T^*=\frac{T-T_0}{T_w-T_0}$$

代入温度边界层方程，得到无量纲的常微分方程

$$2\frac{\mathrm{d}^2T^*}{\mathrm{d}\eta^2}+Pr\cdot f(\eta)\frac{\mathrm{d}T^*}{\mathrm{d}\eta}=0$$

相应的边界条件变化为

$$\eta=0,\quad T^*=1$$

$$\eta\to\infty,\quad T^*=0$$

式中 $f(\eta)$ 在速度边界层中已经解出，因而是已知量。该方程为二阶线性齐次方程，其通解为

$$T^*=C_1\cdot\int_0^\eta\exp\left(-\frac{Pr}{2}\cdot\int_0^\eta f\mathrm{d}\eta\right)\mathrm{d}\eta+C_2$$

根据边界条件，可确定

$$C_2=1,\quad C_1=-\frac{1}{\int_0^\infty\exp\left(-\frac{Pr}{2}\cdot\int_0^\eta f\mathrm{d}\eta\right)\mathrm{d}\eta}$$

于是

$$T^* = \frac{\int_\eta^\infty \exp\left(-\frac{Pr}{2} \cdot \int_0^\eta f \mathrm{d}\eta\right) \mathrm{d}\eta}{\int_0^\infty \exp\left(-\frac{Pr}{2} \cdot \int_0^\eta f \mathrm{d}\eta\right) \mathrm{d}\eta}$$

由布拉休斯方程 $2f''' + ff'' = 0$，得

$$f = -2\frac{f'''}{f''}$$

积分一次，有

$$\int f \mathrm{d}\eta = 2\ln f''$$

于是

$$T^* = \frac{\int_\eta^\infty (f'')^{Pr} \mathrm{d}\eta}{\int_0^\infty (f'')^{Pr} \mathrm{d}\eta}$$

这个结果是波尔豪森于 1921 年首先得到的，是温度边界层相似解的实例。若 $Pr = 1$，则有

$$T^* = \frac{\int_\eta^\infty f'' \mathrm{d}\eta}{\int_0^\infty f'' \mathrm{d}\eta} = \frac{f'(\infty) - f'(\eta)}{f'(\infty) - f'(0)}$$

代入边界层动量方程的边界条件，得

$$T^* = 1 - f'(\eta) = 1 - \frac{u_x}{u_\infty}$$

该式可以改写为

$$\frac{u_x}{u_\infty} = 1 - T^* = 1 - \frac{T - T_0}{T_\mathrm{w} - T_0} = \frac{T - T_\mathrm{w}}{T_0 - T_\mathrm{w}}$$

可见，对于 $Pr = 1$ 的流体，平板层流边界层的速度分布与温度分布完全一致，即 $\delta_t = \delta$，这是在很特殊的条件下得出的结论。由温度分布可得热流密度，即

$$q_\mathrm{w}(x) = -\lambda\left(\frac{\partial T}{\partial y}\right)_{y=0} = -\lambda(T_\mathrm{w} - T_0)\sqrt{\frac{u_\infty}{2\nu x}}\left(\frac{\mathrm{d}T^*}{\mathrm{d}\eta}\right)_{\eta=0} = -\lambda\frac{T_\mathrm{w} - T_0}{x}\sqrt{\frac{Re_x}{2}}\left(\frac{\mathrm{d}T^*}{\mathrm{d}\eta}\right)_{\eta=0}$$

局部对流换热系数

$$h_x = -\frac{\lambda}{x}\sqrt{\frac{Re_x}{2}}\left(\frac{\mathrm{d}T^*}{\mathrm{d}\eta}\right)_{\eta=0}$$

局部努塞尔数为

$$Nu_x = \frac{h_x x}{\lambda} = -\sqrt{\frac{Re_x}{2}}\left(\frac{\mathrm{d}T^*}{\mathrm{d}\eta}\right)_{\eta=0}$$

动量传递为

$$\tau_\mathrm{w}(x) = \mu\left(\frac{\partial u_x}{\partial y}\right)_{y=0} = \mu u_\infty\sqrt{\frac{u_\infty}{2\nu x}}\sqrt{Re}\left(\frac{\mathrm{d}f'}{\mathrm{d}\eta}\right)_{\eta=0}$$

由 $T^* = 1 - f'(\eta) = 1 - \frac{u_x}{u_\infty}$，得

$$\frac{\mathrm{d}f'}{\mathrm{d}\eta}=\frac{\mathrm{d}T^*}{\mathrm{d}\eta}$$

于是

$$C_{\mathrm{fx}}=\frac{\tau_{\mathrm{w}}}{\rho u_{\infty}^2/2}=-\sqrt{\frac{2}{Re_x}}\left(\frac{\mathrm{d}T^*}{\mathrm{d}\eta}\right)_{\eta=0}$$

把该式代入 $Nu_x=-\sqrt{\frac{Re_x}{2}}\left(\frac{\mathrm{d}T^*}{\mathrm{d}\eta}\right)_{\eta=0}$，有

$$Nu_x=\frac{1}{2}C_{\mathrm{fx}}\,Re_x$$

斯坦顿（Stanton）数 St 的定义式为

$$St_x=\frac{Nu_x}{Pr\cdot Re_x}=\frac{xq_{\mathrm{w}}(x)}{\lambda(T_{\mathrm{w}}-T_0)}\cdot\frac{1}{\frac{\nu}{a}\cdot\frac{u_{\infty}x}{\nu}}=\frac{q_{\mathrm{w}}(x)}{\rho c_p u_{\infty}(T_{\mathrm{w}}-T_0)}$$

可见，St_x 表示壁面与流体之间的实际对流换热量 $q_{\mathrm{w}}(x)$ 与流体本身的对流热量传递 $\rho c_p u_{\infty}(T_{\mathrm{w}}-T_0)$ 之比。当 $Pr=1$ 时，$St_x=\frac{Nu_x}{Re_x}$，且有

$$St_x=\frac{1}{2}C_{\mathrm{fx}}$$

该式是最简单形式的雷诺比拟，说明对平板而言，在 $Pr=1$ 以及忽略黏性耗散的情况下，St_x 为 C_{fx} 的一半，它将与热量传递有关的无量纲量和与动量传递有关的无量纲量联系起来。于是，由速度边界层已有的解求出 C_{fx}。根据比拟关系，St_x 在一般的情况下（考虑耗散，湍流的对流换热）均可得到相应形式的比拟关系。

2. 温度边界层方程在 $Pr\ll 1$ 情况下的求解

在 $Pr\ll 1$ 时，温度边界层的厚度远大于速度边界层的厚度，即 $\delta_t\gg\delta$，因此，可以认为在整个温度边界层内，速度 u_x 与外流速度 $u_e(x)$ 相等，即 $u_x=u_e(x)$，由连续性方程

$$u_y=-\int_0^y\frac{\partial u_x}{\partial y}\mathrm{d}y=\frac{\mathrm{d}u_e}{\mathrm{d}x}y$$

代入温度边界层方程，得温度边界层方程的另一种形式，即

$$u_e\frac{\partial T}{\partial x}-y\cdot\frac{\mathrm{d}u_e}{\mathrm{d}x}\frac{\partial T}{\partial y}=a\frac{\partial^2 T}{\partial y^2}$$

引进无量纲自变量 η，则有

$$\eta=y\cdot\frac{u_e(x)}{2\sqrt{a\int_0^x u_e(x)\,\mathrm{d}x}}$$

经变换，得

$$\frac{\partial T}{\partial x}=\frac{\partial T}{\partial\eta}\frac{\partial\eta}{\partial x}=\left(\frac{yu_e'}{2\sqrt{a\int_0^x u_e\mathrm{d}x}}-\frac{yu_e^2}{4\int_0^x u_e\mathrm{d}x\sqrt{a\int_0^x u_e\mathrm{d}x}}\right)\frac{\partial T}{\partial\eta}$$

$$\frac{\partial T}{\partial y}=\frac{\partial T}{\partial \eta}\frac{\partial \eta}{\partial y}=\frac{u_e}{2\sqrt{a\int_0^x u_e\mathrm{d}x}}\frac{\partial T}{\partial \eta}$$

$$\frac{\partial^2 T}{\partial y^2}=\frac{\partial}{\partial \eta}\left(\frac{\partial T}{\partial y}\right)\frac{\partial \eta}{\partial y}=\frac{u_e^2}{4a\int_0^x u_e\mathrm{d}x}\frac{\partial^2 T}{\partial \eta^2}$$

将以上三个变换式代入温度边界层方程，不难得到常微分方程

$$\frac{\mathrm{d}^2 T}{\mathrm{d}\eta^2}+2\eta\frac{\mathrm{d}T}{\mathrm{d}\eta}=0$$

若为非绝热壁面，设温度边界层外边界温度 $T_e(x)=T_0$， 壁温 T_w 为常量，则给出边界条件

$$y=0,\ T=T_w$$

$$y=\delta_t(y\to\infty),\ T=T_0$$

引进无量纲温度

$$T^*=\frac{T-T_0}{T_w-T_0}$$

有

$$\frac{\mathrm{d}^2 T^*}{\mathrm{d}\eta^2}+2\eta\frac{\mathrm{d}T^*}{\mathrm{d}\eta}=0$$

边界条件为

$$\eta=0,\ T^*=1$$

$$\eta\to\infty,\ T^*=0$$

对该常微分方程积分，有

$$T^*=C_1\cdot\int_0^\eta \exp(-\eta^2)\mathrm{d}\eta+C_2$$

根据边界条件，可确定

$$C_2=1,\quad C_1=-\frac{1}{\int_0^\eta \exp(-\eta^2)\mathrm{d}\eta}=-\frac{2}{\sqrt{\pi}}$$

于是

$$T^*=1-\frac{2}{\sqrt{\pi}}\int_0^\eta \exp(-\eta^2)\mathrm{d}\eta$$

局部努塞尔数为

$$Nu_x=\frac{h_x x}{\lambda}$$

式中，h_x 为局部对流换热系数。由牛顿冷却定律

$$q_w(x)=h_x(T_w-T_0)$$

以及傅里叶定律

$$h_x=-\frac{\lambda\left(\frac{\partial T}{\partial y}\right)_{y=0}}{T_w-T_0}$$

得

$$Nu_x = -\frac{x\left(\frac{\partial T}{\partial y}\right)_{y=0}}{T_w - T_0} = -\left(\frac{dT}{d\eta}\right)_{\eta=0}\frac{\partial \eta}{\partial y}x$$

可见，局部努塞尔数的物理意义为流体在壁面上的无量纲温度梯度。

对于平板温度边界层，$u_e(x) = u_\infty$，无量纲自变量为

$$\eta = \frac{1}{2}y \cdot \sqrt{\frac{u_\infty}{ax}}$$

可得出平板温度边界层的解

$$Nu_x = x\frac{2}{\sqrt{\pi}}(e^{-\eta^2})_{\eta=0}\frac{1}{2}\sqrt{\frac{u_\infty}{ax}} = \frac{1}{\sqrt{\pi}}(Re_x Pr)^{1/2}$$

对于平面垂直绕流，$u_e(x) = Cx$，若边界条件不变，同理，易得

$$Nu_x = \sqrt{\frac{2}{\pi}}(Re_x Pr)^{1/2}$$

3. 温度边界层方程在 $P \gg 1$ 情况下的求解

对于极大 Pr 的流体，温度边界层厚度远小于速度边界层的厚度，即 $\delta_t \ll \delta$，因此，可以认为在整个温度边界层内，速度 u_x 的分布是线性的。对于中等 Pr 的流体，如果温度边界层比速度边界层形成延迟一段距离 x_0，如图 9.12.2 所示，温度边界层的速度分布可认为是线性的。在这两种情况下，壁面切应力可写作

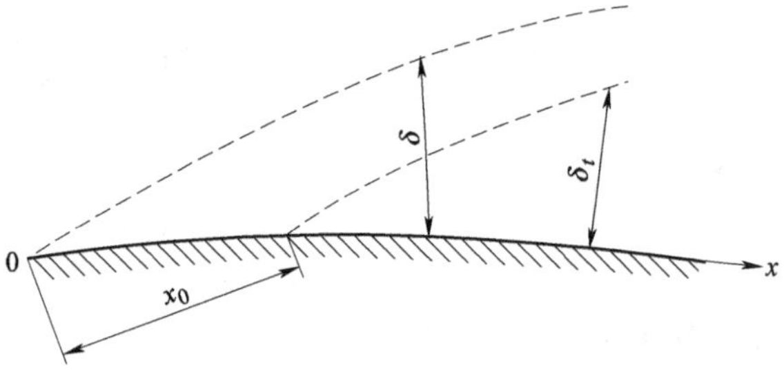

图 9.12.2 温度边界层的形成迟于速度边界层

$$\tau_w = \mu\left(\frac{\partial u_x}{\partial y}\right)_{y=0} = \mu\frac{u_x}{y}$$

于是温度边界层内的速度分布可表达为

$$u_x = \frac{\tau_w}{\mu}y$$

再由连续性方程解出

$$u_y = -\int_0^y \frac{\partial u_x}{\partial y}dy = -\frac{1}{\mu}\int_0^y \frac{\partial}{\partial y}(\tau_w y)dy = -\frac{y^2}{2\mu}\frac{d\tau_w}{dx}$$

将该式代入温度边界层方程中，再引进无量纲自变量 η 和无量纲温度 T^*，即

$$\eta = y \cdot \frac{\sqrt{\tau_w/\mu}}{\left(9a\int_{x_0}^{x}\sqrt{\tau_w/\mu}\,dx\right)^{1/3}},\quad T^* = \frac{T - T_0}{T_w - T_0}$$

将温度边界层方程变换为常微分方程

$$\frac{d^2T^*}{d\eta^2} + 3\eta^2\frac{dT^*}{d\eta} = 0$$

边界条件

$$\eta = 0,\ T^* = 1$$

$$\eta \to \infty,\ T^* = 0$$

对该常微分方程积分，有

$$T^* = C_1 \cdot \int_0^\eta \exp(-\eta^3)\mathrm{d}\eta + C_2$$

根据边界条件，可确定积分常数 C_1 和 C_2，得

$$T^* = 1 - \frac{\int_0^\eta \exp(-\eta^3)\mathrm{d}\eta}{\int_0^\infty \exp(-\eta^3)\mathrm{d}\eta}$$

利用 Γ 函数表可求得

$$\int_0^\infty \exp(-\eta^3)\mathrm{d}\eta = 0.89338$$

于是

$$T^* = 1 - 1.1193\int_0^\eta \exp(-\eta^3)\mathrm{d}\eta$$

局部努塞尔数为

$$\begin{aligned} Nu_x &= \frac{h_x(x-x_0)}{\lambda} = -\left(\frac{\mathrm{d}T^*}{\mathrm{d}\eta}\right)_{\eta=0}\frac{\partial\eta}{\partial y}(x-x_0) \\ &= 0.538Pr^{1/3}\frac{x-x_0}{\nu}\sqrt{\frac{\tau_\mathrm{w}}{\rho}}\left(\int_{x_0}^x\sqrt{\frac{\tau_\mathrm{w}}{\rho}}\frac{\mathrm{d}x}{\nu}\right)^{1/3} \end{aligned}$$

对于平板，当 $x_0 = 0$ 时，前文已经得到

$$\tau_\mathrm{w} = 0.332\mu u_\infty\sqrt{\frac{u_\infty}{\nu x}}$$

由此可得

$$Nu_x = 0.339\sqrt{Re_x}\,Pr^{1/3}$$

同理，对于平面垂直绕流可得出

$$Nu_x = 0.661\sqrt{Re_x}\,Pr^{1/3}$$

从以上关于温度边界层相似解的讨论中可以看出，无量纲温度边界层常微分方程中均包含有 $f = f(\eta)$ 或其导数，因此温度边界层存在相似解是以速度边界层存在相似解为前提条件的。速度边界层微分方程无相似解时，可利用速度边界层积分方程求解，同样，温度边界层无相似解也可用温度边界层积分方程求解，温度边界层积分方程解法的基本思想与速度边界层积分方程相同。

9.13　温度边界层积分方程

对流传热的理论计算通常有两种方法，一种是应用边界层微分方程以及传热边界层微分方程进行求解，但只能用于对简单层流流动问题的解析计算，对于较复杂的问题，通常应用另一种方法，即建立边界层动量积分方程和传热边界层能量积分方程进行求解。下面考察温度为 T_0 的流体沿温度为 T_w 的平壁做层流流动时的传热。令 $\delta < \delta_t$，如图 9.13.1 所示，边界层内的速度分布已在前文中得出。在传热边界层内，取单位宽度的控制体 $abcda$，流体由 ab 面进入

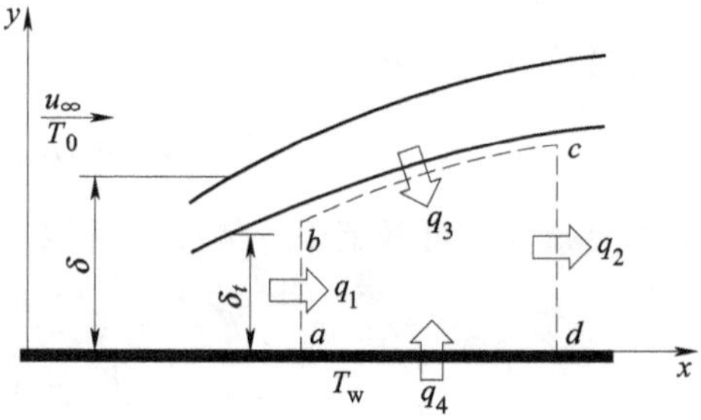

图 9.13.1　温度边界层积分方程推导

控制体所携带的热流为

$$q_1 = \int_0^{\delta_t} \rho c_p T u_x \mathrm{d}y$$

流体由 cd 面从控制体带走的热流为

$$q_2 = \int_0^{\delta_t} \rho c_p T u_x \mathrm{d}y + \frac{\mathrm{d}}{\mathrm{d}x}\left(\int_0^{\delta_t} \rho c_p T u_x \mathrm{d}y\right) \mathrm{d}x$$

流体由 bc 面进入控制体所携带的热流为

$$q_3 = c_p T_0 \frac{\mathrm{d}}{\mathrm{d}x}\left(\int_0^{\delta_t} \rho u_x \mathrm{d}y\right) \mathrm{d}x$$

经 ad 面导入的热流为

$$q_4 = -\lambda \left(\frac{\mathrm{d}T}{\mathrm{d}y}\right)_{y=0}$$

根据能量守恒定律，$q_1 + q_3 + q_4 = q_2$，即

$$\frac{\mathrm{d}}{\mathrm{d}x}\int_0^{\delta_t} u_x (T_0 - T) \mathrm{d}y = a \left(\frac{\partial T}{\partial y}\right)_{y=0}$$

此即传热边界层能量积分方程。

边界条件为

$$y = 0, \begin{cases} T = T_\mathrm{w} \\ \dfrac{\partial^2 (T - T_\mathrm{w})}{\partial y^2} = 0 \quad (\text{温度梯度是常数}) \end{cases}$$

$$y = \delta_t, \begin{cases} T - T_\mathrm{w} = T_0 - T_\mathrm{w} \\ \dfrac{\partial (T - T_\mathrm{w})}{\partial y} = 0 \quad (T_0 \text{ 为外边缘温度}) \end{cases}$$

以过余温度 $\theta_{T_0} = T_0 - T_\mathrm{w}$，$\theta_T = T - T_\mathrm{w}$ 表达，热边界层能量积分方程及其边界条件可写作

$$\frac{\mathrm{d}}{\mathrm{d}x}\int_0^{\delta_t} u_x (\theta_{T_0} - \theta_T) \mathrm{d}y = a \left(\frac{\partial \theta_T}{\partial y}\right)_{y=0}$$

$$y = 0, \begin{cases} \theta_T = 0 \\ \dfrac{\partial^2 \theta_T}{\partial y^2} = 0 \end{cases}; \qquad y = \delta_t, \begin{cases} \theta_T = \theta_{T_0} \\ \dfrac{\partial \theta_T}{\partial y} = 0 \end{cases}$$

对于平壁层流边界层，上述能量积分方程以及边界条件与前文讨论的边界层动量积分方程以及边界条件相比较，两者形式一致，因此，当 $\nu = a$ 时，应用待定系数法所得的解也应一致，所得温度分布与速度分布形式相同，取

$$\frac{\theta_T}{\theta_{T_0}} = \frac{T - T_\mathrm{w}}{T_0 - T_\mathrm{w}} = \frac{3}{2}\left(\frac{y}{\delta_t}\right) - \frac{1}{2}\left(\frac{y}{\delta_t}\right)^3 \quad (0 < y < \delta)$$

代入热边界层能量积分方程，可得

$$\frac{\delta_t}{\delta} = \frac{1}{1.026\, Pr^{1/3}}$$

由该式及 $\dfrac{\delta}{x} = 4.64 Re_x^{-1/2}$，得传热边界层厚度

$$\frac{\delta_t}{x} = 4.53Re_x^{-1/2}\,Pr^{-1/3}$$

根据传热微分方程，有

$$h_x = -\frac{\lambda}{\Delta T}\left(\frac{\partial T}{\partial y}\right)_{y=0} = -\frac{\lambda}{\theta_{T_0}}\left(\frac{\partial \theta_T}{\partial y}\right)_{y=0} = \frac{\lambda}{\theta_{T_0}}\cdot\frac{3}{2}\cdot\frac{\theta_{T_0}}{\delta_t} = \frac{3\lambda}{2\delta_t}$$

于是

$$Nu_x = \frac{h_x x}{\lambda} = 0.332\,Re_x^{1/2}\,Pr^{1/3}$$

此即流体沿平壁做层流运动时局部对流传热系数沿程变化的计算式。工程计算中，通常需要计算流体沿整个平壁传热的平均传热系数 h_L，为此，可将该式沿平壁长度 L 积分，得

$$h_L = \frac{1}{L}\int_0^L h_x \mathrm{d}x = \frac{1}{L}\int_0^L 0.332\,\frac{\lambda}{x}\,Re_x^{1/2}\,Pr^{1/3}\mathrm{d}x = 0.664\,\frac{\lambda}{L}\,Re_L^{1/2}\,Pr^{1/3}$$

9.14　竖直平壁间的自然对流

流体有温度差就会产生密度差，以此作为动力则发生对流传热。因此，在前述强制对流传热过程中都伴随着自然对流。只是在通常情况下，因其相比强制对流传热速率很小而忽略。实际工程中存在不少依自然对流的传热工程。例如，固体在静止空气中的冷却、无强制流动情况下，固体壁面对液体的加热和冷却、散热器引起的空气对流等。

下面考察流体在两块很大的平行平壁间由自然对流形成的温度分布及其对速度分布的影响。冷热两壁间距为 $2b$，如图 9.14.1 所示，$y=-b$ 处（热壁）温度为 T_2，$y=b$ 处（冷壁）温度为 T_1。热壁侧流体受热，密度减小而上升，冷壁处流体则下降，由于该系统在顶端和底端是封闭的，所以流体在两板间连续循环，上升流体与下降流体的体积流量相等。取厚度为 $\mathrm{d}y$ 的薄层流体进行热平衡计算，不难建立微分方程，即

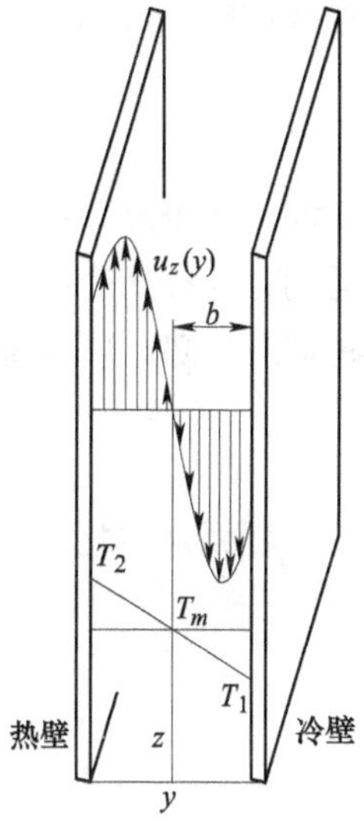

图 9.14.1　竖直平壁间的自然对流

$$\lambda\frac{\mathrm{d}^2T}{\mathrm{d}y^2} = 0$$

积分该式，并由边界条件

$$y=-b,\ T=T_2$$
$$y=b,\ T=T_1$$

解得温度分布为

$$T = T_m - \frac{1}{2}(T_2 - T_1)\,\frac{y}{b}$$

式中，T_m 为冷、热壁温的平均值，即 $T_m = \dfrac{T_2+T_1}{2}$。

为求解速度分布，对于上列厚度为 $\mathrm{d}y$ 的薄层流体，依据动量定理，建立微分方程

$$\mu\frac{\mathrm{d}^2u_z}{\mathrm{d}y^2} = \rho g + \frac{\mathrm{d}p}{\mathrm{d}z}$$

不计 μ 随温度的变化，ρ 随温度的变化采用泰勒级数展开，近似表达为

$$\rho = \rho_0 - \rho_0\alpha_0(T - T_0)$$

式中，T_0 为参考温度；ρ_0 为 T_0 时的流体密度；α_0 为 T_0 时的体积膨胀系数。得到如下动量方程：

$$\mu\frac{\mathrm{d}^2u_z}{\mathrm{d}y^2} = \frac{\mathrm{d}p}{\mathrm{d}z} + \rho_0 g - \rho_0\alpha_0 g(T - T_0)$$

若压力梯度仅由壁面流体重力产生，即 $\frac{\mathrm{d}p}{\mathrm{d}z} = -\rho_0 g$，则

$$\mu\frac{\mathrm{d}^2u_z}{\mathrm{d}y^2} = -\rho_0\alpha_0 g(T - T_0)$$

该式表明黏性力与浮力两者平衡，将温度分布式代入，得

$$\mu\frac{\mathrm{d}^2u_z}{\mathrm{d}y^2} = -\rho_0\alpha_0 g\left[(T_m - T_0) - \frac{1}{2}(T_2 - T_1)\frac{y}{b}\right]$$

对上式积分，并由边界条件

$$y = -b,\ u_z = 0$$
$$y = b,\ u_z = 0$$

解得壁面附近流体速度分布为

$$u_z = \frac{\rho_0\alpha_0 g b^2}{12\mu}(T_2 - T_1)\left[\left(\frac{y}{b}\right)^3 - \frac{y}{b}\right]$$

该式即为由密度差的浮力作用而导致的速度分布。尽管层流状态下流体在垂直壁面方向并无宏观运动，与静止介质中的导热同为分子传递，但由于流体流动提高了壁面附近的温度梯度，因而将促进传热。将动量方程改写为

$$\frac{\mathrm{d}}{\mathrm{d}y}\left(\frac{\mathrm{d}u}{\mathrm{d}y}\right) = \frac{\alpha g}{\nu}(T - T_0)$$

将该方程无量纲化。引入无量纲量

$$y^* = \frac{y}{L_0},\ u_y^* = \frac{u_y}{U_0},\ T^* = \frac{T - T_0}{T_w - T_0}$$

得到

$$\frac{U_0}{L_0^2}\frac{\mathrm{d}^2u^*}{\mathrm{d}y^{*2}} = \frac{\alpha g}{\nu}T^*(T_w - T_0)$$

改写为

$$\frac{1}{Re_L}\frac{\mathrm{d}^2u^*}{\mathrm{d}y^{*2}} = \frac{Gr}{Re_L^2}T^*$$

其中

$$Re_L = \frac{U_0L_0}{\nu},\ Gr = \frac{\alpha g(T_w - T_0)L_0^3}{\nu^2}$$

Gr 是浮力与黏性力之比，用于判别自然对流中的流动状态。Gr 的临界值是 10^9，当 $Gr > 10^9$ 时，铅直壁面上的流动状态是湍流，Gr/Re_L^2 则用于判别热量传递中强制对流和自然对流的相对重要性。当 $Gr/Re_L^2 \ll 1$ 时，自然对流效应可以忽略；当 $Gr/Re_L^2 \gg 1$ 时，自然对流效应很重要；当 $Gr/Re_L^2 = 1$ 时，两者同等重要。

对水平面的传热，因对表面加热或冷却以及表面向上或向下有关。当热表面向上，被加热流体自由向上，诱导强烈对流，形成良好的传热；如果热表面向下，壁面阻止受热流体上升（边缘除外），妨碍传热。

9.15　层流膜状冷凝

蒸汽于洁净的表面冷凝，产生凝液并润湿传热面，形成连续的液膜，所释放的潜热以及高于饱和温度的汽相显热，经由液膜传至壁面，这种传热过程称为膜状冷凝。液膜沿壁面流动，开始时流动状态为层流，达一定雷诺数后将转为湍流。

图 9.15.1 所示为冷凝液膜在重力作用下，沿竖直固壁做层流流动时的冷凝过程（沿平壁与圆管外壁冷凝规律相同，因为管径通常比冷凝液膜厚度大得多，曲率影响可不计）。为了便于分析，设蒸汽处于饱和状态，与壁面的传热仅是潜热，层流液膜与壁面的传热主要是热传导；不计蒸汽与液膜表面间切应力；不计惯性力；物性不随温度变化；液膜内温度呈线性分布；不考虑进、出口影响。令液膜两侧边界温度分别为壁面温度 T_w 和饱和蒸汽温度 T_s，液膜厚度为 δ，导热系数为 λ。

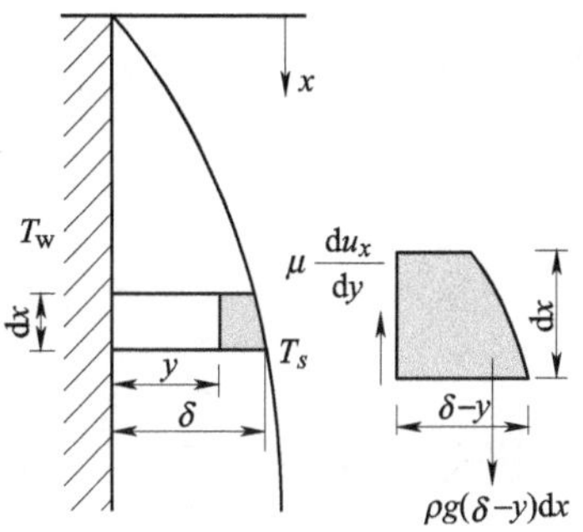

图 9.15.1　层流液膜冷凝

1. 速度分布 u_x

在层流液膜内，取长为 dx、厚为 $(\delta-y)$ 的单位宽度流体层。依据重力与黏性力平衡，有

$$\rho g(\delta - y)\cdot dx \cdot 1 = \mu \frac{du_x}{dy}\cdot dx\cdot 1$$

积分该式，由边界条件 $y=0$，$u_x=0$，得速度分布为

$$u_x = \frac{\rho g}{2\mu}(2\delta y - y^2) = \frac{\rho g\delta^2}{2\mu}\left[2\left(\frac{y}{\delta}\right) - \left(\frac{y}{\delta}\right)^2\right]$$

该式表明，液膜内流速呈抛物线分布。

当 $y=\delta$ 时，液膜自由表面处最大流速为

$$u_{max} = \frac{\rho g\delta^2}{2\mu}$$

液膜平均流速

$$\bar{u}_x = \frac{1}{\delta}\int_0^\delta u_x dy = \frac{\rho g\delta^2}{3\mu}$$

可知，凝液自由表面速度是平均速度的 1.5 倍。

2. 凝液流率及膜厚

离前缘 x 处单位宽度凝液流量

$$G = \int_0^\delta \rho\delta u_x dy = \frac{g\rho^2\delta^3}{3\mu}$$

经过 dx 距离，冷凝液流量增量为

$$dG = \frac{g\rho^2\delta^2}{\mu}d\delta$$

由于这是通过壁面液膜的热传导，而液膜很薄，可认为膜内温度呈线性分布，即

$$\frac{T - T_w}{T_s - T_w} = \frac{y}{\delta}$$

因此，导热速率

$$Q_1 = \lambda \frac{\partial T}{\partial y} dx \cdot 1 = \lambda \frac{T_s - T_w}{\delta} dx$$

令汽化潜热为 γ，dx 内凝液增量放出的潜热为

$$Q_2 = \gamma dG = \frac{\gamma g \rho^2 \delta^2}{\mu} d\delta$$

由

$$Q_1 = Q_2$$

$$\frac{\gamma g \rho^2 \delta^2}{\mu} d\delta = \lambda \frac{T_s - T_w}{\delta} dx$$

$$\delta^3 d\delta = \frac{\lambda \mu}{\gamma g \rho^2} (T_s - T_w) dx$$

积分该式，并由边界条件 $y = 0$，$\delta = 0$ 得液膜厚度

$$\delta = \left[\frac{4\lambda\mu(T_s - T_w)x}{\gamma g \rho^2} \right]^{1/4}$$

可见，膜厚随 x 增大而增厚，正比于 $x^{1/4}$。

3. 对流传热系数

将传热微分方程改写为 $h = \dfrac{\lambda \left(\dfrac{\partial T}{\partial y} \right)_{y=0}}{T_s - T_w}$，结合 $\dfrac{T - T_w}{T_s - T_w} = \dfrac{y}{\delta}$，易得 $h_x = \dfrac{\lambda}{\delta}$。则

$$h_x = \frac{\sqrt{2}}{2} \left[\frac{\gamma g \rho^2 \lambda^3}{\mu(T_s - T_w)x} \right]^{1/4}$$

由此可知，h_x 将随 x 的增加而减小，原因是冷凝液膜沿程不断增厚。对于长度为 L 的平壁，平均对流传热系数

$$h_L = \frac{1}{L} \int_0^L h_x dx = \frac{2\sqrt{2}}{3} \left[\frac{\gamma g \rho^2 \lambda^3}{\mu(T_s - T_w)L} \right]^{1/4}$$

对比以上两式可知，平均对流传热系数是长度 x 处局部对流传热系数的 4/3 倍。

$$Nu_L = \frac{h_L L}{\lambda} = \frac{2\sqrt{2}}{3} \left[\frac{\gamma g \rho^2 L^3}{\lambda \mu (T_s - T_w)} \right]^{1/4}$$

该式除汽化潜热按 T_s 取值外，其余物性的定性温度均取液膜平均温度，即 $(T_s + T_w)/2$。

工程实践表明，采用上式的计算结果一般比实际值低 20%，原因之一是由于受表面张力的影响，实际冷凝过程的液膜表面呈波浪状，既增大了冷凝面积，又增强了扰动，致使 h_L 提高，为此，通常取

$$h_L = \frac{1}{L} \int_0^L h_x dx = (1 + 20\%) \frac{2\sqrt{2}}{3} \left[\frac{\gamma g \rho^2 \lambda^3}{\mu(T_s - T_w)L} \right]^{1/4} = 1.131 \left[\frac{\gamma g \rho^2 \lambda^3}{\mu(T_s - T_w)L} \right]^{1/4}$$

9.16　边界层分离

二维平板边界层是边界层流动中最为简单的情形。在定常平板绕流的情况下，整个势场中压强与流速均保持为常数。由于边界层内压强决定于边界层外缘的势流压强，因此整个边界层内压强也保持同一常数。当流动绕过曲面固壁时，压强将沿流程变化，可能出现逆压力梯度区，在逆压力梯度的作用下可能产生边界层分离现象，在边界层分离后形成的尾流中会产生回流或漩涡，导致很大的动量损失并增加流动阻力。

边界层中的流体质点受惯性力、黏性力和压力共同作用，其中黏性力的作用始终是阻滞流体运动，作用在与流动相反的方向上，使流体质点动能减少，速度减低。压力梯度的作用与外部主流运动状态（绕流物体的形状和流道的形式）有关，顺压力梯度（如 $dp/dx<0$）有助于流体加速前进，而逆压力梯度（$dp/dx>0$）则阻碍流体流动。显然，压力梯度对边界层的流动特性有一定的影响。我们考察圆柱面的半截面 *ABCD*，如图 9.16.1 所示。在边界层外部，流动和理想流体的绕圆柱流动完全类似。对整个流动进行如下定性分析。

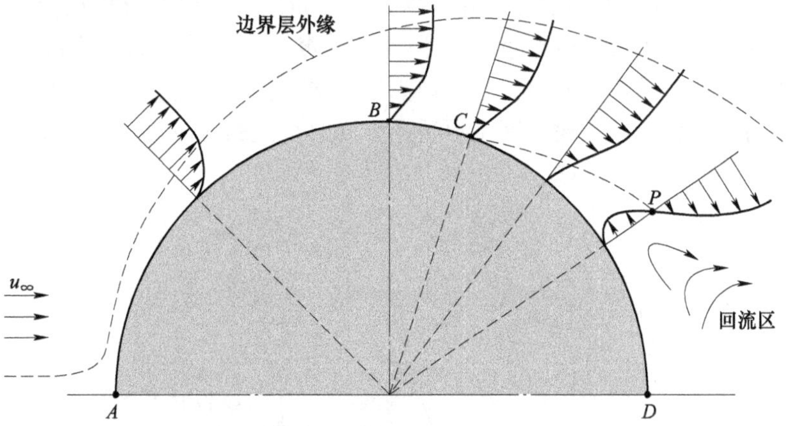

图 9.16.1　圆柱绕流边界层

1）点 *A* 为驻点，压强为 $\rho u_\infty^2/2$，边界层由点 *A* 开始形成，沿流动方向不断增厚。

2）在迎风面，即圆柱体的前半部 *AB* 段，流动通道逐渐缩小，根据伯努利方程，流体速度最大，而压强减小。边界层内的压强自点 *A* 的最大值下降至点 *B* 的最小值，即有 $dp/dx<0$，该区称为顺压力梯度区。*AB* 段内压力梯度与惯性力作用在同一方向上，流体质点的动能增加，流体加速，速度由点 *A* 的零值至点 *B* 的最大值。顺压力梯度区内压强降低，一部分压能转化为流体的动能（流体加速），一部分则因克服黏性阻力而消耗。

3）在背风面，即圆柱体的后半部 *BC* 段，通道逐渐扩大，流速降低，一部分动能将恢复为压能，压强增加。压强由迎风面的 $dp/dx<0$，经过 $dp/dx=0$，到背风面变为 $dp/dx>0$。在背风面沿流动方向产生逆压力梯度，该区为逆压力梯度区。*BC* 段边界层内流体在黏性摩擦和逆压力梯度的双重作用下，动能不断下降，到点 *C* 消耗殆尽，壁面附近的流体速度降为零。

4）离壁面稍远的流体质点，受外流带动，具有较大的动能，流过较长的距离直至下游某一点 *P* 速度降为零。*CP* 线以下的流体，在逆压力梯度作用下发生倒流，并将相邻流体外挤，形成脱离圆柱体的边界层，这一现象称边界层分离（或脱体），点 *P* 为分离点。

5）倒流的流体与 CP 线以外的继续前进的流体之间产生大量漩涡，构成尾涡区。尾涡区压强低，使圆柱体前部和后部的压强分布不对称，形成压差阻力。

可见，在顺压力梯度区，流体质点虽然受到黏性力的阻滞作用，但由于压力梯度的推动将使流体质点向前行进并加速，而在逆压力梯度区，流体质点受到黏性力和逆压力梯度的双重阻滞作用时，流体质点减速，当惯性力不足以克服这种阻滞作用时，物面附近的流体质点速度有可能减至为零，其后的流体受到逆压力梯度作用会出现倒流，这些流体在来流的冲击下被带向下游，形成尺度较大的涡，同时，流体被排挤到距物面较远的地方，边界层变厚，这样就产生了边界层的分离。

边界层分离是逆压力梯度和黏性力综合作用的结果，即边界层流动分离主要是因为边界层中流体的动能被黏性所耗损，并且不能克服逆压力梯度而引起了分离，可以说只在有逆压力梯时才会有分离现象。例如，在来流绕过与来流平行的平板时，由于在平板上面处处有 $\mathrm{d}p/\mathrm{d}x=0$，因此不会发生分离。有逆压力梯度出现时也不一定都会发生边界层分离，只有当逆压力梯度足够大时才会发生，因此逆压力梯度是发生分离的必要条件，而不是充分条件。一般来说，逆压力梯度越大，发生分离的可能性越大。

图 9.16.2 所示为不同压力梯度对边界层内速度分布的影响以及分离点及其上下游边界层中的流速分布情形。图中点 M 处的压力梯度为零，点 M 之前为顺压力梯度区，点 M 之后为逆压力梯度区；点 S 处为边界层分离点，在分离点后形成回流和尾流区。边界层微分方程只能应用到分离点的上游，在回流区和尾流区不再适用，同时绕流的势流流场也将发生变化。

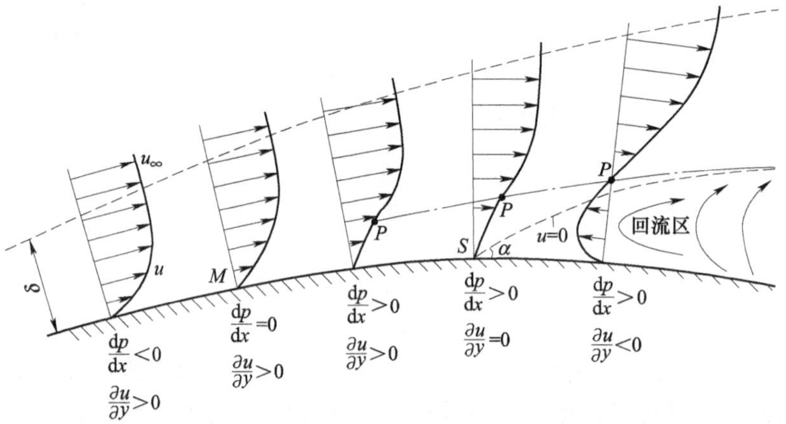

图 9.16.2 压力梯度对边界层速度分布的影响

在壁面上 $y=0$，$u=0$，而在壁面附近，在分离点以前速度均为正值即 $u>0$，因而有 $\left(\frac{\partial u}{\partial y}\right)_{y=0}>0$，在分离点以后，壁面附近产生回流，回流区速度为 $u<0$，因而有 $\left(\frac{\partial u}{\partial y}\right)_{y=0}<0$。由此推出，在分离点上必有 $\left(\frac{\partial u}{\partial y}\right)_{y=0}=0$，这就是确定分离点位置的条件，它表示在分离点上切应力为零，普朗特将其作为二维定常绕流边界层流动分离的判据，也称为普朗特分离判据。分离点处的流线与固体壁面所成的角度 α 与绕流雷诺数有关。下面利用边界层运动方程建立边界层内速度分布与边界层外缘的压力梯度之间的联系。在固体壁面上，有

$$y=0,\ u_x=u_y=0$$

且

$$\left(\frac{\partial^2 u_x}{\partial y^2}\right)_{y=0} = \frac{1}{\mu}\frac{\mathrm{d}p_e}{\mathrm{d}x}$$

该式表明，在壁面附近的速度分布曲线的曲率由当地边界层外边缘的压力梯度决定。当为顺压力梯度时，壁面上的 $\left(\frac{\partial^2 u_x}{\partial y^2}\right)_{y=0} < 0$；当为逆压力梯度时，壁面上的 $\left(\frac{\partial^2 u_x}{\partial y^2}\right)_{y=0} > 0$。

在边界层的外缘线上

$$y = \delta,\ u_x = u_e$$

且

$$\left(\frac{\partial^2 u_x}{\partial y^2}\right)_{y=\delta} = 0$$

在边界层外缘线上和外部势流区有

$$\left(\frac{\partial^2 u_x}{\partial y^2}\right)_{y\geqslant\delta} = 0$$

这表明边界层内的速度剖面在接近外缘附近凸向下游，并将以 $u_x = u_e$ 线为渐近线，曲率为零。

在顺压力梯度区，边界层内的速度分布沿法向 y 单调增长，$\frac{\partial u_x}{\partial y} > 0$。边界层内接近外缘处 $y \to \delta$，有 $\frac{\partial^2 u_x}{\partial y^2} < 0$。事实上，设 y 方向的无限小长度为 $\varepsilon = \delta/L$，则有

$$\frac{\partial^2 u_x}{\partial y^2} = \frac{\partial}{\partial y}\left(\frac{\partial u_x}{\partial y}\right) \approx \frac{1}{\varepsilon}\left[\left(\frac{\partial u_x}{\partial y}\right)_{y=\delta} - \left(\frac{\partial u_x}{\partial y}\right)_{y=\delta-\varepsilon}\right]$$

上式右端中括号内 $\left(\frac{\partial u_x}{\partial y}\right)_{y=\delta} = 0$，$\left(\frac{\partial u_x}{\partial y}\right)_{y=\delta-\varepsilon} > 0$，因此 $\frac{\partial^2 u_x}{\partial y^2} < 0$。

在整个边界层顺压力梯度区有

$$\left(\frac{\partial u_x}{\partial y}\right)_{y=0} > 0,\ \left(\frac{\partial u_x}{\partial y}\right)_{0<y<\delta} > 0,\ \left(\frac{\partial u_x}{\partial y}\right)_{y=\delta} = 0$$

$$\left(\frac{\partial^2 u_x}{\partial y^2}\right)_{y=0} < 0,\ \left(\frac{\partial^2 u_x}{\partial y^2}\right)_{0<y<\delta} < 0,\ \left(\frac{\partial^2 u_x}{\partial y^2}\right)_{y=\delta} = 0$$

在顺压力梯度区速度分布曲线 $u_x = u_x(y)$ 是一条单调变化没有拐点的凸曲线，如图 9.16.3 所示。$\frac{\partial u_x}{\partial y}$ 在 $y = 0$ 处有最大值 $\frac{\tau_0}{\mu}$；随着远离壁面，$\frac{\partial u_x}{\partial y}$ 逐渐减小，至 $y = \delta$ 时，$\frac{\partial u_x}{\partial y} = 0$。按流动稳定性分析，即速度型无拐点的流动稳定，故加速区不会产生分离现象。

与均匀来流的平板边界层流动类似，压强顺流不变时，$\mathrm{d}p/\mathrm{d}x = 0$，因此 $\left(\frac{\partial^2 u_x}{\partial y^2}\right)_{y=0} = 0$，可见速度剖面在 $y = 0$ 处为一拐点。压强顺流不变时，在整个边界层有

$$\left(\frac{\partial u_x}{\partial y}\right)_{y=0} > 0,\ \left(\frac{\partial u_x}{\partial y}\right)_{0<y<\delta} > 0,\ \left(\frac{\partial u_x}{\partial y}\right)_{y=\delta} = 0$$

$$\left(\frac{\partial^2 u_x}{\partial y^2}\right)_{y=0} < 0,\ \left(\frac{\partial^2 u_x}{\partial y^2}\right)_{0<y<\delta} < 0,\ \left(\frac{\partial^2 u_x}{\partial y^2}\right)_{y=\delta} = 0$$

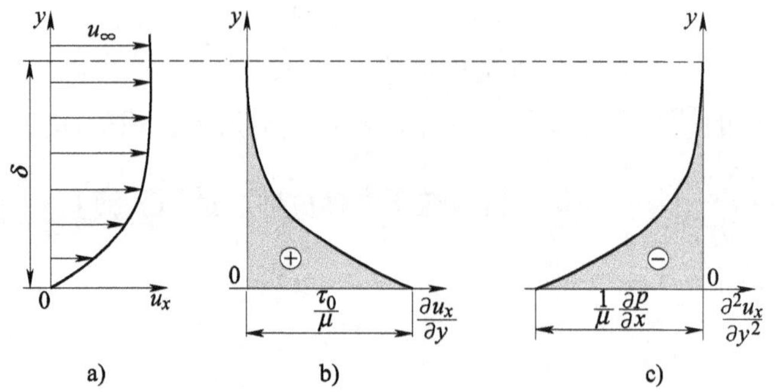

图 9.16.3　边界层顺压力梯度区速度分布

边界层内整个速度剖面为凸曲线，但在 $y=0$ 处有一拐点，如图 9.16.4 所示。在 $y=0$ 处，$\dfrac{\partial u_x}{\partial y}$ 的曲线与横轴垂直，在 y 等于某一数值 b_1 时，有一拐点（Point of Inflexion，PI），b_1 的值由 $u_x=u_x(y)$ 的具体形式决定。在 $y=b_1$ 时，$\partial^2 u_x/\partial y^2$ 有一极小值。

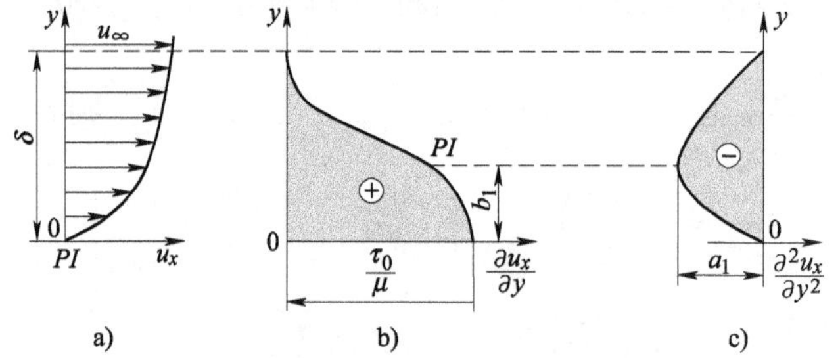

图 9.16.4　边界层零压力梯度时的速度分布

在逆压力梯度区，$\mathrm{d}p/\mathrm{d}x>0$，$\left(\dfrac{\partial^2 u_x}{\partial y^2}\right)_{y=0}>0$。边界层内接近外缘处，仍然 $\left(\dfrac{\partial^2 u_x}{\partial y^2}\right)_{y\to\delta}<0$，因而 $0<y<\delta$ 必有一拐点，使得 $\dfrac{\partial^2 u_x}{\partial y^2}=0$，即在边界层内速度分布曲线 $u_x=u_x(y)$ 必有一拐点。流动稳定性理论指出，速度分布有拐点的流动不稳定，故逆压力梯度的作用可引起流动不稳定，将产生边界层分离和促进层流转变为湍流。在分离点及其上下游，速度剖面各有其特点。

1）在分离点上游，$y=0$，$\mathrm{d}p/\mathrm{d}x>0$，则边界层内有

$$\left(\frac{\partial u_x}{\partial y}\right)_{y=0}>0,\ \left(\frac{\partial u_x}{\partial y}\right)_{0<y<\delta}>0,\ \left(\frac{\partial u_x}{\partial y}\right)_{y=\delta}=0$$

$$\left(\frac{\partial^2 u_x}{\partial y^2}\right)_{y=0}>0,\ \left(\frac{\partial^2 u_x}{\partial y^2}\right)_{0<y<\delta}<0,\ \left(\frac{\partial^2 u_x}{\partial y^2}\right)_{y=\delta}=0$$

速度分布如图 9.16.5 所示，设在 $y=c_2$ 时，速度剖面有一拐点，在 $y=c_2$ 上部的速度剖面形状与压强顺流不变时的等速流剖面相似。在 $y=c_2$ 下部的速度分布为一凹曲线。在 $y=c_2$ 处，$\dfrac{\partial u_x}{\partial y}$

曲线有一极大值。$\dfrac{\partial^2 u_x}{\partial y^2}$ 曲线在 $y = c_2$ 处为零，$y > c_2$ 时，$\dfrac{\partial^2 u_x}{\partial y^2}$ 为负，$y < c_2$ 时，$\dfrac{\partial^2 u_x}{\partial y^2}$ 为正。

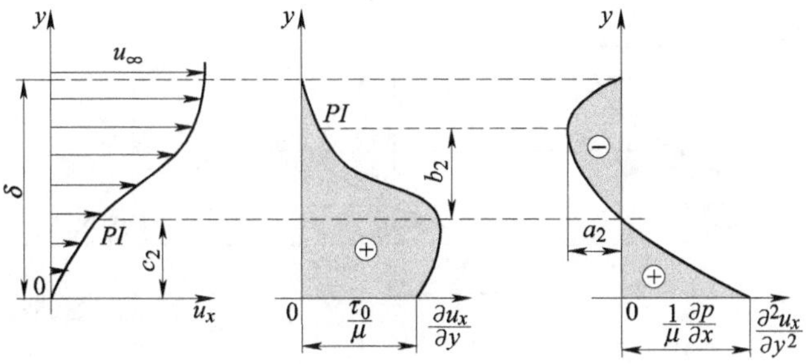

图 9.16.5　边界层逆压力梯度区分离点上游的速度分布

2）在分离点处，$y = 0$，$\mathrm{d}p/\mathrm{d}x = 0$，则边界层内有

$$\left(\frac{\partial u_x}{\partial y}\right)_{y=0} = 0,\ \left(\frac{\partial u_x}{\partial y}\right)_{0<y<\delta} > 0,\ \left(\frac{\partial u_x}{\partial y}\right)_{y=\delta} = 0$$

$$\left(\frac{\partial^2 u_x}{\partial y^2}\right)_{y=0} > 0,\ \left(\frac{\partial^2 u_x}{\partial y^2}\right)_{0<y<\delta} < 0,\ \left(\frac{\partial^2 u_x}{\partial y^2}\right)_{y=\delta} = 0$$

此时，速度分布如图 9.16.6 所示，在 $y = 0$ 处，速度分布曲线与 y 轴相切。

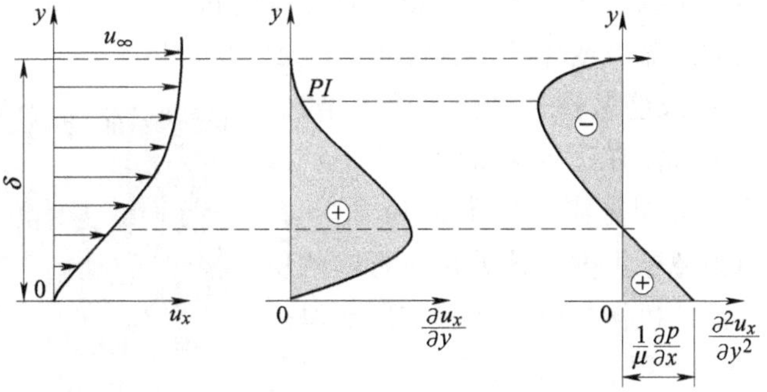

图 9.16.6　边界层逆压力梯度区分离点处的速度分布

3）在分离点下游，$y = 0$，$\dfrac{\partial u_x}{\partial y} < 0$。则边界层内有

$$\left(\frac{\partial u_x}{\partial y}\right)_{y=0} < 0,\ \left(\frac{\partial u_x}{\partial y}\right)_{y\to\delta} > 0,\ \left(\frac{\partial u_x}{\partial y}\right)_{y=\delta} = 0$$

$$\left(\frac{\partial^2 u_x}{\partial y^2}\right)_{y=0} > 0,\ \left(\frac{\partial^2 u_x}{\partial y^2}\right)_{y\to\delta} < 0,\ \left(\frac{\partial^2 u_x}{\partial y^2}\right)_{y=\delta} = 0$$

此时，速度分布如图 9.16.7 所示，在 $y = 0$ 处，速度为负。

边界层分离现象一般是不稳定的，在分离点下游会出现非定常漩涡，压力急剧下降，能量损失增大。另外，湍流边界层比层流边界层不易发生分离，这是因为湍流的脉动掺混作用使速

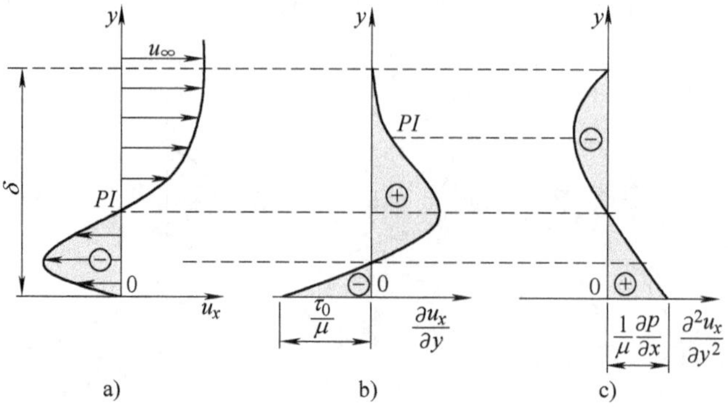

图 9.16.7 边界层逆压力梯度区分离点下游的速度分布

度分布均匀，因而使得壁面附近的速度比层流的要大，这就可能会克服更大的逆压力梯度的作用，使其不发生分离。当层流发生分离时，流动就会发生掺混而没有层次，而当边界层内流动过渡到湍流时，流动又将重新附着在壁面上，推迟分离。

产生边界层分离的条件一是流动的方向与压力降方向相反，二是黏性对速度的迟滞作用。这两个条件要同时存在才会产生脱体现象。黏性阻力，包括摩擦阻力和形状阻力两部分。摩擦阻力是黏性流体在物体表面上所作用的摩擦切应力合力在运动方向上的投影。不管边界层分离与否，在黏性流体绕流中物体后部压力降低，不能与前部最大压力相平衡，形成了压差阻力，即形状阻力。摩擦阻力大小的决定因素首先是边界层流动状态，层流时具有较小的摩擦阻力，因此应设法保持边界层为层流，或尽量推后转变点，延长层流区。

由于边界层分离会造成能量损失和流动阻力增加，因此边界层中流动的分离现象在工程中常常带来不利影响。例如，当机翼面上边界层分离（见图 9.16.8），会引起升力急剧下降和阻力急剧上升，这就是飞行中的所谓失速现象。另外，在流体机械的叶轮上和扩散器里一旦发生分离，不仅动力特性降低，而且还会引起喘振，使机械产生强烈振动，甚至毁坏机械部件。因此人们总是试图避免边界层分离现象的发生，在设计时必须预先进行边界层计算，以确保不发生严重的分离现象。防止边界层分离的措施有很多，使绕流物体流线型化是其中一种，设法保持逆压力梯度在一定的限度之内，不使分离发生。还应当指出，边界层运动方程只适用于分离点以前，在分离点以后，由于边界层厚度大幅度增加，并且速度 u_x 和 u_y 的数量级也发生很大变化，因此，推导边界层方程基本假设不再成立，边界层理论不适用。在研究分离点以前的流动时，因为发生分离流动，它向外排挤势流流场，所以不能采用没有分离时边界层外侧的理想流体势流的理论，此时边界层外侧位势流变得复杂，甚至很难求得，其压力分布一般通过实验测定。

图 9.16.8 绕大攻角平板的流动分离

注：攻角为 20°，Re = 10^4，从平板前缘处开始出现层流分离，湍流形成。

9.17　传质边界层

将流场中流动边界层的概念推广到温度场，可导出传热边界层。若推广到浓度场，可导出传质边界层。这两种边界层的概念及有关的计算，是传热、传质的理论基础。本节讨论传质边界层。

当流体与它所流过的固体（或另一种流体）表面之间有浓度差时，就会在两者之间发生物质传递。例如，在表面上发生催化反应，反应物自流体主体向表面转移；固体溶解、气体吸收等都属于这类情况。在这些情况下，只要贝克来数 Pe($Pe = U_0L_0/D$，这里的贝克来数与第 7 章讨论的贝克来数意义相近，传质是物质扩散，传热是温度扩散）足够大，就可以认为对流扩散在物质传递中起主要作用。在固体表面的一个薄层内，由于浓度梯度很大，分子扩散与对流扩散同等重要，这个薄层称为传质边界层或扩散边界层。由此看来，对于伴有传质的流动，在固体表面可能存在着三个边界层，即厚度为 δ 的流动边界层、厚度为 δ_t 的温度边界层以及厚度为 δ_c 的传质边界层，如图 9.17.1 所示。

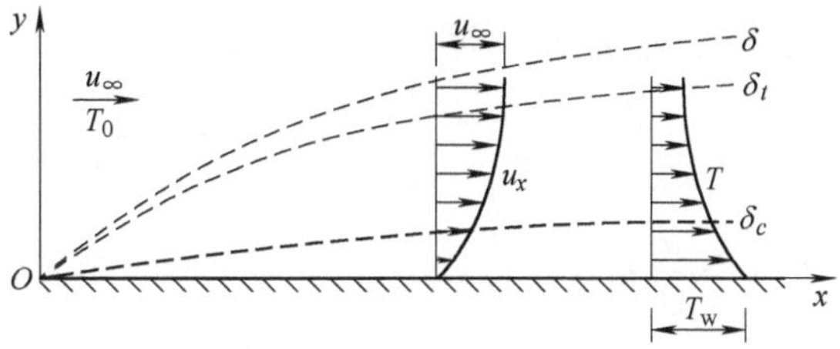

图 9.17.1　传质、传热与流动边界层

在前文讨论了采用量级比较的方法，由 N-S 方程和能量方程导出了流动边界层方程和温度边界层方程。用同样方法可以由对流扩散微分方程，导出传质边界层方程。对于不可压缩流动，在不考虑生成率的情况下，二维定常扩散方程为

$$u_x \frac{\partial C}{\partial x} + u_y \frac{\partial C}{\partial y} = D\left(\frac{\partial^2 C}{\partial x^2} + \frac{\partial^2 C}{\partial y^2}\right)$$

式中，C 为组分浓度。我们来估计该方程各项的数量级，在 $y = \delta_c$ 时，有

$$\frac{\partial C}{\partial x} \sim \frac{C}{L},\ \frac{\partial C}{\partial y} \sim \frac{C}{\delta_c},\ \frac{\partial^2 C}{\partial x^2} = \frac{C}{L^2},\ \frac{\partial^2 C}{\partial y^2} = \frac{C}{\delta_c^2}$$

由于 δ_c 是小量，$\delta_c \ll L$，可以推知

$$\frac{\partial^2 C}{\partial y^2} \gg \frac{\partial^2 C}{\partial x^2}$$

下面进一步估计对流项和分子扩散项的数量级

$$u_y \frac{\partial C}{\partial y} \sim u_y \frac{C}{\delta_c}$$

式中，速度分量 u_y，可按 9.6 节中得到的壁面附近 u_y 表达式代入，得

$$u_y \frac{\partial C}{\partial y} \sim \nu \frac{\delta_c^2}{\delta^3} \cdot \frac{C}{\delta_c} \sim \nu \frac{\delta_c C}{\delta^3}$$

按 9.6 节中得到壁面附近 u_x 的量级，得

$$u_x \frac{\partial C}{\partial x} = u_x \frac{\delta_c}{\delta} \frac{C}{L}$$

由连续性方程

$$\frac{\partial u_x}{\partial x} \sim u_\infty \frac{\delta_c}{\delta L} \sim \frac{\partial u_y}{\partial y} \sim \frac{u_y}{\delta}$$

综合以上各式，易得

$$u_x \frac{\partial C}{\partial x} \sim u_y \frac{\partial C}{\partial y}$$

根据上述分析，得到定常情况下传质边界层对流扩散方程

$$u_x \frac{\partial C}{\partial x} + u_y \frac{\partial C}{\partial y} = D \frac{\partial^2 C}{\partial y^2}$$

接下来我们分析传质边界层的厚度。传质边界层中对流项与扩散项具有相同量级，即

$$\nu \frac{\delta_c C}{\delta^3} \sim D \frac{C}{\delta_c^2}$$

由此，传质边界层的厚度

$$\delta_c = \delta \left(\frac{D}{\nu}\right)^{1/3} = \frac{\delta}{Sc^{1/3}}$$

式中，$Sc = \dfrac{\nu}{D}$是施密特数。当 $Sc = 10^3$ 时（是大多数液体施密特数的量级），传质边界层的厚度大约是流动边界层的 10%。因此，扩散边界层边缘上的切向速度分量约为远离固体壁面处速度的 10%。进一步得到

$$\delta_c \sim D^{1/3} \nu^{1/6} \sqrt{\frac{x}{u_\infty}}$$

上式表明，传质边界层的厚度反比于来流速度 u_∞ 的平方根，正比于离开驻点距离的平方根，并和流体的黏度及混合物中组分的扩散系数有关。

为计算浓度分布及物质传递速率，必须先得到速度分布，然后求解传质边界层对流扩散方程。要得到解析解，在许多情况下是困难的，通常求近似解。将传质边界层对流扩散方程沿传质边界层积分，可以得到类似于流动边界层动量积分方程的传质边界层积分方程，供近似计算用。下面推导传质边界层的积分方程。对传质边界层对流扩散方程积分，有

$$\int_0^{\delta_c} \left(u_x \frac{\partial C}{\partial x} + u_y \frac{\partial C}{\partial y}\right) \mathrm{d}y = \int_0^{\delta_c} D \frac{\partial^2 C}{\partial y^2} \mathrm{d}y = -D \frac{\partial C}{\partial y}\Big|_{y=0}$$

方程等式左端第一项

$$\int_0^{\delta_c} u_x \frac{\partial C}{\partial x} \mathrm{d}y = \int_0^{\delta_c} u_x \frac{\partial}{\partial x}(C - C_0) \mathrm{d}y = \frac{\partial}{\partial x}\int_0^{\delta_c} u_x (C - C_0) \mathrm{d}y - \int_0^{\delta_c} u_x (C - C_0) \frac{\partial u_x}{\partial x} \mathrm{d}y$$

式中，C_0 系传质边界层之外的浓度。方程等式左端第二项

$$\int_0^{\delta_c} u_y \frac{\partial C}{\partial y} \mathrm{d}y = \int_0^{\delta_c} u_y \frac{\partial}{\partial y}(C - C_0) \mathrm{d}y = [u_y (C - C_0)]_{y=0}^{y=\delta_c} - \frac{\partial}{\partial x}\int_0^{\delta_c} (C - C_0) \frac{\partial u_y}{\partial y} \mathrm{d}y$$

因为 $y = 0$，$u_y = 0$，$y = \delta_c$，$C = C_0$，故该式右边第一项为零，于是得到

$$\frac{\partial}{\partial x}\int_0^{\delta_c} u_x (C - C_0) \mathrm{d}y = -D \frac{\partial C}{\partial y}\Big|_{y=0}$$

此即传质边界层积分方程，该方程也可按边界层质量守恒定律导出。

【例 9.17.1】　流体绕球形小颗粒流动，流体浓度为 C_0，颗粒表面上浓度为 $C_A=0$，试导出传质边界层厚度及界面上传递速率。

解： 假定流体绕颗粒运动时速度很慢，$Re\ll 1$，当贝克来数很大时，远离颗粒表面处为恒浓度区，在颗粒表面附近为浓度变化的扩散边界层区。将传质边界层微分方程用球坐标写出

$$u_r\frac{\partial C}{\partial r}+u_\theta\frac{1}{r}\frac{\partial C}{\partial\theta}=D\left(\frac{\partial^2 C}{\partial r^2}+\frac{2}{r}\frac{\partial C}{\partial r}\right)$$

要求解该方程，需知道速度分布。根据上一章得到的绕球流动的流函数，即

$$\psi(r,\ \theta)=\frac{1}{2}u_\infty r^2\sin^2\theta\left[1-\frac{3}{2}\left(\frac{a}{r}\right)+\frac{1}{2}\left(\frac{a}{r}\right)^3\right]$$

由于边界层厚度远小于颗粒直径，所以求解传质边界层微分方程即为求 $r=a$ 的解。令 $y=r-a$，考虑球表面附近 $r\approx a$，y 值很小，即 $y\ll a$，流函数简化为

$$\psi(r,\ \theta)=\frac{1}{2}u_\infty r^2\sin^2\theta\left[1-\frac{3}{2}\left(\frac{a}{r}\right)+\frac{1}{2}\left(\frac{a}{r}\right)^3\right]$$

$$\psi=-\frac{1}{2}u_\infty\sin^2\theta\left(r^2-\frac{3}{2}ra+\frac{1}{2}\frac{a^3}{r}\right)$$

该式括号内表达式

$$\begin{aligned}r^2-\frac{3}{2}ra+\frac{1}{2}\frac{a^3}{r}&=(a+y)^2-\frac{3}{2}(a+y)a+\frac{1}{2}\frac{a^3}{a+y}\\&=a^2+2ay+y^2-\frac{3}{2}(a^2+ay)+\frac{a^2}{2}\frac{1}{1+y/a}\\&=a^2+2ay+y^2-\frac{3}{2}a^2-\frac{3}{2}ay+\frac{1}{2}a^2\left(1-\frac{y}{a}+\frac{y^2}{a^2}-\cdots\right)=\frac{3}{2}y^2\end{aligned}$$

于是

$$\psi=-\frac{3}{4}u_\infty y^2\sin^2\theta$$

$$u_\theta=-\frac{1}{r\sin\theta}\frac{\partial\psi}{\partial y}\approx-\frac{1}{a\sin\theta}\frac{\partial\psi}{\partial y}=\frac{3}{2}u_\infty\frac{y}{a}\sin\theta$$

同时,有

$$\frac{\partial^2 C}{\partial y^2}\gg\frac{2}{a}\frac{\partial C}{\partial y}$$

综合以上各步结论，并考虑到流体绕球体表面时的传质是在仅存在切向摩擦的情况下进行的，因此，只需考虑 u_θ 作用，传质边界层微分方程成为

$$\frac{u_\theta}{a}\frac{\partial C}{\partial\theta}=D\frac{\partial^2 C}{\partial y^2}$$

$$\frac{1}{a}\frac{\partial C}{\partial\theta}=Da\sin\theta\frac{\partial}{\partial\psi}\left(a\sin\theta u_\theta\frac{\partial C}{\partial\psi}\right)$$

经变量置换，以 ψ 代替 u_θ，得

$$\left(\frac{\partial C}{\partial\theta}\right)_\psi=Da^2\sin^2\theta\sqrt{3u_\infty}\frac{\partial}{\partial\psi}\left(\sqrt{\psi}\frac{\partial C}{\partial\psi}\right)$$

边界条件为

$$颗粒表面：C\big|_{\psi=a}=0$$

$$远离颗粒表面：C\big|_{\psi\to\infty}=C_0$$

$$颗粒前驻点：\theta=0,\ \psi=0,\ C=0$$

最后一个边界条件表明，在颗粒体的前驻点，流体没有因为扩散而贫化，它的浓度和流体主体浓度相同。积分后得到浓度分布式，并进一步导出

$$J_y=D\left(\frac{\partial C}{\partial y}\right)_{y=0}=D\cdot\frac{C_0}{1.15}\cdot\left(\frac{3u_\infty}{4Da^2}\right)^{1/3}\cdot\frac{\sin\theta}{\left(\theta-\dfrac{\sin2\theta}{2}\right)^{1/3}}$$

假设单位面积上传递的物质与颗粒表面附近薄层中的浓度差呈线性关系，即

$$\frac{G}{At}=D\cdot\frac{C_0-C_1}{\delta_c}=D\cdot\frac{C_0}{\delta_c}$$

式中，C_1 为颗粒表面附近某一薄层中的浓度，$C_1\approx0$。则传质边界层厚度为

$$\delta_c=1.15\left(\frac{4Da^2}{3u_\infty}\right)^{1/3}\cdot\frac{\left(\theta-\dfrac{\sin2\theta}{2}\right)^{1/3}}{\sin\theta}$$

界面上总的物质传递量为（参见图 8.6.2）

$$\begin{aligned}G&=\int J_y\mathrm{d}A=\int J_y\cdot2\pi a\sin\theta\cdot a\mathrm{d}\theta\\&=\frac{DC_0a^{4/3}}{1.15}\cdot\left(\frac{3u_\infty}{4D}\right)^{1/3}\cdot2\pi\int_0^\pi\frac{\sin\theta\mathrm{d}\theta}{\left(\theta-\dfrac{\sin2\theta}{2}\right)^{1/3}}=7.98C_0D^{2/3}u_\infty^{1/3}a^{4/3}\end{aligned}$$

由此得到，在流体中低速运动情况下，物质传递量与运动速度、颗粒大小以及物系扩散系数、溶液浓度等的关系。

练 习 题

9-1 假设层流边界层中的速度分布为

$$\frac{u_x}{u_\infty}=2\frac{y}{\delta}-2\left(\frac{y}{\delta}\right)^2+\left(\frac{y}{\delta}\right)^4$$

试计算边界层的厚度及摩擦阻力系数。

9-2 不可压缩流体定常流过平板壁面，形成层流边界层，在边界层内速度分布为

$$\frac{u_x}{u_\infty}=\frac{3}{2}\frac{y}{\delta}-\frac{1}{2}\left(\frac{y}{\delta}\right)^3$$

已知 $\delta=4.64x\,Re_x^{-1/2}$，试求边界层内 y 方向速度分布表达式 u_y。

9-3 平板层流边界层的速度分布为

$$\frac{u_x}{u_\infty}=1-\mathrm{e}^{-y/\delta}$$

式中，$\delta=\delta(x)$ 为边界层厚度。试用边界层积分动量方程推导边界层厚度和平板阻力系数的计算式。

9-4 设平板层流边界层的速度剖面为

$$\frac{u_x}{u_\infty}=\sin\frac{\pi y}{2\delta}$$

y 为至平板表面的距离，试用动量积分关系式推导边界层厚度、壁面切应力和摩阻系数的表达式。

9-5　某黏性流体以速度 u_0 稳态流过平板壁面，形成层流边界层，已知在边界层内流体的速度分布描述为

$$u_x = a + b\sin cy$$

试求：（1）采用适当的边界条件，确定上式中的三个待定系数，并求速度分布的表达式；（2）用边界层积分方程推导边界层厚度和平板阻力系数的计算式。

9-6　不可压缩流体以 u_0 的速度流入宽为 b、高为 $2h$ 的矩形通道（$b \gg h$），从进口开始形成速度边界层。已知边界层的厚度可近似按 $\delta = 5.48\sqrt{\nu x/u_0}$ 估算，式中 x 为沿流动方向的距离。试根据上述条件，导出计算流动进口段长度 L 的表达式。

9-7　牛顿流体在狭缝中受压差做层流流动，狭缝间距为 $2B$，并且 $B \ll W$，W 为狭缝宽度，端效应可忽略。求：（1）动量通量分布和速度分布；（2）流量与压降的关系式；（3）平均速度与最大速度的比值。

9-8　若流体在管截面上具有均匀的速度分布，则称这种理想的管内流动状态为蠕动流，这种流动状态一般出现在高黏度流体的低速层流流动中。试推导：（1）在管表面恒热流密度条件下，管内充分发展蠕动流的截面温度分布；（2）对流传热努塞尔数。

9-9　温度为 20℃的空气以均匀流速 $u_x = 15\text{m/s}$ 平行于温度为 100℃的壁面流动。已知临界雷诺数 $Re_{cr} = 5\times10^5$。求平板上层流段的长度，临界长度处流动边界层厚度和热边界层厚度，局部对流传热系数和层流段的平均对流传热系数。（已知 $\nu = 1.897\times10^{-5}\text{m}^2/\text{s}$，$\lambda = 0.0289\text{W}/(\text{m}\cdot\text{K})$，$Pr = 0.698$）

9-10　空气 $p = 1\text{atm}$，$T = 20℃$，以 $u_x = 10\text{m/s}$ 的速度流过一平板壁面，平板宽度为 0.5m，平板表面温度 $T_s = 50℃$。试计算：（1）临界长度处的 δ、δ_t 和 h_x；（2）层流边界层内平板壁面的传热速率；（3）若将该平板旋转 90°，试求与（2）相同传热面积时平板的传热速率。

9-11　流体以稳态流过一圆管，测得速度分布和温度分布分别为

$$\frac{u_x}{u_{max}} = 1 - \left(\frac{r}{R}\right)^2,\ \frac{T - T_w}{T_{max} - T_w} = 1 - \left(\frac{r}{R}\right)^2$$

试证 $Nu = 6$。

9-12　已知二维平面层流流动的速度分布为 $u_x = u_0(1 - e^{cy})$，$u_y = u_{y0}(u_{y0} < 0)$，式中 c 为常数。试证明该速度分布是普朗特边界层方程的正确解，并以流动参数表示 c。

9-13　不可压缩流体稳态流过平板壁面，形成层流边界层，边界层内速度分布为

$$\frac{u_x}{u_0} = \frac{3}{2}\left(\frac{y}{\delta}\right) - \frac{1}{2}\left(\frac{y}{\delta}\right)^3$$

式中，δ 为边界层厚度，$\delta = 4.64x\,Re_x^{-0.5}$。试求边界层内 y 方向速度分布的表达式 u_y。

9-14　某黏性流体以速度 u_0 稳态流过平板壁面，形成层流边界层，在边界层内流体的切应力不随 y 变化。试求：（1）从适当的边界条件出发，确定边界层内速度分布的表达式 $u_x = u_x(y)$；（2）从卡门边界层动量积分方程出发，确定 δ 的表达式。

9-15　已知不可压缩流体在一很长的平板壁面上形成的层流边界层中，壁面上的速度梯度为

$$k = \frac{\partial u_x}{\partial y}\bigg|_{y=0}$$

设流动为稳态。试从普朗特边界层方程出发，证明壁面附近的速度分布可表示为

$$u_x = \frac{1}{2\mu}\frac{\partial p}{\partial x}y^2 + ky$$

式中，$\partial p/\partial x$ 为沿板长方向的压力梯度；y 为由壁面算起的距离坐标。

10

第 10 章 湍流基本理论概述

1883 年，雷诺首先注意到流体运动中的湍流现象，自此开始湍流问题的研究到现在已经过去一个多世纪，但仍未找到一个通用的解决湍流问题的方法——湍流仍然是未解之谜。进入 20 世纪以后，人们在许多科学的领域都取得了极其巨大的进展，但湍流依然是困扰着整个科学界的一个重大难题。湍流不仅是流体运动中的一个重大的世纪性的前沿课题，更是工程界最为关注的实际课题。描述湍流运动的主要困难是质点运动参数在时间和空间上的随机性，难以用封闭的数学方程来表达。然而从工程应用角度来说，人们更期望的不是对湍流运动机理的了解，而是对湍流运动引起的宏观效果（例如，流场速度和压力的分布、流动损失、热交换、质扩散等）的把握。本章对湍流基本理论做简要介绍。

10.1 层流向湍流过渡

最早对从层流向湍流过渡问题进行系统研究的是英国物理学家雷诺（Reynolds，1842—1912)，他于 1883 年发表了自己在曼彻斯特大学进行圆管流动实验研究的论文，阐述了层流和湍流的本质差别，以及层流过渡到湍流的条件。雷诺在实验中通过向圆管中注入颜色水的方法观察了长圆管中的流态。通过实验，他得到了一个确定流动为层流还是湍流的判据——雷诺数 Re。当雷诺数较小时，颜色水保持直线运动，只是由于分子的扩散作用，颜色水的宽度沿程略有增大，这种质点保持直线运动的流态称作层流。在层流状态下流体质点平行于管道流动，没有垂直管道轴线方向的运动。用高灵敏度激光流速仪测量雷诺数约为 1200 时的流速，仪器记录曲线表明，虽然流速有极微弱的波动，但基本上保持恒定。管道中层流的压强沿程变化与流速的一次方成正比，完全符合哈根-泊肃叶流动公式。当雷诺数很大时，颜色水不再保持直线流动，而是在进入管道后不久就与周围水体混合，这时的水流已经转变为湍流。湍流的压强沿程变化与按哈根-泊肃叶公式计算的数值差别很大，不再与流速的一次方成正比，而是与流速的 1.75~2 次方成正比。管道中的瞬时流速也随时间呈不规则的变化，即随机脉动。颜色水在管道中的混合说明，在湍流状态下水体除了总体在沿着管道流动外，流体质点还做垂直于管道轴线的运动，使水体发生混合。层流与湍流的流速分布有明显的差异，在层流中管道中心处的最大流速与管道平均流速的比值为 2，而在湍流中此比值则小得多，一般在 1.05~1.3 之间。

无数实验结果表明，管道中的流体由层流转变为湍流的临界雷诺数为 2000，这是一般情况下的大概数值。雷诺指出，临界雷诺数的大小可能与水流的扰动情况有关。如果进口条件较好，水流的扰动很小，临界雷诺数的数值会很大。换句话说，即使在较大的雷诺数下仍有可能保持层流状态。反之，如果进口水流受到的扰动较强，临界雷诺数的数值就较小。当雷诺数逐渐减小时，即由湍流向层流过渡时，由于水流中的湍动，临界雷诺数较小，但是临界雷诺数的下限是比较明确的，即当雷诺数小于 2000 时，不管进口扰动有多强，水流在管道中流经一段距离后，原来的扰动也逐渐消失，呈层流状态。临界雷诺数的上限至今还不完全清楚，有些管流实验，临界雷诺数可达数万。应当指出，虽然雷诺实验以水为流动介质，但是雷诺实验结果适用于其他牛顿流体管道内的流动，例如，管内空气流动状态的判别。

在湍流运动中，流体质点的轨迹杂乱无章，相互交错，如图 10.1.1 所示。流体微团在顺流运动的同时还做激烈的横向运动和逆向运动，并且同它周围的流体发生剧烈掺混。

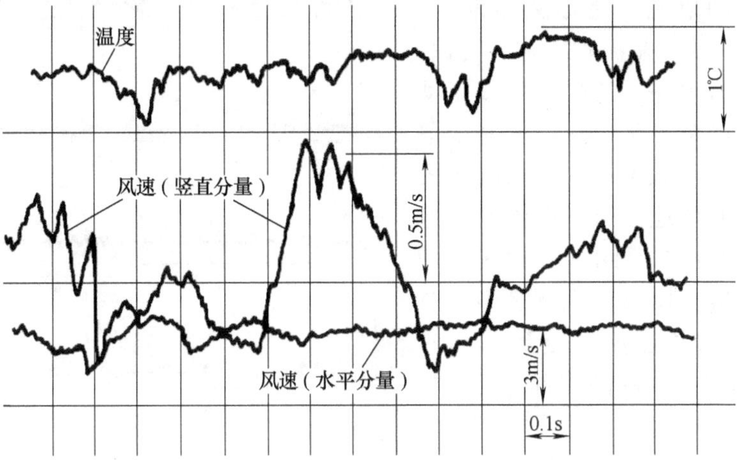

图 10.1.1　大气温度、速度对时间变化的典型记录

观察圆柱绕流可以发现，在小雷诺数下的流动相当规则，仅有小部分有杂乱运动表现；在中等雷诺数时，在远离圆柱体的下游流动才逐渐紊乱，呈现出流体质点运动的无规律状态；在大雷诺数值时，紧靠圆柱体后就存在大小不等的相互掺混的漩涡，流动呈现出明显的不规则性和随机性——湍动。任一空间点上流动瞬时速度均随时间变化，而且不同空间点呈现不同的变化情况，即湍流场中流体质点的运动不仅在时间上是无规则的、杂乱的，而且在空间上也是如此。

如果在静水中以一定速度拖拉格栅，在格栅后可以见到流体质点的随机运动，如图 10.1.2 所示。开始时，在紧靠格栅后的区域有一个清晰的较规则的漩涡，随着距离增加，流动渐渐变得杂乱，呈现漩涡掺混的湍流特征，再向后，这种掺混又逐渐变得模糊。实验观察发现，湍流场似乎充满着许多不同尺度相互掺混的涡，单个流体质点的运动具有完全不规则的瞬时变化的运动学特征。如果在任一空间点上来观察流动，则流速将随时间存在不规则的连续脉动，并且每次观察所得的连续脉动曲线形状各不相同。如果跟随流体质点来观察运动，则由于湍动使质点与其周围流体掺混，表现出可迁移特征量（例如动量、能量、质量）发生连续的扩散变化以及因黏性作用而存在能量耗散。由此可知，若没有连续的外部能量持续，则湍流运动必然逐渐衰减，而黏性作用的影响促使湍流趋向均匀，失去方向性。

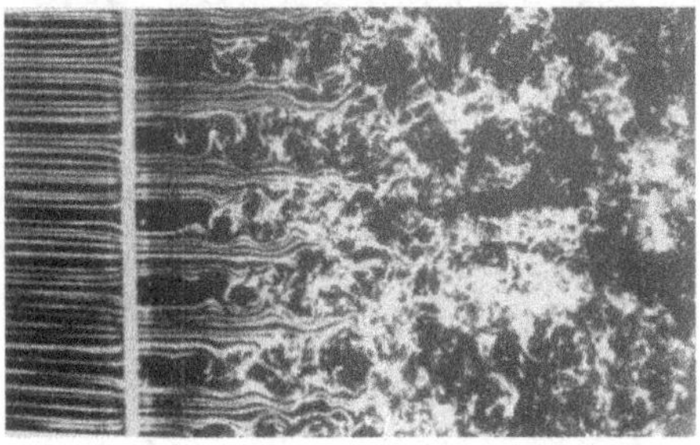

图 10.1.2　格栅后流体质点随机运动

20 世纪 60 年代以来，人们采用流场显示技术和流速的近代测量技术（例如热线风速仪和激光测速仪）对流动进行观测，发现切变湍流中存在相干结构（或拟序结构）。所谓相干结构

指的是一种联结空间状态，在此空间范围内，存在状态关联的湍动微团，其流动演变具有重复性和可预测性的特征。相干结构的发现，改变了人们对湍流性质的传统认识，认为湍流包含着有序的大尺度涡结构和无序的小尺度脉动结构，湍动的不规则运动，无论在空间上或时间上都是一种局部现象。

下面简要介绍流动由层流向湍流的过渡。在时间、空间以及某雷诺数范围内，流动由层流状态转变为湍流状态称为转捩，转捩是扰动自然演化并不断放大导致流动失稳的结果。转捩是湍流理论尚未完全解决复杂问题。当雷诺数增加时，在固体表面形成的边界层明显地经历从层流向湍流流态的转变。我们首先介绍圆管内流动的转捩。1956 年罗塔（Rotta）在圆管中用热线风速仪仔细测量了层流过渡到湍流时（$Re=2550$）距管中心线不同位置上的瞬时速度曲线，如图 10.1.3 所示。研究发现，过渡状态下流体质点一会儿产生湍动，一会儿又消失，即流速脉动忽而较强，忽而微弱，甚至脉动消失，这表明，过渡状态下层流与湍流交替地出现，流体的湍动具有间歇性。从图中还可以看出，层流与湍流交替出现的时间是不均匀的、无规律的，而且在不同位置上，这种交替时间的长短，脉动强度的大小均不相同。总的趋势是，越靠近圆管中心线的位置，层流状态的延续时间越短，脉动速度的绝对值越大，但呈现层流时的时均流速比呈现湍流时的时均流速要大；反之，越靠近管壁时出现的情况则相反。过渡状态下这种交替出现的物理性质，通常采用间歇系数 γ 来表示，其定义为

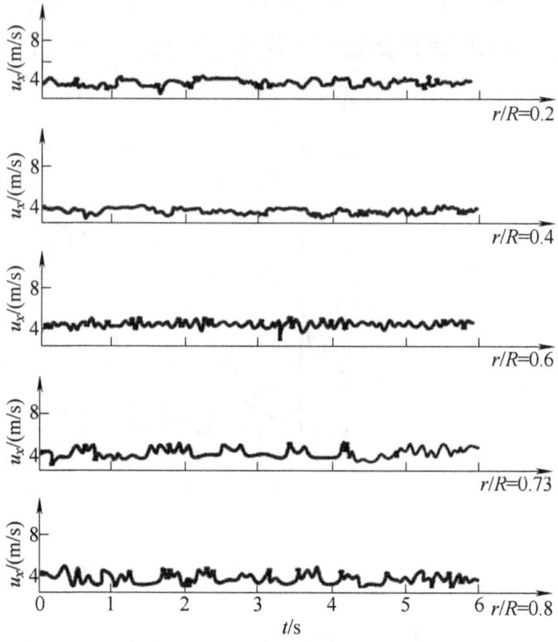

图 10.1.3 圆管流过渡状态时的瞬时速度

$$\gamma=\frac{T_t}{T}$$

其中 T_t 表示在测量过程中流动呈现脉动部分的时间，而 T 则为总的量测时间。若 $\gamma=0$，则表示流动处于层流；$\gamma=1$，则表示流动处于湍流。在不同工况下（$2300\leqslant Re\leqslant 3000$），沿流向不同位置（距入口不同距离）实测到的变化规律如图 10.1.4 所示。可以看出，在一定雷诺数下，间歇因子 γ 随 x/d 增长而增大。也就是说，流体从入口沿流向的运动过程是层流向湍流的过渡过程。随着雷诺数增大，γ 随 x/d 的变化曲线变陡，即过渡过程可以在较短距离内完成；当雷诺数减小时则

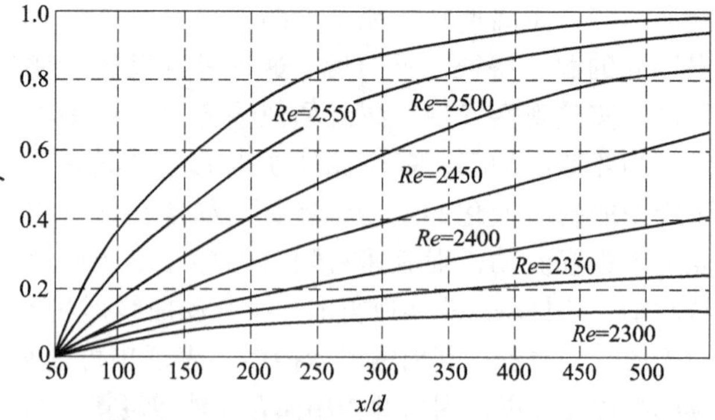

图 10.1.4 圆管流间歇因子沿流向的变化

相反。

壁面边界层内的流动也会经历转捩，但流动发生转捩比圆管内要推迟得多。绕流物体周围的整个流场，特别是作用在物体上的力，强烈地依赖于边界层内流动是层流还是湍流。绕流物体壁面边界层的转捩受到许多因素影响，其中最重要的是外流中的压力梯度、壁面特性（粗糙度）及来流中扰动的性质（湍流度）。圆柱绕流的阻力在 $Re_{cr}=Ux/\nu\sim3\times10^5$ 时突然下降就是由于边界层流动由层流转变为湍流，使边界层分离点向下游移动，减小了尾流区，从而减小了压差阻力的缘故。平板上边界层的厚度随 $\sqrt{x}$ 的增加而增加，这里 x 表示距板前缘的距离。平板边界层转捩的临界雷诺数为

$$Re_{cr}=\left(\frac{Ux}{\nu}\right)_{cr}=3.5\times10^5\sim3.5\times10^6$$

转捩可以从流速、压强等物理量开始出现随机脉动现象来判断。对于平板流动，由层流边界层通过转捩点变为湍流边界层，边界层厚度突然增厚。形状参数 $H_{12}(H_{12}=\delta_1/\delta_2)$ 由层流时的2.6下降到湍流边界层的1.3~1.4。这是由于湍流边界层流速分布更趋均匀化而使 δ_1 减小，且由于阻力增加使 δ_2 加大的缘故。对于平板层流边界层，若达到临界雷诺数，则在平板的某些点处突然出现一个个小的湍流区域，称为湍流斑。由于其各部分速度不同而随流动向下游逐渐扩展，湍流斑周围流体仍处于层流状态，而湍流斑内则为湍流。随着湍流斑的扩展，不同的湍流斑融合到一起，直至边界层内全部变为湍流。

【例10.1.1】 常温下，空气以 $U=25\text{m/s}$ 的速度流经内径 $D=4\text{mm}$ 的光滑圆管。通常此时的流动状态为湍流，但若管道进口圆滑，空气无尘，流动过程扰动很小，也可能为层流。试求：(1) 湍流状态下，流经 $L=0.1\text{m}$ 时的压降。(2) 若流动状态为层流，重复计算之。

解：(1) 已知1atm、20℃的空气 $\rho=1.205\text{kg/m}^3$，$\mu=1.81\times10^{-5}\text{Pa}\cdot\text{s}$，则有

$$Re=\frac{\rho DU}{\mu}=\frac{1.205\times0.004\times25}{1.81\times10^{-5}}=6657>2000$$

可见，管内为湍流。

根据布拉休斯公式 $\lambda=\dfrac{0.3164}{Re^{0.25}}=\dfrac{0.3164}{6657^{0.25}}=0.035$

$$-\Delta p=\lambda\frac{L}{D}\times\frac{1}{2}\rho U^2=\left(0.035\times\frac{0.1}{0.004}\times\frac{1}{2}\times1.205\times25^2\right)\text{Pa}=329.5\text{Pa}$$

(2) 若流动状态为层流，则

$$\lambda=\frac{64}{Re}=\frac{64}{6657}=9.61\times10^{-3}$$

$$-\Delta p=\lambda\frac{L}{D}\times\frac{1}{2}\rho U^2=\left(9.61\times10^{-3}\times\frac{0.1}{0.004}\times\frac{1}{2}\times1.205\times25^2\right)\text{Pa}=90.5\text{Pa}$$

由以上计算结果可知，相同 Re 下，湍流的压降是层流的3.64倍。

10.2 湍流的特征及其研究方法

1. 湍流的特征

人们对湍流的认识至今仍不充分，对湍流尚无严格定义。1937年，泰勒和卡门将湍流定

义为：“湍流是一种不规则运动，当流体流过固体表面或流体做相对运动时一般都会发生湍流”。1975 年，欣策（J. O. Hinze）在他的著名的《湍湍》（Turbulence）一书中写道，“湍流是一种流动的不规则情况，在这种流动中，各种量都被看作是时间和空间坐标的随机变量，因而在统计上可表示出各自的平均值”。人们对湍流的一种归纳性解释是：湍流是一种不规则的流动状态，其流动参数随时间和空间做紊乱变化，因而本质上是三维非定常流动，且流动空间分布着无数尺度和形状各不相同的漩涡。简单地说，湍流是紊乱的三维非定常有旋流动。湍流并非完全是随机的，因为湍流的运动仍需服从自然界的守恒定律。假设速度的一个分量是随机的，则另外两个分量一定会由三大守恒定律限制其脉动的范围。

观测表明，湍流带有旋转流动结构，这就是所谓的湍流涡，简称为涡。从物理结构上看，可以把湍流看成是由各种不同尺度的涡叠合而成的流动，这些涡的大小及旋转轴方向的分布是随机的。湍流中各种尺度的涡体，都伴随有一定程度的脉动周期和动能。大尺度的涡主要由流动的边界条件所决定，其尺寸可以与流场的大小相比拟，它主要受惯性影响而存在，其脉动的周期长、振幅大、频率低，是引起低频脉动的原因。小尺度的涡主要是由黏性力所决定，其尺寸可能只有流场尺度的千分之一量级。实验观察表明，湍流中最小涡的尺寸约为 1mm，仍远远大于分子的平均自由程（标准状态下，空气的分子平均自由程仅为 7×10^{-5}mm），故连续介质假设仍适用于湍流。小涡脉动周期短、振幅小、频率高，是引起高频脉动的原因。大尺度的涡拉伸破裂后形成较小尺度的涡，较小尺度的涡拉伸破裂后形成更小尺度的涡。在充分发展的湍流区域内，流体涡的尺寸可在相当宽的范围内连续变化。大尺度的涡不断从主流获得能量，通过涡间的相互作用，能量逐渐向小尺度的涡传递。最后由于流体的黏性作用，小尺度涡不断消失，机械能转化为热能（耗散）。同时由于边界的影响、扰动及速度梯度的作用，新的涡又不断产生，形成湍流运动。流体内不同尺度的涡的随机运动造成了湍流的一个重要特点——物理量的脉动。大涡拉伸破裂成较小的涡的过程以一种能量级联的方式进行，大涡中含有的能量逐级传递给越来越小的涡。当漩涡尺度足够小，而局部变形速率足够大时，黏性已可以耗散掉它所得到的湍流动能，这种尺度的涡将是稳定的，不会再破裂，这种形态的涡被称为耗散涡。目前通常认为，尺度相差很大的涡之间没有直接相互作用，只有尺度相近的涡之间才可能传递能量。由于湍流只存在于高雷诺数，大涡之间的作用完全不受黏性的影响，只是在能量级联过程的最后阶段，即在小尺度涡中，黏性作用变得逐渐明显和重要起来，这时流体对抵抗变形的黏性应力做变形功而将湍流动能耗散为热能。

由以上分析可得出湍流的基本特征。首先，湍流运动是流体运动的一种形式，湍流并不是流体本身所具有的特性，而是流体运动在大雷诺数下产生的一种现象，是在雷诺数增大过程中由层流转捩而来的。其次，湍流是以高频扰动涡为特征的有旋三维运动，湍流总是三维的。湍流中充满各种尺度的涡，形成一个从大尺度涡直至最小一级涡同时并存而又互相叠加的涡系运动。第三，湍流运动具有扩散性。湍流在任何方向上，对任何可传递量都有强烈的扩散性质，湍流扩散增加了质量、动量和热量的传递率。例如，湍流中沿过流断面上的流速分布，比层流情况下要均匀得多。湍流中由于涡体相互掺混，引起流体内部动量交换，动量大的质点将动量传给动量小的质点，动量小的质点影响动量大的质点，结果造成断面流速均匀化。第四，湍流中小涡的高频掺混运动，通过黏性作用耗散能量，将湍流能量转化为流体的内能，若不连续供给湍流能量，则湍动会迅速衰减。只有随机运动而没有能量耗损的特性不是湍流运动。例如，声波没有很大的黏性耗损，所以不是湍流流动。第五，湍流运动具有随机性。湍流场是由许许多多不同尺度相互掺混的漩涡组成的，使得单个流体质点的运动具有完全不规则的瞬态变化的特征。湍流最本质的特征是“湍动”，即随机脉动。湍流场中各种流动参量的值呈现强烈的脉动现象。因此，在任何时刻都不可能完全掌握有关湍流的全部细节，也不可能详细预言湍流场的未来情况。湍流的不规则性，既是对时间而言，同时又是对空间而言，两者缺一不可，如果仅是具备其中之一，则不是湍流。例如，恒定的复杂运动，对空间讲是不规则的，而对时间却是恒定的，因此它不是湍流运动。由于湍流流动的不规则性，使得不可能将其作为时间和空间坐标的函数进行描述，但有可能用统计的方法得出各种量，例如，速度、压力、温度等各自的平均值，近代相干结构发现以后，湍流被看成是一种拟序结构，它由小涡体的随机运动场（背景场）和相干结构的相干运动场叠加而成。第六，湍流存在某种规律的平均特性。湍流并不是完全不规则的随机运动，在表面看来不规则的运动中隐藏着某些可检测的有序运动，即拟序运动（相干结构）。这种流动结构是指在切变湍流场中不规则地触发的一种有序运动，它的起始时刻和位置是不确定的，但一经触发，它就以某种确定的次序发展为特定的运动状态。第七，湍流运动参数具有关联性。湍流场任意两相邻空间点上的运动参数都有某种程度的关联，例如，速度关联、速度与压强关联等。

总之，湍流是流动的一种特定状态，并不是流体的固有特性，因此，流场的边界条件对湍流有较大的影响，各种不同边界条件下的湍流都有其各自的特点，为了便于研究，常将湍流做简化分类。例如，可以将湍流分为均匀各向同性湍流和剪切湍流，后者又可以分为自由剪切湍流和边壁剪切湍流。均匀各向同性湍流是指湍流的特征在某一确定坐标系的各个坐标点都是相同的（均匀性），在各个坐标轴方向也都是相同的（各向同性）。显然，均匀各向同性湍流是一种假想的湍流，实际上并不存在。在研究工作中，通常将风洞网格后面的一段湍流近似看作均匀各向同性湍流。剪切湍流是指有速度梯度，从而有切向应力存在的湍流。如果速度梯度是由间断面引起的，则称为自由剪切湍流，例如，绕流物体后面的尾流；如果速度梯度和切应力是由固体边壁造成的，则称为边壁剪切湍流，例如，管道中的湍流、湍流边界层等。

2. 湍流的研究方法

对湍流问题的研究有三种手段：理论分析、实验研究和数值模拟。理论分析方法中的统计理论在各向同性湍流的研究中扮演了重要的角色，它是迄今为止湍流研究最完备的理论体系。湍流是一个有极大自由度的非线性关系的典型例子。严格地讲，任何连续介质的运动都可用具有无限多项的多维傅里叶级数描写。对于层流运动，由于速度、压力等物理量随时间和空间的变化都很光滑，所以不需要波数很高的傅里叶分量就可以描述；对于湍流运动，由于各种物理量变化极不规则，需要有波数很高的傅里叶分量才能描述湍流的高频脉动，且其系数也是随时间变化的，所以整体来看，对湍流进行完全准确描述是极其困难的，对每个特定的流动进行严格的时间相关的数学描述几乎不可能。即使这种描述成为可能，其作用也不大，因为整个流场中各物理量变化的极端复杂性，使得在实际问题上直接使用其时间相关的精确解成为无意义的了，而人们实际感兴趣的还是总效的、平均的统计性能，这就决定了对湍流的研究主要依靠统计平均的方法。湍流统计理论是将经典流体力学和统计方法结合起来研究湍流的理论，主要向两个方向发展，一是湍流平均量的半经验理论，二是湍流相关函数的统计理论，前者侧重于工程应用，后者侧重于对湍流机理和湍流结构的研究。1941 年柯尔莫哥洛夫提出“局部各向同性湍流”理论，对从大尺度分量传递能量给小尺度分量的级联过程引入附加假设，即平均流动的定向影响必随每一阶涡的崩溃而削弱，对于湍流的足够小尺度的分量（足够大的阶数），平均的影响将对整体无影响。换句话说，尽管任何实际运动的平均运动和大尺度分量是非均匀非各向同性的，但具有足够大雷诺数的任何湍流的足够小尺度的脉动的统计状态可以看成均匀和各向同性的。将湍流脉动按其尺度大小划分为各向同性的三个区域，一是充能区，该区涡的尺度最大，可与运动整体的尺度相比，这些大涡从平均运动吸取动能，在这个尺度范围内，黏性基本不起作用，不会发生湍流能量耗散（热）；二是惯性区，这个区域的运动尺度比充能区小，它既不直接从平均运动吸取能量，也基本不将脉动动能耗散为热能，即黏性基本不起作用，这个区域的作用是将湍流能量从上一级涡依次传递给下一级涡；三是耗散区，这个区域的运动尺度最小，黏性起重要作用，湍流能量转变为热能的耗散过程主要发生在这个区域。20世纪60年代，局部均匀各向同性湍流理论得到实验证实。

在湍流理论与分子运动论类比方面，19世纪末，吉布斯和玻尔兹曼等成功地用统计力学的方法研究了分子运动，建立了气体的黏度 μ 和热扩散系数 λ 的理论计算公式。因湍流可视为许多流体微团的极不规则运动，于是启发人们用与分子运动论类比方法研究湍流，例如，普朗特的混合长度模型就是一个典型例子。他用假想的混合长度来类比分子自由程长度，希望由此得出湍流黏度和热扩散系数，这些方法和概念在工程上至今仍然在用。虽然这种类比只在总效上是合理的，但应注意分子运动的统计力学与黏性流体的统计力学之间存在着本质的差别，首先，若温度不变，则分子集合的总的动能是不随时间变化的，而实际流动的动能总是不断由于黏性作用而耗散为热能，这一耗散过程极其复杂且进行情况往往决定了湍流运动的特征。其次，从数学上看，气体分子本来就是离散的，而对离散质点系可以用常微分方程组描述，但流体是连续介质，所以只能用偏微分方程组描述。用气体分子运动论类比湍流运动尽管在工程应用上获得了一定的成功，但对湍流物理本质的认识并未做出实质性贡献。

应当指出，相似理论和量纲分析的方法在湍流理论研究中发挥了重要作用，无论是在湍流平均量还是在相关函数的统计理论中都由量纲分析得出一些很重要的结论，湍流边界层的壁面律和柯尔莫哥洛夫耗散涡尺度就是两个典型的例子。另外，研究非线性问题中的混沌和分叉理论带来了湍流研究的新概念，但这些理论分析方法目前尚难用以解决与湍流相关的实际工程问题。

实验研究在湍流研究中占有十分重要的地位。从湍流的发现、层流到湍流的过渡、湍流拟序结构和湍流斑的发现和研究都与实验密切相关，同时湍流理论研究的进展以及相关学科和技术日益进步也推动了湍流实验研究的深入。先进的实验研究手段，使进一步揭示湍流本质成为可能。20世纪20年代以前，只有测平均流速的毕托管，之后出现热线风速仪，使测量雷诺应力、湍谱、低于四阶的矩等量成为可能，但这种可通过由电模拟法测得的量并不多，而且进一步发展也比较困难，至于其他实验手段，如流场显示技术等，由于受其他配套设备的限制，只能给出定性结果。20世纪70年代，研制出激光多普勒测速仪以及流动显示技术，极大地丰富了湍流实验手段。流动显示技术的种类繁多，大致可分为光学成像和示迹（或示踪）物成像两类。光学成像最常用的是阴影、纹影、干涉法，它们都是利用流场中折射率分布不均匀，使光线折射，得到代表流场折射率（密度或浓度）分布的图像。示迹物成像，一般有很高的空间分辨度，能显示复杂流动的较细结构。早期的示迹物有烟风洞、色液法等，20世纪六七十年代出现了氢气泡法和微烟丝法，大大降低了“历史效应”，提高了显示流动细部结构的能力。特别是20世纪90年代出现的粒子图像测速法（PIV），可在瞬间测出几千乃至上万个点的速度，提供丰富的流动空间结构信息，有可能获得流动中的小尺度结构的图像。实验已不再仅仅是验证理论的手段，而且成为提出新理论的有力工具。

计算流体动力学（CFD）是20世纪70年代以来的重要成就，显示出它在研究各种流动现象以及工程应用的强大生命力，在湍流研究中也逐步开始扮演重要角色。计算机数值模拟兼有理论性和实践性的双重特点。N-S 方程组是一组非线性的偏微分方程组，用解析的办法来求其解析解，在数学理论上存在困难，可行的办法是采用计算机求其数值解——直接利用计算机数值求解三维非定常 N-S 方程组，得到瞬时运动的解，而感兴趣的各种统计平均量则可再做平均得到，这就是湍流的直接数值模拟（DNS），这是一种理想和精确的方法，其优点在于，首先方程是精确的，解的误差仅仅是数值方法所引起的；其次它可以得到瞬时流场的所有信息，有些是迄今实验仍无法测量的量，这给分析湍流场和发展湍流理论提供了依据；此外，数值分析中的流动条件是可控制的，因此可以研究各种因素单独或交互的影响。由于湍流是多尺度的不规则运动，为获得小尺度涡的流动信息，需要细密的空间网格和很小的时间步长，当前的计算机硬件能力尚不能满足这种巨大的需求。目前，DNS 方法只能计算雷诺数较低的简单湍流运动，例如，槽道或圆管内湍流，它还不能作为复杂湍流运动的预测方法。对于工程实际来说，人们感兴趣的是流动总效的、平均的影响，即需要对湍流统计量进行预测。这可从雷诺时均方程出发，但方程组是不封闭的，因此需构建封闭模型，这就是雷诺平均的湍流模式（RANS）方法。RANS 方法在实际工程应用中扮演着重要角色。

总之，随着实验技术、统计理论与非线性数学理论、数值计算方法及计算机技术的不断发展，对湍流运动的研究将一步步深入并终将取得突破。

10.3　流动稳定性理论概述

1. 层流失稳

实际流场中总是会受到各种因素的影响，这些因素可以抽象为扰动的组合，所谓流动稳定性是指原来的流场引入扰动后引起变化的性质，如图 10.3.1 所示。

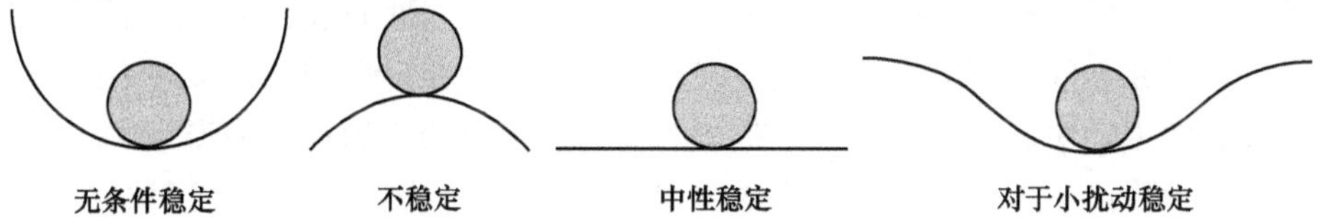

图 10.3.1　小球的稳定性

注：中性稳定是指小球无论受到何种扰动，终将停止在与初始状态相似的位置。

如果流场受到扰动后能恢复到原来的形态，则称流动是稳定的，反之则是不稳定的。要分析流场的稳定性，就必须有一个引入扰动前的层流场——基本流场。基本流场一般认为是已知的，它可能是定常的，也可能是非定常的，但满足适当的方程和边界条件。若一个基本流场受到轻微扰动会逐渐衰减，则称流场是稳定的；若扰动增长以至于使基本流场变成了另一种不同的层流场或湍流场，则称流场是不稳定的。早在 18 世纪，人们就已经开始从数学的角度来研究流场从层流向湍流过渡的流动稳定性问题，只是到了 20 世纪 30 年代才取得突破。德国物理学家普朗特等经过长期探索，初步从理论上确定了层流向湍流过渡的临界雷诺数问题；德莱登（Dryden）等人通过实验得到了与理论分析解较吻合的实验资料；20 世纪 50 年代，林家翘等对稳定性问题进行了全面的阐述，形成了一个较为系统的理论体系。流体运动稳定性理论，主要研究层流保持或失去稳定性的条件，以及层流失稳后过渡到湍流的各个阶段的机理。

层流失稳的原始概念是：在某一雷诺数下流体运动的控制方程（N-S 方程）存在一个足够

光滑的层流解，而由于某种原因，实际流动偏离了这个解，偏离的运动在以后的时间过程中，若恢复到原来的层流解，则该层流是稳定的，反之则会转成另一种层流或湍流。流动稳定性理论至今仍不能系统地解释层流到湍流的转捩机理，但在稳定性理论发展的过程中提出了不少研究方法和理论，这些方法和理论可以在更广泛的自然科学和工程技术中得到应用。

一般认为，从层流过渡到湍流，是从层流失去稳定性开始的。确定层流稳定性的理论判据有许多，一般可以归结为两类。第一类是能量法，即在一个封闭空间域内，对微弱扰动产生的总能量随时间的变化进行分析，如果扰动能随时间减小，则说明层流是稳定的，如果它随时间增大，则层流是不稳定的。由于这种方法在分析时假定封闭曲面上扰动为零，致使失稳的雷诺数估计偏小，目前较少采用。另一类方法是小扰动法，其实质是在所研究层流的基本流动中叠加一个与 N-S 方程相适应的微小扰动，导出扰动方程，然后分析这种扰动量随时间的变化。如果扰动量随时间衰减，则层流是稳定的，如果它不断增长，则是不稳定的并将过渡到湍流。小扰动方程是非线性偏微分方程，在一般情形下要解这组非线性方程是非常困难的，因此需要对方程简化。假定对于微小扰动，两个或两个以上扰动量相乘的项是高阶小量可以略去，方程中各项关于扰动量是线性的，就可以得到一组线性微分方程，这就是小扰动线性化理论，也称为线性稳定性理论。小扰动的线性化理论根据线性方程组的特点，认为其解含有一个时间指数因子 $e^{-i\omega t}$ ，由于边界条件是齐次的，因此 ω 可以通过特征方程来决定。一般来说，ω 为复数。若有虚部为正的一些 ω 值存在，则与其对应的 $e^{-i\omega t}$ 将随时间无限增大。这种扰动一旦发生，就会不断增强，对于这种扰动，流动将是不稳定的。反之，如果任何可能的 ω 的虚部全为负，这时所产生的扰动便会随时间按指数律衰减，流动是稳定的。因此，小扰动方法是将解决层流稳定性的问题归结为对特征方程的根进行研究。线性稳定性理论对于预测在小扰动情况下流动失稳的条件以及确定影响稳定性的某些参数是有效的，但许多实际现象无法用线性理论来解释，例如，边界层中的转捩现象，因为随着扰动波振幅的增长，两个或两个以上扰动量相乘的项不再是高阶小项，因此不能忽略。此时，必须考虑有限扰动的非线性问题，否则就不可能完全解释转捩现象。针对非线性问题所建立的稳定性理论称为非线性稳定性理论，该理论通常都采用以谐波分析为基础的摄动法。层流线性稳定状态的丧失是形成湍流的重要一步，这一复杂过程的下一步则是非线性阶段。小扰动理论不能描述转换的全过程，因为它不能用于非线性影响起主导作用的阶段，但可说明哪种速度剖面是不稳定的，哪些频率的振动增长快，并指出怎样改变控制流动的参数以推迟转捩。小扰动法目前广泛使用于平行平面间的流动和边界层流动中，最具代表性的理论是 1880 年瑞利（Rayleigh L）提出的无黏稳定性理论，1908 年奥尔（Orr）-索末菲（Sommerfeld）方程和 1945 年林家翘的黏性稳定理论，可用来分析层流运动稳定性的条件以及产生失稳的某些特征，但不能完全显示扰动发展的全过程。由于它们能够比较清楚地表明层流失稳的机制，且与近代数值分析结果和实验资料的趋势相吻合，因而至今被人们广泛采纳。

2. 奥尔-索末菲方程

设平均流动为定常的，其速度分量为 U_x、U_y、U_z，压强为 P，非定常扰动分量为 u'_x、u'_y、u'_z 和 p'，合成运动的速度和压强为

$$u_x = U_x + u'_x, \quad u_y = U_y + u'_y, \quad u_z = U_z + u'_z, \quad p = P + p'$$

考虑二维不可压缩流动，即平均运动和扰动本身都是二维的。为了进一步简化问题，我们只讨论最简单的平行流动，这类流动的流线相互平行，第 8 章讨论的泊肃叶流，平面库埃特流

以及哈根-泊肃叶流均属此列，有些流动虽然不是严格的平行流，例如，平板边界层内的流动、射流、自由剪切流等，但是它们在某些区域的流线接近于平行，在一级近似时，一般可视为流线平行，因此也可以归结为平行流。

设基本流动为平行于 x 轴的直线流动，平均速度 U_x 仅取决于 y，即 $U_x = U_x(y)$，其余两个分量 U_y 和 U_z 均为零，边界层内的流动可近似看成平行流动。将扰动量叠加到平均流动上去，则得合成的运动

$$u_x = U_x + u'_x\,,\quad u_y = u'_y\,,\quad u_z = u'_z = 0\,,\quad p = P + p'$$

代入二维 N-S 方程和连续性方程，并忽略质量力和小扰动量的二次项，得

$$\frac{\partial(U + u'_x)}{\partial x} + \frac{\partial u'_y}{\partial y} = 0$$

$$\frac{\partial u'_x}{\partial t} + (U_x + u'_x)\frac{\partial(U_x + u'_x)}{\partial x} + u'_y\frac{\partial(U_x + u'_x)}{\partial y} = -\frac{1}{\rho}\frac{\partial(P + p')}{\partial x} + \nu\,\nabla^2(U_x + u'_x)$$

$$\frac{\partial u'_y}{\partial t} + (U_x + u'_x)\frac{\partial u'_y}{\partial x} + u'_y\frac{\partial u'_y}{\partial y} = -\frac{1}{\rho}\frac{\partial(P + p')}{\partial y} + \nu\,\nabla^2 u'_y$$

展开上式，略去二阶以上的小量，因基本流动满足运动方程，于是可去掉基本流动满足运动方程所包含的那些项，剩下的项构成与小扰动有关的运动微分方程，即

$$\begin{cases}\dfrac{\partial u'_x}{\partial x} + \dfrac{\partial u'_y}{\partial y} = 0\\[2mm] \dfrac{\partial u'_x}{\partial t} + U_x\dfrac{\partial u'_x}{\partial x} + u'_y\dfrac{\mathrm{d}U_x}{\mathrm{d}y} = -\dfrac{1}{\rho}\dfrac{\partial p'}{\partial x} + \nu\,\nabla^2 u'_x\\[2mm] \dfrac{\partial u'_y}{\partial t} + U_x\dfrac{\partial u'_y}{\partial x} = -\dfrac{1}{\rho}\dfrac{\partial p'}{\partial y} + \nu\,\nabla^2 u'_y\end{cases} \tag{10.3.1}$$

此即关于小扰动量 u'_x、u'_y 和 p' 的微分方程组。它们虽然是从 N-S 方程推导得出的，但与 N-S 方程有本质区别，N-S 方程是非线性的，而该方程组是线性的，因而可能利用分离变量法获得解析解。

将 x 方向动量方程对 y 求导数，同时将 y 方向动量方程对 x 求导数，之后前者减去后者，相减后即可消去压力项，得到

$$\frac{\partial}{\partial t}\left(\frac{\partial u'_x}{\partial y} - \frac{\partial u'_y}{\partial x}\right) + U_x\frac{\partial}{\partial x}\left(\frac{\partial u'_x}{\partial y} - \frac{\partial u'_y}{\partial x}\right) + u'_y\frac{\mathrm{d}^2 U_x}{\mathrm{d}y^2} = \nu\,\nabla^2\left(\frac{\partial u'_x}{\partial y} - \frac{\partial u'_y}{\partial x}\right)$$

由于小扰动方程是线性的，将扰动分解为无穷傅里叶分量的和是方便的。实际上只需分析一个分量就足够了，前已设扰动是二维的，故可引进流函数 $\psi(x, y, t)$，令

$$u'_x = \frac{\partial\psi}{\partial y}\,,\quad u'_y = -\frac{\partial\psi}{\partial x}$$

则连续性方程可自动满足。于是

$$\frac{\partial}{\partial t}\nabla^2\psi + U_x\frac{\partial}{\partial x}\nabla^2\psi - \frac{\partial\psi}{\partial x}\frac{\mathrm{d}^2 U_x}{\mathrm{d}y^2} = \nu\,\nabla^4\psi$$

该式中的 U_x 及 $\dfrac{\mathrm{d}^2 U_x}{\mathrm{d}y^2}$ 为可由基本流动方程解出的已知量，对于该线性偏微分方程，解有叠加性。二维小扰动流场的流函数 $\psi(x, y, t)$ 用傅里叶级数表示，其中每一项可用复数表达为

$$\psi(x,y,t)=\phi(y)\mathrm{e}^{\mathrm{i}(\alpha x-\omega t)}$$

其中 $\phi(y)$ 是 y 的复变函数，α 为实数，ω 为复数，即

$$\omega=\omega_r+\mathrm{i}\omega_i$$

$$\psi(x,\ y,\ t)=\phi(y)\mathrm{e}^{\omega_i t}\mathrm{e}^{\mathrm{i}(\alpha x-\omega_r t)}$$

这样就将小扰动视为在基本流动中传播的正弦或余弦波，其振幅为 $\phi(y)\mathrm{e}^{\omega_i t}$，$x$ 方向的波长 λ 为 $\lambda=2\pi/\alpha$（α 为波数），圆频率为 ω_r。显然，ω_i 为扰动振幅随时间变化的因子，它决定扰动振幅沿 x 方向增长或衰减的程度。若 $\omega_i>0$，则扰动的振幅随时间的延续而增大，流动是不稳定的；反之，若 $\omega_i<0$，则扰动的振幅随时间的延续而减小，流动是稳定的；若 $\omega_i=0$，则振幅不随 x 方向变化，流动为中性稳定。

经过变量代换，易得

$$\left(U_x-\frac{\omega}{\alpha}\right)(\phi''-\alpha^2\phi)-U_x''\phi=-\frac{\mathrm{i}\nu}{\alpha}(\phi^{(4)}-2\alpha^2\phi^{(4)}+\alpha^4\phi)$$

令 $c=\omega/\alpha=c_r+\mathrm{i}c_i$，其中 c_r 表示波的传播速度。于是，上式成为

$$(U_x-c)(\phi''-\alpha^2\phi)-U_x''\phi=-\frac{\mathrm{i}\nu}{\alpha}(\phi^{(4)}-2\alpha^2\phi^{(4)}+\alpha^4\phi)$$

这就是小扰动层流稳定性理论的基本方程，该方程先后由奥尔（1907 年）和索末菲（1908 年）独立推出，通常称为奥尔-索末菲方程。

3. 奥尔-索末菲方程的渐近解法

由于失稳通常在雷诺数很大时发生，我们先来讨论 $Re\to\infty$ 的极限情况，此时相当于 $\nu\to 0$，奥尔-索末菲方程成为

$$(U_x-c)(\phi''-\alpha^2\phi)-U_x''\phi=0$$

或

$$\phi''-\alpha^2\phi-\frac{U_x''}{U_x-c}\phi=0$$

该方程称为瑞利方程，它比奥尔-索末菲方程低了二阶。根据 8.2 节得到的泊肃叶流的结论，若取 $h=1$，则瑞利方程的边界条件为

$$y=\pm1,\quad \phi=0$$

若 c 为复数，则 ϕ 也是复数。我们用 ϕ 的共轭复数 ϕ^* 乘等式两端，并对 y 自 -1 到 1 积分，利用分部积分法，不难得到

$$\int_{-1}^{1}(|\phi'|^2+\alpha^2\ |\phi|^2)\,\mathrm{d}y+\int_{-1}^{1}\frac{U_x''}{U_x-c}\ |\phi|^2\mathrm{d}y=0$$

取其虚部，得

$$\int_{-1}^{1}\frac{c_iU_x''\ |\phi|^2}{|U_x-c|^2}\mathrm{d}y=0$$

由此可见，若 $c_i\neq0$，则 U_x'' 在区间（-1，1）中必然会改变符号，也就是说，U_x 在区间（-1，1）中必定有拐点。因此，在无黏流动情况下，失稳的必要条件是层流流速曲线存在拐点。从另一个角度说，若速度剖面没有拐点，即 U_x'' 全部是同号的，则 $c_i=0$，所以速度剖面没有拐点是稳定性的充分条件。若黏性只起稳定作用，则层流一定是稳定的，但实际上并非如此，黏性起着双重作用，它既能耗散能量，发挥稳定作用，同时还能引起不稳定。

考虑到求解的通用性，将奥尔-索末菲方程化为无量纲形式。取 L 为特征长度，来流速度 U_∞ 为特征速度，L/U_∞ 为特征时间，有

$$y^* = y/L,\ U_x^* = U_x/U_\infty,\ c^* = c/U_\infty,\ \alpha_L = \alpha L,\ Re = U_\infty L/\nu$$

于是得到无量纲形式的奥尔-索末菲方程，即

$$(U_x^* - c^*)(\phi'' - \alpha_L^2\phi) - U_x^{*''}\phi = -\frac{\mathrm{i}}{\alpha_L Re}(\phi^{(4)} - 2\alpha_L^2\phi'' + \alpha_L^4\phi)$$

奥尔-索末菲方程中 U_x^* 及 $U_x^{*''}$ 为基本流动的速度分布，均为已知量，c^*、α_L 和 Re 为与扰动波及基本流动有关的三个参数。这是一个四阶常微分方程，其通解可由方程的四个线性无关的特解 ϕ_1、ϕ_2、ϕ_3 和 ϕ_4 相加而成，即

$$\phi = C_1\phi_1 + C_2\phi_2 + C_3\phi_3 + C_4\phi_4$$

由于 U 及 U'' 为已知量，则 ϕ_1、ϕ_2、ϕ_3 和 ϕ_4 为 B、a 和 Re 的函数，C_1、C_2、C_3 和 C_4 为待定常数。对于二维平行流动，由扰动的边界条件而定：

1）在固壁表面上，扰动速度为零，所以二维流动在壁面 $y^* = 1$ 处，由 $u_x' = u_y' = 0$，即

$$\phi(1) = 0,\ \phi'(1) = 0$$

2）若 $y^* = 0$ 是二维槽道流的中心线，且流动对称，则在该处的边界条件应为

$$\frac{\mathrm{d}u_x'(0)}{\mathrm{d}y} = u_y'(0) = 0,\ \text{即}\ \phi(0) = 0,\ \phi''(0) = 0$$

3）很多情况下最不稳定的扰动是反对称的，因而在 $y^* = 0$ 处的边界条件应为

$$u_x'(0) = \frac{\mathrm{d}^2u_x'(0)}{\mathrm{d}y^2} = 0,\ \text{即}\ \phi'(0) = 0,\ \phi'''(0) = 0$$

4）实测结果表明，在边界层外缘处扰动速度不为零，所以这里的边界条件不应规定为 $y = \delta$ 时，$u_x' = u_y' = 0$，而应规定为 $y \to \infty$ 时，$u_x' = u_y' = 0$，即 $\phi(\infty) = 0$，$\phi'(\infty) = 0$。

于是得到

$$\begin{cases}\phi_1(0)C_1 + \phi_2(0)C_2 + \phi_3(0)C_3 + \phi_4(0)C_4 = 0\\ \phi_1'(0)C_1 + \phi_2'(0)C_2 + \phi_3'(0)C_3 + \phi_4'(0)C_4 = 0\\ \phi_1(\infty)C_1 + \phi_2(\infty)C_2 + \phi_3(\infty)C_3 + \phi_4(\infty)C_4 = 0\\ \phi_1'(\infty)C_1 + \phi_2'(\infty)C_2 + \phi_3'(\infty)C_3 + \phi_4'(\infty)C_4 = 0\end{cases}$$

由上式可知，若使 C_1、C_2、C_3 和 C_4 的解不恒等于零，必须使方程组的系数行列式为零，即

$$F(B,\ a,\ Re) = \begin{vmatrix}\phi_1(0) & \phi_2(0) & \phi_3(0) & \phi_4(0)\\ \phi_1'(0) & \phi_2'(0) & \phi_3'(0) & \phi_4'(0)\\ \phi_1(\infty) & \phi_2(\infty) & \phi_3(\infty) & \phi_4(\infty)\\ \phi_1'(\infty) & \phi_2'(\infty) & \phi_3'(\infty) & \phi_4'(\infty)\end{vmatrix} = 0$$

这是四阶线性齐次常微分方程在线性齐次边界条件下的本征关系式。由于 ϕ_1、ϕ_2、ϕ_3 和 ϕ_4 为 c^*、α_L 和 Re 的函数，由此得到一个联系 α、ω 和 Re 的方程，即

$$f(\alpha,\ \omega,\ Re) = 0$$

这个关系称为特征值关系或特征方程。自 1908 年提出奥尔-索末菲方程起，人们试图利用解析方法求解特征方程，但由于存在数学上的困难，直到 1945 年才算形成了严格的理论。在 20 世纪 40 年代解析方法起了主要作用，托尔明、施利希廷和林家翘都做出了重要贡献。

对于二维平行流动，特征速度取已知的来流速度 $U_0 = U_\infty$，δ 是可求出的，特征长度取边界

层厚度，即 $L=\delta$，而扰动波长 $\lambda=2\pi/\alpha$ 为已知，$Re_\delta=U_\infty\delta/\nu$ 也为已知，这样对每一对 a 值与 Re_δ 值，奥尔-索末菲方程及其边界条件将提供一个特征函数 $\phi(y)$ 和一个复特征值 $\omega=\omega_r+\mathrm{i}\omega_i$。由此，以 Re_δ 为横坐标，以 $\alpha\delta$ 为纵坐标，可以把 $\beta_i=0$ 时 Re_δ 与 $\alpha\delta$ 的函数关系表示出来，进而得到中性稳定曲线（称作拇指曲线），图 10.3.2 示出了平板壁面边界层的中性稳定曲线。可以看到，在拇指线内 $\omega_i>0$，为不稳定区；在拇指线外为稳定区；在拇指曲线上，雷诺数最小值的点 n 为中性稳定点，此时的雷诺数称为中性稳定点的雷诺数。图中示出中性稳定点的雷诺数为 $Re_n=645$。当流动的雷诺数 $Re<Re_n$ 对所有的小扰动，流动都是稳定的，层流不会变为湍流；当雷诺数 $Re>Re_n$，小扰动在一定的波长范围内，$\omega_i>0$，扰动的振幅随时间增长，流动成为不稳定的了。显然，对应于不同基本流的速度分布，拇指线是不同的。

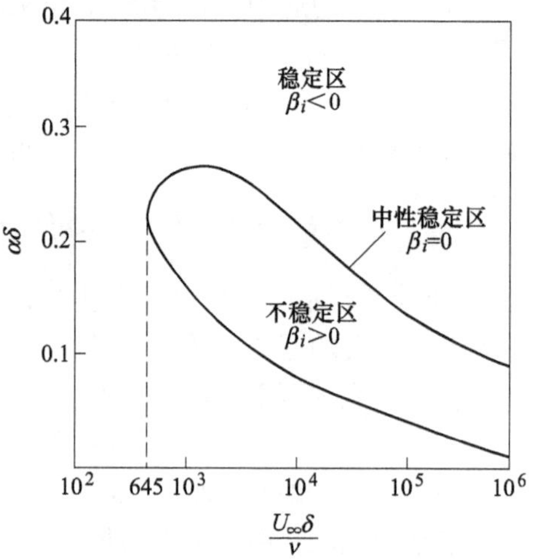

图 10.3.2　平板边界层稳定性分析

以上结果是在假定扰动是二维的情况下得到的，而实际上扰动是三维的。斯夸尔（Squire）证明，根据二维扰动假定所得到的稳定性比同样情况下假定为三维的稳定性差，即用二维扰动所得的中性稳定点的雷诺数低于用三维扰动所得的中性稳定点的雷诺数，因此，用二维扰动的假定所求得的临界雷诺数是可靠的。中性稳定点的雷诺数，在一般的情况下，并不等于层流转换为湍流的临界雷诺数，因为当基本流动的雷诺数 $Re>Re_n$ 时，流动失去了稳定性，但并不立即转换为湍流，而要经过一段时间或距离之后才能完全变成湍流。

4. 层流稳定性的主要影响因素

实验表明，顺压力梯度对脉动有阻尼作用，对层流边界层起稳定作用，能够延迟转捩发生，在顺压力梯度很大的情况下，甚至发生湍流边界层逆转为层流边界层，而逆压力梯度使脉动增长，促进转捩发生。

抽吸对边界层转捩的影响类似顺压力梯度的影响，抽吸对边界层的影响有两个效应：其一，抽吸能减薄边界层厚度，而薄边界层有不易转变为湍流边界层的倾向；其二，抽吸能造成层流型速度分布，它比不抽吸的速度分布具有较高的稳定性，抽吸边界层甚至使在逆压力梯度作用下仍能保持为层流边界层。

在有些情况下，层流向湍流的过渡会受到作用于边界层内质量力的影响。这里的质量力是指物体表面的曲率等引起的质量力。当边界层厚度远小于物面曲率半径时，这种质量力对稳定性的影响很小。向心力对凸壁面上的边界层流动会增大其稳定性，对凹壁面上的边界层会减小其稳定性。

对于壁面加热（或冷却），一方面会改变边界层内温度分布，另一方面通过温度对黏性的影响而改变边界层内的速度分布。不论对液体还是气体，加热（或冷却）对边界层内温度分布的改变作用是一致的，温度改变对黏性的影响则是不同的。对于气体，黏度随温度升高而增大，因而加热壁面起着增大稳定性的作用；对于液体，黏度随温度降低而增大，因而冷却则起着增大稳定性的作用。

一般来说，在其他条件相同的情况下，粗糙度促进转捩，粗糙壁面比光滑壁面会在更低的雷诺数下出现转捩，也就是说，粗糙凸起的存在相当于在层流中给予附加扰动，使转捩提前。若粗糙凸起很小，其合成扰动低于促使产生湍流的“临界值”时，则它对转捩不产生影响。如果粗糙凸起很大，转捩将立刻在该处发生。此外，来流湍动强度增大，也会促使转捩提前，因为这相当于增大了扰动。

前文述及，层流向湍流过渡，必从失稳开始，但失稳以后，可能转变为另一种层流，而不一定立即过渡为湍流。朗道（Landau，1908—1968）在 1944 年提出了一种可能的过渡形式：随着某种流动参数（ *Re* 数）的逐渐增大，原生的层流失稳，并变为另一种稳定的层流，此层流将再次失稳而变为另一种更复杂的层流，如此继续，最终失去层流的规则性转变为湍流，这种过程称为重复分岔。

5. 层流稳定性典型实例

我们先看与降温和加热有关的稳定性问题。由于各种原因（例如，在太阳光照射下，地面温度升高，对大气辐射加热）会出现密度大的流体在上层，密度小的流体在下层，即密度沿重力方向减小的情况。显然，这种情况是不稳定的，任何微小的扰动都将引起密度大的流体向底层运动，这种运动的终极状态是密度大的流体都到了底层，并重新平静下来，所以密度沿重力方向增加才能稳定。现考虑一水平放置的加热平板。可以看出，在平板下面的流体的密度梯度是稳定型的，流体本质上可保持平静，但从下面加热平板时，上面流体的密度沿重力方向减小，即出现了较重的流体在上层的情况。实验发现，当加热平板时，上面的流体在达到某个临界温度前仍可暂时维持静止状态，这是一种不稳定平衡，任何微弱扰动都会触发上层的重流体向下层的运动，而且一旦开始了运动，来自下面的热量就成了维持运动的能源，因为下降的重流体会不断被加热而变轻，这不是稳定的平衡状态。1900 年，贝纳尔（H Benard）最先对这种加热平板引起的流动稳定性问题进行了实验研究，发现一些有意义的现象。他将只有几毫米厚的液体层均布在金属平板上，加热平板，并维持其温度均匀。液体的上表面为自由面，因与周围空气接触，其温度低于平板处的温度。在竖直方向上的温差达到足够大之前，流体维持静止状态，之后流体开始做随机运动，流体运动分为两个阶段：第一阶段，流体形成半规则形格包，这个阶段约持续几秒钟到几分钟，对于黏度大的流体持续时间长。开始时格包几乎为规则的多边形，通常是四边至七边。第二阶段，格包大小变得相等，形状更规则，且排列整齐，形成定常的、有竖直边界的六边形格包是这一阶段的终极状态，这时格包中心的流体向上流，到顶部后向外流，到其周界（即相邻格包之间的竖直边界）后向下流到底部。这种格包称为贝纳尔格包，如图 10.3.3 所示。贝纳尔当时虽已知道受温度影响的表面张力在他的实验中所起的重要作用，但很久以后才知道温度引起的表面张力的不均匀性（而不是热浮力）是形成格包和促成格包运动的决定性因素。对描述上述过程的运动方程和能量方程无量纲化，可导出两个无量纲参数：瑞利数和普朗特数。上述过程唯一地由瑞利数决定，即由温度梯度、黏度、热传导系数和热膨胀系数综合因素决定。当形成规则格包后进一步加热，即瑞利数进一步增大，流体可能突发地或经历一个复杂的、可识别其阶段特征的过程而转变为湍流。

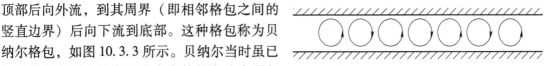

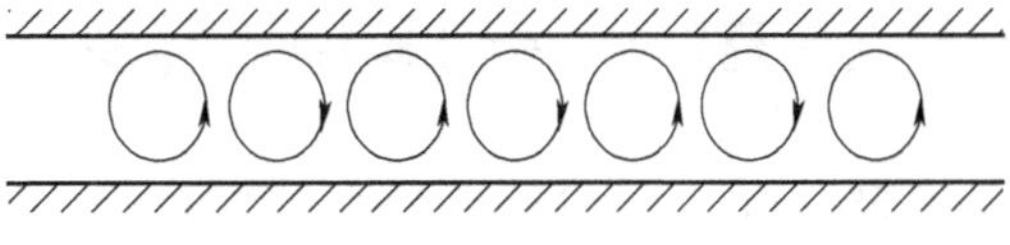

图 10.3.3　贝纳尔格包示意图

我们再来看与离心惯性力有关的稳定性问题。一个典型的例子是在同心圆环之间的环形流动。瑞利最先研究了旋转流体的稳定性问题，他忽略黏性影响，导出由旋转轴对称扰动引起不稳定的条件。其准则是：若环量的平方随半径的增加而增加，则流动是稳定的；若环量的平方随半径的增加而降低，则流动是不稳定的，瑞利是从研究能量平衡得出这个结论的。之后卡门用离心力和压力梯度的关系解释了这个结果。设流体旋转速度 u_θ 是半径 r 的已知函数。迫使流体微团做定常圆周运动所需的向心力为 $\rho u_\theta^2/r$，这是由压力梯度 $-\mathrm{d}p/\mathrm{d}r$ 提供的。若某一流体微团本来在 r_1 处以 $u_{\theta1}$ 运动，现由于某一扰动，该流体微团运动到 r_2 处，且 $r_2>r_1$。由于该微团的动量矩不变，所以其旋转速度变为 $u_{\theta1}r_1/r_2$。若该流体微团在新位置上处于平衡，则所需作用的向心力应为 $\rho(u_{\theta1}r_1/r_2)^2/r_2=\rho u_{\theta1}^2r_1^2/r_2^3$。然而，压力梯度所能提供的向心力是由该半径上原有的旋转速度 $u_{\theta2}$ 所决定的，即 $\rho u_{\theta2}^2/r_2$，理论上讲，这个值一般并不等于为了平衡新来到的流体微团所需要的向心力。若 $\rho u_{\theta2}^2/r_2>\rho u_{\theta1}^2r_1^2/r_2^3$，则该流体微团将被推回到它原来的位置；若 $\rho u_{\theta2}^2/r_2<\rho u_{\theta1}^2r_1^2/r_2^3$，则该微团将被抛到更外面的地方。可见，若 $(r_2u_{\theta2})^2>(r_1u_{\theta1})^2$，则流动稳定，而若 $(r_2u_{\theta2})^2<(r_1u_{\theta1})^2$，则流动不稳定，此即瑞利准则。

泰勒稳定性问题研究的是两无限长的同轴旋转圆筒之间的黏性流体运动。泰勒的实验研究和其后的理论研究表明，这种流动的稳定性问题与所谓的泰勒数 Ta 有关。

$$Ta=-4A\omega_0d^4/\nu^2$$

其中，$A=\omega_1\left(1-\dfrac{\omega_2r_2^2}{\omega_1r_1^2}\right)\bigg/\left(1-\dfrac{r_2^2}{r_1^2}\right)$；$d=r_2-r_1$；$\omega_0=(\omega_1+\omega_2)/2$。$\omega_1$、$r_1$ 和 ω_2、r_2 分别为内筒和外筒的角速度和半径。泰勒及以后其他学者的实验表明，当发生不稳定时，将导致一种新的定常运动，现常称之为泰勒涡，这是些轴对称的涡，具有螺旋形流线。这些涡沿轴向周期性均匀分布，由与轴线垂直的流体界面将相邻的具有相反方向的涡分开，如图 10.3.4 所示。当进一步增加泰勒数时，上述规则结构仍会继续存在，直到泰勒数很大才变得不稳定，由一种非轴对称的规则运动所代替。若再继续增加泰勒数，那么规则运动崩溃并转变为湍流。

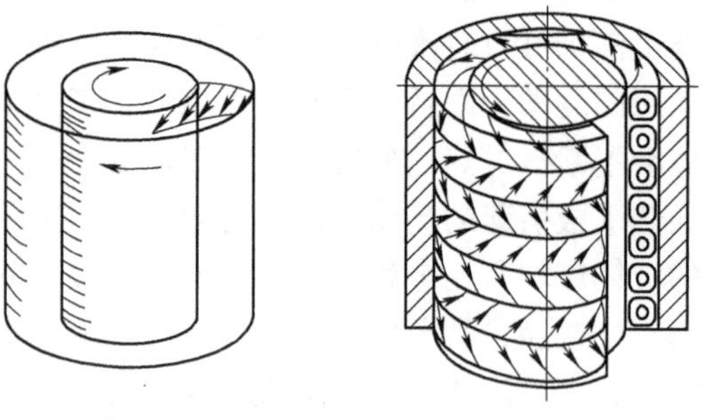
a) 纯剪切流动　　b) 产生不稳定的漩涡

图 10.3.4　两旋转圆筒间的绕动——泰勒涡

10.4　湍流拟序结构和湍流猝发

20 世纪 60 年代以前，人们普遍认为，湍流运动是一种完全无序的流体质点运动。此后，湍流实验研究取得重大进展，在湍流剪切流动中发现了拟序结构，特别是发现了大尺度的间歇现象和拟周期性的猝发过程。这些发现大大地改变了人们对湍流的看法和认识。目前一般认为，湍流剪切流动中存在着有序的大尺度漩涡结构和无序的小尺度脉动结构，而湍流的不规则运动无论在时间和空间上都是一种局部现象。

1. 湍流的拟序结构

流场中拟序结构的存在，早已被人们以多种方式所推测。1925 年，普朗特在湍流混合层中，由假设存在一个输运横向动量的流体球来研究湍流场，这种流体球应当说是拟序结构的雏形。20 世纪 40 年代，柯辛（Corrsin）、汤森（Townsend）都发现湍流场与非湍流场之间存在明显的界面，该界面后来被称为边界层中的大涡结构。1956 年，汤森在圆柱尾流中间沿着流向不同间隔，测量了横向二阶速度关联，得出尾流中的大涡结构有序的结论。1958 年格兰特（Grant）研究了平面尾流，发现大涡结构比想象的更加有序，而且尾流中包含两种大尺度结构运动，一是涡的配对，两排涡一个接一个地以相反方向旋转；二是一系列流体从尾流中心射向外缘。20 世纪 60 年代，美国斯坦福大学克莱因（Kline）等人发现，在边界层近壁处有纵向条纹结构，并观察到一种有序的“猝发”过程周期性地发生。这些过程虽然在其空间尺度和强度上仍然无序，但存在一个明确的统计平均周期和一定的外形结构，这一现象引发了人们对边界层结构的再认识。1971 年，Crow 等人发现在自由射流中存在的有序结构就像上游的扰动往下游传播。虽然人们早就以多种形式观察到流场中的有序结构，但湍流中拟序结构这一概念是在平面混合层中观察到此现象后才得到承认并流行开来。这一过程如此漫长，一是因为人们的观念通常先入为主，湍流的随机性在人们脑中根深蒂固；二是因为使用了一个多世纪的雷诺平均方法，抹平了流场中某些结构的特性，阻碍了人们对拟序结构的认识。经过很多科学家的长期艰辛工作，现在终于证实无论是在黏性次层、缓冲区或外区中均有各自的拟序运动，它们的结构特征是不相同的，但在多数情况下，这些结构属性的方差值与平均值相比相当大，由此加深了人们对湍流剪切流，特别是湍流边界层的认识与了解。现有研究结果表明，在某些湍流运动中，确实存在着具有一定结构的大尺度漩涡的拟序运动，尽管对这种拟序结构所提出的模型因人而异，但都承认这种结构并不是完全随机的。以往“拟序”这一概念只是用在光、声或电动力学方面，表示产生相互干涉的两个波之间的协调关系。迄今为止，对拟序结构还没有一个严格的定义，虽然人们对拟序结构的描述不同，但所涉及的拟序结构大致有以下特性：

1）具有典型的组合结构，如线涡、螺旋涡等，其最大的结构尺度相当于横向流动尺寸；

2）结构形状和动力学参数均具有高度规律性和重复性；

3）结构沿下游所保持的距离远大于它们的特征尺度；

4）对湍流的特性，如能量、切应力、流体卷入和掺混等有很大贡献；

5）与层流向湍流转变时的结构非常相似；

6）结构被人为地破坏后，它又自发地重新形成。

关于拟序结构的产生机理至今仍没有一致的看法，有人认为，由杂乱无章的流动中产生的拟序结构是自发形成的。拟序结构从其产生和演变的关系来看，在一些局部过程中与流动不稳定性造成的层流向湍流的过渡非常相似，所以有人将拟序结构视为基本流动的一种不稳定性模式，由此得到的部分结果与实验结果符合较好。现在大量研究结果表明，拟序结构在湍流场中很普遍，在自然现象中经常见到，其中有的雷诺数高达 10^7。

流场中的一些像雷诺数这样的重要参数和条件对拟序结构的影响取决于具体流场。在平面混合层中，初始阶段的不稳定波的发展以及随之而来的转捩过程，都可以在忽略黏性的近似下进行计算，结果与实验也吻合较好。雷诺数对二维剪切流的小涡结构有影响，实验表明，随着雷诺数的增大，混合层流场内的小涡数目明显增加。此外，初始条件对拟序结构的产生也有影响，在自由剪切流中，拟序结构的初始形成是初始条件的函数，并且后续的演变也依赖于初始条件。至于初始条件对拟序结构如何起作用，至今还未形成统一认识，因为涉及平均速度剖面、边界层的位移厚度和动量厚度、形状因子、速度脉动的概率密度分布、速度脉动的频谱、雷诺应力的频谱等多种因素。

流场中拟序结构包含一定的能量，据估计，拟序结构包含的能量占流场中总能量的比例，在平面混合层中约为 20%，射流的近区流场约为 50%；轴对称射流远区流场约为 10%，尾流近区约为 20%，尾流远区约为 20%，壁约束流场约为 10%。可见通过控制拟序结构的强弱能够达到改变湍流场特性的目的。

拟序结构还是产生流动噪声的主要根源，对拟序结构加以抑制和破坏可大幅度降低噪声。研究表明，圆射流中的噪声源不随流场移动，而是固定在涡配对的位置上，因此不是拟序结构的存在对噪声起作用，而是拟序结构的形成过程产生了噪声。拟序结构对流场的混合、燃烧和化学反应过程、热量输运的影响已经引起了人们的重视，并成为近年来的研究重点。对拟序结构的人为控制也逐渐引起人们的注意。最初人们在飞行器设计中发现，通过人为地将分离点推后能使机翼获得更高的升力，而推迟分离点的具体办法之一是激发拟序结构的产生。此外，通过影响边界层中的拟序结构能减小阻力，这无疑是一种经济而有效的办法。常见的增强拟序结构的方法有两种，一是对流场施加周期性激励，二是在流场中加入高分子聚合物，后者还能使自由剪切流中的非拟序小尺度结构变少。较早的研究结果还表明，在壁面湍流中加入高分子聚合物后，能使壁面切应力减小，后来的研究表明这一结果与拟序结构的变化有关。虽然在许多流场中发现了拟序结构，但并不排斥以往用经典统计理论所得结果的正确性。事实上已有计算和实验表明，由存在拟序结构的流场算出的平均速度、雷诺应力和其他一些结果与以往统计理论所得的结果是一致的。

2. 湍流猝发

20 世纪 60 年代后期，克莱因等人在水槽中使用氢气泡技术进行壁面湍流研究时，发现在很靠近边壁的区域存在一个顺流向的低速带和高速带相间的带状结构，低速带的分布是不均匀的，形状也是不规则的。低速带随着平均流动向下游运动时，其头部缓慢上举，在与壁面的距离增大的同时，产生横向漩涡，漩涡顶部的流体质点速度增大，压强降低，而底部的流体质点速度减小，压强增大，使该漩涡形成一个向上的压差，该压差使漩涡托着低速带向上升。由于变形，大约在 $y^+=2.7$（可理解为壁面法向无量纲距离）处，横向漩涡转变为马蹄形漩涡（Ω形涡），其头部上举后，进入流速较大的流层，马蹄形漩涡发生拉伸变形，导致错综复杂的流动现象。在低速带上升的同时，高速流体从上方向下游俯冲，在高速流体和低速流体之间形成一个强烈的剪切层，使得瞬时流速分布曲线上出现拐点，这是层流运动不稳定的充分和必要条件。大约在 $y^+=8\sim12$ 处，低速流体突然向上层的高速流体喷射，冲入边界层的对数律区和外区，在与高速流体掺混的过程中，产生大量剧烈的湍动。与此同时，高速流体俯冲而入，这个过程称为扫掠。高速流体进入边壁区以后，受到流体黏性的作用，速度减慢，同时也和一部分低速流体发生掺混，产生湍动。低速流体的喷射和高速流体的扫掠是猝发现象的两个重要环节。扫掠过后，又会出现新的低速带，并重复以上各个阶段。总的来说，猝发现象是一种拟周期性和间歇性的现象，它似乎是按一定次序发生的，是一个具有平均周期性的产生过程，但猝发现象发生的地点和时间又都是随机的，猝发现象各阶段之间、本次猝发和下次猝发之间以及与猝发有关的各流层之间都相互影响、相互作用。图 10.4.1 表示了猝发现象的过程及各个阶段的流速分布曲线形状，图中实线为瞬时速度分布，虚线为时均速度分布，图中还给出了克莱因等提出的三维涡元（自诱导效应下形成的类似于马蹄形涡管）的变形、拉伸和破碎过程的描述。

在克莱因之后，多位学者在不同实验条件下进行了流动现象和猝发现象特征量的测量，证实在壁面湍流的充分发展区、入口段、分层流动以及自由剪切湍流中都存在猝发现象，并且还发现，顺压力梯度会降低猝发的速率，而逆压力梯度则增加猝发的速率，猝发过程的空间尺度与外区大涡有相同量级。猝发过程中涡的演变与尾迹律区大尺度涡的关系等极其复杂，但湍流猝发与拟序结构的发现使人们对湍流的认识产生飞跃，人们了解到湍流运动中除有无序的小尺度脉动外，还存在着一定规律的三维大尺度涡运动，由此开始注意并研究两种运动的异同及其相互关系，以期通过深入研究观察无序小尺度脉动微结构特征，最终揭示湍流运动的奥秘。

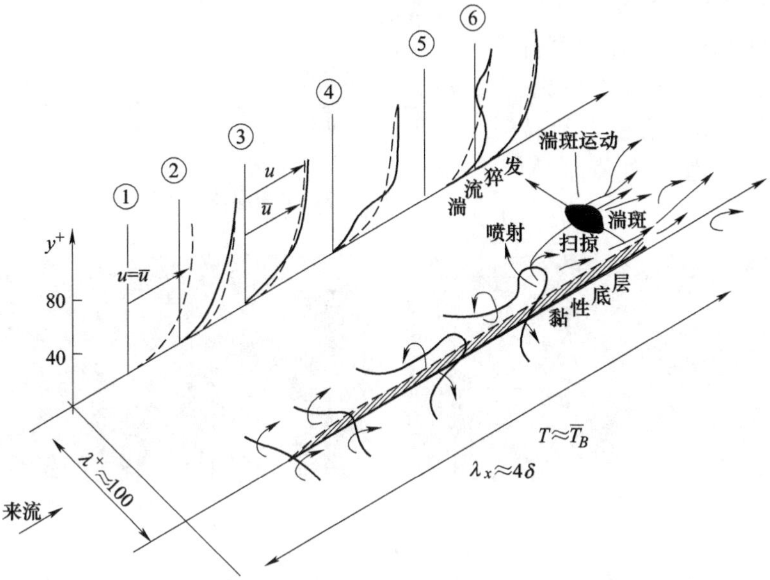

图 10.4.1　湍流猝发

基于猝发现象理论，可得出在固体壁面附近的边界层流动中，由层流到湍流的发展过程，如图 10.4.2 所示。设来流未扰动流速为 U 的平行流动流过平板，在平板上游首部，不论 U 有多大，总有一段距离内为层流流动，来流中即使存在微小的扰动也将被流体的黏性所吸纳。当边界层雷诺数 $Re=\dfrac{U\delta_1}{\nu}$ 达到临界雷诺数 Re_c，在静止与运动扰动的相互作用下，流场中会出现展向扰动，即扰动波开始出现三维性，再继续往下流动开始不稳定。理论和实验都证明，对于随机的微小扰动，不稳定开始出现二维的 T/S（托尔明-施利希廷，Tollmien-Schlichting）波，随着 T/S 波向下游传播，很快会出现在展向（z 方向）的变化。这是因为自然的扰动必然具有三维性，再继续往下游传播，速度剖面中会出现强剪切层，它对任何微小的三维效应均具有极强的放大作用，以致沿展向的扰动速度也出现了近似周期性的变化，使二维不稳定波发展为三维不稳定波，同时还出现了其他波数的不稳定波，这是一个非线性过程。流动中产生相间的低速带，并发生马蹄涡的拉伸和变形，反过来又影响主流的时均流速分布使之弯曲和出现拐点，引起流速和压强均出现三维的脉动。马蹄涡的破

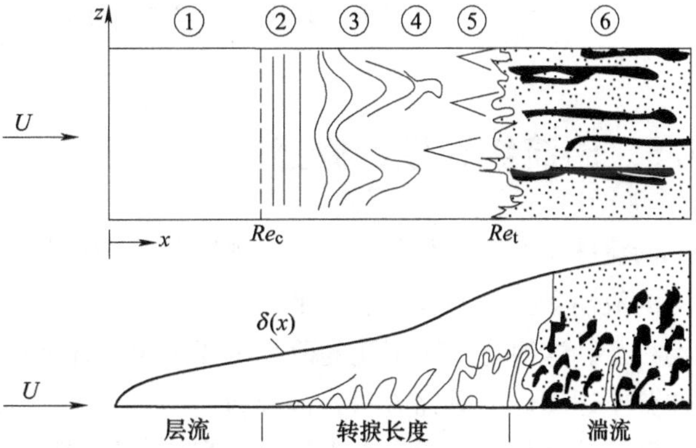

图 10.4.2　湍流形成

碎、喷射和扫掠现象的相继发生完成一个猝发过程。在发生猝发位置，其下游出现局部湍流斑，如图10.4.3所示。猝发和湍流斑的出现在时间和位置上都是随机的，湍流斑随主流向下游扩展，最后湍流占据全部板宽，发展为充分发展湍流，此时的雷诺数为表示流态由层流转变为湍流的转捩点的雷诺数 Re_t，如图10.4.4所示。

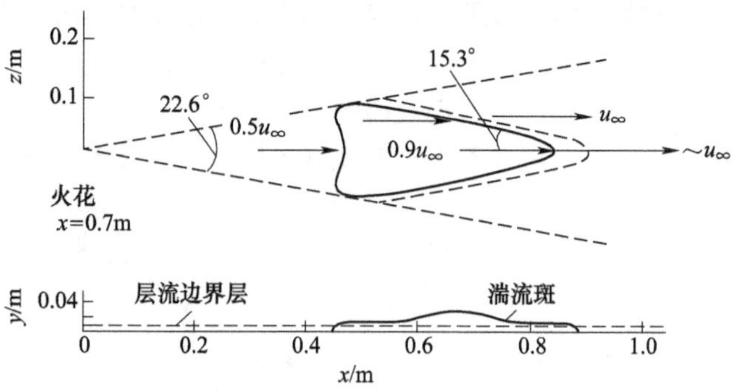

图 10.4.3 平板层流边界层中人工湍流斑的形成

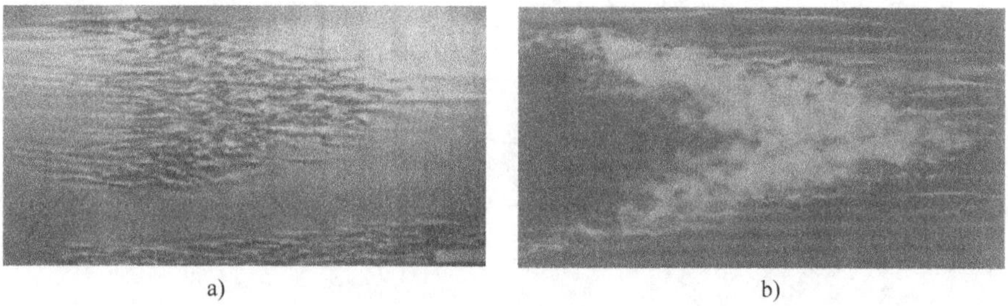

图 10.4.4 湍流斑

注：平板上的边界层从层流过渡到湍流是通过自发、随机出现的湍流斑间歇地进行的。当每一湍流斑以几分之一来流速度向下游移动并保持其前部为箭头状时，它近似地随距离的增加呈线性扩展。图10.4.4a 所示是从平板上方拍摄的，湍流斑中心的 $Re = xu_\infty/\nu = 2\times10^5$，$x$ 为自平板前缘距离；图10.4.4b 所示是湍流斑的外形随着 Re 的增加变得更规则，箭头夹角也变得更小。

10.5 湍流统计理论概述

湍流脉动在空间和时间上均呈现极其复杂的随机运动，但工程上人们关心的是其总效的、平均的流动参数，即各种统计平均量。另外，湍流运动参数虽然是随机量，但具有某种规律的平均特征，这决定了对湍流的研究主要采用统计平均的方法。也就是说，要仿照统计物理中对气体分子运动论的研究方法，湍流统计理论是将流体力学与统计方法结合起来研究湍流的理论。湍流统计理论是迄今为止湍流研究最完备的理论体系。实验表明，湍流量的统计平均有确定性的规律可循，湍流量平均值在各次实验中是可重复实现的。例如，对于圆管中的湍流，测得管内某点在某时刻的瞬时速度，并不能预测出另一时刻该点的速度，也不能预测同一时刻别的几何相似点处的瞬时速度，但只要外部条件不变，圆管内湍流的平均速度剖面是可以预测的。湍流量测量结果还表明，湍流脉动（或称涨落）的频率约为 $10^2\sim10^5$Hz，振幅一般不超过平均速度的10%。

要完全地了解湍流运动，必须了解所有可能在任意若干个时空点上的任意若干个流动随机量的联合概率分布，也就是要求掌握无穷多个联合概率分布函数，对于一般的湍流运动这个任务实在过于艰巨。1935年泰勒首先引进了一种最简单的理想化的湍流模型——均匀各向同性湍流，这种湍流在理论上可得到巨大简化。现有湍流统计理论成果中的绝大部分都来自均匀各向同性湍流。均匀性与各向同性是两个不同的概念，均匀性是指湍流的一切统计平均性质与空间位置无关，一切平均值函数在空间坐标系的任意平移下不变，各向同性则意味着湍流的一切统计平均性质与空间方向无关，一切平均值函数在空间坐标系的任意旋转与反射下都保持不变，显然，各向同性必以均匀性为前提。湍流的统计研究主要沿两个方向发展：一个是湍流平均量的模式理论（也称作湍流模型），另一个是湍流相关函数的统计理论。

1. 湍流平均量的模式理论（湍流模型）

湍流运动可分解为平均运动和脉动运动之和，其中脉动运动完全是随机的运动。工程上感兴趣的是湍流所引起的平均流场的变化，即整体的效果。因此，为满足工程计算的需要，从平均运动方程出发，建立平均运动的方程组并对其进行求解。广泛应用的是雷诺时间平均方程，常简称为雷诺时均方程。将雷诺时均方程以及由它导出的湍流特征量输运方程中的高阶未知关联项用低阶关联项或时均量来表达，使雷诺时均方程组封闭，这一过程称为模化，模化的方式就是建立模型。所谓湍流模式理论就是根据理论和经验，对雷诺平均运动方程和脉动运动方程的某些项，提出尽可能合理的模型和假设，以使得方程组能够封闭和求解的理论。湍流流动过程的复杂性以及工程计算中的多层次性决定了湍流模型的多样性，不同的湍流模型有不同的适用范围。模式理论的雏形可以追溯到19世纪，当时布西内斯（Boussinesq）提出用涡黏度来建立雷诺应力与平均速度之间的关系。由于湍流中动量等其他量的输运机理与分子热运动输运这些量的输运机理不同，所以黏度存在局限性，只有在流场中平均流动的惯性起主导作用，湍流输运影响比较次要时，用该方法才可以得到较满意的结果。由于没有普适的物理定律可以直接建立脉动关联量和平均量之间的关系，可行的一种做法是在实验观察的基础上，通过量纲分析以及合理的推理猜测等手段，在假设的基础上提出模型后并进行计算，将计算结果与实验结果对比后做进一步修正，这就是所谓的半经验理论。1925年普朗特把湍流脉动与分子热运动相比拟率先提出混合长度的概念。半经验理论主要包括普朗特动量输运的混合长度理论、泰勒涡量转移理论和卡门相似性理论等。半经验理论只考虑了平均运动方程这样的一阶湍流统计量的动力学方程，没有引进任何高阶统计量的微分方程，因此称为湍流模式理论的一阶封闭模型或零方程模型。一般来说，一阶封闭模型对平均运动计算的预报性较差。

1940年著名科学家周培源在世界上首次建立了一般湍流雷诺应力所满足的输运微分方程组，其中出现了三元速度关联等新的未知量。对自由湍流问题，周培源引入一些假设，使方程组封闭。对更一般的问题，周培源又进一步导出了三元速度关联所满足的动力学微分方程，但此时又出现了四元速度关联和压力与两个速度分量的关联等新未知量，于是又假设了四元速度关联与二元速度关联之间有一个关系式。压力与两个速度的关联可通过二元关联来表示，最终可建立起封闭的方程组，可用以求解槽流、圆管流动以及平板边界层等问题。1951年罗塔发展了周培源的工作，提出了完整的雷诺应力模式。他们的工作现在被认为是以二阶封闭模式为主的现代湍流模式理论最早的奠基性工作，但由于当时计算手段的限制，他们所建立的十分复杂的方程组没有实际求解的可能。20世纪60年代以后，随着计算机技术的发展和计算方法的完善，湍流模式理论得到了广泛的研究和应用，各种模式大量涌现，70年代达到高潮。目前，实际工程计算常用的还是二阶封闭模型。湍流平均量的模式理论主要涉及湍流的大尺度运动，因此未能明显增进人们对湍流机理的认知，但对解决实际工程问题却发挥了重要作用，成功地解决了大量的工程实际问题。模式理论存在的基础性缺陷在于平均过程将脉动运动的全部细节一概抹平，丧失了包含在脉动运动中的大量流动信息，特别是丢掉了有关湍流输运中起重要作用的湍流拟序结构的信息。此外，时均化后的方程组不再封闭，为使方程组封闭，不得不引入各种湍流模型，其中包含一些经验常数。因各种常数都有一定的局限性和经验性，可靠性差，经常是一种模型在某些流动中应用很成功，当用于另一些流动时又失败了，甚至在同一流动中，对某些流动量做了成功的预测，而对另一些流动量的预测则误差很大。

2. 湍流相关函数的统计理论

平均量的模式理论都只涉及一点相关，即在同一点、同一时刻的两个或几个脉动量的相关，但是流场中任一点的运动受其他微团运动的影响会通过脉动压力场传播到很远的地方，所以只考虑一点相关不能对流场做出充分的描述。湍流相关函数统计理论的研究目标是从最基本的物理守恒定律出发，探讨湍流运动的机理，因此大大增进了人们对湍流（特别是湍流的小尺度部分）机理的了解。湍流相关函数的统计理论主要针对均匀各向同性湍流，一般采用两种方法，即物理空间中的关联函数或波谱空间中的湍谱分析，这两种方法是等价的。由于湍谱分析方法在数学上较简便，又有具体的物理意义，便于引进各种物理模型假设，因而采用湍谱分析方法的居多。湍流相关函数统计理论的主要代表人物是泰勒和柯尔莫哥洛夫，经过半个多世纪的发展，湍流相关函数的统计理论已取得进展，其中尤其以经实验证实的柯尔莫哥洛夫理论最为重要。在湍流统计理论中所发展起来的一系列基本概念与方法，在今天对湍流的各种探索中仍然被广泛使用。湍流相关函数的统计理论也存在不足之处，一方面，相关函数的统计理论同样不能绕过封闭性的困难，至今已有的理论还不够完善。另一方面，由于湍流状态下影响动量和热量交换主要是大尺度运动，不是小尺度运动，而相关统计理论主要涉及小尺度运动，所以它未能解决工程实际问题。

总之，湍流平均量的模式理论和湍流相关函数的统计理论都是统计性的，同时，这两种理论在某种程度上又都是经验或半经验的，因为未知数的数目大于方程的数目，一般必须在实验资料的基础上做一些假定，建立补充关系式才能求解。两种理论的研究方法和着眼点是不同的，统计理论采用较严格的数理统计方法，着重研究湍流的内部结构（即脉动结构），而模式理论则通过对脉动做出某些假定后，着重研究湍流平均流动的规律。由于湍流结构复杂，在运用统计理论解决剪切湍流方面存在很大困难，统计理论目前主要局限于研究均匀各向同性湍流这一最简单的情况。尽管如此，对均匀各向同性湍流的研究仍具有重要的理论意义。如果对这一最简单的情况研究清楚，将有助于理解复杂条件下的湍流机理。模式理论的缺点是对湍流内部结构缺少必要的分析，使模式理论的应用和解决问题的深度受到限制，但模式理论已经初步解决了工程技术中经常遇到的许多问题，这一研究途径已为科学技术的发展做出重要贡献。

10.6 湍流统计平均

湍流场中，虽然所有物理量在时间上和空间上是紊乱的、随机的，但仍具有一定的统计学特性，因此可以采用湍流物理量的统计平均值来描述湍流的流场。泰勒和柯尔莫哥洛夫是湍流统计理论的先驱，他们提出的均匀各向同性湍流及高雷诺数湍流模型、局部各向同性和局部相似性理论，被誉为湍流发展的里程碑。

1. 概率平均法

概率平均又称为统计平均，是从概率与数理统计出发，是最一般的随机量的平均方法。假设对湍流场在相同的条件下做 N 次重复实验。任一物理量的实验结果 $\phi_i(\boldsymbol{r}, t)$ 是随机的，当 N

足够大时，实验结果的统计平均值会趋于一个平均值 $\overline{\phi}(\boldsymbol{r}, t)$，即

$$\overline{\phi}(\boldsymbol{r}, t) = \frac{1}{N}\sum_{i=1}^{N}\phi_i(\boldsymbol{r}, t)$$

随机变量 ϕ 和它的平均值 $\overline{\phi}$ 之差是随机变量，称为涨落，在湍流研究中则称为脉动，用 ϕ' 表示，有

$$\overline{\phi}'(\boldsymbol{r}, t) = \phi(\boldsymbol{r}, t) - \overline{\phi}(\boldsymbol{r}, t)$$

脉动值 ϕ' 的平均值等于零，即

$$\overline{\phi'(\boldsymbol{r}, t)} = 0$$

概率平均也可以用概率密度表示。设测得值 ϕ_i 落在 ϕ 到 $\phi + \mathrm{d}\phi$ 范围内的概率为 p，它正比于 $\mathrm{d}\phi$，并与 ϕ 值有关，即

$$p\{\phi < \phi_i < \phi + \mathrm{d}\phi\} = f(\phi)\mathrm{d}\phi$$

显然

$$p\{-\infty < \phi_i < +\infty\} = \int_{-\infty}^{+\infty} f(\phi)\mathrm{d}\phi = 1$$

式中，$f(\phi)$ 为测得值 ϕ_i 的分布密度函数，也可称为概率分布函数。如果已知 $\phi(\boldsymbol{r}, t)$ 在任意时空上的概率密度分布函数 $f(\phi)$，则可用积分计算平均值

$$\overline{\phi}(\boldsymbol{r}, t) = \int_{-\infty}^{+\infty}\phi_i(\boldsymbol{r}, t)f(\phi)\mathrm{d}\phi$$

利用统计平均法进行湍流分析的困难在于：如果用试验方法求统计平均值，则必须同时做大量相同的试验。如果用统计理论方法求湍流统计平均值，必须知道该流动的概率密度函数，这是很难确定的。而时间平均法和空间平均法则比较容易由实验确定，特别是时间平均法。为此首先需要研究有无利用时间平均法代替统计平均法的可能性，这涉及研究湍流运动的各态遍历假设。事实上，一个随机变量在许多个相同的实验中或一个实验重复多次时出现的所有可能状态，能够在一次实验的相当长的时间或相当大的空间范围内，以相同的概率出现，则称为各态遍历。例如，在 N 个实验中出现 $u_0 \sim u_0 + \Delta u$ 之间速度值的次数为 ΔN；在一次实验的总历时 T 时间内出现 $u_0 \sim u_0 + \Delta u$ 之间速度值的时间为 ΔT；在一次实验的总体积 V 内出现 $u_0 \sim u_0 + \Delta u$ 之间速度值的空间体积为 ΔV。则各态遍历假设认为，当 N、T、V 足够大时，

$$\frac{\Delta N}{N} = \frac{\Delta T}{T} = \frac{\Delta V}{V}$$

这样就可以用一次实验结果的平均值来代替大量实验所得到的统计平均值，从而使时均值和空间平均值具有更普遍的意义。例如，对于非恒定、非均匀的湍流流场而言，若不均匀性的空间尺度 L_k 较之湍流各态分布尺度 L（在此尺度内存在着湍流的所有各种状态）大得多，那么在比 L_k 小得多的尺度 L 空间中平均特性的变化可以忽略不计，只剩下了湍流本身在空间分布上的随机不规则变化。这样就可以认为，在 L 尺度内湍流是各态遍历的，在 L 尺度内应用空间平均法所得的平均值（空间平均值）与随机变量的统计平均值是一致的，而且这个空间平均值在空间上比 L 大的尺度内是可以变化的，即可以是非均匀的湍流流场。

可以用同样的方法来考虑时间平均法。如果不恒定湍流的时间尺度 T_k 比湍流的各态分布尺度 T（在此尺度内存在着湍流的所有各种状态）大得多，于是可以用时间平均值代替统计平均值，而且时均值本身在时间上可以是变化的，即非恒定湍流。在各态遍历假设下，时间平均

值与空间平均值均可以替代统计平均值。从实验的角度看，从一次实验中的一个点上量测某一物理量的时间过程，求得时间平均值要比在一次实验中的许多点上同时量测某一物理量求得它的空间平均值来得方便，因此在湍流研究中多以时间平均值代替统计平均值。应当指出，在湍流运动中，在某些情况下可以用各态遍历假设证明用时间平均代替统计平均的合理性，但还未得到普遍的证明。湍流运动中所有的平均值，在概念上都是指统计平均值，而实际的计算和实验中则均用时间平均值代替，而且事实证明这样的处理方式是可行的。

2. 时间平均法

如果概率平均值与时间无关，即湍流的平均值不随时间变化，则称这样的湍流为统计定常湍流，简称为定常湍流。这时可以用时间平均来取代统计平均，由于时间平均最早由雷诺在1894年提出，因此称为雷诺时均。其定义如下：

$$\overline{\phi}(\boldsymbol{r}) = \frac{1}{T}\int_t^{t+T}\phi_i(\boldsymbol{r},\ t)\,\mathrm{d}t$$

式中，t 取值为开始时刻；时均周期 T 应取足够大，也就是说要有足够长的时间段才能使时均值成为一个与时间无关的值。可把时间平均法推广用于统计非定常湍流的情况。这时时均周期 T 相对于湍流的随机脉动周期而言足够大。在引入时均值 $\overline{\phi}(\boldsymbol{r},\ t)$ 和脉动值 $\phi'(\boldsymbol{r},\ t)$ 后，物理量的瞬时值 $\phi(\boldsymbol{r},\ t)$ 可分解为两部分之和

$$\phi(\boldsymbol{r},\ t) = \overline{\phi}(\boldsymbol{r},\ t) + \phi'(\boldsymbol{r},\ t)$$

由

$$\overline{\phi}(\boldsymbol{r}) = \frac{1}{T}\int_t^{t+T}\phi_i(\boldsymbol{r},\ t)\,\mathrm{d}t = \frac{1}{T}\int_t^{t+T}[\overline{\phi}(\boldsymbol{r},\ t) + \phi_i'(\boldsymbol{r},\ t)]\,\mathrm{d}t = \overline{\phi}(\boldsymbol{r},\ t) + \frac{1}{T}\int_t^{t+T}\phi_i'(\boldsymbol{r},\ t)\,\mathrm{d}t$$

显然

$$\frac{1}{T}\int_t^{t+T}\phi_i'(\boldsymbol{r},\ t)\,\mathrm{d}t = \overline{\phi_i'(\boldsymbol{r},\ t)} = 0$$

可见，脉动的平均值等于零。设 ϕ 和 φ 是两个瞬时值，ϕ' 和 φ' 为相应的脉动值，不难得到以下基本关系

$$\phi = \overline{\phi} + \phi',\ \varphi = \overline{\varphi} + \varphi',\ \overline{\phi'} = 0,\ \overline{\phi} = \overline{\overline{\phi}},\ \overline{\varphi} = \overline{\overline{\varphi} + \varphi'}$$

$$\overline{\phi + \varphi} = \overline{\phi} + \overline{\varphi},\ \overline{\phi + \varphi} = \overline{\phi}\,\overline{\varphi} + \overline{\phi'\varphi'},\ \overline{\overline{\phi}\,\overline{\varphi}} = \overline{\phi}\,\overline{\varphi},\ \overline{\overline{\phi}\varphi'} = 0,\ \overline{\phi'\varphi'} \neq 0$$

$$\overline{\frac{\partial\phi}{\partial x_i}} = \frac{\partial\overline{\phi}}{\partial x_i},\ \overline{\frac{\partial\phi}{\partial t}} = \frac{\partial\overline{\phi}}{\partial t},\ \overline{\frac{\partial^2\phi}{\partial x_i^2}} = \frac{\partial^2\overline{\phi}}{\partial x_i^2},\ \overline{\frac{\partial\phi'}{\partial x_i}} = 0,\ \overline{\frac{\partial\phi'}{\partial t}} = 0,\ \overline{\frac{\partial^2\phi'}{\partial x_i^2}} = 0$$

3. 空间平均法

如果概率平均值与空间坐标无关，即湍流的平均值不随坐标变化，则称这样的湍流为空间均匀湍流或简称为均匀湍流。这时可以用空间平均，其定义为

$$\overline{\phi}(t) = \frac{1}{V}\iiint_\Omega\phi_i(\boldsymbol{r}_0,\ t)\,\mathrm{d}V$$

式中，Ω 为湍流场内取包含 $\boldsymbol{r}_0$ 的一个足够大的体积 V。空间平均法可以推广到非均匀湍流。为了使方程具有一般性，以 $\boldsymbol{r}$ 代替 $\boldsymbol{r}_0$，于是得到

$$\overline{\phi}(t) = \frac{1}{V}\iiint_\Omega\phi_i(\boldsymbol{r},\ t)\,\mathrm{d}V$$

4. 脉动速度的矩

脉动速度乘积的平均值称为脉动速度的矩，乘积包含的因子数称为阶。如 $\overline{u_i'}$ 为脉动速度的一阶矩，$\overline{(u_i')^2}$ 为脉动速度的二阶矩，$\overline{(u_i')^3}$ 为脉动速度的三阶矩，大于一阶的矩称为高阶矩。这里需要注意的是，由爱因斯坦求和约定可知，$\overline{(u_i')^2} \neq \overline{u_i'u_i'} = \overline{u_x'u_x'} + \overline{u_y'u_y'} + \overline{u_z'u_z'}$ 。

脉动速度的一阶矩等于零，即 $\overline{u_i'}=0$；脉动速度的二阶矩大于零，即 $\overline{(u_i')^2} > 0$；脉动速度的高阶矩一般不于零。

5. 脉动动能

三个脉动速度分量的二阶矩之和的一半等于单位质量流体湍流脉动动能（简称为湍流动能），用 K 表示，即

$$K = \frac{1}{2}(\overline{u_x'u_x'} + \overline{u_y'u_y'} + \overline{u_z'u_z'}) = \frac{1}{2}\overline{u_i'u_i'}$$

6. 湍流强度

在湍流研究中，常常需要比较两种流动中湍流脉动的强弱，而实测的脉动量往往只是时间平均值。按时均值定义，已知 $\overline{u_i'} = 0$，但是 $\overline{|u_i'|} \neq 0$，则脉动速度二阶矩的平方根 $\sqrt{\overline{(u_i')^2}} \neq 0$。因此，在比较湍流强弱时，通常采用德莱登（Dryden）于 1930 年提出的湍流强度定义：任一瞬时，以在空间点上湍流脉动速度均方根作为湍动在该点的强度，称为湍流强度，即

$$N = \sqrt{\overline{(u_i')^2}}$$

由于脉动速度一般与平均速度有关，故常用相对湍流度作为湍流强度的比较，即令

$$N = \frac{1}{U_\infty}\sqrt{\frac{1}{3}(\overline{u_x'u_x'} + \overline{u_y'u_y'} + \overline{u_z'u_z'})} = \frac{1}{U_\infty}\sqrt{\frac{2}{3}K}$$

式中，U_∞ 为表征定常湍流特征的平均速度。若湍流是各向同性的，即 $\overline{u_x'^2} = \overline{u_y'^2} = \overline{u_z'^2}$，则有

$$N = \frac{1}{U_\infty}\sqrt{\overline{u_x'^2}}$$

许多情况下，虽然湍流不是均匀各向同性的，但也用该式定义湍流强度。

7. 脉动速度分量间的相关

相关是随机函数之间联系程度的一种统计描述。不仅同一脉动速度分量自乘的平均值不等于零，即 $\overline{(u_i')^2} \neq 0$，两个不同脉动速度分量乘积的平均值一般也不等于零，即 $\overline{u_i'u_j'} \neq 0$，其值与这两个脉动速度分量的相关程度有关，即湍流脉动速度的各分量彼此关联。将实际湍流中同时测得的 u_x' 与 u_y' 画在 $u_x' - u_y'$ 平面上，如图 10.6.1 所示，可见，u_x' 与 u_y' 之间确实存在相关，特别是在湍流剪切流中，有负的坡度，称它为负相关。

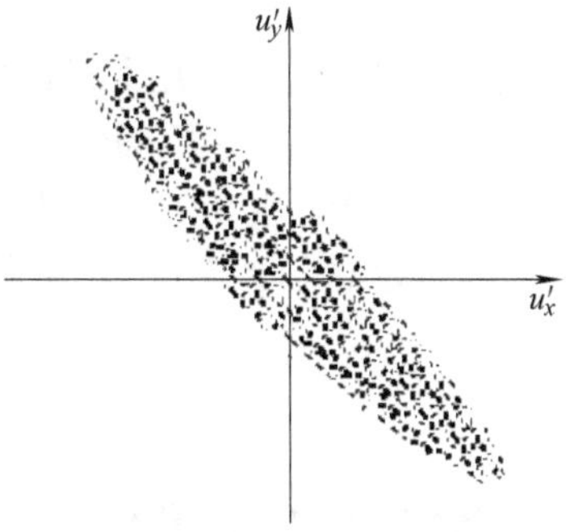

图 10.6.1　剪切湍流的脉动速度相关性

湍流平均速度、湍流雷诺应力是统计描述湍流所用的物理量，后续内容将讨论雷诺方程表示的这些量之间的相互联系。湍流平均速度、湍流雷诺应力都是湍流场中一点的统计特性，而湍流场中一点的运动受其他质点运动的影响，并经脉动压力场传至远处，所以仅有单点相关不

足以充分描述，一般还需要知道两点甚至三点的统计特性。区分属于一点还是两点，对于统计特性的描述十分重要。

假定湍流脉动统计特性与流场中的位置无关，这就是均匀湍流。对于均匀湍流，脉动速度的均方根值$\sqrt{\overline{u'^2_x}}$、$\sqrt{\overline{u'^2_y}}$和$\sqrt{\overline{u'^2_z}}$三者可以不同，但都与位置无关，在整个流场中是不变的。在边界层近壁处，沿流动方向湍流基本上是均匀的，而在外边界附近，沿流动方向是不均匀的。

对于各向同性湍流，其各向同性以均匀性为前提，因为任何不均匀性必定在一定方向形成梯度而与各向同性矛盾。在这种情况下，湍流脉动的统计特性与方向无关，各方向脉动速度的均方根值相等，即

$$\sqrt{\overline{u'^2_x}}=\sqrt{\overline{u'^2_y}}=\sqrt{\overline{u'^2_z}}=\sqrt{\overline{u'^2}}$$

工程上经常遇到的是剪切湍流，其平均速度与平均湍流脉动性质随位置而变化，具有非零平均速度梯度，雷诺切应力中总有 1 或 2 个分量不为零。由于湍流的极端复杂性，多年来研究最为详尽的是均匀各向同性湍流，并在此基础上进行剪切湍流的研究。

表示湍流统计特性，仅用湍流强度是不够的，正如仅用振幅不能完整地确定波的特性一样。对于给定的与时均速度的偏差，即一定的湍流强度下，可以有无限多的脉动曲线，有的在一定时间间隔内包含大量峰值，有的则很少，或者说同样的脉动可以由大量高频小涡的运动构建，也可由少量低频大涡的运动产生。对于前者，加速度$\dfrac{\mathrm{d}u_x}{\mathrm{d}t}$（对 x 方向而言）有较大的均方差，后者则较小，这就需要一个参数能反映这方面的特征。为此，考察同一瞬间相邻点之间脉动速度的关系或同一点不同时刻脉动速度之间的关系，即考察速度场的相关性。在统计学中“相关”表示两随机变量相互影响的程度，即用两点上随机变量乘积的平均值表示，泰勒最早以它来表示湍流流场的统计特性。

一阶相关，即压力/速度相关，脉动压力 p' 与速度 u_i 相关，即

$$p_i=\overline{p'u_i}$$

二阶相关是流场中相邻点之间脉动速度的相关，可通过测定各相应点的瞬时值进行考察，例如，同时记录在检测点 A 及 B 所测得的速度，相关函数表示两点脉动速度乘积的平均值，即

$$Q=\overline{(u'_i)_A(u'_j)_B}$$

如点 A 及点 B 重合，可用上式构建雷诺应力。

相关系数是指两个不同位置（或时刻）的脉动值乘积的平均值与脉动速度的均方根值乘积的比值。由于速度是矢量，速度相关必须用分量来表示。设某时刻空间两点 A 及 B，其脉动速度量分别为 $(u'_i)_A$ 与 $(u'_j)_B$，则相关系数为

$$(R_{ij})_{AB}=\frac{\overline{(u'_i)_A(u'_j)_B}}{\left(\sqrt{\overline{u'^2_i}}\right)_A\left(\sqrt{\overline{u'^2_j}}\right)_B}=\frac{\overline{(u'_i)_A(u'_j)_B}}{(\tilde{u}_i)_A(\tilde{u}_j)_B}$$

对于均匀各向同性湍流，相关的研究可以大大简化，按它们的特性可以证明，9 个相关系数由两个就可确定，一是纵向相关系数，另一是横向相关系数。通常纵向相关系数用$f(r)$表示，横向相关系数用 $g(r)$ 表示，如图 10.6.2 所示。

$$f(r)=\frac{\overline{(u'_r)_A(u'_r)_B}}{\tilde{u}^2}$$

$$g(r)=\frac{\overline{(u_n')_A\,(u_n')_B}}{\tilde{u}^2}$$

式中，速度下标 r 是指相同于位移方向的速度分量，n 是指垂直于位移方向的速度分量。可以证明，两者之间有如下关系：

$$g(r)=f(r)+\frac{r}{2}\frac{\partial f(r)}{\partial r}$$

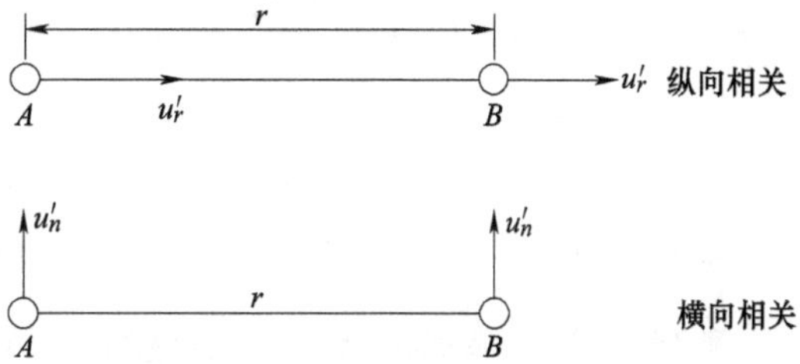

图 10.6.2 二阶各向同性相关

同一空间点上、不同时刻相同脉动分量之间的相关称作自相关，自相关系数可以表示为

$$f(t)=\frac{\overline{u_x'(x_0,\ t+t_0)u_x'(x_0,\ t_0)}}{\tilde{u}_x(x_0,\ t+t_0)\tilde{u}_x(x_0,\ t_0)}$$

在均匀定常湍流中，自相关系数与 x_0 及 t_0 无关，于是有

$$f(t)=\frac{\overline{u_x'(t_0)u_x'(t+t_0)}}{\tilde{u}_x^2}$$

两点之间的速度相关，除二阶之外，还有三阶相关，三阶速度相关的量一般较小，即

$$Q=\overline{u_i'u_j'u_k'}$$

对于各向同性湍流，只有三个是独立的。

均匀性和各向同性赋予相关系数 $f(r)$ 和 $g(r)$ 某些重要的性质，对于确定湍流特征长度以描述湍流结构十分有用。对于二阶相关，根据 $f(r)$ 和 $g(r)$ 的定义以及均匀各向同性的要求，当流场中两点之间的距离为零时，有

$$f(0)=g(0)=1$$

还因为湍流是各向同性的，因此有

$$f(r)=f(-r)\ ,\ g(r)=g(-r)$$

则 $f(r)$ 和 $g(r)$ 均为偶函数。

当两点间的距离 r 不为零时，有

$$f(r)<1\ ,\ g(r)<1$$

综合以上分析，当两点相距为零时，相关系数为 1；随着距离的增大，相关系数逐渐减小，直至为零。这种随距离变化的特征，可以用来表示湍流结构。湍流中充满了不同大小的涡，虽然难以规定涡尺度的确切定义，但可以认为，当两点相距较近，处于同一涡中时，两点之间的脉动速度必然密切相关，相关系数较大，否则，当两点相距很远，处于不同涡中时，就不能指望相关的存在。由此可知，空间相关系数可用来表示涡的平均尺度。

上面定义的是速度相关，一般地，任意脉动量乘积的平均值也不等于零，这就是任意脉动量之间相关。脉动速度和脉动压强乘积的平均称为压强速度相关，脉动速度和脉动温度乘积的平均称为速度温度相关，其他可以以此类推。

【例 10.6.1】 风洞中的流体经过网格后，在湍流衰减的末期，相关函数是

$$f(r)=\exp\left(-\frac{r^2}{8\nu t}\right)$$

试就此具体形式，证明 r 值大时，$g(r)$ 为负值。

证明：由 $g(r)=f(r)+\dfrac{r}{2}\dfrac{\partial f(r)}{\partial r}$，得

$$g(r)=\left(1-\frac{r^2}{8\nu t}\right)\exp\left(-\frac{r^2}{8\nu t}\right)$$

显然，在上式中，随着 r 增大，指数项为零，$g(r)$ 变为负值。

【例 10.6.2】 在湍流场中，测得相距 r 的两点处的速度分布为

u_{x_1}：	5.55	2.88	8.32	5.40	1.20	4.70	11.01	6.87	1.41
	4.63	4.57	3.31	5.45	3.12	7.05	7.70	9.46	0.63
	9.47	3.20	7.26	7.85	7.51	3.46	9.01	0.66	
u_{x_2}：	1.33	2.84	1.40	6.51	1.68	14.0	10.10	6.14	9.07
	9.21	10.86	5.96	6.04	5.36	4.72	5.66	0.70	2.11
	8.02	4.89	7.55	6.90	2.89	6.52	9.50	7.01	

试计算两点处的相对湍流强度以及两点间的相关系数。

解：

$$\bar{u}_{x_1}=\frac{\sum u_{x_1}}{26}=\frac{141.68}{26}\text{m/s}=5.45\text{m/s}$$

$$\bar{u}_{x_2}=\frac{\sum u_{x_2}}{26}=\frac{156.97}{26}\text{m/s}=6.04\text{m/s}$$

u'_{x_1}：	0.10	−2.57	2.87	−0.05	−4.25	−0.75	5.56	1.42	−4.04
	−0.82	−0.88	−2.14	0	−2.33	1.60	21.25	4.01	−4.82
	4.02	−2.25	1.81	2.40	2.06	−1.99	3.56	−4.79	
u'_{x_2}：	−4.71	−3.20	−4.64	0.47	−4.36	7.96	4.06	0.10	3.03
	3.17	4.82	−0.08	0	−0.68	−1.32	−0.38	−6.34	−3.93
	1.98	−1.15	1.51	0.86	−3.15	0.48	3.46	0.97	
$u'^2_{x_1}$：	0.01	6.60	8.24	0.0025	18.06	0.56	30.91	2.20	16.30
	0.67	0.77	4.58	0	5.43	2.56	5.06	16.08	23.23
	16.97	5.06	3.28	5.76	4.24	3.96	12.70	22.90	
$u'^2_{x_2}$：	22.18	10.24	21.53	0.22	19.01	63.36	16.48	0.01	9.18
	10.05	23.23	0.0064	0	0.46	1.74	0.14	28.51	15.44
	3.92	1.32	2.28	0.74	9.92	0.23	11.97	0.94	
$u'_{x_1}u'_{x_2}$：	−0.47	82.24	−13.31	−0.02	18.53	−5.97	22.57	0.14	−12.24
	−2.6	−4.24	0.17	0	1.58	−2.11	−0.85	−21.4	18.94
	7.96	2.59	2.73	2.06	−6.49	−0.95	23.32	−4.65	

$$\overline{u'^2_{x_1}}=\frac{195.95}{26}=7.53$$

$$N_1 = \frac{\sqrt{\overline{u'^2_{x_1}}}}{\overline{u'_{x_1}}} = 0.5$$

$$\overline{u'^2_{x_2}} = \frac{273.37}{26} = 10.51$$

$$N_2 = \frac{\sqrt{\overline{u'^2_{x_2}}}}{\overline{u'_{x_2}}} = 0.54$$

$$\tilde{R}(r) = \frac{\overline{u'_{x_1}u'_{x_2}}}{\sqrt{\overline{u'^2_{x_1}}}\sqrt{\overline{u'^2_{x_2}}}} = \frac{3.71}{8.89} = 0.42$$

10.7 湍流积分尺度和微分尺度

1. 微分尺度

当两点相距很近时，相关系数也可用来定义湍流微分尺度，用于表示湍流中小涡的特征。下面以各向同性湍流中纵向相关系数 $f(r)$ 为例，给出定义。为简单起见，仍假设相距为 r 的两点都在 x 轴上，有

$$u'_x(x_0 + r) = u'_x(x_0) + r\frac{\partial u'_x}{\partial r} + \frac{1}{2!}r^2\frac{\partial^2 u'_x}{\partial r^2} + \cdots$$

将该式乘以 $u'_x(x_0)$，并进行时间平均，有

$$\overline{u'_x(x_0)u'_x(x_0 + r)} = \overline{u'^2_x(x_0)} + r\,\overline{u'_x(x_0)\frac{\partial u'_x}{\partial r}} + \frac{1}{2}r^2\,\overline{u'_x(x_0)\frac{\partial^2 u'_x}{\partial r^2}} + \cdots$$

对于均匀湍流，上式右端第二项为零，即

$$\overline{u'_x(x_0)\frac{\partial u'_x}{\partial r}} = \overline{\frac{\partial}{\partial r}\left(\frac{1}{2}u'^2_x\right)} = 0$$

第三项可改写为$-\frac{1}{2}r^2\overline{\left(\frac{\partial u'_x}{\partial r}\right)^2}$，事实上，

$$\overline{u'_x(x_0)\frac{\partial^2 u'_x}{\partial r^2}} = \overline{u'_x\frac{\partial}{\partial r}\left(\frac{\partial u'_x}{\partial r}\right)} = \overline{\frac{\partial}{\partial r}\left(u'_x\frac{\partial u'_x}{\partial r}\right)} - \overline{\left(\frac{\partial u'_x}{\partial r}\right)^2} = -\overline{\left(\frac{\partial u'_x}{\partial r}\right)^2}$$

类似上述计算，可得

$$\overline{u'_x(x_0)\frac{\partial^{2n} u'_x}{\partial r^{2n}}} = (-1)^n\overline{\left(\frac{\partial^n u'_x}{\partial r^n}\right)^2},\ \overline{u'_x(x_0)\frac{\partial^{2n+1} u'_x}{\partial r^{2n+1}}} = 0\ (n = 0,1,2,\cdots)$$

于是

$$\overline{u'_x(x_0)u'_x(x_0 + r)} = \overline{u'^2_x} - \frac{1}{2}r^2\,\overline{u'_x\frac{\partial^2 u'_x}{\partial r^2}} + \cdots$$

因 r 为小量，略去高阶项，得

$$f(r)=1-\frac{r^2}{2\overline{u_x'^2}}\overline{\left(\frac{\partial u_x'}{\partial r}\right)^2}$$

令 $\frac{1}{\lambda_f^2}=\frac{1}{2\overline{u_x'^2}}\overline{\left(\frac{\partial u_x'}{\partial r}\right)^2}_{r=0}$，可得

$$f(r)=1-\frac{r^2}{\lambda_f^2}$$

类似地，有

$$g(r)=1-\frac{r^2}{\lambda_g^2}$$

以及

$$\frac{1}{\lambda_g^2}=\frac{1}{2\overline{u_y'^2}}\overline{\left(\frac{\partial u_y'}{\partial r}\right)^2}_{r=0}$$

上述 λ_f、λ_g 均为长度量纲，分别称为湍流纵向、横向微分尺度，两者的关系是

$$\lambda_f=\sqrt{2}\lambda_g$$

对 $f(r)=1-\frac{r^2}{\lambda_f^2}$ 做两次微分以后，可得

$$\frac{1}{\lambda_f^2}=-\frac{1}{2}\frac{\partial^2 f(r)}{\partial r^2}$$

该式可改写为

$$\frac{\lambda_f^2}{2}=-\frac{1}{\dfrac{\partial^2 f(r)}{\partial r^2}}$$

可见 λ_f 与 $f(r)$ 在曲线 $r=0$ 附近的形式如图 10.7.1 所示。从几何上解释，λ_f 是与曲线 $f(r)$ 顶点处相切的抛物线在 x 轴上的截距。从物理上看，$\overline{\left(\frac{\partial u_r'}{\partial r}\right)^2}_{r=0}$ 以及 $\overline{\left(\frac{\partial u_n'}{\partial r}\right)^2}_{r=0}$ 是 u_r' 及 u_n' 的局部变化率的均方值，λ_f 和 λ_g 可以作为衡量 u_r' 及 u_n' 局部变化的尺度。u_r' 及 u_n' 的局部变化率是由湍流场中包含的小涡造成的，所以 λ_f 和 λ_g 可表示为小涡的尺度。因为湍流动能耗散为热决定于 $\overline{\left(\frac{\partial u_i'}{\partial r}\right)^2}$，所以 λ_f 和 λ_g 又表示耗散涡的特征，故又称为耗散尺度。

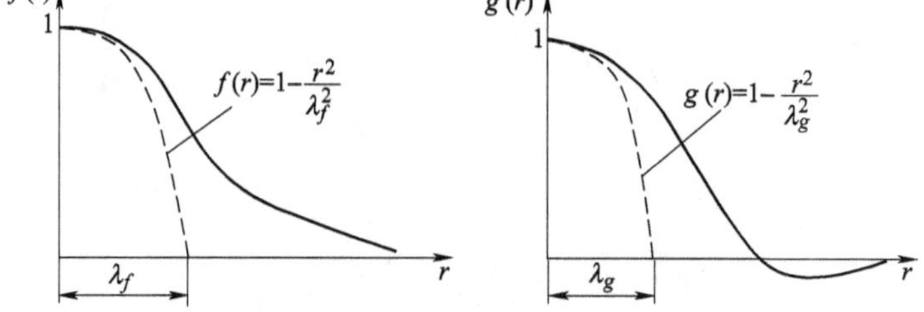

图 10.7.1 湍流微分尺度

2. 积分尺度

湍流尺度有几种可能的定义，取决于采用哪种相关系数，一般定义为相关距离曲线下的面积，可写为

$$L_{i,j}=\int_0^{\infty}R_{i,j}(r)\,\mathrm{d}r$$

式中，$L_{i,j}$ 称为欧拉尺度。对于各向同性湍流，纵向积分尺度 L_f 定义为

$$L_f=\int_0^{\infty}f(r)\,\mathrm{d}r$$

横向积分尺度 L_g 定义为

$$L_g=\int_0^{\infty}g(r)\,\mathrm{d}r$$

因为 $f(r)$ 和 $g(r)$ 之间有一定关系，因而这两种尺度也必然有关，它们之间的关系是

$$L_g=\frac{1}{2}L_f$$

10.8　湍流能谱

研究相邻点场脉动的相互关系，可以从场相关方面进行了讨论，也可以通过另一种途径分析湍流场中的这种相互关系。脉动速度作为时间的函数可按照傅里叶分析分解为时间的级数，每一函数有其振幅和波数，因为速度不是周期性的，即流型不能完全准确地重复，这一概念要求级数从一个波数到下一个波数具有无穷小的间隔，这就需要用傅里叶积分，而不是傅里叶级数。每一基本的作为时间函数的振幅的平方可用于表示它对脉动速度的贡献，因为这比例于与波数相联系的湍流动能的平均值，所以这一结果就是能叠在波数谱上的分布，称为能谱。湍流的能谱分析，揭示了能量在各种脉动之间的分布和传递。

湍流脉动可分解为不同频率（或波长）的波动，湍流能量（脉动能量）由不同频率的波动所提供。在频率 n 到 $\mathrm{d}n$ 之间，波动所提供的能量若为 $E_1(n)$，则在 $\mathrm{d}n$ 频率范围内，各种波动的贡献就是 $E_1(n)\mathrm{d}n$，如图 10.8.1 所示。所有频率的各种波的能量总和，即为湍动能量 $\tilde{u}_x^2$，且

$$\tilde{u}_x^2=\int_0^{\infty}E_1(n)\,\mathrm{d}n$$

式中，$E_1(n)$ 为一维能谱函数。

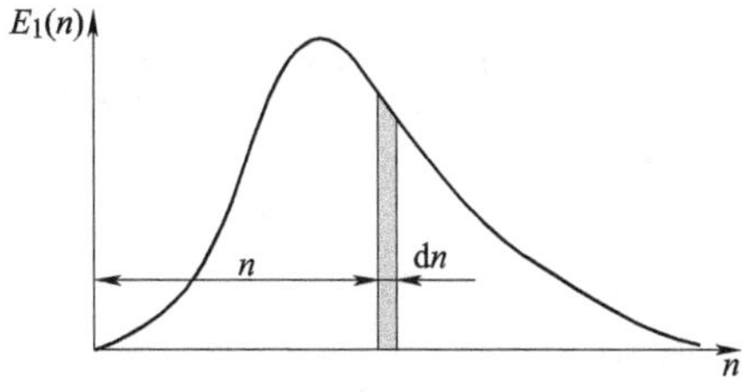

图 10.8.1　湍流能谱

相关系数 $f(t)$ 与能谱函数之间的相互关系由傅里叶积分求得，即

$$f(t)=\frac{1}{2\tilde{u}_x^2}\int_{-\infty}^{+\infty}E_1(n)\mathrm{e}^{\mathrm{i}\cdot 2\pi nt}\mathrm{d}n=\frac{1}{\tilde{u}_x^2}\int_0^{\infty}E_1(n)\mathrm{e}^{\mathrm{i}\cdot 2\pi nt}\mathrm{d}n$$

该式表明，由能谱函数 $E_1(n)$ 可求得纵向相关函数。应用傅里叶反演公式，又可以从相关系数导得能谱函数，即

$$E_1(n)=2\tilde{u}_x^2\int_{-\infty}^{+\infty}f(t)\mathrm{e}^{-\mathrm{i}\cdot 2\pi nt}\mathrm{d}t=4\tilde{u}_x^2\int_0^{\infty}f(t)\mathrm{e}^{-\mathrm{i}\cdot 2\pi nt}\mathrm{d}t$$

当自相关是时间间隔的函数，则变换的变数是频率。若自相关是空间间隔的函数，则变换的变数是波数，相应的关系式有类似的形式，这时的谱称为波谱，而前者称为频谱。

在均匀定常流中，自相关系数为偶函数，即 $f(t)=f(-t)$，于是可应用傅里叶余弦变

换，即

$$f(t)=\frac{1}{\tilde{u}_x^2}\int_0^{\infty}E_1(n)\cos 2\pi nt\mathrm{d}n$$

$$E_1(n)=4\tilde{u}_x^2\int_0^{\infty}f(t)\cos 2\pi nt\mathrm{d}t$$

设湍流场平均速度为 U，则 $r=Ut$ 或 $t=r/U$，脉动速度 $u_x'(t)$ 可以认为等同于 $u_x'(r/U)$，从而空间相关系数与时间相关系数相等，此即泰勒假定。当 $u_x'/U\ll 1$，该近似关系成立，于是

$$f(r)=\frac{1}{\tilde{u}_x^2}\int_0^{\infty}E_1(n)\cos\frac{2\pi nt}{U}\mathrm{d}n$$

$$E_1(n)=\frac{4\tilde{u}_x^2}{U}\int_0^{\infty}f(r)\cos\frac{2\pi nt}{U}\mathrm{d}r$$

根据波数与频率之间的关系，$k_1=\dfrac{2\pi n}{U}$，则 $\mathrm{d}k_1=\dfrac{2\pi}{U}\mathrm{d}n$，并定义 $E_1(k_1)=\dfrac{U}{2\pi}E_1(n)$，于是从上列频谱的有关表达式可以推知波谱的形式为

$$\tilde{u}_x^2=\int_0^{\infty}E_1(k_1)\mathrm{d}k_1$$

$$f(r)=\frac{1}{\tilde{u}_x^2}\int_0^{\infty}E_1(k_1)\cos k_1r\mathrm{d}k_1$$

$$E_1(k_1)=\frac{2\tilde{u}_x^2}{\pi}\int_0^{\infty}f(r)\cos k_1r\mathrm{d}r$$

$f(r)$ 和 $E_1(k_1)$ 的变换关系为

$$f(r)=\frac{1}{2\tilde{u}_x^2}\int_{-\infty}^{+\infty}E_1(k_1)\mathrm{e}^{\mathrm{i}k_1r}\mathrm{d}k_1$$

$$E_1(k_1)=\frac{\tilde{u}_x^2}{\pi}\int_{-\infty}^{+\infty}f(r)\mathrm{e}^{-\mathrm{i}k_1r}\mathrm{d}r$$

能谱函数可以表示相关系数，因此，由能谱函数也可以求得湍流尺度。令 $n\to 0$，有

$$\lim_{n\to 0}\frac{1}{4\tilde{u}_x^2}E_1(n)=\lim_{n\to 0}\frac{1}{4\tilde{u}_x^2}\cdot\frac{4\tilde{u}_x^2}{U}\int_0^{\infty}f(r)\cos\frac{2\pi nr}{U}\mathrm{d}r=\frac{1}{U}\int_0^{\infty}f(r)\mathrm{d}r=\frac{L_f}{U}$$

$$\lim_{r\to 0}f(r)=\lim_{r\to 0}\frac{1}{\tilde{u}_x^2}\int_0^{\infty}E_1(n)\cos\frac{2\pi nr}{U}\mathrm{d}r=\frac{1}{\tilde{u}_x^2}\int_0^{\infty}E_1(n)\mathrm{d}n$$

我们在 10.7 节推得 $\dfrac{\lambda_f^2}{2}=-\dfrac{1}{\dfrac{\partial f^2(r)}{\partial r^2}}$，由此得

$$\frac{1}{\lambda_f^2}=-\frac{1}{2}\left(\frac{\partial f^2}{\partial r^2}\right)_{r=0}=\frac{2\pi^2}{U^2\tilde{u}_x^2}\int_{-\infty}^{+\infty}E_1(n)n^2\mathrm{d}n$$

根据以上各式，由能谱函数即可分别求得湍流的积分尺度与微分尺度。同时表明，微分尺度与 n^2 有关，即小涡主要与高频率的 $E_1(n)$ 有关。

讨论相关系数与能谱函数的关系时，均以纵向相关给出有关表达式，下面给出横向相关与能谱函数关系的表达式。横向相关可以定义能谱函数 E_2，且

$$\tilde{u}_n^2 = \int_0^\infty E_2(n)\,\mathrm{d}n$$

$$E_2(n) = \frac{4\tilde{u}_n^2}{U}\int_0^\infty g(r)\cos\frac{2\pi nr}{U}\mathrm{d}r$$

用波谱形式为

$$E_2(k_1) = \frac{2\tilde{u}_n^2}{\pi}\int_0^\infty g(r)\cos k_1 r\mathrm{d}r$$

反演关系为

$$g(r) = \frac{1}{\tilde{u}_n^2}\int_0^\infty E_2(k_1)\cos k_1 r\mathrm{d}k_1$$

一般情况下，横向相关不同于纵向相关，它们之间具有一定的关系。前文已经给出纵向相关系数 $f(r)$ 与横向相关系数 $g(r)$ 的关系 $g(r)=f(r)+\frac{r}{2}\frac{\partial f(r)}{\partial r}$，它们各自对应的能谱函数存在如下关系：

$$E_2(k_1) = \frac{1}{2}E_1(k_1) - \frac{1}{2}k_1\frac{\partial E_1(k_1)}{\partial k_1}$$

以上就一维能谱函数与相关系数建立了各种表达式，应用这些相互关系，可以从一个推求另一个，以供实验结果的相互检验。

【例 10.8.1】 在搅拌槽内某处，测得能谱分布——各波数 k_1 的纵向能谱函数 $E_1(k_1)$ 的实验值，试由 $E_1(k_1)$ 实验值计算横向能谱函数 $E_2(k_1)$ 并与实验值 $E_2(k_1)$ 做比较。

解：由

$$E_2(k_1) = \frac{1}{2}E_1(k_1) - \frac{1}{2}k_1\frac{\partial E_1(k_1)}{\partial k_1}$$

由实验值求得各 k_1 值时的 $\frac{\partial E_1(k_1)}{\partial k_1}$ 值，然后将各组 k_1、$E_1(k_1)$ 及 $\frac{\partial E_1(k_1)}{\partial k_1}$ 值代入上式，所得结果如表 10.8.1 所列。可以看出，在搅拌槽内各测点处可认为是各向同性湍流。

表 10.8.1　能谱分布

k_1	$E_1(k_1)$	$E_2(k_1)$ 计算值	$E_2(k_1)$ 实验值
1	3.6	2.8526	0.92
2.1	1.7	1.1645	0.9
5.3	0.9	0.874	0.43
10	0.3	0.268	0.252
21	0.09	0.065	0.075
53	0.04	0.0375	0.035
120	0.0076	0.0083	0.0036
210	0.0017	0.0013	0.00135

能谱表示自相关的傅里叶变换，能谱有自身的物理意义，其数学运算方便，一维谱又便于测定，所以在湍流理论和实验研究中经常使用谱分析。谱是将所测脉动函数（速度）依频率或波长分解成不同的波，在给定频率或波长下，谱的值是该波中的平均能量，因而通过谱分析有可能了解不同波（或不同大小的涡）之间能量交换的方式。湍流通常是从大尺度涡接受能量，而在小尺度涡中发生黏性能量耗散。

上面阐述了速度脉动 u_x' 的一维谱函数 $E_1(n)$。鉴于湍流的三维特性，也必须有三维谱。在三维情况下，用波数 k 代替频率 n 更方便些。此外，在三维情况下，需用相关张量 Q_{ij} 代替标量 $f(r)$、$g(r)$，并用来建立与能谱张量 E_{ij} 之间的傅里叶积分关系。对于均匀各向同性湍

流，可用 $Q_{ij}(r,\ t)$ 及 $E_{ij}(r,\ t)$ ，表示相关和能谱之间的傅里叶积分关系式

$$Q_{ij}(r,t) = 4\pi \int_0^\infty \frac{\sin kr}{kr} E_{ij}(k,t) k^2 \mathrm{d}k$$

及

$$E_{ij}(k,t) = \frac{1}{2\pi^2} \int_0^\infty \frac{\sin kr}{kr} Q_{ij}(r,t) r^2 \mathrm{d}r$$

三维情况下的能谱张量表示为波数矢量的函数，对实用来说十分复杂。将 $E_{ii}(k)$ 在半径为 k 的球表面上积分，得到波数的一个较简单的函数，可用来定义三维情况下的能谱函数 $E(k,\ t)$ ，且

$$E(k,\ t) = \frac{1}{2} \int_0^\infty E_{ii}(k,t) \mathrm{d}k = \frac{1}{2} E_{ii}(k,t) \int_0^\infty \mathrm{d}A = 4\pi k^2 \cdot \frac{1}{2} E_{ii}(k,t)$$

式中，$4\pi k^2$ 是波数空间中（空间位置以矢量 $\boldsymbol{k}$ 确定）以 k 为半径的球面积；$\frac{1}{2}E_{ii}(k,\ t)$ 是在球表面上的点分布密度，相当于每一波数的动能密度。因为 $Q_{ij}(0,\ t) = 3\tilde{u}^2 = 4\pi \int_0^\infty E_{ii}(k,\ t) k^2 \mathrm{d}k$ ，故有

$$\int_0^\infty E_{ii}(k,t) \mathrm{d}k = 3\left(\frac{1}{2}\tilde{u}^2\right)$$

上式表明，三维能谱的积分，即 $E(k)$ 曲线以下的面积是单位质量流体的动能。三维能谱与一维能谱有一定的关系

$$E(k,t) = \frac{1}{2}\left[k_1^2 \frac{\partial^2 E_1(k_1,t)}{\partial k_1^2} - k_1 \frac{\partial E_1(k_1,t)}{\partial k_1}\right]$$

逆关系为

$$E_1(k_1,t) = \frac{1}{2} \int_{k_1}^\infty \frac{E(k,t)}{k}\left(1 - \frac{k_1^2}{k^2}\right) \mathrm{d}k$$

将上式对 k_1 微分，易得

$$E_2(k_1,t) = \frac{1}{2} \int_{k_1}^\infty \frac{E(k,t)}{k}\left(1 + \frac{k_1^2}{k^2}\right) \mathrm{d}k$$

通过这些关系式可以进行一维与三维能谱之间的换算。

10.9 湍流尺度分区

湍流由各种不同尺度的涡叠合而成，不可压缩均匀各向同性湍流研究中经常用到的特征尺度为耗散区尺度、惯性区尺度（泰勒微尺度）和含能涡区尺度以及大（涡）尺度区，如图10.9.1所示。在低、中波数区，即大涡区，涡随时间变化缓慢，寿命长，受时均流动影响大，与系统的几何边界关系密切，其尺寸约与系统几何特征尺寸的数量级相同，呈现明显的各向异性。在此区域中所含的能量并不大，约占总能量的20%。

在较高波数区（含能涡区），波数增高，涡尺度减小。在能谱曲线的最大值附近，包含着湍流动能的大部分，故称“含能涡”。这种涡的平均波数可用 k_e 表示，代表中等尺度的涡。含能涡处于低波数区及高波数区之间，大涡出现的频率低，小涡出现的频率高，含能涡对湍流总

动能做出主要贡献。随着波数的增高，时间对能谱的影响增大，能量损耗渐趋显著。能量损耗主要决定于单位质量的能量耗散率及流体的运动黏度。

在最高波数区（统计平衡区），能谱曲线的最高波数区相应于很小的涡，这些小涡使能量耗散。代表这一区域的特征函数为 k_d，如果雷诺数足够高，含能涡区将远离耗散涡区，即 $k_e \ll k_d$。与小涡相联系的极高波数区在统计上是定常的，这一区域的涡从含能区接受能量，又通过分子黏性将能量耗散为热。该区段中各种尺寸涡之间的能量传递和黏性耗散达到平衡，即单位质量流体在单位时间内从较大涡向较小涡传递的能量和黏性耗散的能量相等。这种统计平衡是平均性质和特定波数区间的，不是瞬时的，也不是整个湍流的。

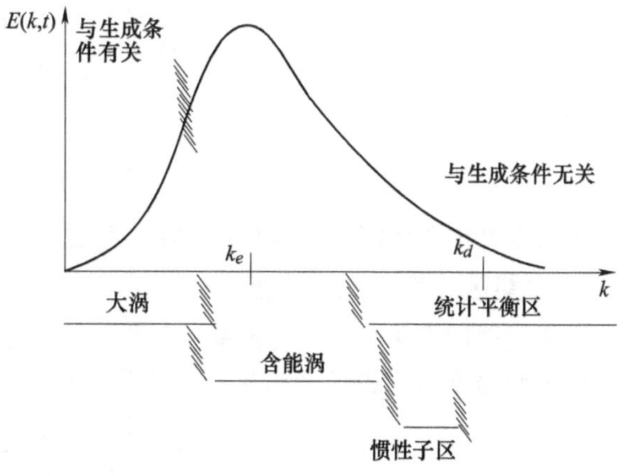

图 10.9.1　能谱分布示意图

惯性子区是雷诺数很大时，在平衡区内，一些大涡（处于波数较低的波段）消耗能量甚少，可以近似地认为它们与黏性耗散无关，对于这些涡，惯性起控制作用。这些涡从更大的涡接受能量，随后将能量传给小的耗散涡。在这个区域内，决定能谱的参数只有 ε，可以忽略 ν，惯性能量传递是控制因素，故称为惯性子区。它所对应的波数范围，显然应该满足

$$k_e \ll k \ll k_d$$

并且这一区域中的湍流，在统计上不受含能涡区以及强耗散区的制约，是独立的。

1. 耗散区尺度（柯尔莫哥洛夫尺度）

湍流中湍流动能（单位质量的湍流动能为 K）的传递是一种级联过程，由大涡传递给小涡，再传递给更小的涡，这样逐级传递，直至到最小涡。最小涡通过分子黏性把湍流动能耗散成热，这一耗散过程是在极短的时间内完成的，因此可以认为它不依赖于过程相对缓慢的大涡或平均流。当一个涡刚好能把从上一级涡传递给它的能量全部耗散成热时，这时的涡就是湍流中最小尺度的涡，这是 1941 年柯尔莫哥洛夫泛平衡理论的前提。最小涡有两个特征：其一，耗散率刚好等于从上一级较大涡接收到的动能，即 $\varepsilon=-\dfrac{\mathrm{d}K}{\mathrm{d}t}$；其二，只依赖于流体的分子黏性，即运动黏度 ν。运用量纲分析法，ε 的量纲为 $\mathrm{L^2T^{-3}}$，ν 的量纲为 $\mathrm{L^2T^{-1}}$。最小涡的长度尺度用 l 表示，速度尺度用 u 表示，时间尺度用 τ 表示，于是可以得到

$$l=\left(\frac{\nu^3}{\varepsilon}\right)^{1/4},\ u=(\nu\varepsilon)^{1/4},\ \tau=\left(\frac{\nu}{\varepsilon}\right)^{1/2}$$

这就是柯尔莫哥洛夫尺度，也称为耗散尺度。用耗散尺度和耗散脉动速度为特征量的雷诺数称为耗散雷诺数，易得

$$Re_\eta=\frac{ul}{\nu}\sim 1$$

雷诺数表征的是惯性力与黏性力之比的一种度量，雷诺数为 1 的流动为低雷诺数流动，这时惯性力相对于黏性力而言很小，主要是黏性起作用，因此湍流最小涡所在的区域为耗散区。

2. 惯性区尺度（泰勒微尺度）

泰勒微尺度和时间微尺度分别为

$$\lambda = \sqrt{2\overline{u_x'^2}\Big/\overline{\left(\frac{\partial u_x'}{\partial x}\right)^2}}$$

$$\tau_E = \sqrt{2\overline{u_x'^2}\Big/\overline{\left(\frac{\partial u_x'}{\partial \tau}\right)^2}}$$

泰勒微尺度是位于含能区尺度和耗散区尺度之间，因此称为惯性子区尺度。

3. 含能区尺度（积分尺度、大尺度）

含能尺度用 l 表示。在近壁湍流边界层内，含能尺度 l 与边界层厚度 δ 为同一量级。在均匀各向同性湍流中，1935 年泰勒由量纲分析得到

$$\varepsilon = \frac{K^{3/2}}{l},\ \frac{\mathrm{d}K}{\mathrm{d}t} = -\frac{10\nu K}{\lambda^2}$$

式中，$\frac{\mathrm{d}K}{\mathrm{d}t}$ 为湍流动能的衰减率，它实际上等于湍流耗散率，即 $\frac{\mathrm{d}K}{\mathrm{d}t} = -\varepsilon$，于是

$$\varepsilon = \frac{10\nu K}{\lambda^2}$$

可进一步导出

$$\frac{\lambda}{\eta} \approx 7\left(\frac{l}{\eta}\right)^{1/3}$$

大涡的尺度大到可以与流场的大小相比拟，而最小涡的尺度约为 1mm。大涡与最小涡的尺度比 $\frac{l}{\eta}$ 至少为 10^3，则 $\frac{\lambda}{\eta}$ 至少为 70，这表明 λ 是位于耗散区以上的惯性子区的尺度。因此可以得到三种尺度的大小对比，即

$$\eta \ll \lambda \ll l$$

基于能谱分析，如果用 k 表示波数，则 $\lambda = \frac{2\pi}{k}$ 为波长，$E(k)\mathrm{d}k$ 表示位于波数 k 和 $k + \mathrm{d}k$ 之间的湍流动能，即

$$K = \frac{1}{2}\overline{u_i' u_i'} = \int_0^\infty E(k)\,\mathrm{d}k$$

柯尔莫哥洛夫得到

$$E(k) = C_k \varepsilon^{2/3} k^{-5/3} \qquad \left(\frac{1}{l} \ll k \ll \frac{1}{\eta}\right)$$

式中，C_k 为柯尔莫哥洛夫常数。在 k 所在的范围内，能量的惯性传递起主要作用。

【例 10.9.1】 室温下空气流过宽为 $B = 1\text{m}$、高为 $h = 0.24\text{m}$ 的矩形管道，测得管道中心速度 $u_{\max} = 10\text{m/s}$，试估计管道中最小涡的尺度。

解： 高雷诺数下充分发展的湍流最小涡的长度尺度为

$$\eta = \left(\frac{\nu^3}{\varepsilon}\right)^{1/4}$$

取空气温度为 20℃，查得空气的密度 $\rho = 1.205\text{kg/m}^3$，$\nu = 1.506 \times 10^{-5}\text{m}^2/\text{s}$。估计 η 的关键是得到管道中的湍流能量耗散率 ε，其值可由压力梯度 $\frac{\Delta p}{l}$ 估计。

单位质量流体的湍流能量耗散率为

$$\varepsilon = \frac{\text{转化为内能的功率}}{\text{流体质量}} = \frac{-A\Delta pU}{AL\rho} = -\frac{\Delta p}{L} \cdot \frac{U}{\rho}$$

式中，U 为管道断面平均流速，A 为管道横截面面积，L 为管段长度。

管道中心速度 $u_{\max} = 10\text{m/s}$，设管道内是高速湍流，$U/u_{\max} = 0.82$，于是 $U = 0.82\text{m/s}$。管道的当量直径为

$$D_e = \frac{4BH}{2(B+H)} = 0.387\text{m}$$

于是

$$Re = \frac{UD_e}{\nu} = \frac{8.2 \times 0.387}{1.506 \times 10^{-5}} = 2.11 \times 10^5$$

假设壁面光滑，由布拉休斯公式，可得管道沿程阻力系数

$$\lambda = 0.3164Re^{-0.25} = 0.3164 \times (2.11 \times 10^5)^{-0.25} = 0.0148$$

于是可以计算压力梯度为

$$-\frac{\Delta p}{l} = \frac{\lambda}{D_e} \cdot \frac{1}{2}\rho U^2 = \left(\frac{0.0148}{0.387} \times \frac{1}{2} \times 1.205 \times 8.2^2\right)\text{Pa/m} = 1.55\text{Pa/m}$$

$$\varepsilon = -\frac{\Delta p}{L} \cdot \frac{U}{\rho} = \left(1.55 \times \frac{8.2}{1.205}\right)\text{W/kg} = 10.55\text{W/kg}$$

最终得到最小涡的长度尺度为

$$\eta = \left(\frac{\nu^3}{\varepsilon}\right)^{1/4} = \left[\frac{(1.506 \times 10^{-5})^3}{10.55}\right]^{1/4}\text{m} = 1.34 \times 10^{-4}\text{m} = 0.134\text{mm}$$

可见最小涡的尺度为毫米量级。

10.10　N-S 方程在湍流中的适用性

推导黏性流体运动基本方程所引入的假设条件并没有涉及湍流现象，可以认为，只要湍流运动不违反这些假设条件，则黏性流体运动基本方程也适用于湍流。对于不可压缩流体，N-S 方程为

$$\frac{\partial u_i}{\partial t} + u_j \frac{\partial u_i}{\partial x_j} = f_i - \frac{1}{\rho}\frac{\partial p}{\partial x_i} + \nu \Delta u_i$$

事实上，确实存在这样的疑问，即湍流涡团的尺度不断下降是否会趋于无限小而违反流体连续介质假设？前已述及，湍流涡团的尺度随雷诺数 Re 的增大而变小，一般而言，湍流涡团是三维、不规则，且随时间变化，各层次的涡团都因受到拉伸而变形，下面来讨论涡团拉伸变形的限度。我们从湍流涡团中分离出一个单元涡，考察其拉伸变形情况。如图 10.10.1 所示，在 t_1 时刻，设该单元涡的速度为

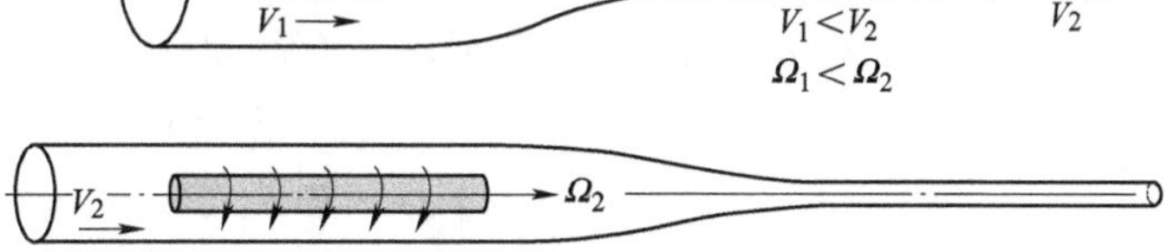

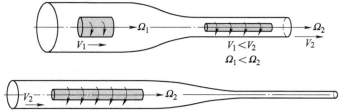

图 10.10.1　单元涡拉伸变形

$\boldsymbol{V}_1$，涡量为 $\boldsymbol{\Omega}_1$，在流动过程中，它不断受到拉伸而变形，在 t_2 时刻，该单元涡的速度为 $\boldsymbol{V}_2$，涡量为 $\boldsymbol{\Omega}_2$，涡体逐渐变得细长，那么，在流动过程中，它会变得无限细长呢？我们先从黏性流的 N-S 方程出发来进行分析。为方便起见，将 N-S 方程写成矢量形式，即

$$\frac{\partial \boldsymbol{u}}{\partial t}+(\boldsymbol{u}\cdot\nabla)\boldsymbol{u}=-\frac{1}{\rho}\nabla p+\nu\nabla^2\boldsymbol{u}$$

下面对该式中的迁移加速度项进行变换。x 方向的迁移加速度可写作

$$u_x\frac{\partial u_x}{\partial x}+u_y\frac{\partial u_x}{\partial y}+u_z\frac{\partial u_x}{\partial z}=u_x\frac{\partial u_x}{\partial x}+u_y\frac{\partial u_y}{\partial x}+u_z\frac{\partial u_z}{\partial x}-u_y\left(\frac{\partial u_y}{\partial x}-\frac{\partial u_x}{\partial y}\right)+u_z\left(\frac{\partial u_x}{\partial z}-\frac{\partial u_z}{\partial x}\right) \tag{10.10.1}$$

同理，y 方向与 z 方向的迁移加速度分别写作

$$u_x\frac{\partial u_y}{\partial x}+u_y\frac{\partial u_y}{\partial y}+u_z\frac{\partial u_y}{\partial z}=u_x\frac{\partial u_x}{\partial y}+u_y\frac{\partial u_y}{\partial y}+u_z\frac{\partial u_z}{\partial y}+u_x\left(\frac{\partial u_y}{\partial x}-\frac{\partial u_x}{\partial y}\right)-u_z\left(\frac{\partial u_z}{\partial y}-\frac{\partial u_y}{\partial z}\right) \tag{10.10.2}$$

$$u_x\frac{\partial u_z}{\partial x}+u_y\frac{\partial u_z}{\partial y}+u_z\frac{\partial u_z}{\partial z}=u_x\frac{\partial u_x}{\partial z}+u_y\frac{\partial u_y}{\partial z}+u_z\frac{\partial u_z}{\partial z}-u_x\left(\frac{\partial u_x}{\partial z}-\frac{\partial u_z}{\partial x}\right)+u_y\left(\frac{\partial u_z}{\partial y}-\frac{\partial u_y}{\partial z}\right) \tag{10.10.3}$$

式（10.10.1）~式（10.10.3）可以进一步写作

$$\frac{\partial}{\partial x}\left(\frac{u_x^2+u_y^2+u_z^2}{2}\right)-u_y\Omega_z+u_z\Omega_y$$

$$\frac{\partial}{\partial y}\left(\frac{u_x^2+u_y^2+u_z^2}{2}\right)+u_x\Omega_z-u_z\Omega_x$$

$$\frac{\partial}{\partial z}\left(\frac{u_x^2+u_y^2+u_z^2}{2}\right)-u_x\Omega_y+u_y\Omega_x$$

式中

$$\Omega_x=\frac{\partial u_z}{\partial y}-\frac{\partial u_y}{\partial z},\Omega_y=\frac{\partial u_x}{\partial z}-\frac{\partial u_z}{\partial x},\Omega_z=\frac{\partial u_y}{\partial x}-\frac{\partial u_x}{\partial y}$$

分别代表在三个坐标轴方向的涡量。于是，N-S 方程可改写为

$$\frac{\partial \boldsymbol{u}}{\partial t}+\nabla\left(\frac{\boldsymbol{u}\cdot\boldsymbol{u}}{2}\right)-\boldsymbol{u}\times(\boldsymbol{u}\times\nabla)=-\frac{1}{\rho}\nabla p+\nu\nabla^2\boldsymbol{u}$$

以 ∇ 叉乘该式，易得

$$\frac{\partial(\nabla\times\boldsymbol{u})}{\partial t}-\nabla\times(\boldsymbol{u}\times\boldsymbol{\Omega})=\nu\nabla^2(\nabla\times\boldsymbol{u})$$

式中，

$$\nabla\times(\boldsymbol{u}\times\boldsymbol{\Omega})=(\boldsymbol{\Omega}\cdot\nabla)\boldsymbol{u}+(\nabla\cdot\boldsymbol{\Omega})\boldsymbol{u}-(\boldsymbol{u}\cdot\nabla)\boldsymbol{\Omega}-(\nabla\cdot\boldsymbol{u})\boldsymbol{\Omega}$$

$$\boldsymbol{\Omega}=\nabla\times\boldsymbol{u}$$

$$\nabla\cdot\boldsymbol{\Omega}=\nabla\cdot(\nabla\times\boldsymbol{u})=0$$

为涡量的连续方程，可见涡量的连续方程与流速的连续方程的形式完全相同。于是，对不可压缩流体，上式为

$$\nabla\times(\boldsymbol{u}\times\boldsymbol{\Omega})=(\boldsymbol{\Omega}\cdot\nabla)\boldsymbol{u}-(\boldsymbol{u}\cdot\nabla)\boldsymbol{\Omega}$$

于是，有

$$\frac{\partial\boldsymbol{u}}{\partial t}+(\boldsymbol{u}\cdot\nabla)\boldsymbol{\Omega}=(\boldsymbol{\Omega}\cdot\nabla)\boldsymbol{u}+\nu\nabla^2\boldsymbol{\Omega}$$

即

$$\frac{\mathrm{D}\boldsymbol{\Omega}}{\mathrm{D}t}=(\boldsymbol{\Omega}\cdot\nabla)\boldsymbol{u}+\nu\nabla^2\boldsymbol{\Omega}\tag{10.10.4}$$

该式称为亥姆霍兹涡量方程。方程等号左侧为涡量的物质导数，也即涡量的当地变化率和迁移变化率之和。右侧第二项为黏度对涡量的扩散，运动黏度 ν 相当于扩散系数。右侧第一项是在三维涡量方程中特有的一项，表示涡量与流体微团的变形的相互作用从而导致涡量的变化。

亥姆霍兹涡量方程普遍适用于黏度为常数的各种不可压缩流体的流动，涡团不发生变形的条件为

$$\frac{\mathrm{D}\boldsymbol{\Omega}}{\mathrm{D}t}=\boldsymbol{0}$$

即

$$(\boldsymbol{\Omega}\cdot\nabla)\boldsymbol{u}+\nu\nabla^2\boldsymbol{\Omega}=0$$

对该式进行简单的量级分析，显然上式要求

$$\frac{\Omega}{l}u\sim\nu\frac{\Omega}{l^2}$$

即

$$\frac{ul}{\nu}\sim1$$

式中，u 是湍流涡团的速度尺度；l 是湍流涡团的几何尺度；无量纲量 $\frac{ul}{\nu}$ 为湍流涡团的雷诺数。以上分析表明，当湍流涡团的雷诺数 $\frac{ul}{\nu}$ 数量级为 1 时，单元涡不再发生拉伸变形，湍流涡团的几何尺度达到最小值。这与上一节根据柯尔莫哥洛夫量级（ν，ε）分析得到的结论完全一致。

例如，对于标准状况下的空气，其运动黏度 $\nu=1.37\times10^{-5}\mathrm{m^2/s}$，若取湍流涡团的运动速度 $u=10\mathrm{m/s}$，根据上面量级分析，可得出该湍流中最小涡团的几何尺度 $l=1.37\times10^{-6}\mathrm{m}$，相应的体积尺度为 $2.57\times10^{-18}\mathrm{m^3}$，相当于 $1.15\times10^{-16}\mathrm{mol}$。通过阿伏伽德罗常数换算，易得此微小涡团中含有约 6.92×10^7 个空气分子。显然，对于包含这样大数量级分子的湍流涡体来说，连续介质的假设仍然是有效的。因此，可以认为 N-S 方程也适用湍流。

最后，我们讨论亥姆霍兹涡量方程（式 10.10.4）等式右端最后一项 $\nu\nabla^2\boldsymbol{\Omega}$ 的物理意义。实际上该项代表流体黏性引起的涡量扩散，我们以二维平板流动为例说明之。设在初始时刻，即 $t=0$ 时，除中心 $r=0$ 处有点涡以外，全场处处涡量为零。也就是说，除了该点诱导的速度以外，没有另外的运动，即只有周向运动速度，涡量方程简化为

$$\frac{\partial\boldsymbol{\Omega}}{\partial t}=\nu\nabla^2\boldsymbol{\Omega}$$

这是典型的热传导（或扩散）方程，也就是说，黏性对涡量的扩散与热传导有相同的性质。

10.11 湍流涡旋运动分析

近代空气动力学的开创者和奠定者迪特里希·屈西曼（Dietrich Küchemann）曾经说过："涡旋是流体运动的肌腱。"深刻概括了涡旋在流体运动中的作用，成为流体力学中的至理名言。

近代湍流可视化观测揭示，湍流由一系列不同大小的涡构成，最大涡具有发生湍流运动的空间特征尺寸的数量级，最小涡尺寸上显示出分子黏性对动量传递的作用。涡尺寸范围很宽，这是由于相邻大小的涡经过拉伸变成次级小涡所造成的。这种过程以梯级方式进行，大涡分裂成较小尺寸的涡，能量从大涡向小涡传递，小涡则向更小的涡传递，直至最小尺寸的涡，最后因黏性应力的直接作用而耗散为热。通常认为，大小相差悬殊的涡彼此无直接影响，只有大小相仿的涡才发生能量交换。下面对湍流场中涡的演变过程做简化分析，阐述湍流理论的主要概念：湍流多尺度性、能量传递与能量耗散以及不同涡的作用。

湍流是有旋运动，湍流场中流体微团变形和旋转的强烈相互作用是湍流发展的重要机制。我们在前面的章节中讨论了流体微团的变形、旋转及涡运动的一些规律，将这些结果应用于湍流场中的涡运动，有助于理解"湍流场中充满大大小小的涡"这一重要观点，可进一步认识湍流的内在结构。

1. 涡量与流体微团变形的相互作用

上一节得到了亥姆霍兹涡量方程（10.10.4），将其写成张量形式为

$$\frac{\partial \Omega_i}{\partial t}+u_j\frac{\partial \Omega_i}{\partial x_j}=\Omega_j\frac{\partial u_i}{\partial x_j}+\nu\frac{\partial^2\Omega_i}{\partial x_j\partial x_j}$$

该式等号右端第一项 $\Omega_j\dfrac{\partial u_i}{\partial x_j}$ 表示涡量与流体微团变形的相互作用，该项又可分成两个子项，其中第一子项为 $i=j$ 的情况，此时出现涡旋的线变形率 $\dfrac{\partial u_i}{\partial x_i}$，若 $\dfrac{\partial u_x}{\partial x}>0$，则表示涡被拉伸，$\Omega_x\dfrac{\partial u_x}{\partial x}$、$\Omega_y\dfrac{\partial u_y}{\partial y}$ 和 $\Omega_z\dfrac{\partial u_z}{\partial z}$ 诸项表示涡量因拉伸而得到的增长率。从物理上看，这些项是动量矩守恒的反映，因为涡量是微团旋转运动的量度，当 $i=j$ 时，拉伸方向与旋转轴线一致，拉伸时与旋转轴线垂直方向上的微团尺度将变小，即其转动惯量要变小，为保持动量矩守恒，则旋转速度应增加，这就是拉伸使涡量增大的实质。涡拉伸的一个简单例子就是风洞收缩段中的加速流动，如图 10.11.1 所示。此时 $\varepsilon_{xx}=\dfrac{\partial u_x}{\partial x}>0$，根据连续性方程 $\nabla\cdot\boldsymbol{u}=\varepsilon_{ii}=0$、则 ε_{yy}、ε_{zz} 必为负。事实上，流动过程中涡管内的流体由于受到拉伸而变形，根据亥姆霍兹涡管强度保持定理，涡管的涡通量 $\int_A\boldsymbol{\Omega}\cdot\boldsymbol{n}\mathrm{d}A$ 沿涡管不变，因此当涡管受到拉伸，断面面积缩小，则涡量必然增大。反之如涡管受到压缩，断面面积增大，涡量则随之

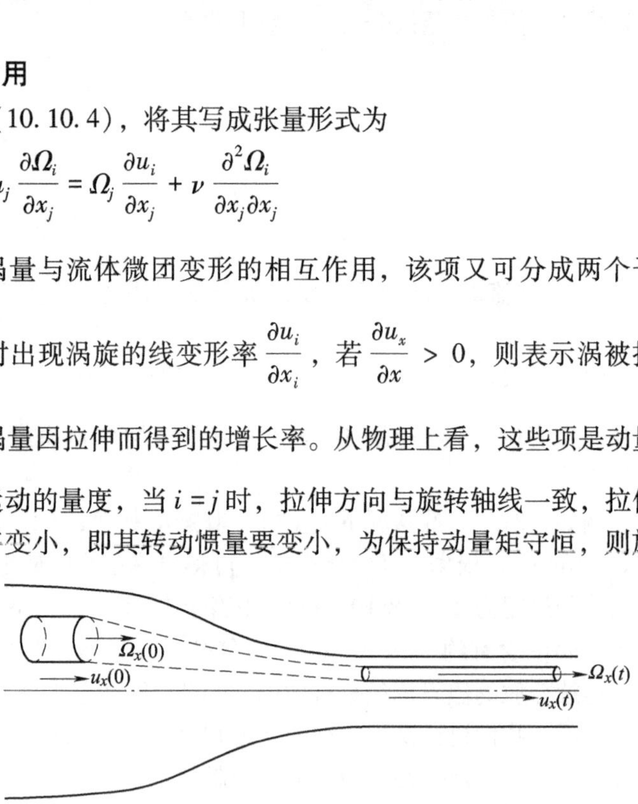

图 10.11.1 风洞收缩段中的涡旋拉伸

减弱。

对于 $i \neq j$ 的情况，例如，$\Omega_x \dfrac{\partial u_y}{\partial x}$、$\Omega_x \dfrac{\partial u_z}{\partial x}$、$\Omega_y \dfrac{\partial u_x}{\partial y}$、… 表示涡量因剪切变形率 $\dfrac{\partial u_i}{\partial x_j}$ 引起涡线扭曲所产生的变化率。

综合以上两种情况，我们以 x 方向的分量

$$\Omega_x \frac{\partial u_x}{\partial x} + \Omega_y \frac{\partial u_x}{\partial y} + \Omega_z \frac{\partial u_x}{\partial z}$$

为例，对涡旋变形进行深入讨论，如图 10.11.2 所示。可以看到，$\Omega_x \dfrac{\partial u_x}{\partial x}$ 表示流体微团在 x 方向的线变形导致涡管 Ω_x 伸长。$\Omega_y \dfrac{\partial u_x}{\partial y}$ 表示由于 y 方向的流体微团在两端点及其各中间点处 x 方向流速的不同而导致的涡管的弯曲和转向。$\Omega_z \dfrac{\partial u_x}{\partial z}$ 表示由于 z 方向的流体微团在两端点及其各中间点处 x 方向流速的不同而导致的涡管的弯曲和转向。

应当指出，在以上分析中，由拉压与扭曲所引起的涡量变化是惯性运动的产物，与流体黏性无关。若由于某种原因成为有旋流动，例如，因黏性的存在，在固壁上要求无滑移条件，此时会在边界附近区域内产生涡量，拉伸和扭曲会进一步增加涡量，在高雷诺数情况下更是如此。

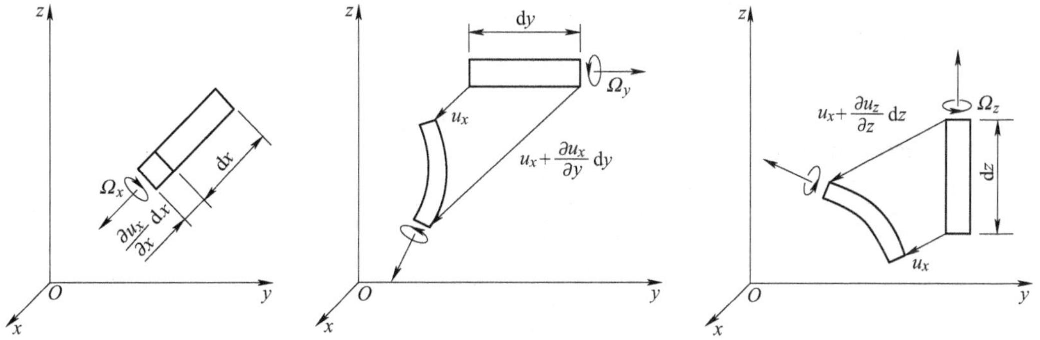

图 10.11.2　涡管变形、弯曲、转向示意图

2. 涡的“家谱”

流体微团的旋转，例如，绕 x 轴的旋转，其角速度是

$$\omega_x = \frac{1}{2}\left(\frac{\partial u_z}{\partial y} - \frac{\partial u_y}{\partial z}\right)$$

若流体微团除了绕 x 轴旋转以外，还在 x 方向存在线变形率 $\dfrac{\partial u_x}{\partial x}$，则微团在 x 方向受到拉伸，在 y-z 平面上的截面将变小，如图 10.11.3 所示。设流体微团在 y-z 平面上具有圆截面，为了分析方便，忽略黏性作用（高雷诺数下，涡的黏性扩散可忽略）。根据强度沿涡管不变的原理，即圆截面面积与旋度的乘积不变可以推导，在 x 方向拉长的过程中，旋转速度增加（由发生拉伸的 x 方向上的运动提供了能量，使旋转动能增加），y-z 平面上运动尺度减小。由此可知，一个方向上的拉伸可使得另外两个方向上的尺度减小、速度增加，从而又使具有旋度的流体微团

在这些方向上伸长。

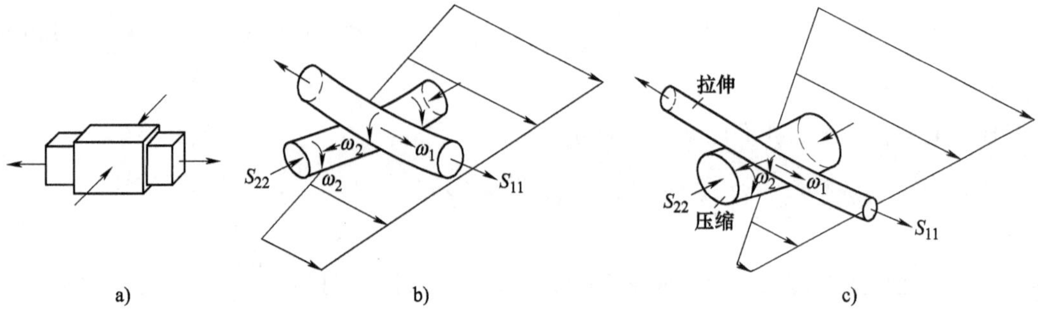

图 10.11.3 涡旋拉伸

图 10.11.4 表示两个平行的涡，在 x 方向被拉伸，使上半平面正 y 方向以及下半平面负 y 方向的 u_y 速度增加，因此增加了流场的变形率，并作用于旋转角速度为 ω_y 的微团上，使其在该方向受到拉伸。在它被拉伸时，又产生新的应变，拉伸其他涡。随着这种过程的继续，每一阶段的运动增强，都同时伴随着运动尺度的进一步变小，这种发展过程示于图 10.11.5 中。可见，x 方向的伸长，增强了 y、z 方向上的运动，使这两个方向产生较小的尺度伸长，从而又相应地强化了 z、x 及 x、y 方向的运动等。从所谓涡的“家谱”中可定性地看到，在一个方向开始的伸长，几个阶段之后（或几代之后），产生了 x、y 和 z 方向几乎相等的伸长，但尺度是减小的。

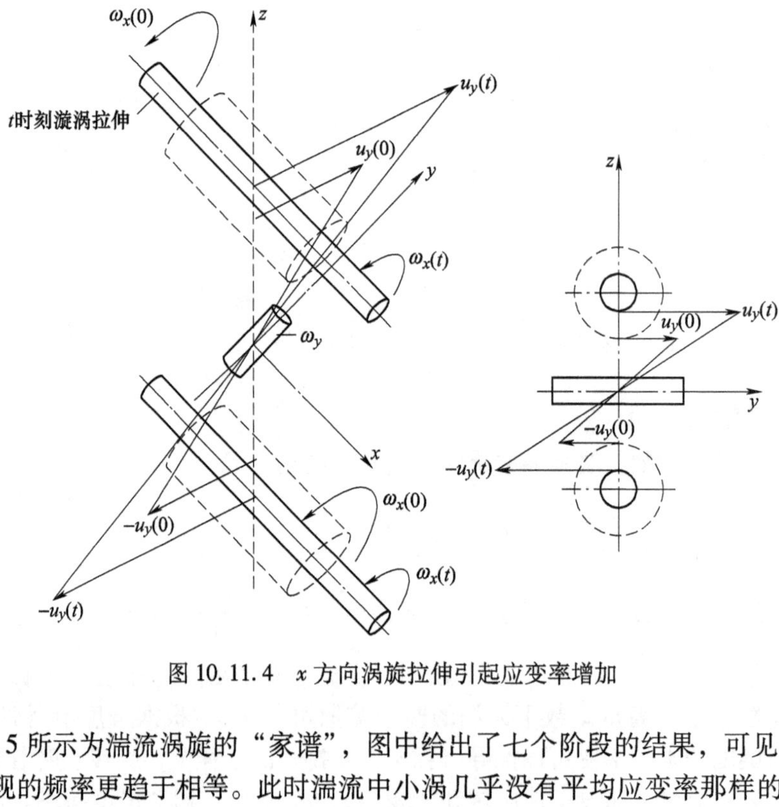

图 10.11.4 x 方向涡旋拉伸引起应变率增加

图 10.11.5 所示为湍流涡旋的“家谱”，图中给出了七个阶段的结果，可见每经一代，x、y 和 z 标记出现的频率更趋于相等。此时湍流中小涡几乎没有平均应变率那样的方向特征，趋于均匀结构，这是柯尔莫哥洛夫局部各向同性湍流理论的物理基础。

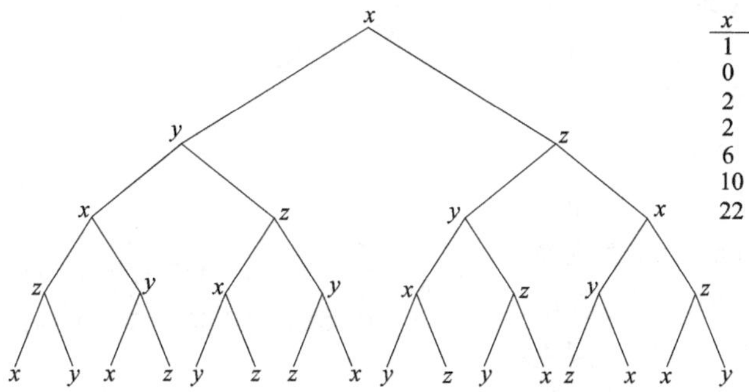

x	y	z
1	0	0
0	1	1
2	1	1
2	3	3
6	5	5
10	11	11
22	21	21

图 10.11.5　湍流中涡的“家谱”

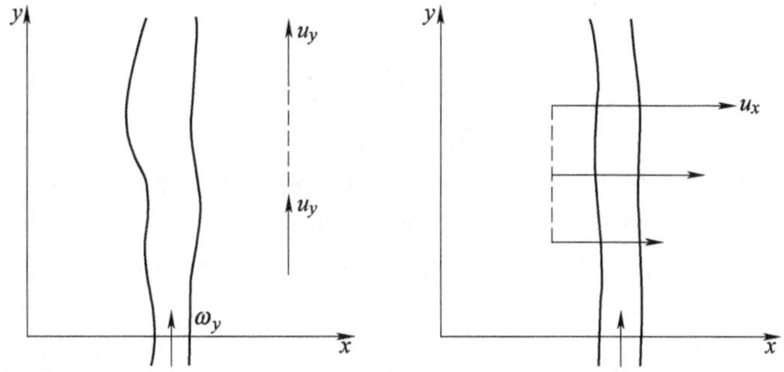

图 10.11.6　速度梯度对涡线的影响

3. 湍流中能量的逐级传递

变形率（速度梯度）与旋转之间的相互作用，除涡拉伸之外，还可以是涡线倾斜，如图 10.11.6 所示。由于微团绕 y 轴旋转（ω_y），同时存在剪切变形率 $\dfrac{\partial u_x}{\partial y}$，因此使原来在 y 方向的涡线倾斜，发生方向改变，这种过程继续下去，将导致即使原来是简单整齐的涡线也变得错综复杂起来。从涡线的倾斜和涡的拉伸可以推知，湍流瞬时值必定是三维的。设想湍流瞬时流动是二维的，例如，流动发生在 x-y 平面，$u_z=0$，唯一的涡量为 ω_z，而且速度对 z 的导数，即 $\dfrac{\partial u_z}{\partial z}$ 和 $\dfrac{\partial u_y}{\partial z}$ 均为零；虽然存在 x、y 方向的速度梯度，但由于旋转角速度均为零，这样就不会发生涡拉伸，因此湍流无法维持，故湍流瞬时值必然是三维的。

接下来我们来看能量级串。设涡管半径为 r，旋转角速度为 ω，动量矩比例于 ωr^2，而能量比例于 $\omega^2 r^2$。因此，如果 r 减小时动量矩守恒，则动能将增加，即脉动运动的动能将因涡拉伸而增加。动能来自产生拉伸的速度场，又从平均流动传至尺寸变小的涡。如果没有平均运动对脉动做功，脉动将衰减。能量依次向较小尺寸的涡传递，形成能量级串。能量传递过程与黏度无关，只是在最后阶段涡尺寸变小，转速增大，黏性力梯度也增大，黏性对涡量的扩散作用变得重要起来。当黏性对涡量的扩散与拉伸对涡的增强作用相互平衡时，则得到最小的涡尺寸。显然，流体的黏度越低，最小涡的尺寸越小。这一能量级串如图 10.11.7 所示，该图形象地表明，以一定方式注入大尺度 l 的湍流中的能量逐级传递、耗散的过程。

总之，湍流运动能量一代一代传递（能量级联过程）的根源是涡的拉伸机制。这种机制使速度脉动扩展到一定范围内的所有波长，涡的尺度越来越小，速度梯度越来越大，直到最小尺度的涡。所谓最小尺度就是产生内摩擦耗散时的涡的尺度，显然，若没有黏性所起到的“光滑”作用，就会出现速度不连续。黏性内摩擦最终把传递到最小尺度涡的能量耗散为热，但耗散效应在拉伸过程中不起主要作用。从数学上看，三维涡的能量级联过程取决于代表流体加速度的非线性项，而不取决于黏性项。最小波长由黏性力决定，最大波长由流动的边界条件决定。

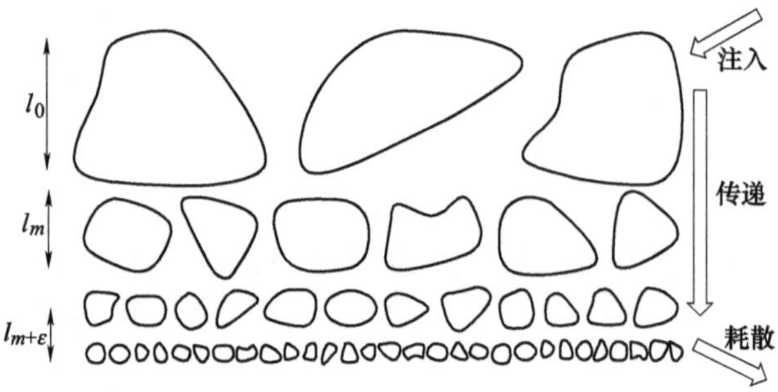

图 10.11.7　湍流能量级串

练　习　题

10-1　当瞬时速度 $u = at + b\sin\omega t$ 时，求时均速度、脉动速度和脉动速度的均方值。

10-2　试根据式（10.3.1）推导出扰动压力 p' 所满足的泊松方程。

10-3　搅拌槽中，有液体 4.5m^3，输入功率为 740W，如果这种液体的黏度密度近似地等于常温下的水。试估计槽中湍流最小涡的尺度。

10-4　考虑两平行壁之间的流动，$u_x = u_x(y)$，并存在速度脉动 u'_x 和 u'_y，若脉动耗散能量 Φ 为

$$\Phi = \iint \mu \left[\left(\frac{\partial u'_x}{\partial x} \right)^2 + \left(\frac{\partial u'_y}{\partial x} \right)^2 + \left(\frac{\partial u'_y}{\partial y} \right)^2 + \left(\frac{\partial u'_x}{\partial y} \right)^2 \right] \mathrm{d}x\mathrm{d}y$$

主流供给脉动的动能为

$$E_T = \iint (-\rho u'_x u'_y) \frac{\mathrm{d}u_x}{\mathrm{d}y} \mathrm{d}x\mathrm{d}y$$

当 $E_T > \Phi$ 时，流动将失去稳定性。试证明这相当于如下论述：平行流动的雷诺数大于某临界值时，流动将是不稳定的。

10-5　根据能量耗散 ε 与微分尺度及能量耗散与三维能谱 $E_T(k, t)$ 的关系，试证明微分尺度 λ 与 $E(k)$ 有如下关系：

$$\lambda^2 = \frac{5\int_0^\infty k^2 E(k)\,\mathrm{d}k}{\int_0^\infty k^2 E(k)\,\mathrm{d}k}$$

10-6　如果能量耗散与积分尺度的关系可以写为

$$\varepsilon = \frac{3}{2} A_1 \tilde{u}^3 / L_f$$

试证明

$$\lambda^2 = \frac{10\nu L_f}{A_1 \tilde{u}}$$

若 $L_f \sim 3/8$ 管半径，$A_1 \sim 1.1$，试就普通低黏度流体估计微分尺度的量级。

第 11 章 不可压缩湍流运动基本方程及其封闭模式

在上一章已讨论过，虽然湍流中任何物理量都随时间和空间变化，但是任一瞬时运动仍然符合连续介质流动的特征，黏性流体运动的基本方程适用于流场中的任一空间点。此外，由于各物理量都具有某种统计学规律，所以基本方程中任一瞬时物理量都可以用平均物理量和脉动物理量之和来代替，并且可以对整个方程进行时间平均运算。

11.1 时均化的不可压缩流体湍流方程

雷诺从不可压缩流体的连续性方程和动量方程导出湍流平均运动的连续性方程和动量方程。随后人们引用时均值概念又导出了湍流平均运动的能量方程和湍动能方程等，形成了当前广泛使用的湍流理论的基本方程。在只有重力场情况下，直角坐标系中的不可压缩流，瞬时量的连续性方程、动量方程、能量方程、传质方程（无源、无化学反应生成组分）可写作

$$\frac{\partial u_i}{\partial x_i}=0$$

$$\frac{\partial u_i}{\partial t}+u_j\frac{\partial u_i}{\partial x_j}=-\frac{1}{\rho}\frac{\partial p}{\partial x_i}+\nu\frac{\partial^2 u_i}{\partial x_j\partial x_j}$$

$$\rho c_p\left(\frac{\partial T}{\partial t}+u_j\frac{\partial T}{\partial x_j}\right)=\frac{\partial}{\partial x_j}\left(\lambda\frac{\partial T}{\partial x_j}\right)+\rho q_V+\Phi_1$$

$$\frac{\mathrm{D}C}{\mathrm{D}t}=D\left(\frac{\partial^2 C}{\partial x^2}+\frac{\partial^2 C}{\partial y^2}+\frac{\partial^2 C}{\partial z^2}\right)$$

1. 连续性方程的时均方程

对连续性方程取时间平均，把 $u_i=\bar{u}_i+u_i'$ 代入瞬时流动的连续性方程，有

$$\frac{\partial\bar{u}_j}{\partial x_j}=\frac{\partial\overline{(u_j+u_j')}}{\partial x_j}=\frac{\partial\bar{u}_j}{\partial x_j}+\frac{\partial\overline{u_j'}}{\partial x_j}=\frac{\partial\bar{u}_j}{\partial x_j}$$

于是得到不可压缩时均流动的连续性方程

$$\frac{\partial\bar{u}_j}{\partial x_j}=0 \tag{11.1.1}$$

2. 动量方程的时均方程

利用连续性方程，可得

$$u_j\frac{\partial u_i}{\partial x_j}=\frac{\partial(u_iu_j)}{\partial x_j}-u_i\frac{\partial u_j}{\partial x_j}=\frac{\partial(u_ju_i)}{\partial x_j}$$

于是

$$\overline{\frac{\partial u_i}{\partial t}+\frac{\partial(u_j u_i)}{\partial x_j}}=\overline{\frac{\partial(\bar{u}_i+u'_i)}{\partial t}+\frac{\partial(\bar{u}_j+u'_j)(\bar{u}_i+u'_i)}{\partial x_j}}=\overline{\frac{\partial(\bar{u}_i+u'_i)}{\partial t}}+\overline{\frac{\partial(\bar{u}_j\bar{u}_i+u'_j\bar{u}_i+\bar{u}_j u'_i+u'_j u'_i)}{\partial x_j}}$$

$$=\frac{\partial\bar{u}_i}{\partial t}+\frac{\partial(\bar{u}_j\bar{u}_i)}{\partial x_j}+\frac{\partial(\overline{u'_j u'_i})}{\partial x_j}=\frac{\partial\bar{u}_i}{\partial t}+\bar{u}_j\frac{\partial\bar{u}_i}{\partial x_j}-\frac{\partial(-\overline{u'_j u'_i})}{\partial x_j}$$

$$\overline{\frac{\partial(\bar{p}+p')}{\partial x_i}}=\frac{\partial\bar{p}}{\partial x_i}$$

$$\overline{\frac{\partial^2 u_i}{\partial x_j\partial x_j}}=\overline{\frac{\partial}{\partial x_j}\left[\frac{\partial(\bar{u}_i+u'_i)}{\partial x_j}\right]}=\frac{\partial^2\bar{u}_i}{\partial x_j\partial x_j}$$

得到常物性不可压缩流动时均运动的动量方程为

$$\frac{\partial\bar{u}_i}{\partial t}+\bar{u}_j\frac{\partial\bar{u}_i}{\partial x_j}=f_i-\frac{1}{\rho}\frac{\partial\bar{p}}{\partial x_i}+\frac{1}{\rho}\frac{\partial}{\partial x_j}\left(\mu\frac{\partial\bar{u}_i}{\partial x_j}-\rho\overline{u'_j u'_i}\right) \tag{11.1.2}$$

该式最早由雷诺于1895年导出，因此通常被称为雷诺时均N-S方程，简称为雷诺时均方程。与求时均前的瞬时量的动量方程相比，在形式上时均量的动量方程中多出一项

$$-\frac{\partial(\overline{u'_j u'_i})}{\partial x_j}=-\overline{u'_j\frac{\partial u'_i}{\partial x_j}}-\overline{u'_i\frac{\partial u'_j}{\partial x_j}}$$

该项是动量方程中对流项的非线性引起的，由二阶一点速度相关 $\overline{u'_j u'_i}$ 决定。如果说对流项表示湍流平均流动量输运，可以类比得出，这多出的一项表示由湍流脉动速度所产生的动量的平均输运。因此，$-\dfrac{\partial(\overline{u'_j u'_i})}{\partial x_j}$ 代表脉动速度对平均流的影响。事实上，正是由于该项的存在，脉动运动与平均运动之间才会发生动量交换，致使湍流的平均速度分布与相同外界条件下的层流速度分布迥异，$-\rho\overline{u'_j u'_i}$ 具有与黏性应力 τ_{ij} 相同的量纲，故称 $\bar{\tau}_{t,ij}=-\rho\overline{u'_i u'_j}$ 为雷诺应力（或湍流应力），这是包含在平均量方程中唯一的脉动量项，因此，可以说脉动量是通过雷诺应力来影响平均运动的。由于湍流脉动，在平均流中产生了一种新的应力，即在湍流中除了分子黏性应力引起的动量交换外，还增加了速度脉动对动量输运。这两者表现为不同的应力，并且在大多数情形下，湍流应力比分子黏性应力大得多。雷诺应力 $\bar{\tau}_{t,ij}=-\rho\overline{u'_i u'_j}$ 有9个分量（6个独立分量），组成一个二阶对称张量，即

$$\tau_i=\begin{pmatrix}\tau_{t,xx} & \tau_{t,xy} & \tau_{t,xz}\\ \tau_{t,yx} & \tau_{t,yy} & \tau_{t,yz}\\ \tau_{t,zx} & \tau_{t,zy} & \tau_{t,zz}\end{pmatrix}=\begin{pmatrix}-\rho\overline{u'_x u'_x} & -\rho\overline{u'_x u'_y} & -\rho\overline{u'_x u'_z}\\ -\rho\overline{u'_y u'_x} & -\rho\overline{u'_y u'_y} & -\rho\overline{u'_y u'_z}\\ -\rho\overline{u'_z u'_x} & -\rho\overline{u'_z u'_y} & -\rho\overline{u'_z u'_z}\end{pmatrix}$$

经过这样一次平均，从物理上看，不可压缩流体力学方程组不过多了一次平均而已，但从数学的角度来看，它们有本质上的差别。因为原来的不可压缩流体力学方程组共有4个方程（3个运动方程和1个连续方程）和4个未知数（3个速度分量和1个压力），所以它是一个封闭的方程组，而经过平均处理后的方程组，方程个数仍旧是4个，而未知函数的个数却增加了6个（雷诺应力 $-\rho\overline{u'_i u'_j}$），所以它是一个不封闭的方程组。自1895年雷诺发表了这篇著名论文以后，人们一直在寻找封闭这个方程组的方案。

应当指出，雷诺应力是由于雷诺时间平均过程中N-S方程的非线性项引起的，为此有许多

人将雷诺方程组的不封闭性归根于 N-S 方程的非线性，实际上这是一种错误的观点。雷诺方程不封闭性的主要原因是湍流运动和分子运动之间存在根本区别。这种区别主要反映于两点。第一，分子碰撞的弛豫时间极短，一般只有 10^{-9}s，而湍流的衰减时间往往长达十几分钟，由于这个原因，分子运动理论中只考虑即时因素，而不需考虑与弛豫现象相关的滞后效应，但湍流运动必须考虑和弛豫现象有关的滞后效应，考虑运动的历史过程；第二，分子运动有相应的玻尔兹曼微分积分方程和麦克斯韦分布律，有了统计分布律以后，就可以通过积分得到各阶矩和其他的物理量，不会出现不封闭问题。湍流运动既没有合乎实际的概率分布函数，也没有合乎实际的概率分布函数方程，同时湍流分布与高斯分布相差很远，并且在不同情况下的分布函数相差很大，因此在各阶矩的一些平均物理量之间找不到一定的相互关系，由此出现方程组封闭困难。

3. 能量方程的时均方程

由连续性方程 $\dfrac{\partial u_j}{\partial x_j}=0$，可得

$$u_j\frac{\partial T}{\partial x_j}=\frac{\partial(u_jT)}{\partial x_j}-T\frac{\partial u_j}{\partial x_j}=\frac{\partial(u_jT)}{\partial x_j}$$

$$\overline{\rho c_p\left[\frac{\partial(\overline{T}+T')}{\partial t}+\frac{\partial(\overline{u}_j+u')(\overline{T}+T')}{\partial x_j}\right]}$$

$$=\rho c_p\left[\frac{\partial\overline{T}}{\partial t}+\frac{\partial(\overline{u}_j\overline{T})}{\partial x_j}+\frac{\partial(\overline{u_j'T'})}{\partial x_j}\right]=\rho c_p\left(\frac{\partial\overline{T}}{\partial t}+\overline{u}_j\frac{\partial\overline{T}}{\partial x_j}\right)+\rho c_p\frac{\partial\,\overline{u_j'T'}}{\partial x_j}$$

该式最后一步的推导过程，利用了时均流动的连续性方程 $\dfrac{\partial\overline{u}_j}{\partial x_j}=0$，即

$$\frac{\partial(\overline{u}_j\overline{T})}{\partial x_j}=\overline{u}_j\frac{\partial\overline{T}}{\partial x_j}$$

$$\overline{\frac{\partial}{\partial x_j}\left[\frac{\partial T}{\partial x_j}\right]}=\overline{\frac{\partial}{\partial x_j}\left[\frac{\partial(\overline{T}+T')}{\partial x_j}\right]}=\frac{\partial^2\overline{T}}{\partial x_j\partial x_j}$$

于是得到常物性无内热源情况下不可压缩流动时均运动的能量方程

$$\rho c_p\left(\frac{\partial\overline{T}}{\partial t}+\overline{u}_j\frac{\partial\overline{T}}{\partial x_j}\right)=\frac{\partial}{\partial x_j}\left(-\lambda\frac{\partial\overline{T}}{\partial x_j}-\rho c_p\overline{u'_jT'}\right)+\overline{\Phi}_1+\overline{\Phi}'_1 \tag{11.1.3}$$

一般情况下，耗散项的值与其他项比较，是一个相对小量，可以忽略不计。于是

$$\rho c_p\left(\frac{\partial\overline{T}}{\partial t}+\overline{u}_j\frac{\partial\overline{T}}{\partial x_j}\right)=\frac{\partial}{\partial x_j}\left(-\lambda\frac{\partial\overline{T}}{\partial x_j}-\rho c_p\overline{u_j'T'}\right) \tag{11.1.4}$$

4. 传质方程的时均方程

将 $u_i=\overline{u}_i+u_i'$，$C=\overline{C}+C'$ 代入传质方程，经过与上述能量方程相同的处理方法，可得

$$\frac{\partial\overline{C}}{\partial t}+\overline{u}_j\frac{\partial\overline{C}}{\partial x_j}=D\frac{\partial}{\partial x_j}\left(\frac{\partial\overline{C}}{\partial x_j}\right)-\frac{\partial(\overline{u_j'C'})}{\partial x_j} \tag{11.1.5}$$

式中，$\overline{u_j'C'}$ 的物理意义是湍流脉动引起的单位时间通过分别垂直于三个坐标轴的单位面积的扩

散物质量，即湍流引起的单位通量，它们与菲克定律中单位通量含义接近。

5. 雷诺应力的物理意义

最后，分析雷诺应力的物理意义。$\overline{u_i'u_j'}$ 表示湍流脉动速度的各分量彼此关联，其物理含义可以理解为流体质点速度的脉动所引起的周围流体作用在质点上的附加作用力。以行进中的火车为例，考虑两列以不同速度平行行驶的列车 A 和 B，若不断从列车 A 向列车 B 抛物，则列车 B 将受到沿行驶方向的作用力，该力等于物体沿行驶方向单位时间动量的变化率。可见，即使两列列车不直接接触，也可通过质量交换引起动量交换而产生作用力。我们在流场中任取六面体微元控制体 $\mathrm{d}x\mathrm{d}y\mathrm{d}z$，如图 11.1.1 所示。

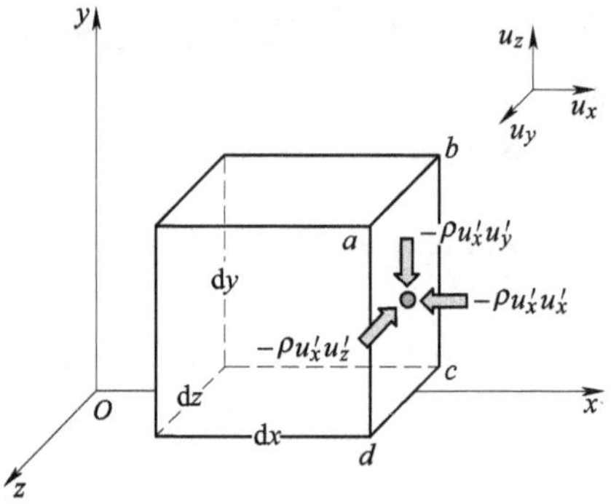

图 11.1.1　雷诺应力

取微元面 $abcd$ 上的速度分量为 u_x、u_y 和 u_z，单位时间内通过单位面积的流体质量为 ρu_x，它在 x 方向所具有的（可传递的）动量是 ρu_x^2。在时间段 T 内求取时间平均值，得

$$\rho\overline{u_x^2} = \frac{1}{T}\int_t^{t+T}\rho u_x^2\mathrm{d}t$$

而 $u_x^2 = (\overline{u}_x + u_x')^2 = \overline{u}_x^2 + 2\overline{u}_x u_x' + u_x'^2$，对于不可压缩流动，有

$$\rho\overline{u_x^2} = \rho\overline{u}_x^2 + \rho\overline{u_x'^2}$$

同理可得流体通过控制面时在 y、z 方向的时均动量

$$\rho\overline{u_x u_y} = \rho\overline{u}_x\overline{u}_y + \rho\overline{u_x'u_y'}$$

$$\rho\overline{u_x u_z} = \rho\overline{u}_x\overline{u}_z + \rho\overline{u_x'u_z'}$$

可见，在准定常湍流中，流体通过控制表面时瞬时动量的平均值，既有湍流平均运动的动量，也有脉动运动的动量，因而在使用动量原理时只考虑平均运动的影响是不够的。由于脉动动量的存在，在控制面上产生附加作用力（也即脉动动量引起的周围流体作用在控制体上的附加作用力），它们不同于分子运动引起的黏性应力，只在湍流场中才存在。确切地说，这种附加的作用力是由许多不同尺度的涡旋相互掺混所引起的，而多数涡的旋转方向与平均速度对应的涡量方向相一致。设平均运动是二维的，如图 11.1.2 所示，由于漩涡运动，高速流层中的微团会向下运动到低速流层中，其向下运动的速度即为脉动速度 u_y'，单位时间通过上界面进入微元体的质量为 $\rho u_y'\Delta A$，这部分流体在主流方向的速度是 $u_x = \overline{u}_x + u_x'$，沿主流方向将动量由下层带至上层，动量为 $\Delta K = \rho u_y'\Delta A\cdot u_x = \rho u_y'\Delta A(\overline{u}_x + u_x')$，根据动量定理，动量的变化率等于 ΔA 上所受外力 ΔF，即

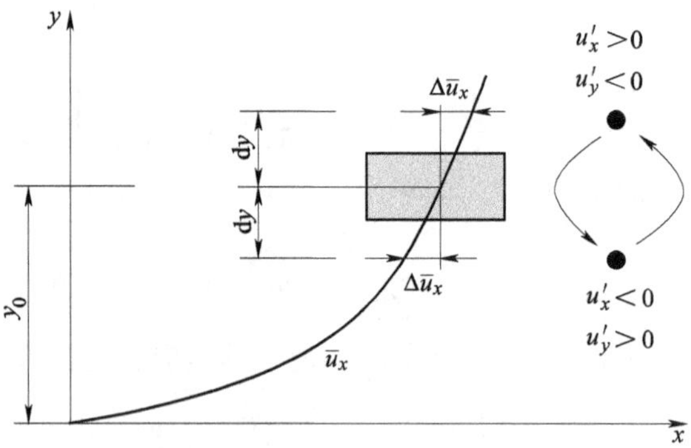

图 11.1.2　涡旋转向与速度梯度的关系

$$\Delta F = \rho u_y'\Delta A(\overline{u}_x + u_x')$$

切应力

$$\frac{\overline{\Delta F}}{\Delta A}=\rho\,\overline{u_y'(\bar{u}_x+u_x')}=\rho\,\overline{u_x'u_y'}$$

涡将上部高速流层质点引入下部的低速流层时引起的脉动速度 $u_y'<0$，而 $u_x'>0$，这是因为高速层的 $\bar{u}_x$ 大于低速层，$\Delta\bar{u}_x>0$，使低速层流体增大 u_x 方向的动量；与此相反，涡旋把下面的低速层质点带入高速层时 $u_y'>0$，而 $u_x'<0$。一般情况下，相关量 $u_i'u_j'<0$。因此，常把 $-\rho\,\overline{u_x'u_x'}$、$-\rho\,\overline{u_y'u_y'}$、$-\rho\,\overline{u_z'u_z'}$ 以及 $-\rho\,\overline{u_x'u_y'}$、$-\rho\,\overline{u_x'u_z'}$、$-\rho\,\overline{u_y'u_z'}$ 定义为湍流应力。由于这些作用力最早出现在 1889 年雷诺导出的湍流平均运动方程中，所以也称为雷诺应力，其中前三项称为法向雷诺应力，后三项称为切向雷诺应力。在大多数流动中，切向雷诺应力是影响平均运动的主要因素，而法向雷诺应力的影响较小，但在分离流中它显得比较重要。

雷诺应力与分子黏性应力有本质的差别。分子黏性应力对应于分子扩散引起界面两侧的动量交换，扩散是由分子热运动引起的。雷诺应力则对应于流体微团的运动引起界面两侧的动量交换，是由大大小小的涡（即湍流脉动）引起的。所以雷诺应力并不是严格意义上的表面应力，它是对真实的脉动运动进行平均处理时将脉动引起的动量交换折算在想象的平均运动界面上的作用力，即是说，对于平均运动来说，它具有表面力的效果，因而在解决实际工程应用问题时可以把它和表面力同样看待。从这个意义上说，湍流平均运动的微元体除压力外还受到两种力作用——黏性应力和雷诺应力。

应当指出，湍流中流体质点的随机运动实际上与分子运动是有差别的。分子在常温常压下是一个稳定的个体，而流体质点是由许多分子组成的微小流团，它是瞬息变化的，湍流中的涡是不断地产生、成长、裂变和消失的。分子只在碰撞时才发生能量交换，而在湍流中主要是涡的逐级形变分裂（由较大尺度的涡形变分裂成较小尺度的涡，再由较小的涡裂变成更小的涡等）所形成的“级串”式能量传递。分子运动的平均自由程及其平均速度与边界条件无关，而在湍流中涡运动与边界条件有密切联系。实验研究表明，湍流中由黏性决定的最小涡旋尺度远远大于分子平均自由程。对于一个平均流速小于 100m/s 的气流场，实测到湍流脉动速度不大于平均速度的十分之一，黏性耗散涡的尺度约略大于 0.1mm，而在大气条件下气体的平均自由程约为 10^{-6}mm（水和液体的尺度更小），分子的平均速度约为 500m/s，如果取脉动速度为 0.1~10m/s，则湍流频率为 $10^{-5}\sim10^{-3}\mathrm{s}^{-1}$，而空气分子的碰撞频率约为 $5\times10^{9}\mathrm{s}^{-1}$。由此可见，湍流的脉动周期远大于分子碰撞周期，所以在与最小湍动尺度相近的距离内，在与最小脉动周期相近的时间内，所有的湍流物理量的特征值将平滑连续地变化。

11.2　无热传导时的湍流能量方程

对于不可压缩流动，当不存在较强烈的热传导时，流动的能量主要是指其机械能。维持流体的脉动将消耗相当的能量，研究脉动如何自时均流动中取得能量以及湍流中能量的传递、扩散及耗散的过程，是探讨湍流内部机理和湍流的发展与衰减规律的重要内容。本节将建立瞬时流动、时均流动及脉动的能量方程，这有助于解决湍流方程的不封闭问题。

1. 湍流瞬时运动总能量方程

N-S 方程中的各项所表示的是作用于单位体积流体上的各种力，因此对 N-S 方程各项均乘以流速 u_i，则各项相应地变为各种力做功的功率，而该方程也就是单位时间内单位体积流体中各种能量之间的关系。对动量方程两侧同时乘以 u_i，即

$$u_i\left(\rho\frac{\partial u_i}{\partial t}+\rho u_j\frac{\partial u_i}{\partial x_j}\right)=u_i\left(-\frac{\partial p}{\partial x_i}+\mu\frac{\partial^2 u_i}{\partial x_j\partial x_j}\right)$$

根据连续性方程，$\frac{\partial}{\partial x_j}\left(\frac{\partial u_j}{\partial x_i}\right)=\frac{\partial}{\partial x_i}\left(\frac{\partial u_j}{\partial x_j}\right)=0$，故

$$\begin{aligned}\mu u_i\frac{\partial^2 u_i}{\partial x_j\partial x_j}&=u_i\frac{\partial}{\partial x_j}\left[\mu\left(\frac{\partial u_i}{\partial x_j}+\frac{\partial u_j}{\partial x_i}\right)\right]\\&=\frac{\partial}{\partial x_j}\left[\mu\left(\frac{\partial u_i}{\partial x_j}+\frac{\partial u_j}{\partial x_i}\right)u_i\right]-\mu\left(\frac{\partial u_i}{\partial x_j}+\frac{\partial u_j}{\partial x_i}\right)\frac{\partial u_i}{\partial x_j}\end{aligned}$$

于是得到

$$\begin{aligned}&\frac{\partial}{\partial t}\left(\frac{\rho}{2}u_iu_i\right)+\frac{\partial}{\partial x_j}\left(u_j\cdot\frac{\rho}{2}u_iu_i\right)\\&=-u_i\frac{\partial p}{\partial x_i}+\frac{\partial}{\partial x_j}\left[\mu\left(\frac{\partial u_i}{\partial x_j}+\frac{\partial u_j}{\partial x_i}\right)u_i\right]-\mu\left(\frac{\partial u_i}{\partial x_j}+\frac{\partial u_j}{\partial x_i}\right)\frac{\partial u_i}{\partial x_j}\end{aligned}$$

或

$$\begin{aligned}&\frac{\partial}{\partial t}\left(\frac{\rho}{2}u_iu_i\right)+\frac{\partial}{\partial x_j}\left(u_j\cdot\frac{\rho}{2}u_iu_i\right)\\&=-\frac{\partial(u_ip)}{\partial x_i}+\frac{\partial}{\partial x_j}\left[\mu\left(\frac{\partial u_i}{\partial x_j}+\frac{\partial u_j}{\partial x_i}\right)u_i\right]-\mu\left(\frac{\partial u_i}{\partial x_j}+\frac{\partial u_j}{\partial x_i}\right)\frac{\partial u_i}{\partial x_j}\end{aligned}\tag{11.2.1}$$

此即湍流瞬时流动的总能量方程。式中左侧表示单位体积流体动能 $\left(\frac{\rho}{2}u_iu_i\right)$ 的物质导数，即包括动能 $\left(\frac{\rho}{2}u_iu_i\right)$ 的当地变化率和迁移变化率；式中右侧第一项 $-u_i\frac{\partial p}{\partial x_i}$ 表示单位体积流体的压能与位能的迁移变化率，也就是单位体积流体势能的迁移变化率；右侧第二项为黏性应力对单位体积流体在单位时间内所做的功，称为扩散项；右侧最后一项为黏应力 $\mu\left(\frac{\partial u_i}{\partial x_j}+\frac{\partial u_j}{\partial x_i}\right)$ 对变形速率 $\frac{\partial u_i}{\partial x_j}$ 所做的功，称为变形功，这一项也称耗散项，即单位体积流体在单位时间内耗散的机械能量，它转化为流体中的热能，由于这种转化是不可逆的，因此称为耗散项。

2. 湍流时均运动总能量方程

$$\begin{aligned}&\overline{\frac{\partial}{\partial t}\left[\frac{\rho}{2}(\bar{u}_i+u_i')(\bar{u}_i+u_i')\right]}+\overline{\frac{\partial}{\partial x_j}\left[(\bar{u}_j+u_j')\frac{\rho}{2}(\bar{u}_i+u_i')(\bar{u}_i+u_i')\right]}\\&=-\overline{\frac{\partial}{\partial x_i}\left[(\bar{u}_i+u_i')(\bar{p}+p')\right]}+\overline{\frac{\partial}{\partial x_j}\left\{\mu\left[\frac{\partial(\bar{u}_i+u_i')}{\partial x_j}+\frac{\partial(\bar{u}_j+u_j')}{\partial x_i}\right](\bar{u}_i+u_i')\right\}}-\\&\quad\overline{\mu\left[\frac{\partial(\bar{u}_i+u_i')}{\partial x_j}+\frac{\partial(\bar{u}_j+u_j')}{\partial x_i}\right]\frac{\partial(\bar{u}_i+u_i')}{\partial x_j}}\end{aligned}$$

整理后成为

$$\frac{\rho}{2}\frac{\partial}{\partial t}(\overline{u}_i\overline{u}_i+\overline{u_i'u_i'})+\frac{\rho}{2}\frac{\partial}{\partial x_j}(\overline{u}_j\overline{u}_i\overline{u}_i+\overline{u}_j\,\overline{u_i'u_i'}+2\overline{u}_i\,\overline{u_i'u_j'}+\overline{u_j'u_i'u_i'})$$

$$=-\frac{\partial}{\partial x_i}(\overline{u}_i\overline{p}+\overline{u_i'p'})+\frac{\partial}{\partial x_j}\mu\left[\frac{1}{2}\frac{\partial(\overline{u}_i\overline{u}_i)}{\partial x_j}+\frac{1}{2}\frac{\partial(\overline{u_i'u_i'})}{\partial x_j}+\frac{\partial(\overline{u}_i\overline{u}_j)}{\partial x_i}+\frac{\partial(\overline{u_i'u_j'})}{\partial x_i}\right]-$$

$$\mu\frac{\partial\overline{u}_i}{\partial x_j}\frac{\partial\overline{u}_i}{\partial x_j}-\mu\overline{\frac{\partial u_i'}{\partial x_j}\frac{\partial u_i'}{\partial x_j}}-\mu\frac{\partial\overline{u}_i}{\partial x_j}\frac{\partial\overline{u}_j}{\partial x_i}-\mu\overline{\frac{\partial u_j'}{\partial x_i}\frac{\partial u_i'}{\partial x_j}}$$

式中，

$$\overline{u_i'u_i'}=\overline{u_x'^2+u_y'^2+u_z'^2}=\overline{q^2}$$

为单位质量流体的脉动动能。于是

$$\frac{\rho}{2}\frac{\partial}{\partial t}(\overline{u}_i\overline{u}_i)+\frac{\rho}{2}\frac{\partial}{\partial t}\overline{q^2}+\frac{\rho}{2}\frac{\partial}{\partial x_j}(\overline{u}_j\overline{u}_i\overline{u}_i)+\frac{\rho}{2}\overline{u}_j\frac{\partial}{\partial x_j}\overline{q^2}+\rho\frac{\partial}{\partial x_j}(\overline{u}_i\,\overline{u_i'u_j'})+\frac{\rho}{2}\frac{\partial}{\partial x_j}\overline{u_j'q^2}$$

$$=-\frac{\partial}{\partial x_i}(\overline{u}_i\overline{p}+\overline{u_i'p'})+\frac{\partial}{\partial x_j}\mu\left[\frac{1}{2}\frac{\partial(\overline{u}_i\overline{u}_i)}{\partial x_j}+\frac{1}{2}\frac{\partial(\overline{u_i'u_i'})}{\partial x_j}+\frac{\partial(\overline{u}_i\overline{u}_j)}{\partial x_i}+\frac{\partial(\overline{u_i'u_j'})}{\partial x_i}\right]-$$

$$\mu\left(\frac{\partial\overline{u}_i}{\partial x_j}\right)^2-\mu\overline{\frac{\partial u_i'}{\partial x_j}\frac{\partial u_i'}{\partial x_j}}-\mu\frac{\partial\overline{u}_i}{\partial x_j}\frac{\partial\overline{u}_j}{\partial x_i}-\mu\overline{\frac{\partial u_j'}{\partial x_i}\frac{\partial u_i'}{\partial x_j}}$$

可进一步改写为

$$\underbrace{\frac{\rho}{2}\frac{\partial}{\partial t}(\overline{u}_i\overline{u}_i+\overline{q^2})}_{(1)}+\underbrace{\overline{u}_j\frac{\partial}{\partial x_j}\left[\frac{\rho}{2}(\overline{u}_i\overline{u}_i+\overline{q^2})\right]}_{(2)}+\underbrace{\overline{u}_j\frac{\partial\overline{p}}{\partial x_i}}_{(3)}+\underbrace{\frac{\partial}{\partial x_j}\overline{u_j'\left(p'+\frac{\rho}{2}q^2\right)}}_{(4)}$$

$$=\underbrace{\mu\frac{\partial}{\partial x_j}\left[\overline{u}_i\left(\frac{\partial\overline{u}_i}{\partial x_j}+\frac{\partial\overline{u}_j}{\partial x_i}\right)\right]}_{(5)}+\underbrace{\frac{\partial}{\partial x_j}\left[\overline{u}_i(-\rho\,\overline{u_i'u_j'})\right]}_{(6)}+$$

$$\underbrace{\mu\frac{\partial}{\partial x_j}\overline{\left[u_i'\left(\frac{\partial u_i'}{\partial x_j}+\frac{\partial u_j'}{\partial x_i}\right)\right]}}_{(7)}-\underbrace{\mu\left(\frac{\partial\overline{u}_i}{\partial x_j}+\frac{\partial\overline{u}_j}{\partial x_i}\right)\frac{\partial\overline{u}_i}{\partial x}}_{(8)}-\underbrace{\mu\overline{\frac{\partial u_i'}{\partial x_j}\left(\frac{\partial u_i'}{\partial x_j}+\frac{\partial u_j'}{\partial x_i}\right)}}_{(9)}\tag{11.2.2}$$

式中各项的物理意义为：

（1）为总动能$\left(包括时均动能\frac{\rho}{2}\overline{u}_i\overline{u}_i 和脉动动能\frac{\rho}{2}\overline{q^2}\right)$的当地变化率，是由湍流流动的非恒定性而引起的。

（2）为由时均流场的空间不均匀性所引起的总动能的迁移变化率。

（3）为由时均流场的空间不均匀性所引起的时均总势能（包括压能和位能）的迁移变化率。

（4）为由脉动流场的空间不均匀性所引起的脉动压能和脉动动能的迁移变化率。

（5）表示时均黏性应力$\mu\left(\frac{\partial\overline{u}_i}{\partial x_j}+\frac{\partial\overline{u}_j}{\partial x_i}\right)$与时均流速$\overline{u}_i$的乘积，为黏性应力做功的功率。凡通过黏性应力做功而传递能量的项均称为扩散项。扩散项表示在控制体表面通过黏性应力做功而在控制体与外界流动之间传递的能量。

（6）表示湍流切应力$-\rho\,\overline{u_i'u_j'}$对时均流场$\overline{u}_i$做功的功率，也是一种扩散项，为湍流扩散项。

（7）为脉动黏性应力 $\mu\left(\dfrac{\partial u_i'}{\partial x_j}+\dfrac{\partial u_j'}{\partial x_i}\right)$ 对脉动流速场 u_i' 做功的功率，为湍流扩散项的一种。

（8）为时均流动耗散项，即黏性应力所做的变形功。

（9）为脉动流动耗散项，即脉动黏性应力对脉动流场的变形速率所做的脉动变形功。

3. 湍流时均运动部分的能量方程

对雷诺方程中每一项均乘以时均流速 $\bar{u}_i$，即得湍流时均流动部分的能量方程

$$\underbrace{\frac{\partial}{\partial t}\left(\frac{\rho}{2}\bar{u}_i\bar{u}_i\right)}_{(1)}+\underbrace{\frac{\partial}{\partial x_j}\left(\bar{u}_j\cdot\frac{\rho}{2}\bar{u}_i\bar{u}_i\right)}_{(2)}=\underbrace{-\frac{\partial}{\partial x_i}(\bar{u}_i\bar{p})}_{(3)}+\underbrace{\frac{\partial}{\partial x_j}\left[\mu\left(\frac{\partial\bar{u}_i}{\partial x_j}+\frac{\partial\bar{u}_j}{\partial x_i}\right)\bar{u}_i\right]}_{(4)}-$$

$$\underbrace{\mu\left(\frac{\partial\bar{u}_i}{\partial x_j}+\frac{\partial\bar{u}_j}{\partial x_i}\right)\frac{\partial\bar{u}_i}{\partial x_j}}_{(5)}+\underbrace{\frac{\partial}{\partial x_j}\left[\bar{u}_i(-\rho\overline{u_i'u_j'})\right]}_{(6)}-\underbrace{(-\rho\overline{u_i'u_j'})\frac{\partial\bar{u}_i}{\partial x_j}}_{(7)}\tag{11.2.3}$$

式中各项的物理意义如下：

（1）为单位体积流体时均动能的当地变化率，由时均流动的不恒定性所引起。

（2）表示由于时均流场的空间不均匀性，流动过程中单位体积流体时均动能的迁移变化率。

（3）为压差与重力对流体做功的功率。若将该项移至等号左侧，表示单位体积流体时均势能（包括压能和位能）的迁移变化率。

（4）为时均黏性应力做功而传递能量的扩散项。

（5）为单位体积流体的耗散项。表示时均黏性应力所做的变形功。

（6）表示雷诺应力做功的扩散项。

（7）表示雷诺应力对时均流场所做的变形功。对时均流动来说这一项为负值，是能量的损失，但是这部分能量的损失与（5）不同，它不是变为热能而在流动中散失，而是变为脉动能量。因此这一项表示出时均流动中的能量转化为湍流脉动能量，因而称为脉动能量产生项。当 $i=j$ 时，$-\rho\overline{u_i'u_j'}$ 为正应力，正应力所做的功远比切应力所做的功小。

4. 湍流脉动部分的能量方程

从湍流时均的总能量方程减去湍流中时均流动部分的能量方程，即可得到湍流中脉动部分的能量方程

$$\underbrace{\frac{\partial}{\partial t}\left(\frac{\rho}{2}\overline{q^2}\right)}_{(1)}+\underbrace{\bar{u}_j\frac{\partial}{\partial x_j}\left(\frac{\rho}{2}\overline{q^2}\right)}_{(2)}+\underbrace{\frac{\partial}{\partial x_j}\overline{u_j'\left(p'+\frac{\rho}{2}q^2\right)}}_{(3)}$$

$$=\underbrace{\mu\frac{\partial}{\partial x_j}\overline{\left[u_i'\left(\frac{\partial u_i'}{\partial x_j}+\frac{\partial u_j'}{\partial x_i}\right)\right]}}_{(4)}-\underbrace{\mu\overline{\frac{\partial u_i'}{\partial x_j}\left(\frac{\partial u_i'}{\partial x_j}+\frac{\partial u_j'}{\partial x_i}\right)}}_{(5)}+\underbrace{(-\rho\overline{u_i'u_j'})\overline{\frac{\partial u_i'}{\partial x_j}}}_{(6)}\tag{11.2.4}$$

式中（1）~（5）各项的物理意义前已述及。（6）项为脉动能量的产生项，需要注意的是这一项的符号为正号。说明对于脉动运动而言，它是从时均流动中得到这一部分能量，以维持它的脉动。总的来说，湍流运动中脉动部分能量的平衡可以认为是在某一控制体中，流体脉动能量 $\dfrac{\rho}{2}\overline{q^2}$ 的随体变化是由于几个方面的原因所产生的：一是在控制体表面由脉动黏性应力做功而与外界传递能量，是为扩散项，二是由脉动黏性应力所做的脉动变形功而形成耗散项。此外，还

有脉动由时均流动获取能量的产生项。

11.3　湍流输运方程

1. 湍流脉动动能方程

湍流脉动动能方程的通用形式可以从湍流脉动部分的能量方程（11.2.4）稍加改写即可得到。以 $K=\frac{1}{2}\overline{u_i'u_i'}=\frac{1}{2}\overline{q^2}$，$K'=\frac{1}{2}u_i'u_i'$，代入式（11.2.4），得

$$\frac{\partial K}{\partial t}+\bar{u}_j\frac{\partial K}{\partial x_j}=-\overline{u_i'u_j'}\frac{\partial\overline{u_i'}}{\partial x_j}+\frac{\partial}{\partial x_j}\overline{u_j'\left(\frac{p'}{\rho}+K'\right)}+\overline{\nu\left[\frac{\partial}{\partial x_j}\left(u_i'\frac{\partial u_i'}{\partial x_j}\right)+\frac{\partial}{\partial x_j}\left(u_i'\frac{\partial u_j'}{\partial x_i}\right)\right]}-\nu\overline{\frac{\partial u_i'}{\partial x_j}\frac{\partial u_i'}{\partial x_j}}-\nu\overline{\frac{\partial u_i'}{\partial x_j}\frac{\partial u_j'}{\partial x_i}} \tag{11.3.1}$$

式中

$$\nu\overline{\frac{\partial}{\partial x_j}\left(u_i'\frac{\partial u_i'}{\partial x_j}\right)}=\nu\overline{\frac{\partial}{\partial x_j}\left[\frac{\partial\left(\frac{1}{2}u_i'u_i'\right)}{\partial x_j}\right]}=\nu\frac{\partial}{\partial x_j}\left(\frac{\partial K}{\partial x_j}\right)$$

$$\nu\overline{\frac{\partial}{\partial x_j}\left(u_i'\frac{\partial u_j'}{\partial x_i}\right)}=\nu\overline{\left[\frac{\partial u_i'}{\partial x_j}\frac{\partial u_j'}{\partial x_i}+u_i'\frac{\partial}{\partial x_j}\left(\frac{\partial u_j'}{\partial x_i}\right)\right]}=\nu\overline{\frac{\partial u_i'}{\partial x_j}\frac{\partial u_j'}{\partial x_i}}$$

于是

$$\underbrace{\frac{\partial K}{\partial t}+\bar{u}_j\frac{\partial K}{\partial x_j}}_{(1)}=\underbrace{-\overline{u_i'u_j'}\frac{\partial\overline{u_i'}}{\partial x_j}}_{(2)}+\frac{\partial}{\partial x_j}\underbrace{\left[\overline{u_j'\left(K'+\frac{p'}{\rho}\right)}-\nu\left(\frac{\partial K}{\partial x_j}\right)\right]}_{(3)}+\underbrace{\overline{\nu\left[\frac{\partial}{\partial x_j}\left(u_i'\frac{\partial u_i'}{\partial x_j}\right)+\frac{\partial}{\partial x_j}\left(u_i'\frac{\partial u_j'}{\partial x_i}\right)\right]}}_{(4)}-\underbrace{\nu\overline{\frac{\partial u_i'}{\partial x_j}\frac{\partial u_i'}{\partial x_j}}}_{(5)}$$

此即通用的 K 方程。其中（1）为脉动动能的当地与迁移变化率；（2）为产生项；（3）为脉动流场空间不均匀性而导致的脉动动能 K 与压能 $\frac{p'}{\rho}$ 的脉动迁移变化率；（4）为脉动扩散项；（5）为动能方程中的脉动黏性耗散率 ε，即 $\varepsilon=\nu\overline{\frac{\partial u_i'}{\partial x_j}\frac{\partial u_i'}{\partial x_j}}$。

可以用更一般的方法来推导有关湍流脉动流速的有关方程。湍流瞬时的 N-S 方程可写作

$$\frac{\partial(\bar{u}_i+u_i')}{\partial t}+(\bar{u}_j+u_j')\frac{\partial(\bar{u}_i+u_i')}{\partial x_j}=-\frac{1}{\rho}\frac{\partial(\bar{p}+p')}{\partial x_i}+\nu\frac{\partial^2(\bar{u}_i+u_i')}{\partial x_j\partial x_j}$$

雷诺方程为

$$\frac{\partial\bar{u}_i}{\partial t}+\bar{u}_j\frac{\partial\bar{u}_i}{\partial x_j}=-\frac{1}{\rho}\frac{\partial\bar{p}}{\partial x_i}+\frac{1}{\rho}\frac{\partial}{\partial x_j}\left(\mu\frac{\partial\bar{u}_i}{\partial x_j}-\rho\overline{u_j'u_i'}\right)$$

以上两式相减，易得

$$\frac{\partial u_i'}{\partial t}+u_j'\frac{\partial \bar{u}_i}{\partial x_j}+\bar{u}_j\frac{\partial u_i'}{\partial x_j}+u_j'\frac{\partial u_i'}{\partial x_j}-\frac{\partial}{\partial x_j}(u_i'u_j')=-\frac{1}{\rho}\frac{\partial p'}{\partial x_i}+\nu\frac{\partial^2 u_i'}{\partial x_j\partial x_j} \tag{11.3.2}$$

将该式中下标 j 改为 l（因为是哑指标，对方程无影响），得

$$\frac{\partial u_i'}{\partial t}+u_l'\frac{\partial u_i'}{\partial x_l}+\bar{u}_l\frac{\partial u_i'}{\partial x_l}+u_l'\frac{\partial \bar{u}_i}{\partial x_l}-\frac{\partial}{\partial x_l}(u_i'u_l')=-\frac{1}{\rho}\frac{\partial p'}{\partial x_i}+\nu\frac{\partial^2 u_i'}{\partial x_l\partial x_l} \tag{11.3.3}$$

将 N-S 方程和雷诺方程中 j 方向的方程相减可得

$$\frac{\partial u_j'}{\partial t}+u_l'\frac{\partial \bar{u}_j}{\partial x_l}+\bar{u}_l\frac{\partial u_j'}{\partial x_l}-\frac{\partial \overline{u_j'u_l'}}{\partial x_l}=-\frac{1}{\rho}\frac{\partial p'}{\partial x_j}+\nu\frac{\partial^2 u_j'}{\partial x_l\partial x_l} \tag{11.3.4}$$

式（11.3.3）乘以 u_j' 加上式（11.3.4）乘以 u_i'，去时均值，得

$$\frac{\partial \overline{u_i'u_j'}}{\partial t}+\bar{u}_l\frac{\partial \overline{u_i'u_j'}}{\partial x_l}+\left(\overline{u_j'u_l'}\frac{\partial \bar{u}_i}{\partial x_l}+\overline{u_i'u_l'}\frac{\partial \bar{u}_j}{\partial x_l}\right)+\overline{u_j'u_l'\frac{\partial u_i'}{\partial x_l}+u_i'u_l'\frac{\partial u_j'}{\partial x_l}}$$
$$=-\frac{1}{\rho}\left(\overline{u_j'\frac{\partial p'}{\partial x_i}}+\overline{u_i'\frac{\partial p'}{\partial x_j}}\right)+\nu\left(\overline{u_j'\frac{\partial^2 u_i'}{\partial x_l\partial x_l}}+\overline{u_i'\frac{\partial^2 u_j'}{\partial x_l\partial x_l}}\right) \tag{11.3.5}$$

式中，

$$\overline{u_j'u_l'\frac{\partial u_i'}{\partial x_l}+u_i'u_l'\frac{\partial u_j'}{\partial x_l}}=\overline{u_j'u_l'\frac{\partial u_i'}{\partial x_l}+u_i'u_l'\frac{\partial u_j'}{\partial x_l}+u_i'u_j'\frac{\partial u_l'}{\partial x_l}}=\frac{\partial \overline{u_i'u_j'u_l'}}{\partial x_l}$$

$$\frac{1}{\rho}\overline{u_j'\frac{\partial p'}{\partial x_i}}=\frac{1}{\rho}\frac{\partial}{\partial x_i}(\overline{p'u_j'})-\overline{p'\frac{\partial u_j'}{\partial x_i}}=\frac{\partial}{\partial x_l}\overline{\frac{p'}{\rho}u_j'\delta_{il}}-\overline{\frac{p'}{\rho}\frac{\partial u_j'}{\partial x_i}}$$

$$\frac{1}{\rho}\overline{u_i'\frac{\partial p'}{\partial x_j}}=\frac{1}{\rho}\frac{\partial}{\partial x_j}(\overline{p'u_i'})-\overline{p'\frac{\partial u_i'}{\partial x_j}}=\frac{\partial}{\partial x_l}\overline{\frac{p'}{\rho}u_i'\delta_{jl}}-\overline{\frac{p'}{\rho}\frac{\partial u_i'}{\partial x_j}}$$

$$\nu\left(\overline{u_j'\frac{\partial^2 u_i'}{\partial x_l\partial x_l}}+\overline{u_i'\frac{\partial^2 u_j'}{\partial x_l\partial x_l}}\right)=\nu\frac{\partial^2(\overline{u_i'u_j'})}{\partial x_l\partial x_l}-2\nu\overline{\frac{\partial u_i'}{\partial x_l}\frac{\partial u_j'}{\partial x_l}}$$

于是得到雷诺应力方程为

$$\underbrace{\frac{\mathrm{D}\overline{u_i'u_j'}}{\mathrm{D}t}}_{(1)}=\underbrace{-\left(\overline{u_j'u_l'}\frac{\partial \bar{u}_i}{\partial x_l}+\overline{u_i'u_l'}\frac{\partial \bar{u}_j}{\partial x_l}\right)}_{(2)}-\frac{\partial}{\partial x_l}\left[\underbrace{\overline{u_i'u_j'u_l'}}_{(3)}+\underbrace{\overline{\frac{p'}{\rho}(u_j'\delta_{il}+u_i'\delta_{jl})}}_{(4)}-\underbrace{\nu\frac{\partial \overline{u_i'u_j'}}{\partial x_l}}_{(5)}\right]-$$
$$\underbrace{2\nu\overline{\frac{\partial u_i'}{\partial x_l}\frac{\partial u_j'}{\partial x_l}}}_{(6)}+\underbrace{\overline{\frac{p'}{\rho}\left(\frac{\partial u_i'}{\partial x_j}+\frac{\partial u_j'}{\partial x_i}\right)}}_{(7)} \tag{11.3.6}$$

式中各项的物理意义为：

（1）为单位质量流体雷诺应力的物质导数，包括当地变化率和迁移变化率。

（2）为产生项，雷诺应力对时均流速场所做的变形功。

（3）为湍流扩散项之一，脉动流速场中单位质量流体雷诺应力的迁移变化率。该项为脉动流速的三阶矩，共有 27 项，由于对称性，故只有 18 项。

（4）为湍流扩散项之一，由于脉动压力引起的湍流扩散。

（5）为湍流扩散项之一，由黏性引起的湍流应力的扩散，实质为分子扩散。

（6）为湍流耗散项。

（7）为湍流脉动压力与脉动变形速率的作用。

对式（11.3.6）进行缩并，即令 $i=j$，并以 $K=\frac{1}{2}\overline{u_i'u_i'}$ 代入，且考虑连续性方程，即可得湍流脉动动能方程，即 K 方程

$$\frac{\mathrm{D}K}{\mathrm{D}t}=-\overline{u_i'u_l'}\frac{\partial\bar{u}_i}{\partial x_l}-\frac{\partial}{\partial x_l}\left(\overline{K'u_l'}+\frac{1}{\rho}\overline{p'u_l'}-\nu\frac{\partial K}{\partial x_l}\right)-\varepsilon \tag{11.3.7}$$

2. 湍流动能耗散率方程

将式（11.3.2）对 x_l 取偏微分，得

$$\frac{\partial}{\partial t}\left(\frac{\partial u_i'}{\partial x_l}\right)+u_j'\frac{\partial^2\bar{u}_i}{\partial x_j\partial x_l}+\frac{\partial u_j'}{\partial x_l}\frac{\partial\bar{u}_i}{\partial x_j}+\frac{\partial\bar{u}_j}{\partial x_l}\frac{\partial u_i'}{\partial x_j}+\bar{u}_j\frac{\partial^2u_i'}{\partial x_j\partial x_l}+\frac{\partial u_j'}{\partial x_l}\frac{\partial u_i'}{\partial x_j}+u_j'\frac{\partial^2u_i'}{\partial x_j\partial x_l}-\frac{\partial^2\overline{u_i'u_j'}}{\partial x_j\partial x_l}$$
$$=-\frac{1}{\rho}\frac{\partial^2p'}{\partial x_i\partial x_l}+\nu\frac{\partial^3u_i'}{\partial x_j\partial x_j\partial x_l} \tag{11.3.8}$$

以 $2\nu\frac{\partial u_i'}{\partial x_l}$ 乘以式（11.3.8），利用 $\frac{\partial u_i'}{\partial x_i}=0$，$\frac{\partial u_j'}{\partial x_j}=0$，且令 $\varepsilon'=\nu\frac{\partial u_i'}{\partial x_l}\frac{\partial u_i'}{\partial x_l}$，$\varepsilon=\nu\overline{\frac{\partial u_i'}{\partial x_l}\frac{\partial u_i'}{\partial x_l}}$，最后对全式取时均值，得

$$\frac{\mathrm{D}\varepsilon}{\mathrm{D}t}=-\frac{\partial}{\partial x_j}(\overline{\varepsilon'u_j'})-\frac{2\nu}{\rho}\frac{\partial}{\partial x_i}\left(\overline{\frac{\partial u_i'}{\partial x_l}\frac{\partial p'}{\partial x_l}}\right)+\nu\frac{\partial^2\varepsilon}{\partial x_j\partial x_j}-2\nu^2\overline{\frac{\partial^2u_i'}{\partial x_j\partial x_l}\frac{\partial^2u_i'}{\partial x_j\partial x_l}}-$$
$$2\nu\overline{u_j'\frac{\partial u_i'}{\partial x_l}}\frac{\partial^2\bar{u}_i}{\partial x_j\partial x_l}-2\nu\left(\overline{\frac{\partial u_i'}{\partial x_l}\frac{\partial u_j'}{\partial x_l}}\frac{\partial\bar{u}_i}{\partial x_j}+\overline{\frac{\partial u_i'}{\partial x_l}\frac{\partial u_i'}{\partial x_j}}\frac{\partial\bar{u}_j}{\partial x_l}\right)-2\nu\overline{\frac{\partial u_i'}{\partial x_l}\frac{\partial u_i'}{\partial x_j}\frac{\partial u_j'}{\partial x_l}} \tag{11.3.9}$$

式中，

$$\frac{\mathrm{D}\varepsilon}{\mathrm{D}t}=\frac{\partial\varepsilon}{\partial t}+\bar{u}_j\frac{\partial\varepsilon}{\partial x_j}$$

如改变式（11.3. 9）中哑指标的符号，可得

$$\frac{\mathrm{D}\varepsilon}{\mathrm{D}t}=-\frac{\partial}{\partial x_j}\left(\overline{\varepsilon'u_j'}+\frac{2\nu}{\rho}\overline{\frac{\partial u_j'}{\partial x_l}\frac{\partial p'}{\partial x_l}}-\nu\frac{\partial\varepsilon}{\partial x_j}\right)-2\nu\overline{u_j'\frac{\partial u_i'}{\partial x_l}}\frac{\partial^2\bar{u}_i}{\partial x_j\partial x_l}-$$
$$2\nu\frac{\partial\bar{u}_i}{\partial x_j}\left(\overline{\frac{\partial u_i'}{\partial x_l}\frac{\partial u_j'}{\partial x_l}}+\overline{\frac{\partial u_l'}{\partial x_j}\frac{\partial u_l'}{\partial x_i}}\right)-2\nu\overline{\frac{\partial u_i'}{\partial x_l}\frac{\partial u_i'}{\partial x_j}\frac{\partial u_j'}{\partial x_l}}-2\nu^2\overline{\left(\frac{\partial^2u_i'}{\partial x_j\partial x_l}\right)^2} \tag{11.3.10}$$

可完全类似地导出脉动温度能量 $\overline{u_i'T'}$ 的输运方程（忽略耗散项）为

$$\frac{\mathrm{D}\overline{u_i'T'}}{\mathrm{D}t}=\frac{\partial}{\partial x_l}\left(-\overline{u_i'u_l'T'}-\delta_{il}\frac{\overline{p'T'}}{\rho}+\frac{\lambda}{\rho c_p}\overline{u_i'\frac{\partial T'}{\partial x_l}}+\nu\overline{T'\frac{\partial u_i'}{\partial x_l}}\right)-$$
$$\left(\overline{u_i'u_l'}\frac{\partial\bar{T}}{\partial x_l}+\overline{u_l'T'}\frac{\partial\bar{u}_i}{\partial x_l}\right)-\left(\frac{\lambda}{\rho c_p}+\nu\right)\overline{\frac{\partial u_i'}{\partial x_l}\frac{\partial T'}{\partial x_l}}+\frac{1}{\rho}\frac{\partial\overline{p'T'}}{\partial x_i} \tag{11.3.11}$$

应当指出，上述湍流二阶相关量的输运方程给湍流时均运动方程组提供了一些补充方程，如果能从这些精确的方程中联立求解出二阶相关量，则湍流时均运动方程的求解问题就能得到解决。然而，不幸的是，在这些二阶相关量输运方程中又引入了一些新的复杂因素，甚至出现了三阶相关量，如 $\overline{u_i'u_j'u_l'}$ 等。因此，不可能严格地求解出这些二阶相关量。当然，还可以进一

步导出三阶相关量的输运方程，但随之又出现四阶相关量，此即求解湍流问题的真正困难所在。目前还不存在描述湍流时均运动精确的封闭方程组。人们只能通过另一条途径来求解这些二阶相关量，即提出一些适当的方法来近似地处理湍流二阶相关量输运方程中的一些项，使之成为数学上的封闭方程组，这就是二阶湍流封闭模型所要完成的任务。尽管二阶模型仍是近似的，但它已从一阶模型基础上向前迈进了一步。实际表明，采用二阶封闭模型解决复杂湍流问题，其普遍性和精确性都优于一阶模型，并解决了许多一阶模型所不能解决的湍流工程问题。

11.4 不可压缩湍流一阶封闭模型

一阶封闭模型是直接建立雷诺应力与平均速度之间的代数关系，没有引进高阶统计量的微分方程，所以称零方程模型，又称代数模型。

1. 普朗特混合长度理论

1925 年德国著名力学家普朗特采用与分子黏度类比的方法，对二维湍流边界层问题提出了动量传递的混合长度理论，简称为普朗特混合长度理论。该理论引入两个假设：其一，湍流中的微团做脉动运动时类似于分子的平均自由程，在一定距离内微团保持整体不变，它所具有的物理量（如质量、动量等）不发生量的转移，当微团到达新的位置后，立即与当地微团相混合，失去原有特征，并取得与新位置上流体相同的动量等。微团运动时保持流动特性不变的这一平均距离称为混合长度或掺混长度，记为 l_m。其二，x 方向和 y 方向上的脉动速度 u'_x 与 u'_y 同量级。

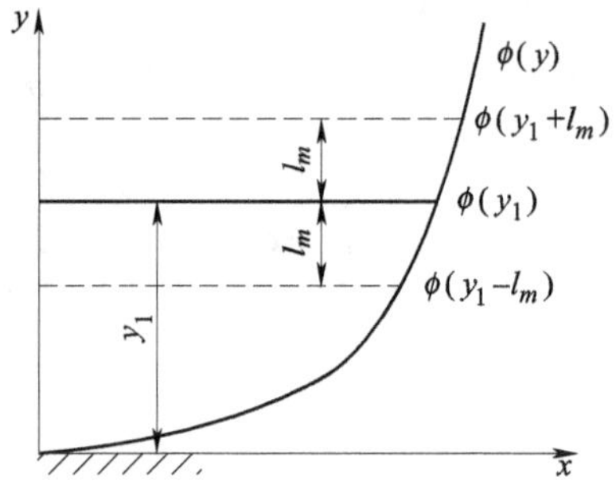

图 11.4.1 混合长度

二维湍流平均速度如图 11.4.1 所示。设 ϕ 为输运量，并令 $\phi=\overline{\phi}+\phi'$，当 $\overline{\phi}(y)$ 从 y_1 层开始运动，在移动过程中不变，到达 (y_1+l_m) 层后，取得 (y_1+l_m) 层上的平均值，两者之差则为脉动值 ϕ'，即

$$\phi'=\overline{\phi}(y_1)-\overline{\phi}(y_1+l_m)$$

因 l_m 为小量，则对 $\overline{\phi}(y_1+l_m)$ 在 y_1 处做泰勒展开

$$\overline{\phi}(y_1+l_m)=\overline{\phi}(y_1)+\left(\frac{\mathrm{d}\overline{\phi}}{\mathrm{d}y}\right)_{y_1}\cdot l_m+\frac{1}{2!}\left(\frac{\mathrm{d}^2\overline{\phi}}{\mathrm{d}y^2}\right)_{y_1}\cdot l_m^2+\cdots$$

于是，一般情况下脉动值可表示为

$$\phi'=-\frac{\mathrm{d}\overline{\phi}}{\mathrm{d}y}\cdot l_m-\frac{1}{2!}\frac{\mathrm{d}^2\overline{\phi}}{\mathrm{d}y^2}\cdot l_m^2-\cdots$$

略去二阶及二阶以上的高阶小量，可得

$$\phi'=-l_m\frac{\mathrm{d}\overline{\phi}}{\mathrm{d}y}$$

若流体微团的 y 方向位移是由向上的随机脉动所引起的，则 $\phi'>0$。反之，当 $\overline{\phi}(y)$ 从 (y_1+l_m) 层开始向 y_1 层输运时，则 $\phi'<0$。设 u'_x 为 x 方向的脉动速度，u'_y 为 y 方向的脉动速度。由以上分析，可得

$$u'_{x;\ y_1\to y_1+l_m}=-l_m\frac{\mathrm{d}\overline{\phi}}{\mathrm{d}y},\ u'_{x;\ y_1+l_m\to y_1}=l_m\frac{\mathrm{d}\overline{\phi}}{\mathrm{d}y}$$

假设

$$|u'_x|=\frac{1}{2}(|u'_{x;\ y_1\to y_1+l_m}|+|u'_{x;\ y_1+l_m\to y_1}|)=l_m\frac{\mathrm{d}\overline{\phi}}{\mathrm{d}y}$$

依据假设，u'_x 和 u'_y 具有同一量级，则

$$|u'_y|\sim|u'_x|=l_m\left|\frac{\mathrm{d}\overline{\phi}}{\mathrm{d}y}\right|$$

考虑动量传递，令 $\phi=\rho u_x$， 有

$$\overline{\phi}=\rho\overline{u}_x,\ \phi'=\rho u'_x=-\rho l_m\frac{\mathrm{d}\overline{u}_x}{\mathrm{d}y}$$

于是，通过单位面积的通量为

$$|\overline{\phi'u'_y}|=|\overline{(\rho u'_x)u'_y}|=l_m\left|\frac{\mathrm{d}\overline{u}_x}{\mathrm{d}y}\right|\cdot\left|-\rho l_m\frac{\mathrm{d}\overline{u}_x}{\mathrm{d}y}\right|=\rho l_m^2\left(\frac{\mathrm{d}\overline{u}_x}{\mathrm{d}y}\right)^2$$

雷诺应力为

$$\tau_t=-\rho\,\overline{u'_xu'_y}=\rho l_m^2\left|\frac{\mathrm{d}\overline{u}_x}{\mathrm{d}y}\right|\frac{\mathrm{d}\overline{u}_x}{\mathrm{d}y}$$

上式为普朗特混合长度理论公式。由

$$\tau_t=-\rho\,\overline{u'_xu'_y}=\mu_t\frac{\mathrm{d}\overline{u}_x}{\mathrm{d}y}$$

可得到湍流黏度

$$\mu_t=\rho l_m^2\left|\frac{\mathrm{d}\overline{u}_x}{\mathrm{d}y}\right|$$

或

$$\nu_t=\frac{\mu_t}{\rho}=l_m^2\left|\frac{\mathrm{d}\overline{u}_x}{\mathrm{d}y}\right|$$

式中，μ_t 为湍流动力黏度；ν_t 为湍流运动黏度。混合长度 l_m 是 y 的未知函数，需要进一步加以研究，l_m 不是流体的物性参数，而是与流动情况有关的一种量度，通常 l_m 的值由实验确定，很多情况下可以把 l_m 与流动的某些特征尺度联系起来。湍流中的应力由分子黏性应力 $\overline{\tau}_{yx}=\mu\frac{\mathrm{d}\overline{u}_x}{\mathrm{d}y}$ 和雷诺应力 $\tau_t=\mu_t\frac{\mathrm{d}\overline{u}_x}{\mathrm{d}y}$ 两部分组成。实验发现，这两种应力并不是在整个流场中同等重要。在固壁边界上，壁面无滑移条件依然成立，也就是说壁面上速度的涨落量为零，因而壁面上雷诺应力 $-\rho\,\overline{u'_xu'_y}=0$。在壁面附近，涨落仍然受到壁面的限制，$|-\rho\,\overline{u'_xu'_y}|$ 很小。但在离固壁较远处，则涨落活跃，$|-\rho\,\overline{u'_xu'_y}|$ 一般远超过 $\overline{\tau}_{yx}$ 。例如，在相距 $2h$ 的两平行平板间的二维平面流中，测得 $|-\rho\,\overline{u'_xu'_y}|$ 与 $\overline{\tau}_{yx}$ 之比，在壁面处为0，在距壁面 $0.02h$ 处即已上升到1 的量级，而在距壁面 $0.1h$ 以外直到中心线区域这一比值可达数十至数百。一般把湍流分为三个流动区域。第一个区域靠近壁面，为黏性底层区，$\overline{\tau}_{yx}\gg|-\rho\,\overline{u'_xu'_y}|$；第二个区域远离壁面，为湍流核心

区，$\bar{\tau}_{yx} \ll \left|-\rho\,\overline{u'_x u'_y}\right|$；第三个区域介于以上两个区域之间，为过渡层，$\bar{\tau}_{yx} \sim \left|-\rho\,\overline{u'_x u'_y}\right|$。湍流中绝大部分区域是湍流核心，其他两个区域都很薄，有时为了数学处理上的简便，忽略过渡层，只考虑黏性底层和湍流核心。

下面用普朗特混合长度理论来分析零压力梯度平板边界层附近湍流中的平均速度分布。均质黏性不可压缩流体在水平无限大平板上做时均定常湍流运动，壁面静止，壁面切应力为 $\bar{\tau}_w$。该时均流动的动量方程为

$$\rho\left(\frac{\partial \bar{u}_x}{\partial t}+\bar{u}_x\frac{\partial \bar{u}_x}{\partial x}+\bar{u}_y\frac{\partial \bar{u}_x}{\partial y}\right)=-\frac{\partial \bar{p}}{\partial x}+\frac{\partial}{\partial x}(\bar{\tau}_{xx}-\rho\,\overline{u'_x u'_x})+\frac{\partial}{\partial y}(\bar{\tau}_{yx}-\rho\,\overline{u'_x u'_y})$$

由于流动是时均定常的单向流，则有 $\bar{u}_x=\bar{u}_x(y)$，$\bar{u}_y=0$，$\dfrac{\partial \bar{u}_x}{\partial t}=0$，$\dfrac{\partial \bar{p}}{\partial x}=0$，于是方程化作

$$\frac{\mathrm{d}}{\mathrm{d}y}(\bar{\tau}_{yx}-\rho\,\overline{u'_x u'_y})=0$$

壁面边界条件是

$$y=0\ ,\ \bar{\tau}_{yx}=\tau_w\ ,\ -\rho\,\overline{u'_x u'_y}=0$$

由此可以解出

$$\bar{\tau}_{yx}-\rho\,\overline{u'_x u'_y}=\tau_w$$

采用简化的两层模型，只考虑黏性底层和湍流核心区。在黏性底层，$\bar{\tau}_{yx} \gg \left|-\rho\,\overline{u'_x u'_y}\right|$，可得

$$\tau_w=\bar{\tau}_{yx}=\mu\frac{\mathrm{d}\bar{u}_x}{\mathrm{d}y}$$

它满足壁面无滑移条件，即 $\bar{u}_x|_{y=0}=0$ 的解为

$$\bar{u}_x=\frac{\tau_w}{\mu}y$$

把该式写成无量纲形式

$$\frac{\bar{u}_x}{u_\tau}=u^+$$

其中 $u_\tau=\sqrt{\dfrac{\tau_w}{\rho}}$，$u_\tau$ 称为摩擦速度，且令 $y^+=\dfrac{y}{\nu/u_\tau}$，$y^+$ 为无量纲距离。

设黏性底层的厚度为 δ_l，在黏性底层的外边界（$y=\delta_l$），$\bar{u}_x=\bar{U}_e$，易得

$$\frac{\bar{U}_e}{u_\tau}=\frac{\delta_l}{\nu/u_\tau}=\alpha$$

式中，α 为待定的无量纲常数。

在湍流核心区（$y>\delta_l$），$\bar{\tau}_{yx} \ll \left|-\rho\,\overline{u'_x u'_y}\right|$，易得

$$\tau_w=-\rho\,\overline{u'_x u'_y}=\rho l_m^2\left(\frac{\mathrm{d}\bar{u}_x}{\mathrm{d}y}\right)^2$$

将 $u_\tau=\sqrt{\dfrac{\tau_w}{\rho}}$ 代入该式，有

$$\frac{\mathrm{d}\bar{u}_x}{\mathrm{d}y}=\frac{u_{x,\tau}}{l_m}$$

实验表明，离壁面越远，湍流涨落越活跃，因此假设混合长度 l_m 与离开壁面的距离 y 成正比，即

$$l_m = \kappa y$$

式中，κ 为卡门常数。基于此，得

$$\frac{\mathrm{d}\overline{u}_x}{\mathrm{d}y} = \frac{u_\tau}{\kappa y}$$

在黏性底层的外边界（$y = \delta_l$）满足衔接条件 $\overline{u}_x = \overline{U}_e = \alpha u_{x,\tau}$ 的解是

$$\overline{u}_x - \alpha u_\tau = \frac{u_\tau}{\kappa}\ln\frac{y}{\delta_l}$$

写成无量纲的形式则为

$$\frac{\overline{u}_x}{u_\tau} = \frac{1}{\kappa}\ln y^+ + \alpha - \frac{1}{\kappa}\ln\alpha$$

式中，κ 和 α 均由实验来确定。由此得到零压力梯度平板边界层附近湍流中的平均速度分布情况，在黏性底层平均速度呈线性分布，即 $\frac{\overline{u}_x}{u_\tau} = y^+$，在湍流核心区平均速度呈对数分布式，即 $\frac{\overline{u}_x}{u_\tau} = \frac{1}{\kappa}\ln y^+ + \alpha - \frac{1}{\kappa}\ln\alpha$。对湍流边界层的分析将在第 12 章中进一步详细阐述。

普朗特混合长度理论公式用于平板附近、圆管中和渠道中的湍流时，通过适当选择参数 l_m，都能给出合理的速度分布和可靠的摩擦阻力结果，下面给出某些情况下 l_m 的取值。

对于二维壁面切变湍流，普朗特假定 l_m 与从固壁算起的法向距离 y 成正比，即

$$l_m = \begin{cases} \kappa y, & \delta_l < y \leqslant y_c, \\ \sigma y, & y_c < y < \delta \end{cases}$$

式中，y 为垂直于壁面的距离；κ 为卡门常数，由实验确定 $\kappa = 0.4 \sim 0.42$；δ 为湍流速度边界层厚度；δ_l 为黏性底层厚度；$y_c = \frac{40\nu}{u_\tau}$，$u_\tau = \sqrt{\frac{\tau_w}{\rho}}$，$\sigma = 0.075 \sim 0.09$。

对于充分发展圆管内的湍流，其混合长度可用尼古拉兹（Nikuradse）公式计算

$$\frac{l_m}{R} = 0.14 - 0.08\left(1 - \frac{y}{R}\right)^2 - 0.16\left(1 - \frac{y}{R}\right)^4$$

式中，R 为圆管的半径；y 为以轴线为原点的径向坐标。

对于自由剪切流，包括自由射流、混合层、尾流和羽流等，它们的共同点是可以不考虑固体壁面对流场的影响。在自由剪切流中，假设混合长度在与主流垂直的方向上保持不变，其大小与当地湍流混合层的宽度 y_E 成正比，而混合层的宽度通常是主流方向空间坐标的函数

$$l_m = \lambda y_E$$

混合长度理论的优点是简捷直观，无须附加湍流特征量的微分方程，适于简单流动，如管流、边界层流、射流和喷管流动等，该理论将湍流应力与平均速度直接建立联系，而且混合长度 l_m 与特征长度也是简单的几何关系。事实上，l_m 并不是真实的物理概念，而只是一个具有长度量纲的可调参数，其值由实验确定，从而使模型的结果尽可能地符合真实情况。由于计算关系式简单，对于能较好地用经验确定混合长度的许多切变湍流，计算结果有一定的精度，因而曾被工程界广泛采用。混合长度理论也被称为半经验理论，是由于其理论推导以及所依据的假设都

是不严格的。关于混合长度理论的缺点，从物理意义讲，它的假定本身，意味着将湍流看成是处于局部平衡状态，即湍动能量的产生和耗散在每个流体微团上平衡，也就是说，它没有考虑各点间的能量输运影响，也没有考虑各点来流的历史影响，因而许多情况下与实际不符。例如，格栅后的尾流湍动，由平均运动带到下游，而下游平均流速是均匀分布的，即平均流速的梯度为零，即 $\frac{\mathrm{d}\bar{u}_x}{\mathrm{d}y}=0$，从而 $\mu_t=\rho l_m^2\left|\frac{\mathrm{d}\bar{u}_x}{\mathrm{d}y}\right|=0$，湍流成为无湍动强度的流动，显然与实际不符合。同样可以得到在管道对称中心上 $\mu_t=0$，这也与实际不符合。对于湍动扩散、对流输运或历史作用有重要影响的湍流，混合长度理论不适用。另一方面，由于混合长度 l_m 是由经验确定的，只有在简单流动中才能给出 l_m 的表达式，对于复杂湍流，如转弯或台阶后方的回流流动，无法给出 l_m 的规律，因而混合长度理论在复杂湍流中难以应用。

2. 泰勒涡量传递的混合长度理论

普朗特的混合长度理论认为，在某一掺混长度内流体团的动量不发生变化。1932 年泰勒提出涡量传递理论，他认为流体微团在脉动过程中，动量必然发生变化，在某一掺混长度内保持不变的应该是涡量。在 y 方向上这一长度记为 l_ω，称之为涡量传递长度，由于湍流混掺而引起的涡量脉动 Ω_z' 可以表示为

$$|\Omega_z'|=l_\omega\left|\frac{\partial\bar{\Omega}_z}{\partial y}\right|$$

考虑二维定常平行流动，脉动分量只有 u_x' 和 u_y'，$\bar{u}_x=\bar{u}_x(y)$，$\bar{u}_y=\bar{u}_z=0$，$\frac{\partial}{\partial x}=\frac{\partial}{\partial z}=0$，且只有 z 方向的涡量存在 Ω，将其分解为平均涡量 $\bar{\Omega}$ 和脉动涡量 Ω'，即

$$\Omega=\bar{\Omega}+\Omega'=\frac{\partial u_y}{\partial x}-\frac{\partial u_x}{\partial y}=\frac{\partial u_y'}{\partial x}-\frac{\partial(\bar{u}_x+u_x')}{\partial y}=\frac{\partial u_y'}{\partial x}-\frac{\partial\bar{u}_x}{\partial y}-\frac{\partial u_x'}{\partial y}$$

于是

$$\bar{\Omega}=-\frac{\mathrm{d}\bar{u}_x}{\mathrm{d}y},\ \Omega'=\frac{\partial u_y'}{\partial x}-\frac{\partial u_x'}{\partial y},\ \frac{\mathrm{d}\bar{\Omega}}{\mathrm{d}y}=-\frac{\mathrm{d}^2\bar{u}_x}{\mathrm{d}y^2}$$

考虑涡量传递，令 $\phi=\rho\Omega$，有

$$\bar{\phi}=\rho\bar{\Omega},\ \phi'=\rho\Omega'=-\rho l_\omega\frac{\mathrm{d}\bar{\Omega}}{\mathrm{d}y}=\rho l_\omega\frac{\mathrm{d}^2\bar{u}_x}{\mathrm{d}y^2}$$

于是，涡量输运的二阶关联量为 $|\overline{\Omega' u_y'}|=|\overline{(\rho\Omega')u_y'}|$，并假设 $|u_y'|=l_\omega\left|\frac{\mathrm{d}\bar{u}_x}{\mathrm{d}y}\right|$，于是

$$-\rho\overline{\Omega' u_y'}=|\overline{(\rho\Omega')u_y'}|=\overline{l_\omega\left|\frac{\mathrm{d}\bar{u}_x}{\mathrm{d}y}\right|\cdot\left(\rho l_\omega\frac{\mathrm{d}^2\bar{u}_x}{\mathrm{d}y^2}\right)}=\rho l_\omega^2\left|\frac{\mathrm{d}\bar{u}_x}{\mathrm{d}y}\right|\cdot\frac{\mathrm{d}^2\bar{u}_x}{\mathrm{d}y^2}$$

这样就把涡量输运的二阶关联量用平均运动进行了表达。

下面来分析泰勒涡量传递和普朗特混合长度理论之间的关系。由 $\Omega'=\frac{\partial u_y'}{\partial x}-\frac{\partial u_x'}{\partial y}$ 得

$$\overline{(\rho\Omega')u_y'}=-\rho\overline{\left(\frac{\partial u_y'}{\partial x}-\frac{\partial u_x'}{\partial y}\right)u_y'}=\rho\overline{\left[\frac{\partial}{\partial x}\left(\frac{1}{2}\overline{u_y'u_y'}\right)-\frac{\partial}{\partial y}(\overline{u_x'u_y'})-u_x'\frac{\partial u_x'}{\partial y}\right]}$$

$$=\rho\left[\frac{\partial}{\partial x}\left(\frac{1}{2}\overline{u'_y u'_y}\right)-\frac{\partial}{\partial y}(\overline{u'_x u'_y})-\frac{\partial}{\partial y}\left(\frac{1}{2}\overline{u'_x u'_x}\right)\right]$$

$$=\rho\left[\frac{\partial}{\partial x}\frac{1}{2}(\overline{u'^2_x}+\overline{u'^2_y})-\frac{\partial}{\partial y}(\overline{u'_x u'_y})\right]=\rho\left[\frac{\partial K}{\partial x}-\frac{\partial}{\partial y}(\overline{u'_x u'_y})\right]$$

$$=-\rho\frac{\mathrm{d}}{\mathrm{d}y}(\overline{u'_x u'_y})=\frac{\mathrm{d}}{\mathrm{d}y}(-\rho\overline{u'_x u'_y})$$

由此得到

$$\rho l_\omega^2\left|\frac{\mathrm{d}\bar{u}_x}{\mathrm{d}y}\right|\cdot\frac{\mathrm{d}^2\bar{u}_x}{\mathrm{d}y^2}=\rho\frac{\mathrm{d}}{\mathrm{d}y}\left(l_m^2\left|\frac{\mathrm{d}\bar{u}_x}{\mathrm{d}y}\right|\cdot\frac{\mathrm{d}\bar{u}_x}{\mathrm{d}y}\right)$$

而

$$\frac{\mathrm{d}}{\mathrm{d}y}\left(\left|\frac{\mathrm{d}\bar{u}_x}{\mathrm{d}y}\right|\cdot\frac{\mathrm{d}\bar{u}_x}{\mathrm{d}y}\right)=2\left|\frac{\mathrm{d}\bar{u}_x}{\mathrm{d}y}\right|\frac{\mathrm{d}^2\bar{u}_x}{\mathrm{d}y^2}$$

$$\rho l_\omega^2\left|\frac{\mathrm{d}\bar{u}_x}{\mathrm{d}y}\right|\frac{\mathrm{d}^2\bar{u}_x}{\mathrm{d}y^2}=2\rho l_m^2\left|\frac{\mathrm{d}\bar{u}_x}{\mathrm{d}y}\right|\frac{\mathrm{d}^2\bar{u}_x}{\mathrm{d}y^2}$$

即

$$l_\omega=\sqrt{2}\,l_m$$

可见，普朗特动量传递的混合长度理论和泰勒涡量传递理论二者在表达形式上完全相同，两个掺混长度只相差一个常数。

3. 卡门相似理论

普朗特和泰勒的混合长度理论把求雷诺应力归结为求混合长度，但并没有给出确定混合长度的方法。1930 年卡门利用相似性假设，提出了可用来估计混合长度与空间坐标关系的湍流局部相似性理论，进一步认清了混合长度规律。在充分发展的湍流中，有三个基本假定：

1）几何条件相似且雷诺数很高的流动，其流动结构有相似性，即可用一个长度尺度和一个速度尺度使无量纲的平均值对无量纲坐标的分布完全相同。

2）雷诺数足够高，且接近运动均衡状态的流动，其流动结构存在自模性，流动结构不随时间而变，对定常流动，沿流动方向各断面上的流动结构不变。任何断面内的任何平均量的变化，可通过适当的长度比尺和速度比尺表示成无量纲坐标（y/l_0）的通用函数。例如，以 l_0 为长度比尺，U_0 为速度比尺。l_0 和 U_0 只是 x 的函数，则速度可化为无量纲函数

$$u_x=U_0 f(y/l_0)\ ,\ \overline{u'_x u'_x}=U_0^2 f_1(y/l_0)\ ,\ \overline{u'_x u'_y}=U_0^2 f_{12}(y/l_0)\ ,\ \overline{u'_y u'_y}=U_0^2 f_2(y/l_0)$$

3）流动有自模性，而且边界条件有对称性和均一性，即流动具有相似自模性。当流动具有自模性时，可将运动方程和连续性方程化成无量纲形式，得出 $f(y/l_0)$ 的函数关系，并通过各项的系数（只与 x 有关）求得简单的关系式，进而求出需要的物理量。

卡门提出的二维平行湍流的局部运动相似性理论，其基本思想包括两点。其一，整个湍流运动场是平均运动场和脉动运动场的叠加，只有固壁附近需考虑流体的黏性作用，在离开壁面的完全湍流区内，湍流结构与黏性无直接关系，且各点的横向脉动速度 u'_x 和纵向脉动速度 u'_y 成比例，即 $u'_x/u'_y=\text{const}$；其二，流场中所有各点湍流脉动都是相似的，即每点邻域内各点的脉动速度只相差一个速度尺度和长度尺度，也就是说具有自模性，所以只需用一个时间和速度尺度就能确定湍流结构。

将空间某点 y 附近的平均速度在 y 处做泰勒级数展开

$$\overline{u}_x(y+\Delta y)=\overline{u}_x(y)+\frac{\mathrm{d}\overline{u}_x}{\mathrm{d}y}\cdot\Delta y+\frac{1}{2!}\frac{\mathrm{d}^2\overline{u}_x}{\mathrm{d}y^2}\cdot(\Delta y)^2+\cdots$$

Δy 很小，且在普朗特混合长度 l_m 的范围内，$\Delta y\leqslant l_m$，注意到 $\overline{u}_x(y+\Delta y)-\overline{u}_x(y)=u'_x$，略去高阶小量，并用混合长度 l_m 作为长度尺度，用 $U_0=\sqrt{|\overline{u'_x u'_y}|}$ 作为速度尺度，对上述泰勒级数展开式无量纲化，得

$$\frac{u'_x}{U_0}=\frac{\mathrm{d}(\overline{u}_x/U_0)}{\mathrm{d}(y/l_m)}\cdot\frac{\Delta y}{l_m}+\frac{1}{2!}\frac{\mathrm{d}^2(\overline{u}_x/U_0)}{\mathrm{d}(y/l_m)^2}\cdot\left(\frac{\Delta y}{l_m}\right)^2$$

根据卡门的局部运动相似性理论基本思想中的第二点，该式不随 x 变化，则

$$\frac{u'_x}{U_0}\sim\frac{\mathrm{d}(\overline{u}_x/U_0)}{\mathrm{d}(y/l_m)}\sim\frac{\mathrm{d}^2(\overline{u}_x/U_0)}{\mathrm{d}\,(y/l_m)^2}$$

由此得出

$$u'_x\sim l_m\frac{\mathrm{d}\overline{u}_x}{\mathrm{d}y},\ l_m\sim\frac{\mathrm{d}\overline{u}_x}{\mathrm{d}y}\Big/\frac{\mathrm{d}^2\overline{u}_x}{\mathrm{d}y^2}$$

由卡门的局部运动相似性理论基本思想中的第一点，$u'_x\sim u'_y$（$u'_x=C_l u'_y$），有

$$\tau_t=-\rho\,\overline{u'_x u'_y}=-\rho C_l\,\overline{u'_x u'_x}$$

于是

$$\tau_t=-\rho\,\overline{u'_x u'_y}=\rho C_l l_m^2\left|\frac{\mathrm{d}\overline{u}_x}{\mathrm{d}y}\right|\frac{\mathrm{d}\overline{u}_x}{\mathrm{d}y}$$

将 $l_m\sim\dfrac{\mathrm{d}\overline{u}_x}{\mathrm{d}y}\Big/\dfrac{\mathrm{d}^2\overline{u}_x}{\mathrm{d}y^2}$ 代入该式，得

$$\tau_t=-\rho\,\overline{u'_x u'_y}=-\rho C_l\left(\frac{\mathrm{d}\overline{u}_x}{\mathrm{d}y}\Big/\frac{\mathrm{d}^2\overline{u}_x}{\mathrm{d}y^2}\right)^2\left|\frac{\mathrm{d}\overline{u}_x}{\mathrm{d}y}\right|\frac{\mathrm{d}\overline{u}_x}{\mathrm{d}y}=-\rho\kappa^2\frac{\left|\left(\dfrac{\mathrm{d}\overline{u}_x}{\mathrm{d}y}\right)^3\right|\dfrac{\mathrm{d}\overline{u}_x}{\mathrm{d}y}}{\left(\dfrac{\mathrm{d}^2\overline{u}_x}{\mathrm{d}y^2}\right)^2}$$

式中，$\kappa^2=C_l l_m^2$，$l_m=\kappa\left|\dfrac{\mathrm{d}\overline{u}_x}{\mathrm{d}y}\Big/\dfrac{\mathrm{d}^2\overline{u}_x}{\mathrm{d}y^2}\right|$，其中 κ 是由实验确定的卡门常数，一般情况下 $\kappa=0.4$。$l_m=\kappa\left|\dfrac{\mathrm{d}\overline{u}_x}{\mathrm{d}y}\Big/\dfrac{\mathrm{d}^2\overline{u}_x}{\mathrm{d}y^2}\right|$ 的适用范围很小，特别是在有拐点的速度分布 $\dfrac{\mathrm{d}^2\overline{u}_x}{\mathrm{d}y^2}=0$（例如，湍流射流）时将出现 l_m 为无穷大的不合理情况。卡门相似理论比普朗特动量输运混合长度理论完善，但比较烦琐。

【例 11.4.1】 直径 $d=0.6\mathrm{m}$ 圆管内的水流湍流运动，测得断面速度分布为

$$\overline{u}_x=3.41+0.244\ln y$$

$\overline{u}_x$ 的单位是 m/s，y 从圆管轴线度量，单位为 m。实验得到 $y=0.102\mathrm{m}$ 处的切应力为 9.58Pa。设水的密度为 $1000\mathrm{kg/m^3}$。试求该处的湍流动力黏度 μ_t、混合长度 l_m 以及湍流常数 κ 的值。

解： 由所给速度分布易得

$$\frac{\mathrm{d}\overline{u}_x}{\mathrm{d}y}=\frac{0.244}{y}$$

$$\frac{d^2\bar{u}_x}{dy^2}=-\frac{0.244}{y^2}$$

因此

$$\left(\frac{d\bar{u}_x}{dy}\right)_{y=0.102}=\frac{0.244}{y}=\frac{0.244}{0.102}s^{-1}=2.39s^{-1}$$

$$\left(\frac{d^2\bar{u}_x}{dy^2}\right)_{y=0.102}=-\frac{0.244}{0.102^2}(m\cdot s)^{-1}=-23.5\ (m\cdot s)^{-1}$$

切应力 $\tau=(\mu+\mu_t)\dfrac{d\bar{u}_x}{dy}$，因 $\mu_t \gg \mu$，$\tau\approx\tau_t$，于是

$$\mu_t=\tau\Big/\frac{d\bar{u}_x}{dy}=\frac{9.58}{2.39}Pa\cdot s=4.01Pa\cdot s$$

由 $\tau_t=\rho l_m^2\left(\dfrac{d\bar{u}_x}{dy}\right)^2$ 得混合长度

$$l_m=\sqrt{\frac{\tau_t}{\rho\left(\dfrac{d\bar{u}_x}{dy}\right)^2}}=\sqrt{\frac{9.58}{1000\times 2.39^2}}m=0.041m$$

$$\kappa=\sqrt{\frac{\tau_t}{\rho\left(\dfrac{d\bar{u}_x}{dy}\right)^4\Big/\left(\dfrac{d^2\bar{u}_x}{dy^2}\right)^2}}=\sqrt{\frac{9.58}{1000\times 2.39^4/(-23.5)^2}}m=0.403m$$

或者由

$$l_m=\kappa y=(0.403\times 0.102)m=0.041m$$

从本例题可以看出，对于所讨论的位置，其湍流黏度似为 $\mu_t=4.01Pa\cdot s$，常温下水的黏度为 $\mu=1.14\times10^{-6}Pa\cdot s$，显然 $\mu_t\gg\mu$，因而忽略 μ 的影响是可行的。对于管流来说，在不包括贴近壁面的大部分区域内，混合长度大致为管道半径的十分之一量级，本例中

$$l_m/R=0.041/0.3=0.137$$

一阶封闭模型是研究湍流最简单的模型，存在很大的局限。因混合长度理论没有新增方程故称为零方程模型。事实上，湍流模型的核心就是导出二阶相关量，例如，$\overline{u_i'u_j'}$ 和 $\overline{u_i'T'}$ 等的表达式，属于一阶封闭模式，零方程模型的实质就是假设这些二阶相关量只是时均量的简单代数式，从而使方程组封闭。二阶封闭模式是本章的重点内容。在二阶模型中，脉动量的各二阶相关量 $\overline{u_i'u_j'}$ 和 $\overline{u_i'T'}$ 等将由相应的控制方程来确定，而不是用简单的代数式来处理。

11.5　雷诺应力方程的二阶封闭模型

建立湍流模型时，要求模型在物理和数学上满足一定的条件，这些条件虽不是保证湍流模型通用的充分条件，但却是必要条件。根据对湍流现象的了解以及为了使方程封闭的基本目的，可以从数学和物理的角度，提出以下基本假设与准则作为建立二阶封闭模型的依据：

1）建模的基本方程是雷诺平均运动方程和脉动速度动力学方程，模型方程必须满足守恒

定律。

2）所有二阶以上脉动关联特征量都只是流体的物理属性、平均量、湍动能、耗散率以及二阶脉动关联量的函数，即是 $\overline{u_i'u_j'}$、K、$\overline{u_i'T}$、u_i、p、ρ 和 ν 的函数，或其中一部分量的函数。

3）满足不变性，即模式方程与坐标系的选择无关，当坐标系做伽利略变换时，模化前后的量按相同的规律变化。

4）方程中所有被模化的项其模化后的形式应当与原项有相同的量纲。

5）同一项在模化前后必须有相同的数学特性。对张量而言，要满足阶数相同、下标次序相同以及对称性、置换性，并与实验与观察相吻合。

6）各湍流特征量的扩散速度与该量的梯度成正比。一般而言，$\rho\phi$ 的湍流扩散与梯度 $\nabla\phi$ 成正比（ϕ 为标量），雷诺应力 $-\rho\overline{u_i'u_j'}$ 的扩散与梯度 $\nabla\overline{u_i'u_j'}$ 成正比。

7）除去非常靠近壁面的流场外，流场中与大尺度涡有关的性质不受黏性影响，小尺度涡结构统计性质与平均运动和大尺度涡无关，是各向同性的。

8）湍流尺度是 K、ε 的函数，即 $u_i \sim K^{1/2}$，$l \sim K^{3/2}/\varepsilon$，$t \sim K/\varepsilon$，或者是 ε、ν 的函数，即 $u_i \sim (\nu\varepsilon)^{1/4}$，$l \sim (\nu^3/\varepsilon)^{1/4}$，$t \sim (\nu/\varepsilon)^{1/2}$。用 ε、ν 表示柯尔莫哥洛夫小尺度涡的尺度。

从以上假设出发，可得到不同的关于即 $\overline{u_i'u_j'}$、$\overline{u_i'T}$、K 和 ε 的模型方程。成功的模型应该可用稳定的湍流常数来模拟各种工况下的流动，如同层流那样，c_p、ρ、λ 和 ν 等基本上与流动无关。模化后的方程所产生的量在物理上应当有意义，不能出现负的正应力或负的湍流能量或关联系数大于 1 等情况。要能够较好地描述流场，同时使计算量尽可能少。

以下根据这些基本假设，对雷诺应力方程（11.3.6）逐项模化，建立二阶封闭模型。式（11.3.6）可以改写为

$$\frac{\mathrm{D}}{\mathrm{D}t}(\overline{u_i'u_j'}) = -\frac{\partial}{\partial x_l}\Bigg[\underbrace{\overline{u_i'u_j'u_l'} + \overline{\frac{p'}{\rho}(u_j'\delta_{il} + u_i'\delta_{jl})}}_{\text{扩散项张量}} - \underbrace{\nu\frac{\partial(\overline{u_i'u_j'})}{\partial x_l}}_{\text{分子扩散}}\Bigg] - \underbrace{\left(\overline{u_j'u_l'}\frac{\partial\bar{u}_i}{\partial x_l} + \overline{u_i'u_l'}\frac{\partial\bar{u}_j}{\partial x_l}\right)}_{\text{源项张量}} - \underbrace{2\nu\overline{\frac{\partial u_i'}{\partial x_l}\frac{\partial u_j'}{\partial x_l}}}_{\text{耗散项}} + \underbrace{\overline{\frac{p'}{\rho}\left(\frac{\partial u_i'}{\partial x_j} + \frac{\partial u_j'}{\partial x_i}\right)}}_{\text{压力-应变项张量}}$$

1. 扩散项模化

根据上述湍流假设，湍流扩散应与分布梯度成正比，即

$$-\overline{u_i'u_j'u_l'} - \overline{\frac{p'}{\rho}(u_j'\delta_{il} + u_i'\delta_{jl})} \sim \frac{\partial(\overline{u_i'u_j'})}{\partial x_l}$$

为了使两边量纲一致，应在上式右边乘上与 l^2/t 同量纲的物理量，根据 K 和 ε 的尺度分析，有 $u_i \sim K^{1/2}$，$l \sim K^{3/2}/\varepsilon$，$t \sim K/\varepsilon$。因此 $l \sim K^2/\varepsilon \sim l^2/t$，所以湍流扩散项可模化为

$$-\overline{u_i'u_j'u_l'} - \overline{\frac{p'}{\rho}(u_j'\delta_{il} + u_i'\delta_{jl})} = C_K\frac{K^2}{\varepsilon}\frac{\partial(\overline{u_i'u_j'})}{\partial x_l}$$

式中，C_K 为比例系数，由于 C_K 和 K^2/ε 都是标量，所以该式属于各向同性模化式。对于各向异性湍流扩散，一般采用下列模化式：

$$(1)\ \frac{K}{\varepsilon}(u_j'u_l' + u_i'u_l')\frac{\partial(\overline{u_i'u_j'})}{\partial x_l};(2)\ \frac{K}{\varepsilon}\overline{u_i'u_j'}\frac{\partial(\overline{u_i'u_j'})}{\partial x_l};(3)\ \frac{K}{\varepsilon}\overline{u_l'^2}\frac{\partial(\overline{u_i'u_j'})}{\partial x_l}$$

虽然非各向同性的扩散式能更客观地描述一些流场，但各向同性的扩散模式较简单，易于操作，所以在处理非各向同性不强的流场时，往往也采用各向同性的形式。

2. 耗散项模化

考虑到湍流耗散主要发生在小尺度湍流涡团中，并且由假设可知小尺度涡是各向同性的，从而可把耗散项模化为

$$2\nu\overline{\frac{\partial u_i'}{\partial x_l}\frac{\partial u_j'}{\partial x_l}}=\frac{2}{3}\delta_{ij}\varepsilon$$

尽管耗散过程基本上是各向同性的，但在某些区域，如靠近壁面的流场，可能会出现非各向同性，这时要考虑非各向同性影响，此时可选用

$$2\nu\overline{\frac{\partial u_i'}{\partial x_l}\frac{\partial u_j'}{\partial x_l}}=\frac{\varepsilon}{K}\sqrt{\overline{u_i'^2u_j'^2}}$$

3. 压力-应变项模化

压力-应变项 $\overline{\frac{p'}{\rho}\left(\frac{\partial u_i'}{\partial x_j}+\frac{\partial u_j'}{\partial x_i}\right)}$ 反映了脉动压力和脉动应变之间的相互作用，目前对此项尚不完全清楚。如前所述，模化的原则是试图把未知的量尽量用已知的量或较容易求解的量来表示，以降低问题的复杂程度。考虑到压力-应变项出现在雷诺应力中，即脉动速度二阶相关量的输运方程中，因此，我们试图从脉动速度的输运方程（11.3.2）出发来导出模化式。

对式（11.3.2）两端做散度运算，并考虑到连续性方程，不难得到 $\frac{p'}{\rho}$ 的泊松方程，即

$$\nabla^2\frac{p'}{\rho}=-\left[\frac{\partial^2(u_l'u_m'-\overline{u_l'u_m'})}{\partial x_l\partial x_m}+2\frac{\partial\bar{u}_l}{\partial x_m}\frac{\partial u_m'}{\partial x_l}\right]$$

若所计算的脉动压力的点远离壁面或自由面，则由格林定理，泊松方程的解可表示为

$$\frac{p'}{\rho}=\frac{1}{4\pi}\iiint_V\left[\frac{\partial^2(u_l'u_m'-\overline{u_l'u_m'})}{\partial x_l\partial x_m}+2\frac{\partial\bar{u}_l}{\partial x_m}\frac{\partial u_m'}{\partial x_l}\right]\frac{\mathrm{d}V}{r}$$

式中，r 是从计算的脉动压力点到积分域上任一点之间的距离。将上式两边同乘以 $\left(\frac{\partial u_i'}{\partial x_j}+\frac{\partial u_j'}{\partial x_i}\right)$，再取平均，就得到压力-变形项的表达式，即

$$\overline{\frac{p'}{\rho}\left(\frac{\partial u_i'}{\partial x_j}+\frac{\partial u_j'}{\partial x_i}\right)}=\frac{1}{4\pi}\iiint_V\overline{\left[\frac{\partial^2(u_l'u_m')}{\partial x_l\partial x_m}\right]^*\left(\frac{\partial u_i'}{\partial x_j}+\frac{\partial u_j'}{\partial x_i}\right)}\frac{\mathrm{d}V}{r^*}+$$
$$\frac{1}{4\pi}\iiint_V 2\overline{\left(\frac{\partial u_m'}{\partial x_l}\frac{\partial\bar{u}_l}{\partial x_m}\right)^*\left(\frac{\partial u_i'}{\partial x_j}+\frac{\partial u_j'}{\partial x_i}\right)}\frac{\mathrm{d}V}{r^*}$$

式中的上标“ * ”表示积分变量。为了方便表达，将上式写作

$$\overline{\frac{p'}{\rho}\left(\frac{\partial u_i'}{\partial x_j}+\frac{\partial u_j'}{\partial x_i}\right)}=\phi_{ij,1}+\phi_{ij,2}$$

其中

$$\phi_{ij,1}=\frac{1}{4\pi}\iiint_V\overline{\left[\frac{\partial^2(u_l'u_m')}{\partial x_l\partial x_m}\right]^*\left(\frac{\partial u_i'}{\partial x_j}+\frac{\partial u_j'}{\partial x_i}\right)}\frac{\mathrm{d}V}{r^*}$$

$$\phi_{ij,2}=\frac{1}{4\pi}\iiint_V 2\left(\frac{\partial \bar{u}_l}{\partial x_m}\right)^* \overline{\left(\frac{\partial u'_m}{\partial x_l}\right)^*\left(\frac{\partial u'_i}{\partial x_j}+\frac{\partial u'_j}{\partial x_i}\right)}\frac{\mathrm{d}V}{r^*}$$

至此，压力-应变项的表达式仍是精确的。下面考虑将 $\phi_{ij,1}$ 和 $\phi_{ij,2}$ 的模化。

首先考虑 $\phi_{ij,1}$ 的模化。如果把积分域收缩为湍流耗散小涡尺度 l 的区域，因而有 $V\sim l^3$，$r\sim l$，则有

$$\phi_{ij,1}\sim\frac{\partial^2(u'_l u'_m)}{\partial x_l\partial x_m}\left(\frac{\partial u'_i}{\partial x_j}+\frac{\partial u'_j}{\partial x_i}\right)l^2$$

由矢量分析可知，它的量纲应与 u^2/t 的量纲相同，考虑到前文湍流模型的假设，所有湍流参量应该只是流体的物性常数，流动的时均量，二阶相关量 $\overline{u'_i u'_j}$、$\overline{u'_i T}$、K 和 ε 的函数，$\phi_{ij,1}$ 的模化也应遵循这一原则。此外，由不可压缩流动脉动量连续性方程 $\frac{\partial u'_i}{\partial x_i}=0$ 可知，压力-应变项张量 $\frac{p'}{\rho}\left(\frac{\partial u'_i}{\partial x_j}+\frac{\partial u'_j}{\partial x_i}\right)$ 关于 $(i,\ j)$ 是对称的，即

$$\phi_{ij,1}+\phi_{ij,2}=0$$

为简便起见，分别取 $\phi_{ij,1}=0$ 和 $\phi_{ij,2}=0$。综合上面分析，可以把 $\phi_{ij,1}$ 近似地表示为

$$\phi_{ij,1}=-C_1\frac{1}{t}\left(\overline{u'_i u'_j}-\frac{2}{3}\delta_{ij}K\right)$$

式中，C_1 为常数，为了使 C_1 为正值，该式右端加上负号。根据柯尔莫哥洛夫的确定的小涡尺度，即 $t\sim K/\varepsilon$，于是

$$\phi_{ij,1}=-C_1\frac{\varepsilon}{K}\left(\overline{u'_i u'_j}-\frac{2}{3}\delta_{ij}K\right)$$

该式是罗塔在 1951 年提出的线性化模型。

对于 $\phi_{ij,2}$，同样做类似 $\phi_{ij,1}$ 的处理。将泊松方程的精确解转化为相当于湍流小涡尺度的微小球体内的积分，并通过量纲分析进行估算，即

$$\phi_{ij,2}\sim\frac{\partial\bar{u}_l}{\partial x_m}\frac{\partial u'_m}{\partial x_l}\left(\frac{\partial u'_i}{\partial x_j}+\frac{\partial u'_j}{\partial x_i}\right)l^2\sim\frac{\partial\bar{u}_x}{\partial x}u'^2_x$$

它也应是流体的物性常数、时均参量和湍流参数 $\overline{u'_i u'_j}$ 等的函数，并满足

$$\phi_{ij,2}=0$$

的条件。因此，可以选用如下形式的模化式

$$\phi_{ij,2}=-C_2\left(\frac{\partial\bar{u}_j}{\partial x_m}\overline{u'_m u'_i}+\frac{\partial\bar{u}_i}{\partial x_m}\overline{u'_m u'_j}-\frac{2}{3}\delta_{ij}\frac{\partial\bar{u}_n}{\partial x_m}\overline{u'_m u'_n}\right)$$

或简写作

$$\phi_{ij,2}=-C_2\left(P_{ij}-\frac{1}{3}\delta_{ij}P_{ii}\right)$$

式中，C_2 为常数，前面加的负号也是为了使 C_2 为正数，P_{ij} 为压力张量，且有

$$P_{ij}=-\left(\overline{u'_i u'_m}\frac{\partial\bar{u}_j}{\partial x_m}+\overline{u'_m u'_j}\frac{\partial\bar{u}_i}{\partial x_m}\right)$$

4. 模型化的 $\overline{u'_i u'_j}$ 方程

综合上述雷诺应力方程中湍流扩散、耗散以及压力-应变项的模化，得到模型化的各向同

性的雷诺应力方程为

$$\frac{\mathrm{D}\,\overline{u_i'u_j'}}{\mathrm{D}t}=D_{ij}+P_{ij}-\frac{2}{3}\delta_{ij}\varepsilon-C_1\frac{\varepsilon}{K}\left(\overline{u_j'u_l'}-\frac{2}{3}\delta_{ij}K\right)+C_2\left(P_{ij}-\frac{1}{3}\delta_{ij}P_{ii}\right)$$

式中，

$$D_{ij}=\frac{\partial}{\partial x_l}\left[\left(C_K\frac{K^2}{\varepsilon}+\nu\right)\frac{\partial\,\overline{u_i'u_j'}}{\partial x_l}\right]$$

表示雷诺应力方程中扩散项总模化式。对于各向异性湍流，可相应地选用各向异性的湍流扩散项和耗散项的模化式。

雷诺应力方程的模化是二阶湍流模型中最基本的步骤。留下 3 个模型常数 C_K、C_1 和 C_2，它们与黏性流体的物性常数一样，由实验来确定，而与黏性流体物性常数不同之处在于，这 3 个常数不仅与流体种类有关，而且与流动状态有关，它们是湍流运动所特有的参数。这些常数取值范围一般是 $C_K=0.09\sim0.11$，$C_1=1.5\sim2.2$，$C_2=0.4\sim0.5$。应当指出，在模化过程中，有些项的模化过程是比较粗糙的，故湍流模型的改进一直是湍流研究中的一个重要内容。

5. 模型化的 K 方程

K 的模化方程可直接从上述雷诺应力方程得到，当令 $i=j$ 时，雷诺应力方程中应力-应变项为零，从而有

$$\frac{\mathrm{D}K}{\mathrm{D}t}=\frac{\partial}{\partial x_l}\left[\left(C_K\frac{K^2}{\varepsilon}+\nu\right)\frac{\partial K}{\partial x_l}\right]-\overline{u_i'u_l'}\frac{\partial u_i}{\partial x_l}-\varepsilon$$

或简写为

$$\frac{\mathrm{D}K}{\mathrm{D}t}=\frac{1}{2}D_{ii}+\frac{1}{2}P_{ii}$$

应当指出，在 K 的模化方程中，只对湍流的扩散项做了模化，而耗散项是针对各向同性的小尺度涡给出的，是可靠的，因此，方程相对雷诺应力方程来说要准确些。式中的 C_K 也是一个常数，由实验确定。

当湍流中的时均流速 $\bar{u}_i$ 是常量时，K 方程中 P_{ii} 项为零，因此，它可简化为

$$\frac{\mathrm{D}K}{\mathrm{D}t}=-\varepsilon$$

而式中的耗散函数 ε 恒为正值。可见，对这样的湍流，K 值总是减少的，这意味着，若没有时均流速的梯度不断地为湍流提供能量，则湍流将逐渐衰减掉。

11.6　湍流动能耗散率方程的二阶封闭模型

前文已经得到 ε 的精确方程（11.3.10）。在雷诺应力方程和 K 方程进行模化时，自然地引出了湍流动能耗散率 ε，ε 的求解准确与否将直接影响到雷诺应力和 K 的求解。观察 ε 方程的各项，可以发现，除了扩散项以外，方程右边所有项都必须做适当的模化。一般来说，需要进行模化的量越多，方程的准确性就越差。在进行湍流模化时，有两类湍流涡团尺度可供选用，即（K，ε）尺度和（ν，ε）尺度，后者称为柯尔莫哥洛夫小涡尺度，湍流工作者较多地用（K，ε）尺度。一般认为湍流耗散中主要是小尺度湍流涡团现象时，选用柯尔莫哥洛夫尺度做模化，可以对湍流模型的准确性有所改进。

1. 扩散项模化

根据湍流假设，ε 的湍流扩散项应与梯度成正比，再考虑到量纲的一致性，可推得 ε 的湍流扩散项近似关系为

$$\overline{\varepsilon' u_l'} + \frac{2\nu}{\rho}\overline{\frac{\partial u_i'}{\partial x_l}\frac{\partial p'}{\partial x_l}} \sim \frac{l^2}{t}\frac{\partial \varepsilon}{\partial x_l}$$

一般而言，大尺度的梯度脉动对湍流扩散起主导作用，因此选用（K，ε）尺度在这里是合理的，即有

$$l^2/t \sim K^2/\varepsilon$$

取系数为 C_ε，得到扩散的模型式为

$$\overline{\varepsilon' u_l'} + \frac{2\nu}{\rho}\overline{\frac{\partial u_i'}{\partial x_l}\frac{\partial p'}{\partial x_l}} = C_\varepsilon \frac{K^2}{\varepsilon}\frac{\partial \varepsilon}{\partial x_l}$$

显然，上式适用于常见的各向同性湍流扩散模型，其比例系数 $C_\varepsilon \dfrac{K^2}{\varepsilon}$ 是与流向无关的标量。对于各向异性湍流扩散，可选用

$$\overline{\varepsilon' u_l'} + \frac{2\nu}{\rho}\overline{\frac{\partial u_i'}{\partial x_l}\frac{\partial p'}{\partial x_l}} = C_\varepsilon' \frac{K}{\varepsilon}\overline{u_l'^2}\frac{\partial \varepsilon}{\partial x_l}$$

其中 C_ε' 可近似取作

$$C_\varepsilon' = \frac{3}{2}C_\varepsilon$$

2. 源项模化

源项由两部分组成，即

$$-2\nu\frac{\partial \overline{u}_i}{\partial x_j}\left(\overline{\frac{\partial u_i'}{\partial x_l}\frac{\partial u_j'}{\partial x_l}} + \overline{\frac{\partial u_l'}{\partial x_j}\frac{\partial u_l'}{\partial x_i}}\right) - 2\nu\,\overline{u_j'\frac{\partial u_i'}{\partial x_l}}\frac{\partial^2 \overline{u}_i}{\partial x_j \partial x_l}$$

汇项也由两部分组成，即

$$-2\nu\overline{\frac{\partial u_i'}{\partial x_l}\frac{\partial u_i'}{\partial x_j}\frac{\partial u_j'}{\partial x_l}} - 2\nu^2\overline{\left(\frac{\partial^2 u_i'}{\partial x_j \partial x_l}\right)^2}$$

将源项的第二部分与汇项的第一部分做量纲分析，有

$$2\nu\,\overline{u_j'\frac{\partial u_i'}{\partial x_l}}\frac{\partial^2 \overline{u}_i}{\partial x_j \partial x_l} \sim 2\nu\frac{u_i'^2}{l}\frac{\overline{u}_i}{L^2}$$

$$2\nu\overline{\frac{\partial u_i'}{\partial x_j}\frac{\partial u_i'}{\partial x_l}\frac{\partial u_j'}{\partial x_l}} \sim 2\nu\frac{u_i'^3}{l^3}$$

对上两式的右侧用 $2\nu\dfrac{u_i'^3}{l^3}$ 做归一化处理，得

$$\left|2\nu\,\overline{u_j'\frac{\partial u_i'}{\partial x_l}}\frac{\partial^2 \overline{u}_i}{\partial x_j \partial x_l}\right| \Big/ \left|2\nu\overline{\frac{\partial u_i'}{\partial x_j}\frac{\partial u_i'}{\partial x_l}\frac{\partial u_j'}{\partial x_l}}\right| \sim \frac{\overline{u}_i}{u_i'}\frac{l^2}{L^2}$$

通常 $u_i' < \bar{u}_i$，但 $L > l$，因此可认为 $\dfrac{\bar{u}_i}{u_i'}\dfrac{l^2}{L^2} < 1$，这里的 L 是研究对象特征长度。因此，可近似地将源项的第二部分略去。当然，这样的处理是粗糙的。

对于源项的第一部分，当 $i = j$ 时，由连续性方程，即 $\dfrac{\partial \bar{u}_i}{\partial x_i} = 0$，可知该项也为零。当 $i \neq j$ 时，$\dfrac{\partial u_i'}{\partial x_l}\dfrac{\partial u_j'}{\partial x_l} + \dfrac{\partial u_l'}{\partial x_j}\dfrac{\partial u_l'}{\partial x_i}$ 为二阶张量，但湍流的耗散应该是各向同性的，因此，该项也为零。

由以上两点分析可知，对 ε 方程的源项做模化时，可近似地忽略不计。

3. 汇项模化

当湍流动能的源项和耗散项的值相等而相互抵消时，即湍流动能达到局部平衡时，湍流动能耗散率也应保持守恒。前文近以地推得 ε 方程的源项可忽略不计，这意味着当湍流动能达到局部平衡时，湍流动能耗散率 ε 的汇项也应该为零，从而推得 ε 方程的汇项中必须有因子 $\left(\dfrac{K\text{的源项}}{\varepsilon} - 1\right)$。类似地，由量纲分析可得出如下关系：

$$\varepsilon\text{的汇项} \sim \frac{\varepsilon}{K}\left(\frac{K\text{的源项}}{\varepsilon} - 1\right) \sim \frac{1}{t}P_K - \frac{\varepsilon}{K}$$

式中，$P_K = P_{ii}/2$。这样处理是很粗糙的，引入两个常系数进行修正，综上所述，ε 的汇项可模化为

$$-2\nu\overline{\frac{\partial u_i'}{\partial x_l}\frac{\partial u_i'}{\partial x_j}\frac{\partial u_j'}{\partial x_l}} - 2\nu^2\overline{\left(\frac{\partial^2 u_i'}{\partial x_j \partial x_l}\right)^2} = C_{\varepsilon 1}\left(-\overline{u_i'u_l'}\frac{\partial \bar{u}_i}{\partial x_l}\right)\frac{1}{t} - C_{\varepsilon 2}\frac{\varepsilon}{t}$$

式中，$C_{\varepsilon 1}$ 和 $C_{\varepsilon 2}$ 是两个常系数，均由实验确定。

如果用（K，ε）尺度来进行模化，则有 $1/t = \varepsilon/K$；如果用（ν，ε）尺度来进行模化，有 $1/t = (\varepsilon/\nu)^{1/2}$。这里采用（$K$，$\varepsilon$）模化式，这样 ε 的方程模化式称为双尺度模型式。

4. 模型化的 ε 方程

综上所述，ε 方程的源项被舍去不计，在湍流涡团扩散项中引入一个模型常数，在汇项的模化中引入了两个模型常数 $C_{\varepsilon 1}$ 和 $C_{\varepsilon 2}$。单尺度的模化式为

$$\frac{\mathrm{D}\varepsilon}{\mathrm{D}t} = \frac{\partial}{\partial x_l}\left[\left(C_\varepsilon\frac{K^2}{\varepsilon} + \nu\right)\frac{\partial \varepsilon}{\partial x_l}\right] - C_{\varepsilon 1}\frac{\varepsilon}{K}\overline{u_i'u_l'}\frac{\partial \bar{u}_i}{\partial x_l} - C_{\varepsilon 2}\frac{\varepsilon^2}{K}$$

双尺度的模化式为

$$\frac{\mathrm{D}\varepsilon}{\mathrm{D}t} = \frac{\partial}{\partial x_l}\left[\left(C_\varepsilon\frac{K^2}{\varepsilon} + \nu\right)\frac{\partial \varepsilon}{\partial x_l}\right] - C_{\varepsilon 1}\sqrt{\frac{\varepsilon}{\nu}}\,\overline{u_i'u_l'}\frac{\partial \bar{u}_i}{\partial x_l} - C_{\varepsilon 2}\varepsilon\sqrt{\frac{\varepsilon}{\nu}}$$

其中各模型常数取值为

$$C_\varepsilon = 0.07 \sim 0.09,\ C_{\varepsilon 1} = 1.41 \sim 1.45,\ C_{\varepsilon 2} = 1.90 \sim 1.92$$

由模化过程可知，ε 的方程模型是比较粗糙的，也可以说，它是湍流二阶闭合模型中最不成熟的一个。对湍流脉动量的三阶相关量进行模化，导出了湍流脉动量二阶相关量的输运方程。在这些方程中，K 方程和 ε 方程可以说是最重要的。因为 K 和 ε 是对湍流运动起控制作用的两个量，可以形象化地来理解 K 和 ε 在湍流流动中的作用：如果把湍流运动设想为某个公司，则 K 是该公司的资金收入，而 ε 则是资金支出的速率，如果在这两方面均得到准确的预计，那么该公司的经营活动可认为基本上被掌握了。

11.7 脉动温度输运方程的二阶封闭模型

前文已经得到脉动温度$\overline{u_i'T'}$输运方程的精确方程（11.3.11），该方程各项的物理意义为

$$\frac{\mathrm{D}\,\overline{u_i'T'}}{\mathrm{D}t}=\underbrace{\frac{\partial}{\partial x_l}\left(-\overline{u_i'u_l'T'}-\delta_{il}\frac{\overline{p'T'}}{\rho}+\frac{\lambda}{\rho c_p}\overline{u_i'\frac{\partial T'}{\partial x_l}}+\nu\overline{T'\frac{\partial u_i'}{\partial x_l}}\right)}_{\text{扩散项}}-$$

$$\underbrace{\left(\overline{u_i'u_l'}\frac{\partial\overline{T}}{\partial x_l}+\overline{u_l'T'}\frac{\partial\overline{u}_i}{\partial x_l}\right)}_{\text{源项}}-\underbrace{\left(\frac{\lambda}{\rho c_p}+\nu\right)\overline{\frac{\partial u_i'}{\partial x_l}\frac{\partial T'}{\partial x_l}}}_{\text{热耗散项}}+\underbrace{\frac{1}{\rho}\frac{\partial\,\overline{p'T'}}{\partial x_i}}_{\text{压力-温度项}}$$

应当指出，时均运动的能量方程（11.1.4）是一个标量方程，我们在推导时均运动的能量方程（11.1.4）时，认为式（11.1.3）中的摩擦耗散项很小，故将其忽略，而式（11.3.11）是矢量式，且湍流摩擦耗散受各向同性的小尺度微团控制，因此，即使式（11.3.11）中考虑摩擦耗散项，则该摩擦耗散项也只能为零。

1. 扩散项模化

扩散中的前两项为湍流扩散项，按照湍流模型的假设，它应与$\overline{u_i'T'}$的梯度成正比。由量纲分析得知，它的比例系数应有因子（l/t），若用（K，ε）尺度来进行模化，则有$l/t\sim K^2/\varepsilon$。因此，$\overline{u_i'T'}$的湍流扩散项可以模化为

$$-\overline{u_i'u_l'T'}-\delta_{il}\frac{\overline{p'T'}}{\rho}=C_T\frac{K^2}{\varepsilon}\frac{\partial\,\overline{u_i'T'}}{\partial x_l}$$

式中，C_T是由实验确定的模型常数。

扩散中的后两项是分子扩散项，考虑到实际应用中大部分流体的热扩散系数$\left(a=\dfrac{\lambda}{\rho c_p}\right)$与运动黏度（$\nu$）接近，因而将分子扩散项可以模化为

$$\frac{\lambda}{\rho c_p}\overline{u_i'\frac{\partial T'}{\partial x_l}}+\nu\overline{T'\frac{\partial u_i'}{\partial x_l}}=\frac{\lambda}{\rho c_p}\frac{\partial\,\overline{u_i'T'}}{\partial x_l}$$

2. 压力-温度项模化

压力-温度项模化与雷诺应力方程中压力-应变项模化的处理方法相似，即通过格林定理求出$\dfrac{p'}{\rho}$积分形式的解，再乘上$\dfrac{\partial T'}{\partial x_l}$，之后取平均，得到如下的精确表达式：

$$\overline{\frac{p'}{\rho}\frac{\partial T'}{\partial x_i}}=\overline{\frac{\partial T'}{\partial x_i}\iiint_V\left[\frac{\partial^2(u_l'u_m')}{\partial x_l\partial x_m}\right]^*\frac{\mathrm{d}V}{4\pi r^*}}+\overline{\frac{\partial T'}{\partial x_i}\iiint_V 2\left(\frac{\partial\overline{u}_m}{\partial x_l}\frac{\partial u_l'}{\partial x_m}\right)^*\frac{\mathrm{d}V}{4\pi r^*}}$$

式中，上标“*”表示积分变量。类似地，把积分区域取为相当于湍流小尺度涡团的小区域，并进行量纲分析，得近似关系式为

$$\overline{\frac{p'}{\rho}\frac{\partial T'}{\partial x_i}}\sim\overline{\frac{\partial T'}{\partial x_i}\frac{\partial^2(u_l'u_m')}{\partial x_l\partial x_m}}\cdot l^2+2\,\overline{\frac{\partial T'}{\partial x_i}\frac{\partial u_l'}{\partial x_m}}\frac{\partial\overline{u}_m}{\partial x_l}\cdot l^2$$

结合湍流模型假设中关于自变量选定的原则，这里显然应选取$\overline{u_i'T'}$为自变量，并且由（K，ε）

尺度，即 $1/t=\varepsilon/K$，推出压力-温度项的模化式，即

$$\overline{\frac{p'}{\rho}\frac{\partial T'}{\partial x_i}}=-C_{T1}\frac{\varepsilon}{K}\overline{u_i'T'}+C_{T2}\frac{\partial\bar{u}_i}{\partial x_l}\overline{u_l'T'}$$

式中，C_{T1} 和 C_{T2} 是由实验确定的模型常数，前面加上负号，是为了使 C_{T1} 为正。

3. 热耗散项模化

与热耗散有关的小尺度涡是各向同性的，所以令热耗散项中 i 方向的坐标轴指向相反方向，热耗散项将改变符号，由各向同性条件知该项只有为零，即

$$-\left(\frac{\lambda}{\rho c_p}+\nu\right)\overline{\frac{\partial u_i'}{\partial x_l}\frac{\partial T'}{\partial x_l}}=0$$

4. 源项模化

源项的表达式已经符合湍流自变量的选取原则，不需要再做加工。

5. 模型化的脉动温度能量 $\overline{u_i'T'}$ 输运方程

综上所述，脉动温度能量 $\overline{u_i'T'}$ 输运方程为

$$\frac{\mathrm{D}\,\overline{u_i'T'}}{\mathrm{D}t}=\frac{\partial}{\partial x_l}\left[\left(C_T\frac{K^2}{\varepsilon}+\frac{\lambda}{\rho c_p}\right)\frac{\partial\,\overline{u_i'T'}}{\partial x_l}\right]-\left(\overline{u_i'u_l'}\frac{\partial\bar{T}}{\partial x_l}+\overline{u_l'T'}\frac{\partial\bar{u}_i}{\partial x_l}\right)-C_{T1}\frac{\varepsilon}{K}\overline{u_i'T'}+C_{T2}\frac{\partial\bar{u}_i}{\partial x_l}\overline{u_l'T'}$$

式中的 3 个模型常数可由实验确定，通常取 $C_T=0.07$，$C_{T1}=3.2$，$C_{T2}=0.5$。

在本模型的推导中，除了依据湍流模型所做的若干假设（包括各向同性耗散）以外，还附加了流体的普朗特数近似为 1 的条件。对于普朗特数远小于 1 的流体（如液态金属）或远大于 1 的流体（如高黏度的油类），需要另行考虑分子扩散项的模化。

通过以上讨论可见，采用雷诺应力模式求解时，共包含平均运动的 1 个连续性方程和 3 个动量方程、雷诺应力的 6 个方程、K 方程（一般 K 方程与 $\overline{u_i'u_j'}$ 方程不同时采用）与 ε 方程等 12 个方程，共有 12 个未知量，即 3 个平均速度，1 个平均压力，6 个雷诺应力，1 个湍动能和 1 个耗散率，因此方程组是封闭的。如果要计算标量的输运（如 $\overline{u_i'T'}$ 方程），还要加上 1 个平均标量方程与 3 个 $\overline{u_i'T'}$ 的方程，总共是由 16 个方程构成的方程组。方程组中共有 9 个模型常数，从常数的个数来看，方程组是合理的，但必须指出，湍流模型常数不是物性常数，它们与运动状态有关，必须通过实验确定。衡量湍流模型的成功与否的重要标志，是用同一组湍流模型常数对不同类型的湍流都有较好的预测能力。上面所引用的 9 个模型常数，是用水和空气为介质，通过实验而测得的。实际应用表明：雷诺应力方程、K 方程、$\overline{u_i'T'}$ 方程中 6 个常数有较好的普遍性，而 ε 方程中的 3 个常数对流动条件较敏感，说明 ε 方程的模型还需要改进。实际应用时，为了使数值计算结果更好地吻合特定的流动条件下的实验结果，常常对上述的常数进行微小修正。此外，以上这十几个方程构成的非线性方程组十分庞大，在实际应用中不大可能将其完整地用在流场的计算中，因此又产生了一些简化的模式。

11.8　二阶封闭模型的各种简化形式

上一节讨论的 $\overline{u_i'u_j'}$ 方程、K 方程、ε 方程以及 $\overline{u_i'T'}$ 方程等，是二阶湍流模型完整的方程组。在实际应用时，为了减少计算工作量，在不影响精度的前提下，一般需要对模型加以简化。为

此，采用了几类简化的二阶模型，例如，布辛涅斯克的涡黏模型等。总的来说，二阶模型精度比一阶模型高，但它仍有许多方面有待进一步改进。例如，ε 方程、脉动压力相关项、各向异性的扩散项、各向异性耗散项、湍流近壁区、自由表面和二项流等问题。

1. 雷诺应力模型（RSM）

所谓雷诺应力模型是直接求解 $\overline{u_i'u_j'}$ 和 $\overline{u_i'T'}$ 的控制微分方程的二阶湍流模型，是二阶模型中最复杂的一种，常常称为 RSM 模型。为了书写简便，通常用下列符号表示一些项，即

$$D_{ij}=\frac{\partial}{\partial x_l}\left[\left(C_K\frac{K^2}{\varepsilon}+\nu\right)\frac{\partial\overline{u_i'u_j'}}{\partial x_l}\right]$$

$$P_{ij}=-\left(\overline{u_i'u_m'}\frac{\partial\bar{u}_j}{\partial x_m}+\overline{u_m'u_j'}\frac{\partial\bar{u}_i}{\partial x_m}\right)$$

$$PS=-C_1\frac{K}{\varepsilon}\left(\overline{u_i'u_j'}-\frac{2}{3}\delta_{ij}K\right)+C_2\left(P_{ij}-\frac{1}{3}\delta_{ij}P_{ii}\right)$$

$$D_K=\frac{\partial}{\partial x_l}\left[\left(C_K\frac{K^2}{\varepsilon}+\nu\right)\frac{\partial K}{\partial x_l}\right]$$

$$P_K=-\overline{u_i'u_l'}\frac{\partial\bar{u}_i}{\partial x_l}$$

$$D_\varepsilon=\frac{\partial}{\partial x_l}\left[\left(C_\varepsilon\frac{K^2}{\varepsilon}+\nu\right)\frac{\partial\varepsilon}{\partial x_l}\right]$$

$$\phi_\varepsilon=C_{\varepsilon1}\frac{\varepsilon}{K}\overline{u_i'u_l'}\frac{\partial\bar{u}_i}{\partial x_l}+C_{\varepsilon2}\frac{\varepsilon^2}{K}$$

$$D_{uT}=\frac{\partial}{\partial x_l}\left[\left(C_T\frac{K^2}{\varepsilon}+\frac{\lambda}{\rho c_p}\right)\frac{\partial\overline{u_i'T'}}{\partial x_l}\right]$$

$$P_{uT}=-\left(u_i'u_l'\frac{\partial\bar{T}}{\partial x_l}+\overline{u_l'T'}\frac{\partial\bar{u}_i}{\partial x_l}\right)$$

$$PT=-C_{T1}\frac{\varepsilon}{K}\overline{u_i'T'}+C_{T2}\frac{\partial\bar{u}_i}{\partial x_l}\overline{u_l'T'}$$

它们的物理意义是，D 表示对应下标输运量的扩散项，P 表示对应下标的源项，PS 表示 $\overline{u_i'u_j'}$ 方程中的压力-应变项，ϕ 表示 ε 的汇项，PT 表示 $\overline{u_i'T'}$ 方程中的压力-温度项。这样，二阶湍流模型方程组可写成下面简单形式，即

$$\frac{\mathrm{D}\,\overline{u_i'u_j'}}{\mathrm{D}t}=D_{ij}+P_{ij}-\frac{2}{3}\delta_{ij}\varepsilon+PS$$

$$\frac{\mathrm{D}K}{\mathrm{D}t}=D_K+P_K-\varepsilon$$

$$\frac{\mathrm{D}\varepsilon}{\mathrm{D}t}=D_\varepsilon-\phi_\varepsilon$$

$$\frac{\mathrm{D}\,\overline{u_i'T'}}{\mathrm{D}t}=D_{uT}+P_{uT}+PT$$

上述五个经模化的方程包含 11 个方程，再加上 5 个时均方程（1 个连续性方程、3 个时均运动方程和 1 个时均能量方程），共 16 个方程构成完整的二阶模型。在实际应用中，针对不同的问题，可以省去某些方程，然而 $\overline{u_i'u_j'}$ 和 $\overline{u_i'T'}$ 总是需要从微分方程中解得。

2. 代数应力模型（K-ε-A）

前文讨论的雷诺应力模型，需要求解 16 个方程联立的方程组，计算工作量极大。为便于实际应用，需要对雷诺应力模型加以简化。下面把流动分为两种情况加以讨论，以便对不同类型问题中的雷诺应力模型进行简化。

（1）高度剪切流或局部平衡流动　在高度剪切流中，$\overline{u_i'u_j'}$ 方程中的对流项和扩散项与方程中其他项相比，可以略去不计。在局部平衡流动中，这两项尽管不是太小，但数值比较接近，而符号相反，因此这两项可以消去。因此，在这两种情况下，$\overline{u_i'u_j'}$ 方程可以简化为

$$P_{ij}-\frac{2}{3}\delta_{ij}\varepsilon-C_1\frac{K}{\varepsilon}\left(\overline{u_j'u_l'}-\frac{2}{3}\delta_{ij}K\right)+C_2\left(P_{ij}-\frac{1}{3}\delta_{ij}P_{ii}\right)=0$$

这样，就把 $\overline{u_i'u_j'}$ 的 6 个微分方程简化成 6 个代数方程。

类似地，当流动是高度剪切的，并且属高温度梯度时，或湍流处于局部平衡时，$\overline{u_i'T'}$ 方程中的对流项和扩散项也可以略去，这样 $\overline{u_i'T'}$ 的 3 个微分方程简化为 3 个代数方程，即

$$-\left(\overline{u_i'u_l'}\frac{\partial\overline{T}}{\partial x_l}+\overline{u_l'T'}\frac{\partial\overline{u}_i}{\partial x_l}\right)-C_{T1}\frac{\varepsilon}{K}\overline{u_i'T'}+C_{T2}\frac{\partial\overline{u}_i}{\partial x_l}\overline{u_l'T'}=0$$

综上所述，在高度剪切且具有高温度梯度的湍流或处于局部平衡的湍流中，湍流输运方程被简化成下述 2 个微分方程和 9 个代数方程，即

$$\frac{\mathrm{D}\,\overline{u_i'u_j'}}{\mathrm{D}t}=D_{ij}+P_{ij}-\frac{2}{3}\delta_{ij}\varepsilon+PS$$

$$\frac{\mathrm{D}\,\overline{u_i'T'}}{\mathrm{D}t}=D_{uT}+P_{uT}+PT$$

$$\frac{\mathrm{D}K}{\mathrm{D}t}=D_K+P_K-\varepsilon$$

$$\frac{\mathrm{D}\varepsilon}{\mathrm{D}t}=D_\varepsilon-C_{\varepsilon1}\frac{\varepsilon}{K}\overline{u_i'u_l'}\frac{\partial\overline{u}_i}{\partial x_l}+C_{\varepsilon2}\frac{\varepsilon^2}{K}$$

（2）准代数应力模型　前面所述的代数方程中关于雷诺应力的微分项已经被忽略，剩下的只有非微分项。这种将对流项与扩散项完全忽略的模式虽然使方程得以简化，但缩小了其使用范围，因为符合这种近似的流场并不多。鉴于此，Rodi 于 1972 年提出了另一种代数模型，它不是完全忽略对流项和扩散项，而是部分地予以保留。其基本思想是，假设雷诺应力 $\overline{u_i'u_j'}$ 与 K 成正比，即 $\overline{u_i'u_j'}=CK$，C 为常数，因此将雷诺应力方程中右边的扩散项移到左边，有

$$\frac{\mathrm{D}\,\overline{u_j'u_l'}}{\mathrm{D}t}-D_{ij}=\frac{\mathrm{D}\left(\dfrac{\overline{u_j'u_l'}}{K}\cdot K\right)}{\mathrm{D}t}-\frac{\partial}{\partial x_l}\left[\left(C_K\frac{K^2}{\varepsilon}+\nu\right)\frac{\partial\left(\dfrac{\overline{u_j'u_l'}}{K}\cdot K\right)}{\partial x_l}\right]$$

$$=\frac{\overline{u_j'u_l'}}{K}\left\{\frac{\mathrm{D}K}{\mathrm{D}t}-\frac{\partial}{\partial x_l}\left[\left(C_K\frac{K^2}{\varepsilon}+\nu\right)\frac{\partial K}{\partial x_l}\right]\right\}=\frac{\overline{u_j'u_l'}}{K}\left(\frac{\mathrm{D}K}{\mathrm{D}t}-D_K\right)$$

考虑到

$$\frac{\mathrm{D}\left(\frac{\overline{u_j'u_l'}}{K}\right)}{\mathrm{D}t}=\frac{\mathrm{D}C}{\mathrm{D}t}=0\ ,\ \frac{\partial\left(\frac{\overline{u_j'u_l'}}{K}\right)}{\partial x_l}=\frac{\partial C}{\partial x_l}=0$$

再利用 K 方程，则

$$\begin{aligned}\frac{\mathrm{D}\,\overline{u_i'u_j'}}{\mathrm{D}t}-\frac{\partial}{\partial x_l}\left[\left(C_K\frac{K^2}{\varepsilon}+\nu\right)\frac{\partial\,\overline{u_i'u_j'}}{\partial x_l}\right]&=\frac{\overline{u_j'u_l'}}{K}\left\{\frac{\mathrm{D}K}{\mathrm{D}t}-\frac{\partial}{\partial x_l}\left[\left(C_K\frac{K^2}{\varepsilon}+\nu\right)\frac{\partial K}{\partial x_l}\right]\right\}\\&=\frac{\overline{u_j'u_l'}}{K}(P_K-\varepsilon)\end{aligned}$$

将其代入雷诺应力模型方程，可得

$$\frac{\overline{u_j'u_l'}}{K}(P_K-\varepsilon)=P_{ij}-\frac{2}{3}\delta_{ij}\varepsilon-C_1\frac{\varepsilon}{K}\left(\overline{u_j'u_l'}-\frac{2}{3}\delta_{ij}K\right)-C_2\left(P_{ij}-\frac{2}{3}\delta_{ij}P_K\right)$$

类似地，如果认为 $\frac{\overline{u_i'T'}}{K}$ 近似是常数，把它提到微分号外，而把对流项和扩散项做如下简化变换

$$\frac{\mathrm{D}}{\mathrm{D}t}(\overline{u_i'T'})-D_{uT}=\frac{\overline{u_i'T'}}{K}\frac{\partial}{\partial x_l}\left(\frac{\mathrm{D}K}{\mathrm{D}t}-D_K\right)$$

则 $\overline{u_i'T'}$ 方程也可化为代数方程，即

$$\frac{\overline{u_i'T'}}{K}(P_K-\varepsilon)=-\left(u_i'u_l'\frac{\partial\overline{T}}{\partial x_l}+\overline{u_l'T'}\frac{\partial\overline{u}_i}{\partial x_l}\right)-C_{T1}\frac{\varepsilon}{K}\overline{u_i'T'}+C_{T2}\frac{\partial\overline{u}_i}{\partial x_l}\overline{u_l'T'}$$

准代数应力模式方程与纯代数应力方程相比有了改进，使用范围相对拓宽，但由于增加了雷诺应力与湍动能成正比的假设，也就增加了一些限制。对不满足该条件的流场（如射流、尾流这样有对称平面或有对称轴线的流场）就不能使用，因为在这些流场中，中心线上的对称使雷诺应力为零，而 K 的值却很高，所以雷诺应力不与 K 成正比。

3. 涡黏模型（K-ε-E 模型）

该模型中，对 $\overline{u_i'u_j'}$ 和 $\overline{u_i'T'}$ 不采用输运方程，与层流模型相类似，直接采用广义的布辛涅斯克涡团黏度模型。定义相应的湍流动量扩散系数 ν_t 和温度扩散系数 a_t，满足

$$-u_i'u_j'=\nu_t\left(\frac{\partial\overline{u}_i}{\partial x_j}+\frac{\partial\overline{u}_j}{\partial x_i}\right)-\frac{2}{3}\delta_{ij}K$$

$$-\overline{u_i'T'}=a_t\frac{\partial\overline{T}}{\partial x_i}$$

通过量纲分析，再分别用无量纲系数 C_μ、C_a 来表示 ν_t 和 a_t，即令

$$\nu_t=C_\mu\frac{K^2}{\varepsilon}$$

$$a_t=C_a\frac{K^2}{\varepsilon}$$

其中 C_μ 和 C_a 是由实验确定的无量纲系数。再定义湍流普朗特数 Pr_t 为

$$Pr_t = \frac{C_\mu}{C_a}$$

通常取 $C_\mu = 0.09$，$Pr_t = 0.8 \sim 1.3$。

在 K-ε-E 模型中 $\overline{u_i'u_j'}$ 和 $\overline{u_i'T'}$ 被简化成代数方程，它们不再需要联立求解，而可以由时均量的梯度显式表示。对于较复杂的流动，该模型似乎过于简化了，因此其精度比 K-ε-A 模型差些。涡黏模型是目前应用得最广的湍流模式，它已经被成功地用来计算多种不同类型的流场。这种模式只用到平均运动方程以及 K 和 ε 两个方程，故属于二方程模型。在二方程模型的框架内，已派生出许多种不同类型的模式，它们中的大多数是通过引进一个新的标量的微分方程来代替 ε 方程，因为 ε 方程中的各项模化难度较大且精度较低。

K-ε-E 模型的二阶脉动量方程为

$$\frac{\mathrm{D}K}{\mathrm{D}t} = D_K + P_K - \varepsilon$$

$$\frac{\mathrm{D}\varepsilon}{\mathrm{D}t} = D_\varepsilon - C_{\varepsilon 1}\frac{\varepsilon}{K}\overline{u_i'u_l'}\frac{\partial \overline{u}_i}{\partial x_l} + C_{\varepsilon 2}\frac{\varepsilon^2}{K}$$

$$-u_i'u_j' = C_\mu \frac{K^2}{\varepsilon}\left(\frac{\partial \overline{u}_i}{\partial x_j} + \frac{\partial \overline{u}_j}{\partial x_i}\right) - \frac{2}{3}\delta_{ij}K$$

$$\overline{u_i'T'} = \frac{C_\mu}{Pr_t}\frac{\partial \overline{T}}{\partial x_i}$$

4. K 方程模型（一方程模型）

上面对二阶湍流模型做了不同程度的简化，在 K-ε-A 模型和 K-ε-E 模型中，除了 K 方程和 ε 方程模型为微分方程外，$\overline{u_i'u_j'}$ 和 $\overline{u_i'T'}$ 共 9 个方程都简化成代数方程。这两种模型通常称为（K，ε）二方程模型，是目前工程计算中应用最广的一类模型。对于更简单的湍流现象，人们也曾做了更进一步的简化，即所谓一方程模型。在一方程模型中，只保留 K 方程为微分方程，而其他二阶脉动相关量均由代数方程来表示。这样，计算工作量大大减少。当然，这种模型对稍复杂的湍流预测能力有所降低。这里介绍用普朗特混合长度来确定 ε，进而把 ε 方程也简化为代数方程。

由（K，ε）尺度分析，得到湍流长度与（K，ε）的关系为 $l \sim K^{3/2}/\varepsilon$，即 $\varepsilon \sim K^{3/2}/l$。这样，把长度尺度 l 定义为普朗特混合长度，并用它表示 K 方程中的 ε 项，从而得到只含 K 一个未知数的微分方程，即

$$\frac{\mathrm{D}K}{\mathrm{D}t} = \frac{\partial}{\partial x_l}\left[(C_K K^{1/2} l + \nu)\frac{\partial K}{\partial x_l}\right] - \overline{u_i'u_l'}\frac{\partial u_i}{\partial x_l} - \frac{K^{3/2}}{l}$$

沿用 K-ε-E 模型中提到的布辛涅斯克广义湍流涡团黏度模型来表示 $\overline{u_i'u_j'}$ 和 $\overline{u_i'T'}$，即

$$-u_i'u_j' = \nu_t\left(\frac{\partial \overline{u}_i}{\partial x_j} + \frac{\partial \overline{u}_j}{\partial x_i}\right) - \frac{2}{3}\delta_{ij}K$$

$$-\overline{u_i'T'} = \frac{\nu_t}{Pr_t}\frac{\partial \overline{T}}{\partial x_i}$$

式中，

$$\nu_t = C_\mu \frac{K^2}{\varepsilon} = C_\mu K^{1/2} l;\quad C_\mu = C_K = 0.09$$

由此可见，只要求出普朗特混合长度 l，则需要求解 K 一个方程就可以了。显而易见，计算工作大大简化，一般而言，普朗特混合长度与具体流动有关，因此，一方程的预测能力较差。

5. 双尺度二阶模型

在雷诺应力、代数应力以及二方程模型中，都涉及要求解 ε 方程，该方程等式右端的每一项都是经过模化得到的，在模化过程中难以做到考虑周全，容易引进较大的偏差，ε 方程模化得好坏直接决定了整个模化结果的质量。在 20 世纪 80 年代以前，对 ε 方程的模化都采用单尺度的方法，即不管是 ε 方程的哪一项都用相同的尺度进行模化。此后，出现了双尺度模式，即如同对雷诺应力方程模化那样，对不同的项采用不同的尺度。如扩散项这样主要来自含能涡贡献的项，所需的尺度通过 K 和 ε 来表示，而对于小涡拉伸产生项 $\left(-2\nu\overline{\frac{\partial u_i'}{\partial x_l}\frac{\partial u_i'}{\partial x_j}\frac{\partial u_j'}{\partial x_l}}\right)$ 与耗散项（即黏性破坏项）$\left[-2\nu^2\overline{\left(\frac{\partial^2 u_i'}{\partial x_j\partial x_l}\right)^2}\right]$ 这些主要由小尺度涡决定的项，则采用柯尔莫哥洛夫定义的尺度以及用 ε 和 ν 来表示。由以上想法可以得到采用双尺度形式的 ε 方程

$$\frac{\mathrm{D}\varepsilon}{\mathrm{D}t}=\frac{\partial}{\partial x_l}\left[\left(C_\varepsilon'\frac{K^2}{\varepsilon}+\nu\right)\frac{\partial\varepsilon}{\partial x_l}\right]-C_{\varepsilon1}'\sqrt{\frac{\varepsilon}{\nu}}\,\overline{u_i'u_l'}\frac{\partial\bar{u}_i}{\partial x_l}-C_{\varepsilon2}'\varepsilon\sqrt{\frac{\varepsilon}{\nu}}$$

式中的三个系数通过实验得到

$$C_\varepsilon'=2.19\text{ , }C_{\varepsilon1}'=C_{\varepsilon2}'=18.7Re^{-1/2}$$

计算结果表明，双尺度的双方程模型有效地改善了圆射流和平面尾迹流的计算结果。因此，至少对于二维自由剪切湍流来说（无论是轴对称或平面流），当采用双尺度双方程模型时，可采用同一组模型常数，因此预测能力比单尺度模型有明显改进。

11.9 热浮升力作用下的湍流模型

我们在 7.4 节中述及，对于密度变化不太大的有浮升力作用的流体来说，可以引入布辛涅斯克假设，以对控制方程进行简化。所谓布辛涅斯克假设，即在密度变化不太大的浮力流动问题中，只在重力项中计及浮力的影响，而在控制方程的所有其他项中，忽略浮力的影响。例如，在连续性方程中，在动量随时间变化率中，以及密度变化做功中，认为浮力影响都很小，可予以忽略。

1. 时均化的湍流方程

引入布辛涅斯克假设后，动量方程的瞬时值方程由式（11.3.4）变为

$$\frac{\mathrm{D}u_i}{\mathrm{D}t}=-\frac{1}{\rho}\frac{\partial p}{\partial x_i}+\nu\frac{\partial^2 u_i'}{\partial x_j\partial x_j}-\alpha g_i\Delta T$$

对上述瞬时值方程时均化，得时均化方程为

$$\frac{\mathrm{D}\bar{u}_i}{\mathrm{D}t}=-\frac{1}{\rho}\frac{\partial\bar{p}}{\partial x_i}+\nu\frac{\partial^2\bar{u}_i}{\partial x_j\partial x_j}-\alpha g_i\Delta\bar{T}-\frac{\partial(\overline{u_i'u_j'})}{\partial x_j}$$

$$\rho c_p\left(\frac{\partial\bar{T}}{\partial t}+\bar{u}_j\frac{\partial\bar{T}}{\partial x_j}\right)=\frac{\partial}{\partial x_j}\left(-\lambda\frac{\partial\bar{T}}{\partial x_j}-\rho c_p\overline{u_j'T'}\right)$$

连续性方程以及能量方程（不考虑源项与耗散）与无浮升力时完全一致。

2. 湍流输运方程

考虑浮升力作用下的湍流中的浮力项，湍流脉动动量输运方程为

$$\frac{\mathrm{D}u_i'}{\mathrm{D}t} + u_j'\frac{\partial \bar{u}_i}{\partial x_j} + u_j'\frac{\partial u_i'}{\partial x_j} = -\frac{1}{\rho}\frac{\partial p'}{\partial x_i} + \nu\frac{\partial^2 u_i'}{\partial x_j \partial x_j} + \frac{\partial(\overline{u_i'u_j'})}{\partial x_j} - \alpha g_i T' \tag{11.9.1}$$

在布辛涅斯克简化假设的条件下，脉动温度输运方程与一般湍流的脉动温度输运方程具有相同的形式，并且不难得到 $\overline{u_i'u_j'}$、K、ε 和 $\overline{u_i'T'}$ 的方程分别为

$$\frac{\mathrm{D}\,\overline{u_i'u_j'}}{\mathrm{D}t} = \frac{\partial}{\partial x_l}\left[-\overline{u_i'u_j'u_l'} - \overline{\frac{p'}{\rho}(u_j'\delta_{il} + u_i'\delta_{jl})} + \nu\frac{\partial(\overline{u_i'u_j'})}{\partial x_l}\right] + P_{ij} - $$

$$2\nu\overline{\frac{\partial u_i'}{\partial x_l}\frac{\partial u_j'}{\partial x_l}} + \overline{\frac{p'}{\rho}\left(\frac{\partial u_i'}{\partial x_j} + \frac{\partial u_j'}{\partial x_i}\right)} - \alpha(g_i\,\overline{u_j'T'} + g_j\,\overline{u_i'T'}) \tag{11.9.2}$$

其中含有 $\alpha(g_i\,\overline{u_j'T'} + g_j\,\overline{u_i'T'})$ 的项为浮升力作用下所特有的，P_{ij} 的定义与前文相同。

$$\frac{\mathrm{D}K}{\mathrm{D}t} = -\overline{u_i'u_l'}\frac{\partial \bar{u}_i}{\partial x_l} + \frac{\partial}{\partial x_l}\left(-\overline{K'u_l'} - \frac{1}{\rho}\overline{p'u_l'} + \nu\frac{\partial K}{\partial x_l}\right) + P_K - \varepsilon - \alpha g_i\,\overline{u_j'T'} \tag{11.9.3}$$

其中含有 αg_i 的项为浮升力作用下所特有的，P_K 的定义与前文相同。

$$\frac{\mathrm{D}\varepsilon}{\mathrm{D}t} = \frac{\partial}{\partial x_l}\left[-\left(\nu\,\overline{u_l'\frac{\partial u_i'}{\partial x_j}\frac{\partial u_i'}{\partial x_j}} + \frac{2\nu}{\rho}\overline{\frac{\partial u_l'}{\partial x_j}\frac{\partial p'}{\partial x_j}}\right) + \nu\frac{\partial \varepsilon}{\partial x_l}\right] - 2\nu\,\overline{u_j'\frac{\partial u_i'}{\partial x_l}}\frac{\partial^2 \bar{u}_i}{\partial x_j \partial x_l} - $$

$$2\nu\frac{\partial \bar{u}_i}{\partial x_j}\left(\overline{\frac{\partial u_l'}{\partial x_i}\frac{\partial u_l'}{\partial x_j}} + \overline{\frac{\partial u_i'}{\partial x_l}\frac{\partial u_j'}{\partial x_l}}\right) - 2\nu\overline{\frac{\partial u_i'}{\partial x_l}\frac{\partial u_i'}{\partial x_j}\frac{\partial u_j'}{\partial x_l}} - 2\nu^2\overline{\left(\frac{\partial^2 u_i'}{\partial x_j \partial x_l}\right)^2} - 2\nu\alpha g_i\overline{\frac{\partial u_i'}{\partial x_j}\frac{\partial T'}{\partial x_j}} \tag{11.9.4}$$

其中含有 αg_i 的项为浮升力作用下所特有的，而且浮力项的影响与重力场的方向有关，并不是各向同性的。

$$\frac{\mathrm{D}\,\overline{u_i'T'}}{\mathrm{D}t} = \frac{\partial}{\partial x_l}\left(-\overline{u_i'u_l'T'} - \delta_{il}\frac{\overline{p'T'}}{\rho} + \frac{\lambda}{\rho c_p}\overline{u_i'\frac{\partial T'}{\partial x_l}} + \nu\,\overline{T'\frac{\partial u_i'}{\partial x_l}}\right) - $$

$$\left(\overline{u_i'u_l'}\frac{\partial \bar{T}}{\partial x_l} + \overline{u_l'T'}\frac{\partial \bar{u}_i}{\partial x_l}\right) - \left(\frac{\lambda}{\rho c_p} + \nu\right)\overline{\frac{\partial u_i'}{\partial x_l}\frac{\partial T'}{\partial x_l}} + \frac{1}{\rho}\frac{\partial\,\overline{p'T'}}{\partial x_i} - \alpha g_i\,\overline{T'^2} \tag{11.9.5}$$

如果对脉动温度的输运方程两边同乘 $2T'$，然后再取时均，则得到 $\overline{T'^2}$ 的输运方程为

$$\frac{\mathrm{D}\,\overline{T'^2}}{\mathrm{D}t} = \frac{\partial}{\partial x_l}\left(-\overline{u_l'T'^2} + \frac{\lambda}{\rho c_p}\frac{\partial\,\overline{T'^2}}{\partial x_l}\right) - 2\,\overline{u_l'T'}\frac{\partial \bar{T}}{\partial x_l} - 2\frac{\lambda}{\rho c_p}\overline{\frac{\partial T'}{\partial x_l}\frac{\partial T'}{\partial x_l}} \tag{11.9.6}$$

令 $\varepsilon_\theta = \overline{\dfrac{\partial T'}{\partial x_l}\dfrac{\partial T'}{\partial x_l}}$，则 ε_θ 类似于湍流动能耗散率。为导出 ε_θ 的输运方程，可把脉动温度的输运方程两边同对 x_i 取偏导数，再同乘 $2\dfrac{\lambda}{\rho c_p}\dfrac{\partial \bar{T}}{\partial x_l}$，并取时均值，导得 ε_θ 的输运方程为

$$\frac{\mathrm{D}\varepsilon_\theta}{\mathrm{D}t} = \frac{\partial}{\partial x_l}\left(-\overline{\varepsilon_\theta' u_l'} + \frac{\lambda}{\rho c_p}\frac{\partial \varepsilon_\theta}{\partial x_l}\right) - 2\frac{\lambda}{\rho c_p}\frac{\partial \bar{u}_l}{\partial x_i}\overline{\frac{\partial T'}{\partial x_i}\frac{\partial T'}{\partial x_l}} - 2\frac{\lambda}{\rho c_p}\frac{\partial \bar{T}}{\partial x_i}\overline{\frac{\partial T'}{\partial x_l}\frac{\partial u_l'}{\partial x_i}} - $$

$$2\frac{\lambda}{\rho c_p}\overline{u_l'\frac{\partial T'}{\partial x_i}}\frac{\partial^2 \bar{T}}{\partial x_i \partial x_l} - 2\frac{\lambda}{\rho c_p}\overline{\frac{\partial u_l'}{\partial x_i}\frac{\partial T'}{\partial x_i}\frac{\partial T'}{\partial x_l}} - 2\left(\frac{\lambda}{\rho c_p}\right)^2\overline{\left(\frac{\partial^2 T'}{\partial x_i \partial x_l}\right)^2} \tag{11.9.7}$$

式中，$\varepsilon'_\theta=\dfrac{\lambda}{\rho c_p}\left(\dfrac{\partial T'}{\partial x_l}\right)^2$。

至此，所有方程中的二阶湍流相关量的时均值由相应的输运方程来描述，且整个方程组在数学上是封闭的。在考虑浮升力的情况下，二阶封闭模型比不考虑浮升力的情况要复杂一些。时均方程中，动量方程中出现了时均温度。因而，动量方程和能量方程相关联，必须联立求解，而不再能相对独立地先解出速度分布了。同样地，$\overline{u'_iT'}$ 项出现在 $\overline{u'_iu'_j}$ 方程和 K 方程中，脉动速度和脉动温度的输运方程也是相关联的。输运方程中，还增加了 $\overline{T'^2}$ 和 ε_θ 两个新的湍流量输运方程，但考虑到 ε_θ 仅出现在 $\overline{T'^2}$ 方程中，而 $\overline{T'^2}$ 又出现在 $\overline{u'_iT'}$ 方程中，因此可以推测 ε_θ 流动的时均表现影响较小。此外，在时均方程和湍流输运方程中，都相应出现了与重力 g_i 有关的量。可见，整个问题的复杂性大大增加，需要模化的项也大大增加。

3. 浮升力作用下的湍流输运方程模型

浮升力作用下进行湍流封闭，依然需要假设条件，这些假设条件与无浮升力时基本一致，只是多了 $\overline{T'^2}$ 和 ε_θ 两个新的变量。所有的湍流输运量应是 $\overline{u'_iu'_j}$、K、$\overline{u'_iT}$、$\overline{T'^2}$、ε_θ、u_i、p、ρ 和 ν 的函数，或其中一部分量的函数。此外，湍流尺度是 K、ε 和 ν 的函数。对于大尺度涡，采用 $(K,\ \varepsilon)$ 尺度，即 $u_i\sim K^{1/2}$，$l\sim K^{3/2}/\varepsilon$，$t\sim K/\varepsilon$；对于小尺度涡，采用 $(\varepsilon,\ \nu)$ 尺度，即 $u_i\sim(\nu\varepsilon)^{1/4}$，$l\sim(\nu^3/\varepsilon)^{1/4}$，$t\sim(\nu/\varepsilon)^{1/2}$。

由上述假设出发，我们可以类似地将浮升力作用下的各湍流量的输运方程进行模化，凡和浮力无关的各项都可沿用前文使用的无浮升力时的模型式，这里只讨论新出现的与浮力有关的项以及 $\overline{T'^2}$ 方程和 ε_θ 方程的模化。

（1）$\overline{u'_iu'_j}$ 和 K 方程的模化　以下沿用前文使用的无浮升力时的模化处理方法。对式（11.9.2）两端做散度运算，并考虑到连续性方程，不难得到 $\dfrac{p'}{\rho}$ 的泊松方程，即

$$\nabla^2\frac{p'}{\rho}=-\left[\frac{\partial^2(u'_lu'_m-\overline{u'_lu'_m})}{\partial x_l\partial x_m}+2\frac{\partial\bar{u}_l}{\partial x_m}\frac{\partial u'_m}{\partial x_l}+\alpha g_l\frac{\partial T'}{\partial x_l}\right]$$

令

$$\nabla^2\frac{p'}{\rho}=F$$

则由格林定理，泊松方程的解可表示为

$$\frac{p'}{\rho}=\frac{1}{4\pi}\iiint_V F\frac{\mathrm{d}V}{r}$$

式中，r 是从计算的脉动压力点到积分域上任一点之间的距离。将上式两边同乘以 $\left(\dfrac{\partial u'_i}{\partial x_j}+\dfrac{\partial u'_j}{\partial x_i}\right)$，再取平均，得

$$\overline{\frac{p'}{\rho}\left(\frac{\partial u'_i}{\partial x_j}+\frac{\partial u'_j}{\partial x_i}\right)}=\frac{1}{4\pi}\iiint_V\overline{\left[\frac{\partial^2(u'_lu'_m)}{\partial x_l\partial x_m}+2\left(\frac{\partial\bar{u}_m}{\partial x_l}\right)\left(\frac{\partial u'_l}{\partial x_m}\right)\right]\left(\frac{\partial u'_i}{\partial x_j}+\frac{\partial u'_j}{\partial x_i}\right)}\frac{\mathrm{d}V}{r}+\frac{1}{4\pi}\iiint_V\alpha g_l\overline{\frac{\partial T'}{\partial x_l}\left(\frac{\partial u'_i}{\partial x_j}+\frac{\partial u'_j}{\partial x_i}\right)}\frac{\mathrm{d}V}{r}$$

为了方便表达，将上式写作

$$\overline{\frac{p'}{\rho}\left(\frac{\partial u_i'}{\partial x_j}+\frac{\partial u_j'}{\partial x_i}\right)}=\phi_{ij,1}+\phi_{ij,2}+\phi_{ij,3}$$

其中（$\phi_{ij,1}+\phi_{ij,2}$）可沿用前面无浮升力的模型，即

$$\phi_{ij,1}+\phi_{ij,2}=-C_1\frac{\varepsilon}{K}\left(\overline{u_i'u_j'}-\frac{2}{3}\delta_{ij}K\right)-C_2\left(P_{ij}-\frac{2}{3}\delta_{ij}P_K\right)$$

而 $\phi_{ij,3}$ 与浮力有关，需另做模型。由量纲分析得

$$\phi_{ij,3}\sim\alpha g_l\overline{\frac{\partial T'}{\partial x_l}\left(\frac{\partial u_i'}{\partial x_j}+\frac{\partial u_j'}{\partial x_i}\right)}\cdot l^2$$

其中 l 为涡的长度尺度，再考虑湍流模型假设，将其表示为 $\overline{u_i'T}$ 的函数，又注意到 $\phi_{ij,3}$ 是二阶张量，由于 $\frac{\partial u_i'}{\partial x_i}=0$，则有 $\phi_{ij,3}=0$。因此，$\phi_{ij,3}$ 可表示成下列模型式，即

$$\phi_{ij,3}=C_3\left(\alpha g_i\overline{u_j'T'}+\alpha g_j\overline{u_i'T'}-\frac{2}{3}\alpha g_i\delta_{ij}\overline{u_i'T'}\right)$$

该式又可简写成

$$\phi_{ij,3}=-C_3\left(P_{ij,b}-\frac{2}{3}\delta_{ij}P_b\right)$$

式中，$P_{ij,b}=-\alpha(g_i\overline{u_j'T'}+g_j\overline{u_i'T'})$，$P_b=-\alpha g_i\overline{u_i'T'}$，这两项是新出现的与浮力有关的项。

于是，在浮升力作用下的湍流中，$\overline{u_i'u_j'}$ 输运方程的模型式为

$$\frac{\mathrm{D}\overline{u_i'u_j'}}{\mathrm{D}t}=\frac{\partial}{\partial x_l}\left[\left(C_K\frac{K^2}{\varepsilon}+\nu\right)\frac{\partial\overline{u_i'u_j'}}{\partial x_l}\right]+P_{ij}+P_{ij,b}-\frac{2}{3}\delta_{ij}\varepsilon-$$
$$C_1\frac{K}{\varepsilon}\left(\overline{u_j'u_l'}-\frac{2}{3}\delta_{ij}K\right)+C_2\left(P_{ij}-\frac{1}{3}\delta_{ij}P_K\right)-C_3\left(P_{ij,b}-\frac{2}{3}\delta_{ij}P_b\right)$$

在上述模型式中，令 $i=j$，即得 K 方程的模化形式，即

$$\frac{\mathrm{D}K}{\mathrm{D}t}=\frac{\partial}{\partial x_l}\left[\left(C_K\frac{K^2}{\varepsilon}+\nu\right)\frac{\partial K}{\partial x_l}\right]+P_K+P_b-\varepsilon$$

其中，P_b 项是新出现的与浮力有关的项。方程中的常数 C_3 可由有关的实验确定，而其他常数可沿用一般湍流模型中的常数值，$C_3=0.3\sim0.5$。

（2）ε 方程的模型　ε 方程精确形式为式（11.9.4）。考虑小涡耗散是各向同性的，与重力项有关的项

$$-2\nu\alpha g_i\overline{\frac{\partial u_i'}{\partial x_j}\frac{\partial T'}{\partial x_j}}$$

也可近似地取为零。然而考虑到 K 方程模化的形式，这里，ε 方程的汇项的模型也需考虑浮力的影响，即

$$-2\nu\overline{\frac{\partial u_i'}{\partial x_l}\frac{\partial u_i'}{\partial x_j}\frac{\partial u_j'}{\partial x_l}}-2\nu^2\overline{\left(\frac{\partial^2u_i'}{\partial x_j\partial x_l}\right)^2}\sim\left[\frac{\varepsilon}{t}\right]\left(\frac{K\text{的源项}}{\varepsilon}-1\right)\sim\left[\frac{1}{t}\right](P_K+P_b-\varepsilon)$$

若采用（K，ε）尺度来表示 $\left[\frac{1}{t}\right]$，则 $\frac{1}{t}=\frac{\varepsilon}{K}$，再将 ε 方程的汇项（三项）分别以三个数值上

略有差别的常数来表示，得 ε 的模型方程为

$$\frac{\mathrm{D}\varepsilon}{\mathrm{D}t}=\frac{\partial}{\partial x_l}\left[\left(C_\varepsilon\frac{K^2}{\varepsilon}+\nu\right)\frac{\partial\varepsilon}{\partial x_l}\right]+C_{\varepsilon1}\frac{\varepsilon}{K}P_K-C_{\varepsilon2}\frac{\varepsilon^2}{K}+C_{\varepsilon3}\frac{\varepsilon}{K}P_b$$

式中，常数 $C_{\varepsilon3}=1.44\sim1.92$，其余常数同前。上述 ε 模型方程中，$C_{\varepsilon3}\dfrac{\varepsilon}{K}P_b$ 是新出现的与浮力有关的项，上述 ε 方程模型中，采用了（K，ε）尺度，若采用（K，ε）和（ε，ν）双尺度来分别模化大涡和小涡，则 ε 模型方程的精度可进一步提高。

（3）$\overline{u_i'T'}$ 方程的模型　当流体的普朗特数接近 1 时，则 $\dfrac{\lambda}{\rho c_p}\sim\nu$，这样，$\overline{u_i'T'}$ 方程，即式（11.9.5）可写作

$$\frac{\mathrm{D}\,\overline{u_i'T'}}{\mathrm{D}t}=\frac{\partial}{\partial x_l}\left(-\overline{u_i'u_l'T'}-\delta_{il}\frac{\overline{p'T'}}{\rho}+\nu\frac{\partial\,\overline{u_i'T'}}{\partial x_l}\right)-\left(\overline{u_i'u_l'}\frac{\partial\bar{T}}{\partial x_l}+\overline{u_l'T'}\frac{\partial\bar{u}_i}{\partial x_l}\right)-$$
$$\left(\frac{\lambda}{\rho c_p}+\nu\right)\overline{\frac{\partial u_i'}{\partial x_l}\frac{\partial T'}{\partial x_l}}+\frac{1}{\rho}\frac{\partial\,\overline{p'T'}}{\partial x_i}-\alpha g_i\overline{T'^2}$$

采用前文的处理方法，即通过格林公式求出 $\dfrac{p'}{\rho}$ 积分形式的解，再乘上 $\dfrac{\partial T'}{\partial x_i}$，最后取平均，得到如下表达式：

$$\overline{\frac{p'}{\rho}\frac{\partial T'}{\partial x_i}}=\iiint_V\left[\overline{\frac{\partial^2(u_l'u_m')}{\partial x_l\partial x_m}\frac{\partial T'}{\partial x_i}}+2\frac{\partial\bar{u}_l}{\partial x_m}\overline{\frac{\partial u_m'}{\partial x_l}\frac{\partial T'}{\partial x_i}}-\alpha g_l\overline{\frac{\partial T'}{\partial x_l}\frac{\partial T'}{\partial x_i}}\right]\frac{\mathrm{d}V}{4\pi r}$$

由量纲分析得

$$\overline{\frac{p'}{\rho}\frac{\partial T'}{\partial x_i}}\sim\left[\overline{\frac{\partial^2(u_l'u_m')}{\partial x_l\partial x_m}\frac{\partial T'}{\partial x_i}}+2\frac{\partial\bar{u}_l}{\partial x_m}\overline{\frac{\partial u_m'}{\partial x_l}\frac{\partial T'}{\partial x_i}}-\alpha g_l\overline{\frac{\partial T'}{\partial x_l}\frac{\partial T'}{\partial x_i}}\right]l^2$$

再由假设，可将上式表示为

$$\overline{\frac{p'}{\rho}\frac{\partial T'}{\partial x_i}}\sim-C_{T1}\frac{1}{t}\overline{u_i'T'}+C_{T2}\frac{\partial\bar{u}_i}{\partial x_l}\overline{u_l'T'}-C_{T3}\alpha g_i\overline{T'^2}$$

若将 $\dfrac{1}{t}$ 按（K，ε）尺度来表示，则可得脉动压力-温度的模型式为

$$\overline{\frac{p'}{\rho}\frac{\partial T'}{\partial x_i}}\sim-C_{T1}\frac{\varepsilon}{K}\overline{u_i'T'}+C_{T2}\frac{\partial\bar{u}_i}{\partial x_l}\overline{u_l'T'}-C_{T3}\alpha g_i\overline{T'^2}$$

综上所述，导得 $\overline{u_i'T'}$ 的模型方程为

$$\frac{\mathrm{D}\,\overline{u_i'T'}}{\mathrm{D}t}=\frac{\partial}{\partial x_l}\left[\left(C_T\frac{K^2}{\varepsilon}+\frac{\lambda}{\rho c_p}\right)\frac{\partial\,\overline{u_i'T'}}{\partial x_l}\right]-\left(\overline{u_i'u_l'}\frac{\partial\bar{T}}{\partial x_l}+\overline{u_l'T'}\frac{\partial\bar{u}_i}{\partial x_l}\right)-$$
$$C_{T1}\frac{\varepsilon}{K}\overline{u_i'T'}+C_{T2}\frac{\partial\bar{u}_i}{\partial x_l}\overline{u_l'T'}-(1+C_{T3})\alpha g_i\overline{T'^2}$$

式中新增加的湍流模型常数，$C_{T3}=0.5$，其余常数同前。也有人取 $C_{T3}=0$，即仍沿用一般湍流模型方程中的脉动压力-温度模型式。

（4）$\overline{T'^2}$ 方程的模型方程　在 $\overline{u_i'T'}$ 模型方程中出现了未知的二阶相关联量 $\overline{T'^2}$，因此 $\overline{T'^2}$ 方

程也必须加以模化。如同 K 方程能控制湍流动能的变化一样，$\overline{T'^2}$ 方程能控制湍动热能 $c_p\sqrt{\overline{T'^2}}$ 的变化，这是浮升力湍流中所特有的湍流量输运方程。在式（11.9.6）中，即在

$$\frac{\mathrm{D}\,\overline{T'^2}}{\mathrm{D}t} = \frac{\partial}{\partial x_l}\left(-\overline{u_l'T'^2} + \frac{\lambda}{\rho c_p}\frac{\partial\,\overline{T'^2}}{\partial x_l}\right) - 2\,\overline{u_l'T'}\,\frac{\partial \overline{T}}{\partial x_l} - 2\,\frac{\lambda}{\rho c_p}\overline{\frac{\partial T'}{\partial x_l}\frac{\partial T'}{\partial x_l}}$$

中，湍流扩散项（$-\overline{u_l'T'^2}$）的模化方法与前文的处理方法相仿，可模化为

$$(-\overline{u_l'T'^2}) = C_\theta\,\frac{K^2}{\varepsilon}\,\frac{\partial\,\overline{T'^2}}{\partial x_l}$$

式中，$C_\theta = 0.13$。

热耗散项可表示为

$$-2\,\frac{\lambda}{\rho c_p}\overline{\frac{\partial T'}{\partial x_l}\frac{\partial T'}{\partial x_l}} = -2\varepsilon_\theta$$

因此，它可以通过解 ε_θ 方程而求得。从而可导得湍动热能的模型输运方程为

$$\frac{\mathrm{D}\,\overline{T'^2}}{\mathrm{D}t} = \frac{\partial}{\partial x_l}\left[\left(C_\theta\,\frac{K^2}{\varepsilon} + \nu\right)\frac{\partial\,\overline{T'^2}}{\partial x_l}\right] - 2\,\overline{u_l'T'}\,\frac{\partial \overline{T}}{\partial x_l} - 2\varepsilon_\theta$$

考虑到 ε_θ 仅出现在 $\overline{T'^2}$ 方程中，它对湍流其他量的影响较小，Launder 提出一个近似式来计算 ε_θ 。由量纲分析，得

$$\varepsilon_\theta \sim \left[\frac{\overline{T'^2}}{u^2}\right]\varepsilon$$

如果取（K，ε）尺度来衡量 u，则可得

$$\varepsilon_\theta = C_{\theta 1}\varepsilon\,\frac{\overline{T'^2}}{K}$$

式中，$C_{\theta 1} = 0.62$。

这样，$\overline{T'^2}$ 方程又可表示为

$$\frac{\mathrm{D}\,\overline{T'^2}}{\mathrm{D}t} = \frac{\partial}{\partial x_l}\left[\left(C_\theta\,\frac{K^2}{\varepsilon} + \nu\right)\frac{\partial\,\overline{T'^2}}{\partial x_l}\right] - 2\,\overline{u_l'T'}\,\frac{\partial \overline{T}}{\partial x_l} - 2C_{\theta 1}\varepsilon\,\frac{\overline{T'^2}}{K}$$

对于 ε_θ 方程模型，相对而言，该方程并不是很重要，因此学者倾向于不求解 ε_θ 方程，而用代数式来表达 ε_θ，这里不再赘述。

11.10　湍流扩散方程求解

经时均化处理的湍流扩散方程为

$$\frac{\partial \overline{C}}{\partial t} + \overline{u}_j\,\frac{\partial \overline{C}}{\partial x_j} = D\,\frac{\partial}{\partial x_j}\left(\frac{\partial \overline{C}}{\partial x_j}\right) - \frac{\partial(\overline{u_j'C'})}{\partial x_j}$$

式中，$-\dfrac{\partial(\overline{u_j'C'})}{\partial x_j}$ 包含 3 个子项，$\overline{u_j'C'}$ 的物理意义是湍流脉动引起的单位时间通过分别垂直于三个坐标轴的单位面积的扩散量，即湍动扩散引起的单位通量，这与菲克定律中的单位通量含义

相近，因此类比菲克定律，有

$$\overline{u'_x C'} = -D_x \frac{\partial \overline{C}}{\partial x},\ \overline{u'_y C'} = -D_y \frac{\partial \overline{C}}{\partial y},\ \overline{u'_z C'} = -D_z \frac{\partial \overline{C}}{\partial z}$$

式中 D_x、D_y、D_z 分别为三个坐标轴方向的湍动扩散系数。一般来说，不同方向有不同的湍动扩散系数，同时还随空间坐标变化。于是得到

$$\frac{\partial \overline{C}}{\partial t} + \overline{u}_j \frac{\partial \overline{C}}{\partial x_j} = \frac{\partial}{\partial x}\left(D_x \frac{\partial \overline{C}}{\partial x}\right) + \frac{\partial}{\partial y}\left(D_y \frac{\partial \overline{C}}{\partial y}\right) + \frac{\partial}{\partial z}\left(D_z \frac{\partial \overline{C}}{\partial z}\right) + D \frac{\partial}{\partial x_j}\left(\frac{\partial \overline{C}}{\partial x_j}\right)$$

考虑到湍流随机运动的速度远大于分子扩散速度，故除壁面附近因湍动因素受到限制的区域外，分子扩散远比湍流扩散慢，通常分子扩散可以忽略，于是

$$\frac{\partial \overline{C}}{\partial t} + \overline{u}_j \frac{\partial \overline{C}}{\partial x_j} = \frac{\partial}{\partial x}\left(D_x \frac{\partial \overline{C}}{\partial x}\right) + \frac{\partial}{\partial y}\left(D_y \frac{\partial \overline{C}}{\partial y}\right) + \frac{\partial}{\partial z}\left(D_z \frac{\partial \overline{C}}{\partial z}\right)$$

此即湍流扩散基本方程。其中的时均流速可由补充了经验关系式（湍流模型）的雷诺方程求出，求解该式时一般时均流速及三个湍动扩散系数都是已知的，这样原则上可以根据初始条件和边界条件解出时均浓度随时间及空间坐标的变化。但是具体求解时还要解决两个问题：确定扩散系数和求解二阶抛物型偏微分方程的定解问题。

在实际问题中，确定的扩散系数是否符合实际至关重要，但迄今还没有积累足够的资料。只有在简单的情况下，借助一些由分析方法确定的关系式计算，一般需通过实验或实测手段确定，即在较简单的扩散方式中实测浓度分布，然后按已有的关系式反算扩散系数。关于求解相关的偏微分方程，在简单的初始条件、边界条件下可求得解析解，比较复杂一些的情况，只助于数值计算求得近似解。下面仅介绍扩散系数为常数时瞬时源的解。

1. 瞬时平面源在一元流动中的扩散

设有一做等速均匀流的一元流动，流速为 U，流束两端延伸至无穷远处。我们在流束某一过流断面上瞬时投放扩散物质 M，它在该过流断面上是均匀分布的，这就是瞬时平面源。令 x 轴与流动方向一致，因此 $\overline{u}_x = U =$ 常数，$\overline{u}_y = \overline{u}_z = 0$，$\dfrac{\partial \overline{C}}{\partial y} = \dfrac{\partial \overline{C}}{\partial z} = 0$。在 D_x 为常数条件下，湍流扩散基本方程简化为

$$\frac{\partial \overline{C}}{\partial t} + U \frac{\partial \overline{C}}{\partial x} = \frac{\partial}{\partial x}\left(D_x \frac{\partial \overline{C}}{\partial x}\right)$$

如改换成动坐标系，该式还可以进一步简化。事实上，取以速度 U 沿 x 方向与流体一起运动的动坐标系 x'，两个坐标系之间的关系为

$$x' = x - Ut$$

则流体对动坐标系的相对速度为零，即对动坐标系来说，只有湍动扩散，没有移流输运。因此，微分方程进一步简化为

$$\frac{\partial \overline{C}}{\partial t} = D_x \frac{\partial^2 \overline{C}}{\partial x'^2}$$

这是典型的一元热传导方程（初值问题），它的解是

$$\overline{C} = \frac{B}{\sqrt{t}} \exp\left(-\frac{x'^2}{4D_x t}\right)$$

式中，B 为积分常数。若扩散物质在坐标原点投放，由于扩散过程中流体内的扩散物质量必然等于投放的扩散物质量 M，故有

$$M=\int_{-\infty}^{+\infty}\overline{C}A\mathrm{d}x'=\frac{AB\sqrt{4D_x t}}{\sqrt{t}}\int_{-\infty}^{+\infty}\exp\left[-\left(\frac{x'}{\sqrt{4D_x t}}\right)^2\right]\mathrm{d}\left(\frac{x'}{\sqrt{4D_x t}}\right)=AB\sqrt{4\pi D_x}$$

式中，A 为过流断面面积。该积分过程利用了概率积分，即 $\int_{-\infty}^{+\infty}\mathrm{e}^{-\eta^2}\mathrm{d}\eta=\sqrt{\pi}$。于是

$$B=\frac{M}{A\sqrt{4\pi D_x}}$$

将得到的积分常数代入后，得

$$\overline{C}=\frac{M}{A\sqrt{4\pi D_x t}}\exp\left(-\frac{x'^2}{4D_x t}\right)$$

还原为静坐标系，得到

$$\overline{C}=\frac{M}{A\sqrt{4\pi D_x t}}\exp\left[-\frac{(x-Ut)^2}{4D_x t}\right]$$

当湍流扩散系数为常数，且流动为等速均匀流时，扩散基本方程为

$$\frac{\partial\overline{C}}{\partial t}=D\left(\frac{\partial^2\overline{C}}{\partial x'^2}\right)$$

与湍流扩散基本方程 $\frac{\partial\overline{C}}{\partial t}=D_x\frac{\partial^2\overline{C}}{\partial x'^2}$ 形式完全相同，因此将解的表达式中的 D_x 换成 D 就是瞬时平面源在一元层流中分子扩散的解，即

$$C=\frac{M}{A\sqrt{4\pi Dt}}\exp\left[-\frac{(x-Ut)^2}{4Dt}\right]\tag{11.10.1}$$

2. 瞬时点源在等速均匀流中的平面与空间扩散

先讨论瞬时点源在平面流动中的扩散。若流动平行于 xOy 平面，则平面流动的湍流扩散微分方程为

$$\frac{\partial\overline{C}}{\partial t}+\overline{u}_x\frac{\partial\overline{C}}{\partial x}+\overline{u}_y\frac{\partial\overline{C}}{\partial y}=\frac{\partial}{\partial x}\left(D_x\frac{\partial\overline{C}}{\partial x}\right)+\frac{\partial}{\partial y}\left(D_x\frac{\partial\overline{C}}{\partial y}\right)$$

对于等速均匀流，U 与 x 轴方向一致，则 $\overline{u}_x=U=$ 常数，$\overline{u}_y=0$。于是

$$\frac{\partial\overline{C}}{\partial t}+U\frac{\partial\overline{C}}{\partial x}=\frac{\partial}{\partial x}\left(D_x\frac{\partial\overline{C}}{\partial x}\right)+\frac{\partial}{\partial y}\left(D_y\frac{\partial\overline{C}}{\partial y}\right)$$

如改换成动坐标系，即令

$$\begin{cases}x'=x-Ut\\y'=y\end{cases}$$

则湍流扩散微分方程简化为

$$\frac{\partial\overline{C}}{\partial t}=D_x\left(\frac{\partial^2\overline{C}}{\partial x'^2}\right)+D_y\left(\frac{\partial^2\overline{C}}{\partial y'^2}\right)$$

设任一点的浓度 $\overline{C}(x',\ y',\ t)$ 可分解成 $\overline{C}_1(x',\ t)$ 与 $\overline{C}_2(y',\ t)$ 的乘积，即

$$\overline{C}(x',\ y',\ t)=\overline{C}_1(x',\ t)\overline{C}_2(y',\ t)$$

将其代入微分方程中，得

$$\frac{\partial \overline{C}}{\partial t}=\overline{C}_1\frac{\partial \overline{C}_2}{\partial t}+\overline{C}_2\frac{\partial \overline{C}_1}{\partial t}=D_x\overline{C}_2\frac{\partial^2 \overline{C}_1}{\partial x'^2}+D_x\overline{C}_1\frac{\partial^2 \overline{C}_2}{\partial y'^2}$$

或

$$\overline{C}_1\left(\frac{\partial \overline{C}_2}{\partial t}+D_x\frac{\partial^2 \overline{C}_2}{\partial y'^2}\right)+\overline{C}_2\left(\frac{\partial \overline{C}_1}{\partial t}+D_x\frac{\partial^2 \overline{C}_1}{\partial x'^2}\right)=0$$

考虑到 $\overline{C}_1(x',\ t)$ 与 $\overline{C}_2(y',\ t)$ 的任意性，该式若成立，必须使两个括号内的值均为零，这样就得到两个一元湍流扩散方程，它们的解 $\overline{C}_1(x',\ t)$ 与 $\overline{C}_2(y',\ t)$ 形式相似，因此

$$\overline{C}(x',y',t)=\frac{B}{t}\exp\left(-\frac{x'^2}{4D_xt}-\frac{y'^2}{4D_yt}\right)$$

式中，B 为积分常数。若扩散物质在坐标原点投放，考虑到 z 方向的单位厚度范围内流体中的扩散物质量必然等于投放的扩散物质量 M，故

$$M=\int_{-\infty}^{+\infty}\int_{-\infty}^{+\infty}\overline{C}\mathrm{d}x'\mathrm{d}y'$$

代入 $\overline{C}$，易得

$$B=\frac{M}{4\pi\sqrt{D_xD_y}}$$

将得到的积分常数代入后，得

$$\overline{C}(x',y',t)=\frac{M}{4\pi t\sqrt{D_xD_y}}\exp\left(-\frac{x'^2}{4D_xt}-\frac{y'^2}{4D_yt}\right)$$

还原为静坐标系，得到

$$\overline{C}(x,y,t)=\frac{M}{4\pi t\sqrt{D_xD_y}}\exp\left(-\frac{(x-Ut)^2}{4D_xt}-\frac{y^2}{4D_yt}\right) \tag{11.10.2}$$

同理可得瞬时点源在等速均匀流中的空间湍动扩散的浓度分布为

$$\overline{C}(x,y,t)=\frac{M}{8\,(\pi t)^{3/2}\sqrt{D_xD_yD_z}}\exp\left(-\frac{(x-Ut)^2}{4D_xt}-\frac{y^2}{4D_yt}-\frac{z^2}{4D_zt}\right) \tag{11.10.3}$$

式中，

$$M=\int_{-\infty}^{+\infty}\int_{-\infty}^{+\infty}\int_{-\infty}^{+\infty}\overline{C}(x,y,z,t)\,\mathrm{d}x\mathrm{d}y\mathrm{d}z$$

如将湍流扩散系数换成分子扩散系数，它们就分别适用于分子在等速均匀流中的平面及空间扩散。

【例 11.10.1】 有一水深 2.5m 的宽阔渠道，除靠岸边附近的区域外，可近似认为是等速均匀流，流速为 2m/s。若在渠道中心处沿着水深度方向均匀瞬时投放 10kg 示踪物质，试求 6s 后在投放点下游 10m 处示踪物质的浓度大于 0.05kg/m^3 区域的宽度。设纵向及横向的湍流扩散系数皆为 0.1m^2/s。

解： 这是瞬时点源的平面扩散问题，将各已知数代入式（11.10.2），即

$$\overline{C}(x,y,t)=\frac{M}{4\pi t\sqrt{D_xD_y}}\exp\left(-\frac{(x-Ut)^2}{4D_xt}-\frac{y^2}{4D_yt}\right)$$

得

$$0.05=\frac{10/2.5}{4\pi\times6\sqrt{0.1\times0.1}}\exp\left(-\frac{(10-2\times6)^2}{4\times0.1\times6}-\frac{y^2}{4\times0.1\times6}\right)$$

解得下游 10m 处浓度等于 0.05kg/m³ 的点位于 $y=\pm1.29\text{m}$ 之间。该宽度范围内示踪物质的浓度皆大于 0.05kg/m³，故所求宽度为 $b=2\times1.29\text{m}=2.58\text{m}$。

【例 11.10.2】 在一很长的矩形封闭水槽中进行湍流扩散试验。水槽宽 1m，水深 0.5m。湍流是借助于一个竖直屏幕的振动激发的。设 $t=0$ 时在 A—A 断面瞬时均匀投放示踪物质 0.5kg，若湍流扩散系数为 0.1m²/s，试计算离投放断面 2m 的 B—B 断面（见图 11.10.1）出现最大浓度的时间及该最大浓度。

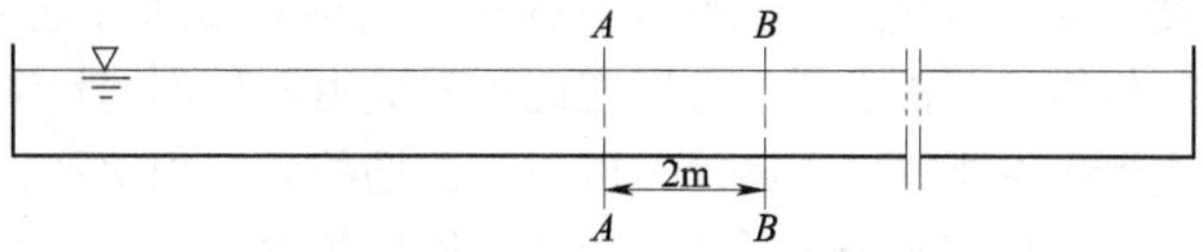

图 11.10.1　水槽湍流扩散实验

解：这是瞬时平面源在没有移流情况下的一元湍流扩散问题。当 $U=0$ 时，式（11.10.1）简化为点源的平面扩散问题，将各已知数代入

$$\overline{C}=\frac{M}{A\sqrt{4\pi D_x t}}\exp\left(-\frac{x^2}{4D_x t}\right)$$

为了确定 B—B 断面出现最大浓度的时间，令

$$\frac{\mathrm{d}\overline{C}}{\mathrm{d}t}=0$$

即

$$\frac{\mathrm{d}\overline{C}}{\mathrm{d}t}=\frac{M}{A\sqrt{4\pi D_x}}\frac{\mathrm{d}}{\mathrm{d}t}\left[t^{-1/2}\exp\left(-\frac{l^2}{4D_x t}\right)\right]$$

$$=\frac{M}{A\sqrt{4\pi D_x}}\exp\left(-\frac{l^2}{4D_x t}\right)\left[-\frac{1}{2}t^{-3/2}+t^{-1/2}\cdot\left(-\frac{l^2}{4D_x}\right)\cdot(-1)\cdot t^{-2}\right]=0$$

解得

$$t=\frac{l^2}{2E_x}=\frac{2^2}{2\times0.01}\text{s}=200\text{s}$$

将求得的时间代入浓度计算式中，即得最大浓度

$$\overline{C}_{\max}=\left[\frac{0.5}{1\times0.5\times\sqrt{4\pi\times0.01\times200}}\exp\left(-\frac{2^2}{4\times0.01\times200}\right)\right]\text{kg/m}^3=0.121\text{kg/m}^3$$

11.11　大涡模拟

1. RANS 与 DNS 存在的问题

模式理论（RANS）主要的缺陷是通用性差，没有一个模式能够对所有湍流运动给出满意的预测结果，通常一种模式（或某一组封闭系数）只能对某一类湍流运动给出满意的预测。RANS 模式理论提出的前提是将流动变量时均化处理，湍流脉动的影响出现在雷诺应力项 $-\rho\,\overline{u_i'u_j'}$ 中。

为使方程组封闭，必须依赖于实验结果以及对物理现象的洞察，对该项做出假设，即进行模化。模型方程中包含经验常数，一般来说，通常模型越复杂包含的经验常数就越多。常数的取值通常用简单流动来决定，因为人们对简单流动的认识比复杂流动要深入一些，容易获得足够的信息。然而，常数的取值常随流动而异，在模拟不同的流动情况时，经验常数需进行重新调整，各种流动差别很大，很多流动问题尚无直接的测量数据可供参考。为了得到封闭方程组，人们不得不放弃在学术研究上一贯追求的逻辑严密性，经常借助于经验数据、物理类比，甚至直觉想象构造出五花八门的模型，这也正是湍流模式理论所无法回避的必行之路。此外，通过时均运算将脉动运动全部细节抹平，这样就丢失了包含在脉动运动中的大量有重要意义的信息。从物理结构上说，可以把湍流看成由各种不同尺度的涡叠合而成。大尺度的涡主要由流动的边界条件所决定，其尺寸可以与流场的大小相比拟，呈高度各向异性，对平均流动有强烈的影响，承担大部分的质量、动量和能量的输运。小尺度涡主要是通过大涡之间的非线性相互作用间接产生的，由黏性力所决定，近似各向同性，对平均流动只有轻微的影响，主要起黏性耗散作用。将大涡和小涡混在一起，不可能找到一种湍流模型能把对不同的流动有不同结构的大涡特征统一考虑进去。所以很多研究者认为，根本不存在普适的湍流模型，而对于小涡运动则希望找到一种较普遍适用的模型。

用计算机直接求解三维瞬态的 N-S 方程组称为直接数值模拟（DNS），它是对湍流最精细的计算，不需要引入任何模型，能够给出所有的湍流脉动信息。但实施 DNS 必须捕捉到湍流中最小尺度的涡，即要求计算网格划分到耗散尺度 η 以下。若大涡的尺度为 l，则在每一坐标方向上划分的网格数目为

$$N=\frac{l}{\eta}$$

由于

$$\eta=\left(\frac{\nu^3}{\varepsilon}\right)^{1/4},\ \varepsilon\sim\frac{K^{3/2}}{l},\ Re_t=\frac{K^{1/2}l}{\nu}$$

则可得到

$$N=\frac{l}{\eta}=\left(\frac{K^{1/2}l}{\nu}\right)^{3/4}=Re_t^{3/4}$$

进行三维计算时，在物理空间所需划分网格数量应为

$$N^3=Re_t^{9/4}$$

除空间尺度外，柯尔莫哥洛夫时间尺度和速度尺度分别为

$$\tau=\left(\frac{\nu}{\varepsilon}\right)^{1/2}\text{和}\ U=(\nu\varepsilon)^{1/4}$$

考虑积分时间 $T=\dfrac{l}{U}$，则计算所需的时间步数至少应为

$$N_\tau=\frac{T}{\tau}=\frac{l/U}{(\nu/\varepsilon)^{1/2}}=\left(\frac{K^{1/2}l}{\nu}\right)^{3/4}=Re_t^{3/4}$$

故进行 DNS 三维非稳态计算时，总的计算量正比于 $N^3\cdot N_\tau\sim Re_t^{9/4}Re_t^{3/4}=Re_t^3$。另外计算时至少需要求解四个变量（速度分量和压力）。若湍流的雷诺数 $Re=10^4$，则进行 DNS 模拟时所需计算域网格节点的总量为 4×10^{12}，即使不考虑计算机存储和数据处理等因素，使用目前世界上的超级计算机也难以胜任这一巨量工作。因此，当前的 DNS 还只限于较低雷诺数和简单几何

边界条件的问题，在可以预见的未来相当长时期内 DNS 技术难以在工程中实际应用。此外，即使计算机的硬件条件能够达到 DNS 模拟的需求，要精确给出满足最小尺度量合理的边界条件和初始条件也极具挑战性，因为大雷诺数湍流流动本身就不稳定，边界上任何小的扰动都会造成流场内新的小尺度量的生成或者原有小尺度量的增大。为了减少耗散和色散，DNS 一般采用高阶的离散方案，像谱方法这样的高阶方案在生成边界条件或处理具有复杂几何外形的流动时也是相当困难的。

2. LES 的基本思想

目前计算机能力容许的可能采用的计算网格尺度仍比湍流最小涡尺度大得多，无法对全部尺度范围上的涡运动都进行数值模拟。基于此，大涡模拟应运而生。大涡模拟（Large Eddy Simulation，LES）的思路是：对承担质量、动量和能量输运的大涡直接求解，小涡对大涡运动的影响则是通过一定的模型来模拟，简单地说就是“大涡计算，小涡模拟”。可见，LES 方法是介于 DNS 和 RANS 方法之间的一种湍流数值模拟方法，与 DNS 相仿，对三维瞬态 N-S 方程组进行求解，需要相对细密的网格。LES 方法能求解高雷诺数的湍流运动，当网格足够细密时，LES 方法也就成了 DNS 方法，有学者将湍流大涡模拟与直接数值模拟称作湍流的高级数值模拟。

DNS、LES 和 RANS 三个层次上的数值模拟方法对流场分辨率的要求有本质的差别。DNS 要求模拟所有尺度涡的脉动，因此网格尺度至少要小于耗散区尺度（柯尔莫哥洛夫尺度）。RANS 求解平均量的方程，将所有尺度脉动产生的雷诺应力建立模型，关注的是湍流中大部分的输运特性，因此网格尺度应在含能尺度范围内。LES 则要求尽可能地去直接求解重要的涡，直到小涡的模型对整体结果不能产生决定性的影响，这样 LES 的网格尺度应该到惯性子区尺度，因为惯性子区以下尺度的脉动才可能有局部普适性规律。要实现 LES，有两个重要环节的工作需要完成：首先是滤波，将比滤波宽度小的涡滤掉，从而分解出描写大涡运动的控制方程；其次是建立模型，被滤掉的小涡对大涡运动的影响通过在描述大涡运动的控制方程中引入附加应力项来体现，这一附加的应力称为亚格子应力，建立描述亚格子应力的模型就称为亚格子模型。

3. 滤波

大涡模拟的第一步是把全部流动变量 $\phi(x,t)$ 划分为大尺度量 $\overline{\phi}(x,t)$ 和小尺度量 $\phi'(x,t)$，这一过程称为滤波，即

$$\phi(x,t)=\overline{\phi}(x,t)+\phi'(x,t)$$

滤波运算实际上是对变量在一个物理空间区域的加权积分运算。大尺度量 $\overline{\phi}(x,t)$ 是通过滤波获得的，即

$$\overline{\phi}(x,t)=\int_{\Omega}G(x-x',\Delta)\phi(x',t)\mathrm{d}x'=\iiint_{\Omega}G(x-x',\Delta)\phi(x',t)\mathrm{d}x'\mathrm{d}y'\mathrm{d}z'$$

式中，$G(x-x',\Delta)$ 为空间滤波函数，它决定于小尺度运动的尺寸和结构；Ω 为计算区域；Δ 为滤波宽度，它与被保留下来的最小尺度量的波长有关。大于 Δ 尺度的涡被直接计算，它们的统计平均特性可以方便地得到，小于 Δ 尺度的涡用湍流输运模型进行模化，从单点的亚格子尺度动能和亚格子耗散方程中获得信息。虽然滤波宽度 Δ 并不必须与数值计算所用的网格间距相关联，但通常情况下典型的处理方法还是把它简单地处理成网格分辨率的函数，即

$$\Delta=V^{1/3}=(\Delta x\Delta y\Delta z)^{1/3}$$

小涡的尺度和结构由滤波函数 G 决定。常用的滤波函数有三种：高斯（Gauss）滤波函数、盒式滤波和傅里叶（Fourier）截断滤波函数。

（1）高斯滤波函数

$$G(x)=\sqrt{\frac{6}{\pi\Delta^2}}\exp\left(-\frac{6x^2}{\Delta^2}\right)$$

$$G_i(x_i-x_i',\Delta_i)=\left(\frac{6}{\pi\Delta_i^2}\right)^{1/2}\exp\left[-6\frac{(x_i-x_i')^2}{\Delta_i^2}\right]$$

$$G(\boldsymbol{x}-\boldsymbol{x}',\Delta)=\left(\frac{6}{\pi\Delta^2}\right)^{3/2}\exp\left(-6\frac{|\boldsymbol{x}-\boldsymbol{x}'|^2}{\Delta^2}\right)$$

（2）盒式滤波

$$G(x)=\begin{cases}1/\Delta, & |x|\leqslant\Delta/2\\0, & |x|>\Delta/2\end{cases}$$

$$G_i(x_i-x_i',\Delta_i)=\begin{cases}1/\Delta_i, & |x_i-x_i'|\leqslant\Delta_i/2\\0, & |x_i-x_i'|>\Delta_i/2\end{cases}$$

$$G(\boldsymbol{x}-\boldsymbol{x}',\Delta)=\begin{cases}\dfrac{3}{4\pi\Delta^3}, & |\boldsymbol{x}-\boldsymbol{x}'|\leqslant\Delta\\0, & |\boldsymbol{x}-\boldsymbol{x}'|>\Delta\end{cases}$$

（3）傅里叶截断滤波函数　傅里叶截断滤波函数在物理空间的定义为

$$G_i(x_i-x_i',\Delta_i)=\frac{2\sin[\pi(x_i-x_i')/\Delta_i]}{\pi(x_i-x_i')}$$

傅里叶截断滤波函数在傅里叶空间的定义为

$$\hat{G}_i(k_i)=\begin{cases}1, & k_i<k_{ci}\\0 & \text{其他}\end{cases}$$

$$\hat{G}(k)=\begin{cases}1, & k\leqslant\pi/\Delta\\0, & \text{其他}\end{cases}$$

式中，$\hat{G}_i(k_i)$ 为傅里叶滤波函数 G_i 的系数；k_{ci} 为沿 x_i 方向的截断波数，它与滤波宽度的关系为 $k_{ci}=\pi/\Delta_i$。傅里叶截断滤波与在有限点上进行傅里叶展开相类似。

滤波后的大尺度量 $\overline{\phi}(\boldsymbol{x},t)$ 与雷诺时均的时均量 $\overline{\phi}(\boldsymbol{x},t)$ 虽然所采用的记号是一样的，但它们有本质的不同。雷诺时均量 $\overline{\phi}(\boldsymbol{x},t)$ 是全部抹去了脉动；而大尺度量 $\overline{\phi}(\boldsymbol{x},t)$ 是包含脉动的，如果滤波宽度 Δ 取得足够小，则 $\overline{\phi}(\boldsymbol{x},t)$ 中将包含湍流的几乎全部脉动信息。滤波有以下基本关系式：

$$\phi=\overline{\phi}+\phi',\varphi=\overline{\varphi}+\varphi',\ \overline{\frac{\partial\phi}{\partial t}}=\frac{\partial\overline{\phi}}{\partial t},\ \overline{\frac{\partial\phi}{\partial x_i}}=\frac{\partial\overline{\phi}}{\partial x_i}$$

$$\overline{\phi'}\neq0,\ \overline{\overline{\phi}}\neq\overline{\phi},\ \overline{\overline{\phi}\,\overline{\varphi}}\neq\overline{\phi}\overline{\varphi},\ \overline{\overline{\phi}\varphi'}\neq0,\overline{\varphi'\overline{\varphi}}\neq0$$

4. 不可压缩流动的大涡模拟

滤波过程与湍流时均处理过程相类似，对控制方程组进行滤波处理，把可求解的大尺度量从亚格子量中分离出来。下面对直角坐标系中不可压缩流动的基本方程进行滤波运算。

（1）连续性方程

$$\frac{\partial \bar{u}_j}{\partial x_j}=0$$

（2）动量方程　由

$$\overline{\frac{\partial u_i}{\partial t}+\frac{\partial (u_j u_i)}{\partial x_j}}=\frac{\partial \bar{u}_i}{\partial t}+\frac{\partial (\bar{u}_i \bar{u}_j)}{\partial x_j}+\frac{\partial (\overline{u_j u_i}-\bar{u}_i \bar{u}_j)}{\partial x_i}$$

$$\overline{f_i-\frac{1}{\rho}\frac{\partial p}{\partial x_i}+\frac{1}{\rho}\frac{\partial \tau_{ji}}{\partial x_j}}=\bar{f}_i-\frac{1}{\rho}\frac{\partial \bar{p}}{\partial x_i}+\frac{1}{\rho}\frac{\partial \bar{\tau}_{ji}}{\partial x_j}$$

得到滤波后的动量方程

$$\begin{aligned}\frac{\partial \bar{u}_i}{\partial t}+\frac{\partial (\bar{u}_i \bar{u}_j)}{\partial x_j}&=\bar{f}_i-\frac{1}{\rho}\frac{\partial \bar{p}}{\partial x_i}+\frac{1}{\rho}\frac{\partial}{\partial x_j}[\bar{\tau}_{ji}-\rho(\overline{u_j u_i}-\bar{u}_i \bar{u}_j)]\\&=\bar{f}_i-\frac{1}{\rho}\frac{\partial \bar{p}}{\partial x_i}+\frac{1}{\rho}\frac{\partial}{\partial x_j}(\bar{\tau}_{ji}+\tau_{ji,\mathrm{SGS}})\end{aligned}$$

其中，

$$\bar{\tau}_{ji}=2\mu \bar{S}_{ij}=\mu\left(\frac{\partial \bar{u}_i}{\partial x_j}-\frac{\partial \bar{u}_j}{\partial x_i}\right)$$

$$\tau_{ji,\mathrm{SGS}}=-\rho(\overline{u_j u_i}-\bar{u}_i \bar{u}_j)$$

$\tau_{ji,\mathrm{SGS}}$ 为亚格子湍流应力，为考察它的物理意义，对其进行进一步分解

$$\begin{aligned}\tau_{ji,\mathrm{SGS}}&=-\rho(\overline{u_i u_j}-\bar{u}_i \bar{u}_j)=-\rho[\overline{(\bar{u}_i+u_i')(\bar{u}_j+u_j')}-\bar{u}_i \bar{u}_j]\\&=-\rho[(\overline{\bar{u}_i \bar{u}_j}-\bar{u}_i \bar{u}_j)+(\overline{\bar{u}_i u_j'}+\overline{u_i' \bar{u}_j})+\overline{u_i' u_j'}]=-\rho(L_{ij}+C_{ij}+R_{ij})\end{aligned}$$

$$L_{ij}=\overline{\bar{u}_i \bar{u}_j}-\bar{u}_i \bar{u}_j,\ C_{ij}=\overline{\bar{u}_i u_j'}+\overline{u_i' \bar{u}_j},\ R_{ij}=\overline{u_i' u_j'}$$

式中，L_{ij} 为莱纳德（Leon · ard）项，体现的是被直接求解的大尺度量之间的相互作用对亚格子量的贡献；C_{ij} 为交叉项，体现的是被直接求解的大尺度量与不直接求解的小尺度量之间的相互作用，该项描述了能量从小尺度量向大尺度量的传递，即能量的反向散射；R_{ij} 为亚格子雷诺应力项，体现的是不直接求解的小尺度量之间的相互作用。R_{ij} 具有伽利略变换不变性，L_{ij} 项和 C_{ij} 项不具有该特性。由于组成亚格子应力中的每一项均有其物理意义，因此可以对每一项单独引进模型进行模拟。但这样会造成计算量的增加，通常情况下是把它们合在一起，对亚格子应力 $\tau_{ji,\mathrm{SGS}}$ 整体进行模拟。

5. 亚格子模型

大尺度的涡不断从主流获得能量，通过涡之间的相互作用，能量逐渐向小尺度的涡传递。亚格子模型的任务在于确保大涡向小涡的能量传递过程的求解。实际湍流运动中，大小涡之间能量的传递过程是空间和时间的函数，既发生正向传递，甚至也发生逆向传递，即反向散射。理想的亚格子模型应该考虑能量传递过程对时间和空间坐标的依赖性。可以想象，如果网格足够细密，即使是一个粗糙的模型也能得到精确的结果。实现良好的预测结果有两种途径，一是改善亚格子模型；二是采用细密的网格，在网格非常细密时，LES 方法也就接近了 DNS 的结果。当然，网格所能达到的细密程度受计算机能力的限制。

大涡模拟中所用的亚格子应力模型几乎完全沿袭了 RANS 模式理论中的思想。各种亚格子应力模型中，很大部分归属于涡黏性模型，即基于布辛涅斯克涡黏性假设的基础上计算涡黏

度。涡黏性模型可表示为

$$\tau_{ij,\text{SGS}} - \frac{1}{3}\tau_{kk,\text{SGS}}\delta_{ij} = 2\mu_{\text{SGS}}\bar{S}_{ij}$$

或

$$(\overline{u_i u_j} - \bar{u}_i\bar{u}_j) - \frac{1}{3}(\overline{u_k u_k} - \bar{u}_k\bar{u}_k)\delta_{ij} = -2\nu_{\text{SGS}}\bar{S}_{ij}$$

计算涡黏度 ν_{SGS}（或 μ_{SGS}）可以采用固定模型系数的 Smagorinsky 模型或动力模型。动力模型中系数随流动而变化，计算过程中依据当地的流动特性确定。

（1）Smagorinsky 模型　Smagorinsky 模型于 1963 年由 Smagorinsky 提出。由量纲分析可知

$$\nu_{\text{SGS}} \propto l q_{\text{SGS}}$$

式中，l 为未直接求解的小尺度涡的尺度；q_{SGS} 是未直接求解的小尺度运动相对应的速度尺度。l 是滤波宽度 Δ 的函数 $l = C_s\Delta$ 。依照普朗特混合长度模型，小尺度运动速度尺度与大尺度运动速度 $\bar{u}_i$ 的梯度的关系为

$$q_{\text{SGS}} = l\,|\bar{S}| = l\sqrt{2\bar{S}_{ij}\bar{S}_{ij}}$$

则涡黏性亚格子模型表示为

$$\nu_{\text{SGS}} = (C_s\Delta)q_{\text{SGS}} = (C_s\Delta)\left[(C_s\Delta)\sqrt{2\bar{S}_{ij}\bar{S}_{ij}}\right]$$

即

$$\nu_{\text{SGS}} = (C_s\Delta)^2|\bar{S}|$$

式中，$\bar{S} = \sqrt{2\bar{S}_{ij}\bar{S}_{ij}}$ 。于是，$\tau_{ij,\text{SGS}} - \frac{1}{3}\tau_{kk,\text{SGS}}\delta_{ij} = 2\mu_{\text{SGS}}\bar{S}_{ij}$ 可写作

$$\tau_{ij,\text{SGS}} - \frac{1}{3}\tau_{kk,\text{SGS}}\delta_{ij} = 2\rho C_s^2\Delta^2|\bar{S}|\bar{S}_{ij}$$

其中

$$\bar{S}_{ij} = \frac{1}{2}\left(\frac{\partial\bar{u}_i}{\partial x_j} + \frac{\partial\bar{u}_j}{\partial x_i}\right)$$

此即 Smagorinsky 模型。式中 C_s 为 Smagorinsky 常数，通常的取值为 $C_s = 0.1 \sim 0.2$。LES 方法中 C_s 的取值非常重要。

在近壁区，ν_{SGS} 中需要考虑湍流各向异性的作用，通常的做法是以 C_sD_s 来替代 C_s ，其中阻尼函数 D_s 定义为

$$D_s = 1 - e^{-(y^+/A^+)}$$

式中，y^+ 为离开壁面的无量纲距离；A^+ 为经验常数，取 $A^+ = 25$。在 y^+ 较小时，可用下式进行计算：

$$D_s = \left[1 - e^{-(y^+/A^+)^3}\right]^{1/2}$$

（2）动力模型　动力模型于 1991 年由 Germano 提出，模型中引入两次滤波。一次是滤波宽度为 Δ 的滤波，另一次是更大的滤波宽度 $\hat{\Delta}$ 的试验滤波，$\hat{\Delta} = 2\Delta$ 。以滤波宽度 Δ 过滤得到的动量方程及其亚格子应力为

$$\frac{\partial\bar{u}_i}{\partial t} + \frac{\partial(\bar{u}_j\bar{u}_i)}{\partial x_j} = \bar{f}_i - \frac{1}{\rho}\frac{\partial\bar{p}}{\partial x_i} + \frac{1}{\rho}\frac{\partial}{\partial x_j}\left[\bar{\tau}_{ji} - \rho(\overline{u_j u_i} - \bar{u}_j\bar{u}_i)\right]$$

和
$$\tau_{ij,\Delta}=-\rho(\overline{u_iu_j}-\bar{u}_i\bar{u}_j)$$

以滤波宽度 $\hat{\Delta}$ 过滤得到的动量方程及其亚格子应力为

$$\frac{\partial\hat{u}_i}{\partial t}+\frac{\partial(\hat{u}_j\hat{u}_i)}{\partial x_j}=\hat{f}_i-\frac{1}{\rho}\frac{\partial\hat{p}}{\partial x_i}+\frac{1}{\rho}\frac{\partial}{\partial x_j}[\hat{\tau}_{ji}-\rho(u_ju_i-\hat{u}_j\hat{u}_i)]$$

$$\tau_{ij,\Delta}=-\rho(u_iu_j-\hat{u}_i\hat{u}_j)$$

对动量方程实施连续两次滤波得到的动量方程及其亚格子应力为

$$\frac{\partial\hat{\bar{u}}_i}{\partial t}+\frac{\partial(\hat{\bar{u}}_j\hat{\bar{u}}_i)}{\partial x_j}=\hat{\bar{f}}_i-\frac{1}{\rho}\frac{\partial\hat{\bar{p}}}{\partial x_i}+\frac{1}{\rho}\frac{\partial}{\partial x_j}[\hat{\bar{\tau}}_{ji}-\rho(\overline{u_ju_i}-\hat{\bar{u}}_j\hat{\bar{u}}_i)]$$

和
$$T_{ij}=-\rho(\overline{u_iu_j}-\hat{\hat{\bar{u}}}\hat{\bar{u}}_{ij})$$

对第一次以滤波宽度 Δ 过滤得到的动量方程实施第二次滤波，可得

$$\frac{\partial\hat{\bar{u}}_i}{\partial t}+\frac{\partial(\hat{\bar{u}}_j\hat{\bar{u}}_i)}{\partial x_j}=\hat{\bar{f}}_i-\frac{1}{\rho}\frac{\partial\hat{\bar{p}}}{\partial x_i}+\frac{1}{\rho}\frac{\partial}{\partial x_j}[\hat{\bar{\tau}}_{ji}v-\rho(\overline{u_ju_i}-\bar{u}_j\bar{u}_i)-\rho(\overline{\bar{u}_j\bar{u}_i}-\hat{\bar{u}}_j\hat{\bar{u}}_i)]$$

令 $L_{ij}=-\rho(\overline{\bar{u}_j\bar{u}_i}-\hat{\bar{u}}_j\hat{\bar{u}}_i)$ 表示第一次过滤后再实施第二次过滤新增加的亚格子应力。由于动力模型采用的是两次过滤，因此 L_{ij} 是实际要被求解的湍流应力。用 T_{ij} 减去 L_{ij}，得到

$$L_{ij}=T_{ij}-[-\rho(\overline{u_iu_j}-\bar{u}_i\bar{u}_j)]$$

上式中右侧第二项可以由 $\tau_{ij,\Delta}$ 得到，它等于对 $\tau_{ij,\Delta}$ 实施滤波宽度 $\hat{\Delta}$ 过滤，即对 $\tau_{ij,\Delta}$ 实施过滤，上式可记为

$$L_{ij}=T_{ij}-\hat{\tau}_{ij,\Delta}\tag{11.11.1}$$

$$\hat{\tau}_{ij,\Delta}=-\rho(\overline{u_iu_j}-\overline{u_iu_j})=-\rho(\overline{u_iu_j}-\bar{u}_i\bar{u}_j)$$

该等式被称为 Germano 等式。由以上操作过程可知，推导过程中并没有引入新的模型，因此 Germano 等式可以实施到任何亚格子模型上。把 Germano 等式应用于 Smagorinsky 涡黏性模型中，有

$$\tau_{ij,\Delta}-\frac{1}{3}\tau_{kk,\Delta}\delta_{ij}=2\rho C_s^2\Delta^2|\bar{S}|\bar{S}_{ij}=C_s^2\rho\alpha_{ij}\tag{11.11.2}$$

$$T_{ij}-\frac{1}{3}T_{kk}\delta_{ij}=2\rho C_s^2\Delta^2|\bar{S}|\bar{S}_{ij}=C_s^2\rho\beta_{ij}\tag{11.11.3}$$

对式（11.11.2）实施滤波宽度 $\hat{\Delta}$ 的过滤，得

$$\hat{\tau}_{ij,\Delta}-\frac{1}{3}[-\rho(\overline{u_ku_k}-\bar{u}_k\bar{u}_k)]\delta_{ij}=C_s^2\rho\hat{\alpha}_{ij}\tag{11.11.4}$$

将式（11.11.3）、式（11.11.4）代入式（11.11.1），得到

$$L_{ij}=C_s^2\rho(\beta_{ij}-\hat{\alpha}_{ij})+\frac{1}{3}\delta_{ij}\{T_{kk}-[-\rho(\overline{u_ku_k}-\bar{u}_k\bar{u}_k)]\}$$

即

$$L_{ij}-\frac{1}{3}L_{kk}\delta_{ij}=C_s^2\rho(\beta_{ij}-\hat{\alpha}_{ij})=C_s^2\rho(2\Delta^2|\bar{S}|\bar{S}_{ij}-2\Delta^2|\bar{S}|\bar{S}_{ij})=C_s^2\rho M_{ij}$$

该式是由五个方程构成的方程组，而待求量为 C_s，因此是一个超定方程。1992 年 Lilly D. K. 建议采用最小二乘法求解，得到

$$C_s^2(\boldsymbol{x},t) = \frac{M_{ij}L_{ij}}{M_{ij}M_{ij}}$$

$$M_{ij} = 2(\Delta^2 | \bar{S} | \bar{S}_{ij} - \Delta^2 | \bar{S} | \bar{S}_{ij})$$

实际计算发现，该式可能导致发散，因此需对其平均处理。

随着计算机和计算技术不断进步，预料大涡模拟的直接工程应用将会不断扩大。在不久的未来，用大涡模拟来检验、改进和构造湍流模型将是它对实际工程应用的最重要的贡献。但对某些复杂流动，它在平均意义上就是三维的，且可能包含各种复杂的物理化学效应，此时大涡模拟可能会比普通模式理论计算更快更便宜。大涡模拟目前最主要的困难还不在于计算机的限制，而是大涡模拟方法本身，现有的亚格子应力模型仍不够完善，特别是近壁区模型。

练　习　题

11-1　求 $\overline{(fg)h}$ 与 $\overline{(fg)'h'}$ 的时均值表达式，其中函数 $f = \bar{f} + f'$，$g = \bar{g} + g'$ 和 $h = \bar{h} + h'$。

11-2　在关于二维湍流的时均流动的能量方程中，试求关于脉动成分的能量耗散函数 Φ'，并用量级比较法求它各项的量级。

11-3　试导出可压缩流体的湍流运动的时均连续方程。

11-4　设流场中某点的瞬时速度 $u_x = a + b\sin\omega t$，则

（1）该点的平均速度是否定常?

（2）求该点的湍流度。

（3）若在该点上有 $u_y = b + a\sin\omega t$，求雷诺应力。

11-5　考虑两平行平板间的不可压缩黏性流体的二维定常湍流运动，不计重力，并假定除压强以外所有物理量均与沿板面方向的坐标 x 无关。（1）试导出其雷诺方程；（2）试证明任一 x = 常数的截面上的时均压力在板面达到最大值；（3）试证明从对称面到平板边界，分子黏性力与雷诺应力之和呈线性变化。

11-6　某瞬时将 10kg 食盐投入流速为 0.6m/s 的水流中，过流断面面积为 $5m^2$，沿流动方向的湍流扩散系数为 $40m^2/s$，求 30min 后盐沿流浓度分布。

11-7　水以 0.8m/s 的速度在直径 0.5m 的管道中流动，流速近似均匀分布，今在某断面处瞬时投放 2kg 的示踪物质（均匀分布在断面上），扩散系数为 $0.4m^2/s$，求：（1）任一时刻最大浓度的表达式；（2）60s 时的最大浓度；（3）该时刻距投放断面 20m 处示踪物质的浓度。

第 12 章 不可压缩湍流边界层基本理论

12

12.1 湍流边界层理论概述

在边界层的起始部分可以是稳定的层流，顺流而下，到达某一距离后，层流边界层失稳，开始失稳的断面称为临界断面，临界断面的下游，流动将逐渐过渡到湍流，而不是一下子就出现湍流，只有流动达到一定雷诺数以后，才会从层流转变为湍流，因此湍流边界层不会单独存在，而是混合边界层，先是层流，后是湍流，期间存在过渡区，过渡区的长度随着雷诺数、来流的湍流度和壁面粗糙度的增加而减小。由于过渡区中流动情况比较复杂，而且过渡区的长度与物体的特征长度相比一般为小量，故通常把过渡区视为一个分隔面，也就是说，在某点以后就转变为湍流了，这个点即为转捩点。在绕流（外流）问题中，转捩点位置的确定有重要实际意义，因为边界层转换的迟缓对作用在物体上的阻力和升力有很大影响。例如，圆球和无限长圆柱绕流实验表明，当雷诺数达到某一临界值（转捩点）后，阻力系数突然下降，这是由于边界层从层流转变为湍流的结果。当边界层内出现湍流时，由于湍动作用，在边界层的法线方向会发生强烈的动量交换，边界层外的流体将更有力地带动边界层内部流体向前运动，因此可以推迟分离的发生，使分离点向下游移动，分离区变窄。与层流状态下的分离相比，球面或圆柱面上的压力分布将更接近于理想流体绕流情形，也就是说，圆球或圆柱上所受的压差阻力减小，尽管摩擦阻力有所增加，但总的阻力仍然减小。

图 12.1.1 所示是实验得到的不同雷诺数时圆球绕流阻力系数。图中的虚线为 Re 很小时，阻力系数 C_D 随 Re 变化的理论曲线，此时，惯性力远小于黏滞力，流体平顺地绕过圆球，尾部不出现漩涡，如图 12.1.2a 所示，沿球壁法线方向虽有速度梯度，但并不集中在壁面附近，因而不存在明显的边界层。绕流阻力完全是由于流体微团变形而引起的内摩擦造成的，这时的阻力称为变形阻力，这种流动称为蠕动，此时可以采用斯托克斯公式计算绕流阻力。当 $Re > 1$ 时，因惯性力已不能忽略，斯托克斯公式偏离实验曲线，而且随着 Re 的增大，在圆球表面出现了层流边界层，边界层与固体壁面的分离点随 Re 增大而前移，因而摩擦阻力所占的比重逐渐减少，压差阻力越来越大，$C_D = f(Re)$ 曲线下降的坡度逐渐减缓。当 $Re \approx 1.0 \times 10^3$ 时，分离点稳定在自上游驻点开始算起的 80° 的位置，如图 12.1.2b 所示，这时摩擦阻力约为总阻力的 5%。当 $1.0 \times 10^3 < Re < 2.5 \times 10^5$ 时，C_D 值在 0.4~0.5 之间，几乎不随 Re 变化。雷诺数继续再增大到 $Re \approx 3.0 \times 10^5$ 时，绕流阻力出现“跌落”现象，C_D 值突然减小至 0.2 左右，这是因为分离点上游的边界层由层流转变为滞流，滞流的掺混作用，使边界层内紧靠壁面的流体质点得到较多的动能补充，分离点的位置后移，如图 12.1.2c 所示，此时漩涡区显著减小，大大降低了压差阻力。出现阻力“跌落”的雷诺数随来流的滞动强度和壁面粗糙程度的不同而不同，来流滞动强度越大，壁面越粗糙，出现阻力“跌落”的雷诺数越小。

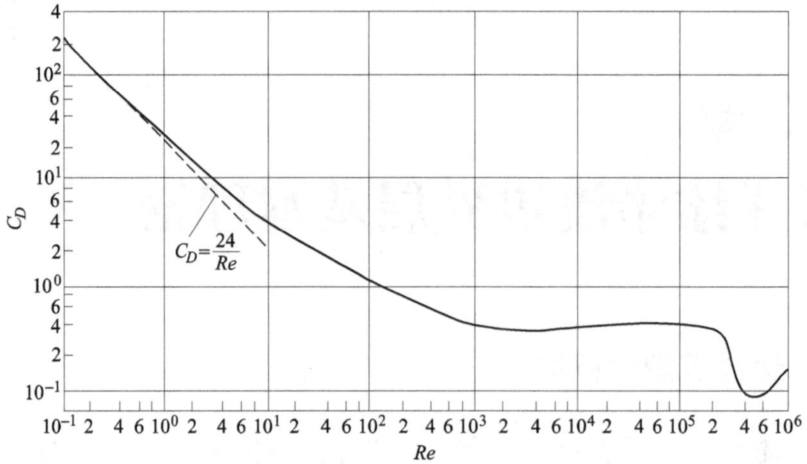

图 12. 1. 1　不同雷诺数时圆球绕流阻力系数

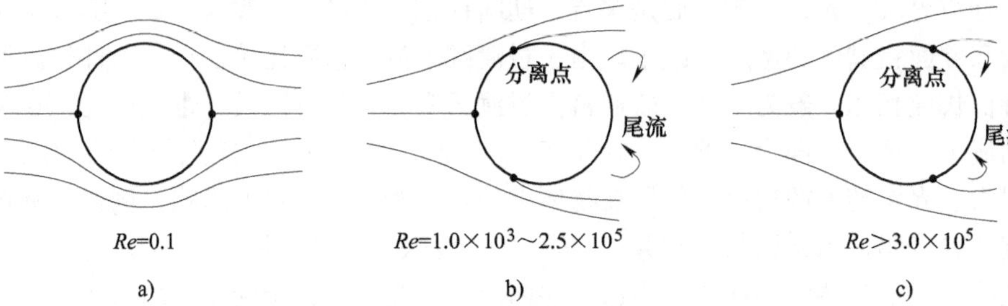

图 12. 1. 2　不同雷诺数时圆球绕流情况

当边界层内流体处于层流状态时，流体受到壁面的限制，仅表现为在黏性切应力下进行黏性漩涡的扩散，当处于湍流状态时，流体表现为在黏性切应力和湍流切应力的共同作用下进行涡扩散，由于湍动涡的扩散速度远大于黏性涡的扩散速度，因此，在相同条件下，湍流速度边界层的厚度要比层流的厚一些，但在高雷诺数流动条件下，湍流速度边界层仍是贴近壁面的薄层，因此建立湍流边界层方程的前提条件与层流时相同，但由于存在两种切应力作用，湍流边界层的结构比层流边界层时复杂得多。为便于后续进一步讨论湍流边界层，我们首先介绍其分层结构及时均速度分布规律。

在壁面湍流中，由于受到固体壁面的限制，壁面附近的流体微团在黏性切应力和湍流切应力的作用下，不仅沿流动方向发生脉动，而且在横向也存在湍流扩散。随着垂直壁面的距离的增大，两种切应力对运动的影响也发生变化，即黏性应力的影响逐渐减小，湍流切应力的影响不断增强，在边界层流动中，接近边界层外缘时，湍流的影响又要下降，这就形成了不同特征的流动区域。壁面湍流速度边界层可分为内层（壁面区）和外层，内层包括黏性底层、过渡层（重叠层）和对数律层（完全湍流层），外层包括尾迹律层和黏性顶层（间歇湍流层），如图 12. 1. 3 所示。对于管内流动，不存在黏性顶层。湍流边界层的内层比外层薄得多，其厚度占边界层总厚度的 10%～20%。各层的特征汇总于

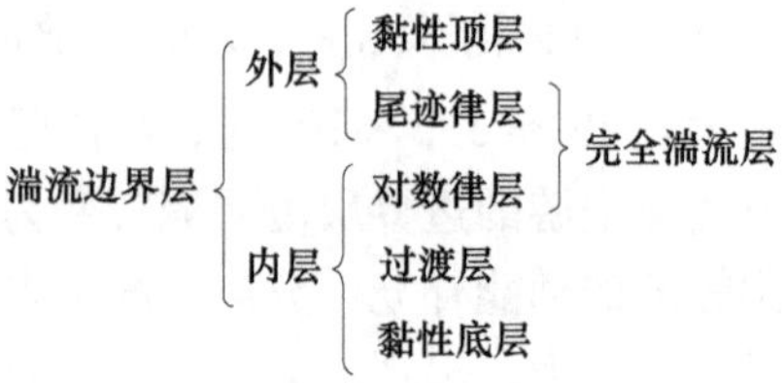

图 12. 1. 3　湍流边界层构成

表 12.1.1 中，湍流边界层的构成如图 12.1.3 所示。

表 12.1.1　湍流边界层各层的特征

名称	内层 (0.2δ)			外层 (0.8δ)	
	黏性底层	过渡层	对数律层	尾迹律层	黏性顶层
厚度	$(0 \sim 0.2\%)\delta$	$(0.2\% \sim 1\%)\delta$	$(1\% \sim 20\%)\delta$	$(20\% \sim 40\%)\delta$	$(40\% \sim 100\%)\delta$
	$0 \leqslant y^+ \leqslant 5$	$5 < y^+ < 40$	$40\nu/u_\tau < y^+ < 0.2\delta$	$0.2 \leqslant y/\delta \leqslant 0.4$	$0.4 \leqslant y/\delta \leqslant 1$
特性	黏性切应力起主要作用，湍流附加切应力可忽略，流动接近层流状态	黏性切应力与湍流附加切应力处于同一量级，流动状态极其复杂	湍流附加切应力起主要作用，直接受壁面影响，与来流无关，消耗能量达 80%	为完全湍流状态，湍流附加切应力起主要作用，与对数律层相比，湍流强度明显减弱	湍流强度明显减弱，流动呈现间歇性湍流

1. 内层（壁面区）

这个区域直接受壁面流动条件（壁面摩擦应力、流体黏性、壁面粗糙等）的影响明显，内层厚度占边界层厚度的 20%左右，壁面区又可分为黏性底层、过渡层和对数律层。

（1）黏性底层　紧靠固体壁面，黏性切应力起主要作用，湍流附加切应力可以忽略，流动接近于层流状态，因此在早期研究中称之为层流底层。实际上，黏性底层内的流动并非完全稳定的层流，实验研究表明，该层内存在微小漩涡和湍流猝发源，但由于黏性切应力起主要作用，因此常把该层称为黏性底层。在进行以平均速度为主要参数的湍流边界层分析中，对黏性底层目前仍按一般的层流规律处理，即黏性切应力与平均速度梯度呈线性关系。

对平板边界层，黏性底层厚度为 $0 \leqslant y^+ \leqslant 5(0 \leqslant y/\delta \leqslant 0.002)$，且

$$y^+ = \frac{y}{\nu/u_\tau}, \quad u_\tau = u_\tau(x) = \sqrt{\frac{\tau_w}{\rho}}$$

式中，y^+ 既表示离开壁面法向的无量纲距离，也具有雷诺数的形式，称为漩涡雷诺数；u_τ 具有速度的量纲，称为壁面切应力速度（或摩擦速度），它在湍流边界层中是一个重要的特征速度。

（2）过渡层（重叠层）　从黏性底层到对数律层的过渡层，此层中黏性切应力和湍流附加切应力（雷诺应力）为同一数量级，流动状态极为复杂。此层很薄，其厚度为 $5 \leqslant y^+ \leqslant 40$（$0.002 \leqslant y/\delta \leqslant 0.01$）。由于其厚度不大，在工程计算中，常将其并入对数律层，不予特别考虑。

（3）对数律层（完全湍流层）　相对离壁面较远些的流体层，与分子黏性作用相比，湍流脉动量的交换或湍流附加切应力起主要作用，此层流体处于完全湍流状态，因此称为完全湍流层。由于其平均速度分布符合对数律，所以又称为对数律层。对数律层厚度为 $40\nu/u_\tau \leqslant y^+ \leqslant 0.2\delta$（$0.01 \leqslant y/\delta \leqslant 0.2$）。黏性底层与过渡层的总和仅占内层厚度的 2%~3%，因此内层的主要部分是对数律层。黏性底层、过渡层、对数律层称为三层结构模式，若将过渡层归入黏性底层，则为两层结构模式。

2. 外层（核心区）

这个区域流体运动仅间接受壁面流动条件的影响，湍流附加切应力占主要地位，分子黏性应力可忽略。外层厚度约占边界层厚度的 80%，外层的平均速度梯度比内层的小，这就意味着

外层的湍流能量生成项所占比例小。外层又可分为尾迹律层和黏性顶层。

（1）尾迹律层　该层流体处于完全湍流状态，湍流附加切应力占主要地位，但与对数律层相比，湍流强度明显减弱。尾迹律层厚度为 $0.2 \leqslant y/\delta \leqslant 0.4$。

（2）黏性顶层（间歇湍流层）　厚度为 $0.4 \leqslant y/\delta \leqslant 1$。在此层中，由于湍流脉动引起外部非湍流不断进入边界层而发生相互掺混，使湍流强度显著减弱，同时，边界层内的湍流微团也不断进入邻近的非湍流区，因此湍流与非湍流的界面是不稳定的，界面具有波浪形状。所谓湍流边界层厚度 δ 也是平均意义上的厚度，湍流脉动峰值可能伸到 δ 之外，而外部势流也可以深入到 δ 之内，这就导致黏性顶层内的流动呈现间歇性的湍流，即在空间固定点上的流动有时是湍流，有时是非湍流。图 12.1.4 所示为湍流边界层中流速分布分区结构典型示意图。

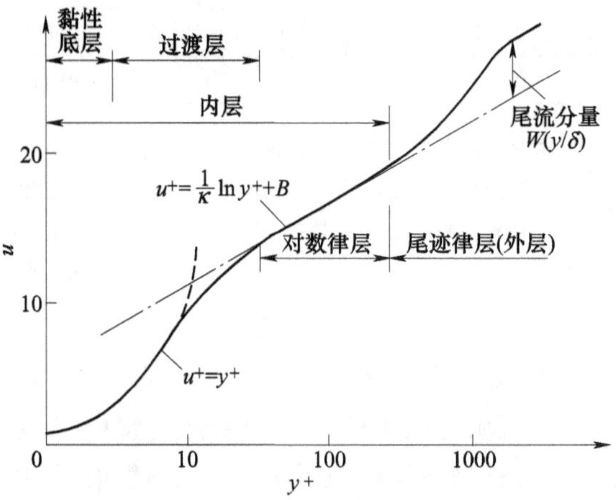

图 12.1.4　湍流边界层速度分布

应当指出，管道湍流与边界层中湍流之间存在差别之处在于管流中因受壁面的相互制约，不存在势流与边界层之间的相互掺混的湍流间歇现象，也就没有从湍流到非湍流的过渡层——黏性顶层。所以，管道湍流除了靠近壁面区域中相似于边界层流动外，只有湍流核心区，该区湍流附加切应力占主导地位，黏性应力一般可忽略。

12.2　湍流边界层运动微分方程

本节推导二维不可压缩常物性定常湍流边界层微分方程。与层流边界层微分方程的建立相仿，在流动平面内，取边界层坐标系 Oxy 。以物体壁面前缘点 O 为坐标原点，沿物体壁面的流动方向为 x 轴，壁面的外法线方向为 y 轴，相应的时均速度分量为 $\overline{u}_x$、$\overline{u}_y$ ，时均温度为 $\overline{T}$ 。在层流边界层基本方程的建立过程中可知，用边界层坐标系表达的平壁面边界层方程及边界条件，可以适用于曲率不大的弯曲壁面的边界层流动。

1. 速度边界层方程

对于二维不可压缩常物性流体，不计质量力（或将其合并到压力项中），定常时均运动连续性方程和动量方程为

$$\frac{\partial \overline{u}_x}{\partial x} + \frac{\partial \overline{u}_y}{\partial y} = 0$$

$$\overline{u}_x \frac{\partial \overline{u}_x}{\partial x} + \overline{u}_y \frac{\partial \overline{u}_x}{\partial y} = -\frac{1}{\rho}\frac{\partial \overline{p}}{\partial x} + \nu\left(\frac{\partial^2 \overline{u}_x}{\partial x^2} + \frac{\partial^2 \overline{u}_x}{\partial y^2}\right) + \frac{1}{\rho}\frac{\partial(-\rho\,\overline{u_x'u_x'})}{\partial x} + \frac{1}{\rho}\frac{\partial(-\rho\,\overline{u_x'u_y'})}{\partial y}$$

$$\overline{u}_x \frac{\partial \overline{u}_y}{\partial x} + \overline{u}_y \frac{\partial \overline{u}_y}{\partial y} = -\frac{1}{\rho}\frac{\partial \overline{p}}{\partial y} + \nu\left(\frac{\partial^2 \overline{u}_y}{\partial x^2} + \frac{\partial^2 \overline{u}_y}{\partial y^2}\right) + \frac{1}{\rho}\frac{\partial(-\rho\,\overline{u_x'u_y'})}{\partial x} + \frac{1}{\rho}\frac{\partial(-\rho\,\overline{u_y'u_y'})}{\partial y}$$

接下来对该式中各项的数量级进行比较。在湍流边界层的薄层内，边界层的厚度 $\delta(x)$ 和 x 方

向特征长度 L，时均速度 $\bar{u}_x$ 和 $\bar{u}_y$ 的关系为

$$\delta \ll L\,,\ \bar{u}_y \ll \bar{u}_x\,,\ \frac{\partial}{\partial x} \ll \frac{\partial}{\partial y}$$

考虑到 x 介于 $0 \sim L$ 之间，y 介于 $0 \sim \delta$ 之间，x 方向的特征速度为 U（例如，来流速度 u_∞），时均速度在 $0 \sim U$ 之间，所以 $\bar{u}_x$ 的数量级为 U。时均速度 $\bar{u}_y$ 的量级可由连续性方程积分得到，即

$$\bar{u}_y = \int_0^y \frac{\partial \bar{u}_x}{\partial x} \cdot \mathrm{d}y \sim \frac{U}{L}\delta$$

$$\frac{\bar{u}_y}{\bar{u}_x} \sim \frac{U\delta/L}{U} = \delta/L \ll 1$$

在靠近壁面附近，湍流脉动速度分量的各向异性程度比在自由来流中（外区）要大得多，但各个方向的湍流脉动强度仍可近似认为具有相同的数量级，因此，对于湍流脉动速度分量 u'_x 和 u'_y，可用同一个 u'_x 来表示它们的数量级，于是

$$\frac{\partial(u'_x u'_x)}{\partial x} \sim \frac{u'^2}{L}\,,\ \frac{\partial(u'_y u'_y)}{\partial y} \sim \frac{u'^2}{\delta}$$

如果用 R_{12} 表示纵向脉动速度和竖向脉动速度乘积的相关系数，即

$$R_{12} = \frac{\overline{u'_x u'_y}}{\sqrt{\overline{u'_x u'_x}}\sqrt{\overline{u'_y u'_y}}} \sim 1$$

则脉动速度分量的乘积（相关矩）$\overline{u'_x u'_y}$ 为

$$\overline{u'_x u'_y} = R_{12}\sqrt{\overline{u'_x u'_x}}\sqrt{\overline{u'_y u'_y}} \sim R_{12} u'^2_x$$

根据上面数量级的分析，得到动量方程中各项的数量级为

$$\begin{array}{ccccccc}
\bar{u}_x \dfrac{\partial \bar{u}_x}{\partial x} & + \bar{u}_y \dfrac{\partial \bar{u}_x}{\partial y} & = -\dfrac{1}{\rho}\dfrac{\partial \bar{p}}{\partial x} & + \nu\left(\dfrac{\partial^2 \bar{u}_x}{\partial x^2}\right. & \left.+ \dfrac{\partial^2 \bar{u}_x}{\partial y^2}\right) & + \dfrac{1}{\rho}\dfrac{\partial(-\rho\,\overline{u'_x u'_x})}{\partial x} & + \dfrac{1}{\rho}\dfrac{\partial(-\rho\,\overline{u'_x u'_y})}{\partial y} \\
\dfrac{U^2}{L} & \dfrac{U^2}{L} & & \dfrac{\nu U}{L^2} & \dfrac{\nu U}{\delta^2} & \dfrac{u'^2}{L} & R_{12}\dfrac{u'^2}{\delta} \\
1 & 1 & & \dfrac{\nu}{U}\dfrac{1}{L} & \dfrac{\nu}{U}\dfrac{L}{\delta^2} & \dfrac{u'^2}{U^2} & R_{12}\dfrac{u'^2}{U^2}\dfrac{L}{\delta}
\end{array}$$

$$\begin{array}{ccccccc}
\bar{u}_x \dfrac{\partial \bar{u}_y}{\partial x} & + \bar{u}_y \dfrac{\partial \bar{u}_y}{\partial y} & = -\dfrac{1}{\rho}\dfrac{\partial \bar{p}}{\partial y} & + \nu\left(\dfrac{\partial^2 \bar{u}_y}{\partial x^2}\right. & \left.+ \dfrac{\partial^2 \bar{u}_y}{\partial y^2}\right) & + \dfrac{1}{\rho}\dfrac{\partial(-\rho\,\overline{u'_x u'_y})}{\partial x} & + \dfrac{1}{\rho}\dfrac{\partial(-\rho\,\overline{u'_y u'_y})}{\partial y} \\
\dfrac{U^2}{L}\dfrac{\delta}{L} & \dfrac{U^2}{L}\dfrac{\delta}{L} & & \dfrac{\nu U}{L^2}\dfrac{\delta}{L} & \dfrac{\nu U}{L^2}\dfrac{L}{\delta} & R_{12}\dfrac{u'^2}{L} & \dfrac{u'^2}{\delta} \\
\dfrac{\delta}{L} & \dfrac{\delta}{L} & & \dfrac{\nu}{UL}\dfrac{\delta}{L} & \dfrac{\nu}{UL}\dfrac{L}{\delta} & R_{12}\dfrac{u'^2}{U^2} & \dfrac{u'^2}{U^2}\dfrac{L}{\delta}
\end{array}$$

对于 x 方向的动量方程，其中的黏性项 $\dfrac{1}{L} \ll \dfrac{L}{\delta^2}$，因此 $\dfrac{\partial^2 \bar{u}_x}{\partial x^2} \ll \dfrac{\partial^2 \bar{u}_x}{\partial y^2}$，可将 $\dfrac{\partial^2 \bar{u}_x}{\partial x^2}$ 忽略不计。

湍流应力项中相关系数 R_{12} 的数量级为 1，则 $\dfrac{u'^2}{L}$ 与 $R_{12}\dfrac{u'^2}{\delta}$ 相差一个数量级，因此

$\frac{1}{\rho}\frac{\partial(-\rho\overline{u'_x u'_x})}{\partial x}$项可以忽略不计。在边界层近似时，以下两个基本的数量级关系成立：

$$\frac{\nu}{UL}\sim\left(\frac{\delta}{L}\right)^2\ll 1$$

$$\frac{u'^2}{U^2}\sim\frac{\delta}{L}\ll 1$$

上述关系适用于内层黏性力项、惯性力项和湍流应力项同时存在，且数量级接近的情况。

对于 y 方向的动量方程，其各项的数量级与 x 方向的动量方程中对应项的数量级相比，除了湍流应力项以外均比 x 方向的对应项小一个数量级。动量方程中略去各项小量，时均运动的连续性方程中两项的数量级相同，则湍流边界层运动方程简化为

$$\frac{\partial\overline{u}_x}{\partial x}+\frac{\partial\overline{u}_y}{\partial y}=0$$

$$\overline{u}_x\frac{\partial\overline{u}_x}{\partial x}+\overline{u}_y\frac{\partial\overline{u}_x}{\partial y}=-\frac{1}{\rho}\frac{\partial\overline{p}}{\partial x}+\nu\frac{\partial^2\overline{u}_x}{\partial y^2}+\frac{1}{\rho}\frac{\partial(-\rho\overline{u'_x u'_y})}{\partial y}$$

$$-\frac{1}{\rho}\frac{\partial\overline{p}}{\partial y}+\frac{1}{\rho}\frac{\partial(-\rho\overline{u'_y u'_y})}{\partial y}=0$$

将 y 方向的动量方程积分，可得

$$\overline{p}+\rho\overline{u'_y u'_y}=C$$

式中，C 为积分常数。在边界层外缘（$y\geqslant\delta$），若自由来流无湍动，$\overline{u'_y u'_y}=\overline{u'^2_y}=0$，则有 $C=p_e$，p_e 为边界层外缘势流中的压力，故

$$\overline{p}=p_e(x)-\rho\overline{u'_y u'_y}$$

可见，在湍流边界层中，由于雷诺应力的存在，边界层内压力在 y 方向发生一些变化（$\overline{p}$ 与 p_e 相差一个 $-\rho\overline{u'_y u'_y}$ 量）。目前，$\overline{u'_y u'_y}$ 尚无法从理论上计算，需由实验确定。通常 $\sqrt{\overline{u'_y u'_y}}$ 很小，约为 $0.04U_e$，可以忽略不计。将 $\overline{p}=p_e(x)-\rho\overline{u'_y u'_y}$ 对 x 求导数，易得

$$\frac{\partial\overline{p}}{\partial x}=\frac{\mathrm{d}p_e}{\mathrm{d}x}-\rho\frac{\partial\overline{u'_y u'_y}}{\partial x}$$

注意到 $\frac{\partial\overline{u'_y u'_y}}{\partial x}$ 与 $\frac{\partial\overline{u'_x u'_x}}{\partial x}$ 具有相同的数量级，而 $\frac{u'^2}{U^2}\sim\frac{\delta}{L}\ll 1$，所以可将 $\frac{\partial\overline{u'_y u'_y}}{\partial x}$ 忽略，于是

$$\frac{\partial\overline{p}}{\partial x}=\frac{\mathrm{d}p_e}{\mathrm{d}x}$$

得到不可压缩二维定常湍流边界层的动量方程为

$$\overline{u}_x\frac{\partial\overline{u}_x}{\partial x}+\overline{u}_y\frac{\partial\overline{u}_x}{\partial y}=-\frac{1}{\rho}\frac{\mathrm{d}p_e}{\mathrm{d}x}+\nu\frac{\partial^2\overline{u}_x}{\partial y^2}+\frac{1}{\rho}\frac{\partial(-\rho\overline{u'_x u'_y})}{\partial y}\tag{12.2.1}$$

利用伯努利方程 $\overline{p}=p_e+\frac{1}{2}\rho U_e^2$，得压力梯度为

$$\frac{\mathrm{d}p_e}{\mathrm{d}x}=-\rho U_e\frac{\mathrm{d}U_e}{\mathrm{d}x}\tag{12.2.2}$$

式中，U_e 为边界层外缘势流速度，对于理想流体则可以看作是物面上的速度，则边界层动量方程还可表示为

$$\bar{u}_x \frac{\partial \bar{u}_x}{\partial x} + \bar{u}_y \frac{\partial \bar{u}_x}{\partial y} = U_e \frac{\mathrm{d}U_e}{\mathrm{d}x} + \nu \frac{\partial^2 \bar{u}_x}{\partial y^2} + \frac{1}{\rho} \frac{\partial(-\rho \overline{u'_x u'_y})}{\partial y} \tag{12.2.3}$$

该式也可用于边界层内的外层区域。当雷诺数很大，即惯性力项很大时，黏性力项可忽略。另外，在接近边界层的分离点处，$\frac{\partial \overline{u'_x u'_x}}{\partial x}$ 与 $\frac{\partial \overline{u'_y u'_y}}{\partial x}$ 变得很重要，不能忽略，此时公式需做相应的变动。

边界层动量方程的边界条件为

$$y = 0, \bar{u}_x = \bar{u}_y = 0, u'_x = u'_y = 0, \tau = \tau_{\mathrm{w}} = \mu \left(\frac{\partial \bar{u}_x}{\partial y}\right)_{\mathrm{w}}$$

$$y = \delta, \bar{u}_x = U_e, u'_x = u'_y = 0, \frac{\partial \bar{u}_x}{\partial y} = 0, \tau = 0$$

式中，τ_{w} 为壁面处的黏性切应力。由于边界层动量方程组中出现雷诺应力项（$-\rho \overline{u'_x u'_y}$），所以方程组不封闭。

2. 温度边界层方程

二维不可压缩流常物性湍流，无源项时，能量方程为

$$\rho c_p \left(\bar{u}_x \frac{\partial \bar{T}}{\partial x} + \bar{u}_y \frac{\partial \bar{T}}{\partial y}\right) = \frac{\partial}{\partial x}\left(\lambda \frac{\partial \bar{T}}{\partial x} - \rho c_p \overline{u'_x T'}\right) + \frac{\partial}{\partial y}\left(\lambda \frac{\partial \bar{T}}{\partial y} - \rho c_p \overline{u'_y T'}\right) + \bar{\Phi}$$

其中，时均耗散函数为

$$\bar{\Phi} = \bar{\tau}_{ij} \frac{\partial \bar{u}_i}{\partial x_j} = \left(2\mu \frac{\partial \bar{u}_x}{\partial x} - \rho \overline{u'_x u'_x}\right) \frac{\partial \bar{u}_x}{\partial x} + \left[\mu\left(\frac{\partial \bar{u}_x}{\partial y} + \frac{\partial \bar{u}_y}{\partial x}\right) - \rho \overline{u'_x u'_y}\right] \frac{\partial \bar{u}_x}{\partial y} +$$
$$\left[\mu\left(\frac{\partial \bar{u}_x}{\partial y} + \frac{\partial \bar{u}_y}{\partial x}\right) - \rho \overline{u'_x u'_y}\right] \frac{\partial \bar{u}_y}{\partial x} + \left(2\mu \frac{\partial \bar{u}_y}{\partial y} - \rho \overline{u'_y u'_y}\right) \frac{\partial \bar{u}_y}{\partial y}$$

在边界层上对能量方程进行数量级比较，可得简化后的表达式

$$\rho c_p \left(\bar{u}_x \frac{\partial \bar{T}}{\partial x} + \bar{u}_y \frac{\partial \bar{T}}{\partial y}\right) = \frac{\partial}{\partial y}\left(\lambda \frac{\partial \bar{T}}{\partial y} - \rho c_p \overline{u'_y T'}\right) + \bar{\Phi}$$

$$\bar{\Phi} = \left(\mu \frac{\partial \bar{u}_x}{\partial y} - \rho \overline{u'_x u'_y}\right) \frac{\partial \bar{u}_x}{\partial y}$$

边界条件为

$$y = 0, \bar{T} = T_{\mathrm{w}}, T' = 0$$

$$y = \delta, \bar{T} = T_e, T' = 0$$

式中，T_e 为温度边界层外边界上的温度分布。

12.3 湍流边界层动量积分方程

采用与层流边界层积分方程推导类似的做法，也可将湍流边界层运动方程转化为动量积分

方程。首先，针对连续性方程积分，即

$$\int_0^\infty \frac{\partial \bar{u}_x}{\partial x}\mathrm{d}y + \int_0^\infty \frac{\partial \bar{u}_y}{\partial y}\mathrm{d}y = 0$$

交换微分和积分次序，有

$$\frac{\mathrm{d}}{\mathrm{d}x}\int_0^\infty \bar{u}_x \mathrm{d}y + \bar{u}_y\big|_0^\infty = 0$$

由于在壁面上流速为零，因此有

$$\bar{u}_y\big|_\infty = -\frac{\mathrm{d}}{\mathrm{d}x}\int_0^\infty \bar{u}_x \mathrm{d}y$$

另外，利用连续性方程 $\frac{\partial \bar{u}_x}{\partial x} = -\frac{\partial \bar{u}_y}{\partial y}$，得

$$\bar{u}_y \frac{\partial \bar{u}_x}{\partial y} = \frac{\partial(\bar{u}_x\bar{u}_y)}{\partial y} - \bar{u}_x \frac{\partial \bar{u}_y}{\partial y} = \frac{\partial(\bar{u}_x\bar{u}_y)}{\partial y} + \bar{u}_x \frac{\partial \bar{u}_x}{\partial x}$$

于是，式（12.2.3）成为

$$\frac{\partial \bar{u}_x^2}{\partial x} + \frac{\partial(\bar{u}_x\bar{u}_y)}{\partial y} = U_e \frac{\mathrm{d}U_e}{\mathrm{d}x} + \nu \frac{\partial^2 \bar{u}_x}{\partial y^2} - \frac{\partial\, \overline{u'_x u'_y}}{\partial y}$$

将该式做如下积分，得

$$\frac{\mathrm{d}}{\mathrm{d}x}\int_0^\infty \bar{u}_x^2 \mathrm{d}y + (\bar{u}_x\bar{u}_y)\big|_0^\infty = \int_0^\infty U_e \frac{\mathrm{d}U_e}{\mathrm{d}x}\mathrm{d}y + \nu \frac{\partial \bar{u}_x}{\partial y}\Big|_0^\infty - (\overline{u'_x u'_y})\big|_0^\infty$$

代入边界条件，有

$$(\bar{u}_x\bar{u}_y)\big|_0^\infty = U_e\bar{u}_y\big|_\infty = -U_e\frac{\mathrm{d}}{\mathrm{d}x}\int_0^\infty \bar{u}_x \mathrm{d}y = -\frac{\mathrm{d}}{\mathrm{d}x}\int_0^\infty U_e\bar{u}_x \mathrm{d}y + \frac{\mathrm{d}U_e}{\mathrm{d}x}\int_0^\infty \bar{u}_x \mathrm{d}y$$

$$\nu\frac{\partial \bar{u}_x}{\partial y}\Big|_0^\infty = 0 - \nu\left(\frac{\partial \bar{u}_x}{\partial y}\right)_0 = -\frac{\tau_w}{\rho}$$

$$(\overline{u'_x u'_y})\big|_0^\infty = 0$$

整理后可得到卡门动量积分方程

$$\frac{\mathrm{d}}{\mathrm{d}x}\int_0^\infty \bar{u}_x(U_e - \bar{u}_x)\mathrm{d}y + \frac{\mathrm{d}U_e}{\mathrm{d}x}\int_0^\infty (U_e - \bar{u}_x)\mathrm{d}y = \frac{\tau_w}{\rho}$$

该式在形式上与层流速度边界层的动量积分方程完全相同，区别在于这里的速度是以时均速度表示的。引用以时均速度表达的边界层排挤厚度 δ_1 和动量损失厚度 δ_2 的定义式，即

$$\delta_1 = \int_0^\infty \left(1 - \frac{\bar{u}_x}{U_e}\right)\mathrm{d}y \text{ 和 } \delta_2 = \int_0^\infty \frac{\bar{u}_x}{U_e}\left(1 - \frac{\bar{u}_x}{U_e}\right)\mathrm{d}y$$

可将卡门动量积分方程进行改写，其中

$$\begin{aligned}\frac{\mathrm{d}}{\mathrm{d}x}\int_0^\infty \bar{u}_x(U_e - \bar{u}_x)\mathrm{d}y &= \frac{\mathrm{d}}{\mathrm{d}x}\left[U_e^2\int_0^\infty \frac{\bar{u}_x}{U_e}\left(1 - \frac{\bar{u}_x}{U_e}\right)\mathrm{d}y\right]\\ &= U_e^2\frac{\mathrm{d}}{\mathrm{d}x}\left[\int_0^\infty \frac{\bar{u}_x}{U_e}\left(1 - \frac{\bar{u}_x}{U_e}\right)\mathrm{d}y\right] + 2U_e\frac{\mathrm{d}U_e}{\mathrm{d}x}\int_0^\infty \frac{\bar{u}_x}{U_e}\left(1 - \frac{\bar{u}_x}{U_e}\right)\mathrm{d}y\\ &= U_e^2\frac{\mathrm{d}\delta_2}{\mathrm{d}x} + 2U_e\frac{\mathrm{d}U_e}{\mathrm{d}x}\delta_2\end{aligned}$$

$$\frac{\mathrm{d}U_e}{\mathrm{d}x}\int_0^\infty (U_e - \bar{u}_x)\mathrm{d}y = \frac{\mathrm{d}U_e}{\mathrm{d}x}U_e\int_0^\infty \left(1 - \frac{\bar{u}_x}{U_e}\right)\mathrm{d}y = \frac{\mathrm{d}U_e}{\mathrm{d}x}U_e\delta_1$$

于是卡门动量积分方程化作

$$\frac{\mathrm{d}(U_e^2\delta_2)}{\mathrm{d}x} + U_e\frac{\mathrm{d}U_e}{\mathrm{d}x}\delta_1 = \frac{\tau_w}{\rho}$$

或

$$\frac{\mathrm{d}\delta_2}{\mathrm{d}x} + \frac{(2\delta_2 + \delta_1)}{U_e}\frac{\mathrm{d}U_e}{\mathrm{d}x} = \frac{\tau_w}{\rho U_e^2}$$

根据式（12.2.2），若主流压力梯度为零，有 $\frac{\mathrm{d}U_e}{\mathrm{d}x} = 0$，于是卡门动量积分方程简化为

$$\frac{\mathrm{d}\delta_2}{\mathrm{d}x} = \frac{\tau_w}{\rho u_\infty^2}$$

对于平板边界层，$U_e = u_\infty = \mathrm{const}$，卡门动量积分方程也简化为该式。

引入形状因子 $H_{12} = \delta_1/\delta_2$，可将卡门动量积分方程写作

$$\frac{\mathrm{d}\delta_2}{\mathrm{d}x} + (2 + H_{12})\frac{\delta_2}{U_e}\frac{\mathrm{d}U_e}{\mathrm{d}x} = \frac{C_f}{2}$$

式中，C_f 为范宁摩擦系数，$C_f = \frac{\tau_w}{\rho U_e^2/2}$。可以看到，由于湍流切应力项在两个积分限上消失，由此所得积分关系式与层流边界层在形式上完全相同。要注意的是，式中隐含的速度等参数为湍流时均值。求解时需要知道 δ_1、δ_2 的规律和 τ_w 的经验关系式，它们与层流情况是不相同的。

12.4　湍流边界层速度分布一般规律

采用边界层积分方程近似求解边界层流动问题时，首先需要给出边界层内的速度分布。因此根据湍流边界层的分层结构，研究边界层内各层的时均速度分布具有重要意义。湍流边界层的时均流速分布规律十分复杂，获得湍流边界层内的速度分布离不开实验，首先基于量纲分析法，对湍流边界层时均流速分布规律进行分析。量纲分析将有关物理量加以适当组合，得到表示速度分布的普遍关系。湍流边界层有内层和外层，它们的流动特征不同。因此，在进行量纲分析时从物理实际出发，内层和外层应区别对待，使其分别对应于壁面律和速度亏损律，并按这两种方式来处理实验数据。

1. 壁面律

对于紧邻壁面的流动，即湍流边界层的内层，比外层薄很多，其厚度占边界层平均总厚度的 10%~20%，该层通过黏性流体以很大的速度梯度与壁面条件相匹配，黏性切应力起支配作用，外流压力梯度的影响不明显，其流动情况主要由当地壁面条件确定。借助于边界层的微分方程可以推论，速度 $\bar{u}_x$ 依赖于壁面的切应力 τ_w、流体的密度 ρ、黏度 μ（或 ν）、离开壁面的距离 y 以及壁面的粗糙度 Δ。为了把速度无量纲化，用壁面切应力 τ_w 定义一个具有速度量纲的量 u_τ，即

$$u_\tau = u_\tau(x) = \sqrt{\tau_w/\rho}$$

式中，u_τ 为壁面切应力速度，它是衡量湍流脉动速度的尺度，而摩擦系数为 $C_f=\dfrac{\tau_w}{\rho U_e^2/2}$，于是

$$\frac{u_\tau}{U_e}=\frac{1}{U_e^+}=\sqrt{\frac{\tau_w}{\rho U_e^2}}=\sqrt{\frac{C_f}{2}}$$

因此 u_τ 也称为壁面摩擦速度。引进摩擦速度 u_τ 后，湍流边界层内层速度分布的函数关系式成为

$$f(\rho,\mu,y,\Delta,u_\tau,\bar{u}_x)=0$$

根据 π 定理，在 MLTΘ 基本量纲系统中，取这 6 个物理量中的三个作为基本量，于是可以得到 6 − 3 = 3 个无量纲组合 π_1、π_2 和 π_3。取基本量为 ρ 、y 和 u_τ， 它们包含 3 个基本量纲 M、L、T，即

$$[\rho]=\mathrm{ML^{-3}}$$
$$[y]=\mathrm{L}$$
$$[u_\tau]=\mathrm{ML^{-1}}$$

根据 π 定理，用未知指数写出无量纲参数 $\pi_i(i=1,2,3)$，即

$$\begin{cases}\pi_1=\mu\rho^{\alpha_1}y^{\beta_1}u_\tau^{\gamma_1}\\ \pi_2=\Delta\rho^{\alpha_2}y^{\beta_2}u_\tau^{\gamma_2}\\ \pi_3=\bar{u}_x\rho^{\alpha_3}y^{\beta_3}u_\tau^{\gamma_3}\end{cases}$$

将各量的量纲代入，写出量纲表达式，即

$$\begin{cases}[\pi_1]=(\mathrm{ML^{-1}T^{-1}})\cdot(\mathrm{ML^{-3}})^{\alpha_1}(\mathrm{L})^{\beta_1}(\mathrm{LT^{-1}})^{\gamma_1}=\mathrm{L^0M^0T^0}\\ [\pi_2]=(\mathrm{L})\cdot(\mathrm{ML^{-3}})^{\alpha_2}(\mathrm{L})^{\beta_2}(\mathrm{LT^{-1}})^{\gamma_2}=\mathrm{L^0M^0T^0}\\ [\pi_3]=(\mathrm{LT^{-1}})\cdot(\mathrm{ML^{-3}})^{\alpha_3}(\mathrm{L})^{\beta_3}(\mathrm{LT^{-1}})^{\gamma_3}=\mathrm{L^0M^0T^0}\end{cases}$$

对 $\pi_i(i=1,2,3)$ 写出量纲和谐性方程组，有

$$\pi_1\begin{cases}\mathrm{M}:1+\alpha_1=0\\ \mathrm{L}:-1-3\alpha_1+\beta_1+\gamma_1=0\\ \mathrm{T}:-1-\gamma_1=0\end{cases}$$

$$\pi_2\begin{cases}\mathrm{M}:\alpha_2=0\\ \mathrm{L}:1-3\alpha_2+\beta_2+\gamma_2=0\\ \mathrm{T}:-\gamma_2=0\end{cases}$$

$$\pi_3\begin{cases}\mathrm{M}:\alpha_3=0\\ \mathrm{L}:1-3\alpha_3+\beta_3+\gamma_3=0\\ \mathrm{T}:-1-\gamma_3=0\end{cases}$$

解得

$$\begin{cases}\alpha_1=-1\\ \beta_1=-1\\ \gamma_1=-1\end{cases},\begin{cases}\alpha_2=0\\ \beta_2=-1\\ \gamma_2=0\end{cases},\begin{cases}\alpha_3=0\\ \beta_3=0\\ \gamma_3=-1\end{cases}$$

于是

$$\begin{cases}\pi_1=\mu\rho^{-1}y^{-1}u_\tau^{-1}=\dfrac{\nu}{u_\tau y}=\dfrac{1}{y/(\nu/u_\tau)}\\ \pi_2=\Delta\rho^0y^{-1}u_\tau^0=\dfrac{\Delta}{y}\\ \pi_3=\bar{u}_x\rho^0y^0u_\tau^{-1}=\dfrac{\bar{u}_x}{u_\tau}\end{cases}$$

这三个无量纲量可重新写为

$$u^+=\frac{\bar{u}_x}{u_\tau},\ y^+=\frac{y}{\nu/u_\tau},\ \Delta^+=\frac{\Delta}{\nu/u_\tau}$$

由于壁面具有抑制脉动的作用，离壁面越近，涡的平均有效尺度越小，所以 y 可看成是边界层内涡旋的几何尺度，$y^+=\dfrac{u_\tau y}{\nu}$ 可看作 y 处涡的典型雷诺数，它也反映黏性的影响随 y 的变化。把这三个无量纲量代入函数关系式 $f(\rho,\ \nu,\ y,\ \Delta,\ u_\tau,\ \bar{u}_x)=0$ 可得

$$f\left(\frac{\bar{u}_x}{u_\tau},\frac{y}{\nu/u_\tau},\frac{\Delta}{\nu/u_\tau}\right)=0$$

即

$$\frac{\bar{u}_x}{u_\tau}=f\left(\frac{y}{\nu/u_\tau},\frac{\Delta}{\nu/u_\tau}\right)$$

或

$$u^+=\frac{\bar{u}_x}{u_\tau}=f(y^+,\Delta^+)$$

由于湍流边界层内层很薄，所以可以认为各处的切应力与对应的壁面切应力相差无几，因此以上关系式是普适的，通常称为壁面律。

对于光滑壁面，有 $\Delta\approx 0$，上面的关系式简化为

$$u^+=f(y^+)$$

对于粗糙壁面，设 Δ 大于黏性底层厚度 δ_l，即 $\Delta>\delta_l$，黏性不起作用，所以在时均流速度分布的表达式中不应含有黏度，上面的关系式简化为

$$u^+=f(\Delta^+)$$

前文述及，湍流边界层内层又可分为三层：黏性底层、过渡层和对数律层。在黏性底层，黏性切应力占支配地位，这是因为在壁面上脉动速度为零，在紧邻壁面的流层内，脉动速度也很小，所以雷诺应力也很小。用 y_s 表示该层的外缘，当 $y>y_s$ 时，随着离壁面的距离 y 的增加，黏性对流动的影响逐渐减小，最后进入完全湍流的区域，这里黏性的影响小到可以忽略，这层的平均速度分布可用对数关系表示，故称为对数律层。在黏性底层和对数律层之间存在一个过渡层，这层内的黏性力和雷诺应力有大体相同的数量级，它们的相对大小取决于所讨论的位置 y 是临近黏性底层还是临近对数律层。过渡层的外缘用 y_t 表示。需要注意的是，这里的过渡层与由层流过渡到湍流转捩区是两个不同的概念。由于在过渡层内黏性仍起一定的作用，所以有时将黏性底层与过渡层一起合称为黏性底层。

2. 速度亏损律

湍流边界层的外层比内层厚很多，其厚度约占边界层平均总厚度的 80%，外层的一个主要

特点是分子黏性在此范围内不起作用（这是指平均运动黏性切应力很小，而不是指黏性顶层和湍流耗散中的黏性作用）。黏性对外层的作用是通过壁面切应力 τ_w（或摩擦速度 u_τ ）与黏性底层间接体现出来的，由于黏性的作用，使黏性底层外缘处的速度 $\bar{u}_x$ 低于边界层外缘速度 U_e，形成速度亏损（ $U_e-\bar{u}_x$ ）。在外层的速度亏损区内，黏性切应力已小到可以忽略，而几乎完全由雷诺切应力来维持当地的平均速度梯度。

实验发现，边界层内不同截面上相应的速度 $\bar{u}_x$ 与边界层外缘速度 U_e 之差具有相似性，可以（ $U_e-\bar{u}_x$ ）作为一个变量，称该变量为速度亏损。由于外层范围内黏性可以忽略，所以在内层中用以衡量黏性作用的雷诺数 $y^+=\dfrac{u_\tau y}{\nu}$ 以及黏性长度尺度 ν/u_τ 已不再适用于外层，合理的替代是以整个边界层厚度 δ 作为几何尺度。由于外层的速度亏损（ $U_e-\bar{u}_x$ ）反映了当地的有效剪切速度，它不直接与黏性有关，而是通过 u_τ 间接反映了壁面切应力和黏性的作用，所以将（ $U_e-\bar{u}_x$ ）作为关联对象是合理的。

通过上面的讨论可推知，外层的速度亏损（ $U_e-\bar{u}_x$ ）依赖于 τ_w、δ、ρ、y 和主流的压力梯度，如 $\mathrm{d}p_e/\mathrm{d}x$。根据量纲分析，可得如下的速度分布关系：

$$U_e^+-u^+=\frac{U_e-\bar{u}_x}{u_\tau}=f\left(\frac{y}{\delta}\right)$$

式中，$U_e^+=U_e/u_\tau$。该式称为速度亏损律，其正确性已被大量实验结果所证实，如图 12.4.1 所示。由于尾迹流动也有类似特点，所以有时也称之为尾迹律。应该指出，该式不仅适用于外层，也适用于内层中的对数律层，因为该处黏性应力的直接影响也可忽略。

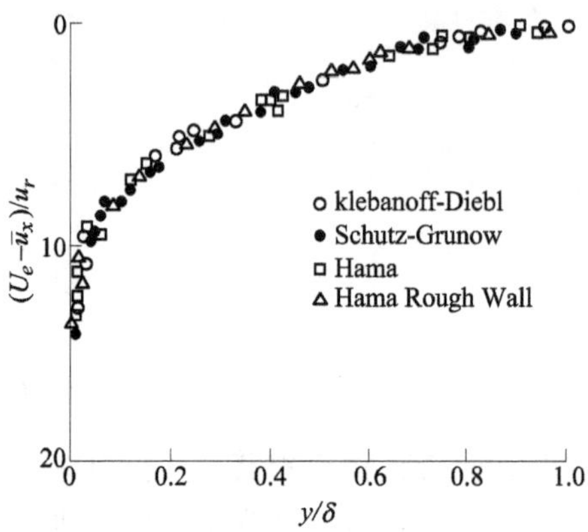

图 12.4.1 平板边界层通用速度分布

3. 对数律

对于内层的完全湍流部分（对数律层），除了满足壁面律外，还需满足速度亏损律，在此意义上称为“重叠”区。对数律层属于内层，内层与主流压力梯度是无关的，由速度亏损律公式得

$$U_e^+-u^+=\frac{U_e-\bar{u}_x}{u_\tau}=\varphi\left(\frac{y}{\delta}\right)=\varphi(\eta)$$

对于光滑壁面，壁面律 $u^+=\dfrac{\bar{u}_x}{u_\tau}=f(y^+)$，代入上式，得

$$U_e^+=f(y^+)+\varphi(\eta)$$

上式对 η 求导，注意 U_e^+ 不随 η 变化，有

$$\frac{\mathrm{d}f(y^+)}{\mathrm{d}y^+}\frac{\mathrm{d}y^+}{\mathrm{d}\eta}+\frac{\mathrm{d}\varphi}{\mathrm{d}\eta}=0$$

因为 $y^+=\dfrac{y}{\nu/u_\tau}$，$\eta=\dfrac{y}{\delta}$，则有

$$y^+=\frac{u_\tau\delta}{\nu}\eta,\ \frac{\mathrm{d}y^+}{\mathrm{d}\eta}=\frac{y^+}{\eta}$$

于是

$$y^{+}\frac{\mathrm{d}f(y^{+})}{\mathrm{d}y^{+}}+\eta\frac{\mathrm{d}\varphi(\eta)}{\mathrm{d}\eta}=0$$

令

$$y^{+}\frac{\mathrm{d}f(y^{+})}{\mathrm{d}y^{+}}=-\eta\frac{\mathrm{d}\varphi(\eta)}{\mathrm{d}\eta}=\frac{1}{\kappa}$$

将上式分成两个等式，分别进行积分，得

$$u^{+}=\frac{\bar{u}_x}{u_\tau}=f(y^{+})=\frac{1}{\kappa}\ln y^{+}+B$$

$$U_e^{+}-u^{+}=\frac{U_e-\bar{u}_x}{u_\tau}=-\frac{1}{\kappa}\ln\frac{y}{\delta}+B_1$$

这两个含有对数的表达式就是著名的对数律，前者代表壁面律，后者代表速度亏损律。两式中，κ 是卡门常数，B 和 B_1 是与表面粗糙度有关的常数，它们均由实验得到。对于光滑壁面，1930 年尼古拉兹（Nikuradse）给出 $\kappa=0.4$，$B=5.5$；1955 年柯尔斯（Coles）给出 $\kappa=0.41$，$B=5.0$。对于零压力梯度（$\mathrm{d}p_e/\mathrm{d}x=0$）平板边界层，1940 年舒尔茨-格鲁诺（Schultz-Grunow）给出 $B_1=2.35$。通常情况下 $\kappa=0.4\sim0.42$，$B=5.0\sim5.5$。用对数律表示速度分布的重叠区范围为 $35\leqslant y^{+}\leqslant350$，相当于 $0.02\leqslant y/\delta\leqslant0.2$。

12.5　湍流边界层内层速度分布规律

1. 层流底层壁面律

前文已经给出二维不可压缩常物性的定常湍流边界层流动，在零压力梯度情况下，有

$$\bar{u}_x\frac{\partial\bar{u}_x}{\partial x}+\bar{u}_y\frac{\partial\bar{u}_x}{\partial y}=\frac{1}{\rho}\frac{\partial}{\partial y}\left(\mu\frac{\partial\bar{u}_x}{\partial y}-\rho\overline{u_x'u_y'}\right)=\frac{1}{\rho}\frac{\partial\tau}{\partial y}\tag{12.5.1}$$

式中，τ 为总的切应力，等于黏性切应力和雷诺应力之和，即

$$\tau=\tau_l+\tau_t=\mu\frac{\partial\bar{u}_x}{\partial y}-\rho\overline{u_x'u_y'}$$

将式（12.5.1）两侧分别对 y 求导，并利用时均运动的连续性方程，不难得到

$$\bar{u}_x\frac{\partial^2\bar{u}_x}{\partial x\partial y}+\bar{u}_y\frac{\partial^2\bar{u}_x}{\partial y^2}=\frac{1}{\rho}\frac{\partial^2\tau}{\partial y^2}$$

在壁面上，$\bar{u}_x=\bar{u}_y=0$，由上式可得

$$\frac{\partial\tau}{\partial y}=0\ ,\ \frac{\partial^2\tau}{\partial y^2}=0$$

由此可见在壁面附近也应有

$$\frac{\partial\tau}{\partial y}\approx0$$

即

$$\tau=\tau_{\mathrm{w}}=\mathrm{const}$$

在壁面上雷诺应力为零，在邻近壁面的区域，脉动速度仍然很小，与黏性力相比，雷诺应力仍可忽略不计，则在该区域内应有

$$\mu\frac{\mathrm{d}\overline{u}_x}{\mathrm{d}y}=\tau=\tau_{\mathrm{w}}$$

将该式对 y 积分，得

$$\overline{u}_x=\frac{\tau_{\mathrm{w}}}{\mu}y$$

将 $y^+=\dfrac{y}{\nu/u_\tau}$，$u^+=\dfrac{\overline{u}_x}{u_\tau}$，$u_\tau=\sqrt{\tau_{\mathrm{w}}/\rho}$ 代入该式，得

$$u^+=\frac{\overline{u}_x}{u_\tau}=y^+$$

这就是黏性底层中时均速度的分布式，这与管道中黏性底层的分布规律是一样的。在 $y^+\leqslant 5$ 的范围内，雷诺应力可以忽略。在黏性底层之上为过渡层，在该层内黏性应力和雷诺应力大小相等，所以不能忽略，其厚度为 $5\leqslant y^+\leqslant 40$。

2. 对数律层的对数律

对数律层除了满足壁面律外，还需满足速度亏损律。前文已经得到了对数律层的平均速度分布式，下面从受力的角度来分析对数律层的平均速度分布。当 $y^+\geqslant 40$ 时，在一定范围内雷诺应力近似为常数，而且几乎等于壁面切应力 τ_{w}，这说明黏性应力已可以忽略，整个切应力几乎全部由湍流涡旋引起，即

$$-\rho\,\overline{u'_x u'_y}=\tau_{\mathrm{w}}=\rho u_\tau^2$$

故

$$-\overline{u'_x u'_y}=u_\tau^2$$

由于雷诺应力主要是大涡的贡献，所以 u_τ 可看成是大涡的典型速度，而 $y^+=u_\tau y/\nu$ 则是以 y 为大涡尺度的典型大涡雷诺数。将雷诺应力用时均速度梯度表示，即

$$\nu_t\frac{\partial\overline{u}_x}{\partial y}=\frac{\tau_{\mathrm{w}}}{\rho}=u_\tau^2$$

或

$$\left(1+\frac{\nu_t}{\nu}\right)\frac{\partial u^+}{\partial y^+}=1$$

式中，ν_t 是湍流运动黏度。如果 ν_t 为恒定值，显然，由上式可得出线性速度分布，这与实验不符。考虑到该层很薄，ν_t 随 y 线性变化，即

$$\nu_t=\kappa u_\tau y$$

于是得到

$$\kappa u_\tau y\frac{\partial\overline{u}_x}{\partial y}=u_\tau^2$$

采用无量纲形式，即

$$\kappa y^+\frac{\partial u^+}{\partial y^+}=1$$

此方程的解为

$$u^+=\frac{1}{\kappa}\ln y^++B$$

可见，对数律层内的时均速度呈对数分布，这也是对数律层名称的由来。

3. 过渡层

过渡层介于黏性底层和对数律层之间，此层中两种力为同一数量级，流动现象极为复杂，分析起来也极为困难，至今未掌握它的规律。过渡层的时均速度由实验确定

$$u^+ = 5\ln y^+ - 3.05$$

12.6 湍流边界层外层速度分布规律

对于湍流边界层的外层，由于惯性项和湍流脉动应力项有相同的数量级，都远大于黏性项的数量级，运动方程可简化为

$$\bar{u}_x \frac{\partial \bar{u}_x}{\partial x} + \bar{u}_y \frac{\partial \bar{u}_x}{\partial y} = -\frac{\partial(\overline{u'_x u'_y})}{\partial y}$$

可见，与内层的运动方程有明显的区别。该式中包含有非线性的惯性项，此时对数律已不再适用。至今尚未建立与普朗特混合长度理论相当的适用于外层的理论，因此，对外层时均流速分布规律研究都是经验性分析。根据实验观察，由于壁面的阻滞，外层中的时均速度 $\bar{u}_x$ 仍低于边界层外边界的势流速度 U_e，但其受壁面的影响相比内层大大减弱，并且较明显地受到沿壁面在流动方向上压力梯度 dp/dx 的影响。对于外层区，即 $y/\delta > 0.15$，哈马（Hama）根据实验结果，提出了一个简单的经验公式

$$U_e^+ - u^+ = \frac{U_e - \bar{u}_x}{u_\tau} = 9.6\left(1 - \frac{y}{\delta}\right)^2$$

分析内层的时均速度分布时，应用湍流时均动量方程与普朗特混合长度理论的假设，以及量纲分析和实验资料，分别得出内层各层的时均速度分布。实际上，这种机械地将湍流分层，所得到的时均速度分布表达式有可能使速度分布存在某些不连续，以至于当利用热量和动量比拟方法求解温度分布时，在相应层间，温度梯度也可能是不连续的，特别是速度分层公式在应用上是不方便的，因此，许多学者都力图求得适合整个内层的时均速度分布的表达式，以及适用于整个边界层内时均速度分布的表达式。由于湍流尚未被人们完全认识，流动区域内各层的特征尺度以及各层的湍动机理不同，因此要找到一个包括黏性底层、过渡层、对数层的统一速度分布是很困难的。

1956 年柯尔斯提出了适合整个边界层的时均速度分布的关系式

$$u^+ = f(y^+) + \frac{\Pi}{\kappa} W\left(\frac{y}{\delta}\right) \tag{12.6.1}$$

无论压力梯度是否为零，此式都可用。其中 $f(y^+)$ 表示壁面律函数。该式实际上是在内层壁面律时均速度分布式的基础上加一修正项。由于湍流边界层中压力梯度对外层特性影响明显，显然修正项与压力梯度项 dp_e/dx 构成函数关系，称

$$\beta = \frac{\delta}{\tau_w}\frac{dp_e}{dx}$$

为平衡参数，它反映了压力梯度的大小，将 $\beta = \text{const}$ 的湍流边界层称为平衡湍流边界层，否则为非平衡湍流边界层。根据柯尔斯的设想，认为 Π 是反映压力梯度影响的剖面参数，称为尾流参数，$\Pi = \Pi(\beta)$。$W(y/\delta)$ 称为尾流函数，表示外层速度与壁面律的偏离，实验证明此函数

可近似地看成一个通用函数。当不包含黏性底层时，则$f(y^+)$由对数律给出。

$$u^+ = \frac{1}{\kappa}\ln y^+ + B + \frac{\Pi}{\kappa}W\left(\frac{y}{\delta}\right) \tag{12.6.2}$$

式（12.6.1）适用于整个边界层，而式（12.6.2）适用于内层和外层的湍流部分，即内层的对数律层和外层。为确定$W(y/\delta)$，将式（12.6.2）分别在y和δ处表示，则有

$$\frac{\Pi(\beta)}{\kappa}W\left(\frac{y}{\delta}\right) = u^+ - 2.5\ln y^+ - 5.5$$

$$\frac{\Pi(\beta)}{\kappa}W(1) = U_e^+ - 2.5\ln\delta^+ - 5.5$$

定义壁面上$W(0)=0$，在$y=\delta$上，$W(1)=2$，将以上两式相除，得到

$$\frac{1}{2}W\left(\frac{y}{\delta}\right) = \frac{u^+ - 2.5\ln y^+ - 5.5}{U_e^+ - 2.5\ln\delta^+ - 5.5}$$

利用实验得到的$W(y/\delta)$分布曲线

$$W\left(\frac{y}{\delta}\right) = 2\sin^2\left(\frac{\pi}{2}\frac{y}{\delta}\right) = 1 - \cos\left(\pi\frac{y}{\delta}\right)$$

对于平衡湍流边界层，参数Π的近似表达式为

$$\Pi(\beta) = 0.8(\beta + 0.5)^{0.75}$$

该式的适用范围为$-0.5 \leqslant \beta \leqslant \infty$。在$\beta$值很大时，可认为

$$\Pi(\beta) = 1 + 2.1\sqrt{\beta}$$

对于平板边界层，$\beta=0$，由上列算式计算得$\Pi(0.5)=0.476$。

根据边界条件，$y=\delta$，$u^+=U_e^+$，$W=2$，且注意到$y=\delta$时，有

$$U_e^+ = \frac{U_e}{u_\tau} = \frac{1}{\kappa}\ln\delta^+ + B + \frac{2\Pi}{\kappa} \tag{12.6.3}$$

式（12.6.3）与式（12.6.2）相减，得

$$U_e^+ - u^+ = \frac{U_e - \bar{u}_x}{u_\tau} = -\frac{1}{\kappa}\ln\left(\frac{y}{\delta}\right) + \frac{\Pi}{\kappa}\left[2 - W\left(\frac{y}{\delta}\right)\right]$$

该式称为柯尔斯尾流律，其适用范围为$40\nu/u_\tau < y < \delta$，即适用于除了黏性底层以外的所有部分，占边界层的绝大部分，因此也可认为，该式表示整个边界层的速度分布。

应当指出，在边界层研究的早期，一直应用y/δ的指数形式表示时均速度分布

$$\frac{\bar{u}_x}{U_e} = \left(\frac{y}{\delta}\right)^{\frac{1}{n}}$$

式中，n为常数。该式为指数律关系式，指数关系是引用了圆管摩擦系数的经验公式，并加以演化得到。利用此规律计算湍流边界层非常简便，但必须另外寻找切应力计算公式。对于零压力梯度平板边界层，指数n选择适当时，与实际的速度分布相当接近。在$5\times10^5 < Re_x < 10^7$时，$n=7$，称1/7幂次律。如果$Re_x$变小，则$n<7$，随$Re_x$增大，$n$也变大。在有压力梯度的情况下，指数律的精度变差。

12.7 管流湍流边界层速度分布规律

管流边界层结构可以表示为：沿壁面法向，固体壁面附近的薄层为黏性底层区，经过渡

区，发展成为湍流核心区，而后湍动程度有所衰减，边界层逐渐趋向于“结束”。在边界层中，湍流与非湍流之间还有一过渡的黏性顶层。黏性底层、过渡层、湍流核心层统称为内层；边界层的其余部分包括黏性顶层，称为外层。内层比外层薄，其厚度仅占边界层总厚度的 10%～20%。管流湍流的结构划分大致相同，但边界层的外流是理想流体，为非湍流区，充分发展的管流湍流均为黏性流体运动的湍流区，不存在黏性顶层，因而两种湍流的分区以及各区域的厚度也不尽相同。应当指出，管道湍流与平板边界层湍流之间的差别是管流中因受壁面的相互制约，不存在势流与边界层之间的相互掺混的湍流间歇现象，因而不存在从湍流到非湍流的过渡层——黏性顶层。所以，管道湍流除了靠近壁面区域中相似于边界层流动外，就是湍流核心区（过渡层不考虑），该区域湍流附加切向应力占主导地位，黏性应力一般可以忽略。

1. 黏性底层厚度

实验表明，在邻近管壁厚度为 δ_b 的极薄层区域内，只存在分子黏性切应力，速度分布呈直线规律，即

$$u^+ = y^+$$

该式适用于 $y^+ < 5$。

2. 湍流核心区

离壁面较远的湍流核心区内，脉动引起的湍流附加应力起主要作用。考虑壁面上湍流脉动消失，惯性切应力 $\tau_{yx}^t = 0$，混合长度 l 也为零。普朗特假定，混合长度 l 与离开壁面的距离 y 成正比，即

$$l = \kappa y$$

于是

$$\tau_{yx}^t = \rho\kappa^2 y^2 \left(\frac{\mathrm{d}\bar{u}_x}{\mathrm{d}y}\right)^2$$

普朗特还假定：离壁面很近的区域内，湍流的附加应力近似为常数，则有

$$\tau_{yx}^t = \tau_w$$

于是

$$\sqrt{\frac{\tau_w}{\rho}} = \kappa y \frac{\mathrm{d}\bar{u}_x}{\mathrm{d}y} = u_\tau$$

$$\frac{\mathrm{d}\bar{u}_x}{\mathrm{d}y} = \frac{u_\tau}{\kappa y}$$

积分，得

$$\bar{u}_x = \frac{u_\tau}{\kappa}\ln y + C$$

根据黏性底层外缘 $y = \delta_b$，$\bar{u}_x = \bar{u}_b$，可确定积分常数 C，再经转换，得

$$\frac{\bar{u}_x}{u_\tau} = \frac{1}{\kappa}\ln\frac{u_\tau y}{\nu} + C$$

令 $B = \dfrac{1}{\kappa}$，上式改写为

$$u^+ = B\ln y^+ + C$$

根据尼古拉兹实验，得到 $B = 2.5$，$C = 5.5$，因此可得湍流核心区的速度分布为

$$u^+ = 2.5\ln y^+ + 5.5$$

该式适用于 $y^+ > 30$。该式表明，湍流核心区的速度呈对数规律分布。后来欣兹对尼古拉兹实验进行了修正，指出 B 值随 Re 增大而增大，至 $Re \geqslant 10^6$时 $B = 2.8$。

3. 过渡区

对于 $5 < y^+ < 30$，仍以对数律整理实验数据，可得经验式

$$u^+ = 5.05\ln y^+ - 3.05$$

归纳起来，管流边界层通用速度分布为

$$\begin{cases} u^+ = y^+ & (y^+ < 5) \\ u^+ = 5.05\ln y^+ - 3.05 = 11.5\lg y^+ - 3.05 & (5 < y^+ < 30) \\ u^+ = 2.5\ln y^+ + 5.5 = 5.75\lg y^+ + 5.5 & (y^+ > 30) \end{cases}$$

摩擦系数的常用计算公式为

$$C_f = \frac{0.079}{Re^{0.25}}(\text{湍流光滑区，}Re < 10^5)$$

另一个常用公式为

$$C_f == \frac{0.046}{Re^{0.2}}(5 \times 10^3 < Re < 2 \times 10^5)$$

以及下面的常用公式

$$C_f == 0.0014 + \frac{0.125}{Re^{0.32}}(3 \times 10^3 < Re < 3 \times 10^6)$$

【例 12.7.1】 20℃空气在光滑圆管中做湍流运动，管径 50mm。已知单位管长压降为 40Pa/m，试求 $r/R = 0.5$（R 为圆管半径）处，湍流黏度与分子黏度的比值。

解： 已知空气中在 1 atm、20℃时，

$\rho = 1.205\text{kg/m}^3, \mu = 1.81 \times 10^{-5}\text{Pa} \cdot \text{s}$

由 $\tau = \mu_{\text{eff}} \dfrac{\mathrm{d}\bar{u}_x}{\mathrm{d}y} = (\mu + \mu_t) \dfrac{\mathrm{d}\bar{u}_x}{\mathrm{d}y}$ 得

$$\frac{\mu_t}{\mu} = \frac{1}{\mu} \frac{\tau}{\dfrac{\mathrm{d}\bar{u}_x}{\mathrm{d}y}} - 1$$

将 $\tau/\tau_w = r/R$ 代入该式，得

$$\frac{\mu_t}{\mu} = \frac{1}{\mu} \frac{\tau_w \dfrac{r}{R}}{\dfrac{\mathrm{d}\bar{u}_x}{\mathrm{d}y}} - 1$$

根据定义 $y^+ = \dfrac{u_\tau y}{\nu}$，$u^+ = \dfrac{\bar{u}_x}{u_\tau}$，$u_\tau = \sqrt{\tau_w/\rho}$，上式可转换为

$$\frac{\mu_t}{\mu} = \frac{\dfrac{r}{R}}{\dfrac{\mathrm{d}u^+}{\mathrm{d}y^+}} - 1$$

该式中 $\dfrac{\mathrm{d}u^+}{\mathrm{d}y^+}$ 可由壁面湍流速度求得，先求 y^+ 再定公式。由

$$\Delta p \cdot \pi R^2 = \tau_w \cdot 2\pi RL$$

$$\tau_w = \frac{1}{2} \cdot \frac{\Delta p}{L} \cdot R = \left(\frac{1}{2} \times 40 \times 0.025\right) \mathrm{N/m^2} = 0.5\mathrm{N/m^2}$$

于是在 $r/R = 0.5$，$y = 0.0125\mathrm{m}$，此处的

$$y^+ = \frac{u_\tau y}{\nu} = \frac{y}{\nu}\sqrt{\frac{\tau_w}{\rho}} = \frac{0.0125}{\dfrac{1.81 \times 10^{-5}}{1.205}}\sqrt{\frac{0.5}{1.205}} = 536$$

对应该值的 $u^+ = 2.5\ln y^+ + 5.5$，则该处的梯度为

$$\frac{\mathrm{d}u^+}{\mathrm{d}y^+} = \frac{2.5}{y^+} = \frac{2.5}{536} = 0.00466$$

最终得

$$\frac{\mu_t}{\mu} = \frac{\dfrac{r}{R}}{\dfrac{\mathrm{d}u^+}{\mathrm{d}y^+}} - 1 = \frac{0.5}{0.00466} - 1 \approx 107$$

计算结果表明，远离壁面处分子动量传递相对涡的动量传递可忽略。

【例 12.7.2】 20℃的水流速为 0.21m/s，在直径 50mm 的圆管中做湍流运动。已知 $\tau_w = 0.17\mathrm{N/m^2}$，试求：(1) 黏性底层的厚度；(2) 距离管壁 0.2mm、2mm、25mm 处的流速。

解：(1) $Re = \dfrac{\rho DU}{\mu} = \dfrac{1000 \times 0.21 \times 0.05}{1.005 \times 10^{-3}} = 10448 > 2000$，流动为湍流。

$$u_\tau = \sqrt{\tau_w/\rho} = \sqrt{0.17/1000}\,\mathrm{m/s} = 0.013\mathrm{m/s},\ \nu = \frac{\mu}{\rho} = \frac{1.005 \times 10^{-3}}{1000} = 1.005 \times 10^{-6}$$

对于黏性底层，$y^+ = \dfrac{u_\tau y}{\nu} \leqslant 5$，由 $y^+ = \dfrac{u_\tau y}{\nu} = \dfrac{u_\tau \delta_b}{\nu} = 5$ 得

$$\delta_b = \frac{\nu y^+}{u_\tau} = \frac{1.005 \times 10^{-6} \times 5}{0.013}\mathrm{m} = 0.387\mathrm{mm}$$

结果表明，湍流场中的黏性底层很薄，仅占圆管半径的 $\dfrac{0.387}{25} = 0.0155 = 1.55\%$。

(2) 在 $y_1 = 0.2\mathrm{mm}$ 处，其

$$y_1^+ = \frac{u_\tau y_1}{\nu} = \frac{0.013 \times 0.2 \times 10^{-3}}{1.005 \times 10^{-6}} = 2.587 < y^+ = 5$$

于是

$$u_1^+ = \frac{\bar{u}_1}{u_\tau} = y_1^+ = 2.587$$

$$\bar{u}_1 = u_1^+ u_\tau = (2.587 \times 0.013)\mathrm{m/s} = 0.0336\mathrm{m/s}$$

在 $y_2 = 2\mathrm{mm}$ 处，其

$$y_2^+ = \frac{u_\tau y_2}{\nu} = \frac{0.013 \times 2 \times 10^{-3}}{1.005 \times 10^{-6}} = 25.87$$

当 $5 < y^+ < 30$ 时，有

$$u_2^+ = \frac{\overline{u}_2}{u_\tau} = 5.05\ln y_2^+ - 3.05 = 13.38$$

于是

$$\overline{u}_2 = u_2^+ u_\tau = (13.38 \times 0.013)\text{m/s} = 0.174\text{m/s}$$

在 $y_3 = 25\text{mm}$ 处，其

$$y_3^+ = \frac{u_\tau y_3}{\nu} = \frac{0.013 \times 25 \times 10^{-3}}{1.005 \times 10^{-6}} = 323.38$$

当 $y^+ > 30$ 时，有

$$u_3^+ = \frac{\overline{u}_3}{u_\tau} = 2.5\ln y_3^+ + 5.5 = 19.95$$

于是

$$\overline{u}_3 = u_3^+ u_\tau = (19.95 \times 0.013)\text{m/s} = 0.259\text{m/s}$$

结果表明，管道平均流速约为中心最大流速的 $\frac{0.21}{0.259} = 0.811$，黏性底层内的流速远低于平均流速。

【例 12.7.3】 20℃的水流过内径为 60mm 的光滑水平圆管。已知水的主流速度为 20m/s，试求距管壁 20mm 处的速度、切应力以及混合长度 l。已知水在 1 atm、20℃时，$\rho = 998\text{kg/m}^3$，$\mu = 1.0 \times 10^{-3}\text{Pa·s}$。

解：流动的雷诺数 $Re = \frac{\rho d u_0}{\mu} = \frac{998 \times 0.06 \times 20}{1.0 \times 10^{-3}} \approx 1.2 \times 10^6$，于是

$$C_f = 0.0014 + \frac{0.125}{(1.2 \times 10^6)^{0.32}} = 0.0028$$

由 $\frac{u_\tau}{u_0} = \sqrt{\frac{C_f}{2}}$ 得

$$u_\tau = \sqrt{\frac{C_f}{2}} U_e = \left(\sqrt{\frac{0.0028}{2}} \times 20\right)\text{m/s} = 0.75\text{m/s}$$

$$y^+ = \frac{u_\tau y}{\nu} = \frac{0.75 \times 0.02}{\frac{1.0 \times 10^{-3}}{998}} = 14970\ (>30)$$

$$u^+ = 2.5\ln y^+ + 5.5 = 2.5\ln 14970 + 5.5 = 29.53$$

由 $u^+ = \frac{\overline{u}_x}{u_\tau}$ 得距离管壁 0.02m 处的速度为

$$\overline{u}_x = u^+ u_\tau = 29.53 \times 0.75\text{m/s} = 22.15\text{m/s}$$

由 $u_\tau = \sqrt{\frac{\tau_w}{\rho}}$ 得壁面切应力为

$$\tau_w = \rho u_\tau^2 = (998 \times 0.75^2)\text{N/m}^2 = 561.4\text{N/m}^2$$

由 $\frac{\tau}{\tau_w} = \frac{r-y}{r}$，得 $\tau = \frac{r-y}{r}\tau_w$，其中 r 为圆管半径，$r = (0.06/2)\text{m} = 0.03\text{m}$，故距管壁 0.02m 处

的切应力为

$$\tau=\left(\frac{0.03-0.02}{0.03}\times 561.4\right)\text{N/m}^2=187.1\text{N/m}^2$$

将 $\overline{u}^+=2.5\ln y^+ + 5.5$ 等式两端同乘以 u_τ，得

$$\overline{u}_x=2.5u_\tau\ln y^+ + 5.5u_\tau$$

对 y^+ 求导数，得

$$\frac{\mathrm{d}\overline{u}_x}{\mathrm{d}y^+}=\frac{2.5u_\tau}{y^+}$$

考虑到 $y^+=\dfrac{u_\tau y}{\nu}$，于是

$$\frac{\mathrm{d}\overline{u}_x}{\mathrm{d}y}=\frac{\mathrm{d}\overline{u}_x}{\mathrm{d}\left(\dfrac{\nu}{u_\tau}y^+\right)}=\frac{u_\tau}{\nu}\frac{\mathrm{d}\overline{u}_x}{\mathrm{d}y^+}=\frac{u_\tau}{\nu}\cdot\frac{2.5u_\tau}{y^+}=\frac{2.5u_\tau}{y}$$

而 $\tau=\rho l^2\left(\dfrac{\mathrm{d}\overline{u}_x}{\mathrm{d}y}\right)^2$，所以混合长度 l 为

$$l=\sqrt{\frac{\tau}{\rho}}\left(\frac{\mathrm{d}\overline{u}_x}{\mathrm{d}y}\right)^{-1}=\sqrt{\frac{\tau}{\rho}}\frac{y}{2.5u_\tau}=\left(\sqrt{\frac{187.1}{998}}\frac{0.02}{2.5\times 0.75}\right)\text{m}=4.6\text{mm}$$

12.8 零压力梯度时湍流边界层动量积分方程求解

湍流速度边界层动量积分方程解法的基本思想与层流时类似，需要补充一个速度分布公式，利用 δ_1、δ_2 等的定义式，将动量积分方程化为关于速度边界层某一特征量的常微分方程，最后根据边界条件求解该常微分方程。本节讨论零压力梯度（$\mathrm{d}p/\mathrm{d}x=0$）时平板湍流边界层积分方程解法。

设所讨论的平板置于均匀流中，且与流动方向平行。为使问题简化，认为从光滑平板前缘（$x=0$）开始，就形成了湍流边界层。由于平板边界层内的速度分布规律已比较清楚，所以采用动量积分方程求解比较方便。在零压力梯度时，动量积分方程化作

$$\frac{\mathrm{d}\delta_2}{\mathrm{d}x}=\frac{\tau_\mathrm{w}}{\rho U_e^2}=\frac{C_{fx}}{2}=\frac{1}{(U_e^+)^2}$$

则

$$\mathrm{d}x=(U_e^+)^2\mathrm{d}\delta_2=\frac{\tau_\mathrm{w}}{\rho U_e^2}\mathrm{d}\delta_2=\frac{2}{C_{fx}}\mathrm{d}\delta_2$$

等式两端分别乘以 U_e/ν，并引入 $Re_{\delta_2}=\dfrac{U_e\delta_2}{\nu}$，$Re_x=\dfrac{U_e x}{\nu}$ 得

$$\frac{\mathrm{d}Re_{\delta_2}}{\mathrm{d}Re_x}=\frac{C_{fx}}{2}=\frac{1}{(U_e^+)^2}$$

将该式自 0 到 x 积分，并利用边界条件，$x=0$ 时，$\delta_2=0$、$Re_{\delta_2}=0$，得

$$Re_x=\int_0^{Re_{\delta_2}}\frac{2}{C_{fx}}\mathrm{d}Re_{\delta_2}=\int_0^{Re_{\delta_2}}(U_e^+)^2\mathrm{d}Re_{\delta_2}=\int_0^{Re_{\delta_2}}(U_e^+)^2\frac{\mathrm{d}Re_{\delta_2}}{\mathrm{d}U_e^+}\mathrm{d}U_e^+$$

若知道了 Re_{δ_2} 与 U_e^+ 之间的关系，经积分，可得 Re_x 与 U_e^+ 二者之间的关系，而 $U_e^+ = \sqrt{2/C_{fx}}$ ，于是能得到局部 C_{fx} 与之间的关系。

1. 时均速度分布采用指数律

对半径为 R 的光滑圆管中的湍流进行研究可知，当 $Re < 10^6$ 时，1/7 幂次律以及布拉休斯摩擦阻力公式

$$\frac{\bar{u}_x}{u_\tau} = 8.74\left(\frac{u_\tau R}{\nu}\right)^{1/7}$$

$$\frac{\tau_w}{\rho U_e^2} = 0.0225\left(\frac{\nu}{u_{\max} R}\right)^{1/4}$$

与实验结果符合良好，不仅对于管中心（距壁面 $y = R$ ），而且对于离壁面任意距离 y 也是适用的。当 $Re < 10^6$ 时，1/7 幂次律剖面以及布拉休斯摩擦阻力公式与平板湍流边界层的实验结果也吻合得很好，在这种情况下，只需用圆管中的 $u_{\max}$ 和 R 代替平板边界层的 U_e 与 δ 。

$$\frac{\bar{u}_x}{u_\tau} = 8.74\left(\frac{u_\tau y}{\nu}\right)^{1/7}$$

$$\frac{\tau_w}{\rho U_e^2} = 0.0225\left(\frac{\nu}{U_e R}\right)^{1/4}$$

针对边界层外缘，将 $\bar{u}_x/u_\tau$ 写作

$$U_e^+ = \frac{U_e}{u_\tau} = 8.74\left(\frac{\delta}{\nu}\right)^{1/7} u_\tau^{\ 1/7}$$

将 $\bar{u}_x/u_\tau$ 与 U_e/u_τ 相除，得到

$$\frac{\bar{u}_x}{U_e} = \left(\frac{y}{\delta}\right)^{1/7}$$

壁面摩擦应力 τ_w 为

$$\tau_w = 0.0225\rho U_e^2\left(\frac{U_e\delta}{\nu}\right)^{-1/4}$$

或

$$\frac{C_{fx}}{2} = 0.0225\rho U_e^2\left(\frac{U_e\delta}{\nu}\right)^{-1/4}$$

将上面各式代入动量损失厚度的定义式 $\delta_2 = \int_0^\infty \frac{\bar{u}_x}{U_e}\left(1 - \frac{\bar{u}_x}{U_e}\right) dy$ ，得

$$\delta_2 = \frac{7}{72}\delta$$

由此得到

$$\frac{dRe_{\delta_2}}{dRe_x} = \frac{C_{fx}}{2} = 0.231 Re_\delta^{-1/4}$$

式中，$Re_\delta = U_e\delta/\nu$ 。对该式积分，得

$$Re_\delta = 0.37 Re_x^{4/5}$$

该式表明，湍流边界层厚度 δ 与 x 的 4/5 次方成正比，而层流边界层的厚度 δ 与 x 的 1/2 次方

成正比，说明湍流边界层厚度比层流边界层厚度大。经以上处理不难得到

$$C_{fx}=\frac{\tau_w}{\rho U_e^2/2}=0.045Re_\delta^{-1/4}=0.0578Re_x^{-1/5}$$

设板的长度为 L，宽度为 b，则板的一侧所受到的总的摩擦阻力为

$$F=b\int_0^L\tau_w\mathrm{d}x=b\int_0^L C_{fx}(\rho U_e^2/2)\mathrm{d}x=b\int_0^L 0.0578Re_x^{-1/5}(\rho U_e^2/2)\mathrm{d}x$$

$$=0.0578\frac{\nu b}{U_e}(\rho U_e^2/2)\int_0^L Re_x^{-1/5}\mathrm{d}Re_x$$

平板的单侧平均摩擦系数为

$$C_f=\frac{1}{L}\int_0^L C_{fx}\mathrm{d}x=\frac{F}{(\rho U_e^2/2)\cdot bL}=0.072Re_L^{-1/5}$$

该式与实验结果进行对比，发现若将系数 0.072 换成 0.074，则该式适用于 $5\times10^5<Re_L<10^7$。

2. 时均速度分布采用对数律

时均速度分布采用对数律

$$u^+=\frac{1}{\kappa}\ln y^++B$$

当 $y=\delta$ 时，有

$$U_e^+=\frac{1}{\kappa}\ln\left(\frac{\delta}{\nu/u_\tau}\right)+B$$

于是

$$U_e^+-u^+=\frac{U_e-\bar{u}_x}{u_\tau}=\frac{1}{\kappa}\ln\left(\frac{y}{\delta}\right)$$

则

$$\frac{\delta_2}{\delta}=\frac{U_e\delta_2/\nu}{U_e\delta/\nu}=\frac{Re_{\delta_2}}{Re_\delta}=\int_0^1\frac{\bar{u}_x}{U_e}\left(1-\frac{\bar{u}_x}{U_e}\right)\mathrm{d}\left(\frac{y}{\delta}\right)$$

$$=\left(\frac{u_\tau}{U_e}\right)^2\int_0^1\frac{\bar{u}_x}{u_\tau}\frac{U_e-\bar{u}_x}{u_\tau}\mathrm{d}\left(\frac{y}{\delta}\right)=(U_e^+)^{-2}\int_0^1 u^+(U_e^+-u^+)\mathrm{d}\left(\frac{y}{\delta}\right)$$

把对数律式和 $U_e^+-u^+=\frac{1}{\kappa}\ln\left(\frac{y}{\delta}\right)$ 代入上式，得

$$\frac{\delta_2}{\delta}=-\frac{1}{\kappa}(U_e^+)^{-2}\int_0^1\left(U_e^++\frac{1}{\kappa}\ln\frac{y}{\delta}\right)\ln\frac{y}{\delta}\mathrm{d}\left(\frac{y}{\delta}\right)$$

$$=\frac{1}{\kappa}(U_e^+)^{-1}-\frac{2}{\kappa}(U_e^+)^{-2}=\frac{1}{\kappa}(U_e^+)^{-2}\left(U_e^+-\frac{2}{\kappa}\right)$$

由 $u^+=\frac{1}{\kappa}\ln y^++B$，得

$$U_e^+=\frac{1}{\kappa}\ln\left(\frac{\delta}{\nu/u_\tau}\right)+B=\frac{1}{\kappa}\ln\left(\frac{U_e\delta_2}{\nu}\frac{\delta}{\delta_2}\frac{u_\tau}{U_e}\right)+B$$

$$=\frac{1}{\kappa}\ln\left\{Re_{\delta_2}\Big/\left[\frac{1}{\kappa}\left(1-\frac{2}{\kappa}(U_e^+)^{-1}\right)\right]\right\}+B$$

$$= \frac{1}{\kappa}\left\{\ln Re_{\delta_2} - \ln\left[1 - \frac{2}{\kappa}(U_e^+)^{-1}\right]\right\} + B - \frac{1}{\kappa}\ln\frac{1}{\kappa}$$

注意到

$$(U_e^+)^2 = \left(\frac{U_e}{u_\tau}\right)^2 = \frac{U_e^2}{\tau_w/\rho} = \frac{2}{C_{fx}}$$

$$U_e^+ = \sqrt{2/C_{fx}}$$

于是

$$\sqrt{2/C_{fx}} = \frac{1}{\kappa}\ln Re_{\delta_2} - \frac{1}{\kappa}\ln\left(1 - \frac{2}{\kappa}\sqrt{\frac{C_{fx}}{2}}\right) + B - \frac{1}{\kappa}\ln\frac{1}{\kappa}$$

取 $\frac{1}{\kappa} = 2.54$, $B = 5.56$ 代入上式，得

$$\sqrt{2/C_{fx}} = 2.54\ln Re_{\delta_2} - 2.54\ln(1 - 5.08\sqrt{C_{fx}/2}) + 3.19$$

另外，动量积分方程为

$$\frac{\mathrm{d}Re_{\delta_2}}{\mathrm{d}Re_x} = \frac{C_{fx}}{2}$$

由以上两个方程可确定 Re_{δ_2} 和 C_{fx}，但对这两个方程来说，求其解析解十分困难。利用定解条件 $x = 0$ 时，有 $Re_x = 0$ 和 $Re_{\delta_2} = 0$，通过数值积分得到 C_{fx}，然后利用下式计算出整板上的平均摩擦阻力系数 C_f，即

$$C_f = \frac{1}{L}\int_0^L C_{fx}\mathrm{d}x = \frac{1}{Re_L}\int_0^{Re_L} C_{fx}\mathrm{d}Re_x$$

上式可用数值积分方式求解。施利希廷（Schlichting）根据数值求解结果给出近似表达式

$$C_f = 0.455\,(\lg Re_L)^{-2.58}$$

该式比采用指数律得到的 $C_f = 0.072Re_L^{-1/5}$ 要准确很多，并且雷诺数适用范围也要大很多。

3. 时均速度分布采用柯尔斯尾流律

按柯尔斯边界层内时均速度分布的尾流律来计算摩擦阻力，相应的边界层动量损失厚度 δ_2 的计算式为

$$\frac{\delta_2}{\delta} = \frac{\Pi + 1}{\kappa}\sqrt{\frac{C_{fx}}{2}} - \frac{2 + 3.18\Pi + 1.5\Pi^2}{\kappa^2}\cdot\frac{C_{fx}}{2}$$

$$= \frac{\Pi + 1}{\kappa}\frac{1}{U_e^+} - \frac{2 + 3.18\Pi + 1.5\Pi^2}{\kappa^2}\left(\frac{1}{U_e^+}\right)^2$$

把 $y = \delta$，$W\left(\frac{y}{\delta}\right) = W(1) = 2$ 代入柯尔斯边界层内时均速度分布的尾流律，可得

$$U_e^+ = \frac{1}{\kappa}\ln\delta^+ + B + \frac{2\Pi}{\kappa}$$

于是

$$\delta^+ = \frac{\delta}{\nu/u_\tau} = \exp\left[\kappa\left(U_e^+ - B - \frac{2\Pi}{\kappa}\right)\right]$$

根据以上关系式，得

$$Re_{\delta_2}=\frac{U_e\delta_2}{\nu}=\frac{U_e}{\nu}\frac{\delta_2}{\delta}\delta=U_e^+\frac{\delta_2}{\delta}\delta^+$$
$$=\left(\frac{\Pi+1}{\kappa}-\frac{2+3.18\Pi+1.5\Pi^2}{\kappa^2}\frac{1}{U_e^+}\right)\exp\left[\kappa\left(U_e^+-B-\frac{2\Pi}{\kappa}\right)\right]$$

将该式代入 $\dfrac{\mathrm{d}Re_{\delta_2}}{\mathrm{d}Re_x}=\dfrac{C_{fx}}{2}$，积分可得

$$Re_x=\frac{1}{\kappa}\exp\left[\kappa\left(U_e^+-B-\frac{2\Pi}{\kappa}\right)\right]\left[(\Pi+1)(U_e^+)^2-\frac{4+5.18\Pi+1.5\Pi^2}{\kappa^2}U_e^++\frac{6+8.36\Pi+3\Pi^2}{\kappa^2}\right]-\frac{1}{\kappa}\exp\left[-\kappa\left(B+\frac{2\Pi}{\kappa}\right)\right]\frac{6+8.36\Pi+3\Pi^2}{\kappa^2}$$

取 $\kappa=0.4$, $B=5.5$, $\Pi=0.5$，并改写成 $C_{fx}=C_{fx}(Re_x)$ 的形式，可得

$$C_{fx}=\frac{\tau_{\mathrm{w}}}{\rho U_e^2/2}=0.025Re_x^{-1/7}$$

上面的推导过程中，如果不考虑尾流律的因素，即 $\Pi=0$，则可得到

$$C_{fx}=\frac{\tau_{\mathrm{w}}}{\rho U_e^2/2}=0.027Re_x^{-1/7}$$

以上两式的系数极为接近，说明外层尾流对摩擦系数的影响很小。怀特（White）实际计算表明，取两式平均值更为合适，即

$$C_{fx}=\frac{\tau_{\mathrm{w}}}{\rho U_e^2/2}=0.026Re_x^{-1/7}$$

设板的长度为 L，则单位宽度板的一侧所受到的总的摩擦阻力为

$$F=\int_0^L\tau_{\mathrm{w}}\mathrm{d}x=\int_0^L C_{fx}(\rho U_e^2/2)\,\mathrm{d}x=\int_0^L 0.026Re_x^{-1/7}(\rho U_e^2/2)\,\mathrm{d}x$$
$$=0.026\frac{\nu}{U_e}(\rho U_e^2/2)\int_0^L Re_x^{-1/7}\mathrm{d}Re_x=0.026\frac{\nu}{U_e}(\rho U_e^2/2)\cdot\left(\frac{7}{6}Re_L^{6/7}\right)$$

则平板的单侧平均摩擦系数为

$$C_f=\frac{1}{L}\int_0^L C_{fx}\mathrm{d}x=\frac{F}{(\rho U_e^2/2)\cdot L}=0.0303Re_L^{-1/7}$$

目前零压力梯度平板边界层的积分解已有多种表达形式，如图 12.8.1 所示。我们前面解得的摩擦阻力公式是假设湍流边界层从平板的前缘（$x=0$）就已开始，但在实际的情况下，边界层一般从层流开始，在平板某一处开始向湍流发展，即边界层在过渡点（$x=x_{\mathrm{cr}}$）以前的一段为层流，在过渡点以后才开始转变为湍流，这种边界层称为混合边界层。由于平板前段层流边界层的存在，平板摩擦阻力应比原来计算要小。普朗特建议，在估算平板后一段的湍流边界层时，可以假设湍流边界层仍然是从平板前缘开始发展起来的，只不过是在计算平板摩擦阻力时，应该把转捩点之前假想湍流边界层所引起的阻力减去，而加上实际存在的层流边界层的阻力，忽略不稳定点到转捩点之间的过渡段，这时平板的摩擦阻力为

$$F=C_{f,t}(\rho U_e^2/2)b(L-x_{\mathrm{cr}})+C_{f,l}(\rho U_e^2/2)bx_{\mathrm{cr}}=\frac{1}{2}\rho U_e^2bL\left[C_{f,t}-\frac{x_{\mathrm{cr}}}{L}(C_{f,t}-C_{f,l})\right]$$

故摩擦系数的差值为

$$\Delta C_f = \frac{x_{cr}}{L}(C_{f,t} - C_{f,l}) = \frac{Re_{cr}}{Re_L}(C_{f,t} - C_{f,l}) = \frac{A}{Re_L}$$

式中，$C_{f,t}$ 为湍流时平板平均摩擦阻力系数；$C_{f,l}$ 为层流时平板平均摩擦阻力系数。

由 $C_{f,l} = 1.328/\sqrt{Re_L}$，$Re_{cr} = U_e x_{cr}/\nu$ 为转捩点的雷诺数，A 为取决于 Re_{cr} 的系数，$A = Re_{cr}(C_{f,t} - C_{f,l})$，$A$ 由下列近似式表示

$$A = 0.0098Re_{cr}^{0.919}$$

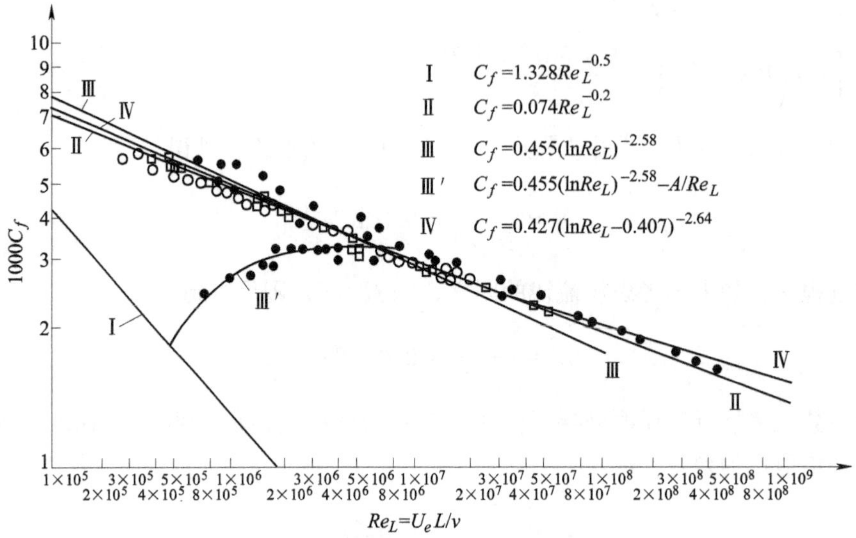

图 12.8.1 平板湍流边界层平均摩擦系统

12.9 有压力梯度时湍流边界层动量积分方程求解

求解有压力梯度（$dp/dx \neq 0$）时湍流边界层方程是工程中比较普遍的问题，它比零压力梯度下平板边界层的求解要复杂很多。这一问题的解决大多数以半经验的湍流理论作为基础，采用的补充方程、计算过程以及选取的经验系数多种多样。本节介绍采用动量积分方程的解法。对于有压力梯度的曲面边界层，由于要考虑曲面流动时边界层发生分离的问题，分离点以后，此法不再适用。

在所有的积分法中，大多采用动量积分方程

$$\frac{d\delta_2}{dx} + (2 + H_{12})\frac{\delta_2}{U_e}\frac{dU_e}{dx} = \frac{C_{fx}}{\rho U_e^2}$$

该式包含 3 个未知量，即 δ_2、$H_{12} = \delta_1/\delta_2$ 和 C_{fx}，外部势流速度 U_e 是已知的。求解该方程还必须补充两个关系式，常采用不同的经验关系来建立 δ_2、H_{12} 和 C_{fx} 之间的补充关系，这就形成了不同的解法，本节只介绍简单方便、有一定准确度、被广泛采用的海德（Head）法。

Ludwieg 和 Tillman 在 1949 年提出了一个经验补充关系式

$$C_f = 0.246Re_{\delta_2}^{-0.268} \times 10^{-0.678H_{12}}$$

式中，$Re_{\delta_2} = U_e\delta_2/\nu$ 是以动量损失厚度为特征长度的雷诺数，是由大量实验资料归纳得出的，

使用范围较广。

另一个补充关系式是根据外部势流不断地被吸入到边界层内这一特征而间接提出的关于 H_{12} 的补充关系式。边界层厚度的增长与边界层内有旋流卷吸外面无旋流的速度有关。边界层的外缘速度矢量 $\boldsymbol{V}_e$ 可以按照与外缘平行和垂直两个方向分解，显然与边界层外缘垂直方向的分量 $\bar{u}_{yE}$ 将决定边界层厚度增长的快慢。在边界层内流量可以写成 $\int_0^\delta \bar{u}_x \mathrm{d}y$。根据质量损失厚度的定义，有

$$\int_0^\delta \bar{u}_x \mathrm{d}y = \int_0^\delta U_e \mathrm{d}y - \int_0^\delta U_e\left(1 - \frac{\bar{u}_x}{U_e}\right)\mathrm{d}y = U_e(\delta - \delta_1)$$

把上式对 x 求导，得到

$$\bar{u}_{yE} = \frac{\mathrm{d}}{\mathrm{d}x}\int_0^\delta \bar{u}_x \mathrm{d}y = \frac{\mathrm{d}}{\mathrm{d}x}[U_e(\delta - \delta_1)]$$

则

$$\frac{\bar{u}_{yE}}{U_e} = \frac{1}{U_e}\frac{\mathrm{d}}{\mathrm{d}x}[U_e(\delta - \delta_1)] = \frac{1}{U_e}\frac{\mathrm{d}}{\mathrm{d}x}\left(U_e \cdot \frac{\delta - \delta_1}{\delta_2} \cdot \delta_2\right) = \frac{1}{U_e}\frac{\mathrm{d}}{\mathrm{d}x}(U_e H_1 \delta_2)$$

式中，$\bar{u}_{yE}$ 为卷吸速度，其物理意义是边界层内体积流量沿 x 方向的增长率，其大小反映了边界层发展的程度；$H_1 = (\delta - \delta_1)/\delta_2$ 也是一种形状因子。海德假设 $\bar{u}_{yE}/U_e$ 只是形状因子 H_1 的函数，即

$$\frac{\bar{u}_{yE}}{U_e} = F_1(H_1)$$

并且认为边界层速度分布是由单参数决定的，H_1 和 H_{12} 之间有一定关系

$$H_1 = G_1(H_{12})$$

函数关系 $F_1(H_1)$ 和 $G_1(H_{12})$ 由实验确定。

$$\frac{1}{U_e}\frac{\mathrm{d}}{\mathrm{d}x}(U_e H_1 \delta_2) = 0.0306\,(H_1 - 3)^{-0.6169}$$

$$H_1 = \begin{cases} 0.8234\,(H_{12} - 1.1)^{-1.287} + 3.3, & H_{12} < 1.6 \\ 1.5501\,(H_{12} - 0.6778)^{-3.064} + 3.3, & H_{12} \geqslant 1.6 \end{cases}$$

于是有以下四个关系式：

$$\begin{cases} \dfrac{\mathrm{d}\delta_2}{\mathrm{d}x} + (2 + H_{12})\dfrac{\delta_2}{U_e}\dfrac{\mathrm{d}U_e}{\mathrm{d}x} = \dfrac{C_{fx}}{\rho U_e^2} \\ C_{fx} = 0.246 Re_{\delta_2}^{-0.268} \times 10^{-0.678 H_{12}} \\ \dfrac{1}{U_e}\dfrac{\mathrm{d}}{\mathrm{d}x}(U_e H_1 \delta_2) = 0.0306\,(H_1 - 3.0)^{-0.6169} \\ H_1 = \begin{cases} 0.8234\,(H_{12} - 1.1)^{-1.287} + 3.3, & H_{12} < 1.6 \\ 1.5501\,(H_{12} - 0.6778)^{-3.064} + 3.3, & H_{12} \geqslant 1.6 \end{cases} \end{cases}$$

该方程组由两个一阶常微分方程和两个代数方程的封闭方程组成，未知量为 C_{fx}、δ_2、H_1 和 H_{12} 共四个，在给定 δ_2 和 H_{12} 的初值后即可求得方程组的数值解。

1. 实用公式

对于管流，根据达西公式，沿程水头损失为

$$h_f = \lambda \frac{l}{d}\frac{V^2}{2g}$$

式中，λ 为沿程阻力系数；l 为管长；d 为管径；V 为管道断面平均流速。根据均匀流理论，不难得到均匀流基本关系式

$$\tau_w = \frac{1}{2}\rho g J r_0$$

$$\frac{\tau}{r} = \frac{\tau_w}{r_0}$$

式中，τ_w 为管道壁面切应力；r_0 为管道半径；τ 为管径 r 处的切应力；$J = h_f/l$ 为水力坡度。可见，圆管断面上切应力按直线分布。由以上三个关系式，易得

$$\sqrt{\frac{\tau_w}{\rho}} = u_\tau = \nu\sqrt{\frac{\lambda}{8}}$$

与速度分布 1/7 幂次律

$$\left(\frac{\bar{u}_x}{u_{max}}\right)_{圆管} = \left(\frac{\bar{u}_x}{U_e}\right)_{平板} = \left(\frac{y}{r_0}\right)^{1/7}$$

相适应的 λ 计算式，可根据布拉休斯公式

$$\lambda = 0.3164Re^{-0.25}$$

不难得到

$$\tau_w = \frac{\lambda}{8}\rho V^2 = \frac{1}{8}\rho V^2 \times 0.3164Re^{-0.25} = 0.0332\rho^{3/4}V^{7/4}\left(\frac{\mu}{r_0}\right)^{1/4}$$

为了把式中的断面平均速度 V 改换成管轴处的最大速度 u_{max} 以便适用于平板边界层，需要建立 V 与 u_{max} 之间的关系。事实上，

$$V = \frac{\int_0^{r_0} u \cdot 2\pi r \mathrm{d}r}{\pi r_0^2} = \frac{\int_0^{r_0} 2\pi u_{max}\left(\frac{y}{r}\right)^{1/7} r\mathrm{d}r}{\pi r_0^2}$$

令该式中 $r = r_0 - y$，$\mathrm{d}r = -\mathrm{d}y$，积分得

$$V = 0.817u_{max}$$

接下来，以 u_∞、δ 分别代替 u_{max}、r_0，得

$$\tau_w = 0.0233\rho^{3/4}u_\infty^{7/4}\left(\frac{\mu}{\delta}\right)^{1/4}$$

将速度分布 1/7 幂次律代入动量损失厚度的定义式 $\delta_2 = \int_0^\infty \frac{\bar{u}_x}{U_e}\left(1 - \frac{\bar{u}_x}{U_e}\right)\mathrm{d}y$，得

$$\delta_2 = \frac{7}{72}\delta$$

于是湍流边界层动量积分关系成为

$$\frac{\mathrm{d}\delta_2}{\mathrm{d}x} = \frac{\tau_w}{\rho u_\infty^2}$$

即

$$\frac{7}{72}\frac{d\delta}{dx}=\frac{0.0233\rho^{3/4}u_{\infty}^{7/4}\left(\frac{\mu}{\delta}\right)^{1/4}}{\rho u_{\infty}^{2}}$$

$$\delta^{1/4}d\delta=0.24\left(\frac{\mu}{\rho u_{\infty}}\right)^{1/4}dx$$

积分得

$$\frac{4}{5}\delta^{5/4}=0.24x\left(\frac{\mu}{\rho u_{\infty}}\right)^{1/4}+C$$

积分常数 C 需根据边界条件确定。实际上，该边界条件很难准确给出，因为平板的前段是层流边界层，湍流边界层开始的位置以及在此位置上的边界层厚度都难以确定。通常的办法是近似地认为边界层是从平板前缘开始，即 $x=0$ 处，$\delta=0$。这样处理在高雷诺数下是合理的，因为此时层流边界层只占整个平板的很小一段。于是得到 $C=0$，这样

$$\delta=0.381x^{4/5}\left(\frac{\mu}{\rho u_{\infty}}\right)^{1/5}=\frac{0.381x}{Re_x^{1/5}}$$

$$\tau_w=0.0297\rho^{0.8}u_{\infty}^{1.8}\left(\frac{\mu}{\delta}\right)^{0.2}=\frac{0.0297}{Re_x^{1/5}}\rho u_{\infty}^{2}$$

$$C_f=\frac{0.074}{Re_L^{1/5}}$$

该摩阻系数公式在 $10^5<Re_L<5\times10^7$ 范围内与实验结果接近，$Re_L>5\times10^7$ 时，可采用施利希廷对数速度剖面与积分关系式联合求解得到的摩阻系数公式

$$C_f=\frac{0.455}{(\lg Re_L)^{2.53}}$$

该式适用范围可达 $Re_L=10^9$。

【例 12.9.1】 某润滑油流过一顺流放置的 2.5m 长的薄板，流速为 4m/s，润滑油的运动黏度为 10^{-5}m²/s，密度为 850kg/m³，试确定距离板前缘 0.5m、1m、1.5m、2m 处边界层的厚度和壁面切应力。

解：先确定转捩点的位置 x_{cr}，以确定流态。取临界雷诺数 $Re_{cr}=5\times10^5$，则

$$x_{cr}=Re_{cr}\nu/U_0=\frac{5\times10^5\times10^{-5}}{4}\text{m}=1.25\text{m}$$

可见，在 $x=0.5$m 和 1m 这两个位置是层流边界层，其后的两个位置为湍流边界层。

(1) $x=0.5$m，

$$Re_x=\frac{U_0x}{\nu}=\frac{4\times0.5}{10^{-5}}=2\times10^5$$

$$\delta=\frac{4.92x}{Re_x^{0.5}}=\frac{4.92\times0.5}{\sqrt{2\times10^5}}\text{m}=5.5\text{mm}$$

$$\tau_w=\frac{0.332x}{Re_x^{0.5}}\rho U_0^2=\left(\frac{0.332}{\sqrt{2\times10^5}}\times850\times4^2\right)\text{N/m}^2=10.1\text{N/m}^2$$

(2) $x=1$m，

$$Re_x = 4 \times 10^5$$

$$\delta = \frac{4.92 \times 1}{\sqrt{4 \times 10^5}}\text{m} = 7.78\text{mm}$$

$$\tau_w = \left(\frac{0.332}{\sqrt{4 \times 10^5}} \times 850 \times 4^2\right)\text{N/m}^2 = 7.14\text{N/m}^2$$

(3) $x = 1.5\text{m}$,

$$Re_x = \frac{U_0 x}{\nu} = \frac{4 \times 1.5}{10^{-5}} = 6 \times 10^5 < 10^7$$

$$\delta = \frac{0.381x}{Re_x^{1/5}} = \frac{0.381 \times 1.5}{(6 \times 10^5)^{0.2}}\text{m} = 40\text{mm}$$

$$\tau_w = \frac{0.0297}{Re_x^{1/5}}\rho u_\infty^2 = \left[\frac{0.0297}{(6 \times 10^5)^{0.2}} \times 850 \times 4^2\right]\text{N/m}^2 = 28.23\text{N/m}^2$$

(4) $x = 2\text{m}$,

$$Re_x = 8 \times 10^5 < 10^7$$

$$\delta = \frac{0.381 \times 2}{(8 \times 10^5)^{0.2}}\text{m} = 50\text{mm}$$

$$\tau_w = \left[\frac{0.0297}{(8 \times 10^5)^{0.2}} \times 850 \times 4^2\right]\text{N/m}^2 = 26.65\text{N/m}^2$$

可以得出，边界层厚度沿流动方向逐渐加大；当层流转变为湍流时，边界层会急剧增厚；其他条件不变时，湍流边界层的壁面切应力比层流边界层的大；无论是在层流段还是在湍流段，壁面切应力沿流动方向逐渐减小。

【例 12.9.2】 一块长 10m、宽 3m 的光滑薄板，以 8m/s 的速度在水池中拖行，已知水的运动黏度为 $10^{-6}\text{m}^2/\text{s}$，试确定作用在此薄板上的总摩擦阻力及作用于薄板前部 2m 长板面上的摩擦阻力。

解：(1) 求全板的总摩擦阻力：取临界雷诺数 $Re_{cr} = 5 \times 10^5$，确定边界层的流态。

$$x_{cr} = Re_{cr}\nu/U_0 = \frac{5 \times 10^5 \times 10^{-6}}{8}\text{m} = 0.0625\text{m}$$

因 x_{cr} 在整个板长中占有的长度很小，因此可认为整个板长上都是湍流边界层。又因

$$Re_x = \frac{U_0 x}{\nu} = \frac{8 \times 10}{10^{-6}} = 8 \times 10^7 > 10^7$$

应按照施利希廷的摩阻系数公式

$$C_f = \frac{0.455}{(\lg Re_L)^{2.53}} = \frac{0.455}{[\lg(8 \times 10^7)]^{2.53}} = 0.002$$

平板的摩擦阻力为

$$F = 2C_f(\rho U_e^2/2)bL = [2 \times 0.002(1000 \times 8^2/2) \times 3 \times 10]\text{N} = 3840\text{N}$$

(2) 求作用于薄板前部 2m 长板面上的摩擦阻力：

$$Re_x = \frac{8 \times 2}{10^{-6}} = 1.6 \times 10^7 > 10^7$$

$$C_f = \frac{0.455}{[\lg(1.6 \times 10^7)]^{2.53}} = 0.003$$

$$F = [2 \times 0.003(1000 \times 8^2/2) \times 3 \times 2]\text{N} = 1152\text{N}$$

前 2m 板长的面积只占整板面积的 20%，而阻力占全板的 $\frac{1152}{3840} = 0.3 = 30\%$，这也表明壁面切应力沿流动方向是逐渐减小的。

2. 混合边界层实用公式

前文讨论了层流边界层和湍流边界层的计算，但实际的边界层往往前段是层流，后段是湍流，对于这种混合边界层情况，转捩点后则按湍流边界层计算。只有当层流边界层的长度 x_{cr} 远小于平板长度 L 时，才能将整个边界层按湍流边界层计算。

转捩点的位置 x_{cr} 可由临界雷诺数 Re_{cr} 确定，即

$$Re_{cr} = \frac{x_{cr}U_0}{\nu}$$

Re_{cr} 为 $3 \times 10^5 \sim 3 \times 10^6$，通常计算中常采用 $Re_{cr} = 5 \times 10^5$。x 由零到 x_{cr} 的流段为层流边界层，由 x_{cr} 到 L 的流段为湍流边界层。$0 < x < x_{cr}$ 区段上，层流边界层的单宽摩擦阻力为

$$F_l = \frac{1.328}{\sqrt{Re_{cr}}} \cdot x_{cr} \cdot \frac{\rho u_\infty^2}{2}$$

$x_{cr} < x < L$ 区段上，湍流边界层的单宽摩擦阻力为按照湍流边界层计算公式计算整个板长 L 上的摩擦阻力减去 $0 < x < x_{cr}$ 区段的湍流边界层摩擦阻力，即

$$F_t = \left(\frac{0.074L}{Re_L^{1/5}} - \frac{0.074x_{cr}}{Re_{cr}^{1/5}}\right)\frac{\rho u_\infty^2}{2}$$

整个平板上的摩擦阻力为

$$F = F_l + F_t = \left(\frac{1.328}{Re_L^{1/2}} \cdot x_{cr} + \frac{0.074}{Re_L^{1/5}} \cdot L - \frac{0.074}{Re_{cr}^{1/5}} \cdot x_{cr}\right)\frac{\rho u_\infty^2}{2}$$

12.10　不可压缩湍流速度边界层微分方程解法

在湍流边界层微分方程中，利用内层变量 $y^+ = \frac{y}{\nu/u_\tau}$ 关系式，可将 x、y 坐标变换成 x、y^+ 坐标并且速度分量 $\overline{u}_x(x, y)$ 可以用内层变量表示成

$$u^+ = \frac{\overline{u}_x(x, y)}{u_\tau(x)} = f(y^+)$$

式中，$f(y^+)$ 的具体形式可由对数律等给出。把湍流边界层微分方程组用内层变量 $\overline{u}_x^+$ 和 y^+ 表示出来，然后积分求解，这种方法称为内层变量解法。

1. 光滑平板零压力梯度边界层

在零压力梯度情况下，二维不可压缩湍流边界层微分方程为

$$\frac{\partial \overline{u}_x}{\partial x} + \frac{\partial \overline{u}_y}{\partial y} = 0$$

$$\bar{u}_x \frac{\partial \bar{u}_x}{\partial x} + \bar{u}_y \frac{\partial \bar{u}_x}{\partial y} = \frac{1}{\rho} \frac{\partial}{\partial y}\left(\nu \frac{\partial \bar{u}_x}{\partial y} - \rho \overline{u'_x u'_y}\right) = \frac{1}{\rho} \frac{\partial \tau}{\partial y} \tag{12.10.1}$$

式中，$\tau = \nu \frac{\partial \bar{u}_x}{\partial y} - \rho \overline{u'_x u'_y}$。由 $u^+ = f(y^+)$，$u^+ = u^+(x, y)$，$\bar{u}_x(x, y) = u_\tau(x) u^+(y^+)$，$y^+ = u_\tau y/\nu$，$y^+ = y^+(y)$，可得

$$\begin{aligned}\frac{\partial \bar{u}_x}{\partial x} &= \frac{\partial \bar{u}_x}{\partial x}\frac{\partial x}{\partial x} + \frac{\partial \bar{u}_x}{\partial y^+}\frac{\partial y^+}{\partial x} = \frac{\partial}{\partial x}(u_\tau u^+) + \frac{\partial \bar{u}_x}{\partial y^+}(u_\tau u^+)\frac{\partial u_\tau}{\partial x}\frac{y}{\nu} \\ &= u^+ \frac{\mathrm{d}u_\tau}{\mathrm{d}x} + y^+ \frac{\partial u^+}{\partial y}\frac{\mathrm{d}u_\tau}{\mathrm{d}x} = \frac{\mathrm{d}u_\tau}{\mathrm{d}x}\frac{\partial(u^+ y^+)}{\partial y^+}\end{aligned} \tag{12.10.2}$$

$$\frac{\partial \bar{u}_x}{\partial y} = \frac{\partial \bar{u}_x}{\partial x}\frac{\partial x}{\partial y} + \frac{\partial \bar{u}_x}{\partial y^+}\frac{\partial y^+}{\partial y} = u_\tau \frac{\mathrm{d}u^+}{\mathrm{d}y^+}\frac{u_\tau}{\nu} \tag{12.10.3}$$

根据前面推导得到的 $\frac{\partial \bar{u}_x}{\partial x}$ 和连续性方程，可得

$$\bar{u}_y = -\int_0^y \frac{\partial \bar{u}_x}{\partial x}\mathrm{d}y = -\frac{\nu}{u_\tau}\int_0^{y^+}\frac{\partial \bar{u}_x}{\partial x}\mathrm{d}y^+ = -\frac{\nu}{u_\tau}\int_0^{y^+}\frac{\mathrm{d}u_\tau}{\mathrm{d}x}\frac{\partial(u^+ y^+)}{\partial y^+}\mathrm{d}y^+ = -\frac{\nu}{u_\tau}u^+ y^+ \frac{\mathrm{d}u_\tau}{\mathrm{d}x} \tag{12.10.4}$$

将式（12.10.2）~式（12.10.4）代入式（12.10.1），并注意到 $\bar{u}_x = u^+ u_\tau$，易得

$$u_\tau \frac{\mathrm{d}u_\tau}{\mathrm{d}x}(u^+)^2 = \frac{1}{\rho}\frac{\partial \tau}{\partial y} = \frac{u_\tau}{\mu}\frac{\partial \tau}{\partial y^+}$$

或

$$\mu \frac{\mathrm{d}u_\tau}{\mathrm{d}x}(u^+)^2 = \frac{\partial \tau}{\partial y^+}$$

对该式从 0 到 δ^+ 对 y^+ 积分，即

$$\mu \frac{\mathrm{d}u_\tau}{\mathrm{d}x}\int_0^{\delta^+}(u^+)^2 \mathrm{d}y^+ = \int_0^{\delta^+}\frac{\partial \tau}{\partial y^+}\mathrm{d}y^+ = -\tau_{\mathrm{w}}(x, 0) = -\rho u_\tau^2$$

由于 $U_e = U_e^+ u_\tau$，且无压力梯度，因此有

$$\frac{\mathrm{d}U_e}{\mathrm{d}x} = U_e^+ \frac{\mathrm{d}u_\tau}{\mathrm{d}x} + u_\tau \frac{\mathrm{d}U_e^+}{\mathrm{d}x} = 0$$

或

$$\frac{\mathrm{d}u_\tau}{\mathrm{d}x} = -\frac{u_\tau}{U_e^+}\frac{\mathrm{d}U_e^+}{\mathrm{d}x} = -\frac{u_\tau^2}{U_e}\frac{\mathrm{d}U_e^+}{\mathrm{d}x}$$

整理以上两式，可以得到

$$\frac{U_e}{\nu} = F(U_e^+)\frac{\mathrm{d}U_e^+}{\mathrm{d}x}$$

设湍流边界层从 $x = 0$ 开始，积分该式

$$\int_0^x \frac{U_e}{\nu}\mathrm{d}x = \int_0^{U_e^+} F(U_e^+)\mathrm{d}U_e^+$$

得

$$Re_x=\frac{U_e x}{\nu}=\int_0^{U_e^+}F(U_e^+)\mathrm{d}U_e^+$$

其中

$$F(U_e^+)=\int_0^{\delta^+}(u^+)^2\mathrm{d}y^+=\int_0^{U_e^+}(u^+)^2\frac{\mathrm{d}y^+}{\mathrm{d}u^+}\mathrm{d}u^+$$

由于 $U_e^+=U_e/u_\tau=\sqrt{2/C_{fx}}$，所以上式给出了局部摩擦系数 C_{fx} 与当地雷诺数 Re_x 的关系，但这是一个隐式关系。为了计算 $F(U_e^+)$，需给出 $u^+=f(y^+)$ 的具体形式。如果 $u^+=f(y^+)$ 采用对数律 $u^+=\frac{1}{\kappa}\ln y^++B$，有

$$y^+=\exp[\kappa(u^+-B)]$$

于是

$$\begin{aligned}F(U_e^+)&=\int_0^{\delta^+}(u^+)^2\mathrm{d}y^+=\int_0^{\delta^+}(u^+)^2\mathrm{d}\{\exp[\kappa(u^+-B)]\}\\&=\left[(U_e^+)^2-\frac{2U_e^+}{\kappa}+\frac{2}{\kappa^2}\right]\exp[\kappa(u^+-B)]-\frac{2}{\kappa^2}\exp(-\kappa B)\end{aligned}$$

代入 $Re_x=\int_0^{U_e^+}F(U_e^+)\mathrm{d}U_e^+$ 并完成积分，得

$$\begin{aligned}Re_x&=\int_0^{U_e^+}F(U_e^+)\mathrm{d}U_e^+\\&=\frac{\exp[\kappa(u^+-B)]}{\kappa}\left[(U_e^+)^2-\frac{4U_e^+}{\kappa}+\frac{6}{\kappa^2}\right]-\frac{2\exp(-\kappa B)}{\kappa^2}\left(U_e^++\frac{3}{\kappa}\right)\\&=\frac{\exp[\kappa(u^+-B)]}{\kappa}\left(\frac{2}{C_{fx}}-\frac{4}{\kappa}\sqrt{\frac{2}{C_{fx}}}+\frac{6}{\kappa^2}\right)-\frac{2}{\kappa^2}\exp(-\kappa B)\left(\sqrt{\frac{2}{C_{fx}}}+\frac{3}{\kappa}\right)\end{aligned}$$

该式是 C_f 关于 Re_x 的隐式表达式，使用不方便，为此普朗特和施利希廷给出了显式近似，即

$$C_{fx}=[2\lg(Re_x)-0.65]^{-2.3}$$

平板的平均摩擦阻力系数为

$$C_f=0.455\,(\lg Re_L)^{-2.58}$$

怀特（White M）提出用一指数函数，在 $20<U_e^+<90$ 的范围内得到了一个很好的近似式

$$F(U_e^+)=8\exp(0.48U_e^+)$$

进一步得到

$$C_{fx}=0.455\,[\ln(0.06Re_x)]^{-2}$$

这是显式中最好的表达式，在整个湍流范围内都具有 2%的精度。平板的平均摩擦阻力系数

$$C_f=0.523\,[\ln(0.06Re_L)]^{-2}$$

2. 粗糙平板零压力梯度边界层

对于粗糙平板，可用光滑平板相类似的方法，导出 C_f 与 Re_x 及 $\Delta^+=\Delta/(\nu/u_\tau)$ 的关系式。粗糙平板的时均速度分布由下式给出：

$$u^+=\frac{1}{\kappa}\ln y^++B-\frac{1}{\kappa}\ln(1+0.3\Delta^+)$$

采用与光滑平板内层关系式相仿的解法，不难推出

$$u_\tau \frac{\mathrm{d}u_\tau}{\mathrm{d}x} = (u^+)^2 - \frac{0.3\Delta^+}{\kappa(1+0.3\Delta^+)}\left(u^+ - \frac{1}{\kappa}\right) = \frac{u_\tau}{\mu}\frac{\partial \tau}{\partial y^+}$$

进一步得到

$$Re_x = 1.73125(1+0.3\Delta^+)\exp(0.4U_e^+)\left[(\kappa U_e^+)^2 - 4\kappa U_e^+ + 6 - \frac{0.3\Delta^+}{(1+0.3\Delta^+)}(\kappa U_e^+ - 1)\right]$$

式中，

$$\Delta^+ = \Delta/(\nu/u_\tau) = \frac{\Delta}{x}\frac{Re_x}{U_e^+}, \; U_e^+ = \sqrt{2/C_{fx}}$$

可见，C_{fx} 是关于 Re_x 和 Δ^+ 二者的隐式关系。此式对于光滑平板和具有均匀粗糙度的平板都是适用的。在 Δ^+ 很大的情况下，即完全粗糙壁面时，有

$$1 + 0.3\Delta^+ \approx 0.3\Delta^+$$

上列 Re_x 表达式简化为

$$\frac{x}{\Delta} \approx 0.519\exp(\kappa U_e^+)\frac{(\kappa U_e^+)^2 - 5\kappa U_e^+ + 7}{U_e^+}$$

该式中不包含 Re_x，C_{fx} 只是 Δ^+ 的函数，普朗特和施利希廷得出该式的近似关系式

$$C_{fx} \approx \left(2.87 + 1.58\lg\frac{x}{\Delta}\right)^{-2.5}$$

在 $20 < U_e^+ < 40$ 的范围内，有以下近似表示式

$$\frac{(\kappa U_e^+)^2 - 5\kappa U_e^+ + 7}{U_e^+} \approx 0.8\exp(0.04U_e^+)$$

于是

$$\frac{x}{\Delta} \approx 0.42\exp(0.44U_e^+)$$

由此可以得到完全粗糙壁面的局部摩阻系数

$$C_{fx} \approx \left(1.4 + 3.7\lg\frac{x}{\Delta}\right)^{-2}$$

该式对于 $x/\Delta > 100$ 的情况也适用。

3. 有压力梯度的平板边界层

内层变量法也可以推广到有压力梯度的平板边界层，这时边界层运动的基本方程组为

$$\frac{\partial \bar{u}_x}{\partial x} + \frac{\partial \bar{u}_y}{\partial y} = 0$$

$$\bar{u}_x\frac{\partial \bar{u}_x}{\partial x} + \bar{u}_y\frac{\partial \bar{u}_x}{\partial y} = -\frac{1}{\rho}\frac{\mathrm{d}p_e}{\mathrm{d}x} + \frac{1}{\rho}\frac{\partial}{\partial y}\left(\nu\frac{\partial \bar{u}_x}{\partial y} - \rho\,\overline{u'_x u'_y}\right) = -\frac{1}{\rho}\frac{\mathrm{d}p_e}{\mathrm{d}x} + \frac{1}{\rho}\frac{\partial \tau}{\partial y}$$

引入流函数 $\psi = \psi(x, y)$，则有

$$\bar{u}_x = \frac{\partial \psi(x,y)}{\partial y}$$

$$u_\tau(x)u^+(y^+) = \frac{\partial \psi(x,y)}{\partial y}$$

由连续性方程，可得

$$\psi = \int_0^y u_\tau u^+ \mathrm{d}y = \nu \int_0^{y^+} u^+ \mathrm{d}y^+$$

由上式可知，流函数 ψ 仅仅是内层变量 y^+ 的函数，易得

$$\overline{u}_y = -\frac{\partial \psi}{\partial x} = -\frac{\partial \psi}{\partial y^+}\frac{\partial y^+}{\partial x} = -u^+(y^+)\cdot \nu \cdot \frac{1}{\nu}\cdot \frac{y}{u_\tau}\frac{\mathrm{d}u_\tau}{\mathrm{d}x} = -\nu u^+ y^+ \frac{1}{u_\tau}\frac{\mathrm{d}u_\tau}{\mathrm{d}x}$$

于是动量方程化作

$$(u^+)^2\frac{\mathrm{d}u_\tau}{\mathrm{d}x}u_\tau = -\frac{1}{\rho}\frac{\mathrm{d}p_e}{\mathrm{d}x} + \frac{1}{\rho}\frac{\partial \tau}{\partial y}$$

而

$$\frac{\partial \tau}{\partial y} = \frac{u_\tau}{\nu}\frac{\partial \tau}{\partial y^+}$$

于是

$$(u^+)^2\frac{\mathrm{d}u_\tau}{\mathrm{d}x}u_\tau = -\frac{1}{\rho}\frac{\mathrm{d}p_e}{\mathrm{d}x} + \frac{u_\tau}{\mu}\frac{\partial \tau}{\partial y^+}$$

或

$$\frac{\partial \tau}{\partial y^+} = \frac{\mu}{u_\tau}\frac{1}{\rho}\frac{\mathrm{d}p_e}{\mathrm{d}x} + \mu\frac{\mathrm{d}u_\tau}{\mathrm{d}x}(u^+)^2$$

将该式对 y^+ 积分，得

$$\tau(x,y^+) - \tau_w(x) = \frac{\nu}{u_\tau}\left[\frac{\mathrm{d}p_e}{\mathrm{d}x}y^+ + u_\tau\frac{\mathrm{d}u_\tau}{\mathrm{d}x}\rho F(u^+)\right]$$

其中，

$$F(u^+) = \int_0^{y^+}(u^+)^2\mathrm{d}y^+ = \int_0^{u^+}(u^+)^2\frac{\mathrm{d}y^+}{\mathrm{d}u^+}\mathrm{d}u^+$$

在边界层外边界上，有 $y=\delta$ 时，$\overline{u}_x = U_e(x)$，$\tau(x,\ y^+)=0$，于是

$$-\frac{\rho}{\nu}u_\tau^3 = \frac{\mathrm{d}p_e}{\mathrm{d}x}y^+(U_e^+) + u_\tau\frac{\mathrm{d}u_\tau}{\mathrm{d}x}F(U_e^+)$$

其中

$$y^+(U_e^+) = \frac{u_\tau \delta}{\nu}$$

$$F(U_e^+) = \int_0^{\delta^+}(u^+)^2\mathrm{d}y^+ = \int_0^{U_e^+}(u^+)^2\frac{\mathrm{d}y^+}{\mathrm{d}u^+}\mathrm{d}u^+$$

该式是关于 u_τ 的常微分方程，利用 $-\dfrac{1}{\rho}\dfrac{\mathrm{d}p_e}{\mathrm{d}x} = U_e\dfrac{\mathrm{d}U_e}{\mathrm{d}x}$ 将其变为

$$F(U_e^+)\frac{\mathrm{d}U_e^+}{\mathrm{d}x} + \frac{1}{U_e}\frac{\mathrm{d}U_e}{\mathrm{d}x}G(U_e^+) = \frac{U_e}{\nu}$$

其中

$$G(U_e^+) = U_e^+[(U_e^+)^2 y^+(U_e^+) - F(U_e^+)]$$

该式右端第二项反映压力梯度，此时推导时假设了 u^+ 仅是 y^+ 的函数才成立。当边界层外缘速度 $U_e = U_e(x)$ 给定时，求解上列关于 u_τ 的常微分方程就可得出 C_{fx} 只是与 Re_x 的关系式。

12.11 不可压缩湍流温度边界层微分方程解法

湍流边界层微分方程组为

$$\frac{\partial \bar{u}_x}{\partial x}+\frac{\partial \bar{u}_y}{\partial y}=0$$

$$\bar{u}_x\frac{\partial \bar{u}_x}{\partial x}+\bar{u}_y\frac{\partial \bar{u}_x}{\partial y}=U_e\frac{\mathrm{d}U_e}{\mathrm{d}x}+\nu\frac{\partial^2 \bar{u}_x}{\partial y^2}+\frac{1}{\rho}\frac{\partial(-\rho\overline{u'_x u'_y})}{\partial y}$$

$$\rho c_p\left(\bar{u}_x\frac{\partial \bar{T}}{\partial x}+\bar{u}_y\frac{\partial \bar{T}}{\partial y}\right)=\frac{\partial}{\partial y}\left(\lambda\frac{\partial \bar{T}}{\partial y}-\rho c_p\overline{u'_y T'}\right)+\left(\mu\frac{\partial \bar{u}_x}{\partial y}-\rho\overline{u'_x u'_y}\right)\frac{\partial \bar{u}_x}{\partial y}$$

由速度边界层方程的求解可知，脉动量关联项 $\overline{u'_x u'_y}$ 给求解带来的困难，是通过涡黏性理论或混合长度理论补充方程来解决的。由于温度边界层方程中也存在脉动量的相关项，若按层流温度边界层的解法，利用速度边界层解出速度分布，之后代入到温度边界层方程中进行求解的方法已难以实现。本节从热量传递和动量传递比拟的思想来解决边界层内的温度分布，进而解决热量传递的问题。

1. 热量传递和动量传递比拟

在速度边界层方程中，由涡黏性理论，引入湍流运动黏度 ν_t 或湍流动力黏度 μ_t，则

$$\bar{\tau}_t=\mu\frac{\partial \bar{u}_x}{\partial y}+(-\rho\overline{u'_x u'_y})=(\mu+\mu_t)\frac{\partial \bar{u}_x}{\partial y}=\rho(\nu+\nu_t)\frac{\partial \bar{u}_x}{\partial y}$$

在湍流温度边界层方程中；比拟于动量传递，可以写出

$$q_t=-\lambda\frac{\partial \bar{T}}{\partial y}+\rho c_p\overline{u'_y T'}=-(\lambda+\lambda_t)\frac{\partial \bar{T}}{\partial y}=-\rho c_p(a+a_t)\frac{\partial \bar{T}}{\partial y}$$

式中，λ_t 为湍流导热系数；a_t 为湍流导温系数。由以上两式可写出

$$-\rho\overline{u'_x u'_y}=\mu_t\frac{\partial \bar{u}_x}{\partial y}=\rho\nu_t\frac{\partial \bar{u}_x}{\partial y}$$

及

$$-\rho c_p\overline{u'_y T'}=\lambda_t\frac{\partial \bar{T}}{\partial y}=\rho c_p a_t\frac{\partial \bar{T}}{\partial y}$$

由 λ_t 和 μ_t 所构建的

$$Pr_t=\frac{c_p\mu_t}{\lambda_t}=\frac{\mu_t}{a_t}=\frac{\overline{u'_x u'_y}\cdot\dfrac{\partial \bar{T}}{\partial y}}{\overline{u'_y T'}\cdot\dfrac{\partial \bar{u}_x}{\partial y}}$$

称为湍流普朗特数。由于 $\overline{u'_x u'_y}$ 和 $\overline{u'_y T'}$ 都是与湍流脉动相关的时均值，因此，可以认为 Pr_t 的数量级为 1。这个概念是 1874 年雷诺提出的，他推测湍流切应力 $-\rho\overline{u'_x u'_y}$ 和湍流热通量 $-\rho c_p\overline{u'_y T'}$ 具有相似性，即湍动的动量传递与其热量传递过程相似。当取

$$Pr_t\leqslant 1(\text{气体})$$

$$Pr_t\approx 1(\text{普通液体})$$

时，所计算的湍流热量传递的结果与实验是符合的，而且当其他因素考虑适当时，计算结果的准确性对 Pr_t 的大小是不敏感的。对于液态金属 $Pr_t > 1$，这是由于液态金属的 λ 值很大，因而由于湍流脉动带走的热量 $-\rho c_p \overline{u'_y T'}$ 相对较小，即 λ_t 较小，所以 $Pr_t > 1$。通常将流体的湍流普朗特数 Pr_t 的数量级取为 1，称为湍流普朗特数的雷诺比拟。实际上，实验结果表明，Pr_t 并不是常数，而是与反映物性的普朗特数 Pr、流动条件及湍流强度等因素有关，其变化规律尚待进一步弄清。以下讨论热量传递和动量传递的几个比拟关系式。

2. 雷诺比拟

雷诺最早（1874 年）研究了湍流中动量与热量传递的比拟关系。按照雷诺比拟的分析方法，当不考虑压力梯度和黏性耗散时边界层方程为

$$\bar{u}_x \frac{\partial \bar{u}_x}{\partial x} + \bar{u}_y \frac{\partial \bar{u}_x}{\partial y} = \frac{\partial}{\partial y}(\nu + \nu_t) \frac{\partial \bar{u}_x}{\partial y}$$

$$\bar{u}_x \frac{\partial \bar{T}}{\partial x} + \bar{u}_y \frac{\partial \bar{T}}{\partial y} = \frac{\partial}{\partial y}\left[\left(\frac{\nu}{Pr} + \frac{\nu_t}{Pr_t}\right) \frac{\partial \bar{T}}{\partial y}\right]$$

由此出发，进行比拟讨论。为了使上列的两方程形式和边界条件完全一致，可做如下变换：

$$U_x = \frac{\bar{u}_x}{U_\infty},\ U_y = \frac{\bar{u}_y}{U_\infty},\ \Theta = \frac{\bar{T} - T_w}{T_\infty - T_w} = \frac{\bar{\Theta}}{\Theta_\infty}$$

当壁温 $T_w = \text{const}$，$Pr = Pr_t = 1$ 时，上列两方程化为

$$U_\infty U_x \frac{\partial U_x}{\partial x} + U_\infty U_y \frac{\partial U_x}{\partial y} = \frac{\partial}{\partial y}(\nu + \nu_t) \frac{\partial U_x}{\partial y}$$

$$U_\infty U_x \frac{\partial \Theta}{\partial x} + U_\infty U_y \frac{\partial \Theta}{\partial y} = \frac{\partial}{\partial y}(\nu + \nu_t) \frac{\partial \Theta}{\partial y}$$

边界条件为

$$y = 0:\quad U_x = U_y = 0,\ \Theta = 0$$

$$y = \infty:\quad U_x = 1,\ \Theta = 1$$

由于方程形式和边界条件完全相同，因此，两方程解的函数形式完全相同，即

$$U_x = \Theta$$

也就是

$$\frac{U_x}{U_\infty} = \frac{\bar{\Theta}}{\Theta_\infty} = f(y)$$

或

$$\frac{\Theta_\infty}{U_\infty} = \frac{d\bar{\Theta}}{dU_x} = \frac{d\bar{T}}{dU_x}$$

于是

$$\frac{q_t}{\bar{\tau}_t} = \frac{-\rho c_p (a + a_t) \cdot \dfrac{\partial \bar{T}}{\partial y}}{\rho(\nu + \nu_t) \cdot \dfrac{\partial \bar{u}_x}{\partial y}} = -c_p \frac{d\bar{T}}{d\bar{u}_x} = -c_p \frac{\Theta_\infty}{U_\infty}$$

据此可假设

$$\frac{q_t}{\bar{\tau}_t}=常数$$

将该假设用于物体壁面上，可得

$$\frac{q_t}{\bar{\tau}_t}=\frac{q_w}{\tau_w}=-c_p\frac{\Theta_\infty}{U_\infty}=-c_p\frac{T_\infty-T_w}{U_\infty}=常数$$

由于

$$\tau_w=C_{fx}\cdot\frac{1}{2}\rho U_\infty^2$$

$$St_x=\frac{q_w}{\rho c_p U_\infty(T_w-T_{\infty w})}$$

于是

$$St_x=\frac{1}{2}C_{fx}$$

该式即为湍流的雷诺比拟式，它建立的基础是把湍流的热量传递与动量传递相比拟，将湍流边界层视为一层的结构模式。若 $Pr\neq 1$，可以把雷诺比拟经验地修正为柯尔朋（Colbmm）比拟

$$St_x Pr^{2/3}=\frac{1}{2}C_{fx}$$

当 $Pr=1$ 时，上式还原为雷诺比拟式。

3. 普朗特比拟

普朗特运用雷诺比拟的基本思想，并考虑到湍流边界层内的两层结构，即黏性底层与对数律层，对于复杂的过渡层忽略不计。在黏性底层内，流体之间的热量传递与动量传递只依靠分子的扩散作用，而在对数律层内，分子的扩散作用与湍动作用相比忽略不计。

$$\frac{q_t}{\bar{\tau}_t}=-c_p\frac{\dfrac{\nu}{Pr}+\dfrac{\nu_t}{Pr_t}}{\nu+\nu_t}\frac{d\bar{T}}{d\bar{u}_x}$$

则

$$d\bar{T}=-\frac{1}{c_p}\frac{q_t}{\bar{\tau}_t}\frac{\nu+\nu_t}{\dfrac{\nu}{Pr}+\dfrac{\nu_t}{Pr_t}}d\bar{u}_x$$

在黏性底层内对上式进行积分，考虑到普朗特假设 $\frac{q_t}{\bar{\tau}_t}=常数$，且 $\frac{q_t}{\bar{\tau}_t}=\frac{q_w}{\tau_w}$，对于黏性底层 $\nu_t=0$（因而 $a_t=0$），有

$$\int_{T_w}^{T_b}d\bar{T}=-\frac{1}{c_p}\frac{q_w}{\tau_w}\int_0^{u_1}Pr\,d\bar{u}_x$$

式中，T_b 与 u_1 分别为黏性底层上缘的温度与速度，上式积分为

$$T_b-T_w=-\frac{1}{c_p}\frac{q_w}{\tau_w}Pr\,u_1$$

在对数律层内，由黏性底层外缘到边界层外边界（对数律层内）进行积分，由于在对数层内，分子的扩散作用可不计，因此

$$\frac{\nu+\nu_t}{\dfrac{\nu}{Pr}+\dfrac{\nu_t}{Pr_t}}=\frac{\nu_t}{\dfrac{\nu_t}{Pr_t}}=Pr_t=1$$

则积分为

$$\int_{T_w}^{T_\infty}\mathrm{d}\overline{T}=-\frac{1}{c_p}\frac{q_w}{\tau_w}\int_{u_1}^{u_\infty}\mathrm{d}\overline{u}_x$$

即

$$T_\infty-T_b=-\frac{1}{c_p}\frac{q_w}{\tau_w}(U_\infty-u_1)$$

将上述两个积分结果相减，消去 T_b ，并注意到 $\tau_w=C_{fx}\dfrac{1}{2}\rho U_\infty^2$ 和 $St_x=\dfrac{q_w}{\rho c_p U_\infty(T_\infty-T_w)}$ ，易得

$$St_x=\frac{1}{2}C_{fx}\cdot\frac{1}{1+\dfrac{u_1}{U_\infty}(Pr-1)}$$

当 $Pr=1$ 时，上式还原为雷诺比拟式。

在黏性底层 $u^+=y^+$ ，即 $u_1^+=\delta_1^+$，取 $u_1^+=\delta_1^+=5$，即

$$\frac{u_1}{u_\tau}=\frac{u_1}{\sqrt{\tau_w/\rho}}=5$$

则

$$u_1=5\sqrt{\tau_w/\rho}=5\sqrt{\frac{1}{\rho}\cdot\frac{1}{2}C_{fx}\rho U_\infty^2}$$

即

$$\frac{u_1}{U_\infty}=5\sqrt{\frac{C_{fx}}{2}}$$

于是

$$St_x=\frac{C_{fx}}{2}\cdot\frac{1}{1+5(Pr-1)\sqrt{\dfrac{C_{fx}}{2}}}$$

4. 卡门比拟

卡门改进了普朗特比拟，将边界层分为三层，即黏性底层、过渡层和对数律层，所得到的比拟式为卡门比拟式。卡门认为 $Pr_t=1$，并假设 $\dfrac{q_t}{\overline{\tau}_t}=\dfrac{q_w}{\tau_w}=$ 常数，于是有

$$\mathrm{d}\overline{T}=-\frac{1}{\rho c_p}\cdot\frac{q_w}{\dfrac{\tau_w}{\rho}}\cdot\frac{\nu+\nu_t}{\dfrac{\nu}{Pr}+\nu_t}\mathrm{d}u^+$$

由于 $u_\tau=\sqrt{\dfrac{\tau_w}{\rho}}$, $u^+=\dfrac{\overline{u}_x}{u_\tau}$ ，将上式做简单变换，得

$$\mathrm{d}\overline{T}=-\frac{1}{\rho c_p}\frac{q_{\mathrm{w}}}{\sqrt{\tau_{\mathrm{w}}/\rho}}\frac{1+\dfrac{\nu_t}{\nu}}{\dfrac{1}{Pr}+\dfrac{\nu_t}{\nu}}\mathrm{d}u^+$$

$$\int_{T_{\mathrm{w}}}^{T_b}\mathrm{d}\overline{T}=-\frac{1}{\rho c_p}\frac{q_{\mathrm{w}}}{\sqrt{\tau_{\mathrm{w}}/\rho}}\int_0^{u^+}\frac{1+\dfrac{\nu_t}{\nu}}{\dfrac{1}{Pr}+\dfrac{\nu_t}{\nu}}\mathrm{d}u^+$$

$$\frac{T_{\mathrm{w}}-T_b}{q_{\mathrm{w}}}=\frac{1}{\rho c_p}\frac{1}{\sqrt{\tau_{\mathrm{w}}/\rho}}\int_0^{u^+}\frac{1+\dfrac{\nu_t}{\nu}}{\dfrac{1}{Pr}+\dfrac{\nu_t}{\nu}}\mathrm{d}u^+$$

在黏性底层，$\nu_t=0$，$u^+=0\sim5$，积分上式，得

$$\frac{T_{\mathrm{w}}-T_b}{q_{\mathrm{w}}}=\frac{1}{\rho c_p}\frac{1}{\sqrt{\tau_{\mathrm{w}}/\rho}}\int_0^5 Pr\mathrm{d}u^+=\frac{1}{\rho c_p}\frac{5Pr}{\sqrt{\tau_{\mathrm{w}}/\rho}} \tag{12.11.1}$$

在对数律层内，考虑到对数律层由 $y^+=30$ 开始，此处速度分布由于是在与过渡层的交接处，因此 $u^+=5\left[\ln\left(\frac{1}{5}y^+\right)+1\right]=5(\ln6+1)$，注意到对数律层内，$\nu$ 远比 ν_t 小，则积分为

$$\frac{T_t-T_\infty}{q_{\mathrm{w}}}=\frac{1}{\rho c_p}\frac{1}{\sqrt{\tau_{\mathrm{w}}/\rho}}\int_{5(\ln6+1)}^{U_\infty^+}\mathrm{d}u^+=\frac{1}{\rho c_p}\frac{1}{\sqrt{\tau_{\mathrm{w}}/\rho}}\left[\frac{U_\infty}{\sqrt{\tau_{\mathrm{w}}/\rho}}-5(\ln6+1)\right] \tag{12.11.2}$$

式中，T_t 为过渡层与对数律层交接处的温度。

在过渡层内，由于分子扩散与湍动扩散都应考虑，由 $\bar{\tau}_t=\rho(\nu+\nu_t)\dfrac{\partial\bar{u}_x}{\partial y}$，得

$$\nu_t=\frac{\bar{\tau}_t}{\rho}\frac{\mathrm{d}y}{\mathrm{d}\bar{u}_x}-\nu$$

当 $\bar{\tau}_t=\tau_{\mathrm{w}}$ 时，上式成为

$$\nu_t=\frac{\tau_{\mathrm{w}}}{\rho}\frac{\mathrm{d}y}{\mathrm{d}\bar{u}_x}-\nu=\nu\left(\frac{\tau_{\mathrm{w}}}{\nu\rho}\frac{\mathrm{d}y}{\mathrm{d}\bar{u}_x}-1\right)=\nu\left(\frac{\mathrm{d}y^+}{\mathrm{d}u^+}-1\right)$$

由过渡层中速度分布式

$$u^+=1+\ln\left(\frac{1}{5}\frac{yu_\tau}{\nu}\right)$$

由此得

$$\frac{\mathrm{d}y^+}{\mathrm{d}u^+}=\frac{5}{y^+}$$

于是

$$\nu_t=\nu\left(\frac{1}{5}y^+-1\right)$$

以及

$$d\overline{T}=-\frac{1}{\rho c_p}\frac{q_w}{\sqrt{\tau_w/\rho}}\frac{\frac{1}{5}y^+}{\frac{1}{Pr}+\left(\frac{1}{5}y^+-1\right)}du^+$$

在过渡层中 y^+ 为5~30，则积分式为

$$\int_{T_b}^{T_t}d\overline{T}=-\frac{1}{\rho c_p}\frac{q_w}{\sqrt{\tau_w/\rho}}\int_5^{30}\frac{1}{\frac{1}{Pr}+\left(\frac{1}{5}y^+-1\right)}dy^+$$

积分可得

$$\frac{T_b-T_t}{q_w}=\frac{1}{\rho c_p}\frac{1}{\sqrt{\tau_w/\rho}}\cdot 5\ln(5Pr+1) \tag{12.11.3}$$

将式（12.11.1）~式（12.11.3）相加，得

$$\frac{T_w-T_\infty}{q_w}=\frac{1}{\rho c_p}\frac{1}{\sqrt{\tau_w/\rho}}\left[\frac{U_\infty}{\sqrt{\tau_w/\rho}}+5(Pr-1)+5\ln\left(\frac{5Pr+1}{6}\right)\right]$$

由于

$$St_x=\frac{q_w}{\rho c_p U_\infty(T_w-T_\infty)}$$

整理可得

$$St_x=\frac{\frac{\tau_w}{\rho U_\infty^2}}{1+\sqrt{\frac{\tau_w}{\rho U_\infty^2}}\left[5(Pr-1)+5\ln\frac{5Pr+1}{6}\right]}$$

考虑到

$$St_x=\frac{1}{2}C_{fx}\,\rho U_\infty^2$$

可得

$$St_x=\frac{C_{fx}/2}{1+\sqrt{\frac{C_{fx}}{2}}\left[5\ln\left(\frac{5Pr+1}{6}\right)+5(Pr-1)\right]}$$

此即卡门比拟式。

以上所述的各种比拟式中，都假定 $Pr_t=1$，对于气体，如空气，这种假定与实际情况十分接近。对于 Pr 很大的液体，假定 $Pr_t=1$ 会与实际相差很大。对于 Pr 很小的液态金属，假定 $Pr_t=1$ 与实际相差更大。为此，有学者进行了广泛研究，并得到比拟式的修正式，这里不做详细讨论。

练 习 题

12-1 293K 及 latm 下的空气以 30.48m/s 的速度流过一光滑平板。试计算在距离前缘多远处边界层流动由层流转变为湍流以及流至 1m 处时边界层的厚度。

12-2 不可压缩流体流过圆管，（1）管内流动为层流时，速度为抛物线分布；（2）当流动为湍流时，速度分布为 1/7 幂次律。试计算管道断面速度等于平均速度值的半径。

12-3 一块薄平板置于空气中，空气温度为 293K，平板长 0.2m、宽 0.1m。试求总摩擦阻力。若长宽互换，结果如何？已知空气流速为 6m/s，运动黏度为 $1.5\times10^{-5}m^2/s$，密度为 $1.205kg/m^3$，临界雷诺数为 5×10^5。

12-4 293K 的水流过内径为 0.0508m 的光滑水平管，当主体流速分别为 15.24m/s、1.524m/s 和 0.01524m/s 三种情况时，求离管壁 0.0191m 处的速度。已知水的运动黏度为 $1.005\times10^{-5}m^2/s$。

12-5 293K 的水以 $0.006m^3/s$ 的流量流过内径为 0.15m 的光滑圆管，流动充分发展，试计算黏性底层、过渡区和湍流核心区的厚度。

12-6 20℃的二乙基苯胺在内径为 30mm 的水平光滑圆管中流动，质量流量为 1kg/s，求单位管长的压降。已知 20℃时二乙基苯胺的密度为 $935kg/m^3$，动力黏度为 $1.95\times10^{-3}Pa\cdot s$。

12-7 用微型毕托管测量平板上某点的速度分布，其结果如下：

y/mm	1.3	2.5	3.7	5.1	6.4	7.6	10.0
u/m/s	11.0	18.0	23.0	27.0	29.0	30.0	34.0

其中 y 为垂直于平板面的距离，u 为局部速度，假定流体密度为 $1.2kg/m^3$，试计算摩擦速度和表面切应力。

12-8 在平板壁面上的湍流边界层中，流体的速度分布方程可应用布拉休斯 1/7 幂次律表示，即

$$\frac{u_x}{u_\infty}=\left(\frac{y}{\delta}\right)^{1/7}$$

试证明该式在壁面附近（即 $y\to0$）不成立。

12-9 不可压缩流体沿平板壁面做稳态流动，并在平板壁面上形成湍流边界层，边界层内为二维流动。若 x 方向上的速度分布满足 1/7 幂次律，试利用连续性方程推导 y 方向上的速度分量表达式。

12-10 假定平板湍流边界层内的速度分布可用两层模型描述，即在层流底层中速度为线性分布，在湍流核心处速度按 1/7 幂次律分布，试求层流底层厚度的表达式。

12-11 已知流体在圆管内做湍流流动时的速度分布为

$$u^+=\frac{1}{\kappa}\ln y^++C$$

现将该式写成一般式

$$\frac{u_x}{u_\tau}=f\left(\frac{u^*y}{\nu}\right)$$

式中，$u_\tau=\sqrt{\tau_w/\rho}$。试用量纲分析法导出该一般式。

参 考 文 献

[1] 戴干策，陈敏恒．化工流体力学［M］. 2 版．北京：化学工业出版社，2005.

[2] WELTY J R，WICKS C E，WILSON R E，etal. 动量、热量和质量传递原理［M］. 马紫峰，吴卫生，等译．北京：化学工业出版社，2005.

[3] 是勋刚．湍流［M］. 天津：天津大学出版社，1994.

[4] 高学平．高等流体力学［M］. 天津：天津大学出版社，2005.

[5] 陈懋章．粘性流体动力学基础［M］. 北京：高等教育出版社，2002.

[6] 刘惠枝，舒宏纪．边界层理论［M］. 北京：人民交通出版社，1991.

[7] 许维德．湍流边界层理论［M］. 哈尔滨：哈尔滨船舶工程学院出版社，1985.

[8] 邹高万，等．粘性流体力学［M］. 北京：国防工业出版社，2013.

[9] 屠大燕，刘鹤年，等．流体力学与流体机械［M］. 北京：中国建筑工业出版社，2011.

[10] 周光炯，严宗毅．流体力学：下册［M］. 北京：高等教育出版社，2002.

[11] 生井武文，井上雅弘．粘性流体力学［M］. 伊增欣，译．北京：海洋出版社，1984.

[12] 蔡树棠，刘宇陆．湍流理论［M］. 上海：上海交通大学出版社，1993.

[13] 张也影．流体力学［M］. 北京：高等教育出版社，1986.

[14] 吴望一．流体力学：上册［M］. 北京：北京大学出版社，1995.

[15] 景思睿，张鸣远．流体力学［M］. 西安：西安交通大学出版社，2001.

[16] 易家训．流体力学［M］. 章克本，张涤明，等译．北京：高等教育出版社，1982.

[17] 戴干策，等．传递现象导论［M］. 2 版．北京：化学工业出版社，2014.

[18] 朗道，栗弗席茨．流体力学［M］. 孔祥言，徐燕侯，庄礼贤，译．北京：高等教育出版社，1983.

[19] 普朗特．流体力学概论［M］. 郭永怀，陆士嘉，译．北京：科学出版社，1987.

[20] 董曾南，章梓雄．非粘性流体力学［M］. 北京：清华大学出版社，2003.

[21] 陈景仁．湍流模型及有限分析法［M］. 杭州：浙江大学出版社，2000.

[22] 林建忠．湍动力学［M］. 上海：上海交通大学出版社，1989.

[23] 林建忠．湍流的拟序结构［M］. 北京：机械工业出版社，1995.

[24] 章梓雄．董曾南．粘性流体力学［M］. 北京：清华大学出版社，1998.

[25] KAYS W M，CRAWFORD M E. Convective heat and mass transfer［M］. New York：Mc Graw-Hill Book Company，1980.

[26] WHITE F M. Viscous fluid flow［M］. New York：Mc Graw-Hill Book Company，1974.

[27] SCHLICHTING H. Boundary layer theory［M］. New York. Mc Graw-Hill Book Company，1979.

[28] 赵凯华，罗蔚茵．新概念物理学教程：力学［M］. 2 版．北京：高等教育出版社，2004.